轻量级 Java EE
企业应用实战（第5版）
——Struts 2+Spring 5+Hibernate 5/JPA 2
整合开发

李 刚 编著

U0208789

电子工业出版社.
Publishing House of Electronics Industry
北京·BEIJING

内 容 简 介

本书是《轻量级 Java EE 企业应用实战》的第 5 版，这一版保持了前几版内容全面、深入的特点，主要完成全部知识的升级。

本书介绍了 Java EE 领域的四个开源框架和技术：Struts 2、Spring、Hibernate 和 JPA。其中 Struts 2 升级到 2.5.14，Spring 升级到 5.0.2，Hibernate 升级到 5.2.12。第 5 版新增介绍了 JPA 的内容，包括其 API 的基本用法、JPA 查询、JPA 动态条件查询等。本书还全面介绍了 Servlet 3.1 的新特性，以及 Tomcat 8.5 的配置和用法，本书的示例也应该在 Tomcat 8.5 上运行。

本书重点介绍了如何整合 Struts 2.5+Spring 5.0+Hibernate 5.2 进行 Java EE 开发，主要包括三部分。第一部分介绍了 Java EE 开发的基础知识，以及如何搭建开发环境。第二部分详细讲解了 Struts 2.5、Spring 5.0、Hibernate 5.2、JPA 的用法，在介绍三个框架时，以 Eclipse IDE 的使用来上手，一步步带领读者深入这些技术的核心。这部分内容是笔者讲授"疯狂 Java 实训"的培训讲义，因此是本书的重点部分。这部分内容既包含了笔者多年开发经历的领悟，也融入了丰富的授课经验。第三部分示范开发了一个包含 7 个表，表之间具有复杂的关联映射、继承映射等关系，且业务也相对复杂的工作流案例，希望让读者理论联系实际，将三个框架真正运用到实际开发中。该案例采用目前非常流行、规范的 Java EE 架构，整个应用分为领域对象层、DAO 层、业务逻辑层、MVC 层和视图层，各层之间分层清晰，层与层之间以松耦合的方式组织在一起。该案例既提供了与 IDE 无关的、基于 Ant 管理的项目源码，也提供了基于 Eclipse IDE 的项目源码，以最大限度地满足读者的需求。

本书不再介绍 Struts 1.x 相关内容，如果读者希望获取《轻量级 Java EE 企业应用实战》第 1 版中关于 Struts 1.x 的知识，请登录 http://www.crazyit.org 下载。当读者阅读此书遇到技术难题时，也可登录 http://www.crazyit.org 发帖，笔者将会及时予以解答。

在阅读本书之前，建议先认真阅读笔者所著的《疯狂 Java 讲义》一书。本书适合于有较好的 Java 编程基础，或者有初步 JSP、Servlet 基础的读者阅读。本书尤其适合于对 Struts 2、Spring、Hibernate 了解不够深入，或者对 Struts 2+Spring+Hibernate 整合开发不太熟悉的开发人员阅读。

图书在版编目（CIP）数据

轻量级 Java EE 企业应用实战：Struts 2+Spring 5+Hibernate 5/JPA 2 整合开发 / 李刚编著. — 5 版. —北京：电子工业出版社，2018.3
ISBN 978-7-121-33716-1

Ⅰ. ①轻… Ⅱ. ①李… Ⅲ. ①JAVA 语言—程序设计 Ⅳ. ①TP312.8

中国版本图书馆 CIP 数据核字（2018）第 030379 号

策划编辑：张月萍
责任编辑：葛　娜
印　　刷：三河市良远印务有限公司
装　　订：三河市良远印务有限公司
出版发行：电子工业出版社
　　　　　北京市海淀区万寿路 173 信箱　　　　邮编：100036
开　　本：850×1168　　1/16　　印张：52.5　　字数：1814 千字　　彩插：1
版　　次：2007 年 4 月第 1 版
　　　　　2018 年 3 月第 5 版
印　　次：2021 年 8 月第 8 次印刷
印　　数：12201~12700 册　　定价：128.00 元（含 DVD 光盘 1 张）

凡所购买电子工业出版社图书有缺损问题，请向购买书店调换。若书店售缺，请与本社发行部联系，联系及邮购电话：（010）88254888，88258888。

质量投诉请发邮件至 zlts@phei.com.cn，盗版侵权举报请发邮件至 dbqq@phei.com.cn。

本书咨询联系方式：010-51260888-819，faq@phei.com.cn。

如何学习 Java

——谨以此文献给打算以编程为职业、并愿意为之疯狂的人

经常看到有些学生、求职者捧着一本类似 JBuilder 入门、Eclipse 指南之类的图书学习 Java，当他们学会了在这些工具中拖出窗体、安装按钮之后，就觉得自己掌握、甚至精通了 Java；又或是找来一本类似 JSP 动态网站编程之类的图书，学会使用 JSP 脚本编写一些页面后，就自我感觉掌握了 Java 开发。

还有一些学生、求职者听说 J2EE、Spring 或 EJB 很有前途，于是立即跑到书店或图书馆找来一本相关图书。希望立即学会它们，然后进入软件开发业、大显身手。

还有一些学生、求职者非常希望找到一本既速成、又大而全的图书，比如突击 J2EE 开发、一本书精通 J2EE 之类的图书（包括笔者曾出版的《轻量级 J2EE 企业应用实战》一书，据说销量不错)，希望这样一本图书就可以打通自己的"任督二脉"，一跃成为 J2EE 开发高手。

也有些学生、求职者非常喜欢 J2EE 项目实战、项目大全之类的图书，他们的想法很单纯：我按照书上介绍，按图索骥、依葫芦画瓢，应该很快就可学会 J2EE，很快就能成为一个受人羡慕的 J2EE 程序员了。

……

凡此种种，不一而足。但最后的结果往往是失败，因为这种学习没有积累、没有根基，学习过程中困难重重，每天都被一些相同、类似的问题所困扰，起初热情十足，经常上论坛询问，按别人的说法解决问题之后很高兴，既不知道为什么错？也不知道为什么对？只是盲目地抄袭别人的说法。最后的结果有两种：

① 久而久之，热情丧失，最后放弃学习。

② 大部分常见问题都问遍了，最后也可以从事一些重复性开发，但一旦遇到新问题，又将束手无策。

第二种情形在普通程序员中占了极大的比例，笔者多次听到、看到（在网络上）有些程序员抱怨：我做了 2 年多 Java 程序员了，工资还是 3000 多点。偶尔笔者会与他们聊聊工作相关内容，他们会告诉笔者：我也用 Spring 了啊，我也用 EJB 了啊……他们感到非常不平衡，为什么我的工资这么低？其实笔者很想告诉他们：你们太浮躁了！你们确实是用了 Spring、Hibernate 又或是 EJB，但你们未想过为什么要用这些技术？用这些技术有什么好处？如果不用这些技术行不行？

很多时候，我们的程序员把 Java 当成一种脚本，而不是一门面向对象的语言。他们习惯了在 JSP 脚本中使用 Java，但从不去想 JSP 如何运行，Web 服务器里的网络通信、多线程机制，为何一个 JSP 页面能同时向多个请求者提供服务？更不会想如何开发 Web 服务器；他们像代码机器一样编写 Spring Bean 代码，但从不去理解 Spring 容器的作用，更不会想如何开发 Spring 容器。

有时候，笔者的学生在编写五子棋、梭哈等作业感到困难时，会向他们的大学师兄、朋友求救，这些程序员告诉他：不用写了，网上有下载的！听到这样回答，笔者不禁感到哑然：网上还有 Windows 下载呢！网上下载和自己编写是两码事。偶尔，笔者会怀念以前黑色屏幕、绿荧荧字符时代，那时候程序员很单纯：当我们想偷懒时，习惯思维是写一个小工具；现在程序员很聪明：当他们想偷懒时，习惯思维是从网上下一个小工具。但是，谁更幸福？

当笔者的学生把他们完成的小作业放上互联网之后，然后就有许多人称他们为"高手"！这个称呼却让他们万分惭愧；惭愧之余，他们也感到万分欣喜，非常有成就感，这就是编程的快乐。编程的过程，与寻宝的过程完全一样：历经辛苦，终于找到心中的梦想，这是何等的快乐？

如果真的打算将编程当成职业，那就不应该如此浮躁，而是应该扎扎实实先学好 Java 语言，然后按 Java 本身的学习规律，踏踏实实一步一个脚印地学习，把基本功练扎实了才可获得更大的成功。

实际情况是，有多少程序员真正掌握了 Java 的面向对象？真正掌握了 Java 的多线程、网络通信、反射等内容？有多少 Java 程序员真正理解了类初始化时内存运行过程？又有多少程序员理解 Java 对象从创建到消失的全部细节？有几个程序员真正独立地编写过五子棋、梭哈、桌面弹球这种小游戏？又有几个 Java 程序员敢说：我可以开发 Struts？我可以开发 Spring？我可以开发 Tomcat？很多人又会说：这些都是许多人开发出来的！实际情况是：许多开源框架的核心最初完全是由一个人开发的。现在这些优秀程序已经出来了！你，是否深入研究过它们，是否深入掌握了它们？

如果要真正掌握 Java，包括后期的 Java EE 相关技术（例如 Struts、Spring、Hibernate 和 EJB 等），一定要记住笔者的话：绝不要从 IDE（如 JBuilder、Eclipse 和 NetBeans）工具开始学习！IDE 工具的功能很强大，初学者学起来也很容易上手，但也非常危险：因为 IDE 工具已经为我们做了许多事情，而软件开发者要全部了解软件开发的全部步骤。

2011 年 12 月 17 日

光盘说明

一、光盘内容

本光盘是《轻量级 Java EE 企业应用实战（第 5 版）》一书的配书光盘，书中的代码按章、按节存放，即第 2 章第 2 节所使用的代码放在 codes 文件夹的 02\2.2 文件夹下，依此类推。

另：书中每份源代码也给出与光盘源文件的对应关系，方便读者查找。

本光盘 codes 目录下有 10 个文件夹,其内容和含义说明如下：

（1）01～10 文件夹名对应于《轻量级 Java EE 企业应用实战（第 5 版）》中的章名，即第 2 章所使用的代码放在 codes 文件夹的 02 文件夹下，依此类推。

（2）10 文件夹下有 HRSystem 和 HRSystem_Eclipse 两个文件夹，它们是同一个项目的源文件，其中 HRSystem 是与 IDE 平台无关的项目，使用 Ant 来编译即可；而 HRSystem_Eclipse 是该项目在 Eclipse IDE 工具中的项目文件。

（3）codes\03\3.2\Struts2Demo 目录、codes\05\5.2\HibernateDemo 目录、codes\07\7.2\myspring 目录和 codes\10\HRSystem_Eclipse 目录下有.classpath、.project 等文件，它们是 Eclipse 项目文件，请不要删除。

本光盘根目录下包含一个"课件"文件夹，该文件夹里包含了《轻量级 Java EE 企业应用实战（第 5 版)》各章配套的授课 PPT 教案，各高校教师、学生可在此基础上自由修改、传播，但请保留署名。

本光盘根目录下包含一个"视频"文件夹，该文件夹里包含了 17 小时左右的 Spring 授课视频。

本光盘根目录下包含一个"疯狂 Java EE 面试题"的 PDF 文档，该文件是疯狂软件教育中心多位老师根据疯狂学员多年的面试题总结的面试答案，这些面试题是疯狂 Java 面试题库的基础部分，可作为读者对学习本书的效果检查。

二、运行环境

本书中的程序在以下环境调试通过：

（1）安装 jdk-9_windows-x64_bin.exe，安装完成后，添加 CLASSPATH 环境变量，该环境变量的值为.。如果为了可以编译和运行 Java 程序，还应该在 PATH 环境变量中增加%JAVA_HOME%/bin。其中 JAVA_HOME 代表 JDK（不是 JRE）的安装路径。

（2）安装 Apache 的 Tomcat 8.5.23,不要使用安装文件安装，而是采用解压缩的安装方式。安装 Tomcat 请参看第 1 章。安装完成后，将 Tomcat 安装路径的 lib 下的 jsp-api.jar 和 servlet-api.jar 两个 JAR 文件添加到 CLASSPATH 环境变量之后。

（3）安装 apache-ant-1.10.1。将下载的 Ant 压缩文件解压缩到任意路径，然后增加 ANT_HOME 的环境变量,让变量的值为 Ant 的解压缩路径,并在PATH环境变量中增加%ANT_HOME%/bin 环境变量。

（4）安装 MySQL 5.5 或更高版本。

（5）安装 Eclipse-jee-oxygen 版（也就是 Eclipse 4.7 for Java EE Developers）。

关于如何安装上面工具，请参考本书的第 1 章。

三、注意事项

（1）独立应用程序的代码中都包括 build.xml 文件，在 DOS 或 Shell 下进入 build.xml 文件所在路径，执行如下命令：

ant compile -- 编译程序

ant run --运行程序

（2）对于 Web 应用，将该应用复制到%TOMCAT_HOME%/webapps 路径下，然后进入 build.xml 所在路径，执行如下命令：

ant compile -- 编译应用

启动 Tomcat 服务器，使用浏览器即可访问该应用。

（3）对于 Eclipse 项目文件，导入 Eclipse 开发工具即可。

（4）第 10 章的案例，请参看项目下的 readme.txt。

（5）代码中有大量代码需要连接数据库，读者应修改数据库 URL 以及用户名、密码，让这些代码与读者运行环境一致。如果项目下有 SQL 脚本，导入 SQL 脚本即可，如果没有 SQL 脚本，系统将在运行时自动建表，读者只需创建对应数据库即可。

（6）在使用本光盘的程序时，请将程序拷贝到硬盘上，并去除文件的只读属性。

四、技术支持

如果在使用本光盘中遇到不懂的技术问题，您可以登录如下网站与作者联系：

http://www.crazyit.org

前　言

经过多年沉淀，Java EE 平台已经成为电信、金融、电子商务、保险、证券等各行业的大型应用系统的首选开发平台。在企业级应用的开发选择上，.Net 已趋式微，PHP 通常只用于开发一些企业展示站点或小型应用，因此这些开发语言、开发平台基本上已无法与 Java EE 进行对抗了。

　　Java EE 开发大致可分为两种方式：以 Spring 为核心的轻量级 Java EE 企业开发平台；以 EJB 3+JPA 为核心的经典 Java EE 开发平台。无论使用哪种平台进行开发，应用的性能、稳定性都有很好的保证，开发人群也有很稳定的保证。

　　本书介绍的开发平台，就是以 Struts 2.5+Spring 5.0+Hibernate 5.2/JPA（在实际项目中可能以 MyBatis 代替 Hibernate/JPA）为核心的轻量级 Java EE，这种组合在保留经典 Java EE 应用架构、高度可扩展性、高度可维护性的基础上，降低了 Java EE 应用的开发、部署成本，对于大部分中小型企业应用是首选。在一些需要具有高度伸缩性、高度稳定性的企业应用（比如银行系统、保险系统）中，以 EJB 3+JPA 为核心的经典 Java EE 应用则具有一定的占有率。本书姊妹篇《经典 Java EE 企业应用实战》主要介绍了后一种 Java EE 开发平台。

　　本书主要升级了《轻量级 Java EE 企业应用实战》的知识。本书采用最新的 Tomcat 8.5 作为 Web 服务器，全面而细致地介绍了 Servlet 3.1 的新特性，并将 Struts 2 升级到 Struts 2.5.14，将 Spring 升级到 5.0.2，将 Hibernate 升级到 5.2.12。本书详细介绍了 Spring 和 Hibernate 的"零配置"特性，并充分介绍了 Struts 2 的 Convention（约定）支持。为了顺应技术的改变，本书介绍的 Hibernate 持久化映射已经全部升级为注解方式，不再采用传统的 XML 映射方式。本书还详细介绍了 Spring 3.1 新增的缓存机制，包括使用@Cacheable 执行缓存，使用@CacheEvict 清除缓存等，也详细介绍了 Spring 5.0 的改变，包括 Spring 5.0 引入的@NonNull、@NonNullApi、@NonNullFields 等新注解。

　　Hibernate 5.x 的变化较大，Hibernate 进一步向 JPA 规范靠拢，它的不少 API 都借用于 JPA 规范。此外，Hibernate 将自身的动态条件查询 API 标记为过时（未来会删除它们），全面改为使用 JPA 的动态条件查询 API。因此，本书同时介绍了 Hibernate 5.2 和 JPA 规范的用法，包括 Hibernate API 与 JPA API 之间的对应关系，使用 Hibernate 与 JPA 的区别，并详细介绍了 JPA 的基本用法、JPA 批量操作、JPQL 查询、JPA 动态条件查询等，读者可通过本书同时掌握 Hibernate 和 JPA 的用法。

本书创作感言

　　笔者首先要感谢广大读者对本书前几版的认同，本书前几版**累计发行十几万册**，并获得**中国书刊发行行业协会**颁发的**"2011 年度全行业优秀畅销品种"大奖**，且多次获得电子工业出版社颁发的**"最畅销图书奖"**。是广大读者的选择让"疯狂 Java 体系"图书大放异彩；是广大读者的支持让我在孤独的技术创作道路上坚持求索；是广大读者的反馈让"疯狂 Java 体系"图书日臻完美。

　　广大读者的热情对我来说既是支持，又是责任——"疯狂 Java 体系"图书有责任必须完美！因此笔者在改进、升级"疯狂 Java 体系"图书时，有一种如履薄冰的感觉，希望以最大的努力来贡献最好的作品。

　　另外，本书还有一本配套的姊妹篇：《经典 Java EE 企业应用实战》。学习本书时可以采用"轻经合参"的方式来学习——"轻"指的是以 SSH 整合的轻量级 Java EE 开发平台，"经"指的是以 EJB3+JPA 整合的经典 Java EE 开发平台；这两种平台本身具有很大的相似性，将两种 Java EE 开发平台结构放在一起参考、对照着学习，能更好地理解 Spring、Hibernate 框架的设计思想，从而更深入地掌握它们。与此同时，也可以深入理解 EJB 3 与 Spring 容器中的 Bean、EJB 容器与 Spring 容器之间的联系和区别，从而融会贯通地掌握 EJB 3+JPA 整合的开发方式。

在介绍非常专业的编程知识之时，笔者总会通过一些浅显的类比来帮助读者更好地理解。"简单、易读"成为笔者一贯坚持的创作风格，也是"疯狂 Java 体系"图书的特色。另外，"疯狂 Java 体系"图书的知识也很全面、实用。笔者希望读者在看完"疯狂 Java 体系"图书之后，可以较为轻松地理解书中所介绍的知识，并切实学会一种实用的开发技术，进而将之应用到实际开发中。如果读者在学习过程中遇到无法理解的问题，可以登录疯狂 Java 联盟（http://www.crazyit.org）与广大 Java 学习者交流，笔者也会通过该平台与大家一起交流、学习。

本书有什么特点

本书保持了《轻量级 Java EE 企业应用实战》前几版简单、实用的优势，同样坚持让案例说话，以案例来介绍知识点的风格。本书最后同样示范开发了企业工作流案例，希望读者通过该案例真正步入实际企业开发的殿堂。

本书依然保留了《轻量级 Java EE 企业应用实战》前几版的三个特色。

1．经验丰富，针对性强

笔者既担任过软件开发的技术经理，也担任过软件公司的培训导师，还从事过职业培训的专职讲师。这些经验影响了笔者写书的目的，本书不是一本学院派的理论读物，而是一本实际的开发指南。

2．内容实际，实用性强

本书所介绍的 Java EE 应用范例，采用了目前企业流行的开发架构，绝对严格遵守 Java EE 开发规范，而不是将各种技术杂乱地糅合在一起号称 Java EE。读者参考本书的架构，完全可以身临其境地感受企业实际开发。

3．高屋建瓴，启发性强

本书介绍的几种架构模式，几乎是时下最全面的 Java EE 架构模式。这些架构模式可以直接提升读者对系统架构设计的把握。

本书写给谁看

如果你已经掌握 Java SE 内容，或已经学完了《疯狂 Java 讲义》一书，那么你非常适合阅读此书。除此之外，如果你已有初步的 JSP、Servlet 基础，甚至对 Struts 2、Spring 5.0、Hibernate 5.2、JPA 有所了解，但希望掌握它们在实际开发中的应用，本书也将非常适合你。如果你对 Java 的掌握还不熟练，则建议遵从学习规律，循序渐进，暂时不要购买、阅读此书，而是按照《疯狂 Java 学习路线图》中的建议顺序学习。

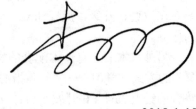

2018-1-10

目 录 CONTENTS

第 1 章　Java EE 应用和开发环境 1

1.1　Java EE 应用概述 2
　　1.1.1　Java EE 应用的分层模型 2
　　1.1.2　Java EE 应用的组件 3
　　1.1.3　Java EE 应用的结构和优势 4
　　1.1.4　常用的 Java EE 服务器 4

1.2　轻量级 Java EE 应用相关技术 5
　　1.2.1　JSP、Servlet 3.x 和 JavaBean 及
　　　　　替代技术 5
　　1.2.2　Struts 2.5 及替代技术 5
　　1.2.3　Hibernate 5.2 及替代技术 6
　　1.2.4　Spring 5.0 及替代技术 6

1.3　Tomcat 的下载和安装 7
　　1.3.1　安装 Tomcat 服务器 8
　　1.3.2　配置 Tomcat 的服务端口 9
　　1.3.3　进入控制台 9
　　1.3.4　部署 Web 应用 12
　　1.3.5　配置 Tomcat 的数据源 12

1.4　Eclipse 的安装和使用 14
　　1.4.1　Eclipse 的下载和安装 14
　　1.4.2　在线安装 Eclipse 插件 15
　　1.4.3　从本地压缩包安装插件 17
　　1.4.4　手动安装 Eclipse 插件 17
　　1.4.5　使用 Eclipse 开发 Java EE 应用 ..17
　　1.4.6　导入 Eclipse 项目 20
　　1.4.7　导入非 Eclipse 项目 21

1.5　Ant 的安装和使用 22
　　1.5.1　Ant 的下载和安装 23
　　1.5.2　使用 Ant 工具 23
　　1.5.3　定义生成文件 25
　　1.5.4　Ant 的任务（task）..................29

1.6　Maven 的安装和使用 31
　　1.6.1　下载和安装 Maven 31
　　1.6.2　设置 Maven 32
　　1.6.3　创建、构建简单的项目 33
　　1.6.4　Maven 的核心概念 36
　　1.6.5　依赖管理 41
　　1.6.6　POM 文件的元素 43

1.7　使用 SVN 进行协作开发 44
　　1.7.1　下载和安装 SVN 服务器 45
　　1.7.2　配置 SVN 资源库 45
　　1.7.3　下载和安装 SVN 客户端 47
　　1.7.4　将项目发布到服务器 47
　　1.7.5　从服务器下载项目 48
　　1.7.6　提交（Commit）修改 48
　　1.7.7　同步（Update）本地文件 48
　　1.7.8　添加文件和目录 49
　　1.7.9　删除文件和目录 50
　　1.7.10　查看文件或目录的版本变革 50
　　1.7.11　从以前版本重新开始 50
　　1.7.12　创建分支 51
　　1.7.13　沿着分支开发 51
　　1.7.14　合并分支 52
　　1.7.15　使用 Eclipse 作为 SVN 客户端 52

1.8　使用 Git 进行软件配置管理（SCM）.....55
　　1.8.1　下载和安装 Git、TortoiseGit 56
　　1.8.2　创建本地资源库 58
　　1.8.3　添加（Add）文件和目录 59
　　1.8.4　提交（Commit）修改 60
　　1.8.5　查看文件或目录的版本变更 61
　　1.8.6　删除文件和目录 62
　　1.8.7　从以前版本重新开始 62
　　1.8.8　克隆（Clone）项目 63
　　1.8.9　创建分支 64
　　1.8.10　沿着分支开发 64
　　1.8.11　合并分支 65
　　1.8.12　使用 Eclipse 作为 Git 客户端 65
　　1.8.13　配置远程中央资源库 67
　　1.8.14　推送（Push）项目 69
　　1.8.15　获取（Fetch）项目和拉取（Pull）
　　　　　　项目 70

1.9　本章小结 72

第 2 章　JSP/Servlet 及相关技术详解 73

2.1　Web 应用和 web.xml 文件 74
　　2.1.1　构建 Web 应用 74
　　2.1.2　配置描述符 web.xml 75

2.2　JSP 的基本原理 76

2.3　JSP 的 4 种基本语法 80

　　2.3.1　JSP 注释 80

　　2.3.2　JSP 声明 81

　　2.3.3　JSP 输出表达式 82

　　2.3.4　JSP 小脚本 83

2.4　JSP 的 3 个编译指令 85

　　2.4.1　page 指令 85

　　2.4.2　include 指令 89

2.5　JSP 的 7 个动作指令 90

　　2.5.1　forward 指令 90

　　2.5.2　include 指令 92

　　2.5.3　useBean、setProperty、getProperty
　　　　　指令 93

　　2.5.4　plugin 指令 96

　　2.5.5　param 指令 96

2.6　JSP 脚本中的 9 个内置对象 96

　　2.6.1　application 对象 98

　　2.6.2　config 对象 103

　　2.6.3　exception 对象 105

　　2.6.4　out 对象 107

　　2.6.5　pageContext 对象 108

　　2.6.6　request 对象 109

　　2.6.7　response 对象 116

　　2.6.8　session 对象 120

2.7　Servlet 介绍 122

　　2.7.1　Servlet 的开发 122

　　2.7.2　Servlet 的配置 124

　　2.7.3　JSP/Servlet 的生命周期 125

　　2.7.4　load-on-startup Servlet 126

　　2.7.5　访问 Servlet 的配置参数 127

　　2.7.6　使用 Servlet 作为控制器 129

2.8　JSP 2 的自定义标签 133

　　2.8.1　开发自定义标签类 133

　　2.8.2　建立 TLD 文件 134

　　2.8.3　使用标签库 135

　　2.8.4　带属性的标签 136

　　2.8.5　带标签体的标签 139

　　2.8.6　以页面片段作为属性的标签 ...141

　　2.8.7　动态属性的标签 143

2.9　Filter 介绍 144

　　2.9.1　创建 Filter 类 145

　　2.9.2　配置 Filter 146

　　2.9.3　使用 URL Rewrite 实现网站伪静态 ...149

2.10　Listener 介绍 150

2.10.1　实现 Listener 类 151

2.10.2　配置 Listener 152

2.10.3　使用 ServletContextAttributeListener ...153

2.10.4　使用 ServletRequestListener 和
　　　　ServletRequestAttributeListener 154

2.10.5　使用 HttpSessionListener 和
　　　　HttpSessionAttributeListener 155

2.11　JSP 2 特性 160

　　2.11.1　配置 JSP 属性 160

　　2.11.2　表达式语言 162

　　2.11.3　Tag File 支持 170

2.12　Servlet 3 新特性 172

　　2.12.1　Servlet 3 的注解 172

　　2.12.2　Servlet 3 的 Web 模块支持 ...172

　　2.12.3　Servlet 3 提供的异步处理 ...174

　　2.12.4　改进的 Servlet API 177

2.13　Servlet 3.1 新增的非阻塞式 IO ...180

2.14　Tomcat 8.5 的 WebSocket 支持 ...182

2.15　本章小结 187

第 3 章　Struts 2 的基本用法 188

3.1　MVC 思想概述 189

　　3.1.1　传统 Model 1 和 Model 2 ...189

　　3.1.2　MVC 思想及其优势 190

3.2　Struts 2 的下载和安装 191

　　3.2.1　为 Web 应用增加 Struts 2 支持 ...191

　　3.2.2　在 Eclipse 中使用 Struts 2 ...192

　　3.2.3　增加登录处理 193

3.3　Struts 2 的流程 196

　　3.3.1　Struts 2 应用的开发步骤 196

　　3.3.2　Struts 2 的运行流程 197

3.4　Struts 2 的常规配置 198

　　3.4.1　常量配置 198

　　3.4.2　包含其他配置文件 204

3.5　实现 Action 204

　　3.5.1　Action 接口和 ActionSupport 基类 ...206

　　3.5.2　Action 访问 Servlet API 208

　　3.5.3　Action 直接访问 Servlet API ...210

　　3.5.4　使用 ServletActionContext 访问
　　　　　Servlet API 212

3.6　配置 Action 212

　　3.6.1　包和命名空间 213

　　3.6.2　Action 的基本配置 216

　　3.6.3　使用 Action 的动态方法调用 ...217

　　3.6.4　指定 method 属性及使用通配符 ...219

3.6.5 配置默认 Action 224
3.6.6 配置 Action 的默认处理类 ...225
3.7 配置处理结果 225
3.7.1 理解处理结果 225
3.7.2 配置结果 226
3.7.3 Struts 2 支持的结果类型 227
3.7.4 plainText 结果类型 229
3.7.5 redirect 结果类型 230
3.7.6 redirectAction 结果类型 231
3.7.7 动态结果 232
3.7.8 Action 属性值决定物理视图资源 232
3.7.9 全局结果 234
3.7.10 使用 PreResultListener 235
3.8 配置 Struts 2 的异常处理 236
3.8.1 Struts 2 的异常处理机制 236
3.8.2 声明式异常捕捉 238
3.8.3 输出异常信息 239
3.9 Convention 插件与"约定"支持 ...240
3.9.1 Action 的搜索和映射约定 ...241
3.9.2 按约定映射 Result 243
3.9.3 Action 链的约定 246
3.9.4 自动重加载映射 247
3.9.5 Convention 插件的相关常量 ...247
3.9.6 Convention 插件相关注解 ...248
3.10 使用 Struts 2 的国际化 248
3.10.1 视图页面的国际化 249
3.10.2 Action 的国际化 250
3.10.3 使用包范围的国际化资源 ...251
3.10.4 使用全局国际化资源 252
3.10.5 输出带占位符的国际化消息 ...254
3.10.6 加载资源文件的顺序 256
3.11 使用 Struts 2 的标签库 256
3.11.1 Struts 2 标签库概述 256
3.11.2 使用 Struts 2 标签 257
3.11.3 Struts 2 的 OGNL 表达式语言 ...258
3.11.4 OGNL 中的集合操作 260
3.11.5 访问静态成员 261
3.11.6 Lambda（λ）表达式 261
3.11.7 控制标签 262
3.11.8 数据标签 271
3.11.9 主题和模板 279
3.11.10 自定义主题 281
3.11.11 表单标签 282
3.11.12 非表单标签 294
3.12 本章小结 297

第 4 章 深入使用 Struts 2 298
4.1 详解 Struts 2 的类型转换 299
4.1.1 Struts 2 内建的类型转换器 ...299
4.1.2 基于 OGNL 的类型转换 300
4.1.3 指定集合元素的类型 302
4.1.4 自定义类型转换器 304
4.1.5 注册类型转换器 306
4.1.6 基于 Struts 2 的自定义类型转换器 ...308
4.1.7 处理 Set 集合 308
4.1.8 类型转换中的错误处理 311
4.2 使用 Struts 2 的输入校验 316
4.2.1 编写校验规则文件 316
4.2.2 国际化提示信息 319
4.2.3 使用客户端校验 320
4.2.4 字段校验器配置风格 321
4.2.5 非字段校验器配置风格 322
4.2.6 短路校验器 324
4.2.7 校验文件的搜索规则 325
4.2.8 校验顺序和短路 327
4.2.9 内建校验器 327
4.2.10 基于注解的输入校验 337
4.2.11 手动完成输入校验 339
4.3 使用 Struts 2 控制文件上传 342
4.3.1 Struts 2 的文件上传 342
4.3.2 实现文件上传的 Action 343
4.3.3 配置文件上传的 Action 345
4.3.4 手动实现文件过滤 347
4.3.5 拦截器实现文件过滤 348
4.3.6 输出错误提示 349
4.3.7 文件上传的常量配置 350
4.4 使用 Struts 2 控制文件下载 351
4.4.1 实现文件下载的 Action 351
4.4.2 配置 Action 352
4.4.3 下载前的授权控制 352
4.5 详解 Struts 2 的拦截器机制 353
4.5.1 拦截器在 Struts 2 中的作用 ...354
4.5.2 Struts 2 内建的拦截器 354
4.5.3 配置拦截器 356
4.5.4 使用拦截器的配置语法 357
4.5.5 配置默认拦截器 358
4.5.6 实现拦截器类 360
4.5.7 使用拦截器 361
4.5.8 拦截方法的拦截器 362
4.5.9 拦截器的执行顺序 365
4.5.10 拦截结果的监听器 366

4.5.11　覆盖拦截器栈里特定拦截器的参数....367
　　　　4.5.12　使用拦截器完成权限控制 368
　4.6　使用 Struts 2 的 Ajax 支持.................370
　　　　4.6.1　使用 stream 类型的 Result 实现
　　　　　　　Ajax 370
　　　　4.6.2　JSON 的基本知识....................372
　　　　4.6.3　实现 Action 逻辑.....................375
　　　　4.6.4　JSON 插件与 json 类型的 Result.......376
　　　　4.6.5　实现 JSP 页面.........................377
　4.7　本章小结 378

第5章　Hibernate 的基本用法...............380
　5.1　ORM 和 Hibernate.........................381
　　　　5.1.1　对象/关系数据库映射（ORM）.......381
　　　　5.1.2　基本映射方式........................382
　　　　5.1.3　流行的 ORM 框架简介 383
　　　　5.1.4　Hibernate 概述 383
　5.2　Hibernate 入门...........................384
　　　　5.2.1　Hibernate 下载和安装 384
　　　　5.2.2　Hibernate 的数据库操作 385
　　　　5.2.3　在 Eclipse 中使用 Hibernate 389
　5.3　Hibernate 的体系结构.....................392
　5.4　深入 Hibernate 配置文件.................393
　　　　5.4.1　创建 Configuration 对象 393
　　　　5.4.2　hibernate.properties 文件与
　　　　　　　hibernate.cfg.xml 文件 396
　　　　5.4.3　JDBC 连接属性 396
　　　　5.4.4　数据库方言 397
　　　　5.4.5　JNDI 数据源的连接属性 398
　　　　5.4.6　Hibernate 事务属性...................399
　　　　5.4.7　二级缓存相关属性 399
　　　　5.4.8　外连接抓取属性 399
　　　　5.4.9　其他常用的配置属性.................400
　5.5　深入理解持久化对象.....................400
　　　　5.5.1　持久化类的要求 400
　　　　5.5.2　持久化对象的状态...................401
　　　　5.5.3　改变持久化对象状态的方法.............402
　5.6　深入 Hibernate 映射.......................405
　　　　5.6.1　映射属性.............................407
　　　　5.6.2　映射主键.............................415
　　　　5.6.3　使用 Hibernate 的主键生成器.........417
　　　　5.6.4　映射集合属性........................418
　　　　5.6.5　集合属性的性能分析 424
　　　　5.6.6　有序集合映射........................426
　　　　5.6.7　映射数据库对象.....................427

　5.7　映射组件属性.............................430
　　　　5.7.1　组件属性为集合 432
　　　　5.7.2　集合属性的元素为组件 433
　　　　5.7.3　组件作为 Map 的索引.................434
　　　　5.7.4　组件作为复合主键 436
　　　　5.7.5　多列作为联合主键 438
　5.8　使用传统的映射文件.....................439
　　　　5.8.1　增加 XML 映射文件 439
　　　　5.8.2　注解，还是 XML 映射文件 441
　5.9　本章小结 442

第6章　深入使用 Hibernate 与 JPA 443
　6.1　Hibernate 的关联映射.....................444
　　　　6.1.1　单向 $N-1$ 关联 444
　　　　6.1.2　单向 $1-1$ 关联 449
　　　　6.1.3　单向 $1-N$ 关联 450
　　　　6.1.4　单向 $N-N$ 关联 453
　　　　6.1.5　双向 $1-N$ 关联 455
　　　　6.1.6　双向 $N-N$ 关联 458
　　　　6.1.7　双向 $1-1$ 关联 459
　　　　6.1.8　组件属性包含的关联实体 461
　　　　6.1.9　基于复合主键的关联关系 463
　　　　6.1.10　复合主键的成员属性为关联实体 ...464
　　　　6.1.11　持久化的传播性 467
　6.2　继承映射.................................468
　　　　6.2.1　整个类层次对应一个表的映射策略....470
　　　　6.2.2　连接子类的映射策略 472
　　　　6.2.3　每个具体类对应一个表的映射策略....475
　6.3　批量处理策略.............................477
　　　　6.3.1　批量插入.............................477
　　　　6.3.2　JPA 与 Hibernate 478
　　　　6.3.3　JPA 的批量插入......................479
　　　　6.3.4　批量更新.............................481
　　　　6.3.5　DML 风格的批量更新/删除 481
　　　　6.3.6　JPA 的 DML 支持.....................482
　6.4　HQL 查询和 JPQL 查询....................483
　　　　6.4.1　HQL 查询.............................483
　　　　6.4.2　JPQL 查询............................485
　　　　6.4.3　from 子句............................487
　　　　6.4.4　关联和连接 487
　　　　6.4.5　查询的 select 子句...................490
　　　　6.4.6　HQL 查询的聚集函数.................491
　　　　6.4.7　多态查询.............................491
　　　　6.4.8　HQL 查询的 where 子句..............492
　　　　6.4.9　表达式..............................493

6.4.10　order by 子句.............................495

6.4.11　group by 子句.............................495

6.4.12　子查询.......................................495

6.4.13　命名查询....................................496

6.5　动态条件查询.....................................497

6.5.1　执行 DML 语句.............................501

6.5.2　select 的用法...............................502

6.5.3　元组查询.......................................503

6.5.4　多 Root 查询.................................504

6.5.5　关联和动态关联...........................505

6.5.6　分组、聚集和排序......................508

6.6　原生 SQL 查询.....................................510

6.6.1　标量查询.......................................510

6.6.2　实体查询.......................................511

6.6.3　处理关联和继承...........................514

6.6.4　命名 SQL 查询.............................515

6.6.5　调用存储过程...............................517

6.6.6　使用定制 SQL...............................518

6.6.7　JPA 的原生 SQL 查询...................520

6.7　数据过滤...524

6.8　事务控制...526

6.8.1　事务的概念...................................527

6.8.2　Session 与事务.............................527

6.8.3　上下文相关的 Session...................529

6.9　二级缓存和查询缓存...........................530

6.9.1　开启二级缓存...............................530

6.9.2　管理缓存和统计缓存....................533

6.9.3　使用查询缓存...............................534

6.10　事件机制...537

6.10.1　拦截器...537

6.10.2　事件系统......................................539

6.11　本章小结...541

第 7 章　Spring 的基本用法.................. 542

7.1　Spring 简介和 Spring 5.0 的变化...........543

7.1.1　Spring 简介....................................543

7.1.2　Spring 5.0 的变化...........................544

7.2　Spring 入门...544

7.2.1　Spring 下载和安装.........................544

7.2.2　使用 Spring 管理 Bean...................545

7.2.3　在 Eclipse 中使用 Spring...............548

7.3　Spring 的核心机制：依赖注入.............551

7.3.1　理解依赖注入...............................552

7.3.2　设值注入.......................................553

7.3.3　构造注入.......................................557

7.3.4　两种注入方式的对比.....................558

7.4　使用 Spring 容器...................................559

7.4.1　Spring 容器....................................559

7.4.2　使用 ApplicationContext.................560

7.4.3　ApplicationContext 的国际化支持...562

7.4.4　ApplicationContext 的事件机制.......563

7.4.5　让 Bean 获取 Spring 容器...............566

7.5　Spring 容器中的 Bean...........................568

7.5.1　Bean 的基本定义和 Bean 别名.......568

7.5.2　容器中 Bean 的作用域...................569

7.5.3　配置依赖.......................................572

7.5.4　设置普通属性值...........................574

7.5.5　配置合作者 Bean...........................575

7.5.6　使用自动装配注入合作者 Bean......575

7.5.7　注入嵌套 Bean...............................578

7.5.8　注入集合值...................................579

7.5.9　组合属性.......................................583

7.5.10　Spring 的 Bean 和 JavaBean...........584

7.6　Spring 提供的 Java 配置管理.................585

7.7　创建 Bean 的 3 种方式...........................588

7.7.1　使用构造器创建 Bean 实例.............588

7.7.2　使用静态工厂方法创建 Bean..........589

7.7.3　调用实例工厂方法创建 Bean..........591

7.8　深入理解容器中的 Bean.......................593

7.8.1　抽象 Bean 与子 Bean......................593

7.8.2　Bean 继承与 Java 继承的区别.........595

7.8.3　容器中的工厂 Bean........................595

7.8.4　获得 Bean 本身的 id.......................597

7.8.5　强制初始化 Bean............................598

7.9　容器中 Bean 的生命周期.......................598

7.9.1　依赖关系注入之后的行为..............599

7.9.2　Bean 销毁之前的行为.....................601

7.9.3　协调作用域不同步的 Bean..............603

7.10　高级依赖关系配置...............................606

7.10.1　获取其他 Bean 的属性值...............607

7.10.2　获取 Field 值.................................609

7.10.3　获取方法返回值...........................611

7.11　基于 XML Schema 的简化配置方式.......614

7.11.1　使用 p:命名空间简化配置.............614

7.11.2　使用 c:命名空间简化配置.............615

7.11.3　使用 util:命名空间简化配置..........617

7.12　Spring 提供的表达式语言（SpEL）.......619

7.12.1　使用 Expression 接口进行表达式
　　　　求值...619

7.12.2　Bean 定义中的表达式语言支持......621

7.12.3 SpEL 语法详述 622

7.13 本章小结 627

第 8 章 深入使用 Spring 628

8.1 两种后处理器 629

    8.1.1 Bean 后处理器 629

    8.1.2 Bean 后处理器的用处 633

    8.1.3 容器后处理器 633

    8.1.4 属性占位符配置器 634

    8.1.5 重写占位符配置器 636

8.2 Spring 的 "零配置" 支持 637

    8.2.1 搜索 Bean 类 637

    8.2.2 指定 Bean 的作用域 640

    8.2.3 使用@Resource 和@Value 配置依赖 640

    8.2.4 使用@PostConstruct 和@PreDestroy
定制生命周期行为 641

    8.2.5 使用@DependsOn 和@Lazy 改变
初始化行为 642

    8.2.6 自动装配和精确装配 643

    8.2.7 Spring 5 新增的注解 647

    8.2.8 使用@Required 检查注入 648

8.3 资源访问 648

    8.3.1 Resource 实现类 649

    8.3.2 ResourceLoader 接口和
ResourceLoaderAware 接口 653

    8.3.3 使用 Resource 作为属性 655

    8.3.4 在 ApplicationContext 中使用资源 656

8.4 Spring 的 AOP 660

    8.4.1 为什么需要 AOP 660

    8.4.2 使用 AspectJ 实现 AOP 661

    8.4.3 AOP 的基本概念 667

    8.4.4 Spring 的 AOP 支持 668

    8.4.5 基于注解的 "零配置" 方式 669

    8.4.6 基于 XML 配置文件的管理方式 684

8.5 Spring 的缓存机制 690

    8.5.1 启用 Spring 缓存 690

    8.5.2 使用@Cacheable 执行缓存 693

    8.5.3 使用@CacheEvict 清除缓存 696

8.6 Spring 的事务 698

    8.6.1 Spring 支持的事务策略 698

    8.6.2 使用 XML Schema 配置事务策略 702

    8.6.3 使用@Transactional 708

8.7 Spring 整合 Struts 2 709

    8.7.1 启动 Spring 容器 709

    8.7.2 MVC 框架与 Spring 整合的思考 710

8.7.3 让 Spring 管理控制器 711

8.7.4 使用自动装配 715

8.8 Spring 整合 Hibernate 717

    8.8.1 Spring 提供的 DAO 支持 717

    8.8.2 管理 Hibernate 的 SessionFactory 718

    8.8.3 实现 DAO 组件的基类 719

    8.8.4 HibernateTemplate 和
HibernateDaoSupport 722

    8.8.5 实现 DAO 组件 725

    8.8.6 使用 IoC 容器组装各种组件 725

    8.8.7 使用声明式事务 728

8.9 Spring 整合 JPA 729

    8.9.1 管理 EntityManagerFactory 729

    8.9.2 实现 DAO 组件基类 732

    8.9.3 使用声明式事务 734

8.10 本章小结 735

第 9 章 企业应用开发的思考和策略 736

9.1 企业应用开发面临的挑战 737

    9.1.1 可扩展性、可伸缩性 737

    9.1.2 快捷、可控的开发 738

    9.1.3 稳定性、高效性 738

    9.1.4 花费最小化，利益最大化 739

9.2 如何面对挑战 739

    9.2.1 使用建模工具 739

    9.2.2 利用优秀的框架 739

    9.2.3 选择性地扩展 741

    9.2.4 使用代码生成器 742

9.3 常见设计模式精讲 742

    9.3.1 单例模式 743

    9.3.2 简单工厂 744

    9.3.3 工厂方法和抽象工厂 750

    9.3.4 代理模式 753

    9.3.5 命令模式 758

    9.3.6 策略模式 761

    9.3.7 门面模式 763

    9.3.8 桥接模式 766

    9.3.9 观察者模式 769

9.4 常见的架构设计策略 773

    9.4.1 贫血模型 773

    9.4.2 领域对象模型 776

    9.4.3 合并业务逻辑组件与 DAO 组件 778

    9.4.4 合并业务逻辑组件和 Domain Object...779

    9.4.5 抛弃业务逻辑层 780

9.5 本章小结 781

第 10 章　简单工作流系统 782

　10.1　项目背景及系统结构 783
　　10.1.1　应用背景 783
　　10.1.2　系统功能介绍 783
　　10.1.3　相关技术介绍 784
　　10.1.4　系统结构 785
　　10.1.5　系统的功能模块 785
　10.2　Hibernate 持久层 786
　　10.2.1　设计持久化实体 786
　　10.2.2　创建持久化实体类 787
　10.3　实现 DAO 层 792
　　10.3.1　DAO 组件的定义 792
　　10.3.2　实现 DAO 组件 795
　　10.3.3　部署 DAO 层 797
　10.4　实现 Service 层 799
　　10.4.1　业务逻辑组件的设计 799

　　10.4.2　实现业务逻辑组件 800
　　10.4.3　事务管理 805
　　10.4.4　部署业务逻辑组件 806
　10.5　实现任务的自动调度 806
　　10.5.1　使用 Quartz 806
　　10.5.2　在 Spring 中使用 Quartz 810
　10.6　实现系统 Web 层 813
　　10.6.1　Struts 2 和 Spring 的整合 813
　　10.6.2　控制器的处理顺序图 814
　　10.6.3　员工登录 814
　　10.6.4　进入打卡 816
　　10.6.5　处理打卡 818
　　10.6.6　进入申请 819
　　10.6.7　提交申请 821
　　10.6.8　使用拦截器完成权限管理 823
　10.7　本章小结 824

第1章
Java EE 应用和开发环境

本章要点

- Java EE 应用的基础知识
- Java EE 应用的模型和相关组件
- Java EE 应用的结构和优势
- 轻量级 Java EE 应用的相关技术
- Tomcat 的下载和安装
- Tomcat 的相关配置
- 下载和安装 Eclipse
- 安装 Eclipse 插件
- 使用 Eclipse 开发项目
- Ant 的下载和安装
- 使用 Ant
- 定义 Ant 生成文件
- Maven 的下载和安装
- Maven 的通用设置和基本用法
- Maven 生命周期、阶段、插件、目标
- Maven 依赖管理
- SVN 服务器的下载和安装
- SVN 服务器的简单配置
- TortoiseSVN 的下载和安装
- 使用 TortoiseSVN 发布项目
- 使用 TortoiseSVN 下载项目
- 使用 TortoiseSVN 同步、提交文件
- 在 TortoiseSVN 中创建标签、创建分支
- 使用 Eclipse 作为 SVN 客户端
- Git 和 TortoiseGit 的下载和安装
- 创建本地资源库
- 添加、提交文件和目录
- 使用 Git、TortoiseGit 删除文件和目录
- 使用 Git、TortoiseGit 克隆项目
- 使用 Git、TortoiseGit 创建分支、合并分支
- 使用 Eclipse 作为 Git 客户端
- 使用 GitStack 配置远程中央资源库
- 使用 Git、TortoiseGit 推送、获取、拉取项目

时至今日，轻量级 Java EE 平台在企业开发中占有绝对的优势，Java EE 应用以其稳定的性能、良好的开放性及严格的安全性，深受企业应用开发者的青睐。实际上，对于信息化要求较高的行业，如银行、电信、证券及电子商务等行业，都不约而同地选择了 Java EE 开发平台。

对于一个企业而言，选择 Java EE 构建信息化平台，更体现了一种长远的规划：企业的信息化是不断整合的过程，在未来的日子里，经常会有不同平台、不同的异构系统需要整合。Java EE 应用提供的跨平台性、开放性及各种远程访问的技术，为异构系统的良好整合提供了保证。

对于一些高并发、高稳定要求的电商网站（如淘宝、京东等），公司创立之初并没有采用 Java EE 技术架构（淘宝早期用 PHP，京东早期用.NET），但当公司的业务一旦真正开始，他们马上就发现 PHP、.NET 无法支撑公司业务运营，后来全部改为使用 Java EE 技术架构。就目前的局面来看，Java EE 已经成为真正企业级应用的不二之选。

本书作为《轻量级 Java EE 企业应用实战》的第 5 版，将全面升级 SSH 组合里三个开源框架的版本：Struts 将全面升级到 2.5，Spring 将升级到 5.0，Hibernate 将升级到 5.2，尽量让读者走在技术的最前沿。

1.1　Java EE 应用概述

今天所说的 Java EE 应用，往往超出了 Sun 所提出的经典 Java EE 应用规范，而是一种更广泛的开发规范。经典 Java EE 应用往往以 EJB（企业级 Java Bean）为核心，以应用服务器为运行环境，所以通常开发、运行成本较高。本书所介绍的轻量级 Java EE 应用具备了 Java EE 规范的种种特征，例如面向对象建模的思维方式、优秀的应用分层及良好的可扩展性、可维护性。轻量级 Java EE 应用保留了经典 Java 应用的架构，但开发、运行成本更低。

▶▶ 1.1.1　Java EE 应用的分层模型

不管是经典的 Java EE 架构，还是本书所介绍的轻量级 Java EE 架构，大致上都可分为如下几层。
- Domain Object（领域对象）层：此层由一系列的 POJO（Plain Old Java Object，普通的、传统的 Java 对象）组成，这些对象是该系统的 Domain Object，往往包含了各自所需实现的业务逻辑方法。
- DAO（Data Access Object，数据访问对象）层：此层由一系列的 DAO 组件组成，这些 DAO 实现了对数据库的创建、查询、更新和删除（CRUD）等原子操作。

提示：
　　在经典 Java EE 应用中，DAO 层也被改称为 EAO 层，EAO 层组件的作用与 DAO 层组件的作用基本相似。只是 EAO 层主要完成对实体（Entity）的 CRUD 操作，因此简称为 EAO 层。

- 业务逻辑层：此层由一系列的业务逻辑对象组成，这些业务逻辑对象实现了系统所需要的业务逻辑方法。这些业务逻辑方法可能仅仅用于暴露 Domain Object 对象所实现的业务逻辑方法，也可能是依赖 DAO 组件实现的业务逻辑方法。
- 控制器层：此层由一系列控制器组成，这些控制器用于拦截用户请求，并调用业务逻辑组件的业务逻辑方法，处理用户请求，并根据处理结果转发到不同的表现层组件。
- 前端层：此层由一系列的 JSP 页面、FreeMarker 页面，以及 jQuery、AngularJS 等各种前端框架组成，负责收集用户请求，并显示处理结果。

注意
　　在现代的企业级应用中，前端层也可以做得功能非常丰富，它们甚至可能抛弃传统的 JSP、FreeMarker 等视图技术，而是直接使用 HTML 5 页面、JavaScript 脚本以及各种前端框架来实现，甚至可能在前端层又分成控制器层、Service 层、数据访问层（负责与 MVC 控制器交互），比如 AngularJS 就是这么做的。本书不会涉及前端开发的内容，具体可参考《疯狂前端开发讲义》。

大致上，Java EE 应用的架构如图 1.1 所示。

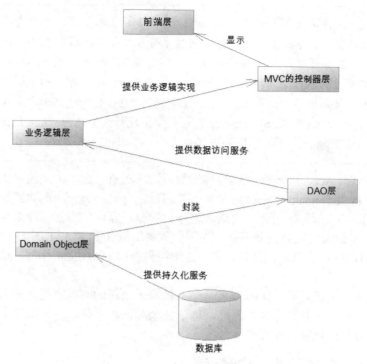

图 1.1　Java EE 应用的架构

　　各层的 Java EE 组件之间以松耦合的方式耦合在一起，各组件并不以硬编码方式耦合，这种方式是为了应用以后的扩展性。从上向下，上面组件的实现依赖于下面组件的功能；从下向上，下面组件支持上面组件的实现。

> **提示：** 至于以 EJB 3、JPA 为核心的 Java EE 应用的结构，和图 1.1 所示的应用结构大致相似，只是它的 DAO 层（一般称为 EAO 层）组件、业务逻辑层组件都由 EJB 充当。关于经典 Java EE 应用的详细介绍，请参看本书姊妹篇《经典 Java EE 企业应用实战》。

▶▶ 1.1.2　Java EE 应用的组件

　　通过上一节的讲解，可以看到 Java EE 应用提供了系统架构上的飞跃，Java EE 架构提供了良好的分离，隔离了各组件之间的代码依赖。

　　总体而言，Java EE 应用大致包括如下几类组件。

➢ 前端组件：主要负责收集用户输入数据，或者向客户显示系统状态。传统的 Java EE 架构可能采用简单的 JSP、FreeMarker 等表现层技术作为前端组件。今天的前端组件往往会采用更丰富的前端开发技术，比如 jQuery、AngularJS，它们甚至抛弃了传统的 JSP、FreeMarker，直接使用 JSON 作为数据交换格式，使用 HTML 5＋CSS 作为表现层技术。

➢ 控制器组件：对于 Java EE 的 MVC 框架而言，框架提供一个前端核心控制器，而核心控制器负责拦截用户请求，并将请求转发给用户实现的控制器组件。而这些用户实现的控制器则负责处理调用业务逻辑方法，处理用户请求。

➢ 业务逻辑组件：是系统的核心组件，实现系统的业务逻辑。通常，一个业务逻辑方法对应一次用户操作。一个业务逻辑方法应该是一个整体，因此要求对业务逻辑方法增加事务性。业务逻辑方法仅仅负责实现业务逻辑，不应该进行数据库访问。因此，业务逻辑组件中不应该出现原始的 Hibernate、JDBC 等 API。

> **注意**
>
> 　　保证业务逻辑组件之中不出现 Hibernate 和 JDBC 等 API，有一个更重要的原因：保证业务逻辑方法的实现，与具体的持久层访问技术分离。当系统需要在不同持久层技术之间切换时，系统的业务逻辑组件无须任何改变。有时会见到一些所谓的 Java EE 应用，居然在 JSP 页面里调用 Hibernate 的 Configuration、SessionFactory 等 API，这无疑是非常荒唐的，这种应用仅仅是使用 Hibernate，完全没有脱离 Model 1 的 JSP 开发模式——这是相当失败的结构。实际上，不仅 JSP，Servlet 中也不要出现持久层 API，包括 JDBC、Hibernate、Entity EJB API。最理想的情况是，业务逻辑组件中都不要出现持久层 API。

> ➢ DAO 组件：Data Access Object，也被称为数据访问对象。这个类型的对象比较缺乏变化，每个 DAO 组件都提供 Domain Object 对象基本的创建、查询、更新和删除等操作，这些操作对应于数据表的 CRUD（创建、查询、更新和删除）等原子操作。当然，如果采用不同的持久层访问技术，DAO 组件的实现会完全不同。为了业务逻辑组件的实现与 DAO 组件的实现分离，程序应该为每个 DAO 组件都提供接口，业务逻辑组件面向 DAO 接口编程，这样才能提供更好的解耦。
>
> ➢ 领域对象组件：领域对象（Domain Object）抽象了系统的对象模型。通常而言，这些领域对象的状态都必须保存在数据库里。因此，每个领域对象通常对应一个或多个数据表，领域对象通常需要提供对数据记录访问方式。

▶▶ 1.1.3　Java EE 应用的结构和优势

　　对于 Java EE 的初学者而言，常常有一个问题：明明可以使用 JSP 完成这个系统，为什么还要使用 Hibernate 等技术？难道仅仅是为了听起来高深一点？明明可以使用纯粹的 JSP 完成整个系统，为什么还要将系统分层？

　　要回答这些问题，就不能仅仅考虑系统开发过程，还需要考虑系统后期的维护、扩展；而且不能仅仅考虑那些小型系统，还要考虑大型系统的协同开发。对于个人学习、娱乐的个人站点，的确没有必要使用复杂的 Java EE 应用架构，采用纯粹的 JSP 就可以实现整个系统。

　　对于大型的信息化系统而言，采用 Java EE 应用架构则有很大的优势。

　　软件不是一次性系统，不仅与传统行业的产品有较大的差异，甚至与硬件产品也有较大的差异。硬件产品可以随时间的流逝而宣布过时，更换新一代硬件产品。但是软件不能彻底替换，只能在其原来的基础上延伸，因为软件往往是信息的延续，是企业命脉的延伸。如果支撑企业系统的软件不具备可扩展性，当企业平台发生改变时，如何面对这种改变？如果新开发的系统不能与老系统有机地融合在一起，那么老系统的信息如何重新利用？这种损失将无法用金钱来衡量。

　　对于信息化系统，前期开发工作对整个系统工作量而言，仅仅是小部分，而后期的维护、升级往往占更大的比重。更极端的情况是，可能在前期开发期间，企业需求已经发生改变……这种改变是客观的，而软件系统必须适应这种改变，这要求软件系统具有很好的伸缩性。

　　最理想的软件系统应该如同计算机的硬件系统，各种设备可以支持热插拔，各设备之间的影响非常小，设备与设备之间的实现完全透明，只要有通用的接口，设备之间就可以良好协作。虽然，目前软件系统还达不到这种理想状态，但这应该是软件系统努力的方向。

　　上面介绍的这种框架，致力于让应用的各组件以松耦合的方式组织在一起，让应用之间的耦合停留在接口层次，而不是代码层次。

▶▶ 1.1.4　常用的 Java EE 服务器

　　本书将介绍一种优秀的轻量级 Java EE 架构：Struts 2+Spring+Hibernate。采用这种架构的软件系统，无须专业的 Java EE 服务器支持，只需要简单的 Web 服务器就可以运行。Java 领域常见的 Web 服务器都是开源的，而且具有很好的稳定性。

常见的 Web 服务器有如下三个。

➢ Tomcat：Tomcat 和 Java 结合得最好，是 Oracle 官方推荐的 JSP 服务器。Tomcat 是开源的 Web 服务器，经过长时间的发展，性能、稳定性等方面都非常优秀。

➢ Jetty：另一个优秀的 Web 服务器。Jetty 有个更大的优点就是，Jetty 可作为一个嵌入式服务器，即如果在应用中加入 Jetty 的 JAR 文件，应用可在代码中对外提供 Web 服务。

➢ Resin：目前最快的 JSP、Servlet 运行平台，支持 EJB。个人学习该服务器是免费的，但如果想将该服务器用作商业用途，则需要交纳相应的费用。

除了上面的 Web 服务器外，还有一些专业的 Java EE 服务器，相对于 Web 服务器而言，Java EE 服务器支持更多的 Java EE 特性，例如分布式事务、EJB 容器等。常用的 Java EE 服务器有如下几个。

➢ JBoss：开源的 Java EE 服务器，全面支持各种最新的 Java EE 规范。

➢ GlassFish：Oracle 官方提供的 Java EE 服务器，通常能最早支持各种 Java EE 规范。比如最新的 GlassFish 可以支持目前最新的 Java EE 7。

➢ WebLogic 和 WebSphere：这两个是专业的商用 Java EE 服务器，价格不菲。但在性能等各方面也是相当出色的。

对于轻量级 Java EE 而言，没有必要使用 Java EE 服务器，使用简单的 Web 容器已经完全能胜任。

1.2 轻量级 Java EE 应用相关技术

轻量级 Java EE 应用以传统的 JSP 作为表现层技术，以一系列开源框架作为 MVC 层、中间层、持久层解决方案，并将这些开源框架有机地组合在一起，使得 Java EE 应用具有高度的可扩展性、可维护性。

1.2.1 JSP、Servlet 3.x 和 JavaBean 及替代技术

JSP 是最早的 Java EE 规范之一，也是最经典的 Java EE 技术之一，直到今天，JSP 依然广泛地应用于各种 Java EE 应用中，充当 Java EE 应用的表现层角色。

JSP 具有简单、易用的特点，JSP 的学习路线平坦，而且国内有大量 JSP 学习资料，所以大部分 Java 学习者学习 Java EE 开发都会选择从 JSP 开始。

Servlet 和 JSP 其实是完全统一的，二者在底层的运行原理是完全一样的，实际上，JSP 必须被 Web 服务器编译成 Servlet，真正在 Web 服务器内运行的是 Servlet。从这个意义上来看，JSP 相当于一个"草稿"文件，Web 服务器根据该"草稿"文件来生成 Servlet，真正提供 HTTP 服务的是 Servlet，因此广义的 Servlet 包含了 JSP 和 Servlet。

就目前的 Java EE 应用来看，纯粹的 Servlet 已经很少使用了，毕竟 Servlet 的开发成本太高，而且使用 Servlet 充当表现层将导致表现层页面难以维护，不利于美工人员参与 Servlet 开发，所以在实际开发中大都使用 JSP 充当表现层技术。

Servlet 3.x 规范的出现，再次为 Java Web 开发带来了巨大的便捷，Servlet 3.x 提供了异步请求、注解、增强的 Servlet API、非阻塞 IO，这些功能都很好地简化了 Java Web 开发。

由于 JSP 只负责简单的显示逻辑，所以 JSP 无法直接访问应用的底层状态，Java EE 应用会选择使用 JavaBean 来传输数据，在严格的 Java EE 应用中，中间层的组件会将应用底层的状态信息封装成 JavaBean 集，这些 JavaBean 也被称为 DTO（Data Transfer Object，数据传输对象），并将这些 DTO 集传到 JSP 页面，从而让 JSP 可以显示应用的底层状态。

在目前阶段，Java EE 应用除了可以使用 JSP 作为表现层技术之外，还可以使用 FreeMarker 或 Velocity 充当表现层技术，这些表现层技术更加纯粹，使用更加简捷，完全可作为 JSP 的替代。

1.2.2 Struts 2.5 及替代技术

Struts 是全世界最早的 MVC 框架，其作者是 JSP 规范的制定者，并参与了 Tomcat 开发，所以 Struts 从诞生的第一天起，就备受 Java EE 应用开发者的青睐。多年来，Struts 确实是 Java EE 应用中使用最

广泛的 MVC 框架，拥有广泛的市场支持。

Struts 框架学习简单，而且是全世界应用最方便的 MVC 框架，所以互联网上充斥着大量 Struts 的学习资料，这使得普通学习者可以非常容易地掌握 Struts 的用法。

从另一方面来看，Struts 框架毕竟太老了，无数设计上的硬伤使得该框架难以胜任更复杂的需求，于是古老的 Struts 结合了另一个优秀的 MVC 框架：WebWork，分娩出了全新的 Struts 2，Struts 2 拥有众多优秀的设计，而且吸收了传统 Struts 和 WebWork 两者的精华，迅速成为 MVC 框架中新的王者。

Struts 2 框架目前的最新版本是 Struts 2.5，这也是本书所采用的版本。

虽然 Struts 2.5 如此优秀，但在 MVC 框架领域还有另外两个替代者：Spring MVC 和 JSF。

➢ Spring MVC 是 Spring 团队所提供的开源 MVC 框架，而且 Spring MVC 在很多方法的设计上也非常优秀，因此 Spring MVC 也拥有非常高的市场占有率。

➢ JSF 是 Oracle 所推荐的 Java EE 规范，拥有最纯正的血统，而且 Apache 也为 JSF 提供了 MyFaces 实现，这使得 JSF 具有很大的吸引力。

> **提示：** 从设计上来看，JSF 比 Struts 2 理念更加优秀，它采用的是传统 RAD（快速应用开发）理念。只是 Struts 早就深入人心，所以导致 JSF 在市场占有率上略逊一筹。

▶▶ 1.2.3　Hibernate 5.2 及替代技术

传统的 Java 应用都是采用 JDBC 来访问数据库的，但传统的 JDBC 采用的是一种基于 SQL 的操作方式，这种操作方式与 Java 语言的面向对象特征不太一致，所以 Java EE 应用需要一种技术，通过这种技术能让 Java 以面向对象的方式操作关系数据库。

这种特殊的技术就是 ORM（Object Relation Mapping），最早的 ORM 是 Entity EJB（Enterprise JavaBean），EJB 就是经典 Java EE 应用的核心，从 EJB 1.0 到 EJB 2.X，许多人觉得 EJB 非常烦琐，所以导致 EJB 备受诟病。

在这种背景下，Hibernate 框架应运而生，Hibernate 框架是一种开源的、轻量级的 ORM 框架，它允许将普通的、传统的 Java 对象（POJO）映射成持久化类，允许应用程序以面向对象的方式来操作 POJO，而 Hibernate 框架则负责将这种操作转换成底层的 SQL 操作。

经过长时间的发展，现在的 Hibernate 已经逐渐稳定下来，Hibernate 的最新版本是 5.2，这是本书所使用的 Hibernate 版本。

再后来，Sun 公司果断地抛弃了 EJB 2.X 规范，引入了 JPA 规范。JPA 规范其实是一种 ORM 规范，因此它的底层可以使用 Hibernate、TopLink 等任意一种 ORM 框架作为实现。很明显，如果应用程序面向 JPA 编程，将可以让应用程序既可利用 Hibernate 的持久层技术——因为可以用 Hibernate 作为实现；也可以让应用程序保持较好的可扩展性——因为可以在各种 ORM 技术之间自由切换。

除了可以使用 Hibernate 这种 ORM 框架之外，轻量级 Java EE 应用通常还可选择 MyBatis 框架作为持久层框架，MyBatis 是 Apache 组织提供的另一个轻量级持久层框架，MyBatis 允许将 SQL 语句查询结果映射成对象，因此常常也将 MyBatis 称为 SQL Mapping 工具。

除此之外，Oracle 的 TopLink、Apache 的 OJB 都可作为 Hibernate 的替代方案，但由于种种原因，它们并未得到广泛的市场支持，所以这两个框架的资料、文档相对较少，选择它们需要一定的勇气和技术功底。

▶▶ 1.2.4　Spring 5.0 及替代技术

如果你有 5 年以上的 Java EE 开发经验，并主持过一些大型项目的设计，你会发现 Spring 框架似曾相识，Spring 甚至没有太多的新东西，它只是抽象了大量 Java EE 应用中的常用代码，将它们抽象成一个框架，通过使用 Spring 可以大幅度地提高开发效率，并可以保证整个应用具有良好的设计。

Spring 框架里充满了各种设计模式的应用，如单例模式、工厂模式、抽象工厂模式、命令模式、职责链模式、代理模式等，Spring 框架的用法、源码则更是一道丰盛的 Java 大餐。

Spring 框架号称 Java EE 应用的一站式解决方案，Spring 本身提供了一个设计优良的 MVC 框架：Spring MVC，使用 Spring 框架则可直接使用该 MVC 框架。但实际上，Spring 并未提供完整的持久层框架——这可以理解成一种"空"，但这种"空"正是 Spring 框架的魅力所在——Spring 能与大部分持久层框架无缝整合：Hibernate？JPA？MyBatis？TopLink？更甚至直接使用 JDBC？随便你喜欢，无论选择哪种持久层框架，Spring 都会为你提供无缝的整合以及极好的简化。

从这个意义上来看，Spring 更像一种中间层容器，Spring 向上可以与 MVC 框架无缝整合，向下可以与各种持久层框架无缝整合，的确具有强大的生命力。由于 Spring 框架的特殊地位，所以轻量级 Java EE 应用通常都不会拒绝使用 Spring。实际上，轻量级 Java EE 这个概念也是由 Spring 框架衍生出来的，Spring 框架暂时没有较好的替代框架。

Spring 的最新版本是 5.0.1，本书所介绍的 Spring 也是基于该版本的。

上面介绍的 Struts 2.5、Hibernate 5.2 和 Spring 5.0 都是 Java 领域最常见的框架，这些框架具有广泛的开发者支持，能极好地提高 Java EE 应用的开发效率，并能保证应用具有稳定的性能。

但常常有些初学者，甚至包括一些所谓的企业开发人士提出：为什么需要使用框架？用 JSP 和 Servlet 已经足够了。

提出这些疑问的人通常还未真正进入企业开发，或者从未开发一个真正的项目。因为真实的企业应用开发有两个重要的关注点：可维护性和复用。

先从软件的可维护性来考虑这种说法，对于全部采用 JSP 和 Servlet 的应用，因为分层不够清晰，业务逻辑的实现没有单独分离出来，造成系统后期维护困难。甚至在开发初期，如果多个程序员各自习惯迥异，也可能造成业务逻辑实现位置不同而冲突。

从软件复用角度来考虑，这是一个企业开发的生命，企业以追求利润为最大目标，企业希望以最快的速度，开发出最稳定、最实用的软件。因为系统没有使用任何框架，每次开发系统都需要重新开发，重新开发的代码具有更多的漏洞，这增加了系统出错的风险；另外，每次开发新代码都需要投入更多的人力和物力。

以多年的实际开发经验来看，即使在早期使用 PowerBuilder 和 Delphi 开发的时代，每个公司都会有自己的基础类库——这些就是软件的复用，这些基础类库将在后续开发中多次重复使用。对于信息化系统而言，总有一些开发过程是重复的，为什么不将这些重复开发工作抽象成基础类库？这种抽象既提高了开发效率，而且因为重复使用，也降低了引入错误的风险。

因此只要是一个有实际开发经验的软件公司，就一定会有自己的一套基础类库，这就是需要使用框架的原因。从某个角度来看，框架也是一套基础类库，它抽象了软件开发的通用步骤，让实际开发人员可以直接利用这部分实现。当然，即使使用 JSP 和 Servlet 开发的公司，也可以抽象出自己的一套基础类库，那么这也是框架！一家从事实际开发的软件公司，不管它是否意识到，它已经在使用框架。区别只有：使用的框架到底是别人提供的，还是自己抽象出来的。

到底是使用第三方提供的框架更好，还是使用自己抽象的框架更好？这个问题就见仁见智了，通常而言，使用第三方提供的框架更稳定，更有保证，因为第三方提供的框架往往经过了更多人的测试。而使用自己抽象的框架则更加熟悉底层运行原理，出了问题更好把握。如果不是有非常特殊的理由，还是推荐使用第三方框架，特别是那些流行的、广泛使用的、开源的框架。

📁 1.3   Tomcat 的下载和安装

Tomcat 是 Java 领域最著名的开源 Web 容器，简单、易用，稳定性极好，既可以作为个人学习之用，也可以作为商业产品发布。Tomcat 不仅提供了 Web 容器的基本功能，还支持 JAAS 和 JNDI 绑定等。

Tomcat 最新的发布版本为 8.5.23，本书所介绍的应用也是基于该版本的 Tomcat，建议读者安装这个版本的 Tomcat。

▶▶ 1.3.1　安装 Tomcat 服务器

因为 Tomcat 完全是纯 Java 实现的，因此它是平台无关的，在任何平台上运行完全相同。在 Windows 和 Linux 平台上的安装及配置基本相同。本节以 Windows 平台为示范，介绍 Tomcat 的下载和安装。

① 登录 http://tomcat.apache.org 站点，下载 Tomcat 合适的版本，本书使用了 Java 9，而且需要使用 Servlet 3.1 规范，因此必须使用 Tomcat 8.5.X 或更新的版本系列。

> **提示：**
> Tomcat 只有 8.0.X 或 8.5.X 支持 Servlet 3.1 规范，但 Tomcat 8.5.X 系列能更好地支持一些更新的规范。

Tomcat 8.5.X 的最新稳定版本是 8.5.23，建议下载该版本，Windows 平台下载 ZIP 包，Linux 平台下载 TAR 包。建议不要下载安装文件，因为安装文件的 Tomcat 看不到启动、运行时控制台的输出，不利于开发者使用。

② 解压缩刚下载到的压缩包，解压缩后应有如下文件结构。

➢ bin：存放启动和关闭 Tomcat 的命令的路径。

➢ conf：存放 Tomcat 的配置，所有的 Tomcat 的配置都在该路径下设置。

➢ lib：存放 Tomcat 服务器的核心类库（JAR 文件），如果需要扩展 Tomcat 功能，也可将第三方类库复制到该路径下。

➢ logs：这是一个空路径，该路径用于保存 Tomcat 每次运行后产生的日志。

➢ temp：保存 Web 应用运行过程中生成的临时文件。

➢ webapps：该路径用于自动部署 Web 应用，将 Web 应用复制在该路径下，Tomcat 会将该应用自动部署在容器中。

➢ work：保存 Web 应用在运行过程中，编译生成的 class 文件。该文件夹可以删除，但每次启动 Tomcat 服务器时，系统将再次建立该路径。

➢ LICENSE 等相关文档。

将解压缩后的文件夹放在任意路径下。

运行 Tomcat 只需要一个环境变量：JAVA_HOME。不管是 Windows 还是 Linux，只需要增加该环境变量即可，该环境变量的值指向 JDK 安装路径。

> **提示：**
> 如果读者还不懂如何配置环境变量，请先阅读疯狂 Java 体系的《疯狂 Java 讲义》的第 1 章。本书由于篇幅关系，将不会详细介绍如何配置环境变量的相关步骤。

> **注意**
> 此处 JAVA_HOME 环境变量应该指向 JDK 安装路径，不是 JRE 安装路径。JDK 安装路径下应该包含 bin 目录，该目录下应该有 javac.exe、javadoc.exe 等程序。

③ 启动 Tomcat，对于 Windows 平台，只需要双击 Tomcat 安装路径下 bin 目录中的 startup.bat 文件即可。

启动 Tomcat 之后，打开浏览器，在地址栏输入 http://localhost:8080，然后回车，浏览器中出现如图 1.2 所示的界面，即表示 Tomcat 安装成功。

Tomcat 安装成功后，必须对其进行简单的配置，这些配置包括 Tomcat 的端口、控制台等。下面详细介绍这些配置过程。

虽然 Tomcat 是一个免费的 Web 服务器，但也提供了图形界面控制台，通过控制台，用户可以方便地部署 Web 应用、监控 Web 应用的状态等。但对于一个开发者而言，通常建议通过修改配置文件来管理 Tomcat 配置，而不是通过图形界面。

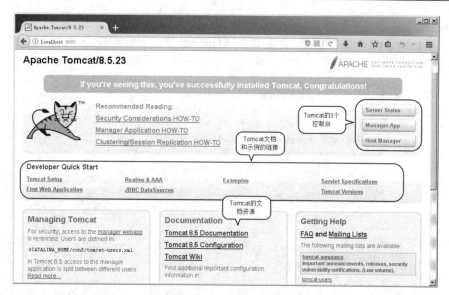

图 1.2　Tomcat 安装成功界面

▶▶ 1.3.2　配置 Tomcat 的服务端口

Tomcat 的默认服务端口是 8080，可以通过管理 Tomcat 配置文件来改变该服务端口，甚至可以通过修改配置文件让 Tomcat 同时在多个端口提供服务。

Tomcat 的配置文件都放在 conf 目录下，控制端口的配置文件也放在该路径下。打开 conf 下的 server.xml 文件，务必使用记事本或 vi 等无格式的编辑器，不要使用如写字板等有格式的编辑器。定位 server.xml 文件的 69 行处，看到如下代码：

```
<Connector port="8080" protocol="HTTP/1.1"
    connectionTimeout="20000"
    redirectPort="8443" />
```

其中，port="8080"就是 Tomcat 提供 Web 服务的端口，将 8080 修改成任意的端口，建议使用 1024 以上的端口，避免与公用端口冲突。此处修改为 8888，即 Tomcat 的 Web 服务的提供端口为 8888。

修改成功后，重新启动 Tomcat 后，在浏览器地址栏输入 http://localhost:8888，回车，将再次看到如图 1.2 所显示的界面，即显示 Tomcat 端口修改成功。

提示：
　　如果需要让 Tomcat 运行多个服务，只需要复制 server.xml 文件中的<Service>元素，并修改相应的参数，便可以实现一个 Tomcat 运行多个服务，当然必须在不同的端口提供服务。

在 Web 应用的开发阶段，通常希望 Tomcat 能列出 Web 应用根路径下的所有页面，这样能更方便地选择需要调试的 JSP 页面。在默认情况下，出于安全考虑，Tomcat 并不会列出 Web 应用根路径下的所有页面，为了让 Tomcat 列出 Web 应用根路径下的所有页面，可以打开 Tomcat 的 conf 目录下的 web.xml 文件，在该文件的 111、112 两行，看到一个 listings 参数，该参数的值默认是 false，将该参数改为 true，即可让 Tomcat 列出 Web 应用根路径下的所有页面。即将这两行改为如下形式：

```
<init-param>
    <param-name>listings</param-name>
    <param-value>true</param-value>
</init-param>
```

▶▶ 1.3.3　进入控制台

在图 1.2 的右上角显示有三个控制台：一个是 Server Status 控制台，另一个是 Manager App 控制台，还有一个是 Host Manager 控制台。Status 控制台用于监控服务器的状态，而 Manager 控制台可以部署、监控 Web 应用，因此通常只需使用 Manager 控制台即可。

　　如图 1.2 右上角所示的第二个按钮，即是进入 Manager 控制台的链接，单击该按钮将出现如图 1.3 所示的登录界面。

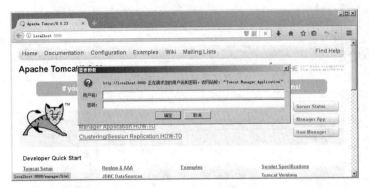

图 1.3　登录 Manager 控制台

　　这个控制台必须输入用户名和密码才可以登录，控制台的用户名和密码是通过 Tomcat 的 JAAS 控制的。下面介绍如何为这个控制台配置用户名和密码。

提示：
　　JAAS 的全称是 Java Authentication Authorization Service（Java 验证和授权 API），它用于控制对 Java Web 应用的授权访问。关于 JAAS 的全面介绍，请参看本书姊妹篇《经典 Java EE 企业应用实战》。

　　在前面关于 Tomcat 文件结构的介绍中已经指出：webapps 路径是 Web 应用的存放位置，而 Manager 控制台对应的 Web 应用也是放在该路径下的。进入 webapps/manager/WEB-INF 路径下，该路径存放了 Manager 应用的配置文件，用无格式编辑器打开 web.xml 文件。

　　在该文件的最后部分，看到如下配置片段：

```
<security-constraint>
    <!-- 访问/html/*资源需要 manager-gui 角色 -->
    <web-resource-collection>
        <web-resource-name>HTML Manager interface (for humans)</web-resource-name>
        <url-pattern>/html/*</url-pattern>
    </web-resource-collection>
    <auth-constraint>
        <role-name>manager-gui</role-name>
    </auth-constraint>
</security-constraint>
<security-constraint>
    <!-- 访问/text/*资源需要 manager-script 角色 -->
    <web-resource-collection>
        <web-resource-name>Text Manager interface (for scripts)</web-resource-name>
        <url-pattern>/text/*</url-pattern>
    </web-resource-collection>
    <auth-constraint>
        <role-name>manager-script</role-name>
    </auth-constraint>
</security-constraint>
<security-constraint>
    <!-- 访问/jmxproxy/*资源需要 manager-jmx 角色 -->
    <web-resource-collection>
        <web-resource-name>JMX Proxy interface</web-resource-name>
        <url-pattern>/jmxproxy/*</url-pattern>
    </web-resource-collection>
    <auth-constraint>
        <role-name>manager-jmx</role-name>
    </auth-constraint>
</security-constraint>
<security-constraint>
    <!-- 访问/status/*资源可使用以下任意一个角色 -->
```

```
    <web-resource-collection>
        <web-resource-name>Status interface</web-resource-name>
        <url-pattern>/status/*</url-pattern>
    </web-resource-collection>
    <auth-constraint>
        <role-name>manager-gui</role-name>
        <role-name>manager-script</role-name>
        <role-name>manager-jmx</role-name>
        <role-name>manager-status</role-name>
    </auth-constraint>
</security-constraint>
<!-- 确定 JAAS 的登录方式-->
<login-config>
    <!-- BASIC 表明使用弹出式窗口登录 -->
    <auth-method>BASIC</auth-method>
    <realm-name>Tomcat Manager Application</realm-name>
</login-config>
```

通过上面的配置文件可以知道，登录 Manager 控制台可能需要不同的 manager 角色。对于普通开发者来说，通常需要访问匹配/html/*、/status/*的资源，因此为该用户分配一个 manager-gui 角色即可。

Tomcat 默认采用文件安全域，即以文件存放用户名和密码，Tomcat 的用户由 conf 路径下的 tomcat-users.xml 文件控制，打开该文件，发现该文件内有如下内容：

```
<?xml version='1.0' encoding='utf-8'?>
<tomcat-users>
</tomcat-users>
```

上面的配置文件显示了 Tomcat 默认没有配置任何用户，所以无论在如图 1.3 所示的登录对话框中输入任何内容，系统都不能登录成功。为了正常登录 Manager 控制台，可以通过修改 tomcat-users.xml 文件来增加用户，并让该用户属于 manager 角色即可。Tomcat 允许在<tomcat-users>元素中增加<user>元素来增加用户，将 tomcat-users.xml 文件内容修改如下：

```
<?xml version='1.0' encoding='utf-8'?>
<tomcat-users>
    <!-- 增加一个角色，指定角色名即可 -->
    <role rolename="manager-gui"/>
    <!-- 增加一个用户，指定用户名、密码和角色即可 -->
    <user username="manager" password="manager" roles="manager-gui"/>
</tomcat-users>
```

上面的配置文件中粗体字代码行增加了一个用户：用户名为 manager，密码为 manager，角色属于 manager-gui。这样即可在如图 1.3 所示的登录对话框中输入 manager、manager 来登录 Manager 控制台。成功登录后可以看到如图 1.4 所示的界面。

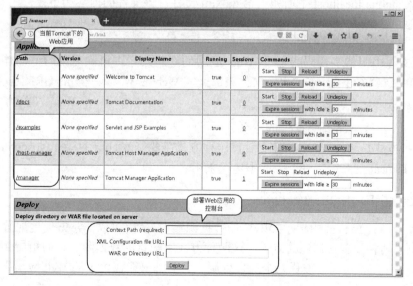

图 1.4   Tomcat 的 Manager 控制台

在如图 1.4 所示的控制台可监控到所有部署在该服务器下的 Web 应用，左边列出了所有部署在该 Web 容器内的 Web 应用，右边的 4 个按钮则用于控制，包括启动、停止、重启等。

控制台下方的 Deploy 区则用于部署 Web 应用。Tomcat 控制台提供两种方式部署 Web 应用：一种是将整个路径部署成 Web 应用；另一种是将 WAR 文件部署成 Web 应用（在图 1.4 中看不到这种方式，在 Deploy 区下面，还有一个 WAR file to deploy 区，用于部署 WAR 文件）。

▶▶ 1.3.4　部署 Web 应用

在 Tomcat 中部署 Web 应用的方式主要有如下几种。

➤ 利用 Tomcat 的自动部署。
➤ 利用控制台部署。
➤ 增加自定义的 Web 部署文件。
➤ 修改 server.xml 文件部署 Web 应用。

利用 Tomcat 的自动部署方式是最简单、最常用的方式，只要将一个 Web 应用复制到 Tomcat 的 webapps 下，系统就会把该应用部署到 Tomcat 中。

利用控制台部署 Web 应用也很简单，只要在部署 Web 应用的控制台按如图 1.5 所示方式输入即可。

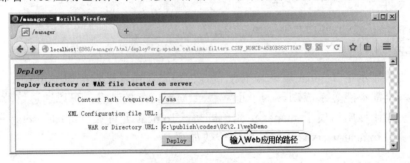

图 1.5　利用控制台部署 Web 应用

按如图 1.5 所示方式输入后，单击 "Deploy" 按钮，将会看到 Tomcat 的 webapps 目录下多了一个名为 aaa 的文件夹，该文件夹的内容和 G:\publish\codes\02\2.1\路径下 webDemo 文件夹的内容完全相同——这表明：当利用控制台部署 Web 应用时，其实质依然是利用 Tomcat 的自动部署。

第三种方式则无须将 Web 应用复制到 Tomcat 安装路径下，只是部署方式稍稍复杂一点，需要在 conf 目录下新建 Catalina 目录，再在 Catalina 目录下新建 localhost 目录，最后在该目录下新建一个名字任意的 XML 文件——该文件就是部署 Web 应用的配置文件，该文件的主文件名将作为 Web 应用的虚拟路径。例如在 conf/Catalina/localhost 下增加一个 dd.xml 文件，该文件的内容如下：

```
<Context docBase="G:/publish/codes/01/aa" debug="0" privileged="true">
</Context>
```

上面的配置文件中粗体字代码指定了 Web 应用的绝对路径，再次启动 Tomcat，Tomcat 将会把 G:/publish/codes/01/aa 路径下的 webDemo 文件夹部署成 Web 应用。该应用的 URL 地址为：

```
http://<server_address>:<port>/dd
```

其中，URL 中的 dd 就是 Web 部署文件的主名。

最后还有一种方式是修改 server.xml 文件，这种方式需要修改 conf 目录下的 server.xml 文件，修改该文件可能破坏 Tomcat 的系统文件，因此不建议采用。

▶▶ 1.3.5　配置 Tomcat 的数据源

从 Tomcat 5.5 开始，Tomcat 内置了 DBCP 的数据源实现，所以可以非常方便地配置 DBCP 数据源。

Tomcat 提供了两种配置数据源的方式，这两种方式所配置的数据源的访问范围不同：一种数据源可以让所有的 Web 应用都访问，被称为全局数据源；另一种只能在单个的 Web 应用中访问，被称为局部数据源。

不管配置哪种数据源，都需要提供特定数据库的 JDBC 驱动。本书以 MySQL 为例来配置数据源，所以读者必须将 MySQL 的 JDBC 驱动程序复制到 Tomcat 的 lib 路径下。

注意

如果读者不了解数据库驱动程序的概念，请查阅疯狂 Java 体系的《疯狂 Java 讲义》一书。MySQL 数据库驱动可以到 MySQL 官方站点下载。本书光盘 codes\05\lib 目录下的 mysql-connector-java-5.1.44-bin.jar 就是 MySQL 驱动程序。

局部数据源无须修改系统的配置文件，只需修改用户自己的 Web 部署文件，不会造成系统的混乱，而且数据源被封装在一个 Web 应用之内，防止被其他的 Web 应用访问，提供了更好的封装性。

局部数据源只与特定的 Web 应用相关，因此在该 Web 应用对应的部署文件中配置。例如，为上面的 Web 应用增加局部数据源，修改 Tomcat 下 conf/Catalina/localhost 下的 dd.xml 文件即可。为 Context 元素增加一个 Resource 子元素，增加局部数据源后的 dd.xml 文件内容如下：

程序清单：codes\01\dd.xml

```
<Context docBase="G:/publish/codes/01/aa" debug="0" privileged="true">
    <!-- 其中 name 指定数据源在容器中的 JNDI 名
    driverClassName 指定连接数据库的驱动
    url 指定数据库服务的 URL
    username 指定连接数据库的用户名
    password 指定连接数据库的密码
    maxActive 指定数据源最大活动连接数
    maxIdle 指定数据池中最大的空闲连接数
    maxWait 指定数据池中最大等待获取连接的客户端
    -->
    <Resource name="jdbc/dstest" auth="Container"
        type="javax.sql.DataSource"
        driverClassName="com.mysql.jdbc.Driver"
        url="jdbc:mysql://localhost:3306/javaee"
        username="root" password="32147" maxActive="5"
        maxIdle="2" maxWait="10000"/>
</Context>
```

上面的配置文件中粗体字标出的 Resource 元素就为该 Web 应用配置了一个局部数据源，该元素的各属性指定了数据源的各种配置信息。

提示：

JNDI 的全称是 Java Naming Directory Interface，即 Java 命名和目录接口，听起来非常专业，其实很简单：就是为某个 Java 对象起一个名字。例如，上面 JNDI 的用途就是为 Tomcat 容器中的数据源起一个名字：jdbc/dstest，从而让其他程序可以通过该名字来访问该数据源对象。

再次启动 Tomcat，该 Web 应用即可通过该 JNDI 名字来访问该数据源。下面是测试访问数据源的 JSP 页面代码片段。

程序清单：codes\01\aa\tomcatTest.jsp

```
// 初始化 Context，使用 InitialContext 初始化 Context
Context ctx=new InitialContext();
/*
通过 JNDI 查找数据源，该 JNDI 为 java:comp/env/jdbc/dstest，分成两个部分
java:comp/env 是 Tomcat 固定的，Tomcat 提供的 JNDI 绑定都必须加该前缀
jdbc/dstest 是定义数据源时的数据源名
*/
DataSource ds=(DataSource)ctx.lookup("java:comp/env/jdbc/dstest");
// 获取数据库连接
Connection conn=ds.getConnection();
// 获取 Statement
```

```
Statement stmt=conn.createStatement();
// 执行查询，返回 ResultSet 对象
ResultSet rs=stmt.executeQuery("select * from news_inf");
while(rs.next())
{
    out.println(rs.getString(1)
        + "\t" + rs.getString(2) + "<br/>");
}
```

上面的粗体字代码实现了 JNDI 查找数据源对象，一旦获取了该数据源对象，程序就可以通过该数据源取得数据库连接，从而访问数据库。

上面的方式是配置局部数据源，如果需要配置全局数据源，则应通过修改 server.xml 文件来实现。全局数据源的配置与局部数据源的配置基本类似，只是修改的文件不同。局部数据源只需修改 Web 应用的配置文件，而全局数据源需要修改 Tomcat 的 server.xml 文件。

> **提示：**
> 上面的测试代码需要读者在本机安装 MySQL 数据库，并提供一个名为 javaee 的数据库，该数据库下必须有一个名为 news_inf 的数据表，读者可以使用 codes\01 路径下的 data.sql 脚本来建立这些数据库对象——这些都是 JDBC 编程知识，读者可以阅读疯狂 Java 体系的《疯狂 Java 讲义》第 13 章来掌握相关知识。

> **注意 ★**
> 使用全局数据源需要修改 Tomcat 原有的 server.xml 文件，所以可能导致破坏 Tomcat 系统，因而尽量避免使用全局数据源。

1.4　Eclipse 的安装和使用

Eclipse 平台是 IBM 向开放源码社区捐赠的开发框架，IBM 宣称为开发 Eclipse 投入了 4 千万美元，这种巨大投入开发出了一个成熟的、精心设计的、可扩展的开发工具。Eclipse 允许增加新工具来扩充 Eclipse 的功能，这些新工具就是 Eclipse 插件。

对于时下的软件开发者而言，Eclipse 是一个免费的 IDE（集成开发环境）工具，而且，Eclipse 并不仅仅局限于 Java 开发，它可支持多种开发语言。在免费的 Java 开发工具中，Eclipse 是最受欢迎的。

Eclipse 本身所提供的功能比较有限，但它的插件则大大提高了它的功能。Eclipse 的插件非常多，借助这些插件，Eclipse 工具的表现相当出色。下面简单介绍 Eclipse 及其插件的安装和使用。

➤➤ 1.4.1　Eclipse 的下载和安装

登录 http://www.eclipse.org 站点，下载 Eclipse IDE for Java EE Developers 的最新版本。Eclipse 当前的最新版本是 Eclipse-jee-oxygen 版（对应于 Eclipse 4.7），本书使用的正是该版本的 Eclipse。

> **提示：**
> Eclipse IDE for Java EE Developers 是 Eclipse 为 Java EE 开发者准备的一个 IDE 工具，它在"纯净"Eclipse 的基础之上，集成了一些 Eclipse 插件，允许开发者不需额外添加插件即可进行 Java EE 开发。

Windows 平台下载 eclipse-jee-oxygen-1a-win32-x86_64.zip 文件（对于 32 位的 Windows，则下载 eclipse-jee-oxygen-1a-win32.zip），Linux 平台下载 eclipse-jee-oxygen-1a-linux-gtk.tar.gz 文件。解压缩下载得到的压缩文件，解压后的文件夹可放在任何目录中。

直接双击 eclipse.exe 文件，即可看到 Eclipse 的启动界面，表明 Eclipse 已经安装成功。

Eclipse 本身的开发能力比较有限，通过插件可以大大增强它的功能。Eclipse 插件的安装方式主要分为如下四种。

➤ 通过 Eclipse 插件市场安装。这种方式逐渐成为主流。本章 1.7 节会介绍这种方式。
➤ 在线安装。
➤ 手动安装。
➤ 使用本地压缩包安装。

下面详细介绍 Eclipse 插件的三种安装方式。

▶▶ 1.4.2 在线安装 Eclipse 插件

在线安装简单方便，适合网络畅通的场景。在线安装可以保证插件的完整性，并可自由选择最新的版本。如果网络环境允许，在线安装是种较好的安装方式。

在线安装插件请按如下步骤进行。

① 单击 Eclipse 的"Help"菜单，选择"Install New Software..."菜单项，如图 1.6 所示。

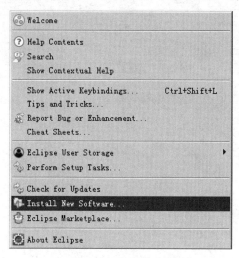

图 1.6   安装 Eclipse 插件

② 弹出如图 1.7 所示的对话框，该对话框用于选择安装新插件或升级已有插件。该对话框的上面有一个"Work with"下拉列表框，通过该列表框可以选择 Eclipse 已安装过的插件，选择指定插件项目后，该对话框的下面将会列出该插件所有可更新的项目。

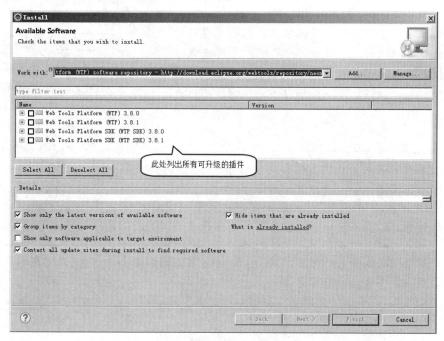

图 1.7   选择升级或安装新插件

> **注意**
>
> 　　一定要保证网络畅通，而且 Eclipse 可以访问网络，否则选择指定插件项后将看不到可更新的项目。

③ 如果需要升级已有插件，则通过"Work with"下拉列表框选择指定插件，然后在下面勾选需要更新的插件项，单击"Next"按钮，Eclipse 将出现如图 1.8 所示的升级界面。

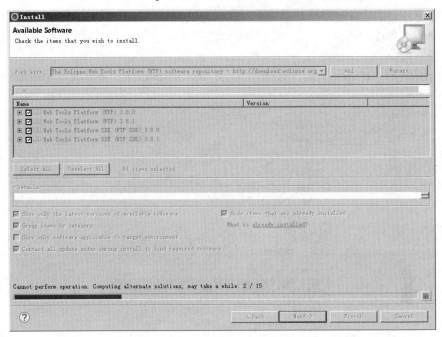

图 1.8　等待指定插件项更新完成

　　等待 Eclipse 升级完成（可能会弹出要求用户接受协议的对话框，选择 Accept 即可），然后单击"Finish"按钮即可。

④ 如果需要安装新插件，则单击如图 1.7 所示对话框中的"Add..."按钮，Eclipse 弹出如图 1.9 所示的对话框。

⑤ 在"Name"文本框中输入插件名（该名称是任意的，只用于标识该安装项），在"Location"文本框中输入插件的安装地址，输入完成后单击"OK"按钮，返回到如图 1.7 所示的对话框。此时，新增的插件安装项已被添加在图 1.7 所示的空白处。

图 1.9　安装新插件

> **注意**
>
> 　　Eclipse 插件的安装地址需要从各插件的官方站点上查询。

⑥ 在如图 1.7 所示的对话框中选择需要安装的插件（勾选插件安装项之前的复选框），单击"Finish"按钮，进入安装界面。后面的过程随插件不同可能存在些许差异，但通常只需要等待即可。

> **提示：**
> 　　目前这种在线安装插件的方式，是 Eclipse 主流的插件安装方式，只要网络状态良好，使用这种方式安装插件非常方便。

➤➤ 1.4.3　从本地压缩包安装插件

为了从本地压缩包安装插件，请按如下步骤进行。

① 按前面步骤打开如图 1.9 所示的对话框，单击"Archive..."按钮，系统弹出一个普通的文件选择对话框，用于选择 Eclipse 插件的本地压缩包。

② 选择指定的插件压缩包，然后返回到如图 1.9 所示的对话框，此时将会看到"Location"文本框内填入了插件压缩包的位置。单击"OK"按钮，系统再次返回到如图 1.7 所示的对话框。

③ 勾选需要安装或升级的插件项，单击"Next"按钮，等待插件安装完成即可。

➤➤ 1.4.4　手动安装 Eclipse 插件

手动安装只需要已经下载的插件文件，无须网络支持。手动安装适合于没有网络支持的环境，手动安装的适应性广，但需要开发者自己保证插件版本与 Eclipse 版本的兼容性。

手动安装也分为两种安装方式。

➢ 直接安装。
➢ 扩展安装。

1. 直接安装

将插件中包含的 plugins 和 features 文件夹的内容直接复制到 Eclipse 的 plugins 和 features 文件夹内，重新启动 Eclipse 即可。

直接安装简单易用，但效果非常不好。因为容易导致混乱：如果安装的插件非常多，可能导致用户无法精确判断哪些是 Eclipse 默认的插件，哪些是后来扩展的插件。

如果需要停用某些插件，则需要从 Eclipse 的 plugins 和 features 文件夹内删除这些插件的内容，安装和卸载的过程较为复杂。

2. 扩展安装

通常推荐使用扩展安装，扩展安装请按如下步骤进行。

① 在 Eclipse 安装路径下新建 links 路径。

② 在 links 文件夹内建立 xxx.link 文件，该文件的文件名是任意的，但为了有较好的可读性，通常推荐该文件的主文件名与插件名相同，文件名后缀为.link。

③ 编辑 xxx.link 的内容，该文件内通常只需如下一行：

```
path=<pluginPath>
```

上面内容中 path=是固定的，而<pluginPath>是插件的扩展安装路径。

④ 在 xxx.link 文件中的<pluginPath>路径下新建 eclipse 文件夹，再在 eclipse 文件夹内建立 plugins 和 features 文件夹。

⑤ 将插件中包含的 plugins 和 features 文件夹的内容，复制到上面建立的 plugins 和 features 文件夹中，重启 Eclipse 即完成安装。

扩展安装方式使得每个插件放在单独的文件夹内，因而结构非常清晰。如果需要卸载某个插件，只需将该插件对应的 link 文件删除即可。

➤➤ 1.4.5　使用 Eclipse 开发 Java EE 应用

下面以开发一个简单的 Web 应用为例，向读者介绍通过 Eclipse 开发 Java EE 应用的通用步骤。

> **提示：** 此处介绍的 Eclipse 是以 Eclipse IDE for Java EE Developers 为例，如果读者选择不同的 Eclipse 插件，其开发方式和步骤可能略有差异。比如读者选择使用 MyEclipse 插件，那么可能会略有不同。

为了开发 Web 应用，必须先在 Eclipse 中配置 Web 服务器，本章将以 Tomcat 为例来介绍如何在 Eclipse 中配置 Web 服务器。在 Eclipse 中配置 Tomcat 按如下步骤进行。

❶ 单击 Eclipse 下方的"Servers"面板，在该面板的空白处单击鼠标右键，在弹出的快捷菜单中选择"New"→"Server"菜单项，如图 1.10 所示。

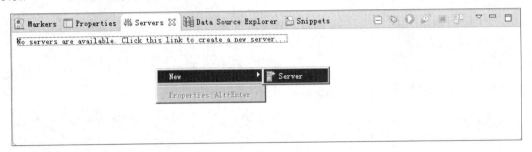

图 1.10　选择添加服务器

> **提示：** 如果读者在 Eclipse 下面看不到 Servers 面板，请通过单击 Eclipse 主菜单"Window"→"Open Perspective"→"Other..."来打开"Java EE"Perspective。在通常情况下，Eclipse 默认打开该 Perspective——因为该版本的 Eclipse 的默认 Perspective 就是"Java EE"。

❷ 系统弹出如图 1.11 所示的对话框。单击"Apache"→"Tomcat v8.5 Server"节点，这也是本书将要使用的 Web 服务器，然后单击"Next"按钮，系统出现如图 1.12 所示的对话框。

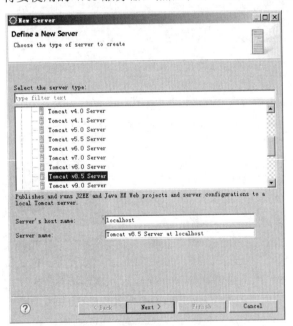

图 1.11　选择配置 Tomcat 8.5

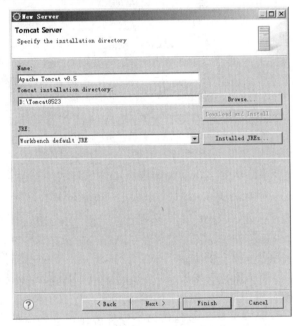

图 1.12　设置 Tomcat 的安装详情

❸ 填写 Tomcat 安装的详细情况，包括 Tomcat 的安装路径、JRE 的安装路径等。填写完成后单击"Finish"按钮即可。

建立一个 Web 应用，请按如下步骤进行。

❶ 单击 Eclipse 的菜单"File"→"New"→"Other..."，弹出如图 1.13 所示的对话框。

❷ 选择"Web"→"Dynamic Web Project"节点，然后单击"Next"按钮，将弹出如图 1.14 所示的对话框。

❸ 在"Project name"文本框中输入项目名，并选择使用 Servlet 3.1 规范，最后单击"Finish"按钮，即可建立一个 Web 应用。

图 1.13　新建 Web 项目

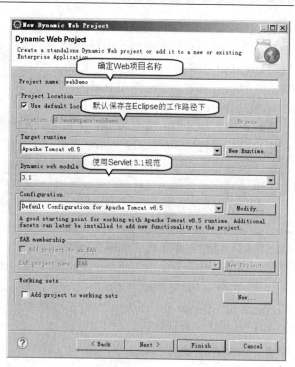

图 1.14　建立 Web 应用

④ 右击 Eclipse 左边项目导航树中的"WebContent",选择"New"→"JSP File"菜单项,如图 1.15 所示,该菜单项用于创建一个 JSP 页面。

⑤ Eclispe 弹出如图 1.16 所示的创建 JSP 页面对话框,填写 JSP 页面的文件名之后,单击"Next"按钮,系统弹出如图 1.17 所示的选择 JSP 页面模板对话框。

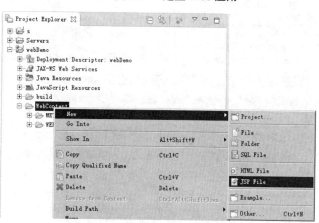

图 1.15　选择新建 JSP 页面

图 1.16　填写 JSP 页面的文件名

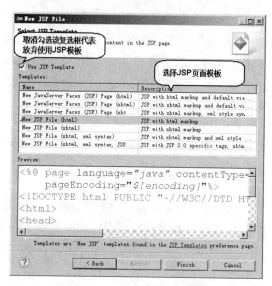

图 1.17　选择 JSP 页面模板

⑥ 选择需要使用的 JSP 页面模板。如果不想使用 JSP 页面模板，则取消勾选 "Use JSP Template" 复选框，单击 "Finish" 按钮，即可创建一个 JSP 页面。

⑦ 编辑 JSP 页面。Eclipse 提供了一个简单的 "所见即所得" 的 JSP 编辑环境，开发者可以通过该环境来开发 JSP 页面。如果要美化该 JSP 页面，可能需要借助于其他专业工具。

⑧ Web 应用开发完成后，应将 Web 应用部署到 Tomcat 中进行测试。部署 Web 应用可通过右键单击 Eclipse 左边项目导航树中的该项目节点，选择 "Run As" → "Run on Server" 菜单项，如图 1.18 所示。

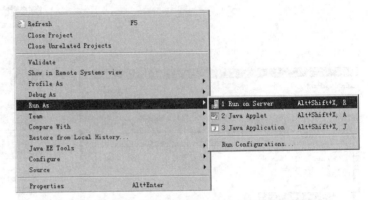

图 1.18　部署 Web 应用和启动 Web 服务器菜单项

⑨ Eclipse 弹出如图 1.19 所示的对话框，选择将项目部署到已配置的服务器上，并选中下面的 "Tomcat v8.5 Server at localhost"（这是刚才配置的 Web 服务器），然后单击 "Next" 按钮，系统将弹出如图 1.20 所示的对话框。

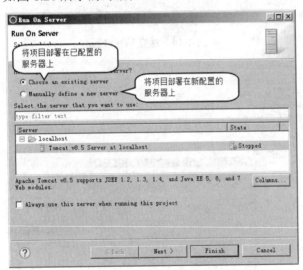

图 1.19　部署 Web 项目

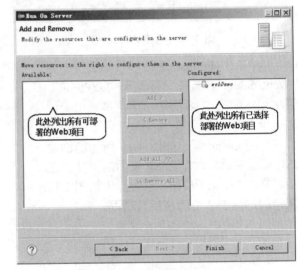

图 1.20　选择部署 Web 项目

⑩ 将需要部署的 Web 项目移动到右边列表框内，然后单击 "Finish" 按钮，Web 项目部署完成。

⑪ 返回到 Eclipse 下方的 "Servers" 面板，右键单击该面板中的 "Tomcat v8.5 Server at localhost" 节点，在弹出的快捷菜单中单击 "Start" "Stop" 菜单项即可启动、停止所指定的 Web 服务器。

当 Web 服务器启动之后，在浏览器地址栏中输入刚编辑的 JSP 页面的 URL，即可访问到该 JSP 页面的内容。

经过上面的步骤，已经开发并部署了一个简单的 Web 应用，但该 Web 应用中仅有一个简单的 JSP 页面，如果需要编写更复杂的 JSP 页面，则需要学习本书第 2 章的内容。

▶▶ 1.4.6　导入 Eclipse 项目

在很多时候，可能需要向 Eclipse 中导入其他项目，在实际开发中可能需要导入其他开发者提供的 Eclipse 项目，在学习过程中可能需要导入网络、书籍中提供的示例项目。

向 Eclipse 工具中导入一个 Eclipse 项目比较简单，只需按如下步骤进行即可。

① 单击 "File" → "Import..." 菜单项，Eclipse 将弹出如图 1.21 所示的对话框。

② 选择 "General" → "Existing Projects into Workspace" 节点，单击 "Next" 按钮，系统将弹出如

图 1.22 所示的对话框。

 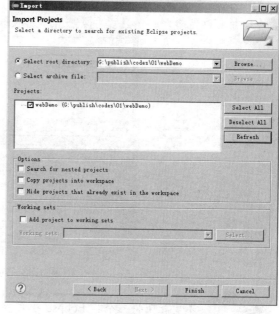

图 1.21 导入 Eclipse 项目   图 1.22 选择需要导入的项目

③ 在"Select root directory"文本框内输入 Eclipse 项目的保存位置，也可以通过单击后面的"Browse..."按钮来选择 Eclipse 项目的保存位置。输入完成后，将看到"Projects"文本域内列出了所有可导入的项目，勾选需要导入的项目后单击"Finish"按钮即可。

▶▶ 1.4.7 导入非 Eclipse 项目

有些时候，也可能需要将一些非 Eclipse 项目导入 Eclipse 工具中，因为不能要求所有开发者都使用 Eclipse 工具。

> **提示：** 即使是使用 Eclipse 工具开发的项目，如果所使用的插件不同，项目文件的组织方式也有差异。典型地，如果读者使用 MyEclipse（Eclipse 的一个有名的、商业插件，国内通常使用盗版的），开发方式与本书介绍的方式也有一定的区别。因此，本书一直强调：学习编程不能局限于某种 IDE 工具，而是应该学习技术的本质，这样才能做到以不变应万变，万变不离其宗。

由于不同 IDE 工具对项目文件的组织方式存在一些差异，所以向 Eclipse 中导入非 Eclipse 项目相对复杂一点。向 Eclipse 中导入非 Eclipse 项目应该采用分别导入指定文件的方式。

向 Eclipse 中导入指定文件请按如下步骤进行。

① 新建一个普通的 Eclipse 项目。

② 单击"File"→"Import..."菜单项，Eclipse 将弹出如图 1.21 所示的对话框。

③ 选择"General"→"File System"节点，单击"Next"按钮，系统将弹出如图 1.23 所示的对话框。

在此对话框的左边有三个按钮，它们的作用分别是：

➤ Filter Types...：根据指定文件后缀来导入文件。

➤ Select All：导入指定目录下的所有文件。

➤ Deselect All：取消全部选择。

④ 按图 1.23 所示分别输入需要导入文件的路径，选中需要导入的文件，并输入需要导入到 Eclipse 项目的哪个目录下，然后单击"Finish"按钮，即可将指定文件导入 Eclipse 项目中。

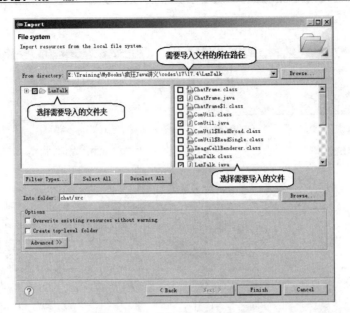

图 1.23　向 Eclipse 中导入文件

 提示： 不要指望将一个非 Eclipse 项目整体导入 Eclipse 工具中！毕竟，不同 IDE 工具对项目文件的组织方式完全不同！如果需要导入非 Eclipse 项目，只能采用导入文件的方式依次导入。

将其他项目导入 Eclipse 中还有一种方式：直接进入需要被导入的项目路径下，将相应的文件复制到 Eclipse 项目的相应路径下即可。

以 Eclipse 的一个 Web 项目为例，将另一个 Web 项目导入 Eclipse 下只要如下三步即可。

① 将其他 Web 项目的所有 Java 源文件（通常位于 src 目录下）所在的路径的全部内容一起复制到 Eclipse Web 项目的 src 目录下。

② 将其他 Web 项目的 JSP 页面、WEB-INF 整个目录一起复制到 Eclipse Web 项目的 WebContent 目录下。

③ 返回 Eclipse 主界面，选择 Eclipse 左边项目导航树中指定项目对应的节点，按 F5 键即可。

1.5　Ant 的安装和使用

Ant 是一种基于 Java 的生成工具。从作用上来看，它有些类似于 C 编程（UNIX 平台上使用较多）中的 Make 工具，C/C++项目经常使用 Make 工具来管理整个项目的编译、生成。

Make 使用 Shell 命令来定义生成任务，并定义任务之间的依赖关系，以便它们总是以必需的顺序来执行。

Make 工具主要有如下两个缺陷。

➤ Make 工具的本质还是依赖 UNIX 平台的 Shell 语言，所以 Make 工具无法跨平台。

➤ Make 工具的生成文件的格式比较严格，容易导致错误。

Ant 工具是基于 Java 语言的生成工具，所以具有跨平台的能力；而且 Ant 工具使用 XML 文件来编写生成文件，因而具有更好的适应性。

由此可见，Ant 是 Java 世界的 Make 工具，而且这个工具是跨平台的，并具有简单、易用的特性。

由于 Ant 具有跨平台的特性，所以编写 Ant 生成文件时可能会失去一些灵活性。为了弥补这个不足，Ant 提供了一个"exec"核心任务，这个任务允许执行特定操作系统上的命令。

►► 1.5.1 Ant 的下载和安装

下载和安装 Ant 请按如下步骤进行。

① 登录 http://ant.apache.org/bindownload.cgi 站点下载 Ant 最新版,本书成书之时,Ant 的最新稳定版是 1.10.1,建议下载该版本。该版本的 Ant 需要有 Java 8 的支持,本书使用 Java 9。

虽然 Ant 是基于 Java 的生成工具,具有平台无关的特性,但考虑到解压缩的方便性,通常建议 Windows 平台下载*.zip 压缩包,而 Linux 平台则下载.gz 压缩包。

② 将下载到的压缩文件解压缩到任意路径,此处将其解压缩到 D:\根路径下,并将 Ant 文件夹重命名为 Ant1101。解压缩后看到如下文件结构。

- ➢ bin:启动和运行 Ant 的可执行性命令。
- ➢ etc:包含一些样式单文件,通常无须理会该目录下的文件。
- ➢ lib:包含 Ant 的核心类库,以及编译和运行 Ant 所依赖的第三方类库。
- ➢ manual:Ant 工具的相关文档,这些文档对学习使用 Ant 有很大的作用。
- ➢ LICENSE 等说明性文档。

提示:
> 重命名 Ant 文件夹仅仅是为了方便、简捷,并不是必需的。读者既可以像此处一样重命名该文件夹,也可以不重命名该文件夹。

③ Ant 的运行需要如下两个环境变量。
- ➢ JAVA_HOME:该环境变量应指向 JDK 安装路径。如果已经成功安装了 Tomcat,则该环境变量应该已经是正确的。
- ➢ ANT_HOME:该环境变量应指向 Ant 安装路径。

按前面介绍的方式配置 ANT_HOME 环境变量。

提示:
> Ant 安装路径就是前面释放 Ant 压缩文件的路径。Ant 安装路径下应该包含 bin、etc、lib 和 manual 这 4 个文件夹。

④ Ant 工具的关键命令就是%ANT_HOME%/bin 路径下的 ant.bat 命令,如果读者希望操作系统可以识别该命令,还应该将%ANT_HOME%/bin 路径添加到操作系统的 PATH 环境变量之中。

提示:
> 当在命令行窗口、Shell 窗口输入一条命令后,操作系统会到 PATH 环境变量所指定的系列路径中去搜索,如果找到了该命令所对应的可执行性程序,即运行该命令,否则将提示找不到命令。如果读者不嫌麻烦,愿意每次都输入%ANT_HOME%/bin/ant.bat 的全路径来运行 Ant 工具,则可不将%ANT_HOME%/bin 路径添加到 PATH 环境变量之中。

经过上面 4 个步骤,Ant 安装成功,读者可以启动命令行窗口,输入 ant.bat 命令(如果读者未将%ANT_HOME%/bin 路径添加到 PATH 环境变量之中,则应该输入%ANT_HOME%/bin/ant.bat),则应该看到如下提示:

```
Buildfile: build.xml does not exist!
Build failed
```

如果看到上面的提示信息,则表明 Ant 安装成功。

►► 1.5.2 使用 Ant 工具

使用 Ant 非常简单,当正确地安装 Ant 后,只要输入 ant 或 ant.bat 即可。

如果运行 ant 命令时没有指定任何参数,Ant 会在当前目录下搜索 build.xml 文件。如果找到了就以该文件作为生成文件,并执行默认的 target。

提示： 关于生成文件和 target 的概念请参看 1.5.3 节内容，关于生成文件中默认 target 的介绍也请参看 1.5.3 节内容。

如果运行时使用-find 或者-s 选项（这两个选项的作用完全相同），Ant 就会到上级目录中搜索生成文件，直至到达文件系统的根路径。

要想让 Ant 使用其他生成文件，可以用-buildfile <生成文件>选项，其中-buildfile 可以使用-file 或-f 来代替，这三个选项的作用完全一样。例如如下命令：

```
ant -f a.xml      // 显式指定使用 a.xml 作为生成文件
ant -file b.xml     // 显式指定使用 b.xml 作为生成文件
```

如果希望 Ant 运行时只输出少量的必要信息，则可使用-quiet 或-q 选项；如果希望 Ant 运行时输出更多的提示信息，则可使用-verbose 或-v 选项。

如果希望 Ant 运行时将提示信息输出到指定文件，而不是直接输出到控制台，则可使用-logfile <file>或-l <file>选项。例如如下命令：

```
ant -verbose -l a.log  // 运行 Ant 时生成更多的提示信息，并将提示信息输出到 a.log 文件中
```

除此之外，Ant 还允许运行时指定一些属性来覆盖生成文件中指定的属性值（使用 Property task 来指定），例如使用-D<property>=<value>，则此处指定的 value 将会覆盖生成文件中 property 的属性值。例如如下命令：

```
ant -Dbook=Spring5  // 该命令将会覆盖生成文件中的 book 属性值
```

通过该方法可以将操作系统的环境变量值传入生成文件，例如在运行 Ant 工具时使用如下命令：

```
ant -Denv1=%ANT_HOME%
```

上面命令中的粗体字代码用于向生成文件中传入一个 env1 属性，而该属性的值并没有直接给出，而是用%ANT_HOME%的形式给出——这是 Windows 下访问环境变量的方式。通过这种方式，就可以将 Windows 环境变量值传入生成文件了，如果希望在生成文件中访问到该环境变量的值，使用$env1 即可。

上面命令在 Linux 平台上则改为：ant -Denv1=$ANT_HOME，Linux 下以$符来访问环境变量。

在默认情况下，Ant 将运行生成文件里指定的默认 target，如果运行 Ant 时显式指定希望运行的 target，则可采用如下命令格式：

```
ant [target [target2 [target3] ...]]
```

实际上，如果读者需要获取 ant 命令的更多详细情况，直接使用 ant -help 选项即可。运行 ant -help，将看到如图 1.24 所示的提示信息。

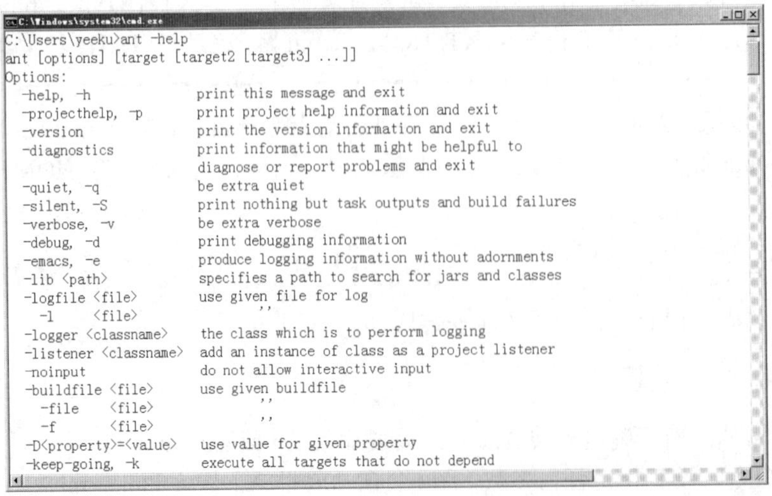

```
C:\Windows\system32\cmd.exe
C:\Users\yeeku>ant -help
ant [options] [target [target2 [target3] ...]]
Options:
  -help, -h              print this message and exit
  -projecthelp, -p       print project help information and exit
  -version               print the version information and exit
  -diagnostics           print information that might be helpful to
                         diagnose or report problems and exit
  -quiet, -q             be extra quiet
  -silent, -S            print nothing but task outputs and build failures
  -verbose, -v           be extra verbose
  -debug, -d             print debugging information
  -emacs, -e             produce logging information without adornments
  -lib <path>            specifies a path to search for jars and classes
  -logfile <file>        use given file for log
    -l     <file>                   ''
  -logger <classname>    the class which is to perform logging
  -listener <classname>  add an instance of class as a project listener
  -noinput               do not allow interactive input
  -buildfile <file>      use given buildfile
    -file    <file>                 ''
    -f       <file>                 ''
  -D<property>=<value>   use value for given property
  -keep-going, -k        execute all targets that do not depend
```

图 1.24　ant 命令用法

➤➤ 1.5.3 定义生成文件

实际上，使用 Ant 的关键就是编写生成文件，生成文件定义了该项目的各个生成任务（以 target 来表示，每个 target 表示一个生成任务），并定义生成任务之间的依赖关系。

Ant 生成文件的默认名为 build.xml，也可以取其他的名字。但如果为该生成文件起其他名字，将意味着要将这个文件名作为参数传给 Ant 工具。生成文件可以放在项目的任何位置，但通常做法是放在项目的顶层目录中，这样有利于保持项目的简洁和清晰。

下面是一个典型的项目层次结构。

<project>：该文件夹存放了整个项目的全部资源

    ├──src：存放源文件、各种配置文件的文件夹

    ├──classes：存放编译后的 class 文件的文件夹

    ├──lib：存放第三方 JAR 包的文件夹

    ├──dist：存放项目打包、项目发布文件的文件夹

    └──build.xml：Ant 生成文件

Ant 生成文件的根元素是<project.../>，每个项目下可以定义多个生成目标，每个生成目标以一个<target.../>元素来定义，它是<project.../>元素的子元素。

project 元素可以有多个属性，project 元素的常见属性的含义如下。

➤ default：指定默认 target，这个属性是必需的。如果运行 ant.bat 命令时没有显式指定想执行的 target，Ant 将执行该 target。

➤ basedir：指定项目的基准路径，生成文件中的其他相对路径都是基于该路径的。

➤ name：指定项目名，该属性仅指定一个名字，对编译、生成项目没有太大的实际作用。

➤ description：指定项目的描述信息，对编译、生成项目没有太大的实际作用。

例如，如下代码片段：

```
<?xml version="1.0" encoding="GBK"?>
<!-- 下面的配置信息指定基准路径是当前路径，默认 target 为空 -->
<project name="struts2" description="demo" basedir="." default="" >
    ...
</project>
```

每个生成目标对应一个<target.../>元素。

➤ name：指定该 target 的名称，该属性是必需的。该属性非常重要，当希望 Ant 运行指定的生成目标时，就是根据该 name 来确定生成目标的。因此可以得出一个结论：同一个生成文件里不能有两个同名的 target 元素。

➤ depends：该属性可指定一个或多个 target 名，表示运行该 target 之前应先运行该 depends 属性所指定的一个或多个 target。

➤ if：该属性指定一个属性名，用属性表示仅当设置了该属性时才执行此 target。

➤ unless：该属性指定一个属性名，用属性表示仅当没有设置该属性时才执行此 target。

➤ description：指定该 target 的描述信息。

例如，如下配置片段：

```
<!-- 下面表示执行 run target 之前，必须先执行 compile target -->
<target name="run" depends="compile"/>
<!-- 只有当设置了 prop1 属性之后才会执行 exA target -->
<target name="exA" if="prop1"/>
<!-- 只要没有设置 prop2 属性，就可以执行 exB target -->
<target name="exB" unless="prop2"/>
```

每个生成目标又可能由一个或者多个任务序列组成，当执行某个生成目标时，实际上就是依次完成该目标所包含的全部任务。每个任务由一段可执行的代码组成。

定义任务的代码格式如下：

```
<name attribute1="value1" attribute2="value2" ... />
```

上面代码中的 name 是任务的名称，attributeN 和 valueN 用于指定执行该任务所需的属性名和属性值。

简而言之，Ant 生成文件的基本结构是 project 元素里包含多个 target 元素，而每个 target 元素里包含多个任务。由此可见，Ant 生成文件具有如图 1.25 所示的结构。

Ant 的任务可以分为如下三类。

➤ 核心任务：核心任务是 Ant 自带的任务。

➤ 可选任务：可选任务是来自第三方的任务，因此需要一个附加的 JAR 文件。

➤ 用户自定义的任务：用户自定义的任务是用户自己开发的任务。

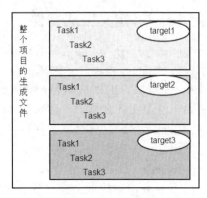

图 1.25　Ant 生成文件的结构

> **提示：**
> 　　关于 Ant 所支持的核心任务和可选任务，可参考 Ant 解压缩路径下 manual 目录下的 tasksoverview.html 页面，本书下一节也会详细介绍常见 Ant 任务的用法。

除此之外，<project.../>元素还可拥有如下两个重要的子元素。

➤ <property.../>：用于定义一个或多个属性。

➤ <path.../>：用于定义一个或多个文件和路径。

1. property 元素

元素用于定义一个或多个属性，Ant 生成文件中的属性类似于编程语言中的宏变量，它们都具有名称和值。与编程语言不同的是，Ant 生成文件中的属性值不可改变。

定义一个属性的最简单形式如下：

```
<!-- 下面代码定义了一个名为builddir 的属性，其值为dd -->
<property name="builddir" value="dd"/>
```

如果需要获取属性值，则使用${propName}的形式。例如，如下代码即可获取 builddir 属性值：

```
<!-- 输出builddir 属性值 -->
${builddir}
```

由此可见，$符在 Ant 生成文件中具有特殊意义，如果希望 Ant 将生成文件中的$当成普通字符，则应该使用$$。例如，如下配置片段：

```
<echo>$${builddir}=${builddir}</echo>
```

上面代码中的$${builddir}不会获取 builddir 属性值，而${builddir}才会获取 builddir 属性值。执行上面任务将会输出：

```
[echo] ${builddir}=dd
```

> **提示：**
> 　　echo 是 Ant 的核心任务之一，该任务直接输出某个字符串，通常用于输出某些提示信息。

实际上，<property…/>元素可以接受如下几个常用属性。

➤ name：指定需要设置的属性名。

➤ value：指定需要设置的属性值。

➤ resource：指定属性文件的资源名称，Ant 将负责从属性文件中读取属性名和属性值。

➤ file：指定属性文件的文件名，Ant 将负责从属性文件中读取属性名和属性值。

➤ url：指定属性文件的 URL 地址，Ant 将负责从属性文件中读取属性名和属性值。

➤ environment：用于指定系统环境变量的前缀。通过这种方式允许 Ant 访问系统环境变量。

➤ classpath：指定搜索属性文件的 classpath。

➢ classpathref: 指定搜索属性文件的 classpath 引用,该属性并不是直接给出 classpath 值,而是引用<path.../>元素定义的文件或路径集。

提示: ┄┄┄┄┄┄┄┄┄┄┄┄┄┄┄┄┄┄┄┄┄┄┄┄┄┄┄┄┄┄┄┄┄┄┄┄┄┄┄
　　　　关于文件和路径集以及文件和路径集引用的知识请参考 path 元素和 classpath 元素。

下面给出几个使用 property 元素的例子。

```
<!-- 指定读取 foo.properties 属性文件中的属性名和属性值 -->
<property file="foo.properties"/>
```

下面从网络中读取属性名和属性值。

```
<!-- 指定从指定 URL 处读取属性名和属性值 -->
<property url="http://www.crazyit.org/props/foo.properties"/>
```

property 元素所读取的属性文件就是普通的属性文件,该文件的内容由一系列的 name=value 组成,如下面的配置片段所示。

```
author=Yeeku.H.Lee
book=Light Weight Java EE
price=56
```

除此之外,通过 property 元素可以让 Ant 生成文件访问到操作系统的环境变量值,例如如下代码:

```
<!-- 定义访问操作系统环境变量的前缀是 env -->
<property environment="env"/>
```

定义了上面的 property 元素之后,就可以在 Ant 生成文件中通过如下形式来访问操作系统环境变量:

```
<!-- 输出 JAVA_HOME 环境变量 -->
<echo>${env.JAVA_HOME}</echo>
```

在笔者的机器上运行上面任务,即可看到输出:[echo] D:\Java\jdk-9,这就是该机器上 JAVA_HOME 环境变量的值。

2.path 元素和 classpath 元素

使用 Ant 编译、运行 Java 文件时常常需要引用第三方 JAR 包,这就需要使用<classpath.../>元素了。<path.../>元素和<classpath.../>元素都用于定义文件和路径集,区别是 classpath 元素通常作为其他任务的子元素,既可引用已有的文件和路径集,也可临时定义一个文件和路径集;而<path.../>元素则作为<project.../>元素的子元素,用于定义一个独立的、有名称的文件和路径集,用于被引用。

因为<path.../>和<classpath.../>都用于定义文件和路径集,所以也将<path.../>和<classpath.../>元素定义的内容称为 Path-like Structures(似目录结构)。

和元素都用于收集系列的文件和路径集,这两个元素都可接受如下子元素。

➢ :采用模式字符串的方式指定系列目录。
➢ :采用模式字符串的方式指定系列文件。
➢ :采用直接列出系列文件名的方式指定系列文件。
➢ :用于指定一个或多个目录。pathelement 元素可以指定如下两个属性中的一个。

　　o path:指定一个或者多个目录(或者 JAR 文件),多个目录或 JAR 文件之间以英文冒号(:)或英文分号(;)分开。
　　o location:指定一个目录和 JAR 文件。

因为 JAR 文件还可以包含更多层次的文件结构,所以 JAR 文件实际上可以看成是一个文件路径。例如,如下配置片段:

```
<!-- 定义/path/to/file2.jar、/path/to/class2 和/path/to/class3 所组成的路径集 -->
<pathelement path="/path/to/file2.jar:/path/to/class2;/path/to/class3"/>
<!-- 定义由 lib/helper.jar 单个文件对应的目录 -->
<pathelement location="lib/helper.jar"/>
```

如果需要指定多个路径集，则应该使用<dirset.../>元素，该元素需要一个 dir 属性，dir 属性指定该路径集的根路径。除此之外，dirset 还可以使用<include.../>和<exclude.../>两个子元素来指定包含和不包含哪些目录，例如下面的配置片段：

```
<!-- 指定该路径集的根路径是 build 目录 -->
<dirset dir="build">
    <!-- 指定包含 apps 目录下的所有 classes 目录 -->
    <include name="apps/**/classes"/>
    <!-- 指定排除目录名中有 Test 的目录 -->
    <exclude name="apps/**/*Test*"/>
</dirset>
```

上面的配置文件代表 build/apps 目录下，所有名为 classes 且文件名不包含 Test 子串的目录。

如果希望配置多个文件，则可用<fileset.../>或者<filelist.../>元素，通常<fileset.../>使用模式字符串来匹配文件集，而<filelist.../>则通过列出文件名的方式来指定文件集。

元素需要指定如下两个属性。

➢ dir：指定文件集里多个文件所在的基准路径。这是一个必需的属性。

➢ files：多个文件名列表，多个文件名之间以英文逗号（,）或空白隔开。

例如，下面的示例配置片段：

```
<!-- 配置 src/foo.xml 和 src/bar.xml 文件组成的文件集 -->
<filelist id="docfiles" dir="src" files="foo.xml,bar.xml"/>
```

几乎所有的 Ant 元素都可以指定两个属性：id 和 refid，其中 id 用于为该元素指定一个唯一标识，而 refid 用于指定引用另一个元素。例如下面的 filelist 配置：

```
<filelist refid="docfiles"/>
```

该 filelist 元素所包含的文件集和前面 docfiles 文件集里包含的文件完全一样。

实际上，<filelist.../>还允许使用多个<file.../>子元素来指定文件列表，例如下面的配置片段：

```
<filelist id="docfiles" dir="${doc.src}">
    <!-- 通过两个 file 子元素指定的文件列表和通过 files 属性指定的效果完全一样 -->
    <file name="foo.xml"/>
    <file name="bar.xml"/>
</filelist>
```

元素可指定如下两个属性。

➢ dir：指定文件集里多个文件所在的基准路径。这是一个必需的属性。

➢ casesensitive：指定是否区分大小写。默认区分大小写。

除此之外，元素还可以使用和两个子元素来指定包含和不包含哪些文件，例如下面的配置片段：

```
<!-- 定义 src 路径下的文件集 -->
<fileset dir="src" casesensitive="yes">
    <!-- 包含所有的*.java 文件 -->
    <include name="**/*.java"/>
    <!-- 排除所有的文件名中有 Test 子串的文件 -->
    <exclude name="**/*Test*"/>
</fileset>
```

掌握了、、和4 个元素的用法之后，就可以使用或者将它们组合在一起使用了，例如下面的配置片段：

```
<path id="classpath">
    <!-- 定义 classpath 属性值所代表的路径 -->
    <pathelement path="${classpath}"/>
    <!-- 定义 lib 路径下的所有*.jar 文件 -->
    <fileset dir="lib">
        <include name="**/*.jar"/>
    </fileset>
    <!-- 定义 classes 路径 -->
    <pathelement location="classes"/>
```

```xml
<!-- 定义 build/apps 路径下的所有 classes 路径 -->
<dirset dir="build">
    <include name="apps/**/classes"/>
    <exclude name="apps/**/*Test*"/>
</dirset>
<!-- 定义 res 路径下的 a.properties 和 b.xml 文件 -->
<filelist dir="res" files="a.properties,b.xml"/>
</path>
```

▶▶ 1.5.4　Ant 的任务（task）

现在已经掌握了 Ant 生成文件的基本结构，以及<project.../>、<target.../>、<property.../>等元素的配置方式。而<target.../>元素的核心就是 task，即每个<target.../>由一个或多个 task 组成。

Ant 提供了大量的核心 task 和可选 task，除此之外，Ant 还允许用户定义自己的 task，这大大扩展了 Ant 的功能。

由于篇幅关系，本书不可能详细介绍 Ant 所有的核心 task 和可选 task，本书将会简要介绍一些常用的核心 task。

> javac：用于编译一个或多个 Java 源文件，通常需要 srcdir 和 destdir 两个属性，用于指定 Java 源文件的位置和编译后 class 文件的保存位置。
> java：用于运行某个 Java 类，通常需要 classname 属性，用于指定需要运行哪个类。
> jar：用于生成 JAR 包，通常需要指定 destfile 属性，用于指定所创建 JAR 包的文件名。除此之外，通常还应指定一个文件集，表明需要将哪些文件打包到 JAR 包里。
> sql：用于执行一条或多条 SQL 语句，通常需要 driver、url、userid 和 password 等属性，用于指定连接数据库的驱动类、数据库 URL、用户名和密码等，还可以通过 src 来指定所需要的 SQL 脚本文件，或者直接使用文本内容的方式指定 SQL 脚本字符串。
> echo：输出某个字符串。
> exec：执行操作系统的特定命令，通常需要 executable 属性，用于指定想执行的命令。
> copy：用于复制文件或路径。
> delete：用于删除文件或路径。
> mkdir：用于创建文件夹。
> move：用户移动文件或路径。

%ANT_HOME%/manual/Tasks 路径下包含了 Ant 所有 task 的详细介绍，读者可以参考这些文档来了解各 task 所支持的属性和选项。

下面定义了一份简单的生成文件，这份生成文件里包含了编译 Java 文件、运行 Java 程序、生成 JAR 包等常用的 target，通过这份文件就可以非常方便地管理该项目。

程序清单：codes\01\antQs\build.xml

```xml
<?xml version="1.0" encoding="GBK"?>
<!-- 定义生成文件的 project 根元素，默认的 target 为空 -->
<project name="antQs" basedir="." default="">
    <!-- 定义三个简单属性 -->
    <property name="src" value="src"/>
    <property name="classes" value="classes"/>
    <property name="dest" value="dest"/>
    <!-- 定义一组文件和路径集 -->
    <path id="classpath">
        <pathelement path="${classes}"/>
    </path>
    <!-- 定义 help target，用于输出该生成文件的帮助信息 -->
    <target name="help" description="打印帮助信息">
        <echo>help - 打印帮助信息</echo>
        <echo>compile - 编译 Java 源文件</echo>
        <echo>run - 运行程序</echo>
        <echo>build - 打包 JAR 包</echo>
        <echo>clean - 清除所有编译生成的文件</echo>
    </target>
```

```xml
    <!-- 定义 compile target，用于编译 Java 源文件 -->
    <target name="compile" description="编译 Java 源文件">
        <!-- 先删除 classes 属性所代表的文件夹 -->
        <delete dir="${classes}"/>
        <!-- 创建 classes 属性所代表的文件夹 -->
        <mkdir dir="${classes}"/>
        <!-- 编译 Java 文件，编译后的 class 文件放到 classes 属性所代表的文件夹内 -->
        <javac destdir="${classes}" debug="true" includeantruntime="yes"
            deprecation="false" optimize="false" failonerror="true">
            <!-- 指定需要编译的 Java 文件所在的位置 -->
            <src path="${src}"/>
            <!-- 指定编译 Java 文件所需要第三方类库所在的位置 -->
            <classpath refid="classpath"/>
        </javac>
    </target>
    <!-- 定义 run target，用于运行 Java 源文件，
        运行该 target 之前会先运行 compile target -->
    <target name="run" description="运行程序" depends="compile">
        <!-- 运行 lee.HelloTest 类，其中 fork 指定启动另一个 JVM 来执行 java 命令 -->
        <java classname="lee.HelloTest" fork="yes" failonerror="true">
            <classpath refid="classpath"/>
            <!-- 运行 Java 程序时传入 2 个参数 -->
            <arg line="测试参数 1 测试参数 2"/>
        </java>
    </target>
    <!-- 定义 build target，用于打包 JAR 文件，
        运行该 target 之前会先运行 compile target -->
    <target name="build" description="打包 JAR 文件" depends="compile">
        <!-- 先删除 dest 属性所代表的文件夹 -->
        <delete dir="${dest}"/>
        <!-- 创建 dest 属性所代表的文件夹 -->
        <mkdir dir="${dest}"/>
        <!-- 指定将 classes 属性所代表的文件夹下的所有
            *.classes 文件都打包到 app.jar 文件中 -->
        <jar destfile="${dest}/app.jar" basedir="${classes}"
            includes="**/*.class">
            <!-- 为 JAR 包的清单文件添加属性 -->
            <manifest>
                <attribute name="Main-Class" value="lee.HelloTest"/>
            </manifest>
        </jar>
    </target>
    <!-- 定义 clean target，用于删除所有编译生成的文件 -->
    <target name="clean" description="清除所有编译生成的文件">
        <!-- 删除两个目录，目录下的文件也一并删除 -->
        <delete dir="${classes}"/>
        <delete dir="${dest}"/>
    </target>
</project>
```

　　上面的生成文件中定义 java task 时粗体字代码指定了 fork="true"（或 fork="yes"效果也一样），这表明启动另一个 JVM 进程来运行 lee.HelloTest 类，这个属性通常是个陷阱！如果不指定该属性，该属性值默认是 false，这表明使用运行 Ant 的同一个 JVM 来运行 Java 程序，这将导致随着 Ant 工具执行完成，被运行的 Java 程序也不得不退出——这当然不是开发者希望看到的。

　　上面配置定义的生成文件里包含了 5 个 target，这些 target 分别完成打印帮助信息、编译 Java 文件、运行 Java 程序、打包 JAR 包和清除编译生成的文件。执行这些 target 可使用如下命令。

- ➢ ant help：输出该生成文件的帮助信息。
- ➢ ant compile：编译 Java 文件。
- ➢ ant run：运行 lee.HelloTest 类。
- ➢ ant build：将 classes 路径下的所有 class 文件打包成 app.jar，并放在 dest 目录下。
- ➢ ant clean：删除 classes 和 dest 两个目录。

1.6 Maven 的安装和使用

Maven 是一个比 Ant 更先进的项目管理工具，它采用一种"约定优于配置（CoC）"的策略来管理项目。它不仅用于把源代码构建成可发布的项目（包括编译、打包、测试和分发），还可以生成报告、生成 Web 站点等。在某些方面，Maven 比 Ant 更加优秀，因此不少企业已经开始使用 Maven。

▶▶ 1.6.1 下载和安装 Maven

下载和安装 Maven 请按如下步骤进行。

① 登录 http://maven.apache.org/download.cgi 站点下载 Maven 最新版，本书成书之时，Maven 的最新稳定版是 3.5.2，建议下载该版本。

虽然 Maven 是基于 Java 的生成工具，具有平台无关的特性，但考虑到解压缩的方便性，通常建议 Windows 平台下载*.zip 压缩包，而 Linux 平台则下载.gz 压缩包。

② 将下载得到的 apache-maven-3.5.2-bin.zip 文件解压缩到任意路径下，此处将其解压缩到 D:\根路径下，并将 Maven 文件夹重命名为 Maven352。解压缩后看到如下文件结构。

- ➤ bin：保存 Maven 的可执行性命令。其中 mvn 和 mvn.bat 就是执行 Maven 工具的命令。
- ➤ boot：该目录只包含一个 plexus-classworlds-2.5.2.jar。plexus-classworlds 是一个类加载器框架，与默认的 Java 类加载器相比，它提供了更丰富的语法以方便配置，Maven 使用该框架加载自己的类库。通常无须理会该文件。
- ➤ conf：保存 Maven 配置文件的目录，该目录包含 settings.xml 文件，该文件用于设置 Maven 的全局行为。通常建议将该文件复制到~/.m2/目录下（~表示用户目录），这样可以只设置当前用户的 Maven 行为。
- ➤ lib：该目录包含了所有 Maven 运行时需要的类库，Maven 本身是分模块开发的，因此用户能看到诸如 maven-core-3.5.2.jar、maven-repository-metadata-3.5.2.jar 等文件。此外，还包含 Maven 所依赖的第三方类库。
- ➤ LICENSE、README.txt 等说明性文档。

提示：
> 重命名 Maven 文件夹仅仅是为了方便、简捷，并不是必需的。读者既可以像这里一样重命名该文件夹，也可以不重命名该文件夹。

③ Maven 的运行需要如下两个环境变量。

- ➤ JAVA_HOME：该环境变量应指向 JDK 安装路径。如果已经成功安装了 Tomcat，则该环境变量应该是正确的。
- ➤ M2_HOME：该环境变量应指向 Maven 安装路径。以前面介绍的解压方式为例，M2_HOME 的值应该为 D:\Maven352。

按前面介绍的方式配置 M2_HOME 环境变量。

提示：
> Maven 安装路径就是前面释放 Maven 压缩文件的路径。Maven 安装路径下应该包含 bin、boot、conf 和 lib 这 4 个文件夹。

④ Maven 工具的关键命令就是%M2_HOME%\bin 路径下的 mvn.bat 命令，如果读者希望操作系统可以识别该命令，还应该将%M2_HOME%\bin 路径添加到操作系统的 PATH 环境变量之中。

提示：
> 当在命令行窗口或 Shell 窗口输入一条命令后，操作系统会到 PATH 环境变量所指定的系列路径中去搜索，如果找到了该命令所对应的可执行性程序，即运行该命令，否则将提示找不到命令。如果读者不嫌麻烦，愿意每次都输入%M2_HOME%\bin\mvn.bat 的全路径来运行 Maven 工具，则可不将%M2_HOME%\bin 路径添加到 PATH 环境变量之中。

经过上面 4 个步骤，Maven 安装成功，读者可以启动命令行窗口，输入如下命令（如果读者未将%M2_HOME%\bin 路径添加到 PATH 环境变量之中，则应该输入 mvn.bat 命令的全路径）：

```
mvn help:system
```

通过该命令应该先看到 Maven 不断地从网络下载各种文件，然后会显示如下两类信息：

➢ System Properties
➢ Environment Variables

如果能看到 Maven 输出如上两类信息，即表明 Maven 安装成功。

➤➤ 1.6.2　设置 Maven

设置 Maven 行为有两种方式。

➢ 全局方式：通过 Maven 安装目录下的 conf\settings.xml 文件进行设置。
➢ 当前用户方式：通过用户 Home 目录（以 Windows 7 为例，用户 Home 目录为 C:\Users\用户名\）的.m2\目录下的 settings.xml 文件进行设置。

上面两种方式只是起作用的范围不同，它们都使用 settings.xml 作为配置文件，而且这两种方式中 settings.xml 文件允许定义的元素也是相同的。

通常来说，Maven 允许设置如下参数。

➢ localRepository：该参数通过<localRepository.../>元素设置，该元素的内容是一个路径字符串，该路径用于设置 Maven 的本地资源库的路径。如果用户不设置该参数，Maven 本地资源库默认保存在用户 Home 目录的.m2/repository 路径下。考虑到 Windows 经常需要重装、恢复系统，因此建议将该 Maven 本地资源库设置到其他路径下。例如，此处将该属性设置为 E:\maven_repo，这意味着 Maven 将会把所有插件都下载到 E:\maven_repo 目录下。

> **提示**：
> 资源库是 Maven 的一个重要概念，Maven 构建项目所使用的插件、第三方依赖库都集中存放在本地资源库中。

➢ interactiveMode：该参数通过<interactiveMode.../>元素设置，该参数设置 Maven 是否处于交互模式——如果将 Maven 设为交互模式，每当 Maven 需要用户输入时，Maven 都会提示用户输入。但如果将该参数设置为 false，那么 Maven 将不会提示用户输入，而是"智能"地使用默认值。
➢ offline：该参数设置 Maven 是否处于离线状态，如果将该参数设为 false，每当 Maven 找不到插件、依赖库时，Maven 总会尝试从网络下载。
➢ proxies：该参数用于为 Maven 设置代理服务器。该参数可包含多个<proxy.../>，每个<proxy.../>设置一个代理服务器，包括代理服务器的 ID、协议、代理服务器地址、代理服务器端口、用户名、密码等信息，Maven 可通过代理服务器访问网络。
➢ mirrors：该参数用于设置一系列 Maven 远程资源库的镜像。有时候连接不上 Maven 的国外资源库时，可连接国内镜像。

如果网络畅通，通常只需通过 localRepository 设置 Maven 的本地资源库路径，接下来即可正常使用 Maven 工具了。

前面已经提到，Maven 工具的命令主要就是 mvn，该命令的基本格式是：

```
mvn <plugin-prefix>:<goal> -D<属性名>=<属性值> ...
```

上面 mvn 命令中，plugin-prefix 是一个有效的插件前缀，goal 就是该插件所包含的指定目标，-D 用于为该目标指定属性，每次运行 mvn 命令可通过多个-D 选项来指定属性名、属性值。

> **提示**：
> 除了使用 plugin-prefix 的形式来代表指定插件之外，还可使用如下命令来运行指定插件：
> ```
> mvn <plugin-group-id>:<plugin-artifact-id>[:<plugin-version>]:<goal>
> ```

> 其中 plugin-group-id、plugin-artifact-id、plugin-version 被称为 Maven 坐标，可用于唯一地表示某个项目。

对于前面验证 Maven 是否安装成功所用的命令：mvn help:system，其中 help 就是一个典型的 Maven 插件，system 就是 help 插件中的 goal。

Maven 插件是一个非常重要的概念，从某种程度来看，Maven 核心是一个空的"容器"，Maven 核心其实并不做什么实际的事情，它只是解析一些 XML 文档，管理生命周期和插件，除此之外，Maven 什么也不懂。Maven 的强大来自于它的插件，这些插件可以编译源代码、打包二进制代码、发布站点等。换句话说，Maven 的"空"才是它的强大，因为 Maven 是"空"的，所以它可以装各种插件，因此它的功能可以无限扩展。直接从 Apache 下载的 Maven 不知道如何编译 Java 代码，不知道如何打包 WAR 文件，也不知道如何运行单元测试……它什么都不懂。当开发者第一次使用全新的 Maven 运行诸如 mvn install 命令时，Maven 会自动从远程资源库下载大部分核心 Maven 插件。

➤➤ 1.6.3 创建、构建简单的项目

创建项目使用 Maven 的 archetype 插件，关于 Maven 插件的功能和用法可登录 http://maven.apache.org/plugins/index.html 页面进行查看，该页面显示了各种 Maven 插件的列表，如图 1.26 所示。

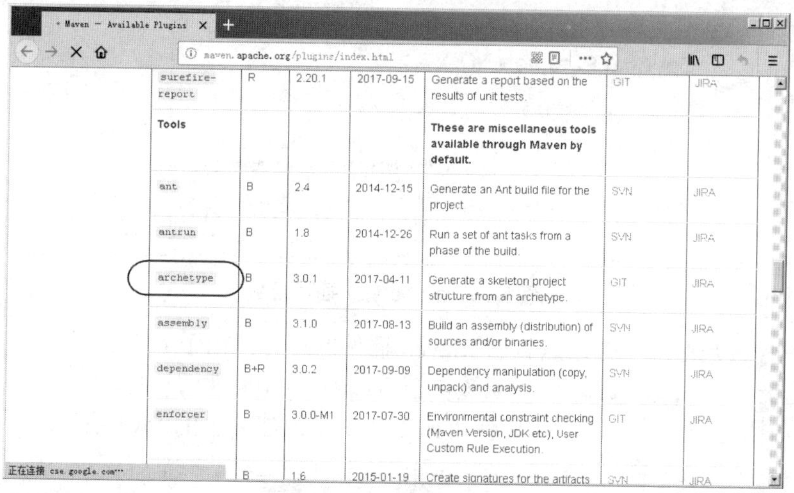

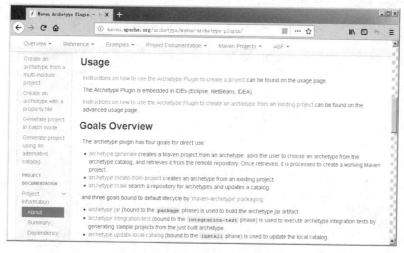

图 1.26　查看 Maven 插件

其中显示了创建项目需要使用的 archetype 插件，单击该链接即可打开如图 1.27 所示的 archetype 插件使用说明。

图 1.27　archetype 插件使用说明

从图 1.27 中可以看出，Maven 的 archetype 插件包含如下目标（goal）。

➤ archetype:generate：使用指定原型创建一个 Maven 项目。

➤ archetype:create-from-project：使用已有的项目创建 Maven 项目。

➤ archetype:crawl：从仓库中搜索原型。

从上面介绍可以看出，使用 mvn archetype:generate 命令即可创建 Maven 项目，使用该命令还需要指定一些参数（通过-D 选项指定），单击"archetype:generate"链接即可看到如图 1.28 所示的参数页面。

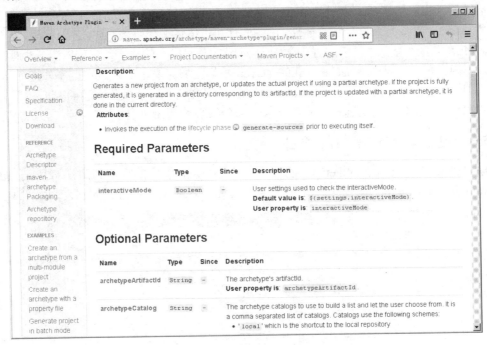

图 1.28   archetype 插件参数

上面介绍的过程就是通过官方站点查看 Maven 插件的过程，由于 Maven 支持的插件非常多，而且每个插件又可能包含多个目标，读者以后应该掌握查阅 Maven 插件的技巧。

掌握 archetype 插件的用法之后，即可使用如下命令来创建简单的 Java 项目：

```
mvn archetype:generate -DinteractiveMode=false -DgroupId=org.fkjava -DartifactId=mavenQs
-Dpackage=org.fkjava.mavenqs
```

如果用户第一次执行该命令，将可以看到 Maven 不断地从网络下载各种文件的信息，这是 Maven 正从网络下载 archetype 插件的各种相关文件。

实际运行该命令时，可能运行失败——只要读者的网络状态不好，就可能无法正常从网络下载 archetype 插件的各种相关文件，上面命令就会下载失败。第一次执行 Maven 的某个插件时往往很容易失败，读者可以多尝试几次。

上面命令执行完成后，会生成一个 mavenQs 文件夹，该文件夹的内容如下：

```
mavenQs
├─pom.xml
└─src
    ├─main
    │  └─java
    │      └─org
    │          └─fkjava
    │              └─mavenqs
    │                  └─App.java
    └─test
        └─java
            └─org
                └─fkjava
```

```
        └─mavenqs
            └─AppTest.java
```

上面项目中的 App.java 是 archetype 插件生成的一个简单的 Java 类，而 AppTest 则是该插件为 App 生成的测试用例。

除此之外，还可以看到该项目的根路径下包含一个 pom.xml 文件，该文件的作用类似于 Ant 的 build.xml 文件，但它的内容比 build.xml 文件的内容简洁得多。

打开 pom.xml 文件可以看到如下内容：

```xml
<project xmlns="http://maven.apache.org/POM/4.0.0"
    xmlns:xsi="http://www.w3.org/2001/XMLSchema-instance"
    xsi:schemaLocation="http://maven.apache.org/POM/4.0.0
http://maven.apache.org/maven-v4_0_0.xsd">
    <modelVersion>4.0.0</modelVersion>
    <groupId>org.fkjava</groupId>
    <artifactId>mavenQs</artifactId>
    <packaging>jar</packaging>
    <version>1.0-SNAPSHOT</version>
    <name>mavenQs</name>
    <url>http://maven.apache.org</url>
    <dependencies>
        <dependency>
            <groupId>junit</groupId>
            <artifactId>junit</artifactId>
            <version>3.8.1</version>
            <scope>test</scope>
        </dependency>
    </dependencies>
</project>
```

pom.xml 文件被称为项目对象模型（Project Object Model）描述文件，Maven 使用一种被称为项目对象模型的方式来管理项目，POM 用于描述如下问题：该项目是什么类型的？该项目的名称是什么？该项目的构建能自定义吗？ Maven 使用 pom.xml 文件来描述项目对象模型。因此，pom.xml 并不是简单的生成文件，而是一种项目对象模型的描述文件。

由于本书使用 Java 9 作为默认的编译、运行环境，Java 9 不再支持编译 Java 5 的源代码，而 Maven 默认使用 Java 5 的编译级别，因此需要通过属性告诉 compiler 插件使用更高的编译级别。可在上面 pom.xml 文件的<project.../>中增加如下配置：

```xml
<properties>
    <maven.compiler.source>1.6</maven.compiler.source>
    <maven.compiler.target>1.6</maven.compiler.target>
</properties>
```

上面所看到的 pom.xml 文件将是 Maven 项目中最简单的，一般来说，实际的 pom.xml 文件将比这个文件更复杂：它会定义多个依赖、定义额外的插件等。上面 pom.xml 中的<groupId.../>、<artifactId.../>、<packaging.../>、<version.../>定义了该项目的唯一标识（几乎所有的 pom.xml 文件都需要定义它们），这个唯一标识被称为 Maven 坐标（coordinate）。<name.../>和<url.../>元素只是 pom.xml 提供的描述性元素，用于提供可阅读的名字。

上面的 pom.xml 文件还包含了一个<dependencies.../>元素，该元素定义了一个单独的测试范围的依赖，这表明该项目的测试依赖于 JUnit 测试框架。

从上面代码可以看出，pom.xml 文件仅仅包含了该项目的版本、groupId、artifactId 等坐标信息，并未指定任何编译 Java 程序、打包、运行 Java 程序的详细指令。那么这份文件是否能编译、打包项目呢？

在 pom.xml 文件所在路径中输入如下命令：

```
mvn compile
```

上面命令使用 mvn 运行 compiler 插件的 compile 目标（compiler 插件是核心插件）。如果用户第一次执行该命令，将可以看到 Maven 不断地从网络下载各种文件的信息，这是 Maven 正从网络下载 compiler 插件的各种相关文件。

如果网络状态没有问题，Maven 将会先下载 compiler 插件，然后即可成功执行 compiler 插件的 compile 目标，这样将会正常编译该项目。

项目编译完成后，接下来可以使用 Maven 的 exec 插件来执行 Java 类。使用 Maven 执行 Java 程序的命令如下：

```
mvn exec:java -Dexec.mainClass="org.fkjava.mavenqs.App"
```

上面命令中的 org.fkjava.mavenqs.App 就是该 Maven 项目所生成的主类。

执行上面命令，Maven 将再次通过网络不断地下载 exec 插件所需要的各种文件，等 exec 插件下载完成后，成功执行该插件将可以看到如下输出：

```
Hello World!
```

上面输出的就是 org.fkjava.mavenqs.App 类中 main()方法的输出结果。

读者可能会感到好奇：Maven 怎么这么神奇呢？这份 pom.xml 文件如此简单，Maven 怎么知道如何编译项目？Maven 怎么知道项目源文件放在哪里？Maven 怎么知道编译生成的二进制文件放在哪里？……

实际上，Maven 运行时 pom.xml 是根据设置组合来运行的，每个 Maven 项目的 pom.xml 都有一个上级 pom.xml，当前项目的 pom.xml 的设置信息会被合并到上级 pom.xml 中。上级 pom.xml（相当于 Maven 默认的 pom.xml）定义了该项目大量的默认设置。如果用户希望看到 Maven 项目实际起作用的 pom.xml（也就是上级 pom.xml 与当前 pom.xml 合并后的结果），可以运行如下命令：

```
mvn help:effective-pom
```

第一次运行该命令时，Maven 也会不断地从网络下载一些文件，然后就会看到一个庞大的、完整的 pom.xml 文件，它包含 Maven 大量的默认设置。如果开发者希望改变其中某些默认的设置，也可以在当前项目的 pom.xml 中定义对应的元素来覆盖上级 pom.xml 中的默认设置。

从这个庞大的、完整的 pom.xml 文件中，可以看到如下片段：

```xml
<plugin>
  <artifactId>maven-compiler-plugin</artifactId>
  <version>3.1</version>
  <executions>
    <execution>
      <id>default-compile</id>
      <phase>compile</phase>
      <goals>
        <goal>compile</goal>
      </goals>
    </execution>
    ...
<plugin>
```

上面片段指定了编译该项目所使用的 compiler 插件，该插件默认执行 compile 目标。

▶▶ 1.6.4　Maven 的核心概念

从前面介绍的过程来看，只要将项目的源文件按 Maven 要求的规范组织，并提供 pom.xml 文件，即使 pom.xml 文件中只包含极少的信息，开发者也依然可以使用 Maven 来编译项目、运行程序，甚至可以运行测试用例、打包项目，这是因为 Maven 采用了"约定优于配置（Convention over Configuration，CoC）"的原则，根据此原则，Maven 的主要约定有如下几条。

➢ 源代码应该位于${basedir}/src/main/java 路径下。
➢ 资源文件应该位于${basedir}/src/main/resources 路径下。
➢ 测试代码应该位于${basedir}/src/test 路径下。
➢ 编译生成的 class 文件应该位于${basedir}/target/classes 路径下。
➢ 项目应该会产生一个 JAR 文件，并将生成的 JAR 包放在${basedir}/target 路径下。

通过这种约定，就可以避免像 Ant 构建那样必须为每个子项目定义这些目录。除此之外，Maven 对核心插件也使用了一组通用的约定，用来编译源代码、打包可分发的 JAR、生成 Web 站点，以及许多其他的过程。

　　Maven 的强大很大程度来自于它的"约定"，Maven 预定义了一个固定的生命周期，以及一组用于构建和装配软件的通用插件。如果开发者完全遵循这些约定，Maven 只需要将源代码放到正确的目录下，Maven 即可处理剩下的事情。

　　使用 CoC 的一个副作用是，用户可能会觉得他们被强迫使用一种固定的流程和方法，甚至对某些约定感到反感。不过这一点无须担心，所有遵守 CoC 原则的技术通常都会提供一种机制允许用户进行配置。以 Maven 为例，项目源代码的资源文件的位置可以被自定义，JAR 文件的名字可以被自定义……换句话说，如果开发者不想遵循约定，Maven 也会允许自定义默认值来改变约定。

　　下面简单介绍 Maven 的一些核心概念：

1.6.4.1　Maven 的生命周期（lifecycle）

　　依然使用前面介绍的 mavenQs 项目，进入 pom.xml 文件所在的路径，然后执行如下命令：

```
mvn install
```

　　第一次运行该命令同样会看到 Maven 不断地从网络下载各种插件，下载完成后可以看到该命令将会依次执行如下插件：

```
maven-resources-plugin:2.6:resources (default-resources)
maven-compiler-plugin:3.1:compile (default-compile)
maven-resources-plugin:2.6:testResources (default-testResources)
maven-compiler-plugin:3.1:testCompile (default-testCompile)
maven-surefire-plugin:2.12.4:test (default-test)
maven-jar-plugin:2.4:jar (default-jar)
maven-install-plugin:2.4:install (default-install)
```

　　上面命令只是告诉 Maven 运行 install，但从实际的运行结果来看，Maven 不仅运行了 install，而且还在该插件之前运行了大量的插件。这就是 Maven 生命周期所导致的。

　　生命周期是指 Maven 构建项目包含多个有序的阶段（phase），Maven 可以支持许多不同的生命周期，最常用的生命周期是 Maven 默认的生命周期。

　　Maven 生命周期中的元素被称为 phase（阶段），每个生命周期由多个阶段组成，Maven 生命周期中的各阶段总是按顺序、依次执行，Maven 默认的生命周期的开始阶段是验证项目的基本完整性，结束阶段是将该项目发布到远程仓库。

　　实际上，mvn 命令除了可以使用<plugin-prefix>:<goal>运行指定插件的目标之外，还可以使用如下命令格式：

```
mvn <phase1> <phase2>...
```

　　上面命令告诉 Maven 执行 Maven 生命周期中的一个或多个阶段。当使用 mvn 命令告诉 Maven 执行生命周期的某个阶段时，Maven 会自动从生命周期的第一个阶段开始执行，直至 mvn 命令指定的阶段。

　　Maven 包含三个基本的生命周期。
  - ➢ clean 生命周期。
  - ➢ default 生命周期。
  - ➢ site 生命周期。

clean 生命周期用于在构建项目之前进行一些清理工作，该生命周期包含如下三个核心阶段。
  - ➢ pre-clean：在构建之前执行预清理。
  - ➢ clean：执行清理。
  - ➢ post-clean：最后清理。

进入 mavenQs 项目中 pom.xml 所在的路径，执行如下命令：

```
mvn post-clean
```

　　执行上面命令将会清理项目编译过程中生成的文件，执行该命令后将可以看到 mavenQs 目录下只剩下 src 目录和 pom.xml 文件。

默认的生命周期则包含了项目构建的核心部分，默认的生命周期包含如下核心阶段。

➢ compile：编译项目。

➢ test：单元测试。

➢ package：项目打包。

➢ install：安装到本地仓库。

➢ deploy：部署到远程仓库。

mvn compile、mvn install 命令所执行的都是上面列出的阶段。当使用 Maven 执行 mvn install 时，实际将会先执行 install 阶段之前的阶段。图 1.29 显示了默认的生命周期所包含的核心阶段的执行过程。

图 1.29　Maven 默认生命周期的各阶段

上面列出的只是 Maven 默认生命周期的核心阶段。实际上，Maven 默认的生命周期包含如下阶段。

➢ validate：验证项目是否正确。

➢ generate-sources：生成源代码。

➢ process-sources：处理源代码。

➢ generate-resources：生成项目所需的资源文件。

➢ process-resources：复制资源文件至目标目录。

➢ compile：编译项目的源代码。

➢ process-classes：处理编译生成的文件。

➢ generate-test-sources：生成测试源代码。

➢ process-test-sources：处理测试源代码。

➢ generate-test-resources：生成测试的资源文件。

➢ process-test-resources：复制测试的资源文件至测试目标目录。

site 生命周期用于生成项目报告站点、发布站点。该生命周期包含如下核心阶段。

➢ pre-site：生成站点之前做验证。

➢ site：生成站点。

➢ post-site：生成站点之后做验证。

➢ site-deploy：发布站点到远程服务器。

进入 mavenQs 项目中 pom.xml 所在的路径，执行如下命令：

```
mvn post-site
```

第一次执行该命令时，将会看到 Maven 不断地下载插件及相关文件，成功执行该命令后将可以看到 mavenQs 目录下多出一个 target 目录，该目录下包含一个 site 子目录。打开 site 子目录下的 index.html，将可以看到如图 1.30 所示的页面。

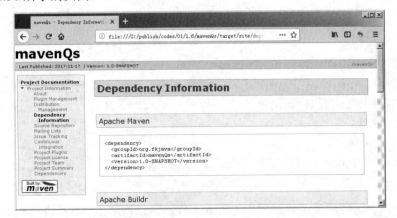

图 1.30　使用 site 生命周期生成的站点报告

1.6.4.2 插件和目标（plugins and goal）

前面已经提到，Maven 的强大来自于它的插件，Maven 的所有功能几乎都是由插件完成的，Maven 插件甚至可以把 Ant 整合进来，使用 Maven 来运行 Ant 的生成文件。

> **提示：** Maven 提供了 ant 插件为 Maven 项目生成 Ant 生成文件，还提供了 antrun 插件来运行 Ant 生成文件。

除了可以使用 Maven 官方、第三方提供的各种插件之外，开发者也可以开发自定义插件，通过自定义插件来完成任意任务。本书出于实用性考虑和篇幅限制，将不会介绍 Maven 自定义插件的开发细节。

每个插件又可以包含多个可执行的目标（goal），前面已经介绍过，使用 mvn 命令执行指定目标的格式如下：

```
mvn <plugin-prefix>:<goal> -D<属性名>=<属性值> ...
```

当使用 mvn 运行 Maven 生命周期的指定阶段时，各阶段所完成的工作其实也是由插件实现的。插件目标可以绑定到生命周期的各阶段上，每个阶段可能绑定了零个或者多个目标。随着 Maven 沿着生命周期的阶段移动，它会自动执行绑定在各特定阶段上的所有目标。

Maven 生命周期的各阶段也是一个抽象的概念，对于软件构建过程来说，默认的生命周期被划分为 compile、test、package、install、deploy 这 5 个阶段，但这 5 个阶段分别运行什么插件、目标，其实是抽象的——这些阶段对于不同项目来说意味着不同的事情。例如，package 阶段在某些项目中对应于生成一个 JAR，它意味着"将一个项目打成一个 JAR 包"；而在另一个项目里，package 阶段可能对应于生成一个 WAR 包。

图 1.31 示范了默认生命周期的各阶段，以及 mavenQs 项目绑定到各阶段上的插件及目标。

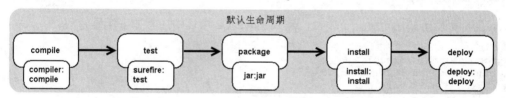

图 1.31　mavenQs 项目的默认生命周期的各阶段上绑定的插件及目标

开发者完全可以将任意插件绑定到指定生命周期，例如将上面的 mavenQs 项目另外复制一份，并在其 pom.xml 文件的< project.../>根元素中增加如下元素。

程序清单：codes\01\1.6\plugin\pom.xml

```xml
<build>
  <plugins>
    <plugin>
      <!-- 下面 3 个元素定义了 exec 插件的坐标 -->
      <groupId>org.codehaus.mojo</groupId>
      <artifactId>exec-maven-plugin</artifactId>
      <version>1.3.1</version>
      <executions>
        <execution>
          <!-- 指定绑定到 compile 阶段 -->
          <phase>compile</phase>  <!-- ① -->
          <!-- 指定运行 exec 插件的 java 目标 -->
          <goals>
            <goal>java</goal>  <!-- ② -->
          </goals>
          <!--- configuration 元素用于为插件的目标配置参数 -->
          <configuration>
            <!-- 下面元素配置 mainClass 参数的值为: org.fkjava.mavenqs.App -->
            <mainClass>org.fkjava.mavenqs.App</mainClass>
```

```
            </configuration>
          </execution>
        </executions>
      </plugin>
    </plugins>
  </build>
```

上面配置文件中前 3 行粗体字代码可以唯一标识某个插件（被称为坐标）。①号配置代码指定将该插件、目标绑定到 compile 阶段；②号配置代码指定运行 exec 插件的 java 目标。通过上面这段配置，即可将 exec 插件的 java 目标绑定到 compile 阶段。

进入该项目中 pom.xml 所在的路径，然后执行如下命令：

```
mvn compile
```

执行上面命令不仅可以看到 Maven 执行 compile 插件的 compile 目标来编译项目，还可以看到 Maven 执行 exec 插件的 java 目标来运行项目的 org.fkjava.mavenqs.App 类。

1.6.4.3　Maven 的坐标（coordinate）

POM 需要为项目提供一个唯一标识符，这个标识符就被称为 Maven 坐标，Maven 坐标由如下 4 个元素组成。

- ➢ groupId：该项目的开发者的域名。
- ➢ artifactId：指定项目名。
- ➢ packaging：指定项目打包的类型。
- ➢ version：指定项目的版本。

例如，mavenQs 项目的 pom.xml 文件中如下配置定义了该项目的 Maven 坐标：

```
<groupId>org.fkjava</groupId>
<artifactId>mavenQs</artifactId>
<packaging>jar</packaging>
<version>1.0-SNAPSHOT</version>
```

Maven 坐标可用于精确定位一个项目，例如 mavenQs 项目中还有如下配置片段：

```
<dependency>
    <groupId>junit</groupId>
    <artifactId>junit</artifactId>
    <version>3.8.1</version>
    <scope>test</scope>
</dependency>
```

上面配置片段定义了一个依赖关系，这段配置表明该项目依赖于 junit 3.8.1，其中的 3 行粗体字代码就是 junit 项目的坐标。

Maven 坐标通常用英文冒号来作为分隔符来书写，即以 groupId:artifactId:packaging:version 格式书写。例如 mavenQs 项目的坐标可写成 org.fkjava:mavenQs:jar:1.0-SNAPSHOT。而 mavenQs 项目所依赖的项目的坐标则可写成 junit:junit:jar:3.8.1。

1.6.4.4　Maven 的资源库（repository）

第一次运行 Maven 时，Maven 会自动从远程资源库下载许多文件，包括各种 Maven 插件，以及项目所依赖的库。实际上，初始的 Maven 工具非常小，这是因为 Maven 工具本身的功能非常有限，几乎所有功能都是由 Maven 插件完成的。

Maven 资源库用于保存 Maven 插件，以及各种第三方框架。简单来说，Maven 用到的插件、项目依赖的各种 JAR 包，都会保存在资源库中。

Maven 资源库可分为如下三种。

- ➢ 本地资源库：Maven 用到的所有插件、第三方框架都会下载到本地库。只有当本地库中找不到时才采取从远程下载。开发者可以通过 Maven 安装目录下的 conf\settings.xml 文件，或者用户 Home 目录下的.m2\settings.xml 文件中的<localRepository.../>元素进行设置。
- ➢ 远程资源库：远程资源库通常由公司或团队进行集中维护。通过远程资源库，可以让全公司的项目使用相同的 JAR 包系统。

➢ 中央资源库（默认）：中央资源库由 Maven 官方维护，中央资源库包括了各种公开的 Maven 插件、各种第三方项目。几乎所有的开源项目都会选择中央资源库发布框架。中央资源库地址为：http://repo1.maven.org/maven2。

当 Maven 需要使用某个插件或 JAR 包时，Maven 的搜索顺序为：本地资源库 → 远程资源库 → 中央资源库，当 Maven 从中央资源库下载了某个插件或 JAR 包时，Maven 都会自动在本地资源库中保存它们，因此只有当 Maven 第一次使用某个插件或 JAR 包时，才需要通过网络下载。

▶▶ 1.6.5 依赖管理

下面使用 Maven 开发一个简单的 Struts 2 项目，读者可能暂时对 Struts 2 还不太熟悉（本书后面会详细介绍），但这不是本节介绍的重点，本节主要介绍如何使用 Maven 构建 Web 项目，并为 Web 项目添加第三方框架。

首先使用如下命令创建一个 Web 项目：

```
mvn archetype:generate -DgroupId=org.crazyit -DartifactId=struts2qs
-Dpackage=org.crazyit.struts2qs -DarchetypeArtifactId=maven-archetype-webapp
-DinteractiveMode=false
```

通过上面命令创建的项目具有如下结构：

```
struts2qa
└──src
    └──main
        ├──resources
        ├──webapp
            └──WEB-INF
                └──web.xml
```

其中 WEB-INF 路径和 web.xml 文件就是 Web 应用必需的文件夹和配置文件。

接下来打开 struts2qs 目录下的 pom.xml 文件，在该文件的<project.../>根元素内添加如下配置内容。

程序清单：codes\01\1.6\struts2qs\pom.xml

```xml
<name>struts2qs</name>
<url>http://www.crazyit.org</url>
<!-- 定义该项目所使用的 License -->
<licenses>
    <license>
        <name>Apache 2</name>
        <url>http://www.apache.org/licenses/LICENSE-2.0.txt</url>
        <distribution>repo</distribution>
        <comments>A business-friendly OSS license</comments>
    </license>
</licenses>
<!-- 声明该项目所属的组织 -->
<organization>
    <name>CrazyIt</name>
    <url>http://www.crazyit.org</url>
</organization>
<!-- 声明项目开发者 -->
<developers>
    <developer>
        <id>kongyeeku</id>
        <name>kongyeeku</name>
        <email>kongyeeku@gmai.com</email>
        <url>http://www.crazyit.org</url>
        <organization>CrazyIt</organization>
        <!-- 声明开发者的角色 -->
        <roles>
            <role>developer</role>
        </roles>
        <timezone>+8</timezone>
    </developer>
```

```
    </developers>
    <!-- 声明对项目有贡献的人 -->
    <contributors>
        <contributor>
            <name>fkjava</name>
            <email>fkjava@hotmail.com</email>
            <url>http://www.fkjava.org</url>
            <organization>疯狂软件教育中心</organization>
            <roles>
                <role>developer</role>
            </roles>
        </contributor>
    </contributors>
```

上面配置信息用于定制该项目的配置信息，这段配置信息指定了该项目遵守的 License，并指定了该项目所属的组织、项目的开发者，以及对项目有贡献的人。这些信息都用于定制该 Maven 项目，这些信息主要起描述性作用。

为该项目增加 Struts 2 的支持，可以在 pom.xml 中的<dependencies.../>元素内增加<dependency.../>元素——每个<dependency.../>元素定义一个依赖框架或依赖类库。

元素可接受如下子元素。

➢ ：指定依赖框架或依赖类库所属的组织 ID。

➢ ：指定依赖框架或依赖类库的项目名。

➢ ：指定依赖框架或依赖类库的版本号。

➢ ：指定依赖库起作用的范围。该子元素可接受 compile、provided、test、system、runtime、import 等值。

➢ ：指定依赖框架或依赖类库的类型，该元素的默认值是 jar。另外，还可以指定 war、ejb-client、test-jar 等值。

➢ ：该元素指定该依赖库是否为可选的。

➢ ：JDK 版本号，如 jdk14 或 jdk15 等。用于指定被依赖的 JAR 包是在 JDK 哪个版本下编译的。

➢ ：该元素用于排除依赖。

元素用于指定依赖库起作用的范围，该元素可指定如下值。

➢ compile：默认的范围，编译、测试、打包时需要。

➢ provided：表示容器会在 runtime 时提供。

➢ runtime：表示编译时不需要，但测试和运行时需要，最终打包时会包含进去。

➢ test：只用于测试阶段。

➢ system：与 provided 类似，但要求该 JAR 是系统中自带的。

➢ import：继承父 POM 文件中用 dependencyManagement 配置的依赖，import 范围只能在 dependencyManagement 元素中使用（为了解决多继承）。

关于 Maven 的依赖配置需要说明的是，Maven 依赖管理具有传递性，比如配置文件设置了项目依赖于 a.jar，而 a.jar 又依赖于 b.jar，那么该项目无须显式声明依赖于 b.jar，Maven 会自动管理这种依赖的传递。

由于 Maven 的依赖管理具有传递性，因此有时需要用<exclusions.../>子元素排除指定的依赖，例如如下配置：

```
<dependency>
    <groupId>javax.activation</groupId>
    <artifactId>mail</artifactId>
    <type>jar</type>
    <exclusions>
        <exclusion>
            <artifactId>activation</artifactId>
            <groupId>javax.activation</groupId>
        </exclusion>
    </exclusions>
</ dependency>
```

上面配置指定该项目依赖 mail.jar，由于 Maven 的依赖具有传递性，因此 Maven 会自动将 mail.jar 依赖的 activation.jar 也依赖进来。为了将 activation.jar 排除出去，即可进行如上面配置文件中所示的粗体字配置。

掌握了依赖关系的配置方法之后，接下来可以在 struts2qs 项目的 pom.xml 文件的<dependencies.../> 元素中增加如下配置。

程序清单：codes\01\1.6\struts2qs\pom.xml

```
<!-- 配置该项目依赖 Struts 2 -->
<dependency>
    <groupId>org.apache.struts</groupId>
    <artifactId>struts2-core</artifactId>
    <!-- 此处指定依赖的 Struts 2 版本 -->
    <version>2.5.13</version>
</dependency>
```

上面 3 行粗体字代码就是 Struts 2 框架的 Maven 坐标，每个框架的坐标除了可以通过该框架自身的文档获取之外，也可以登录 http://search.maven.org/站点查询。

进入 struts2qs 项目的 pom.xml 文件所在的路径，执行如下命令：

```
mvn package
```

由于此时 Maven 项目中的文件组织形式符合 Web 应用的格式，而且 pom.xml 文件中<packaging.../> 元素的值为 war，因此执行上面命令将会把该项目打包成 WAR 包。

执行上面命令同样也会从网络上下载插件和文件，当该命令执行成功后即可在 target 目录下看到一个 struts2qs.war 文件，如果用 WinRAR 工具解压该文件，即可看到该压缩包内 WEB-INF\lib 中包含了 Struts 2 框架的各种 JAR 包，如图 1.32 所示。

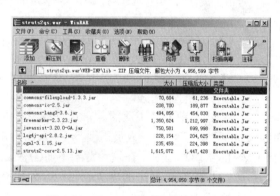

从图 1.32 可以看出，使用 Maven 之后，开发者只需要在 pom.xml 文件中配置该项目依赖 Struts 2，剩下的事情就交给 Maven 搞定，开发者无须关心 Struts 2 的官网，无须关心从哪里下载 Struts 2 的 JAR 包，无须关心 Struts 2 框架依赖哪些第三方 JAR 包，所有依赖关系都交给 Maven 处理即可。依赖管理，可以说是 Maven 最大的魅力之一。

图 1.32　Maven 自动下载的 Struts 2

由于本节并不打算介绍 Struts 2 的开发过程，因此 struts2qs 项目只是添加了 Struts 2 框架及其依赖的 JAR 包，但实际并不包含任何功能——因为并未书写任何代码。

▶▶ 1.6.6　POM 文件的元素

Maven 使用 pom.xml 文件来描述项目对象模型，因此 pom.xml 文件可以包含大量元素用于描述该项目。前面已经通过各种示例介绍了 pom.xml 文件中大量常用的元素。实际上，pom.xml 文件还可包含如下元素。

- ➤ <properties.../>：该元素用于定义全局属性。
- ➤ <dependencies.../>：该元素用于定义依赖关系。该元素可以包含 0~*N* 个< dependency.../>子元素，每个< dependency.../>子元素定义一个依赖关系。
- ➤ <dependencyManagement.../>：该元素用于定义依赖管理。
- ➤ <build.../>：该元素用于定义构建信息。
- ➤ <reporting.../>：该元素用于定义站点报告的相关信息。
- ➤ <licenses.../>：该元素用于定义该项目的 License 信息。
- ➤ <organization.../>：该元素指定该项目所属的组织信息。

> ➢ <developers.../>：该元素用于配置该项目的开发者信息。
> ➢ <contributors.../>：该元素用于配置该项目的贡献者信息。
> ➢ <issueManagement.../>：定义该项目的 bug 跟踪系统。
> ➢ <mailingLists.../>：定义该项目的邮件列表。
> ➢ <scm.../>：指定该项目源代码管理工具，如 CVS、SVN 等。
> ➢ <repositories.../>：该元素用于定义远程资源库的位置。
> ➢ <pluginRepositorie.../>：该元素用于定义插件资源库的位置。
> ➢ <distributionManagement.../>：部署管理。
> ➢ <profiles.../>：该元素指定根据环境调整构建配置。

关于 pom.xml 文件的详细语句约束可参考 http://maven.apache.org/maven-v4_0_0.xsd 文件。

 # 1.7　使用 SVN 进行协作开发

随着软件工程化的不断深入，项目版本管理是每个软件开发团队都必须面对的问题。如果没有好的版本控制和版本管理，大项目可能无法顺利进行。对于需要许多基于互联网的开源项目，版本控制和版本管理则更为重要。即使是对于一个人开发，版本管理工作也很有益处，它能让你的工作条理清晰，能清楚地记录你每次对项目的修改，而且也可以方便地回退到某次修改之前的结果——就像你拥有了随时可用的“后悔药”。

通常会选择合适的版本控制工具来进行版本控制和版本管理，目前流行的版本控制工具有如下几个。

> ➢ CVS（Concurrent Versions System）：目前开源项目、Java 项目中应用最广泛的版本控制工具，支持 UNIX、Linux 和 Windows 等各种平台。
> ➢ SVN（Subversion）：SVN 是 CVS 的替代产物，SVN 尽力维持 CVS 的用法习惯，并对原来的 CVS 进行了增强。
> ➢ Git：目前非常主流的分布式版本控制工具。与 SVN 相比，其最大的优势在于分布式。

2000 年年初，开发人员需要一个 CVS 自由软件的代替品，它既能保留 CVS 的基本思想，又能突破 CVS 的错误和局限。在这种背景下，CVS 软件的作者 Karl Fogel 开始重新设计、开发了一个新的版本控制工具：SVN。后来的事实表明：SVN 比 CVS 更优秀、更简单、易用。可以简单地归纳成一句话：SVN 就是 CVS 的全新升级版。

相对于 CVS 版本控制工具，SVN 具有如下优势。

> ➢ **统一的版本号**：CVS 是对每个文件单独顺序编排版本号，因此同一项目内各文件的版本号可能各不相同。对 SVN 而言，任何一次提交都会对所有文件增加一个版本号，即使该次提交并不涉及的文件也会增加一个版本号，因此 SVN 同一个项目内所有文件在任意时刻的版本号是相同的。版本号相同的文件构成软件的一个版本。
> ➢ **原子提交**：提交要么全部进入版本库，要么一点改变都不发生。这可以保证一次提交不管是单个文件，还是多个文件，都将作为一个整体提交。在这当中发生的任何意外（例如网络传输中断）都不会引起版本的不完整和数据损坏。
> ➢ **目录版本控制**：CVS 只能记录文件的版本变更历史。但 SVN 可以跟踪整个目录树的修改，它会记录所有文件和目录的版本变更历史。因此，SVN 可以记录对项目中所有文件、目录的重命名、复制、删除等操作。
> ➢ **高效的分支和标签**：SVN 创建分支、标签的开销非常小。
> ➢ **优化过的数据库访问**：使得一些操作不必访问数据库就可以做到。这样减少了很多不必要的和数据库主机之间的网络流量。
> ➢ **支持元数据（Metadata）管理**：每个目录或文件都可以额外定义一组附件的“属性（Property）”，这些属性是允许用户任意定义的 key-value（键/值）对。
> ➢ **优化的版本库存储**：SVN 采用更加节省空间的存储方式来保存版本库。

▶▶ 1.7.1 下载和安装 SVN 服务器

使用 SVN 同样需要先安装 SVN 服务器，安装 SVN 服务器可以按如下步骤进行。

① 登录 SVN 官方站点 http://subversion.apache.org/packages.html，在该页面可以看到 SVN 为各种操作系统提供的服务端。本书以 Windows 平台为例，单击页面上方的 Windows 链接，系统导航到 Windows 锚点处，如图 1.33 所示。

图 1.33 下载 SVN 服务器安装程序

② 单击 Win32Svn 链接就会导航到 sourceforge.net 的 win32svn 项目，读者即可通过该站点下载 SVN 服务器的最新版。本书成书之时，SVN 服务器的最新版是 1.8.17，下载该版本的 SVN 即可。下载完成后得到一个 Setup-Subversion-1.8.17.msi 文件。

③ 单击下载得到的安装文件即可开始安装 SVN 服务器。安装 SVN 服务器与安装普通程序并无任何区别，故此处不再赘述。

安装完成后，即可看到系统 PATH 环境变量中增加了 C:\Subversion\bin，这表明安装程序已经将 SVN 安装路径下的 bin 路径添加到 PATH 环境变量中，这就允许开发者在命令行窗口使用 bin 路径下的 svn、svnadmin 等命令。

▶▶ 1.7.2 配置 SVN 资源库

安装完 SVN 服务器之后，接下来同样需要配置一个 SVN 资源库，SVN 直接使用简单的命令来配置资源库。

为 SVN 配置资源库按如下步骤进行即可。

① 在磁盘上任何地方创建一个空文件夹，该文件夹专门用于保存 SVN 资源库。例如，在 G:\盘根目录下创建一个名为 "svnData"（这个名字可以随意）的文件夹。

② 启动命令行窗口，执行如下命令：

```
svnadmin create G:\svnData\webDemo
```

上面命令中的 svnadmin 是 SVN 服务器提供的一个工具，create 是创建资源库的选项，webDemo 就是所创建资源库的名称。

经过上面两步，已经在 G:\svnData 目录下创建了一个名为 "webDemo" 的资源库，接下来还要对 webDemo 资源库做进一步配置。

③ 进入 G:\svnData\webDemo 目录下，该目录就是 SVN 所创建的资源库。在路径的 conf 子路径下保存了 SVN 资源库的相关配置信息。

④ 打开 G:\svnData\webDemo\conf 目录下的 svnserve.conf 文件，取消该文件中如下两行的注释：

```
anon-access = read
auth-access = write
```

上面代码第一行指定允许匿名用户读取该资源库（如果想禁止匿名用户读取，只需改为 anon-access = none 即可）；第二行指定允许授权用户对该资源库执行读取、写入操作。

⑤ 还是 G:\svnData\webDemo\conf 目录下的 svnserve.conf 文件，取消该文件中如下一行的注释：

```
password-db = passwd
```

上面代码指定该 SVN 资源库使用 passwd 文件来保存用户名、密码——当然，开发者也可以改变保存用户名、密码的文件名。这个保存用户名、密码的 passwd 文件也保存在 G:\svnData\webDemo\conf 路径下。

⑥ 打开 G:\svnData\webDemo\conf 路径下的 passwd 文件，在该文件中添加如下内容：

```
crazyit.org=123
```

上面代码为该 SVN 资源库增加了一个用户，用户名是 crazyit.org，密码是 123。

经过上面几个步骤，SVN 服务器配置完成。

接下来应该启动 SVN 服务器程序了，在命令行窗口运行如下命令即可启动 SVN 服务器：

```
svnserve -d -r G:\svnData
```

在上面命令中，svnserve 是 SVN 服务器安装路径下 bin 路径下的一个可执行程序，G:\svnData 就是 SVN 资源库的保存位置。运行上面命令即可启动 SVN 服务器，运行 SVN 服务器需要 3690 端口，如果其他程序已经占据了该端口，那么将导致 SVN 服务器启动失败。

每次都通过命令行来启动 SVN 服务器也是一件很烦琐的事情，因此可以将 SVN 服务器程序安装成 Windows 服务。可以借助于 Windows 提供的 sc.exe 工具来实现，运行如下命令即可将 SVN 服务器程序安装成 Windows 服务（使用管理员身份运行如下命令）：

```
sc create svn binpath= "C:\Subversion\bin\svnserve.exe --service -r G:\svnData" displayname=
"Subversion 服务" depend= Tcpip
```

> **注意**
>
> 上面命令中的 "binpath=" "displayname=" 和 "depend=" 之后必须有一个空格。如果读者执行上面命令出错，通常都是空格导致的。

在上面命令中，sc 就是 Windows 自带的 Windows 服务配置程序，其中 create 用于安装 Windows 服务，svn 是服务名，这个可以随意改变。

> **提示：**
>
> 一旦将某个程序安装成 Windows 服务，就可以通过运行 Windows 平台的 services.msc 来管理这些服务，包括把它们设置成自动启动的 Windows 服务。如果将该服务设置为自动启动的 Windows 服务，每次 Windows 启动时都会自动启动该服务。

运行上面命令之后，即可在 Windows 服务管理窗口看到如图 1.34 所示的 SVN 服务。

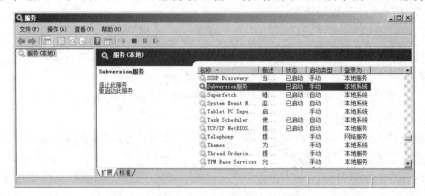

图 1.34　将 SVN 安装成 Windows 服务

如果希望从 Windows 中删除该 SVN 服务也是允许的，只要运行如下命令即可删除 SVN 服务：

```
sc delete svn
```

➤➤ 1.7.3　下载和安装 SVN 客户端

对于普通开发者而言，通常会选择使用 TortoiseSVN 作为 SVN 客户端。在 Windows 平台上下载和安装 TortoiseSVN 非常简单，按如下步骤进行即可。

① 登录 TortoiseSVN 官方下载站点 http://tortoisesvn.net/downloads，下载 TortoiseSVN 的最新版，本书成书之时，TortoiseSVN 的最新稳定版是 1.9.7。

② 下载 TortoiseSVN 1.9.7，下载完成后得到一个 TortoiseSVN-1.9.7.27907-x64-svn-1.9.7.msi 文件（这是 64 位的安装文件，如果读者使用 32 位操作系统，请下载 32 位的安装文件），双击该文件即可开始安装，安装 TortoiseSVN 与安装普通软件并无太大区别。

安装完成后，TortoiseSVN 安装程序可能要求重启计算机，按要求重启计算机即可完成 TortoiseSVN 的安装。

TortoiseSVN 与普通软件不同，它并未直接提供任何窗口来执行版本管理操作，按它的官方说法：TortoiseSVN 只是一个 Shell 扩展，它已经被整合到了 Windows 资源管理器中，因此使用 TortoiseSVN 非常简单，只要右键单击任何文件夹、文件，即可在弹出的快捷菜单中看到 TortoiseSVN 对应的菜单。图 1.35 显示了右键单击文件夹时出现的 TortoiseSVN 工具菜单。

图 1.35　在右键菜单中集成的 TortoiseSVN 工具菜单

➤➤ 1.7.4　将项目发布到服务器

使用 TortoiseSVN 将项目发布到服务器非常简单，假设在磁盘上开发了一个 Java 项目，现在希望将该项目发布到 SVN 服务器上，按如下步骤进行即可。

① 右键单击该 Java 项目对应的文件夹。

② 在弹出的如图 1.35 所示的快捷菜单中选择 "TortoiseSVN" → "Import" 菜单项，TortoiseSVN 弹出如图 1.36 所示的对话框。

从图 1.36 可以看出，上传项目需要输入远程资源库的 URL，该 URL 的格式为 svn://<远程主机>:<端口>/<资源库名>，端口可以省略，如果省略端口则表明使用默认端口。此处使用的资源库的名字为 webDemo，这正是前面所创建的资源库。为了具有较好的可读性，建议让资源库与要上传的项目同名。

③ 按图 1.36 所示的样式输入 SVN 资源库的 URL，然后单击 "OK" 按钮，系统就会弹出如图 1.37 所示的提示输入登录 SVN 服务器的用户名、密码对话框，如果输入正确，即可将该项目发布到 SVN 服务器。

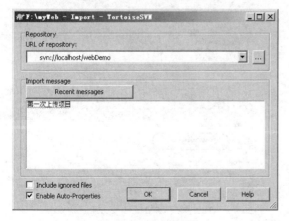

图 1.36　将项目发布到服务器

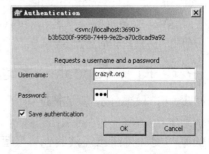

图 1.37　输入登录 SVN 服务器的用户名、密码

> **注意**
>
> 　　所有的版本控制系统，都只能跟踪文本文件的修改，比如各种程序代码、txt 文件、网页源代码等。版本控制系统可以跟踪文件的改动细节，比如在第 2 行添加一个字符串：crazyit。但对于图片、视频这些二进制文件，版本控制系统只能跟踪文件的大小改变，但没法跟踪文件内容的具体变化。

▶▶1.7.5　从服务器下载项目

从服务器下载项目同样简单，假设项目组另一个人想从服务器上下载刚刚发布的 Java 项目，按如下步骤进行即可。

① 在想下载项目的目标磁盘空间的空白处单击鼠标右键。

② 在弹出的如图 1.35 所示的快捷菜单中选择"SVN Checkout"菜单项，TortoiseSVN 弹出如图 1.38 所示的对话框。

③ 按图 1.38 所示的样式输入 SVN 资源库的 URL，并指定将项目下载到本地磁盘的指定位置。然后单击"OK"按钮，项目下载成功（从 SVN 服务器下载项目只需只读权限，因此 SVN 服务器无须输入登录 SVN 服务器的用户名、密码）。

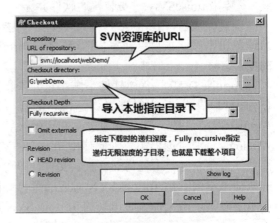

图 1.38　从磁盘下载项目

从 SVN 服务器下载的项目、文件上都有一个绿色的小钩，这表明该项目、该文件与服务器项目状态一致。

▶▶1.7.6　提交（Commit）修改

从服务器下载了指定项目之后，开发者可以采用自己喜欢的任何方式对项目进行开发，当项目开发到一定阶段之后，接下来应该将自己手中所做的修改提交到服务器上，这样其他开发者也能得到该项目最新修改过的版本。

SVN 项目修改过的文件的图标以及该文件所在文件夹的图标都会增加一个红色的感叹号，这表明该文件或该文件夹被修改过，需要将该修改提交到服务器。

提交修改也非常简单，按如下步骤进行即可。

① 选中需要提交的一个或多个文件，或者选中这些文件所在的文件夹。

② 右键单击选中的文件或文件夹，在弹出的快捷菜单中单击"SVN Commit"菜单项，TortoiseSVN 将弹出如图 1.39 所示的对话框。

③ 按图 1.39 所示选中需要提交的文件，然后单击"OK"按钮，系统就会弹出如图 1.37 所示的提示输入登录 SVN 服务器的用户名、密码对话框，如果输入正确即可将修改提交到 SVN 服务器。

图 1.39　提交修改

▶▶1.7.7　同步（Update）本地文件

同步，也叫 Update，就是把远程项目中最新的修改同步到本地。在多人协同工作的环境下，远程资源库中的某些文件可能已经被其他开发者修改过了，SVN 服务器上保存了各文件修改后的最新版本。同步操作能够把最新版本下载到本地，从而允许在别人修改的最新版本上进行修改，这样既可以避免版本冲突，也可以避免浪费精力和重复劳动。

> **提示：**
> 对于多人协同开发的环境，通常推荐总是"先同步后工作"，即每次准备开发之前，总应该先同步一次，从而保证总是在项目的最新版本上进行开发。

同步本地文件请按如下步骤进行。

① 使用鼠标选择需要同步的文件或文件夹。如果选择一个或多个文件，则表明仅同步这些文件；如果选择一个或多个目录，则会同步这些目录下的所有文件。

② 右键单击选中的文件或文件夹，在弹出的快捷菜单中单击"SVN Update"菜单项，TortoiseSVN将弹出如图 1.40 所示的对话框。

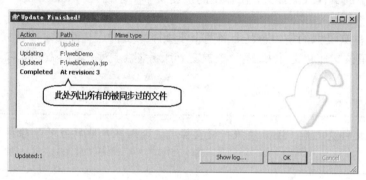

图 1.40 同步本地文件

▶▶ 1.7.8 添加文件和目录

随着项目开发的进行，需要向项目中新增一些文件，但新增的文件并不会自动处于 SVN 的管理之下。例如在 G:\webDemo（笔者的本地工作路径）下新建了 images 文件夹和 help.jsp 文件，则可以看到 Windows 资源管理器显示如图 1.41 所示。

从图 1.41 中可以看出，该文件和文件夹上只有一个问号标记，这表明该文件还未处于 SVN 管理之下，这就需要将该文件添加到 SVN 中。

向 SVN 中添加文件请按如下步骤进行。

① 选中需要添加的文件和文件夹。

② 右键单击选中的文件或文件夹，在弹出的快捷菜单中单击"TortoiseSVN"→"Add"菜单项，TortoiseSVN 将弹出如图 1.42 所示的对话框。

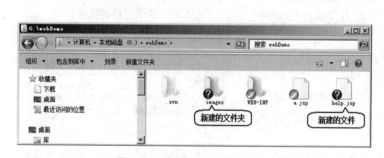

图 1.41 新建的文件和文件夹

图 1.42 添加文件和文件夹

③ 单击"OK"按钮，添加完成。

需要指出的是，经过上面三个步骤添加文件、文件夹之后，只是将该文件和文件夹置入 TortoiseSVN 管理之下，还并未提交到服务器上（此时文件或文件夹上显示一个加号图标）。为了将所添加的文件、文件夹提交到服务器，还需要对它们执行提交操作。

> **注意**
>
> 添加文件、文件夹之后，还必须执行提交操作，否则添加的文件、文件夹不会提交到服务器。

▶▶ 1.7.9　删除文件和目录

与添加文件、文件夹相对的是，在项目开发过程中也需要删除某些文件和文件夹，通过 TortoiseSVN 删除指定的文件、文件夹非常简单，按如下步骤进行即可。

① 选中需要删除的文件和文件夹。

② 右键单击选中的文件或文件夹，在弹出的快捷菜单中单击"TortoiseSVN"→"Delete"菜单项，删除成功。

与添加文件、文件夹类似的是，通过上面两个步骤删除文件、文件夹之后，只是从 TortoiseSVN 管理下、本地磁盘删除了该文件和文件夹，还并未提交到服务器上。为了将所做的删除操作提交到服务器，还需要执行提交操作。

> **注意**
>
> 删除文件、文件夹之后，还必须执行提交操作，否则在本地所做的删除操作不会提交到服务器。

▶▶ 1.7.10　查看文件或目录的版本变革

TortoiseSVN 提供了图形界面方式来查看文件、文件夹的版本变革历史，并比较任意两个版本之间的差异。

查看文件或文件夹的版本变革历史请按如下步骤进行。

① 选中需要查看的文件或文件夹。

② 右键单击选中的文件或文件夹，在弹出的快捷菜单中单击"TortoiseSVN"→"Revision graph"菜单项，系统弹出如图 1.43 所示的对话框，非常形象地显示了 a.jsp 文件的版本历史。

▶▶ 1.7.11　从以前版本重新开始

如果在开发过程中把某个文件改坏了，或者想从前面的某个阶段重新开始，可能希望重新找回该文件以前的某个版本，那应该怎么做呢？TortoiseSVN 提供了很方便的操作允许从某个文件的以前版本重新开始开发。

从指定文件的以前版本重新开发请按如下步骤进行。

① 选中需要重新开始的一个或多个文件。

② 右键单击选中的文件，在弹出的快捷菜单中单击"TortoiseSVN"→"Update to revision"菜单项，系统弹出如图 1.44 所示的对话框。

③ 按图 1.44 所示输入希望重新开始的版本号，然后单击"OK"按钮，选中的文件将恢复到指定的版本。接下来，就可以在此版本的基础上继续开发了。

图 1.43　查看文件的版本变革

图 1.44　从文件以前的版本重新开始

▶▶ 1.7.12 创建分支

有些时候不想继续沿着开发主线开发，而是希望试探性地添加一些新功能，这时候就需要在原来开发主线上创建一个分支（Branch），进而在分支上进行开发，避免损坏原有的稳定版本。

创建分支请按如下步骤进行。

① 选定需要创建分支的文件或文件夹（甚至可以是整个项目所在的文件夹）。

② 右键单击选中的文件或文件夹，在弹出的快捷菜单中单击"TortoiseSVN"→"Branch/tag"菜单项，系统弹出如图1.45所示的对话框。

③ 单击"OK"按钮，创建分支成功。

当分支创建成功后，即可在该文件的版本变革图中看到该分支的效果，如图1.46所示。

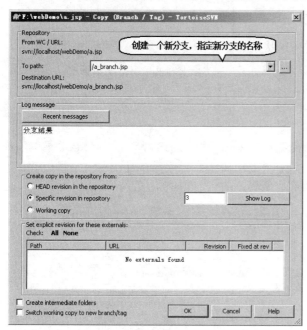

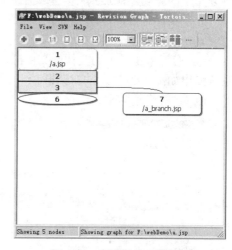

图 1.45 创建分支   图 1.46 新建分支后的效果

新建分支之后，接下来就可以在新分支的基础上进行开发了，从而避免损坏原有的文件版本。

▶▶ 1.7.13 沿着分支开发

为了沿着分支进行开发，要求先切换到分支所在的版本。

为了切换到指定分支继续开发，可按如下步骤进行。

① 选中拥有分支的文件或文件夹。

② 右键单击选中的文件或文件夹，在弹出的快捷菜单中单击"TortoiseSVN"→"Switch"菜单项，系统弹出如图1.47所示的对话框。

图 1.47 切换到指定分支

③ 单击"OK"按钮，当前文件就会切换到指定分支，接下来对该文件所做的修改都将沿着该分支开发。

例如，切换到 a_branch.jsp 之后继续对该页面进行修改，修改完成后将所做的修改提交到 SVN 服务器，再次查看该页面的版本变革历史，将看到如图 1.48 所示的对话框。

如果开发者沿着分支开发了一段时间之后，想继续维护开发主线上的开发，则还可以切换回开发主线继续开发，从分支切换回开发主线与切换到分支并无任何区别，故此处不再赘述。

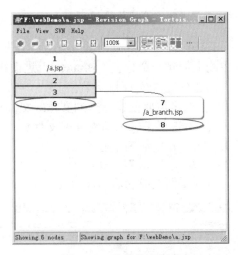

图 1.48　沿着分支开发

▶▶ 1.7.14　合并分支

当项目沿着分支试探性开发新功能达到一定的稳定状态之后，还可以将开发主线和开发分支合并到一起，从而将分支中的新功能添加到开发主线中。

为了实现合并，可以按如下步骤进行。

① 选中拥有分支的文件或文件夹。

② 右键单击选中的文件或文件夹，在弹出的快捷菜单中单击"TortoiseSVN"→"Merge"菜单项，系统弹出如图 1.49 所示的对话框。

③ 选择合适的合并选项之后，单击"Next"按钮，TortoiseSVN 弹出如图 1.50 所示的对话框。

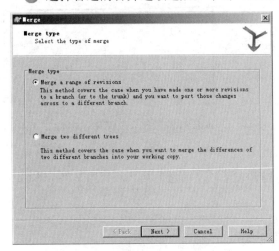

图 1.49　选择合适的合并选项

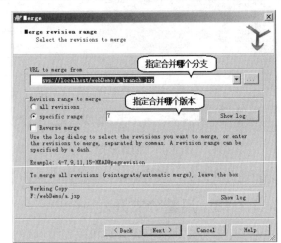

图 1.50　合并分支

④ 按图 1.50 所示的样式输入需要合并的分支，并指定合并哪个分支以及合并分支的哪个版本，然后单击"Next"按钮，TortoiseSVN 弹出如图 1.51 所示的对话框。

⑤ 按图 1.51 所示设置合并选项，然后单击"Merge"按钮即可完成合并。

▶▶ 1.7.15　使用 Eclipse 作为 SVN 客户端

很多时候可能会直接使用 Eclipse 作为 SVN 客户端，为了使用 Eclipse 作为 SVN 客户端，需要为 Eclipse 安装 Subclipse 插件。此处将通过 Eclipse 插件市场来安装 Subclipse 插件。

单击 Eclipse 主菜单中的"Help"→"Eclipse

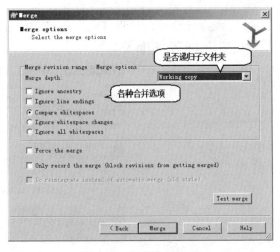

图 1.51　设置合并选项

Marketplace”菜单项，将可以看到 Eclipse 弹出 Eclipse Marketplace 对话框，在该对话框的搜索框内输入 Subclipse，然后单击“搜索”按钮，即可看到如图 1.52 所示的搜索结果。

单击图 1.52 所示对话框中的“Install”按钮，即可开始安装 Subclipse 插件。通过这种方式安装插件非常简单，通常只要单击几次“Next”按钮，并同意协议即可安装成功，安装成功之后可能需要重启 Eclipse。

成功安装了 Subclipse 插件之后，使用 Eclipse 作为 SVN 客户端功能一样强大，同样可以完成下载项目、同步文件、提交修改等操作。

使用 Eclipse 从 SVN 资源库中下载项目请按如下步骤进行。

① 单击 Eclipse 的“File”→“Import...”菜单项，系统将弹出如图 1.53 所示的导入项目对话框。

图 1.52   搜索 Subclipse 插件

图 1.53   导入项目对话框

② 单击“SVN”→“从 SVN 检出项目”节点，表明希望从 SVN 资源库中导入项目。单击“Next”按钮，系统将出现如图 1.54 所示的“选择/新建位置”对话框。

图 1.54   “选择/新建位置”对话框

③ 如果读者是第一次使用 Eclipse 作为 SVN 客户端，在如图 1.54 所示的对话框中并不存在有效的资源库，读者可以选中"创建新的资源库位置"单选钮，表示希望创建新的资源库，然后单击"Next"按钮，系统将进入资源库属性设置对话框，如图 1.55 所示。

④ 按图 1.55 所示输入 SVN 资源库的 URL，然后单击"Next"按钮，系统将出现如图 1.56 所示的"选择文件夹"对话框。

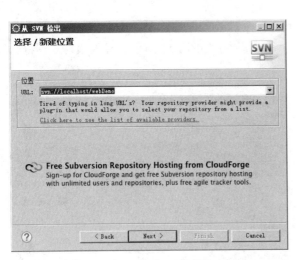

图 1.55　设置 SVN 资源库的 URL

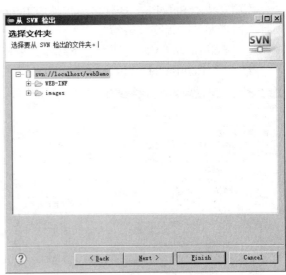

图 1.56　"选择文件夹"对话框

 **注意**

由于使用 Eclipse 作为 SVN 客户端时需要 Eclipse 访问网络，所以如果读者的机器上安装了防火墙，则一定要设置防火墙允许 Eclipse 访问网络，或者关闭防火墙。如果远程 SVN 服务器需要登录才能下载，读者还会看到 Eclipse 提示用户输入用户名、密码。

⑤ 选择需要下载的文件夹，如果打算下载整个项目，则直接选中资源库的根节点，然后单击"Next"按钮，系统将出现如图 1.57 所示的"检出为"对话框。

⑥ 单击"Finish"按钮，即可将该项目检出到 Eclipse 中。导入完成后将看到 Eclipse 左边的项目导航树中出现如图 1.58 所示的效果。

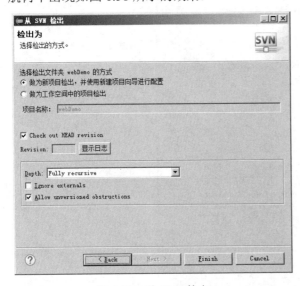

图 1.57　从 SVN 检出

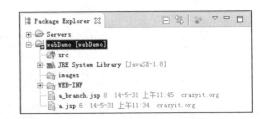

图 1.58　将项目检出到 Eclipse 中

如果需要在 Eclipse 中对一个或多个文件执行同步、提交等常规操作，则先选中这些文件，然后单击鼠标右键，并在弹出的快捷菜单中单击"Team"菜单项，Eclipse 将出现如图 1.59 所示的菜单。

图 1.59 Eclipse 中 SVN 操作的菜单

看到如图 1.59 所示的菜单，相信读者已经能参照图中所示的标注完成常规的提交、同步等操作了。

1.8 使用 Git 进行软件配置管理（SCM）

SVN 是一个广泛使用的版本控制系统，其主要弱点在于：它必须时刻连着服务器，一旦断开网络，SVN 就无法正常工作。

由于 Linus（Linux 系统的创始人）对 SVN 非常"不感冒"（因为 SVN 必须联网才能使用），因此 Linus 在 2005 年着手开发了一个新的分布式版本控制系统：Git。不久，很多人就感受到了 Git 的魅力，纷纷转投 Git 门下。

2008 年，GitHub 网站上线了，它为开源项目免费提供 Git 存储，无数开源项目开始迁移至 GitHub，包括 jQuery、MyBatis 等。

SVN 与 Git 相比，二者的本质区别在于：SVN 是集中式的版本控制系统；而 Git 是分布式的版本控制系统。

先简单回顾一下集中式版本控制系统，以 SVN 为例。SVN 的版本库是集中存放在中央服务器上的，每个开发者要干活时，都必须先从中央服务器同步最新的代码（下载最新的版本），然后开始修改，修改完了再提交给服务器。

再介绍一下分布式版本控制系统，以 Git 为例。对于 Git 而言，每个开发者的本地磁盘上都存放着一份完整的版本库，因此开发者工作时无须联网，直接使用本地版本库即可。只有在需要多人相互协作时，才通过"中央服务器"进行管理。

提示：

简单来说，与 SVN 相比，Git 的改变相当于让每个开发者都在本地"缓存"了一份完整的资源库，因此开发者对自己开发的项目文件执行添加、删除、返回之前版本时不需要通过服务器来完成。

▶▶ 1.8.1 下载和安装 Git、TortoiseGit

Git 是 Linus 开发的，因此起初 Git 自然是运行在 Linux 平台上的。后来 Git 也为 Windows、Mac OS X 等平台提供了相应的版本。本书以 Windows 7 为例来介绍 Git 的安装和使用。

下载和安装 Git 请按如下步骤进行。

① 登录 Git 官网下载站点 https://git-scm.com/download/win，下载 Git 的最新版本。本书成书之时，Git 的最新稳定版是 2.15.0。

② 下载 Git 2.15.0，下载完成后得到一个 Git-2.15.0-64-bit.exe 文件（这是 64 位的安装文件。如果读者使用的是 32 位的操作系统，请下载 32 位的安装文件）。

③ 双击 Git-2.15.0-64-bit.exe 文件即可开始安装，首先看到的是 Git 所遵守的协议（GNU 协议），直接单击"Next"按钮。接下来选择要将 Git 安装在哪个目录下，通常建议直接安装在根目录下，单击"Next"按钮。

④ 接下来可以看到如图 1.60 所示的"Select Components（选择组件）"对话框，在该对话框中，取消勾选"Windows Explorer Integration"复选框——这是因为我们不打算使用 Git 本身提供的 GUI 工具，而是使用 TortoiseGit。单击"Next"按钮。

⑤ 安装程序询问是否需要在 Windows 开始菜单中为 Git 创建菜单，通常无须修改，直接单击"Next"按钮。安装程序显示如图 1.61 所示的对话框，选择是否需要修改 PATH 环境变量。

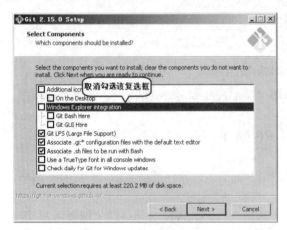

图 1.60　选择安装组件

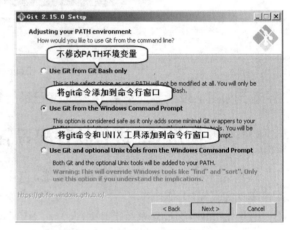

图 1.61　选择是否修改 PATH 环境变量

⑥ 出于方便的考虑，需要将 git 命令添加到 Windows 命令行窗口；出于安全的考虑，不需要将 Unix 工具添加到 Windows 命令行窗口。因此，在如图 1.61 所示的对话框中选择第二个单选钮，然后单击"Next"按钮。安装程序显示如图 1.62 所示的对话框，选择使用哪种 SSH 工具。

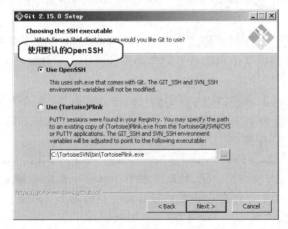

图 1.62　选择 SSH 工具

⑦ 如果机器上安装过 TortoiseSVN，Git 会询问是使用默认的 OpenSSH 工具，还是使用 TortoiseSVN

提供的 Plink 工具。此处没必要调整，因此直接选择默认的 OpenSSH 工具，然后单击"Next"按钮。接下来需要用户为 HTTPS 连接选择传输协议，这里选择默认的 OpenSSL 库后单击"Next"按钮。安装程序显示如图 1.63 所示的对话框，选择如何处理文件的换行符。

⑧ 从图 1.63 可以看出，第一个选项表示在下载文件时将换行符转换为 Windows 换行符，提交文件时则将换行符转换成 UNIX 换行符——这是最适合Windows 开发者的方式；第二个选项适合于 Linux、UNIX 开发者；第三个选项表示不做任何转换，因此不适合跨平台的项目。这里选择第一个单选钮，然后单击"Next"按钮，安装程序询问使用哪种终端模拟

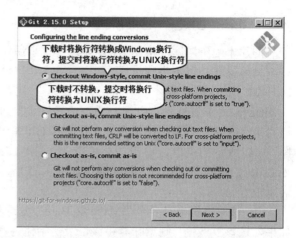

图 1.63　选择如何处理文件的换行符

器，保持默认设置并单击"Next"按钮。在接下来出现的对话框中单击"Install"按钮安装 Git。

安装完成后，即可在 Windows 命令行窗口使用 git 命令。在命令行窗口输入 git 命令并按回车键，即可看到如下提示信息：

```
C:\Users\yeeku>git
usage: git [--version] [--help] [-C <path>] [-c name=value]
           [--exec-path[=<path>]] [--html-path] [--man-path] [--info-path]
           [-p | --paginate | --no-pager] [--no-replace-objects] [--bare]
           [--git-dir=<path>] [--work-tree=<path>] [--namespace=<name>]
           <command> [<args>]

These are common Git commands used in various situations:
...
```

上面提示信息表明 Git 安装成功。

如果用户非常喜欢命令行工具，则可以直接在命令行窗口使用 git 命令来进行软件配置管理。但是，对于大部分读者而言，直接使用 git 命令会比较费劲，因此本书还会介绍一个非常好用的工具：TortoiseGit。

下载和安装 TortoiseGit 非常简单，按如下步骤进行即可。

① 登录 TortoiseGit 官方下载站点 https://tortoisegit.org/download/，下载 TortoiseGit 的最新版本。本书成书之时，TortoiseGit 的最新稳定版是 2.5.0。

② 下载 TortoiseGit 2.5.0，下载完成后得到一个TortoiseGit-2.5.0.0-64bit.msi 文件（这是 64 位的安装文件。如果读者使用的是 32 位的操作系统，请下载 32位的安装文件）。双击该文件即可开始安装，安装TortoiseGit 与安装普通软件并无太大区别。

TortoiseGit 已经被整合到 Windows 资源管理器中，因此使用 TortoiseGit 非常简单，在 Windows 资源管理器的任何文件、文件夹或者空白处单击鼠标右键，即可在弹出的快捷菜单中看到 TortoiseGit 对应的菜单。图 1.64 显示了在右键菜单中集成的 TortoiseGit 工具菜单。

图 1.64　在右键菜单中集成的 TortoiseGit 工具菜单

提示：　TortoiseGit 还提供了一个语言包，可以将该软件汉化成简体中文界面，但考虑到软件开发的工作环境（大部分人用英文，甚至与国外开发者协作开发），因此推荐保持英文界面。

▶▶ 1.8.2 创建本地资源库

创建本地资源库非常简单，就是选择需要版本管理的工作目录，然后在该工作目录下创建资源库即可。具体操作按以下步骤执行。

① 选择需要版本管理的工作目录，比如对 G:\gitJava 目录进行版本管理。通过资源管理器进入该目录，在空白处单击鼠标右键，TortoiseGit 弹出如图 1.64 所示的菜单，单击该菜单中的 "Git Create repository here..." 菜单项，系统弹出如图 1.65 所示的对话框。

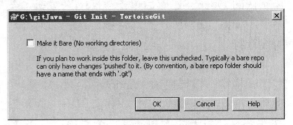

图 1.65　创建资源库

② 该对话框中有一个 "Make it Bare" 复选框，如果勾选该复选框，则意味着将该目录初始化为 "纯版本库"（开发者不能在该目录下干活），因此此处不要勾选该复选框。单击 "OK" 按钮，即可成功创建本地资源库。

> **提示：**
> 上面步骤相当于在 G:\gitJava 目录下执行 git init 命令，该命令同样用于在指定目录下创建本地资源库。执行 git init --bare 命令，则相当于勾选了如图 1.65 所示对话框中的 "Make it Bare" 复选框。

创建完成后，Git 将会在 G:\gitJava 目录下新建一个隐藏的 .git 文件夹，该文件夹就是 Git 的本地版本库，它负责管理 G:\gitJava 目录下文件的添加、删除、修改、分支等操作。

创建本地资源库之后，接下来可对该资源库进行一些初步配置。

在资源库目录（G:\gitJava）的空白处单击鼠标右键，系统弹出如图 1.64 所示的菜单，单击该菜单中的 "TortoiseGit" → "Settings" 菜单项，系统弹出如图 1.66 所示的设置界面。

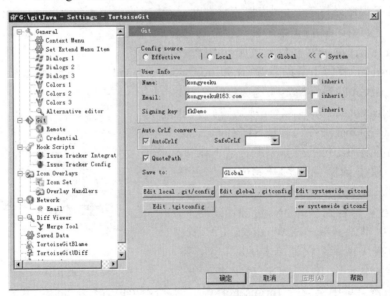

图 1.66　TortoiseGit 的参数设置界面

在 TortoiseGit 的参数设置界面中提供了常用的设置分类。

➤ General：该分类主要用于设置界面语言、字体、字号大小、字体颜色等通用信息。

➤ Git：该分类主要用于设置 Git 本身的相关信息。

➤ Diff Viewer：该分类用于设置 Diff 文件比较器的比较界面。

➤ TortoiseGitUDiff：该分类用于设置 TortoiseGitUDiff 文件比较器的比较界面。

此处主要介绍 Git 相关设置，因此单击如图 1.66 所示对话框左边的 "Git" 节点，并选中设置界面上方的"Global"单选钮，即可看到如图 1.67 所示的对话框。

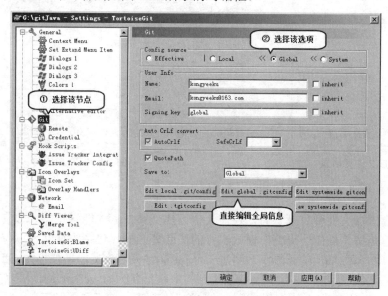

图 1.67 为 Git 设置全局用户信息

在如图 1.67 所示对话框中输入 Name、E-mail、Signing key 信息，这些信息将作为用户提交代码的标识（就是告诉 Git 谁在提交代码）。后面会看到，每次提交代码时，Git 都会记录这些用户信息。

通过如图 1.67 所示对话框设置的是 Git 的全局信息，全局信息以明文保存在用户 HOME 目录（在 Windows 下用户 HOME 目录为 C:\Users\<用户名>）下的.git-credentials 文件中，开发者也可通过设置界面下方的"Edit global .gitconfig"按钮直接编辑.git-credentials 文件，这种方式更直接——但对于初级用户来说，容易产生错误。

选中如图 1.67 所示对话框上方的"Local"单选钮，表示为当前项目设置 Git 相关信息，此时可以重新设置 Name、E-mail、Signing key 等信息。局部信息以明文保存在.git 目录下的 config 文件中，开发者也可通过设置界面下方的"Edit local .git/config"按钮直接编辑 config 文件，这种方式更直接——但对于初级用户来说，容易产生错误。

当局部信息和全局信息不一致时，局部信息取胜。如果"Global"和"Local"选项下输入的用户信息不一致，则选中"Effective"单选钮（该选项用于显示实际生效的用户信息），即可看到实际生效的是 Local 选项下输入的用户信息。

▶▶ 1.8.3 添加（Add）文件和目录

Git 添加文件和目录也很简单，先把文件和目录添加到 Git 系统管理之下，然后提交修改即可。

例如，在 G:\gitJava 目录下增加一个 a.jsp 文件，该文件内容可以随便写；在该目录下再添加一个 WEB-INF 文件夹，并在该文件夹下添加 web.xml 文件。接下来，将 a.jsp 文件和 WEB-INF 文件夹添加到 Git 系统管理之下，步骤如下。

① 同时选中 a.jsp 文件和 WEB-INF 文件夹，单击鼠标右键，在弹出的右键菜单中选择"TortoiseGit"→"Add..."菜单项，系统弹出如图 1.68 所示的对话框。

② 单击"OK"按钮，即可将该文件和文件夹添加到 Git 系统管理之下。添加完成后，TortoiseGit 显示如图 1.69 所示的提示界面。

> **提示：**
> 添加操作相当于执行 git add 命令，因此上面步骤相当于在 G:\gitJava 目录下执行 git add a.jsp WEB-INF 命令。

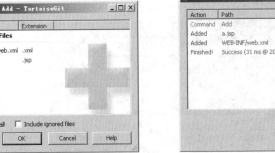

图 1.68　添加文件和目录　　　　　　　　　　　　图 1.69　添加成功

▶▶ 1.8.4　提交（Commit）修改

与 SVN 相似，添加文件和目录之后，还需要执行提交操作，才能真正将修改提交到版本库中。实际上，Git 的操作总是按"操作→提交"模式执行的，此处的操作包括添加文件、修改、删除等。

创建本地资源库之后，Git 在资源库下创建一个 .git 文件夹，该文件夹被称为 Git 版本库（用于记录各文件的修改历史）。Git 版本库中存了很多东西，其中包括名为 stage（index）的暂存区。

开发者对文件所做的各种操作（比如添加、删除、修改等），都只是保存在 stage 暂存区中，只有等到执行提交时才会将暂存区中的修改批量提交到指定分支。在创建 Git 本地资源库时，Git 会自动创建唯一的 master 主分支。

执行提交操作请按如下步骤进行。

① 在 G:\gitJava 目录的空白处单击鼠标右键，在弹出的右键菜单中单击"Git Commit"→"master..."菜单项，系统显示如图 1.70 所示的提交确认对话框。

② 在该对话框中，可以为本次提交输入说明信息，也可以通过勾选"new branch"复选框提交给新的分支（默认提交给 master 主分支，这是 Git 默认创建的主分支）；下面则列出了本次提交所产生的修改。按图 1.70 所示方式输出说明信息后，单击"Commit"按钮即可开始提交，TortoiseGit 显示如图1.71 所示的提交进度对话框。

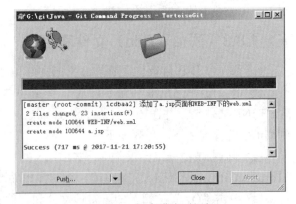

图 1.70　提交确认对话框　　　　　　　　　　　　图 1.71　提交进度对话框

当提交进度条完成时，表明 Git 提交完成，可单击"Close"按钮关闭该对话框。

> **提示：**
> 提交操作相当于执行 git commit 命令，因此上面步骤相当于在 G:\gitJava 目录下执行 git commit 命令。

　　此外，开发者可以使用自己喜欢的工具（文本编辑器或 IDE 工具）对工作区的代码进行开发，Git会自动将这些修改放入 stage 暂存区中。

　　当项目开发到某个步骤，需要将 stage 暂存区中的修改提交给指定分支时，提交修改操作也按刚刚介绍的步骤进行。

　　此处可以尝试对 a.jsp 页面进行一些修改，然后通过 git commit 命令或 TortoiseGit 菜单中的"Git Commit"→"master..."菜单项执行提交。

➤➤ 1.8.5　查看文件或目录的版本变更

　　通过 TortoiseGit 也可查看文件或文件夹的版本变更历史，并比较任意两个版本之间的差异。

　　查看文件或文件夹的版本变更历史非常简单，在 G:\gitJava 目录的空白处单击鼠标右键，在弹出的右键菜单中单击"ToitorseGit"→"Show log"菜单项，即可看到如图 1.72 所示的版本变更历史。

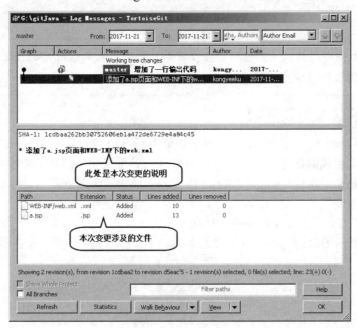

图 1.72　查看文件或文件夹的版本变更历史

　　从图 1.72 可以看出，Git 会集中管理整个项目的版本变更。我们在窗口上方选中某个提交信息，在窗口中间可以看到本次提交的唯一标识（以 SHA-1 名表示）和说明信息，在窗口下方可以看到本次提交涉及的文件。比如图 1.72 所示，选中了第一次提交的添加操作，在该窗口中可以看到本次提交操作添加了 WEB-INF/web.xml 和 a.jsp 两个文件。

> **提示：**
> 　　查看版本变更历史也可以使用 git log 命令，该命令将以文字界面的方式显示资源库的版本变更历史，文字界面就不如图 1.72 所示界面直观了。

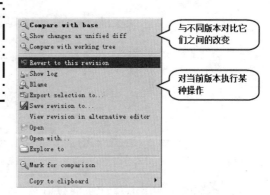

图 1.73　查看某个文件的版本变更

　　TortoiseGit 的很多"撤回"操作都可通过图 1.72 所示的界面来完成。比如在 a.jsp 文件上单击鼠标右键，即可弹出如图 1.73 所示的菜单。

　　其中前 3 个菜单项主要用于对比该版本的文件与其他版本（查看具体做过哪些修改，修改部分会以高亮显示）；中间部分的菜单项主要用于对当前版本执行某种操作。比如退回该版本，可单击"Revert to this revision"菜单项；将该版本文件另存，则可单击"Save revision to...”菜单项。

▶▶ 1.8.6　删除文件和目录

删除文件和目录操作同样按“删除→提交”模式执行。通过 TortoiseGit 删除指定的文件非常简单，按如下步骤执行即可。

① 通过资源管理器删除指定文件或文件夹。

提示：　　　　　　　　　　　　　　　　　　　　　　　　　　　　　　　　　　　
　　　　　也可通过 git rm <文件或文件夹> 命令来删除文件或文件夹。

② 在资源库的空白处单击鼠标右键，在弹出的右键菜单中单击“TortoiseGit”→“Commit”菜单项，提交修改即可。

　　　　删除文件、文件夹之后，还必须执行提交操作；否则，在本地所做的删除操作不会提交到服务器。提交修改同样可使用 git commit 命令来完成。

▶▶ 1.8.7　从以前版本重新开始

使用版本管理工具最大的好处在于：开发者可以随时返回以前的某个版本。如果在开发过程中把某个文件改坏了，希望重新找回该文件以前的某个版本，或者想从前面的某个阶段重新开始，TortoiseGit 都提供了方便的操作允许“重返”（重设、Reset 操作）以前的某个版本。

如果要将整个资源库重返以前的某个版本，则按如下步骤进行。

① 按前面介绍的方式查看版本库的变更历史。

② 在如图 1.72 所示的对话框中选中上方版本列表中希望恢复的版本，单击鼠标右键，在弹出的右键菜单中单击“Reset ‘master’ to this”菜单项，如图 1.74 所示。

图 1.74　重设指定版本

③ 系统显示如图 1.75 所示的对话框，该对话框用于设置重设的相关选项。该窗口上半部分用于指定哪个分支、重设到哪个版本；窗口下半部分则用于指定重设类型。Git 支持如下 3 种重设类型。

➤ Soft：软重设，只将指定分支重设到指定版本，不改变当前工作空间和 stage 暂存区。

➤ Mixd：混合，将指定分支重设到指定版本，将 stage 暂存区也重设到指定版本，但不改变工作

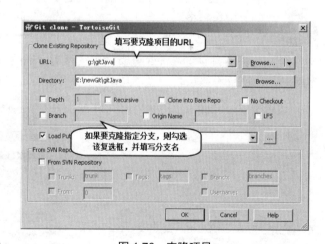

空间。

➢ Hard：将指定分支、stage 暂存区、工作空间全部重设到指定版本。

由于前一步删除了 WEB-INF 文件夹和 a.jsp 文件，如果希望能将整个工作空间（就是 G:\gitJava 目录）都恢复到删除之前的状态，那么应该选中"Hard"重设类型。

④ 根据需要选择重设类型，然后单击"OK"按钮，整个项目即可恢复到指定版本。此时将会看到工作空间中的 WEB-INF 文件夹和 a.jsp 文件又回来了。

图 1.75　设置重设选项

提示： 重返指定版本也可使用 git reset <版本标识>命令来完成，其中"版本标识"就是前面所看到的每次提交的 SHA-1 名。

如果只想将单个文件恢复到指定版本，则按如下步骤进行。

① 按前面介绍的方式查看版本库的变更历史。

② 在如图 1.72 所示对话框中选中上方版本列表中希望恢复的版本，然后在下方的文件列表中选中希望恢复的文件，单击鼠标右键，在弹出的右键菜单中单击"Revert to this revision"菜单项，该文件将会恢复到指定版本的状态。

③ 恢复单个文件后，实际上相当于对文件进行了修改，如果希望将这种修改保存到版本库中，同样还需要执行提交操作。

▶▶ 1.8.8　克隆（Clone）项目

克隆项目就是将所选资源库当前分支的所有内容复制到新的工作空间下。如果当前分支不是 master 主分支，而是其他分支，那么克隆操作自然就是复制其他分支的内容。

克隆项目按如下步骤进行即可。

① 进入打算克隆项目的文件夹（此处以 E:\newGit 目录为例）中，在该文件夹的空白处单击鼠标右键，然后单击右键菜单中的"Git Clone..."菜单项。系统弹出如图 1.76 所示的克隆对话框。

② 在"URL"中填写被克隆项目的 URL，如果是本地项目，则直接填写该项目所在的路径；如果是远程项目，则填写远程项目的 URL。

图 1.76　克隆项目

Directory 则用于指定将项目克隆到本地的哪个目录下。如果项目中可能包含大文件，则勾选"LFS"复选框。设置完成后单击"OK"按钮。

TortoiseGit 将会显示克隆过程的进度，克隆完成后，在 E:\newGit\目录下将会多出一个 gitJava 文件夹，这就是刚刚克隆出来的项目。

提示： 克隆项目可通过 git.exe "被克隆项目的 URL" "本地存储路径"命令来完成。克隆本地项目与克隆远程项目其实差不多，只是填写被克隆项目的 URL 有所不同而已。

▶▶ 1.8.9 创建分支

有时候不想继续沿着开发主线开发，而是希望试探性地添加一些新功能，这时就需要在原来的开发主线上创建一个分支（Branch），进而在分支上进行开发，避免损坏原有的稳定版本。

创建分支请按如下步骤进行。

① 在项目所在工作空间的空白处单击鼠标右键，在弹出的右键菜单中单击"TortoiseGit"→"Create Branch..."菜单项，系统弹出如图 1.77 所示的对话框。

② 输入新分支的名字，并指定该分支基于哪个版本来创建，然后单击"OK"按钮，创建分支成功。

新建分支之后，接下来就可以在新分支的基础上进行开发了，从而避免损坏原有的文件版本。

图 1.77 创建分支

▶▶ 1.8.10 沿着分支开发

为了沿着分支进行开发，要求先切换到分支所在的版本（可通过勾选图 1.77 所示对话框中的"Switch to new branch"复选框，在创建分支时切换到指定分支）。

为了切换到指定分支继续开发，可按如下步骤进行。

① 在工作空间的空白处单击鼠标右键，在弹出的右键菜单中单击"TortoiseGit"→"Switch/Checkout..."菜单项，系统弹出如图 1.78 所示的对话框。

② 选择要切换的分支，然后单击"OK"按钮，当前文件就会切换到指定分支，接下来对该文件所做的修改都将沿着该分支进行。

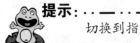
提示: ┈┈
> 切换到指定分支可通过 git.exe checkout <分支名>命令来完成。

例如，切换到 newBranch 分支之后继续对 a.jsp 文件进行修改，修改完成后将所做的修改提交到版本库中，再次查看该项目的版本变革历史，将看到如图 1.79 所示的对话框。

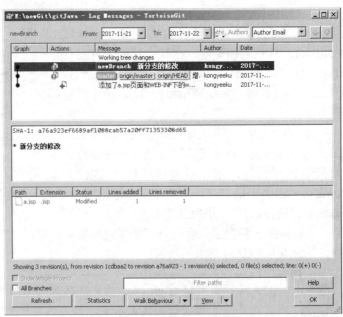

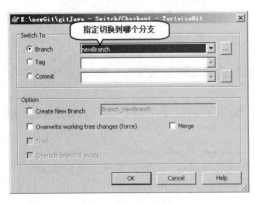

图 1.78 切换到指定分支   图 1.79 沿着分支开发

从图 1.79 所示窗口的上方可以看出，此时所做的修改不是在 master 主分支上进行的，而是在 newBranch 分支上进行的。

如果开发者沿着分支开发了一段时间之后，想继续维护 master 主分支上的开发，则还可以切换回 master 主分支继续开发。从新分支切换回 master 主分支与切换到分支并无任何区别，故此处不再赘述。

▶▶ 1.8.11 合并分支

当项目沿着分支试探性地开发新功能达到一定的稳定状态之后，还可以将开发分支和 master 主分支进行合并，从而将分支中的新功能添加到 master 主分支中。

为了实现合并，可以按如下步骤进行。

① 在工作空间的空白处单击鼠标右键，在弹出的右键菜单中单击 "TortoiseGit" → "Merge..." 菜单项，系统弹出如图 1.80 所示的对话框。

② 在图 1.80 所示窗口上方设置要合并的目标分支，在窗口下方填写对合并的说明信息。然后单击 "OK" 按钮，TortoiseGit 开始执行合并。

图 1.80 设置合并信息

 提示：

执行合并可通过 git.exe merge -m "合并消息" <分支名>命令来完成。在执行合并之前，可以先通过 TortoiseGit 提供的文件对比工具查看两个分支的文件之间存在的差异。

▶▶ 1.8.12 使用 Eclipse 作为 Git 客户端

最新的 Eclipse IDE for Java EE Developers（oxygen 版）默认已经集成了 Git 客户端，因此可使用 Eclipse 作为 Git 客户端。

如果需要使用 Eclipse 导入 Git 项目，可通过如下步骤进行。

① 单击 Eclipse 的 "File" → "Import" 菜单，打开 Eclipse 的 Import 对话框，如图 1.81 所示。

② 选中 "Git" → "Projects from Git" 节点后，单击 "Next" 按钮，Eclipse 将会显示如图 1.82 所示的对话框。

图 1.81 Eclipse 导入项目

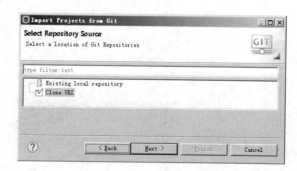

图 1.82 选择导入 Git 项目的类型

③ 在图 1.82 所示对话框中显示了
"Existing local repository" 和 "Clone URI" 两
个节点，分别代表克隆本地资源库和远程资源
库。此处打算克隆前面的 G:\gitJava 资源库（本
地资源库），因此选择第一个节点，然后单击
"Next" 按钮。

④ Eclipse 显示一个 "Select Git
Repository" 对话框。在初始状态下，Eclipse
不会显示任何 Git 资源库，这是因为还没有为
Eclipse 配置 Git 资源库。单击该对话框右边的
"Add..." 按钮，Eclipse 显示如图 1.83 所示的
对话框。

⑤ 填写本地 Git 项目的路径后，单击
"Finish" 按钮，再次返回 "Select Git Repository"
对话框，此时将看到 Eclipse 列出了刚刚添加
的 Git 资源库。选择该 Git 资源库，然后单击
"Next" 按钮，Eclipse 显示如图 1.84 所示的对
话框。

⑥ 为导入项目选择向导。其中第一个选
项表示导入一个已有的 Eclipse 项目；第二个
选项表示启用新项目向导来执行导入；第三个
选项表示作为一个通用项目导入。此处选择
"Import as general project" 选项，然后单击
"Finish" 按钮完成导入。

在 Eclipse 中导入 Git 项目之后，在该项
目上单击鼠标右键，在弹出的右键菜单中选择
"Team"，即可看到如图 1.85 所示的 Git 管理
的菜单项。

图 1.83　使用 Eclipse 克隆 Git 项目

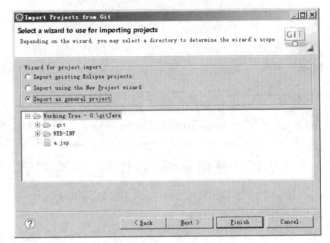

图 1.84　为导入项目选择向导

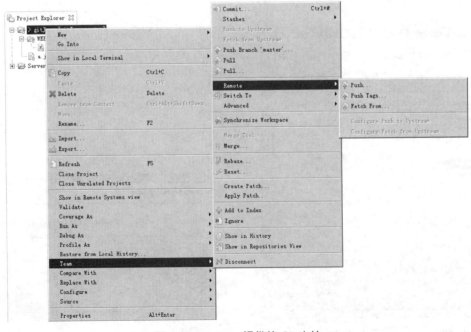

图 1.85　Eclipse 提供的 Git 支持

从图 1.85 所示的菜单可以看出，Git 操作最常用的添加（Add）、提交（Commit）、重返以前的版本（Reset）等都非常直观，因此此处不再赘述。

此外，对于一个已有的 Eclipse 项目（非 Git 项目），也可在该项目上单击鼠标右键，在弹出的右键菜单中单击"Team"→"Share Project"菜单项，选择通过 Git 将该项目放入 Git 资源库中。

➤➤ 1.8.13　配置远程中央资源库

前面介绍的 Git 操作都是直接通过本地资源库进行的（无须连接远程资源库），这就是 Git 分布式的典型特点。但是当多个开发者需要对项目进行协作开发时，最后还是需要连接远程中央资源库的，所有开发者都需要通过远程中央资源库进行项目交换。

GitHub 就是免费的、远程中央服务器，如果是个人、小团队的开源项目，则可以直接使用 GitHub 作为中央服务器进行托管。但如果是公司开发的项目，则通常不会选择 GiHub 作为中央服务器，往往会在企业内部搭建自己的中央服务器。

本书将会介绍使用 GitStack 来配置远程中央资源库。GitStack 是 Windows 平台上的远程中央资源库，具有简单、易用的特征。

> **提示：**
> 在企业实际开发中大多会采用 Linux 平台来配置 Git 中央资源库，在 Linux 上配置中央资源库其实更方便。在 Windows 平台上配置 Git 中央服务器，除使用 GitStack 之外，也可使用 Gitblit GO。

下载和安装 GitStack 请按如下步骤进行。

① 登录 GitStack 官网下载站点 https://gitstack.com/download/，下载 GitStack 的最新版本。本书成书之时，GitStack 的最新稳定版是 2.3.10。

② 下载 GitStack 2.3.10，下载完成后得到一个 GitStack_2.3.10.exe 文件。

③ 双击 GitStack_2.3.10.exe 文件即可开始安装。安装 GitStack 与安装普通的 Windows 软件基本没有任何区别，在安装过程中注意以下两点即可。

➢ 不要将 GitStack 安装在带空格的路径（比如 Program files）下，推荐直接安装在根路径下。

➢ 即使机器上已经安装了 Git，GitStack 也依然要使用它自带的 Git，因此推荐安装 GitStack 时一并安装 Git。

GitStack 安装完成后，启动浏览器，在地址栏中输入 http://localhost/gitstack/（如果访问远程主机，则将 localhost 换成主机 IP 地址），即可看到 GitStack 的登录界面，GitStack 默认内置了一个 admin 账户，密码也是 admin。

在登录界面中输入账户名 admin 和密码 admin，即可登录 GitStack 管理界面，如图 1.86 所示。

图 1.86　GitStack 管理界面

从图 1.86 可以看出，GitStack 的管理主要分为 3 类。

➤ Repositoies：用于管理 Git 资源库，包括创建资源库、删除资源库、管理资源库权限等。

➤ Users & Groups：主要用于管理用户和组，包括添加、删除用户和组，以及管理用户和组的权限。

➤ Settings：主要是 GitStack 的一些通常设置。可通过 Settings 下的 General 设置来修改 admin 账户的密码、修改服务端口、修改 GitStack 管理的资源库的存储路径。通常来说，只需修改 admin 账户的密码即可，其他设置暂时无须改变。

通过图 1.86 所示的界面来创建一个资源库——服务端创建的资源库是纯资源库（开发者不能在纯资源库下开发），创建完成后可看到如图 1.87 所示的界面。

图 1.87　GitStack 的资源库管理界面

在图 1.87 所示的界面上列出了刚刚创建的 firstDemo.git 资源库，还提供了克隆该资源库的命令：git clone http://localhost/firstDemo.git。在该资源库条目的右边支持 3 个操作。

➤ 查看（放大镜图标）：通过浏览器查看资源库的内容。

➤ 管理用户权限（人像图标）：为该资源库管理用户以及对应的权限。

➤ 删除（删除图标）：删除该资源库。

> **提示：**
> 　资源库创建完成后，可以在 C:\GitStack\repositories 目录下（假设 GitStack 安装在 C 盘根目录下）看到多了一个 firstDemo.git 文件夹，该文件夹就是刚刚创建的纯资源库。

接下来我们为 GitStack 新增一个用户，单击 GitStack 管理界面左边的 "Users & Groups" 分类下的 Users 标签，系统显示如图 1.88 所示的用户管理界面。

图 1.88　GitStack 的用户管理界面

在 Username、Password 框中输入用户名、密码后，单击 "Create" 按钮，即可创建一个新用户。

创建完用户之后，返回如图 1.87 所示的资源库管理界面，单击资源库条目右边的 "管理用户权限" 图标，系统显示如图 1.89 所示的界面。

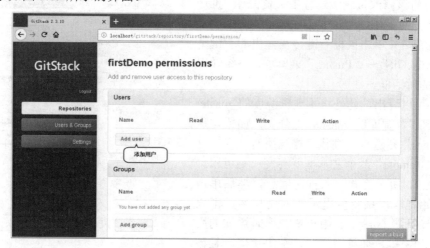

图 1.89   为资源库管理用户权限

从图 1.89 可以看出，此时该资源库下没有任何用户，也没有任何用户组。单击该管理界面上的 "Add user" 按钮，即可为该资源库添加用户（此处添加的用户需要先通过 "Users & Groups" 分类下的 Users 标签进行配置）。用户添加完成后，可以看到如图 1.90 所示的界面。

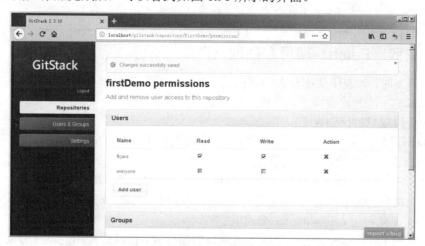

图 1.90   为资源库添加用户

从图 1.90 可以看出，fkjava 用户对该资源库具有 Read、Write 权限（勾选代表有权限），这意味着 fkjava 可以读取资源库，也可以向资源库中提交代码。everyone（任何人）用户则只具有 Read 权限，因此其只能读取资源库。

通过上面步骤，我们就通过 GitStack 创建并配置了一个简单的资源库。

▶▶ 1.8.14   推送（Push）项目

推送项目指的是将本地资源库的更新推送给中央资源库。为了演示推送功能，先通过 TortoiseGit 来克隆远程中央资源库。

按 1.8.8 节介绍的方式来克隆远程中央资源库，只是在图 1.76 所示窗口的 "URL" 中填写远程中央资源库的 URL，刚刚配置的远程资源库的 URL 为：http://192.168.1.188/firstDemo.git（其中 192.168.1.188 是笔者电脑的 IP 地址），然后单击 "OK" 按钮，即可克隆远程中央资源库。

比如我们再次在 E:\newGit 目录下克隆远程中央资源库，克隆完成后将会看到 E:\newGit 目录下多出一个 firstDemo 目录，这就是中央资源库的本地克隆版。

开发者可以进入 firstDemo 目录干活了，比如添加一个 HelloWorld.java 文件，再将该文件添加并提交到本地资源库中。

接下来即可将该修改推送给远程中央资源库，推送项目按如下步骤进行。

①在项目空白处单击鼠标右键，在弹出的右键菜单中单击"TortoiseGit"→"Push..."菜单项，系统弹出如图 1.91 所示的对话框。

从图 1.91 可以看出，此处将本地资源库的 master 主分支推送给远程资源库的 master 主分支。如果勾选"Push all branches"复选框，则代表推送所有分支，这样"Local"和"Remote"两个文本框就会变成不可用。

②按图 1.91 所示方式输入推送信息，然后单击"OK"按钮开始推送，系统会提示输入用户名、密码——输入前一节配置 GitStack 中央资源库时添加的用户名（fkjava）和密码，如果用户名、密码正确，且该用户具有写远程资源库的权限，那么本地分支的修改就会被推送给远程中央资源库。

图 1.91　推送项目

> **提示：**
> 推送项目也可通过 git pull <远程 URL> <远程分支名>:<本地分支名>命令来完成，如果不指定<远程分支名>:<本地分支名>，则默认推送本地和远程当前分支。

▶▶ 1.8.15　获取（Fetch）项目和拉取（Pull）项目

在多人协作开发时，如果团队中有人向远程的中央版本库中提交了更新，那么团队中其他人就需要将这些更新取回本地，这时就要获取项目或拉取项目。

获取项目或拉取项目的区别在于：

➢ 获取项目只是取回中央版本库中的更新，不会自动将更新合并到本地项目中，因此它取回的代码对本地开发代码不会产生任何影响。

➢ 拉取项目会取回中央版本库中的更新，且自动将更新合并到本地项目中。

通过获取项目所取回的更新，在本地主机上要用"远程主机名/分支名"的形式读取。比如 origin 主机的 master 分支，就要用 origin/master 来读取。

获取项目之后，既可将远程分支创建成本地项目的新分支，按前面介绍的创建分支的方式执行创建即可；也可将远程分支合并到本地项目的指定分支上，按前面介绍的合并分支的方式执行合并即可。

在默认情况下，获取项目将取回所有分支的更新。如果想取回中央资源库的所有分支，则执行如下格式的命令。

```
git fetch <远程主机 URL>
```

如果只想取回特定分支的更新，则可以指定分支名，执行如下格式的命令。

```
git fetch <远程主机 URL> <分支名>
```

拉取项目用于取回远程中央资源库的某个分支的更新，然后再与本地的指定分支合并。该命令的完整格式如下：

```
git pull <远程主机 URL> <远程分支名>:<本地分支名>
```

如果希望将远程中央资源库的某个分支合并到本地资源库的当前分支上，则可省略本地分支名，执行如下格式的命令即可。

```
git pull <远程主机 URL> <远程分支名>
```

由此可见，拉取项目操作相当于获取项目操作再加上合并操作。

下面我们还是通过 TortoiseGit 的图形界面来示范如何拉取项目。为了更好地示范拉取项目操作，我们先在另一个路径下克隆前一节提交的 firstDemo.git 资源库。

比如将该项目克隆到 G:盘根路径下，此时将会在 G:盘中看到一个 firstDemo 文件夹，进入该文件夹，再次添加一个新文件：User.java，该文件内容随便写，然后将该文件添加并提交到本地版本库中。

接下来执行前一节介绍的推送操作，将本地版本库中的修改推送给远程中央服务器。

最后返回前一节克隆出来的工作空间（E:\newGit\firstDemo）下，此时该工作空间下依然只有一个 HelloWorld.java 文件，而远程的中央资源库已经发生了改变，这时可通过拉取操作来获取中央资源库的更新并合并到本地分支中。

执行拉取操作请按如下步骤进行。

① 在本地工作空间（E:\newGit\firstDemo）的空白处单击鼠标右键，在弹出的右键菜单中单击"TortoiseGit"→"Pull"菜单项，系统弹出如图 1.92 所示的对话框。

② 填写远程中央资源库的 URL，以及要拉取的分支名，然后单击"OK"按钮，TortoiseGit 就会显示拉取进度框。拉取完成后，可以看到本地工作空间下多出了一个 User.java 文件，这就是执行拉取操作的结果。

图 1.92 拉取项目

获取项目与拉取项目的操作方式基本相似，由于篇幅限制，此处不再重复介绍。

最后需要指出的是，前面在介绍推送项目、拉取项目时，填写远程主机时都是直接通过"Arbitrary URL"完成的，采用这种方式需要每次都填写远程资源库的 URL，这有点烦琐。实际上，通过图 1.91 和图 1.92 可以看出，TortoiseGit 也允许通过"Romote"直接填写远程主机名，采用这种方式会更方便，但这个远程主机名来自哪里呢？

远程主机名其实就是为远程资源库的 URL 起的一个代号，TortoiseGit 可通过设置进行配置。在任何本地工作空间（比如 E:\newGit\firstDemo）的空白处单击鼠标右键，在弹出的右键菜单中单击"TortoiseGit"→"Settings"菜单项，系统将会显示 TortoiseGit 的设置窗口，单击左边的"Git"节点下的"Remote"节点，即可看到如图 1.93 所示的设置界面。

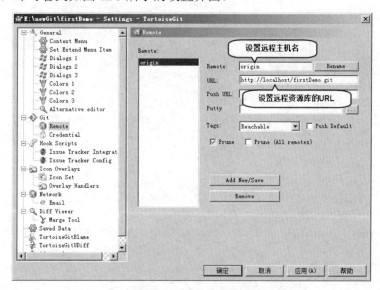

图 1.93 设置远程主机名

按图 1.93 所示方式输入远程主机名，并为该主机名设置对应的远程资源库的 URL，然后单击"应用"按钮，此时系统就添加了一个远程主机。

提示：

　　通过图 1.93 所示方式所配置的远程主机，实际上保存在本地版本库（.git 目录）的 config 文件中，因此也可通过直接修改该文件来配置远程主机。

1.9　本章小结

　　本章主要介绍了 Java EE 应用的相关基础知识，简要介绍了 Java EE 应用应该遵循怎样的架构模型，通常应该具有哪些组件，以及这些组件通常使用什么样的技术来实现。本章还简单归纳了 Java EE 应用所具有的优势和吸引力。

　　本章重点讲解了如何搭建轻量级 Java EE 应用的开发平台，介绍了安装及配置 Apache Tomcat Web 服务器的详细步骤，也详细讲解了如何安装 Eclipse 开发工具，并简要介绍了 Eclipse 开发工具的用法。除此之外，本章详细讲解了 Ant 工具的安装和用法，并介绍了 Ant 生成文件的常见元素，并通过一个示例示范了如何利用 Ant 来管理项目。本章也详细讲解了 Maven 工具的安装和用法。本章还介绍了著名的版本控制工具 SVN 的用法，包括 SVN 服务端和 TortoiseSVN 的安装及使用，并详细介绍了利用 TortoiseSVN 发布、下载项目，同步、提交修改等 SVN 操作，以及使用 Eclipse 作为 SVN 客户端的用法。

　　本章最后介绍了另一个主流软件配置管理（SCM）工具：Git 的用法，包括创建本地资源库，添加文件和目录，提交修改，使用 Git 或 TortoiseGit 删除文件和目录，使用 Git 或 TortoiseGit 克隆项目，使用 Git 或 TortoiseGit 创建分支、合并分支，使用 Eclipse 作为 Git 客户端，使用 GitStack 配置远程中央资源库，使用 Git 或 TortoiseGit 推送、获取、拉取项目等。

第 2 章
JSP/Servlet 及相关技术详解

本章要点

- ↘ Web 应用的基本结构和 web.xml 文件
- ↘ JSP 的基本原理
- ↘ JSP 声明
- ↘ JSP 注释和 HTML 注释
- ↘ JSP 输出表达式
- ↘ JSP 脚本
- ↘ JSP 的 3 个编译指令
- ↘ JSP 的 7 个动作指令
- ↘ JSP 脚本中的 9 个内置对象
- ↘ Servlet 的开发步骤
- ↘ 用 XML 或 Servlet 3 的 Annotation 配置 Servlet
- ↘ Servlet 运行的生命周期
- ↘ MVC 基础
- ↘ 开发 JSP 2 自定义标签库
- ↘ 使用有属性的标签
- ↘ 使用带标签体的标签
- ↘ 开发、配置 Filter 以及 Filter 的功能
- ↘ 开发、配置 Listener 以及 Listener 的功能
- ↘ 配置 JSP 属性
- ↘ JSP2 的表达式语言
- ↘ JSP2 的 Tag File 标签库
- ↘ Servlet 3.1 的 Web 模块部署描述符
- ↘ Servlet 3.1 提供的异步支持
- ↘ Servlet 3.1 增强的 Servlet API
- ↘ Servlet 3.1 提供的非阻塞 IO
- ↘ Tomcat 8.5 的 WebSocket 支持

JSP（Java Server Page）和 Servlet 是 Java EE 规范的两个基本成员，它们是 Java Web 开发的重点知识，也是 Java EE 开发的基础知识。JSP 和 Servlet 的本质是一样的，因为 JSP 最终必须编译成 Servlet 才能运行，或者说 JSP 只是生成 Servlet 的"草稿"文件。

JSP 比较简单，它的特点是在 HTML 页面中嵌入 Java 代码片段，或使用各种 JSP 标签，包括使用用户自定义标签，从而可以动态地提供页面内容。早期 JSP 页面的使用非常广泛，一个 Web 应用可以全部由 JSP 页面组成，只辅以少量的 JavaBean 即可。自 Java EE 标准出现以后，人们逐渐认识到使用 JSP 充当过多的角色是不合适的。因此，JSP 慢慢发展成单一的表现层技术，不再承担业务逻辑组件及持久层组件的责任。

随着 Java EE 技术的发展，又出现了 FreeMarker、Velocity、Tapestry 等表现层技术，虽然这些技术基本可以取代 JSP 技术，但实际上 JSP 依然是应用最广泛的表现层技术。本书介绍的 JSP 技术是基于 JSP 2.3、Servlet 3.1 规范的，因此请使用支持 Java EE 7 规范的应用服务器或支持 Servlet 3.1 的 Web 服务器（比如 Tomcat 8.5.X）。

除了介绍 JSP 技术之外，本章也会讲解 JSP 的各种相关技术：Servlet、Listener、Filter 以及自定义标签库等技术。

2.1　Web 应用和 web.xml 文件

JSP、Servlet、Listener 和 Filter 等都必须运行在 Web 应用中，所以先来学习如何构建一个 Web 应用。

▶▶ 2.1.1　构建 Web 应用

在 1.4.5 节中已经介绍了如何通过 Eclipse 来构建一个 Web 应用，但如果你仅学会在 Eclipse 等 IDE 工具中单击"下一步""确定"等按钮，那你将很难成为一个真正的程序员。

笔者一直坚信：要想成为一个优秀的程序员，应该从基本功练起，所有的代码都应该用简单的文本编辑器（包括 EditPlus、UltraEdit 等工具）完成。

坚持使用最原始的工具来学习技术，会让你对整个技术的每个细节有更准确的把握。比如说你掌握了 1.4.5 节的内容，但你是否知道 Eclipse 创建 Web 应用时为你做了些什么？如果你还不清楚 Eclipse 所干的每件事情，那你还不能使用它。

真正优秀的程序员当然可以使用 IDE 工具，但真正的程序员，即使使用 vi（UNIX 下无格式编辑器）、记事本也一样可以完成非常优秀的项目。正确对待 IDE 工具的态度是：可以使用 IDE 工具，但绝不可依赖于 IDE 工具。学习阶段，前期不要使用 IDE 工具；开发阶段，使用 IDE 工具。真正技术掌握了，无论用什么 IDE 工具都得心应手。不要盲目相信有些人的"掌握这些细节没用的……"说法，有些程序员的心态是：凡是他不会的，就是没用的。

提示： ┆ 对于 IDE 工具，业内有一个说法：IDE 工具会加快高手的开发效率，但会使初学者更白痴。

下面将"徒手"建立一个 Web 应用，请按如下步骤进行：

① 在任意目录下新建一个文件夹，此处将以 webDemo 文件夹建立一个 Web 应用。

② 在第 1 步所建的文件夹内建一个 WEB-INF 文件夹（注意大小写，这里区分大小写）。

③ 进入 Tomcat 或任何其他 Web 容器内，找到任何一个 Web 应用，将 Web 应用的 WEB-INF 下的 web.xml 文件复制到第 2 步所建的 WEB-INF 文件夹下。

对于 Tomcat 而言，其 webapps 路径下有大量的示例 Web 应用。

④ 修改复制后的 web.xml 文件，将该文件修改成只有一个根元素的 XML 文件。修改后的 web.xml 文件代码如下。

程序清单：codes\02\2.1\webDemo\WEB-INF\web.xml

```xml
<?xml version="1.0" encoding="GBK"?>
<web-app xmlns="http://xmlns.jcp.org/xml/ns/javaee"
    xmlns:xsi="http://www.w3.org/2001/XMLSchema-instance"
    xsi:schemaLocation="http://xmlns.jcp.org/xml/ns/javaee
    http://xmlns.jcp.org/xml/ns/javaee/web-app_3_1.xsd"
    version="3.1">
</web-app>
```

在第 2 步所建的 WEB-INF 路径下，新建两个文件夹：classes 和 lib，这两个文件夹的作用完全相同：都是用于保存 Web 应用所需要的 Java 类文件，区别是 classes 保存单个*.class 文件；而 lib 保存打包后的 JAR 文件。

经过以上步骤，已经建立了一个空 Web 应用。将该 Web 应用复制到 Tomcat 的 webapps 路径下，该 Web 应用将可以自动部署在 Tomcat 中。

通常只需将 JSP 放在 Web 应用的根路径下（对本例而言，就是放在 webDemo 目录下），然后就可以通过浏览器来访问这些页面了。

根据上面介绍，不难发现 Web 应用应该有如下文件结构：

```
<webDemo>──这是 Web 应用的名称，可以改变
├──WEB-INF
│        ├──classes
│        ├──lib
│        └──web.xml
└──<a.jsp>──此处可存放任意多个 JSP 页面
```

上面的 webDemo 是 Web 应用所对应文件夹的名字，可以更改；a.jsp 是该 Web 应用下 JSP 页面的名字，也可以修改（还可以增加更多的 JSP 页面）。其他文件夹、配置文件都不可以修改。

a.jsp 页面的内容如下。

程序清单：codes\02\2.1\webDemo\a.jsp

```jsp
<%@ page contentType="text/html; charset=GBK" language="java" errorPage="" %>
<html>
<head>
    <title>欢迎</title>
</head>
<body>
    欢迎学习 Java Web 知识
</body>
</html>
```

上面的页面实际上是一个静态 HTML 页面，在浏览器中浏览该页面将看到如图 2.1 所示的界面。

将上面的 webDemo 应用复制到 Tomcat 的 webapps 目录下（部署完成），然后启动 Tomcat 服务器，再使用浏览器访问 http://localhost:8888/webDemo/a.jsp，即可看到如图 2.1 所示的页面，即表示 Web 应用构建成功，并已经将其成功地部署到 Tomcat 中了。

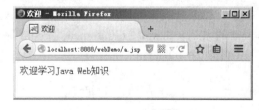

图 2.1   构建 Web 应用

▶▶ 2.1.2   配置描述符 web.xml

上一节介绍的位于每个 Web 应用的 WEB-INF 路径下的 web.xml 文件被称为配置描述符，这个 web.xml 文件对于 Java Web 应用十分重要，在 Servlet 2.5 规范之前，每个 Java Web 应用都必须包含一个 web.xml 文件，且必须放在 WEB-INF 路径下。

> **提示**: ┄┄┄
> 　　　从 Servlet 3 开始，WEB-INF 路径下的 web.xml 文件不再是必需的，但通常还是建议保
> 留该配置文件。

对于 Java Web 应用而言，WEB-INF 是一个特殊的文件夹，Web 容器会包含该文件夹下的内容，客户端浏览器无法访问 WEB-INF 路径下的任何内容。

在 Servlet 2.5 规范之前，Java Web 应用的绝大部分组件都通过 web.xml 文件来配置管理，从 Servlet 3 开始，也可通过注解来配置管理 Web 组件，因此 web.xml 文件可以变得更加简洁，这也是 Servlet 3 的重要简化。接下来讲解的内容会同时介绍两种配置管理方式。

➢ 配置 JSP。
➢ 配置和管理 Servlet。
➢ 配置和管理 Listener。
➢ 配置和管理 Filter。
➢ 配置标签库。
➢ 配置 JSP 属性。

除此之外，web.xml 还负责配置、管理如下常用内容。

➢ 配置和管理 JAAS 授权认证。
➢ 配置和管理资源引用。
➢ Web 应用首页。

web.xml 文件的根元素是<web-app.../>元素，在 Servlet 3 规范中，该元素新增了如下属性。

➢ metadata-complete：该属性接受 true 或 false 两个属性值。当该属性值为 true 时，该 Web 应用将不会加载注解配置的 Web 组件（如 Servlet、Filter、Listener 等）。

在 web.xml 文件中配置首页使用 welcome-file-list 元素，该元素能包含多个 welcome-file 子元素，其中每个 welcome-file 子元素配置一个首页。例如，如下配置片段：

```xml
<!-- 配置 Web 应用的首页列表 -->
<welcome-file-list>
    <welcome-file>index.html</welcome-file>
    <welcome-file>index.htm</welcome-file>
    <welcome-file>index.jsp</welcome-file>
</welcome-file-list>
```

上面的配置信息指定该 Web 应用的首页依次是 index.html、index.htm 和 index.jsp，意思是说：当 Web 应用中包含 index.html 页面时，如果浏览者直接访问该 Web 应用，系统将会把该页面呈现给浏览者；当 index.html 页面不存在时，则由 index.htm 页面充当首页，依此类推。

每个 Web 容器都会提供一个系统的 web.xml 文件，用于描述所有 Web 应用共同的配置属性。例如，Tomcat 的系统 web.xml 放在 Tomcat 的 conf 路径下，而 Jetty 的系统 web.xml 文件放在 Jetty 的 etc 路径下，文件名为 webdefault.xml。

📁 2.2　JSP 的基本原理

JSP 的本质是 Servlet（一个特殊的 Java 类），当用户向指定 Servlet 发送请求时，Servlet 利用输出流动态生成 HTML 页面，包括每一个静态的 HTML 标签和所有在 HTML 页面中出现的内容。

由于包括大量的 HTML 标签、大量的静态文本及格式等，导致 Servlet 的开发效率极为低下。所有的表现逻辑，包括布局、色彩及图像等，都必须耦合在 Java 代码中，这的确让人不胜其烦。JSP 的出现弥补了这种不足，JSP 通过在标准的 HTML 页面中嵌入 Java 代码，其静态的部分无须 Java 程序控制，只有那些需要从数据库读取或需要动态生成的页面内容，才使用 Java 脚本控制。

从上面的介绍可以看出，JSP 页面的内容由如下两部分组成。

➢ 静态部分：标准的 HTML 标签、静态的页面内容，这些内容与静态 HTML 页面相同。

➤ 动态部分：受 Java 程序控制的内容，这些内容由 Java 脚本动态生成。

下面是一个最简单的 JSP 页面代码。

程序清单：codes\02\2.2\jspPrinciple\first.jsp

```
<%@ page contentType="text/html; charset=GBK" language="java" errorPage="" %>
<html>
<head>
<title>欢迎</title>
</head>
<body>
欢迎学习 Java Web 知识，现在时间是：
<%out.println(new java.util.Date());%>
</body>
</html>
```

上面的页面中粗体字代码放在<%和%>之间，表明这些是 Java 脚本，而不是静态内容，通过这种方式就可以把 Java 代码嵌入 HTML 页面中，这就变成了动态的 JSP 页面。在浏览器中浏览该页面，将看到如图 2.2 所示的页面。

图 2.2   JSP 页面的静态部分和动态部分

上面 JSP 页面必须放在 Web 应用中才有效，所以编写该 JSP 页面之前应该先构建一个 Web 应用。本章后面介绍的内容都必须运行在 Web 应用中，所以也必须先构建 Web 应用。

从表面上看，JSP 页面已经不再需要 Java 类，似乎完全脱离了 Java 面向对象的特征。事实上，JSP 的本质依然是 Servlet，每个 JSP 页面就是一个 Servlet 实例——JSP 页面由系统编译成 Servlet，Servlet 再负责响应应用户请求。也就是说，JSP 其实也是 Servlet 的一种简化，使用 JSP 时，其实还是使用 Servlet，因为 Web 应用中的每个 JSP 页面都会由 Servlet 容器生成对应的 Servlet。对于 Tomcat 而言，JSP 页面生成的 Servlet 放在 work 路径对应的 Web 应用下。

再看如下一个简单的 JSP 页面。

程序清单：codes\02\2.2\jspPrinciple\test.jsp

```
<!-- 表明这是一个 JSP 页面 -->
<%@ page contentType="text/html; charset=GBK" language="java" errorPage="" %>
<html xmlns="http://www.w3.org/1999/xhtml">
<head>
    <title> 第二个 JSP 页面 </title>
</head>
<body>
<!-- 下面是 Java 脚本 -->
<%for(int i = 0 ; i < 7; i++)
{
out.println("<font size='" + i + "'>");
%>
疯狂 Java 训练营(Wild Java Camp)</font>
<br/>
<%}%>
</body>
</html>
```

当启动 Tomcat 之后，可以在 Tomcat 的 work\Catalina\localhost\jspPrinciple\org\apache\jsp 目录下找到如下文件（本 Web 应用名为 jspPrinciple，上面 JSP 页的名为 test.jsp）：test_jsp.java 和 test_jsp.class。这两个文件都是由 Tomcat 生成的，Tomcat 根据 JSP 页面生成对应 Servlet 的 Java 文件和 class 文件。

下面是 test_jsp.java 文件的源代码，这是一个特殊的 Java 类，是一个 Servlet 类。

程序清单：codes\02\2.2\test_jsp.java

```java
// JSP 页面经过 Tomcat 编译后默认的包
package org.apache.jsp;
import javax.servlet.*;
import javax.servlet.http.*;
import javax.servlet.jsp.*;
// 继承 HttpJspBase 类，该类其实是 HttpServlet 的子类
public final class test_jsp extends org.apache.jasper.runtime.HttpJspBase
    implements org.apache.jasper.runtime.JspSourceDependent {
    private static final javax.servlet.jsp.JspFactory _jspxFactory =
        javax.servlet.jsp.JspFactory.getDefaultFactory();
    private static java.util.Map<java.lang.String,java.lang.Long> _jspx_dependants;
    private javax.el.ExpressionFactory _el_expressionfactory;
    private org.apache.tomcat.InstanceManager _jsp_instancemanager;
    public java.util.Map<java.lang.String,java.lang.Long> getDependants() {
        return _jspx_dependants;
    }
    public void _jspInit() {
        _el_expressionfactory = _jspxFactory.getJspApplicationContext(
        getServletConfig().getServletContext()).getExpressionFactory();
        _jsp_instancemanager = org.apache.jasper.runtime.InstanceManagerFactory
        .getInstanceManager(getServletConfig());
    }
    public void _jspDestroy() {
    }
    // 用于响应用户请求的方法
    public void _jspService(final javax.servlet.http.HttpServletRequest request
    , final javax.servlet.http.HttpServletResponse response)
    throws java.io.IOException, javax.servlet.ServletException {
    final javax.servlet.jsp.PageContext pageContext;
    javax.servlet.http.HttpSession session = null;
    final javax.servlet.ServletContext application;
    final javax.servlet.ServletConfig config;
    javax.servlet.jsp.JspWriter out = null;
    final java.lang.Object page = this;
    javax.servlet.jsp.JspWriter _jspx_out = null;
    javax.servlet.jsp.PageContext _jspx_page_context = null;
    try {
        response.setContentType("text/html; charset=GBK");
        pageContext = _jspxFactory.getPageContext(this, request, response,
                "", true, 8192, true);
        _jspx_page_context = pageContext;
        application = pageContext.getServletContext();
        config = pageContext.getServletConfig();
        session = pageContext.getSession();
        out = pageContext.getOut();
        _jspx_out = out;
        out.write("\r\n");
        out.write("\r\n");
        out.write("\r\n");
        out.write("<!DOCTYPE html PUBLIC \"-//W3C//DTD XHTML 1.0 Transitional//
EN\"\r\n");
        out.write("\t\"http://www.w3.org/TR/xhtml1/DTD/xhtml1-transitional.dtd\">\r\n");
        out.write("<html xmlns=\"http://www.w3.org/1999/xhtml\">\r\n");
        out.write("<head>\r\n");
        out.write("\t<title> 第二个 JSP 页面 </title>\r\n");
        out.write("\t<meta name=\"website\" content=\"http://www.crazyit.org\" />\r\n");
        out.write("</head>\r\n");
        out.write("<body>\r\n");
        out.write("<!-- 下面是 Java 脚本 -->\r\n");
        for(int i = 0 ; i < 7; i++)
        {
        out.println("<font size='" + i + "'>");
        out.write("\r\n");
        out.write("疯狂 Java 训练营 (Wild Java Camp)</font>\r\n");
```

```
            out.write("<br/>\r\n");
        }
        out.write("\r\n");
        out.write("</body>\r\n");
        out.write("</html>");
    } catch (java.lang.Throwable t) {
        if (!(t instanceof javax.servlet.jsp.SkipPageException)){
            out = _jspx_out;
            if (out != null && out.getBufferSize() != 0)
                try { out.clearBuffer(); }
                catch (java.io.IOException e) {}
            if (_jspx_page_context != null)
                _jspx_page_context.handlePageException(t);
            else throw new ServletException(t);
        }
    } finally {
        _jspxFactory.releasePageContext(_jspx_page_context);
    }
}
```

　　初学者看到上面的 Java 类可能有点难以阅读，其实这就是一个 Servlet 类的源代码，该 Java 类主要包含如下三个方法（去除方法名中的_jsp 前缀，再将首字母小写）。

➤ init()：初始化 JSP/Servlet 的方法。

➤ destroy()：销毁 JSP/Servlet 之前的方法。

➤ service()：对用户请求生成响应的方法。

　　即使读者暂时不了解上面提供的 Java 代码，也依然不会影响 JSP 页面的编写，因为这都是由 Web 容器负责生成的，后面介绍了编写 Servlet 的知识之后再来看这个 Java 类将十分清晰。浏览该页面可看到如图 2.3 所示的页面。

　　从图 2.3 中可以看出，JSP 页面里的 Java 代码不仅仅可以输出动态内容，还可以动态控制页面里的静态内容，例如，从图 2.3 中看到将"疯狂 Java 训练营(Wild Java Camp)"重复输出了 7 次。

图 2.3　使用 Java 代码控制静态内容

　　根据图 2.3 所示的执行效果，再次对比 test.jsp 和 test_jsp.java 文件，可得到一个结论：JSP 页面中的所有内容都由 test_jsp.java 文件的页面输出流来生成。图 2.4 显示了 JSP 页面的工作原理。

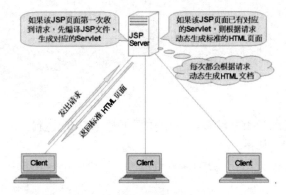

图 2.4　JSP 页面的工作原理

　　根据上面的 JSP 页面工作原理图，可以得到如下 4 个结论。

➤ JSP 文件必须在 JSP 服务器内运行。

➤ JSP 文件必须生成 Servlet 才能执行。

➤ 每个 JSP 页面的第一个访问者速度会有点慢，因为必须等待 JSP 编译成 Servlet。

➤ JSP 页面的访问者无须安装任何客户端，甚至不需要可以运行 Java 的运行环境，因为 JSP 页面输送到客户端的是标准 HTML 页面。

JSP 技术的出现，大大提高了 Java 动态网站的开发效率，所以得到了 Java 动态网站开发者的广泛支持。

2.3　JSP 的 4 种基本语法

前面已经讲过，编写 JSP 页面非常简单：在静态 HTML 页面中"镶嵌"动态 Java 脚本即可。现在开始学习的内容是：JSP 页面的 4 种基本语法——也就是 JSP 允许在静态 HTML 页面中"镶嵌"的成分。掌握这 4 种语法之后，读者即可按如下步骤开发 JSP 页面。

① 编写一个静态 HTML 页面。

② 用合适的语法向静态 HTML 页面中"镶嵌"4 种基本语法的一种或多种，这样即可为静态 HTML 页面增加动态内容。

> **提示：**
> 如果读者对第 1 步"编写静态 HTML 页面"还不会，请至少先阅读疯狂 Java 体系的《疯狂 HTML 5/CSS 3/JavaScript 讲义》前 3 章。

▶▶ 2.3.1　JSP 注释

JSP 注释用于标注在程序开发过程中的开发提示，它不会输出到客户端。

JSP 注释的格式如下：

```
<%-- 注释内容 --%>
```

与 JSP 注释形成对比的是 HTML 注释，HTML 注释的格式是：

```
<!-- 注释内容 -->
```

看下面的 JSP 页面。

程序清单：codes\02\2.3\basicSyntax\comment.jsp

```
<%@ page contentType="text/html; charset=GBK" language="java" errorPage="" %>
<html xmlns="http://www.w3.org/1999/xhtml">
<head>
    <title> 注释示例 </title>
</head>
<body>
注释示例
<!-- 增加 JSP 注释 -->
<%-- JSP 注释部分 --%>
<!-- 增加 HTML 注释 -->
<!-- HTML 注释部分 -->
</body>
</html>
```

上面的页面中粗体字代码是 JSP 注释，其他注释都是 HTML 注释。在浏览器中浏览该页面，并查看页面源代码，页面的源代码如下：

```
<html xmlns="http://www.w3.org/1999/xhtml">
<head>
    <title> 注释示例 </title>
</head>
<body>
注释示例
<!-- 增加 JSP 注释 -->

<!-- 增加 HTML 注释 -->
<!-- HTML 注释部分 -->
</body>
</html>
```

在上面的源代码中可看到，HTML 的注释可以通过源代码查看到，但 JSP 的注释是无法通过源代码查看到的。这表明 JSP 注释不会被发送到客户端。这表明 JSP 注释在 JSP 编译成 Servlet 的阶段已经被"丢弃"了。

➤➤ 2.3.2 JSP 声明

JSP 声明用于声明变量和方法。在 JSP 声明中声明方法看起来很特别，似乎不需要定义类就可直接定义方法，方法似乎可以脱离类独立存在。实际上，JSP 声明将会转换成对应 Servlet 的成员变量或成员方法，因此 JSP 声明依然符合 Java 语法。

JSP 声明的语法格式如下：

```
<%! 声明部分 %>
```

看下面使用 JSP 声明的示例页面。

程序清单：codes\02\2.3\basicSyntax\declare.jsp

```
<%@ page contentType="text/html; charset=GBK" language="java" errorPage="" %>
<!DOCTYPE html PUBLIC "-//W3C//DTD XHTML 1.0 Transitional//EN"
    "http://www.w3.org/TR/xhtml1/DTD/xhtml1-transitional.dtd">
<html xmlns="http://www.w3.org/1999/xhtml">
<head>
    <title> 声明示例 </title>
</head>
<!-- 下面是 JSP 声明部分 -->
<%!
// 声明一个整型变量
public int count;
// 声明一个方法
public String info()
{
    return "hello";
}
%>
<body>
<%
// 将 count 的值输出后再加 1
out.println(count++);
%>
<br/>
<%
// 输出 info()方法的返回值
out.println(info());
%>
</body>
</html>
```

在浏览器中测试该页面时，可以看到正常输出了 count 值，每刷新一次，count 值将加 1，同时也可以看到正常输出了 info()方法的返回值。

上面的粗体字代码部分声明了一个整型变量和一个普通方法,表面上看起来这个变量和方法不属于任何类，似乎可以独立存在，但这只是一个假象。打开 Tomcat 的 work\Catalina\localhost\basicSyntax\org\apache\jsp 目录下的 declare_jsp.java 文件，看到如下代码片段：

```
public final class declare_jsp extends org.apache.jasper.runtime.HttpJspBase
    implements org.apache.jasper.runtime.JspSourceDependent {
    // 声明一个整型变量
    public int count;
    // 声明一个方法
    public String info()
    {
        return "hello";
    }
    ...
}
```

上面的粗体字代码与 JSP 页面的声明部分完全对应，这表明 JSP 页面的声明部分将转换成对应

Servlet 的成员变量或成员方法。

 提示： 由于 JSP 声明语法定义的变量和方法对应于 Servlet 类的成员变量和方法，所以 JSP 声明部分定义的变量和方法可以使用 private、public 等访问控制符修饰，也可使用 static 修饰，将其变成类属性和类方法。但不能使用 abstract 修饰声明部分的方法，因为抽象方法将导致 JSP 对应 Servlet 变成抽象类，从而导致无法实例化。

打开多个浏览器，甚至可以在不同的机器上打开浏览器来刷新该页面，将发现所有客户端访问的 count 值是连续的，即所有客户端共享了同一个 count 变量。这是因为：JSP 页面会编译成一个 Servlet 类，每个 Servlet 在容器中只有一个实例；在 JSP 中声明的变量是成员变量，成员变量只在创建实例时初始化，该变量的值将一直保存，直到实例销毁。

值得注意的是，info()的值也可正常输出。因为 JSP 声明的方法其实是在 JSP 编译中生成的 Servlet 的实例方法——Java 里的方法是不能独立存在的，即使在 JSP 页面中也不行。

 注意 JSP 声明中独立存在的方法，只是一种假象。

▶▶ 2.3.3　JSP 输出表达式

JSP 提供了一种输出表达式值的简单方法，输出表达式值的语法格式如下：

```
<%=表达式%>
```

看下面的 JSP 页面，该页面使用输出表达式的方式输出变量和方法返回值。

程序清单：codes\02\2.3\basicSyntax\outputEx.jsp

```
<%@ page contentType="text/html; charset=GBK" language="java" errorPage="" %>
<!DOCTYPE html PUBLIC "-//W3C//DTD XHTML 1.0 Transitional//EN"
    "http://www.w3.org/TR/xhtml1/DTD/xhtml1-transitional.dtd">
<html xmlns="http://www.w3.org/1999/xhtml">
<head>
    <title> 输出表达式值 </title>
</head>
<%!
public int count;

public String info()
{
    return "hello";
}
%>
<body>
<!-- 使用表达式输出变量值 -->
<%=count++%>
<br/>
<!-- 使用表达式输出方法返回值 -->
<%=info()%>
</body>
</html>
```

上面的页面中粗体字代码使用输出表达式的语法代替了原来的 out.println 输出语句，该页面的执行效果与前一个页面的执行效果没有区别。由此可见，输出表达式将转换成 Servlet 里的输出语句。

 注意 输出表达式语法后不能有分号。

▶▶ 2.3.4　JSP 小脚本

以前 JSP 小脚本的应用非常广泛，因此 JSP 小脚本里可以包含任何可执行的的 Java 代码。通常来说，所有可执行性 Java 代码都可通过 JSP 小脚本嵌入 HTML 页面。看下面使用 JSP 小脚本的示例程序。

程序清单：codes\02\2.3\basicSyntax\scriptlet.jsp

```
<%@ page contentType="text/html; charset=GBK" language="java" errorPage="" %>
<!DOCTYPE html PUBLIC "-//W3C//DTD XHTML 1.0 Transitional//EN"
    "http://www.w3.org/TR/xhtml1/DTD/xhtml1-transitional.dtd">
<html xmlns="http://www.w3.org/1999/xhtml">
<head>
    <title> 小脚本测试 </title>
</head>
<body>
<table bgcolor="#9999dd" border="1" width="300px">
<!-- JSP 小脚本，这些脚本会对 HTML 的标签产生作用 -->
<%
for(int i = 0; i < 10; i++)
{
%>
    <!-- 上面的循环将控制<tr>标签循环 -->
    <tr>
        <td>循环值:</td>
        <td><%=i%></td>
    </tr>
<%
}
%>
<table>
</body>
</html>
```

上面的页面中粗体字代码就是使用 JSP 小脚本的代码，这些代码可以控制页面中静态内容。上面例子程序将<tr.../>标签循环 10 次，即生成一个 10 行的表格，并在表格中输出表达式值。

在浏览器中浏览该页面，将看到如图 2.5 所示的效果。

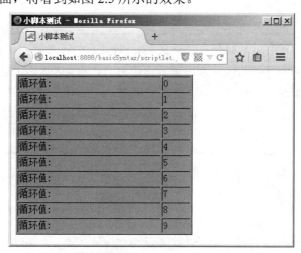

图 2.5　使用小脚本动态生成 10 行

接下来打开 Tomcat 的 work\Catalina\localhost\basicSyntax\org\apache\jsp 路径下的 scriptlet_jsp.java 文件，将看到如下代码片段：

```
public final class scriptlet_jsp extends org.apache.jasper.runtime.HttpJspBase
    implements org.apache.jasper.runtime.JspSourceDependent {
    ...
    public void _jspService(HttpServletRequest request, HttpServletResponse response)
    throws java.io.IOException, ServletException {
        ...
```

```
            out.write("\r\n");
            out.write("\r\n");
            out.write("\r\n");
            out.write("<!DOCTYPE html PUBLIC \"-//W3C//DTD XHTML 1.0 Transitional//EN
    \"\r\n");
            out.write("\t\"http://www.w3.org/TR/xhtml1/DTD/xhtml1-transitional.dtd\">\r\n");
            out.write("<html xmlns=\"http://www.w3.org/1999/xhtml\">\r\n");
            out.write("<head>\r\n");
            out.write("\t<title> 小脚本测试 </title>\r\n");
            out.write("\t<meta name=\"website\" content=\"http://www.crazyit.org\" >\r\n");
            out.write("</head>\r\n");
            out.write("<body>\r\n");
            out.write("<table bgcolor=\"#9999dd\" border=\"1\" width=\"300px\">\r\n");
            out.write("<!-- JSP 小脚本, 这些脚本会对 HTML 的标签产生作用 -->\r\n");
            for(int i = 0 ; i < 10 ; i++)
            {
                out.write("\r\n");
                out.write("\t<!-- 上面的循环将控制<tr>标签循环 -->\r\n");
                out.write("\t<tr>\r\n");
                out.write("\t\t<td>循环值:</td>\r\n");
                out.write("\t\t<td>");
                out.print(i);
                out.write("</td>\r\n");
                out.write("\t</tr>\r\n");
            }
            out.write("\r\n");
            out.write("<table>\r\n");
            out.write("</body>\r\n");
            out.write("</html>");
            ...
        }
    }
```

上面的代码片段中粗体字代码完全对应于 scriptlet.jsp 页面中的小脚本部分。由上面代码片段可以看出，JSP 小脚本将转换成 Servlet 里 _jspService 方法的可执行性代码。这意味着在 JSP 小脚本部分也可以声明变量，但在 JSP 小脚本部分声明的变量是局部变量，但不能使用 private、public 等访问控制符修饰，也不可使用 static 修饰。

> **提示：**
> 实际上不仅 JSP 小脚本部分会转换成 _jspService 方法里的可执行性代码，JSP 页面里的所有静态内容都将由 _jspService 方法里输出语句来输出，这就是 JSP 小脚本可以控制 JSP 页面中静态内容的原因。由于 JSP 小脚本将转换成 _jspService 方法里的可执行性代码，而 Java 语法不允许在方法里定义方法，所以的在 JSP 小脚本里不能定义方法。在 JSP 小脚本中定义的变量是局部变量。

因为 JSP 小脚本中可以放置任何可执行性语句，所以可以充分利用 Java 语言的功能，例如连接数据库和执行数据库操作。看下面的 JSP 页面执行数据库查询。

程序清单：codes\02\2.3\basicSyntax\connDb.jsp

```jsp
<%@ page contentType="text/html; charset=GBK" language="java" errorPage="" %>
<%@ page import="java.sql.*" %>
<!DOCTYPE html PUBLIC "-//W3C//DTD XHTML 1.0 Transitional//EN"
    "http://www.w3.org/TR/xhtml1/DTD/xhtml1-transitional.dtd">
<html xmlns="http://www.w3.org/1999/xhtml">
<head>
    <title> 小脚本测试 </title>
</head>
<body>
<%
// 注册数据库驱动
Class.forName("com.mysql.jdbc.Driver");
```

```
// 获取数据库连接
Connection conn = DriverManager.getConnection(
    "jdbc:mysql://localhost:3306/javaee","root","32147");
// 创建 Statement
Statement stmt = conn.createStatement();
// 执行查询
ResultSet rs = stmt.executeQuery("select * from news_inf");
%>
<table bgcolor="#9999dd" border="1" width="300">
<%
// 遍历结果集
while(rs.next())
{%>
    <tr>
        <!-- 输出结果集 -->
        <td><%=rs.getString(1)%></td>
        <td><%=rs.getString(2)%></td>
    </tr>
<%}%>
<table>
</body>
</html>
```

上面程序中的粗体字脚本执行了连接数据库，执行 SQL 查询，并使用输出表达式语法来输出查询结果。在浏览器中浏览该页面，将看到如图 2.6 所示的效果。

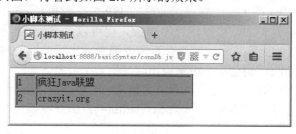

图 2.6　JSP 小脚本查询数据库

上面的页面执行 SQL 查询需要使用 MySQL 驱动程序，所以读者应该将 MySQL 驱动的 JAR 文件放在 Tomcat 的 lib 路径下（所有 Web 应用都可使用 MySQL 驱动），或者将 MySQL 驱动复制到该 Web 应用的 WEB-INF/lib 路径下（只有该 Web 应用可使用 MySQL 驱动）。除此之外，由于本 JSP 需要查询 javaee 数据库下的 news_inf 数据表，所以不要忘记了将 codes\01 路径下的 data.sql 导入数据库。

2.4　JSP 的 3 个编译指令

JSP 的编译指令是通知 JSP 引擎的消息，它不直接生成输出。编译指令都有默认值，因此开发人员无须为每个指令设置值。

常见的编译指令有如下三个。

➢ page：该指令是针对当前页面的指令。

➢ include：用于指定包含另一个页面。

➢ taglib：用于定义和访问自定义标签。

使用编译指令的语法格式如下：

```
<%@ 编译指令名 属性名="属性值"…%>
```

下面主要介绍 page 和 include 指令，关于 taglib 指令，将在自定义标签库处详细讲解。

➤➤ 2.4.1　page 指令

page 指令通常位于 JSP 页面的顶端，一个 JSP 页面可以使用多条 page 指令。page 指令的语法格式如下：

```
<%@page
[language="Java"]
[extends="package.class"]
[import="package.class | package.*,…"]
[session="true | false"]
[buffer="none | 8KB | size Kb"]
[autoFlush="true | false"]
[isThreadSafe="true | false"]
[info="text"]
[errorPage="relativeURL"]
[contentType="mimeType[;charset=characterSet]" | "text/html;charSet=ISO-8859-1"]
[pageEncoding="ISO-8859-1"]
[isErrorPage="true | false"]
%>
```

下面依次介绍 page 指令各属性的意义。

➢ language：声明当前 JSP 页面使用的脚本语言的种类，因为页面是 JSP 页面，该属性的值通常都是 java，该属性的默认值也是 java，所以通常无须设置。

➢ extends：指定 JSP 页面编译所产生的 Java 类所继承的父类，或所实现的接口。

➢ import：用来导入包。下面几个包是默认自动导入的，不需要显式导入。默认导入的包有：java.lang.*、javax.servlet.*、javax.servlet.jsp.*、javax.servlet.http.*。

➢ session：设定这个 JSP 页面是否需要 HTTP Session。

➢ buffer：指定输出缓冲区的大小。输出缓冲区的 JSP 内部对象：out 用于缓存 JSP 页面对客户浏览器的输出，默认值为 8KB，可以设置为 none，也可以设置为其他的值，单位为 KB。

➢ autoFlush：当输出缓冲区即将溢出时，是否需要强制输出缓冲区的内容。设置为 true 时为正常输出；如果设置为 false，则会在 buffer 溢出时产生一个异常。

➢ info：设置该 JSP 程序的信息，也可以看做其说明，可以通过 Servlet.getServletInfo()方法获取该值。如果在 JSP 页面中，可直接调用 getServletInfo()方法获取该值，因为 JSP 页面的实质就是Servlet。

➢ errorPage：指定错误处理页面。如果本页面产生了异常或者错误，而该 JSP 页面没有对应的处理代码，则会自动调用该属性所指定的 JSP 页面。

提示：　因为 JSP 内建了异常机制支持，所以 JSP 可以不处理异常，即使是 checked 异常。

➢ isErrorPage：设置本 JSP 页面是否为错误处理程序。如果该页面本身已是错误处理页面，则通常无须指定 errorPage 属性。

➢ contentType：用于设定生成网页的文件格式和编码字符集，即 MIME 类型和页面字符集类型，默认的 MIME 类型是 text/html；默认的字符集类型为 ISO-8859-1。

➢ pageEncoding：指定生成网页的编码字符集。

从 2.3 节中执行数据库操作的 JSP 页面中可以看出，在 codes\02\2.3\basicSyntax\connDb.jsp 页面的头部，使用了两条 page 指令：

```
<%@ page contentType="text/html; charset=GBK" language="java" errorPage="" %>
<%@ page import="java.sql.*" %>
```

其中第二条指令用于导入本页面中使用的类，如果没有通过 page 指令的 import 属性导入这些类，则需在脚本中使用全限定类名——即必须带包名。可见，此处的 import 属性类似于 Java 程序中的 import关键字的作用。

如果删除第二条 page 指令，则执行效果如图 2.7 所示。

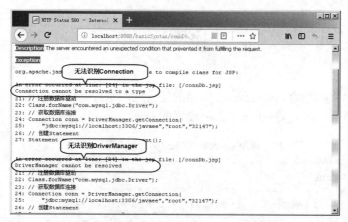

图 2.7   不使用 import 属性导包的出错效果

看下面的 JSP 页面，该页面使用 page 指令的 info 属性指定了 JSP 页面的描述信息，又使用 getServletInfo()方法输出该描述信息。

程序清单：codes\02\2.4\directive\jspInfo.jsp

```
<%@ page contentType="text/html; charset=GBK" language="java" errorPage="" %>
<!-- 指定 info 信息 -->
<%@ page info="this is a jsp"%>
<!DOCTYPE html PUBLIC "-//W3C//DTD XHTML 1.0 Transitional//EN"
    "http://www.w3.org/TR/xhtml1/DTD/xhtml1-transitional.dtd">
<html xmlns="http://www.w3.org/1999/xhtml">
<head>
    <title> 测试 page 指令的 info 属性 </title>
</head>
<body>
<!--  输出 info 信息 -->
<%=getServletInfo()%>
</body>
</html>
```

以上页面的第一段粗体字代码设置了 info 属性，用于指定该 JSP 页面的描述信息；第二段粗体字代码使用了 getServletInfo() 方法来访问该描述信息。

图 2.8   测试 page 指令的 info 属性

在浏览器中执行该页面，将看到如图 2.8 所示的效果。

errorPage 属性的实质是 JSP 的异常处理机制，JSP 脚本不要求强制处理异常，即使该异常是 checked 异常。如果 JSP 页面在运行中抛出未处理的异常，系统将自动跳转到 errorPage 属性指定的页面；如果 errorPage 没有指定错误页面，系统则直接把异常信息呈现给客户端浏览器——这是所有的开发者都不愿意见到的场景。

看下面的 JSP 页面，该页面设置了 page 指令的 errorPage 属性，该属性指定了当本页面发生异常时的异常处理页面。

程序清单：codes\02\2.4\directive\errorTest.jsp

```
<%@ page contentType="text/html; charset=GBK"
    language="java" errorPage="error.jsp" %>
<!DOCTYPE html PUBLIC "-//W3C//DTD XHTML 1.0 Transitional//EN"
    "http://www.w3.org/TR/xhtml1/DTD/xhtml1-transitional.dtd">
<html xmlns="http://www.w3.org/1999/xhtml">
<head>
    <title> new document </title>
</head>
<body>
<%
// 下面代码将出现运行时异常
int a = 6;
```

```
int b = 0;
int c = a / b;
%>
</body>
</html>
```

以上页面的粗体字代码指定 errorTest.jsp 页面的错误处理页面是 error.jsp。下面是 error.jsp 页面，该页面本身是错误处理页面，因此将 isErrorPage 设置成 true。

程序清单：codes\02\2.4\directive\error.jsp

```
<%@ page contentType="text/html; charset=GBK" language="java"
    isErrorPage="true" %>
<!DOCTYPE html PUBLIC "-//W3C//DTD XHTML 1.0 Transitional//EN"
    "http://www.w3.org/TR/xhtml11/DTD/xhtml1-transitional.dtd">
<html xmlns="http://www.w3.org/1999/xhtml">
<head>
    <title> 错误提示页面 </title>
</head>
<body>
<!-- 提醒客户端系统出现异常 -->
系统出现异常<br/>
</body>
</html>
```

上面页面的粗体字代码指定 error.jsp 页面是一个错误处理页面。在浏览器中浏览 errorTest.jsp 页面的效果如图 2.9 所示。

> **提示：**
> 有些读者使用 Internet Explorer 浏览器时可能无法看到如图 2.9 所示的效果，而是看到代号为 500 的错误页面，这是 Internet Explorer 浏览器"自作聪明"的结果，读者可以选择更换 FireFox 浏览器。如果坚持使用 Internet Explorer 浏览器，则请单击 Internet Explorer 浏览器的"工具"主菜单的"选项"菜单项，并打开"Internet 选项"对话框的"高级"标签页，然后取消选择"显示友好 HTTP 错误信息"复选框即可，如图 2.10 所示。

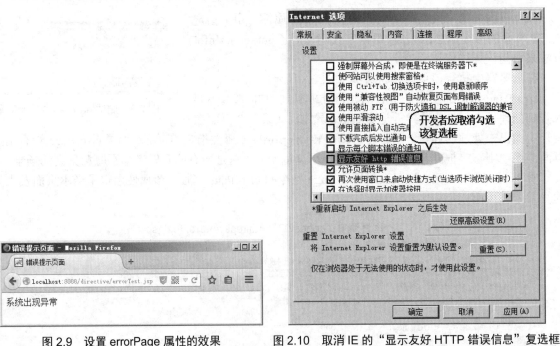

图 2.9　设置 errorPage 属性的效果　　　　图 2.10　取消 IE 的"显示友好 HTTP 错误信息"复选框

如果将前一个页面中 page 指令的 errorPage 属性删除，再次通过浏览器浏览该页面，执行效果如图 2.11 所示。

图 2.11 没有设置 errorPage 属性的效果

可见，使用 errorPage 属性控制异常处理的效果在表现形式上要好得多。

关于 JSP 异常，本章在介绍 exception 内置对象时还会有更进一步的解释。

▶▶ 2.4.2 include 指令

使用 include 指令，可以将一个外部文件嵌入到当前 JSP 文件中，同时解析这个页面中的 JSP 语句（如果有的话）。这是个静态的 include 语句，它会把目标页面的其他编译指令也包含进来，但动态 include 则不会。

include 既可以包含静态的文本，也可以包含动态的 JSP 页面。静态的 include 编译指令会将被包含的页面加入本页面，融合成一个页面，因此被包含页面甚至不需要是一个完整的页面。

include 编译指令的语法如下：

```
<%@include file="relativeURLSpec"%>
```

如果被嵌入的文件经常需要改变，建议使用<jsp:include>操作指令，因为它是动态的 include 语句。

下面的页面是使用静态导入的示例代码。

程序清单：codes\02\2.4\directive\staticInclude.jsp

```
<%@ page contentType="text/html; charset=GBK" language="java" errorPage="" %>
<!DOCTYPE html PUBLIC "-//W3C//DTD XHTML 1.0 Transitional//EN"
    "http://www.w3.org/TR/xhtml1/DTD/xhtml1-transitional.dtd">
<html xmlns="http://www.w3.org/1999/xhtml">
<head>
    <title> 静态 include 测试 </title>
</head>
<body>
<!-- 使用 include 编译指定导入页面 -->
<%@include file="scriptlet.jsp"%>
</body>
</html>
```

以上页面中粗体字代码使用静态导入的语法将 scriptlet.jsp 页面导入本页，该页面的执行效果与 scriptlet.jsp 的执行效果相同。

查看 Tomcat 的 work\Catalina\localhost\directive\org\apache\jsp 路径下的 staticInclude_jsp.java 文件，从 staticInclude.jsp 编译后的源代码可看到，staticInclude.jsp 页面已经完全将 scriptlet.jsp 的代码融入到本页面中。下面是 staticInclude_jsp.java 文件的片段：

```
out.write("<table bgcolor=\"#9999dd\" border=\"1\" width=\"300px\">\r\n");
out.write("<!-- Java 脚本，这些脚本会对 HTML 的标签产生作用 -->\r\n");
for(int i = 0 ; i < 10 ; i++)
{
    out.write("\r\n");
```

```
        out.write("\t<!-- 上面的循环将控制<tr>标签循环 -->\r\n");
        out.write("\t<tr>\r\n");
        out.write("\t\t<td>循环值:</td>\r\n");
        out.write("\t\t<td>");
        out.print(i);
        out.write("</td>\r\n");
        out.write("\t</tr>\r\n");
    }
```

上面这些页面代码并不是由 staticInclude.jsp 页面所生成的，而是由 scriptlet.jsp 页面生成的。也就是说，scriptlet.jsp 页面的内容被完全融入 staticInclude.jsp 页面所生成的 Servlet 中，这就是静态包含意义：包含页面在编译时将完全包含了被包含页面的代码。

需要指出的是，静态包含还会将被包含页面的编译指令也包含进来，如果两个页面的编译指令冲突，那么页面就会出错。

📁 2.5 JSP 的 7 个动作指令

动作指令与编译指令不同，编译指令是通知 Servlet 引擎的处理消息，而动作指令只是运行时的动作。编译指令在将 JSP 编译成 Servlet 时起作用；而处理指令通常可替换成 JSP 小脚本，它只是 JSP 小脚本的标准化写法。

JSP 动作指令主要有如下 7 个。

➢ jsp:forward：执行页面转向，将请求的处理转发到下一个页面。

➢ jsp:param：用于传递参数，必须与其他支持参数的标签一起使用。

➢ jsp:include：用于动态包含一个 JSP 页面。

➢ jsp:plugin：用于下载 JavaBean 或 Applet 到客户端执行。

➢ jsp:useBean：创建一个 JavaBean 的实例。

➢ jsp:setProperty：设置 JavaBean 实例的属性值。

➢ jsp:getProperty：输出 JavaBean 实例的属性值。

下面依次讲解这些动作指令。

▶▶ 2.5.1 forward 指令

forward 指令用于将页面响应转发到另外的页面。既可转发到静态的 HTML 页面，也可转发到动态的 JSP 页面，或者转发到容器中的 Servlet。

JSP 的 forward 指令的格式如下。

对于 JSP 1.0，使用如下语法：

```
<jsp:forward page="{relativeURL|<%=expression%>}"/>
```

对于 JSP 1.1 以上规范，可使用如下语法：

```
<jsp:forward page="{relativeURL|<%=expression%>}">
    {<jsp:param.../>}
</jsp:forward>
```

第二种语法用于在转发时增加额外的请求参数。增加的请求参数的值可以通过 HttpServletRequest 类的 getParameter()方法获取。

下面示例页面使用了 forward 动作指令来转发用户请求。

程序清单：codes\02\2.4\directive\jsp-forward.jsp

```
<%@ page contentType="text/html; charset=GBK" language="java" errorPage="" %>
<!DOCTYPE html PUBLIC "-//W3C//DTD XHTML 1.0 Transitional//EN"
    "http://www.w3.org/TR/xhtml1/DTD/xhtml1-transitional.dtd">
<html xmlns="http://www.w3.org/1999/xhtml">
<head>
    <title> forward 的原始页 </title>
```

```
</head>
<body>
<h3>forward 的原始页</h3>
<jsp:forward page="forward-result.jsp">
    <jsp:param name="age" value="29"/>
</jsp:forward>
</body>
</html>
```

这个 JSP 页面非常简单，它包含了简单的 title 信息，页面中也包含了简单的文本内容，页面的粗体字代码则将客户端请求转发到 forward-result.jsp 页面,转发请求时增加了一个请求参数：参数名为 age，参数值为 29。

在 forward-result.jsp 页面中，使用 request 内置对象（request 内置对象是 HttpServletRequest 的实例，关于 request 的详细信息参看下一节）来获取增加的请求参数值。

程序清单：codes\02\2.4\directive\forward-result.jsp

```
<%@ page contentType="text/html; charset=GBK" language="java" errorPage="" %>
<!DOCTYPE html PUBLIC "-//W3C//DTD XHTML 1.0 Transitional//EN"
    "http://www.w3.org/TR/xhtml1/DTD/xhtml1-transitional.dtd">
<html xmlns="http://www.w3.org/1999/xhtml">
<head>
    <title>forward 结果页</title>
</head>
<body>
<!-- 使用 request 内置对象获取 age 参数的值 -->
<%=request.getParameter("age")%>
</body>
</html>
```

forward-result.jsp 页面中的粗体字代码设置了 title 信息，并输出了 age 请求参数的值，在浏览器中访问 jsp-forward.jsp 页面的执行效果如图 2.12 所示。

从图 2.12 中可以看出，执行 forward 指令时，用户请求的地址依然没有发生改变，但页面内容却完全变成被 forward 目标页的内容。

图 2.12 forward 动作指令的效果

执行 forward 指令转发请求时，客户端的请求参数不会丢失。看下面表单提交页面的例子，该页面没有任何动态的内容，只是一个静态的表单页，作用是将请求参数提交到 jsp-forward.jsp 页面。

程序清单：codes\02\2.4\directive\form.jsp

```
<%@ page contentType="text/html; charset=GBK" language="java" errorPage="" %>
<!DOCTYPE html PUBLIC "-//W3C//DTD XHTML 1.0 Transitional//EN"
    "http://www.w3.org/TR/xhtml1/DTD/xhtml1-transitional.dtd">
<html xmlns="http://www.w3.org/1999/xhtml">
<head>
    <title> 提交 </title>
</head>
<body>
<!-- 表单提交页面 -->
<form id="login" method="post" action="jsp-forward.jsp">
<input type="text" name="username">
<input type="submit" value="login">
</form>
</body>
</html>
```

修改 forward-result.jsp 页，增加输出表单参数的代码，也就是在 forward-result.jsp 页面上增加如下代码：

```
<!-- 输出 username 请求参数的值 -->
<%=request.getParameter("username")%>
```

在表单提交页面中的文本框中输入任意字符串后提交该表单，即可看到如图 2.13 所示的执行效果。

从图 2.13 中可看到，forward-result.jsp 页面中不仅可以输出 forward 指令增加的请求参数，还可以看到表单里 username 表单域对应的请求参数，这表明执行 forward 时不会丢失请求参数。

图 2.13　执行 forward 时不会丢失请求参数

提示：

从表面上看，<jsp:forward.../>指令给人一种感觉：它是将用户请求"转发"到了另一个新页面，但实际上，<jsp:forward.../>并没有重新向新页面发送请求，它只是完全采用了新页面来对用户生成响应——请求依然是一次请求，所以请求参数、请求属性都不会丢失。

▶▶ 2.5.2　include 指令

include 指令是一个动态 include 指令，也用于包含某个页面，它不会导入被 include 页面的编译指令，仅仅将被导入页面的 body 内容插入本页面。

下面是 include 动作指令的语法格式：

```
<jsp:include page="{relativeURL | <%=expression%>}" flush="true"/>
```

或者

```
<jsp:include page="{relativeURL | <%=expression%>}" flush="true">
    <jsp:param name="parameterName" value="patameterValue"/>
</jsp:include>
```

flush 属性用于指定输出缓存是否转移到被导入文件中。如果指定为 true，则包含在被导入文件中；如果指定为 false，则包含在原文件中。对于 JSP 1.1 以前版本，只能设置为 false。

对于第二种语法格式，则可在被导入页面中加入额外的请求参数。

下面的页面使用了动态导入语法来导入指定 JSP 页面。

程序清单：codes\02\2.4\directive\jsp-include.jsp

```
<%@ page contentType="text/html; charset=GBK" language="java" errorPage="" %>
<!DOCTYPE html PUBLIC "-//W3C//DTD XHTML 1.0 Transitional//EN"
    "http://www.w3.org/TR/xhtml1/DTD/xhtml1-transitional.dtd">
<html xmlns="http://www.w3.org/1999/xhtml">
<head>
    <title> jsp-include测试 </title>
</head>
<body>
<!-- 使用动态 include 指令导入页面 -->
<jsp:include page="scriptlet.jsp" />
</body>
</html>
```

以上页面中粗体字代码使用了动态导入语法来导入了 scriptlet.jsp。表面上看，该页面的执行效果与使用静态 include 导入的页面并没有什么不同。但查看 jsp-include.jsp 页面生成 Servlet 的源代码，可以看到如下片段：

```
// 使用页面输出流，生成 HTML 标签内容
out.write("</head>\r\n");
out.write("<body>\r\n");
out.write("<!-- 使用动态 include 指令导入页面 -->\r\n");
org.apache.jasper.runtime.JspRuntimeLibrary.include(request
, response, "scriptlet.jsp", out, false);
out.write("\r\n");
out.write("</body>\r\n");
```

以上代码片段中粗体字代码显示了动态导入的关键：动态导入只是使用一个 include 方法来插入目标页面的内容，而不是将目标页面完全融入本页面中。

归纳起来，静态导入和动态导入有如下两点区别：

➤ 静态导入是将被导入页面的代码完全融入，两个页面融合成一个整体 Servlet；而动态导入则在 Servlet 中使用 include 方法来引入被导入页面的内容。

➤ 动态包含还可以增加额外的参数。

除此之外，执行 include 动态指令时，还可增加额外的请求参数，如下面 JSP 页面所示。

程序清单：codes\02\2.4\directive\jsp-include2.jsp

```
<%@ page contentType="text/html; charset=GBK" language="java" errorPage="" %>
<!DOCTYPE html PUBLIC "-//W3C//DTD XHTML 1.0 Transitional//EN"
    "http://www.w3.org/TR/xhtml1/DTD/xhtml1-transitional.dtd">
<html xmlns="http://www.w3.org/1999/xhtml">
<head>
    <title> jsp-include 测试 </title>
</head>
<body>
<jsp:include page="forward-result.jsp" >
    <jsp:param name="age" value="32"/>
</jsp:include>
</body>
</html>
```

在上面的 JSP 页面中的粗体字代码同样使用<jsp:include.../>指令包含页面，而且在 jsp:include 指令中还使用 param 指令传入参数，该参数可以在 forward-result.jsp 页面中使用 request 对象获取。

forward-result.jsp 前面已经给出，此处不再赘述。页面执行的效果如图 2.14 所示。

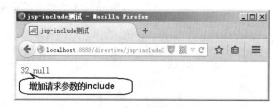

图 2.14　增加请求参数的 include

> **提示：**
> 　　实际上，forward 动作指令和 include 动作指令十分相似（它们的语法就很相似），它们都采用方法来引入目标页面，通过查看 JSP 页面所生成 Servlet 代码可以得出：forward 指令使用_jspx_page_context 的 forward()方法来引入目标页面，而 include 指令则使用通过 JspRuntimeLibrary 的 include()方法来引入目标页面。区别在于：执行 forward 时，被 forward 的页面将完全代替原有页面；而执行 include 时，被 include 的页面只是插入原有页面。简而言之，forward 拿目标页面代替原有页面，而 include 则拿目标页面插入原有页面。

▶▶ 2.5.3　useBean、setProperty、getProperty 指令

这三个指令都是与 JavaBean 相关的指令，其中 useBean 指令用于在 JSP 页面中初始化一个 Java 实例；setProperty 指令用于为 JavaBean 实例的属性设置值；getProperty 指令用于输出 JavaBean 实例的属性。

如果多个 JSP 页面中需要重复使用某段代码，则可以把这段代码定义成 Java 类的方法，然后让多个 JSP 页面调用该方法即可，这样可以达到较好的代码复用。

useBean 的语法格式如下：

```
<jsp:useBean id="name" class="classname" scope="page | request
| session | application"/>
```

其中，id 属性是 JavaBean 的实例名，class 属性确定 JavaBean 的实现类。scope 属性用于指定 JavaBean 实例的作用范围，该范围有以下 4 个值。

- ➤ page：该 JavaBean 实例仅在该页面有效。
- ➤ request：该 JavaBean 实例在本次请求有效。
- ➤ session：该 JavaBean 实例在本次 session 内有效。
- ➤ application：该 JavaBean 实例在本应用内一直有效。

 提示： ···
　　　　　本章后面有关于这 4 个作用范围的详细介绍。

setProperty 指令的语法格式如下：

```
<jsp:setProperty name="BeanName" property="propertyName" value="value"/>
```

其中，name 属性确定需要设定 JavaBean 的实例名；property 属性确定需要设置的属性名；value 属性则确定需要设置的属性值。

getProperty 的语法格式如下：

```
<jsp:getProperty name="BeanName" property="propertyName" />
```

其中，name 属性确定需要输出的 JavaBean 的实例名；property 属性确定需要输出的属性名。

下面的 JSP 页面示范了如何使用这三个动作指令来操作 JavaBean。

程序清单：codes\02\2.4\directive\beanTest.jsp

```
<%@ page contentType="text/html; charset=GBK" language="java" errorPage="" %>
<!DOCTYPE html PUBLIC "-//W3C//DTD XHTML 1.0 Transitional//EN"
    "http://www.w3.org/TR/xhtml1/DTD/xhtml1-transitional.dtd">
<html xmlns="http://www.w3.org/1999/xhtml">
<head>
    <title> Java Bean测试 </title>
</head>
<body>
<!-- 创建 lee.Person 的实例，该实例的实例名为 p1 -->
<jsp:useBean id="p1" class="lee.Person" scope="page"/>
<!-- 设置 p1 的 name 属性值 -->
<jsp:setProperty name="p1" property="name" value="crazyit.org"/>
<!-- 设置 p1 的 age 属性值 -->
<jsp:setProperty name="p1" property="age" value="23"/>
<!-- 输出 p1 的 name 属性值 -->
<jsp:getProperty name="p1" property="name"/><br/>
<!-- 输出 p1 的 age 属性值 -->
<jsp:getProperty name="p1" property="age"/>
</body>
</html>
```

以上页面中粗体字代码示范了使用 useBean、setProperty 和 getProperty 来操作 JavaBean 的方法。

对于上面的 JSP 页面中的 setProperty 和 getProperty 标签而言，它们都要求根据属性名来操作 JavaBean 的属性。实际上 setProperty 和 getProperty 要求的属性名，与 Java 类中定义的属性有一定的差别，例如 setProperty 和 getProperty 需要使用 name 属性，但 JavaBean 中是否真正定义了 name 属性并不重要，重要的是在 JavaBean 中提供了 setName() 和 getName() 方法即可。事实上，当页面使用 setProperty 和 getProperty 标签时，系统底层就是调用 setName() 和 getName() 方法来操作 Person 实例的属性的。

下面是 Person 类的源代码。

程序清单：codes\02\2.4\directive\WEB-INF\src\lee\Person.java

```
public class Person
{
    private String name;
```

```
    private int age;
    // 无参数的构造器
    public Person()
    {
    }
    // 初始化全部成员变量的构造器
    public Person(String name , int age)
    {
        this.name = name;
        this.age = age;
    }
    // name 的 setter 和 getter 方法
    public void setName(String name)
    {
        this.name = name;
    }
    public String getName()
    {
        return this.name;
    }
    // age 的 setter 和 getter 方法
    public void setAge(int age)
    {
        this.age = age;
    }
    public int getAge()
    {
        return this.age;
    }
}
```

上面的 Person.java 只是源文件，此处将该文件放在
Web 应用的 WEB-INF/src 路径下，实际上 Java 源文件对
Web 应用不起作用，所以此处会使用 Ant 来编译它，并将
编译得到的二进制文件放入 WEB-INF/classes 路径下。而
且，为 Web 应用提供了新的 class 文件后，必须重启该
Web 应用，让它可以重新加载这些新的 class 文件。

图 2.15　操作 JavaBean

该页面的执行效果如图 2.15 所示。

对于上面三个标签完全可以不使用，将 beanTest.jsp 修改成如下代码，其内部的执行是完全一样的。

```
<%@ page contentType="text/html; charset=GBK" language="java" errorPage="" %>
<!DOCTYPE html PUBLIC "-//W3C//DTD XHTML 1.0 Transitional//EN"
    "http://www.w3.org/TR/xhtml1/DTD/xhtml1-transitional.dtd">
<html xmlns="http://www.w3.org/1999/xhtml">
<head>
    <title> Java Bean 测试 </title>
</head>
<body>
<%
// 实例化 JavaBean 实例，实现类为 lee.Person，该实例的实例名为 p1
Person p1 = new Person();
// 将 p1 放置到 page 范围中
pageContext.setAttribute("p1" , p1);
// 设置 p1 的 name 属性值
p1.setName("wawa");
// 设置 p1 的 age 属性值
p1.setAge(23);
%>
<!-- 输出 p1 的 name 属性值 -->
<%=p1.getName()%><br/>
<!-- 输出 p1 的 age 属性值 -->
<%=p1.getAge()%>
```

```
</body>
</html>
```

使用 useBean 标签时，除在页面脚本中创建了 JavaBean 实例之外，该标签还会将该 JavaBean 实例放入指定 scope 中，所以通常还需要在脚本中将该 JavaBean 放入指定 scope 中，如下面的代码片段所示：

```
// 将 p1 放入 page 的生存范围中
pageContext.setAttribute("p1" , p1);
// 将 p1 放入 request 的生存范围中
request.setAttribute("p1",p1);
// 将 p1 放入 session 的生存范围中
session.setAttribute("p1",p1);
// 将 p1 放入 application 的生存范围中
application.setAttribute("p1",p1);
```

> **提示：**
> 关于 page、request、session 和 application 四个生存范围请参看下一节介绍。

▶▶ 2.5.4　plugin 指令

plugin 指令主要用于下载服务器端的 JavaBean 或 Applet 到客户端执行。由于程序在客户端执行，因此客户端必须安装虚拟机。

> **提示：**
> 实际由于现在很少使用 Applet，而且就算要使用 Applet，也完全可以使用支持 Applet 的 HTML 标签，所以 jsp:plugin 标签的使用场景并不多。因此为了节省篇幅起见，本书不再详细介绍 plugin 指令的用法。

▶▶ 2.5.5　param 指令

param 指令用于设置参数值，这个指令本身不能单独使用，因为单独的 param 指令没有实际意义。param 指令可以与以下三个指令结合使用。

- ➢ jsp:include
- ➢ jsp:forward
- ➢ jsp:plugin

当与 include 指令结合使用时，param 指令用于将参数值传入被导入的页面；当与 forward 指令结合使用时，param 指令用于将参数值传入被转向的页面；当与 plugin 指令结合使用时，则用于将参数传入页面中的 JavaBean 实例或 Applet 实例。

param 指令的语法格式如下：

```
<jsp:param name="paramName" value="paramValue"/>
```

关于 param 的具体使用，请参考前面的示例。

📁 2.6　JSP 脚本中的 9 个内置对象

JSP 脚本中包含 9 个内置对象，这 9 个内置对象都是 Servlet API 接口的实例，只是 JSP 规范对它们进行了默认初始化（由 JSP 页面对应 Servlet 的 _jspService() 方法来创建这些实例）。也就是说，它们已经是对象，可以直接使用。9 个内置对象依次如下。

- ➢ application：javax.servlet.ServletContext 的实例，该实例代表 JSP 所属的 Web 应用本身，可用于 JSP 页面，或者在 Servlet 之间交换信息。常用的方法有 getAttribute(String attName)、setAttribute(String attName , String attValue) 和 getInitParameter(String paramName) 等。
- ➢ config：javax.servlet.ServletConfig 的实例，该实例代表该 JSP 的配置信息。常用的方法有

getInitParameter(String paramName)和 getInitParameternames()等方法。事实上，JSP 页面通常无须配置，也就不存在配置信息。因此，该对象更多地在 Servlet 中有效。

➤ exception：java.lang.Throwable 的实例，该实例代表其他页面中的异常和错误。只有当页面是错误处理页面，即编译指令 page 的 isErrorPage 属性为 true 时，该对象才可以使用。常用的方法有 getMessage()和 printStackTrace()等。

➤ out：javax.servlet.jsp.JspWriter 的实例，该实例代表 JSP 页面的输出流，用于输出内容，形成 HTML 页面。

➤ page：代表该页面本身，通常没有太大用处。也就是 Servlet 中的 this，其类型就是生成的 Servlet 类，能用 page 的地方就可用 this。

➤ pageContext：javax.servlet.jsp.PageContext 的实例，该对象代表该 JSP 页面上下文，使用该对象可以访问页面中的共享数据。常用的方法有 getServletContext()和 getServletConfig()等。

➤ request：javax.servlet.http.HttpServletRequest 的实例，该对象封装了一次请求，客户端的请求参数都被封装在该对象里。这是一个常用的对象，获取客户端请求参数必须使用该对象。常用的方法有 getParameter(String paramName)、getParameterValues(String paramName)、setAttribute(String attrName,Object attrValue)、getAttribute(String attrName)和 setCharacterEncoding(String env)等。

➤ response：javax.servlet.http.HttpServletResponse 的实例，代表服务器对客户端的响应。通常很少使用该对象直接响应，而是使用 out 对象，除非需要生成非字符响应。而 response 对象常用于重定向，常用的方法有 getOutputStream()、sendRedirect(java.lang.String location)等。

➤ session：javax.servlet.http.HttpSession 的实例，该对象代表一次会话。当客户端浏览器与站点建立连接时，会话开始；当客户端关闭浏览器时，会话结束。常用的方法有：getAttribute(String attrName)、setAttribute(String attrName, Object attrValue)等。

进入 Tomcat 的 work\Catalina\localhost\jspPrinciple\org\apache\jsp 路径下，打开任意一个 JSP 页面对应生成的 Servlet 类文件，看到如下代码片段：

```
public final class test_jsp extends org.apache.jasper.runtime.HttpJspBase
    implements org.apache.jasper.runtime.JspSourceDependent {
    ...
    // 用于响应用户请求的方法
    public void _jspService(HttpServletRequest request, HttpServletResponse response)
        throws java.io.IOException, ServletException {
        PageContext pageContext = null;
        HttpSession session = null;
        ServletContext application = null;
        ServletConfig config = null;
        JspWriter out = null;
        Object page = this;
        JspWriter _jspx_out = null;
        PageContext _jspx_page_context = null;
        try {
            response.setContentType("text/html; charset=GBK");
            pageContext = _jspxFactory.getPageContext(this, request, response,
            null, true, 8192, true);
            jspx_page_context = pageContext;
            application = pageContext.getServletContext();
            config = pageContext.getServletConfig();
            session = pageContext.getSession();
            out = pageContext.getOut();
            ...
        }
    }
}
```

几乎所有的 JSP 页面编译后 Servlet 类都有如上所示的结构，上面 Servlet 类的粗体字代码表明：request、response 两个对象是 _jspService()方法的形参，当 Tomcat 调用该方法时会初始化这两个对象。而 page、pageContext、application、config、session、out 都是 _jspService()方法的局部变量，由该方法完成初始化。

通过上面的代码不难发现 JSP 内置对象的实质：它们要么是_jspService()方法的形参，要么是_jspService()方法的局部变量，所以可以直接在JSP脚本（脚本将对应于Servlet的_jspService()方法部分）中调用这些对象，无须创建它们。

> **提示**：
> 　　由于JSP内置对象都是在_jspService()方法中完成初始化的，因此只能在JSP小脚本、JSP输出表达式中使用这些内置对象。千万不要在JSP声明中使用它们！否则，系统将提示找不到这些变量。当编写JSP页面时，一定不要仅停留在JSP页面本身来看问题，这样可能导致许多误解，导致无法理解JSP的运行方式。很多书籍上随意介绍这些对象，也是形成误解的原因之一。

细心的读者可能已经发现了：上面的代码中并没有 exception 内置对象，这与前面介绍的正好相符：只有当页面的 page 指令的 isErrorPage 属性为 true 时，才可使用 exception 对象。也就是说，只有异常处理页面对应 Servlet 时才会初始化 exception 对象。

▶▶ 2.6.1　application 对象

在介绍 application 对象之前，先简单介绍一些 Web 服务器的实现原理。虽然绝大部分读者都不需要、甚至不曾想过自己开发 Web 服务器，但了解一些 Web 服务器的运行原理，对于更好地掌握 JSP 知识将有很大的帮助。

虽然常把基于 Web 应用称为 B/S（Browser/Server）架构的应用，但其实 Web 应用一样是 C/S（Client/Server）结构的应用，只是这种应用的服务器是 Web 服务器，而客户端是浏览器。

现在抛开 Web 应用直接看 Web 服务器和浏览器，对于大部分浏览器而言，它通常负责完成三件事情。

（1）向远程服务器发送请求。

（2）读取远程服务器返回的字符串数据。

（3）负责根据字符串数据渲染出一个丰富多彩的页面。

> **提示**：
> 　　实际上，浏览器是一个非常复杂的网络通信程序，它除了可以向服务器发送请求、读取网络数据之外，最大的技术难点在于将 HTML 文本渲染成页面，建立 HTML 页面的 DOM 模型，支持 JavaScript 脚本程序等。通常浏览器有 Internet Explorer、FireFox、Chrome、Opera、Safari 等，至于其他如 MyIE、傲游等浏览器可能只是对它们进行了简单的包装。

Web 服务器则负责接收客户端请求，每当接收到客户端连接请求之后，Web 服务器应该使用单独的线程为该客户端提供服务：接收请求数据、送回响应数据。图 2.16 显示了 Web 服务器的运行机制。

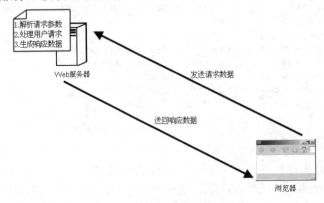

图 2.16　Web 服务器运行机制

如图 2.16 所示的应用架构总是先由客户端发送请求，服务器接收到请求后送回响应的数据，所以也将这种架构称做"请求/响应"架构。根据如图 2.16 所示的机制进行归纳，对于每次客户端请求而言，Web 服务器大致需要完成如下几个步骤。

① 启动单独的线程。
② 使用 I/O 流读取用户请求的二进制流数据。
③ 从请求数据中解析参数。
④ 处理用户请求。
⑤ 生成响应数据。
⑥ 使用 IO 流向客户端发送请求数据。

> **提示：** 最新版的 Tomcat 已经不需要对每个用户请求都启用单独的线程、使用普通 I/O 读取用户请求的数据，最新的 Tomcat 使用的是异步 IO，具有更高的性能。

在上面 6 个步骤中，第 1、2 和 6 步是通用的，可以由 Web 服务器来完成，但第 3、4 和 5 步则存在差异：因为不同请求里包含的请求参数不同，处理用户请求的方式也不同，所生成的响应自然也不同。那么 Web 服务器到底如何执行第 3、4 和 5 步呢？

实际上，Web 服务器会调用 Servlet 的 _jspService() 方法来完成第 3、4 和 5 步，编写 JSP 页面时，页面里的静态内容、JSP 脚本都会转换成 _jspService() 方法的执行代码，这些执行代码负责完成解析参数、处理请求、生成响应等业务功能，而 Web 服务器则负责完成多线程、网络通信等底层功能。

Web 服务器在执行了第 3 步解析到用户的请求参数之后，将需要通过这些请求参数来创建 HttpServletRequest、HttpServletResponse 等对象，作为调用 _jspService() 方法的参数，实际上一个 Web 服务器必须为 Servlet API 中绝大部分接口提供实现类。

从上面介绍可以看出，Web 应用里的 JSP 页面、Servlet 等程序都将由 Web 服务器来调用，JSP、Servlet 之间通常不会相互调用，这就产生了一个问题：JSP、Servlet 之间如何交换数据？

为了解决这个问题，几乎所有 Web 服务器（包括 Java、ASP、PHP、Ruby 等）都会提供 4 个类似 Map 的结构，分别是 application、session、request、page，并允许 JSP、Servlet 将数据放入这 4 个类似 Map 的结构中，并允许从这 4 个 Map 结构中取出数据。这 4 个 Map 结构的区别是范围不同。

> application：对于整个 Web 应用有效，一旦 JSP、Servlet 将数据放入 application 中，该数据将可以被该应用下其他所有的 JSP、Servlet 访问。
> session：仅对一次会话有效，一旦 JSP、Servlet 将数据放入 session 中，该数据将可以被本次会话的其他所有的 JSP、Servlet 访问。
> request：仅对本次请求有效，一旦 JSP、Servlet 将数据放入 request 中，该数据将可以被该次请求的其他 JSP、Servlet 访问。
> page：仅对当前页面有效，一旦 JSP、Servlet 将数据放入 page 中，该数据只可以被当前页面的 JSP 脚本、声明部分访问。

> **提示：** 就像现实生活中有两个人，他们的钱需要相互交换，但他们两个人又不能相互接触，那么只能让 A 把钱存入银行，而 B 从银行去取钱。因此可以把 application、session、request 和 page 理解为类似银行的角色。

把数据放入 application、session、request 或 page 之后，就相当于扩大了该数据的作用范围，所以认为 application、session、request 和 page 中的数据分别处于 application、session、request 和 page 范围之内。

JSP 中的 application、session、request 和 pageContext 4 个内置对象分别用于操作 application、session、request 和 page 范围中的数据。

application 对象代表 Web 应用本身，因此使用 application 来操作 Web 应用相关数据。application

对象通常有如下两个作用。

> ➢ 在整个 Web 应用的多个 JSP、Servlet 之间共享数据。
>
> ➢ 访问 Web 应用的配置参数。

1. 让多个 JSP、Servlet 共享数据

application 通过 setAttribute(String attrName,Object value)方法将一个值设置成 application 的 attrName 属性，该属性的值对整个 Web 应用有效，因此该 Web 应用的每个 JSP 页面或 Servlet 都可以访问该属性，访问属性的方法为 getAttribute(String attrName)。

看下面的页面，该页面仅仅声明了一个整型变量，每次刷新该页面时，该变量值加 1，然后将该变量的值放入 application 内。下面是页面的代码。

程序清单：codes\02\2.6\jspObject\put-application.jsp

```jsp
<%@ page contentType="text/html; charset=GBK" language="java" errorPage="" %>
<!DOCTYPE html PUBLIC "-//W3C//DTD XHTML 1.0 Transitional//EN"
    "http://www.w3.org/TR/xhtml1/DTD/xhtml1-transitional.dtd">
<html xmlns="http://www.w3.org/1999/xhtml">
<head>
    <title>application 测试</title>
</head>
<body>
<!-- JSP 声明 -->
<%!
int i;
%>
<!-- 将 i 值自加后放入 application 的变量内 -->
<%
application.setAttribute("counter",String.valueOf(++i));
%>
<!-- 输出 i 值 -->
<%=i%>
</body>
</html>
```

以上页面的粗体字代码实现了每次刷新该页面时，变量 i 都先自加，并被设置为 application 的 counter 属性的值，即每次 application 中的 counter 属性值都会加 1。

再看下面的 JSP 页面，该页面可以直接访问到 application 的 counter 属性值。

程序清单：codes\02\2.6\jspObject\get-application.jsp

```jsp
<%@ page contentType="text/html; charset=GBK" language="java" errorPage="" %>
<!DOCTYPE html PUBLIC "-//W3C//DTD XHTML 1.0 Transitional//EN"
    "http://www.w3.org/TR/xhtml1/DTD/xhtml1-transitional.dtd">
<html xmlns="http://www.w3.org/1999/xhtml">
<head>
    <title>application 测试</title>
</head>
<body>
<!-- 直接输出 application 变量值 -->
<%=application.getAttribute("counter")%>
</body>
</html>
```

以上页面中粗体字代码直接输出 application 的 counter 属性值，虽然这个页面和 put-application.jsp 没有任何关系，但它一样可以访问到 application 的属性，因为 application 的属性对于整个 Web 应用的 JSP、Servlet 都是共享的。

在浏览器的地址栏中访问第一个 put-application.jsp 页面，经多次刷新后，看到如图 2.17 所示的页面。

图 2.17 将变量值放入 application 中

访问 get-application.jsp 页面，也可看到类似于图 2.17 所示的效果，因为 get-application.jsp 页面可以访问 application 的 counter 属性值。

 注意

> application 不仅可以用于两个 JSP 页面之间共享数据，还可以用于 Servlet 和 JSP 之间共享数据。可以把 application 理解成一个 Map 对象，任何 JSP、Servlet 都可以把某个变量放入 application 中保存，并为之指定一个属性名；而该应用里的其他 JSP、Servlet 就可以根据该属性名来得到这个变量。

下面的 Servlet 代码示范了如何在 Servlet 中访问 application 里的变量。

程序清单：codes\02\2.6\jspObject\WEB-INF\src\lee\GetApplication.java

```java
@WebServlet(name="get-application",
    urlPatterns={"/get-application"})
public class GetApplication extends HttpServlet
{
    public void service(HttpServletRequest request,
        HttpServletResponse response)throws IOException
    {
        response.setContentType("text/html;charset=gb2312");
        PrintWriter out = response.getWriter();
        out.println("<html><head><title>");
        out.println("测试 application");
        out.println("</title></head><body>");
        ServletContext sc = getServletConfig().getServletContext();
        out.print("application 中当前的 counter 值为:");
        out.println(sc.getAttribute("counter"));
        out.println("</body></html>");
    }
}
```

由于在 Servlet 中并没有 application 内置对象，所以上面程序第一行粗体字代码显式获取了该 Web 应用的 ServletContext 实例，每个 Web 应用只有一个 ServletContext 实例，在 JSP 页面中可通过 application 内置对象访问该实例，而 Servlet 中则必须通过代码获取。程序第二行粗体字代码访问、输出了 application 中的 counter 变量。

 注意

> 该 Servlet 类同样需要编译成 class 文件才可使用，实际上该 Servlet 还使用了 @WebServlet 注解进行部署，关于 Servlet 的用法请参看 2.7 节。编译 Servlet 时可能由于没有添加环境出现异常，只要将 Tomcat 8.5 的 lib 路径下的 jsp-api.jar、servlet-api.jar 两个文件添加到 CLASSPATH 环境变量中即可。

将 Servlet 部署在 Web 应用中，在浏览器中访问 Servlet，出现如图 2.18 所示的页面。

最后要指出的是：虽然使用 application（即 ServletContext 实例）可以方便多个 JSP、Servlet 共享数据，但不要仅为了 JSP、Servlet 共享数据就将数据放入 application 中！由于 application 代表整个 Web

应用，所以通常只应该把 Web 应用的状态数据放入 application 里。

2．获得 Web 应用配置参数

application 还有一个重要用处：可用于获得 Web 应用的配置参数。看如下 JSP 页面，该页面访问数据库，但访问数据库所使用的驱动、URL、用户名及密码都在 web.xml 中给出。

图 2.18　Servlet 访问 application 变量

程序清单：codes\02\2.6\jspObject\getWebParam.jsp

```jsp
<%@ page contentType="text/html; charset=GBK" language="java" errorPage="" %>
<%@ page import="java.sql.*" %>
<!DOCTYPE html PUBLIC "-//W3C//DTD XHTML 1.0 Transitional//EN"
    "http://www.w3.org/TR/xhtml1/DTD/xhtml1-transitional.dtd">
<html xmlns="http://www.w3.org/1999/xhtml">
<head>
    <title>application 测试</title>
</head>
<body>
<%
// 从配置参数中获取驱动
String driver = application.getInitParameter("driver");
// 从配置参数中获取数据库 url
String url = application.getInitParameter("url");
// 从配置参数中获取用户名
String user = application.getInitParameter("user");
// 从配置参数中获取密码
String pass = application.getInitParameter("pass");
// 注册驱动
Class.forName(driver);
// 获取数据库连接
Connection conn = DriverManager.getConnection(url,user,pass);
// 创建 Statement 对象
Statement stmt = conn.createStatement();
// 执行查询
ResultSet rs = stmt.executeQuery("select * from news_inf");
%>
<table bgcolor="#9999dd" border="1" width="480">
<%
// 遍历结果集
while(rs.next())
{
%>
    <tr>
        <td><%=rs.getString(1)%></td>
        <td><%=rs.getString(2)%></td>
    </tr>
<%
}
%>
<table>
</body>
</html>
```

上面的程序中粗体字代码使用 application 的 getInitParameter(String paramName)来获取 Web 应用的配置参数，这些配置参数应该在 web.xml 文件中使用 context-param 元素配置，每个<context-param.../> 元素配置一个参数，该元素下有如下两个子元素。

➤ param-name：配置 Web 参数名。

➤ param-value：配置 Web 参数值。

web.xml 文件中使用<context-param.../>元素配置的参数对整个 Web 应用有效，所以也被称为 Web 应用的配置参数。与整个 Web 应用有关的数据，应该通过 application 对象来操作。

为了给 Web 应用配置参数，应在 web.xml 文件中增加如下片段。

程序清单：codes\02\2.6\jspObject\WEB-INF\web.xml

```
<!-- 配置第一个参数: driver -->
<context-param>
    <param-name>driver</param-name>
    <param-value>com.mysql.jdbc.Driver</param-value>
</context-param>
<!-- 配置第二个参数: url -->
<context-param>
    <param-name>url</param-name>
    <param-value>jdbc:mysql://localhost:3306/javaee</param-value>
</context-param>
<!-- 配置第三个参数: user -->
<context-param>
    <param-name>user</param-name>
    <param-value>root</param-value>
</context-param>
<!-- 配置第四个参数: pass -->
<context-param>
    <param-name>pass</param-name>
    <param-value>32147</param-value>
</context-param>
```

在浏览器中浏览 getWebParam.jsp 页面时，可看到数据库连接、数据查询完全成功。可见，使用 application 可以访问 Web 应用的配置参数。

> **注意**
>
> 通过这种方式，可以将一些配置信息放在 web.xml 文件中配置，避免使用硬编码方式写在代码中，从而更好地提高程序的移植性。

▶▶ 2.6.2　config 对象

config 对象代表当前 JSP 配置信息，但 JSP 页面通常无须配置，因此也就不存在配置信息，所以 JSP 页面比较少用该对象。但在 Servlet 中则用处相对较大，因为 Servlet 需要在 web.xml 文件中进行配置，可以指定配置参数。关于 Servlet 的使用将在 2.7 节介绍。

看如下 JSP 页面代码，该 JSP 代码使用了 config 的一个方法 getServletName()。

程序清单：codes\02\2.6\jspObject\configTest.jsp

```
<%@ page contentType="text/html; charset=GBK" language="java" errorPage="" %>
<!DOCTYPE html PUBLIC "-//W3C//DTD XHTML 1.0 Transitional//EN"
    "http://www.w3.org/TR/xhtml1/DTD/xhtml1-transitional.dtd">
<html xmlns="http://www.w3.org/1999/xhtml">
<head>
    <title>测试 config 内置对象</title>
</head>
<body>
<!-- 直接输出 config 的 getServletName 的值 -->
<%=config.getServletName()%>
</body>
</html>
```

上面的代码中粗体字代码输出了 config 的 getServletName()方法的返回值，所有的 JSP 页面都有相同的名字：jsp，所以粗体字代码输出为 jsp。

实际上，也可以在 web.xml 文件中配置 JSP（只是比较少用），这样就可以为 JSP 页面指定配置信息，并可为 JSP 页面另外设置一个 URL。

config 对象是 ServletConfig 的实例，该接口用于获取配置参数的方法是 getInitParameter(String paramName)。下面的代码示范了如何在页面中使用 config 获取 JSP 配置参数。

程序清单：codes\02\2.6\jspObject\configTest2.jsp

```
<%@ page contentType="text/html; charset=GBK" language="java" errorPage="" %>
<!DOCTYPE html PUBLIC "-//W3C//DTD XHTML 1.0 Transitional//EN"
    "http://www.w3.org/TR/xhtml1/DTD/xhtml1-transitional.dtd">
<html xmlns="http://www.w3.org/1999/xhtml">
<head>
    <title>测试 config 内置对象</title>
</head>
<body>
<!-- 输出该 JSP 名为 name 的配置参数 -->
name 配置参数的值:<%=config.getInitParameter("name")%><br/>
<!-- 输出该 JSP 名为 age 的配置参数 -->
age 配置参数的值:<%=config.getInitParameter("age")%>
</body>
</html>
```

上面的代码中两行粗体字代码输出了 config 的 getInitParameter()方法返回值，它们分别获取 name、age 两个配置参数的值。

配置 JSP 也是在 web.xml 文件中进行的，JSP 被当成 Servlet 配置，为 Servlet 配置参数使用 init-param 元素，该元素可以接受 param-name 和 param-value 两个子元素，分别指定参数名和参数值。

在 web.xml 文件中增加如下配置片段，即可将 JSP 页面配置在 Web 应用中。

```
<servlet>
    <!-- 指定 Servlet 名字 -->
    <servlet-name>config</servlet-name>
    <!-- 指定将哪个 JSP 页面配置成 Servlet -->
    <jsp-file>/configTest2.jsp</jsp-file>
    <!-- 配置名为 name 的参数，值为 crazyit.org -->
    <init-param>
        <param-name>name</param-name>
        <param-value>crazyit.org</param-value>
    </init-param>
    <!-- 配置名为 age 的参数，值为 30 -->
    <init-param>
        <param-name>age</param-name>
        <param-value>30</param-value>
    </init-param>
</servlet>
<servlet-mapping>
    <!-- 指定将 config Servlet 配置到/config 路径 -->
    <servlet-name>config</servlet-name>
    <url-pattern>/config</url-pattern>
</servlet-mapping>
```

上面的配置文件片段中粗体字代码为该 Servlet（其实是 JSP）配置了两个参数：name 和 age。上面的配置片段把 configTest2.jsp 页面配置成名为 config 的 Servlet，并将该 Servlet 映射到/config 处，这就允许通过/config 来访问该页面。在浏览器中访问/config 看到如图 2.19 所示的界面。

图 2.19　输出 JSP 配置参数值

从图 2.19 中可以看出，通过 config 可以访问到 web.xml 文件中的配置参数。实际上，也可以直接访问 configTest2.jsp 页面，在浏览器中访问该页面将看到如图 2.20 所示的界面。

对比图 2.19 和 2.20 不难看出，如果希望 JSP 页面可以获取 web.xml 配置文件中的配置信息，则必须通过为该 JSP 配置的路径来访问该页面，因为只有这样访问 JSP 页面才会让配置参数起作用。

图 2.20 直接访问 JSP 页面将不能访问配置参数

▶▶ 2.6.3 exception 对象

exception 对象是 Throwable 的实例，代表 JSP 脚本中产生的错误和异常，是 JSP 页面异常机制的一部分。

在 JSP 脚本中无须处理异常，即使该异常是 checked 异常。事实上，JSP 脚本包含的所有可能出现的异常都可交给错误处理页面处理。

看如图 2.21 所示的异常处理结构，这是典型的异常捕捉处理块。在 JSP 页面中，普通的 JSP 脚本只执行第一个部分——代码处理段，而异常处理页面负责第二个部分——异常处理段。在异常处理段中，可以看到有个异常对象，该对象就是内置对象 exception。

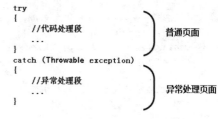

图 2.21 异常处理结构

> **注意**
>
> exception 对象仅在异常处理页面中才有效，通过前面的异常处理结构，读者可以非常清晰地看出这点。

打开普通 JSP 页面所生成的 Servlet 类，将可以发现如下代码片段：

```
public void _jspService(HttpServletRequest request, HttpServletResponse response)
    throws java.io.IOException, ServletException {
    ...
    try {
        // 所有 JSP 脚本、静态 HTML 部分都会转换成此部分代码
        response.setContentType("text/html; charset=gb2312");
        ...
        out.write("</body>\r\n");
        out.write("</html>\r\n");
    } catch (Throwable t) {
        ...
        //处理该异常
        if (_jspx_page_context != null) _jspx_page_context.handlePageException(t);
    } finally {
        //释放资源
        _jspxFactory.releasePageContext(_jspx_page_context);
    }
}
```

从上面代码的粗体字代码中可以看出，JSP 脚本和静态 HTML 部分都将转换成_jspService()方法里的执行性代码——这就是 JSP 脚本无须处理异常的原因：因为这些脚本已经处于 try 块中。一旦 try 块捕捉到 JSP 脚本的异常，并且_jspx_page_context 不为 null，就会由该对象来处理该异常，如上面粗体字代码所示。

_jspx_page_context 对异常的处理也非常简单：如果该页面的 page 指令指定了 errorPage 属性，则将请求 forward 到 errorPage 属性指定的页面，否则使用系统页面来输出异常信息。

> **注意**
>
> 　　由于只有 JSP 脚本、输出表达式才会对应于 _jspService() 方法里的代码，所以这两个部分的代码无须处理 checked 异常。但 JSP 的声明部分依然需要处理 checked 异常，JSP 的异常处理机制对 JSP 声明不起作用。

　　在 JSP 的异常处理机制中，一个异常处理页面可以处理多个 JSP 页面脚本部分的异常。异常处理页面通过 page 指令的 errorPage 属性确定。

　　下面的页面再次测试了 JSP 脚本的异常机制。

程序清单：codes\02\2.6\jspObject\throwEx.jsp

```
<!-- 通过errorPage属性指定异常处理页面 -->
<%@ page contentType="text/html; charset=GBK" language="java" errorPage="error.jsp" %>
<!DOCTYPE html PUBLIC "-//W3C//DTD XHTML 1.0 Transitional//EN"
    "http://www.w3.org/TR/xhtml1/DTD/xhtml1-transitional.dtd">
<html xmlns="http://www.w3.org/1999/xhtml">
<head>
    <title> JSP 脚本的异常机制 </title>
</head>
<body>
<%
int a = 6;
int c = a / 0;
%>
</body>
</html>
```

　　以上页面的粗体字代码将抛出一个 ArithmeticEception，则 JSP 异常机制将会转发到 error.jsp 页面，error.jsp 页面代码如下。

程序清单：codes\02\2.6\jspObject\error.jsp

```
<%@ page contentType="text/html; charset=GBK" language="java" isErrorPage="true" %>
<!DOCTYPE html PUBLIC "-//W3C//DTD XHTML 1.0 Transitional//EN"
    "http://www.w3.org/TR/xhtml1/DTD/xhtml1-transitional.dtd">
<html xmlns="http://www.w3.org/1999/xhtml">
<head>
    <title> 异常处理页面 </title>
</head>
<body>
异常类型是:<%=exception.getClass()%><br/>
异常信息是:<%=exception.getMessage()%><br/>
</body>
</html>
```

　　以上页面 page 指令的 isErrorPage 属性被设为 true，则可以通过 exception 对象来访问上一个页面所出现的异常。在浏览器中请求 throwEx.jsp 页面，将看到如图 2.22 所示的界面。

图 2.22　使用 exception 对象

　　打开 error.jsp 页面生成的 Servlet 类，在 _jspService() 方法中发现如下代码片段：

```
public void _jspService(HttpServletRequest request, HttpServletResponse response)
    throws java.io.IOException, ServletException {
    PageContext pageContext = null;
```

```
    HttpSession session = null;
    // 初始化 exception 对象
    Throwable exception = org.apache.jasper.runtime.
        JspRuntimeLibrary.getThrowable(request);
    if (exception != null) {
        response.setStatus(HttpServletResponse.SC_INTERNAL_SERVER_ERROR);
    }
    ...
}
```

从以上代码片段的粗体字代码中可以看出，当 JSP 页面 page 指令的 isErrorPage 为 true 时，该页面就会提供 exception 内置对象。

> **注意**
>
> 应将异常处理页面中 page 指令的 isErrorPage 属性设置为 true。只有当 isErrorPage 属性设置为 true 时才可访问 exception 内置对象。

▶▶ 2.6.4　out 对象

out 对象代表一个页面输出流，通常用于在页面上输出变量值及常量。一般在使用输出表达式的地方，都可以使用 out 对象来达到同样效果。

看下面的 JSP 页面使用 out 来执行输出。

程序清单：codes\02\2.6\jspObject\outTest.jsp

```jsp
<%@ page contentType="text/html; charset=GBK" language="java" errorPage="" %>
<%@ page import="java.sql.*" %>
<!DOCTYPE html PUBLIC "-//W3C//DTD XHTML 1.0 Transitional//EN"
    "http://www.w3.org/TR/xhtml1/DTD/xhtml1-transitional.dtd">
<html xmlns="http://www.w3.org/1999/xhtml">
<head>
    <title> out 测试 </title>
</head>
<body>
<%
// 注册数据库驱动
Class.forName("com.mysql.jdbc.Driver");
// 获取数据库连接
Connection conn = DriverManager.getConnection(
    "jdbc:mysql://localhost:3306/javaee","root","32147");
// 创建 Statement 对象
Statement stmt = conn.createStatement();
// 执行查询，获取 ResultSet 对象
ResultSet rs = stmt.executeQuery("select * from news_inf");
%>
<table bgcolor="#9999dd" border="1" width="400">
<%
// 遍历结果集
while(rs.next())
{
    // 输出表格行
    out.println("<tr>");
    // 输出表格列
    out.println("<td>");
    // 输出结果集的第二列的值
    out.println(rs.getString(1));
    // 关闭表格列
    out.println("</td>");
    // 开始表格列
    out.println("<td>");
    // 输出结果集的第三列的值
```

```
        out.println(rs.getString(2));
        // 关闭表格列
        out.println("</td>");
        // 关闭表格行
        out.println("</tr>");
    }
%>
<table>
</body>
</html>
```

从 Java 的语法上看，上面的程序更容易理解，out 是个页面输出流，负责输出页面表格及所有内容，但使用 out 则需要编写更多代码。

　　　所有使用 out 的地方，都可使用输出表达式来代替，而且使用输出表达式更加简洁。<%= ...%>表达式的本质就是 out.print(...);。通过 out 对象的介绍，读者可以更好地理解输出表达式的原理。

▶▶ 2.6.5　pageContext 对象

这个对象代表页面上下文，该对象主要用于访问 JSP 之间的共享数据。使用 pageContext 可以访问 page、request、session、application 范围的变量。

pageContext 是 PageContext 类的实例，它提供了如下两个方法来访问 page、request、session、application 范围的变量。

➤ getAttribute(String name)：取得 page 范围内的 name 属性。

➤ getAttribute(String name,int scope)：取得指定范围内的 name 属性，其中 scope 可以是如下 4 个值。

　　○ PageContext.PAGE_SCOPE：对应于 page 范围。

　　○ PageContext.REQUEST_SCOPE：对应于 request 范围。

　　○ PageContext.SESSION_SCOPE：对应于 session 范围。

　　○ PageContext.APPLICATION_SCOPE：对应于 application 范围。

与 getAttribute()方法相对应，PageContext 也提供了两个对应的 setAttribute()方法，用于将指定变量放入 page、request、session、application 范围内。

下面的 JSP 页面示范了使用 pageContext 来操作 page、request、session、application 范围内的变量。

程序清单：codes\02\2.6\jspObject\pageContextTest.jsp

```
<%@ page contentType="text/html; charset=GBK" language="java" errorPage="" %>
<!DOCTYPE html PUBLIC "-//W3C//DTD XHTML 1.0 Transitional//EN"
    "http://www.w3.org/TR/xhtml1/DTD/xhtml1-transitional.dtd">
<html xmlns="http://www.w3.org/1999/xhtml">
<head>
    <title> pageContext 测试 </title>
</head>
<body>
<%
// 使用 pageContext 设置属性，该属性默认在 page 范围内
pageContext.setAttribute("page","hello");
// 使用 request 设置属性，该属性默认在 request 范围内
request.setAttribute("request","hello");
// 使用 pageContext 将属性设置在 request 范围中
pageContext.setAttribute("request2","hello"
    , pageContext.REQUEST_SCOPE);
// 使用 session 将属性设置在 session 范围中
session.setAttribute("session","hello");
// 使用 pageContext 将属性设置在 session 范围中
pageContext.setAttribute("session2","hello"
```

```
    , pageContext.SESSION_SCOPE);
// 使用 application 将属性设置在 application 范围中
application.setAttribute("app","hello");
// 使用 pageContext 将属性设置在 application 范围中
pageContext.setAttribute("app2","hello"
    , pageContext.APPLICATION_SCOPE);
// 下面获取各属性所在的范围:
out.println("page 变量所在范围: " +
    pageContext.getAttributesScope("page") + "<br/>");
out.println("request 变量所在范围: " +
    pageContext.getAttributesScope("request") + "<br/>");
out.println("request2 变量所在范围: "+
    pageContext.getAttributesScope("request2") + "<br/>");
out.println("session 变量所在范围: " +
    pageContext.getAttributesScope("session") + "<br/>");
out.println("session2 变量所在范围: " +
    pageContext.getAttributesScope("session2") + "<br/>");
out.println("app 变量所在范围: " +
    pageContext.getAttributesScope("app") + "<br/>");
out.println("app2 变量所在范围: " +
    pageContext.getAttributesScope("app2") + "<br/>");
%>
</body>
</html>
```

以上页面的粗体字代码使用 pageContext 将各变量分别放入 page、request、session、application 范围内,程序的斜体字代码还使用 pageContext 获取各变量所在的范围。

浏览以上页面,可以看到如图 2.23 所示的效果。

图 2.23 中显示了使用 pageContext 获取各属性所在的范围,其中这些范围获取的都是整型变量,这些整型变量分别对应如下 4 个生存范围。

图 2.23　使用 pageContext 操作各范围属性的效果

　　1:对应 page 生存范围。

　　2:对应 request 生存范围。

　　3:对应 session 生存范围。

　　4:对应 application 生存范围。

不仅如此,pageContext 还可用于获取其他内置对象,pageContext 对象包含如下方法。

➤ ServletRequest getRequest():获取 request 对象。

➤ ServletResponse getResponse():获取 response 对象。

➤ ServletConfig getServletConfig():获取 config 对象。

➤ ServletContext getServletContext():获取 application 对象。

➤ HttpSession getSession():获取 session 对象。

因此一旦在 JSP、Servlet 编程中获取了 pageContext 对象,就可以通过它提供的上面方法来获取其他内置对象。

▶▶ 2.6.6　request 对象

request 对象是 JSP 中重要的对象,每个 request 对象封装着一次用户请求,并且所有的请求参数都被封装在 request 对象中,因此 request 对象是获取请求参数的重要途径。

除此之外,request 可代表本次请求范围,所以还可用于操作 request 范围的属性。

1. 获取请求头/请求参数

Web 应用是请求/响应架构的应用,浏览器发送请求时通常总会附带一些请求头,还可能包含一些请求参数发送给服务器，服务器端负责解析请求头/请求参数的就是 JSP 或 Servlet，而 JSP 和 Servlet 取得请求参数的途径就是 request。request 是 HttpServletRequest 接口的实例，它提供了如下几个方法来获取请求参数。

- String getParameter(String paramName)：获取 paramName 请求参数的值。
- Map getParameterMap()：获取所有请求参数名和参数值所组成的 Map 对象。
- Enumeration getParameterNames()：获取所有请求参数名所组成的 Enumeration 对象。
- String[] getParameterValues(String name): paramName 请求参数的值，当该请求参数有多个值时，该方法将返回多个值所组成的数组。

HttpServletRequest 提供了如下方法来访问请求头。

- String getHeader(String name)：根据指定请求头的值。
- java.util.Enumeration<String> getHeaderNames()：获取所有请求头的名称。
- java.util.Enumeration<String> getHeaders(String name)：获取指定请求头的多个值。
- int getIntHeader(String name)：获取指定请求头的值，并将该值转为整数值。

对于开发人员来说，请求头和请求参数都是由用户发送到服务器的数据，区别在于请求头通常由浏览器自动添加，因此一次请求总是包含若干请求头；而请求参数则通常需要开发人员控制添加，让客户端发送请求参数通常分两种情况。

- GET 方式的请求：直接在浏览器地址栏输入访问地址所发送的请求或提交表单发送请求时，该表单对应的 form 元素没有设置 method 属性，或设置 method 属性为 get，这几种请求都是 GET 方式的请求。GET 方式的请求会将请求参数的名和值转换成字符串，并附加在原 URL 之后，因此可以在地址栏中看到请求参数名和值。且 GET 请求传送的数据量较小，一般不能大于 2KB。
- POST 方式的请求：这种方式通常使用提交表单（由 form HTML 元素表示）的方式来发送，且需要设置 form 元素的 method 属性为 post。POST 方式传送的数据量较大，通常认为 POST 请求参数的大小不受限制，但往往取决于服务器的限制，POST 请求传输的数据量总比 GET 传输的数据量大。而且 POST 方式发送的请求参数以及对应的值放在 HTML HEADER 中传输，用户不能在地址栏里看到请求参数值，安全性相对较高。

对比上面两种请求方式，不难发现，通常应该采用 POST 方式发送请求。

几乎每个网站都会大量使用表单，表单用于收集用户信息，一旦用户提交请求，表单的信息将会提交给对应的处理程序，如果为 form 元素设置 method 属性为 post，则表示发送 POST 请求。

下面是表单页面的代码。

程序清单：codes\02\2.6\jspObject\form.jsp

```jsp
<%@ page contentType="text/html; charset=GBK" language="java" errorPage="" %>
<!DOCtype html PUBLIC "-//W3C//DTD XHTML 1.0 Transitional//EN"
    "http://www.w3.org/TR/xhtml1/DTD/xhtml1-transitional.dtd">
<html xmlns="http://www.w3.org/1999/xhtml">
<head>
    <title> 收集参数的表单页 </title>
</head>
<body>
<form id="form1" method="post" action="request1.jsp">
用户名: <br/>
<input type="text" name="name"><hr/>
性别: <br/>
男: <input type="radio" name="gender" value="男">
女: <input type="radio" name="gender" value="女"><hr/>
喜欢的颜色: <br/>
红: <input type="checkbox" name="color" value="红">
绿: <input type="checkbox" name="color" value="绿">
蓝: <input type="checkbox" name="color" value="蓝"><hr/>
来自的国家: <br/>
<select name="country">
    <option value="中国">中国</option>
```

```
        <option value="美国">美国</option>
        <option value="俄罗斯">俄罗斯</option>
</select><hr/>
<input type="submit" value="提交">
<input type="reset" value="重置">
</form>
</body>
</html>
```

　　这个页面没有动态的 JSP 部分，它只是包含一个收集请求参数的表单，且粗体字部分设置了该表单的 action 为 request1.jsp，这表明提交该表单时，请求将发送到 request1.jsp 页面；粗体字代码还设置了 method 为 post，这表明提交表单将发送 POST 请求。

　　除此之外，表单里还包含 1 个文本框、2 个单选框、3 个复选框及 1 个下拉列表框，另外包括"提交"和"重置"两个按钮。页面的执行效果如图 2.24 所示。

　　在该页面中输入相应信息后，单击"提交"按钮，表单域所代表的请求参数将通过 request 对象的 getParameter()方法来取得。

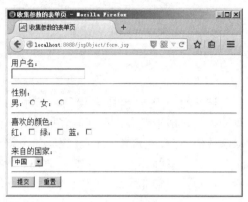

图 2.24　表单页

　　上面的表单页向 request1.jsp 页面发送请求，request1.jsp 页面的代码如下。

程序清单：codes\02\2.6\jspObject\request1.jsp

```
<%@ page contentType="text/html; charset=GBK" language="java" errorPage="" %>
<%@ page import="java.util.*" %>
<!DOCTYPE html PUBLIC "-//W3C//DTD XHTML 1.0 Transitional//EN"
    "http://www.w3.org/TR/xhtml1/DTD/xhtml1-transitional.dtd">
<html xmlns="http://www.w3.org/1999/xhtml">
<head>
    <title> 获取请求头/请求参数 </title>
</head>
<body>
<%
// 获取所有请求头的名称
Enumeration<String> headerNames = request.getHeaderNames();
while(headerNames.hasMoreElements())
{
    String headerName = headerNames.nextElement();
    // 获取每个请求、及其对应的值
    out.println(headerName + "-->" + request.getHeader(headerName) + "<br/>");
}
out.println("<hr/>");
// 设置解码方式，对于简体中文，使用 GBK 解码
request.setCharacterEncoding("GBK");    // ①
// 下面依次获取表单域的值
String name = request.getParameter("name");
```

```
String gender = request.getParameter("gender");
// 如果某个请求参数有多个值，将使用该方法获取多个值
String[] color = request.getParameterValues("color");
String national = request.getParameter("country");
%>
<!-- 下面依次输出表单域的值 -->
您的名字：<%=name%><hr/>
您的性别：<%=gender%><hr/>
<!-- 输出复选框获取的数组值 -->
您喜欢的颜色：<%for(String c : color)
{out.println(c + " ");}%><hr/>
您来自的国家：<%=national%><hr/>
</body>
</html>
```

上述页面代码中粗体字代码示范了如何
获取请求头、请求参数，在获取表单域对应的
请求参数值之前，先设置 request 编码的字符集
（如①号粗体字代码所示）——如果 POST 请求
的请求参数里包含非西欧字符，则必须在获取
请求参数之前先调用 setCharacterEncoding() 方
法设置编码的字符集。

如果发送请求的表单页采用 GBK 字符集，
该表单页发送的请求也将采用 GBK 字符集，
所以本页面需要先执行如下方法。

➤ setCharacterEncoding("GBK")：设置
request 编码所用的字符集。

在表单提交页的各个输入域内输入对应
的值，然后单击"提交"按钮，request1.jsp 就
会出现如图 2.25 所示的效果。

图 2.25　获取 POST 方式的请求参数

如果需要传递的参数是普通字符串，而且仅需传递少量参数，可以选择使用 GET 方式发送请求参
数，GET 方式发送的请求参数被附加到地址栏的 URL 之后，地址栏的 URL 将变成如下形式：

```
url?param1=value1&param2=value2&…paramN=valueN
```

URL 和参数之间以 "?" 分隔，而多个参数之间以 "&" 分隔。

下面的 JSP 页面示范了如何通过 request 来获取 GET 请求参数值。

程序清单：codes\02\2.6\jspObject\request2.jsp

```
<%@ page contentType="text/html; charset=GBK" language="java" errorPage="" %>
<!DOCTYPE html PUBLIC "-//W3C//DTD XHTML 1.0 Transitional//EN"
    "http://www.w3.org/TR/xhtml1/DTD/xhtml1-transitional.dtd">
<html xmlns="http://www.w3.org/1999/xhtml">
<head>
    <title> 获取 GET 请求参数 </title>
</head>
<body>
<%
// 获取 name 请求参数的值
String name = request.getParameter("name");
// 获取 gender 请求参数的值
String gender = request.getParameter("gender");
%>
<!-- 输出 name 变量值 -->
您的名字：<%=name%><hr/>
<!-- 输出 gender 变量值 -->
您的性别：<%=gender%><hr/>
```

```
</body>
</html>
```

上面的页面中粗体字代码用于获取 GET
方式的请求参数，从这些代码不难看出：
request 获取 POST 请求参数的代码和获取
GET 请求参数代码完全一样。向该页面发送
请求时直接在地址栏里增加一些 GET 方式的
请求参数，执行效果如图 2.26 所示。

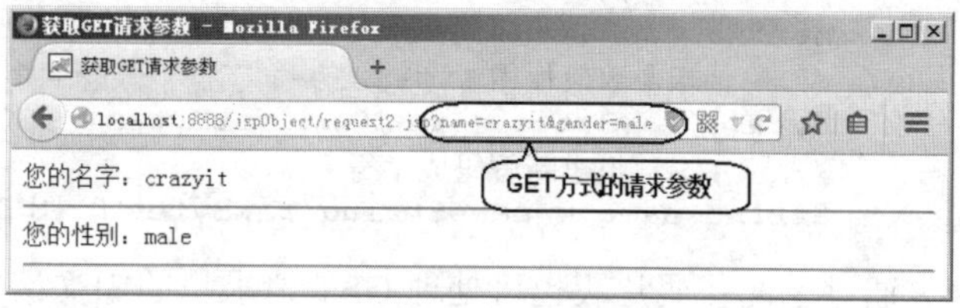

图 2.26　获取 GET 方式的请求参数

细心的读者可能发现上面两个请求参数
值都由英文字符组成，如果请求参数值里包含非西欧字符，那么是不是应该先调用 setCharacterEncoding()
来设置 request 编码的字符集呢？读者可以试一下。答案是不行，如果 GET 方式的请求值里包含了非西
欧字符，则获取这些参数比较复杂。

下面的页面示范了如何获取 GET 请求里的中文字符。

程序清单：codes\02\2.6\jspObject\request3.jsp

```
<%@ page contentType="text/html; charset=GBK" language="java" errorPage="" %>
<!DOCTYPE html PUBLIC "-//W3C//DTD XHTML 1.0 Transitional//EN"
    "http://www.w3.org/TR/xhtml1/DTD/xhtml1-transitional.dtd">
<html xmlns="http://www.w3.org/1999/xhtml">
<head>
    <title> 获取包含非西欧字符的 GET 请求参数 </title>
</head>
<body>
<%
// 获取请求里包含的查询字符串
String rawQueryStr = request.getQueryString();
out.println("原始查询字符串为: " + rawQueryStr + "<hr/>");
// 使用 URLDecoder 解码字符串
String queryStr = java.net.URLDecoder.decode(
    rawQueryStr , "UTF-8");
out.println("解码后的查询字符串为: " + queryStr + "<hr/>");
// 以&符号分解查询字符串
String[] paramPairs = queryStr.split("&");
for(String paramPair : paramPairs)
{
    out.println("每个请求参数名、值对为: " + paramPair + "<br/>");
    // 以=来分解请求参数名和值
    String[] nameValue = paramPair.split("=");
    out.println(nameValue[0] + "参数的值是: " +
        nameValue[1]+ "<hr/>");
}
%>
</body>
</html>
```

上面的程序中粗体字代码就是获取 GET 请求里中文参数值的关键代码，为了获取 GET 请求里的中
文参数值，必须借助于 java.net.URLDecoder 类。关于 URLDecoder 和 URLEncoder 两个类的用法请参考
疯狂 Java 体系的《疯狂 Java 讲义》的 17.2 节。

> **提示：**
> 上面页面代码使用了 UTF-8 字符集进行解码，到底应该用哪种字符集来解码，这取
> 决于浏览器。对于简体中文的环境来说，一般要么是 UTF-8 字符集，要么是 GBK 字符集。

读者可以编写一个表单，并让表单以 GET 方式提交请求到 request3.jsp 页面，将可看到如图 2.27
所示的效果。

如果读者不想这样做，还可以在获取请求参数值之后对请求参数值重新编码。也就是先将其转换成

字节数组，再将字节数组重新解码成字符串。例如，可通过如下代码来取得 name 请求参数的参数值。

```
// 获取原始的请求参数值
String rawName = request.getParameter("name");
// 将请求参数值使用 ISO-8859-1 字符串分解成字节数组
byte[] rawBytes = rawName.getBytes("ISO-8859-1");
// 将字节数组重新解码成字符串
String name = new String(rawBytes , "UTF-8");
```

通过上面代码片段也可处理 GET 请求里的中文请求参数值。

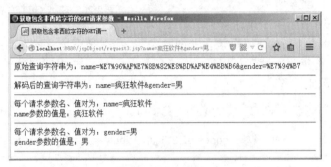

图 2.27　获取 GET 请求的中文请求参数

2. 操作 request 范围的属性

HttpServletRequest 还包含如下两个方法，用于设置和获取 request 范围的属性。

➢ setAttribute(String attName , Object attValue)：将 attValue 设置成 request 范围的属性。

➢ Object getAttribute(String attName)：获取 request 范围的属性。

当 forward 用户请求时，请求的参数和请求属性都不会丢失。看下一个 JSP 页面，这个 JSP 页面是个简单的表单页，用于提交用户请求。

程序清单：codes\02\2.6\jspObject\draw.jsp

```
<%@ page contentType="text/html; charset=gb2312" language="java" %>
<%@ page contentType="text/html; charset=GBK" language="java" errorPage="" %>
<!DOCTYPE html PUBLIC "-//W3C//DTD XHTML 1.0 Transitional//EN"
    "http://www.w3.org/TR/xhtml1/DTD/xhtml1-transitional.dtd">
<html xmlns="http://www.w3.org/1999/xhtml">
<head>
    <title> 取钱的表单页 </title>
</head>
<body>
<!-- 取钱的表单 -->
<form method="post" action="first.jsp">
    取钱：<input type="text" name="balance">
    <input type="submit" value="提交">
</form>
</body>
</html>
```

该页面向 first.jsp 页面请求后，balance 参数将被提交到 first.jsp 页面，下面是 first.jsp 页面的实现代码。

程序清单：codes\02\2.6\jspObject\first.jsp

```
<%@ page contentType="text/html; charset=GBK" language="java" errorPage="" %>
<%@ page import="java.util.*" %>
<!DOCTYPE html PUBLIC "-//W3C//DTD XHTML 1.0 Transitional//EN"
    "http://www.w3.org/TR/xhtml1/DTD/xhtml1-transitional.dtd">
<html xmlns="http://www.w3.org/1999/xhtml">
<head>
    <title> request 处理 </title>
</head>
<body>
<%
```

```
// 获取请求的钱数
String bal = request.getParameter("balance");
// 将钱数的字符串转换成双精度浮点数
double qian = Double.parseDouble(bal);
// 对取出的钱进行判断
if (qian < 500)
{
    out.println("给你" + qian + "块");
    out.println("账户减少" + qian);
}
else
{
    // 创建了一个 List 对象
    List<String> info = new ArrayList<String>();
    info.add("1111111");
    info.add("2222222");
    info.add("3333333");
    // 将 info 对象放入 request 范围内
    request.setAttribute("info" , info);
%>
<!-- 实现转发 -->
<jsp:forward page="second.jsp"/>
<%}%>
</body>
</html>
```

first.jsp 页面首先获取请求的取钱数，然后对请求的钱数进行判断。如果请求的钱数小于 500，则允许直接取钱；否则将请求转发到 second.jsp。转发之前，创建了一个 List 对象，并将该对象设置成 request 范围的 info 属性。

接下来在 second.jsp 页面中，不仅获取了请求的 balance 参数，而且还会获取 request 范围的 info 属性。second.jsp 页面的代码如下。

程序清单：codes\02\2.6\jspObject\second.jsp

```
<%@ page contentType="text/html; charset=GBK" language="java" errorPage="" %>
<%@ page import="java.util.*" %>
<!DOCTYPE html PUBLIC "-//W3C//DTD XHTML 1.0 Transitional//EN"
    "http://www.w3.org/TR/xhtml1/DTD/xhtml1-transitional.dtd">
<html xmlns="http://www.w3.org/1999/xhtml">
<head>
    <title> request 处理 </title>
</head>
<body>
<%
// 取出请求参数
String bal = request.getParameter("balance");
double qian = Double.parseDouble(bal);
// 取出 request 范围内的 info 属性
List<String> info = (List<String>)request.getAttribute("info");
for (String tmp : info)
{
    out.println(tmp + "<br/>");
}
out.println("取钱" + qian + "块");
out.println("账户减少" + qian);
%>
</body>
</html>
```

如果页面请求的钱数大于 500，请求将被转发到 second.jsp 页面处理，而且在 second.jsp 页面中可以获取到 balance 请求参数值，也可获取到 request 范围的 info 属性，这表明：forward 用户请求时，请求参数和 request 范围的属性都不会丢失，即 forward 后还是原来的请求，并未再次向服务器发送请求。

如果请求取钱的钱数为 654，则页面的执行效果如图 2.28 所示。

图 2.28　操作 request 范围的属性

3．执行 forward 或 include

request 还有一个功能就是执行 forward 和 include，也就是代替 JSP 所提供的 forward 和 include 动作指令。前面需要 forward 时都是通过 JSP 提供的动作指令进行的，实际上 request 对象也可以执行 forward。

HttpServletRequest 类提供了一个 getRequestDispatcher (String path)方法，其中 path 就是希望 forward 或者 include 的目标路径，该方法返回 RequestDispatcher，该对象提供了如下两个方法。

- ➢ forward(ServletRequest request, ServletResponse response)：执行 forward。
- ➢ include(ServletRequest request, ServletResponse response)：执行 include。

如下代码行可以将 a.jsp 页面 include 到本页面中：

```
getRequestDispatcher("/a.jsp").include(request , response);
```

如下代码行则可以将请求 forward 到 a.jsp 页面：

```
getRequestDispatcher("/a.jsp").forward(request , response);
```

> **注意**
>
> 使用 request 的 getRequestDispatcher(String path)方法时，该 path 字符串必须以斜线开头。

▶▶ 2.6.7　response 对象

response 代表服务器对客户端的响应。大部分时候，程序无须使用 response 来响应客户端请求，因为有个更简单的响应对象——out，它代表页面输出流，直接使用 out 生成响应更简单。

但 out 是 JspWriter 的实例，JspWriter 是 Writer 的子类，Writer 是字符流，无法输出非字符内容。假如需要在 JSP 页面中动态生成一幅位图、或者输出一个 PDF 文档，使用 out 作为响应对象将无法完成，此时必须使用 response 作为响应输出。

除此之外，还可以使用 response 来重定向请求，以及用于向客户端增加 Cookie。

1．response 响应生成非字符响应

对于需要生成非字符响应的情况，就应该使用 response 来响应客户端请求。下面的 JSP 页面将在客户端生成一张图片。response 是 HttpServletResponse 接口的实例，该接口提供了一个 getOutputStream() 方法，该方法返回响应输出字节流。

程序清单：codes\02\2.6\jspObject\img.jsp

```jsp
<%-- 通过 contentType 属性指定响应数据是图片 --%>
<%@ page contentType="image/png" language="java"%>
<%@ page import="java.awt.image.*,javax.imageio.*,java.io.*,java.awt.*"%>
<%
// 创建 BufferedImage 对象
BufferedImage image = new BufferedImage(340 ,
    160, BufferedImage.TYPE_INT_RGB);
// 以 Image 对象获取 Graphics 对象
Graphics g = image.getGraphics();
// 使用 Graphics 画图，所画的图像将会出现在 image 对象中
```

```
g.fillRect(0,0,400,400);
// 设置颜色：红
g.setColor(new Color(255,0,0));
// 画出一段弧
g.fillArc(20, 20, 100,100, 30, 120);
// 设置颜色：绿
g.setColor(new Color(0 , 255, 0));
// 画出一段弧
g.fillArc(20, 20, 100,100, 150, 120);
// 设置颜色：蓝
g.setColor(new Color(0 , 0, 255));
// 画出一段弧
g.fillArc(20, 20, 100,100, 270, 120);
// 设置颜色：黑
g.setColor(new Color(0,0,0));
g.setFont(new Font("Arial Black", Font.PLAIN, 16));
// 画出三个字符串
g.drawString("red:climb" , 200 , 60);
g.drawString("green:swim" , 200 , 100);
g.drawString("blue:jump" , 200 , 140);
g.dispose();
// 将图像输出到页面的响应
ImageIO.write(image , "png" , response.getOutputStream());
%>
```

以上页面的粗体字代码先设置了服务器响应数据是 image/png，这表明服务器响应是一张 PNG 图片。接着创建了一个 BufferedImage 对象（代表图像），并获取该 BufferedImage 的 Graphics 对象（代表画笔），然后通过 Graphics 向 BufferedImage 中绘制图形，最后一行代码将直接将 BufferedImage 作为响应发送给客户端。

请直接在浏览器中请求该页面，将看到浏览器显示一张图片，效果如图 2.29 所示。

图 2.29 使用 response 生成非字符响应

也可以在其他页面中使用 img 标签来显示这个图片页面，代码如下：

```
<img src="img.jsp">
```

使用这种临时生成图片的方式就可以非常容易地实现网页上的图形验证码功能。不仅如此，使用 response 生成非字符响应还可以直接生成 PDF 文件、Excel 文件，这些文件可直接作为报表使用。

2. 重定向

重定向是 response 的另外一个用处，与 forward 不同的是，重定向会丢失所有的请求参数和 request 范围的属性，因为重定向将生成第二次请求，与前一次请求不在同一个 request 范围内，所以发送一次请求的请求参数和 request 范围的属性全部丢失。

HttpServletResponse 提供了一个 sendRedirect(String path) 方法，该方法用于重定向到 path 资源，即重新向 path 资源发送请求。

下面的 JSP 页面将使用 response 执行重定向。

程序清单：codes\02\2.6\jspObject\doRedirect.jsp

```
<%@ page contentType="text/html; charset=GBK" language="java" errorPage="" %>
<%
// 生成页面响应
out.println("====");
// 重定向到 redirect-result.jsp 页面
response.sendRedirect("redirect-result.jsp");
%>
```

以上页面的粗体字代码用于执行重定向，向该页面发送请求时，请求会被重定向到 redirect- result.jsp

页面。例如，在地址栏中输入 http://localhost:8888/jspObject/doRedirect.jsp?name=crazyit.org，然后按回车键，将看到如图 2.30 所示的效果。

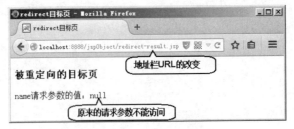

图 2.30　redirect 效果

注意地址栏的改变，执行重定向动作时，地址栏的 URL 会变成重定向的目标 URL。

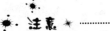

　　重定向会丢失所有的请求参数，使用重定向的效果，与在地址栏里重新输入新地址再按回车键的效果完全一样，即发送了第二次请求。

从表面上来看，forward 动作和 redirect 动作有些相似：它们都可将请求传递到另一个页面。但实际上 forward 和 redirect 之间存在较大的差异，forward 和 redirect 的差异如表 2.1 所示。

表 2.1　forward 和 redirect 对比

转发（forward）	重定向（redirect）
执行 forward 后依然是上一次请求	执行 redirect 后生成第二次请求
forward 的目标页面可以访问原请求的请求参数，因为依然是同一次请求，所有原请求的请求参数、request 范围的属性全部存在	redirect 的目标页面不能访问原请求的请求参数，因为是第二次请求了，所有原请求的请求参数、request 范围的属性全部丢失
地址栏里请求的 URL 不会改变	地址栏改为重定向的目标 URL。相当于在浏览器地址栏里输入新的 URL 后按回车键

3．增加 Cookie

Cookie 通常用于网站记录客户的某些信息，比如客户的用户名及客户的喜好等。一旦用户下次登录，网站可以获取到客户的相关信息，根据这些客户信息，网站可以对客户提供更友好的服务。Cookie 与 session 的不同之处在于：session 会随浏览器的关闭而失效，但 Cookie 会一直存放在客户端机器上，除非超出 Cookie 的生命期限。

由于安全性的原因，使用 Cookie 客户端浏览器必须支持 Cookie 才行。客户端浏览器完全可以设置禁用 Cookie。

增加 Cookie 也是使用 response 内置对象完成的，response 对象提供了如下方法。

➤ void addCookie(Cookie cookie)：增加 Cookie。

正如在上面的方法中见到的，在增加 Cookie 之前，必须先创建 Cookie 对象。增加 Cookie 请按如下步骤进行。

① 创建 Cookie 实例，Cookie 的构造器为 Cookie(String name, String value)。

② 设置 Cookie 的生命期限，即该 Cookie 在多长时间内有效。

③ 向客户端写 Cookie。

看如下 JSP 页面，该页面可以用于向客户端写一个 username 的 Cookie。

程序清单：codes\02\2.6\jspObject\addCookie.jsp

```
<%@ page contentType="text/html; charset=GBK" language="java" errorPage="" %>
<!DOCTYPE html PUBLIC "-//W3C//DTD XHTML 1.0 Transitional//EN"
    "http://www.w3.org/TR/xhtml1/DTD/xhtml1-transitional.dtd">
<html xmlns="http://www.w3.org/1999/xhtml">
<head>
```

```
        <title> 增加 Cookie </title>
</head>
<body>
<%
// 获取请求参数
String name = request.getParameter("name");
// 以获取到的请求参数为值，创建一个 Cookie 对象
Cookie c = new Cookie("username" , name);
// 设置 Cookie 对象的生存期限
c.setMaxAge(24 * 3600);
// 向客户端增加 Cookie 对象
response.addCookie(c);
%>
</body>
</html>
```

如果浏览器没有阻止 Cookie，在地址栏输入 http://localhost:8888/jspObject/addCookie.jsp?name=crazyit，执行该页面后，网站就会向客户端机器写入一个名为 username 的 Cookie，该 Cookie 将在客户端硬盘上一直存在，直到超出该 Cookie 的生存期限（本 Cookie 设置为 24 小时）。

访问客户端 Cookie 使用 request 对象，request 对象提供了 getCookies()方法，该方法将返回客户端机器上所有 Cookie 组成的数组，遍历该数组的每个元素，找到希望访问的 Cookie 即可。

下面是访问 Cookie 的 JSP 页面的代码。

程序清单：codes\02\2.6\jspObject\readCookie.jsp

```
<%@ page contentType="text/html; charset=GBK" language="java" errorPage="" %>
<!DOCTYPE html PUBLIC "-//W3C//DTD XHTML 1.0 Transitional//EN"
    "http://www.w3.org/TR/xhtml1/DTD/xhtml1-transitional.dtd">
<html xmlns="http://www.w3.org/1999/xhtml">
<head>
    <title> 读取 Cookie </title>
</head>
<body>
<%
// 获取本站在客户端上保留的所有 Cookie
Cookie[] cookies = request.getCookies();
// 遍历客户端上的每个 Cookie
for (Cookie c : cookies)
{
    // 如果 Cookie 的名为 username，表明该 Cookie 是需要访问的 Cookie
    if(c.getName().equals("username"))
    {
        out.println(c.getValue());
    }
}
%>
</body>
</html>
```

上面的粗体字代码就是通过 request 读取 Cookie 数组，并搜寻指定 Cookie 的关键代码，访问该页面即可读出刚才写在客户端的 Cookie。

注意

使用 Cookie 对象必须设置其生存期限，否则 Cookie 将会随浏览器的关闭而自动消失。

默认情况下，Cookie 值不允许出现中文字符，如果需要值为中文内容的 Cookie 怎么办呢？同样可以借助于 java.net.URLEncoder 先对中文字符串进行编码，将编码后的结果设为 Cookie 值。当程序要读取 Cookie 时，则应该先读取，然后使用 java.net.URLDecoder 对其进行解码。

如下代码片段示范了如何存入值为中文的 Cookie。

程序清单：codes\02\2.6\jspObject\cnCookie.jsp

```jsp
<%@ page contentType="text/html; charset=GBK" language="java" errorPage="" %>
...
<%
// 以编码后的字符串为值，创建一个 Cookie 对象
Cookie c = new Cookie("cnName"
    , java.net.URLEncoder.encode("孙悟空" , "gbk"));
// 设置 Cookie 对象的生存期限
c.setMaxAge(24 * 3600);
// 向客户端增加 Cookie 对象
response.addCookie(c);

// 获取本站在客户端上保留的所有 Cookie
Cookie[] cookies = request.getCookies();
// 遍历客户端上的每个 Cookie
for (Cookie cookie : cookies)
{
    // 如果 Cookie 的名为 username，表明该 Cookie 是需要访问的 Cookie
    if(cookie.getName().equals("cnName"))
    {
        // 使用 java.util.URLDecoder 对 Cookie 值进行解码
        out.println(java.net.URLDecoder
            .decode(cookie.getValue()));
    }
}
%>
```

上面的程序中两行粗体字代码是存入值为中文的 Cookie 的关键：存入之前先用 java.net.URLEncoder 进行编码；读取时需要对读取的 Cookie 值用 java.net.URLDecoder 进行解码。

▶▶ 2.6.8　session 对象

session 对象也是一个非常常用的对象，这个对象代表一次用户会话。一次用户会话的含义是：从客户端浏览器连接服务器开始，到客户端浏览器与服务器断开为止，这个过程就是一次会话。

session 通常用于跟踪用户的会话信息，如判断用户是否登录系统，或者在购物车应用中，用于跟踪用户购买的商品等。

session 范围内的属性可以在多个页面的跳转之间共享。一旦关闭浏览器，即 session 结束，session 范围内的属性将全部丢失。

session 对象是 HttpSession 的实例，HttpSession 有如下两个常用的方法。

➤ setAttribute(String attName，Object attValue)：设置 session 范围内 attName 属性的值为 attValue。

➤ getAttribute(String attName)：返回 session 范围内 attName 属性的值。

下面的示例演示了一个购物车应用，以下是陈列商品的 JSP 页面代码。

程序清单：codes\02\2.6\jspObject\shop.jsp

```jsp
<%@ page contentType="text/html; charset=GBK" language="java" errorPage="" %>
<!DOCtype html PUBLIC "-//W3C//DTD XHTML 1.0 Transitional//EN"
    "http://www.w3.org/TR/xhtml1/DTD/xhtml1-transitional.dtd">
<html xmlns="http://www.w3.org/1999/xhtml">
<head>
    <title> 选择物品购买 </title>
</head>
<body>
<form method="post" action="processBuy.jsp">
    书籍：<input type="checkbox" name="item" value="book"/><br/>
    电脑：<input type="checkbox" name="item" value="computer"/><br/>
    汽车：<input type="checkbox" name="item" value="car"/><br/>
    <input type="submit" value="购买"/>
</form>
```

```
</body>
</html>
```

这个页面几乎没有动态的 JSP 部分，全部是静态的 HTML 内容。该页面包含一个表单，表单里包含三个复选按钮，用于选择想购买的物品，表单由 processBuy.jsp 页面处理，其页面的代码如下。

程序清单：codes\02\2.6\jspObject\processBuy.jsp

```jsp
<%@ page contentType="text/html; charset=gb2312" language="java" %>
<%@ page import="java.util.*"%>
<%
// 取出 session 范围的 itemMap 属性
Map<String,Integer> itemMap = (Map<String,Integer>)session
    .getAttribute("itemMap");
// 如果 Map 对象为空，则初始化 Map 对象
if (itemMap == null)
{
    itemMap = new HashMap<String,Integer>();
    itemMap.put("书籍" , 0);
    itemMap.put("电脑" , 0);
    itemMap.put("汽车" , 0);
}
// 获取上一个页面的请求参数
String[] buys = request.getParameterValues("item");
// 遍历数组的各元素
for (String item : buys)
{
    // 如果 item 为 book，表示选择购买书籍
    if(item.equals("book"))
    {
        int num1 = itemMap.get("书籍").intValue();
        // 将书籍 key 对应的数量加 1
        itemMap.put("书籍" , num1 + 1);
    }
    // 如果 item 为 computer，表示选择购买电脑
    else if (item.equals("computer"))
    {
        int num2 = itemMap.get("电脑").intValue();
        // 将电脑 key 对应的数量加 1
        itemMap.put("电脑" , num2 + 1);
    }
    // 如果 item 为 car，表示选择购买汽车
    else if (item.equals("car"))
    {
        int num3 = itemMap.get("汽车").intValue();
        // 将汽车 key 对应的数量加 1
        itemMap.put("汽车" , num3 + 1);
    }
}
// 将 itemMap 对象放到设置成 session 范围的 itemMap 属性
session.setAttribute("itemMap" , itemMap);
%>
<!DOCTYPE html PUBLIC "-//W3C//DTD XHTML 1.0 Transitional//EN"
    "http://www.w3.org/TR/xhtml1/DTD/xhtml1-transitional.dtd">
<html xmlns="http://www.w3.org/1999/xhtml">
<head>
    <title> new document </title>
</head>
<body>
您所购买的物品：<br/>
书籍：<%=itemMap.get("书籍")%>本<br/>
电脑：<%=itemMap.get("电脑")%>台<br/>
汽车：<%=itemMap.get("汽车")%>辆
```

```
<p><a href="shop.jsp">再次购买</a></p>
</body>
</html>
```

以上页面中粗体字代码使用 session 来保证 itemMap 对象在一次会话中有效，这使得该购物车系统可以反复购买，只要浏览器不关闭，购买的物品信息就不会丢失，图 2.31 显示的是多次购买后的效果。

图 2.31　利用 session 记录购物车信息

　　考虑 session 本身的目的，通常只应该把与用户会话状态相关的信息放入 session 范围内。不要仅仅为了两个页面之间交换信息，就将该信息放入 session 范围内。如果仅仅为了两个页面交换信息，可以将该信息放入 request 范围内，然后 forward 请求即可。

关于 session 还有一点需要指出，session 机制通常用于保存客户端的状态信息，这些状态信息需要保存到 Web 服务器的硬盘上，所以要求 session 里的属性值必须是可序列化的，否则将会引发不可序列化的异常。

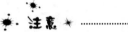

　　session 的属性值可以是任何可序列化的 Java 对象。

2.7　Servlet 介绍

前面已经介绍过，JSP 的本质就是 Servlet，开发者把编写好的 JSP 页面部署在 Web 容器中之后，Web 容器会将 JSP 编译成对应的 Servlet。但直接使用 Servlet 的坏处是：Servlet 的开发效率非常低，特别是当使用 Servlet 生成表现层页面时，页面中所有的 HTML 标签，都需采用 Servlet 的输出流来输出，因此极其烦琐。而且 Servlet 是标准的 Java 类，必须由程序员开发、修改，美工人员难以参与 Servlet 页面的开发。这一系列的问题，都阻碍了 Servlet 作为表现层的使用。

自 MVC 规范出现后，Servlet 的责任开始明确下来，仅仅作为控制器使用，不再需要生成页面标签，也不再作为视图层角色使用。

▶▶ 2.7.1　Servlet 的开发

前面介绍的 JSP 的本质就是 Servlet，Servlet 通常被称为服务器端小程序，是运行在服务器端的程序，用于处理及响应客户端的请求。

Servlet 是个特殊的 Java 类，这个 Java 类必须继承 HttpServlet。每个 Servlet 可以响应客户端的请求。Servlet 提供不同的方法用于响应客户端请求。

➤ doGet：用于响应客户端的 GET 请求。
➤ doPost：用于响应客户端的 POST 请求。
➤ doPut：用于响应客户端的 PUT 请求。
➤ doDelete：用于响应客户端的 DELETE 请求。

事实上，客户端的请求通常只有 GET 和 POST 两种，Servlet 为了响应这两种请求，必须重写 doGet() 和 doPost() 两个方法。如果 Servlet 为了响应 4 种方式的请求，则需要同时重写上面的 4 个方法。

大部分时候，Servlet 对于所有请求的响应都是完全一样的。此时，可以采用重写一个方法来代替上面的几个方法：只需重写 service() 方法即可响应客户端的所有请求。

另外，HttpServlet 还包含两个方法。

➤ init(ServletConfig config)：创建 Servlet 实例时，调用该方法的初始化 Servlet 资源。

➤ destroy()：销毁 Servlet 实例时，自动调用该方法的回收资源。

通常无须重写 init() 和 destroy() 两个方法，除非需要在初始化 Servlet 时，完成某些资源初始化的方法，才考虑重写 init 方法。如果需要在销毁 Servlet 之前，先完成某些资源的回收，比如关闭数据库连接等，才需要重写 destroy 方法。

> **⁂ 注意 ⁑**
>
> 不用为 Servlet 类编写构造器，如果需要对 Servlet 执行初始化操作，应将初始化操作放在 Servlet 的 init() 方法中定义。如果重写了 init(ServletConfig config) 方法，则应在重写该方法的第一行调用 super.init(config)。该方法将调用 HttpServlet 的 init 方法。

下面提供一个 Servlet 的示例，该 Servlet 将获取表单请求参数，并将请求参数显示给客户端。

程序清单：codes\02\2.7\servletDemo\WEB-INF\src\lee\FirstServlet.java

```java
//Servlet 必须继承 HttpServlet 类
@WebServlet(name="firstServlet"
    , urlPatterns={"/firstServlet"})
public class FirstServlet extends HttpServlet
{
    // 客户端的响应方法，使用该方法可以响应客户端所有类型的请求
    public void service(HttpServletRequest request,
        HttpServletResponse response)
        throws ServletException,java.io.IOException
    {
        // 设置解码方式
        request.setCharacterEncoding("GBK");
        response.setContentType("text/html;charSet=GBK");
        // 获取 name 的请求参数值
        String name = request.getParameter("name");
        // 获取 gender 的请求参数值
        String gender = request.getParameter("gender");
        // 获取 color 的请求参数值
        String[] color = request.getParameterValues("color");
        // 获取 country 的请求参数值
        String national = request.getParameter("country");
        // 获取页面输出流
        PrintStream out = new PrintStream(response.getOutputStream());
        // 输出 HTML 页面标签
        out.println("<html>");
        out.println("<head>");
        out.println("<title>Servlet 测试</title>");
        out.println("</head>");
        out.println("<body>");
        // 输出请求参数的值：name
        out.println("您的名字：" + name + "<hr/>");
        // 输出请求参数的值：gender
        out.println("您的性别：" + gender + "<hr/>");
        // 输出请求参数的值：color
        out.println("您喜欢的颜色：");
        for(String c : color)
        {
            out.println(c + " ");
        }
        out.println("<hr/>");
        // 输出请求参数的值：national
        out.println("您来自的国家：" + national + "<hr/>");
        out.println("</body>");
```

```
            out.println("</html>");
        }
    }
}
```

上面的 Servlet 类继承了 HttpServlet 类，表明它可作为一个 Servlet 使用。程序的粗体字代码定义了 service 方法来响应用户请求。对比该 Servlet 和 2.6.6 节中的 request1.jsp 页面，该 Servlet 和 request1.jsp 页面的效果完全相同，都通过 HttpServletRequest 获取客户端的 form 请求参数，并显示请求参数的值。

Servlet 和 JSP 的区别在于：

➢ Servlet 中没有内置对象，原来 JSP 中的内置对象都必须由程序显式创建。

➢ 对于静态的 HTML 标签，Servlet 都必须使用页面输出流逐行输出。

这也正是前面介绍的，JSP 是 Servlet 的一种简化，使用 JSP 只需要完成程序员需要输出到客户端的内容，至于 JSP 脚本如何嵌入一个类中，由 JSP 容器完成。而 Servlet 则是个完整的 Java 类，这个类的 service() 方法用于生成对客户端的响应。

普通 Servlet 类里的 service() 方法的作用，完全等同于 JSP 生成 Servlet 类的 _jspService() 方法。因此原 JSP 页面的 JSP 脚本、静态 HTML 内容，在普通 Servlet 里都应该转换成 service() 方法的代码或输出语句；原 JSP 声明中的内容，对应为在 Servlet 中定义的成员变量或成员方法。

 **提示**：⋯⋯⋯⋯⋯⋯⋯⋯⋯⋯⋯⋯⋯⋯⋯⋯⋯⋯⋯⋯⋯⋯⋯⋯⋯⋯⋯⋯⋯⋯⋯⋯
　　　上面 Servlet 类中粗体字代码所定义的 @WebServlet 属于 Servlet 3 的注解，下面会详细介绍。

▶▶ 2.7.2　Servlet 的配置

编辑好的 Servlet 源文件并不能响应用户请求，还必须将其编译成 class 文件。将编译后的 FirstServlet.class 文件放在 WEB-INF/classes 路径下，如果 Servlet 有包，则还应该将 class 文件放在对应的包路径下（例如，本例的 FirstServlet.class 就放在 WEB-INF/classes/lee 路径下）。

⋯⋯**注意** ⋯⋯⋯⋯⋯⋯⋯⋯⋯⋯⋯⋯⋯⋯⋯⋯⋯⋯⋯⋯⋯⋯⋯⋯⋯⋯⋯⋯⋯⋯⋯⋯⋯⋯
　　　如果需要直接采用 javac 命令来编译 Servlet 类，则必须将 Servlet API 接口和类添加到系统的 CLASSPATH 环境变量里。也就是将 Tomcat 8.5 安装目录下 lib 目录中 servlet-api.jar 和 jsp-api.jar 添加到 CLASSPATH 环境变量中。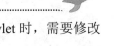

为了让 Servlet 能响应用户请求，还必须将 Servlet 配置在 Web 应用中。配置 Servlet 时，需要修改 web.xml 文件。

从 Servlet 3 开始，配置 Servlet 有两种方式。

➢ 在 Servlet 类中使用 @WebServlet 注解进行配置。

➢ 通过在 web.xml 文件中进行配置。

上面开发 Servlet 类时使用了 @WebServlet 注解修饰该 Servlet 类，使用 @WebServlet 时可指定如表 2.2 所示的常用属性。

表 2.2　@WebServlet 支持的常用属性

属　　性	是否必需	说　　明
asyncSupported	否	指定该 Servlet 是否支持异步操作模式。关于 Servlet 的异步调用请参考 2.12 节
displayName	否	指定该 Servlet 的显示名
initParams	否	用于为该 Servlet 配置参数
loadOnStartup	否	用于将该 Servlet 配置成 load-on-startup 的 Servlet
name	否	指定该 Servlet 的名称
urlPatterns/value	是	这两个属性的作用完全相同，都指定该 Servlet 处理的 URL，这两个属性必须指定其中之一

如果打算使用注解来配置 Servlet，有两点需要指出。

➢ 不要在 web.xml 文件的根元素（<web-app.../>）中指定 metadata-complete="true"。

➢ 不要在 web.xml 文件中配置该 Servlet。

如果打算使用 web.xml 文件来配置该 Servlet，则需要配置如下两个部分。

➢ 配置 Servlet 的名字：对应 web.xml 文件中的<servlet/>元素。

➢ 配置 Servlet 的 URL：对应 web.xml 文件中的<servlet-mapping/>元素。这一步是可选的。但如果没有为 Servlet 配置 URL，则该 Servlet 不能响应用户请求。

> **注意**
>
> 接下来的 Servlet、Filter、Listener 等相关配置，都会同时介绍使用 web.xml 配置、使用注解配置两种方式。但实际项目中只要采用任意一种配置方式即可，不需要同时使用两种配置方式。

因此，配置一个能响应客户请求的 Servlet，至少需要配置两个元素。关于上面的 FirstServlet 的配置如下。

程序清单：codes\02\2.7\servletDemo\WEB-INF\web.xml

```
<!-- 配置 Servlet 的名字 -->
<servlet>
    <!-- 指定 Servlet 的名字,
        相当于指定@WebServlet 的 name 属性 -->
    <servlet-name>firstServlet</servlet-name>
    <!-- 指定 Servlet 的实现类 -->
    <servlet-class>lee.FirstServlet</servlet-class>
</servlet>
<!-- 配置 Servlet 的 URL -->
<servlet-mapping>
    <!-- 指定 Servlet 的名字 -->
    <servlet-name>firstServlet</servlet-name>
    <!-- 指定 Servlet 映射的 URL 地址,
        相当于指定@WebServlet 的 urlPatterns 属性-->
    <url-pattern>/aa</url-pattern>
</servlet-mapping>
```

如果在 web.xml 文件中增加了如上所示的粗体字配置片段，则该 Servlet 的 URL 为/aa。如果没有在 web.xml 文件中增加上面的粗体字配置片段，那么该 Servlet 类上的@WebServlet 注解就会起作用，该 Servlet 的 URL 为/firstServlet。

将 2.6.6 节中的 form.jsp 复制到本应用中，并对其进行简单修改，将 form 表单元素的 action 修改成 aa，在表单域中输入相应的数据，然后单击"提交"按钮，效果如图 2.32 所示。

在这种情况下，Servlet 与 JSP 的作用效果完全相同。

图 2.32   Servlet 处理用户请求

➤➤ 2.7.3   JSP/Servlet 的生命周期

JSP 的本质就是 Servlet，开发者编写的 JSP 页面将由 Web 容器编译成对应的 Servlet，当 Servlet 在容器中运行时，其实例的创建及销毁等都不是由程序员决定的，而是由 Web 容器进行控制的。

创建 Servlet 实例有两个时机。

➢ 客户端第一次请求某个 Servlet 时，系统创建该 Servlet 的实例：大部分的 Servlet 都是这种 Servlet。

➢ Web 应用启动时立即创建 Servlet 实例，即 load-on-startup Servlet。

每个 Servlet 的运行都遵循如下生命周期。

（1）创建 Servlet 实例。

（2）Web 容器调用 Servlet 的 init 方法，对 Servlet 进行初始化。

（3）Servlet 初始化后，将一直存在于容器中，用于响应客户端请求。如果客户端发送 GET 请求，容器调用 Servlet 的 doGet 方法处理并响应请求；如果客户端发送 POST 请求，容器调用 Servlet 的 doPost 方法处理并响应请求。或者统一使用 service()方法处理来响应用户请求。

（4）Web 容器决定销毁 Servlet 时，先调用 Servlet 的 destroy 方法，通常在关闭 Web 应用之时销毁 Servlet。

Servlet 的生命周期如图 2.33 所示。

图 2.33　Servlet 的生命周期

▶▶ 2.7.4　load-on-startup Servlet

上一节中已经介绍过，创建 Servlet 实例有两个时机：用户请求之时或应用启动之时。应用启动时就创建 Servlet，通常是用于某些后台服务的 Servlet，或者需要拦截很多请求的 Servlet；这种 Servlet 通常作为应用的基础 Servlet 使用，提供重要的后台服务。

配置 load-on-startup 的 Servlet 有两种方式。

➢ 在 web.xml 文件中通过<servlet.../>元素的<load-on-startup.../>子元素进行配置。

➢ 通过@WebServlet 注解的 loadOnStartup 属性指定。

元素或 loadOnStartup 属性都只接收一个整型值，这个整型值越小，Servlet 就越优先实例化。

下面是一个简单的 Servlet，该 Servlet 不响应用户请求，它仅仅执行计时器功能，每隔一段时间会在控制台打印出当前时间。

程序清单：codes\02\2.7\servletDemo\WEB-INF\src\lee\TimerServlet.java

```java
@WebServlet(loadOnStartup=1, urlPatterns={})
public class TimerServlet extends HttpServlet
{
    public void init(ServletConfig config)throws ServletException
    {
        super.init(config);
        Timer t = new Timer(1000,new ActionListener()
        {
            public void actionPerformed(ActionEvent e)
            {
                System.out.println(new Date());
            }
        });
        t.start();
    }
}
```

这个 Servlet 没有提供 service()方法，这表明它不能响应用户请求，所以无须为它配置 URL 映射，但由于 Servlet 规范要求该注解必须指定 urlPatterns 或 value 属性，因此此处指定了空数组作为属性值。由于它不能接收用户请求，所以只能在应用启动时实例化。

以上程序中粗体字代码注解即可将该 Servlet 配置了 load-on-startup Servlet。除此之外，还可以在 web.xml 文件中增加如下配置片段。

程序清单：codes\02\2.7\servletDemo\WEB-INF\web.xml

```xml
<servlet>
```

```
<!-- Servlet 名 -->
<servlet-name>timerServlet</servlet-name>
<!-- Servlet 的实现类 -->
<servlet-class>lee.TimerServlet</servlet-class>
<!-- 配置应用启动时，创建 Servlet 实例，
    相当于指定@WebServlet 的 loadOnStartup 属性-->
<load-on-startup>1</load-on-startup>
</servlet>
```

以上配置片段中粗体字代码指定 Web 应用启动时，Web 容器将会实例化该 Servlet，且该 Servlet 不能响应用户请求，将一直作为后台服务执行：每隔 1 秒钟输出一次系统时间。

▶▶ 2.7.5 访问 Servlet 的配置参数

配置 Servlet 时，还可以增加额外的配置参数。通过使用配置参数，可以实现提供更好的可移植性，避免将参数以硬编码方式写在程序代码中。

为 Servlet 配置参数有两种方式。

➢ 通过@WebServlet 的 initParams 属性来指定。

➢ 通过在 web.xml 文件的<servlet.../>元素中添加<init-param.../>子元素来指定。

第二种方式与为 JSP 配置初始化参数极其相似，因为 JSP 的实质就是 Servlet，而且配置 JSP 的实质就是把 JSP 当 Servlet 使用。

访问 Servlet 配置参数通过 ServletConfig 对象完成，ServletConfig 提供如下方法。

➢ java.lang.String getInitParameter(java.lang.String name)：用于获取初始化参数。

 注意

> JSP 的内置对象 config 就是此处的 ServletConfig。

下面的 Servlet 将会连接数据库，并执行 SQL 查询，但程序并未直接给出数据库连接信息，而是将数据库连接信息放在 web.xml 文件中进行管理。

程序清单：codes\02\2.7\servletDemo\WEB-INF\src\lee\TestServlet.java

```java
@WebServlet(name="testServlet"
, urlPatterns={"/testServlet"}
, initParams={
    @WebInitParam(name="driver", value="com.mysql.jdbc.Driver"),
    @WebInitParam(name="url", value="jdbc:mysql://localhost:3306/javaee"),
    @WebInitParam(name="user", value="root"),
    @WebInitParam(name="pass", value="32147")})
public class TestServlet extends HttpServlet
{
    // 重写 init 方法
    public void init(ServletConfig config)
        throws ServletException
    {
        // 重写该方法，应该首先调用父类的 init 方法
        super.init(config);
    }
    // 响应客户端请求的方法
    public void service(HttpServletRequest request,
        HttpServletResponse response)
        throws ServletException,java.io.IOException
    {
        try
        {
            // 获取 ServletConfig 对象
            ServletConfig config = getServletConfig();
            // 通过 ServletConfig 对象获取配置参数：dirver
            String driver = config.getInitParameter("driver");
```

```
        // 通过 ServletConfig 对象获取配置参数：url
        String url = config.getInitParameter("url");
        // 通过 ServletConfig 对象获取配置参数：user
        String user = config.getInitParameter("user");
        // 通过 ServletConfig 对象获取配置参数：pass
        String pass = config.getInitParameter("pass");
        // 注册驱动
        Class.forName(driver);
        // 获取数据库连接
        Connection conn = DriverManager.getConnection(url,user,pass);
        // 创建 Statement 对象
        Statement stmt = conn.createStatement();
        // 执行查询，获取 ResuletSet 对象
        ResultSet rs = stmt.executeQuery("select * from news_inf");
        response.setContentType("text/html;charSet=gbk");
        // 获取页面输出流
        PrintStream out = new PrintStream(response.getOutputStream());
        // 输出 HTML 标签
        out.println("<html>");
        out.println("<head>");
        out.println("<title>访问 Servlet 初始化参数测试</title>");
        out.println("</head>");
        out.println("<body>");
        out.println("<table bgcolor=\"#9999dd\" border=\"1\"" +
            "width=\"480\">");
        // 遍历结果集
        while(rs.next())
        {
            // 输出结果集内容
            out.println("<tr>");
            out.println("<td>" + rs.getString(1) + "</td>");
            out.println("<td>" + rs.getString(2) + "</td>");
            out.println("</tr>");
        }
        out.println("</table>");
        out.println("</body>");
        out.println("</html>");
    }
    catch (Exception e)
    {
        e.printStackTrace();
    }
  }
}
```

ServletConfig 获取配置参数的方法和 ServletContext 获取配置参数的方法完全一样，只是 ServletConfig 是取得当前 Servlet 的配置参数，而 ServletContext 是获取整个 Web 应用的配置参数。

以上程序中粗体字@WebServlet 中的 initParams 属性用于为该 Servlet 配置参数，initParams 属性值的每个@WebInitParam 配置一个初始化参数，每个@WebInitParam 可指定如下两个属性。

➤ name：指定参数名。

➤ value：指定参数值。

类似地，在 web.xml 文件中为 Servlet 配置参数使用<init-param.../>元素，该元素可以接受如下两个子元素。

➤ param-name：指定配置参数名。

➤ param-value：指定配置参数值。

下面是该 Servlet 在 web.xml 文件中的配置片段。

程序清单：codes\02\2.7\servletDemo\WEB-INF\web.xml

```
<servlet>
    <!-- 配置 Servlet 名 -->
```

```
    <servlet-name>testServlet</servlet-name>
    <!-- 指定 Servlet 的实现类 -->
    <servlet-class>lee.TestServlet</servlet-class>
    <!-- 配置 Servlet 的初始化参数：driver -->
    <init-param>
        <param-name>driver</param-name>
        <param-value>com.mysql.jdbc.Driver</param-value>
    </init-param>
    <!-- 配置 Servlet 的初始化参数：url -->
    <init-param>
        <param-name>url</param-name>
        <param-value>jdbc:mysql://localhost:3306/javaee</param-value>
    </init-param>
    <!-- 配置 Servlet 的初始化参数：user -->
    <init-param>
        <param-name>user</param-name>
        <param-value>root</param-value>
    </init-param>
    <!-- 配置 Servlet 的初始化参数：pass -->
    <init-param>
        <param-name>pass</param-name>
        <param-value>32147</param-value>
    </init-param>
</servlet>
<servlet-mapping>
    <!-- 确定 Servlet 名 -->
    <servlet-name>testServlet</servlet-name>
    <!-- 配置 Servlet 映射的 URL -->
    <url-pattern>/testServlet</url-pattern>
</servlet-mapping>
```

以上配置片段的粗体字代码配置了 4 个配置参数，Servlet 通过这 4 个配置参数就可连接数据库。在浏览器中浏览该 Servlet，可看到数据库查询成功（如果数据库的配置正确）。

▶▶ 2.7.6　使用 Servlet 作为控制器

正如前面见到的，使用 Servlet 作为表现层的工作量太大，所有的 HTML 标签都需要使用页面输出流生成。因此，使用 Servlet 作为表现层有如下三个劣势。

➢ 开发效率低，所有的 HTML 标签都需使用页面输出流完成。

➢ 不利于团队协作开发，美工人员无法参与 Servlet 界面的开发。

➢ 程序可维护性差，即使修改一个按钮的标题，都必须重新编辑 Java 代码，并重新编译。

在标准的 MVC 模式中，Servlet 仅作为控制器使用。Java EE 应用架构正是遵循 MVC 模式的，对于遵循 MVC 模式的 Java EE 应用而言，JSP 仅作为表现层（View）技术，其作用有两点。

➢ 负责收集用户请求参数。

➢ 将应用的处理结果、状态数据呈现给用户。

Servlet 则仅充当控制器（Controller）角色，它的作用类似于调度员：所有用户请求都发送给 Servlet，Servlet 调用 Model 来处理用户请求，并调用 JSP 来呈现处理结果；或者 Servlet 直接调用 JSP 将应用的状态数据呈现给用户。

Model 通常由 JavaBean 来充当，所有业务逻辑、数据访问逻辑都在 Model 中实现。实际上隐藏在 Model 下的可能还有很多丰富的组件，例如 DAO 组件、领域对象等。

下面介绍一个使用 Servlet 作为控制器的 MVC 应用，该应用演示了一个简单的登录验证。

下面是本应用的登录页面。

程序清单：codes\02\2.7\servletDemo\login.jsp

```
<%@ page contentType="text/html; charset=GBK" language="java" errorPage="" %>
<!DOCTYPE html PUBLIC "-//W3C//DTD XHTML 1.0 Transitional//EN"
    "http://www.w3.org/TR/xhtml1/DTD/xhtml1-transitional.dtd">
<html xmlns="http://www.w3.org/1999/xhtml">
```

```
<head>
    <title> new document </title>
</head>
<body>
<!-- 输出出错提示 -->
<span style="color:red;font-weight:bold">
<%if (request.getAttribute("err") != null)
{
    out.println(request.getAttribute("err") + "<br/>");
}%>
</span>
请输入用户名和密码：
<!-- 登录表单，该表单提交到一个 Servlet -->
<form id="login" method="post" action="login">
用户名: <input type="text" name="username"/><br/>
密  码: <input type="password" name="pass"/><br/>
<input type="submit" value="登录"/><br/>
</form>
</body>
</html>
```

以上页面除了粗体字代码使用 JSP 脚本输出错误提示之外，该页面其实是一个简单的表单页面，用于收集用户名及密码，并将请求提交到指定 Servlet，该 Servlet 充当控制器角色。

> **注意**
>
> 根据严格的 MVC 规范，上面的 login.jsp 页面也不应该被客户端直接访问，客户的请求应该先发送到指定 Servlet，然后由 Servlet 将请求 forward 到该 JSP 页面。

控制器 Servlet 的代码如下。

程序清单：codes\02\2.7\servletDemo\WEB-INF\src\lee\LoginServlet.java

```
@WebServlet(name="login"
    , urlPatterns={"/login"})
public class LoginServlet extends HttpServlet
{
    // 响应客户端请求的方法
    public void service(HttpServletRequest request,
        HttpServletResponse response)
        throws ServletException,java.io.IOException
    {
        String errMsg = "";
        // Servlet 本身并不输出响应到客户端，因此必须将请求转发到视图页面
        RequestDispatcher rd;
        // 获取请求参数
        String username = request.getParameter("username");
        String pass = request.getParameter("pass");
        try
        {
            // Servlet 本身并不执行任何的业务逻辑处理，它调用 JavaBean 处理用户请求
            DbDao dd = new DbDao("com.mysql.jdbc.Driver",
                "jdbc:mysql://localhost:3306/liuyan","root","32147");
            // 查询结果集
            ResultSet rs = dd.query("select pass from user_inf"
                + " where name = ?", username);
            if (rs.next())
            {
                // 用户名和密码匹配
                if (rs.getString("pass").equals(pass))
                {
                    // 获取 session 对象
                    HttpSession session = request.getSession(true);
```

```
                    // 设置 session 属性，跟踪用户会话状态
                    session.setAttribute("name" , username);
                    // 获取转发对象
                    rd = request.getRequestDispatcher("/welcome.jsp");
                    // 转发请求
                    rd.forward(request,response);
                }
                else
                {
                    // 用户名和密码不匹配时
                    errMsg += "您的用户名密码不符合,请重新输入";
                }
            }
            else
            {
                // 用户名不存在时
                errMsg += "您的用户名不存在,请先注册";
            }
        }
        catch (Exception e)
        {
            e.printStackTrace();
        }
        // 如果出错，转发到重新登录
        if (errMsg != null && !errMsg.equals(""))
        {
            rd = request.getRequestDispatcher("/login.jsp");
            request.setAttribute("err" , errMsg);
            rd.forward(request,response);
        }
    }
}
```

控制器负责接收客户端的请求,它既不直接对客户端输出响应,也不处理用户请求,只调用 JavaBean 来处理用户请求，如程序中粗体字代码所示；JavaBean 处理结束后，Servlet 根据处理结果，调用不同的 JSP 页面向浏览器呈现处理结果。

上面 Servlet 使用@WebServlet 注解为该 Servlet 配置了 URL 为/login,因此向/login 发送的请求将会交给该 Servlet 处理。

下面是本应用中 DbDao 的源代码。

程序清单：codes\02\2.7\servletDemo\WEB-INF\src\lee\DbDao.java

```
public class DbDao
{
    private Connection conn;
    private String driver;
    private String url;
    private String username;
    private String pass;
    public DbDao()
    {
    }
    public DbDao(String driver, String url
        , String username, String pass)
    {
        this.driver = driver;
        this.url = url;
        this.username = username;
        this.pass = pass;
    }
    // 下面是各个成员属性的 setter 和 getter 方法
    public void setDriver(String driver) {
        this.driver = driver;
    }
```

```java
public void setUrl(String url) {
    this.url = url;
}
public void setUsername(String username) {
    this.username = username;
}
public void setPass(String pass) {
    this.pass = pass;
}
public String getDriver() {
    return (this.driver);
}
public String getUrl() {
    return (this.url);
}
public String getUsername() {
    return (this.username);
}
public String getPass() {
    return (this.pass);
}
// 获取数据库连接
public Connection getConnection() throws Exception
{
    if (conn == null)
    {
        Class.forName(this.driver);
        conn = DriverManager.getConnection(url,username,
            this. pass);
    }
    return conn;
}
// 插入记录
public boolean insert(String sql , Object... args)
    throws Exception
{
    PreparedStatement pstmt = getConnection().prepareStatement(sql);
    for (int i = 0; i < args.length; i++ )
    {
        pstmt.setObject( i + 1 , args[i]);
    }
    if (pstmt.executeUpdate() != 1)
    {
        return false;
    }
    return true;
}
// 执行查询
public ResultSet query(String sql, Object... args)
    throws Exception
{
    PreparedStatement pstmt = getConnection().prepareStatement(sql);
    for (int i = 0; i < args.length; i++ )
    {
        pstmt.setObject( i + 1, args[i]);
    }
    return pstmt.executeQuery();
}
// 执行修改
public void modify(String sql, Object... args)
    throws Exception
{
    PreparedStatement pstmt = getConnection().prepareStatement(sql);
    for (int i = 0; i < args.length ; i++ )
    {
        pstmt.setObject( i + 1 , args[i]);
```

```
    }
    pstmt.executeUpdate();
    pstmt.close();
}
// 关闭数据库连接的方法
public void closeConn()
    throws Exception
{
    if (conn != null && !conn.isClosed())
    {
        conn.close();
    }
}
```

上面 DbDao 负责完成查询、插入、修改等操作。从上面这个应用的结构来看，整个应用的流程非常清晰，下面是 MVC 中各个角色的对应组件。

➢ M：Model，即模型，对应 JavaBean。

➢ V：View，即视图，对应 JSP 页面。

➢ C：Controller，即控制器，对应 Servlet。

注意

本应用需要底层数据库的支持，读者可以向 MySQL 数据库中导入 codes\02\2.7\data.sql 脚本，这些脚本提供了本应用所需的数据库支持。

2.8　JSP 2 的自定义标签

在 JSP 规范的 1.1 版中增加了自定义标签库规范，自定义标签库是一种非常优秀的表现层组件技术。通过使用自定义标签库，可以在简单的标签中封装复杂的功能。

为什么要使用自定义标签呢？主要是为了取代丑陋的 JSP 脚本。在 HTML 页面中插入 JSP 脚本有如下几个坏处：

➢ JSP 脚本非常丑陋，难以阅读。

➢ JSP 脚本和 HTML 代码混杂，维护成本高。

➢ HTML 页面中嵌入 JSP 脚本，导致美工人员难以参与开发。

出于以上三个原因，Web 开发需要一种可在页面中使用的标签，这种标签具有和 HTML 标签类似的语法，但又可以完成 JSP 脚本的功能——这种标签就是 JSP 自定义标签。

在 JSP 1.1 规范中开发自定义标签库比较复杂，JSP 2 规范简化了标签库的开发，在 JSP 2 中开发标签库只需如下几个步骤。

① 开发自定义标签处理类。

② 建立一个 *.tld 文件，每个 *.tld 文件对应一个标签库，每个标签库可包含多个标签。

③ 在 JSP 文件中使用自定义标签。

注意

标签库是非常重要的技术，通常来说，初学者、普通开发人员自己开发标签库的机会很少，但如果希望成为高级程序员，或者希望开发通用框架，就需要大量开发自定义标签了。所有的 MVC 框架，如 Struts 2、SpringMVC、JSF 等都提供了丰富的自定义标签。

➢➢ 2.8.1　开发自定义标签类

在 JSP 页面使用一个简单的标签时，底层实际上由标签处理类提供支持，从而可以通过简单的标签来封装复杂的功能，从而使团队更好地协作开发（能让美工人员更好地参与 JSP 页面的开发）。

自定义标签类应该继承一个父类：javax.servlet.jsp.tagext.SimpleTagSupport，除此之外，JSP 自定义标签类还有如下要求。

➢ 如果标签类包含属性，每个属性都有对应的 getter 和 setter 方法。

➢ 重写 doTag() 方法，这个方法负责生成页面内容。

下面开发一个最简单的自定义标签，该标签负责在页面上输出 HelloWorld。

程序清单：codes\02\2.8\tagDemo\WEB-INF\src\lee\HelloWorldTag.java

```java
public class HelloWorldTag extends SimpleTagSupport
{
    // 重写 doTag() 方法，该方法为标签生成页面内容
    public void doTag()throws JspException,
        IOException
    {
        // 获取页面输出流，并输出字符串
        getJspContext().getOut().write("Hello World "
            + new java.util.Date());
    }
}
```

上面这个标签处理类非常简单，它继承了 SimpleTagSupport 父类，并重写 doTag() 方法，而 doTag() 方法则负责输出页面内容。该标签没有属性，因此无须提供 setter 和 getter 方法。

▶▶ 2.8.2　建立 TLD 文件

TLD 是 Tag Library Definition 的缩写，即标签库定义，文件的后缀是 tld，每个 TLD 文件对应一个标签库，一个标签库中可包含多个标签。TLD 文件也称为标签库定义文件。

标签库定义文件的根元素是 taglib，它可以包含多个 tag 子元素，每个 tag 子元素都定义一个标签。通常可以到 Web 容器下复制一个标签库定义文件，并在此基础上进行修改即可。例如 Tomcat 8.5，在 webapps\examples\WEB-INF\jsp2 路径下包含了一个 jsp2-example-taglib.tld 文件，这就是一个 TLD 文件的范例。

将该文件复制到 Web 应用的 WEB-INF/ 路径，或 WEB-INF 的任意子路径下，并对该文件进行简单修改，修改后的 mytaglib.tld 文件代码如下。

程序清单：codes\02\2.8\tagDemo\WEB-INF\src\mytaglib.tld

```xml
<?xml version="1.0" encoding="GBK"?>
<taglib xmlns="http://java.sun.com/xml/ns/javaee"
    xmlns:xsi="http://www.w3.org/2001/XMLSchema-instance"
    xsi:schemaLocation="http://java.sun.com/xml/ns/javaee
    http://java.sun.com/xml/ns/javaee/web-jsptaglibrary_2_1.xsd"
    version="2.1">
    <tlib-version>1.0</tlib-version>
    <short-name>mytaglib</short-name>
    <!-- 定义该标签库的 URI -->
    <uri>http://www.crazyit.org/mytaglib</uri>
    <!-- 定义第一个标签 -->
    <tag>
        <!-- 定义标签名 -->
        <name>helloWorld</name>
        <!-- 定义标签处理类 -->
        <tag-class>lee.HelloWorldTag</tag-class>
        <!-- 定义标签体为空 -->
        <body-content>empty</body-content>
    </tag>
</taglib>
```

上面的标签库定义文件也是一个标准的 XML 文件，该 XML 文件的根元素是 taglib 元素，因此每次编写标签库定义文件时都直接添加该元素即可。

 **提示：**
　　读者可能会发现 Tomcat 8.5 所带示例的 TLD 文件的根元素与上面 TLD 文件的根元素略有区别，这是由于 Tomcat 8.5 所带示例的 TLD 文件一直没有更新，它所用的依然是标签库 2.0 规范，而此处介绍的是标签库 2.1 规范。

taglib 下有如下三个子元素。

➤ tlib-version：指定该标签库实现的版本，这是一个作为标识的内部版本号，对程序没有太大的作用。

➤ short-name：该标签库的默认短名，该名称通常也没有太大的用处。

➤ uri：这个属性非常重要，它指定该标签库的 URI，相当于指定该标签库的唯一标识。如上面粗体字代码所示，JSP 页面中使用标签库时就是根据该 URI 属性来定位标签库的。

除此之外，taglib 元素下可以包含多个 tag 元素，每个 tag 元素定义一个标签，tag 元素下允许出现如下常用子元素。

➤ name：该标签的名称，这个子元素很重要，JSP 页面中就是根据该名称来使用此标签的。

➤ tag-class：指定标签的处理类，毋庸置疑，这个子元素非常重要，它指定了标签由哪个标签处理类来处理。

➤ body-content：这个子元素也很重要，它指定标签体内容。该子元素的值可以是如下几个。

　　○ tagdependent：指定标签处理类自己负责处理标签体。

　　○ empty：指定该标签只能作为空标签使用。

　　○ scriptless：指定该标签的标签体可以是静态 HTML 元素、表达式语言，但不允许出现 JSP 脚本。

　　○ JSP：指定该标签的标签体可以使用 JSP 脚本。

➤ dynamic-attributes：指定该标签是否支持动态属性。只有当定义动态属性标签时才需要该子元素。

注意
　　因为 JSP 2 规范不再推荐使用 JSP 脚本，所以 JSP 2 自定义标签的标签体中不能包含 JSP 脚本。所以，实际上 body-content 元素的值不可以是 JSP。

定义了上面的标签库定义文件后，将标签库文件放在 Web 应用的 WEB-INF 路径或任意子路径下，Java Web 规范会自动加载该文件，则该文件定义的标签库也将生效。

▶▶ 2.8.3　使用标签库

在 JSP 页面中确定指定的标签需要两点。

➤ 标签库 URI：确定使用哪个标签库。

➤ 标签名：确定使用哪个标签。

使用标签库分成以下两个步骤。

① 导入标签库：使用 taglib 编译指令导入标签库，就是将标签库和指定前缀关联起来。

② 使用标签：在 JSP 页面中使用自定义标签。

taglib 的语法格式如下：

```
<%@ taglib uri="tagliburi" prefix="tagPrefix" %>
```

其中 uri 属性指定标签库的 URI，这个 URI 可以确定一个标签库。而 prefix 属性指定标签库前缀，即所有使用该前缀的标签将由此标签库处理。

使用标签的语法格式如下：

```
<tagPrefix:tagName tagAttribute="tagValue" …>
<tagBody/>
</tagPrefix:tagName>
```

如果该标签没有标签体，则可以使用如下语法格式：

```
<tagPrefix:tagName tagAttribute="tagValue" …/>
```

上面使用标签的语法里都包含了设置属性值，前面介绍的 HelloWorldTag 标签没有任何属性，所以使用该标签只需用<mytag:helloWorld/>即可。其中 mytag 是 taglib 指令为标签库指定的前缀，而 helloWorld 是标签名。

下面是使用 helloWorld 标签的 JSP 页面代码。

程序清单：codes\02\2.8\tagDemo\helloWorldTag.jsp

```jsp
<%@ page contentType="text/html; charset=GBK" language="java" errorPage="" %>
<!-- 导入标签库，指定 mytag 前缀的标签，
     由 URI 为 http://www.crazyit.org/mytaglib 的标签库处理 -->
<%@ taglib uri="http://www.crazyit.org/mytaglib" prefix="mytag"%>
<!DOCTYPE html PUBLIC "-//W3C//DTD XHTML 1.0 Transitional//EN"
    "http://www.w3.org/TR/xhtml1/DTD/xhtml1-transitional.dtd">
<html xmlns="http://www.w3.org/1999/xhtml">
<head>
    <title>自定义标签示范</title>
</head>
<body bgcolor="#ffffc0">
<h2>下面显示的是自定义标签中的内容</h2>
<!-- 使用标签 ，其中 mytag 是标签前缀，根据 taglib 的编译指令，
    mytag 前缀将由 URI 为 http://www.crazyit.org/mytaglib 的标签库处理 -->
<mytag:helloWorld/><br/>
</body>
</html>
```

以上页面中第一行粗体字代码指定了 URI 为 http://www.crazyit.org/mytaglib 标签库的前缀为 mytag，第二行粗体字代码表明使用 mytag 前缀对应标签库里的 helloWorld 标签。浏览该页面将看到如图 2.34 所示的效果。

图 2.34 简单标签

▶▶ 2.8.4 带属性的标签

前面的简单标签既没有属性，也没有标签体，用法、功能都比较简单。实际上还有如下两种常用的标签。

➤ 带属性的标签。

➤ 带标签体的标签。

正如前面介绍的，带属性标签必须为每个属性提供对应的 setter 和 getter 方法。带属性标签的配置方法与简单标签也略有差别，下面介绍一个带属性标签的示例。

程序清单：codes\02\2.8\tagDemo\WEB-INF\src\lee\QueryTag.java

```java
public class QueryTag extends SimpleTagSupport
{
    // 定义成员变量来代表标签的属性
    private String driver;
    private String url;
    private String user;
    private String pass;
    private String sql;
    // 执行数据库访问的对象
    private Connection conn = null;
    private Statement stmt = null;
    private ResultSet rs = null;
    private ResultSetMetaData rsmd = null;
    // 省略各成员变量的 setter 和 getter 方法
    ...
```

```
public void doTag()throws JspException,
    IOException
{
    try
    {
        // 注册驱动
        Class.forName(driver);
        // 获取数据库连接
        conn = DriverManager.getConnection(url,user,pass);
        // 创建 Statement 对象
        stmt = conn.createStatement();
        // 执行查询
        rs = stmt.executeQuery(sql);
        rsmd = rs.getMetaData();
        // 获取列数目
        int columnCount = rsmd.getColumnCount();
        // 获取页面输出流
        Writer out = getJspContext().getOut();
        // 在页面输出表格
        out.write("<table border='1' bgColor='#9999cc' width='400'>");
        // 遍历结果集
        while (rs.next())
        {
            out.write("<tr>");
            // 逐列输出查询到的数据
            for (int i = 1 ; i <= columnCount ; i++ )
            {
                out.write("<td>");
                out.write(rs.getString(i));
                out.write("</td>");
            }
            out.write("</tr>");
        }
    }
    catch(ClassNotFoundException cnfe)
    {
        cnfe.printStackTrace();
        throw new JspException("自定义标签错误" + cnfe.getMessage());
    }
    catch (SQLException ex)
    {
        ex.printStackTrace();
        throw new JspException("自定义标签错误" + ex.getMessage());
    }
    finally
    {
        // 关闭结果集
        try
        {
            if (rs != null)
                rs.close();
            if (stmt != null)
                stmt.close();
            if (conn != null)
                conn.close();
        }
        catch (SQLException sqle)
        {
            sqle.printStackTrace();
        }
    }
}
```

上面这个标签稍微复杂一点，它包含了 5 个属性，如程序中粗体字代码所示（为标签处理类定义成员变量即可代表标签的属性），程序需要为这 5 个属性提供 setter 和 getter 方法。

　　该标签输出的内容依然由 doTag()方法决定，该方法会根据 SQL 语句查询数据库，并将查询结果显示在当前页面中。

　　对于有属性的标签，需要为元素增加子元素，每个 attribute 子元素定义一个标签属性。子元素通常还需要指定如下几个子元素。

- ➤ name：设置属性名，子元素的值是字符串内容。
- ➤ required：设置该属性是否为必需属性，该子元素的值是 true 或 false。
- ➤ fragment：设置该属性是否支持 JSP 脚本、表达式等动态内容，子元素的值是 true 或 false。

　　为了配置上面的 QueryTag 标签，需要在 mytaglib.tld 文件中增加如下配置片段。

程序清单：codes\02\2.8\tagDemo\WEB-INF\src\mytaglib.tld

```xml
<!-- 定义第二个标签 -->
<tag>
    <!-- 定义标签名 -->
    <name>query</name>
    <!-- 定义标签处理类 -->
    <tag-class>lee.QueryTag</tag-class>
    <!-- 定义标签体为空 -->
    <body-content>empty</body-content>
    <!-- 配置标签属性:driver -->
    <attribute>
        <name>driver</name>
        <required>true</required>
        <fragment>true</fragment>
    </attribute>
    <!-- 配置标签属性:url -->
    <attribute>
        <name>url</name>
        <required>true</required>
        <fragment>true</fragment>
    </attribute>
    <!-- 配置标签属性:user -->
    <attribute>
        <name>user</name>
        <required>true</required>
        <fragment>true</fragment>
    </attribute>
    <!-- 配置标签属性:pass -->
    <attribute>
        <name>pass</name>
        <required>true</required>
        <fragment>true</fragment>
    </attribute>
    <!-- 配置标签属性:sql -->
    <attribute>
        <name>sql</name>
        <required>true</required>
        <fragment>true</fragment>
    </attribute>
</tag>
```

　　上面 5 行粗体字代码分别为该标签配置了 driver、url、user、pass 和 sql 五个属性，并指定这 5 个属性都是必需属性，而且属性值支持动态内容。

　　配置完毕后，就可在页面中使用标签了，先导入标签库，然后使用标签。使用标签的 JSP 页面片段如下。

程序清单：codes\02\2.8\tagDemo\queryTag.jsp

```jsp
<!-- 导入标签库，指定 mytag 前缀的标签，
由 http://www.crazyit.org/mytaglib 的标签库处理 -->
```

```
<%@ taglib uri="http://www.crazyit.org/mytaglib" prefix="mytag"%>
...
<!-- 其他 HTML 内容 -->
<!-- 使用标签, 其中 mytag 是标签前缀, 根据 taglib 的编译指令,
mytag 前缀将由 http://www.crazyit.org/mytaglib 的标签库处理 -->
<mytag:query
    driver="com.mysql.jdbc.Driver"
    url="jdbc:mysql://localhost:3306/javaee"
    user="root"
    pass="32147"
    sql="select * from news_inf"/><br/>
```

在浏览器中浏览该页面，效果如图 2.35 所示。

在 JSP 页面中只需要使用简单的标签，即可完成"复杂"的功能：执行数据库查询，并将查询结果在页面上以表格形式显示。这也正是自定义标签库的目的——以简单的标签，隐藏复杂的逻辑。

当然，并不推荐在标签处理类中访问数据库，因为标签库是表现层组件，它不应该包含任何业务逻辑实现代码，更不应该执行数据库访问，它只应该负责显示逻辑。

图 2.35　带属性的标签

> **提示：**
> 　　JSTL 是 Sun 提供的一套标签库，这套标签库的功能非常强大。另外，DisplayTag 是 Apache 组织下的一套开源标签库，主要用于生成页面并显示效果。

▶▶ 2.8.5　带标签体的标签

带标签体的标签，可以在标签内嵌入其他内容（包括静态的 HTML 内容和动态的 JSP 内容），通常用于完成一些逻辑运算，例如判断和循环等。下面以一个迭代器标签为示例，介绍带标签体标签的开发过程。

一样先定义一个标签处理类，该标签处理类的代码如下。

程序清单：codes\02\2.8\tagDemo\WEB-INF\src\lee\IteratorTag.java

```
public class IteratorTag extends SimpleTagSupport
{
    // 标签属性, 用于指定需要被迭代的集合
    private String collection;
    // 标签属性, 指定迭代集合元素, 为集合元素指定的名称
    private String item;
    // 省略 collection 的 setter 和 getter 方法
    ...
    // 省略 item 的 setter 和 getter 方法
    ...
    // 标签的处理方法, 标签处理类只需要重写 doTag() 方法
    public void doTag() throws JspException, IOException
    {
        // 从 page scope 中获取名为 collection 的集合
        Collection itemList = (Collection)getJspContext().
            getAttribute(collection);
        // 遍历集合
        for (Object s : itemList)
        {
            // 将集合的元素设置到 page 范围内
            getJspContext().setAttribute(item, s );
            // 输出标签体
```

```
            getJspBody().invoke(null);
        }
    }
}
```

上面的标签处理类与前面的处理类并没有太大的不同，该处理类包含两个成员变量（代表标签的属性），并为这两个成员变量提供了 setter 和 getter 方法。标签处理类的 doTag()方法首先从 page 范围内获取了指定名称的 Collection 对象，然后遍历 Collection 对象的元素，每次遍历都调用了 getJspBody()方法，如程序中粗体字代码所示，该方法返回该标签所包含的标签体：JspFragment 对象，执行该对象的 invoke()方法，即可输出标签体内容。该标签的作用是：遍历指定集合，每遍历一个集合元素，即输出标签体一次。

因为该标签的标签体不为空，配置该标签时指定 body-content 为 scriptless，该标签的配置代码片段如下。

程序清单：codes\02\2.8\tagDemo\WEB-INF\src\mytaglib.tld

```
<!-- 定义第三个标签 -->
<tag>
    <!-- 定义标签名 -->
    <name>iterator</name>
    <!-- 定义标签处理类 -->
    <tag-class>lee.IteratorTag</tag-class>
    <!-- 定义标签体不允许出现 JSP 脚本 -->
    <body-content>scriptless</body-content>
    <!-- 配置标签属性:collection -->
    <attribute>
        <name>collection</name>
        <required>true</required>
        <fragment>true</fragment>
    </attribute>
    <!-- 配置标签属性:item -->
    <attribute>
        <name>item</name>
        <required>true</required>
        <fragment>true</fragment>
    </attribute>
</tag>
```

上面的配置片段中粗体字代码指定该标签的标签体可以是静态 HTML 内容，也可以是表达式语言，但不允许出现 JSP 脚本。

为了测试在 JSP 页面中使用该标签的效果，下面先将一个 List 对象设置成 page 范围的属性，然后使用该标签来迭代输出 List 集合的全部元素。

JSP 页面中使用该标签的代码片段如下。

程序清单：codes\02\2.8\tagDemo\iteratorTag.jsp

```
<%@ page contentType="text/html; charset=GBK" language="java" errorPage="" %>
<%@ page import="java.util.*"%>
<!-- 导入标签库，指定 mytag 前缀的标签，
由 http://www.crazyit.org/mytaglib 的标签库处理 -->
<%@ taglib uri="http://www.crazyit.org/mytaglib" prefix="mytag"%>
<!DOCTYPE html PUBLIC "-//W3C//DTD XHTML 1.0 Transitional//EN"
    "http://www.w3.org/TR/xhtml1/DTD/xhtml1-transitional.dtd">
...
<body>
    <h2>带标签体的标签-迭代器标签</h2><hr/>
    <%
    // 创建一个 List 对象
```

```
List<String> a = new ArrayList<String>();
a.add("疯狂 Java");
a.add("www.crazyit.org");
a.add("www.fkit.org");
// 将 List 对象放入 page 范围内
pageContext.setAttribute("a" , a);
%>
<table border="1" bgcolor="#aaaadd" width="300">
    <!-- 使用迭代器标签，对 a 集合进行迭代 -->
    <mytag:iterator collection="a" item="item">
    <tr>
        <td>${pageScope.item}</td>
    <tr>
    </mytag:iterator>
</table>
</body>
...
```

上面的页面代码中粗体字代码即可实现通过 iterator 标签来遍历指定集合，浏览该页面即可看到如图 2.36 所示的界面。

图 2.36 显示了使用 iterator 标签遍历集合元素的效果，从 iteratorTag.jsp 页面的代码来看，使用 iterator 标签遍历集合元素比使用 JSP 脚本遍历集合元素要优雅得多，这就是自定义标签的魅力。

实际上 JSTL 标签库提供了一套功能非常强大的标签，例如普通的输出标签，就像刚刚介绍的迭代器标签，还有用于分支判断的标签等，JSTL 都有非常完善的实现。

图 2.36　带标签体的标签

提示：　可能有读者感到疑惑：这个 JSP 页面自己先把多个字符串添加到 ArrayList，然后再使用这个 iterator 标签进行迭代输出，好像意义不是很大啊。实际上这个标签的用处非常大，在严格的 MVC 规范下，JSP 页面只负责显示数据——而数据通常由控制器（Servlet）放入 request 范围内，而 JSP 页面就通过 iterator 标签迭代输出 request 范围内的数据。

▶▶ 2.8.6　以页面片段作为属性的标签

JSP 2 规范的自定义标签还允许直接将一段"页面片段"作为属性，这种方式给自定义标签提供了更大的灵活性。

以"页面片段"为属性的标签与普通标签区别并不大，只有两个简单的改变。

➤ 标签处理类中定义类型为 JspFragment 的属性，该属性代表了"页面片段"。

➤ 使用标签库时，通过<jsp:attribute.../>动作指令为标签的属性指定值。

下面的程序定义了一个标签处理类，该标签处理类中定义了一个 JspFragment 类型的属性，即表明该标签允许使用"页面片段"类型的属性。

程序清单：codes\02\2.8\tagDemo\WEB-INF\src\lee\FragmentTag.java

```
public class FragmentTag extends SimpleTagSupport
{
    private JspFragment fragment;
    // fragment 的 setter 和 getter 方法
    public void setFragment(JspFragment fragment)
    {
        this.fragment = fragment;
    }
    public JspFragment getFragment()
    {
```

```
            return this.fragment;
    }
    @Override
    public void doTag() throws JspException, IOException
    {
        JspWriter out = getJspContext().getOut();
        out.println("<div style='padding:10px;border:1px solid black;"
            + ";border-radius:20px'>");
        out.println("<h3>下面是动态传入的 JSP 片段</h3>");
        // 调用、输出 "页面片段"
        fragment.invoke( null );
        out.println("</div");
    }
}
```

上面的程序中定义了 fragment 成员变量，该成员变量代表了使用该标签时的"页面片段"，配置该标签与配置普通标签并无任何区别，增加如下配置片段即可。

程序清单：codes\02\2.8\tagDemo\WEB-INF\src\mytaglib.tld

```
<tag>
    <!-- 定义标签名 -->
    <name>fragment</name>
    <!-- 定义标签处理类 -->
    <tag-class>lee.FragmentTag</tag-class>
    <!-- 指定该标签不支持标签体 -->
    <body-content>empty</body-content>
    <!-- 定义标签属性：fragment -->
    <attribute>
        <name>fragment</name>
        <required>true</required>
        <fragment>true</fragment>
    </attribute>
</tag>
```

从上面标签库的配置片段来看，这个自定义标签并没有任何特别之处，就是一个普通的带属性标签，该标签的标签体为空。

由于该标签需要一个 fragment 属性，该属性的类型为 JspFragment，因此使用该标签时需要使用 <jsp:attribute.../>动作指令来设置属性值，如以下代码片段所示。

程序清单：codes\02\2.8\tagDemo\fragmentTag.jsp

```
<h2>下面显示的是自定义标签中的内容</h2>
<mytag:fragment>
    <jsp:attribute name="fragment">
    <%-- 使用 jsp:attribute 标签传入 fragment 参数（该注释不能放在 fragment 内） -->
        <!-- 下面是动态的 JSP 页面片段 -->
        <mytag:helloWorld/>
    </jsp:attribute>
</mytag:fragment>
<br/>
<mytag:fragment>
    <jsp:attribute name="fragment">
        <!-- 下面是动态的 JSP 页面片段 -->
        ${pageContext.request.remoteAddr}
    </jsp:attribute>
</mytag:fragment>
```

·• 注意 •·

由于程序指定了 fragment 标签的标签体为 empty，因此程序中 fragment 开始标签和 fragment 结束标签之间只能使用<jsp:attribute.../>子元素，不允许出现其他内容，甚至连注释都不允许。

上面的代码片段中粗体字代码用于为标签的 fragment 属性赋值，第一个例子使用了另一个简单标签来生成页面片段；第二个例子使用了 JSP 2 的 EL 来生成页面片段；在浏览器中浏览该页面，将看到如图 2.37 所示的效果。

图 2.37　页面片段为属性的标签

▶▶ 2.8.7　动态属性的标签

前面介绍带属性标签时，那些标签的属性个数是确定的，属性名也是确定的，绝大部分情况下这种带属性的标签能处理得很好，但在某些特殊情况下，需要传入自定义标签的属性个数是不确定的，属性名也不确定，这就需要借助于动态属性的标签了。

动态属性标签比普通标签多了如下两个额外要求。

➤ 标签处理类还需要实现 DynamicAttributes 接口。

➤ 配置标签时通过<dynamic-attributes.../>子元素指定该标签支持动态属性。

下面是一个动态属性标签的处理类。

程序清单：codes\02\2.8\tagDemo\WEB-INF\src\lee\DynaAttributesTag.java

```java
public class DynaAttributesTag
    extends SimpleTagSupport implements DynamicAttributes
{
    // 保存每个属性名的集合
    private ArrayList<String> keys = new ArrayList<String>();
    // 保存每个属性值的集合
    private ArrayList<Object> values = new ArrayList<Object>();
    @Override
    public void doTag() throws JspException, IOException
    {
        JspWriter out = getJspContext().getOut();
        // 此处只是简单地输出每个属性
        out.println("<ol>");
        for( int i = 0; i < keys.size(); i++ )
        {
            String key = keys.get( i );
            Object value = values.get( i );
            out.println( "<li>" + key + " = " + value + "</li>" );
        }
        out.println("</ol>");
    }
    @Override
    public void setDynamicAttribute( String uri, String localName,
        Object value ) throws JspException
    {
        // 添加属性名
        keys.add( localName );
        // 添加属性值
        values.add( value );
    }
}
```

上面的标签处理类实现了 DynaAttributesTag 接口，就是动态属性标签处理类必须实现的接口，实现该接口必须实现 setDynaAttribute()方法，该方法用于为该标签处理类动态地添加属性名和属性值。标签处理类使用 ArrayList<String>类型的 keys 属性来保存标签的所有属性名，使用 ArrayList<Object>类型的 values 属性来保存标签的所有属性值。

配置该标签时需要额外地指定<dynamic-attributes.../>子元素，表明该标签是带动态属性的标签。下面是该标签的配置片段。

程序清单：codes\02\2.8\tagDemo\WEB-INF\src\mytaglib.tld

```
<!-- 定义接受动态属性的标签 -->
<tag>
    <name>dynaAttr</name>
    <tag-class>lee.DynaAttributesTag</tag-class>
    <body-content>empty</body-content>
    <!-- 指定支持动态属性 -->
    <dynamic-attributes>true</dynamic-attributes>
</tag>
```

上面的配置片段指定该标签支持动态属性。

一旦定义了动态属性的标签，接下来在页面中使用该标签时将十分灵活，完全可以为该标签设置任意的属性，如以下页面片段所示。

程序清单：codes\02\2.8\tagDemo\dynaAttrTag.jsp

```
<!-- 导入标签库，指定 mytag 前缀的标签
    由 http://www.crazyit.org/mytaglib 的标签库处理 -->
<%@ taglib uri="http://www.crazyit.org/mytaglib" prefix="mytag"%>
...
<h2>下面显示的是自定义标签中的内容</h2>
<h4>指定两个属性</h4>
<mytag:dynaAttr name="crazyit" url="crazyit.org"/><br/>
<h4>指定四个属性</h4>
<mytag:dynaAttr 书名="疯狂 Java 讲义" 价格="99.0"
    出版时间="2008 年" 描述="Java 图书"/><br/>
```

上面的页面片段中使用<mytag:dynaAttr.../>时十分灵活：可以根据需要动态地传入任意多个属性，如以上粗体字代码所示。不管传入多少个属性，这个标签都可以处理得很好，使用浏览器访问该页面将看到如图 2.38 所示的效果。

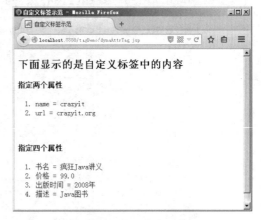

图 2.38　动态属性的标签

2.9　Filter 介绍

Filter 可认为是 Servlet 的一种"加强版"，它主要用于对用户请求进行预处理，也可以对 HttpServletResponse 进行后处理，是个典型的处理链。Filter 也可对用户请求生成响应，这一点与 Servlet 相同，但实际上很少会使用 Filter 向用户请求生成响应。使用 Filter 完整的流程是：Filter 对用户请求进行预处理，接着将请求交给 Servlet 进行处理并生成响应，最后 Filter 再对服务器响应进行后处理。

Filter 有如下几个用处。

➢ 在 HttpServletRequest 到达 Servlet 之前，拦截客户的 HttpServletRequest。

➢ 根据需要检查 HttpServletRequest，也可以修改 HttpServletRequest 头和数据。

➢ 在 HttpServletResponse 到达客户端之前，拦截 HttpServletResponse。

➢ 根据需要检查 HttpServletResponse，也可以修改 HttpServletResponse 头和数据。

Filter 有如下几个种类。

➢ 用户授权的 Filter：Filter 负责检查用户请求，根据请求过滤用户非法请求。

➢ 日志 Filter：详细记录某些特殊的用户请求。

➢ 负责解码的 Filter：包括对非标准编码的请求解码。

➢ 能改变 XML 内容的 XSLT Filter 等。

➢ Filter 可负责拦截多个请求或响应；一个请求或响应也可被多个 Filter 拦截。

创建一个 Filter 只需两个步骤。

① 创建 Filter 处理类。

② 在 web.xml 文件中配置 Filter 或用注解配置 Filter。

▶▶ 2.9.1 创建 Filter 类

创建 Filter 必须实现 javax.servlet.Filter 接口，在该接口中定义了如下三个方法。

➤ void init（FilterConfig config）：用于完成 Filter 的初始化。

➤ void destroy()：用于 Filter 销毁前，完成某些资源的回收。

➤ void doFilter（ServletRequest request，ServletResponse response,FilterChain chain）：实现过滤功能，
该方法就是对每个请求及响应增加的额外处理。

下面介绍一个日志 Filter，这个 Filter 负责拦截所有的用户请求，并将请求的信息记录在日志中。

程序清单：codes\02\2.9\filterTest\WEB-INF\src\lee\LogFilter.java

```java
@WebFilter(filterName="log"
    ,urlPatterns={"/*"})
public class LogFilter implements Filter
{
    // FilterConfig 可用于访问 Filter 的配置信息
    private FilterConfig config;
    // 实现初始化方法
    public void init(FilterConfig config)
    {
        this.config = config;
    }
    // 实现销毁方法
    public void destroy()
    {
        this.config = null;
    }
    // 执行过滤的核心方法
    public void doFilter(ServletRequest request,
        ServletResponse response, FilterChain chain)
        throws IOException,ServletException
    {
        // ---------下面代码用于对用户请求执行预处理---------
        // 获取 ServletContext 对象，用于记录日志
        ServletContext context = this.config.getServletContext();
        long before = System.currentTimeMillis();
        System.out.println("开始过滤...");
        // 将请求转换成 HttpServletRequest 请求
        HttpServletRequest hrequest = (HttpServletRequest)request;
        // 输出提示信息
        System.out.println("Filter 已经截获到用户的请求的地址： " +
            hrequest.getServletPath());
        // Filter 只是链式处理，请求依然放行到目的地址
        chain.doFilter(request, response);
        // ---------下面代码用于对服务器响应执行后处理---------
        long after = System.currentTimeMillis();
        // 输出提示信息
        System.out.println("过滤结束");
        // 输出提示信息
        System.out.println("请求被定位到" + hrequest.getRequestURI() +
            " 所花的时间为: " + (after - before));
    }
}
```

上面的程序中粗体字代码实现了 doFilter()方法，实现该方法就可实现对用户请求进行预处理，也
可实现对服务器响应进行后处理——它们的分界线为是否调用了 chain.doFilter()，执行该方法之前，即

对用户请求进行预处理；执行该方法之后，即对服务器响应进行后处理。

在上面的请求 Filter 中，仅在日志中记录请求的 URL，对所有的请求都执行 chain.doFilter (request,reponse)方法，当 Filter 对请求过滤后，依然将请求发送到目的地址。如果需要检查权限，可以在 Filter 中根据用户请求的 HttpSession，判断用户权限是否足够。如果权限不够，直接调用重定向即可，无须调用 chain.doFilter(request,reponse)方法。

▶▶ 2.9.2　配置 Filter

前面已经提到，Filter 可以认为是 Servlet 的"增强版"，因此配置 Filter 与配置 Servlet 非常相似，都需要配置如下两个部分。

➢ 配置 Filter 名。
➢ 配置 Filter 拦截 URL 模式。

区别在于：Servlet 通常只配置一个 URL，而 Filter 可以同时拦截多个请求的 URL。因此，在配置 Filter 的 URL 模式时通常会使用模式字符串，使得 Filter 可以拦截多个请求。与配置 Servlet 相似的是，配置 Filter 同样有两种方式。

➢ 在 Filter 类中通过注解进行配置。
➢ 在 web.xml 文件中通过配置文件进行配置。

上面 Filter 类的粗体字代码使用@WebFilter 配置该 Filter 的名字为 log，它会拦截向/*发送的所有的请求。

@WebFilter 修饰一个 Filter 类，用于对 Filter 进行配置，它支持如表 2.3 所示的常用属性。

表 2.3　@WebFilter 支持的常用属性

属　　性	是否必需	说　　明
asyncSupported	否	指定该 Filter 是否支持异步操作模式。关于 Filter 的异步调用请参考 2.12 节
dispatcherTypes	否	指定该 Filter 仅对那种 dispatcher 模式的请求进行过滤。该属性支持 ASYNC、ERROR、FORWARD、INCLUDE、REQUEST 这 5 个值的任意组合。默认值为同时过滤 5 种模式的请求
displayName	否	指定该 Filter 的显示名
filterName		指定该 Filter 的名称
initParams	否	用于为该 Filter 配置参数
servletNames	否	该属性值可指定多个 Servlet 的名称，用于指定该 Filter 仅对这几个 Servlet 执行过滤
urlPatterns/value	否	这两个属性的作用完全相同。都指定该 Filter 所拦截的 URL

在 web.xml 文件中配置 Filter 与配置 Servlet 非常相似，需要为 Filter 指定它所过滤的 URL，并且也可以为 Filter 配置参数。

如果不使用注解配置该 Filter，则可换成在 web.xml 文件中为该 Filter 增加如下配置片段：

```
<!-- 定义 Filter -->
<filter>
    <!-- Filter 的名字，相当于指定@WebFilter
        的 filterName 属性 -->
    <filter-name>log</filter-name>
    <!-- Filter 的实现类 -->
    <filter-class>lee.LogFilter</filter-class>
</filter>
<!-- 定义 Filter 拦截的 URL 地址 -->
<filter-mapping>
    <!-- Filter 的名字 -->
    <filter-name>log</filter-name>
    <!-- Filter 负责拦截的 URL，相当于指定@WebFilter
        的 urlPatterns 属性 -->
    <url-pattern>/*</url-pattern>
</filter-mapping>
```

上面的粗体字代码用于配置该 Filter，从这些代码中可以看出配置 Filter 与配置 Servlet 非常相似，只是配置 Filter 时指定 url-pattern 为/*，即表示该 Filter 会拦截所有用户请求。该 Filter 并未对客户端请求进行额外的处理，仅仅在日志中简要记录请求的信息。

为该 Web 应用提供任意一个 JSP 页面，并通过浏览器来访问该 JSP 页面，即可在 Tomcat 的控制台看到如图 2.39 所示的信息。

图 2.39　Filter 过滤客户端请求

实际上 Filter 和 Servlet 极其相似，区别只是 Filter 的 doFilter()方法里多了一个 FilterChain 的参数，通过该参数可以控制是否放行用户请求。在实际项目中，Filter 里 doFilter()方法里的代码就是从多个 Servlet 的 service()方法里抽取的通用代码，通过使用 Filter 可以实现更好的代码复用。

假设系统有包含多个 Servlet，这些 Servlet 都需要进行一些的通用处理：比如权限控制、记录日志等，这将导致在这些 Servlet 的 service 方法中有部分代码是相同的——为了解决这种代码重复的问题，可以考虑把这些通用处理提取到 Filter 中完成，这样各 Servlet 中剩下的只是特定请求相关的处理代码，而通用处理则交给 Filter 完成。图 2.40 显示了 Filter 的用途。

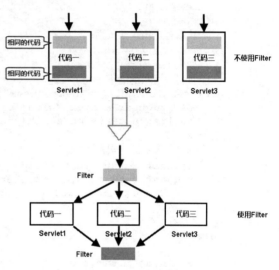

图 2.40　Filter 的作用

由于 Filter 和 Servlet 如此相似，所以 Filter 和 Servlet 具有完全相同的生命周期行为，且 Filter 也可以通过<init-param.../>元素或@WebFilter 的 initParams 属性来配置初始化参数，获取 Filter 的初始化参数则使用 FilterConfig 的 getInitParameter()方法。

下面将定义一个较为实用的 Filter，该 Filter 对用户请求进行过滤，Filter 将通过 doFilter 方法来设置 request 编码的字符集，从而避免每个 JSP、Servlet 都需要设置；而且还会验证用户是否登录，如果用户没有登录，系统直接跳转到登录页面。

下面是该 Filter 的源代码。

程序清单：codes\02\2.9\ filterTest\WEB-INF\src\lee\AuthorityFilter.java

```java
@WebFilter(filterName="authority"
    , urlPatterns={"/*"}
    , initParams={
        @WebInitParam(name="encoding", value="GBK"),
        @WebInitParam(name="loginPage", value="/login.jsp"),
        @WebInitParam(name="proLogin", value="/proLogin.jsp")})
public class AuthorityFilter implements Filter
{
    // FilterConfig可用于访问Filter的配置信息
    private FilterConfig config;
    // 实现初始化方法
    public void init(FilterConfig config)
    {
        this.config = config;
    }
    // 实现销毁方法
    public void destroy()
```

```
    {
        this.config = null;
    }
    // 执行过滤的核心方法
    public void doFilter(ServletRequest request,
        ServletResponse response, FilterChain chain)
        throws IOException,ServletException
    {
        // 获取该 Filter 的配置参数
        String encoding = config.getInitParameter("encoding");
        String loginPage = config.getInitParameter("loginPage");
        String proLogin = config.getInitParameter("proLogin");
        // 设置 request 编码用的字符集
        request.setCharacterEncoding(encoding);                 // ①
        HttpServletRequest requ = (HttpServletRequest)request;
        HttpSession session = requ.getSession(true);
        // 获取客户请求的页面
        String requestPath = requ.getServletPath();
        // 如果 session 范围的 user 为 null，即表明没有登录
        // 且用户请求的既不是登录页面，也不是处理登录的页面
        if( session.getAttribute("user") == null
            && !requestPath.endsWith(loginPage)
            && !requestPath.endsWith(proLogin))
        {
            // forward 到登录页面
            request.setAttribute("tip" , "您还没有登录");
            request.getRequestDispatcher(loginPage)
                .forward(request, response);
        }
        // "放行"请求
        else
        {
            chain.doFilter(request, response);
        }
    }
}
```

上面 Filter 的 doFilter 方法开始的三行粗体字代码用于获取 Filter 的配置参数，而程序中的粗体字代码则是此 Filter 的核心，①号粗体字代码按配置参数设置了 request 编码所用的字符集，接下来的粗体字代码判断 session 范围内是否有 user 属性——没有该属性即认为没有登录，如果既没有登录，而且请求地址也不是登录页和处理登录页，系统直接跳转到登录页面。

通过@WebFilter 的 initParams 属性可以为该 Filter 配置初始化参数，它可以接受多个@WebInitParam，每个@WebInitParam 指定一个初始化参数。

在 web.xml 文件中也使用<init-param.../>元素为该 Filter 配置参数，与配置 Servlet 初始化参数完全相同。

如果不使用注解配置该 Filter，打算在 web.xml 文件中配置该 Filter，则该 Filter 的配置片段如下：

```
<!-- 定义 Filter -->
<filter>
    <!-- Filter 的名字 -->
    <filter-name>authority</filter-name>
    <!-- Filter 的实现类 -->
    <filter-class>lee.AuthorityFilter</filter-class>
    <!-- 下面三个 init-param 元素配置了三个参数 -->
    <init-param>
        <param-name>encoding</param-name>
        <param-value>GBK</param-value>
    </init-param>
    <init-param>
        <param-name>loginPage</param-name>
        <param-value>/login.jsp</param-value>
```

```
      </init-param>
      <init-param>
          <param-name>proLogin</param-name>
          <param-value>/proLogin.jsp</param-value>
      </init-param>
</filter>
<!-- 定义 Filter 拦截的 URL 地址 -->
<filter-mapping>
      <!-- Filter 的名字 -->
      <filter-name>authority</filter-name>
      <!-- Filter 负责拦截的 URL -->
      <url-pattern>/*</url-pattern>
</filter-mapping>
```

上面的配置片段中粗体字代码为该 Filter 指定了三个配置参数，指定 loginPage 为/login.jsp，proLogin 为/proLogin.jsp，这表明，如果没有登录该应用，普通用户只能访问/login.jsp 和/proLogin.jsp 页面。只有当用户登录该应用后才可自由访问其他页面。

▶▶ 2.9.3　使用 URL Rewrite 实现网站伪静态

对于以 JSP 为表现层开发的动态网站来说，用户访问的 URL 通常有如下形式：

```
xxx.jsp?param=value...
```

大部分搜索引擎都会优先考虑收录静态的 HTML 页面，而不是这种动态的*.jsp、*.php 页面。但实际上绝大部分网站都是动态的，不可能全部是静态的 HTML 页面，因此互联网上的大部分网站都会考虑使用伪静态——就是将*.jsp、*.php 这种动态 URL 伪装成静态的 HTML 页面。

对于 Java Web 应用来说，要实现伪静态非常简单：可以通过 Filter 拦截所有发向*.html 请求，然后按某种规则将请求 forward 到实际的*.jsp 页面即可。现有的 URL Rewrite 开源项目为这种思路提供了实现，使用 URL Rewrite 实现网站伪静态也很简单。

下面详细介绍如何利用 URL Rewrite 实现网站伪静态。

① 登录 http://www.tuckey.org/urlrewrite/站点下载 Url Rewrite 的最新版本，本书成书时，该项目的最新版本是 4.0.3，建议读者也下载该版本的 Url Rewrite。

> **提示：** 本书成书时，不知为何该站点又被电信网络"封"了，如果读者无法登录该项目的官方站点。也可登录 http://code.google.com/p/urlrewritefilter/downloads/list 下载 Url Rewrite。

② 下载 URL Rewrite，直接下载它的 urlrewritefilter-4.0.3.jar 即可，并将该 JAR 包复制到 Web 应用的 WEB-INF\lib 目录下。

③ 在 web.xml 文件中配置启用 URL Rewrite Filter，在 web.xml 文件中增加如下配置片段。

程序清单：codes\02\2.9\urlrewrite\WEB-INF\web.xml

```
<!-- 配置 Url Rewrite 的 Filter -->
<filter>
      <filter-name>UrlRewriteFilter</filter-name>
      <filter-class>org.tuckey.web.filters.urlrewrite.UrlRewriteFilter</filter-class>
</filter>
<!-- 配置 Url Rewrite 的 Filter 拦截所有请求 -->
<filter-mapping>
      <filter-name>UrlRewriteFilter</filter-name>
      <url-pattern>/*</url-pattern>
</filter-mapping>
```

上面的配置片段指定使用 URL Rewrite Filter 拦截所有的用户请求。

④ 在应用的 WEB-INF 路径下增加 urlrewrite.xml 文件，该文件定义了伪静态映射规则，这份伪静态规则是基于正则表达式的。

下面是本应用所使用的 urlrewrite.xml 伪静态规则文件。

程序清单：codes\02\2.9\urlrewrite\WEB-INF\urlrewrite.xml

```xml
<?xml version="1.0" encoding="GBK"?>
<!DOCTYPE urlrewrite PUBLIC "-//tuckey.org//DTD UrlRewrite 3.2//EN"
    "http://tuckey.org/res/dtds/urlrewrite3.2.dtd">
<urlrewrite>
    <rule>
        <!-- 所有配置如下正则表达式的请求 -->
        <from>/userinf-(\w*).html</from>
        <!-- 将被 forward 到如下 JSP 页面，其中 $1 代表
             上面第一个正则表达式所匹配的字符串 -->
        <to type="forward">/userinf.jsp?username=$1</to>
    </rule>
</urlrewrite>
```

上面的规则文件中只定义了一个简单的规则：所有发向/userinf-(\w*).html 的请求都将被 forward 到 userinf.jsp 页面，并将(\w*)正则表达式所匹配的内容作为 username 参数值。根据这个伪静态规则，需要为该应用提供一个 userinf.jsp 页面，该页面只是一个模拟了一个显示用户信息的页面，该页面代码如下。

程序清单：codes\02\2.9\urlrewrite\userinf.jsp

```jsp
<%@ page contentType="text/html; charset=GBK" language="java" errorPage="" %>
<%
//获取请求参数
String user = request.getParameter("username");
%>
<!DOCTYPE html PUBLIC "-//W3C//DTD XHTML 1.0 Transitional//EN"
    "http://www.w3.org/TR/xhtml1/DTD/xhtml1-transitional.dtd">
<html xmlns="http://www.w3.org/1999/xhtml">
<head>
    <title> <%=user%>的个人信息 </title>
</head>
<body>
<%
// 此处应该通过数据库读取该用户对应的信息
// 此处只是模拟，因此简单输出：
out.println("现在时间是：" + new java.util.Date() + "<br/>");
out.println("用户名：" + user);
%>
</body>
</html>
```

上面的页面中粗体字代码 username 请求参数来输出用户信息，但因为系统使用了 URL Rewrite，因此用户可以请求类似于 userinf-xxx.html 页面，图 2.41 显示了"伪静态"示意。

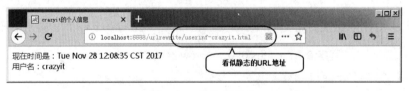

图 2.41　伪静态示意

2.10　Listener 介绍

当 Web 应用在 Web 容器中运行时，Web 应用内部会不断地发生各种事件：如 Web 应用被启动、Web 应用被停止，用户 session 开始、用户 session 结束、用户请求到达等，通常来说，这些 Web 事件对开发者是透明的。

实际上，Servlet API 提供了大量监听器来监听 Web 应用的内部事件，从而允许当 Web 内部事件发生时回调事件监听器内的方法。

使用 Listener 只需要两个步骤。

① 定义 Listener 实现类。

② 通过注解或在 web.xml 文件中配置 Listener。

▶▶ 2.10.1　实现 Listener 类

与 AWT 事件编程完全相似，监听不同 Web 事件的监听器也不相同。常用的 Web 事件监听器接口有如下几个。

➢ ServletContextListener：用于监听 Web 应用的启动和关闭。

➢ ServletContextAttributeListener：用于监听 ServletContext 范围（application）内属性的改变。

➢ ServletRequestListener：用于监听用户请求。

➢ ServletRequestAttributeListener：用于监听 ServletRequest 范围（request）内属性的改变。

➢ HttpSessionListener：用于监听用户 session 的开始和结束。

➢ HttpSessionAttributeListener：用于监听 HttpSession 范围（session）内属性的改变。

下面先以 ServletContextListener 为例来介绍 Listener 的开发和使用，ServletContextListener 用于监听 Web 应用的启动和关闭。该 Listener 类必须实现 ServletContextListener 接口，该接口包含如下两个方法。

➢ contextInitialized(ServletContextEvent sce)：启动 Web 应用时，系统调用 Listener 的该方法。

➢ contextDestroyed(ServletContextEvent sce)：关闭 Web 应用时，系统调用 Listener 的该方法。

通过上面的介绍不难看出，ServletContextListener 的作用有点类似于 load-on-startup Servlet，都可用于在 Web 应用启动时，回调方法来启动某些后台程序，这些后台程序负责为系统运行提供支持。

下面将创建一个获取数据库连接的 Listener，该 Listener 会在应用启动时获取数据库连接，并将获取到的连接设置成 application 范围内的属性。下面是该 Listener 的代码。

程序清单：codes\02\2.10\listenerTest\WEB-INF\src\lee\GetConnListener.java

```java
@WebListener
public class GetConnListener implements ServletContextListener
{
    // 应用启动时，该方法被调用
    public void contextInitialized(ServletContextEvent sce)
    {
        try
        {
            // 取得该应用的 ServletContext 实例
            ServletContext application = sce.getServletContext();
            // 从配置参数中获取驱动
            String driver = application.getInitParameter("driver");
            // 从配置参数中获取数据库 url
            String url = application.getInitParameter("url");
            // 从配置参数中获取用户名
            String user = application.getInitParameter("user");
            // 从配置参数中获取密码
            String pass = application.getInitParameter("pass");
            // 注册驱动
            Class.forName(driver);
            // 获取数据库连接
            Connection conn = DriverManager.getConnection(url , user , pass);
            // 将数据库连接设置成 application 范围内的属性
            application.setAttribute("conn" , conn);
        }
        catch (Exception ex)
        {
            System.out.println("Listener 中获取数据库连接出现异常"
                + ex.getMessage());
```

```
            }
        }
        // 应用关闭时，该方法被调用
        public void contextDestroyed(ServletContextEvent sce)
        {
            // 取得该应用的 ServletContext 实例
            ServletContext application = sce.getServletContext();
            Connection conn = (Connection)application.getAttribute("conn");
            // 关闭数据库连接
            if (conn != null)
            {
                try
                {
                    conn.close();
                }
                catch (SQLException ex)
                {
                    ex.printStackTrace();
                }
            }
        }
    }
```

　　上面的程序中粗体字代码重写了 ServletContextListener 的 contextInitialized()、contextDestroyed()方法，这两个方法分别在应用启动、关闭时被触发。上面 ServletContextListener 的两个方法分别实现获取数据库连接、关闭数据库连接的功能，这些功能都是为整个 Web 应用提供服务的。

　　程序中，contextInitialized()方法中粗体字代码用于获取配置参数，细心的读者可能已经发现 ServletContextListener 获取的是 Web 应用的配置参数，而不是像 Servlet 和 Filter 获取本身的配置参数。这是因为配置 Listener 时十分简单，只要简单地指定 Listener 实现类即可，不能配置初始化参数。

▶▶ 2.10.2　配置 Listener

　　配置 Listener 只要向 Web 应用注册 Listener 实现类即可，无须配置参数之类的东西，因此十分简单。为 Web 应用配置 Listener 也有两种方式。

> ➤ 使用@WebListener 修饰 Listener 实现类即可。
> ➤ 在 web.xml 文档中使用<listener.../>元素进行配置。

　　使用@WebListener 时通常无须指定任何属性，只要使用该注解修饰 Listener 实现类即可向 Web 应用注册该监听器。

　　在 web.xml 中使用<listener.../>元素进行配置时只要配置如下子元素即可。

> ➤ listener-class：指定 Listener 实现类。

　　若将 ServletContextListener 配置在 Web 容器中，且 Web 容器（支持 Servlet 2.3 以上规范）支持 Listener，则该 ServletContextListener 将可以监听 Web 应用的启动、关闭。

　　如果选择 web.xml 文件来配置 Listener，则应在 web.xml 文档中增加如下配置片段：

```
<listener>
    <!-- 指定 Listener 的实现类 -->
    <listener-class>lee.GetConnListener</listener-class>
</listener>
```

　　上面的配置片段向 Web 应用注册了一个 Listener，其实现类为 lee.GetConnListener。当 Web 应用被启动时，该 Listener 的 contextInitialized 方法被触发，该方法会获取一个 JDBC Connection，并放入 application 范围内，这样所有 JSP 页面都可通过 application 获取数据库连接，从而可以非常方便地进行数据库访问。

★·注意·★

本例中的 ServletContextListener 把一个数据库连接（Connection 实例）设置成 application 属性，这样将导致所有页面都使用相同的 Connection 实例，实际上这种做法的性能非常差。较为实用的做法是：应用启动时将一个数据源（javax.sql.DataSource 实例）设置成 application 属性，而所有 JSP 页面都通过 DataSource 实例来取得数据库连接，再进行数据库访问，这样就会好得多。关于数据库连接池的介绍请参看疯狂 Java 体系的《疯狂 Java 讲义》一书的 13.8 节。

▶▶ 2.10.3 使用 ServletContextAttributeListener

ServletContextAttributeListener 用于监听 ServletContext（application）范围内属性的变化，实现该接口的监听器需要实现如下三个方法。

- ➢ attributeAdded(ServletContextAttributeEvent event)：当程序把一个属性存入 application 范围时触发该方法。
- ➢ attributeRemoved(ServletContextAttributeEvent event)：当程序把一个属性从 application 范围删除时触发该方法。
- ➢ attributeReplaced(ServletContextAttributeEvent event)：当程序替换 application 范围内的属性时将触发该方法。

下面是一个监听 ServletContext 范围内属性改变的 Listener。

程序清单：codes\02\2.10\listenerTest\WEB-INF\src\lee\MyServletContextAttributeListener.java

```java
@WebListener
public class MyServletContextAttributeListener
    implements ServletContextAttributeListener
{
    // 当程序向 application 范围添加属性时触发该方法
    public void attributeAdded(ServletContextAttributeEvent event)
    {
        ServletContext application = event.getServletContext();
        // 获取添加的属性名和属性值
        String name = event.getName();
        Object value = event.getValue();
        System.out.println(application + "范围内添加了名为"
            + name + ", 值为" + value + "的属性!");
    }
    // 当程序从 application 范围删除属性时触发该方法
    public void attributeRemoved(ServletContextAttributeEvent event)
    {
        ServletContext application = event.getServletContext();
        // 获取被删除的属性名和属性值
        String name = event.getName();
        Object value = event.getValue();
        System.out.println(application + "范围内名为"
            + name + ", 值为" + value + "的属性被删除了!");
    }
    // 当 application 范围的属性被替换时触发该方法
    public void attributeReplaced(ServletContextAttributeEvent event)
    {
        ServletContext application = event.getServletContext();
        // 获取被替换的属性名和属性值
        String name = event.getName();
        Object value = event.getValue();
        System.out.println(application + "范围内名为"
            + name + ", 值为" + value + "的属性被替换了!");
    }
}
```

上面的 ServletContextAttributeListener 使用了 @WebListener 注解修饰，这就是向 Web 应用中注册了该 Listener，该 Listener 实现了 attributeAdded、attributeRemoved、attributeReplaced 方法，因此当 application 范围内的属性被添加、删除、替换时，这些对应的监听器方法将会被触发。

➤➤ 2.10.4　使用 ServletRequestListener 和 ServletRequestAttributeListener

ServletRequestListener 用于监听用户请求的到达，实现该接口的监听器需要实现如下两个方法。

- ➤ requestInitialized(ServletRequestEvent sre)：用户请求到达、被初始化时触发该方法。
- ➤ requestDestroyed(ServletRequestEvent sre)：用户请求结束、被销毁时触发该方法。

ServletRequestAttributeListener 则用于监听 ServletRequest（request）范围内属性的变化，实现该接口的监听器需要实现 attributeAdded()、attributeRemoved()、attributeReplaced() 三个方法。由此可见，ServletRequestAttributeListener 与 ServletContextAttributeListener 的作用相似，都用于监听属性的改变，只是 ServletRequestAttributeListener 监听 request 范围内属性的改变，而 ServletContextAttributeListener 监听的是 application 范围内属性的改变。

需要指出的是，应用程序完全可以采用一个监听器类来监听多种事件，只要让该监听器实现类同时实现多个监听器接口即可，如以下代码所示。

程序清单：codes\02\2.10\listenerTest\WEB-INF\src\lee\RequestListener.java

```
@WebListener
public class RequestListener
    implements ServletRequestListener , ServletRequestAttributeListener
{
    // 当用户请求到达、被初始化时触发该方法
    public void requestInitialized(ServletRequestEvent sre)
    {
        HttpServletRequest request = (HttpServletRequest)sre.getServletRequest();
        System.out.println("----发向" + request.getRequestURI()
            + "请求被初始化----");
    }
    // 当用户请求结束、被销毁时触发该方法
    public void requestDestroyed(ServletRequestEvent sre)
    {
        HttpServletRequest request = (HttpServletRequest)sre.getServletRequest();
        System.out.println("----发向" + request.getRequestURI()
            + "请求被销毁----");
    }
    // 当程序向 request 范围添加属性时触发该方法
    public void attributeAdded(ServletRequestAttributeEvent event)
    {
        ServletRequest request = event.getServletRequest();
        // 获取添加的属性名和属性值
        String name = event.getName();
        Object value = event.getValue();
        System.out.println(request + "范围内添加了名为"
            + name + ", 值为" + value + "的属性!");
    }
    // 当程序从 request 范围删除属性时触发该方法
    public void attributeRemoved(ServletRequestAttributeEvent event)
    {
        ServletRequest request = event.getServletRequest();
        // 获取被删除的属性名和属性值
        String name = event.getName();
        Object value = event.getValue();
        System.out.println(request + "范围内名为"
            + name + ", 值为" + value + "的属性被删除了!");
    }
    // 当 request 范围的属性被替换时触发该方法
    public void attributeReplaced(ServletRequestAttributeEvent event)
```

```
    {
        ServletRequest request = event.getServletRequest();
        // 获取被替换的属性名和属性值
        String name = event.getName();
        Object value = event.getValue();
        System.out.println(request + "范围内名为"
            + name + ", 值为" + value + "的属性被替换了!");
    }
}
```

上面的监听器实现类同时实现了 ServletRequestListener 接口和 ServletRequestAttributerListener 接口，因此它既可以监听用户请求的初始化和销毁，也可监听 request 范围内属性的变化。

由于实现了 ServletRequestListener 接口的监听器可以非常方便地监听到每次请求的创建、销毁，因此 Web 应用可通过实现该接口的监听器来监听访问该应用的每个请求，从而实现系统日志。

▶▶ 2.10.5　使用 HttpSessionListener 和 HttpSessionAttributeListener

HttpSessionListener 用于监听用户 session 的创建和销毁，实现该接口的监听器需要实现如下两个方法。

- ➢ sessionCreated(HttpSessionEvent se)：用户与服务器的会话开始、创建时触发该方法。
- ➢ sessionDestroyed(HttpSessionEvent se)：用户与服务器的会话断开、销毁时触发该方法。

HttpSessionAttributeListener 则用于监听 HttpSession（session）范围内属性的变化，实现该接口的监听器需要实现 attributeAdded()、attributeRemoved()、attributeReplaced() 三个方法。由此可见，HttpSessionAttributeListener 与 ServletContextAttributeListener 的作用相似，都用于监听属性的改变，只是 HttpSessionAttributeListener 监听 session 范围内属性的改变，而 ServletContextAttributeListener 监听的是 application 范围内属性的改变。

实现 HttpSessionListener 接口的监听器可以监听每个用户会话的开始和断开，因此应用可以通过该监听器监听系统的在线用户。

下面是该监听器的实现类。

程序清单：codes\02\2.10\listenerTest\WEB-INF\src\lee\OnlineListener.java

```
@WebListener
public class OnlineListener
    implements HttpSessionListener
{
    // 当用户与服务器之间开始 session 时触发该方法
    public void sessionCreated(HttpSessionEvent se)
    {
        HttpSession session = se.getSession();
        ServletContext application = session.getServletContext();
        // 获取 session ID
        String sessionId = session.getId();
        // 如果是一次新的会话
        if (session.isNew())
        {
            String user = (String)session.getAttribute("user");
            // 未登录用户当游客处理
            user = (user == null) ? "游客" : user;
            Map<String , String> online = (Map<String , String>)
                application.getAttribute("online");
            if (online == null)
            {
                online = Collections.synchronizedMap(new HashMap<String , String>());
            }
            // 将用户在线信息放入 Map 中
            online.put(sessionId , user);
            application.setAttribute("online" , online);
        }
```

```
    }
    // 当用户与服务器之间 session 断开时触发该方法
    public void sessionDestroyed(HttpSessionEvent se)
    {
        HttpSession session = se.getSession();
        ServletContext application = session.getServletContext();
        String sessionId = session.getId();
        Map<String , String> online = (Map<String , String>)
            application.getAttribute("online");
        if (online != null)
        {
            // 删除该用户的在线信息
            online.remove(sessionId);
        }
        application.setAttribute("online" , online);
    }
}
```

　　上面的监听器实现类实现了 HttpSessionListener 接口，该监听器可用于监听用户与服务器之间 session 的开始、关闭，当用户与服务器之间的 session 开始时，如果该 session 是一次新的 session，程序就将当前用户的 session ID、用户名存入 application 范围的 Map 中；当用户与服务器之间的 session 关闭时，程序从 application 范围的 Map 中删除该用户的信息。通过上面的方式，application 范围内的 Map 就记录了当前应用的所有在线用户。

　　显示在线用户的页面代码很简单，只要迭代输出 application 范围的 Map 即可，如以下代码所示。

程序清单：codes\02\2.10\listenerTest\online.jsp

```
<%@ page contentType="text/html; charset=GBK" language="java" errorPage="" %>
<%@ page import="java.util.*" %>
<!DOCTYPE html PUBLIC "-//W3C//DTD XHTML 1.0 Transitional//EN"
    "http://www.w3.org/TR/xhtml1/DTD/xhtml1-transitional.dtd">
<html xmlns="http://www.w3.org/1999/xhtml">
<head>
    <title> 用户在线信息 </title>
</head>
<body>
在线用户:
<table width="400" border="1">
<%
Map<String , String> online = (Map<String , String>)application
    .getAttribute("online");
for (String sessionId : online.keySet())
{%>
<tr>
    <td><%=sessionId%></td>
    <td><%=online.get(sessionId)%></td>
</tr>
<%}%>
</body>
</html>
```

　　如果在本机启动三个不同的浏览器来模拟三个用户访问该应用，访问 online.jsp 页面将看到如图 2.42 所示的页面效果。

　　需要指出的是，采用 HttpSessionListener 监听用户在线信息比较"粗糙"，只能监听到有多少人在线，每个用户的 session ID 等基本信息。如果应用需要监听到每个用户停留在哪个页面、本次在线的停留时间、用户的访问 IP 等信息，则应该考虑定时检查 HttpServletRequest 来实现。

图 2.42　使用 HttpSessionListener 监听在线信息

通过检查 HttpServletRequest 的做法可以更精确地监控在线用户的状态，这种做法的思路是：

➤ 定义一个 ServletRequestListener，这个监听器负责监听每个用户请求，当用户请求到达时，系统将用户请求的 session ID、用户名、用户 IP、正在访问的资源、访问时间记录下来。

➤ 启动一条后台线程，这条后台线程每隔一段时间检查上面的每条在线记录，如果某条在线记录的访问时间与当前时间相差超过了指定值，将这条在线记录删除即可。这条后台线程应随着 Web 应用的启动而启动，可考虑使用 ServletContextListener 来完成。

下面先定义一个 ServletRequestListener，它负责监听每次用户请求：每次用户请求到达时，如果是新的用户会话，将相关信息插入数据表；如果是老的用户会话，则更新数据表中已有的在线记录。

程序清单：codes\02\2.10\ online\WEB-INF\src\lee\RequestListener.java

```java
@WebListener
public class RequestListener
    implements ServletRequestListener
{
    // 当用户请求到达、被初始化时触发该方法
    public void requestInitialized(ServletRequestEvent sre)
    {
        HttpServletRequest request = (HttpServletRequest)sre.getServletRequest();
        HttpSession session = request.getSession();
        // 获取 session ID
        String sessionId = session.getId();
        // 获取访问的 IP 和正在访问的页面
        String ip = request.getRemoteAddr();
        String page = request.getRequestURI();
        String user = (String)session.getAttribute("user");
        // 未登录用户当游客处理
        user = (user == null) ? "游客" : user;
        try
        {
            DbDao dd = new DbDao("com.mysql.jdbc.Driver"
                , "jdbc:mysql://localhost:3306/online_inf"
                , "root" , "32147");
            ResultSet rs = dd.query("select * from online_inf where session_id=?"
                , true , sessionId);
            // 如果该用户对应的 session ID 存在，表明是旧的会话
            if (rs.next())
            {
                // 更新记录
                rs.updateString(4, page);
                rs.updateLong(5, System.currentTimeMillis());
                rs.updateRow();
                rs.close();
            }
            else
            {
                // 插入该用户的在线信息
                dd.insert("insert into online_inf values(? , ? , ? , ? , ?)",
                    sessionId , user , ip , page , System.currentTimeMillis());
            }
        }
        catch (Exception ex)
        {
            ex.printStackTrace();
        }
    }
    // 当用户请求结束、被销毁时触发该方法
    public void requestDestroyed(ServletRequestEvent sre)
    {
    }
}
```

上面的程序中粗体字代码控制用户会话是新的 session，还是已有的 session，新的 session 将插入数

据表；旧的 session 将更新数据表中对应的记录。

接下来定义一个 ServletContextListener，它负责启动一条后台线程，这条后台线程将会定期检查在线记录，并删除那些长时间没有重新请求过的记录。该 Listerner 代码如下。

程序清单：codes\02\2.10\ online\WEB-INF\src\lee\OnlineListener.java

```java
@WebListener
public class OnlineListener
    implements ServletContextListener
{
    // 超过该时间（10 分钟）没有访问本站即认为用户已经离线
    public final int MAX_MILLIS = 10 * 60 * 1000;
    // 应用启动时触发该方法
    public void contextInitialized(ServletContextEvent sce)
    {
        // 每 5 秒检查一次
        new javax.swing.Timer(1000 * 5 , new ActionListener()
        {
            public void actionPerformed(ActionEvent e)
            {
                try
                {
                    DbDao dd = new DbDao("com.mysql.jdbc.Driver"
                        , "jdbc:mysql://localhost:3306/online_inf"
                        , "root" , "32147");
                    ResultSet rs = dd.query("select * from online_inf" , false);
                    StringBuffer beRemove = new StringBuffer("(");
                    while(rs.next())
                    {
                        // 如果距离上次访问时间超过了指定时间
                        if ((System.currentTimeMillis() - rs.getLong(5))
                            > MAX_MILLIS)
                        {
                            // 将需要被删除的 session ID 添加进来
                            beRemove.append("'");
                            beRemove.append(rs.getString(1));
                            beRemove.append("' , ");
                        }
                    }
                    // 有需要删除的记录
                    if (beRemove.length() > 3)
                    {
                        beRemove.setLength(beRemove.length() - 3);
                        beRemove.append(")");
                        // 删除所有“超过指定时间未重新请求的记录”
                        dd.modify("delete from online_inf where session_id in "
                            + beRemove.toString());
                    }
                    dd.closeConn();
                }
                catch (Exception ex)
                {
                    ex.printStackTrace();
                }
            }
        }).start();
    }
    public void contextDestroyed(ServletContextEvent sce)
    {
    }
}
```

上面的程序中粗体字代码负责收集系统中“超过指定时间未访问”的在线记录，然后程序通过一条 SQL 语句删除这些在线记录。

　　需要指出的是，上面程序启动的后台线程定期检查的时间间隔为 5 秒，实际项目中这个时间应该适当加大，尤其是在线用户较多时，否则应用将会频繁地检查 online_inf 数据表中的全部记录，这将导致系统开销过大。

　　显示在线用户的页面十分简单，只要查询 online_inf 表中全部记录，并将这些记录显示出来即可。以下是该页面代码。

程序清单：codes\02\2.10\ online\online.jsp

```jsp
<%@ page contentType="text/html; charset=GBK" language="java" errorPage="" %>
<%@ page import="java.sql.*,lee.*" %>
<!DOCTYPE html PUBLIC "-//W3C//DTD XHTML 1.0 Transitional//EN"
    "http://www.w3.org/TR/xhtml1/DTD/xhtml1-transitional.dtd">
<html xmlns="http://www.w3.org/1999/xhtml">
<head>
    <title> 用户在线信息 </title>
</head>
<body>
在线用户:
<table width="640" border="1">
<%
DbDao dd = new DbDao("com.mysql.jdbc.Driver"
    , "jdbc:mysql://localhost:3306/online_inf"
    , "root"
    , "32147");
// 查询 online_inf 表（在线用户表）的全部记录
ResultSet rs = dd.query("select * from online_inf" , false);
while (rs.next())
{%>
<tr>
    <td><%=rs.getString(1)%>
    <td><%=rs.getString(2)%>
    <td><%=rs.getString(3)%>
    <td><%=rs.getString(4)%>
</tr>
<%}%>
</body>
</html>
```

　　启动不同浏览器访问该应用的不同页面，然后访问 online.jsp 页面将可看到如图 2.43 所示的页面效果。

图 2.43　详细的在线信息

　　对于应用中所有需要统计在线用户页面，只要将上面的 online.jsp 页面包含到页面中即可。

 注意

　　本应用需要使用数据表来保存在线用户信息,因此读者应该先将 codes\02\2.10\ online\ 目录下的 data.sql 脚本导入数据库。

2.11　JSP 2 特性

目前 Servlet 3.1 对应于 JSP 2.3 规范，JSP 2.3 也被统称为 JSP 2。相比 JSP 1.2，JSP 2 主要增加了如下新特性。

- ➢ 直接配置 JSP 属性。
- ➢ 表达式语言。
- ➢ 简化的自定义标签 API。
- ➢ Tag 文件语法。

如果需要使用 JSP 2 语法，其 web.xml 文件必须使用 Servlet 2.4 以上版本的配置文件。Servlet 2.4 以上版本的配置文件的根元素写法如下：

```xml
<?xml version="1.0" encoding="GBK"?>
<!-- 不再使用DTD，而是使用Schema描述，版本也升级为2.4-->
<web-app xmlns="http://java.sun.com/xml/ns/j2ee"
    xmlns:xsi="http://www.w3.org/2001/XMLSchema-instance"
    xsi:schemaLocation="http://java.sun.com/xml/ns/j2ee
    http://java.sun.com/xml/ns/j2ee/web-app_2_4.xsd" version="2.4">
    <!-- 此处是Web应用的其他配置 -->
    ...
</web-app>
```

 提示：

> 本书所给出的 Web 应用都是使用 Servlet 3.1 规范，也就是对应于 JSP 2.3 规范，因此完全支持 JSP 2 的特性。Servlet 3.1 规范的 web-app 元素的写法如下：
>
> ```xml
> <?xml version="1.0" encoding="GBK"?>
> <web-app xmlns="http://xmlns.jcp.org/xml/ns/javaee"
>     xmlns:xsi="http://www.w3.org/2001/XMLSchema-instance"
>     xsi:schemaLocation="http://xmlns.jcp.org/xml/ns/javaee
>     http://xmlns.jcp.org/xml/ns/javaee/web-app_3_1.xsd" version="3.1">
> ```

▶▶ 2.11.1　配置 JSP 属性

JSP 属性定义使用<jsp-property-group/>元素配置，主要包括如下 4 个方面。

- ➢ 是否允许使用表达式语言：使用<el-ignored/>元素确定，默认值为 false，即允许使用表达式语言。
- ➢ 是否允许使用 JSP 小脚本：使用<scripting-invalid/>元素确定，默认值为 false，即允许使用 JSP 小脚本。
- ➢ 声明 JSP 页面的编码：使用<page-encoding/>元素确定，配置该元素后，可以代替每个页面里 page 指令 contentType 属性的 charset 部分。
- ➢ 使用隐式包含：使用<include-prelude/>和<include-coda/>元素确定，可以代替在每个页面里使用 include 编译指令来包含其他页面。

提示：

> 此处隐式包含的作用与 JSP 提供的静态包含的作用相似。

下面的 web.xml 文件配置了该应用下的系列属性。

程序清单：codes\02\2.11\jsp2\WEB-INF\web.xml

```xml
<?xml version="1.0" encoding="GBK"?>
<web-app xmlns="http://xmlns.jcp.org/xml/ns/javaee"
    xmlns:xsi="http://www.w3.org/2001/XMLSchema-instance"
    xsi:schemaLocation="http://xmlns.jcp.org/xml/ns/javaee
    http://xmlns.jcp.org/xml/ns/javaee/web-app_3_1.xsd" version="3.1">
```

```
<!-- 关于 JSP 的配置信息 -->
<jsp-config>
    <jsp-property-group>
        <!-- 对哪些文件应用配置 -->
        <url-pattern>/noscript/*</url-pattern>
        <!-- 忽略表达式语言 -->
        <el-ignored>true</el-ignored>
        <!-- 页面编码的字符集 -->
        <page-encoding>GBK</page-encoding>
        <!-- 不允许使用 Java 脚本 -->
        <scripting-invalid>true</scripting-invalid>
        <!-- 隐式导入页面头 -->
        <include-prelude>/inc/top.jspf</include-prelude>
        <!-- 隐式导入页面尾 -->
        <include-coda>/inc/bottom.jspf</include-coda>
    </jsp-property-group>
    <jsp-property-group>
        <!-- 对哪些文件应用配置 -->
        <url-pattern>*.jsp</url-pattern>
        <el-ignored>false</el-ignored>
        <!-- 页面编码字符集 -->
        <page-encoding>GBK</page-encoding>
        <!-- 允许使用 Java 脚本 -->
        <scripting-invalid>false</scripting-invalid>
    </jsp-property-group>
    <jsp-property-group>
        <!-- 对哪些文件应用配置 -->
        <url-pattern>/inc/*</url-pattern>
        <el-ignored>false</el-ignored>
        <!-- 页面编码字符集 -->
        <page-encoding>GBK</page-encoding>
        <!-- 不允许使用 Java 脚本 -->
        <scripting-invalid>true</scripting-invalid>
    </jsp-property-group>
</jsp-config>
</web-app>
```

上面的配置文件中配置了三个<jsp-property-group.../>元素，每个元素配置一组 JSP 属性，用于指定哪些 JSP 页面应该满足怎样的规则。例如，第一个<jsp-property-group.../>元素指定：/noscript/下的所有页面应该使用 GBK 字符集进行编码，且不允许使用 JSP 脚本，忽略表达式语言，并隐式包含页面头、页面尾。

注意

如果在不允许使用 JSP 脚本的页面中使用 JSP 脚本，则该页面将出现错误。即/noscript/下的页面中使用 JSP 脚本将引起错误。

看下面的 JSP 页面代码，为 test1.jsp 页面代码。

程序清单：codes\02\2.11\jsp2\noscript\test1.jsp

```
<%@ page contentType="text/html; charset=GBK" language="java" errorPage="" %>
<!DOCTYPE html PUBLIC "-//W3C//DTD XHTML 1.0 Transitional//EN"
    "http://www.w3.org/TR/xhtml1/DTD/xhtml1-transitional.dtd">
<html xmlns="http://www.w3.org/1999/xhtml">
<head>
    <title> 页面配置 1 </title>
</head>
<body>
<h2>页面配置1</h2>
```

```
下面是表达式语言输出：<br/>
${1 + 2}
</body>
</html>
```

图 2.44　页面配置的运行效果

上面的页面中粗体字代码就是表达式语言，关于表达式语言请看下一节介绍。但由于在 web.xml 文件中配置了表达式语言无效，所以浏览该页面将看到系统直接输出表达式语言。在浏览器中浏览该页面的效果如图 2.44 所示。

从图 2.44 中可以看出，test1.jsp 的表达式语言不能正常输出，这是因为配置了忽略表达式语言。上面页面中看到隐式 include 的页面头分别是 top.jspf 和 bottom.jspf，这两个文件依然是 JSP 页面，只是将文件名后缀改为了 jspf 而已。

而位于应用根路径下的 JSP 页面则支持表达式语言和 JSP 脚本，但没有使用隐式 include 包含页面头和页面尾。应用根路径下的 test2.jsp 页面代码如下。

程序清单：codes\02\2.11\jsp2\test2.jsp

```
<%@ page contentType="text/html; charset=GBK" language="java" errorPage="" %>
<!DOCTYPE html PUBLIC "-//W3C//DTD XHTML 1.0 Transitional//EN"
    "http://www.w3.org/TR/xhtml1/DTD/xhtml1-transitional.dtd">
<html xmlns="http://www.w3.org/1999/xhtml">
<head>
    <title> 页面配置 2 </title>
</head>
<body>
    <h2>页面配置 2</h2>
    下面是表达式语言输出：<br/>
    ${1 + 2}<br/>
    下面是小脚本输出：<br/>
    <%out.println("hello Java");%>
</body>
</html>
```

上面的页面中两行粗体字代码正是嵌套在 JSP 页面中的 JSP 脚本和表达式语言，浏览该页面将看到如图 2.45 所示的效果。

图 2.45 中椭圆形圈出的 3 就是${1+2}的结果——这就是表达式语言的计算结果。

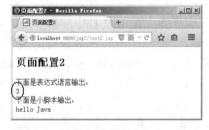

图 2.45　使用表达式语言和 JSP 脚本

▶▶ 2.11.2　表达式语言

表达式语言（Expression Language）是一种简化的数据访问方式。使用表达式语言可以方便地访问 JSP 的隐含对象和 JavaBeans 组件，在 JSP 2 规范中，建议尽量使用表达式语言使 JSP 文件的格式一致，避免使用 JSP 小脚本。

表达式语言可用于简化 JSP 页面的开发，允许美工设计人员使用表达式语言的语法获取业务逻辑组件传过来的变量值。

> **提示：**
> 表达式语言是 JSP 2 的一个重要特性，它并不是一种通用的程序语言，而仅仅是一种数据访问语言，可以方便地访问应用程序数据，避免使用 JSP 小脚本。实际上，Servlet 3.1 规范再次强化了表达式语言的功能。

表达式语言的语法格式是：

```
${expression}
```

1．表达式语言支持的算术运算符和逻辑运算符

表达式语言支持的算术运算符和逻辑运算符非常多，所有在 Java 语言里支持的算术运算符，表达式语言都可以使用；甚至 Java 语言不支持的一些算术运算符和逻辑运算符，表达式语言也支持。

下面的 JSP 页面示范了在表达式语言中使用算术运算符。

程序清单：codes\02\2.11\jsp2\arithmeticOperator.jsp

```jsp
<%@ page contentType="text/html; charset=GBK" language="java" errorPage="" %>
<!DOCTYPE html PUBLIC "-//W3C//DTD XHTML 1.0 Transitional//EN"
    "http://www.w3.org/TR/xhtml1/DTD/xhtml1-transitional.dtd">
<html xmlns="http://www.w3.org/1999/xhtml">
<head>
    <title> 表达式语言 - 算术运算符 </title>
</head>
<body>
    <h2>表达式语言 - 算术运算符</h2><hr/>
    <table border="1" bgcolor="#aaaadd">
        <tr>
            <td><b>表达式语言</b></td>
            <td><b>计算结果</b></td>
        </tr>
        <!-- 直接输出常量 -->
        <tr>
            <td>\${1}</td>
            <td>${1}</td>
        </tr>
        <!-- 计算加法 -->
        <tr>
            <td>\${1.2 + 2.3}</td>
            <td>${1.2 + 2.3}</td>
        </tr>
        <!-- 计算加法 -->
        <tr>
            <td>\${1.2E4 + 1.4}</td>
            <td>${1.2E4 + 1.4}</td>
        </tr>
        <!-- 计算减法 -->
        <tr>
            <td>\${-4 - 2}</td>
            <td>${-4 - 2}</td>
        </tr>
        <!-- 计算乘法 -->
        <tr>
            <td>\${21 * 2}</td>
            <td>${21 * 2}</td>
        </tr>
        <!-- 计算除法 -->
        <tr>
            <td>\${3/4}</td>
            <td>${3/4}</td>
        </tr>
        <!-- 计算除法 -->
        <tr>
            <td>\${3 div 4}</td>
            <td>${3 div 4}</td>
        </tr>
        <!-- 计算除法 -->
        <tr>
            <td>\${3/0}</td>
            <td>${3/0}</td>
        </tr>
        <!-- 计算求余 -->
        <tr>
```

```
        <td>\${10%4}</td>
        <td>${10%4}</td>
    </tr>
    <!-- 计算求余 -->
    <tr>
        <td>\${10 mod 4}</td>
        <td>${10 mod 4}</td>
    </tr>
    <!-- 计算三目运算符 -->
    <tr>
        <td>\${(1==2) ? 3 : 4}</td>
        <td>${(1==2) ? 3 : 4}</td>
    </tr>
    </table>
</body>
</html>
```

上面的页面中示范了表达式语言所支持的加、减、乘、除、求余等算术运算符的功能，读者可能也发现了表达式语言还支持 div、mod 等运算符。而且表达式语言把所有数值都当成浮点数处理，所以 3/0 的实质是 3.0/0.0，得到的结果应该是 Infinity。

浏览 arithmeticOperator.jsp 页面，将看到如图 2.46 所示的效果。

如果需要在支持表达式语言的页面中正常输出"$"符号，则在"$"符号前加转义字符"\"，否则系统以为"$"是表达式语言的特殊标记。

也可以在表达式语言中使用逻辑运算符，如下面的 JSP 页面所示。

图 2.46　支持算术运算符的表达式语言

程序清单：codes\02\2.11\jsp2\logicOperator.jsp

```
<%@ page contentType="text/html; charset=GBK" language="java" errorPage="" %>
<!DOCTYPE html PUBLIC "-//W3C//DTD XHTML 1.0 Transitional//EN"
    "http://www.w3.org/TR/xhtml1/DTD/xhtml1-transitional.dtd">
<html xmlns="http://www.w3.org/1999/xhtml">
<head>
    <title> 表达式语言 - 逻辑运算符 </title>
</head>
<body>
<h2>表达式语言 - 逻辑运算符</h2><hr/>
数字之间的比较：
<table border="1" bgcolor="#aaaadd">
    <tr>
        <td><b>表达式语言</b></td>
        <td><b>计算结果</b></td>
    </tr>
    <!-- 直接比较两个数字 -->
    <tr>
        <td>\${1 &lt; 2}</td>
        <td>${1 < 2}</td>
    </tr>
    <!-- 使用 lt 比较运算符 -->
    <tr>
        <td>\${1 lt 2}</td>
        <td>${1 lt 2}</td>
    </tr>
    <!-- 使用>比较运算符 -->
```

```
    <tr>
        <td>\${1 &gt; (4/2)}</td>
        <td>${1 > (4/2)}</td>
    </tr>
    <!-- 使用 gt 比较运算符 -->
    <tr>
        <td>\${1 gt (4/2)}</td>
        <td>${1 gt (4/2)}</td>
    </tr>
    <!-- 使用>=比较运算符 -->
    <tr>
        <td>\${4.0 &gt;= 3}</td>
        <td>${4.0 >= 3}</td>
    </tr>
    <!-- 使用 ge 比较运算符 -->
    <tr>
        <td>\${4.0 ge 3}</td>
        <td>${4.0 ge 3}</td>
    </tr>
    <!-- 使用<=比较运算符 -->
    <tr>
        <td>\${4 &lt;= 3}</td>
        <td>${4 <= 3}</td>
    </tr>
    <!-- 使用 le 比较运算符 -->
    <tr>
        <td>\${4 le 3}</td>
        <td>${4 le 3}</td>
    </tr>
    <!-- 使用==比较运算符 -->
    <tr>
        <td>\${100.0 == 100}</td>
        <td>${100.0 == 100}</td>
    </tr>
    <!-- 使用 eq 比较运算符 -->
    <tr>
        <td>\${100.0 eq 100}</td>
        <td>${100.0 eq 100}</td>
    </tr>
    <!-- 使用!=比较运算符 -->
    <tr>
        <td>\${(10*10) != 100}</td>
        <td>${(10*10) != 100}</td>
    </tr>
    <!--  先执行运算，再进行比较运算，使用 ne 比较运算符-->
    <tr>
        <td>\${(10*10) ne 100}</td>
        <td>${(10*10) ne 100}</td>
    </tr>
</table>
字符之间的比较：
<table border="1" bgcolor="#aaaadd">
    <tr>
        <td><b>表达式语言</b></td>
        <td><b>计算结果</b></td>
    </tr>
    <tr>
        <td>\${'a' &lt; 'b'}</td>
        <td>${'a' < 'b'}</td>
    </tr>
    <tr>
        <td>\${'hip' &gt; 'hit'}</td>
        <td>${'hip' > 'hit'}</td>
    </tr>
    <tr>
```

```
            <td>\${'4' &gt; 3}</td>
            <td>${'4' > 3}</td>
        </tr>
    </table>
</body>
</html>
```

从上面程序的粗体字代码中可以看出：表达式语言不仅可在数字与数字之间比较，还可在字符与字符之间比较，字符串的比较是根据其对应 Unicode 值来比较大小的。

2．表达式语言的内置对象

使用表达式语言可以直接获取请求参数值，可以获取页面中 JavaBean 的指定属性值，获取请求头及获取 page、request、session 和 application 范围的属性值等，这些都得益于表达式语言的内置对象。

表达式语言包含如下 11 个内置对象。

- ➢ pageContext：代表该页面的 pageContext 对象，与 JSP 的 pageContext 内置对象相同。
- ➢ pageScope：用于获取 page 范围的属性值。
- ➢ requestScope：用于获取 request 范围的属性值。
- ➢ sessionScope：用于获取 session 范围的属性值。
- ➢ applicationScope：用于获取 application 范围的属性值。
- ➢ param：用于获取请求的参数值。
- ➢ paramValues：用于获取请求的参数值，与 param 的区别在于，该对象用于获取属性值为数组的属性值。
- ➢ header：用于获取请求头的属性值。
- ➢ headerValues：用于获取请求头的属性值，与 header 的区别在于，该对象用于获取属性值为数组的属性值。
- ➢ initParam：用于获取请求 Web 应用的初始化参数。
- ➢ cookie：用于获取指定的 Cookie 值。

下面的 JSP 页面示范了如何使用表达式语言的内置对象的方法。

程序清单：codes\02\2.11\jsp2\implicit-objects.jsp

```
<%@ page contentType="text/html; charset=GBK" language="java" errorPage="" %>
<!DOCTYPE html PUBLIC "-//W3C//DTD XHTML 1.0 Transitional//EN"
    "http://www.w3.org/TR/xhtml1/DTD/xhtml1-transitional.dtd">
<html xmlns="http://www.w3.org/1999/xhtml">
<head>
    <title> 表达式语言 - 内置对象 </title>
</head>
<body>
    <h2>表达式语言 - 内置对象</h2>
    请输入你的名字:
    <!-- 通过表单提交请求参数 -->
    <form action="implicit-objects.jsp" method="post">
        <!-- 通过${param['name']} 获取请求参数 -->
        你的名字 = <input type="text" name="name" value="${param['name']}"/>
        <input type="submit" value='提交'/>
    </form><br/>
    <% session.setAttribute("user" , "abc");
    // 下面三行代码添加 Cookie
    Cookie c = new Cookie("name" , "yeeku");
    c.setMaxAge(24 * 3600);
    response.addCookie(c);
    %>
    <table border="1" width="660" bgcolor="#aaaadd">
        <tr>
            <td width="170"><b>功能</b></td>
            <td width="200"><b>表达式语言</b></td>
            <td width="300"><b>计算结果</b></td>
```

```html
<tr>
    <!-- 使用两种方式获取请求参数值 -->
    <td>取得请求参数值</td>
    <td>\${param.name}</td>
    <td>${param.name} </td>
</tr>
<tr>
    <td>取得请求参数值</td>
    <td>\${param["name"]}</td>
    <td>${param["name"]} </td>
</tr>
<tr>
    <!-- 使用两种方式获取指定请求头信息 -->
    <td>取得请求头的值</td>
    <td>\${header.host}</td>
    <td>${header.host}</td>
</tr>
<tr>
    <td>取得请求头的值</td>
    <td>\${header["accept"]}</td>
    <td>${header["accept"]}</td>
</tr>
<!-- 获取 Web 应用的初始化参数值 -->
<tr>
    <td>取得初始化参数值</td>
    <td>\${initParam["author"]}</td>
    <td>${initParam["author"]}</td>
</tr>
<!-- 获取 session 返回的属性值 -->
<tr>
    <td>取得 session 的属性值</td>
    <td>\${sessionScope["user"]}</td>
    <td>${sessionScope["user"]}</td>
</tr>
<!-- 获取指定 Cookie 的值 -->
<tr>
    <td>取得指定 Cookie 的值</td>
    <td>\${cookie["name"].value}</td>
    <td>${cookie["name"].value}</td>
</tr>
    </table>
</body>
</html>
```

上面的页面中粗体字代码就是使用表达式语言内置对象的关键代码。浏览上面页面，并通过页面中表单来提交请求，将看到如图 2.47 所示的效果。

图 2.47　表达式语言中的内置对象

3. 表达式语言的自定义函数

表达式语言除了可以使用基本的运算符外，还可以使用自定义函数。通过自定义函数，能够大大加强表达式语言的功能。自定义函数的开发步骤非常类似于标签的开发步骤，定义方式也几乎一样。区别在于自定义标签直接在页面上生成输出，而自定义函数则需要在表达式语言中使用。

提示： 函数功能大大扩充了 EL 的功能，EL 本身只是一种数据访问语言，因此它不支持调用方法。如果需要在 EL 中进行更复杂的处理，就可以通过函数来完成。函数的本质是：提供一种语法允许在 EL 中调用某个类的静态方法。

下面介绍表达式语言中自定义函数的开发步骤。

① 开发函数处理类：函数处理类就是普通类，这个普通类中包含若干个静态方法，每个静态方法都可定义成一个函数。实际上这个步骤也是可省略的——完全可以直接使用 JDK 或其他项目提供的类，只要这个类包含静态方法即可。

程序清单：codes\02\2.11\jsp2\WEB-INF\src\lee\Functions.java

```java
public class Functions
{
    // 对字符串进行反转
    public static String reverse( String text )
    {
        return new StringBuffer( text ).reverse().toString();
    }
    // 统计字符串的个数
    public static int countChar( String text )
    {
        return text.length();
    }
}
```

注意： 完全可以直接使用 JDK 或其他项目提供的类作为函数处理类，只要这个类包含静态方法即可。

② 使用标签库定义函数：定义函数的方法与定义标签的方法大致相似。在<taglib.../>元素下增加<tag.../>元素用于定义自定义标签；增加<function.../>元素则用于定义自定义函数。每个<function.../>元素只要三个子元素即可。

➤ name：指定自定义函数的函数名。

➤ function-class：指定自定义函数的处理类。

➤ function-signature：指定自定义函数对应的方法。

下面的标签库定义（TLD）文件将上面的 Functions.java 类中所包含的两个方法定义成两个函数。

程序清单：codes\02\2.11\jsp2\WEB-INF\src\mytaglib.tld

```xml
<?xml version="1.0" encoding="GBK"?>
< <taglib xmlns="http://xmlns.jcp.org/xml/ns/javaee"
    xmlns:xsi="http://www.w3.org/2001/XMLSchema-instance"
    xsi:schemaLocation="http://xmlns.jcp.org/xml/ns/javaee
    http://xmlns.jcp.org/xml/ns/javaee/web-jsptaglibrary_2_1.xsd"
    version="2.1">>
    <tlib-version>1.0</tlib-version>
    <short-name>crazyit</short-name>
    <!-- 定义该标签库的 URI -->
    <uri>http://www.crazyit.org/tags</uri>
    <!-- 定义第一个函数 -->
    <function>
```

```
       <!-- 定义函数名:reverse -->
       <name>reverse</name>
       <!-- 定义函数的处理类 -->
       <function-class>lee.Functions</function-class>
       <!-- 定义函数的实现方法-->
       <function-signature>
           java.lang.String reverse(java.lang.String)</function-signature>
   </function>
   <!-- 定义第二个函数: countChar -->
   <function>
       <!-- 定义函数名:countChar -->
       <name>countChar</name>
       <!-- 定义函数的处理类 -->
       <function-class>lee.Functions</function-class>
       <!-- 定义函数的实现方法-->
       <function-signature>int countChar(java.lang.String)
           </function-signature>
   </function>
</taglib>
```

上面的粗体字代码定义了两个函数,不难发现其实定义函数比定义自定义标签更简单,因为自定义
函数只需配置三个子元素即可,变化更少。

③ 在 JSP 页面的 EL 中使用函数:一样需要先导入标签库,然后再使用函数。下面是使用函数的
JSP 页面代码。

程序清单:codes\02\2.11\jsp2\useFunctions.jsp

```
<%@ page contentType="text/html; charset=GBK" language="java" errorPage="" %>
<%@ taglib prefix="crazyit" uri="http://www.crazyit.org/tags"%>
<!DOCTYPE html PUBLIC "-//W3C//DTD XHTML 1.0 Transitional//EN"
    "http://www.w3.org/TR/xhtml1/DTD/xhtml1-transitional.dtd">
<html xmlns="http://www.w3.org/1999/xhtml">
<head>
    <title> new document </title>
</head>
<body>
    <h2>表达式语言 - 自定义函数</h2><hr/>
    请输入一个字符串:
    <form action="useFunctions.jsp" method="post">
        字符串 = <input type="text" name="name" value="${param['name']}">
        <input type="submit"  value="提交">
    </form>
    <table border="1" bgcolor="aaaadd">
        <tr>
            <td><b>表达式语言</b></td>
            <td><b>计算结果</b></td>
        </tr>
        <tr>
            <td>\${param["name"]}</td>
            <td>${param["name"]} </td>
        </tr>
        <!-- 使用 reverse 函数-->
        <tr>
            <td>\${crazyit:reverse(param["name"])}</td>
            <td>${crazyit:reverse(param["name"])} </td>
        </tr>
        <tr>
            <td>\${crazyit:reverse(crazyit:reverse(param["name"]))}</td>
            <td>${crazyit:reverse(crazyit:reverse(param["name"]))} </td>
        </tr>
        <!-- 使用 countChar 函数 -->
        <tr>
            <td>\${crazyit:countChar(param["name"])}</td>
            <td>${crazyit:countChar(param["name"])} </td>
```

```
        </tr>
    </table>
</body>
</html>
```

如上面程序中粗体字代码所示，导入标签库定义文件后（实质上也是函数库定义文件），就可以在表达式语言中使用函数定义库文件里定义的各函数了。

注意

通过上面的介绍不难发现自定义函数的实质：就是将指定 Java 类的静态方法暴露成可以在 EL 中使用的函数，所以可以定义成函数的方法必须用 public static 修饰。

▶▶ 2.11.3　Tag File 支持

Tag File 是自定义标签的简化用法，使用 Tag File 可以无须定义标签处理类和标签库文件，但仍然可以在 JSP 页面中使用自定义标签。

下面以 Tag File 建立一个迭代器标签，其步骤如下。

① 建立 Tag 文件，在 JSP 所支持 Tag File 规范下，Tag File 代理了标签处理类，它的格式类似于 JSP 文件。可以这样理解：如同 JSP 可以代替 Servlet 作为表现层一样，Tag File 则可以代替标签处理类。

Tag File 具有以下 5 个编译指令。

➤ taglib：作用与 JSP 文件中的 taglib 指令效果相同，用于导入其他标签库。

➤ include：作用与 JSP 文件中的 include 指令效果相同，用于导入其他 JSP 或静态页面。

➤ tag：作用类似于 JSP 文件中的 page 指令，有 pageEncoding、body-content 等属性，用于设置页面编码等属性。

➤ attribute：用于设置自定义标签的属性，类似于自定义标签处理类中的标签属性。

➤ variable：用于设置自定义标签的变量，这些变量将传给 JSP 页面使用。

下面是迭代器标签的 Tag File，这个 Tag File 的语法与 JSP 语法非常相似。

程序清单：codes\02\2.11\jsp2\WEB-INF\tags\iterator.tag

```
<%@ tag pageEncoding="GBK" import="java.util.List"%>
<!-- 定义了 4 个标签属性 -->
<%@ attribute name="bgColor" %>
<%@ attribute name="cellColor" %>
<%@ attribute name="title" %>
<%@ attribute name="bean" %>
<table border="1" bgcolor="${bgColor}">
<tr>
<td><b>${title}</b></td>
</tr>
<!-- 取出 request 范围的 a 集合 -->
<%List<String> list = (List<String>)
request.getAttribute("a");
// 遍历输出 list 集合的元素
for (Object ele : list){%>
<tr>
<td bgcolor="${cellColor}">
<%=ele%>
</td>
</tr>
<%}%>
</table>
```

上面的页面代码中的粗体字代码就是 Tag File 的核心代码，可能细心的读者会发现上面的 Tag File 并不会输出完整的 HTML 页面，它只包含一个 table 元素，即只有一个表格，这是正确的。回忆自定义标签的作用：通过简单的标签在页面上生成一个内容片段。同理，这个 Tag File 也只负责生成一个页面片段，所以它并不需要输出完整的 HTML 页面。

　　Tag File 的命名必须遵守如下规则：tagName.tag。即 Tag File 的主文件名就是标签名，文件名后缀必须是 tag。将该文件存在 Web 应用的某个路径下，这个路径相当于标签库的 URI 名。这里将其放在 /WEB-INF/tags 下，即此处标签库路径为/WEB-INF/tags。

　　② 在页面中使用自定义标签时，需要先导入标签库，再使用标签。使用 Tag File 标签与普通自定义标签的用法完全相同，只是在导入标签库时存在一些差异。由于此时的标签库没有 URI，只有标签库路径。因此导入标签时，使用如下语法格式：

```
<%@ taglib prefix="tagPrefix" tagdir="path" %>
```

　　其中，prefix 与之前的 taglib 指令的 prefix 属性完全相同，用于确定标签前缀；而 tagdir 标签库路径下存放很多 Tag File，每个 Tag File 对应一个标签。

　　下面是使用 Tag File 标签的 JSP 页面代码。

程序清单：codes\02\2.11\jsp2\useTagFile.jsp

```jsp
<%@ page contentType="text/html; charset=GBK" language="java" errorPage="" %>
<%@ page import="java.util.*" %>
<%@ taglib prefix="tags" tagdir="/WEB-INF/tags" %>
<!DOCTYPE html PUBLIC "-//W3C//DTD XHTML 1.0 Transitional//EN"
    "http://www.w3.org/TR/xhtml1/DTD/xhtml1-transitional.dtd">
<html xmlns="http://www.w3.org/1999/xhtml">
<head>
    <title>迭代器 tag file</title>
</head>
<body>
    <h2>迭代器 tag file</h2>
    <%
    // 创建集合对象，用于测试 Tag File 所定义的标签
    List<String> a = new ArrayList<String>();
    a.add("疯狂 Java 讲义");
    a.add("轻量级 Java EE 企业应用实战");
    a.add("疯狂前端开发讲义");
    // 将集合对象放入页面范围
    request.setAttribute("a" , a);%>
    <h3>使用自定义标签</h3>
    <tags:iterator bgColor="#99dd99" cellColor="#9999cc"
        title="迭代器标签" bean="a" />
</body>
</html>
```

　　从上面的粗体字代码可以看出，在 JSP 页面中使用 Tag File 标签也很简单。在该 JSP 页面中，使用了如下代码导入标签：

```jsp
<%@ taglib prefix="tags" tagdir="/WEB-INF/tags" %>
```

　　即以 tags 开头的标签，使用/WEB-INF/tags 路径下的标签文件处理。在 JSP 页面中则使用如下代码来使用标签：

```jsp
<tags:iterator bgColor="#99dd99" cellColor="#9999cc"
    title="迭代器标签" bean="a" />
```

　　tags 表明该标签使用/WEB-INF/tags 路径下的 Tag File 来处理标签；而 iterator 是标签名，即使用 WEB-INF/tags 路径下的 iterator.tag 文件负责处理该标签。useTagFile 页面最终的执行效果如图 2.48 所示。

　　Tag File 是自定义标签的简化。事实上，就如同 JSP 文件会编译成 Servlet 一样，Tag File 也会编译成标签处理类，自定义标签的后台依然由标签处理类完成，而这个过程由容器完成。打开 Tomcat 的 work\Catalina\localhost\jsp2\org\apache\jsp\tag\web 路径，即可看到 iterator_tag.java、iterator_tag.class 两个文件，这两个文件就是 Tag File 所对应的标签处理类。

图 2.48 使用 Tag File 的迭代器标签

通过查看 iterator_tag.java 文件的内容不难发现，Tag File 中只有如下几个内置对象。

➢ request：与 JSP 脚本中的 request 对象对应。

➢ response：与 JSP 脚本中的 response 对象对应。

➢ session：与 JSP 脚本中的 session 对象对应。

➢ application：与 JSP 脚本中的 application 对象对应。

➢ config：与 JSP 脚本中的 config 对象对应。

➢ out：与 JSP 脚本中的 out 对象对应。

 ## 2.12   Servlet 3 新特性

伴随 Java EE 6 一起发布的 Servlet 3 规范是 Servlet 规范历史上最重要的变革之一，它的许多特性都极大地简化了 Java Web 应用的开发，例如前面介绍开发 Servlet、Listener、Filter 时所使用的注解。这些变革必将带给广大 Java 开发人员巨大的便利，大大加快 Java web 应用的开发效率。

▶▶ 2.12.1   Servlet 3 的注解

Servlet 3 的一个显著改变是"顺应"了潮流，抛弃了采用 web.xml 配置 Servlet、Filter、Listener 的烦琐步骤，允许开发人员使用注解修饰它们，从而进行部署。

Servlet 3 规范在 javax.servlet.annotation 包下提供了如下注解。

➢ @WebServlet：用于修饰一个 Servlet 类，用于部署 Servlet 类。

➢ @WebInitParam：用于与@WebServlet 或@WebFilter 一起使用，为 Servlet、Filter 配置参数。

➢ @WebListener：用于修饰 Listener 类，用于部署 Listener 类。

➢ @WebFilter：用于修饰 Filter 类，用于部署 Filter 类。

➢ @MultipartConfig：用于修饰 Servlet，指定该 Servlet 将会负责处理 multipart/form-data 类型的请求（主要用于文件上传）。

➢ @ServletSecurity：这是一个与 JAAS 有关的注解，修饰 Servlet 指定该 Servlet 的安全与授权控制。

➢ @HttpConstraint：用于与@ServletSecurity 一起使用，用于指定该 Servlet 的安全与授权控制。

➢ @HttpMethodConstraint：用于与@ServletSecurity 一起使用，用于指定该 Servlet 的安全与授权控制。

上面这些注解有一些已经在前面有了详细的介绍，此处不再赘述。@MultipartConfig 的用法将会在 2.12.4 节有更详细的说明。至于上面三个与 JAAS 相关的注解，由于本书并没有涉及 JAAS 方面的内容，因此请参考本书姊妹篇《经典 Java EE 企业应用实战》的相关章节。

▶▶ 2.12.2   Servlet 3 的 Web 模块支持

Servlet 3 为模块化开发提供了良好的支持，Servlet 3 规范不再要求所有 Web 组件（如 Servlet、Listener、Filter 等）都部署在 web.xml 文件中，而是允许采用"Web 模块"来部署、管理它们。

一个 Web 模块通常对应于一个 JAR 包，这个 JAR 包有如下文件结构。

```
<webModule>.jar——这是 Web 模块的 JAR 包，可以改变
├──META-INF
│      └──web-fragment.xml
└──Web 模块所用的类文件、资源文件等
```

从上面的文件结构可以看出，Web 模块与普通 JAR 的最大区别在于需要在 META-INF 目录下添加一个 web-fragment.xml 文件，这个文件也被称为 Web 模块部署描述符。

web-fragment.xml 文件与 web.xml 文件的作用、文档结构都基本相似，因为它们都用于部署、管理各种 Web 组件。只是 web-fragment.xml 用于部署、管理 Web 模块而已，但 web-fragment.xml 文件可以多指定如下两个元素。

➢ <name.../>：用于指定该 Web 模块的名称。

➢ <ordering.../>：用于指定加载该 Web 模块的相对顺序。

上面<ordering.../>元素用于指定加载当前 Web 模块的相对顺序，该元素的内部结构如图 2.49 所示。

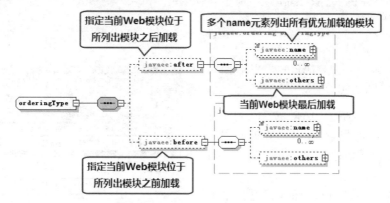

图 2.49　ordering 元素的内部结构

下面开发第一个 Web 模块，该 Web 模块内只定义了一个简单的 ServletContextListner，该 Web 模块对应的 web-fragment.xml 文件如下。

程序清单：codes\02\2.12\crazyit\src\META-INF\web-fragment.xml

```xml
<?xml version="1.0" encoding="GBK"?>
<web-fragment xmlns="http://xmlns.jcp.org/xml/ns/javaee"
    xmlns:xsi="http://www.w3.org/2001/XMLSchema-instance"
    xsi:schemaLocation="http://xmlns.jcp.org/xml/ns/javaee
    http://xmlns.jcp.org/xml/ns/javaee/web-fragment_3_1.xsd" version="3.1">
    <!-- 指定该 Web 模块的唯一标识 -->
    <name>crazyit</name>
    <listener>
        <listener-class>lee.CrazyitListener</listener-class>
    </listener>
    <ordering>
        <!-- 用于配置该 Web 模块必须位于哪些模块之前加载 -->
        <before>
            <!-- 用于指定位于其他所有模块之前加载 -->
            <others/>
        </before>
    </ordering>
</web-fragment>
```

上面的 Web 模块部署描述文件的根元素是 web-fragment，粗体字代码指定该 Web 模块的名称是 crazyit，接下来的粗体字代码指定该 Web 模块将在其他所有 Web 模块之前加载。

接下来再开发一个 Web 模块，接下来的 Web 模块同样只定义了一个 ServletContextListener，该 Web 模块对应的 web-fragment.xml 文件如下。

程序清单：codes\02\2.12\leegang\src\META-INF\web-fragment.xml

```xml
<?xml version="1.0" encoding="GBK"?>
<web-fragment xmlns="http://xmlns.jcp.org/xml/ns/javaee"
    xmlns:xsi="http://www.w3.org/2001/XMLSchema-instance"
    xsi:schemaLocation="http://xmlns.jcp.org/xml/ns/javaee
    http://xmlns.jcp.org/xml/ns/javaee/web-fragment_3_1.xsd" version="3.1">
    <!-- 指定该 Web 模块的唯一标识 -->
    <name>leegang</name>
    <!-- 配置 Listener -->
    <listener>
        <listener-class>lee.LeegangListener</listener-class>
    </listener>
    <ordering>
        <!-- 用于配置该 Web 模块必须位于哪些模块之后加载 -->
        <after>
            <!-- 此处可用多个 name 元素列出该模块必须位于这些模块之后加载 -->
            <name>crazyit</name>
        </after>
    </ordering>
</web-fragment>
```

将这两个 Web 模块打包成 JAR 包，Web 模块 JAR 包的内部结构如图 2.50 所示。

将这两个 Web 模块对应的 JAR 包复制到任意 Web 应用的 WEB-INF/lib 目录下，启动 Web 应用，将可以看到两个 Web 模块被加载：先加载 crazyit 模块，再加载 leegang 模块。

Web 应用除了可按 web-fragment.xml 文件中指定的加载顺序来加载 Web 模块之外，还可以通过 web.xml 文件指定各 Web 模块加载的绝对顺序。在

图 2.50　Web 模块的内部结构

web.xml 文件中指定的加载顺序将会覆盖 Web 模块中 web-fragment.xml 文件所指定的加载顺序。

假如在 Web 应用的 web.xml 文件中增加如下配置片段：

```xml
<absolute-ordering>
    <!-- 指定 Web 模块按如下顺序加载 -->
    <name>leegang</name>
    <name>crazyit</name>
</absolute-ordering>
```

上面的配置片段指定了先加载 leegang 模块，后加载 crazyit 模块，如果重新启动该 Web 应用，将可看到 leegang 模块被优先加载。

Servlet 3 的 Web 模块支持为模块化开发、框架使用提供了巨大的方便，例如需要在 Web 应用中使用 Web 框架，这就只要将该框架的 JAR 包复制到 Web 应用中即可。因为这个 JAR 包的 META-INF 目录下可以通过 web-fragment.xml 文件来配置该框架所需的 Servlet、Listener、Filter 等，从而避免修改 Web 应用的 web.xml 文件。Web 模块支持对于模块化开发也有很大的帮助，开发者可以将不同模块的 Web 组件部署在不同的 web-fragment.xml 文件中，从而避免所有模块的配置、部署信息都写在 web.xml 文件中，这对以后的升级、维护将更加方便。

▶▶ 2.12.3　Servlet 3 提供的异步处理

在以前的 Servlet 规范中，如果 Servlet 作为控制器调用了一个耗时的业务方法，那么 Servlet 必须等到业务方法完全返回之后才会生成响应，这将使得 Servlet 对业务方法的调用变成一种阻塞式的调用，因此效率比较低。

Servlet 3 规范引入了异步处理来解决这个问题，异步处理允许 Servlet 重新发起一条新线程去调用耗时的业务方法，这样就可避免等待。

Servlet 3 的异步处理是通过 AsyncContext 类来处理的，Servlet 可通过 ServletRequest 的如下两个方法开启异步调用、创建 AsyncContext 对象。

> AsyncContext startAsync()

> AsyncContext startAsync(ServletRequest, ServletResponse)

重复调用上面的方法将得到同一个 AsyncContext 对象。AsyncContext 对象代表异步处理的上下文，它提供了一些工具方法，可完成设置异步调用的超时时长，dispatch 用于请求、启动后台线程、获取 request、response 对象等功能。

下面是一个进行异步处理的 Servlet 类。

程序清单：codes\02\2.12\servlet3\WEB-INF\src\lee\AsyncServlet.java

```java
@WebServlet(urlPatterns="/async",asyncSupported=true)
public class AsyncServlet extends HttpServlet
{
    @Override
    public void doGet(HttpServletRequest request
        , HttpServletResponse response)throws IOException,ServletException
    {
        response.setContentType("text/html;charset=GBK");
        PrintWriter out = response.getWriter();
        out.println("<title>异步调用示例</title>");
        out.println("进入 Servlet 的时间: "
            + new java.util.Date() + ".<br/>");
        // 创建 AsyncContext，开始异步调用
        AsyncContext actx = request.startAsync();
        // 设置异步调用的超时时长
        actx.setTimeout(60 * 1000);
        // 启动异步调用的线程
        actx.start(new GetBooksTarget(actx));
        out.println("结束 Servlet 的时间: "
            + new java.util.Date() + ".<br/>");
        out.flush();
    }
}
```

上面的 Servlet 类中粗体字代码创建了 AsyncContext 对象，并通过该对象以异步方式启动了一条后台线程。该线程执行体模拟调用耗时的业务方法，下面是线程执行体的代码。

程序清单：codes\02\2.12\servlet3\WEB-INF\src\lee\Executor.java

```java
public class GetBooksTarget implements Runnable
{
    private AsyncContext actx = null;
    public GetBooksTarget(AsyncContext actx)
    {
        this.actx = actx;
    }
    public void run()
    {
        try
        {
            // 等待 5 秒，以模拟业务方法的执行
            Thread.sleep(5 * 1000);
            ServletRequest request = actx.getRequest();
            List<String> books = new ArrayList<String>();
            books.add("疯狂 Java 讲义");
            books.add("轻量级 Java EE 企业应用实战");
            books.add("疯狂前端开发讲义");
            request.setAttribute("books" , books);
            actx.dispatch("/async.jsp");
```

```
    }
    catch(Exception e)
    {
        e.printStackTrace();
    }
}
```

该线程执行体内让线程暂停 5 秒来模拟调用耗时的业务方法，最后调用 AsyncContext 的 dispatch 方法把请求 dispatch 到指定 JSP 页面。

被异步请求 dispatch 的目标页面需要指定 session="false"，表明该页面不会重新创建 session。下面是 async.jsp 页面的代码。

程序清单：codes\02\2.12\servlet3\async.jsp

```
<%@ page contentType="text/html; charset=GBK" language="java"
    session="false"%>
<%@ taglib prefix="c" uri="http://java.sun.com/jsp/jstl/core" %>
<ul>
<c:forEach items="${books}" var="book">
    <li>${book}</li>
</c:forEach>
</ul>
<%out.println("业务调用结束的时间： " + new java.util.Date());
if (request.isAsyncStarted()) {
    // 完成异步调用
    request.getAsyncContext().complete();
}%>
```

上面的页面只是一个普通 JSP 页面，只是使用了 JSTL 标签库来迭代输出 books 集合，因此读者需要将 JSTL 的两个 JAR 包复制到 Web 应用的 WEB-INF\lib 路径下。

对于希望启用异步调用的 Servlet 而言，开发者必须显式指定开启异步调用，为 Servlet 开启异步调用有两种方式。

➢ 为@WebServlet 指定 asyncSupported=true。

➢ 在 web.xml 文件的<servlet.../>元素中增加<async-supported.../>子元素。

例如，希望开启上面 Servlet 的异步调用可通过如下配置片段：

```
<servlet>
    <servlet-name>async</servlet-name>
    <servlet-class>lee.AsyncServlet</servlet-class>
    <!-- 开启异步调用支持 -->
    <async-supported>true</async-supported>
</servlet>
<servlet-mapping>
    <servlet-name>async</servlet-name>
    <url-pattern>/async</url-pattern>
</servlet-mapping>
```

对于支持异步调用的 Servlet 来说，当 Servlet 以异步方式启用新线程之后，该 Servlet 的执行不会被阻塞，该 Servlet 将可以向客户端浏览器生成响应——当新线程执行完成后，新线程生成的响应再次被送往客户端浏览器。

通过浏览器访问上面的 Servlet 将看到如图 2.51 所示的页面。

当 Servlet 启用异步调用的线程之后，该线程的执行过程对开发者是透明的。但在有些

图 2.51　启用异步调用的 Servlet

情况下，开发者需要了解该异步线程的执行细节，并针对特定的执行结果进行针对性处理，这可借助于 Servlet 3 提供的异步监听器来实现。

异步监听器需要实现 AsyncListener 接口，实现该接口的监听器类需要实现如下 4 个方法。

➤ onStartAsync(AsyncEvent event)：当异步调用开始时触发该方法。

➤ onComplete(AsyncEvent event)：当异步调用完成时触发该方法。

➤ onError(AsyncEvent event)：当异步调用出错时触发该方法。

➤ onTimeout(AsyncEvent event)：当异步调用超时时触发该方法。

接下来为上面的异步调用定义如下监听器类。

程序清单：codes\02\2.12\servlet3\WEB-INF\src\lee\MyAsyncListener.java

```java
public class MyAsyncListener
    implements AsyncListener
{
    public void onComplete(AsyncEvent event)
        throws IOException
    {
        System.out.println("------异步调用完成------" + new Date());
    }
    public void onError(AsyncEvent event)
        throws IOException
    {}
    public void onStartAsync(AsyncEvent event)
        throws IOException
    {
        System.out.println("------异步调用开始------" + new Date());
    }
    public void onTimeout(AsyncEvent event)
        throws IOException
    {}
}
```

上面实现的异步监听器类只实现了 onStartAsync、onComplete 两个方法，表明该监听器只能监听异步调用开始、异步调用完成两个事件。提供了异步监听器之后，还需要通过 AsyncContext 来注册监听器，调用该对象的 addListener()方法即可注册监听器。例如，在上面的 Servlet 中增加如下代码即可注册监听器：

```java
AsyncContext actx = request.startAsync();
// 为该异步调用注册监听器
actx.addListener(new MyAsyncListener());
...
```

一旦通过上面的粗体字代码为异步调用注册了监听器之后，接下来的异步调用过程将会不断地触发该监听器的不同方法。

> **提示：**
> 虽然上面的 MyAsyncListener 监听器类可以监听异步调用开始、异步调用完成两个事件，但从实际运行的结果来看，它并不能监听到异步调用开始事件，这可能是因为注册该监听器时异步调用已经开始了的缘故。

需要指出的是，虽然上面介绍的例子都是基于 Servlet 的，但由于 Filter 与 Servlet 具有很大的相似性，因此 Servlet 3 规范完全支持在 Filter 中使用异步调用。在 Filter 中进行异步调用与在 Servlet 中进行异步调用的效果完全相似，故此处不再赘述。

➤➤ 2.12.4 改进的 Servlet API

Servlet 3 还有一个改变是改进了部分 API，这种改进很好地简化了 Java Web 开发。其中两个较大的改进是：

➤ HttpServletRequest 增加了对文件上传的支持。

➤ ServletContext 允许通过编程的方式动态注册 Servlet、Filter。

HttpServletRequest 提供了如下两个方法来处理文件上传。

➢ Part getPart(String name)：根据名称来获取文件上传域。

➢ Collection<Part> getParts()：获取所有的文件上传域。

上面两个方法的返回值都涉及一个 API：Part，每个 Part 对象对应于一个文件上传域，该对象提供了大量方法来访问上传文件的文件类型、大小、输入流等，并提供了一个 write(String file)方法将上传文件写入服务器磁盘。

为了向服务器上传文件，需要在表单里使用<input type="file" .../>文件域，这个文件域会在 HTML 页面上产生一个单行文本框和一个"浏览"按钮，浏览者可通过该按钮选择需要上传的文件。除此之外，上传文件一定要为表单域设置 enctype 属性。

表单的 enctype 属性指定的是表单数据的编码方式，该属性有如下三个值。

➢ application/x-www-form-urlencoded：这是默认的编码方式，它只处理表单域里的 value 属性值，采用这种编码方式的表单会将表单域的值处理成 URL 编码方式。

➢ multipart/form-data：这种编码方式会以二进制流的方式来处理表单数据，这种编码方式会把文件域指定文件的内容也封装到请求参数里。

➢ text/plain：这种编码方式当表单的 action 属性为 mailto:URL 的形式时比较方便，这种方式主要适用于直接通过表单发送邮件的方式。

如果将 enctype 设置为 application/x-www-form-urlencoded，或不设置 enctype 属性，提交表单时只会发送文件域的文本框里的字符串，也就是浏览者所选择文件的绝对路径，对服务器获取该文件在客户端上的绝对路径没有任何作用，因为服务器不可能访问客户机的文件系统。

下面定义了一个文件上传的页面。

程序清单：codes\02\2.12\servlet3\upload.jsp

```jsp
<%@ page contentType="text/html; charset=GBK" language="java" errorPage="" %>
<!DOCTYPE html PUBLIC "-//W3C//DTD XHTML 1.0 Transitional//EN"
    "http://www.w3.org/TR/xhtml1/DTD/xhtml1-transitional.dtd">
<html xmlns="http://www.w3.org/1999/xhtml">
<head>
    <title> 文件上传 </title>
</head>
<body>
<form method="post" action="upload" enctype="multipart/form-data">
    文件名：<input type="text" id="name" name="name" /><br/>
    选择文件：<input type="file" id="file" name="file" /><br/>
    <input type="submit" value="上传" /><br/>
</form>
</body>
</html>
```

上面的页面中的表单需要设置 enctype="multipart/form-data"，这表明该表单可用于上传文件。上面的表单中定义了两个表单域：一个普通的文本框，它将生成普通请求参数；一个文件上传域，它用于上传文件。

对于传统的文件上传需要借助于 common-fileupload 等工具，处理起来极为复杂，借助于 Servlet 3 的 API，处理文件上传将变得十分简单。看下面的 Servlet 类代码。

程序清单：codes\02\2.12\servlet3\WEB-INF\src\lee\UploadServlet.java

```java
@WebServlet(name="upload" , urlPatterns={"/upload"})
@MultipartConfig
public class UploadServlet extends HttpServlet
{
    public void service(HttpServletRequest request ,
        HttpServletResponse response)
        throws IOException , ServletException
    {
```

```
        response.setContentType("text/html;charset=GBK");
        PrintWriter out = response.getWriter();
        request.setCharacterEncoding("GBK");
        // 获取普通请求参数
        String name = request.getParameter("name");
        out.println("普通的 name 参数为: " + name + "<br/>");
        // 获取文件上传域
        Part part = request.getPart("file");
        // 获取上传文件的文件类型
        out.println("上传文件的的类型为: "
            + part.getContentType() + "<br/>");
        //获取上传文件的大小。
        out.println("上传文件的大小为: " + part.getSize()  + "<br/>");
        // 获取该文件上传域的 Header Name
        Collection<String> headerNames = part.getHeaderNames();
        // 遍历文件上传域的 Header Name、Value
        for (String headerName : headerNames)
        {
            out.println(headerName + "--->"
                + part.getHeader(headerName) + "<br/>");
        }
        // 获取包含原始文件名的字符串
        String fileNameInfo = part.getHeader("content-disposition");
        // 提取上传文件的原始文件名
        String fileName = fileNameInfo.substring(
            fileNameInfo.indexOf("filename=\"") + 10 , fileNameInfo.length() - 1);
        // 将上传的文件写入服务器
        part.write(getServletContext().getRealPath("/uploadFiles")
            + "/" + fileName );                         // ①
    }
}
```

上面 Servlet 使用了@MultipartConfig 修饰，处理文件上传的 Servlet 应该使用该注解修饰。接下来该 Servlet 中 HttpServletRequest 就可通过 getPart(String name)方法来获取文件上传域——就像获取普通请求参数一样。

> **提示:**
> 与 Servlet 所有注解相似的是，Servlet 为@MultipartConfig 提供了相似的配置元素，同样可以通过在<servlet.../>元素中添加<multipart-config.../>子元素来达到相同的效果。

获取了上传文件对应的 Part 之后，可以非常简单地将文件写入服务器磁盘，如上面的①号代码所示。当然也可以通过 Part 获取所上传文件的文件类型、文件大小等各种详细信息。

例如选择一个*.png 图片，然后单击上传将可看到如图 2.52 所示的页面。

上面的 Servlet 中将会把上传的文件保存到 Web 应用的根路径下的 uploadFiles 目录下，因此读者还应该在 Web 应用的根路径下创建 uploadFiles 目录。

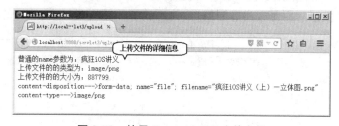

图 2.52 使用 Servlet 3 API 上传文件

> **注意**
> 上面 Servlet 上传时保存的文件名直接使用了上传文件的原始文件名，在实际项目中一般不会这么做，因为可能多个用户可能上传同名的文件，这样将导致后面用户上传的文件覆盖前面用户上传的文件。在实际项目中可借助于 java.util.UUID 工具类生成文件名。

ServletContext 则提供了如下方法来动态地注册 Servet、Filter，并允许动态设置 Web 应用的初始化参数。

➢ 多个重载的 addServlet()方法：动态地注册 Servlet。

➢ 多个重载的 addFilter()方法：动态地注册 Filter。

➢ 多个重载的 addListener()方法：动态地注册 Listener。

➢ setInitParameter(String name, String value)方法：为 Web 应用设置初始化参数。

2.13　Servlet 3.1 新增的非阻塞式 IO

最新的 Java EE 7 已经发布，伴随 Java EE 7 一起发布了 Servlet 3.1，Servlet 3.1 引入了少数新特性。Servlet 3.1 新特性包括强制更改 session Id（由 HttpServletRequest 的 changeSessionId()方法提供）、非阻塞 IO 等。尤其是 Servlet 3.1 提供的非阻塞 IO 进行输入、输出，可以更好地提升性能。

Servlet 底层的 IO 是通过如下两个 IO 流来支持的。

➢ ServletInputStream：Servlet 用于读取数据的输入流。

➢ ServletOutputStream：Servlet 用于输出数据的输出流。

以 Servlet 读取数据为例，传统的读取方式采用阻塞式 IO——当 Servlet 读取浏览器提交的数据时，如果数据暂时不可用，或数据没有读取完成，Servlet 当前所在线程将会被阻塞，无法继续向下执行。

从 Servlet 3.1 开始，ServletInputStream 新增了一个 setReadListener(ReadListener readListener)方法，该方法允许以非阻塞 IO 读取数据，实现 ReadListener 监听器需要实现如下三个方法。

➢ onAllDataRead()：当所有数据读取完成时激发该方法。

➢ onDataAvailable()：当有数据可用时激发该方法。

➢ onError(Throwable t)：读取数据出现错误时激发该方法。

提示：

> 类似地，ServletOuputStream 也提供了 setWriterListenerer(WriteListener writeListener) 方法，通过这种方式，可以让 ServletOuputStream 以非阻塞 IO 进行输出。

在 Servlet 中使用非阻塞 IO 非常简单，主要按如下步骤进行即可。

① 调用 ServletRequest 的 startAsync()方法开启异步模式。

② 通过 ServletRequest 获取 ServletInputStream，并为 ServletInputStream 设置监听器（ReadListener 实现类）。

③ 实现 ReadListener 接口来实现监听器，在该监听器的方法中以非阻塞方式读取数据。

下面的 Servlet 负责处理表单页面提交的数据，但该 Servlet 并未使用传统的、阻塞 IO 来读取客户端数据，而是采用非阻塞 IO 进行读取。下面是该 Servlet 的代码。

程序清单：codes\02\2.13\servlet31\WEB-INF\src\lee\AsyncServlet.java

```java
@WebServlet(urlPatterns="/async",asyncSupported=true)
public class AsyncServlet extends HttpServlet
{
    public void service(HttpServletRequest request ,
        HttpServletResponse response)
        throws IOException , ServletException
    {
        response.setContentType("text/html;charset=GBK");
        PrintWriter out = response.getWriter();
        out.println("<title>非阻塞 IO 示例</title>");
        out.println("进入 Servlet 的时间："
            + new java.util.Date() + ".<br/>");
        // 创建 AsyncContext，开始异步调用
        AsyncContext context = request.startAsync();
        // 设置异步调用的超时时长
```

```
        context.setTimeout(60 * 1000);
        ServletInputStream input = request.getInputStream();
        // 为输入流注册监听器
        input.setReadListener(new MyReadListener(input, context));
        out.println("结束 Servlet 的时间: "
            + new java.util.Date() + ".<br/>");
        out.flush();
    }
}
```

上面程序调用 request 的 startAsync()方法开启异步调用之后，程序中粗体字代码为 Servlet 输入流注册了一个监听器，这样就无须在该 Servlet 中使用阻塞 IO 来获取数据了。而是改为由 MyReadListener 负责读取数据，这样 Servlet 就可以继续向下执行，不会因为 IO 阻塞线程。

MyReadListener 需要实现 ReadListener 接口，并重写它的三个方法。下面是 MyReadListener 的代码。

程序清单：codes\02\2.13\servlet31\WEB-INF\src\lee\MyReadListener.java

```java
public class MyReadListener implements ReadListener
{
    private ServletInputStream input;
    private AsyncContext context;
    public MyReadListener(ServletInputStream input , AsyncContext context)
    {
        this.input = input;
        this.context = context;
    }
    @Override
    public void onDataAvailable()
    {
        System.out.println("数据可用!! ");
        try
        {
            // 暂停 5 秒，模拟读取数据是一个耗时操作
            Thread.sleep(5000);
            StringBuilder sb = new StringBuilder();
            int len = -1;
            byte[] buff = new byte[1024];
            // 采用原始 IO 方式读取浏览器向 Servlet 提交的数据
            while (input.isReady() && (len = input.read(buff)) > 0)
            {
                String data = new String(buff , 0 , len);
                sb.append(data);
            }
            System.out.println(sb);
            // 将数据设置为 request 范围的属性
            context.getRequest().setAttribute("info" , sb.toString());
            // 转发到视图页面
            context.dispatch("/async.jsp");
        }
        catch (Exception ex)
        {
            ex.printStackTrace();
        }
    }
    @Override
    public void onAllDataRead()
    {
        System.out.println("数据读取完成");
    }
    @Override
    public void onError(Throwable t)
```

```
    {
        t.printStackTrace();
    }
}
```

上面程序中 MyReadListener 的 onDataAvailable()方法先暂停线程 5 秒，用于模拟耗时操作，接下来程序使用普通 IO 流读取浏览器提交的数据。

如果程序直接让 Servlet 读取浏览器提交的数据，那么该 Servlet 就需要阻塞 5 秒，不能继续向下执行；改为使用非阻塞 IO 进行读取，虽然读取数据的 IO 操作需要 5 秒，但它不会阻塞 Servlet 执行，因此可以提升 Servlet 的性能。

程序使用一个简单的表单向该 Servlet 提交请求，该表单内包含了请求数据。提交的表单效果如图 2.53 所示。

图 2.53　使用 Servlet 3.1 的非阻塞 IO

2.14　Tomcat 8.5 的 WebSocket 支持

严格来说，WebSocket 并不属于 Java Web 相关规范，WebSocket 属于 HTML 5 规范的一部分，WebSocket 允许通过 JavaScript 建立与远程服务器的连接，从而允许远程服务器将数据推送给浏览器。

通过使用 WebSocket，可以构建出实时性要求比较高的应用，比如在线游戏、在线证券、设备监控、新闻在线播报等，只要服务器端有了新数据，服务端就可以直接将数据推送给浏览器，让浏览器显示最新的状态。

WebSocket 规范已经相当成熟，而且各种主流浏览器（如 Firefox、Chrome、Safari、Opera 等）都已经支持 WebSocket 技术，Java EE 规范则提供了 WebSocket 服务端规范，而 Tomcat 8.5 则对该规范提供了优秀的实现。

使用 Tomcat 8.5 开发 WebSocket 服务端非常简单，大致有如下两种方式。

➢ 使用注解方式开发，被@ServerEndpoint 修饰的 Java 类即可作为 WebSocket 服务端。
➢ 继承 Endpoint 基类实现 WebSocket 服务端。

由于使用注解方式开发不仅开发简单，而且是目前的主流方式，因此本书将介绍使用注解方式进行开发。

　提示：
> 　　与开发 Servlet 一样，Servlet 并不需要处理底层并发、网络通信等通用的底层细节——因为 Servlet 处于 Web 服务器中运行，Web 服务器为 Servlet 处理了底层的并发、网络通信等；开发 WebSocket 服务端同样需要位于 Web 服务器中运行，因此此处开发的 WebSocket 同样无须处理并发、网络通信等细节。

开发被@ServerEndpoint 修饰的 Java 类之后，该类中还可以定义如下方法。

➢ 被@OnOpen 修饰的方法：当客户端与该 WebSocket 服务端建立连接时激发该方法。
➢ 被@OnClose 修饰的方法：当客户端与该 WebSocket 服务端断开连接时激发该方法。
➢ 被@OnMessage 修饰的方法：当 WebSocket 服务端收到客户端消息时激发该方法。
➢ 被@OnError 修饰的方法：当客户端与该 WebSocket 服务端连接出现错误时激发该方法。

下面将基于 WebSocket 开发一个多人实时聊天的程序，该程序的思路很简单——在这个程序中，每个客户所用的浏览器都与服务器建立一个 WebSocket，从而保持实时连接，这样客户端的浏览器可以随时把数据发送到服务器端；当服务器收到任何一个浏览器发送来的消息之后，将该消息依次向每个客户端浏览器发送一遍。图 2.54 显示了基于 WebSocket 的多人实时聊天示意图。

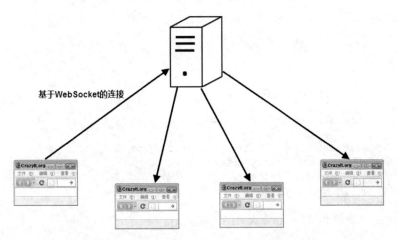

图 2.54 基于 WebSocket 的多人实时聊天示意图

为了实现图 2.54 所示的示意图，按如下步骤开发 WebSocket 服务端程序即可。

① 定义@OnOpen 修饰的方法，每当客户端连接进来时激发该方法，程序使用集合保存所有连接进来的客户端。

② 定义@OnMessage 修饰的方法，每当该服务端收到客户端消息时激发该方法，服务端收到消息之后遍历保存客户端的集合，并将消息逐个发给所有客户端。

③ 定义@OnClose 修饰的方法，每当客户端断开与该服务端连接时激发该方法，程序将该客户端从集合中删除。

下面程序就是基于 WebSocket 实现多人实时聊天的服务器程序。

程序清单：codes\02\2.14\WebSocket\WEB-INF\src\lee\ChatEntpoint.java

```java
@ServerEndpoint(value = "/websocket/chat")
public class ChatEntpoint
{
    private static final String GUEST_PREFIX = "访客";
    private static final AtomicInteger connectionIds = new AtomicInteger(0);
    // 定义一个集合，用于保存所有接入的 WebSocket 客户端
    private static final Set<ChatEntpoint> clientSet =
        new CopyOnWriteArraySet<>();
    // 定义一个成员变量，记录 WebSocket 客户端的聊天昵称
    private final String nickname;
    // 定义一个成员变量，记录与 WebSocket 之间的会话
    private Session session;
    public ChatEntpoint()
    {
        nickname = GUEST_PREFIX + connectionIds.getAndIncrement();
    }
    // 当客户端连接进来时自动激发该方法
    @OnOpen
    public void start(Session session)
    {
        this.session = session;
        // 将 WebSocket 客户端会话添加到集合中
        clientSet.add(this);
        String message = String.format("【%s %s】"
            , nickname, "加入了聊天室！");
        // 发送消息
        broadcast(message);
    }
    // 当客户端断开连接时自动激发该方法
    @OnClose
    public void end()
    {
        clientSet.remove(this);
```

◀183

```java
        String message = String.format("【%s %s】"
            , nickname, "离开了聊天室！");
        // 发送消息
        broadcast(message);
    }
    // 每当收到客户端消息时自动激发该方法
    @OnMessage
    public void incoming(String message)
    {
        String filteredMessage = String.format("%s: %s"
            , nickname, filter(message));
        // 发送消息
        broadcast(filteredMessage);
    }
    // 当客户端通信出现错误时激发该方法
    @OnError
    public void onError(Throwable t) throws Throwable
    {
        System.out.println("WebSocket 服务端错误 " + t);
    }
    // 实现广播消息的工具方法
    private static void broadcast(String msg)
    {
        // 遍历服务器关联的所有客户端
        for (ChatEntpoint client : clientSet)
        {
            try
            {
                synchronized (client)
                {
                    // 发送消息
                    client.session.getBasicRemote().sendText(msg);
                }
            }
            catch (IOException e)
            {
                System.out.println("聊天错误，向客户端 "
                    + client + " 发送消息出现错误。");
                clientSet.remove(client);
                try
                {
                    client.session.close();
                }
                catch (IOException e1){}
                String message = String.format("【%s %s】",
                    client.nickname, "已经被断开了连接。");
                broadcast(message);
            }
        }
    }
    // 定义一个工具方法，用于对字符串中的 HTML 字符标签进行转义
    private static String filter(String message)
    {
        if (message == null)
            return null;
        char content[] = new char[message.length()];
        message.getChars(0, message.length(), content, 0);
        StringBuilder result = new StringBuilder(content.length + 50);
        for (int i = 0; i < content.length; i++)
        {
            // 控制对尖括号等特殊字符进行转义
            switch (content[i])
            {
                case '<':
```

```
                    result.append("&lt;");
                    break;
                case '>':
                    result.append("&gt;");
                    break;
                case '&':
                    result.append("&amp;");
                    break;
                case '"':
                    result.append("&quot;");
                    break;
                default:
                    result.append(content[i]);
            }
        }
        return (result.toString());
    }
}
```

上面的 ChatEntpoint 主要就是实现了 @OnOpen、@OnClose、@OnMessage 和 @OnError 这 4 个注解修饰的方法。

需要说明的是，该 ChatEntpoint 类并不是真正的 WebSocket 服务端，它只实现了 WebSocket 服务端的核心功能，Tomcat 会调用它的方法作为 WebSocket 服务端。因此，Tomcat 会为每个 WebSocket 客户端创建一个 ChatEntpoint 对象，也就是说，有一个 WebSocket 客户端，程序就有一个 ChatEntpoint 对象。所以上面程序中 clientSet 集合保存了多个 ChatEntpoint 对象，其中每个 ChatEndpoint 对象对应一个 WebSocket 客户端。

编译 ChatEntpoint 类，并将生成的 class 文件放在 Web 应用的 WEB-INF/classes 目录下，该 ChatEntpoint 即可作为 WebSocket 服务端使用。

> **提示**：
> 上面 ChatEntpoint 类用到了 WebSocket API 规范的相关注解，因此读者需要将 Tomcat 的 lib 目录下的 websocket-api.jar 添加到 CLASSPATH 环境变量下。

接下来使用 JavaScript 开发 WebSocket 客户端。此处 WebSocket 客户端使用一个简单的 HTML 页面即可。

程序清单：codes\02\2.14\WebSocket\chat.html

```html
<!DOCTYPE html>
<html>
<head>
    <meta http-equiv="Content-Type" content="text/html; charset=UTF-8" />
    <title> 使用 WebSocket 通信 </title>
    <script type="text/javascript">
        // 创建 WebSocket 对象
        var webSocket = new WebSocket("ws://127.0.0.1:8888/WebSocket/websocket/chat");
        var sendMsg = function()
        {
            var inputElement = document.getElementById('msg');
            // 发送消息
            webSocket.send(inputElement.value);
            // 清空单行文本框
            inputElement.value = "";
        }
        var send = function(event)
        {
            if (event.keyCode == 13)
            {
                sendMsg();
            }
        };
```

```
            webSocket.onopen = function()
            {
                // 为 onmessage 事件绑定监听器，接收消息
                webSocket.onmessage= function(event)
                {
                    var show = document.getElementById('show')
                    // 接收并显示消息
                    show.innerHTML += event.data + "<br/>";
                    show.scrollTop = show.scrollHeight;
                }
                document.getElementById('msg').onkeydown = send;
                document.getElementById('sendBn').onclick = sendMsg;
            };
            webSocket.onclose = function ()
            {
                document.getElementById('msg').onkeydown = null;
                document.getElementById('sendBn').onclick = null;
                Console.log('WebSocket 已经被关闭。');
            };
    </script>
</head>
<body>
<div style="width:600px;height:240px;
    overflow-y:auto;border:1px solid #333;" id="show"></div>
<input type="text" size="80" id="msg" name="msg" placeholder="输入聊天内容"/>
<input type="button" value="发送" id="sendBn" name="sendBn"/>
</body>
</html>
```

上面程序中第一行粗体字代码创建了一个 WebSocket 对象（WebSocket 是 HTML 5 规范新增的类），创建对象时指定 WebSocket 服务端的地址。一旦程序得到了 WebSocket 对象，接下来程序即可调用 WebSocket 的 send()方法向服务器发送消息。除此之外，还可以为 WebSocket 绑定如下三个事件处理函数。

➢ onopen：当 WebSocket 客户端与服务端建立连接时自动激发该事件处理函数。

➢ onclose：当 WebSocket 客户端与服务端关闭连接时自动激发该事件处理函数。

➢ onmessage：当 WebSocket 客户端收到服务端消息时自动激发该事件处理函数。

提示：
　　WebSocket 肯定会成为 Web 应用开发的主流技术，这种技术颠覆了传统 Web 应用请求/响应架构模型，它可以让服务端与浏览器建立实时通信的 Socket，因此具有广泛的用途。为了使用 WebSocket，还需要 JavaScript 编程知识，关于 JavaScript 和 WebSocket 相关知识，请参考《疯狂 HTML 5/CSS 3/JavaScript 讲义》。

首先启动 ChatEntpoint 所在的 Web 应用，使用多个浏览器登录 chat.html 页面聊天即可看到如图 2.55 所示的聊天效果。

图 2.55　基于 WebSocket 的多人实时聊天效果

2.15　本章小结

本章系统介绍了 Java Web 编程的相关知识：JSP、Servlet、Listener、Filter 等。本章覆盖了 JSP 所有知识点，包括 JSP 的 3 个编译指令、7 个动作指令、9 个内置对象，详细介绍了 Java Web 编程所涉及的 Servlet、Listener 和 Filter 的使用，还详细介绍了 JSP 2 自定义标签库开发步骤及标签库的用法，包括简单标签、带属性标签和迭代器标签等。本章也全面讲解了 JSP 2 所支持的配置 JSP 属性、表达式语言和 Tag File 标签支持等内容。除此之外，还重点介绍了 Servlet 3 新规范带来的巨大改变：Servlet、Listener、Filter 不需要通过 web.xml 进行配置，只需通过注解修饰即可。Servlet 3 带来的 Web 模块支持、改进的 Servlet API 都给 Web 开发带来很大方便，值得掌握。本书最后还介绍了 Servlet 3.1 的非阻塞 IO 支持和 Tomcat 8.5 提供的 WebSocket，尤其是 WebSocket，必将在未来的 Web 开发中大放异彩。

本章内容是轻量级 Java EE 和经典 Java EE 都需要的表现层技术，因此非常重要。

第 3 章

Struts 2 的基本用法

本章要点

- Model 1 和 Model 2
- MVC 思想的概念和优势
- 使用 Eclipse 开发 Struts 2 应用
- Struts 2 框架的基本流程
- 配置 Struts 2 常量
- 实现逻辑控制器 Action
- 包和命名空间的配置
- 深入掌握 Action 的配置
- Struts 2 支持的视图类型
- 为逻辑视图配置物理视图资源
- 配置 Struts 2 的异常处理流程
- Struts 2 的 Convention 插件和"约定"支持
- Struts 2 的国际化
- Struts 2 标签库入门
- OGNL 表达式语言的功能和用法
- 控制标签的用法
- 数据标签的用法
- 表单标签的用法
- 非表单标签的用法

Struts 2 由传统的 Struts 1、WebWork 两个经典 MVC 框架发展起来，无论是从 Struts 2 设计的角度来看，还是从 Struts 2 在实际项目中的易用性来看，Struts 2 都是一个非常优秀的 MVC 框架。与传统的 Struts 1 相比，Struts 2 允许使用普通的、传统的 Java 对象作为 Action；Action 的 execute()方法不再与 Servlet API 耦合，因而更易测试；支持更多的视图技术；基于 AOP 思想的拦截器机制，提供了极好的可扩展性；更强大、更易用的输入校验功能；整合的 Ajax 支持等，这些都是 Struts 2 的巨大吸引力。

时至今日，Struts 2 已经发布了 Struts 2.5.14 GA 版本，这也是本书介绍的版本。本章将详细介绍 Struts 2 框架的基本用法，从 Struts 2 入门开始介绍，引导读者了解 Struts 2 框架的运行流程，然后详细介绍 Struts 2 配置文件的相关细节。

3.1 MVC 思想概述

正如上一章所介绍的，随着应用系统的逐渐增大，系统的业务逻辑复杂度将以几何级数的形式增长。在这种情况下，如果依然把所有的处理逻辑都放在 JSP 页面中，那将成为一场噩梦：无论后期要进行怎样的改变，都必须打开那些丑陋的 JSP 脚本进行修改。

MVC 思想将应用中各组件按功能进行分类，不同的组件使用不同技术充当，甚至推荐了严格分层，不同组件被严格限制在其所在层内，各层之间以松耦合的方式组织在一起，从而提供良好的封装。

▶▶ 3.1.1 传统 Model 1 和 Model 2

Java Web 应用的结构经历了 Model 1 和 Model 2 两个时代，从 Model 1 发展到 Model 2 既是技术发展的必然，也是无数程序员的心血结晶。

在 Model 1 模式下，整个 Web 应用几乎全部由 JSP 页面组成，JSP 页面接收处理客户端请求，对请求处理后直接做出响应。用少量的 JavaBean 来处理数据库连接、数据库访问等操作。

Model 1 模式的实现比较简单，适用于快速开发小规模项目。但从工程化的角度看，它的局限性非常明显：JSP 页面身兼 View 和 Controller 两种角色，将控制逻辑和表现逻辑混杂在一起，从而导致代码的重用性非常低，增加了应用的扩展性和维护的难度。

早期由大量 JSP 页面所开发出来的 Web 应用，大都采用了 Model 1 架构。实际上，早期绝大部分 ASP 应用也属于这种 Model 1 的架构。

Model 2 已经是基于 MVC 架构的设计模式。在 Model 2 架构中，Servlet 作为前端控制器，负责接收客户端发送的请求，在 Servlet 中只包含控制逻辑和简单的前端处理；然后，调用后端 JavaBean 来完成实际的逻辑处理；最后，转发到相应的 JSP 页面处理显示逻辑。其具体的实现方式如图 3.1 所示。

正如在图 3.1 中看到的，Model 2 下 JSP 不再承担控制器的责任，它仅仅是表现层角色，仅仅用于将结果呈现给用户，JSP 页面的请求与 Servlet（控制器）交互，而 Servlet 负责与后台的 JavaBean 通信。在 Model 2 模式下，模型（Model）由 JavaBean 充当，视图（View）由 JSP 页面充当，而控制器（Controller）则由 Servlet 充当。

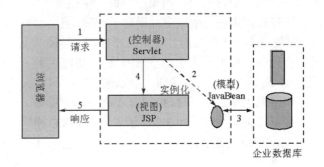

图 3.1 Model 2 的流程

由于引入了 MVC 模式，使 Model 2 具有组件化的特点，更适用于大规模应用的开发，但也增加了应用开发的复杂程度。原本需要一个简单的 JSP 页面就能实现的应用，在 Model 2 中被分解成多个协同工作的部分，需花更多时间才能真正掌握其设计和实现过程。

Model 2 已经是 MVC 设计思想下的架构，下面简要介绍 MVC 设计思想的优势。

> **注意**
>
> 　　对于非常小型的 Web 站点，如果后期的更新、维护工作不是特别大，可以使用 Model 1 的模式来开发应用，而不是使用 Model 2 的模式。虽然 Model 2 提供了更好的可扩展性及可维护性，但增加了前期开发成本。从某种程度上讲，Model 2 为了降低系统后期维护的复杂度，却导致前期开发的复杂度更高。

▶▶ 3.1.2　MVC 思想及其优势

MVC 并不是 Java 语言所特有的设计思想，也并不是 Web 应用所特有的思想，它是所有面向对象程序设计语言都应该遵守的规范。

MVC 思想将一个应用分成三个基本部分：Model（模型）、View（视图）和 Controller（控制器），这三个部分以最少的耦合协同工作，从而提高应用的可扩展性及可维护性。

在经典的 MVC 模式中，事件由控制器处理，控制器根据事件的类型改变模型或视图，反之亦然。具体地说，每个模型对应一系列的视图列表，这种对应关系通常采用注册来完成，即：把多个视图注册到同一个模型，当模型发生改变时，模型向所有注册过的视图发送通知，接下来，视图从对应的模型中获得信息，然后完成视图显示的更新。

从设计模式的角度来看，MVC 思想非常类似于观察者模式，但与观察者模式存在少许差别：观察者模式下观察者和被观察者可以是两个互相对等的对象，但对于 MVC 思想而言，被观察者往往只是单纯的数据体，而观察者则是单纯的视图页面。

概括起来，MVC 有如下特点。

➢ 多个视图可以对应一个模型。按 MVC 设计模式，一个模型对应多个视图，可以减少代码的复制及代码的维护量，一旦模型发生改变，也易于维护。

➢ 模型返回的数据与显示逻辑分离。模型数据可以应用任何的显示技术，例如，使用 JSP 页面、Velocity 模板或者直接产生 Excel 文档等。

➢ 应用被分隔为三层，降低了各层之间的耦合，提供了应用的可扩展性。

➢ 控制层的概念也很有效，由于它把不同的模型和不同的视图组合在一起，完成不同的请求。因此，控制层可以说是包含了用户请求权限的概念。

➢ MVC 更符合软件工程化管理的精神。不同的层各司其职，每一层的组件具有相同的特征，有利于通过工程化和工具化产生管理程序代码。

相对于早期的 MVC 思想，Web 模式下的 MVC 思想则又存在一些变化，对于一个普通应用程序，可以将视图注册给模型，当模型数据发生改变时，即时通知视图页面发生改变；而对于 Web 应用而言，即使将多个 JSP 页面注册给一个模型，当模型发生变化时，模型无法主动发送消息给 JSP 页面（因为 Web 应用都是基于请求/响应模式的），只有当用户请求浏览该页面时，控制器才负责调用模型数据来更新 JSP 页面。图 3.2 显示了遵循 MVC 模式的 Java Web 的运行流程。

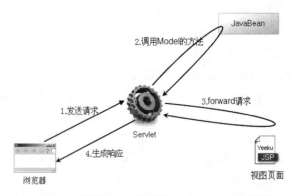

图 3.2　遵循 MVC 模式的 Java Web 运行流程

> **注意**
>
> 　　MVC 思想与观察者模式有一定的相似之处，但并不完全相同。经典的 MVC 思想与 Web 应用的 MVC 思想也存在一定的差别，引起差别的主要原因是因为 Web 应用是一种请求/响应模式下应用，对于请求/响应应用，如果用户不对应用发出请求，视图无法主动更新自己。

3.2　Struts 2 **的下载和安装**

前面已经介绍了如何手动建立 Web 应用，也介绍了如何在 Eclipse 中建立 Web 应用，下面主要介绍如何为 Web 应用增加 Struts 2 支持。

▶▶ 3.2.1　为 Web 应用增加 Struts 2 支持

本书成书之时，Struts 2 的最新版是 2.5.14 GA 版，本书所介绍的 Struts 2 就是基于该版本的，建议读者也下载该版本的 Struts 2。

下载和安装 Struts 2 请按如下步骤进行。

① 登录 http://struts.apache.org/download.cgi#struts2514 站点，下载 Struts 2 的最新版。下载 Struts 2 时有如下几项。

➢ Full Distribution：下载 Struts 2 的完整版，通常建议下载该选项，该选项包括 Struts 2 的示例应用、核心库、源代码和文档等。

➢ Example Applications：仅下载 Struts 2 的示例应用，这些示例应用对于学习 Struts 2 有很大的帮助，下载 Struts 2 的完整版时已经包含了该选项下的全部应用。

➢ Essential Dependencies：仅下载 Struts 2 的核心库，下载 Struts 2 的完整版时将包括该选项下的全部内容。

➢ Documentation：仅下载 Struts 2 的相关文档，包含 Struts 2 的使用文档、参考手册和 API 文档等。下载 Struts 2 的完整版时将包括该选项下的全部内容。

➢ Source：下载 Struts 2 的全部源代码，下载 Struts 2 的完整版时将包括该选项下的全部内容。

通常建议读者下载 Full Distribution 项即可，将下载得到的*.zip 文件解压缩，解压后的文件夹包含如下文件结构。

➢ apps：该文件夹下包含了基于 Struts 2 的示例应用，这些示例应用对于学习者是非常有用的资料。

➢ docs：该文件夹下包含了 Struts 2 的相关文档，包括 Struts 2 的快速入门、Struts 2 的文档，以及 API 文档等内容。

➢ lib：该文件夹下包含了 Struts 2 框架的核心类库，以及 Struts 2 的第三方插件类库。

➢ src：该文件夹下包含了 Struts 2 框架的全部源代码。

② 进入 Struts 2 解压目录的 lib 目录下，将如图 3.3 所示的 JAR 包复制到 Web 应用的 WEB-INF/lib 路径下。如果需要在 Web 应用中使用 Struts 2 的更多特性，则需要将相应的 JAR 文件复制到 Web 应用的 WEB-INF/lib 路径下。如果需要在 DOS 或者 Shell 窗口下手动编译 Struts 2 相关的程序，则还应该将 struts2-core-2.5.14.jar 添加到系统的 CLASSPATH 环境变量里。

> 大部分时候，使用 Struts 2 的 Web 应用并不需要利用到 Struts 2 的全部特性，因此没有必要一次将 Struts 2 解压路径下的 lib 路径下的 JAR 文件全部复制到 Web 应用的 WEB-INF/lib 路径下。

③ 编辑 Web 应用的 web.xml 配置文件，配置 Struts 2 的核心 Filter。下面是增加了 Struts 2 的核心 Filter 配置的 web.xml 配置文件的代码片段。

```xml
<?xml version="1.0" encoding="GBK"?>
<web-app xmlns="http://xmlns.jcp.org/xml/ns/javaee"
    xmlns:xsi="http://www.w3.org/2001/XMLSchema-instance"
    xsi:schemaLocation="http://xmlns.jcp.org/xml/ns/javaee
    http://xmlns.jcp.org/xml/ns/javaee/web-app_3_1.xsd" version="3.1">
    <!-- 定义 Struts 2 的核心 Filter -->
    <filter>
        <filter-name>struts2</filter-name>
        <filter-class>org.apache.struts2.dispatcher
            .filter.StrutsPrepareAndExecuteFilter</filter-class>
```

```
      </filter>
      <!-- 让 Struts 2 的核心 Filter 拦截所有请求 -->
      <filter-mapping>
         <filter-name>struts2</filter-name>
         <url-pattern>/*</url-pattern>
      </filter-mapping>
</web-app>
```

④ 将 Struts 2 解压目录下的 apps 目录下的 struts2-showcase.war 压缩包的 WEB-INF\classes 路径下的 struts.xml 文件复制到 Web 应用的 src 目录下（编译应用时会将 src 目录下的所有文件复制到 classes 目录中），并将该文件修改为如下格式：

```xml
<?xml version="1.0" encoding="UTF-8" ?>
<!DOCTYPE struts PUBLIC
    "-//Apache Software Foundation//DTD Struts Configuration 2.5//EN"
    "http://struts.apache.org/dtds/struts-2.5.dtd">
<struts>
    <constant name="struts.enable.DynamicMethodInvocation" value="false" />
    <constant name="struts.devMode" value="true" />
    <package name="crazyit" namespace="/" extends="struts-default">
        <action name="*">
            <result>/WEB-INF/content/{1}.jsp</result>
        </action>
    </package>
</struts>
```

经过上面 4 个步骤，已经可以在一个 Web 应用中使用 Struts 2 的基本功能了。下面将带领读者进入 Struts 2 MVC 框架的世界。

> **注意**
>
> 使用 MVC 框架后就该严格遵守 MVC 思想，MVC 框架推荐应该避免让浏览者直接访问 Web 应用的视图页面，用户的所有请求都只应向控制器发送，由控制器调用模型组件、视图组件向用户呈现数据。上面配置文件中配置了一个 name="*" 的 <action.../> 元素，该元素可以处理所有的用户请求，这样就可以将所有的 JSP 页面都保存在 WEB-INF/content 目录下。

▶▶ 3.2.2　在 Eclipse 中使用 Struts 2

首先使用 Eclipse 新建一个 Dynamic Web Project，也就是新建一个动态 Web 项目。

为了让 Web 应用具有 Struts 2 支持功能，将 Struts 2 解压目录下的 lib 目录下的 JAR 包（见图 3.3）复制到 Web 应用的 lib 路径下，也就是复制到 "%workspace%\Struts2Demo\WebContent\WEB-INF\lib" 路径下。

返回 Eclipse 主界面，在 Eclipse 主界面的左上角资源导航树中看到了 Struts2Demo 节点，选中该节点，然后按 F5 键，将看到 Eclipse 主界面左上角资源导航树中出现如图 3.3 所示的界面。

看到如图 3.3 所示的界面，表明该 Web 应用已经加入了 Struts 2 的必需类库中，但还需要修改 web.xml 文件，让该文件负责加载 Struts 2 框架。

在如图 3.3 所示的导航树中，单击 "WebContent" → "WEB-INF" 节点前的加号，展开该节点，看到该节点下包含的 web.xml 文件子节点。

单击 web.xml 文件节点，编辑该文件，同样是在

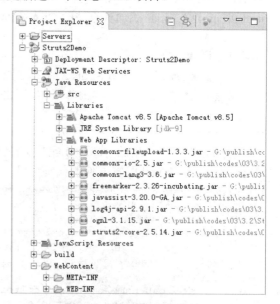

图 3.3　增加 Struts 2 支持

web.xml 文件中定义 Struts 2 的核心 Filter，并定义该 Filter 所拦截的 URL 模式，与上一节所介绍内容完全一样。至此，该 Web 应用完全具备了 Struts 2 框架的支持。

▶▶ 3.2.3　增加登录处理

下面将为 Struts2Demo 应用增加一个简单的登录处理流程，通过这个处理流程向读者大致介绍 Struts 2 应用的开发步骤。

使用第 1 章所介绍的方式在 Eclipse 中添加 JSP 页面，新加的 JSP 页面名为 loginForm.jsp，在 Eclipse 中编辑该页面，使得该页面内容如下。

程序清单：codes\03\3.2\Struts2Demo\WebContent\WEB-INF\content\loginForm.jsp

```jsp
<%@ page language="java" contentType="text/html; charset=UTF-8"
    pageEncoding="UTF-8"%>
<%@taglib prefix="s" uri="/struts-tags"%>
<html>
<head>
<meta http-equiv="Content-Type" content="text/html; charset=UTF-8">
<title><s:text name="loginPage"/></title>
</head>
<body>
<s:form action="login">
    <s:textfield name="username" key="user"/>
    <s:textfield name="password" key="pass"/>
    <s:submit key="login"/>
</s:form>
</body>
</html>>
```

上面的页面中粗体字代码使用 Struts 2 标签库定义了一个表单和三个简单表单域。关于 Struts 2 标签库的用法，本书后面会有更详细的介绍，此处无须理会它们。

本书第 2 章已经说过：几乎所有 MVC 框架都会提供丰富的标签库，用以帮助开发者更简单、更规范地编写视图组件（通常就是 JSP 页面），Struts 2 也不例外，Struts 2 的标签库功能非常强大，使用起来也非常简单，本章最后一节会详细介绍 Struts 2 标签库。

除此之外，还需为该应用提供 welcome.jsp 和 error.jsp 页面，分别作为登录成功、登录失败后的提示页面，这两个页面的代码非常简单，此处不再给出，在 codes\03\3.2\Struts2Demo\WebContent\WEB-INF\content 路径下有这两个页面文件。

为了让 Struts 2 应用运行起来，还必须为 Struts 2 框架提供一个配置文件：struts.xml 文件，通过单击 Eclipse 的 "File" → "New" → "XML" 子菜单项来创建 struts.xml 文件。该文件应该放在 Web 应用的类加载路径下，并且文件内容与前一小节中的 struts.xml 文件内容相同。

然后在该文件中添加两个 <constant.../> 元素用于加载国际化资源文件，代码如下。

程序清单：codes\03\3.2\Struts2Demo\src\struts.xml

```xml
< <?xml version="1.0" encoding="UTF-8" ?>
<!DOCTYPE struts PUBLIC
    "-//Apache Software Foundation//DTD Struts Configuration 2.5//EN"
    "http://struts.apache.org/dtds/struts-2.5.dtd">
<struts>
    <!-- 指定全局国际化资源文件 -->
    <constant name="struts.custom.i18n.resources" value="mess"/>
    <constant name="struts.enable.DynamicMethodInvocation" value="false"/>
    ...
</struts>
```

上面的配置文件中粗体字代码指定国际化资源文件的 base 名为 mess，所以还应该为该应用提供一个 mess_zh_CN.properties 文件。

可能有读者会感到奇怪：上面的 struts.xml 文件怎么没有放在 Web 应用的类加载路径下？因为现在处于 Eclipse 工具管理下，当 Eclipse 生成、部署 Web 项目时，会自动将 src 路径下除*.java 外的所有文件都复制到 Web 应用的 WEB-INF\classes 路径下。

下面编写一份 mess.properties 文件，文件内容如下。

程序清单：codes\03\3.2\Struts2Demo\src\mess_zh_CN.properties

```
loginPage=登录页面
errorPage=错误页面
succPage=成功页面
failTip=对不起，您不能登录！
succTip=欢迎，{0},您已经登录！
user=用户名
pass=密码
login=登录
```

这些国际化资源提示信息用于 Struts2Demo 应用的各页面提供国际化支持，Java 9 已经允许使用 UTF-8 字符集来保存国际化资源文件，因此这种国际化资源文件可包含中文，无须像以前那样使用 native2ascii 命令进行额外处理。因此注意这份文件必须使用 UTF-8 字符集。

配置了这些资源之后，就可以按第 1 章所介绍的方式来部署 Struts2Demo 应用了，部署成功后，在浏览器中访问刚才的 Struts2Demo 应用，将看到本应用登录页面。以 Tomcat 的端口为 8888 为例，应该在浏览器中访问如下地址：http://localhost:8888/Struts2Demo/loginForm，将看到如图 3.4 所示的页面。

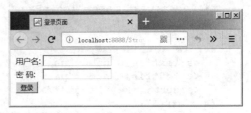

图 3.4　登录页面

> **注意**
>
> Struts 2 推荐把所有的视图页面存放在 WEB-INF 目录下，这样可以保护视图页面，避免直接向视图页面发送请求。上面 struts.xml 文件中配置了一个 name="*"的<action.../>，该<action.../>元素可以处理所有请求，处理规则是：对于任意请求，直接呈现 WEB-INF/content 目录下同名的 JSP 页面，所以图 3.4 所示的请求地址为 loginForm（不要添加.jsp），Struts 2 会调用 WEB-INF/content 目录下的 loginForm.jsp 呈现视图。

前面定义 loginForm.jsp 页面中登录表单时指定该表单的 action 为 login，因此还必须定义一个 Sturts 2 的 Action，Sturts 2 的 Action 通常应该继承 ActionSupport 基类。

在 Eclipse 工具中新建一个 Java 类，该 Java 类的类名为 "LoginAction"。该类代码如下。

程序清单：codes\03\3.2\Struts2Demo\src\org\crazyit\app\action\LoginAction.java

```java
public class LoginAction extends ActionSupport
{
    // 定义封装请求参数的 username 和 password 成员变量
    private String username;
    private String password;
    public String getUsername()
    {
        return username;
    }
    public void setUsername(String username)
    {
        this.username = username;
    }
    public String getPassword()
    {
        return password;
    }
    public void setPassword(String password)
    {
        this.password = password;
```

```
    }
    // 定义处理用户请求的 execute 方法
    public String execute() throws Exception
    {
        // 当 username 为 crazyit.org, password 为 leegang 时即登录成功
        if (getUsername().equals("crazyit.org")
            && getPassword().equals("leegang") )
        {
            ActionContext.getContext().getSession()
                .put("user" , getUsername());
            return SUCCESS;
        }
        return ERROR;
    }
}
```

该 Action 处理登录请求的逻辑非常简单：只要用户名为 crazyit.org，密码为 leegang 即认为登录成功，如上面粗体字代码所示。

增加了 Struts 2 的 Action 类后，还需要增加对应的配置文件，也就是修改 src 路径下的 struts.xml 文件，在该文件中增加一个 name="login"的<action.../>。代码如下。

程序清单：codes\03\3.2\Struts2Demo\src\struts.xml

```xml
<?xml version="1.0" encoding="GBK"?>
<!DOCTYPE struts PUBLIC
    "-//Apache Software Foundation//DTD Struts Configuration 2.5//EN"
    "http://struts.apache.org/dtds/struts-2.5.dtd">
<!-- 指定 Struts 2 配置文件的根元素 -->
<struts>
    <!-- 指定全局国际化资源文件 -->
    <constant name="struts.custom.i18n.resources" value="mess"/>
    <constant name="struts.enable.DynamicMethodInvocation" value="false"/>
    <constant name="struts.devMode" value="true" />
    <!-- 所有的 Action 定义都应该放在 package 下 -->
    <package name="lee" extends="struts-default">
        <action name="login" class="org.crazyit.app.action.LoginAction">
            <!-- 定义三个逻辑视图和物理资源之间的映射 -->
            <result name="error">/WEB-INF/content/error.jsp</result>
            <result name="success">/WEB-INF/content/welcome.jsp</result>
        </action>
        ...
    </package>
</struts>
```

上面的配置文件中粗体字代码配置了一个名为 login 的 Action，浏览者可以向该 Action 发送请求。该 Action 下还配置了三个 result 元素，用于指定逻辑视图和物理资源之间的映射，即当返回 input 逻辑视图名时，系统跳转到/loginForm.jsp 页面。

> **提示：**
> 此处的 Eclipse 没有使用专门的 Struts 2 插件，因此只能用比较原始的方式来建立一个 Struts 2 的配置文件。如果开发者使用了专门的 Struts 2 插件，则应该可以通过"下一步"、"下一步"的方式来建立 Struts 2 的配置文件。

至此，整个 Struts 2 应用完全建立成功，再次部署该应用，先请求 loginForm，并在该页面内输入 crazyit.org、leegang 后单击"登录"按钮，将看到如图 3.5 所示的页面。

至此，已经介绍完了在 Eclipse 下开发 Struts 2 应用的流程。

图 3.5 登录成功

3.3　Struts 2 的流程

下面将对上面的开发 Struts 2 应用的过程进行总结，以期让读者对 Struts 2 有一个大致的了解。

▶▶ 3.3.1　Struts 2 应用的开发步骤

下面简单介绍 Struts 2 应用的开发步骤。

① 在 web.xml 文件中定义核心 Filter 来拦截用户请求。

由于 Web 应用是基于请求/响应架构的应用，所以不管哪个 MVC Web 框架，都需要在 web.xml 中配置该框架的核心 Servlet 或 Filter，这样才可以让该框架介入 Web 应用中。

例如，开发 Struts 2 应用第 1 步就是在 web.xml 文件中增加如下配置片段：

```
<!-- 定义 Struts 2 的核心 Filter -->
<filter>
    <filter-name>struts2</filter-name>
    <filter-class>org.apache.struts2.dispatcher
        .filter.StrutsPrepareAndExecuteFilter</filter-class>
</filter>
<!-- 让 Struts 2 的核心 Filter 拦截所有请求 -->
<filter-mapping>
    <filter-name>struts2</filter-name>
    <url-pattern>/*</url-pattern>
</filter-mapping>
```

② 如果需要以 POST 方式提交请求，则定义包含表单数据的 JSP 页面。如果仅仅只是以 GET 方式发送请求，则无须经过这一步。

③ 定义处理用户请求的 Action 类。

这一步也是所有 MVC 框架中必不可少的，因为这个 Action 就是 MVC 中的 C，也就是控制器，该控制器负责调用 Model 里的方法来处理请求。由于本章只是介绍 Struts 2 框架的用法，所以可能并未调用 Model 的方法，而是让 Action 对用户请求进行了简单处理。

> **提示：**
>
> 可能有读者产生疑问：Action 并未接收到用户请求啊，它怎么能处理用户请求呢？MVC 框架的底层机制是：核心 Servlet 或 Filter 接收到用户请求后，通常会对用户请求进行简单预处理，例如解析、封装参数等，然后通过反射来创建 Action 实例，并调用 Action 的指定方法（Struts 1 通常是 execute，Struts 2 可以是任意方法）来处理用户请求。这里又产生了一个问题：当 Servlet 或 Filter 拦截用户请求后，它如何知道创建哪个 Action 的实例呢？有两种解决方案。
>
> ➤ 利用配置文件：例如配置 login.action 对应使用 LoginAction 类。这就可以让 MVC 框架知道创建哪个 Action 的实例了。
>
> ➤ 利用约定：这种用法可能是受 Rails 框架的启发，例如约定 xxx.action 总是对应 XxxAction 类。如果核心控制器收到 regist.action 请求后，将会调用 RegistAction 类来处理用户请求，这一点在本书所介绍的 Sturts 2 版本中已有对应的实现，就是它提供的 Convention（约定）插件。

根据上面的介绍不难发现：在 MVC 框架中，控制器实际上由两个部分共同组成，即拦截所有用户请求，处理请求的通用代码都由核心控制器完成，而实际的业务控制（诸如调用 Model，返回处理结果等）则由 Action 处理。

④ 配置 Action。对于 Java 领域的绝大部分 MVC 框架而言，都非常喜欢使用 XML 文件来配置管理，这在以前是一种思维定势。配置 Action 就是指定哪个请求对应用哪个 Action 进行处理，从而让核心控制器根据该配置来创建合适的 Action 实例，并调用该 Action 的业务控制方法。例如，通常需要采用如下代码片段来配置 Action。

```
<action name="login" class="org.crazyit.app.action.LoginAction">
    ...
</action>
```

上面的配置片段指定如果用户请求 URL 为 login，则使用 org.crazyit.app.action.LoginAction 来处理。

现在 Struts 2 的 Convention 插件借鉴了 Rails 框架的优点，开始支持"约定优于配置"的思想，因此也可采用约定方式来规定用户请求地址和 Action 之间的对应关系。

⑤ 配置处理结果和物理视图资源之间的对应关系。

当 Action 处理用户请求结束后，通常会返回一个处理结果（通常使用简单的字符串就可以了），可认为该名称就是逻辑视图名，这个逻辑视图名需要和指定物理视图资源关联才有价值。所以还需要配置处理结果之间的对应关系。

例如，通过如下代码片段来配置处理结果和物理视图的映射关系。

```
<action name="login" class=" org.crazyit.app.action.LoginAction ">
    <!-- 定义 3 个逻辑视图和物理资源之间的映射 -->
    <result name="input">/WEB-INF/content/loginForm.jsp</result>
    <result name="error">/WEB-INF/content/error.jsp</result>
    <result name="success">/WEB-INF/content/welcome.jsp</result>
</action>
```

上面的粗体字代码指定了三个处理结果和三个物理视图之间的映射关系，配置片段指定当 LoginAction 的处理方法返回"input"字符串时，实际将进入/WEB-INF/content/loginForm.jsp 页面；当处理方法返回"error"字符串时，实际将进入/WEB-INF/content/error.jsp 页面；当处理方法返回"success"字符串时，实际将进入/WEB-INF/content/welcome.jsp 页面。

⑥ 编写视图资源。如果 Action 需要把一些数据传给视图资源，则可以借助于 OGNL 表达式。

经过上面 6 个步骤，即可基本完成一个 Struts 2 处理流程的开发，也就是可以执行一次完整的请求→响应过程。

▶▶ 3.3.2　Struts 2 的运行流程

上一节所介绍的 Struts 2 应用的开发流程实际上是按请求→响应的流程来开发的，下面通过一个简单的流程图来介绍请求→响应的完整流程。图 3.6 显示了一次请求→响应的完整流程。

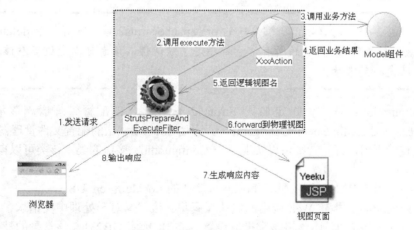

图 3.6　请求→响应的完整流程

图 3.6 中灰色区域包括的 StrutsPrepareAndExecuteFilter 和 XxxAction 共同构成了 Struts 2 的控制器，常常把 StrutsPrepareAndExecuteFilter 称为核心控制器，把 XxxAction 称为业务控制器。

从图 3.6 中可以看出，业务控制器 XxxAction 通常并不与物理视图关联，这种做法提供了很好的解耦。业务控制器只负责返回处理结果，而该处理结果与怎样的视图关联，依然由 StrutsPrepareAndExecuteFilter 来决定。这样做的好处是：如果有一天需要将某个视图名映射到不同视图资源，这就无须修改 XxxAction 的代码，而是只需修改配置文件即可。

从图 3.6 中还可以看出，在 Struts 2 框架的控制下，用户请求不再向 JSP 页面发送，而是由核心控制器 StrutsPrepareAndExecuteFilter "调用" JSP 页面来生成响应，此处的调用并不是直接调用，而是将请求 forward 到指定 JSP 页面。

3.4　Struts 2 的常规配置

虽然 Struts 2 提供了 Convention 插件来管理 Action、结果映射，但对于大部分实际开发来说，通常还是会考虑使用 XML 文件来管理 Struts 2 的配置信息。

Struts 2 的默认配置文件名为 struts.xml，该文件应该放在 Web 应用的类加载路径下，通常就是放在 WEB-INF/classes 路径下。

struts.xml 配置文件最大的作用就是配置 Action 和请求之间的对应关系，并配置逻辑视图名和物理视图资源之间的对应关系。除此之外，struts.xml 文件还有一些额外的功能，例如 Bean 配置、配置常量、导入其他配置文件等。

▶▶ 3.4.1　常量配置

Struts 2 除了可使用 struts.xml 文件来管理配置之外，还可使用 struts.properties 文件来管理常量，该文件定义了 Struts 2 框架的大量常量，开发者可以通过改变这些常量来满足应用的需求。

struts.properties 文件是一个标准的 Properties 文件，该文件包含了系列的 key-value 对，每个 key 就是一个 Struts 2 常量，该 key 对应的 value 就是一个 Struts 2 常量值。

> **提示：**
> 　　Struts 2 的常量相当于对于 Struts 2 应用整体起作用的属性，因此 Struts 2 常量常常也被称为 Struts 2 属性。

只要将 struts.properties 文件放在 Web 应用的类加载路径下，Struts 2 框架就可以加载该文件。通常将该文件放在 Web 应用的 WEB-INF/classes 路径下。

现在的问题是，struts.properties 文件的哪些 key 是有效的？即 struts.properties 文件里包含哪些常量是有效的 Struts 2 常量。下面列出了可以在 struts.properties 中定义的 Struts 2 常量。

> **提示：**
> 　　在 struts2-core-2.5.14.jar 压缩文件的 org\apache\struts2 路径下有一个 default.properties 文件，该文件里为 Struts 2 的所有常量都指定了默认值，读者可以通过查看该文件来了解 Struts 2 所支持的常量。

- ➢ struts.configuration：该常量指定加载 Struts 2 配置文件的配置管理器。该常量的默认值是 org.apache.struts2.config.DefaultConfiguration，这是 Struts 2 默认的配置文件管理器。如果需要实现自己的配置管理器，开发者则可以实现一个 Configuration 接口的类，该类可以自己加载 Struts 2 配置文件。
- ➢ struts.locale：指定 Web 应用的默认 Locale。默认的 Locale 是 en_US。
- ➢ struts.i18n.encoding：指定 Web 应用的默认编码集。该常量对于处理中文请求参数非常有用，对于获取中文请求参数值，应该将该常量值设置为 GBK 或者 GB2312。该常量的默认值为 UTF-8。

> **提示：**
> 　　当设置该参数为 GBK 时，相当于执行了 HttpServletRequest 的 setCharacterEncoding ("GBK")方法。

- ➢ struts.objectFactory：指定 Struts 2 默认的 ObjectFactory Bean。
- ➢ struts.objectFactory.spring.autoWire：指定 Spring 框架的自动装配模式，该常量的默认值是 name，即默认根据 Bean 的 name 自动装配。

➢ struts.objectFactory.spring.useClassCache：该常量指定整合 Spring 框架时，是否缓存 Bean 实例，该常量只允许使用 true 和 false 两个值，它的默认值是 true。通常不建议修改该常量值。

➢ struts.objectFactory.spring.autoWire.alwaysRespect：保证总是使用自动装配策略。

➢ struts.objectTypeDeterminer：该常量指定 Struts 2 的类型检测机制，通常支持 tiger 和 notiger 两个常量值。

➢ struts.multipart.parser：该常量指定处理 multipart/form-data 的 MIME 类型（文件上传）请求的框架，该常量支持 cos、pell 和 jakarta 等常量值，即分别对应使用 cos 的文件上传框架、pell 上传及 common-fileupload 文件上传框架。该常量的默认值为 jakarta。

> **注意**
>
> 　如果需要使用 cos 或者 pell 的文件上传方式，则应该将对应的 JAR 文件复制到 Web 应用中。例如，使用 cos 上传方式，则需要自己下载 cos 框架的 JAR 文件，并将该文件放在 WEB-INF/lib 路径下。

➢ struts.multipart.saveDir：该常量指定上传文件的临时保存路径，该常量的默认值是 javax.servlet.context.tempdir。

➢ struts.multipart.maxSize：该常量指定 Struts 2 文件上传中整个请求内容允许的最大字节数。

➢ struts.custom.properties：该常量指定 Struts 2 应用加载用户自定义的常量文件，该自定义常量文件指定的常量不会覆盖 struts.properties 文件中指定的常量。如果需要加载多个自定义常量文件，则多个自定义常量文件的文件名以英文逗号（,）隔开。

➢ struts.mapper.class：指定将 HTTP 请求映射到指定 Action 的映射器，Struts 2 提供了默认的映射器：org.apache.struts2.dispatcher.mapper.DefaultActionMapper。默认的映射器根据请求的前缀与 Action 的 name 常量完成映射。

➢ struts.action.extension：该常量指定需要 Struts 2 处理的请求后缀，该常量的默认值是 action，即所有匹配 *.action 的请求都由 Struts 2 处理。如果用户需要指定多个请求后缀，则多个后缀之间以英文逗号（,）隔开。

> **提示：**
>
> 　《Struts 2 权威指南》一书面世以来，曾经收到一些读者来信询问如何改变 Struts 2 拦截请求的后缀，他们认为 Struts 1 是在 web.xml 文件中配置拦截 *.do，而在 Struts 2 中找不到相应的配置，于是感到很迷惘，其实 Struts 2 更简单，只要修改此处即可。

➢ struts.serve.static：该常量设置是否通过 JAR 文件提供静态内容服务，只支持 true 和 false 常量值。该常量的默认常量值是 true。

➢ struts.serve.static.browserCache：该常量设置浏览器是否缓存静态内容。当应用处于开发阶段时，如果希望每次请求都获得服务器的最新响应，则可设置该常量为 false。

➢ struts.enable.DynamicMethodInvocation：该常量设置 Struts 2 是否支持动态方法调用，该常量的默认值是 true。如果需要关闭动态方法调用，则可设置该常量为 false。

➢ struts.enable.SlashesInActionNames：该常量设置 Struts 2 是否允许在 Action 名中使用斜线，默认值是 false。如果开发者希望允许在 Action 名中使用斜线，则可设置该常量为 true。

➢ struts.tag.altSyntax：该常量指定是否允许在 Struts 2 标签中使用表达式语法，因为通常都需要在标签中使用表达式语法，故此常量应该设置为 true。该常量的默认值是 true。

➢ struts.devMode：该常量设置 Struts 2 应用是否使用开发模式。如果设置该常量为 true，则可以在应用出错时显示更多、更友好的出错提示。该常量只接受 true 和 false 两个值，该常量的默认值是 false。通常，应用在开发阶段，将该常量设置为 true；当进入产品发布阶段后，则该常量设置为 false。

提示：　当该把该常量设为 true 之后，相当于把 struts.i18n.reload、struts.configuration.xml.reload 两个常量都设为 true。

➢ struts.i18n.reload：该常量设置是否每次 HTTP 请求到达时，系统都重新加载资源文件。该常量默认值是 false。在开发阶段将该常量设置为 true 会更有利于开发，但在产品发布阶段应将该常量设置为 false。

提示：　开发阶段将该常量设置为 true，将可以在每次请求时都重新加载国际化资源文件，从而可以让开发者看到实时开发效果；产品发布阶段应该将该常量设置为 false，是为了提供响应性能，每次请求都需要重新加载资源文件会大大降低应用的性能。

➢ struts.ui.theme：该常量指定视图标签默认的视图主题，默认值是 xhtml。

➢ struts.ui.templateDir：该常量指定视图主题所需要模板文件的位置，默认值是 template，即默认加载 template 路径下的模板文件。

➢ struts.ui.templateSuffix：该常量指定模板文件的后缀，默认常量值是 ftl。该常量还允许使用 ftl、vm 或 jsp，分别对应 FreeMarker、Velocity 和 JSP 模板。

➢ struts.configuration.xml.reload：该常量设置当 struts.xml 文件改变后，系统是否自动重新加载该文件。该常量的默认值是 false。

➢ struts.velocity.configfile：该常量指定 Velocity 框架所需的 velocity.properties 文件的位置，默认值为 velocity.properties。

➢ struts.velocity.contexts：该常量指定 Velocity 框架的 Context 位置，如果该框架有多个 Context，则多个 Context 之间以英文逗号（,）隔开。

➢ struts.velocity.toolboxlocation：该常量指定 Velocity 框架的 toolbox 的位置。

➢ struts.url.http.port：该常量指定 Web 应用所在的监听端口。该常量通常没有太大的用处，只是当 Struts 2 需要生成 URL 时（例如 Url 标签），该常量才提供 Web 应用的默认端口。

➢ struts.url.https.port：该常量类似于 struts.url.http.port 常量的作用，区别是该常量指定的是 Web 应用的加密服务端口。

➢ struts.url.includeParams：该常量指定 Struts 2 生成 URL 时是否包含请求参数。该常量接受 none、get 和 all 三个常量值，分别对应于不包含、仅包含 GET 类型请求参数和包含全部请求参数。

➢ struts.custom.i18n.resources：该常量指定 Struts 2 应用所需要的国际化资源文件，如果有多个国际化资源文件，则多个资源文件的文件名以英文逗号（,）隔开。

➢ struts.dispatcher.parametersWorkaround：对于某些 Java EE 服务器，不支持 HttpServletRequest 调用 getParameterMap() 方法，此时可以设置该常量值为 true 来解决该问题。该常量的默认值是 false。对于 WebLogic、Orion 和 OC4J 服务器，通常应该设置该常量为 true。

➢ struts.freemarker.manager.classname：该常量指定 Struts 2 使用的 FreeMarker 管理器。该常量的默认值是 org.apache.struts2.views.freemarker.FreemarkerManager，这是 Struts 2 内建的 FreeMarker 管理器。

➢ struts.freemarker.templatesCache：该常量设置是否缓存 FreeMarker 模板。该常量的默认值为 false。

➢ struts.freemarker.beanwrapperCache：常量设置是否缓存 FreeMarker 的 Bean 模型。该常量的默认值为 false。

➢ struts.freemarker.wrapper.altMap：该常量只支持 true 和 false 两个常量值，默认值是 true。通常无须修改该常量值。

➢ struts.freemarker.mru.max.strong.size：该常量的默认值为 100。

➢ struts.xslt.nocache：该常量设置 XSLT Result 是否使用样式表缓存。当应用处于开发阶段时，该常量通常被设置为 true；当应用处于产品使用阶段时，该常量通常被设置为 false。

➤ struts.mapper.alwaysSelectFullNamespace：设置是否总是使用命名空间,该常量的默认值是 false。

➤ struts.ognl.allowStaticMethodAccess：该常量设置是否允许在 OGNL 表达式中调用静态方法。该常量的默认值是 false。

➤ struts.el.throwExceptionOnFailure：该常量设置当表达式计算失败时、或表达式里某个常量不存在时是否抛出一个 RuntimeException。该常量的默认值是 false。

➤ struts.ognl.logMissingProperties：该常量设置是否记录（以 Warning 日志级别））表达式中所有找不到常量。该常量的默认值是 false。如果将该常量设置为 true，将会看到控制台输出大量调试信息，看上去十分烦琐。

➤ struts.ognl.enableExpressionCache：该常量设置对 OGNL 表达式的计算结果进行缓存，这种缓存可能导致内存泄露。该常量的默认值是 true。

Struts 2 默认会加载类加载路径下的 struts.xml、struts-default.xml、struts-plugin.xml 三类文件，其中 struts.xml 是开发者定义的默认配置文件， struts-default.xml 是 Struts 2 框架自带的配置文件，而 struts-plugin.xml 则是 Struts 2 插件的默认配置文件。

Struts 2 配置常量总共有三种方式。

➤ 通过 struts.properties 文件。

➤ 通过 struts.xml 配置文件。

➤ 通过 Web 应用的 web.xml 文件。

Struts 2 的所有配置文件，包括 struts-default.xml、struts-plugin.xml，甚至用户自定义的、只要能被 Struts 2 加载的配置文件中都可使用常量配置的方式来配置 Struts 2 常量。

如下 struts.xml 配置片段在 struts.xml 文件中配置了一个常量，该常量即可代替 struts.properties 文件中 Struts 2 配置属性。

```xml
<?xml version="1.0" encoding="UTF-8" ?>
<!-- 指定 Struts 2 的 DTD 信息 -->
<!DOCTYPE struts PUBLIC
    "-//Apache Software Foundation//DTD Struts Configuration 2.5//EN"
    "http://struts.apache.org/dtds/struts-2.5.dtd">
<struts>
    <!-- 通过 constant 元素配置 Struts 2 的属性 -->
    <constant name="struts.custom.i18n.resources" value="mess"/>
    ...
</struts>
```

上面的粗体字代码配置了一个常用属性：struts.custom.i18n.resources，该属性指定了应用所需的国际化资源文件的 baseName 为 mess。

除此之外，在 web.xml 文件中配置 StrutsPrepareAndExecuteFilter 时也可配置 Struts 2 常量，此时采用为 StrutsPrepareAndExecuteFilter 配置初始化参数的方式来配置 Struts 2 常量,如下面的代码片段所示。

```xml
<?xml version="1.0" encoding="GBK"?>
<web-app xmlns="http://xmlns.jcp.org/xml/ns/javaee"
    xmlns:xsi="http://www.w3.org/2001/XMLSchema-instance"
    xsi:schemaLocation="http://xmlns.jcp.org/xml/ns/javaee
    http://xmlns.jcp.org/xml/ns/javaee/web-app_3_1.xsd" version="3.1">
    <!-- 定义 Struts 2 的核心 Filter -->
    <filter>
        <filter-name>struts2</filter-name>
        <filter-class>org.apache.struts2.dispatcher
            .filter.StrutsPrepareAndExecuteFilter</filter-class>
        <init-param>
            <param-name>struts.custom.i18n.resources</param-name>
            <param-value>mess</param-value>
        </init-param>
    </filter>
    ...
</web-app>
```

上面的配置文件中粗体字代码也配置了一个常用属性：struts.custom.i18n.resources，该属性指定了应用所需的国际化资源文件的 baseName 为 mess。

通常推荐在 struts.xml 文件中定义 Struts 2 属性，而不是在 struts.properties 文件中定义 Struts 2 属性。之所以保留使用 struts.properties 文件定义 Struts 2 属性的方式，主要是为了保持与 WebWork 的向后兼容性。

通常，Struts 2 框架按如下搜索顺序加载 Struts 2 常量。

➤ struts-default.xml：该文件保存在 struts2-core-2.5.14.jar 文件中。

➤ struts-plugin.xml：该文件保存在 struts2-xxx-plugin-2.5.14.jar 等 Struts 2 插件 JAR 文件中。

➤ struts.xml：该文件是 Web 应用默认的 Struts 2 配置文件。

➤ struts.properties：该文件是 Struts 2 默认的配置文件。

➤ web.xml：该文件是 Web 应用的配置文件。

上面指定了 Struts 2 框架搜索常量顺序，如果在多个文件中配置了同一个 Struts 2 常量，则后一个文件中配置的常量值会覆盖前面文件中配置的常量值。

在不同文件中配置常量的方式是不一样的，但不管在哪个文件中，配置 Struts 2 常量都需要指定两个属性：常量 name 和常量 value，分别指定 Struts 2 属性名和属性值。

因为 struts.xml 文件是整个 Struts 2 框架的核心，下面将提供一份完整的 struts.xml 文件骨架，这个文件没有实际意义，只是一个 struts.xml 文件示范。

```xml
<?xml version="1.0" encoding="GBK"?>
<!-- 下面指定 Struts 2 配置文件的 DTD 信息 -->
<!DOCTYPE struts PUBLIC
    "-//Apache Software Foundation//DTD Struts Configuration 2.5//EN"
    "http://struts.apache.org/dtds/struts-2.5.dtd">
<!-- struts 是 Struts 2 配置文件的根元素 -->
<struts>
    <!-- 下面的元素可以出现 0 次，或者无限多次 -->
    <constant name="" value="" />
    <!-- 下面的元素可以出现 0 次，或者无限多次 -->
    <bean type="" name="" class="" scope="" static="" optional="" />
    <!-- 下面的元素可以出现 0 次，或者无限多次 -->
    <include file="" />
    <!-- package 元素是 Struts 配置文件的核心，该元素可以出现 0 次或者无限多次 -->
    <package name="必填的包名" extends="" namespace="" abstract=""
        externalReferenceResolver="">
        <!-- 该元素可以出现，也可以不出现，最多出现一次 -->
        <result-types>
            <!-- 该元素必须出现，可以出现无限多次-->
            <result-type name="" class="" default="true|false">
                <!-- 下面的元素可以出现 0 次，或者无限多次 -->
                <param name="参数名">参数值</param>
            </result-type>
        </result-types>
        <!-- 该元素可以出现，也可以不出现，最多出现一次 -->
        <interceptors>
            <!-- 该元素的 interceptor 元素和 interceptor-stack 至少出现其中之一，
            也可以二者都出现 -->
            <!-- 下面的元素可以出现 0 次，或者无限多次 -->
            <interceptor name="" class="">
                <!-- 下面的元素可以出现 0 次，或者无限多次 -->
                <param name="参数名">参数值</param>
            </interceptor>
            <!-- 下面的元素可以出现 0 次，或者无限多次 -->
            <interceptor-stack name="">
                <!-- 该元素必须出现，可以出现无限多次-->
                <interceptor-ref name="">
                    <!-- 下面的元素可以出现 0 次，或者无限多次 -->
                    <param name="参数名">参数值</param>
                </interceptor-ref>
```

```
            </interceptor-stack>
        </interceptors>
        <!-- 下面的元素可以出现 0 次，最多出现一次 -->
        <default-interceptor-ref name="">
            <!-- 下面元素可以出现 0 次，或者无限多次 -->
            <param name="参数名">参数值</param>
        </default-interceptor-ref>
        <!-- 下面的元素可以出现 0 次，最多出现一次-->
        <default-action-ref name="">
            <!-- 下面的元素可以出现 0 次，或者无限多次 -->
            <param name="参数名">参数值</param>
        </default-action-ref>
        <!-- 下面的元素可以出现 0 次，最多出现一次-->
        <default-class-ref class="">...</default- class-ref>
        <!-- 下面的元素可以出现 0 次，最多出现一次-->
        <global-results>
            <!-- 该元素必须出现，可以出现无限多次-->
            <result name="" type="">
                映射资源
                <!-- 下面元素可以出现 0 次，也可以无限多次 -->
                <param name="参数名">参数值</param>
            </result>
        </global-results>
        <!-- 下面的元素可以出现 0 次，最多出现一次-->
        <global-exception-mappings>
            <!-- 该元素必须出现，可以出现无限多次-->
            <exception-mapping name="" exception="" result="">
                异常处理资源
                <!-- 下面的元素可以出现 0 次，也可以无限多次 -->
                <param name="参数名">参数值</param>
            </exception-mapping>
        </global-exception-mappings>
        <!-- 定义 Action，可以出现 0 次到无限多次 -->
        <action name="" class="" method="" converter="">
            <!-- 下面的元素可以出现 0 次，或者无限多次 -->
            <param name="参数名">参数值</param>
            <!-- 下面的元素可以出现 0 次，或者无限多次 -->
            <result name="" type="">
                映射资源
                <!-- 下面的元素可以出现 0 次，或者无限多次 -->
            <param name="参数名">参数值</param>
            </result>
            <!-- 下面的元素可以出现 0 次，或者无限多次 -->
            <interceptor-ref name="">
                <!-- 下面的元素可以出现 0 次，或者无限多次 -->
                <param name="参数名">参数值</param>
            </interceptor-ref>
            <!-- 下面的元素可以出现 0 次，或者无限多次 -->
            <exception-mapping name="" exception="" result="">
                异常处理资源
                <!-- 下面的元素可以出现 0 次，或者无限多次 -->
                <param name="参数名">参数值</param>
            </exception-mapping>
        </action>
    </package>
    <!-- 可以出现 0 次到 1 次 -->
    <unknown-handler-stack>
        <unknown-handler-ref name="处理器名">...</ unknown-handler-ref name>
    </unknown-handler-stack>
<struts>
```

上面的 struts.xml 配置文件是一个非常全面的配置文件，包含了 Struts 2 的全部配置元素，使用 Struts 2

框架时可按上面的配置规则进行配置。

▶▶ 3.4.2　包含其他配置文件

在默认情况下，Struts 2 只自动加载类加载路径下的 struts.xml、struts-plugin.xml 和 struts-default.xml 三类文件。但随着应用规模的增大，系统中 Action 数量也大量增加，将导致 struts.xml 配置文件变得非常臃肿。

为了避免 struts.xml 文件过于庞大、臃肿，提高 struts.xml 文件的可读性，可以将一个 struts.xml 配置文件分解成多个配置文件，然后在 struts.xml 文件中包含其他配置文件。

下面的 struts.xml 文件中就通过 include 手动导入了一个配置文件：struts-part1.xml 文件，通过这种方式，就可以将 Struts 2 的 Action 按模块配置在多个配置文件中。

```xml
<?xml version="1.0" encoding="UTF-8" ?>
<!-- 指定 Struts 2 配置文件的 DTD 信息 -->
<!DOCTYPE struts PUBLIC
    "-//Apache Software Foundation//DTD Struts Configuration 2.5//EN"
    "http://struts.apache.org/dtds/struts-2.5.dtd">
<!-- 下面是 Struts 2 配置文件的根元素 -->
<struts>
    <!-- 通过 include 元素导入其他配置文件 -->
    <include file="struts-part1.xml" />
    ...
</struts>
```

上面的粗体字代码使用<include.../>包含了其他配置文件。通过这种方式，Struts 2 能以一种模块化的方式来管理 struts.xml 配置文件。

被包含的 struts-part1.xml 文件是标准的 Struts 2 配置文件，一样包含了 DTD 信息、Struts 2 配置文件的根元素等信息。通常，将 Struts 2 的所有配置文件都放在 Web 应用的 WEB-INF/classes 路径下，struts.xml 文件包含了其他的配置文件，struts.xml 文件由 Struts 2 框架负责加载，从而可以将所有配置信息都加载进来。

3.5　实现 Action

对于 Struts 2 应用的开发者而言，Action 才是应用的核心，开发者需要提供大量的 Action 类，并在 struts.xml 文件中配置 Action。Action 类里包含了对用户请求的处理逻辑，Action 类也被称为业务控制器。

相对于 Struts 1 而言，Struts 2 采用了低侵入式的设计，Struts 2 不要求 Action 类继承任何的 Struts 2 基类，或者实现任何 Struts 2 接口。在这种设计方式下，Struts 2 的 Action 类是一个普通的 POJO（通常应该包含一个无参数的 execute 方法），从而有很好的代码复用性。

Struts 2 通常直接使用 Action 来封装 HTTP 请求参数，因此，Action 类里还应该包含与请求参数对应的实例变量，并且为这些实例变量提供对应的 setter 和 getter 方法。

例如，用户请求包含 user 和 pass 两个请求参数，那么 Action 类应该提供 user 和 pass 两个实例变量来封装用户的请求参数，并且为 user 和 pass 提供对应的 setter 和 getter 方法。下面是处理该请求的 Action 类的代码片段。

```java
// 处理用户请求的 Action 类，只是一个 POJO，无须继承任何基类，无须实现任何接口
public class LoginAction
{
    // 提供两个实例变量来封装 HTTP 请求参数
    private String user;
    private String pass;
    // user 的 getter 和 setter 方法
    public void setUser(String user)
    {
        this.user = user;
```

```
    }
    public String getUser()
    {
        return (this.user);
    }
    // pass 的 getter 和 setter 方法
    public void setPass(String pass)
    {
        this.pass = pass;
    }
    public String getPass()
    {
        return (this.pass);
    }
    // Action 类默认处理用户请求的方法：execute 方法
    public String execute()
    {
        ...
        // 返回处理结果字符串
        return resultStr;
    }
}
```

上面的 Action 类只是一个普通 Java 类，这个 Java 类提供了两个实例变量：user 和 pass（如程序中粗体字代码所示），并为这两个实例变量提供了 setter 和 getter 方法，这两个实例变量分别对应两个 HTTP 请求参数。上面 LoginAction 中的 execute()方法就是处理用户请求的逻辑控制方法。

> **提示**：
> 　　即使 Action 需要处理的请求包含 user 和 pass 两个 HTTP 请求参数，Action 类也可以不包含 user 和 pass 实例变量。因为系统是通过对应的 getter 和 setter 方法来处理请求参数的，而不是通过实例变量名来处理请求参数的。也就是说，如果包含 user 的 HTTP 请求参数，Action 类里是否包含 user 实例变量不重要，重要的是需要包含 void setUser(String user)和 String getUser()两个方法。

Action 类里的实例变量，不仅可用于封装请求参数，还可用于封装处理结果。如果希望将服务器提示的"登录成功"或其他信息在下一个页面输出，那么可以在 Action 类中增加一个 tip 实例变量，并为该实例变量提供对应的 setter 和 getter 方法，即为 Action 类增加如下代码片段。

```
// 封装服务器提示的 tip 实例变量
private String tip;
// tip 对应的 getter 和 setter 方法
public String getTip()
{
    return tip;
}
public void setTip(String tip)
{
    this.tip = tip;
}
```

一旦在 Action 中设置了 tip 实例变量的值，就可以在下一个页面中使用 Struts 2 标签来输出该实例变量的值。在 JSP 页面中输出 tip 实例变量值的代码片段如下：

```
<!-- 使用 Struts 2 标签来输出 tip 实例变量值 -->
<s:property value="tip"/>
```

系统不会严格区分 Action 里哪个实例变量用于封装请求参数，哪个实例变量用于封装处理结果，对系统而言，封装请求参数的实例变量和封装处理结果的实例变量完全平等。如果用户的 HTTP 请求里包含了名为 tip 的请求参数，则系统会调用 Action 类的 void setTip(String tip)方法，通过这种方式，名为 tip 的请求参数就可以传给 Action 实例；如果 Action 类里没有包含对应的方法，则名为 tip 的请求参数无法传入该 Action。

　　同样，在 JSP 页面中输出 Action 的实例变量值时，它也不会区分该实例变量是用于封装请求参数的实例变量，还是用于封装处理结果的实例变量。因此，使用 Struts 2 的标签既可以输出 Action 的处理结果，也可以输出 HTTP 请求参数值。

　　从上面的代码可以看到，需要在 JSP 页面输出的处理结果是一个简单的字符串，可以使用 <s:property.../>标签来控制输出。实际上，Action 类里可以封装非常复杂的实例变量，包括其他用户自定义的类、数组、集合对象和 Map 对象等。对于这些复杂类型的输出，一样可通过 Struts 2 的标签来完成。关于如何输出复杂类型的结果，请参看本章后面关于标签库的介绍。

▶▶ 3.5.1　Action 接口和 ActionSupport 基类

　　为了让用户开发的 Action 类更规范，Struts 2 提供了一个 Action 接口，这个接口定义了 Struts 2 的 Action 处理类应该实现的规范。下面是标准 Action 接口的代码。

```
public interface Action
{
    // 定义 Action 接口里包含的一些结果字符串
    public static final String ERROR = "error";
    public static final String INPUT = "input";
    public static final String LOGIN = "login";
    public static final String NONE = "none";
    public static final String SUCCESS = "success";
    // 定义处理用户请求的 execute 方法
    public String execute() throws Exception;
}
```

　　上面的 Action 接口里只定义了一个 execute 方法，该接口的规范规定了 Action 类应该包含一个 execute 方法，该方法返回一个字符串。除此之外，该接口还定义了 5 个字符串常量，它们的作用是统一 execute 方法的返回值。

　　例如，当 Action 类处理用户请求成功后，有人喜欢返回 welcome 字符串，有人喜欢返回 success 字符串……这样不利于项目的统一管理。Struts 2 的 Action 接口定义了如上 5 个字符串常量：ERROR、NONE、INPUT、LOGIN 和 SUCCESS，分别代表了特定的含义。当然，如果开发者依然希望使用特定的字符串作为逻辑视图名，开发者依然可以返回自己的视图名。

　　另外，Struts 2 为 Action 接口提供了一个实现类：ActionSupport，下面是该 ActionSupport 实现类的代码片段。

```
// 系统提供的 ActionSupport 类
public class ActionSupport implements Action, Validateable,
    ValidationAware,TextProvider, LocaleProvider, Serializable
{
    // 收集错误提示信息的方法
    public void setActionErrors(Collection errorMessages) {
        validationAware.setActionErrors(errorMessages);
    }
    // 返回错误提示信息的方法
    public Collection getActionErrors() {
        return validationAware.getActionErrors();
    }
    // 收集普通提示信息的方法
    public void setActionMessages(Collection messages) {
        validationAware.setActionMessages(messages);
    }
    // 返回普通提示信息的方法
    public Collection getActionMessages() {
        return validationAware.getActionMessages();
    }
    ...
    // 设置表单域校验错误信息
```

```java
public void setFieldErrors(Map errorMap) {
    validationAware.setFieldErrors(errorMap);
}
// 返回表单域校验错误信息
public Map getFieldErrors() {
    return validationAware.getFieldErrors();
}
// 控制 Locale 的相关信息
public Locale getLocale() {
    return ActionContext.getContext().getLocale();
}
public String getText(String aTextName) {
    return textProvider.getText(aTextName);
}
// 返回国际化信息的方法
public String getText(String aTextName, String defaultValue) {
    return textProvider.getText(aTextName, defaultValue);
}
public String getText(String aTextName
    , String defaultValue, String obj) {
    return textProvider.getText(aTextName, defaultValue, obj);
}
...
// 用于访问国际化资源包的方法
public ResourceBundle getTexts() {
    return textProvider.getTexts();
}
public ResourceBundle getTexts(String aBundleName) {
    return textProvider.getTexts(aBundleName);
}
// 添加错误提示信息的方法
public void addActionError(String anErrorMessage) {
    validationAware.addActionError(anErrorMessage);
}
// 添加普通提示信息的方法
public void addActionMessage(String aMessage) {
    validationAware.addActionMessage(aMessage);
}
// 添加字段校验失败的错误信息
public void addFieldError(String fieldName, String errorMessage) {
    validationAware.addFieldError(fieldName, errorMessage);
}
// 默认的 input 方法，直接返回 INPUT 字符串
public String input() throws Exception {
    return INPUT;
}
public String doDefault() throws Exception {
    return SUCCESS;
}
// 默认的处理用户请求的方法，直接返回 SUCCESS 字符串
public String execute() throws Exception {
    return SUCCESS;
}
...
// 清除所有错误信息的方法
public void clearErrorsAndMessages() {
    validationAware.clearErrorsAndMessages();
}
// 包含空的输入校验方法
public void validate() {
}
```

```
    public Object clone() throws CloneNotSupportedException {
        return super.clone();
    }
    ...
}
```

正如在上面的代码中见到的，ActionSupport 是一个默认的 Action 实现类，该类里已经提供了许多默认方法，这些默认方法包括获取国际化信息的方法、数据校验的方法、默认的处理用户请求的方法等。实际上，ActionSupport 类是 Struts 2 默认的 Action 处理类，如果让开发者的 Action 类继承该 ActionSupport 类，则会大大简化 Action 的开发。

提示：
　　因为 ActionSupport 完全符合一个 Action 的要求，所以也可直接使用 ActionSupport 作为业务控制器。实际上，如果配置 Action 没有指定 class 属性（即没有用户提供 Action 类），系统自动使用 ActionSupport 类作为 Action 处理类。

▶▶ 3.5.2　Action 访问 Servlet API

Struts 2 的 Action 没有与任何 Servlet API 耦合，这是 Struts 2 的一个改良之处，由于 Action 类不再与 Servlet API 耦合，从而能更轻松地测试该 Action。

但对于 Web 应用的控制器而言，不访问 Servlet API 几乎是不可能的，例如跟踪 HTTP Session 状态等。Struts 2 框架提供了一种更轻松的方式来访问 Servlet API。Web 应用中通常需要访问的 Servlet API 就是 HttpServletRequest、HttpSession 和 ServletContext，这三个接口分别代表 JSP 内置对象中的 request、session 和 appliaction。

Struts 2 提供了一个 ActionContext 类，Struts 2 的 Action 可以通过该类来访问 Servlet API。下面是 ActionContext 类中包含的几个常用方法。

➤ Object get(Object key)：该方法类似于调用 HttpServletRequest 的 getAttribute(String name)方法。

➤ Map getApplication()：返回一个 Map 对象，该对象模拟了该应用的 ServletContext 实例。

➤ static ActionContext getContext()：静态方法，获取系统的 ActionContext 实例。

➤ Map getParameters()：获取所有的请求参数。类似于调用 HttpServletRequest 对象的 getParameterMap()方法。

➤ Map getSession()：返回一个 Map 对象，该 Map 对象模拟了 HttpSession 实例。

➤ void setApplication(Map application)：直接传入一个 Map 实例，将该 Map 实例里的 key-value 对转换成 application 的属性名、属性值。

➤ void setSession(Map session)：直接传入一个 Map 实例，将该 Map 实例里的 key-value 对转换成 session 的属性名、属性值。

位于 codes\03\3.5 路径下的 ActionContext 应用将在 Action 类中通过 ActionContext 访问 Servlet API，该 Action 中示范了向 request、session 和 application 范围设置属性值。

程序清单：codes\03\3.5\ActionContext\WEB-INF\src\org\crazyit\app\action\LoginAction.java

```
public class LoginAction implements Action
{
    private String username;
    private String password;
    // 省略 username、password 的 setter 和 getter 方法
    ...
    public String execute() throws Exception
    {
        ActionContext ctx = ActionContext.getContext();
        // 通过 ActionContext 访问 application 范围的属性值
        Integer counter = (Integer)ctx.getApplication()
            .get("counter");
        if (counter == null)
        {
```

```
                counter = 1;
            }
            else
            {
                counter = counter + 1;
            }
            // 通过 ActionContext 设置 application 范围的属性
            ctx.getApplication().put("counter" , counter);
            // 通过 ActionContext 设置 session 范围的属性
            ctx.getSession().put("user" , getUsername());
            if (getUsername().equals("crazyit.org")
                && getPassword().equals("leegang") )
            {
                // 通过 ActionContext 设置 request 范围的属性
                ctx.put("tip" , "服务器提示：您已经成功登录");
                return SUCCESS;
            }
            // 通过 ActionContext 设置 request 范围的属性
            ctx.put("tip" , "服务器提示：登录失败");
            return ERROR;
        }
    }
```

上面的程序中粗体字代码是 Action 操作 request、session 和 application 范围内属性的关键代码。从上面代码中可以看出，该 Action 试图从 application 范围内读取 counter 属性值，如果该属性不存在，则设置 counter 为 1，然后将该属性放入 application 范围中；如果该 counter 属性存在，则将该 counter 属性值加 1——也就是实现了一个简单的计数器功能。

上面 Action 包含了 username 和 password 两个实例变量，则意味着提交到该 Action 的表单里应包含 username 和 password 两个请求参数。该表单页代码非常简单，位于 codes\03\3.5\ActionContext 路径下的 loginForm.jsp 页面就是提交请求的表单页。

在 struts.xml 文件中配置上面的 LoginAction，配置文件代码如下。

程序清单：codes\03\3.5\ActionContext\WEB-INF\src\struts.xml

```
<?xml version="1.0" encoding="GBK"?>
<!DOCTYPE struts PUBLIC
    "-//Apache Software Foundation//DTD Struts Configuration 2.5//EN"
    "http://struts.apache.org/dtds/struts-2.5.dtd">
<struts>
    <constant name="conststruts.devMode" value="true"/>
    <!-- Struts2 的所有 Action 都需位于 package 下 -->
    <package name="lee" extends="struts-default">
        <!-- 定义名为 login 的 Action，其实现类为 LoginAction 类 -->
        <action name="login" class="org.crazyit.app.action.LoginAction">
            <!-- 处理结果返回 error，对应/WEB-INF/content/error.jsp 视图资源 -->
            <result name="error">/WEB-INF/content/error.jsp</result>
            <!-- 处理结果返回 success，对应/WEB-INF/content/welcome.jsp 视图资源 -->
            <result>/WEB-INF/content/welcome.jsp</result>
        </action>
        ...
    </package>
</struts>
```

上面的配置文件中粗体字代码标出：当 LoginAction 返回 success 的逻辑视图名后，系统将会使用/welcome.jsp 页面作为实际视图资源。/welcome.jsp 页面代码如下。

程序清单：codes\03\3.5\ActionContext\welcome.jsp

```
<%@ page contentType="text/html; charset=GBK" language="java" errorPage="" %>
<!DOCTYPE html PUBLIC "-//W3C//DTD XHTML 1.0 Transitional//EN"
    "http://www.w3.org/TR/xhtml1/DTD/xhtml1-transitional.dtd">
<html xmlns="http://www.w3.org/1999/xhtml">
<head>
```

```
    <title>成功页面</title>
</head>
<body>
    本站访问次数为：${applicationScope.counter}<br/>
    ${sessionScope.user}，您已经登录！<br/>
    ${requestScope.tip}
</body>
</html>
```

上面页面的粗体字代码使用了表达式语言来输出 application、session 和 request 范围内的指定属性——前提当然是这些属性存在并且有值，这些值当然只能在前面的 Action 中设置。在表单页面的表单中输入 crazyit.org 和 leegang 后，提交表单将看到如图 3.7 所示的结果。

图 3.7　Action 成功操作 request、session 和 application 范围的属性

从图 3.7 所示的结果来看，Struts 2 的 Action 设计非常优秀，它既可以彻底与 Servlet API 分离，从而可以允许该 Action 脱离 Web 容器运行，也就可以脱离 Web 容器来测试 Action；又允许用简单的方式来操作 request、session 和 application 范围的属性。

▶▶ 3.5.3　Action 直接访问 Servlet API

虽然 Struts 2 提供了 ActionContext 来访问 Servlet API，但这种访问毕竟不是直接获得 Servlet API 的实例。为了在 Action 中直接访问 Servlet API，Struts 2 还提供了如下几个接口。

➢ ServletContextAware：实现该接口的 Action 可以直接访问 Web 应用的 ServletContext 实例。
➢ ServletRequestAware：实现该接口的 Action 可以直接访问用户请求的 HttpServletRequest 实例。
➢ ServletResponseAware：实现该接口的 Action 可以直接访问服务器响应的 HttpServletResponse 实例。

下面以 ServletResponseAware 为例，介绍如何在 Action 中访问 HttpServletResponse 对象。本应用将通过 HttpServletResponse 为系统添加 Cookie 对象，本应用将继续使用前一个应用的登录页面，该页面提交给如下的 Action 处理。

程序清单：codes\03\3.5\access-servlet-api\WEB-INF\src\org\crazyit\app\action\LoginAction.java

```java
public class LoginAction
    implements Action,ServletResponseAware
{
    private String username;
    private String password;
    private HttpServletResponse response;
    // 重写实现 ServletResponseAware 接口必须实现的方法
    public void setServletResponse(HttpServletResponse response)
    {
        this.response = response;
    }
    // 省略 username、password 的 setter 和 getter 方法
    ...
    public String execute() throws Exception
    {
        ActionContext ctx = ActionContext.getContext();
        // 通过 ActionContext 访问 application 范围的属性值
        Integer counter = (Integer)ctx.getApplication()
            .get("counter");
        if (counter == null)
        {
```

```
        counter = 1;
    }
    else
    {
        counter = counter + 1;
    }
    // 通过 ActionContext 设置 application 范围的属性
    ctx.getApplication().put("counter" , counter);
    // 通过 ActionContext 设置 session 范围的属性
    ctx.getSession().put("user" , getUsername());
    if (getUsername().equals("crazyit.org")
        && getPassword().equals("leegang") )
    {
        // 通过 response 添加 Cookie
        Cookie c = new Cookie("user" , getUsername());
        c.setMaxAge(60 * 60);
        response.addCookie(c);
        // 通过 ActionContext 设置 request 范围的属性
        ctx.put("tip" , "服务器提示：您已经成功登录");
        return SUCCESS;
    }
    // 通过 ActionContext 设置 request 范围的属性
    ctx.put("tip" , "服务器提示：登录失败");
    return ERROR;
    }
}
```

通过查看 Struts 2 的 API 文档，发现实现 ServletResponseAware 接口，仅要求实现如下方法。

➢ public void setServletResponse(HttpServletResponse response)：实现这个方法时，该方法内有一个 HttpServletResponse 参数，该参数就代表了 Web 应用对客户端的响应。在 setServletResponse (HttpServletResponse response)方法内访问到 Web 应用的响应对象，并将该对象设置成 Action 的实例变量，从而允许在 execute 方法中访问该 HttpServletResponse 对象。

与此类似的是，如果一个 Action 实现了 ServletRequestAware 接口，则必须实现如下方法。

➢ public void setServletRequest(HttpServletRequest request)：通过该方法即可访问代表用户请求的 HttpServletRequest 对象。

如果 Action 实现了 ServletContextAware 接口，则必须实现如下方法。

➢ public void setServletContext(ServletContext context)：通过该方法即可访问到代表 Web 应用的 ServletContext 对象。

当上面的 LoginAction 处理完用户请求后，Action 通过 HttpServletResponse 向客户端中添加了一个 Cookie 对象。下面的 JSP 页面通过表达式语言来访问 Cookie 值，其中访问 Cookie 的代码片段如下。

程序清单：codes\03\3.5\access-servlet-api\welcome.jsp

从系统读取 Cookie 值：**${cookie.user.value}**

上面的页面中粗体字代码使用表达式语言来读取 user Cookie 的值，在表单页中输入 crazyit.org、leegang 后提交请求，将看到如图 3.8 所示的效果。

必须指出的是，虽然可以在 Action 类中获取 HttpServletResponse，但如果希望通过 HttpServletResponse 来生成服务器响应是不

图 3.8 Action 通过 HttpServletResponse 添加 Cookie 成功

可能的，因为 Action 只是业务控制器。即如果在 Action 中书写如下代码：

```
// 用于在 Servlet 中直接生成响应的代码
response. getWriter().println("Hello World");
```

则在标准 Servlet 中会生成对客户端的响应，但在 Struts 2 的 Action 中没有任何实际意义。

提示：
　　即使在 Struts 2 的 Action 类中获得了 HttpServletResponse 对象，也不要尝试直接在 Action 中对客户端生成响应！

➤➤ 3.5.4　使用 ServletActionContext 访问 Servlet API

除此之外，为了能直接访问 Servlet API，Struts 2 还提供了一个 ServletActionContext 工具类，这个类包含了如下几个静态方法。

- ➢ static PageContext getPageContext()：取得 Web 应用的 PageContext 对象。
- ➢ static HttpServletRequest getRequest()：取得 Web 应用的 HttpServletRequest 对象。
- ➢ static HttpServletResponse getResponse()：取得 Web 应用的 HttpServletResponse 对象。
- ➢ static ServletContext getServletContext()：取得 Web 应用的 ServletContext 对象。

借助于 ServletActionContext 类的帮助，开发者也可以在 Action 中访问 Servlet API，并可避免 Action 类需要实现 XxxAware 接口——虽然如此，但该 Action 依然与 Servlet API 直接耦合，一样不利于高层次的解耦。

借助于 ServletActionContext 工具类的帮助，Action 能以更简单的方式来访问 Servlet API。

将前一个示例程序稍作修改，将其中 Action 类改为使用 ServletActionContext 来访问 Servlet API，修改后的 Action 代码如下。

程序清单：codes\03\3.5\ServletActionContext\WEB-INF\src\org\crazyit\app\action\LoginAction.java

```java
public class LoginAction
    implements Action
{
    private String username;
    private String password;
    // 省略 username 的 setter 和 getter 方法
    ...
    public String execute() throws Exception
    {
        ...
        ctx.getApplication().put("counter" , counter);
        // 通过 ActionContext 设置 session 范围的属性
        ctx.getSession().put("user" , getUsername());
        if (getUsername().equals("crazyit.org")
            && getPassword().equals("leegang") )
        {
            // 通过 response 添加 Cookie
            Cookie c = new Cookie("user" , getUsername());
            c.setMaxAge(60 * 60);
            ServletActionContext.getResponse().addCookie(c);
            // 通过 ActionContext 设置 request 范围的属性
            ctx.put("tip" , "服务器提示：您已经成功登录");
            return SUCCESS;
        }
        // 通过 ActionContext 设置 request 范围的属性
        ctx.put("tip" , "服务器提示：登录失败");
        return ERROR;
    }
}
```

3.6　配置 Action

实现了 Action 处理类之后，就可以在 struts.xml 文件中配置该 Action 了。配置 Action 就是让 Struts 2

知道哪个 Action 处理哪个请求，也就是完成用户请求和 Action 之间的对应关系。可以把 Action 当成 Struts 2 的基本"程序单位"。

➤➤ 3.6.1　包和命名空间

Struts 2 使用包来组织 Action，因此，将 Action 定义放在包定义下完成，定义 Action 通过使用 <package.../>下的<action.../>子元素来完成，而每个 package 元素配置一个包。

Struts 2 框架中核心组件就是 Action、拦截器等，Struts 2 框架使用包来管理 Action 和拦截器等。每个包就是多个 Action、多个拦截器、多个拦截器引用的集合。

配置<package.../>元素时必须指定 name 属性，这个属性是引用该包的唯一标识。除此之外，还可以指定一个可选的 extends 属性，extends 属性值必须是另一个包的 name 属性。指定 extends 属性表示让该包继承另一个包，子包可以从一个或多个父包中继承到拦截器、拦截器栈、action 等配置。

除此之外，Struts 2 还提供了一种所谓的抽象包，抽象包意味着该包不能包含 Action 定义。为了显式指定一个包是抽象包，可以为该<package.../>元素增加 abstract="true"属性。

在 struts.xml 文件中，<package.../>元素用于定义包配置，每个<package.../>元素定义了一个包配置。定义<package.../>元素时可以指定如下几个属性。

- ➢ name：必需属性。该属性指定该包的名字，该名字是该包被其他包引用的 key。
- ➢ extends：可选属性。该属性指定该包继承其他包。继承其他包，可以继承其他包中的 Action 定义、拦截器定义等。
- ➢ namespace：可选属性。该属性定义该包的命名空间。
- ➢ abstract：可选属性。它指定该包是否为一个抽象包。抽象包中不能包含 Action 定义。

> **注意**
>
> 因为 Struts 2 的配置文件是从上到下处理的，所以父包应该在子包前面定义。

下面是一个简单的 struts.xml 配置文件范例。在下面的 struts.xml 文件中配置了两个包，其中名为 default 的包继承了 Struts 2 框架的默认包：struts-default。

```xml
<struts>
    <!-- 配置第一个包，该包名为 default，继承 struts-default -->
    <package name="default" extends="struts-default">
        <!-- 下面定义了拦截器部分-->
        <interceptors>
            <!-- 定义拦截器栈 -->
            <interceptor-stack name="crudStack">
                <interceptor-ref name="params" />
                <interceptor-ref name="defaultStack" />
            </interceptor-stack>
        </interceptors>
        <default-action-ref name="myAction"/>
        <!-- 定义一个 Action，该 Action 直接映射到/WEB-INF/content/show.jsp 页面 -->
        <action name="show">
            <result>/WEB-INF/content/show.jsp</result>
        </action>
        <!-- 定义了一个 Action，该 Action 类为 DateAction -->
        <action name="Date" class="org.crazyit.app.action.DateAction">
            <result>/WEB-INF/content/date.jsp</result>
        </action>
    </package>
    <!-- 定义名为 skill 的包，该包继承 default 的包 -->
    <package name="skill" extends="default" namespace="/skill">
        <!-- 定义默认的拦截器引用 -->
        <default-interceptor-ref name="crudStack"/>
        <!-- 定义名为 edit 的 Action，该 Action 对应的处理类为 SkillAction -->
        <action name="edit" class="lee.SkillAction">
            <result>/empmanager/editSkill.jsp</result>
```

```
            <interceptor-ref name="params" />
            <interceptor-ref name="basicStack"/>
        </action>
        <!-- 定义名为 save 的 Action，该 Action 对应的处理类为 SkillAction，
             使用 save 方法作为处理方法 -->
        <action name="save" class="lee.SkillAction" method="save">
            <result name="input">/empmanager/editSkill.jsp</result>
            <result type="redirect">edit.action?skillName
                =${currentSkill.name}</result>
        </action>
        <!-- 定义名为 delete 的 Action，该 Action 对应的处理类为 SkillAction，
             使用 delete 方法作为处理方法 -->
        <action name="delete" class="lee.SkillAction" method="delete">
            <result name="error">/empmanager/editSkill.jsp</result>
            <result type="redirect">edit.action?skillName
                =${currentSkill.name}</result>
        </action>
    </package>
</struts>
```

上面的配置文件中粗体字代码配置了两个包，其中定义名为 skill 的包时，还指定了该包的命名空间为/skill。

可能有读者对上面的配置文件中第一个 package 定义感到奇怪，这个 package 定义继承了一个 struts-default 父包，那这个父包从何而来呢？如果用 WinRAR 打开 struts2-core-2.5.14.jar 文件，将在该压缩文件中看到一个 struts-default.xml 文件，该文件内包含如下片段：

```
<!-- struts-default.xml 文件中定义的默认包 -->
<package name="struts-default" abstract="true">
    ...
</package>
```

从上面的配置片段可以看出，struts2-core-2.5.14.jar 里已经定义了 struts-default 抽象包，该包下包含了大量结果类型定义、拦截器定义、拦截器引用定义等，这些定义是配置普通 Action 的基础，所以开发者定义的 package 通常应该继承 struts-default 包。

> **注意**
>
> 　　实际上所有的 Struts 2 插件文件都会提供一个 struts-plugin.xml 文件，而不同插件的 struts-plugin.xml 文件会定义另一个抽象包，用于被需要使用该插件的开发者继承。如果项目使用了 Struts 2 的某个插件，则可能会继承 Struts 2 插件中 struts-plugin.xml 文件中定义的包。

从前面的内容可以看出，每次定义一个 package 元素时，都可以指定一个 namespace 属性，用于指定该包对应的命名空间。

Struts 2 之所以提供命名空间的功能，主要是为了处理同一个 Web 应用中包含同名 Action 的情形。Struts 2 以命名空间的方式来管理 Action，同一个命名空间里不能有同名的 Action，不同的命名空间里可以有同名的 Action。

Struts 2 不支持为单独的 Action 设置命名空间，而是通过为包指定 namespace 属性来为包下面的所有 Action 指定共同的命名空间。如果配置<package.../>时没有指定 namespace 属性，则该包下的所有 Action 处于默认的包空间下。

下面以一个示例应用来说明 Struts 2 命名空间的用法。看下面的 struts.xml 配置文件代码，这份配置文件中配置了两个 package，并为后一个 package 指定命名空间为/book。

程序清单：codes\03\3.6\namespace\WEB-INF\src\struts.xml

```
<?xml version="1.0" encoding="GBK"?>
<!DOCTYPE struts PUBLIC
    "-//Apache Software Foundation//DTD Struts Configuration 2.5//EN"
```

```
        "http://struts.apache.org/dtds/struts-2.5.dtd">
<struts>
    <constant name="struts.devMode" value="true"/>
    <!-- 下面配置名为 lee 的包，该包继承了 Struts 2 的默认包
         没有指定命名空间，将使用默认命名空间 -->
    <package name="lee" extends="struts-default">
        <!-- 配置一个名为 login 的 Action -->
        <action name="login" class="org.crazyit.app.action.LoginAction">
            <result name="error">/WEB-INF/content/error.jsp</result>
            <result>/WEB-INF/content/welcome.jsp</result>
        </action>
    </package>
    <!--下面配置名为 book 的包，该包继承了 Struts 2 的默认包。指定该包的命名空间为/book-->
    <package name="book" extends="struts-default" namespace="/book">
        <!-- 配置一个名为 getBooks 的 Action -->
        <action name="getBooks" class="org.crazyit.app.action.GetBooksAction">
            <result name="login">/WEB-INF/content/loginForm.jsp</result>
            <result>/WEB-INF/content/showBook.jsp</result>
        </action>
    </package>
</struts>
```

在上面的 struts.xml 配置文件中，配置了两个包：lee 和 book，配置 book 包时，粗体字代码配置了该包的命名空间为/book。

对于名为 lee 的包而言，没有指定 namespace 属性。如果某个包没有指定 namespace 属性，即该包使用默认的命名空间。

当某个包指定了命名空间后，该包下所有的 Action 处理的 URL 应该是命名空间+Action 名。以上面名为 get 的包为例，该包下包含了名为 getBooks 的 Action，则该 Action 处理的 URL 为：

```
/*
下面是访问 GetBooks 的 URL。其中 8888 是本书所用的 Tomcat 服务端口，namespace 是应用名
book 是该 Action 所在包对应的命名空间，而 getBooks 是 Action 名
*/
http://localhost:8888/namespace/book/getBooks.action
```

从上面的内容可以看出，Struts 2 命名空间的作用类似于 Struts1 里模块的作用。

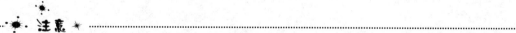

提示：

　　　　Struts 2 的命名空间的作用等同于 Struts 1 里模块的作用，它允许以模块化的方式来组织 Action。

除此之外，Struts 2 还可以显示指定根命名空间，通过设置某个包的 namespace="/"来指定根命名空间。

如果请求为/barspace/bar.action，系统首先查找/barspace 命名空间里名为 bar 的 Action，如果在该命名空间里找到对应的 Action，则使用该 Action 处理用户请求；否则，系统将到默认命名空间中查找名为 bar 的 Action，如果找到对应的 Action，则使用该 Action 处理用户请求；如果两个命名空间里都找不到名为 bar 的 Action，则系统出现错误。

注意

　　　　默认命名空间里的 Action 可以处理任何命名空间下的 Action 请求。意思是说，如果存在 URL 为/barspace/bar.action 的请求，并且/barspace 的命名空间下没有名为 bar 的 Action，则默认命名空间下名为 bar 的 Action 也会处理用户请求。但根命名空间下的 Action 只处理根命名空间下的 Action 请求，这是根命名空间和默认命名空间的区别。

如果请求为/login.action，系统会在根命名空间（"/"）中查找名为 login 的 Action，如果在根命名空间中找到了名为 login 的 Action，则由该 Action 处理用户请求；否则，系统将转入默认空间中查找名为 login 的 Action，如果默认的命名空间里有名为 login 的 Action，则由该 Action 处理用户请求；如果两个

命名空间里都找不到名为 login 的 Action，则系统出现错误。

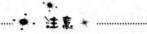

> 命名空间只有一个级别。如果请求的 URL 是/bookservice/search/get.action，系统将先在/bookservice/search 的命名空间下查找名为 get 的 Action，如果在该命名空间内找到名为 get 的 Action，则由该 Action 处理用户请求；如果在该命名空间内没有找到名为 get 的 Action，系统将直接进入默认的命名空间中查找名为 get 的 Action，而不会在/bookservice 的命名空间下查找名为 get 的 Action。

▶▶ 3.6.2 Action 的基本配置

定义 Action 时，至少需要指定该 Action 的 name 属性，该 name 属性既是该 Action 的名字，也指定了该 Action 所处理的请求的 URL。

> Struts 2 的 Action 名字就是它所处理的 URL（如果请求 URL 包含.action 后缀，则应该去掉.action 后缀再匹配）。与 Struts 1 不同，Struts 1 的 Action 配置中的 name 属性指定的是该 Action 关联的 ActionForm，而 path 属性才是该 Action 处理的 URL。可以理解，Struts 2 中 Action 的 name 属性的作用类似于 Struts 1 中 Action 的 path 属性。

除此之外，通常还需要为 action 元素指定一个 class 属性，其中 class 属性指定了该 Action 的实现类。

> class 属性并不是必需的，如果不为<action.../>元素指定 class 属性，系统则默认使用系统的 ActionSupport 类。

因此，一个 Action 的配置片段通常有如下类似结构：

```
<package>
    <!-- 配置处理 login.action 请求的 Action，其实现类为 lee.LoginAction -->
    <action name="login" class="lee.LoginAction"/>
    ...
<package>
```

Action 只是一个逻辑控制器，它并不直接对浏览者生成任何响应。因此，Action 处理完用户请求后，Action 需要将指定的视图资源呈现给用户。因此，配置 Action 时应该配置逻辑视图和物理视图资源之间的对应关系。

配置逻辑视图和物理视图之间的映射关系是通过<result.../>元素来定义的，每个<result.../>元素定义逻辑视图和物理视图之间的一次映射。

完整的 Action 配置片段如下：

```
<package>
    <!-- 配置处理 login.action 请求的 Action，其实现类为 lee.LoginAction -->
    <action name="Login" class="lee.LoginAction">
        <!-- 每个 result 元素定义一个逻辑视图名和物理视图的映射关系 -->
        <result.../>
        <result.../>
    </action>
    ...
<package>
```

关于<action.../>的子元素<result.../>的配置在下一节中会有更详细的讲解。

定义<action.../>元素时，需要指定 name 属性，通常 name 属性通常由字母和数字组成，如果需要在 name 属性中使用斜线（/），则需要指定 Struts 2 允许 Action name 中出现斜线。设置允许 Action name

中出现斜线通过 struts.enable.SlashesInActionNames 常量指定，设置该常量的值为 true，即允许 Action 名中使用斜线。

虽然 Action 的 name 命名可以非常灵活，但如果为 name 属性分配一个带点（.）或者带中画线（-）的值，例如 my.user 或者 my-action 等，则可能引发一些未知异常。因此，不推荐在 Action 的 name 属性值中使用点（.）和中画线（-）。

▶▶ 3.6.3 使用 Action 的动态方法调用

Struts1 提供了 DispatchAction，从而允许一个 Action 内包含多个控制处理逻辑。例如对于同一个表单，当用户通过不同的提交按钮来提交同一个表单时，系统需要使用 Action 的不同方法来处理用户请求，这就需要让同一个 Action 里包含多个控制处理逻辑。

Struts 2 同样提供了这种包含处理多个处理逻辑的 Action，看如图 3.9 所示的 JSP 页面。

上面的 JSP 页面包含两个提交按钮，但分别提交给 Action 的不同方法处理，其中"登录"按钮希望使用登录逻辑来处理请求，而"注册"按钮则希望使用注册逻辑来处理请求。

图 3.9 包含两个提交按钮的 JSP 页面

此时，可以采用 DMI（Dynamic Method Invocation，动态方法调用）来处理这种请求。动态方法调用是指表单元素的 action 并不是直接等于某个 Action 的名字，而是以如下形式来指定表单的 action 属性。

```
<!-- action 属性为 actionName!methodName 的形式
其中 actionName 指定提交到哪个 Action，而 methodName 指定提交到指定方法 -->
action="actionName!methodName"
```

上面的 JSP 页面的"注册"按钮的代码如下：

```
<!-- "注册"按钮是一个没有任何动作的按钮，但单击该按钮时触发 regist 函数 -->
<input type="submit" value="注册" onclick="regist();"/>
```

上面的代码中粗体字代码指定单击"注册"按钮时将触发 regist 函数，该函数的代码如下：

```
function regist()
{
    // 获取页面的第一个表单
    targetForm = document.forms[0];
    // 动态修改表单的 action 属性
    targetForm.action = "login!regist";
}
```

上面的 JavaScript 代码中粗体字代码改变了表单元素的 action 属性，修改后 action 属性为：login!regist，其实质就是将该表单提交给 login Action 的 regist 方法处理。

LoginRegistAction 类的代码如下。

程序清单：codes\03\3.6\dmi\WEB-INF\src\org\crazyit\app\action\LoginRegistAction.java

```
public class LoginRegistAction
    extends ActionSupport
{
    // 封装用户请求参数的两个成员变量
    private String username;
    private String password;
    // 封装处理结果的 tip 成员变量
    private String tip;
    // 省略所有的 setter 和 getter 方法
    ...
    // Action 包含的注册控制逻辑
    public String regist() throws Exception
    {
```

```
        ActionContext.getContext().getSession()
            .put("user" , getUsername());
        setTip("恭喜您," + getUsername() + ",您已经注册成功！");
        return SUCCESS;
    }
    // Action 默认包含的控制逻辑
    public String execute() throws Exception
    {
        if (getUsername().equals("crazyit.org")
            && getPassword().equals("leegang") )
        {
            ActionContext.getContext().getSession()
                .put("user" , getUsername());
            setTip("欢迎," + getUsername() + ",您已经登录成功！");
            return SUCCESS;
        }
        return ERROR;
    }
}
```

配置该 Action 时需要指定<allowed-methods.../>子元素。由于 Struts 2 的 DMI 原来的设计存在一些安全隐患（恶意用户可通过在感叹号之后添加方法名来执行任意方法），现在 Struts 2 使用 <allowed-methods.../>元素严格限制允许动态调用的方法，该元素可指定多个方法，多个方法名之间以英文逗号隔开即可。

该 Action 的配置片段如下。

程序清单：codes\03\3.6\dmi\WEB-INF\src\struts.xml

```
<action name="login" class="org.crazyit.app.action.LoginRegistAction">
    <result name="error">/WEB-INF/content/error.jsp</result>
    <result>/WEB-INF/content/welcome.jsp</result>
    <allowed-methods>regist</allowed-methods>
</action>
```

此外，Struts 2.5 还允许在<package.../>元素下通过<global-allowed-methods.../>指定全局的、允许动态调用的方法，多个方法名之间同样以英文逗号隔开。

在 struts2-core-2.5.14.jar 压缩包里可以看到一个 struts-default.xml 文件，该文件中包含如下配置：

```
<global-allowed-methods>execute,input,back,cancel,browse,
    save,delete,list,index</global-allowed-methods>
```

上面元素中列出的方法就是 Struts 2 默认允许动态调用的方法。

上面的 Action 代码中粗体字代码定义了该 Action 里包含的 regist 控制逻辑，在默认情况下，用户请求不会提交给该方法。例如，如图 3.9 所示的 JSP 页面中的"登录"按钮只是一个普通按钮，当浏览者单击"登录"按钮时，系统将提交给 LoginRegistAction 的默认方法处理。

当浏览者单击"注册"按钮时，该表单的 action 被修改为：login!regist，系统将提交给 login Action（即 LoginRegistAction 处理类）的 regist 方法处理。因此，如果单击"注册"按钮，将看到如图 3.10 所示的页面。

通过这种方式，可在一个 Action 中包含多个处理逻辑，并通过为表单元素指定不同 action 属性来提交给 Action 的不同方法。

图 3.10　动态方法调用

对于使用动态方法调用的方法，例如 regist 方法，该方法的方法声明与系统默认的 execute 方法的方法只有方法名不同，其他部分如形参列表、返回值类型都应该完全相同。

> 使用动态方法调用前必须设置 Struts 2 允许动态方法调用。开启系统的动态方法调用是通过设置 struts.enable.DynamicMethodInvocation 常量完成的，设置该常量的值为 true，将开启动态方法调用；否则将关闭动态方法调用。

▶▶ 3.6.4   指定 method 属性及使用通配符

对于如图 3.9 所示的 JSP 页面情形，即一个表单里包含多个提交按钮，需要分别提交给不同的控制逻辑，Struts 2 还提供了一种处理方法，即将一个 Action 处理类定义成多个逻辑 Action。这种做法非常类似于 Struts1 提供的 MappingDispatchAction 类，它可以将一个 Action 类配置成多个逻辑 Action。

如果在配置<action.../>元素时，可以为它指定 method 属性，则可以让 Action 调用指定方法，而不是 execute()方法来处理用户请求。

例如，有如下的配置片段：

```
<!-- 定义名为 login 的 Action，该 Action 的实现类为 LoginAction
    处理用户请求的方法为 login -->
<action name="login" class="org.crazyit.app.action.LoginAction" method="login" />
    ...
</action>
```

通过这种方式可以将一个 Action 类定义成多个逻辑 Action，即 Action 类的每个处理方法都映射成一个逻辑 Action，前提是这些方法具有相似的方法签名：方法形参列表为空，方法返回值为 String。

下面是本示例的 struts.xml 文件代码。

程序清单：codes\03\3.6\method\WEB-INF\src\struts.xml

```
<?xml version="1.0" encoding="GBK"?>
<!DOCTYPE struts PUBLIC
    "-//Apache Software Foundation//DTD Struts Configuration 2.5//EN"
    "http://struts.apache.org/dtds/struts-2.5.dtd">
<struts>
    <package name="lee" extends="struts-default">
        <!-- 配置 login Action，处理类为 LoginRegistAction
            默认使用 execute 方法处理请求-->
        <action name="login" class="org.crazyit.app.action.LoginRegistAction">
            <!-- 定义逻辑视图和物理视图之间的映射关系 -->
            <result name="error">/WEB-INF/content/error.jsp</result>
            <result>/WEB-INF/content/welcome.jsp</result>
        </action>
        <!-- 配置 regist Action，处理类为 LoginRegistAction
            指定使用 regist 方法处理请求-->
        <action name="regist" class="org.crazyit.app.action.LoginRegistAction"
            method="regist">
            <!-- 定义逻辑视图和物理视图之间的映射关系 -->
            <result name="error">/WEB-INF/content/error.jsp</result>
            <result>/WEB-INF/content/welcome.jsp</result>
        </action>
        ...
    </package>
</struts>
```

上面定义了 login 和 regist 两个逻辑 Action，它们对应的处理类都是 LoginRegistAction，该 Action 类代码前面已经给出，此处不再赘述。login 和 regist 两个 Action 虽然有相同的处理类，但处理逻辑不同——处理逻辑通过 method 方法指定，其中名为 login 的 Action 对应的处理逻辑为默认的 execute 方法，而名为 regist 的 Action 对应的处理逻辑为指定的 regist 方法，如程序中粗体字代码所示。

通过上面的介绍不难看出，在配置 Action 时，实际上可认为需要配置三个属性：name 指定该 Action 处理怎样的请求，该属性不可省略；class 属性指定该 Action 的处理类，该属性被省略，默认使用 ActionSupport 作为处理类；method 属性指定使用哪个方法处理请求，如果省略该 method 属性，则默认使用 execute 方法处理请求。

将一个 Action 处理类定义成两个逻辑 Action 后，可以再修改 JSP 页面的 JavaScript 代码。修改 regist 函数的代码为如下形式：

```
function regist()
```

```
{
    // 获取页面的第一个表单
    targetForm = document.forms[0];
    // 动态修改表单的 action 属性
    targetForm.action = "regist";
}
```

通过这种方式，一样可以实现上面的效果。当浏览者单击"登录"按钮时，将提交给 Action 类的登录逻辑处理；当浏览者单击"注册"按钮时，将提交给 Action 类的注册逻辑处理。在这种方式下，用户通过"注册"按钮和"登录"按钮将提交到两个不同的逻辑 Action，虽然这两个逻辑 Action 依然使用相同的 Action 处理类。

再次查看上面的 struts.xml 文件中两个<action.../>元素定义，发现两个 action 定义的绝大部分相同，可见这种定义相当冗余。为了解决这个问题，Struts 2 还有另一种简化形式：使用通配符的方式。

在配置<action.../>元素时，允许在指定 name 属性时使用模式字符串（即用"*"代表一个或多个任意字符），接下来就可以在 class、method 属性及<result.../>子元素中使用{N}的形式来代表前面第 N 个星号（*）所匹配的子串。

在 Action 的 name 属性中使用通配符后，可用一个<action.../>元素代替多个逻辑 Action。

看下面的 struts.xml 配置文件代码。

程序清单：codes\03\3.6\wildcard1\WEB-INF\src\struts.xml

```xml
<?xml version="1.0" encoding="GBK"?>
<!DOCTYPE struts PUBLIC
    "-//Apache Software Foundation//DTD Struts Configuration 2.5//EN"
    "http://struts.apache.org/dtds/struts-2.5.dtd">
<struts>
    <package name="lee" extends="struts-default">
        <!-- 使用模式字符串定义 Action 的 name，指定所有以 Action 结尾的请求，
        都可用 LoginRegistAction 来处理，method 属性使用{1}，
        这个{1}代表进行模式匹配时第一个*所代替的字符串 -->
        <action name="*Action" class="org.crazyit.app.action.LoginRegistAction"
            method="{1}">
            <!-- 定义逻辑视图和物理视图之间的映射关系 -->
            <result name="error">/WEB-INF/content/error.jsp</result>
            <result>/WEB-INF/content/welcome.jsp</result>
            <allowed-methods>login,regist</allowed-methods>
        </action>
        ...
    </package>
</struts>
```

上面的<action name="*Action".../>元素不是定义了一个普通 Action，而是定义了一系列的逻辑 Action——只要用户请求的 URL 是*Action.action 的模式，都可使用该 Action 来处理。配置该 action 元素时，还指定 method 属性（method 属性用于指定处理用户请求的方法），但该 method 属性使用了一个表达式{1}，该表达式的值就是 name 属性值中第一个*的值。例如，如果用户请求的 URL 为 loginAction.action，则调用 LoginRegistAction 类的 login 方法；如果请求 URL 为 registAction.action，则调用 LoginRegistAction 类的 regist 方法。

> **提示**：该示例由于在 method 属性中使用了{1}这种方式，因此也需要使用<allowed-methods.../>元素配置允许动态调用的方法。

下面是本应用所使用的 LoginRegistAction 类的代码。

程序清单：codes\03\3.6\wildcard1\WEB-INF\src\org\crazyit\app\action\LoginRegistAction

```java
public class LoginRegistAction
    extends ActionSupport
{
```

```
    // 封装用户请求参数的两个成员变量
    private String username;
    private String password;
    // 省略所有的 setter 和 getter 方法
    ...
    // Action 包含的注册控制逻辑
    public String regist() throws Exception
    {
        ActionContext.getContext().getSession()
            .put("user" , getUsername());
        addActionMessage("恭喜您," + getUsername() + ",您已经注册成功！");
        return SUCCESS;
    }
    // Action 包含的登录控制逻辑
    public String login() throws Exception
    {
        if (getUsername().equals("crazyit.org")
            && getPassword().equals("leegang") )
        {
            ActionContext.getContext().getSession()
                .put("user" , getUsername());
            addActionMessage("欢迎," + getUsername() + ",您已经登录成功！");
            return SUCCESS;
        }
        return ERROR;
    }
}
```

从上面程序的粗体字代码中可以看出，该 Action 类不再包含默认的 execute 方法，而是包含了 regist 和 login 两个方法，这两个方法与 execute 方法签名非常相似，只是方法名不同。

同样对于如图 3.9 所示的页面，修改 JavaScript 中的 regist() 函数为如下形式：

```
function regist()
{
    // 获取页面中第一个表单
    targetForm = document.forms[0];
    // 动态修改表单的 action 属性
    targetForm.action = "registAction";
}
```

从上面的方法中可以看到，当浏览者单击"注册"按钮时，动态修改表单的 action 属性为 registAction，该请求匹配了*Action 的模式，将交给该 Action 处理；registAction 匹配*Action 模式时，*的值为 regist，则调用 regist 方法来处理用户请求。

除此之外，当<action.../>元素的 name 属性使用了*之后，<action.../>元素的 class 属性也可以使用{N}表达式，即 Struts 2 允许将一系列的 Action 类配置成一个<action.../>元素，相当于一个<action.../>元素配置了多个逻辑 Action。

看下面的 struts.xml 配置文件。

程序清单：codes\03\3.6\wildcard2\WEB-INF\src\struts.xml

```
<?xml version="1.0" encoding="GBK"?>
<!DOCTYPE struts PUBLIC
    "-//Apache Software Foundation//DTD Struts Configuration 2.5//EN"
    "http://struts.apache.org/dtds/struts-2.5.dtd">
<struts>
    <package name="lee" extends="struts-default">
        <!-- 使用模式字符串定义 Action 的 name，指定所有以 Action 结尾的请求，
        都可用{1}Action 来处理，
        这个{1}代表进行模式匹配时第一个*所代替的字符串 -->
        <action name="*Action" class="org.crazyit.app.action.{1}Action">
            <!-- 定义逻辑视图和物理视图之间的映射关系 -->
```

```
            <result name="error">/WEB-INF/content/error.jsp</result>
            <result>/WEB-INF/content/welcome.jsp</result>
        </action>
        ...
    </package>
</struts>
```

上面的<action.../>定义片段定义了一系列的 Action，这系列的 Action 名字应该匹配*Action 的模式，没有指定 method 属性，即默认使用 execute 方法来处理用户请求。但 class 属性值使用了{N}形式的表达式，上面配置片段的含义是，如果有 URL 为 RegistAction.action 的请求，将可以匹配*Action 模式，交给该 Action 处理，其第一个 "*" 的值为 Regist，即该 Action 的处理类为 RegistAction；类似的，如果有 URL 为 LoginAction.action 的请求，则处理类为 LoginAction。为此，如果需要系统能处理 RegistAction 和 LoginAction 两个请求，则必须提供 LoginAction 和 RegistAction 两个处理类，这两个文件可以在 codes\03\3.6\wildcard2\WEB-INF\src\org\crazyit\app\action 路径下找到。

当然，还应该将如图 3.9 所示页面的 regist 函数改为如下形式：

```
function regist()
{
    // 获取页面中第一个表单
    targetForm = document.forms[0];
    // 动态修改表单的 action 属性
    targetForm.action = "RegistAction";
}
```

如果有需要，Struts 2 完全可以在 class 属性和 method 属性中同时使用{N}表达式。看如下配置片段：

```
<!-- 定义了一个 action，同时在 class 属性和 method 属性中使用表达式 -->
<action name="*_*" method="{2}" class="actions.{1}Action">
```

上面的定义片段定义了一个模式为*_*的 Action，即只要匹配该模式的请求，都可以被该 Action 处理。如果有 URL 为 Book_save.action 的请求，因为匹配了*_*的模式，且第一个 "*" 的值为 Book，第二个 "*" 的值为 save，则意味着调用 actions.BookAction 处理类的 save()方法来处理用户请求。

后面将会介绍针对 Action 的输入校验，在对 Action 进行输入校验时，必须为该 Action 指定对应的校验文件。那么对于模式为*_*的 Action，应该定义怎样的校验文件呢？

因为 Struts 2 默认的校验文件命名遵守如下规则：ActionName-validation.xml，即如果有类名为 MyAction 的 Action 类，则应该提供名为 MyAction-validation.xml 的文件。

但对于上面的<action.../>配置元素，class 属性值是一个表达式，这个表达式的值来自于前面 action 的 name 属性。例如，如果有 URL 为 Book_save.action 的请求，则该 Action 对应的处理类为 BookAction，对应的数据校验文件名为 BookAction-validation.xml。实际上 Struts 2 允许指定校验文件时精确到处理方法，即指定如下形式的校验文件：ActionName-methodName-validation.xml，所以对于 Book_save.action 的请求，系统将优先使用 BookAction-save-validation.xml 校验文件。

即使对于 class 属性值固定的 Action，同样可以为一个 Action 类指定多个校验文件。看如下的 Action 配置片段：

```
<!-- 配置了 Action，指定了固定的 class 属性，而 method 属性使用表达式 -->
<action name="Crud_*" class="lee.CrudAction" method="{1}">
```

在上面的配置片段中，指定了该 Action 的实现类为 lee.CrudAction。该 Action 的 name 是一个模式字符串，则该 Action 将可以处理所有匹配 Crud_*的请求。

假设有 URL 为 Crud_input 的请求，该请求匹配了 Crud_*的模式，故该 Action 可以处理该请求。对于该请求，Struts 2 将采用 CrudAction_input-validation.xml 校验文件来进行数据校验。

关于数据校验的详细介绍，请参阅本书下一章的内容。

实际上，Struts 2 不仅允许在 class 属性、name 属性中使用表达式，还可以在<result.../>子元素中使用{N}表达式。下面是前面多次使用的通用 Action，该 Action 可以配置成如下形式：

```
<!-- 定义一个通用 Action -->
<action name="*" >
    <!-- 使用表达式定义 Result -->
    <result>/WEB-INF/content/{1}.jsp</result>
</action>
```

在上面的 Action 定义中，Action 的名字是一个"*"，即它可以匹配任意的 Action，所有的用户请求都可通过该 Action 来处理。因为没有为该 Action 指定 class 属性，即该 Action 使用 ActionSupport 来作为处理类，而且因为该 ActionSupport 类的 execute 方法返回 success 字符串，即该 Action 总是直接返回 result 中指定的 JSP 资源，JSP 资源使用了表达式来生成资源名。上面 Action 定义的含义是：如果请求 a.action，则进入 a.jsp 页面；如果请求 b.action，则进入 b.jsp 页面……

通过这种方式，可以避免让浏览者直接访问系统的 JSP 页面，而是让 Struts 2 框架来管理所有用户请求。

对于使用 Struts 2 框架的应用而言，尽量不要让超级链接直接链接到某个视图资源，因为这种方式增加了额外的风险。推荐将所有请求都发送给 Struts 2 框架，让该框架来处理用户请求，即使只是简单的超级链接。

对于只是简单的超级链接的请求，可以通过定义 name="*"的 Action（该 Action 应该放在最后定义）实现。除此之外，Struts 2 还允许在容器中定义一个默认的 Action，当用户请求的 URL 在容器中找不到对应的 Action 时，系统将使用默认 Action 来处理用户请求。

现在的问题是，当用户请求的 URL 同时匹配多个 Action 时，究竟由哪个 Action 来处理用户请求呢？

假设有 URL 为 abcAction.action 的请求，在 struts.xml 文件中配置了如下三个 Action，它们的 Action name 的值分别为：abcAction、*Action 和*，则这个请求将被名为 abcAction 的 Action 处理。

如果有 URL 为 defAction.action 的请求，struts.xml 文件中同样配置了 abcAction、*Action 和*三个 Action，defAction.action 的请求显然不会被 name 为 abcAction 的 Action 处理，但到底是被 name="*Action" 的 Action 处理，还是被 name="*"的 Action 处理呢？

为了得到这个结果，下面做了一个 matchSequence 应用，该应用的 struts.xml 配置文件如下。

程序清单：codes\03\3.6\matchSequence\WEB-INF\src\struts.xml

```
<?xml version="1.0" encoding="GBK"?>
<!DOCTYPE struts PUBLIC
    "-//Apache Software Foundation//DTD Struts Configuration 2.5//EN"
    "http://struts.apache.org/dtds/struts-2.5.dtd">
<struts>
    <package name="lee" extends="struts-default">
        <!-- 配置 name="*"的 Action -->
        <action name="*" class="org.crazyit.app.action.FirstAction">
            <result>/WEB-INF/content/welcome.jsp</result>
        </action>
        <!-- 配置 name="*Action"的 Action -->
        <action name="*Action" class="org.crazyit.app.action.TwoAction">
            <result>/WEB-INF/content/welcome.jsp</result>
        </action>
        <!-- 配置 name 为 loginAction 的 Action -->
        <action name="loginAction" class="org.crazyit.app.action.LoginAction">
            <result name="error">/WEB-INF/content/error.jsp</result>
            <result>/WEB-INF/content/welcome.jsp</result>
        </action>
    </package>
</struts>
```

上面的配置文件中粗体字代码包含了两个支持模式匹配的 Action，如果浏览器发出 URL 为 registAction.action 的请求，该请求不是由第二个 Action 来处理，而是被第一个 Action（即 FirstAction 类）处理。

将上面的 struts.xml 文件修改成如下形式：

```
<?xml version="1.0" encoding="GBK"?>
<!DOCTYPE struts PUBLIC
```

```
                "-//Apache Software Foundation//DTD Struts Configuration 2.5//EN"
                "http://struts.apache.org/dtds/struts-2.5.dtd">
<struts>
    <package name="lee" extends="struts-default">
        <!-- 配置 name="*Action"的 Action -->
        <action name="*Action" class="org.crazyit.app.action.TwoAction">
            <result>/WEB-INF/content/welcome.jsp</result>
        </action>
        <!-- 配置 name="*"的 Action -->
        <action name="*" class="org.crazyit.app.action.FirstAction">
            <result>/WEB-INF/content/welcome.jsp</result>
        </action>
        <!-- 配置 name 为 loginAction 的 Action -->
        <action name="loginAction" class="org.crazyit.app.action.LoginAction">
            <result name="error">/WEB-INF/content/error.jsp</result>
            <result>/WEB-INF/content/welcome.jsp</result>
        </action>
    </package>
</struts>
```

同样如果有 registAction.action 请求，此时将变为由 TwoAction 来处理。

通过上面配置文件的对比，可以得出如下的规律：如果有 URL 为 abcAction.action 的请求，如果 struts.xml 文件中有名为 abcAction 的 Action，则一定由该 Action 来处理用户请求；如果 struts.xml 文件中没有名为 abcAction 的 Action，则搜寻 name 属性值能匹配 abcAction 的 Action，例如 name 为*Action 或*，*Action 并不会比*更优先匹配 abcAction 的请求，而是先找到哪个 Action，就会由哪个 Action 来处理用户请求。

> **注意**
>
> 因为除非请求的 URL 与 Action 的 name 属性绝对相同，否则将按先后顺序来决定由哪个 Action 来处理用户请求。因此应该将 name="*"的 Action 配置在最后，否则 Struts 2 将使用该 Action 来处理所有希望使用模式匹配的请求。

▶▶ 3.6.5　配置默认 Action

为了让 Struts 2 的 Action 可以接管用户请求，可以配置 name="*"的 Action。除此之外，Struts 2 还支持配置默认 Action。

当用户请求找不到对应的 Action 时，系统默认的 Action 即将处理用户请求。

配置默认 Action 通过<default-action-ref.../>元素完成，下面的 struts.xml 配置片段配置了一个默认 Action。

```
<!-- 配置一个 package 元素 -->
<package name="lee" extends="struts-default">
    ...
    <!-- 配置一个默认 Action, 默认 Action 为 simpleViewResultAction -->
    <default-action-ref name="simpleViewResultAction"/>
    ...
    <!-- 通过 action 元素配置默认的 Action -->
    <action name="simpleViewResultAction" class="lee.SimpleViewResultAction">
        <result.../>
        ...
    </action>
    ...
</package>
```

从上面的配置片段中可以看出，配置默认 Action 使用<default-action-ref.../>元素即可，配置该元素时需要指定一个 name 属性，该 name 属性指向容器中另一个有效的 Action，该 Action 将成为该容器中默认的 Action。

提示：

将默认 Action 配置在默认命名空间里就可以让该 Action 处理所有用户请求，因为默认命名空间的 Action 可以处理任何命名空间的请求。

▶▶ 3.6.6 配置 Action 的默认处理类

前面已经提到，配置 <action.../> 元素时可以不指定 class 属性，如果没有指定 class 属性，则系统默认使用 ActionSupport 作为 Action 处理类。

实际上，Struts 2 允许定义开发者自己配置 Action 的默认处理类，配置 Action 的默认处理类使用 <default-class-ref.../> 元素，配置该元素时只需指定一个 class 属性，该 class 属性指定的类就是 Action 的默认处理类。

在 struts2-core-2.5.14.jar 压缩包的 struts-default.xml 文件中有如下配置片段：

```
<package name="struts-default" abstract="true">
  ...
  <!-- 配置 Action 的默认处理类 -->
  <default-class-ref class="com.opensymphony.xwork2.ActionSupport"/>
</package>
```

因为在开发 Struts 2 应用时，配置 Action 时所在的 package 要么直接继承了 struts-default 包，要么间接继承了 struts-default 包，因此 Action 的默认处理类就是 ActionSupport。

如果有需要，完全可以在自己的 struts.xml 文件中使用 <default-class-ref.../> 元素改变 Action 的默认处理类。

3.7 配置处理结果

Action 只是 Struts 2 控制器的一部分，所以它不能直接生成对浏览者的响应。Action 只负责处理请求，负责生成响应的视图组件，通常就是 JSP 页面，而 Action 会为 JSP 页面提供显示的数据。当 Action 处理用户请求结束后，控制器应该使用哪个视图资源生成响应呢？这就必须使用 <result.../> 元素进行配置，该元素定义逻辑视图名和物理视图资源之间的映射关系。

▶▶ 3.7.1 理解处理结果

Action 处理完用户请求后，将返回一个普通字符串，整个普通字符串就是一个逻辑视图名。Struts 2 通过配置逻辑视图名和物理视图之间的映射关系，一旦系统收到 Action 返回的某个逻辑视图名，系统就会把对应的物理视图呈现给浏览者。

图 3.11 显示了浏览者、控制器和视图资源之间的顺序图。

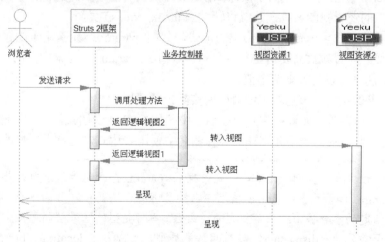

图 3.11 浏览者、控制器和视图资源之间的顺序图

如图 3.11 所示，Action 处理完用户请求后，并未直接将请求转发给任何具体的视图资源，而是返回一个逻辑视图（这个逻辑视图只是一个普通字符串），Struts 2 框架收到这个逻辑视图后，把请求转发到对应的视图资源，视图资源将处理结果呈现给用户。

相对于 Struts1 框架而言，Struts 2 的逻辑视图不再是 ActionForward 对象，而是一个普通字符串，这样的设计更有利于将 Action 类与 Struts 2 框架分离，提供了更好的代码复用性。

除此之外，Struts 2 还支持多种结果映射：Struts 2 框架将处理结果转向实际资源时，实际资源不仅可以是 JSP 视图资源，也可以是 FreeMarker 视图资源，甚至可以将请求转给下一个 Action 处理，形成 Action 的链式处理。

▶▶ 3.7.2 配置结果

Struts 2 的 Action 处理用户请求结束后，返回一个普通字符串——逻辑视图名，必须在 struts.xml 文件中完成逻辑视图和物理视图资源的映射，才可让系统转到实际的视图资源。

简单地说，结果配置是告诉 Struts 2 框架：当 Action 处理结束时，系统下一步做什么，系统下一步应该调用哪个物理视图资源来显示处理结果。

Struts 2 在 struts.xml 文件中使用\<result.../\>元素来配置结果，根据\<result.../\>元素所在位置的不同，Struts 2 提供了两种结果。

➢ 局部结果：将\<result.../\>作为\<action.../\>元素的子元素配置。
➢ 全局结果：将\<result.../\>作为\<global-results.../\>元素的子元素配置。

关于全局结果的讲解，将在后面介绍。此时介绍的都是局部结果，局部结果是通过在\<action.../\>元素中定义\<result.../\>子元素进行配置的，一个\<action.../\>元素可以有多个\<result.../\>子元素，这表示一个 Action 可以对应多个结果。

配置\<result.../\>元素时通常需要指定如下两个属性。

➢ name：该属性指定所配置的逻辑视图名。
➢ type：该属性指定结果类型。

最典型的\<result.../\>配置片段如下：

```
<action name="Login" class="lee.LoginAction">
    <!-- 为 success 的逻辑视图配置 Result, type 属性指定结果类型 -->
    <result name="success" type="dispatcher">
        <!-- 指定该逻辑视图对应的实际视图资源 -->
        <param name="location">/WEB-INF/content/thank_you.jsp</param>
    </result>
</action>
```

上面的\<result.../\>元素使用了最烦琐的形式，既指定了需要映射的逻辑视图名（success），也指定了结果类型（dispatcher），并使用子元素的形式来指定实际视图资源。上面的粗体字代码指定：当 Action 返回名为"success"的逻辑视图名时，系统将转发到 thank_you.jsp 页面。

对于上面使用\<param.../\>子元素配置结果的形式，其中\<param.../\>元素用于配置一个参数，与所有配置参数的地方相似，配置参数需要指定参数名和参数值。\<param.../\>元素配置的参数名由 name 属性指定，此处的 name 属性可以为如下两个值。

➢ location：该参数指定了该逻辑视图对应的实际视图资源。
➢ parse：该参数指定是否允许在实际视图名字中使用 OGNL 表达式，该参数值默认为 true。如果设置该参数值为 false，则不允许在实际视图名中使用表达式。通常无须修改该属性值。

> **提示：**
> 教学过程中有学生问：\<result.../\>元素里的\<param.../\>子元素到底可以指定哪些参数呢？也就是\<param.../\>子元素的 name 属性可以接受哪些合法的值？其实这个问题是不确定的。因为此处指定的参数将由结果解析器负责处理，不同类型的结果解析器所需要的参数是不同的。对于常见的 "dispatcher" 类型的结果类型，可以指定 location、parse 两个参数。

因为通常无须指定 parse 参数的值，所以常常采用如下简化形式来配置实际视图资源。

```
<action name="Login" class="lee.LoginAction">
    <!-- 为 success 的逻辑视图配置 Result，type 属性指定结果类型 -->
    <result name="success" type="dispatcher">/WEB-INF/content/thank_you.jsp</result>
</action>
```

显然，这种直接给出视图资源的形式比前面使用子元素的形式要简洁多了。

除此之外，Struts 2 还允许省略指定结果类型，即可改写成如下形式：

```
<action name="Login" class="lee.LoginAction">
    <!-- 为 success 的逻辑视图配置 Result，省略 type 属性-->
    <result name="success">/thank_you.jsp</result>
</action>
```

在这个时候，系统将使用默认的结果类型，Struts 2 默认的结果类型就是 dispatcher（用于与 JSP 整合的结果类型）。

Struts 2 默认的结果类型是 dispatcher，也可通过修改配置文件来改变默认的结果类型。一旦改变了默认的结果类型，如果配置<result.../>元素时省略 type 元素，则意味着使用默认的结果类型。

不仅如此，Struts 2 还可省略逻辑视图名，即还可改写成如下形式：

```
<action name="Login" class="lee.LoginAction">
    <!-- 配置默认结果，省略 name、type 属性 -->
    <result>/WEB-INF/content/thank_you.jsp</result>
</action>
```

如果省略了<result.../>元素的 name 属性，系统将采用默认的 name 属性值，默认的 name 属性值为 success。因此，即使不给出逻辑视图名：success，系统也一样为 success 逻辑视图配置结果。

如果配置<result.../>元素时没有指定 location 参数，系统将会把<result...>···</result>中间的字符串当成实际视图资源；如果没有指定 name 属性，则 name 属性采用默认值：success；如果没有指定 type 属性，则采用 Struts 2 的默认结果类型。

▶▶ 3.7.3   Struts 2 支持的结果类型

Struts 2 支持使用多种视图技术，例如 JSP、Velocity 和 FreeMarker 等。当一个 Action 处理用户请求结束后，仅仅返回一个字符串，这个字符串是逻辑视图名，但该逻辑视图并未与任何的视图技术及任何的视图资源关联——直到在 struts.xml 文件中配置物理逻辑视图资源。

结果类型决定了 Action 处理结束后，下一步将调用哪种视图资源来呈现处理结果。

Struts 2 的结果类型要求实现 com.opensymphony.xwork2.Result，这个结果是所有结果类型的通用接口。如果开发者想实现自己的结果类型，也需要提供一个实现该接口的类，并且在 struts.xml 文件中配置该结果类型。

Struts 2 默认提供了一系列的结果类型，下面是 struts-default.xml 配置文件的配置片段。struts-default.xml 文件保存在 struts2-core-2.5.14.jar 文件的根路径下，使用解压缩工具打开该文件即可看到 struts-default.xml 配置文件。

```
<!-- 配置系统支持的结果类型 -->
<result-types>
    <!-- Action 链式处理的结果类型 -->
    <result-type name="chain"
        class="com.opensymphony.xwork2.ActionChainResult"/>
    <!-- 用于与 JSP 整合的结果类型 -->
    <result-type name="dispatcher"
        class="org.apache.struts2.dispatcher.ServletDispatcherResult"
        default="true"/>
    <!-- 用于与 FreeMarker 整合的结果类型 -->
    <result-type name="freemarker"
        class="org.apache.struts2.views.freemarker.FreemarkerResult"/>
    <!-- 用于控制特殊的 HTTP 行为的结果类型 -->
```

```
    <result-type name="httpheader"
        class="org.apache.struts2.dispatcher.HttpHeaderResult"/>
    <!-- 用于直接跳转到其他 URL 的结果类型 -->
    <result-type name="redirect"
        class="org.apache.struts2.dispatcher.ServletRedirectResult"/>
    <!-- 用于直接跳转到其他 Action 的结果类型 -->
    <result-type name="redirectAction"
        class="org.apache.struts 2.dispatcher.ServletActionRedirectResult"/>
    <!-- 用于向浏览器返回一个 InputStream 的结果类型 -->
    <result-type name="stream"
        class="org.apache.struts2.dispatcher.StreamResult"/>
    <!-- 用于整合 Velocity 的结果类型 -->
    <result-type name="velocity"
        class="org.apache.struts2.dispatcher.VelocityResult"/>
    <!-- 用于整合 XML/XSLT 的结果类型 -->
    <result-type name="xslt"
        class="org.apache.struts2.views.xslt. XSLTResult"/>
    <!-- 用于显示某个页面原始代码的结果类型 -->
    <result-type name="plainText"
        class="org.apache.struts2.dispatcher.PlainTextResult" />
</result-types>
```

上面的粗体字代码标出的结果类型就是 Struts 2 默认支持的结果类型。从上面配置文件可以看出：每个<result-type.../>元素定义一个结果类型，<result.../>元素中的 name 属性指定了该结果类型的名字，class 属性指定了该结果类型的实现类。

除此之外，还可以在 struts 2-jfreechart-plugin-2.5.14.jar 的 struts-plugin.xml 文件中看到如下配置片段：

```
<result-types>
    <result-type name="chart" class="org.apache.struts2.dispatcher.ChartResult">
        <param name="height">150</param>
        <param name="width">200</param>
    </result-type>
</result-types>
```

从上面的配置片段可以看出，增加 struts 2-jfreechart-plugin-2.5.14.jar 插件后，Struts 2 又可额外增加新的结果类型。事实是：Struts 2 提供了极好的可扩展性，它允许自定义结果类型，所以，如果业务有需要，开发者完全可以自定义结果类型。幸运的是，这种情况很少见，因为 Struts 2 以及相关插件考虑得非常全面。

> **提示：**
> 正如前面提到的，不同的结果类型支持不同的参数，例如此处介绍的 chart 类型的结果类型，它就可以支持 height、width 两个参数。

除此之外，看到配置 dispatcher 结果类型时，指定了 default="true"属性，该属性表明该结果类型是默认的结果类型——这也是为什么当定义<result.../>元素时，如果省略了 type 属性，默认 type 属性为 dispatcher 的原因。

如果不算 Struts 2 插件所支持的结果类型，Struts 2 内建的支持结果类型如下。

➢ chain 结果类型：Action 链式处理的结果类型。

➢ dispatcher 结果类型：用于指定使用 JSP 作为视图的结果类型。

➢ freemarker 结果类型：用于指定使用 FreeMarker 模板作为视图的结果类型。

➢ httpheader 结果类型：用于控制特殊的 HTTP 行为的结果类型。

➢ redirect 结果类型：用于直接跳转到其他 URL 的结果类型。

➢ redirectAction 结果类型：用于直接跳转到其他 Action 的结果类型。

➢ stream 结果类型：用于向浏览器返回一个 InputStream（一般用于文件下载）。

➢ velocity 结果类型：用于指定使用 Velocity 模板作为视图的结果类型。

➢ xslt 结果类型：用于与 XML/XSLT 整合的结果类型。

➤ plainText 结果类型：用于显示某个页面的原始代码的结果类型。

上面的结果类型中 dispatcher 结果类型是默认的类型，主要用于与 JSP 页面整合。而其他大部分结果类型将会在后面有更详细的介绍，例如 stream 结果类型，将在 Struts 2 的文件下载中有更详细的介绍。下面将简要介绍 plainText、redirect 和 redirectAction 三种结果类型。

➤➤ 3.7.4 plainText 结果类型

这个结果类型并不常用，因为它的作用太过局限——它主要用于显示实际视图资源的源代码。看如下简单的 Action 类。

程序清单：codes\03\3.7\plainText\WEB-INF\src\org\crazyit\app\action\LoginAction.java

```java
public class LoginAction
    extends ActionSupport
{
    // 用于封装请求参数的 username 属性
    private String username;
    // username 属性的 setter 和 getter 方法
    public String getUsername()
    {
        return username;
    }
    public void setUsername(String username)
    {
        this.username = username;
    }
}
```

上面的 Action 类继承了 ActionSupport 类，因此它也包含了一个从父类继承得到的 execute()方法，不过这个方法并未真正处理用户请求，它只是简单地返回了一个 success 的逻辑视图。在 struts.xml 文件中配置该 Action，如果采用如下配置片段。

程序清单：codes\03\3.7\plainText\WEB-INF\src\struts.xml

```xml
<?xml version="1.0" encoding="GBK"?>
<!DOCTYPE struts PUBLIC
    "-//Apache Software Foundation//DTD Struts Configuration 2.5//EN"
    "http://struts.apache.org/dtds/struts-2.5.dtd">
<struts>
    <constant name="struts.devMode" value="true"/>
    <package name="lee" extends="struts-default">
        <action name="login" class="org.crazyit.app.action.LoginAction">
            <!-- 指定 Result 的类型为 plainText 类型 -->
            <result type="plainText">
                <!-- 指定实际的视图资源 -->
                <param name="location">/WEB-INF/content/welcome.jsp</param>
                <!-- 指定使用指定的字符集来处理页面代码-->
                <param name="charSet">GBK</param>
            </result>
        </action>
        ...
    </package>
</struts>
```

在上面的配置片段中，配置<result.../>元素时，并未指定<result.../>元素的 name 属性，意味着 name 属性值为 success；上面的粗体字代码显式指定了 type 属性值为 plainText 类型，plainText 结果类型指定将视图资源当成普通文本处理，所以该结果类型会导致输出页面源代码。该结果指定的视图资源：welcome.jsp 页面的代码如下。

程序清单：codes\03\3.7\plainText\welcome.jsp

```jsp
<%@ page contentType="text/html; charset=GBK" language="java" errorPage="" %>
<%@ taglib prefix="s" uri="/struts-tags"%>
```

```
<!DOCTYPE html PUBLIC "-//W3C//DTD XHTML 1.0 Transitional//EN"
    "http://www.w3.org/TR/xhtml1/DTD/xhtml1-transitional.dtd">
<html xmlns="http://www.w3.org/1999/xhtml">
<head>
    <title>欢迎</title>
</head>
<body>
    <s:property value="username"/>
</body>
</html>
```

这个页面非常简单，仅仅在页面中输出 Action 实例的 username 属性值。如果用户输入任意的 username 请求参数，然后单击"提交"按钮，将看到如图 3.12 所示的页面。

修改上面 struts.xml 文件中的<result.../>元素，修改成如下简单形式：

```
<!-- 下面配置片段指定使用 dispatcher 结果类型，
当返回 success 结果时使用 welcome.jsp 页面作为视图资源 -->
<result>/WEB-INF/content/welcome.jsp</result>
```

在服务器端重新加载 Web 应用，在页面中输入任意的 username 属性值，然后单击"提交"按钮，将看到如图 3.13 所示的页面。

正如图 3.12 所显示的，如果使用 plainText 结果类型，系统将把视图资源的源代码呈现给用户。

图 3.12　直接输出页面源代码的结果类型

图 3.13　正常显示的结果类型

如果在 welcome.jsp 页面的代码中包含了中文字符，使用 plainText 结果类型必须指定 charSet 参数，该参数指定输出页面所用的字符集。

使用 plainText 结果类型时可指定如下两个参数。

➢ location：指定实际的视图资源。
➢ charSet：指定输出页面时所用的字符集。

➤➤ 3.7.5　redirect 结果类型

这种结果类型与 dispatcher 结果类型相对，dispatcher 结果类型是将请求 forward（转发）到指定的 JSP 资源；而 redirect 结果类型，则意味着将请求 redirect（重定向）到指定的视图资源。

dispatcher 结果类型与 redirect 结果类型的差别主要就是转发和重定向的差别：重定向会丢失所有的请求参数、请求属性——当然也丢失了 Action 的处理结果。

使用 redirect 结果类型的效果是，系统将调用 HttpServletResponse 的 sendRedirect(String)方法来重定向指定视图资源，这种重定向的效果就是重新产生一个请求，因此所有的请求参数、请求属性、Action 实例和 Action 中封装的属性全部丢失。

对于上面的应用，如果将 struts.xml 文件修改成如下形式。

程序清单：codes\03\3.7\redirect\WEB-INF\src\struts.xml

```xml
<?xml version="1.0" encoding="GBK"?>
<!DOCTYPE struts PUBLIC
    "-//Apache Software Foundation//DTD Struts Configuration 2.5//EN"
    "http://struts.apache.org/dtds/struts-2.5.dtd">
<struts>
    <constant name="struts.devMode" value="true"/>
    <package name="lee" extends="struts-default">
        <action name="login" class="org.crazyit.app.action.LoginAction">
            <!-- 指定结果的类型为 redirect,
                这意味着系统该 Action 将重定向到 welcome.jsp 页面-->
            <result type="redirect">/welcome.jsp</result>
        </action>
        ...
    </package>
</struts>
```

上面的粗体字代码指定了 redirect 结果类型，意思是：当 Action 处理用户请求结束后，系统将重新生成一个请求，重定向到 welcome.jsp 页面。

当浏览者向该 Action 发送请求，该 Action 处理完用户请求后，转入/welcome.jsp 页面（该页面使用 Struts 2 标签输出 username 属性），将看到如图 3.14 所示的效果。

在如图 3.14 所示页面的地址栏看到，地址栏里请求的 URL 已经不再是 login.action，而是 welcom.jsp。可见使用 redirect 结果类型时，当 Action 处理完用户请求后，再次向视图资源发送一次新的请求。

图 3.14 使用 redirect 结果类型结果

配置一个 redirect 类型的结果，可以指定如下两个参数。

➤ location：该参数指定 Action 处理完用户请求后跳转的地址。

➤ parse：该参数指定是否允许在 location 参数值中使用表达式，该参数值默认为 true。

与前面类似的是，通常无须指定 parse 属性值，因此可以简化成上面的情形。

 注意

使用 redirect 类型的结果时，不能重定向到/WEB-INF/路径下任何资源，因为重定向相当于重新发送请求，而 Web 应用的/WEB-INF/路径下资源是受保护资源。

▶▶ 3.7.6 redirectAction 结果类型

这种结果类型与 redirect 类型非常相似，一样是重新生成一个全新的请求。但与 redirect 结果类型区别在于：redirectAction 使用 ActionMapperFactory 提供的 ActionMapper 来重定向请求。

当需要让一个 Action 处理结束后，直接将请求重定向（是重定向，不是转发）到另一个 Action 时，就应该使用这种结果类型。

配置 redirectAction 结果类型时，可以指定如下两个参数。

➤ actionName：该参数指定重定向的 Action 名。

➤ namespace：该参数指定需要重定向的 Action 所在的命名空间。

下面是一个使用 redirectAction 结果类型的配置实例。

```xml
<package name="public" extends="struts-default">
    <action name="login" class="org.crazyit.app.action.LoginAction">
        <!-- 配置一个 redirectAction 结果类型的 Result，重定向另一个命名空间的 Action -->
        <result type="redirectAction">
            <!-- 指定重定向的 actionName -->
            <param name="actionName">dashboard</param>
```

```
            <!-- 指定重定向的 Action 所在的命名空间-->
            <param name="namespace">/secure</param>
        </result>
    </action>
</package>
<package name="secure" extends="struts-default" namespace="/secure">
    <!-- 定义被转入的 Action -->
    <action name="dashboard" class="org.crazyit.app.action.Dashboard">
        <result>/WEB-INF/content/dashboard.jsp</result>
        <!-- 配置一个 redirectAction 结果类型的 Result，
             重定向同一个命名空间的 Action -->
        <result name="error" type="redirectAction>error</result>
    </action>
    <action name="error">
        <result>/WEB-INF/content/error.jsp</result>
    </action>
</package>
```

使用 redirectAction 结果类型时，系统将重新生成一个新请求，只是该请求的 URL 不是一个具体的视图资源，而是另一个 Action。因此前一个 Action 处理结果、请求参数、请求属性都会丢失。

对于 redirect 和 redirectAction 两种结果类型，都是重新生成一个新请求，区别是前者通常用于生成一个对具体资源的请求，而后者通常用于生成对另一个 Action 的请求。两个结果类型都会丢失请求参数、请求属性和前一个 Action 的处理结果。

▶▶ 3.7.7　动态结果

动态结果的含义是指在指定实际视图资源时使用了表达式语法，通过这种语法可以允许 Action 处理完用户请求后，动态转入实际的视图资源。

前面介绍 Action 配置时，可以通过在 Action 的 name 属性中使用通配符，在 class 或 method 属性中使用{N}表达式。通过这种方式，允许 Struts 2 根据请求来动态决定 Action 的处理类，以及动态决定处理方法。除此之外，也可以在配置<result.../>元素时使用表达式语法，从而允许根据请求动态决定实际资源。

看下面的配置片段：

```
<action name="crud_*" class="lee.CrudAction" method="{1}">
    <result name="input">/WEB-INF/content/input.jsp</result>
    <result>/WEB-INF/content/{1}.jsp</result>
    <alllowed-methods>create</allowed-methods>
</action>
```

上面的配置片段有一个 name="crud_*"的 Action，这个 Action 可以处理所有匹配 crud_*.action 模式的请求。例如有一个 crud_create.action 的请求，系统将调用 lee.CrudAction 类的 create()方法来处理用户请求。当 Action 处理用户请求结束后，配置了两个结果：当处理结果为 input 字符串时，系统将转到/WEB-INF/content/input.jsp 页面；当处理结果为 success 字符串时，系统将转入 create.jsp 页面——这个视图资源是动态生成的，因为 crud_create 匹配 crud_*模式时，第一个星号（*）的值是 create，因此/WEB-INF/content/{1}.jsp 的{1}代表 create，即对应/WEB-INF/content/create.jsp 资源。

与配置 class 属性和 method 属性相比，配置<result.../>元素时，还允许使用 OGNL 表达式，这种用法允许根据 Action 属性值来定位物理视图资源。

▶▶ 3.7.8　Action 属性值决定物理视图资源

配置<result.../>元素时，不仅可以使用${N}表达式形式来指定视图资源，还可以使用${属性名}的方式来指定视图资源。在后面这种配置方式下，${属性名}里的属性名就是对应 Action 实例里的属性。而且，不仅允许使用这种简单表达式形式，还可以使用完全的 OGNL 表达式，即使用这种形式：${属性名.属性名.属性名...}。

看如下的配置片段：

```
<package name="skill" extends="default" namespace="/skill">
    ...
    <!-- 配置了一个名为 save 的 Action,
        该 Action 的处理类为 SkillAction, 处理方法为 save -->
    <action name="save" class="org.crazyit.app.action.SkillAction"
        method="save">
        <result name="input">/empmanager/editSkill.jsp</result>
        <!-- 使用 OGNL 表达式来指定结果资源 -->
        <result type="redirect">edit.action?
            skillName=${currentSkill.name}</result>
    </action>
    <!-- 配置了一个名为 delete 的 Action,
        该 Action 的处理类为 SkillAction, 处理方法为 delete -->
    <action name="delete" class="org.crazyit.app.action.SkillAction"
        method="delete">
        <result name="error">/empmanager/editSkill.jsp</result>
        <!-- 使用 OGNL 表达式来指定结果资源 -->
        <result type="redirect">edit.action?
            skillName=${currentSkill.name}</result>
    </action>
    ...
</package>
```

在上面的配置片段中，使用了${currentSkill.name}表达式来指定结果视图资源。对于上面的表达式语法，要求在对应的 Action 实例里应该包含 currentSkill 属性，且 currentSkill 属性必须包含 name 属性——否则，${currentSkill.name}表达式值将为 null。

提示： 可以通过在 Action 的 name 属性中使用通配符，从而将上面的两个 Action 配置成一个 Action。

下面示范一个简单的应用，这个应用可以让用户在文本框内输入请求的资源，系统将自动跳转到对应的资源。

该应用的输入页面如图 3.15 所示。

处理该请求的 Action 非常简单，它仅仅提供了一个属性来封装请求参数，并提供了一个参数来封装处理后的提示。下面是该 Action 类的代码。

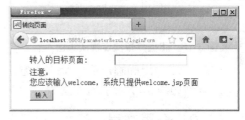

图 3.15 转向的输入页面

程序清单：codes\03\3.7\parameterResult\WEB-INF\src\org\crazyit\app\action\MyAction.java

```
public class MyAction extends ActionSupport
{
    // 封装请求参数的 target 成员变量
    private String target;
    // 省略了所有的 setter 和 getter 方法
    ...
    public String execute() throws Exception
    {
        addActionMessage("恭喜您,您已经成功转向");
        return SUCCESS;
    }
}
```

上面的 execute 方法总是返回一个 SUCCESS 常量，即总是返回 success 字符串。然后在 struts.xml 文件中配置该 Action，配置文件如下。

程序清单：codes\03\3.7\parameterResult\WEB-INF\src\struts.xml

```xml
<?xml version="1.0" encoding="GBK"?>
<!DOCTYPE struts PUBLIC
    "-//Apache Software Foundation//DTD Struts Configuration 2.5//EN"
    "http://struts.apache.org/dtds/struts-2.5.dtd">
<struts>
    <package name="lee" extends="struts-default">
        <!-- 配置处理用户请求的 Action -->
        <action name="MyAction" class="org.crazyit.app.action.MyAction">
            <!-- 配置 Result，使用 OGNL 表达式来指定视图资源 -->
            <result>/WEB-INF/content/${target}.jsp</result>
        </action>
        ...
    </package>
</struts>
```

上面的粗体字代码指定实际物理资源时，使用了/WEB-INF/content/${target}.jsp 表达式来指定视图资源——这要求在对应的 Action 类里应该包含 target 属性——该属性值将决定实际的视图资源。

当浏览者在如图 3.15 所示页面的输入框中输入 welcome 字符串时，单击"转入"按钮，系统将可以跳转到/WEB-INF/content/welcome.jsp 页面，即看到如图 3.16 所示的页面。

当然，可以在如图 3.15 所示的页面中输入任意字符串，然后执行跳转。例如输入 abc 字符串，系统将转入/WEB-INF/content/abc.jsp 页面。系统没有提供 abc.jsp 的视图资源，因此将看到如图 3.17 所示的页面。

图 3.16　根据参数决定视图页面

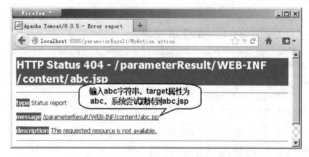

图 3.17　找不到视图资源的页面

正如图 3.17 中用椭圆形框标示的地方，可以看到系统已经转入了 abc.jsp 资源，但因为该资源不存在，所以看到如图 3.17 所示的页面。

▶▶ 3.7.9　全局结果

前面已经提到了，Struts 2 的<result.../>元素配置，也可放在<global-results.../>元素中配置，当在<global-results.../>元素中配置<result.../>元素时，该<result.../>元素配置了一个全局结果，全局结果将对所有的 Action 都有效。

将前一个应用的 struts.xml 配置文件改为如下形式。

程序清单：codes\03\3.7\globalResult\WEB-INF\src\struts.xml

```xml
<?xml version="1.0" encoding="GBK"?>
<!DOCTYPE struts PUBLIC
    "-//Apache Software Foundation//DTD Struts Configuration 2.5//EN"
    "http://struts.apache.org/dtds/struts-2.5.dtd">
<struts>
    <package name="lee" extends="struts-default">
        <!-- 定义全局结果 -->
        <global-results>
            <!-- 配置 Result，使用 OGNL 表达式来指定视图资源 -->
            <result>/WEB-INF/content/${target}.jsp</result>
        </global-results>
        <!-- 配置处理用户请求的 Action -->
```

```
        <action name="MyAction" class="org.crazyit.app.action.MyAction"/>
        ...
    </package>
</struts>
```

上面的配置片段配置了一个 Action，但在该 Action 内没有配置任何的结果——但这不会影响系统的运转，因为提供了一个名为 success 的全局结果，而这个全局结果的作用范围对所有的 Action 都有效。

如果一个 Action 里包含了与全局结果里同名的结果，则 Action 里的局部 Result 会覆盖全局 Result。也就是说，当 Action 处理用户请求结束后，会首先在本 Action 里的局部结果里搜索逻辑视图对应的结果，只有在 Action 里的局部结果里找不到逻辑视图对应的结果，才会到全局结果里搜索。

> **提示：** ┈┈┈┈┈┈┈┈┈┈┈┈┈┈┈┈┈┈┈┈┈┈┈┈┈┈┈┈┈┈┈┈┈┈┈┈┈┈
> 由于全局结果的影响范围是对所有的 Action 都有效，因此如果不是需要对所有 Action 都有效的结果，就不应该放在 \<global-result.../\> 元素里定义，而是应该放在 \<action.../\> 元素里定义。

▶▶ 3.7.10　使用 PreResultListener

PreResultListener 是一个监听器接口，它可以在 Action 完成控制处理之后，系统转入实际的物理视图之间被回调。

Struts 2 应用可由 Action、拦截器添加 PreResultListener 监听器，添加 PreResultListener 监听器通过 ActionInvocation 的 addPreResultListener() 方法完成。一旦为 Action 添加了 PreResultListener 监听器，该监听器就可以在应用转入实际物理视图之前回调该监听器的 beforeResult() 方法；一旦为拦截器添加了 PreResultListener 监听器，该监听器会对该拦截器所拦截的所有 Action 都起作用。

下面程序示范为 LoginRegistAction 添加一个 PreResultListener，该 PreResultListener 监听器可以在 Action 转入物理视图之前被回调。

程序清单：codes\03\3.7\PreResultListener\WEB-INF\src\org\crazyit\app\action\LoginRegistAction.java

```java
public class LoginRegistAction
    extends ActionSupport
{
    // 封装用户请求参数的两个成员变量
    private String username;
    private String password;
    // 省略所有的 setter 和 getter 方法
    ...
    // Action 包含的注册控制逻辑
    public String regist() throws Exception
    {
        ActionContext.getContext().getSession()
            .put("user" , getUsername());
        addActionMessage("恭喜您," + getUsername() + ",您已经注册成功！");
        return SUCCESS;
    }
    // Action 默认包含的控制逻辑
    public String execute() throws Exception
    {
        ActionInvocation invocation = ActionContext
            .getContext().getActionInvocation();
        invocation.addPreResultListener(new PreResultListener()
        {
            public void beforeResult(ActionInvocation invocation,
                String resultCode)
            {
                System.out.println("返回的逻辑视图名字为: "
                    + resultCode);
                // 在返回 Result 之前加入一个额外的数据。
                invocation.getInvocationContext().put("extra"
                    , new java.util.Date() + "由"
                    + resultCode + "逻辑视图名转入");
```

```
        // 也可加入日志等
    }
});
if (getUsername().equals("crazyit.org")
    && getPassword().equals("leegang") )
{
    ActionContext.getContext().getSession()
        .put("user" , getUsername());
    addActionMessage("欢迎," + getUsername() + ",您已经登录成功! ");
    return SUCCESS;
}
return ERROR;
    }
}
```

上面的粗体字代码就示范了为 Action 添加 PreResultListener，这样该监听器就可以在转入物理视图之前激发该监听器。

例如在登录页面输入 crazyit.org、leegang 登录系统，将可以看到如图 3.18 所示的页面。

正如上面的代码注释中看到的，通过使用 PreResultListener 监听指定 Action 转入不同 Result 的细节，因此也可以作为日志的实现方式。

图 3.18　使用 PreResultListener

 ## 3.8　配置 Struts 2 的异常处理

任何成熟的 MVC 框架都应该提供成熟的异常处理机制，当然可以在 execute 方法中手动捕捉异常，当捕捉到特定异常时，返回特定逻辑视图名——但这种处理方式非常烦琐，需要在 execute 方法中书写大量的 catch 块。最大的缺点还在于异常处理与代码耦合，一旦需要改变异常处理方式，必须修改代码！这是一种相当糟糕的方式。最好的方式是可以通过声明式的方式管理异常处理。

▶▶ 3.8.1　Struts 2 的异常处理机制

对于 MVC 框架，希望有如图 3.19 所示的异常处理流程。

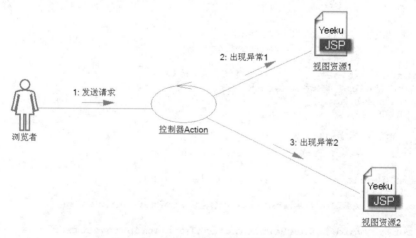

图 3.19　MVC 框架的异常处理流程

图 3.19 所显示的处理流程是，当 Action 处理用户请求时，如果出现了异常 1，则系统转入视图资源 1，在该视图资源上输出异常提示；如果出现异常 2，则系统转入视图资源 2，并在该资源上输出异常提示。

为了满足如图 3.19 所示的处理流程，可以采用如下的处理方法。

```
public class XxxAction
{
    ...
    public String execute()
    {
        try
        {
            ...
        }
        catch(异常1 e)
        {
            return 结果1
        }
        catch(异常2 e)
        {
            return 结果2
        }
        ...
    }
}
```

假如在 Action 的 execute()方法中使用 try...catch 块来捕捉异常,当捕捉到指定异常时,系统返回对应逻辑视图名——这种处理方式完全是手动处理异常,非常烦琐,而且可维护性不好:如果有一天需要改变异常处理流程,则必须修改 Action 代码。

提示:
> 通过上面代码中的粗体字代码可以看出,如果手动 catch 异常,然后 return 一个字符串作为逻辑视图名,其实质就是完成异常类型和逻辑视图名之间的对应关系。既然如此,那就完全可以把这种对应关系推迟到 struts.xml 文件中进行管理。

类似于 Struts1 提供的声明式异常管理,Struts 2 允许通过 struts.xml 文件来配置异常的处理。关于 Struts 2 的处理哲学,可以查看 Action 接口里的 execute()方法签名:

```
// 处理用户请求的 execute 方法,该方法抛出所有异常
public String execute() throws Exception
```

上面的 execute()方法可以抛出全部异常,这意味着重写该方法时,完全无须进行任何异常处理,而是把异常直接抛给 Struts 2 框架处理;Struts 2 框架接收到 Action 抛出的异常之后,将根据 struts.xml 文件配置的异常映射,转入指定的视图资源。

通过 Struts 2 的异常处理机制,可以无须在 execute()方法中进行任何异常捕捉,仅需在 struts.xml 文件中配置异常处理,就可以实现如图 3.19 所示的异常处理流程。

为了使用 Struts 2 的异常处理机制,必须打开 Struts 2 的异常映射功能,开启异常映射功能需要一个拦截器。下面的代码片段来自 struts-default.xml,在该配置文件中已经开启了 Struts 2 的异常映射。

```
<interceptors>
    ...
    <!-- 执行异常处理的拦截器 -->
    <interceptor name="exception"
        class="com.opensymphony.xwork.interceptor.ExceptionMapping.Interceptor"/>
    ...
    <!-- Struts 2 默认的拦截器栈 -->
    <interceptor-stack name="defaultStack">
        ...
        <!-- 引用异常映射拦截器 -->
        <interceptor-ref name="exception"/>
        ...
    </interceptor-stack>
</interceptors>
```

正是通过上面配置的拦截器,实现了 Struts 2 的异常机制。

▶▶ 3.8.2　声明式异常捕捉

Struts 2 的异常处理机制是通过在 struts.xml 文件中配置<exception-mapping.../>元素完成的，配置该元素时，需要指定如下两个属性。

➢ exception：此属性指定该异常映射所设置的异常类型。

➢ result：此属性指定 Action 出现该异常时，系统返回 result 属性值对应的逻辑视图名。

根据<exception-mapping.../>元素出现位置的不同，异常映射又可分为如下两种。

➢ 局部异常映射：将<exception-mapping.../>元素作为<action.../>元素的子元素配置。

➢ 全局异常映射：将<exception-mapping.../>元素作为<global-exception-mappings>元素的子元素配置。

与前面的<result.../>元素配置结果类似，全局异常映射对所有的 Action 都有效，但局部异常映射仅对该异常映射所在的 Action 内有效。如果局部异常映射和全局异常映射配置了同一个异常类型，在该 Action 内局部异常映射会覆盖全局异常映射。

下面的应用同样是一个简单的登录应用，在登录页面输入用户名和密码两个参数后，用户提交请求，请求将被如下的 Action 类处理。

程序清单：codes\03\3.8\exceptionHandler\WEB-INF\src\org\crazyit\app\action\LoginActin.java

```java
public class LoginAction extends ActionSupport
{
    // 封装请求参数的 username 和 password 成员变量
    private String username;
    private String password;
    private String tip;
    // 省略所有的 setter 和 getter 方法
    ...
    public String execute() throws Exception
    {
        if (getUsername().equalsIgnoreCase("user"))
        {
            throw new MyException("自定义异常");
        }
        if (getUsername().equalsIgnoreCase("sql"))
        {
            throw new java.sql.SQLException("用户名不能为 SQL");
        }
        if (getUsername().equals("crazyit.org")
            && getPassword().equals("leegang") )
        {
            addActionMessage("哈哈，服务器提示！");
            return SUCCESS;
        }
        return ERROR;
    }
}
```

由于该示例应用没有调用业务逻辑组件，因此系统不会抛出异常。为了验证 Struts 2 的异常处理框架，这里采用手动方式抛出两个异常：MyException 和 SQLException，其中 MyException 异常是一个自定义异常，如程序中粗体字代码所示。

下面通过 struts.xml 文件来配置 Struts 2 的异常处理机制，本系统的 struts.xml 文件如下。

程序清单：codes\03\3.8\exceptionHandler\WEB-INF\src\struts.xml

```xml
<?xml version="1.0" encoding="GBK"?>
<!DOCTYPE struts PUBLIC
    "-//Apache Software Foundation//DTD Struts Configuration 2.5//EN"
    "http://struts.apache.org/dtds/struts-2.5.dtd">
<struts>
    <package name="lee" extends="struts-default">
```

```
            <!-- 定义全局结果映射 -->
            <global-results>
                <!-- 定义当 sql、root 两个逻辑异常都对应 exception.jsp 页 -->
                <result name="sql">/WEB-INF/content/exception.jsp</result>
                <result name="root">/WEB-INF/content/exception.jsp</result>
            </global-results>
            <!-- 定义全局异常映射 -->
            <global-exception-mappings>
                <!-- 当 Action 中遇到 SQLException 异常时,
                    系统将转入 name 为 sql 的结果中-->
                <exception-mapping exception="java.sql.SQLException" result="sql"/>
                <!-- 当 Action 中遇到 Exception 异常时,
                    系统将转入 name 为 root 的结果中-->
                <exception-mapping exception="java.lang.Exception" result="root"/>
            </global-exception-mappings>
            <action name="login" class="org.crazyit.app.action.LoginAction">
                <!-- 定义局部异常映射, 当 Action 中遇到 MyException 异常时,
                    系统将转入 name 为 my 的结果中-->
                <exception-mapping exception="org.crazyit.app.exception.MyException"
                    result="my"/>
                <!-- 定义三个结果映射 -->
                <result name="my">/WEB-INF/content/exception.jsp</result>
                <result name="error">/WEB-INF/content/error.jsp</result>
                <result>/WEB-INF/content/welcome.jsp</result>
            </action>
            <action name="*">
                <result>/WEB-INF/content/{1}.jsp</result>
            </action>
        </package>
</struts>
```

上面的配置文件中粗体字代码定义了三个异常映射,指定 Action 中出现如下三个异常的处理策略。

➤ org.crazyit.app.exception.MyException:该异常映射使用局部异常映射完成,当 Action 的 execute() 方法抛出该异常时,系统返回名为 my 的逻辑视图。

➤ java.sql.SQLException:该异常映射使用全局异常映射完成,当 Action 的 execute()方法抛出该异常时,系统返回名为 sql 的逻辑视图。

➤ java.lang.Exception:该异常映射使用全局异常映射完成,当 Action 的 execute()方法抛出该异常时,系统返回名为 root 的逻辑视图。

> **注意**
>
> 当然,系统中也通过局部结果定义、全局结果定义的方式定义了 my、sql 和 root 三个结果。当定义异常映射时,通常需要注意:全局异常映射的 result 属性值通常不要使用局部结果,局部异常映射的 result 属性值既可以使用全局结果,也可以使用局部结果。

▶▶ 3.8.3 输出异常信息

当 Struts 2 框架控制系统进入异常处理页面后,还需要在对应页面中输出指定异常信息。

为了在异常处理页面中显示异常信息,可以使用 Struts 2 的如下标签来输出异常信息。

➤ <s:property value="exception"/>:输出异常对象本身。

➤ <s:property value="exceptionStack"/>:输出异常堆栈信息。

对于第一种直接输出异常对象本身的方式,完全可以使用表达式,因为 exception 提供了 getMessage() 方法,所以也可以采用<s:property value="exception.message"/>代码来输出异常的 message 信息。

本应用的 exception.jsp 页面代码如下。

程序清单：codes\03\3.8\exceptionHandler\WEB-INF\content\exception.jsp

```
<%@ page contentType="text/html; charset=GBK" language="java" errorPage="" %>
<%@taglib prefix="s" uri="/struts-tags"%>
<!DOCTYPE html PUBLIC "-//W3C//DTD XHTML 1.0 Transitional//EN"
    "http://www.w3.org/TR/xhtml1/DTD/xhtml1-transitional.dtd">
<html xmlns="http://www.w3.org/1999/xhtml">
<head>
    <title>异常处理页面</title>
</head>
<body>
    异常信息： <s:property value="exception.message"/>
</body>
</html>
```

如果在登录页面的用户名输入框中输入 user，然后提交请求，系统将抛出 org.crazyit.app.
exception.MyException 异常，出现如图 3.20 所示的页面。

如果希望输出异常跟踪栈信息，则可将输出异常信息的代码改为：

```
<!-- 使用 Struts 2 标签输出异常跟踪栈信息 -->
<s:property value="exceptionStack"/>
```

如果在登录页面的用户名输入框中输入 sql，然后提交请求，系统将抛出 java.sql.SQLException 异常，转到如图 3.21 所示的页面。

图 3.20　输出自定义异常的 message 信息

图 3.21　直接显示异常跟踪栈信息

相对于 Struts1 只能输出异常对象的 message 属性值，而无法输出异常的跟踪栈信息，Struts 2 能输出异常对象完整的跟踪栈信息，因此更加有利于项目调试。

3.9　Convention 插件与"约定"支持

从 Struts 2.1 开始，Struts 2 引入了 Convention 插件来支持零配置。插件完全可以抛弃配置信息，不仅不需要使用 struts.xml 文件进行配置，甚至不需要使用 Annotation 进行配置。而是由 Struts 2 根据约定来自动配置。

提示：┈┈┈┈┈┈┈┈┈┈┈┈┈┈┈┈┈┈┈┈┈┈┈┈┈┈┈┈┈┈┈┈┈┈┈┈
　　　　Convention 这个单词翻译过来就是"约定"的意思。有 Ruby On Rails 开发经验的读者知道 Rails 有一条重要原则：约定优于配置。Rails 开发者只需要按约定开发 ActiveRecord、ActiveController 即可，无须进行配置。很明显，Struts 2 的 Convention 插件借鉴了 Rails 的创意，甚至连插件的名称都借鉴了"约定优于配置"原则。

由于 Struts 2 的 Convention 插件的主要特点是"约定优于配置"，当读者已经掌握了 Struts 2 的基本开发之后，学习 Convention 插件其实非常简单，关键就是记住 Convention 插件的这些约定就行了，开发时遵守这些约定即可。

➤➤ 3.9.1　Action 的搜索和映射约定

为了使用 Convention 插件，必须在 Struts 2 应用中安装 Convention 插件，安装 Convention 插件非常简单，开发者只需要将 Struts 2 项目下的 struts2-convention-plugin-2.5.14.jar 文件复制到 Struts 2 应用的 WEB-INF\lib 路径下即可。

提示：

Struts 2 的 Convention 插件依赖于 ASM 字节码增强工具，但 Struts 2.5.14 解压路径下的 lib 目录中的三个与 ASM 相关的 JAR 包不支持 Java 9，因此读者需要自行登录 http://forge.ow2.org/projects/asm/站点下载 ASM 6.0 或更高版本。下载完成后需要将 asm-6.0.jar、asm-commons-6.0.jar、asm-tree-6.0.jar 这三个 JAR 包添加到 Web 应用的 lib 目录中。

对于 Convention 插件而言，它会自动搜索位于 action、actions、struts、struts2 包下的所有 Java 类，Convention 插件会把如下两种 Java 类当成 Action 处理。

➤ 所有实现了 com.opensymphony.xwork2.Action 的 Java 类。
➤ 所有类名以 Action 结尾的 Java 类。

下面这些类都是符合 Convention 插件的 Action 类。

```
org.crazyit.app.actions.LoginAction
// 下面类实现了 com.opensymphony.xwork2.Action 接口
org.crazyit.app.actions.books.getBooks
org.crazyit.app.action.LoginAction
org.crazyit.app.struts.auction.bid.BidAction
org.crazyit.app.struts2.wage.hr.AddEmployeeAction
```

Struts 2 的 Convention 插件还允许设置如下三个常量。

➤ struts.convention.exclude.packages：指定不扫描哪些包下的 Java 类，位于这些包结构下的 Java 类将不会被自动映射成 Action。
➤ struts.convention.package.locators：Convention 插件使用该常量指定的包作为搜寻 Action 的根包。对于 actions.lee.LoginAction 类，按约定原本应映射到/lee/login；如果将该常量设为 lee，则该 Action 将会映射到/login。
➤ struts.convention.action.packages：Convention 插件以该常量指定包作为根包来搜索 Action 类。Convention 插件除了扫描 action、actions、struts、struts2 四个包的类之外，还会扫描该常量指定的一个或多个包，Convention 会试图从中发现 Action 类。

注意

struts.convention.package.locators 和 struts.convention.action.packages 两个常量的作用比较微妙，开发者在利用这两个常量时务必小心。

找到合适的 Action 类之后，Convention 插件会按约定部署这些 Action，部署 Action 时，actions、action、struts、struts2 包会映射成根命名空间，而这些包下的子包则被映射成对应的命名空间。

例如，如下 Action 所在包被映射的命名空间如下：

```
org.crazyit.actions.LoginAction 映射到 / 命名空间
// 下面类实现了 com.opensymphony.xwork2.Action 接口
org.crazyit.actions.books.GetBooks 映射到 /books/ 命名空间
org.crazyit.action.LoginAction 映射到 / 命名空间
org.crazyit.struts.auction.bid.BidAction 映射到 /auction/bid/ 命名空间
org.crazyit.struts2.wage.hr.AddEmployeeAction 映射到 /wage/hr/ 命名空间
```

除此之外，由于 Struts 2 的 Action 都是以 package 的形式来组织的，而 package 还有父 package。对于采用 Convention 插件开发的 Struts 2 应用而言，每个 Action 所处的 package 与其 Action 类所在包相似（除去 actions、action、struts、struts2 这些包及父包部分）。

Action 的 name 属性（也就是该 Action 所要处理的 URL）根据该 Action 的类名映射。映射 Action 的 name 时，遵循如下两步规则。

① 如果该 Action 类名包含 Action 后缀，将该 Action 类名的 Action 后缀去掉。否则不做任何处理。

② 将 Action 类名的驼峰写法（每个单词首字母大写、其他字母小写的写法）转成中划线写法（所有字母小写，单词与单词之间以中划线隔开）。

例如，LoginAction 映射的 Action 的 name 属性为 login，GetBooks 映射的 Action 的 name 属性为 get-books，AddEmployeeAction 映射的 Action 的 name 属性为 add-employee。

对于如下 Action 将被映射成的完整 URL 如下：

```
org.crazyit.actions.LoginAction 映射到 /login
// 下面类实现了 com.opensymphony.xwork2.Action 接口
org.crazyit.actions.books.GetBooks 映射到 /books/get-books
org.crazyit.action.LoginAction 映射到 /login
org.crazyit.struts.auction.bid.BidAction 映射到 /auction/bid/bid
org.crazyit.struts2.wage.hr.AddEmployeeAction 映射到 /wage/hr/add-employee
```

采用 Convention 插件之后，Action 类的代码依然不需要任何额外的变化。下面是该示例应用的 Action 代码。

程序清单：codes\03\3.9\Convention\WEB-INF\src\org\crazyit\app\action\user\LoginAction.java

```
package org.crazyit.app.action.user;
// 省略了 import 语句
...
public class LoginAction extends ActionSupport
{
    // 封装请求参数的 username 和 password 成员变量
    private String username;
    private String password;
    // 省略所有的 setter 和 getter 方法
    ...
    // 处理用户请求的 execute 方法
    public String execute() throws Exception
    {
        if (getUsername().equals("crazyit.org")
            && getPassword().equals("leegang") )
        {
            ActionContext.getContext().getSession()
                .put("user" , getUsername());
            return SUCCESS;
        }
        return ERROR;
    }
}
```

从上面的类代码可以看出，该 Action 与前面介绍的普通 Action 并没有太大的区别，只是该 Action 被放在 org.crazyit.app.action 包的 user 子包下。根据前面介绍的映射规则，该 Action 将被映射到如下 URL：/user/login。

为了让页面请求提交给 action.user.LoginAction 处理，将首页的表单定义代码改为如下：

```
<s:form action="/user/login">
    // 省略其他表单域定义代码
    ...
</s:form>
```

当用户向/user/login 提交表单时，该请求将交给 org.crazyit.app.action.user.LoginAction 处理。

除此之外，本应用中还包含另外一个 Action 类：GetBooksAction，代码如下。

程序清单：codes\03\3.9\Convention\WEB-INF\src\org\crazyit\app\action\book\GetBooksAction.java

```
package org.crazyit.app.action.book;
// 省略了 import 语句
...
```

```
public class GetBooksAction implements Action
{
    // 封装数据的 books 成员变量
    private String[] books;
    // books 的 setter 和 getter 方法
    public void setBooks(String[] books)
    {
        this.books = books;
    }
    public String[] getBooks()
    {
        return this.books;
    }
    // 处理用户请求的 execute 方法
    public String execute() throws Exception
    {
        String user = (String)ActionContext.getContext()
            .getSession().get("user");
        if (user != null && user.equals("crazyit.org"))
        {
            // 创建业务逻辑组件，并调用业务逻辑组件的方法
            BookService bs = new BookService();
            setBooks(bs.getLeeBooks());
            return SUCCESS;
        }
        return LOGIN;
    }
}
```

该 Action 将被映射到/book/get-books.action。

▶▶ 3.9.2　按约定映射 Result

Action 处理用户请求之后会返回一个字符串作为逻辑视图，该逻辑视图必须映射到实际的物理视图才有意义。Convention 默认也为作为逻辑视图和物理视图之间的映射提供了约定。

默认情况下，Convention 总会到 Web 应用的 WEB-INF/content 路径下定位物理资源，定位资源的约定是：actionName + resultcode + suffix。当某个逻辑视图找不到对应的视图资源时，Convention 会自动试图使用 actionName + suffix 作为物理视图资源。

例如，org.crazyit.app.action.user.LoginAction 返回 success 字符串时，Convention 优先考虑使用 WEB-INF\content\user 目录下的 login-success.jsp 作为视图资源。如果找不到该文件，login.jsp 也可作为对应的视图资源。

当使用不同的 Result 类型时，对应的资源也不相同，表 3.1 是 Convention 支持的一些映射示例。

表 3.1　Result 的约定映射

Action 的 URL	返回的逻辑视图名	结果类型	对应的物理视图
/login	success	Dispatcher	\WEB-INF\content\login-success.jsp
/login	success	Dispatcher	\WEB-INF\content\login-success.html
/login	success	Dispatcher	\WEB-INF\content\login.jsp
/login	success	Dispatcher	\WEB-INF\content\login.html
/lee/get-book	error	FreeMarker	\WEB-INF\content\lee\get-book-error.ftl
/lee/get-book	error	FreeMarker	\WEB-INF\content\lee\get-book.ftl
/lee/get-book	input	Velocity	\WEB-INF\content\lee\get-book-input.vm
/lee/get	input	Velocity	\WEB-INF\content\lee\get-input.vm

为了给前面介绍的两个 org.crazyit.app.action.user.LoginAction、org.crazyit.app.action.book.GetBooksAction 提供对应的视图资源，需要在 Web 应用的 WEB-INF\content 目录的如下目录结构下提供如下 JSP 页面。

content

```
├─user
│　　├─login.jsp
│　　├─login-success.jsp
│　　└─login-error.jsp
└─book
　　　└─get-books.jsp
```

关于这些 JSP 页面没有什么特别之处，与前面开发普通 Struts 2 应用时的 JSP 页面完全相同，此处不再赘述。

至此，本示例应用的 Action、Result 等主要映射都由 Convention 插件映射完成——这种映射由 Convention 插件按约定进行，无须任何 XML 配置文件。

为了看到 Struts 2 应用里 Action 等各种资源的映射情况，Struts 2 提供了 Config Browser 插件，这个插件并不是用来增强 Struts 2 功能的，这个插件主要是更有利于开发者调试的，使用该插件可以清楚地看出 Struts 2 应用下部署了哪些 Action，以及每个 Action 详细的映射信息。

安装 Config Browser 插件非常简单，将 Struts 2 项目的 lib 目录下的 struts2-config-browser-plugin-2.5.14.jar 文件复制到 Struts 2 应用的 WEB-INF\lib 目录下，重启该 Web 应用即可。

为示例应用（Convention）安装 Config Browser 插件后重启该应用，接下来就可以利用 Config Browser 插件提供的页面来查看该应用中部署的 Action 信息了。

Config Browser 插件的首页地址为：Web_Context/config-browser/index.action，对于示例应用而言，首页地址是：http://localhost:8888/Convention/config-browser/actionNames.action（其中 8888 是本书所用的 Tomcat 的端口号）。

在浏览器里浏览 Config Browser 插件的首页，将看到如图 3.22 所示的界面。

图 3.22　Config Browser 插件的首页

从图 3.22 可以看出，进入 Config Browser 插件首页时，该页面将首先列出默认命名空间下所有的 Action。由于本应用没有 Action 配置在默认命名空间下，因此图 3.22 的中间显示一片空白。

从图 3.22 可以看出，Config Browser 插件首页的左上角用于查看 Struts 2 应用里的常量配置、Bean 配置等。而左下角则列出了当前系统里包含的所有命名空间。其中 default 就是默认的命名空间，它总是存在的，而/config-browser 则是 Config Browser 插件配置的命名空间，与本系统无关。除此之外，剩下的/user 和/book 就是本系统实际包含的两个命名空间了——这两个命名空间是 Convention 插件根据 org.crazyit.app.action.user.LoginAction 和 org.crazyit.app.action.book.GetBooks 两个类创建的。

单击图 3.22 左下角的/user 命名空间，将看到如图 3.23 所示的界面。

从图 3.23 可以看出，/user 命名空间下确实已经存在了 name 为 login 的 Action，这表明 Convention 插件对 org.crazyit.app.action.user.LoginAction 映射成功。同理，单击图 3.22 左下角的/book 链接，将可看到在/book 命名空间下有一个 get-books 的 Action。

单击图 3.23 所示页面中间的 login 链接，系统将进入查看/user/login.action 详细配置的页面，如图 3.24 所示。

图 3.23　查看/user 命名空间下的所有 Action

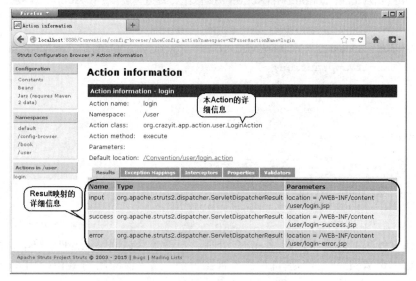

图 3.24　查看指定 Action 的映射

从图 3.24 可以看出/user/login.action 的详细映射信息。在图 3.24 所示页面的下方，则可看到 Result 的映射信息，这些正是 Convention 插件映射约定的体现。从图 3.24 下方的 Result 映射来看，它只是前面表 3.1 中示例的子集。

通过 Config Browser 插件可以清楚地看出，本应用中的 Action、Result 都已映射成功，这个 Struts 2 应用开发完成。

　提示： ·-·
　　　　Config Browser 插件并不是为 Convention 插件设计的，不管开发者使用 struts.xml 文件进行配置管理，还是使用 Convention 插件的约定法则管理 Action 和 Result，Config Browser 插件一样可用。

当浏览者向/user/login.action 提交登录请求之后，如果登录成功，将可看到如图 3.25 所示的界面。单击图 3.25 所示页面里的超链接，系统将看到如图 3.26 所示的页面。

图 3.25　登录成功　　　　　　　　　　　　图 3.26　查看/book/get-books.action

▶▶ 3.9.3　Action 链的约定

如果希望一个 Action 处理结束后不是进入视图页面，而是进入另一个 Action 形成 Action 链，则通过 Convention 插件只需遵守如下三个约定即可。

➢ 第一个 Action 返回的逻辑视图字符串没有对应的视图资源。

➢ 第二个 Action 与第一个 Action 处于同一个包下。

➢ 第二个 Action 映射的 URL 为：firstactionName + resultcode。

例如，希望 org.crazyit.app.action.FirstAction 处理结束后进入第二个 Action 继续处理，下面先看第一个 Action 代码。

程序清单：codes\03\3.9\Chain\WEB-INF\src\org\crazyit\app\action\FirstAction.java

```java
package org.crazyit.app.action;
// 省略 import 语句
...
public class FirstAction extends ActionSupport
{
    public String execute()
    {
        System.out.println("进入第一个 Action");
        addActionMessage("第一个 Action 的提示信息");
        return "second";
    }
}
```

从上面的粗体字代码可以看出，该 Action 处理用户请求后返回"second"字符串，为了让该 Action 处理结束后进入第二个 Action，而不是直接进入视图页面，因此该应用的 WEB-INF/content 下不能提供 first-second.jsp 或 first.jsp。

对于 FirstAction 返回"second"字符串的情形，第二个 Action 的映射的 URL 应该是 first-second，因此第二个 Action 的类名应该为 FirstSecond。下面是第二个 Action 类的代码。

程序清单：codes\03\3.9\Chain\WEB-INF\src\org\crazyit\app\action\FirstSecondAction.java

```java
package org.crazyit.app.action;
// 省略 import 语句
...
public class FirstSecondAction extends ActionSupport
{
    // 处理用户请求
    public String execute()
    {
        System.out.println("进入第二个 Action");
        addActionMessage("第二个 Action 添加的提示信息");
        return SUCCESS;
    }
}
```

提供这两个 Action 之后，当 first Action 处理用户请求结束之后，系统将自动调用 org.crazyit.app.action.FirstSecondAction 处理用户请求。当浏览器向/first 发送请求后，将可在 Tomcat 控制台看到如图 3.27 所示的界面。

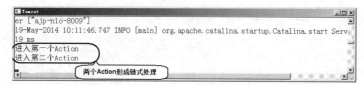

图 3.27 两个 Action 形成的链式处理

▶▶ 3.9.4 自动重加载映射

可能有读者对 Convention 插件感到麻烦了，由于 Convention 插件是根据 Action、JSP 页面来动态生成映射的，因此不管是 Action 的改变，还是 JSP 页面的改变，都需要 Convention 插件重新加载映射。实际上，Convention 插件完全支持自动重加载映射，只要为 Struts 2 应用配置如下两个常量即可（既可在 web.xml 文件中配置，也可在 struts.xml 或 struts.properties 文件中配置）。

```
<!-- 配置 Struts 2 应用处于开发模式 -->
<constant name="struts.devMode" value="true"/>
<!-- 配置 Convention 插件自动重加载映射 -->
<constant name="struts.convention.classes.reload" value="true" />
```

▶▶ 3.9.5 Convention 插件的相关常量

虽然 Convention 插件号称"零配置"插件，但实际上想真正让 Struts 2 变成"零配置"还是有些难度的，至少要在 web.xml 文件中配置 Struts 2 的核心 Filter。除此之外，Struts 2 应用的各种全局配置，如 Bean 配置、拦截配置等，依然还需要借助于 Struts 2 的配置文件。

Convention 插件主要致力于解决 Action 管理、Result 管理等最常见、最琐碎的配置，将开发者从庞大而烦琐的 struts.xml 文件中释放出来，而不是完全舍弃 struts.xml 文件。

除此之外，Convention 插件还允许配置如表 3.2 所示的各种常量，这些常量用于设置 Convention 插件的全局属性。

表 3.2 Convention 插件的常量

常 量 名	说　明
struts.convention.action.disableJarScanning	设置是否从 JAR 包里搜索 Action 类。如果开发者喜欢将 Action 类打包成 JAR，则应将该常量设为 false。默认值为 true
struts.convention.action.packages	Convention 插件以该常量指定包作为根包来搜索 Action 类
struts.convention.result.path	设置 Convention 插件定位视图资源的根路径。默认值为/WEB-INF/content
struts.convention.result.flatLayout	如果设置为 false，则可以将视图页面放置到 Action 对应的目录下（无须放入 WEB-INF/content 下）
struts.convention.action.suffix	Convention 搜索 Action 类的的类名后缀。默认值为 Action
struts.convention.action.disableScanning	是否禁止通过包扫描 Action。默认值是 false
struts.convention.action.mapAllMatches	设置即使没有@Action 注解，依然创建 Action 映射。默认值是 false
struts.convention.action.checkImplementsAction	设置是否将实现了 Action 接口的类映射成 Action。默认值是 true
struts.convention.default.parent.package	设置 Convention 映射的 Action 所在包的默认父包。默认值是 convention-default
struts.convention.action.name.lowercase	设置映射 Action 时，是否将 Action 的 name 属性值转为所有字母小写。默认值是 true
struts.convention.action.name.separator	设置映射 Action 时指定 name 属性值各单词之间的分隔符。默认值是中划线
struts.convention.package.locators	Convention 插件使用该常量指定的包作为搜寻 Action 的根包。默认值是 action, actions, struts, struts2
struts.convention.package.locators.disable	指定禁止从 Action 的根包里搜寻 Acton。默认值是 false
struts.convention.exclude.packages	指定排除在搜索 Action 之外的包。默认值为 org.apache.struts.*, org.apache.struts2.*, org.springframework.web.struts.*, org.springframework.web.struts2.*, org.hibernate.*

续表

常 量 名	说 明
struts.convention.package.locators.basePackage	如果指定了该常量，Convention 只会从以该常量值开始的包中搜索 Action 类。
struts.convention.relative.result.types	指定 Convention 映射 Result 时默认支持的结果类型。默认值是 dispatcher,velocity,freemarker
struts.convention.redirect.to.slash	设置是否重定向到斜线（/）。例如用户请求/foo，但/foo 不存在时，如果设置该常量为 true 则可重定向到/foo/。默认值是 true

注意

　　这里的许多常量就是用于控制前面介绍的约定的。例如 struts.convention.action.name. lowercase 和 struts.convention.action.name.separator 就是用于控制指定 Action 的 name 属性值为 Action 类名的中划线写法。而 struts.convention.package.locators 和 struts.convention. action.suffix 就是 Convention 默认搜索 Action 的规则。

▶▶ 3.9.6　Convention 插件相关注解

　　Struts 2 的 Convention 插件主要集中在管理 Action 和 Result 映射之上，而 Struts 2 的配置文件除了管理 Action、Result 之外，还需要管理拦截器、异常处理等相关信息，Convention 使用"约定"来管理这些配置。除此之外，Convention 还允许使用注解管理 Action 和 Result 的配置，从而覆盖 Convention 的约定。

提示：
　　关于 Convention 插件相关注解的介绍，本书由于篇幅原因不再详述。对此感兴趣的读者可以参考《Struts 2.x 权威指南》一书。

3.10　使用 Struts 2 的国际化

　　程序国际化是商业系统的一个基本要求，因为今天的软件系统不再是简单的单机程序，往往都是一个开放系统，需要面对来自全世界各个地方的浏览者，因此，国际化是商业系统中不可或缺的一部分。

　　Struts 2 的国际化是建立在 Java 国际化的基础之上，一样也是通过提供不同国家/语言环境的消息资源，然后通过 ResourceBundle 加载指定 Locale 对应的资源文件，再取得该资源文件中指定 key 对应的消息——整个过程与 Java 程序的国际化完全相同，只是 Struts 2 框架对 Java 程序国际化进行了进一步封装，从而简化了应用程序的国际化。

提示：
　　关于 Java 程序国际化的相关知识，请读者参考疯狂 Java 体系的《疯狂 Java 讲义》一书，在该书的 7.6 节有关于 Java 程序国际化的详细介绍。

　　Struts 2 的国际化设计得非常优秀，Struts 2 的国际化对模块化开发提供了优秀的支持，Struts 2 可以为 JSP 页面、Action、全局范围分别提供不同的国际化资源，这样维护系统时可以分开维护 JSP 页面、Action 的国际化资源，从而提供更好的可维护性。

　　Struts 2 国际化的步骤与 Java 国际化的步骤基本相似，只是实现更加简单。Struts 2 的国际化可按如下步骤进行。

 让系统加载国际化资源文件。加载国际化资源文件有两种方式。

➤ 自动加载：Action 范围的国际化资源文件、包范围的国际化资源文件由系统自动加载。

➤ 手动加载：JSP 范围的国际化资源文件、全局范围的国际化资源文件，分别使用标签、配置常量的方式来手动加载。

② 输出国际化。Struts 2 输出国际化消息同样有两种方式。

➤ 在视图页面上输出国际化消息，需要使用 Struts 2 的标签库。

➤ 在 Action 类中输出国际化消息，需要使用 ActionSupport 的 getText()方法来完成。

下面详细介绍 Struts 2 的各种国际化支持。

➤➤ 3.10.1　视图页面的国际化

在 JSP 页面中指定国际化资源需要借助 Struts 2 的另外一个标签：<s:i18n.../>。

如果把<s:i18n.../>标签作为<s:text.../>标签的父标签，则<s:text.../>标签将会直接加载<s:i18n.../>标签里指定的国际化资源文件；如果把<s:i18n.../>标签当成表单标签的父标签，则表单标签的 key 属性将会从国际化资源文件中加载该消息。

假设本应用中包含两份资源文件：第一份资源文件是 loginForm_zh_CN.properties，该文件的内容如下。

程序清单：codes\03\3.10\JSPResources\WEB-INF\src\viewResources\loginForm_zh_CN.properties

```
# 在 JSP 页面使用的 JSP 范围的资源文件
loginPage=JSP 消息：登录页面
user=JSP 消息：用户名
pass=JSP 消息：密　码
login=JSP 消息：登录
```

> 提示：
> 　　Java 9 允许使用 UTF-8 字符集保存国际化资源文件，使用 UTF-8 字符集的国际化资源文件允许存储中文字符。本节所有包含中文的国际化资源文件都需要使用 UTF-8 字符集来保存。

第二份资源文件是 loginForm_en_US.properties，这份资源文件的内容如下。

程序清单：codes\03\3.10\JSPResources\WEB-INF\src\viewResources\loginForm_en_US.properties

```
loginPage=JSP Message:Login Page
user=JSP Message:User Name
pass=JSP Message:User Pass
login=JSP Message:Login
```

上面提供的两份国际化资源文件的 baseName 都是 loginForm——此处故意让国际化资源文件的 baseName 与 JSP 页面的文件名对应，这样可以提供更好的可维护性。

接下来在 JSP 页面中通过<s:i18n.../>标签加载该资源文件，并使用相应的标签来输出国际化消息。下面是登录页面的代码。

程序清单：codes\03\3.10\JSPResources\WEB-INF\content\loginForm.jsp

```
<%@ page contentType="text/html; charset=GBK" language="java" errorPage="" %>
<%@ taglib prefix="s" uri="/struts-tags"%>
<!DOCTYPE html>
<!-- 加载 baseName 为 viewResources 包下的 baseName 为 loginForm 的国际化资源文件 -->
<s:i18n name="viewResources.loginForm">
<html>
<head>
    <meta http-equiv="Content-Type" content="text/html; charset=GBK" />
    <!-- 使用 text 标签来输出国际化消息 -->
    <title><s:text name="loginPage"/></title>
</head>
<body>
    <s:form action="login">
        <!-- 在表单标签中使用 key 属性来输出国际化消息 -->
        <s:textfield name="username" key="user"/>
        <s:textfield name="password" key="pass"/>
        <s:submit key="login"/>
    </s:form>
</body>
</html>
</s:i18n>
```

在浏览器中浏览该页面，将看到如图 3.28 所示的页面。

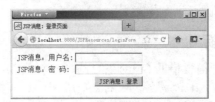

图 3.28　在 JSP 页面临时指定国际化资源文件

▶▶ 3.10.2　Action 的国际化

如果需要对 Action 以及该 Action 的输入校验提示信息进行国际化，则可以为 Action 单独指定一份国际化资源文件。为 Action 单独指定国际化资源文件的方法是：在 Action 类文件所在的路径建立多个文件名为 ActionName_language_country.properties 的文件，一旦建立了这个系列的国际化资源文件，该 Action 就可以访问该 Action 范围的资源文件了。

Struts 2 的国际化资源文件由系统自动加载，该 Action 类（继承 ActionSupport 基类）以及该 Action 对应的校验规则文件都可以使用这份国际化资源文件。

本应用定义了一个 LoginAction，该 Action 类的类文件位于 WEB-INF\classes\org\crazyit\struts2\action 路径下，于是建立如下两份资源文件。

第一份文件的文件名为 LoginAction_zh_CN.properties，将该文件保存在 WEB-INF\classes\org\crazyit\struts2\action 路径下。该文件（用 UTF-8 字符集保存）的内容为：

```
failTip=Action 消息：对不起，您不能登录！
succTip=Action 消息：欢迎，您已经登录！
username.required=Action 消息：用户名是必需的！
```

第二份文件的文件名为 LoginAction_en_US.properties，将该文件也保存在 WEB-INF\classes\org\crazyit\struts2\action 路径下。该文件的内容为：

```
failTip=Action Scope:Sorry,You can't log in!
succTip=Action Scope:welcome,you has logged in!
username.required=Action Scope: User Name is required!
```

这样，两份国际化资源文件都具有如下特征。

➤ 国际化资源文件的 baseName 与 Action 类的类名相同。

➤ 国际化资源文件与 Action 类的*.class 文件保存在同一个路径下。

提供这样的两份国际化资源文件之后，LoginAction 将自动加载这两份国际化资源文件。

Action 范围内的国际化资源消息可通过如下三种方式来使用。

➤ 在 JSP 页面中输出国际化消息，可以使用 Struts 2 的<s:text.../>标签，该标签可以指定一个 name 属性，该属性指定了国际化资源文件中的 key。

➤ 如果想在该表单元素的 label 中输出国际化信息，可以为该表单标签指定一个 key 属性，该属性的值为国际化资源资源的 key。

➤ 为了在 Action 类中访问国际化消息，可以使用 ActionSupport 类的 getText()方法，该方法可以接受一个 name 参数，该参数指定了国际化资源文件中的 key。

该示例的 Action 类代码如下。

程序清单：codes\03\3.10\ActionResources\WEB-INF\src\org\crazyit\app\action\LoginAction.java

```
public class LoginAction extends ActionSupport
{
    // 下面定义了两个成员变量，用于封装请求参数
    private String username;
    private String password;
    // 此处省略了所有的 setter 和 getter 方法
    ...
    // 处理用户请求的 execute 方法
```

```
public String execute() throws Exception
{
    ActionContext ctx = ActionContext.getContext();
    if (getUsername().equals("crazyit.org")
        && getPassword().equals("leegang"))
    {
        ctx.getSession().put("user" , getUsername());
        // 获取国际化消息
        ctx.put("tip" , getText("succTip"));
        return SUCCESS;
    }
    // 获取国际化消息
    ctx.put("tip" , getText("failTip"));
    return ERROR;
    }
}
```

上面 Action 类中两行粗体字代码调用了 ActionSupport 的 getText()方法来获取国际化消息。

如果需要在 Action 的校验规则文件中使用 Action 范围的国际化消息，则可通过为<message.../>元素指定 key 属性来实现。下面是该 Action 对应的校验规则文件。

程序清单：codes\03\3.10\ActionResources\WEB-INF\src\org\crazyit\app\action\LoginAction-validation.xml

```xml
<?xml version="1.0" encoding="GBK"?>
<!DOCTYPE validators PUBLIC
    "-//Apache Struts//XWork Validator 1.0.3//EN"
    "http://struts.apache.org/dtds/xwork/xwork-validator-1.0.3.dtd">
<validators>
    <!-- 校验 Action 的 name 属性 -->
    <field name="username">
        <!-- 指定 name 属性必须满足必填规则 -->
        <field-validator type="requiredstring">
            <param name="trim">true</param>
            <message key="username.required"/>
        </field-validator>
    </field>
</validators>
```

如果使用简体中文语言环境，输入校验失败将可以看到如图 3.29 所示的效果。

如果登录成功，将可以看到如图 3.30 所示的效果。

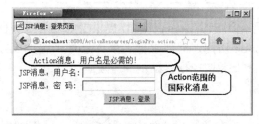

图 3.29   使用 Action 范围的语言资源文件（输入校验失败）   图 3.30   使用 Action 范围的语言资源文件（登录成功）

从上面的运行效果不难看出，通过使用 Action 范围的国际化消息，可以为不同 Action 分别指定不同的国际化资源文件，而且各 Action 的国际化资源文件与 Action 类名保存在相同路径下，且 baseName 与 Action 的类名相同，这种设计极大地提高了 Struts 2 国际化的可维护性。

▶▶ 3.10.3   使用包范围的国际化资源

包范围的国际化资源文件的功能基本与 Action 范围的国际化资源文件的功能相似，Struts 2 也可以自动加载包范围的国际化资源文件。与 Action 范围的国际化资源文件的区别是：包范围的国际化资源文件可以被该包下的所有 Action 使用。

包范围的国际化资源文件的文件名为 package_<language>_<country>.properties，一旦建立了多份这样的国际化资源文件，Struts 2 会自动加载这些国际化资源文件，该包下的所有 Action 都可以访问这些资源文件。

> **注意**
>
> 　　上面的包范围资源文件的 baseName 就是 package，不是 Action 所在的包名。该文件只需放在该包的根路径下即可。

　　本示例依然使用上一个示例的 Action 类、校验规则文件——Action 类、校验规则文件都放在 org.crazyit. app.action 包下。如果需要为该包提供资源文件，资源文件就应该放在 WEB-INF\classes\org\crazyit\ app\action 路径下。

　　提供两份资源文件，第一份资源文件是 package_zh_CN.properties，该文件（用 UTF-8 字符集保存）内容为：

```
failTip=Package 消息：对不起，您不能登录！
succTip=Package 消息：欢迎，您已经登录！
username.required=Package 消息：用户名是必需的！
```

　　第二份资源文件是 package_en_US.properties，文件内容为：

```
failTip=Package Scope:Sorry,You can't log in!
succTip=Package Scope:welcome,you has logged in!
username.required=Package Scope: User Name is required!
```

　　将这两份资源文件保存在 WEB-INF\classes\org\crazyit\app\action 路径下，该资源文件就可以被 org.crazyit.app.action 包及其所有子包内的 Action 访问了。

　　当在简体中文语言环境下成功登录时，将看到如图 3.31 所示的页面。

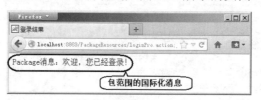

图 3.31　输出包范围国际化消息的效果

> **提示：** 当 Action 范围的资源文件和包范围的资源文件同时存在时，系统将优先使用 Action 范围的资源文件。

　　在实际项目开发中，推荐尽量使用 Action 范围的国际化消息资源，这样可以提供更好的可维护性。而包范围的国际化资源文件虽然可以被该包下的所有 Action 访问，但如果把多个 Action 所需的国际化消息放在 Action 范围的国际化资源文件中集中管理，实际上会增加项目维护的难度。

▶▶ 3.10.4　使用全局国际化资源

　　不管在 struts.xml 文件中配置常量，还是在 struts.properties 文件中配置常量，只需要配置 struts.custom.i18n.resources 常量即可加载全局国际化资源文件。配置 struts.custom.i18n.resources 常量时，该常量的值为全局国际化资源文件的 baseName。

　　假设系统需要加载的国际化资源文件的 baseName 为 messageResource，则可以在 struts.properties 文件中指定如下一行：

```
# 指定 Struts2 国际化资源文件的 baseName 为 messageResource
struts.custom.i18n.resources=messageResource
```

　　或者在 struts.xml 文件中配置如下的一个常量：

```
# 指定 Struts2 国际化资源文件的 baseName 为 messageResource
<constant name="struts.custom.i18n.resources" value="messageResource"/>
```

　　全局国际化消息资源可以被整个应用的所有组件（包括 JSP 页面、Action、Action 校验规则文件等）

使用，因此使用时比较方便。

但在实际项目中并不推荐把 JSP 页面、Action、Action 校验规则文件中的国际化消息放在全局国际化资源文件中管理——因为这将导致全局国际化资源文件"爆炸式"地增长，而且会导致项目后期难以维护。

一般来说，全局国际化消息资源文件中只应该保存那些对整个应用都有效的全局消息，比如类型转换失败的通用提示信息、文件上传失败的提示信息……而各 JSP 页面上的国际化消息、Action 及其校验规则里的国际化消息，都不应该放在全局国际化消息资源文件中。

下面将介绍一个使用全局国际化消息资源文件的例子，但这个例子仅仅是向读者示范这个功能的用法，并不推荐在实际项目中用这种方式来管理国际化消息资源文件。

为系统提供如下两份资源文件。

程序清单：codes\03\3.10\GlobalResources\WEB-INF\src\mess_en_US.properties

```
# 在 JSP 页面使用的 JSP 范围的资源文件
loginPage=Global Message:Login Page
user=Global Message:User Name
pass=Global Message:User Pass
login=Global Message:Login
resultPage=Log In Result
# 在 Action 中使用的国际化消息
failTip=Global Scope:Sorry,You can't log in!
succTip=Global Scope:welcome,you has logged in!
# 在 Action 校验规则文件中使用的国际化消息
username.required=Global Scope: User Name is required!
```

上面文件以 messageResource_en_US.properties 文件名保存，运行时将会被复制到 WEB-INF\classes 路径下。然后提供如下文件。

程序清单：codes\03\3.10\GlobalResources\WEB-INF\src\mess_zh_CN.properties

```
# 在 JSP 页面使用的 JSP 范围的资源文件
loginPage=全局消息：登录页面
user=全局消息：用户名
pass=全局消息：密　码
login=全局消息：登录
resultPage=登录结果
# 在 Action 中使用的国际化消息
failTip=全局消息：对不起，您不能登录！
succTip=全局消息：欢迎，您已经登录！
# 在 Action 校验规则文件中使用的国际化消息
username.required=全局消息：用户名是必需的！
```

提供了上面两份资源文件后，在 struts.xml 文件中增加如下一行来加载全局国际化资源文件：

```
<!-- 指定加载 baseName 为 mess 的国际化消息资源文件 -->
<constant name="struts.custom.i18n.resources" value="mess"/>
```

如果 JSP 页面中需要使用全局国际化资源文件里的国际化消息，则直接通过<s:text.../>标签或表单标签的 key 属性来使用即可。

下面是本应用中 loginForm.jsp 页面的代码。

程序清单：codes\03\3.10\GlobalResources\WEB-INF\content\loginForm.jsp

```
<%@ page contentType="text/html; charset=GBK" language="java" errorPage="" %>
<%@ taglib prefix="s" uri="/struts-tags"%>
<!DOCTYPE html>
<html>
<head>
    <meta http-equiv="Content-Type" content="text/html; charset=GBK" />
    <!-- 使用 text 标签来输出国际化消息 -->
    <title><s:text name="loginPage"/></title>
```

```
</head>
<body>
    <s:form action="login">
        <!-- 在表单标签中使用 key 属性来输出国际化消息 -->
        <s:textfield name="username" key="user"/>
        <s:textfield name="password" key="pass"/>
        <s:submit key="login"/>
    </s:form>
</body>
</html>
```

上面的 JSP 页面中使用了<s:text.../>标签来直接输出国际化信息，也通过在表单元素中指定 key 属性来输出国际化消息——此时页面无须使用<s:i18n.../>标签来加载国际化消息。

如果将机器的语言/区域环境修改成美国英语环境，浏览该页面，将看到如图 3.32 所示的效果。

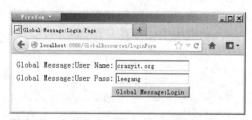

图 3.32　在美国英语环境下的全局国际化消息

如果为了在 Action 中访问国际化消息，则可以利用 ActionSupport 类的 getText()获取国际化消息，因此本示例的 Action 代码无须任何修改。

正如在上面国际化消息资源文件中所看到的，将国际化消息放在全局国际化资源文件中管理比较困难。如果后期需要修改这些消息，就需要打开全局国际化资源文件，再查找相应的国际化消息进行修改，这样维护难度也比较大，因此在实际项目中并不推荐使用全局国际化资源文件来管理 JSP 页面、Action、Action 校验规则文件中的国际化消息。

➤➤ 3.10.5　输出带占位符的国际化消息

国际化消息可能包含占位符，这些占位符必须使用参数来填充。在 Java 程序的国际化中，可以使用 MessageFormat 类来完成填充这些占位符。在 Struts 2 中则有更简单的方式来填充占位符，Struts 2 中提供了如下两种方式来填充消息字符串中的占位符。

➤ 如果需要在 JSP 页面中填充国际化消息里的占位符，则可以通过在<s:text.../>标签中使用多个<s:param.../>标签来填充消息中的占位符。第一个<s:param.../>标签指定第一个占位符值，第二个<s:param.../>标签指定第二个占位符值……依此类推。

➤ 如果需要在 Action 中填充国际化消息里的占位符，则可以通过调用 getText(String aTextName, List args)或 getText(String key, String[] args)方法来填充占位符。该方法的第二个参数既可以是一个字符串数组，也可以是字符串组成的 List 对象，从而完成对占位符的填充。其中字符串数组、字符串集合中第一个元素将填充第一个占位符，字符串数组、字符串集合中第二个元素将填充第二个占位符……依此类推。

假设在 result.jsp 页面对应的国际化资源文件中有如下一条带占位符的消息：

```
welcomeMsg={0}，您好！现在时间是{1}！
```

这条国际化消息对应的英文消息如下：

```
welcomeMsg={0},Hello!Now is {1}!
```

为了在 JSP 页面中通过<s:param.../>元素为国际化消息的占位符填充值，下面是 result.jsp 页面对应的代码。

程序清单：codes\03\3.10\PlaceholderResources\WEB-INF\content\loginForm.jsp

```
<%@ page contentType="text/html; charset=GBK" language="java" errorPage="" %>
<%@ taglib prefix="s" uri="/struts-tags"%>
<!DOCTYPE html>
<s:i18n name="viewResources.result">
<html>
<head>
```

```
        <meta http-equiv="Content-Type" content="text/html; charset=GBK" />
        <title><s:text name="resultPage"/></title>
    </head>
    <body>
        <jsp:useBean id="d" class="java.util.Date" scope="page"/>
        ${requestScope.tip}<br/>
        <!-- 输入带占位符的国际化消息 -->
        <s:text name="welcomeMsg">
            <s:param><s:property value="username"/></s:param>
            <s:param>${d}</s:param>
        </s:text>
    </body>
    </html>
</s:i18n>
```

为了在 Action 类中为国际化消息的占位符填充参数值，可以在调用 getText()方法时传入数组或 List
作为占位符的参数值。该示例的 Action 代码如下。

程序清单：codes\03\3.10\PlaceholderResources\WEB-INF\src\org\crazyit\app\action\LoginAction.java

```
public class LoginAction extends ActionSupport
{
    // 下面定义了两个属性，用于封装请求参数
    private String username;
    private String password;
    // 省略两个属性的 setter 和 getter 方法
    ...
    // 处理用户请求的 execute 方法
    public String execute() throws Exception
    {
        ActionContext ctx = ActionContext.getContext();
        if (getUsername().equals("crazyit.org")
            && getPassword().equals("leegang"))
        {
            ctx.getSession().put("user" , getUsername());
            // 取出国际化消息
            ctx.put("tip" , getText("succTip" , new String[]{username}));
            return SUCCESS;
        }
        // 取出国际化消息
        ctx.put("tip" , getText("failTip" , new String[]{username}));
        return ERROR;
    }
}
```

通过上面两行粗体字代码，就可以为国际化消息的占位符传入参数了。

如果在简体中文环境下登录成功，进入 welcome.jsp
页面，将看到如图 3.33 所示的效果。

从上面的介绍中可以看出，Struts 2 中完成程序国际
化更加简单，这都得益于 Struts 2 的简单封装。

除此之外，Struts 2 还提供了对占位符的一种替代方
式，这种方式允许在国际化消息中使用表达式。对于这
种方式，则可避免在使用国际化消息时还需要为占位符传入参数值。

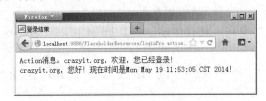

图 3.33   在简体中文环境下的欢迎页面

将上面的两条消息资源改为如下形式：

```
# 在消息资源中使用表达式
failTip=${username}，对不起，您不能登录！
succTip=${username}，欢迎，您已经登录！
```

在上面的消息资源中，通过使用表达式，可以从 ValueStack 中取出该 username 属性值，自动填充
到该消息资源中。通过这种方式，当需要在 Action 类中使用该消息资源时，就无须为该消息资源传入

参数了，即可以将该 Action 类改为最开始的样子——当使用 getText 方法获取国际化消息时，无须为消息资源中的占位符传入参数。

▶▶ 3.10.6　加载资源文件的顺序

Struts 2 提供了如此多的方式来加载国际化资源文件，这些加载国际化资源文件的方式有自己的优先顺序。假设需要在 ChildAction 中访问国际化消息，则系统加载国际化资源文件的优先级是：

① 优先加载系统中保存在 ChildAction 的类文件相同位置，且 baseName 为 ChildAction 的系列资源文件。

② 如果在①中找不到指定 key 对应的消息，且 ChildAction 有父类 ParentAction，则加载系统中保存在 ParentAction 的类文件相同位置，且 baseName 为 ParentAction 的系列资源文件。

③ 如果在②中找不到指定 key 对应的消息，且 ChildAction 有实现接口 IChildAction，则加载系统中保存在 IChildAction 的类文件相同位置，且 baseName 为 IChildAction 的系列资源文件。

④ 如果在③中找不到指定 key 对应的消息，且 ChildAction 有实现接口 ModelDriven（即使用模型驱动模式），则对于 getModel()方法返回的 model 对象，重新执行第①步操作。

⑤ 如果在④中找不到指定 key 对应的消息，则查找当前包下 baseName 为 package 的系列资源文件。

⑥ 如果在⑤中找不到指定 key 对应的消息，则沿着当前包上溯，直到最顶层包来查找 baseName 为 package 的系列资源文件。

⑦ 如果在⑥中找不到指定 key 对应的消息，则查找 struts.custom.i18n.resources 常量指定 baseName 的系列资源文件。

⑧ 如果经过上面步骤一直找不到该 key 对应的消息，将直接输出该 key 属性的值；如果在上面的步骤①~⑦的任一步中找到指定 key 对应的消息，系统将停止搜索，直接输出该 key 对应的消息。

对于在 JSP 中访问国际化消息，则简单得多，它们又可以分成两种形式。

➤ 对于使用<s:i18n.../>标签作为父标签的<s:text.../>标签、表单标签的形式：

① 将从<s:i18n.../>标签指定的国际化资源文件中加载指定 key 对应的消息。

② 如果在①中找不到指定 key 对应的消息，则查找 struts.custom.i18n.resources 常量指定 baseName 的系列资源文件。

③ 如果经过上面步骤一直找不到该 key 对应的消息，将直接输出该 key 的字符串值；如果在上面的步骤①和②的任一步中找到指定 key 对应的消息，系统停止搜索，直接输出该 key 对应的消息。

➤ 如果<s:text.../>标签、表单标签没有使用<s:i18n.../>标签作为父标签：

直接加载 struts.custom.i18n.resources 常量指定 baseName 的系列资源文件。如果找不到该 key 对应的消息，将直接输出该 key 属性的值，否则输出该 key 对应的国际化消息。

📁 3.11　使用 Struts 2 的标签库

Struts 2 也提供了大量标签来帮助开发表现层页面，与 Struts1 的标签库相比，Struts 2 的标签库功能更加强大，而且更加简单易用。

▶▶ 3.11.1　Struts 2 标签库概述

与 Struts1 标签库相比，Struts 2 的标签库有一个巨大的改进之处：Struts 2 标签库的标签不依赖于任何表现层技术，也就是说，Struts 2 提供的大部分标签，可以在各种表现层技术中使用，包括最常用的 JSP 页面，也可以在 Velocity 和 FreeMarker 等模板技术中使用。

注意

虽然 Struts 2 大部分标签可以在所有表现层技术中使用，但也有极少数标签在某些表现层技术中使用时会受到限制，这一点请开发者务必要注意。

Struts 2 不像 Struts1 那样，对整个标签库提供了严格的分类，Struts 2 把所有标签都定义在一个 s 标签库里。虽然 Struts 2 把所有的标签都定义在 URI 为 "/struts-tags" 的空间下，但依然可以对 Struts 2 标签进行简单的分类。从最大的范围来分，Struts 2 可以将所有标签分成如下两类。

➢ UI（User Interface，用户界面）标签：主要用于生成 HTML 元素的标签。

➢ 非 UI 标签：主要用于数据访问、逻辑控制等的标签。

对于 UI 标签，则又可分为如下两类。

➢ 表单标签：主要用于生成 HTML 页面的 form 元素，以及普通表单元素的标签。

➢ 非表单标签：主要用于生成页面上的树、Tab 页等标签。

对于非 UI 标签，也可分为如下两类。

➢ 流程控制标签：主要包含用于实现分支、循环等流程控制的标签。

➢ 数据访问标签：主要包含用于输出 ValueStack 中的值、完成国际化等功能的标签。

Struts 2 的标签库分类如图 3.34 所示。

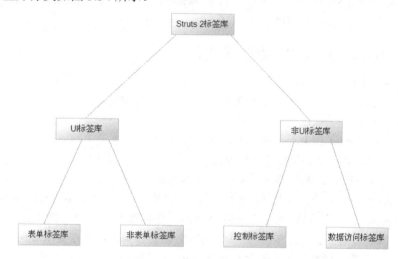

图 3.34　Struts 2 标签库分类

▶▶ 3.11.2　使用 Struts 2 标签

上一章介绍过开发自定义标签的步骤，标签库开发包括两个步骤：开发标签处理类和定义标签库定义文件，Struts 2 框架已经完成了这两个步骤，即 Struts 2 既提供了标签的处理类，也提供了 Struts 2 的标签库定义文件。

使用 WinRAR 打开 struts2-core-2.5.14.jar 文件，在该压缩包的 META-INF 路径下找到 struts-tags.tld 文件，这就是 Struts 2 的标签库定义文件。

下面是 struts-tags.tld 文件的片段。

```xml
<?xml version="1.0" encoding="UTF-8"?>
<taglib xmlns="http://java.sun.com/xml/ns/j2ee"
    xmlns:xsi="http://www.w3.org/2001/XMLSchema-instance" version="2.0"
    xsi:schemaLocation="http://java.sun.com/xml/ns/j2ee
    http://java.sun.com/xml/ns/j2ee/web-jsptaglibrary_2_0.xsd">
    <tlib-version>2.3</tlib-version>
    <!-- 指定该标签库默认的短名-->
    <short-name>s</short-name>
    <!-- 指定该标签库默认的 URI-->
    <uri>/struts-tags</uri>
```

```
    <display-name>"Struts Tags"</display-name>
    ...
</taglib>
```

　　根据上一章的介绍已经知道，在该标签库定义文件中<uri.../>元素很重要，该 URI 实际上相当于该标签库的唯一标识。

　　为了使 JSP 页面具有更好的兼容性，因此推荐定义 Struts 2 标签库的 URI 时，使自定义的 Struts 2 标签库 URI 与默认的 URI 相同。

　　与前面使用自定义标签的用法完全一样，使用 Struts 2 标签必须先导入标签库，在 JSP 页面中使用如下代码来导入 Struts 2 标签库。

```
<!-- 导入 Struts 2标签库 -->
<%@taglib prefix="s" uri="/struts-tags"%>
```

　　上面代码用于导入 Struts 2 标签库，其中 URI 就是 Struts 2 标签库的 URI，而 prefix 属性值是该标签库的前缀。例如，对于如下的标签：

```
<!-- 使用以 s作为前缀的标签 -->
<s:abc.../>
```

　　在上面标签中，因为该标签以"s"作为前缀，故该标签需要使用 URI 为/struts-tags 的标签库处理，通过前缀关联，系统知道从 Struts 2 标签库中寻找名为 abc 的标签来处理该标签（当然，Struts 2 标签库中不存在 abc 标签，故此行代码会出现错误）。

➤➤ 3.11.3　Struts 2 的 OGNL 表达式语言

　　Struts 2 利用内建的 OGNL（Object Graph Navigation Language）表达式语言支持，大大加强了 Struts 2 的数据访问功能，XWork 在原有的 OGNL 的基础上，增加了对 ValueStack 的支持。

> **提示：**
> 　　从《Struts 2 权威指南》一书面世以来，曾收到一些读者来信，他们反应 OGNL 表达式语言比较难以理解。实际上可能读者过分"高估"了 OGNL 表达式语言，实际上 OGNL 表达式语言和 JSP 2 EL 的作用完全相似。在 Struts 2 应用中，视图页面可通过标签直接访问 Action 属性值（实际上这只是一种假想，类似于 Web 应用保持 application、session、request 和 page 四个范围的"银行"一样，Struts 2 自行维护一个特定范围的"银行"，Action 将数据放入其中，而 JSP 页面可从其中取出数据，表面上似乎 JSP 可直接访问 Action 数据），当 Action 属性不是简单值（基本类型值或 String 类型值）时，而是某个对象，甚至是数组、集合时，就需要使用表达式语言来访问这些对象、数组、集合的内部数据了，Struts 2 利用 OGNL 表达式语言来实现这个功能。实际上，OGNL 也不是真正的编程语言，只是一种数据访问语言。

　　在传统的 OGNL 表达式求值中，系统会假设只有一个"根"对象。下面是标准 OGNL 表达式求值，如果系统的 Stack Context 中包含两个对象：foo 对象，它在 Context 中的名字为 foo；bar 对象，它在 Context 中的名字为 bar，并将 foo 对象设置成 Context 的根对象。

　　看如下三行代码：

```
// 返回 foo.getBlah()方法的返回值
#foo.blah
// 返回 bar.getBlah()方法的返回值
#bar.blah
// 假设 foo是根对象，所以默认是取得 foo对象的 blah属性，
// 即返回 foo.getBlah()方法的返回值
blah
```

　　通过上面代码可以看出，OGNL 表达式的语法非常简洁，如果有如下的语法：

```
#bar.foo.blah
```

上面代码将意味着返回 bar.getFoo().getBlah()方法的返回值。如果需要访问的属性属于根对象，则可以直接访问该属性，如 blah；否则必须使用一个对象名作为前缀修饰该属性，如#bar.blah。

Struts 2 可以直接从对象中获取属性。Struts 2 提供了一个特殊的 OGNL PropertyAccessor（属性访问器），它可以自动搜寻 Stack Context 的所有实体（从上到下），直到找到与求值表达式匹配的属性。

例如，Stack Context 中包括两个根实例：animal 和 person，这两个实例都包含"name"属性，而且 animal 实例还有一个"species"属性，而 person 实例还有一个"salary"属性，其中 animal 实例是栈顶元素，而 person 实例在其后面。看下面的求值表达式：

```
// 返回 animal.getSpecies()方法的返回值
species
// 返回 person.getSalary()方法的返回值
salary
// 因为 Struts 2 先找到 animal 实例，返回 animal.getName()方法的返回值，
name
```

在最后的一行代码中，如果实在需要取得 person 实例的 name 属性，必须通过如下代码：

```
// 直接取得 person 实例的 name 属性
#person.name
```

除此之外，还可以通过索引来访问 Stack Context 中的对象。

例如，如下代码：

```
// 返回 animal.getName()方法的返回值，因为从第一个开始找，就会先找到 animal 实例
[0].name
// 返回 person.getName()方法的返回值，因为从第二个开始找，就会先找到 person 实例
[1].name
```

值得注意的是，上面使用索引的方式并不是直接取得指定元素，而是从指定索引开始向下搜索。

Struts 2 使用标准的 Context 来进行 OGNL 表达式语言求值，OGNL 的顶级对象是 Stack Context（有时也称为 OGNL Context），Stack Context 对象就是一个 Map 类型的实例，其根对象就是 ValueStack，如果需要访问 ValueStack 里的属性，直接通过如下方式即可：

```
// 取得 ValueStack 中的 bar 属性
bar
```

除此之外，Struts 2 还提供了一些命名对象，但这些命名对象都不是 Stack Context 的"根"对象，它们只是存在于 Stack Context 中。所以访问这些对象时需要使用#前缀来指明。

➤ parameters 对象：用于访问 HTTP 请求参数。例如#parameters['foo']或#parameters.foo，用于返回调用 HttpServletRequest 的 getParameter("foo")方法的返回值。

➤ request 对象：用于访问 HttpServletRequest 的属性。例如#request ['foo']或#request.foo，用于返回调用 HttpServletRequest 的 getAttribute("foo")方法的返回值。

➤ session 对象：用于访问 HttpSession 的属性。例如#session['foo']或#session.foo，用于返回调用 HttpSession 的 getAttribute("foo")方法的返回值。

➤ application 对象：用于访问 ServletContext 的属性。例如#application['foo']或#application.foo，用于返回调用 ServletContext 的 getAttribute("foo")方法的返回值。

➤ attr 对象：该对象将依次搜索如下对象：PageContext、HttpServletRequest、HttpSession、ServletContext 中的属性。

注意

当系统创建了 Action 实例后，该 Action 实例已经被保存到 ValueStack 中，故无须书写#即可访问 Action 属性。

> **注意**
>
> 有些读者在 OGNL 这个地方感到容易混淆，估计还因为把 OGNL 的 Stack Context 和 ValueStack 两个概念搞混了：OGNL 的 Stack Context 是整个 OGNL 计算、求值的 Context，而 ValueStack 只是 StackContex 内的"根"对象而已。OGNL 的 Stack Context 里除了包括 ValueStack 这个根之外，还包括 parameters、request、session、application、attr 等命名对象，但这些命名对象都不是根。Stack Context "根"对象和普通命名对象的区别在于：
>
> ➢ 访问 Stack Context 里的命名对象需要在对象名之前添加 # 前缀。
> ➢ 当访问 OGNL 的 Stack Context 里"根"对象的属性时，可以省略对象名。

图 3.35 是在前面的 namespace 的 welcome.jsp 页面中增加 <s:debug/> 标签，浏览者成功登录该应用，并单击 Debug 链接后看到的效果，读者只需按如图所示方式来访问 Value Stack 和 Stack Context 里的数据即可。

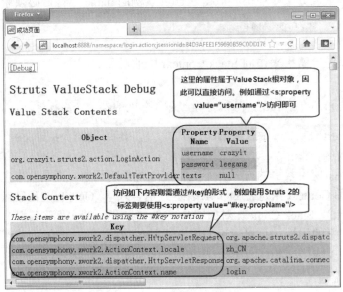

图 3.35　Struts 2 的 Debug 页

> **提示：**
> 可以在任意页面增加 <s:debug/> 标签，该标签将生成一个链接，用于辅助开发者进行调试。

▶▶ 3.11.4　OGNL 中的集合操作

很多时候，可能需要一个集合对象（例如 List 对象，或者 Map 对象），使用 OGNL 表达式可以直接创建集合对象。

直接创建 List 类型集合的语法为：

```
{e1,e2,e3 ...}
```

上面语法格式将创建一个 List 类型集合，该集合包含了 3 个元素：e1、e2 和 e3。如果需要更多元素，直接在后面添加即可，多个元素之间以英文逗号隔开。

直接生成 Map 类型集合的语法为：

```
#{key1:value1,key2:value2,...}
```

上面语法格式将创建一个 Map 类型的集合，该 Map 对象中每个 key-value 对象之间以英文冒号隔开；多项之间以英文逗号隔开。

对于集合，OGNL 提供了两个运算符：in 和 not in，其中 in 判断某个元素是否在指定集合中；not in 则用于判断某个元素是否不在指定集合中。

看下面代码：

```
<!-- 如果指定集合中包含 foo 元素 -->
<s:if test="'foo' in {'foo','bar'}">
包含
</s:if>
<s:else>
不包含
</s:else>
<!-- 如果指定集合中不包含 foo 元素 -->
<s:if test="'foo' not in {'foo','bar'}">
不包含
</s:if>
<s:else>
包含
</s:else>
```

除此之外，OGNL 还允许通过某个规则取得集合的子集。取得子集时有如下三个操作符。

- ➤ ？：取出所有符合选择逻辑的元素。
- ➤ ^：取出符合选择逻辑的第一个元素。
- ➤ $：取出符合选择逻辑的最后一个元素。

例如，如下代码：

```
person.relatives.{? #this.gender == 'male'}
```

在上面代码中，直接在集合后紧跟 . { } 运算符表明用于取出该集合的子集，在 { } 内使用?表明取出所有符合选择逻辑的元素，而#this 代表集合里元素。因此，上面代码的含义是：取出 person 的所有性别为 male 的 relatives（亲戚）集合。

从这些代码可以看出，虽然 OGNL 表达式语言和 JSP 2 表达式语言的作用相似，但 OGNL 表达式语言的功能更强大。

▶▶ 3.11.5　访问静态成员

OGNL 表达式还提供了一种访问静态成员（包括调用静态方法、访问静态成员变量）的方式，但 Struts 2 默认关闭了访问静态方法，只允许通过 OGNL 表达式访问静态 Field。为了让 OGNL 表达式可以访问静态方法，应该在 Struts 2 应用中将 struts.ognl.allowStaticMethodAccess 设置为 true。

例如，在 struts.xml 文件中增加如下代码片段：

```
<!-- 设置允许通过 OGNL 访问静态方法 -->
<constant name="struts.ognl.allowStaticMethodAccess"
    value="true"/>
```

一旦设置了上面所示常量，OGNL 表达式可以通过如下语法来访问静态成员：

```
@className@staticField
@className@staticMethod(val...)
```

下面 JSP 页面使用这种方式来访问静态 Field 和静态方法：

```
生成一个伪随机数：<s:property value=
    "@java.lang.Math@random()"/> <br />
圆周率的值：<s:property value="@java.lang.Math@PI"/>
```

浏览该页面可以看到如图 3.36 所示的效果。

▶▶ 3.11.6　Lambda（λ）表达式

OGNL 支持基本的 Lambda（λ）表达式语法，

图 3.36　访问静态成员

通过这种 Lambda 表达式语法，可以允许程序员在 OGNL 表达式语言中使用一些简单的函数。

假设有如下斐波那契数列：

```
if n==0 return 0;
elseif n==1 return 1;
else return fib(n-2)+fib(n-1);
```

给定 fib(0) = 0, fib(1) = 1，如果希望根据上面数列规则求 fib(11)的值，那么就可以使用如下的 OGNL 表达式来求该数列中第 11 个元素的值：

```
<s:property value="#fib =:[#this==0 ? 0 : #this==1 ? 1 :
    #fib(#this-2)+ #fib(#this-1)], #fib(11)" />
```

在上面的代码中，#fib =:[#this==0 ? 0 : #this==1 ? 1 : #fib(#this-2)+#fib(#this-1)]表示定义了一个简单函数，上面表达式可输出 fib(11)的值。

▶▶ 3.11.7　控制标签

Struts 2 的非 UI 标签包括控制标签和数据标签，主要用于完成流程控制，以及操作 Struts 2 的 ValueStack。数据标签主要结合 OGNL 表达式进行数据访问。控制标签可以完成流程控制，如分支、循环等，也可完成对集合的合并、排序等操作。控制标签有如下 9 个。

- ➤ if：用于控制选择输出的标签。
- ➤ elseIf/elseif：与 if 标签结合使用，用于控制选择输出的标签。
- ➤ else：与 if 标签结合使用，用于控制选择输出的标签。
- ➤ append：用于将多个集合拼接成一个新的集合。
- ➤ generator：它是一个字符串解析器，用于将一个字符串解析成一个集合。
- ➤ iterator：这是一个迭代器，用于将集合迭代输出。
- ➤ merge：用于将多个集合拼接成一个新的集合。但与 append 的拼接方式有所不同。
- ➤ sort：这个标签用于对集合进行排序。
- ➤ subset：这个标签用于截取集合的部分元素，形成新的子集合。

下面依次介绍这 9 个标签。

1．if/elseif/else 标签

if/elseif/else 这三个标签都是用于进行分支控制的，它们都用于根据一个 boolean 表达式的值，来决定是否计算、输出标签体的内容。

这三个标签可以组合使用，只有<s:if.../>标签可以单独使用，后面的<s:elseif.../>和<s:else.../>都不可单独使用，必须与<s:if.../>标签结合使用，其中<s:if.../>标签可以与多个<s:elseif.../>标签结合使用，并可以结合一个<s:else.../>标签使用。

这三个标签实质就是取代 JSP 脚本中的 if 语言，因为 if 和 else if 后都可以指定一个 boolean 表达式，所以 if 标签和 else 标签可接受一个 test 属性，该属性确定执行判断的 boolean 表达式。

三个标签结合的语法格式如下：

```
<s:if test="表达式">
    标签体
</s:if>
<s:elseif test="表达式">
    标签体
</s:elseif>
<!-- 允许出现多次 elseif 标签 -->
...
<s:else>
    标签体
</s:else>
```

看下面的代码片段。

程序清单：codes\03\3.11\controlTag\WEB-INF\content\s-if.jsp

```
<!-- 在 Stack Context 中定义一个 age 属性，其值为 29 -->
<s:set var="age" value="29"/>
<!-- 如果 Stack Context 中的 age 属性大于 60 -->
<s:if test="#age>60">
    老年人
</s:if>
<!-- 如果 Stack Context 中的 age 属性大于 35 -->
<s:elseif test="#age>35">
    中年人
</s:elseif>
<!-- 如果 Stack Context 中的 age 属性大于 15 -->
<s:elseif test="#age>15">
    青年人
</s:elseif>
<s:else>
    少年
</s:else>
```

在上面的代码中，页面根据 age 属性值的范围来控制输出。因为 age 的属性值是 29，故上面代码将输出"青年人"。

从上面的代码中可以看出：if/elseif/else 标签组合使用，作用类似于 Java 语言里的 if/elseif/else 条件控制结构。对于<if.../>标签和<elseif.../>标签必须指定一个 test 属性，该 test 属性就是进行条件判断的逻辑表达式。

2．iterator 标签

iterator 标签主要用于对集合进行迭代，这里的集合包含 List、Set 和数组，也可对 Map 集合进行迭代输出。

使用<s:iterator.../>标签对集合进行迭代输出时，可以指定如下三个属性。

➢ value：这是一个可选的属性，value 属性用于指定被迭代的集合，被迭代的集合通常都使用 OGNL 表达式指定。如果没有指定 value 属性，则使用 ValueStack 栈顶的集合。

➢ var：这是一个可选的属性，该属性指定了集合里元素的 ID。

➢ status：这是一个可选的属性，该属性指定迭代时的 IteratorStatus 实例，通过该实例即可判断当前迭代元素的属性。例如是否为最后一个，以及当前迭代元素的索引等。

看下面的代码片段。

程序清单：codes\03\3.11\controlTag\WEB-INF\content\s-iterator-list.jsp

```
<table border="1" width="200">
<s:iterator value="{'疯狂 Java 讲义',
    '轻量级 Java EE 企业应用实战',
    '疯狂 iOS 讲义'}"
    var="name">
    <tr>
        <td><s:property value="#st.count"/>
        <s:property value="name"/></td>
    </tr>
</s:iterator>
</table>
```

上面的 value 属性是直接给定了一个集合，集合里包含了三个元素，指定了被迭代元素的 var 为 name，所以在<s:iterator.../>标签里，就可以通过<s:property value="name"/>来输出每个集合元素的值。

如果为<s:iterator.../>标签指定 status 属性，即每次迭代时都会有一个 IteratorStatus 实例，该实例包含了如下几个方法。

➢ int getCount()：返回当前迭代了几个元素。

> ➤ int getIndex()：返回当前迭代元素的索引。
> ➤ boolean isEven()：返回当前被迭代元素的索引是否是偶数。
> ➤ boolean isFirst()：返回当前被迭代元素是否是第一个元素。
> ➤ boolean isLast()：返回当前被迭代元素是否是最后一个元素。
> ➤ boolean isOdd()：返回当前被迭代元素的索引是否是奇数。

通过上面几个方法，就可以在迭代时根据当前迭代元素的属性来进行更多的控制，看如下代码片段，使用 iterator 标签对 List 对象、Map 对象进行迭代。

程序清单：codes\03\3.11\controlTag\WEB-INF\content\s-iterator.jsp

```
<table border="1" width="300">
<!-- 迭代输出 List 集合 -->
<s:iterator value="{'疯狂 Java 讲义',
    '轻量级 Java EE 企业应用实战',
    '疯狂 iOS 讲义'}"
    var="name" status="st">
    <tr <s:if test="#st.odd">
        style="background-color:#bbbbbb"</s:if>>
        <td><s:property value="name"/></td>
    </tr>
</s:iterator>
</table>
<table border="1" width="350">
    <tr>
        <th>书名</th>
        <th>作者</th>
    </tr>
<!-- 对指定的 Map 对象进行迭代输出,并指定 status 属性 -->
<s:iterator value="#{'疯狂 Java 讲义':'李刚',
    '轻量级 Java EE 企业应用实战':'李刚' ,
    '疯狂 iOS 讲义':'李刚'}"
    var="score" status="st">
    <!-- 根据当前被迭代元素的索引是否为奇数来决定是否使用背景色 -->
    <tr <s:if test="#st.odd">
        style="background-color:#bbbbbb"</s:if>>
        <!-- 输出 Map 对象里 Entry 的 key -->
        <td><s:property value="key"/></td>
        <!-- 输出 Map 对象里 Entry 的 value -->
        <td><s:property value="value"/></td>
    </tr>
</s:iterator>
</table>
```

上面的程序中粗体字代码用于根据迭代的奇偶行来控制不同的背景色，从而提供更好的视觉效果。在浏览器中浏览该页面，将看到如图 3.37 所示的效果。

if/elseif/else 以及此处介绍的 iterator 标签是 Struts 2 中最常用的标签，通常 Action 会调用 Model 取出大量数据，这些数据被封装成 VO（Value Object）集合（该集合通常是 List 或 Map）传给 JSP 页面，而 JSP 页面中则需要通过这两个标签来访问这些数据。

图 3.37　使用 iterator 迭代 List、Map 对象

3. append 标签

append 标签用于将多个集合对象拼接起来，组成一个新的集合。通过这种拼接，从而允许通过一个<s:iterator.../>标签就完成对多个集合的迭代。

使用<s:append.../>标签时需要指定一个 var 属性，该属性确定拼接生成的新集合的名字，该新集合被放入 Stack Context 中。除此之外，<s:append.../>标签可以接受多个<s:param.../>子标签，每个子标签指定一个集合，<s:append.../>标签负责将<s:param.../>标签指定的多个集合拼接成一个集合。

看如下代码片段。

程序清单：codes\03\3.11\controlTag\WEB-INF\content\s-append.jsp

```jsp
<!-- 使用 append 标签将两个集合拼接成新的集合，
    新集合的名字是 newList，新集合放入 Stack Context 中 -->
<s:append var="newList">
    <s:param value="{'疯狂 Java 讲义',
        '轻量级 Java EE 企业应用实战',
        '疯狂 iOS 讲义'}" />
    <s:param value="{'http://www.crazyit.org',
        'http://www.fkit.org'}" />
</s:append>
<table border="1" width="260">
<!-- 使用 iterator 迭代 newList 集合 -->
<s:iterator value="#newList" status="st" var="ele">
    <tr>
        <td><s:property value="#st.count"/></td>
        <td><s:property value="ele"/></td>
    </tr>
</s:iterator>
```

上面的粗体字代码用于将两个 List 集合拼接成新 List 对象，其中<s:param.../>标签用于为父标签传入参数，也就是传入需要拼接的集合。拼接集合时指定了 var 属性，这表明将拼接得到的新集合放入 Stack Context 中。

然后使用 iterator 标签对新集合进行迭代。在浏览器中浏览该页面，将看到如图 3.38 所示的页面。

上面看到的代码是将两个集合拼接成一个新集合。实际上如果传入更多的<s:param.../>子元素，则还可以将 3 个、4 个以及更多个集合拼接成一个新集合。

图 3.38　使用 append 标签将两个集合拼接成新集合

当然，使用 append 标签也可以将多个 Map 对象拼接成一个新的 Map 对象，更甚至于将一个 Map 对象和一个 List 对象拼接起来。看如下的代码片段。

程序清单：codes\03\3.11\controlTag\WEB-INF\content\s-append-map.jsp

```jsp
<!-- 使用 append 将 List 和 Map 集合拼接在一起
    新集合实际上是 Map 集合，其名字为 newList -->
<s:append var="newList">
    <s:param value="#{'疯狂 Java 讲义':'李刚',
        '轻量级 Java EE 企业应用实战':'李刚',
        '疯狂 iOS 讲义':'李刚'}" />
    <s:param value="#{'http://www.crazyit.org',
        'http://www.fkit.org'}" />
</s:append>
<table border="1" width="280">
<!-- 使用 iterator 迭代 newList 集合 -->
<s:iterator value="#newList" status="st">
    <tr <s:if test="#st.odd">
        style="background-color:#bbbbbb"</s:if>>
        <td><s:property value="key"/></td>
        <td><s:property value="value"/></td>
    </tr>
</s:iterator>
</table>
```

上面的程序中粗体字代码用于将 List 集合和 Map 集合拼接在一起，List 集合只有系列值，这些值将全部作为新 Map 的 key，这些 key 没有对应的 value。上面页面使用了 iterator 标签新集合 newList 进行迭代输出。在浏览器中浏览该页面，将看到如图 3.39 所示的页面。

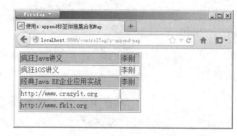

图 3.39　使用 append 标签拼接 List 和 Map

4．generator 标签

使用 generator 标签可以将指定字符串按指定分隔符分隔成多个子串，临时生成的多个子串可以使用 iterator 标签来迭代输出。可以这样理解：generator 将一个字符串转化成一个 Iterator 集合。在该标签的标签体内，整个临时生成的集合将位于 ValueStack 的顶端，但一旦该标签结束，该集合将被移出 ValueStack。

generator 标签的作用有点类似于 String 对象的 split() 方法，但这个 generator 标签比 split() 方法的功能更加强大。

使用 generator 标签时可以指定如下几个属性。

➤ count：该属性是一个可选的属性，该属性指定生成集合中元素的总数。

➤ separator：这是一个必填的属性，该属性指定用于解析字符串的分隔符。

➤ val：这是一个必填的属性，该属性指定被解析的字符串。

➤ converter：这是一个可选的属性，该属性指定一个转换器，该转换器负责将集合中的每个字符串转换成对象，通过该转换器可以将一个字符串解析成对象集合。该属性值必须是一个 org.apache.Struts 2.util.IteratorGenerator.Converter 对象。

➤ var：这是一个可选的属性，如果指定了该属性，则将生成的 Iterator 对象放入 Stack Context 中。

下面的代码片段生成一个简单集合。

程序清单：codes\03\3.11\controlTag\WEB-INF\content\s-generator-simple.jsp

```
<table border="1" width="240">
<!-- 使用 generator 标签将指定字符串解析成 Iterator 集合
    在 generator 标签内，得到的 List 集合位于 ValueStack 顶端 -->
<s:generator val="'疯狂 Java 讲义
    ,轻量级 Java EE 企业应用实战,
    疯狂 iOS 讲义'" separator=",">
<!-- 没有指定迭代哪个集合，直接迭代 ValueStack 顶端的集合 -->
<s:iterator status="st">
    <tr <s:if test="#st.odd">
        style="background-color:#bbbbbb"</s:if>>
        <td><s:property/></td>
    </tr>
</s:iterator>
</s:generator>
</table>
```

在浏览器中浏览该页面，将看到如图 3.40 所示的页面。

如果使用 generator 标签时指定了 count 和 var 属性，则 count 设置集合中最多只能包含 count 个元素（就是前 count 个元素）；如果指定了 var 属性，就可将生成的集合放入 Struts 2 的 Stack Context 中（实际上还会设置成 request 范围的属性）。代码如下。

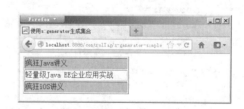

图 3.40　使用 generator 将字符串解析成集合

程序清单：codes\03\3.11\controlTag\WEB-INF\content\s-generator-count.jsp

```
<!-- 使用 generator 将一个字符串解析成一个集合，指定了 var 和 count 属性 -->
<s:generator val="'疯狂 Java 讲义
    ,轻量级 Java EE 企业应用实战,
    疯狂 iOS 讲义'" separator=","
```

```
    var="books" count="2"/>
<table border="1" width="300">
<!-- 迭代输出 Stack Congtext 中的 books 集合 -->
<s:iterator value="#books">
    <tr>
        <td><s:property/></td>
    </tr>
</s:iterator>
</table>
${requestScope.books}
```

　　上面的代码在使用 generator 标签将字符串转换成集合时，指定了 count 属性，这将意味着解析出来的集合最多只包含两个（前面两个），且指定了 var 属性，该 var 属性将导致该集合被放入 Stack Context 中。在浏览器中浏览该页面，将看到如图 3.41 所示的效果。

图 3.41　使用 generator 标签时指定 count 和 var 属性

　　Struts 2 的很多标签都与该标签类似，它们都可以指定 var（以前是 id，现在已统一使用 var）属性，一旦指定了 var 属性，则会将新生成、新设置的值放入 Stack Context 中（必须通过#name 形式访问）；如果不指定 var 属性，则新生成、新设置的值不会放入 Stack Context 中，因此只能在该标签内部访问新生成、新设置的值——此时新生成、新设置的值位于 ValueStack 中，因此可以直接访问。

5．merge 标签

　　merge 标签的用法看起来非常像 append 标签，也是用于将多个集合拼接成一个集合，但它采用的拼接方式与 append 的拼接方式有所区别。下面假设有三个集合（每个集合包含三个集合元素），分别使用 append 和 merge 方式进行拼接，产生的新集合将有所区别。

　　如果采用 append 方式拼接，新集合的元素顺序为：

（1）第一个集合中的第一个元素
（2）第一个集合中的第二个元素
（3）第一个集合中的第三个元素
（4）第二个集合中的第一个元素
（5）第二个集合中的第二个元素
（6）第二个集合中的第三个元素
（7）第三个集合中的第一个元素
（8）第三个集合中的第二个元素
（9）第三个集合中的第三个元素

　　如果采用 merge 方式拼接，新集合的元素顺序为：

（1）第一个集合中的第一个元素
（2）第二个集合中的第一个元素
（3）第三个集合中的第一个元素
（4）第一个集合中的第二个元素
（5）第二个集合中的第二个元素
（6）第三个集合中的第二个元素
（7）第一个集合中的第三个元素
（8）第二个集合中的第三个元素
（9）第三个集合中的第三个元素

从上面的介绍中可以看出：采用 append 和 merge 方式合并集合时，新集合中集合元素完全相同，只是新集合中集合元素的顺序有所不同。

merge 标签的使用示例，与使用 append 标签的使用示例大致相同，此处不再赘述，读者可参考光盘中的代码。

6. subset 标签

subset 标签用于取得集合的子集，该标签的底层通过 org.apache.struts2.util.SubsetIteratorFilter 类提供实现。

使用 subset 标签时可指定如下几个属性。

➢ count：这是一个可选属性，该属性指定子集中元素的个数。如果不指定该属性，则默认取得源集合的全部元素。

➢ source：这是一个可选属性，该属性指定源集合。如果不指定该属性，则默认取得 ValueStack 栈顶的集合。

➢ start：这是一个可选属性，该属性指定子集从源集合的第几个元素开始截取。默认从第一个元素（即 start 的默认值为 0）开始截取。

➢ decider：这是一个可选属性，该属性指定由开发者自己决定是否选中该元素。该属性必须指定一个 org.apache.struts2.util.SubsetIteratorFilter.Decider 对象。

➢ var：这是一个可选属性，如果指定了该属性，则将生成的 Iterator 对象设置成 page 范围的属性。在 subset 标签内时，subset 标签生成的子集合放在 ValueStack 的栈顶，所以可以在该标签内直接迭代该标签生成的子集合。如果该标签结束后，该标签生成的子集合将被移出 ValueStack 栈。

下面的代码使用 subset 标签截取了源集合形成子集，使用 subset 元素时，指定了 start 属性为 1，即标签子集从源集合的第二个元素开始截取；指定 count 属性为 3，表明子集的长度为 3。

程序清单：codes\03\3.11\controlTag\WEB-INF\content\s-subset.jsp

```
<table border="1" width="300">
<!-- 使用 subset 标签截取目标集合的 4 个元素，从第 2 个元素开始截取 -->
<s:subset source="{'疯狂 Java 讲义'
    ,'轻量级 Java EE 企业应用实战'
    ,'经典 Java EE 企业应用实战'
    ,'疯狂前端开发讲义'
    ,'疯狂 iOS 讲义'}"
    start="1" count="4">
    <!-- 使用 iterator 标签来迭代目标集合，因为没有指定 value 属性值，
        故迭代 ValueStack 栈顶的集合 -->
    <s:iterator status="st">
        <!-- 根据当前迭代元素的索引是否为奇数决定是否使用 CSS 样式 -->
        <tr <s:if test="#st.odd">
            style="background-color:#bbbbbb"</s:if>>
            <td><s:property/></td>
        </tr>
    </s:iterator>
</s:subset>
</table>
```

上面代码的 source 属性指定的集合包含了 5 个元素，通过 subset 从第 2 个元素开始截取，只取出其中 4 个元素。在浏览器中浏览该页面，将看到如图 3.42 所示的页面。

除此之外，Struts 2 还允许开发者决定截取标准，如果开发者需要实现自己的截取标准，则需要实现一个 Decider 类，Decider 类需要实现 SubsetIteratorFilter.Decider 接口，实现该类时，需要实现一个 boolean decide(Object element)方法，如果该方法返回真，则表明该元素将被选入子集中。看下面的 Decider 类代码。

图 3.42　使用 subset 标签截取集合

程序清单：codes\03\3.11\controlTag\WEB-INF\src\org\crazyit\app\util\MyDecider.java

```java
// 用户自定义的 Decider 类，实现了 SubsetIteratorFilter.Decider 接口
public class MyDecider
    implements SubsetIteratorFilter.Decider
{
    // 实现 Decider 接口必须实现的 decide()方法，
    // 该方法决定集合中的元素是否被选入子集
    public boolean decide(Object element) throws Exception
    {
        String str = (String)element;
        // 如果集合元素（字符串）中包含 Java EE 子串，即可被选入子集
        return str.indexOf("Java EE") > 0;
    }
}
```

定义了 Decider 类后，即可以在 JSP 页面中使用该 Decider 实例来过滤集合，从目标集合中选出子集。看如下的 JSP 页面代码。

程序清单：codes\03\3.11\controlTag\WEB-INF\content\s-subset-decider.jsp

```jsp
<!-- 定义一个 Decider Bean -->
<s:bean var="mydecider" name="org.crazyit.app.util.MyDecider"/>
<!-- 使用自定义的 Decider 实例来截取目标集合，生成子集
    指定 var 属性，将生成的 Itertor 放入 pageScope 中 -->
<s:subset source="{'疯狂 Java 讲义'
    ,'轻量级 Java EE 企业应用实战'
    ,'经典 Java EE 企业应用实战'
    ,'疯狂前端开发讲义'
    ,'疯狂 iOS 讲义'}"
    decider="#mydecider"
    var="newList"/>
直接输出 page 范围的 newList 属性: <br/>
${pageScope.newList}
<table border="1" width="240">
<!-- 迭代 page 范围内的 newList 属性 -->
<s:iterator status="st" value="#attr.newList">
    <tr <s:if test="#st.odd">
        style="background-color:#bbbbbb"</s:if>>
        <td><s:property/></td>
    </tr>
</s:iterator>
</table>
```

上面第一行粗体字代码创建了一个 MyDecider 对象，该对象可以决定截取子集合时的规则。上面页面中粗体字代码还指定了 var 属性，程序斜体字代码迭代输出 pageContext 范围的 newList 集合。

在浏览器中浏览该页面，将看到如图 3.43 所示的页面。

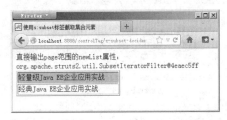

图 3.43　使用自定义的 Decider 来截取子集

 注意

> 细心的读者可能已经发现：为什么 subset 标签和 generator 标签中的 var 属性的作用并不相同，subset 的 var 属性是将新集合放入 pageScope 内，并不放入 Stack Context 中；而 generator 标签的 var 属性将新集合放入 Stack Context 以及 requestScope 内。但 Struts 2 官方文档中对 subset 标签和 generator 标签这两个标签中的 var 属性的解释完全相同。这一点估计应该是 Struts 2 或其文档的小 bug。

7. sort 标签

sort 标签用于对指定的集合元素进行排序，进行排序时，必须提供自己的排序规则，即实现自己的 Comparator，自己的 Comparator 需要实现 java.util. Comparator 接口。

使用 sort 标签时可指定如下几个属性。

- ➤ comparator：这是一个必填的属性，该属性指定进行排序的 Comparator 实例。
- ➤ source：这是一个可选的属性，该属性指定被排序的集合。如果不指定该属性，则对 ValueStack 栈顶的集合进行排序。
- ➤ var：这是一个可选的属性，如果指定了该属性，则将生成的 Iterator 对象设置成 page 范围的属性，不放入 Stack Context 中。该属性的作用与 subset 标签中 var 属性的作用相同。

在 sort 标签内时，sort 标签生成的子集合放在 ValueStack 的栈顶，所以可以在该标签内直接迭代该标签生成的子集合。如果该标签结束后，该标签生成的子集合将被移出 ValueStack 栈。

下面是本示例应用中的 Comparator 类的代码。

程序清单：codes\03\3.11\controlTag\WEB-INF\src\org\crazyit\app\util\MyComparator.java

```java
public class MyComparator implements Comparator
{
    // 决定两个元素大小的方法
    public int compare(Object element1, Object element2)
    {
        // 根据元素字符串长度来决定大小
        return element1.toString().length()
            - element2.toString().length();
    }
}
```

实现自己的 Comparator 时，需要实现一个 compare(Object element1, Object element2)方法，如果该方法返回一个大于 0 的整数，则第一个元素大于第二个元素；如果该方法返回 0，则两个元素相等；如果该方法返回小于 0 的整数，则第一个元素小于第二个元素。

上面的代码根据目标元素的字符串长度来决定元素的大小。

下面是对集合元素进行排序的 JSP 页面代码。

程序清单：codes\03\3.11\controlTag\WEB-INF\content\s-sort.jsp

```jsp
<!-- 定义一个 Comparator 实例 -->
<s:bean var="mycomparator" name="org.crazyit.app.util.MyComparator"/>
<!-- 使用自定义的排序规则对目标集合进行排序 -->
<s:sort source="{'疯狂 Java 讲义'
    ,'轻量级 Java EE 企业应用实战'
    ,'经典 Java EE 企业应用实战'
    ,'疯狂前端开发讲义'
    ,'疯狂 iOS 讲义'}"
    comparator="#mycomparator"
    var="sortedList"/>
输出 page 范围的 sortedList 属性: <br/>
${pageScope.sortedList}
<table border="1" width="300">
<!-- 迭代 page 范围内的 sortedList 属性 -->
<s:iterator status="st" value="#attr.sortedList">
    <tr <s:if test="#st.odd">
        style="background-color:#bbbbbb"</s:if>>
        <td><s:property/></td>
    </tr>
</s:iterator>
</table>
```

上面的粗体字代码使用 sort 标签对指定集合进行排序，排序结束后程序使用 JSP 2 表达式语言直接输出 page 范围的 sortedList 属性。程序斜体字代码还使用 iterator 标签来迭代输出 page 范围的 sortedList

集合。在浏览器中浏览该页面，将看到如图 3.44 所示的页面。

图 3.44　使用 sort 标签对集合元素进行排序

在图 3.44 中可以看到，因为"疯狂 iOS 讲义"的字符串长度最短，故该集合元素被放在最前面。

> sort 标签的 var 属性也只是将排序后的新集合放入 pageScope 中，并未放入 OGNL 的 Stack Context 中。Struts 2 标签的 var 属性最令人恼火，有的标签的 var 属性会将新创建、新生成值放入 Stack Context 中；有的又不放入 Stack Context 中。这一点让人感觉很难记住，只能在用的时候试一下。

▶▶ 3.11.8　数据标签

数据标签主要用于提供各种数据访问相关的功能，包含显示一个 Action 里的属性，以及生成国际化输出等功能。数据标签主要包含如下几个。

- action：该标签用于在 JSP 页面直接调用一个 Action，通过指定 executeResult 参数，还可将该 Action 的处理结果包含到本页面中来。
- bean：该标签用于创建一个 JavaBean 实例。如果指定了 var 属性，则可以将创建的 JavaBean 实例放入 Stack Context 中。
- date：用于格式化输出一个日期。
- debug：用于在页面上生成一个调试链接，当单击该链接时，可以看到当前 ValueStack 和 Stack Context 中的内容。
- i18n：用于指定国际化资源文件的 baseName。
- include：用于在 JSP 页面中包含其他的 JSP 或 Servlet 资源。
- param：用于设置一个参数，通常是用做 bean 标签、url 标签的子标签。
- push：用于将某个值放入 ValueStack 的栈顶。
- set：用于设置一个新变量，并可以将新变量放入指定的范围内。
- text：用于输出国际化消息。
- url：用于生成一个 URL 地址。
- property：用于输出某个值，包括输出 ValueStack、Stack Context 和 Action Context 中的值。

1．action 标签

使用 action 标签可以允许在 JSP 页面中直接调用 Action，因为需要调用 Action，所以可以指定需要被调用 Action 的 name 及 namespace。如果指定了 executeResult 参数的属性值为 true，该标签还会把 Action 的处理结果（视图资源）包含到本页面中来。

使用 action 标签有如下几个属性。

- var：这是一个可选属性，一旦定义了该属性，该 Action 将被放入 Stack Context 中。
- name：这是一个必填属性，通过该属性指定该标签调用哪个 Action。
- namespace：这是一个可选属性，该属性指定该标签调用的 Action 所在的 namespace。
- executeResult：这是一个可选属性，该属性指定是否要将 Action 的处理结果页面包含到本页面。该属性值默认值是 false，即不包含。

> ➤ ignoreContextParams：这是一个可选参数，它指定该页面中的请求参数是否需要传入调用的 Action。该参数的默认值是 false，即将本页面的请求参数传入被调用的 Action。

下面是本示例应用中的 Action 类,这个 Action 类里包含了两个处理逻辑。看下面的 Action 类代码。

程序清单：codes\03\3.11\dataTag\WEB-INF\src\org\crazyit\app\action\TagAction.java

```java
public class TagAction extends ActionSupport
{
    // 封装用户请求参数的 author 成员变量
    private String author;
    // 省略 author 的 setter 和 getter 方法
    ...
    // 定义第一个处理逻辑
    public String execute() throws Exception
    {
        return "done";
    }
    // 定义第二个处理逻辑
    public String login() throws Exception
    {
        ActionContext.getContext().
            put("author", getAuthor());
        return "done";
    }
}
```

上面的 Action 类包含了两个处理逻辑,可以在 struts.xml 文件中通过指定 method 属性来将该 Action 类映射成两个逻辑 Action。下面是在 struts.xml 文件中配置该 Action 的配置代码片段。

程序清单：codes\03\3.11\dataTag\WEB-INF\src\struts.xml

```xml
<!-- 定义第一个 Action, 使用 TagAction 的
    execute 方法作为控制处理逻辑 -->
<action name="tag1" class="org.crazyit.app.action.TagAction">
    <result name="done">/WEB-INF/content/succ.jsp</result>
</action>
<!-- 定义第二个 Action, 使用 TagAction 的
    login 方法作为控制处理逻辑 -->
<action name="tag2" class="org.crazyit.app.action.TagAction"
    method="login">
    <result name="done">/WEB-INF/content/loginSucc.jsp</result>
</action>
```

上面的配置文件将一个 Action 类定义成两个逻辑 Action,可以在 JSP 页面中通过<s:action.../>标签来调用这两个逻辑 Action。

下面是 JSP 页面中使用<s:action 标签来调用这两个逻辑 Action 的代码片段。

程序清单：codes\03\3.11\dataTag\WEB-INF\content\s-action.jsp

```jsp
下面调用第一个 Action, 并将结果包含到本页面中。 <br/>
<s:action name="tag1" executeResult="true"/>
<hr/>
下面调用第二个 Action, 并将结果包含到本页面中。 <br/>
但阻止本页面请求参数传入 Action。 <br/>
<s:action name="tag2" executeResult="true"
    ignoreContextParams="true"/>
<hr/>
下面调用第三个 Action, 且并不将结果包含到本页面中。 <br/>
<s:action name="tag2" executeResult="false"/>
本页面是否可访问? <s:property value="author"/>
```

上面的页面中粗体字代码三次调用了目标 Action,通过指定 executeResult 属性来控制是否将处理结果包含到本页面中,还通过指定 ignoreContextParams 属性来决定是否将本页面的请求参数传入 Action。

除此之外,上面的页面中代码试图在本页面访问所调用 Action 对应 Context 里的 author 属性。在浏览器中浏览该页面,并且传入一个名字为 author 的请求参数,将看到如图 3.45 所示的页面。

从图 3.45 中可以看出,本次请求包含了一个名为 author 的请求参数,该请求参数的值为 yeeku,但在第二次调用时该参数并未传给 Action,因此使用 action 标签时阻止了参数的传入。

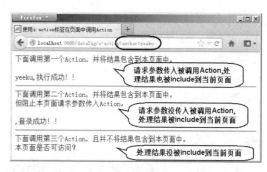

图 3.45 在 JSP 页面中使用 action 标签调用 Action

2. bean 标签

正如前面见过的:bean 标签用于创建一个 JavaBean 实例。创建 JavaBean 实例时,可以在该标签体内使用<param.../>标签为该 JavaBean 实例传入属性,如果需要使用<param.../>标签为该 JavaBean 实例传入属性值,则应该为该 JavaBean 类提供对应的 setter 方法;如果还希望访问该 JavaBean 的某个属性,则应该为该属性提供对应的 getter 方法。

使用 bean 标签时可以指定如下两个属性。

➤ name:该属性是一个必填属性,该属性指定要实例化的 JavaBean 的实现类。

➤ var:该属性是一个可选属性。如果指定了该属性,则该 JavaBean 实例会被放入 Stack Context 中,并放入 requestScope 中。

在 bean 标签的标签体内时,bean 标签创建的 JavaBean 实例位于 ValueStack 的顶端;但一旦该 bean 标签结束了,则 bean 标签创建的 JavaBean 实例被移出 ValueStack,将无法再次访问该 JavaBean 实例。除非指定了 var 属性,则还可通过 Stack Context 来访问该实例。

下面是一个简单的 JavaBean,该 JavaBean 包含了两个属性,并且为这两个属性提供了 setter 和 getter 方法。该 JavaBean 的类代码片段如下。

程序清单:codes\03\3.11\dataTag\WEB-INF\src\org\crazyit\app\dto\Person.java

```java
public class Person
{
    private String name;
    private int age;
    // 省略 name 的 setter 和 getter 方法
    ...
    // 省略 age 的 setter 和 getter 方法
    ...
}
```

提供了上面的 Person 类后,就可以在 JSP 页面中通过<s:bean.../>标签来创建该 JavaBean 的实例了。下面的代码在使用<s:bean.../>标签创建 JavaBean 实例时,并未指定 var 属性,则只能在该标签内访问该 JavaBean 实例。

程序清单:codes\03\3.11\dataTag\WEB-INF\content\s-bean.jsp

```jsp
<!-- 使用 bean 标签创建一个 Person 类的实例 -->
<s:bean name="org.crazyit.app.dto.Person">
    <!-- 使用 param 标签为 Person 类的实例传入参数 -->
    <s:param name="name" value="'yeeku'"/>
    <s:param name="age" value="29"/>
    <!-- 因为在 bean 标签内,Person 实例位于 ValueStack 的栈顶,
        故可以直接访问 Person 实例 -->
    Person 实例的 name 为: <s:property value="name"/><br/>
    Person 实例的 age 为: <s:property value="age"/>
</s:bean>
```

上面的粗体字代码创建了一个 org.crazyit.app.dto.Person 的实例,并在<s:bean.../>标签内中使用<s:property.../>标签直接访问该标签生成的 JavaBean 实例。在浏览器中浏览该页面,将看到如图 3.46 所

示的页面。

除此之外，还可以在使用<s:bean.../>标签时指定 var 属性，如果指定了 var 属性后，就可以将该 JavaBean 实例放在 Stack Context 中（并放入 requestScope 中）了；这样即使不在<s:bean.../>标签内，也可通过该 var 属性来访问该 JavaBean 实例。

看下面的页面代码。

图 3.46　使用 bean 标签创建 JavaBean 实例

程序清单：codes\03\3.11\dataTag\WEB-INF\content\s-bean-var.jsp

```
<!-- 使用 bean 标签创建一个 Person 类的实例，为其指定了 var 属性 -->
<s:bean name="org.crazyit.app.dto.Person" var="p">
    <!-- 使用 param 标签为 Person 类的实例传入参数 -->
    <s:param name="name" value="'yeeku'"/>
    <s:param name="age" value="29"/>
</s:bean>
<!-- 根据 JavaBean 实例指定的 var 属性来访问 JavaBean 实例 -->
Person 实例的 name 为: <s:property value="#p.name"/><br/>
Person 实例的 age 为: <s:property value="#p.age"/><br/>
${requestScope.p}
```

在上面的代码中，由于使用<s:bean.../>标签时指定了 var 属性，该属性意味着将该 JavaBean 放置到 Stack Context 中，因此即使不在<s:bean.../>标签内，也可以通过该 var 属性来访问该 JavaBean。在浏览器中浏览该页面，将看到与图 3.46 大致相同的页面。

3．date 标签

date 标签用于格式化输出一个日期。除了可以直接格式化输出一个日期外，date 标签还可以计算指定日期和当前时刻之间的时间差。

使用 date 标签时可以指定如下几个属性。

➢ format：这是一个可选属性，如果指定了该属性，将根据该属性指定的格式来格式化日期。

➢ nice：这是一个可选属性，该属性只能为 true 或者 false，它用于指定是否输出指定日期和当前时刻之间的时间差。该属性默认是 false，即表示不输出时间差。

➢ name：这是一个必填属性，该属性指定要格式化的日期值。

➢ var：这是一个可选属性，如果指定了该属性，格式化后的字符串将被放入 Stack Context 中，并放入 requestScope 中，但不会在页面上输出。

通常，nice 属性和 format 属性不同时指定（不指定 nice 属性时，该属性值默认为 false），指定 nice 属性为 true 时表明输出指定日期和当前时刻的时间差，但指定 format 属性则用于将指定日期按 format 指定的格式来格式化输出。

 注意

如果既指定了 nice="true"，也指定了 format 属性，则会输出指定日期和当前时刻之间的时间差，即 format 属性失效。

如果既没有指定 format 属性，也没有指定 nice="true"，则系统会到国际化资源文件中寻找 key 为 struts.date.format 的消息，将该消息当成格式化文本来格式化日期。如果无法找到 key 为 struts.date.format 的消息，则默认采用 DateFormat.MEDIUM 格式输出。

看如下页面代码。

程序清单：codes\03\3.11\dataTag\WEB-INF\content\s-date.jsp

```
<s:bean var="now" name="java.util.Date"/>
nice="false", 且指定 format="dd/MM/yyyy"<br/>
<s:date name="#now" format="dd/MM/yyyy" nice="false"/><hr/>
nice="true", 且指定 format="dd/MM/yyyy"<br/>
```

```
<s:date name="#now" format="dd/MM/yyyy" nice="true"/><hr/>
指定 nice="true"<br/>
<s:date name="#now" nice="true" /><hr/>
nice="false"，且没有指定 format 属性<br/>
<s:date name="#now" nice="false"/><hr/>
nice="false"，没有指定 format 属性，指定了 var<br/>
<s:date name="#now" nice="false" var="abc"/><hr/>
${requestScope.abc} <s:property value="#abc"/>
```

在浏览器中浏览该页面，将看到如图 3.47 所示的页面。

从图 3.47 中可以看到，当没有指定 nice="true" 属性，且不提供 format 属性时，系统将日期格式化成"2017 年 12 月 1 日"，这是因为在国际化资源文件中有如下配置：

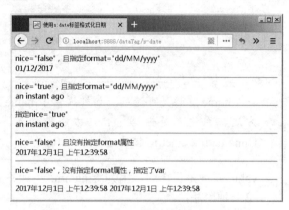

图 3.47 使用 date 标签格式化输出日期

```
# 指定 Struts 2 默认的的时间格式
struts.date.format=yyyy 年 MM 月 dd 日
```

4．debug 标签

debug 标签主要用于辅助调试，它在页面上生成一个超级链接，通过该链接可以查看到 ValueStack 和 Stack Context 中所有的值信息。

在前面 3.11.3 节已经见过使用 debug 标签来辅助调试 ValueStack 和 Stack Context 中的内容，故此处不再赘述。

5．include 标签

include 标签用于将一个 JSP 页面，或者一个 Servlet 包含到本页面中。使用该标签有如下属性。

➢ value：这是一个必填属性，该属性指定需要被包含的 JSP 页面，或者 Servlet。

除此之外，还可以为<s:include.../>标签指定多个<param.../>子标签，用于将多个参数值传入被包含的 JSP 页面或者 Servlet。

看如下页面代码。

程序清单：codes\03\3.11\dataTag\WEB-INF\content\s-include.jsp

```
<h2>使用 s:include 标签来包含目标页面</h2>
<!-- 使用 include 标签来包含其他页面 -->
<s:include value="included-file.jsp"/>
<!-- 使用 include 标签来包含其他页面，并且传入参数 -->
<s:include value="included-file.jsp">
    <s:param name="author" value="'yeeku'"/>
</s:include>
```

被包含的页面仅使用表达式语言输出 author 参数，被包含页面的代码如下。

程序清单：codes\03\3.11\dataTag\included-file.jsp

```
<h3>被包含的页面</h3>
author 参数值为：${param.author}
```

在浏览器中浏览 s-include.jsp 页面，将看到如图 3.48 所示的页面。

6．param 标签

param 标签主要用于为其他标签提供参数，例如，为 include 标签和 bean 标签提供参数。

param 标签可以接受如下参数。

➢ name：这是一个可选属性，指定需要设置参数的参数名。

➢ value：这是一个可选属性，指定需要设置参数的参数值。

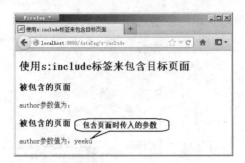

图 3.48　使用 include 标签包含其他页面

> **注意**
> 　　name 属性是可选的。如果提供了 name 属性，则要求 Component 提供该属性的 setter 方法，系统正是根据 setter 方法来传入参数的；如果不提供，则外层标签必须实现 UnnamedParametric 接口（如 TextTag）。

value 属性是可选的，因为<s:param.../>标签有两种用法。
第一种用法：

```
<param name="color">blue</param>
```

在上面的用法中，指定一个名为 color 的参数，该参数的值为 blue。
第二种方法：

```
<param name="color" value="blue"/>
```

在上面的用法中，指定一个名为 color 的参数，该参数的值为 blue 对象的值——如果 blue 对象不存在，则 color 参数的值为 null。如果想指定 color 参数的值为 blue 字符串，则应该这样写：

```
<param name="color" value="'blue'"/>
```

> **注意**
> 　　如果采用第一种写法，又希望直接传入字符串值，则应该将字符串常量放入引号中。

关于 param 标签的示例，前面已经有了很多，故此处不再提供。

7. push 标签

push 标签用于将某个值放到 ValueStack 的栈顶，从而可以更简单地访问该值。使用该标签时可以提供如下属性。

➢ value：这是一个必填属性，该属性指定需要放到 ValueStack 栈顶的值。

> **注意**
> 　　只有在 push 标签内时，被 push 标签放入 ValueStack 中的对象才存在；一旦离开了 push 标签，则刚刚放入的对象将立即被移出 ValueStack。

下面的代码将一个值放到 ValueStack 的栈顶，从而可以通过<s:property.../>标签来访问。

程序清单：codes\03\3.11\dataTag\WEB-INF\content\s-push.jsp

```
<h2>使用 s:push 来将某个值放入 ValueStack 的栈顶</h2>
<!-- 使用 bean 标签创建一个 JavaBean 实例，
    指定 var 属性，并将其放入 Stack Context 中 -->
<s:bean name="org.crazyit.app.dto.Person" var="p">
    <s:param name="name" value="'yeeku'"/>
    <s:param name="age" value="29"/>
</s:bean>
```

```
<!-- 将 Stack Context 中的 p 对象放入 ValueStack 栈顶-->
<s:push value="#p">
    <!-- 输出 ValueStack 栈顶对象的 name 和 age 属性 -->
    ValueStack 栈顶对象的 name 属性: <s:property value="name"/><br/>
    ValueStack 栈顶对象的 age 属性: <s:property value="age"/><br/>
</s:push>
```

上面的程序中粗体字代码实现了将 Stack Context 中 p 对象放入 ValueStack 栈顶的功能，程序在 push 标签内将可直接访问被放入 ValueStack 栈顶的对象。在浏览器中浏览该页面，将看到如图 3.49 所示的页面。

图 3.49　使用 push 标签将某个值放入 ValueStack 的栈顶

8. set 标签

set 标签用于将某个值放入指定范围内，例如 application 范围、session 范围等。

当某个值所在对象图深度非常深时，例如有如下的值：person.worker.wife.parent.age，每次访问该值不仅性能低下，而且代码可读性也差。为了避免这个问题，可以将该值设置成一个新值，并放入特定的范围内。

使用 set 标签可以理解为定义一个新变量，且将一个已有的值复制给新变量，并且可以将新变量放到指定的范围内。

使用 set 标签有如下属性。

➢ scope：这是一个可选属性，指定新变量被放置的范围，该属性可以接受 application、session、request、page 或 action 5 个值。该属性默认值是 action。

➢ value：这是一个可选属性，指定将赋给变量的值。如果没有指定该属性，则将 ValueStack 栈顶的值赋给新变量。

➢ var：这是一个可选属性，如果指定了该属性，则会将该值放入 ValueStack 中。

当把指定值放入特定范围时，范围可以是 application、session、request、page 和 action 五个值，前面 4 个范围很容易理解；对于第 5 个值，如果指定 action 范围，则该值将被放入 request 范围中，并被放入 OGNL 的 Stack Context 中。

下面的代码先定义了一个 JavaBean 实例，然后通过 set 标签将该 JavaBean 实例放入指定范围，分别放入默认范围（Stack Context）、application 和 session 范围中。

程序清单：codes\03\3.11\dataTag\WEB-INF\content\s-set.jsp

```
<h2>使用 s:set 设置一个新变量</h2>
<!-- 使用 bean 标签定义一个 JavaBean 实例 -->
<s:bean name="org.crazyit.app.dto.Person" var="p">
    <s:param name="name" value="'yeeku'"/>
    <s:param name="age" value="29"/>
</s:bean>
将 Stack Context 中的 p 值放入默认范围（action）内。<br/>
<s:set value="#p" var="xxx"/>
Stack Context 内 xxx 对象的 name 属性: <s:property value="#xxx.name"/><br/>
Stack Context 内 xxx 对象的 age 属性: <s:property value="#xxx.age"/><br/>
request 范围的 xxx 对象的 name 属性: ${requestScope.xxx.name}<br/>
request 范围的 xxx 对象的 age 属性: ${requestScope.xxx.age}<hr/>
将 Stack Context 中的 p 值放入 application 范围内。<br/>
<s:set value="#p" var="yyy" scope="application"/>
application 范围的 yyy 对象的 name 属性: ${applicationScope.yyy.name}<br/>
application 范围的 yyy 对象的 age 属性: ${applicationScope.yyy.age}<hr/>
```

```
将 Stack Context 中的 p 值放入 session 范围内。<br/>
<s:set value="#p" var="zzz" scope="session"/>
session 范围的 zzz 对象的 name 属性: ${sessionScope.zzz.name}<br/>
session 范围的 zzz 对象的 age 属性: ${sessionScope.zzz.age}
```

　　上面的粗体字代码分别将位于 Stack Context 中的 p 对象放入 action 范围、application 范围和 session 范围，页面代码还使用 JSP 2 表达式语言来访问不同范围内的 xxx 属性。在浏览器中浏览该页面，将看到如图 3.50 所示的页面。

　　从图 3.50 中可以看出，set 标签用于生成一个新变量，并且把该变量放置到指定范围内，这样就允许直接使用 JSP 2 表达式语言来访问这些变量了，当然也可通过 Struts 2 标签来访问它们。

图 3.50　使用 set 标签设置新变量

9. url 标签

　　url 标签用于生成一个 URL 地址，可以通过为 url 标签指定 param 子元素，从而向指定 URL 发送请求参数。使用该标签时可以指定如下几个属性。

> ➢ action：这是一个可选属性，指定生成 URL 的地址为哪个 Action，如果 Action 不提供，就使用 value 作为 URL 的地址值。
> ➢ anchor：这是一个可选属性，指定 URL 的锚点。
> ➢ encode：这是一个可选属性，指定是否需要对参数进行编码，默认是 true。
> ➢ escapeAmp：这是一个可选参数，指定是否需要对&符号进行编码，默认是 true。
> ➢ forceAddSchemeHostAndPort：这是一个可选参数，指定是否需要在 URL 对应的地址里强制添加 scheme、主机和端口。
> ➢ includeContext：这是一个可选属性，指定是否需要将当前上下文包含在 URL 地址中。
> ➢ includeParams：这是一个可选属性，该属性指定是否包含请求参数，该属性的属性值只能为 none、get 或者 all。该属性值默认是 get。
> ➢ method：这是一个可选属性，该属性指定 Action 的方法。当使用 Action 来生成 URL 时，如果指定了该属性，则 URL 将链接到指定 Action 的特定方法。
> ➢ namespace：这是一个可选属性，该属性指定命名空间。当使用 Action 来生成 URL 时，如果指定了该属性，则 URL 将链接到此 namespace 的指定 Action 处。
> ➢ portletMode：这是一个可选属性，指定结果页面的 portlet 模式。
> ➢ scheme：这是一个可选属性，用于设置 scheme 属性。
> ➢ value：这是一个可选属性，指定生成 URL 的地址值，如果 value 不提供就用 action 属性指定的 Action 作为 URL 地址。
> ➢ var：这是一个可选属性，如果指定了该属性，将会把该链接值放入 Struts 2 的 ValueStack 中。
> ➢ windowState：这是一个可选属性，指定结果页面的 portlet 的窗口状态。

> **注意**
>
> 　　上面的 action 属性和 value 属性的作用大致相同，只是 action 指定的是一个 Action，因此系统会自动在 action 指定的属性后添加 .action 后缀。只要指定 action 和 value 两个属性之一即可，如果两个属性都没有指定，就以当前页面作为 URL 的地址值。

> **提示：**
> 　　portletMode 和 windowState 都需要结合 Struts 2 的 Portlet 功能才有用。

看如下使用 url 标签的代码片段。

程序清单：codes\03\3.11\dataTag\WEB-INF\content\s-url.jsp

```
<h2>s:url 来生成一个 URL 地址</h2>
只指定 value 属性的形式。<br/>
<s:url value="editGadget.action"/>
<hr/>
指定 action 属性,且使用 param 传入参数的形式。<br/>
<s:url action="showBook">
    <s:param name="author" value="'yeeku'" />
</s:url>
<hr/>
既不指定 action 属性,也不指定 value 属性,但使用 param 传入参数的形式。<br/>
<s:url includeParams="get"  >
    <s:param name="id" value="%{'22'}"/>
</s:url>
<hr/>
同时指定 action 属性和 value 属性,且使用 param 传入参数的形式。<br/>
<s:url action="showBook" value="xxxx">
    <s:param name="author" value="'yeeku'" />
</s:url>
```

在浏览器中浏览该页面，将看到如图 3.51 所示的页面。

10．property 标签

property 标签的作用就是输出指定值。property 标签输出 value 属性指定的值,如果没有指定 value 属性，则默认输出 ValueStack 栈顶的值。使用该标签有如下几个属性。

图 3.51　使用 url 标签来生成 URL 地址

> - default：这是一个可选属性，如果需要输出的属性值为 null，则显示 default 属性指定的值。
> - escape：这是一个可选属性，指定是否 escape HTML 代码。该属性值默认是 true。
> - value：这是一个可选属性,指定需要输出的属性值,如果没有指定该属性,则默认输出 ValueStack 栈顶的值。

前面包含了大量使用 property 属性的示例，此处不再给出使用 property 属性的示例。

▶▶ 3.11.9　主题和模板

因为 Struts 2 所有的 UI 标签都是基于主题和模板的，主题和模板是 Struts 2 所有 UI 标签的核心，所以此处先从主题和模板讲起。模板是一个 UI 标签的外在表示形式,例如,当使用<s:select.../>标签时，Struts 2 就会根据对应的 select 模板来生成一个有模板特色的下拉列表框。如果为所有的 UI 标签都提供了对应的模板，那么这系列的模板就会形成一个主题。

对于一个 JSP 页面里包含的 UI 标签而言，既可以直接设置该 UI 标签需要使用的模板，也可以设置该 UI 标签使用的主题。实际上，对于界面开发者而言，并不推荐直接设置模板属性。因为模板是以主题的形式组织在一起的，界面开发者应该选择特定主题，而不是强制使用特定模板来表现一个 UI 标签。

主题是模板的组织形式，模板被包装在主题里面，对于开发者应该是透明的。当需要使用特定模板来表现某个 UI 标签时，应让主题来负责模板的加载。

设置主题的方法有如下几种。

> - 通过设定特定 UI 标签上的 theme 属性来指定主题。

➤ 通过设定特定 UI 标签外围的<s:form.../>标签的 theme 属性来指定主题。

➤ 通过取得 page 会话范围内以 theme 为名称的属性来确定主题。

➤ 通过取得 request 会话范围内的命名为 theme 的属性来确定主题。

➤ 通过取得 session 会话范围内的命名为 theme 的属性来确定主题。

➤ 通过取得 application 会话范围内的命名为 theme 的属性来确定主题。

➤ 通过设置名为 struts.ui.theme 的常量（默认值是 xhtml）来确定默认主题，该常量可以在 struts.properties 文件或者 struts.xml 文件中确定。

上面的几种指定特定 UI 标签主题的方式，它们是有着不同优先级的，排在前面的方式会覆盖排在后面的方式。例如，通过特定 UI 标签上的 theme 属性指定了该标签的主题，那么后面指定的主题将不会起作用。

从上面的介绍可以看出，Struts 2 完全允许在一个视图页面中使用几种不同的主题。关于设置主题方式的选择，通常有如下建议：

如果需要改变整个表单（包括表单元素的主题），则可以直接设置该表单标签的 theme 属性。如果需要让某次用户会话使用特定的主题，则可以通过在 session 中设置一个 theme 的变量。如果想改变整个应用的主题，则应该通过修改 struts.ui.theme 常量值来实现。

一旦指定了某个 UI 标签的 theme 属性后，Struts 2 就负责根据主题来加载模板，Struts 2 加载模板是通过主题和模板目录来实现的。

模板目录是存放所有模板文件的地方，所有的模板文件以主题的方式来组织，模板目录下有如图 3.52 所示的目录结构。

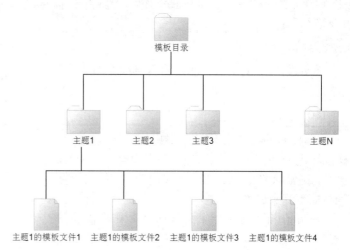

图 3.52　模板目录的目录结构组织

Struts 2 的模板目录是通过 struts.ui.templateDir 常量来指定的，该常量的默认值是 template，即意味着 Struts 2 会从 Web 应用的 template 目录、CLASSPATH（包括 Web 应用的 WEB-INF/classes 路径和 WEB-INF/lib 路径）的 template 目录来依次加载特定模板文件。例如使用一个 select 标签，且指定主题为 xhtml，则加载模板文件的顺序为：

① 搜索 Web 应用里/template/xhtml/select.ftl。

② 搜索 CLASSPATH 路径下的/template/xhtml/select.ftl。

从上面的介绍中可以看出，Struts 2 默认的模板文件是*.ftl 文件，*.ftl 文件是 FreeMarker 模板文件，Struts 2 使用 FreeMarker 技术来定义所有模板文件。因此，如果开发者需要扩展自己的模板，也推荐使用 FreeMarker 来开发自定义模板。

当然，Struts 2 也可以选择自己的模板技术，通过修改 struts.ui.templateSuffix 常量的值，就可以改变 Struts 2 默认的模板技术。该常量可以接受如下几个值。

➤ ftl（默认）：基于 FreeMarker 的模板技术。

➤ vm：基于 Velocity 的模板技术。

➤ jsp：基于 JSP 的模板技术。

虽然 Struts 2 允许使用自己的模板技术，但如果用户选择了使用 Veliocty 或者 JSP 作为模板技术，则开发者必须自己完全实现模板和主题，这是一件非常有挑战的工作。

Struts 2 默认提供了三个主题：simple、xhtml 和 css_xhtml，用 WinRAR 打开 struts2-core-2.5.14.jar 文件，将看到一个 template 文件夹，而该文件夹下包含了 simple、xhtml、css_xhtml 三个文件夹，这三个文件夹分别对应三种主题。

simple 主题是最简单的主题，它是最底层的基础，主要用于构建最基本的 HTML UI 组件。使用 simple 主题时，每个 UI 标签只生成一个简单的 HTML 元素，不会生成其他额外的内容，不会有额外的布局行为。

Struts 2 的 xhtml 主题和 css_xhtml 主题都是对 simple 主题的包装和扩展。

xhtml 主题是 Struts 2 默认的主题，它对 simple 主题进行扩展，在该主题的基础上增加了如下附加的特性。

➢ 针对 HTML 标签（如 textfield 和 select 标签）使用标准的两列表格布局。

➢ 每个 HTML 标签增加了配套的 label，label 既可以出现在 HTML 元素的左边，也可以出现在上边，这取决于 labelposition 属性的设置。

➢ 自动输出校验错误提示。

➢ 输出 JavaScript 的客户端校验。

css_xhtml 主题则对原有的 xhtml 主题进行了扩展，在 xhtml 主题基础上加入了 CSS 样式控制。

▶▶ 3.11.10 自定义主题

有些时候，系统提供的主题可能不能完全满足开发者的需要，此时可能需要创建自定义的主题。创建自定义的主题有如下三种方式。

➢ 开发者完全实现一个全新的主题。

➢ 包装一个现有的主题。

➢ 扩展一个现有的主题。

对于开发者完全实现一个全新的主题的方式，这种方式可以允许开发者选择自己的模板技术，例如，改换使用 JSP 或者 Velocity 作为模板技术。但这种方式需要开发者为每个 UI 标签都提供自定义的模板文件，这是非常大的工作量，因此不推荐使用这种方式。

Struts 2 允许通过对现有主题进行包装来创建自定义主题，所谓包装就是在现有主题基础上，增加一些自定义代码部分，从而完成改写。

系统的 xhtml 主题就大量使用了包装技术，可以发现在 xhtml 主题下的模板文件可能包含如下代码片段。

```
<!-- 包含 xhtml 主题下的 controlheader.ftl 模板 -->
<#include "/${parameters.templateDir}/xhtml/controlheader.ftl" />
<!-- 包含 simple 主题下的 xxx.ftl 模板 -->
<#include "/${parameters.templateDir}/simple/xxx.ftl" />
<!-- 包含 xhtml 主题下的 controlfooter.ftl 模板 -->
<#include "/${parameters.templateDir}/xhtml/controlfooter.ftl" />
```

这个模板使用一个 header 和一个 footer 包装了 simple 主题下已存在的模板，从而为原有模板增加了额外的 UI 组件。

> **注意**
>
> 　　使用纯粹的包装方法来创建主题时，开发者必须为每个 UI 组件都提供自定义主题的模板文件，即使自定义主题里某个 UI 组件与原来主题里 UI 组件的行为完全一样。

　　除此之外，Struts 2 允许对现有的主题进行扩展。在这种方式下，开发者只需要提供自定义的模板文件。例如，用户自定义的主题是以 xhtml 主题为基础的，并且只想改变 select UI 标签的行为，则可以提供一个自己的 select.ftl 文件，并将该文件放在对应的主题目录（lee）下。

　　下面提供一个 select.ftl 文件代码。

程序清单：codes\03\3.11\extends\WEB-INF\src\template\lee\select.ftl

```
<!-- 加入自己的文字部分 -->
<h3>作者李刚已经出版的图书:</h3>
<!-- 包含 xhtml 主题下的 controlheader.ftl 模板 -->
<#include "/${parameters.templateDir}/xhtml/controlheader.ftl" />
<!-- 包含 simple 主题下的 select.ftl 模板 -->
<#include "/${parameters.templateDir}/simple/select.ftl" />
<!-- 包含 xhtml 主题下的 controlfooter.ftl 模板 -->
<#include "/${parameters.templateDir}/xhtml/controlfooter.ftl" />
```

　　生成项目时，Ant 会将该文件复制到 Web 应用的 WEB-INF\class\template\lee 路径下，这表明此处扩展了原有的主题，新主题名为 lee，但该主题只为 select 标签提供了模板。

　　除此之外，还必须在主题目录下增加一个 theme.properties 文件，该文件指定自定义模板是以哪个模板为基础进行扩展的。该文件中只有一行代码：

程序清单：codes\03\3.11\extends\WEB-INF\src\template\lee\theme.properties

```
#指定该主题以 xhtml 主题为基础进行扩展
parent=xhtml
```

　　扩展了自己的 lee 主题之后，就可以在 JSP 页面中使用该主题了。

```
<!-- 使用 select 标签生成一个列表框，指定使用 lee 的主题 -->
<s:select name="aa" label="选择图书" theme="lee" list="{'疯狂 Java 讲义'
    ,'轻量级 Java EE 企业应用实战'
    ,'疯狂 iOS 讲义',
    '疯狂前端开发讲义'}" size="5"/>
```

　　在浏览器中浏览该页面，将看到如图 3.53 所示的效果。

　　从图 3.53 中可以看出，因为在 select 模板文件中增加了一个标题，故此处页面中的下拉列表也增加了一个标题（这个标题是通过主题生成的，而不是直接写在这里的）。

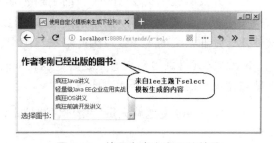

图 3.53　使用自定义主题的效果

　　Struts 2 的主题、模板技术是非常优秀的：每个应用中总有大量表单、表现层组件，它们有相似的外观，在传统的 Web 开发过程中，不得不在各页面重复定义这些表单、表现层组件，但使用了 Struts 2 之后，即可把它们定义成自定义主题的模板，然后就可以重复使用它们了，这样就可以提供极好的代码复用。

▶▶ 3.11.11　表单标签

　　Struts 的表单标签，可分为两种：form 标签本身和单个表单元素的标签。form 标签的行为不同于表单元素标签。Struts 2 的表单元素标签都包含了非常多的属性，但有很多属性完全是通用的。

　　所有表单标签处理类都继承了 UIBean 类，UIBean 包含了一些通用属性，这些通用属性分成三种。

➢ 模板相关属性。
➢ JavaScript 相关属性。
➢ 通用属性。

除了这些属性之外，所有表单元素标签都存在一个特殊的属性：form，这个属性引用表单元素所在的表单，通过该 form 属性，可以实现表单元素和表单之间的交互。例如可通过${parameters.form.id}来取得表单元素所在表单的 ID。下面详细列出这些表单标签的通用属性。

与模板相关的通用属性如下。
➢ templateDir：指定该表单所用的模板文件目录。
➢ theme：指定该表单所用的主题。
➢ template：指定该表单所用的模板。

与 Javascript 相关的通用属性如下。
➢ onclick：指定鼠标在该标签生成的表单元素上单击时触发的 JavaScript 函数。
➢ ondbclick：指定鼠标在该标签生成的表单元素上双击时触发的 JavaScript 函数。
➢ onmousedown：指定鼠标在该标签生成的表单元素上按下时触发的 JavaScript 函数。
➢ onmouseup：指定鼠标在该标签生成的表单元素上松开时触发的 JavaScript 函数。
➢ onmouseover：指定鼠标在该标签生成的表单元素上悬停时触发的 JavaScript 函数。
➢ onmouseout：指定鼠标移出该标签生成的表单元素时触发的 JavaScript 函数。
➢ onfocus：指定该标签生成的表单元素得到焦点时触发的函数。
➢ onblur：指定该标签生成的表单元素失去焦点时触发的函数。
➢ onkeypress：指定单击键盘上某个键时触发的函数。
➢ onkeyup：指定松开键盘上某个键时触发的函数。
➢ onkeydown：指定按下键盘上某个键时触发的函数。
➢ onselect：对下拉列表项等可以选择表单元素，指定选中该元素时触发的 JavaScript 函数。
➢ onchange：对于文本框等可以接受输入的表单元素，指定当值改变时触发的 JavaScript 函数。

因为 HTML 元素本身的限制，并不是每个 HTML 元素都可以触发以上的所有函数。因此，上面的属性并不是对 Struts 2 的每个标签都有效。

Struts 2 还允许为表单元素设置提示，当鼠标在这些元素上悬停时，系统将出现提示，Struts 2 将这种特性称为 Tooltip。与 Tooltip 相关的通用属性如下。
➢ tooltip：设置此组件的 Tooltip。
➢ tooltipIcon：设置 Tooltip 图标的 URL 路径。
➢ tooltipAboveMousePointer：是否在光标位置上显示 Tooltip。也可通过设置 tooltipOffseY 属性，设置 Tooltip 与光标位置的垂直位移。
➢ tooltipBgColor：设置 Tooltip 的背景色。
➢ tooltipBgImg：设置 Tooltip 的背景图片。
➢ tooltipBorderWidth：设置 Tooltip 边框的宽度。
➢ tooltipBorderColor：设置 Tooltip 边框的颜色。
➢ tooltipDelay：设置显示 Tooltip 的时间延迟（单位是毫秒）。
➢ tooltipFixCoordinateX：设置固定 Tooltip 在指定的 X 坐标上，与 tooltipSticky 属性结合时很有用。
➢ tooltipFixCoordinateY：设置固定 Tooltip 在指定的 Y 坐标上，与 tooltipSticky 属性结合时很有用。
➢ tooltipFontColor：设置 Tooltip 的字体颜色。
➢ tooltipFontFace：设置 Tooltip 的字体，例如 verdana、geneva、sans-serif 等。
➢ tooltipFontSize：设置 Tooltip 的字体大小，例如 30px。
➢ tooltipFontWeight：设置 Tooltip 的字体是否使用粗体，可以接受 normal 和 bold（粗体）两个值。
➢ tooltipLeftOfMousePointer：设置是否在光标左侧显示 Tooltip，默认是在右边显示。
➢ tooltipOffsetX：设置 Tooltip 相对光标位置的水平位移。
➢ tooltipOffsetY：设置 Tooltip 相对光标位置的垂直位移。
➢ tooltipOpacity：设置 Tooltip 的透明度，设置值可以是 0（完全透明）和 100（不透明）之间的数字。Opera 浏览器不支持该属性。

➢ tooltipPadding：指定 Tooltip 的内部间隔。例如，边框和内容之间的间距。

➢ tooltipShadowColor：使用指定的颜色为 Tooltip 创建阴影。

➢ tooltipShadowWidth：使用指定的宽度为 Tooltip 创建阴影。

➢ tooltipStatic：设置 Tooltip 是否随着光标的移动而移动。

➢ tooltipSticky：设置 Tooltip 是否一直停留在它初始的位置，直到另外一个 Tooltip 被激活，或者浏览者点击了 HTML 页面。

➢ tooltipStayAppearTime：指定一个 Tooltip 消失的时间间隔（毫秒），即使鼠标还在相关的 HTML 元素上不动。设置值为 0，就和没有定义一样。

➢ tooltipTextAlign：设置 Tooltip 的标题和内容的对齐方式，可以是 right（右对齐）、left（左对齐）或 justify（居中对齐）。

➢ tooltipTitle：设置 Tooltip 的标题文字。

➢ tooltipTitleColor：设置 Tooltip 的标题文字的颜色。

➢ tooltipWidth：设置 Tooltip 的宽度。

除此之外，Struts 2 还有其他的通用属性，用于设置表单元素的 CSS 样式等。

➢ cssClass：设置该表单元素的 class 属性。

➢ cssStyle：设置该表单元素的 style 属性，使用内联的 CSS 样式。

➢ title：设置表单元素的 title 属性。

➢ disabled：设置表单元素的 disabled 属性。

➢ label：设置表单元素的 label 属性。

➢ labelPosition：设置表单元素的 label 所在位置，可接受的值为 top（上面）和 left（左边），默认是在左边。

➢ requiredposition：定义必填标记（默认以"*"作为必填标记）位于 label 元素的位置，可接受的值为 left（左面）和 right（右边），默认是在右边。

➢ name：定义表单元素的 name 属性，该属性值用于与 Action 的属性形成对应。

➢ required：定义是否在表单元素的 label 上增加必填标记（默认以"*"作为必填标记），设置为 true 时增加必填标记，否则不增加。

➢ tabIndex：设置表单元素的 tabindex 属性。

➢ value：设置表单元素的 value 属性。

1. 表单标签的 name 和 value 属性

对于表单标签而言，name 和 value 属性之间存在一个特殊的关系：因为每个表单元素会被映射成 Action 属性，所以如果某个表单对应的 Action 已经被实例化（该表单被提交过）、且其属性有值时，则该 Action 对应表单里的表单元素会显示出该属性的值，这个值将作为表单标签的 value 值。

name 属性设置表单元素的名字，表单元素的名字实际上封装着一个请求参数，而请求参数是被封装到 Action 属性的。因此，可以将该 name 属性指定为你希望绑定值的表达式。

也就是说，表单标签的 name 属性值可使用表达式，代码如下：

```
<!-- 将下面文本框的值绑定到 Action 的 person 属性的 firstName 属性 -->
<s:textfield name="person.firstName"/>
```

有时候还希望表单元素里可以显示出对应 Action 的属性值，因为 name 和 value 属性存在这种特殊关系，所以使用 Struts 2 的标签库时，无须指定 value 属性，因为 Struts 2 标签会自动处理这些。例如，如下代码：

```
<!-- 将下面文本框的值绑定到 Action 的 person 属性的 firstName 属性-->
<s:textfield name="person.firstName"/>
```

虽然上面的文本框没有指定 value 属性，但 Struts 2 一样会在该文本框中输出对应 Action 里的 person 属性的 firstName 属性值（如果该 Action 已经被实例化，且其 person 属性有对应的值）。

Struts 2 提供了很多表单标签，大部分表单标签和 HTML 表单元素之间有一一对应的关系，此处不再赘述。下面会介绍一些比较特殊的表单标签。

2．checkboxlist 标签

checkboxlist 标签可以一次创建多个复选框，用于同时生成多个<input type="checkbox".../>的 HTML 标签。它根据 list 属性指定的集合来生成多个复选框，因此，使用该标签指定一个 list 属性。除此之外，其他属性大部分是通用属性，此处不再赘述。

除此之外，checkboxlist 表单还有如下两个常用属性。

➤ listKey：该属性指定集合元素中的某个属性（例如集合元素为 Person 实例，指定 Person 实例的 name 属性）作为复选框的 value。如果集合是 Map，则可以使用 key 或 value 值指定 Map 对象的 key 或 value 作为复选框的 value。

➤ listValue：该属性指定集合元素中的某个属性（例如集合元素为 Person 实例，指定 Person 实例的 name 属性）作为复选框的标签。如果集合是 Map，则可以使用 key 或 value 值指定 Map 对象的 key 或 value 作为复选框的标签。

下面是使用该标签的代码示例，其中分别使用了简单集合、简单 Map 对象、集合里放置 Java 实例来创建多个复选框。

程序清单：codes\03\3.11\formTag\WEB-INF\content\s-checkboxlist.jsp

```
<s:form>
<!-- 使用简单集合来生成多个复选框 -->
<s:checkboxlist name="a" label="请选择您喜欢的图书"
    labelposition="top" list="{'轻量级 Java EE 企业应用实战' ,
    '疯狂 iOS 讲义' , '疯狂 Java 讲义'}"/>
<!-- 使用简单 Map 对象来生成多个复选框
    使用 Map 对象的 key（书名）作为复选框的 value,
    使用 Map 对象的 value（出版时间）作为复选框的标签-->
<s:checkboxlist name="b" label="请选择您想选择出版日期"
    labelposition="top"    list="#{'疯狂 Java 讲义':'2008 年 9 月',
    '轻量级 Java EE 企业应用实战':'2008 月 12 月',
    '疯狂 iOS 讲义':'2014 年 1 月'}"
    listKey="key"
    listValue="value"/>
<!-- 创建一个 JavaBean 对象，并将其放入 Stack Context 中 -->
<s:bean name="org.crazyit.app.service.BookService" var="bs"/>
<!-- 使用集合里放多个 JavaBean 实例来生成多个复选框
    使用集合元素里 name 属性作为复选框的标签
    使用集合元素里 author 属性作为复选框的 value-->
<s:checkboxlist name="b" label="请选择您喜欢的图书"
    labelposition="top"
    list="#bs.books"
    listKey="author"
    listValue="name"/>
</s:form>
```

在上面的代码中，简单集合对象和简单 Map 对象都是通过 OGNL 表达式语言直接生成的，对于根据 Java 集合来生成复选框列表的情形，则使用了一个<s:bean.../>标签来创建一个 JavaBean 实例。该 JavaBean 的类代码如下。

程序清单：codes\03\3.11\formTag\WEB-INF\src\org\crazyit\app\service\BookService.java

```
public class BookService
{
    public Book[] getBooks()
    {
        return new Book[]
        {
            new Book("疯狂 Java 讲义","李刚"),
```

```
        new Book("轻量级 Java EE 企业应用实战","李刚"),
        new Book("疯狂 iOS 讲义","李刚"),
        new Book(疯狂前端开发讲义,"李刚")
    };
  }
}
```

上面的代码定义了一个 BookService 类，该类里定义了一个 getBooks()方法，就可以通过表达式来直接访问该 BookService 实例的 books 属性。该 BookService 中封装的 Book 类就是一个简单的 JavaBean，其类代码如下。

程序清单：codes\03\3.11\formTag\WEB-INF\src\org\crazyit\app\dto\Book.java

```
public class Book
{
    private String name;
    private String author;
    // 无参数的构造器
    public Book()
    {
    }
    // 初始化全部成员变量的构造器
    public Book(String name , String author)
    {
        this.name = name;
        this.author = author;
    }
    // 此处省略所有的 setter 和 getter 方法
    ...
}
```

在浏览器中浏览该页面时，将看到如图 3.54 所示的页面。

从图 3.54 中可以看出，通过指定 checkboxlist 标签的 listKey 和 listValue 属性，可以灵活地控制这系列复选框的 value 和标签。

读者可以通过查看如图 3.54 所示页面的源代码，从而更清楚地看到 checkboxlist 标签的用法。

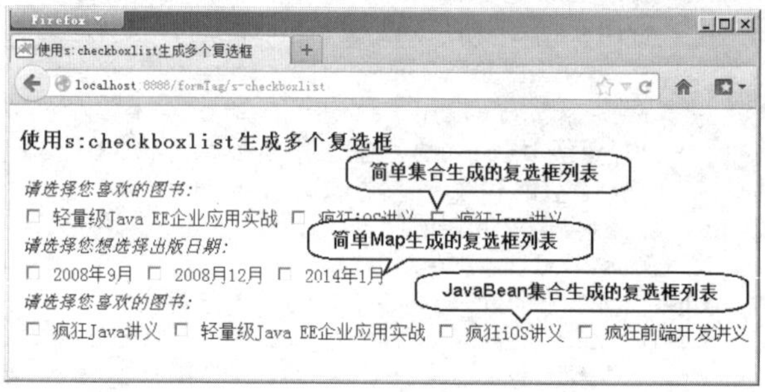

图 3.54　使用三种方式来生成多个复选框

3. radio 标签

radio 标签的用法与 checkboxlist 的用法几乎完全相同，一样可以指定 label、list、listKey 和 listValue 等属性。与 checkboxlist 唯一不同的是，checkboxlist 生成多个复选框，而 radio 生成多个单选钮。

看下面的使用 radio 标签的代码示例。

程序清单：codes\03\3.11\formTag\WEB-INF\content\s-radio.jsp

```
<s:form>
<!-- 使用简单集合来生成多个单选钮 -->
<s:radio name="a" label="请选择您喜欢的图书" labelposition="top"
    list="{'疯狂 Java 讲义','轻量级 Java EE 企业应用实战',
        '疯狂 iOS 讲义'}"/>
<!-- 使用简单 Map 对象来生成多个单选钮 -->
<s:radio name="b" label="请选择出版日期" labelposition="top"
    list="#{'疯狂 Java 讲义':'2008 年 9 月'
    ,'轻量级 Java EE 企业应用实战':'2008 月 12 月'
    ,'疯狂 iOS 讲义':'2014 年 1 月'}"
    listKey="key"
    listValue="value"/>
```

```
<!-- 创建一个 JavaBean 实例 -->
<s:bean name="org.crazyit.app.service.BookService" var="bs"/>
<!-- 使用集合里放多个 JavaBean 实例来生成多个单选钮 -->
<s:radio name="c" label="请选择您喜欢的图书" labelposition="top"
    list="#bs.books"
    listKey="author"
    listValue="name"/>
</s:form>
```

上面的示例代码与之前使用 checkboxlist 的示例代码几乎完全相似，只是此处使用的是 radio 标签，所以上面代码会生成一系列单选钮。浏览该页面，将可以看到如图 3.55 所示的效果。

4. select 标签

select 标签用于生成一个下拉列表框，使用该标签必须指定 list 属性，系统会使用 list 属性指定的集合来生成下拉列表框的选项。这个 list 属性指定的集合，既可以是普通集合，也可以是 Map 对象，还可以是元素对象的集合。

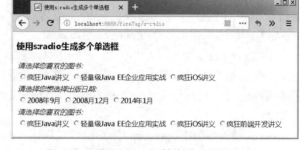

图 3.55 使用 radio 标签生成一系列单选钮

除此之外，select 表单还有如下几个常用属性。

- listKey：该属性指定集合元素中的某个属性（例如集合元素为 Person 实例，指定 Person 实例的 name 属性）作为复选框的 value。如果集合是 Map，则可以使用 key 或 value 值分别代表 Map 对象的 key 或 value 作为复选框的 value。
- listValue：该属性指定集合元素中的某个属性（例如集合元素为 Person 实例，指定 Person 实例的 name 属性）作为复选框的标签。如果集合是 Map，则可以使用 key 或 value 值分别代表 Map 对象的 key 或 value 作为复选框的标签。
- multiple：设置该列表框是否允许多选。

从上面的介绍中可以看出，select 标签的用法与 checkboxlist 标签的用法非常相似。

下面是使用该标签的代码示例，其中分别使用了简单集合、简单 Map 对象、集合里放置 Java 实例来创建三个列表框。

程序清单：codes\03\3.11\formTag\WEB-INF\content\s-select.jsp

```
<s:form>
<!-- 使用简单集合来生成下拉选择框 -->
<s:select name="a" label="请选择您喜欢的图书" labelposition="top"
    multiple="true" list="{'疯狂 Java 讲义','轻量级 Java EE 企业应用实战',
    'JavaScript: The Definitive Guide'}"/>
<!-- 使用简单 Map 对象来生成下拉选择框 -->
<s:select name="b" label="请选择出版日期" labelposition="top"
    list="#{'疯狂 Java 讲义':'2008 年 9 月',
    '轻量级 Java EE 企业应用实战':'2008 月 12 月',
    '疯狂 iOS 讲义':'2014 年 1 月'}"
    listKey="key"
    listValue="value"/>
<!-- 创建一个 JavaBean 实例 -->
<s:bean name="org.crazyit.app.service.BookService" var="bs"/>
<!-- 使用集合里放多个 JavaBean 实例来生成下拉选择框 -->
<s:select name="b" label="请选择您喜欢的图书" labelposition="top"
    multiple="true"
    list="#bs.books"
    listKey="author"
```

```
        listValue="name"/>
    </s:form>
```

在浏览器中浏览该页面，将看到如图 3.56 所示的效果。

5. optgroup 标签

optgroup 标签用于生成一个下拉列表框的选项组，因此，该标签必须放在<s:select.../>标签中使用。一个下拉列表框中可以包含多个选项组，因此可以在一个<s:select.../>标签中使用多个<s:optgroup.../>标签。

使用 optgroup 标签时，与使用 select 标签类似，一样需要指定 list、listKey 和 listValue 等属性，而且这些属性的含义也与使用 select 标签时指定这些属性的含义相同。

图 3.56　使用 select 标签生成下拉列表框

除此之外，使用 optgroup 标签也可以指定 label 属性，但这个 label 属性不是下拉列表框的 label，而是该选项组的组名。

看如下代码示例。

程序清单：codes\03\3.11\formTag\WEB-INF\content\s-optgroup.jsp

```
<s:form>
<!-- 直接使用 Map 为列表框生成选项 -->
<s:select label="选择您喜欢的图书" name="book" size="7"
    list="#{'疯狂 Java 讲义':'李刚'
        ,'轻量级 Java EE 企业应用实战':'李刚'
        ,'疯狂 iOS 讲义':'李刚'}"
    listKey="value"
    listValue="key">
    <!-- 使用 Map 对象来生成列表框的选项组 -->
    <s:optgroup label="Rod Johnson"
        list="#{'Expert One-on-One J2EE Design and Development':'Johnson'}"
        listKey="value"
        listValue="key"/>
    <s:optgroup label="David Flanagan"
        list="#{'JavaScript: The Definitive Guide':'David'}"
        listKey="value"
        listValue="key"/>
</s:select>
</s:form>
```

上面的粗体字代码在 select 标签内定义了两个 optgroup 标签，用于生成两个选项组。两个选项组都指定了 label 属性，并且通过一个 Map 设置选项组里包含的选项。程序中粗体字代码直接使用 Map 为列表框生成多个选项组。在浏览器中浏览该页面，将看到如图 3.57 所示的效果。

从如图 3.57 所示的页面中可以看到，直接通过 select 标签的 list 属性生成的选项，是单独的选项；但通过 optgroup 标签的 list 属性生成的选项，则形成一个选项组。浏览者无法选中选项组的 label。

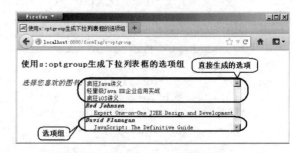

图 3.57　使用 optgroup 标签生成选项组

6. head 标签

该标签主要用于生成 HTML 页面的<head.../>部分。因为有些主题需要包含特定的 CSS 和 JavaScript 代码，而该标签则用于生成对这些 CSS 和 JavaScript 代码的引用。

> 注意
>
> 一般使用 Struts 2 的 UI 标签、JavaScript 客户端校验等需要 JavaScript 库和 CSS 支持功能时，都应该先使用 head 标签。

7. updownselect 标签

updownselect 标签的用法非常类似于 select 标签的用法，区别是该标签生成的列表框可以上下移动选项。因此使用该标签时，一样可以指定 list、listKey 和 listValue 等属性，这些属性的作用与使用 select 标签时指定的 list、listKey 和 listValue 等属性完全相同。

除此之外，它还支持如下几个属性。

➢ allowMoveUp：是否显示"上移"按钮，默认是 true。
➢ allowMoveDown：是否显示"下移"按钮，默认是 true。
➢ allowSelectAll：是否显示"全选"按钮，默认是 true。
➢ moveUpLabel：设置"上移"按钮上的文本，默认是^符号。
➢ moveDownLabel：设置"下移"按钮上的文本，默认是 v 符号。
➢ selectAllLabel：设置"全选"按钮上的文本，默认是*符号。

下面是使用 updownselect 标签的示例，本示例中分别使用了简单集合、简单 Map 对象、集合里封装 Person 实例来创建下拉列表框的选项，并且分别指定了 moveUpLabel、moveDownLabel 和 selectAllLabel 属性，改变三个按钮上的文本。

下面的页面使用 updownselect 标签定义了三个列表框，代码如下。

程序清单：codes\03\3.11\formTag\WEB-INF\content\s-updownselect.jsp

```
<s:form>
<!-- 使用简单集合来生成可上下移动选项的下拉列表框 -->
<s:updownselect name="a" label="请选择您喜欢的图书"
    labelposition="top"
    moveUpLabel="向上移动"
    list="{'疯狂 Java 讲义'
    , '轻量级 Java EE 企业应用实战'
    , '疯狂 iOS 讲义'}"/>
<!-- 使用简单 Map 对象来生成可上下移动选项的下拉列表框
    且使用 emptyOption="true"增加一个空选项-->
<s:updownselect name="b" label="请选择出版日期"
    labelposition="top"
    moveDownLabel="向下移动"
    list="#{'疯狂 Java 讲义':'2008 年 9 月'
    ,'轻量级 Java EE 企业应用实战':'2008 月 12 月'
    ,'疯狂 iOS 讲义':'2014 年 1 月'}"
    listKey="key"
    emptyOption="true"
    listValue="value"/>
<s:bean name="org.crazyit.app.service.BookService" var="bs"/>
<!-- 使用集合里放多个 JavaBean 实例来生成可上下移动选项的下拉列表框 -->
<s:updownselect name="c" label="请选择您喜欢的图书的作者"
    labelposition="top"    selectAllLabel="全部选择" multiple="true"
    list="#bs.books"
    listKey="author"
    listValue="name"/>
</s:form>
```

在浏览器中浏览该页面，将看到如图 3.58 所示的效果。

从如图 3.58 所示的页面中可以看到，用户可以通过列表框下面的按钮来上下移动列表框中的选项。在第二个列表框中，可以看到有一个空选项，这是因为指定了 emptyOption="true"属性，因此会为该列表框增加一个空选项。

8．doubleselect 标签

doubleselect 标签会生成一个级联列表框（会生成两个下拉列表框），当选择第一个下拉列表框时，第二个下拉列表框的内容会随之改变。

因为两个都是下拉列表框，因此需要指定两个下拉列表框的选项，因此有如下常用的属性。

> list：指定用于输出第一个下拉列表框中选项的集合。

> listKey：该属性指定集合元素中的某个属性（例如集合元素为 Person 实例，指定 Person 实例的 name 属性）作为第一个下拉列表框的 value。如果集合是 Map，则可以使用 key 或 value 值分别代表 Map 对象的 key 或 value 作为第一个下拉列表框的 value。

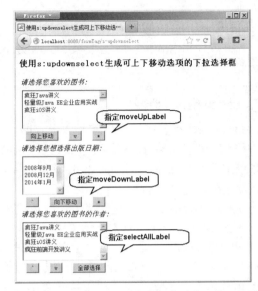

图 3.58　使用 updownselect 生成可移动选项的下拉列表框

> listValue：该属性指定集合元素中的某个属性（例如集合元素为 Person 实例，指定 Person 实例的 name 属性）作为复选框的标签。如果集合是 Map，则可以使用 key 或 value 值分别代表 Map 对象的 key 或 value 作为第一个下拉列表框的标签。

> doubleList：指定用于输出第二个下拉列表框中选项的集合。

> doubleListKey：该属性指定集合元素中的某个属性（例如集合元素为 Person 实例，指定 Person 实例的 name 属性）作为第二个下拉列表框的 value。如果集合是 Map，则可以使用 key 或 value 值指定 Map 对象的 key 或 value 作为第二个下拉列表框的 value。

> doubleListValue：该属性指定集合元素中的某个属性（例如集合元素为 Person 实例，指定 Person 实例的 name 属性）作为第二个下拉列表框的标签。如果集合是 Map，则可以使用 key 或 value 值来指定 Map 对象的 key 或 value 作为第二个下拉列表框的标签。

> doubleName：指定第二个下拉列表框的 name 属性。

下面的代码示范了使用 doubleselect 标签来生成两个相关的下拉列表框。

程序清单：codes\03\3.11\formTag\WEB-INF\content\s-doubleselect.jsp

```
<s:form action="x">
    <s:doubleselect
        label="请选择您喜欢的图书"
        name="author" list="{'李刚', 'David'}"
        doubleList="top == '李刚' ? {'轻量级 Java EE 企业应用实战',
        '疯狂 iOS 讲义','疯狂 Java 讲义'}:
        {'JavaScript: The Definitive Guide'}"
        doubleName="book"/>
</s:form>
```

上面的代码表示，第一个下拉列表框使用"{'李刚', 'David'}"集合来创建列表项，而第二个则根据前一个的选择来确定值。doubleList 的值是一个三目运算符表达式，意义是当第一个列表框的值为"李刚"时，第二个列表框就使用第一个集合来创建列表项，否则使用第二个集合来创建列表项。在浏览器中浏览该页面，将看到如图 3.59 所示的效果。

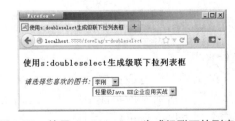

图 3.59　使用 doubleselect 生成级联下拉列表框

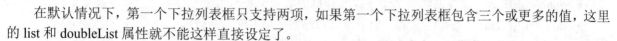

> **✷ 注意 ✷**
>
> 　　使用 doubleselect 标签时，必须放在<s:form.../>标签中使用，且必须为该<s:form.../>
> 标签指定 action 属性。除此之外，还应该在 struts.xml 文件中增加如下一段：
>
> ```
> <!-- 将所有 JSP 映射成可通过 Action 来访问 -->
> <action name="*">
>     <result>/WEB-INF/content/{1}.jsp</result>
> </action>
> ```

　　在默认情况下，第一个下拉列表框只支持两项，如果第一个下拉列表框包含三个或更多的值，这里的 list 和 doubleList 属性就不能这样直接设定了。

　　可以采用一种迂回方式来实现，首先定义一个 Map 对象，该 Map 对象的 value 都是集合，这样就能以 Map 对象的多个 key 创建第一个下拉列表框的列表项，而每个 key 对应的集合则用于创建第二个下拉列表框的列表项。

　　看下面的代码示例。

程序清单：codes\03\3.11\formTag\WEB-INF\content\s-doubleselect2.jsp

```
<h3>使用 s:doubleselect 生成级联下拉列表框</h3>
<!-- 创建一个复杂的 Map 对象，key 为普通字符串，value 为集合 -->
<s:set var="bs" value="#{'李刚': {'疯狂 Java 讲义',
    '轻量级 Java EE 企业应用实战','疯狂 iOS 讲义'},
    'David': {'JavaScript: The Definitive Guide'},
    'Johnson': {'Expert One-on-One J2EE Design and Development'}}"/>
<!-- 使用 Map 对象来生成级联列表框 -->
<s:form action="x">
    <s:doubleselect
        label="请选择您喜欢的图书"
        size="3"
        name="author" list="#bs.keySet()"
        doubleList="#bs[top]"
        doubleSize="3"
        doubleName="book"/>
</s:form>
```

　　通过这种方式，就可以实现在第一个列表框中包含多个列表项。在浏览器中浏览该页面，将看到如图 3.60 所示的效果。

9. optiontransferselect 标签

　　optiontransferselect 会生成两个列表选择框，并生成系列的按钮用于控制各选项在两个下拉列表之间的移动、升降等。当提交该表单时，两个列表选择框对应的请求参数都会被提交。

图 3.60　使用复杂 Map 对象来生成级联列表框

　　因为该标签会生成两个列表框，因此需要分别指定两个列表框中的集合、label 等属性，下面是该标签常用的属性。

> ➢ addAllToLeftLabel：设置全部移动到左边按钮上的文本。
> ➢ addAllToRightLabel：设置全部移动到右边按钮上的文本。
> ➢ addToLeftLabel：设置向左移动按钮上的文本。
> ➢ addToRightLabel：设置向右移动按钮上的文本。
> ➢ allowAddAllToLeft：设置是否出现全部移动到左边的按钮。
> ➢ allowAddAllToRight：设置是否出现全部移动到右边的按钮。

➢ allowAddToLeft：设置是否出现移动到左边的按钮。

➢ allowAddToRight：设置是否出现移动到右边的按钮。

➢ leftTitle：设置左边列表框的标题。

➢ rightTitle：设置右边列表框的标题。

➢ allowSelectAll：设置是否出现全部选择按钮。

➢ selectAllLabel：设置全部选择按钮上的文本。

➢ doubleList：设置用于创建第二个下拉选择框的集合。这是必填属性。

➢ doubleListKey：设置创建第二个下拉选择框的选项 value 的属性。

➢ doubleListValue：设置创建第二个下拉选择框的选项 label 的属性。

➢ doubleName：设置第二个下拉选择框的 name 属性，这是必填属性。

➢ doubleValue：设置第二个下拉选择框的 value 属性。

➢ doubleMultiple：设置第二个下拉选择框是否允许多选。

➢ list：设置用于创建第一个下拉选择框的集合。这是必填属性。

➢ listKey：设置创建第一个下拉选择框的选项 value 的属性。

➢ listValue：设置创建第一个下拉选择框的选项 label 的属性。

> **注意**
>
> 　　此处的 list、doubleList、listKey、doubleListKey、listValue 和 doubleListValue 非常类似于 checkboxlist 标签中 list、listKey 和 listValue 的用法，只是此处用于生成两个列表选择框，而前者是生成多个复选框而已。

➢ name：设置第一个下拉选择框的 name 属性。

➢ value：设置第一个下拉选择框的 value 属性。

➢ multiple：设置第一个下拉选择框是否允许多选。

> **注意**
>
> 　　通常无须为第一个、第二个列表框设置 id 属性（通过 id 和 doubleId 来指定），因为这两个列表框的 id 将由 optiontransferselect 标签自动生成。该标签所生成的 id 和 doubleId 分别为<form_id>_<optiontransferselect_name>和<form_id>_<doubleName>。

　　下面代码是使用 optiontransferselect 标签的示范，它分别指定了两个简单集合来生成两个下拉列表框的列表项。

程序清单：codes\03\3.11\formTag\WEB-INF\content\s-optiontransferselect.jsp

```
<s:form>
<!-- 使用简单集合对象来生成可移动的下拉列表框 -->
<s:optiontransferselect
    label="请选择你喜欢的图书"
  name="cnbook"
  leftTitle="中文图书："
  rightTitle="外文图书"
  list="{'疯狂 Java 讲义','疯狂 iOS 讲义',
      '轻量级 Java EE 企业应用实战','经典 Java EE 企业应用实战'}"
  multiple="true"
  addToLeftLabel="向左移动"
  selectAllLabel="全部选择"
  addAllToRightLabel="全部右移"
  headerKey="cnKey"
  headerValue="--- 选择中文图书 ---"
```

```
        emptyOption="true"
        doubleList="{'Expert One-on-One J2EE Design and Development',
            'JavaScript: The Definitive Guide'}"
        doubleName="enBook"
        doubleHeaderKey="enKey"
        doubleHeaderValue="--- 选择外文图书 ---"
        doubleEmptyOption="true"
        doubleMultiple="true"
    />
    </s:form>
```

在浏览器中浏览该页面，将看到如图 3.61 所示的效果。

10. token 标签

这是一个用于防止重复提交表单的标签，token 标签能阻止重复提交表单的问题（避免刷新页面导致的重复提交）。如果需要该标签起作用，则应该在 Struts 2 的配置文件中启用 TokenInterceptor 拦截器或 TokenSessionStoreInterceptor 拦截器。

token 标签的实现原理是在表单中增加一个隐藏域，每次加载该页面时，该隐藏域的值都不相同。而 TokenInterceptor 拦截器则拦截所有用户请求，如果两次请求时该 token 对应隐藏域的值相同（前一次提交时 token 隐藏域的值保存在 session 里），则阻止表单提交。

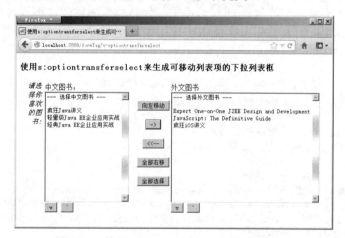

图 3.61   使用 optiontransferselect 标签的效果

通过上面的介绍可以看出，这个标签无须在页面上生成任何输出，也无须开发者手动控制，因此使用该标签无须指定任何属性。

 注意

> 在默认情况下，token 标签生成的隐藏域的 name 为 struts.token。因此，不要在表单中另外再定义一个名为 struts.token 的表单域。

使用 token 标签的代码示例如下：

```
<!-- 使用 token 标签生成一个阻止重复提交的隐藏域 -->
<s:token/>
```

当在浏览器中浏览该页面时，看不到任何输出，通过查看源代码可以发现该<s:token/>标签生成了如下代码：

```
<!-- 每次生成不同的值来阻止重复提交 -->
<input type="hidden"
name="struts.token" value="71M960FWDZW2M2BTGVQHT807J4XAV6CQ"/>
```

为了让读者掌握使用 token 标签防刷新的用法，下面提供一个提交请求的 JSP 页面，页面代码如下。

程序清单：codes\03\3.11\formTag\WEB-INF\content\s-token.jsp

```
<h3>使用 s:token 防止重复提交</h3>
<s:form action="pro">
    <!-- 普通表单域 -->
    <s:textfield name="book" label="书名"/>
    <!-- 用于防刷新的 token -->
    <s:token/>
    <s:submit value="提交"/>
</s:form>
```

从上面页面中可以看出，使用 token 标签非常简单，无须指定太多额外的属性。上面的 form 标签定义的表单会向 pro Action 提交请求，该 Action 对应的处理类代码如下。

程序清单：codes\03\3.11\formTag\WEB-INF\src\org\crazyit\app\action\ProAction.java

```
public class ProAction extends ActionSupport
{
    private String book;
    // 省略 book 的 setter 和 getter 方法
    ...
}
```

上面的 Action 非常简单，从该 Action 中看不出任何防刷新的代码，但通过在页面中使用 token 标签，并启用 Struts 2 的 token 拦截器即可完成防刷新功能。在 struts.xml 文件中采用如下片段来配置 pro Action。

程序清单：codes\03\3.11\formTag\WEB-INF\src\struts.xml

```
<!-- 定义名为 pro 的 Action，其实现类为 org.crazyit.app.action.ProAction -->
<action name="pro" class="org.crazyit.app.action.ProAction">
    <!-- 使用系统默认的拦截器栈 -->
    <interceptor-ref name="defaultStack"/>
    <!-- 使用防刷新的 token 拦截器 -->
    <interceptor-ref name="token"/>
    <!-- 定义重复提交转向的视图，该逻辑视图名必须是 invalid.token -->
    <result name="invalid.token">/WEB-INF/content/refresh.jsp</result>
    <!-- 如果处理结果返回 success，对应/WEB-INF/content/show.jsp 视图资源 -->
    <result>/WEB-INF/content/show.jsp</result>
</action>
```

上面配置文件的第一行粗体字代码启用了 Struts 2 的 token 拦截器；第二行粗体字代码则为"invalid.token"逻辑视图指定了物理资源，这个逻辑视图名就是用户刷新页面后系统返回的逻辑视图名。只需注意如上两个步骤（①页面中加 toke 标签；②配置 Action 时启动 token 拦截器，并为 invalid.token 逻辑视图指定物理资源），该 Action 就可以实现防刷新功能，如果用户通过刷新向 pro.action 提交两次请求，将看到系统自动转入 refresh.jsp 页面。

> 　　上面配置文件中使用了两个拦截器，其中 defaultStack 是系统默认的拦截器栈。看似前面 Struts 2 应用都没有使用该拦截器，实际上该拦截器默认会生效；此处因为显式使用了 token 拦截器，所以必须显式配置使用 defaultStack 拦截器，否则它不会默认生效。关于拦截器介绍请看下一章内容。另：如果表单页没有使用<s:token/>标签，则千万不要使用 token 拦截器，否则它将导致无法提交表单。

▶▶ 3.11.12　非表单标签

非表单标签主要用于在页面中显示 Action 里封装的信息。非表单标签主要有如下几个。

➢ actionerror：如果 Action 实例的 getActionErrors()方法返回不为 null，则该标签负责输出该方法

返回的系列错误。

➢ actionmessage：如果 Action 实例的 getActionMessages()方法返回不为 null，则该标签负责输出该方法返回的系列消息。

➢ component：使用此标签可以生成一个自定义组件。

➢ fielderror：如果 Action 实例存在表单域的类型转换错误、校验错误，该标签则负责输出这些错误提示。

上面标签中的 fielderror 将会在类型转换、数据校验部分有更详细介绍，此处不再赘述。这里仅介绍其余的几个标签。

1．actionerror 和 actionmessage 标签

actionerror 和 actionmessage 这两个标签用法完全一样，作用也几乎完全一样，都是负责输出 Action 实例里封装的信息；区别是 actionerror 标签负责输出 Action 实例的 getActionErrors()方法的返回值，而 actionmessage 标签负责输出 Action 实例的 getActionMessages()方法的返回值。

对于这两个标签而言，几乎没有自己的专有属性，故使用起来非常简单。

下面是本示例应用中的 Action 类，这个 Action 类仅仅添加了两条 ActionError 和 ActionMessage，并没有做过多处理。

程序清单：codes\03\3.11\non-formTag\WEB-INF\src\org\crazyit\app\action\DemoAction.java

```java
public class DemoAction extends ActionSupport
{
    public String execute()
    {
        // 添加两条 Error 信息
        addActionError("第一条错误消息！");
        addActionError("第二条错误消息！");
        // 添加两条普通信息
        addActionMessage("第一条普通消息！");
        addActionMessage("第二条普通消息！");
        return SUCCESS;
    }
}
```

上面的 Action 的 execute 方法仅仅在添加了 4 条消息后，直接返回 success 字符串，success 字符串对应的 JSP 页面中使用<s:actionerror/>和<s:actionmessage/>来输出 ActionError 和 ActionMessage 信息。下面是该 JSP 页面中使用这两个标签的示例代码。

```
<!-- 输出 getActionError()方法返回值 -->
<s:actionerror/>
<!-- 输出 getActionMessage()方法返回值 -->
<s:actionmessage />
```

在另一个页面中使用<s:action.../>标签来调用上面的 Action，调用 Action 的标签代码片段如下：

```
<s:action name="demo" executeResult="true"/>
```

从上面的<s:action.../>标签中可以看出，上面代码将 demoAction 的处理结果包含到本页面中来。在浏览器中浏览该页面，或者直接向 demo.action 发送请求，都可看到页面中显示了 Action 里 actionError 和 actionMessage 信息。

2．component 标签

component 标签可用于创建自定义视图组件，这是一个非常灵活的用法。如果开发者经常需要使用某个效果片段，就可以考虑将这个效果片段定义成一个视图组件，然后在页面中使用 component 标签来使用该自定义组件。

由于使用自定义组件还是基于主题、模板管理的，因此在使用 component 标签时，可以指定如下三个属性。

➢ theme：自定义组件所使用的主题，如果不指定该属性，则默认使用 xhtml 主题。

> templateDir：指定自定义组件的主题目录，如果不指定，则默认使用系统的主题目录，即 template 目录。

> template：指定自定义组件所使用的模板。

除此之外，还可以在 cmponent 标签内使用 param 子标签，子标签表示向该标签模板中传入额外的参数。如果希望在模板中取得该参数，总是采用：$parameters.paramName 或者$parameters['paramName']形式。

　注意　

自定义的模板文件可以采用 FreeMarker、JSP 和 Velocity 三种技术来书写。

如下 JSP 页面多次通过<s:component.../>标签来使用自定义组件。下面是该页面使用<s:component.../>标签的代码片段。

程序清单：codes\03\3.11\non-formTag\WEB-INF\content\s-component.jsp

```
<h3>使用 s:component 标签</h3>
使用默认主题(xhtml)，默认主题目录(template)<br/>
使用 mytemplate.jsp 作为视图组件
<s:component template="mytemplate.jsp">
    <s:param name="list" value="{'疯狂 Java 讲义'
    ,'轻量级 Java EE 企业应用实战'
    ,'疯狂 iOS 讲义'}"/>
</s:component>
<hr/>
使用自定义主题，自定义主题目录<br/>
使用 myAnotherTemplate.jsp 作为视图组件
<s:component
    templateDir="myTemplateDir"
    theme="myTheme"
    template="myAnotherTemplate.jsp">
    <s:param name="list" value="{'疯狂 Java 讲义'
    ,'轻量级 Java EE 企业应用实战'
    ,'疯狂 iOS 讲义'}" />
</s:component>
```

上面的页面中通过 component 标签插入了两个页面组件，从上面粗体字代码中可以看出，第一个 component 标签将输出 myteamplate.jsp 页面内容，因为标签没有指定 templateDir 和 theme 属性，将从默认路径下加载 mytemplate.jsp 模板；第二个 component 标签将输出 myAnotherTemplate.jsp 页面内容，并从${TemplateDir}\${theme}路径下加载该页面模板。

第一个页面模板 myteamplate.jsp 位于 template/xhtml 路径下，文件内容如下。

程序清单：codes\03\3.11\non-formTag\template\xhtml\myteamplate.jsp

```
<%@ page contentType="text/html; charset=GBK" language="java"%>
<%@taglib prefix="s" uri="/struts-tags" %>
<div style="background-color:#eeeeee;">
<b>JSP 自定义模板<br>
请选择您喜欢的图书<br></b>
<s:select list="parameters.list"/>
</div>
```

第二个页面模板 myAnotherTemplate.jsp 位于 myTemplateDir\myTheme 路径下，文件内容如下。

程序清单：codes\03\3.11\non-formTag\myTemplateDir\myTheme\myAnotherTemplate.jsp

```
<%@ page contentType="text/html; charset=GBK" language="java"%>
<%@taglib prefix="s" uri="/struts-tags" %>
<div style="background-color:#bbbbbb;">
JSP 自定义模板<br>
请选择您喜欢的图书<br>
<select>
```

```
<s:iterator value="%{top.parameters.list}">
<option><s:property/></option>
</s:iterator>
</select>
</div>
```

这两个页面要实现的效果完全相同，但 myAnotherTemplate.jsp 页面需要手动迭代集合，并利用这些集合元素来创建列表框的选项，而前一个页面则直接使用 select 标签来将集合元素转换成列表框的列表项。

注意

　　当使用 Struts 2.0 时，即使自行指定了 templateDir、theme 属性（即从自定义路径下加载视图模板），一样可以在自定义视图模板中使用 select 等 UI 标签；但从 Struts 2.1 以后，如果指定了 templateDir、theme 属性后，系统将不再从默认的模板目录下加载视图模板，这就导致无法在自定义视图模板中使用 select 等 UI 标签。

在浏览器中浏览该页面，将看到如图 3.62 所示的页面。

从图 3.62 中可以看出，只在 JSP 页面中使用了简单的<s:component.../>标签，而页面上可以生成大量内容，这都是因为模板的作用。

图 3.62　使用 s:component 标签输出视图组件

3.12　本章小结

相对于 Struts1 而言，Struts 2 的功能更加强大，提供了更多组件化开发、模块化开发方式，但 Struts 2 也更加庞大、复杂。本章详细介绍了 Struts 2 的相关知识，本章从 MVC 思想讲起，大致介绍了 MVC 各组件之间的调用关系及 MVC 方式的优势。本章详细介绍了 Struts 2 框架的基本功能，包括为 Web 应用增加 Struts 2 支持，在 Eclipse 工具中开发 Struts 2 应用等。

本章详细介绍了 Struts 应用的运行流程和开发流程，详细讲解了如何定义 Action 处理类，以及如何在 Action 中访问 Servlet API。并详细讲解了 struts.xmls 文件中的常量配置、命名空间配置、Action 配置和结果映射配置等。本章还通过示例介绍了 Struts 2 Convention 插件的"约定"支持。本章最后介绍了 Struts 2 的国际化支持和标签库。Struts 2.5 标签库和早期版本的 Struts 2 标签库有一定的差异，有早期版本的 Struts 2 使用经验的读者务必要注意。

第4章
深入使用 Struts 2

本章要点

- ↘ 理解类型转换器对 MVC 框架的意义
- ↘ Struts 2 内建的类型转换器
- ↘ 开发自定义类型转换器
- ↘ 类型转换中的错误处理
- ↘ 输入校验对 MVC 框架的意义
- ↘ Struts 2 的输入校验支持
- ↘ Struts 内建的输入校验器
- ↘ 基于 Annotation 的输入校验
- ↘ 手动完成输入校验
- ↘ Struts 2 支持的文件上传
- ↘ 使用拦截器过滤文件类型
- ↘ 理解 stream 的结果类型
- ↘ 使用 stream 结果类型实现文件下载
- ↘ 理解拦截器对 Struts 2 框架的意义
- ↘ Struts 2 内建的拦截器
- ↘ 配置拦截器
- ↘ 配置拦截器栈
- ↘ 开发用户自定义的拦截器
- ↘ Struts 2 的 Ajax 支持
- ↘ 使用 JSON 插件进行 Ajax 交互
- ↘ 配置文件下载的 Action

上一章已经介绍了 Struts 2 框架的基本知识，包括 Struts 2 框架的核心知识、常规配置、Convention 插件提供的约定支持、异常配置、国际化和标签库内容，这些内容也是所有 MVC 框架都应提供的基本功能。

与所有 MVC 框架类似，Struts 2 也提供了类型转换和输入校验支持，Struts 2 提供了非常强大的类型转换支持，它既提供了大量内建类型转换器，用以满足常规的 Web 开发；也允许开发者实现自己的类型转换器；Struts 2 提供了非常强大的输入校验功能，开发者既可通过 XML 文件来配置检验规则，也可通过重写 validate()方法来进行更复杂的校验。

本章将详细介绍 Struts 2 的拦截器机制，拦截器是 Struts 2 框架的灵魂，拦截器完成了 Struts 2 框架的绝大部分功能，本章不会详细介绍 Struts 2 内建拦截器的功能——因为这属于开发 Struts 2 框架的知识。本章主要介绍如何开发、配置自己的拦截器，以及配置和使用拦截器链。本书最后一章示范了如何利用拦截器进行权限控制。

Struts 2 致力于成为一个完备的 MVC 框架，因此期望整合完备的 Ajax 支持。本书将会介绍 Struts 2 的另一种 Ajax 支持：利用 JSON 插件实现 Ajax 交互。

Struts 2 框架还提供了简单、易用的上传、下载支持，这也是本章所要介绍的知识。

4.1 详解 Struts 2 的类型转换

所有的 MVC 框架，都需要负责解析 HTTP 请求参数，并将请求参数传给控制器组件。此时问题出现了：HTTP 请求参数都是字符串类型，但 Java 是强类型的语言，因此 MVC 框架必须将这些字符串参数转换成相应的数据类型——这个工作是所有的 MVC 框架都应该提供的功能。

表现层数据的流向以及所需的类型转换如图 4.1 所示。

Struts 2 提供了非常强大的类型转换机制，Struts 2 的类型转换可以基于 OGNL 表达式，只要把 HTTP 参数（表单元素和其他 GET/POST 的参数）命名为合法的 OGNL 表达式，就可以充分利用 Struts 2 的类型转换机制。

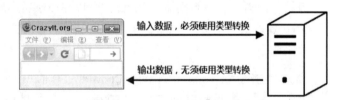

图 4.1 表现层数据的流向和类型转换

除此之外，Struts 2 提供了很好的扩展性，开发者可以非常简单地开发出自己的类型转换器，完成字符串和自定义复合类型之间的转换（例如，完成字符串到 Person 实例的转换），如果类型转换中出现未知异常，类型转换器开发者无须关心异常处理逻辑，Struts 2 的 conversionError 拦截器会自动处理该异常，并且在页面上生成提示信息。总之，Struts 2 的类型转换器提供了非常强大的表现层数据处理机制，开发者可以利用 Struts 2 的类型转换机制来完成任意的类型转换。

表现层另一个数据处理是数据校验，数据校验可分为客户端校验和服务器端校验两种。客户端校验和服务器端校验都是必不可少的，二者分别完成不同的过滤。

客户端校验进行基本校验，如检验非空字段是否为空，数字格式是否正确等。客户端校验主要用来过滤用户的误操作。客户端校验的作用是：拒绝误操作输入提交到服务器处理，降低服务器端负担。

服务器端校验也必不可少，服务器端校验防止非法数据进入程序，导致程序异常、底层数据库异常。服务器端校验是保证程序有效运行及数据完整的手段。

下一节将会详细介绍输入校验的知识。

➤➤ 4.1.1 Struts 2 内建的类型转换器

对于大部分的常用类型，开发者无须理会类型转换，Struts 2 可以完成大多数常用的类型转换。这些常用的类型转换是通过 Struts 2 内建的类型转换器完成的，Struts 2 已经内建了字符串类型和如下类型之间相互转换的转换器。

- ➢ boolean 和 Boolean：完成字符串和布尔值之间的转换。
- ➢ char 和 Character：完成字符串和字符之间的转换。
- ➢ int 和 Integer：完成字符串和整型值之间的转换。
- ➢ long 和 Long：完成字符串和长整型值之间的转换。
- ➢ float 和 Float：完成字符串和单精度浮点值之间的转换。
- ➢ double 和 Double：完成字符串和双精度浮点值之间的转换。
- ➢ Date：完成字符串和日期类型之间的转换，日期格式使用用户请求所在 Locale 的 SHORT 格式。
- ➢ 数组：在默认情况下，数组元素是字符串，如果用户提供了自定义类型转换器，也可以是其他复合类型的数组。
- ➢ 集合：在默认情况下，假定集合元素类型为 String，并创建一个新的 ArrayList 封装所有的字符串。

> **注意**
>
> 对于数组的类型转换将按照数组元素的类型来单独转换每一个元素，但如果数组元素的类型转换本身无法完成，系统将出现类型转换错误。

因为 Struts 2 提供了上面这些类型转换器，如果需要把 HTTP 请求参数转换成上面这些类型，则无须开发者进行任何特殊的处理。因此大部分实际开发中，开发人员无须自己进行类型转换。

▶▶ 4.1.2　基于 OGNL 的类型转换

借助于内置的类型转换器，Struts 2 可以完成字符串和基本类型之间的类型转换。除此之外，借助于 OGNL 表达式的支持，Struts 2 允许以另一种简单方式将请求参数转换成复合类型。系统的 Action 类代码片段如下。

程序清单：codes\04\4.1\ognlConvert\WEB-INF\src\org\crazyit\app\domain\LoginAction.java

```java
public class LoginAction extends ActionSupport
{
    // 使用 User 类型的成员变量封装请求参数
    private User user;
    // 省略所有的 setter 和 getter 方法
    ...
    public String execute() throws Exception
    {
        // 通过 user 的 name 属性和 pass 属性来判断控制逻辑
        if (getUser().getName().equals("crazyit.org")
            && getUser().getPass().equals("leegang") )
        {
            addActionMessage("转换成功");
            return SUCCESS;
        }
        addActionMessage("转换失败");
        return ERROR;
    }
}
```

从上面 Action 的粗体字代码可以看出，该 Action 里包含了一个 User 类型的属性——这个属性需要进行类型转换，Struts 2 框架接受到 HTTP 请求参数后，需要将这些请求参数封装成 User 对象。

但 Struts 2 提供的 OGNL 表达式允许开发者无须任何特殊处理，只需要在定义表单域时使用 OGNL 表达式来定义表单域的 name 属性。JSP 页面的表单代码如下。

程序清单：codes\04\4.1\ognlConvert\WEB-INF\content\input.jsp

```jsp
<s:form action="login">
```

```
<!-- 该表单域封装的请求参数名为 user.name -->
<s:textfield name="user.name" label="用户名"/>
<!-- 该表单域封装的请求参数名为 user.pass -->
<s:textfield name="user.pass" label="密码"/>
<tr>
    <td colspan="2"><s:submit value="转换" theme="simple"/>
    <s:reset value="重填" theme="simple"/></td>
</tr>
</s:form>
```

上面的表单定义中粗体字代码定义了两个单行文本框，对应两个请求参数，请求参数名并不是普通参数名，而是 user.name 和 user.pass 的形式——这就是 OGNL 表达式的形式，Struts 2 会把 user.name 参数的值赋值给 Action 实例的 user 属性的 name 属性，并将 user.pass 参数的值赋值给 Action 实例的 user 属性的 pass 属性。

通过这种方式，Struts 2 可以将普通请求参数转换成复合类型对象，但在使用这种方式时有如下几点需要注意。

➢ 因为 Struts 2 将通过反射来创建一个复合类（User 类）的实例，因此系统必须为该复合类提供无参数的构造器。

➢ 如果希望使用 user.name 请求参数的形式为 Action 实例的 user 属性的 name 属性赋值，则必须为 user 属性对应的复合类（User 类）提供 setName()方法，因为 Struts 2 是通过调用该方法来为该属性赋值的。当然 Action 类中还应该包含 getUser()方法。

更极端的情况是，甚至可以直接生成 Collection，或者 Map 实例。看如下的 Action 类片段。

程序清单：codes\04\4.1\ognlObjectMap\WEB-INF\src\org\crazyit\app\action\LoginAction.java

```java
public class LoginAction extends ActionSupport
{
    // Action 类里包含一个 Map 类型的成员变量
    // Map 的 value 类型为 User 类型
    private Map<String, User> users;
    // users 的 setter 和 getter 方法
    public void setUsers(Map<String , User> users)
    {
        this.users = users;
    }
    public Map<String, User> getUsers()
    {
        return this.users;
    }
    public String execute() throws Exception
    {
        // 在控制台输出 Struts 2 封装产生的 Map 对象
        System.out.println(getUsers());
        // 根据 Map 集合中 key 为 one 的 User 实例来决定控制逻辑
        if (getUsers().get("one").getName().equals("crazyit.org")
            && getUsers().get("one").getPass().equals("leegang") )
        {
            addActionMessage("登录成功! ");
            return SUCCESS;
        }
        addActionMessage("登录失败!! ");
        return ERROR;
    }
}
```

上面 Action 的粗体字代码部分定义了一个 users 属性，该属性的类型为 Map<String, User>，只要在定义表单域的 name 属性时使用 OGNL 表达式语法，Struts 2 一样可以将请求参数直接封装成这种 users 属性。例如如下表单定义代码。

程序清单：codes\04\4.1\ognlObjectMap\WEB-INF\content\input.jsp

```
<s:form action="login">
    <s:textfield name="users['one'].name" label="第 one 个用户名"/>
    <s:textfield name="users['one'].pass" label="第 one 个密码"/>
    <s:textfield name="users['two'].name" label="第 two 个用户名"/>
    <s:textfield name="users['two'].pass" label="第 two 个密码"/>
    <tr>
        <td colspan="2"><s:submit value="转换" theme="simple"/>
        <s:reset value="重填" theme="simple"/></td>
    </tr>
</s:form>
```

上面的粗体字代码示范了如何利用 OGNL 表达式来定义表单域的 name 属性：将表单域的 name 属性设置为 "Action 属性名['key 值'].属性名" 的形式，其中 "Action 属性名" 是 Action 类里包含的 Map 类型属性，后一个属性名则是 Map 对象里复合类型对象的属性名。通过这种方式，Struts 2 可以将 HTTP 请求参数转换成 Map 属性。

类似地，如果需要访问 Action 的 Map 类型的属性，也可以使用 OGNL 表达式，代码如下：

```
key 为 one 的用户名为:<s:property value="users['one'].name"/><br/>
key 为 one 的密码为: <s:property value="users['one'].pass"/><br/>
key 为 two 的用户名为:<s:property value="users['two'].name"/><br/>
key 为 two 的密码为: <s:property value="users['two'].pass"/><br/>
```

如果把 LoginAction 中的 users 属性改为 List<User>，也就是如果需要 Struts 2 将用户请求参数封装成 List 属性，一样可以利用 OGNL 表达式做到——只要通过索引来指定要将请求参数转换成 List 的哪个元素。下面的 JSP 页面里的表单元素的 name 属性可实现将 HTTP 请求参数转换成 List 属性。

程序清单：codes\04\4.1\ognlObjectList\WEB-INF\content\input.jsp

```
<s:form action="login">
    <s:textfield name="users[0].name" label="第一个用户名"/>
    <s:textfield name="users[0].pass" label="第一个密码"/>
    <s:textfield name="users[1].name" label="第二个用户名"/>
    <s:textfield name="users[1].pass" label="第二个密码"/>
    <tr>
        <td colspan="2"><s:submit value="转换" theme="simple"/>
        <s:reset value="重填" theme="simple"/></td>
    </tr>
</s:form>
```

上面的 JSP 页面中定义表单域时指定第一个文本域的 name 为 users[0].name，Struts 2 将会把该文本域所代表的请求参数转换成 users 集合第一个元素的 name 属性。

类似地，如果想输出 Action 中 List 属性里各集合元素的属性值，则可通过在集合属性后增加索引来访问，如下面的代码片段所示：

```
第一个 User 实例的用户名为:<s:property value="users[0].name"/><br/>
第一个 User 实例的密码为: <s:property value="users[0].pass"/><br/>
第二个 User 实例的用户名为:<s:property value="users[1].name"/><br/>
第二个 User 实例的密码为: <s:property value="users[1].pass"/><br/>
```

▶▶ 4.1.3　指定集合元素的类型

前面使用集合时都使用了泛型，这种泛型可以让 Struts 2 了解集合元素的类型，Struts 2 就可通过反射来创建对应类的对象，并将这些对象添加到 List 中。

问题是：如果不使用泛型，Struts 2 还知道使用类型转换器来处理该 users 属性吗？Struts 2 当然不知道！但 Struts 2 允许开发者通过局部类型转换文件来指定集合元素的类型。类型转换文件就是一个普通的 Properties（*.properties）文件，类型转换文件里提供了类型转换的相关配置信息。

将上面的 Action 类代码中关于 users 属性的泛型定义取消,修改后的 Action 类代码片段如下。

程序清单:codes\04\4.1\noGenericList\WEB-INF\src\org\crazyit\app\action\LoginAction.java

```
public class LoginAction extends ActionSupport
{
    // Action 类里包含一个不带泛型的 List 类型的成员变量
    private List users;
    // users 属性的 setter 和 getter 方法
    public void setUsers(List users)
    {
        this.users = users;
    }
    public List getUsers()
    {
        return this.users;
    }
    public String execute() throws Exception
    {
        // 在控制台输出 Struts 2 封装产生的 List 对象
        System.out.println(getUsers());
        // 因为没有使用泛型,所以要进行强制类型转换
        User firstUser = (User)getUsers().get(0);
        // users 属性的第一个 User 实例来决定控制逻辑
        if (firstUser.getName().equals("crazyit.org")
            && firstUser.getPass().equals("leegang") )
        {
            addActionMessage("登录成功! ");
            return SUCCESS;
        }
        addActionMessage("登录失败!! ");
        return ERROR;
    }
}
```

如果仅仅通过上面 Action 类的代码,Struts 2 无法知道该 Action 的 users 属性里集合元素的类型,所以还需要通过局部类型转换文件来指定集合元素的类型。

局部类型转换文件的文件名应为 ActionName-conversion.properties 形式,其中 ActionName 是需要 Action 的类名,后面的-conversion.properties 字符串则是固定部分。类型转换文件应该放在和 Action 类文件相同的位置,后面的内容还会涉及局部类型转换文件。

为了指定 List 集合里元素的数据类型,需要指定两个部分。

➢ List 集合属性的名称。

➢ List 集合里元素的类型。

通过在局部类型转换文件中指定如下 key-value 对即可:

```
Element_<ListPropName>=<ElementType>
```

将上面的 key-value 对中<ListPropName>替换成 List 集合属性的名称、<ElementType>替换成集合元素的类型即可。以本应用为例,需要定义如下的局部类型转换文件:

```
Element_users=org.crazyit.app.domain.User
```

增加上面的局部类型转换文件后,系统将可以识别到 users 集合属性的集合元素是 org.crazyit.app. domain.User 类型,这样 Struts 2 的类型转换器又可以正常工作了。

如果对于 Map 类型的属性,则需要同时指定 Map 的 key 类型和 value 类型。为了指定 Map 类型属性的 key 类型,应该在局部类型转换文件增加如下项:

```
Key_<MapPropName>=<KeyType>
```

其中 Key 是固定的,<MapPropName>是 Map 类型属性的属性名,复合类型指定的是 Map 的 key 值的全限定类名。

为了指定 Map 属性里的 value 类型，应该在局部类型转换文件中增加如下项：

```
Element_<MapPropName>=<ValueType>
```

其中 Element 是固定的，<MapPropName>是 Map 类型属性的属性名，复合类型指定的是 Map 属性的 value 类型的全限定类名。在 codes\04\4.1 路径下的 noGenericMap 应用就是这种用法的示例。

提示: ....

> 为了让 Struts 2 能了解集合属性中元素的类型，可以使用如下两种方式。
> ➤ 通过为集合属性指定泛型。
> ➤ 通过在 Action 的局部类型转换文件中指定集合元素类型。

▶▶ 4.1.4　自定义类型转换器

大部分时候，使用 Struts 2 提供的类型转换器，以及基于 OGNL 的类型转换机制，就能满足大部分类型转换需求。但在有些特殊的情形下，例如需要把一个字符串转换成一个复合对象（例如 User 对象）时，这就需要使用自定义类型转换器。例如，用户输入一个 abc,xyz 字符串，但需要将其转换成一个 User 类型实例，其中 abc 作为 User 实例的 name 属性值，而 xyz 作为 User 实例的 pass 属性值。

假设本系统有一个如图 4.2 所示的表单输入页面。

如图 4.2 所示的页面包含一个名为 user 的表单域，这将产生一个名为 user 的请求参数，该请求对应的 Action 类代码如下。

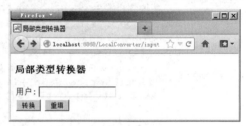

图 4.2　输入字符串的页面

程序清单：codes\04\4.1\LocalConverter\WEB-INF\src\org\crazyit\app\action\LoginAction.java

```java
public class LoginAction extends ActionSupport
{
    private User user;
    // user 的 setter 和 getter 方法
    public void setUser(User user)
    {
        this.user = user;
    }
    public User getUser()
    {
        return this.user;
    }
    public String execute() throws Exception
    {
        if (getUser().getName().equals("crazyit.org")
            && getUser().getPass().equals("leegang") )
        {
            addActionMessage("登录成功! ");
            return SUCCESS;
        }
        addActionMessage ("登录失败!! ");
        return ERROR;
    }
}
```

从上面的代码中可以看出，该 Action 的 user 属性是 User 类型，而对应表单页发送的 user 请求参数则只能是字符串类型。Struts 2 功能虽然强大，但它依然不知道如何完成字符串和 User 对象之间的转换，这种转换需要程序员来完成。

User 类就是一个普通的 JavaBean 类，关于此类代码读者请参考光盘中的程序清单：codes\04\4.1\LocalConverter\WEB-INF\src\org\crazyit\app\domain\User.java。

Struts 2 的类型转换器实际上依然是基于 OGNL 框架的，在 OGNL 项目中有一个 TypeConverter 接口，这个接口就是自定义类型转换器必须实现的接口。该接口的定义代码如下：

```
// OGNL 提供的类型转换器接口
public interface TypeConverter
{
    public Object convertValue(Map context, Object target,
        Member member, String propertyName, Object value, Class toType);
}
```

实现类型转换器必须实现上面的 TypeConverter，不过上面接口里的方法太过复杂，所以 OGNL 项目还为该接口提供了一个实现类：DefaultTypeConverter，通常都采用扩展该类来实现自定义类型转换器。实现自定义类型转换器需要重写 DefaultTypeConverter 类的 convertValue()方法。

下面是本应用所使用的类型转换器的代码。

程序清单：codes\04\4.1\LocalConverter\WEB-INF\src\org\crazyit\app\converter\UserConverter.java

```
public class UserConverter extends DefaultTypeConverter
{
    // 类型转换器必须重写 convertValue()方法，该方法需要完成双向转换
    public Object convertValue(Map context
        , Object value, Class toType)
    {
        // 当需要将字符串向 User 类型转换时
        if (toType == User.class )
        {
            // 系统的请求参数是一个字符串数组
            String[] params = (String[])value;
            // 创建一个 User 实例
            User user = new User();
            // 只处理请求参数数组第一个数组元素，
            // 并将该字符串以英文逗号分割成两个字符串
            String[] userValues = params[0].split(",");
            // 为 User 实例赋值
            user.setName(userValues[0]);
            user.setPass(userValues[1]);
            // 返回转换来的 User 实例
            return user;
        }
        else if (toType == String.class )
        {
            // 将需要转换的值强制类型转换为 User 实例
            User user = (User) value;
            return "<" + user.getName() + ","
                + user.getPass() + ">";
        }
        return null;
    }
}
```

上面的程序的粗体字代码是实现类型转换的关键，第一段粗体字代码实现将字符串转换成 User 对象，第二段粗体字代码实现将 User 对象转换成字符串。读者可能对上面实现的类型转换器感到有一些迷惑，下面是关于上面的类型转换器的几点说明。

1．convertValue 方法的作用

convertValue 方法的作用最简单，该方法负责完成类型的转换，不过这种转换是双向的：当需要把字符串转换成 User 实例时，是通过该方法实现的；当需要把 User 实例转换成字符串时，也是通过该方法实现的。

为了让该方法实现双向转换，程序通过判断 toType 的类型即可判断转换的方向。toType 类型是需要转换的目标类型，当 toType 类型是 User 类型时，表明需要将字符串转换成 User 实例；当 toType 类

型是 String 类型时，表明需要把 User 实例转换成字符串类型。图 4.3 显示了这种 toType 参数和转换方向之间的关系。

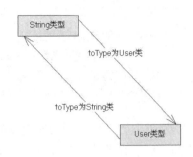

一旦通过 toType 类型判断了类型转换的方向后，接下来即可分别实现两个方向的转换逻辑了。

图 4.3　toType 参数和转换方向之间的关系

2．convertValue 方法参数和返回值的意义

通过上面的介绍可以看出，实现类型转换器的关键就是实现 convertValue 方法，该方法有如下三个参数。

> 第一个参数：context 是类型转换环境的上下文。
> 第二个参数：value 是需要转换的参数。随着转换方向的不同，value 参数的值也是不一样的，当把字符串类型向 User 类型转换时，value 是原始字符串数组；当需要把 User 类型向字符串类型转换时，value 是 User 实例。
> 第三个参数：toType 是转换后的目标类型，这个参数前面已经介绍了。

该方法的返回值就是类型转换后的值，该值的类型也会随转换方向的不同而不同，当把字符串向 User 类型转换时，返回值类型就是 User 类型；当需要把 User 类型向字符串类型转换时，返回值类型就是字符串类型。

由此可见，转换器的 convertValue 方法，接收需要转换的值，需要转换的目标类型为参数，然后返回转换后的目标值。

3．当把字符串向 User 类型转换时，为什么 value 是一个字符串数组，而不是一个字符串

很多读者会感到疑惑：当需要把字符串转换成 User 类型时，为什么 value 的值是字符串数组，而

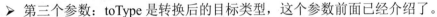

不是一个字符串。在前面的介绍中，总是说浏览器发送的请求参数类型是字符串，而不是字符串数组。

在如图 4.4 所示的页面中，姓名输入框的值只能是一个普通字符串。但选择课程的列表框的值则可以同时选择多个值。因此，浏览者向服务器发送请求时，该下拉列表框对应的请求参数则是字符串数组。

对于 DefaultTypeConverter 转换器而言，它必须考虑到最通用的情形，因此它把所有的请求参数都视为字符串数组，而不是字符串。对字符串请求参数而言（例如姓名请

图 4.4　包含字符串数组请求参数的表单页

求参数），转换器把该请求参数值当成长度为 1 的数组。

> **提示：**
> 可以认为 DefaultTypeConverter 是通过 HttpServletRequest 的 getParameter Values(name) 方法来获取请求参数值的。因此它获取的请求参数总是字符串数组，如果请求参数只包含一个单个的值，则该请求参数的值是一个长度为 1 的字符串数组。

▶▶ 4.1.5　注册类型转换器

仅仅为该应用提供类型转换器还不够，因为 Struts 2 依然不知道何时使用这些类型转换器，所以还必须将类型转换器注册在 Web 应用中，Struts 2 框架才可以正常使用该类型转换器。

Struts 2 支持如下三种注册类型转换器的方式。

> 注册局部类型转换器：局部类型转换器仅仅对某个 Action 的属性起作用。
> 注册全局类型转换器：全局类型转换器对所有 Action 的特定类型的属性都会生效。
> 使用 JDK 1.5 的注解来注册类型转换器：通过注解方式来注册类型转换器。

1．局部类型转换器

与前面完全相似的是，注册局部类型转换器使用局部类型转换文件指定，只要在局部类型转换文件

中增加如下一行即可：

```
<propName>=<ConverterClass>
```

将上面的<propName>替换成需要进行类型转换的属性、<ConverterClass>替换成成类型转换器的实现类即可。下面是本应用中局部类型转换文件的内容。

程序清单：codes\04\4.1\LocalConverter\WEB-INF\src\org\crazyit\app\action\LoginAction-conversion. properties

```
# 指定 Action 的 user 属性需要使用 UserConverter 类来完成类型转换
user=org.crazyit.app.converter.UserConverter
```

至此，局部类型转换器注册成功。当浏览者提交请求时，请求中的 user 请求参数将被该类型转换器处理，即使用 convertValue()方法将字符串转换成 User 实例。

局部类型转换器只对指定 Action 的特定属性起作用，这具有很大的局限性——花费了大量时间完成了一个类型转换器，却只能一次使用（对一个 Action 有效），这太浪费了。通常会将类型转换器注册成全局类型转换器，让该类型转换器对该类型的所有属性起作用。

2. 全局类型转换器

局部类型转换器的局限性太明显了，它只能对指定 Action 的指定属性起作用。但如果应用中有多个 Action 都包含了 User 类型的属性，或者一个 Action 中包含了多个 User 类型的属性，使用全局类型转换器将更合适。

全局类型转换器不是对指定 Action 的指定属性起作用，而是对指定类型起作用，例如对所有类型为 org.crazyit.app.domain.User 类型的属性起作用。

注册全局类型转换器应该提供一个 xwork-conversion.properties 文件，该文件也是 Properties 文件，该文件就是全局类型转换文件，该文件直接放在 Web 应用的 WEB-INF/classes 路径下即可。

全局类型转换文件内容由多项"<propType>=<ConvertClass>"项组成，将<propType>替换成需要进行类型转换的类型、将<ConvertClass>替换成类型转换器的实现类即可。

下面是本应用中注册全局类型转换器的注册文件代码。

程序清单：codes\04\4.1\GlobalConverter\WEB-INF\src\xwork-conversion.properties

```
# 指定 org.crazyit.app.domain.User 类型需要
# 使用 UserConverter 类来完成类型转换
org.crazyit.app.domain.User=org.crazyit.app.converter.UserConverter
```

一旦注册了上面的全局类型转换器，该全局类型转换器就会对所有类型为 org.crazyit.app.domain. User 类型的属性起作用。关于使用全局类型转换器的示例，请参考 codes\04\4.1\路径下的 GlobalConverter 应用。

局部类型转换器只对指定 Action 的指定属性生效，全局类型转换器对指定类型的全部属性起作用。

3. 关于局部类型转换器和全局类型转换器的说明

局部类型转换器是对指定 Action 的指定属性进行转换，不管该 Action 的该属性是数组也好，是 List 集合也好，该转换器的转换方法对该属性只转换一次；假如某个 Action 有个 List<User>类型的属性 users，那么局部类型转换器将只调用一次 convertValue()方法，该方法把 users 请求参数一次性地转换为一个 List<User>集合对象。

全局类型转换器会对所有 Action 的特定类型进行转换，如果一个 Action 的某个属性是数组或集合属性，而数组或集合元素是需要该转换器转换的方法，那么全局类型转换将不是对该集合属性整体进行转换，而是对该集合属性的每个元素进行转换。

> **提示：**
> 局部类型转换器对指定 Action 的指定属性起作用，一个属性只调用 convertValue()方法一次。全局类型转换器对所有 Action 的特定类型起作用，因此可能对一个属性多次调用 convertValue()方法进行转换——当该属性是一个数组或集合时，该数组或集合中包含几个该类型的元素，那么就会调用 convertValue()方法几次。

▶▶ 4.1.6　基于 Struts 2 的自定义类型转换器

上面的类型转换器都是基于 DefaultTypeConverter 类实现的，基于该类实现类型转换器时，将字符串转换成复合类型要通过 convertValue()方法实现，将复合类型转换成字符串也是通过 convertValue()方法实现的，因此必须先通过 toType 参数来判断转换的方向，然后分别实现不同转换方向的转换逻辑。

为了简化类型转换器的实现，Struts 2 提供了一个 StrutsTypeConverter 抽象类，这个抽象类是 DefaultTypeConverter 类的子类。StrutsTypeConverter 类简化了类型转换器的实现，该类已经实现了 DefaultTypeConverter 的 convertValue()方法。实现该方法时，它将两个不同转换方向替换成不同方法——当需要把字符串转换成复合类型时，调用 convertFromString()抽象方法；当需要把复合类型转换成字符串时，调用 convertToString()抽象方法。图 4.5 显示了转换方向和方法之间的对应关系。

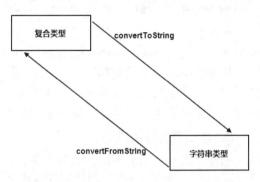

理解了上面转换方向和方法之间的对应关系，可以更简单地实现自己的类型转换器，让自己的类型转换器继承 StrutsTypeConverter 类，并重写 convertFromString() 方法和 convertToString()方法。

图 4.5　转换方向和方法之间的对应关系

下面是基于 StrutsTypeConverter 实现的类型转换器代码。

程序清单：codes\04\4.1\StrutsTypeConverter\WEB-INF\src\org\crazyit\app\converter\UserConverter.java

```java
public class UserConverter extends StrutsTypeConverter
{
    // 实现将字符串类型转换成复合类型的方法
    public Object convertFromString(Map context
        , String[] values , Class toClass)
    {
        // 创建一个 User 实例
        User user = new User();
        // 只处理请求参数数组第一个数组元素，
        // 并将该字符串以英文逗号分割成两个字符串
        String[] userValues = values[0].split(",");
        // 为 User 实例赋值
        user.setName(userValues[0]);
        user.setPass(userValues[1]);
        // 返回转换来的 User 实例
        return user;
    }
    // 实现将复合类型转换成字符串类型的方法
    public String convertToString(Map context, Object o)
    {
        // 将需要转换的值强制类型转换为 User 实例
        User user = (User) o;
        return "<" + user.getName() + ","
            + user.getPass() + ">";
    }
}
```

通过继承 StrutsTypeConverter 类来实现类型转换器，分别实现 convertFromString()和 convertToString()方法，这两个方法分别代表不同的转换逻辑——程序逻辑更加清晰。实际上就是将原来的 convertValue()方法拆分成两个方法。convertFromString()方法参数与 DefaultTypeConverter 类中 convertValue()方法参数意义相同，注册该类型转换器的方法也和前面完全相同，此处不再赘述。

▶▶ 4.1.7　处理 Set 集合

通常不建议在 Action 中使用 Set 集合属性，因为 Set 集合里元素处于无序状态，所以 Struts 2 不能准确地将请求参数转换成 Set 集合的元素。不仅如此，由于 Set 集合里元素的无序性，所以 Struts 2 也不能准确读取 Set 集合里的元素。

除非 Set 集合里的元素有一个标识属性，这个标识属性可以唯一地表示集合元素，这样 Struts 2 就可以根据该标识属性来存取集合元素了。

程序清单：codes\04\4.1\SetSupport\WEB-INF\src\org\crazyit\app\action\LoginAction.java

```java
public class LoginAction extends ActionSupport
{
    private Set users;
    private Date birth;
    // users 的 setter 和 getter 方法
    public void setUsers(Set users)
    {
        this.users = users;
    }
    public Set getUsers()
    {
        return this.users;
    }
    // 省略 birth 的 setter 和 getter 方法
    ...
    // 没有提供 execute() 方法,
    // 将直接使用 ActionSupport 的 execute() 方法
}
```

上面 LoginAction 的 users 属性的类型是 Set，为了让 Struts 2 能将请求参数转换成 Set 集合对象，下面提供如下类型转换器。

程序清单：codes\04\4.1\SetSupport\WEB-INF\src\org\crazyit\app\converter\UserConverter.java

```java
public class UserConverter extends StrutsTypeConverter
{
    public Object convertFromString(Map context
        , String[] values, Class toClass)
    {
        Set result = new HashSet();
        for (int i = 0; i < values.length ; i++ )
        {
            // 创建一个 User 实例
            User user = new User();
            // 只处理请求参数数组第一个数组元素,
            // 并将该字符串以英文逗号分割成两个字符串
            String[] userValues = values[i].split(",");
            // 为 User 实例的属性赋值
            user.setName(userValues[0]);
            user.setPass(userValues[1]);
            // 将 User 实例添加到 Set 集合中
            result.add(user);
        }
        return result;
    }
    public String convertToString(Map context, Object o)
    {
        // 如果待转换对象的类型是 Set
        if (o.getClass() == Set.class)
        {
            Set users = (Set)o;
            String result = "[";
            for (Object obj : users )
            {
                User user = (User)obj;
                result += "<" + user.getName()
                    + "," + user.getPass() + ">";
```

```
            }
            return result + "]";
        }
        else
        {
            return "";
        }
    }
}
```

上面的粗体字代码实现了将字符串数组转换成 Set 集合的转换处理。除此之外，为了让 Struts 2 能准确地存取 Set 集合元素，还必须让 Sturts 2 明白 Set 集合元素的标识属性，指定 Struts 2 根据该标识属性来存取 Set 集合元素。

本应用中 users 属性所包含的集合元素为 User 类，该类的代码如下。

程序清单：codes\04\4.1\SetSupport\WEB-INF\src\org\crazyit\app\domain\User.java

```java
public class User
{
    private String name;
    private String pass;
    // 省略所有的 setter 和 getter 方法
    ...
    public boolean equals(Object obj)
    {
        // 如果待比较的两个对象是同一个对象，直接返回 true
        if(this == obj)
        {
            return true;
        }
        // 只有当 obj 是 User 对象
        if (obj != null && obj.getClass() == User.class)
        {
            User user = (User)obj;
            // 两个对象的 name 属性相等即认为二者相等
            return this.getName().equals(user.getName());
        }
        return false;
    }

    // 根据 name 计算 hashCode
    public int hashCode()
    {
        return name.hashCode();
    }
}
```

从 User 类的粗体字代码（重写了 equals 和 hashCode 两个方法）可以看出，该 User 类的标识属性是 name，当两个 User 的 name 相等时即可认为它们相等。

Struts 2 允许通过局部类型转换文件来指定 Set 集合元素的标识属性，在局部类型转换文件中增加如下一行即可指定 Set 集合元素的标识属性。

```
KeyProperty_<SetPropName>=<keyPropName>
```

将上面的<SetPropName>替换成集合属性名，将<keyPropName>替换成集合元素的标识属性即可。由于本应用的局部类型转换文件还需要指出 Set 集合元素的类型，所以该局部类型转换文件的代码如下。

程序清单：codes\04\4.1\SetSupport\WEB-INF\src\org\crazyit\app\action\LoginAction-conversion.properties

```
#指定 users 属性的类型转换器是 UserConverter
users= org.crazyit.app.converter.UserConverter
#指定 users 集合属性里集合元素的索引属性是 name
KeyProperty_users=name
```

一旦指定了集合元素的索引属性后，Struts 2 就可以通过该索引属性来存取 Set 集合元素了。下面是在 JSP 页面中通过索引属性直接访问 Set 元素的代码片段。

```
<!-- 访问 users 集合属性里索引属性值为 crazyit.org 的元素的 name 属性-->
用户 crazyit.org 的用户名为: <s:property value="users('crazyit.org').name"/><br/>
<!-- 访问 users 集合属性里索引属性值为 crazyit.org 的元素的 pass 属性-->
用户 crazyit.org 的密码为: <s:property value="users('crazyit.org').pass"/><br/>
<!-- 访问 users 集合属性里索引属性值为 fkit 的元素的 name 属性-->
用户 fkit 的用户名为: <s:property value="users('fkit').name"/><br/>
<!-- 访问 users 集合属性里索引属性值为 fkit 的元素的 pass 属性-->
用户 fkit 的密码为: <s:property value="users('fkit').pass"/><br/>
生日为: <s:property value="birth"/><br/>
```

通过代码可以看出，直接访问 Set 元素的方式是：<SetPropName>('<indexPropValue>')——该方式访问的是索引属性为指定值的集合元素。上面代码将会输出 Set 属性里的两个 User 实例的 name 和 pass，前提是这两个 User 实例的标识属性（name 属性）值分别为 crazyit.org 和 fkit（保证在表单页面上的第一个文本框内输入 crazyit.org,<密码>、第二个文本框内输入 fkit,<密码>即可，其中密码可以随便输入）。

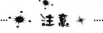

> **注意**
>
> 上面访问 Set 元素用的是圆括号，而不是方括号。但对于数组、List 和 Map 属性，则通过方括号来访问指定集合元素。

▶▶ 4.1.8 类型转换中的错误处理

表现层数据是由用户输入的，用户输入则是非常复杂的，正常用户的偶然错误，还有 Cracker（破坏者）的恶意输入，都可能导致系统出现非正常情况。例如，在如图 4.2 所示的输入页面中，程序希望用户输入 crazyit.org,leegang 模式的字符串，希望用户输入的字符串包含一个英文逗号（,）作为用户名和密码的分隔符，如果用户输入多于一个的英文逗号，或者没有输入英文逗号，都将引起系统异常——因为上面的类型转换器将无法正常分解出用户名和密码。

实际上，表现层数据涉及的两个处理：数据校验和类型转换是紧密相关的，只有当输入数据是有效数据时，系统才可以进行有效的类型转换——当然，有时候即使用户输入的数据能进行有效转换，但依然是非法数据（假设需要输入一个人的年龄，输入 200 则肯定是非法数据）。因此，可以进行有效的类型转换是基础，只有当数据完成了有效的类型转换后，下一步才去做数据校验。

Struts 2 提供了一个名为 conversionError 的拦截器，这个拦截器被注册在默认的拦截器栈中。查看 Struts 2 框架的默认配置文件 struts-default.xml，该文件中有如下配置片段：

```
<interceptor-stack name="defaultStack">
    <!-- 省略其他拦截器引用 -->
    ...
    <!-- 处理类型转换错误的拦截器 -->
    <interceptor-ref name="conversionError"/>
    <!-- 处理数据校验的拦截器 -->
    <interceptor-ref name="validation">
        <param name="excludeMethods">input,back,cancel,browse</param>
    </interceptor-ref>
    <!-- 省略其他拦截器 -->
    ...
</interceptor-stack>
```

在上面的默认拦截器栈中包含了 conversionError 拦截器的引用，如果 Struts 2 的类型转换器执行类型转换时出现错误，该拦截器将负责将对应错误封装成表单域错误（FieldError），并将这些错误信息放入 ActionContext 中。

显然，conversionError 拦截器实际上是 AOP 中的 Throws 处理（关于各种处理类型的定义和深入介绍，请参阅本书关于 Spring 的介绍）。Throws 处理当系统抛出异常时启动，负责处理异常。通过这种方式，Struts 2 的类型转换器中只完成类型转换逻辑，而无须关心异常处理逻辑。因此上面的类型转换器无须进行任何异常处理逻辑。

图 4.6 显示了 Struts 2 类型转换中的错误处理流程。

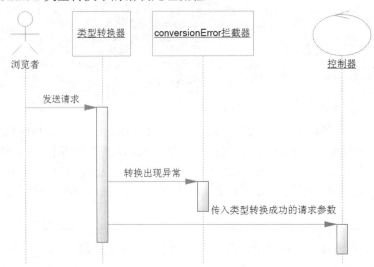

图 4.6　Struts 2 类型转换中的错误处理流程

图 4.6 只显示了类型转换器、conversionError 拦截器和控制器之间的顺序图，并未完全刻画出系统中的其他成员。当 conversionError 拦截器对转换异常进行处理后，系统会跳转到名为 input 的逻辑视图。

> **注意**
>
> 为了让 Struts 2 框架处理类型转换的错误，以及使用后面的数据校验机制，系统的 Action 类都应该通过继承 ActionSupport 类来实现。ActionSupport 类为完成类型转换错误处理，数据校验实现了许多基础工作。

1．处理类型转换错误

下面将以最简单的局部类型转换器为例，介绍如何处理类型转换错误。

重新改写系统的 Action 类，让系统的 Action 类继承 Struts 2 的 ActionSupport 类。修改后的 Action 类代码片段如下。

程序清单：codes\04\4.1\errorHandler\WEB-INF\src\org\crazyit\app\action\LoginAction.java

```
// 为了正常使用系统的类型转换错误处理机制，让 Action 类继承 ActionSupport 类
public class LoginAction
    extends ActionSupport
{
    private User user;
    // 省略该类的其他成分
    ...
}
```

> **注意**
>
> 为了让 Struts 2 类型转换的错误处理机制生效，包括下一节的输入校验生效，都必须让 Action 继承 Struts 2 的 ActionSupport 基类，因为 Struts 2 的 ActionSupport 负责收集类型转换错误、输入校验错误，并将它们封装成 FieldError 对象，添加到 ActionContext 中。

前面已经提到，当类型转换出现异常时，conversionError 拦截器会处理该异常，然后转入名为 input 的逻辑视图，因此应该为该 Action 增加名为 input 的逻辑视图定义。修改后的 struts.xml 文件代码如下。

程序清单：codes\04\4.1\errorHandler\WEB-INF\src\struts.xml

```xml
<?xml version="1.0" encoding="GBK"?>
<!DOCTYPE struts PUBLIC
    "-//Apache Software Foundation//DTD Struts Configuration 2.5//EN"
    "http://struts.apache.org/dtds/struts-2.5.dtd">
<struts>
    <!-- 配置国际化资源文件 -->
    <constant name="struts.custom.i18n.resources" value="mess"/>
    <package name="lee" extends="struts-default">
        <action name="login" class="org.crazyit.app.action.LoginAction">
            <!-- 配置名为 input 的逻辑视图，
                当转换失败后转入该逻辑视图 -->
            <result name="input">/WEB-INF/content/input.jsp</result>
            <result>/WEB-INF/content/welcome.jsp</result>
            <result name="error">/WEB-INF/content/welcome.jsp</result>
        </action>
        <action name="*">
            <result>/WEB-INF/content/{1}.jsp</result>
        </action>
    </package>
</struts>
```

上面的粗体字代码为 input 逻辑视图指定了物理视图资源：input.jsp。经过上面配置，如果用户输入不能成功转换成 User 对象，系统将转入 input.jsp 页面，等待用户再次输入。

前面已经讲述过，Struts 2 会负责将转换错误封装成 FieldError，并将其放在 ActionContext 中，这样就可以在对应视图中输出转换错误，在页面中使用<s:fielderror/>标签即可输出类型转换错误信息。

在默认情况下，使用<s:fielderror/>标签会输出形如 Invalid field value for field xxx 的错误提示信息，其中 xxx 是 Action 中属性名，也是该属性对应的请求参数的名。

对于中文环境而言，用户通常希望看到中文的提示信息，因此应该改变默认的提示信息。只需在应用的国际化资源文件中增加如下一行代码，即可改变默认的类型转换错误的提示信息。

```
# 改变默认的类型转换失败后的提示信息
xwork.default.invalid.fieldvalue={0}字段类型转换失败！
```

也就是说，Struts 2 使用 key 为 xwork.default.invalid.fieldvalue 的消息作为标准的提示信息，并在 input.jsp 页面中增加如下代码：

```
<!-- 输出类型转换错误、输入校验提示 -->
<s:fielderror/>
```

改变了默认提示信息后，如果再次提交包含不能合理转换的请求参数，将看到如图4.7所示的页面。

提示：
当使用 Struts 2 提供的表单标签来生成表单时，这些表单标签不仅可以增加额外的布局功能，还可以自动输出类型转换失败的提示信息和输入校验失败的提示信息。

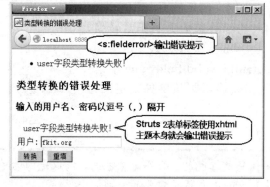

图 4.7 类型转换错误的提示信息

在某些时候，可能还需要对特定字段指定特别的提示信息，此时可通过 Action 的局部资源文件来实现，在文件中增加如下一项：

```
invalid.fieldvalue.<propName>=<tipMsg>
```

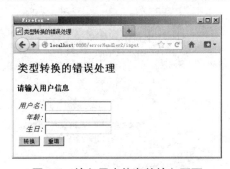

将其中<propName>替换成需要进行类型转换的属性名（此处的 propName 可以支持 OGNL 表达式，例如 user.birth 代表 Action 里 user 属性的 birth 属性），<tipMsg>替换成转换失败后的提示信息，上面的转换错误提示就会发挥作用了。

对于如图 4.8 所示的请求页面，其中包含了用户姓名、用户年龄和用户生日三个表单域，它们代表三个请求参数，这三个请求参数由 Struts 2 采用字符串、整数型和日期类型属性封装，因此必须涉及到类型转换！本应用的类型转换是基于 OGNL 表达式的类型转换。

图 4.8　输入用户信息的输入页面

处理上面请求的 Action 类代码如下。

程序清单：codes\04\4.1\errorHandler2\WEB-INF\src\org\crazyit\app\action\LoginAction.java

```java
public class LoginAction extends ActionSupport
{
    private User user;
    // user 的 setter 和 getter 方法
    public void setUser(User user)
    {
        this.user = user;
    }
    public User getUser()
    {
        return user;
    }
    // 没有 execute 方法，直接使用 ActionSupport 的 execute 方法
}
```

因为要改变 birth 的类型转换失败的提示信息，所以还要为该 Action 提供一个局部资源文件，该文件内只包含如下一行代码。

程序清单：codes\04\4.1\errorHandler2\WEB-INF\src\org\crazyit\app\action\LoginAction_zh_CN.properties

```
# 改变上面的 Action 中 user.birth 类型转换后的提示信息
invalid.fieldvalue.user.birth=生日信息必须满足 yyyy-MM-dd 格式
```

该文件的文件名为 LoginAction_zh_CN.properties（用 UTF-8 字符集保存），将该文件放在与 LoginAction.class 相同的位置（例如 WEB-INF\classes\org\crazyit\app\action 路径下）。如果在如图 4.8 所示的输入页面中输入了不能成功进行类型转换的字符串，将看到如图 4.9 所示的页面。

在图 4.9 中可以看到，输入的年龄参数无法正常转换，生日参数也无法正常转换，其中"age 字段无效"是全局的转换错误提示，由 xwork.default.invalid.fieldvalue 消息提供，后面的生日字段的转换错误提示则是单独指定的。

图 4.9　输出类型转换的错误提示

> **提示：**
> 上面的转换错误信息是红色的，而不是黑色的，仅仅是因为笔者增加了一个<s:head/>标签，该标签可以导入 xhtml 主题所需的一些 CSS 样式。

2. 处理集合属性的转换错误

如果 Action 里包含一个集合属性，只要 Struts 2 能检测到集合里元素的类型（可以通过局部类型转换文件指定，也可通过泛型方式指定），类型转换器就可以正常起作用。当类型转换器在执行类型转换过程中出现异常时，系统的 conversionError 拦截器就会处理该异常，处理结束后返回名为 input 的逻辑视图。

假设有如下 Action 处理类，该处理类里包含一个 List 集合属性。

程序清单：codes\04\4.1\ListErrorHandler\WEB-INF\src\org\crazyit\app\action\LoginAction.java

```java
// 使用 Struts 2 的类型转换的错误机制，应该继承 ActionSupport
public class LoginAction extends ActionSupport
{
    private List<User> users;
    // users 的 setter 和 getter 方法
    public void setUsers(List<User> users)
    {
        this.users = users;
    }
    public List<User> getUsers()
    {
        return users;
    }
}
```

上面 Action 中的 users 是一个 List 集合，此处有两种方式为 users 传入请求参数。

➤ 只传入一个 users 请求参数，该请求参数的值是字符串数组的形式。

➤ 分别传入多个 users[0]、users[1]…形式的请求参数，这种形式将会充分利用 OGNL 表达式类型转换机制。

图 4.10 集合属性类型转换失败

对于第一种形式，因为只有一个请求参数，请求参数名为 users，只要任何一个 users 请求参数不能成功转换成 User 对象，Struts 2 都会提示 users 字段无效，如图 4.10 所示。

如果将三个请求参数的名字设为 users[0]、users[1]…的形式，Struts 2 将可以区分每个请求参数，从而显示更友好的转换错误提示。例如，将表单页的代码改为如下。

程序清单：codes\04\4.1\ListErrorHandler\ognlInput.jsp

```jsp
<s:form action="login">
    <s:iterator value="{0, 1, 2}" status="stat">
        <!-- 将会依次生成多个请求参数 -->
        <s:textfield name="users[%{#stat.index}]"
            label="第%{#stat.index}个用户信息"/>
    </s:iterator>
    <tr>
        <td colspan="2"><s:submit value="转换" theme="simple"/>
        <s:reset value="重填" theme="simple"/></td>
    </tr>
</s:form>
```

上面的页面代码使用了迭代器标签来指定三个表单域的 name，三个表单域的 name 将分别是 users[0]、users[1]、users[2]，在这种情况下如果任一个表单域类型转换失败，将看到如图 4.11 所示的页面。

图 4.11　集合属性类型转换失败

 ## 4.2　使用 Struts 2 的输入校验

输入校验也是所有 Web 应用必须处理的问题，因为 Web 应用的开放性，网络上所有的浏览者都可以自由使用该应用，因此该应用通过输入页面收集的数据是非常复杂的，不仅会包含正常用户的误输入，还可能包含恶意用户的恶意输入。一个健壮的应用系统必须将这些非法输入阻止在应用之外，防止这些非法输入进入系统，这样才可以保证系统不受影响。

异常的输入，轻则导致系统非正常中断，重则导致系统崩溃。应用程序必须能正常处理表现层接收的各种数据，通常的做法是遇到异常输入时应用程序直接返回，提示浏览者必须重新输入，也就是将那些异常输入过滤掉。对异常输入的过滤，就是输入校验，也称为数据校验。

输入校验分为客户端校验和服务器校验，客户端校验主要是过滤正常用户的误操作，主要通过JavaScript 代码完成；服务器端校验是整个应用阻止非法数据的最后防线，主要通过在应用中编程实现。

客户端校验的主要作用是防止正常浏览者的误输入，仅能对输入进行初步过滤；对于恶意用户的恶意行为，客户端校验将无能为力。因此，客户端校验绝不可代替服务器端校验。当然，客户端校验也绝不可少，因为 Web 应用大部分浏览者都是正常的浏览者，他们的输入可能包含了大量的误输入，客户端校验把这些误输入阻止在客户端，从而降低了服务器的负载。

Struts 2 框架提供了强大的类型转换机制，也提供了强大的输入校验功能，Struts 2 的输入校验既包括服务器端校验，也包括客户端校验。

▶▶ 4.2.1　编写校验规则文件

Struts 2 提供了基于验证框架的输入校验，在这种校验方式下，所有的输入校验只需要编写简单的配置文件，Struts 2 的验证框架将会负责进行服务器校验和客户端校验。

下面应用将会示范如何利用 Struts 2 的校验框架进行输入校验。使用 Struts 2 的校验框架进行校验无须对程序代码进行任何改变，只需编写校验规则文件即可，校验规则文件指定每个表单域应该满足怎样的规则。

本应用所使用的表单代码如下。

程序清单：codes\04\4.2\basicValidate\WEB-INF\content\registForm.jsp

```
<s:form action="regist">
    <s:textfield name="name" label="用户名"/>
    <s:textfield name="pass" label="密码"/>
    <s:textfield name="age" label="年龄"/>
    <s:textfield name="birth" label="生日"/>
    <s:submit value="注册"/>
</s:form>
```

上面粗体字代码定义了4个表单域,这4个表单域分别对应 name、pass、age 和 birth 4 个请求参数，假设本应用要求这4个请求参数满足如下规则：

➤ name 和 pass 只能是字母和数组，且长度必须在 4 到 25 之间。

➤ 年龄必须是 1 到 150 之间的整数。

➤ 生日必须在 1900-01-01 和 2050-02-21 之间。

下面是该请求对应的 Action 代码。

程序清单：codes\04\4.2\basicValidate\WEB-INF\src\org\crazyit\app\action\RegistAction.java

```java
public class RegistAction extends ActionSupport
{
    // 定义 4 个成员变量封装请求参数
    private String name;
    private String pass;
    private int age;
    private Date birth;
    // 省略所有的 setter 和 getter 方法
    ...
}
```

在上面的 Action 中，仅提供了 4 个成员变量来封装用户的请求参数，并为这 4 个成员变量提供了对应的 setter 和 getter 方法。该 Action 继承了 ActionSupport 类，因此它也包含了一个 execute 方法，且该方法直接返回 success 字符串，这个 Action 不具备任何输入校验的功能。

但通过为该 Action 指定一个校验规则文件后，即可利用 Struts 2 的输入校验功能对该 Action 进行校验。下面是本应用所使用的输入校验文件。

程序清单：codes\04\4.2\basicValidate\WEB-INF\src\org\crazyit\app\action\RegistAction-validation.xml

```xml
<?xml version="1.0" encoding="GBK"?>
<!-- 指定校验配置文件的 DTD 信息 -->
<!DOCTYPE validators PUBLIC
    "-//Apache Struts//XWork Validator 1.0.3//EN"
    "http://struts.apache.org/dtds/xwork-validator-1.0.3.dtd">
<!-- 校验文件的根元素 -->
<validators>
    <!-- 校验 Action 的 name 属性 -->
    <field name="name">
        <!-- 指定 name 属性必须满足必填规则 -->
        <field-validator type="requiredstring">
            <param name="trim">true</param>
            <message>必须输入名字</message>
        </field-validator>
        <!-- 指定 name 属性必须匹配正则表达式 -->
        <field-validator type="regex">
            <param name="regex"><![CDATA[(\w{4,25})]]></param>
            <message>您输入的用户名只能是字母和数字，且长度必须在 4 到 25 之间</message>
        </field-validator>
    </field>
    <!-- 校验 Action 的 pass 属性 -->
    <field name="pass">
        <!-- 指定 pass 属性必须满足必填规则 -->
        <field-validator type="requiredstring">
            <param name="trim">true</param>
            <message>必须输入密码</message>
        </field-validator>
        <!-- 指定 pass 属性必须满足匹配指定的正则表达式 -->
        <field-validator type="regex">
            <param name="regex"><![CDATA[(\w{4,25})]]></param>
            <message>您输入的密码只能是字母和数字，且长度必须在 4 到 25 之间</message>
        </field-validator>
    </field>
    <!-- 指定 age 属性必须在指定范围内-->
```

```
<field name="age">
    <field-validator type="int">
        <param name="min">1</param>
        <param name="max">150</param>
        <message>年纪必须在 1 到 150 之间</message>
    </field-validator>
</field>
<!-- 指定 birth 属性必须在指定范围内-->
<field name="birth">
    <field-validator type="date">
        <!-- 下面指定日期字符串时，必须使用本 Locale 的日期格式 -->
        <param name="min">1900-01-01</param>
        <param name="max">2050-02-21</param>
        <message>生日必须在${min}到${max}之间</message>
    </field-validator>
</field>
</validators>
```

校验规则文件的根元素是<validators.../>元素，<validators.../>元素可包含多个<field.../>或<validator.../>元素，它们都用于配置校验规则，区别是：<field-validator.../>是字段校验器的配置风格，而<validator.../>是非字段校验器的配置风格。关于这两个元素配置方式后面还有更详细的介绍。

Struts 2 的校验文件规则与 Struts 1 的校验文件设计方式不同，Struts 2 中每个 Action 都有一个校验文件，因此该文件的文件名应该遵守如下规则：

```
<Action 名字>-validation.xml
```

前面的 Action 名是可以改变的，后面的-validation.xml 部分总是固定的，且该文件应该被保存在与 Action class 文件相同的路径下。例如，本应用的 Action class 文件保存在 WEB-INF/classes/org/crazyit/app/action 路径下，故该校验文件也应该保存在该路径下。

与类型转换失败相似的是，当输入校验失败后，Struts 2 也是自动返回名为"input"的 Result，因此需要在 struts.xml 文件中配置名为"input"的 Result。下面是本应用的 struts.xml 文件中 Action 的配置片段。

程序清单：codes\04\4.2\basicValidate\WEB-INF\src\struts.xml

```
<!-- 用户注册的 Action -->
<action name="regist" class="org.crazyit.app.action.RegistAction">
    <!-- 类型转换失败、输入校验失败，转入该页面 -->
    <result name="input">/WEB-INF/content/registForm.jsp</result>
    <result>/WEB-INF/content/show.jsp</result>
</action>
```

增加了上面的修改之后，这样就为该 Action 对应的各字段添加了校验规则，而且指定了校验失败后应用会跳转到 registForm.jsp 页面，接下来可以在 registForm.jsp 页面中添加<s:fielderror/>来输出错误提示。

剩下部分无须任何修改，系统自动会加载该文件，当用户提交请求时，Struts 2 的校验框架会根据该文件对用户请求进行校验。如果浏览者的输入不满足校验规则，将可以看到如图 4.12 所示的界面。

从图 4.12 中可以看出，这种基于 Struts 2 校验框架的校验方式完全可以替代手动校验，而且这种校验方式的可重用性非常高，只需要在配置文件中配置校验规则，即可完成数据校验，无须用户书写任何的数据校验代码。

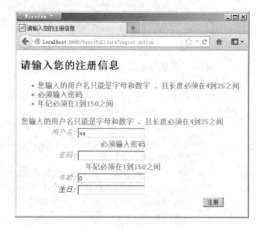

图 4.12　使用校验框架的效果

提示：

类型转换失败的提示信息、输入校验失败的提示信息都被封装成 FieldError，并被放入 Action Context 中，而且校验失败时都将返回 input 逻辑视图名，且都使用 <s:fielderror/> 标签来输出错误提示信息。如果开发者使用了 Struts 2 的表单标签来生成表单，那么表单标签会自动输出错误提示，如图 4.12 所示。

▶▶ 4.2.2　国际化提示信息

在上面的数据校验中，所有的提示信息都是通过硬编码的方式写在配置文件中的，这种方式显然不利于程序国际化。

当查看每个校验文件时，发现每个 <field-validator.../> 元素都包含了一个必填的 <message.../> 子元素，这个子元素中的内容就是校验失败后的提示信息。为了国际化该提示信息，为 message 元素指定 key 属性，该 key 属性指定是国际化提示信息对应的 key。

例如，将前面的 birth 字段的校验规则改为如下配置。

程序清单：codes\04\4.2\I18NValidate\WEB-INF\src\org\crazyit\app\action\RegistAction-validation.xml

```xml
<?xml version="1.0" encoding="GBK"?>
<!-- 指定校验配置文件的 DTD 信息 -->
<!DOCTYPE validators PUBLIC
    "-//Apache Struts//XWork Validator 1.0.3//EN"
    "http://struts.apache.org/dtds/xwork-validator-1.0.3.dtd">
<!-- 校验文件的根元素 -->
<validators>
    <!-- 校验 Action 的 name 属性 -->
    <field name="name">
        <!-- 指定 name 属性必须满足必填规则 -->
        <field-validator type="requiredstring">
            <param name="trim">true</param>
            <message key="name.requried"/>
        </field-validator>
        <!-- 指定 name 属性必须匹配正则表达式 -->
        <field-validator type="regex">
            <param name="regex"><![CDATA[(\w{4,25})]]></param>
            <message key="name.regex"/>
        </field-validator>
    </field>
    <!-- 校验 Action 的 pass 属性 -->
    <field name="pass">
        <!-- 指定 pass 属性必须满足必填规则 -->
        <field-validator type="requiredstring">
            <param name="trim">true</param>
            <message key="pass.requried"/>
        </field-validator>
        <!-- 指定 pass 属性必须满足匹配指定的正则表达式 -->
        <field-validator type="regex">
            <param name="regex"><![CDATA[(\w{4,25})]]></param>
            <message key="pass.regex"/>
        </field-validator>
    </field>
    <!-- 指定 age 属性必须在指定范围内 -->
    <field name="age">
        <field-validator type="int">
            <param name="min">1</param>
            <param name="max">150</param>
            <message key="age.range"/>
        </field-validator>
    </field>
    <!-- 指定 birth 属性必须在指定范围内 -->
    <field name="birth">
```

```
        <field-validator type="date">
            <!-- 下面指定日期字符串时，必须使用本 Locale 的日期格式 -->
            <param name="min">1900-01-01</param>
            <param name="max">2050-02-21</param>
            <message key="birth.range"/>
        </field-validator>
    </field>
</validators>
```

上面的粗体字代码并未直接给出 message 的内容，而是指定了一个 key 属性，表明当 birth 字段违反该校验规则时，对应的提示信息是 key 为 birth.range 的国际化消息。

本应用的校验文件中指定了许多国际化信息的 key，所以必须在国际化资源文件中增加对应的 key，即在国际化资源文件中增加如下 Entry（该国际化资源文件保存为 UTF-8 字符集）。

程序清单：codes\04\4.2\I18NValidate\WEB-INF\src\org\crazyit\app\action\RegistAction_zh_CN.properties

```
#违反用户名必须输入的提示信息
name.requried=您必须输入用户名！
#违反用户名必须匹配正则表达式的提示信息
name.regex=您输入的用户名只能是字母和数字，且长度必须在 4 到 25 之间！
#违反密码必须输入的提示信息
pass.requried=您必须输入密码！
#违反密码必须匹配正则表达式的提示信息
pass.regex=您输入的密码只能是字母和数字，且长度必须在 4 到 25 之间！
#违反年龄必须在指定范围的提示信息
age.range=您的年龄必须在${min}和${max}之间！
#违反生日必须在指定范围的提示信息
birth.range=您的生日必须在${min}和${max}之间！
```

运行上面的程序，即可看到输入校验的提示信息变为国际化资源文件提供的消息，这就实现了错误提示消息的国际化。

▶▶ 4.2.3　使用客户端校验

在 Struts 2 应用中使用客户端校验非常简单，只需改变如下两个地方即可。

➤ 将输入页面的表单元素改为使用 Struts 2 标签来生成表单。

➤ 为该<s:form.../>元素增加 validate="true"属性。

修改前面应用的 registForm.jsp 页面，将页面代码改为如下形式。

程序清单：codes\04\4.2\clientValidate\WEB-INF\content\registForm.jsp

```
<h2>请输入您的注册信息</h2>
<s:fielderror/>
<s:form action="regist" validate="true">
    <s:textfield name="name" label="用户名"/>
    <s:textfield name="pass" label="密码"/>
    <s:textfield name="age" label="年龄"/>
    <s:textfield name="birth" label="生日"/>
    <s:submit value="注册"/>
</s:form>
```

只要简单地为 Struts 2 的 form 标签增加 validate="true"，该表单就具有了客户端校验功能。如果浏览者的输入不再符合校验规则，将看到如图 4.13 所示的页面。

从图 4.13 中可以看出，虽然使用客户端校验，却看不到弹出 JavaScript 的警告框，这种效果看起来与服务器端校验几乎完全相同，但读者可以仔细看图 4.13 中的地址栏，该页面的地址依然停留在原来的页面，并未提交到对应的 Action。这就表明：上面的数据校验过程是客户端完成的。

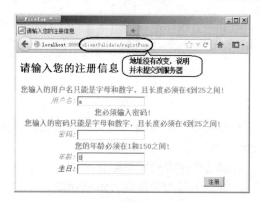

图 4.13　客户端校验的效果

　　客户端校验依然是基于 JavaScript 完成的，因为 JavaScript 脚本本身的限制，有些服务器端校验不能转换成客户端校验。也就是说，并不是所有的服务器端校验都可以转换成客户端校验。

客户端校验仅仅支持如下几种校验器。

➢ required validator（必填校验器）。
➢ requiredstring validator（必填字符串校验器）。
➢ stringlength validator（字符串长度校验器）。
➢ regex validator（表达式校验器）。
➢ email validator（邮件校验器）。
➢ url validator（网址校验器）。
➢ int validator（整数校验器）。
➢ double validator（双精度数校验器）。

客户端校验有 4 个值得注意的地方。

➢ Struts 2 的<s:form.../>元素有一个 theme 属性，不要将该属性指定为 simple。
➢ 浏览者不能直接访问启用客户端校验的表单页，这样会引发异常。可以把启用客户端校验的表单页放到 WEB-INF 路径下去，让浏览者访问所有资源之前都先经过它的核心 Filter。
➢ 如果客户端校验希望输出国际化提示信息，那就需要使用全局国际化资源文件，不能使用 Action 范围的国际化资源文件。
➢ 启用客户端校验的表单页面的 action 和 namespace 要分开写，例如向 namespace 为/lee，name 为 regist 的 Action 请求，应写成<s:form action="regist" namespace= "/lee">，而不应该写成<s:form action="lee/regist" >。

　　提示： 正如前面提到的，一旦使用了 MVC 框架，就该严格遵守 MVC 思想，应该尽量避免让浏览者直接访问 Web 应用的视图页面，而应该让浏览者向控制器发送请求，由控制器调用视图页面向浏览者呈现数据。因此本书所有示例的 JSP 页面都保存在 WEB-INF/content 目录下。

▶▶ 4.2.4　字段校验器配置风格

　　Struts 2 提供了两种方式来配置校验规则：字段校验器风格和非字段校验器风格。这两种风格其实并没有本质的不同，只是组织校验规则的方式不同：一种是字段优先，称为字段校验器风格；另一种是校验器优先，称为非字段校验器风格。

前面应用中校验规则文件都是采用字段校验器风格配置的，采用字段校验器配置风格时，校验文件里以<field.../>元素为基本子元素。查看 xwork-validator-1.0.3.dtd 文件（校验规则的 DTD 文件），就可以发现如下定义代码：

```
# 在 validators 元素的 field 或 validator 中可以出现一次或无限多次
<!ELEMENT validators (field|validator)+>
```

上面的元素定义片段中的<validators.../>是校验规则文件的根元素，该根元素下可以出现两个元素：<field.../>元素和<validator.../>元素，出现第一种元素时就是字段优先，就是字段校验器配置风格；出现第二种元素时，就是校验器优先，就是非字段校验器配置风格。

使用字段校验配置风格时，每个字段校验规则大致遵守如下形式：

```
<field name="被校验的字段">
    <field-validator type="校验器名">
        <!-- 此处需要为不同校验器指定数量不等的校验参数 -->
        <param name="参数名">参数值</param>
        ...
        <!-- 校验失败后的提示信息，其中 key 指定国际化信息的 key -->
        <message key="I18Nkey">校验失败后的提示信息</message>
    </ field-validator >
    <!-- 如果该字段需要满足多个规则，下面可以配置多个校验器 -->
    ...
</field>
```

从上面的配置片段中可以看出，采用字段校验器风格时，<field.../>元素是校验规则文件的基本组成单位，每个<field.../>元素指定一个 Action 属性必须遵守的规则，该元素的 name 属性指定了被校验的字段；如果该属性需要满足多个规则，则在该<field.../>元素下增加多个<field-validator.../>元素。

每个<field-validator.../>元素指定一个校验规则，该元素的 type 属性指定了校验器名称，该元素可以包含多个<param.../>子元素，用于指定该校验器的参数；除此之外，每个<field-validator.../>元素都有一个必需的<message.../>元素，该元素确定校验失败后的提示信息。

<message.../>元素的 key 属性指定了校验失败后提示国际化信息对应的 key，该元素的内容是校验失败后的默认提示信息。

因为前面已经提供了大量的字段校验器配置风格的配置文件，故此处不再给出示范。

▶▶ 4.2.5　非字段校验器配置风格

对于非字段校验器配置风格，这是一种以校验器优先的配置方式。在这种配置方式下，校验规则文件的根元素下包含了多个<validator.../>元素，每个<validator.../>元素定义了一个校验规则。

对于采用非字段校验器配置风格的校验规则文件，<validators.../>元素下有多个<validator.../>元素，每个<validator.../>元素都有如下格式：

```
<validator type="校验器名">
    <param name="fieldName">需要被校验的字段</param>
    <!-- 此处需要为不同校验器指定数量不等的校验参数 -->
    <param name="参数名">参数值</param>
    ...
    <!-- 校验失败后的提示信息，其中 key 指定国际化信息的 key -->
    <message key="I18Nkey">校验失败后的提示信息</message>
</validator >
```

每个<validator.../>元素定义了一个校验规则，该元素需要一个 type 属性，该 type 属性指定了该校验器的名字。

使用非字段校验器的配置风格时，采用的是校验器优先的方式，故必须为<validator.../>配置一个 fieldName 参数，该参数的值就是被校验的 Action 属性名。除此之外，还需要指定数量不等的<param.../>元素，这些都是指定校验器所需的参数。

下面采用非字段校验器风格改写前面的校验规则文件。

程序清单：codes\04\4.2\nonField\WEB-INF\src\org\crazyit\app\action\RegistAction-validation.xml

```xml
<?xml version="1.0" encoding="GBK"?>
<!-- 指定 Struts 2 数据校验的规则文件的 DTD 信息 -->
<!DOCTYPE validators PUBLIC
    "-//Apache Struts//XWork Validator 1.0.3//EN"
    "http://struts.apache.org/dtds/xwork-validator-1.0.3.dtd">
<!-- Struts 2 校验文件的根元素 -->
<validators>
    <!-- 配置指定必填字符串的校验器 -->
    <validator type="requiredstring">
        <!-- 使用该校验器校验 name 属性 -->
        <param name="fieldName">name</param>
        <param name="trim">true</param>
        <!-- 指定校验失败后输出 name.required 对应的国际化信息 -->
        <message key="name.requried"/>
    </validator>
    <!-- 配置指定正则表达式的校验器 -->
    <validator type="regex">
        <!-- 使用该校验器校验 name 属性 -->
        <param name="fieldName">name</param>
        <param name="trim">true</param>
        <param name="regex"><![CDATA[(\w{4,25})]]></param>
        <!-- 指定校验失败后输出 name.required 对应的国际化信息 -->
        <message key="name.regex"/>
    </validator>
    <!-- 配置指定必填字符串的校验器 -->
    <validator type="requiredstring">
        <!-- 使用该校验器校验 pass 属性 -->
        <param name="fieldName">pass</param>
        <param name="trim">true</param>
        <!-- 指定校验失败后输出 pass.required 对应的国际化信息 -->
        <message key="pass.requried"/>
    </validator>
    <!-- 配置指定正则表达式的校验器 -->
    <validator type="regex">
        <!-- 使用该校验器校验 pass 属性 -->
        <param name="fieldName">pass</param>
        <param name="trim">true</param>
        <param name="regex"><![CDATA[(\w{4,25})]]></param>
        <!-- 指定校验失败后输出 pass.required 对应的国际化信息 -->
        <message key="pass.regex"/>
    </validator>
    <!-- 配置指定整数校验器 -->
    <validator type="int">
        <!-- 使用该校验器校验 age 属性 -->
        <param name="fieldName">age</param>
        <!-- 指定整数校验器的范围-->
        <param name="min">1</param>
        <param name="max">150</param>
        <!-- 指定校验失败后输出 age.range 对应的国际化信息 -->
        <message key="age.range"/>
    </validator>
    <!-- 配置指定日期校验器 -->
    <validator type="date">
        <!-- 使用该校验器校验 birth 属性 -->
        <param name="fieldName">birth</param>
        <!-- 指定日期校验器的范围-->
        <param name="min">1900-01-01</param>
        <param name="max">2050-02-21</param>
        <!-- 指定校验失败后输出 birth.range 对应的国际化信息 -->
        <message key="birth.range"/>
```

```
    </validator>
</validators>
```

这份文件与前面的校验规则文件的效果完全一样，所以开发者可以自由选择配置风格。但值得指出的是，并不是所有的校验器都支持两种配置风格。关于各校验器的具体用法后面会有更详细的介绍。

▶▶ 4.2.6 短路校验器

从 xwork-validator-1.0.3.dtd 文件中可以看到，校验规则文件的<validator.../>元素和<field- validator.../>元素可以指定一个可选的 short-circuit 属性，这个属性指定该校验器是否是短路校验器，该属性的默认值是 false，即默认是非短路校验器。

短路校验器其实是非常有用的，读者朋友可以翻回去看如图 4.13 所示的页面，在密码输入框的上面看到两行校验提示信息：

> 您必须输入密码！
> 您输入的密码只能是字母和数字，且长度必须在 4 到 25 之间！

这种提示信息是多么的不友好啊，浏览者此时完全没有输入密码，而该应用一下子就显示了两条提示信息（而且，第二条校验提示完全是多余的，完全没有输入密码，当然长度不在 4 到 25 之间）。通常的做法是：如果浏览者完全没有为某个输入框输入任何内容，系统应该仅输出第一行提示信息，而不是一次输出所有的校验提示。

为了达到这种效果，就应该采用短路校验器。采用短路校验器只需要在<validator.../>元素或<field-validator.../>元素中增加 short-circuit="true"即可。

修改上面的配置文件，对于采用字段校验器的校验规则文件，将用户名必填和密码必填校验规则配置成短路校验器。修改后的校验文件片段如下。

程序清单：codes\04\4.2\short-circuit\WEB-INF\src\org\crazyit\app\action\RegistAction-validation.xml

```xml
<!-- 校验 Action 的 name 属性 -->
<field name="name">
    <!-- 指定 name 属性必须满足必填规则 -->
    <field-validator type="requiredstring" short-circuit="true">
        <param name="trim">true</param>
        <message key="name.requried"/>
    </field-validator>
    <!-- 指定 name 属性必须匹配正则表达式 -->
    <field-validator type="regex">
        <param name="regex"><![CDATA[(\w{4,25})]]></param>
        <message key="name.regex"/>
    </field-validator>
</field>
<!-- 校验 Action 的 pass 属性 -->
<field name="pass">
    <!-- 指定 pass 属性必须满足必填规则 -->
    <field-validator type="requiredstring" short-circuit="true">
        <param name="trim">true</param>
        <message key="pass.requried"/>
    </field-validator>
    <!-- 指定 pass 属性必须满足匹配指定的正则表达式 -->
    <field-validator type="regex">
        <param name="regex"><![CDATA[(\w{4,25})]]></param>
        <message key="pass.regex"/>
    </field-validator>
</field>
```

在上面的配置文件中，将 user 和 pass 的必填校验器配置成短路校验器。对于同一个字段内的多个校验器，如果一个短路校验器校验失败，其他校验器都根本不会继续校验。

将校验规则文件修改成上面文件所示的样式后，如果依然不输入用户名和密码，直接提交该请求，将看到如图 4.14 所示的页面。

提示: 相比之下, 在一个<field.../>元素内定义字段校验器, 比使用带有一个 fieldName 参数的<validator.../>元素好得多, 而且 XML 代码本身也清晰得多 (字段分组更清晰了)。因此通常推荐使用字段校验器风格。

图 4.14 所使用的是服务器端短路校验器风格, 如果使用客户端短路校验器风格 (修改表单页的 s:form 标签, 增加 validate="true"), 将看到如图 4.15 所示的效果。

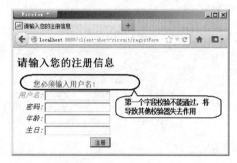

图 4.14　短路校验器的效果　　　　图 4.15　客户端校验中使用短路特性

从图 4.15 中可以看出, 当在客户端校验中使用短路特性时, 第一个表单域校验失败时将导致系统不会校验其他表单域。

▶▶ 4.2.7　校验文件的搜索规则

Struts 2 的一个 Action 中可能包含了多个处理逻辑, 当一个 Action 类中包含多个类似于 execute() 的方法时, 每个方法都是一个处理逻辑。不同的处理逻辑可能需要不同的校验规则, Struts 2 允许为不同控制逻辑指定不同校验规则的支持。

当需要让一个 Action 可以处理多个请求时, 应该在配置该 Action 时指定 method 属性。通过这种方式, 就可以将一个 Action 处理类配置成多个逻辑 Action。

在上面的 Action 类中增加一个 login 方法, 该 login 方法不做任何处理, 只是简单地返回 success 字符串。下面在 struts.xml 文件中将该 Action 类配置成两个逻辑 Action。配置这两个逻辑 Action 的配置片段如下。

程序清单: codes\04\4.2\overrideRule\WEB-INF\src\struts.xml

```xml
<!-- 配置一个名为*Pro 的 Action,
    对应的处理逻辑为 RegistAction 的{1}方法-->
<action name="*Pro" class="org.crazyit.app.action.RegistAction"
    method="{1}">
    <result name="input">/WEB-INF/content/form.jsp</result>
    <result>/WEB-INF/content/show.jsp</result>
    <allowed-methods>regist,login</allowed-methods>
```

假设上面两个 Action 的校验规则不同, 注册时的校验规则还是之前的校验规则, 但登录的校验规则需要增加的用户名和密码相同 (这只是假设, 实际应用中可能需要密码和重复密码相同, 但不会要求用户名和密码相同)。

如果按之前的方式来指定校验规则文件, 这个校验规则文件肯定分不清楚到底要校验哪个处理逻辑。为了能精确控制每个校验逻辑, Struts 2 允许通过为校验规则文件名增加 Action 别名来指定具体需要校验的处理逻辑。即采用如下的形式:

```
<ActionClassName>-<ActionAliasName>-validation.xml
```

其中 ActionClassName 是 Action 处理类的类名, 而 ActionAliasName 就是在 struts.xml 中配置该 Action 时所指定的 name 属性。例如, 需要为 loginPro 逻辑 Action 单独指定校验规则, 则校验文件的文件名为

RegistAction-loginPro-validation.xml（该文件也需要与 RegistAction 的 class 文件放在同一路径下），该文件的内容如下。

程序清单：codes\04\4.2\overrideRule\WEB-INF\src\org\crazyit\app\action\RegistAction-loginPro-validation.xml

```xml
<?xml version="1.0" encoding="GBK"?>
<!-- 指定 Struts 2配置文件的 DTD 信息 -->
<!DOCTYPE validators PUBLIC
    "-//Apache Struts//XWork Validator 1.0.3//EN"
    "http://struts.apache.org/dtds/xwork-validator-1.0.3.dtd">
<!-- 校验规则文件的根元素 -->
<validators>
    <!-- 校验 name 属性 -->
    <field name="name">
        <!-- 使用表达式校验器校验 name 属性 -->
        <field-validator type="fieldexpression">
            <!-- 指定 name 属性和 pass 属性必须相等 -->
            <param name="expression"><![CDATA[(user == pass)]]></param>
            <message key="nameexp"/>
        </field-validator>
    </field>
</validators>
```

上面的校验规则文件仅仅指定了 Action 的 name 属性必须和 pass 属性相同，那么系统中原有的校验规则对 loginPro Action 是否依然有效呢？

上面使用了表达式校验器，关于各校验器的具体用法，请参阅下一节的介绍。

本应用原来的表单页稍作修改，让该表单页具有两个按钮，一个"登录"提交按钮提交到 loginPro，另一个"注册"提交按钮提交到 registPro。如果用户单击"登录"提交按钮，该表单将会提交到 loginPro Action，那么上面指定的 RegistAction-loginPro-validation.xml 校验规则就会起作用了。如果校验失败，看到如图 4.16 所示的校验失败页面。

从图 4.16 中可以看出，RegistAction-validation.xml 文件中的校验规则，依然会对名为 loginPro 的 Action 起作用。实

图 4.16 增加校验规则

际上，名为 loginPro 的 Action 中包含的校验规则是 RegistAction-validation.xml 和 RegistAction-loginPro-validation.xml 两个文件中规则的总和。

除此之外，还有一种情形——如果系统中包含了两个 Action：BaseAction 和 RegistAction，其中 RegistAction 继承了 BaseAction，且两个 Action 都指定了对应的配置文件，则 RegistAction 对应 Action 的校验规则实际上是 RegistAction-validation.xml 和 BaseAction-validation.xml 两个文件中规则的总和。

假设系统有两个 Action：BaseAction 和 RegistAction，则系统搜索规则文件顺序如下。

（1）BaseAction-validation.xml

（2）BaseAction-别名-validation.xml

（3）RegistAction-validation.xml

（4）RegistAction-别名-validation.xml

这种搜索与其他搜索不同的是，即使找到第一个校验规则，系统还会继续搜索，不管有没有这 4 份文件，也不管是否找到配置文件，系统总是按固定顺序搜索。

假如系统的 struts.xml 文件中有如下配置片段：

```xml
<!-- 将 RegistAction 的 login 方法配置成一个逻辑 Action -->
<action name="loginPro" class="org.crazyit.app.action.RegistAction" method="login">
    ...
</action>
```

如果上面的 RegistAction 类还继承了 BaseAction 类，那么上面这个名为 login 的 Action 的校验规则是

BaseAction-validation.xml、BaseAction-loginPro-validation.xml、RegistAction-validation.xml 和 RegistAction-loginPro-validation.xml 四份规则文件里规则的总和。

> **注意**
>
> Struts 2 搜索规则文件是从上而下的，实际用的校验规则是所有校验规则的总和。如果两个校验文件中指定的校验规则冲突，则后面文件中的校验规则取胜。

▶▶ 4.2.8 校验顺序和短路

校验器增加了短路的特性后，校验器的执行顺序就变得非常重要了。因为前面执行的校验器可能阻止后面校验器的执行。

校验器的执行顺序有如下原则。

➤ 所有非字段风格的校验器优先于字段风格的校验器。
➤ 所有非字段风格的校验器中，排在前面的会先执行。
➤ 所有字段风格的校验器中，排在前面的会先执行。

校验器短路的原则如下。

➤ 所有非字段校验器是最优先执行，如果某个非字段校验器校验失败了，则该字段上所有字段校验器都不会获得校验的机会。
➤ 非字段校验器的校验失败，不会阻止其他非字段校验的执行。
➤ 如果一个字段校验器校验失败后，则该字段下且排在该校验失败的校验器之后的其他字段校验器不会获得校验的机会。
➤ 字段校验器永远都不会阻止非字段校验器的执行。

如果应用中所需的校验规则非常复杂，用户可以有两个选择：开发自己的校验器，或者重写 Action 的 validate 方法。此时，用户完全可以按应用需求进行输入校验。

▶▶ 4.2.9 内建校验器

Struts 2 提供了大量的内建校验器，这些内建的校验器可以满足大部分应用的校验需求，开发者只需要使用这些校验器即可。如果应用有一个特别复杂的校验需求，而且该校验有很好的复用性，开发者可以开发自己的校验器。

使用 WinRAR 打开 Struts 2 发布包的解压缩文件中的 struts2-core-2.5.14.jar 文件，在该压缩文件的 com\opensymphony\xwork2\validator\validators 路径下找到一个 default.xml 文件，这个文件就是 Struts 2 默认的校验器注册文件。该文件的代码如下：

```xml
<validators>
   <!-- 必填校验器 -->
   <validator name="required" class="com.opensymphony.xwork
      .validator.validators.RequiredFieldValidator"/>
   <!-- 必填字符串校验器 -->
   <validator name="requiredstring" class="com.opensymphony.xwork
      .validator.validators. RequiredStringValidator"/>
   <!-- 整数校验器 -->
   <validator name="int" class="com.opensymphony.xwork
      .validator.validators.IntRangeFieldValidator"/>
   <!-- 长整数校验器 -->
   <validator name="long" class="com.opensymphony.xwork2
      .validator.validators.LongRangeFieldValidator"/>
   <!-- 短整数校验器 -->
   <validator name="short" class="com.opensymphony.xwork2
      .validator.validators.ShortRangeFieldValidator"/>
   <!-- 双精度浮点数校验器 -->
   <validator name="double" class="com.opensymphony.xwork
      .validator.validators.DoubleRangeFieldValidator"/>
   <!-- 日期校验器 -->
```

```
        <validator name="date" class="com.opensymphony.xwork
            .validator.validators. DateRangeFieldValidator"/>
        <!-- 表达式校验器 -->
        <validator name="expression" class="com.opensymphony.xwork
            .validator.validators. ExpressionValidator"/>
        <!-- 字段表达式校验器 -->
        <validator name="fieldexpression" class="com.opensymphony.xwork
            .validator.validators. FieldExpressionValidator"/>
        <!-- 电子邮件校验器 -->
        <validator name="email" class="com.opensymphony.xwork
            .validator.validators. EmailValidator"/>
        <!-- 网址校验器 -->
        <validator name="url" class="com.opensymphony.xwork
            .validator.validators.URLValidator"/>
        <!-- Visitor 校验器 -->
        <validator name="visitor" class="com.opensymphony.xwork
            .validator.validators.VisitorFieldValidator"/>
        <!-- 转换校验器 -->
        <validator name="conversion" class="com.opensymphony.xwork
            .validator.validators. ConversionErrorFieldValidator"/>
        <!-- 字符串长度校验器 -->
        <validator name="stringlength" class="com.opensymphony.xwork
            .validator.validators.StringLengthFieldValidator"/>
        <!-- 正则表达式校验器 -->
        <validator name="regex" class="com.opensymphony.xwork
            .validator.validators. RegexFieldValidator"/>
</validators>
```

上面的粗体字代码标出的校验器名称，就是 Struts 2 所支持的全部校验器。

通过上面的代码可以看出，注册一个校验器是如此简单：通过一个<validator.../>元素即可注册一个校验器，每个<validator.../>元素的 name 属性指定该校验器的名字，class 属性指定该校验器的实现类。

如果开发者开发了一个自己的校验器，则可以通过添加一个 validators.xml 文件（该文件应该放在 WEB-INF/classes 路径下）来注册校验器。validators.xml 文件的内容也是由多个<validator.../>元素组成的，每个<validator.../>元素注册一个校验器。

> **注意**
>
> 如果 Struts 2 系统在 WEB-INF/classes 路径下找到一个 validators.xml 文件，则不会再加载系统默认的 default.xml 文件。因此，如果开发者提供了自己的校验器注册文件（validators.xml 文件），一定要把 default.xml 文件里的全部内容复制到 validators.xml 文件中。

1. 必填校验器

必填校验器的名字是 required，该校验器要求指定的字段必须有值（非空），该校验器可以接受如下参数。

> fieldName：该参数指定校验的 Action 属性名，如果采用字段校验器风格，则无须指定该参数。

采用非字段校验器配置风格时，该校验器的配置示例如下：

```
<validators>
    <!-- 使用非字段校验器风格来配置必填校验器 -->
    <validator type="required">
        <!-- 指定需要校验的字段名 -->
        <param name="fieldName">username</param>
        <!-- 指定校验失败的提示信息 -->
        <message>username must not be null</message>
    </validator>
    ..
<validators>
```

采用字段校验器配置风格时，该校验器的配置示例如下：

```
<validators>
    <!-- 使用字段校验器风格来配置必填校验器，校验 username 属性 -->
    <field name="username">
        <field-validator type="required">
            <!-- 指定校验失败的提示信息 -->
            <message>username must not be null</message>
        </ field-validator>
        ...
    </field>
    ..
<validators>
```

2．必填字符串校验器

必填字符串校验器的名字是 requiredstring，该校验器要求字段值必须非空且长度大于 0，即该字符串不能是""。该校验器可以接受如下参数。

➤ fieldName：该参数指定校验的 Action 属性名，如果采用字段校验器风格，则无须指定该参数。

➤ trim：是否在校验前截断被校验属性值前后的空白，该属性是可选的，默认是 true。

采用非字段校验器配置风格时，该校验器的配置示例如下：

```
<validators>
    <!-- 使用非字段校验器风格来配置必填字符串校验器 -->
    <validator type="requiredstring">
        <!-- 指定需要校验的字段名 -->
        <param name="fieldName">username</param>
        <!-- 指定截断被校验属性值前后的空白 -->
        <param name="trim">true</param>
        <!-- 指定校验失败的提示信息 -->
        <message>username is required</message>
    </validator>
    ..
<validators>
```

采用字段校验器配置风格时，该校验器的配置示例如下：

```
<validators>
    <!-- 使用字段校验器风格来配置必填字符串校验器，校验 username 属性 -->
    <field name="username">
        <field-validator type="requiredstring">
            <!-- 指定截断被校验属性值前后的空白 -->
            <param name="trim">true</param>
            <!-- 指定校验失败的提示信息 -->
            <message>username is required</message>
        </ field-validator>
        ...
    </field>
    ..
<validators>
```

3．整数校验器

整数校验器包括 int、long、short，该校验器要求字段的整数值必须在指定范围内。该校验器可以接受如下参数。

➤ fieldName：该参数指定校验的 Action 属性名，如果采用字段校验器风格，则无须指定该参数。

➤ min：指定该属性的最小值，该参数可选，如果没有指定，则不检查最小值。

➤ max：指定该属性的最大值，该参数可选，如果没有指定，则不检查最大值。

采用非字段校验器配置风格时，该校验器的配置示例如下：

```
<validators>
    <!-- 使用非字段校验器风格来配置整数校验器 -->
    <validator type="int">
        <!-- 指定需要校验的字段名 -->
```

```
        <param name="fieldName">age</param>
        <!-- 指定 age 属性的最小值 -->
        <param name="min">20</param>
        <!-- 指定 age 属性的最大值 -->
        <param name="max">50</param>
        <!-- 指定校验失败的提示信息 -->
        <message>Age needs to be between ${min} and ${max}</message>
    </validator>
    ..
<validators>
```

采用字段校验器配置风格时，该校验器的配置示例如下：

```
<validators>
    <!-- 使用字段校验器风格来配置整数校验器，校验 age 属性 -->
    <field name="age">
        <field-validator type="int">
            <!-- 指定 age 属性的最小值 -->
            <param name="min">20</param>
            <!-- 指定 age 属性的最大值 -->
            <param name="max">50</param>
            <!-- 指定校验失败的提示信息 -->
            <message>Age needs to be between ${min} and ${max}</message>
        </ field-validator>
        ...
    </field>
    ..
<validators>
```

与整数校验器用法几乎相同的是双精度浮点数校验器，唯一的区别是它要求被校验的 Action 属性是双精度浮点数。

4. 日期校验器

日期校验器的名字是 date，该校验器要求字段的日期值必须在指定范围内。该校验器可以接受如下参数。

- ➢ fieldName：该参数指定校验的 Action 属性名，如果采用字段校验器风格，则无须指定该参数。
- ➢ min：指定该属性的最小值，该参数可选，如果没有指定，则不检查最小值。
- ➢ max：指定该属性的最大值，该参数可选，如果没有指定，则不检查最大值。

 **注意**

如果系统没有指定日期转换器，则默认使用 XWorkBasicConverter 完成日期转换。进行日期转换时，默认使用 struts.properties 里指定的 Locale，或者系统默认的 Locale 的 Date.SHORT 格式来进行日期转换。

采用非字段校验器配置风格时，该校验器的配置示例如下：

```
<validators>
    <!-- 使用非字段校验器风格来配置日期校验器 -->
    <validator type="date">
        <!-- 指定需要校验的字段名 -->
        <param name="fieldName">birth</param>
        <!-- 指定 birth 属性的最小值 -->
        <param name="min">1990-01-01</param>
        <!-- 指定 birth 属性的最大值 -->
        <param name="max">2010-01-01</param>
        <!-- 指定校验失败的提示信息 -->
        <message> Birthday must be within ${min} and ${max} </message>
    </validator>
    ...
<validators>
```

采用字段校验器配置风格时，该校验器的配置示例如下：

```
<validators>
    <!-- 使用字段校验器风格来配置日期校验器，校验 birth 属性 -->
    <field name="birth">
        <field-validator type="date">
            <!-- 指定 birth 属性的最小值 -->
            <param name="min">1990-01-01</param>
            <!-- 指定 birth 属性的最大值 -->
            <param name="max">2010-01-01</param>
            <!-- 指定校验失败的提示信息 -->
            <message> Birthday must be within ${min} and ${max} </message>
        </ field-validator>
        ...
    </field>
    ...
<validators>
```

5. 表达式校验器

表达式校验器的名字是 expression，它是一个非字段校验器，不可在字段校验器的配置风格中使用。该表达式校验器要求 OGNL 表达式返回 true，当返回 true 时，该校验通过；否则校验没有通过。

该校验器可以接受如下一个参数。

➢ expression：该参数指定一个逻辑表达式，该逻辑表达式基于 ValueStack 进行求值，最后返回一个 Boolean 值；当返回 true 时，校验通过；否则校验失败。

该校验器的配置示例如下：

```
<validators>
    <!-- 使用表达式校验器 -->
    <validator type="expression">
        <!-- 指定校验表达式 -->
        <param name="expression"> .... </param>
        <!-- 指定校验失败的提示信息 -->
         <message>Failed to meet Ognl Expression  .... </message>
    </validator>
</validators>
```

6. 字段表达式校验器

字段表达式校验器的名字是 fieldexpression，它要求指定字段满足一个逻辑表达式。该校验器可以接受如下两个参数。

➢ fieldName：该参数指定校验的 Action 属性名，如果采用字段校验器风格，则无须指定该参数。

➢ expression：该参数指定一个逻辑表达式，该逻辑表达式基于 ValueStack 进行求值，最后返回一个 Boolean 值；当返回 true 时，校验通过；否则校验失败。

采用非字段校验器配置风格时，该校验器的配置示例如下：

```
<validators>
    <!-- 使用非字段校验器风格来配置字段表达式校验器 -->
    <validator type="fieldexpression">
        <!-- 指定需要校验的字段名:pass -->
        <param name="fieldName">pass</param>
        <!-- 指定逻辑表达式 -->
        <param name="expression"><![CDATA[(pass == rpass)]]></param>
        <!-- 指定校验失败的提示信息 -->
        <message>密码必须和确认密码相等</message>
    </validator>
    ...
<validators>
```

采用字段校验器配置风格时，该校验器的配置示例如下：

```
<validators>
    <!-- 使用字段校验器风格来配置字段表达式校验器，校验 pass 属性 -->
```

```
<field name="pass">
    <field-validator type="fieldexpression">
        <!-- 指定逻辑表达式 -->
        <param name="expression"><![CDATA[(pass == rpass)]]></param>
        <!-- 指定校验失败的提示信息 -->
        <message>密码必须和确认密码相等</message>
    </ field-validator>
    ...
</field>
...
<validators>
```

7. 邮件地址校验器

邮件地址校验器的名称是 email，它要求被检查字段的字符如果非空，则必须是合法的邮件地址。不过这个校验器其实就是基于正则表达式进行校验的，系统的邮件地址正则表达式为：

\\b(^[_A-Za-z0-9-](\\.[_A-Za-z0-9-])*@([A-Za-z0-9-])+((\\.com)|(\\.net)|(\\.org)|(\\.info)|(\\.edu)|(\\.mil)|(\\.gov)|(\\.biz)|(\\.ws)|(\\.us)|(\\.tv)|(\\.cc)|(\\.aero)|(\\.arpa)|(\\.coop)|(\\.int)|(\\.jobs)|(\\.museum)|(\\.name)|(\\.pro)|(\\.travel)|(\\.nato)|(\\..{2,3})|(\\..{2,3}\\..{2,3}))$)\\b

> **注意**
>
> 随着技术的不断发展，有可能上面的正则表达式不能完全覆盖实际的电子邮件地址。此时，建议开发者使用正则表达式校验器来完成邮件校验。

该校验器可以接受如下一个参数。

➢ fieldName：该参数指定校验的 Action 属性名，如果采用字段校验器风格，则无须指定该参数。

采用非字段校验器配置风格时，该校验器的配置示例如下：

```
<validators>
    <!-- 使用非字段校验器风格来配置邮件校验器 -->
    <validator type="email">
        <!-- 指定需要校验的字段名:email -->
        <param name="fieldName">email</param>
        <!-- 指定校验失败的提示信息 -->
        <message>你的电子邮件地址必须是一个有效的电邮地址</message>
    </validator>
    ...
<validators>
```

采用字段校验器配置风格时，该校验器的配置示例如下：

```
<validators>
    <!-- 使用字段校验器风格来配置邮件校验器，校验 email 属性 -->
    <field name="email">
        <field-validator type="email">
            <!-- 指定校验失败的提示信息 -->
            <message>你的电子邮件地址必须是一个有效的电邮地址</message>
        </ field-validator>
        ...
    </field>
    ...
<validators>
```

8. 网址校验器

网址校验器的名称是 url，它要求被检查字段的字符如果非空，则必须是合法的 URL 地址。不过这个校验器其实就是基于正则表达式进行校验的，因此，有可能随着技术的发展，这个校验器不能完全覆盖所有的网址。此时，建议开发者使用正则表达式校验器进行网址校验。

该校验器可以接受如下一个参数。

➢ fieldName：该参数指定校验的 Action 属性名，如果采用字段校验器风格，则无须指定该参数。

采用非字段校验器配置风格时，该校验器的配置示例如下：

```
<validators>
    <!-- 使用非字段校验器风格来配置网址校验器 -->
    <validator type="url">
        <!-- 指定需要校验的字段名: url -->
        <param name="fieldName">url</param>
        <!-- 指定校验失败的提示信息 -->
        <message>你的主页地址必须是一个有效的网址</message>
    </validator>
    ...
<validators>
```

采用字段校验器配置风格时，该校验器的配置示例如下：

```
<validators>
    <!-- 使用字段校验器风格来配置网址校验器，校验 url 属性 -->
    <field name="url">
        <field-validator type="url">
            <!-- 指定校验失败的提示信息 -->
            <message>你的主页地址必须是一个有效的网址</message>
        </ field-validator>
        ...
    </field>
    ...
<validators>
```

9. Visitor 校验器

Visitor 校验器主要用于检测 Action 里的复合属性，例如一个 Action 里包含了 User 类型的属性。假设有下面的 Action 类。

程序清单：codes\04\4.2\visitor\WEB-INF\src\org\crazyit\app\action\RegistAction.java

```java
public class RegistAction extends ActionSupport
{
    // 定义 User 类型的成员变量用于封装请求参数
    private User user;
    // user 的 setter 和 getter 方法
    public void setUser(User user)
    {
        this.user = user;
    }
    public User getUser()
    {
        return (this.user);
    }
}
```

上面的 User 类是一个最普通的 Java 类，仅仅提供了 4 个属性，以及每个属性的 setter 和 getter 方法。该 User 类的代码片段如下。

程序清单：codes\04\4.2\visitor\WEB-INF\src\org\crazyit\app\domain\User.java

```java
public class User
{
    // User 类中定义 4 个基本数据类型的成员变量
    private String name;
    private String pass;
    private int age;
    private Date birth;
    // 此处省略所有的 setter 和 getter 方法
    ...
}
```

为了校验上面 RegistAction 里的 user 属性，可考虑使用 Visitor 校验器。

　　下面给出校验 RegistAction 的校验规则文件。

　　　　程序清单：codes\04\4.2\visitor\WEB-INF\src\org\crazyit\app\action\RegistAction-validation.xml

```xml
<?xml version="1.0" encoding="GBK"?>
<!-- 指定校验规则文件的 DTD 信息 -->
<!DOCTYPE validators PUBLIC "
  -//Apache Struts//XWork Validator 1.0.3//EN"
  "http://struts.apache.org/dtds/xwork-validator-1.0.3.dtd">
<!-- 校验规则文件的根元素 -->
<validators>
    <!-- 指定校验 user 字段 -->
    <field name="user">
        <!-- 使用 visitor 校验器 -->
        <field-validator type="visitor">
            <!-- 指定校验规则文件的 context -->
            <param name="context">userContext</param>
            <!-- 指定校验失败后提示信息是否添加下面前缀 -->
            <param name="appendPrefix">true</param>
            <!-- 指定校验失败的提示信息前缀 -->
            <message>用户的：</message>
        </field-validator>
    </field>
</validators>
```

　　上面的校验规则并未指定 User 类里各字段应该遵守怎样的校验规则。因此还必须为 User 类指定对应的校验规则文件。在默认情况下，该校验文件的规则文件名为 User-validation.xml，因为配置 Visitor 校验器时指定了 context 为 userContext，则该校验文件的文件名为 User-userContext-validation.xml（该文件不是放在与 Action 相同的路径，而是应该放在与 User.class 相同的路径）。该文件的代码如下。

　　　　程序清单：codes\04\4.2\visitor\WEB-INF\src\org\crazyit\app\domain\User-userContext-validation.xml

```xml
<?xml version="1.0" encoding="GBK"?>
<!-- 指定校验配置文件的 DTD 信息 -->
<!DOCTYPE validators PUBLIC
  "-//Apache Struts//XWork Validator 1.0.3//EN"
  "http://struts.apache.org/dtds/xwork-validator-1.0.3.dtd">
<!-- 校验文件的根元素 -->
<validators>
    <!-- 校验 user 属性的 name 属性 -->
    <field name="name">
        <!-- 指定 name 属性必须满足必填规则 -->
        <field-validator type="requiredstring">
            <param name="trim">true</param>
            <!-- 如果校验失败，输出 name.requried 对应的国际化信息 -->
            <message key="name.requried"/>
        </field-validator>
        <!-- 指定 name 属性必须匹配正则表达式 -->
        <field-validator type="regex">
            <param name="regex"><![CDATA[(\w{4,25})]]></param>
            <!-- 如果校验失败，输出 name.regex 对应的国际化信息 -->
            <message key="name.regex"/>
        </field-validator>
    </field>
    <!-- 校验 user 属性的 pass 属性 -->
    <field name="pass">
        <!-- 指定 pass 属性必须满足必填规则 -->
        <field-validator type="requiredstring">
            <param name="trim">true</param>
            <!-- 如果校验失败，输出 pass.requried 对应的国际化信息 -->
            <message key="pass.requried"/>
        </field-validator>
        <!-- 指定 pass 属性必须满足匹配指定的正则表达式 -->
```

```
                <field-validator type="regex">
                    <param name="regex"><![CDATA[(\w{4,25})]]></param>
                    <!-- 如果校验失败，输出 pass.regex 对应的国际化信息 -->
                    <message key="pass.regex"/>
                </field-validator>
            </field>
    <!-- 指定 user 属性的 age 属性必须在指定范围内-->
    <field name="age">
                <field-validator type="int">
                    <param name="min">1</param>
                    <param name="max">150</param>
                    <!-- 如果校验失败，输出 age.range 对应的国际化信息 -->
                    <message key="age.range"/>
                </field-validator>
            </field>
    <!-- 指定 user 属性的 birth 属性必须在指定范围内-->
    <field name="birth">
                <field-validator type="date">
                    <!-- 下面指定日期字符串时，必须使用本 Locale 的日期格式 -->
                    <param name="min">1900-01-01</param>
                    <param name="max">2050-02-21</param>
                    <!-- 如果校验失败，输出 birth.range 对应的国际化信息 -->
                    <message key="birth.range"/>
                </field-validator>
            </field>
</validators>
```

从上面的配置文件中可以看出，这个 User-userContext-validation.xml 文件的内容与之前校验 Action 的校验文件完全相同，通过这种方式就可以对 Action 里复合类型的属性进行校验了。

因为 Action 里的属性不再是基本数据类型，而是 User 类型的属性，则将 JSP 页面进行简单的修改：将表单域直接绑定到 user 属性的属性。修改后 JSP 页面的表单部分代码如下：

```
<s:form action="regist">
    <s:textfield name="user.name" label="用户名"/>
    <s:textfield name="user.pass" label="密码"/>
    <s:textfield name="user.age" label="年龄"/>
    <s:textfield name="user.birth" label="生日"/>
    <s:submit value="注册"/>
</s:form>
```

在上面表单域的 name 属性中，指定了这些表单域的名字为 user.pass、user.age 等，这就意味着将这些属性直接绑定到 Action 实例的 user 属性的 pass、age 属性。

如果浏览者的输入不能通过输入校验，将看到如图 4.17 所示的页面。

在图 4.17 中看到校验提示信息是："用户名：必须输入名字"等。其中"用户的："字符串是在配置 Visitor 校验器时指定的<message.../>元素的内容，如果将 appendPrefix 属性指定为 true，则会在提示信息中增加该前缀，否则将不会添加该前缀。

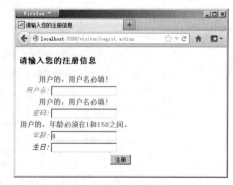

图 4.17　Visitor 校验器的校验效果

10．转换校验器

转换校验器的名称是 conversion，它检查被校验字段在类型转换过程中是否出现错误。它可以接受如下两个参数。

➢ fieldName：该参数指定校验的 Action 属性名，如果采用字段校验器风格，则无须指定该参数。

➢ repopulateField：该参数指定当类型转换失败后，返回 input 页面时，类型转换失败的表单域是否保留原来的错误输入。

采用非字段校验器配置风格时，该校验器的配置示例如下：

```
<validators>
    <!-- 使用非字段校验器风格来配置转换校验器 -->
    <validator type="conversion">
        <!-- 指定需要校验的字段名:age -->
        <param name="fieldName">age</param>
        <!-- 指定类型转换失败后，返回输入页面不保留原来的错误输入 -->
        <param name="repopulateField">false</param>
        <!-- 指定校验失败的提示信息 -->
        <message>你的年龄必须是一个整数</message>
    </validator>
    ...
<validators>
```

采用字段校验器配置风格时，该校验器的配置示例如下：

```
<validators>
    <!-- 使用字段校验器风格来配置转换校验器，校验 age 属性 -->
    <field name="age">
        <field-validator type="conversion">
            <!-- 指定类型转换失败后，返回输入页面依然保留原来的错误输入 -->
            <param name="repopulateField">true</param>
            <!-- 指定校验失败的提示信息 -->
            <message>你的年龄必须是一个整数</message>
        </ field-validator>
        ...
    </field>
    ...
<validators>
```

11. 字符串长度校验器

字符串长度校验器的名称是 stringlength，它要求被校验字段的长度必须在指定的范围之内，否则就算校验失败。该校验器可以接受如下几个参数。

➢ fieldName：该参数指定校验的 Action 属性名，如果采用字段校验器风格，则无须指定该参数。

➢ maxLength：该参数指定字段值的最大长度，该参数可选，如果不指定该参数，则最大长度不受限制。

➢ minLength：该参数指定字段值的最小长度，该参数可选，如果不指定该参数，则最小长度不受限制。

➢ trim：指定校验该字段之前是否截断该字段值前后的空白。该参数可选，默认是 true。

采用非字段校验器配置风格时，该校验器的配置示例如下：

```
<validators>
    <!-- 使用非字段校验器风格来配置字符串长度校验器 -->
    <validator type="stringlength">
        <!-- 指定需要校验的字段名:user -->
        <param name="fieldName">user</param>
        <!-- 指定 user 属性字符串的最小长度 -->
        <param name="minLength">4</param>
        <!-- 指定 user 属性字符串的最大长度 -->
        <param name="maxLength">20</param>
        <!-- 指定校验失败的提示信息 -->
        <message>你的用户名长度必须在 4 到 20 之间</message>
    </validator>
    ...
<validators>
```

采用字段校验器配置风格时，该校验器的配置示例如下：

```
<validators>
```

```
<!-- 使用字段校验器风格来配置字符串长度校验器，校验 user 属性 -->
<field name="user">
    <field-validator type="stringlength">
        <!-- 指定 user 属性字符串的最小长度 -->
        <param name="minLength">4</param>
        <!-- 指定 user 属性字符串的最大长度 -->
        <param name="maxLength">20</param>
        <!-- 指定校验失败的提示信息 -->
        <message>你的用户名长度必须在 4 到 20 之间</message>
    </ field-validator>
    ...
</field>
...
<validators>
```

12. 正则表达式校验器

正则表达式校验器的名称是 regex，它检查被校验字段是否匹配一个正则表达式。该校验器可以接受如下几个参数。

- ➤ fieldName：该参数指定校验的 Action 属性名，如果采用字段校验器风格，则无须指定该参数。
- ➤ regex：该参数是必需的，该参数指定匹配用的正则表达式。
- ➤ caseSensitive：该参数指明进行正则表达式匹配时，是否区分大小写。该参数是可选的，默认是 true。

采用非字段校验器配置风格时，该校验器的配置示例如下：

```
<validators>
    <!-- 使用非字段校验器风格来配置正则表达式校验器 -->
    <validator type="regex">
        <!-- 指定需要校验的字段名:user -->
        <param name="fieldName">user</param>
        <!--指定匹配的正则表达式-->
        <param name="regex"><![CDATA[(\w{4,20})]]></param>
        <!-- 指定校验失败的提示信息 -->
        <message>你的用户名长度必须在 4 到 20 之间，且必须是字母和数字</message>
    </validator>
    ...
<validators>
```

采用字段校验器配置风格时，该校验器的配置示例如下：

```
<validators>
    <!-- 使用字段校验器风格来配置正则表达式校验器，校验 user 属性 -->
    <field name="user">
        <field-validator type="regex">
            <!-- 指定匹配的正则表达式 -->
            <param name="regex"><![CDATA[(\w{4,20})]]></param>
            <!-- 指定校验失败的提示信息 -->
            <message>你的用户名长度必须在 4 到 20 之间，且必须是字母和数字</message>
        </ field-validator>
        ...
    </field>
    ...
<validators>
```

▶▶ 4.2.10 基于注解的输入校验

这种基于注解的输入校验实质上也属于 Struts 2 "零配置"特性的部分，它允许使用注解来定义每个字段应该满足的规则，Struts 2 在 com.opensymphony.xwork2.validator.annotations 包下提供了大量校验器相关的 Annotation，这些 Annotation 和前面介绍的验证器大致上一一对应，读者可以自行查阅 API 文档。

提示：

> 虽然这些注解实质上也属于 Struts 2 的 "零配置" 特性，但由于这种特性并不是 Convention 插件提供的，而是由 XWork 框架提供的，因此不需要 Convention 插件。

为了在 Action 类通过注解指定验证规则，只要使用验证器注解修饰 Action 里各成员变量对应的 setter 方法即可。

下面对前面的 I18NValidate 应用进行修改，将该应用中与 Action 相同路径下的校验规则文件删除，修改该路径下的RegistAction.java文件,通过注解指定各属性应该满足的规则。修改后的 Action 代码如下。

程序清单：codes\04\4.2\annotation\WEB-INF\src\org\crazyit\app\action\RegistAction.java

```java
public class RegistAction extends ActionSupport
{
    private String name;
    private String pass;
    private int age;
    private Date birth;
    // name 的 setter 和 getter 方法
    // 使用注解指定必填、正则表达式两个校验规则
    @RequiredStringValidator(key = "name.requried"
        , message = "")
    @RegexFieldValidator(regex = "\\w{4,25}"
        ,key = "name.regex" , message = "")
    public void setName(String name)
    {
        this.name = name;
    }
    public String getName()
    {
        return this.name;
    }
    // pass 的 setter 和 getter 方法
    @RequiredStringValidator(key = "pass.requried"
        ,message = "")
    @RegexFieldValidator(regex = "\\w{4,25}"
        ,key = "pass.regex" ,message = "")
    public void setPass(String pass)
    {
        this.pass = pass;
    }
    public String getPass()
    {
        return this.pass;
    }
    // age 的 setter 和 getter 方法
    @IntRangeFieldValidator(message = ""
        , key = "age.range", min = "1"
        , max = "150")
    public void setAge(int age)
    {
        this.age = age;
    }
    public int getAge()
    {
        return this.age;
    }
    // birth 的 setter 和 getter 方法
    @DateRangeFieldValidator(message = ""
        , key = "birth.range", min = "1900/01/01"
```

```
          , max = "2050/01/21")
   public void setBirth(Date birth)
   {
      this.birth = birth;
   }
   public Date getBirth()
   {
      return this.birth;
   }
}
```

上面 Action 的粗体字代码使用了验证器注解修饰了各属性的 setter 方法，这样 Struts 2 就知道了各属性应该满足怎样的规则。通过在 Action 中使用注解指定各字段应该满足的校验规则，就可以避免书写 XML 校验规则文件。

关于使用注解来代替 XML 配置文件，这是 JDK 1.5 新增注解后的一个趋势，使用这种方式无须编写 XML 文件，从而可以简化应用开发，但带来的副作用是所有内容都被写入 Java 代码中，会给后期维护带来一定困难。

▶▶ 4.2.11 手动完成输入校验

基于 Struts 2 校验器的校验可以完成绝大部分输入校验，但这些校验器都具有固定的校验逻辑，无法满足一些特殊的校验规则。对于一些特殊的校验要求，可能需要在 Struts 2 中进行手动校验。Struts 2 提供了良好的可扩展性，从而允许通过手动方式完成自定义校验。

1. 重写 validate()方法

本应用一样采用前面的注册页面，但现在要求 name 请求参数的值必须包含 crazyit 字符串（这个要求其实也可通过正则表达式校验器完成，此处仅仅是示范）。现在通过重写 ActionSupport 类的 validate() 方法来进行这种校验。

下面的示例将对上面的注册应用进行改进，为上面的 Web 应用增加 Struts 2 支持。增加 Struts 2 支持后，将通过如下的 Action 来处理用户请求。下面的 Action 仅仅重写了 ActionSupport 类的 validate 方法。

下面是重写 validate()方法后的 RegistAction 代码。

程序清单：codes\04\4.2\overrideValidate\WEB-INF\src\org\crazyit\app\action\RegistAction.java

```
public class RegistAction extends ActionSupport
{
   private String name;
   private String pass;
   private int age;
   private Date birth;
   // 省略所有的 setter 和 getter 方法
   ...
   public void validate()
   {
      System.out.println("进入 validate 方法进行校验" + name);
      // 要求用户名必须包含 crazyit 子串
      if(!name.contains("crazyit"))
      {
         addFieldError("user" , "您的用户名必须包含 crazyit! ");
      }
   }
}
```

上面的粗体字代码重写了 validate()方法，在 validate()方法中，一旦发现校验失败，就把校验失败提示通过 addFieldError()方法添加进系统的 FieldError 中，这与类型转换失败后的处理是完全一样的。除此之外，程序无须做额外的处理，如果 Struts 2 发现系统的 FieldError 不为空，将会自动跳转到 input 逻辑视图，因此依然必须在 struts.xml 文件中为该 Action 的 input 逻辑视图指定视图资源。

除此之外，为了在 input 视图对应的 JSP 页面中输出错误提示，应该在该页面中增加如下代码：

```
<!-- 输出类型转换失败提示和校验失败提示 -->
<s:fielderror/>
```

上面的<s:fielderror/>标签专门负责输出系统的 FieldError 信息，也就是输出系统的类型转换失败提示和输入校验的失败提示。

如果在输入页面输入的用户名不包含 crazyit 字符串，将会看到如图 4.18 所示的页面。

在上面的 validate()方法中，校验失败时直接添加了校验失败的提示信息，并没有考虑国际化的问题。但这并不是太大的问题，因为 ActionSupport 类里包含了一个 getText()方法，该方法可用于取得国际化信息。

2. 重写 validateXxx()方法

前面已经介绍过了，Struts 2 的 Action 类里可以包含多个处理逻辑，不同的处理逻辑对应不同的方法。即 Struts 2 的 Action 类里定义了几个类似于 execute() 的方法，只是方法名不是 execute。

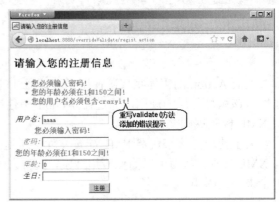

图 4.18　重写 validate 方法完成输入校验

如果输入校验只想校验某个处理逻辑，也就是仅校验某个处理方法，则重写 validate()方法显然不够，validate()方法无法准确知道需要校验哪个处理方法。实际上，如果重写了 Action 的 validate()方法，则该方法会校验所有的处理逻辑。

为了实现校验指定处理逻辑的功能，Struts 2 的 Action 允许提供一个 validateXxx()方法，其中 xxx 即是 Action 对应的处理逻辑方法。

下面对上面的 Action 进行改写，为该 Action 增加 regist，并增加 validateRegist()方法。修改后的 RegistAction 类代码如下。

程序清单：codes\04\4.2\validateXxx\WEB-INF\src\org\crazyit\app\action\RegistAction.java

```java
public class RegistAction extends ActionSupport
{
    private String name;
    private String pass;
    private int age;
    private Date birth;
    // 省略所有的 setter 和 getter 方法
    ...
    public String regist()
    {
        return SUCCESS;
    }
    public void validate()
    {
        …
    }
    public void validateRegist()
    {
        System.out.println("进入 validateRegist()方法进行校验"
            + name);
        // 要求用户名必须包含.org 子串
        if(!name.contains(".org"))
        {
            addFieldError("user" , "您的用户名必须包含.org! ");
        }
    }
}
```

实际上，上面的 validateRegist 方法与前面的 regist 方法大致相同，此处仅仅是为了讲解如何通过提供 validateXxx 方法来实现只校验某个处理逻辑。

为了让该 Action 的 regist 方法来处理用户请求，必须在 struts.xml 文件中指定该方法。struts.xml 文件的代码如下。

程序清单：codes\04\4.2\validateXxx\WEB-INF\src\struts.xml

```xml
<?xml version="1.0" encoding="GBK"?>
<!-- 指定 Struts 2 配置文件的 DTD 信息 -->
<!DOCTYPE struts PUBLIC
    "-//Apache Software Foundation//DTD Struts Configuration 2.5//EN"
    "http://struts.apache.org/dtds/struts-2.5.dtd">
<struts>
    <!-- 指定该应用编码的字符集 -->
    <constant name="struts.i18n.encoding" value="GBK"/>
    <package name="lee" extends="struts-default">
        <!-- 定义处理用户请求的 regist Action，使用 RegistAction 的 regist
            方法处理用户请求 -->
        <action name="regist" class="org.crazyit.app.action.RegistAction"
            method="regist">
            <result name="input">/WEB-INF/content/registForm.jsp</result>
            <result>/WEB-INF/content/show.jsp</result>
        </action>
        <action name="*">
            <result>/WEB-INF/content/{1}.jsp</result>
        </action>
    </package>
</struts>
```

在上面名为 regist 的 Action 中，指定使用 RegistAction 的 regist()方法处理用户请求。如果浏览者再次向 regist 提交请求，该请求将由 RegistAction 的 regist()处理逻辑处理，那么不仅 validate()方法会进行输入校验，validateRegist()方法也会执行输入校验。

如果在本应用的 registForm.jsp 页面中输入不符合要求，将看到如图 4.19 所示的页面。

从图 4.19 中可以看出，当用户向 regist 方法发送请求时，该 Action 内的 validate 方法和 validateRegist()方法都会起作用，而且 validateRegist()方法首先被调用。

前面已经介绍过了，不管用户向 Action 的哪个方法发送请求，Action 内的 validate()方法都会被调用。如果该 Action 内还有该方法对应的 validateXxx()方法，则该方法会在 validate()方法之前被调用。

图 4.19　validate 和 validateXxx 方法同时作用

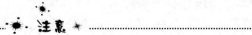 **注意**

> 通过重写 validate()或 validateXxx()方法来进行输入校验时，如果开发者在这两个方法中添加的 FieldError，但 Struts 2 的表单标签不会自动显示这些 FieldError 提示，必须使用 <s:fielderror/>标签来显式输出错误提示。

通过上面示例的介绍，可以发现 Struts 2 的输入校验需要经过如下几个步骤。

① 类型转换器负责对字符串的请求参数执行类型转换，并将这些值设置成 Action 的属性值。

② 在执行类型转换过程中可能出现异常，如果出现异常，将异常信息保存到 ActionContext 中，conversionError 拦截器负责将其封装到 FieldError 里，然后执行第 3 步；如果转换过程没有异常信息，则直接进入第 3 步。

③ 使用 Struts 2 应用中所配置的校验器进行输入校验。

④ 通过反射调用 validateXxx() 方法，其中 Xxx 是即将处理用户请求的处理逻辑所对应的方法。

⑤ 调用 Action 类里的 validate() 方法。

⑥ 如果经过上面 5 步都没有出现 FieldError，将调用 Action 里处理用户请求的处理方法；如果出现了 FieldError，系统将转入 input 逻辑视图所指定的视图资源。图 4.20 显示了 Struts 2 表现层数据的整套处理流程。

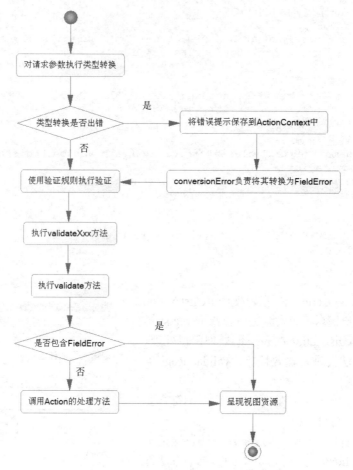

图 4.20　Struts 2 执行数据校验的流程图

4.3　使用 Struts 2 控制文件上传

为了能上传文件，必须将表单的 method 设置为 POST，将 enctype 设置为 multipart/form-data。只有在这种情况下，浏览器才会把用户选择文件的二进制数据发送给服务器。

一旦设置了 enctype 为 multipart/form-data，此时浏览器将采用二进制流的方式来处理表单数据，Servlet 3.0 规范的 HttpServletRequest 已经提供了方法来处理文件上传，但这种上传需要在 Servlet 中完成。而 Struts 2 则提供了更简单的封装。

> **提示：**┈┈┈┈┈┈┈┈┈┈┈┈┈┈┈┈┈┈┈┈┈┈┈┈┈┈┈┈┈┈┈┈┈┈┈┈┈┈┈
> 提示：Struts 2 的文件上传还没有来得及使用 Servlet 3.0 API，因此 Struts 2 的文件上传还需要依赖于 Common-FileUpload、COS 等文件上传组件。

▶▶ 4.3.1　Struts 2 的文件上传

Struts 2 并未提供自己的请求解析器，也就是说，Struts 2 不会自己去处理 multipart/form-data 的请求，它需要调用其他上传框架来解析二进制请求数据。但 Struts 2 在原有的上传解析器基础上做了进一步封装，更进一步简化了文件上传。

在 Struts 2 的 struts.properties 配置文件中，看到了下面的配置代码，它们主要用于配置 Struts 2 上传文件时的上传解析器。

```
# 指定使用 COS 的文件上传解析器
# struts.multipart.parser=cos
# 指定使用 Pell 的文件上传解析器
# struts.multipart.parser=pell
# Struts 2 默认使用 Jakarta 的 Common-FileUpload 的文件上传解析器
struts.multipart.parser=jakarta
```

Struts 2 的封装隔离了底层文件上传组件的区别，开发者只要在此处配置文件上传所使用的解析器，就可以轻松地在不同的文件上传框架之间切换。

Struts 2 默认使用的是 Jakarta 的 Common-FileUpload 的文件上传框架，因此，如果需要使用 Struts 2 的文件上传功能，则需要在 Web 应用中增加两个 JAR 文件，即 commons-io-2.5.jar 和 commons-fileupload-1.3.3.jar，将 Struts 2 项目 lib 下的这两个文件复制到 Web 应用的 WEB-INF\lib 路径下即可。

Struts 2 默认使用 Jakarta 的 Common-FileUpload 的文件上传，那是因为它们同是 Apache 组织下的项目，但并不意味着只能使用 Jakarta 的 Common-FileUpload 文件上传，也完全可以在 Web 应用中使用 COS、Pell 的文件上传支持。对于开发者而言，使用哪种文件上传支持，几乎没有任何区别——只需要修改 struts.multipart.parser 常量，并在 Web 应用中增加相应上传项目的类库即可。

Struts 2 的文件上传支持在原有的文件上传项目上做了进一步封装，简化了文件上传的代码实现，取消了不同上传项目上的编程差异。

下面将以 Struts 2 默认的文件上传支持为例，详细介绍 Struts 2 文件上传相关方面的知识。

图 4.21 文件上传页面

▶▶ 4.3.2 实现文件上传的 Action

假设有如图 4.21 所示的文件上传页面，其中包含两个表单域：文件标题和文件域——当然，为了能完成文件上传，应该将这两个表单域所在表单的 enctype 属性设置为 "multipart/form-data"。该页面的代码如下。

程序清单：codes\04\4.3\simpleUpload\WEB-INF\content\uploadForm.jsp

```
<%@ page contentType="text/html; charset=GBK" language="java" errorPage="" %>
<%@taglib prefix="s" uri="/struts-tags"%>
<!DOCTYPE html PUBLIC "-//W3C//DTD XHTML 1.0 Transitional//EN"
    "http://www.w3.org/TR/xhtml1/DTD/xhtml1-transitional.dtd">
<html xmlns="http://www.w3.org/1999/xhtml">
<head>
    <title>简单的文件上传</title>
</head>
<body>
<s:form action="upload"
    enctype="multipart/form-data">
    <s:textfield name="title" label="文件标题"/>
    <s:file name="upload" label="选择文件"/>
    <s:submit value="上传"/>
</s:form>
</body>
</html>
```

上面的页面使用了 Struts 2 的标签库来生成上传文件的表单，其中<s:file.../>用于生成一个文件上传域。当该页面提交请求时，请求发送到 upload.action，这是 Struts 2 的一个 Action。

Struts 2 的 Action 无须负责处理 HttpServletRequest 请求，正如前面介绍的，Struts 2 的 Action 已经

与 Servlet API 彻底分离了，Struts 2 框架负责解析 HttpServletRequest 请求中的参数，包括文件域，Struts 2 使用 File 类型来封装文件域。下面是处理上传请求的 Action 类代码。

程序清单：codes\04\4.3\simpleUpload\WEB-INF\src\org\crazyit\app\action\UploadAction.java

```java
public class UploadAction extends ActionSupport
{
    // 封装文件标题请求参数的成员变量
    private String title;
    // 封装上传文件域的成员变量
    private File upload;
    // 封装上传文件类型的成员变量
    private String uploadContentType;
    // 封装上传文件名的属性
    private String uploadFileName;
    // 直接在 struts.xml 文件中配置的成员变量
    private String savePath;
    // 接受 struts.xml 文件配置值的方法
    public void setSavePath(String value)
    {
        this.savePath = value;
    }
    // 获取上传文件的保存位置
    private String getSavePath() throws Exception
    {
        return ServletActionContext.getServletContext()
            .getRealPath(savePath);
    }
    // title 的 setter 和 getter 方法
    public void setTitle(String title)
    {
        this.title = title;
    }
    public String getTitle()
    {
        return (this.title);
    }
    // upload 的 setter 和 getter 方法
    public void setUpload(File upload)
    {
        this.upload = upload;
    }
    public File getUpload()
    {
        return (this.upload);
    }
    // uploadContentType 的 setter 和 getter 方法
    public void setUploadContentType(String uploadContentType)
    {
        this.uploadContentType = uploadContentType;
    }
    public String getUploadContentType()
    {
        return (this.uploadContentType);
    }
    // uploadFileName 的 setter 和 getter 方法
    public void setUploadFileName(String uploadFileName)
    {
        this.uploadFileName = uploadFileName;
    }
    public String getUploadFileName()
    {
        return (this.uploadFileName);
    }
    @Override
```

```
public String execute() throws Exception
{
    // 以服务器的文件保存地址和原文件名建立上传文件输出流
    FileOutputStream fos = new FileOutputStream(getSavePath()
        + "\\" + getUploadFileName());
    FileInputStream fis = new FileInputStream(getUpload());
    byte[] buffer = new byte[1024];
    int len = 0;
    while ((len = fis.read(buffer)) > 0)
    {
        fos.write(buffer , 0 , len);
    }
    return SUCCESS;
}
}
```

上面的 Action 与普通的 Action 并没有太大的不同，一样提供了 upload 和 title 两个成员变量，这两个成员变量分别对应前面的两个表单域的 name 属性，用于封装两个表单域的请求参数。

值得注意的是，上面的 Action 还包含了两个成员变量：uploadFileName 和 uploadContentType（如上粗体字代码所示），这两个成员变量分别用于封装上传文件的文件名、上传文件的文件类型。这两个成员变量体现了 Struts 2 设计的灵巧、简化之处，Action 类直接通过 File 类型属性直接封装了上传文件的文件内容，但这个 File 属性无法获取上传文件的文件名和文件类型，所以 Struts 2 直接将文件域中包含的上传文件名和文件类型的信息封装到 uploadFileName 和 uploadContentType 成员变量中。可以认为：如果表单中包含一个 name 属性为 xxx 的文件域，则对应 Action 需要使用三个成员变量来封装该文件域的信息。

➤ 类型为 File 的 xxx 成员变量封装了该文件域对应的文件内容。
➤ 类型为 String 的 xxxFileName 成员变量封装了该文件域对应的文件的文件名。
➤ 类型为 String 的 xxxContentType 成员变量封装了该文件域对应的文件的文件类型。

通过上面的三个成员变量，可以更简单地实现文件上传，所以在 execute() 方法中，可以直接通过调用 getXxx() 方法来获取上传文件的文件名、文件类型和文件内容。

除此之外，上面的 Action 中还包含了一个 savePath 成员变量，该成员变量的值通过配置文件来设置，从而允许动态设置该成员变量的值。

> **提示：**
> Struts 2 的 Action 中的属性，功能非常丰富，除了可以用于封装 HTTP 请求参数外，也可以封装 Action 的处理结果。不仅如此，Action 的属性还可通过在 Struts 2 配置文件中进行配置，接收 Struts 2 框架的注入，允许在配置文件中为该属性动态指定值。

▶▶ 4.3.3　配置文件上传的 Action

配置 Struts 2 文件上传的 Action 与配置普通 Action 并没有太大的不同，一样是指定该 Action 的 name，以及该 Action 的实现类。当然，还应该为该 Action 配置<result.../>元素。与之前的 Action 配置存在的一个小小区别是，该 Action 还配置了一个<param.../>元素，该元素用于为该 Action 的属性动态分配属性值。

下面是该应用的 struts.xml 配置文件代码。

程序清单：codes\04\4.3\simpleUpload\WEB-INF\src\struts.xml

```xml
<?xml version="1.0" encoding="GBK"?>
<!DOCTYPE struts PUBLIC
    "-//Apache Software Foundation//DTD Struts Configuration 2.5//EN"
    "http://struts.apache.org/dtds/struts-2.5.dtd">
<struts>
    <!-- 设置该应用使用的字符集 -->
    <constant name="struts.i18n.encoding" value="GBK"/>
    <package name="lee" extends="struts-default">
```

```
                <!-- 配置处理文件上传的 Action -->
                <action name="upload" class="org.crazyit.app.action.UploadAction">
                    <!-- 动态设置 Action 的属性值 -->
                    <param name="savePath">/uploadFiles</param>
                    <!-- 配置 Struts 2 默认的视图页面 -->
                    <result>/WEB-INF/content/succ.jsp</result>
                </action>
                <action name="*">
                    <result>/WEB-INF/content/{1}.jsp</result>
                </action>
            </package>
        </struts>
```

上面的配置文件除了使用<param.../>元素设置了 uploadAction 的 savePath 属性值外，与前面的 Action 几乎完全一样——这再次体现了 Struts 2 的简单设计。

配置了该 Web 应用后，如果在如图 4.21 所示的页面中输入文件标题，并浏览到需要上传的文件，然后单击"上传"按钮，该上传请求将被 UploadAction 处理，处理结束后转入 succ.jsp 页面，该页面使用了简单的 Struts 2 标签来显示上传的图片。succ.jsp 页面的代码如下。

程序清单：codes\04\4.3\simpleUpload\WEB-INF\content\succ.jsp

```
<%@ page contentType="text/html; charset=GBK" language="java" errorPage="" %>
<%@taglib prefix="s" uri="/struts-tags"%>
<!DOCTYPE html PUBLIC "-//W3C//DTD XHTML 1.0 Transitional//EN"
    "http://www.w3.org/TR/xhtml1/DTD/xhtml1-transitional.dtd">
<html xmlns="http://www.w3.org/1999/xhtml">
<head>
    <title>上传成功</title>
</head>
<body>
    上传成功!<br/>
    文件标题:<s:property value=" + title"/><br/>
    文件为: <img src="<s:property value="'uploadFiles/'
        + uploadFileName"/>"/><br/>
</body>
</html>
```

如果上传成功，将看到如图 4.22 所示的页面。

图 4.22　上传成功页面

 注意

　　上面示例上传时把文件保存到服务器时该文件的文件名依然没有发生改变，这在实际项目中需要改进，因为多个用户并发上传时可能发生文件名相同的情形，因此建议使用 java.util.UUID 工具类来生成唯一的文件名。

通过上面的开发过程不难发现，通过 Struts 2 实现文件上传确实是一件简单的事情。只要将文件域与 Action 中一个类型为 File 的成员变量关联，就可以轻松访问到上传文件的文件内容——至于 Struts 2 使用何种 Multipart 解析器，对开发者完全透明。

提示：┄┄
　　Struts 2 实现文件上传的编程关键，就是使用了三个成员变量来封装文件域，其中一个用于封装该文件的文件名，一个用于封装该文件的文件类型，一个用于封装该文件的文件内容。

▶▶ 4.3.4 手动实现文件过滤

　　大部分时候，Web 应用不允许浏览者自由上传，尤其不能允许上传可执行性文件——因为可能是病毒程序。通常只可以允许浏览者上传图片、上传压缩文件等；除此之外，还必须对浏览者上传的文件大小进行限制。因此必须在文件上传中进行文件过滤。

　　从上面的 Action 中可以看出，Action 内有两个方法分别用于获取文件类型和文件大小。为了实现文件过滤，完全可以通过判断这两个方法的返回值来实现文件过滤。在这种方式下，程序员获取全部的过滤控制权利。

　　如果需要手动实现文件过滤，可按如下步骤进行。

　❶ 在 Action 中定义一个专用于进行文件过滤的方法，该方法的方法名字是任意的，该方法的逻辑就是判断上传文件的类型是否为允许类型。例如增加 filterTypes()方法，方法代码如下。

程序清单：codes\04\4.3\codeFilter\WEB-INF\src\org\crazyit\app\action\UploadAction.java

```
/**
 * 过滤文件类型
 * @param types 系统所有允许上传的文件类型
 * @return 如果上传文件的文件类型允许上传，返回 null
 *         否则返回 error 字符串
 */
public String filterTypes(String[] types)
{
    // 获取允许上传的所有文件类型
    String fileType = getUploadContentType();
    for (String type : types)
    {
        if (type.equals(fileType))
        {
            return null;
        }
    }
    return ERROR;
}
```

　❷ 上面的方法判断了上传文件的文件类型是否在允许上传文件类型列表中。为了让应用程序可以动态配置允许上传的文件列表，为该 Action 增加了一个 allowTypes 属性，该属性的值列出了所有允许上传的文件类型。为了可以在 struts.xml 文件中配置 allowTypes 属性的值，必须在 Action 类中提供如下代码。

程序清单：codes\04\4.3\codeFilter\WEB-INF\src\org\crazyit\app\action\UploadAction.java

```
// 定义该 Action 允许上传的文件类型
private String allowTypes;
// allowTypes 属性的 setter 和 getter 方法
public String getAllowTypes()
{
    return allowTypes;
}
public void setAllowTypes(String allowTypes)
{
    this.allowTypes = allowTypes;
}
```

　❸ 利用 Struts 2 的输入校验来判断用户输入的文件是否符合要求。如果不符合要求，接下来就将

错误提示添加到 FieldError 中。该 Action 中增加的 validate()方法代码如下。

程序清单：codes\04\4.3\codeFilter\WEB-INF\src\org\crazyit\app\action\UploadAction.java

```
// 执行输入校验
public void validate()
{
    // 将允许上传文件类型的字符串以英文逗号（,）
    // 分解成字符串数组从而判断当前文件类型是否允许上传
    String filterResult = filterType(getAllowTypes().split(","));
    // 如果当前文件类型不允许上传
    if (filterResult != null)
    {
        // 添加 FieldError
        addFieldError("upload" , "您要上传的文件类型不正确！");
    }
}
```

上面的 validate()方法的代码非常简单，它调用了 filterTypes 来判断浏览者所上传的文件是否符合要求，如果不是允许上传的文件类型，validate()方法就添加了 FieldError，这样 Struts 2 将自动返回 input 逻辑视图名；只有当该文件的类型是允许上传的文件类型时，才真正执行文件上传逻辑。

为了让文件类型检验失败时能返回 input 逻辑视图，必须为该 Action 增加 input 逻辑视图配置。经过上面的配置，当浏览者上传文件类型为不允许类型时，系统将退回 input 逻辑视图对应的页面。

修改后的 struts.xml 文件代码如下。

程序清单：codes\04\4.3\codeFilter\WEB-INF\src\struts.xml

```
<!-- 配置处理文件上传的 Action -->
<action name="upload" class="org.crazyit.app.action.UploadAction">
    <!-- 动态设置 Action 的属性值 -->
    <param name="savePath">/uploadFiles</param>
    <!-- 设置允许上传的文件类型 -->
    <param name="allowTypes">image/png,image/gif,image/jpeg</param>
    <result name="input">/WEB-INF/content/uploadForm.jsp</result>
    <!-- 配置 Struts 2 默认的视图页面 -->
    <result>/WEB-INF/content/succ.jsp</result>
</action>
```

为了在 input.jsp 页面上显示文件过滤失败的错误提示，可以在该页面中使用如下代码输出错误提示：

```
<s:fielderror/>
```

实现文件大小过滤，与实现文件类型过滤的方法基本相似。虽然在上面的 Action 类中并没有方法直接获取上传文件的大小，但 Action 中包含了一个类型为 File 的属性，该属性封装了文件域对应的文件内容；而 File 类有一个 length()方法，该方法可以返回文件的大小，通过比较该文件的大小和允许上传的文件大小，从而决定是否允许上传该文件。

> **提示：**
> 　　如果需要实现文件大小的过滤，则可以调用 File 类的 length()方法来获取上传文件的大小，与允许上传的文件大小进行比较，从而决定是否允许上传。

▶▶ 4.3.5　拦截器实现文件过滤

上面手动实现文件过滤的方式虽然简单，但毕竟需要书写大量的过滤代码，不利于程序的高层次解构，而且开发复杂。

Struts 2 提供了一个文件上传的拦截器，通过配置该拦截器可以更轻松地实现文件过滤。Struts 2 中文件上传的拦截器是 fileUpload，为了让该拦截器起作用，只需要在该 Action 中配置该拦截器引用即可。

配置 fileUpload 拦截器时，可以为其指定两个参数。

➢ allowedTypes：该参数指定允许上传的文件类型，多个文件类型之间以英文逗号（,）隔开。

➢ maximumSize：该参数指定允许上传的文件大小，单位是字节。

通过配置 fileUpload 的拦截器，可以更轻松地实现文件过滤，当文件过滤失败后，系统自动转入 input 逻辑视图，因此必须为该 Action 配置名为 input 的逻辑视图。除此之外，还必须显式地为该 Action 配置 defaultStack 的拦截器引用。

通过拦截器来实现文件过滤的配置文件如下。

程序清单：codes\04\4.3\autoFilter\WEB-INF\src\struts.xml

```xml
<?xml version="1.0" encoding="GBK"?>
<!DOCTYPE struts PUBLIC
    "-//Apache Software Foundation//DTD Struts Configuration 2.5//EN"
    "http://struts.apache.org/dtds/struts-2.5.dtd">
<struts>
    <constant name="struts.custom.i18n.resources" value="mess"/>
    <!-- 设置该应用使用的字符集 -->
    <constant name="struts.i18n.encoding" value="GBK"/>
    <package name="lee" extends="struts-default">
        <!-- 配置处理文件上传的 Action -->
        <action name="upload" class="org.crazyit.app.action.UploadAction">
            <!-- 配置 fileUpload 的拦截器 -->
            <interceptor-ref name="fileUpload">
                <!-- 配置允许上传的文件类型 -->
                <param name="allowedTypes">image/png
                    ,image/gif,image/jpeg</param>
                <!-- 配置允许上传的文件大小 -->
                <param name="maximumSize">2000</param>
            </interceptor-ref>
            <!-- 配置系统默认的拦截器 -->
            <interceptor-ref name="defaultStack"/>
            <!-- 动态设置 Action 的属性值 -->
            <param name="savePath">/uploadFiles</param>
            <!-- 配置 Struts 2 默认的视图页面 -->
            <result>/WEB-INF/content/succ.jsp</result>
            <result name="input">/WEB-INF/content/uploadForm.jsp</result>
        </action>
        <action name="*">
            <result>/WEB-INF/content/{1}.jsp</result>
        </action>
    </package>
</struts>
```

上面的拦截器过滤不仅过滤了文件的类型，也过滤了文件大小。上传文件的类型只能是图片文件，并且文件大小不能大于 2000 字节（也可通过配置文件随时更改到更大）。如果上传文件的文件太大，系统将转入 input 逻辑视图，也就是/WEB-INF/content/uploadForm.jsp 页面。

⁕注意⁕

如果需要使用文件上传拦截器来过滤文件大小，或者过滤文件内容，则必须显示配置引用 Struts 默认的拦截器栈：defaultStack。而且 fileUpload 拦截器必须配置在 defaultStack 拦截器栈之前。

▶▶ 4.3.6　输出错误提示

如果上传失败，系统返回 input 逻辑视图，也就是/WEB-INF/content/uploadForm.jsp 页面，Struts 2 的标签可以自动显示上传失败的提示信息，并让浏览者重新上传。

当然，开发者也可使用<s:fielderror/>来显式输出上传失败的校验提示。

上面的代码将会把文件过滤失败的信息显示在该页面上，给用户的重新上传生成提示。如果用户上传的文件大小大于 2000 字节，将看到如图 4.23 所示的错误提示页面。

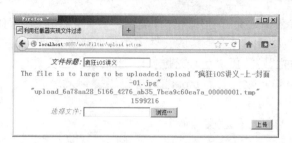

图 4.23　上传文件太大的提示页面

上面的提示信息是系统默认的提示信息，对于一个中文的 Web 应用而言，这段英文提示信息非常"刺眼"，所以应该使用国际化信息替换它。

上传文件太大的提示信息的 key 是 "struts.messages.error.file.too.large"，如果在自己的国际化资源文件中增加该 key 的消息，将可改变该提示信息。

如果上传文件的文件类型不是允许上传的文件类型时，错误提示信息对应国际化资源文件中 key 为 "struts.messages.error.content.type.not.allowed" 的信息；如果在自己的国际化资源文件中增加该 key 的消息，将可改变文件类型不允许的提示信息。

下面是本应用中国际化资源文件（用 UTF-8 字符集保存）的代码。

```
# 改变文件类型不允许的提示信息
struts.messages.error.content.type.not.allowed=您上传的文件类型只能是图片文件！
请重新选择！
# 改变上传文件太大的提示信息
struts.messages.error.file.too.large=您要上传的文件太大，请重新选择！
```

改变了默认提示信息后，如果上传的文件太大，将看到如图 4.24 所示的页面。

如果上传了非图片文件，将看到如图 4.25 所示的页面。

图 4.24　改变默认文件太大的提示信息

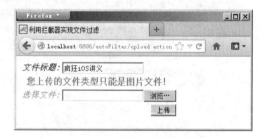

图 4.25　上传文件类型不符合的提示信息

除此之外，Struts 2 还提供了一个 key 为 "struts.messages.error.uploading" 的提示信息，如果用户上传文件失败，既不是文件类型不允许，也不是文件大小超出允许大小，而是出现了一个未知的错误，则系统将在提示页面输出该 key 对应的消息。

▶▶ 4.3.7　文件上传的常量配置

当每次上传文件时，都可以在 Tomcat 的控制台看见如下所示的输出信息：

```
INFO (org.apache.Struts 2.dispatcher.Dispatcher:624) - Unable to find 'struts. multipart.
saveDir' property setting. Defaulting to javax.servlet.context. tempdir
INFO (org.apache.Struts 2.interceptor.FileUploadInterceptor:277) - Removing file upload
D:\tomcat5520\work\Catalina\localhost\simpleUpload\ upload__ 103b2706_112b45dc4a3__
8000_00000001.tmp
```

其中第一个提示信息说，系统找不到 struts.multipart.saveDir 属性的设置，默认使用 javax.servlet. context.tempdir 路径，这是因为 Struts 2 执行文件上传过程中，需要指定一个临时文件夹，如果没有指定临时文件夹，系统默认使用 javax.servlet.context.tempdir，在 Tomcat 安装路径下的 work\Catalina\localhost\路径下。

第二个提示信息说，系统正在删除一个临时文件，该临时文件就是上传过程中产生的临时文件。

如果为了避免文件上传时使用 Tomcat 的工作路径作为临时路径，可设置 struts.multipart.saveDir 常量来控制。设置该常量既可以通过 struts.properties 文件设置，也可以通过 struts.xml 文件的常量配置。

除此之外，还有一个文件上传的属性：struts.multipart.maxSize，该属性设置整个表单请求内容的最大字节数。

4.4 使用 Struts 2 控制文件下载

Struts 2 提供了 stream 结果类型，该结果类型就是专门用于支持文件下载功能的。指定 stream 结果类型时，需要指定一个 inputName 参数，该参数指定了一个输入流，这个输入流是被下载文件的入口。通过 Struts 2 的文件下载支持，允许系统控制浏览者下载文件的权限，包括实现文件名为非西欧字符的文件下载。

4.4.1 实现文件下载的 Action

可能很多读者会觉得，文件下载太简单，直接在页面上给出一个超级链接，该链接的 href 属性等于要下载文件的文件名，不就可以实现文件下载了吗？这样做大部分时候的确可以实现文件下载，但如果该文件的文件名为中文文件名，在某些早期的浏览器上就会导致下载失败（使用最新的 Firefox、Opera、Chrome、Safari 都可正常下载文件名为中文的文件）；如果应用程序需要在用户下载之前进行进一步检查，比如判断用户是否有足够权限来下载该文件等，那么就需要让 Struts 2 来控制下载了。

Struts 2 的文件下载 Action 与普通的 Action 并没有太大的不同，仅仅是该 Action 需要提供一个返回 InputStream 流的方法，该输入流代表了被下载文件的入口。该 Action 类的代码如下。

程序清单：codes\04\4.4\down\WEB-INF\src\org\crazyit\app\action\FileDownloadAction.java

```
public class FileDownloadAction
    extends ActionSupport
{
    // 该成员变量可以在配置文件中动态指定该值
    private String inputPath;
    // inputPath 的 setter 方法
    public void setInputPath(String value)
    {
        inputPath = value;
    }
    /*
    定义一个返回 InputStream 的方法，
    该方法将作为被下载文件的入口，
    且需要配置 stream 类型结果时指定 inputName 参数，
    inputName 参数的值就是方法去掉 get 前缀、首字母小写的字符串
    */
    public InputStream getTargetFile() throws Exception
    {
        // ServletContext 提供 getResourceAsStream()方法
        // 返回指定文件对应的输入流
        return ServletActionContext.getServletContext()
          .getResourceAsStream(inputPath);
    }
}
```

从上面的 Action 中看到，该 Action 中包含了一个 getTargetFile()方法，该方法返回一个 InputStream 输入流，这个输入流返回的是下载目标文件的入口。该方法的方法名为 getTargetFile，则 stream 类型的结果映射中 inputName 参数值为 targetFile。

一旦定义了该 Action，就可通过该 Action 来实现文件下载。

➤➤ 4.4.2　配置 Action

配置该文件下载的 Action 与配置普通的 Action 并没有太大的不同，关键是需要配置一个类型为 stream 的结果，该 stream 类型的结果将使用文件下载作为响应。配置 stream 类型的结果需要指定如下 4 个属性。

- ➤ contentType：指定被下载文件的文件类型。
- ➤ inputName：指定被下载文件的入口输入流。
- ➤ contentDisposition：指定下载的文件名。
- ➤ bufferSize：指定下载文件时的缓冲大小。

stream 结果类型的逻辑视图是返回给客户端一个输入流，因此无须指定 location 属性。

> 🐸 **提示：**
> 配置 stream 类型的结果时，因为无须指定实际显示的物理资源，所以无须指定 location 属性，只需要指定 inputName 属性即可，该属性代表被下载文件的入口。

下面是配置该下载所用的 Action 类的配置文件片段。

程序清单：codes\04\4.4\down\WEB-INF\src\struts.xml

```xml
<action name="download" class="org.crazyit.app.action.FileDownloadAction">
<!-- 指定被下载资源的位置 -->
    <param name="inputPath">/WEB-INF/images/疯狂联盟.jpg</param>
    <!-- 配置结果类型为 stream 的结果 -->
    <result type="stream">
        <!-- 指定下载文件的文件类型 -->
        <param name="contentType">image/jpg</param>
        <!-- 指定由 getTargetFile()方法返回被下载文件的 InputStream -->
        <param name="inputName">targetFile</param>
        <param name="contentDisposition">filename="wjc_logo.jpg"</param>
        <!-- 指定下载文件的缓冲大小 -->
        <param name="bufferSize">4096</param>
    </result>
</action>
```

如果通过上面的 Struts 2 提供文件下载支持来实现文件下载，就可以实现包含中文文件名的文件下载了。

➤➤ 4.4.3　下载前的授权控制

通过 Struts 2 的下载支持，应用程序可以在用户下载文件之前，先通过 Action 来检查用户是否有权下载该文件，就可以实现下载前的授权控制。

下面的 Action 的 execute 方法在返回 success 字符串之前，首先通过判断 session 里的 user 属性是否为 scott，如果用户名通过验证就允许下载，否则直接返回登录页面。下面是该 Action 类的代码。

程序清单：codes\04\4.4\down\WEB-INF\src\org\crazyit\app\action\AuthorityDownAction.java

```java
public class AuthorityDownAction
    implements Action
{
    private String inputPath;
    public void setInputPath(String value)
    {
        inputPath = value;
    }

    public InputStream getTargetFile() throws Exception
    {
        // ServletContext 提供 getResourceAsStream()方法
        // 返回指定文件对应的输入流
        return ServletActionContext.getServletContext()
```

```
            .getResourceAsStream(inputPath);
    }
    public String execute() throws Exception
    {
        // 取得 ActionContext 实例
        ActionContext ctx = ActionContext.getContext();
        // 通过 ActionContext 访问用户的 HttpSession
        Map session = ctx.getSession();
        String user = (String)session.get("user");
        // 判断 Session 里的 user 是否通过检查
        if ( user != null && user.equals("crazyit.org"))
        {
            return SUCCESS;
        }
        ctx.put("tip", "您还没有登录，或者登录的用户名不正确，请重新登录！");
        return LOGIN;
    }
}
```

因为上面的 Action 在登录校验失败后，将返回一个 login 逻辑视图名，因此配置该 Action 时还必须配置一个名为 login 的结果，这个结果类型就是默认结果类型。下面是配置该 Action 的配置片段。

程序清单：codes\04\4.4\down\WEB-INF\src\struts.xml

```xml
<action name="download2" class="org.crazyit.app.action.AuthorityDownAction">
    <!-- 定义被下载文件的物理资源 -->
    <param name="inputPath">/WEB-INF/images/wjc_logo.zip</param>
    <result type="stream">
        <!-- 指定下载文件的文件类型 -->
        <param name="contentType">application/zip</param>
        <!-- 指定由 getTargetFile()方法返回被下载文件的 InputStream -->
        <param name="inputName">targetFile</param>
        <param name="contentDisposition">filename="wjc_logo.zip"</param>
        <!-- 指定下载文件的缓冲大小 -->
        <param name="bufferSize">4096</param>
    </result>
    <!-- 定义一个名为 login 的结果 -->
    <result name="login">/WEB-INF/content/loginForm.jsp</result>
</action>
```

上面的 Action 在下载前先进行权限检查，如果要下载文件的浏览者还没有登录，或者登录用的用户名不是 crazyit.org，Action 将会返回一个名为 input 的视图名，该视图映射到 /WEB-INF/content/ loginForm.jsp 页面。如果不登录系统，试图通过单击超级链接来下载该资源，将看到如图 4.26 所示的登录页面。

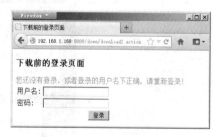

图 4.26　下载前的登录页面

为了能看到如图 4.26 所示的登录页面，必须为系统编写 loginForm.jsp 页面，该页面就是一个简单的登录表单页。loginForm.jsp 页面保存在 codes\04\4.4\down\WEB-INF\content 路径下。

在如图 4.26 所示页面的用户名输入框中输入 crazyit.org 字符串，并单击"登录"按钮，将提交该登录请求（该请求对应的 Action 将完成简单登录）。一旦完成了正常登录，用户的 session 里 user 属性的值为 crazyit.org 后，文件下载将完全正常。

4.5　详解 Struts 2 的拦截器机制

拦截器体系是 Struts 2 框架的重要组成部分，可以把 Struts 2 理解成一个空容器，而大量的内建拦截器完成了该框架的大部分操作。比如，params 拦截器负责解析 HTTP 请求的参数，并设置 Action 的属性；servlet-config 拦截器直接将 HTTP 请求中的 HttpServletRequest 实例和 HttpServletResponse 实例传给 Action；fileUpload 拦截器则负责解析请求参数中的文件域，并将一个文件域设置成 Action 的三个属性……这些通用操作都是通过 Struts 2 的内建拦截器完成的。

　　Struts 2 拦截器是可插拔式的设计：如果需要使用某个拦截器，只需要在配置文件中应用该拦截器即可；如果不需要使用该拦截器，只需要在配置文件中取消应用该拦截器——不管是否应用某个拦截器，对于 Struts 2 框架不会有任何影响。

　　Struts 2 拦截器由 struts-default.xml、struts.xml 等配置文件进行管理，所以开发者很容易扩展自己的拦截器，从而可以最大限度地扩展 Struts 2 框架。

➤➤ 4.5.1　拦截器在 Struts 2 中的作用

　　对于任何 MVC 框架来说，它们都会完成一些通用的控制逻辑，例如解析请求参数，类型转换，将请求参数封装成 DTO（Data Transfer Object），执行输入校验，解析文件上传表单中的文件域，防止表单的多次提交……像早期的 Struts1 框架把这些动作都写死在系统的核心控制器里，这样做的缺点有如下两个。

> ➤ 灵活性非常差：这种框架强制所有项目都必须使用该框架提供的全部功能，不管用户是否需要，核心控制器总是会完成这些操作。
> ➤ 可扩展性很差：如果用户需要让核心控制器完成更多自定义的处理，这就比较困难了。在 Struts1 时代需要通过扩展 Struts1 的核心控制器来实现。

　　Struts 2 改变了这种做法，它把大部分核心控制器需要完成的工作按功能分开定义，每个拦截器完成一个功能。而这些拦截器可以自由选择，灵活组合（甚至不用 Struts 2 的任何拦截器），开发者需要使用哪些拦截器，只需要在 struts.xml 文件中指定使用该拦截器即可。

　　Struts 2 框架的绝大部分功能都是通过拦截器来完成的，当 StrutsPrepareAndExecuteFilter 接收到用户请求之后，大量拦截器将会对用户请求进行处理，然后才会调用用户开发的 Action 实例的方法来处理请求。拦截器与 Action 之间的关系如图 4.27 所示。

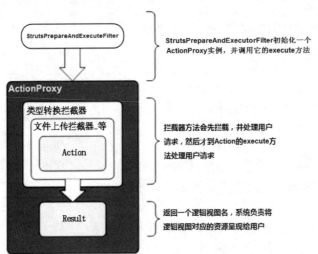

图 4.27　拦截器与 Action 之间的关系

　　可能有读者会提出疑问：前面介绍的很多示例似乎从未使用过任何拦截器，为什么前面的示例一样能运行呢？实际上，Struts 2 已经默认启用了大量通用功能的拦截器，只要配置 Action 时所在的 package 继承了 struts-default 包，这些拦截器就会起作用。

➤➤ 4.5.2　Struts 2 内建的拦截器

　　从 Struts 2 框架来看，拦截器几乎完成了 Struts 2 框架 70%的工作，包括解析请求参数，将请求参数赋值给 Action 属性，执行数据校验，文件上传……Struts 2 设计的灵巧性，更大程度地得益于拦截器设计，当需要扩展 Struts 2 功能时，只需要提供对应拦截器，并将它配置在 Struts 2 容器中即可；如果不需要该功能，也只需要取消该拦截器的配置即可。这种可插拔式的设计，正是软件设计领域一直孜孜以求的目标。

Struts 2 内建了大量的拦截器，这些拦截器以 name-class 对的形式配置在 struts-default. xml 文件中，其中 name 是拦截器的名字，就是以后使用该拦截器的唯一标识；class 则指定了该拦截器的实现类，如果程序定义的 package 继承了 Struts 2 的默认 struts-default 包，则可以自由使用下面定义的拦截器，否则必须自己定义这些拦截器。

下面是 Struts 2 内建拦截器的简要介绍。

➤ alias：实现在不同请求中相似参数别名的转换。

➤ autowiring：这是个自动装配的拦截器，主要用于当 Struts 2 和 Spring 整合时，Struts 2 可以使用自动装配的方式来访问 Spring 容器中的 Bean。

➤ chain：构建一个 Action 链，使当前 Action 可以访问前一个 Action 的属性，一般和<result type="chain".../>一起使用。

➤ conversionError：这是一个负责处理类型转换错误的拦截器，它负责将类型转换错误从 ActionContext 中取出，并转换成 Action 的 FieldError 错误。

➤ createSession：该拦截器负责创建一个 HttpSession 对象，主要用于那些需要有 HttpSession 对象才能正常工作的拦截器中。

➤ debugging：当使用 Struts 2 的开发模式时，这个拦截器会提供更多的调试信息。

➤ execAndWait：后台执行 Action，负责将等待画面发送给用户。

➤ exception：这个拦截器负责处理异常，它将异常映射为结果。

➤ fileUpload：这个拦截器主要用于文件上传，它负责解析表单中文件域的内容。

➤ i18n：这是支持国际化的拦截器，它负责把所选的语言、区域放入用户 Session 中。

➤ logger：这是一个负责日志记录的拦截器，主要是输出 Action 的名字。

➤ modelDriven：这是一个用于模型驱动的拦截器，当某个 Action 类实现了 ModelDriven 接口时，它负责把 getModel()方法的结果堆入 ValueStack 中。

➤ scopedModelDriven：如果一个 Action 实现了一个 ScopedModelDriven 接口，该拦截器负责从指定生存范围中找出指定的 Model，并将通过 setModel 方法将该 Model 传给 Action 实例。

➤ params：这是最基本的一个拦截器，它负责解析 HTTP 请求中的参数，并将参数值设置成 Action 对应的属性值。

➤ prepare：如果 action 实现了 Preparable 接口，将会调用该拦截器的 prepare()方法。

➤ staticParams：这个拦截器负责将 xml 中<action>标签下<param>标签中的参数传入 action。

➤ scope：这是范围转换拦截器，它可以将 Action 状态信息保存到 HttpSession 范围，或者保存到 ServletContext 范围内。

➤ servletConfig：如果某个 Action 需要直接访问 Servlet API，就是通过这个拦截器实现的。

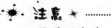 **注意**

尽量避免在 Action 中直接访问 Servlet API，这样会导致 Action 与 Servlet 的高耦合。

➤ roles：这是一个 JAAS（Java Authentication and Authorization Service，Java 授权和认证服务）拦截器，只有当浏览者取得合适的授权后，才可以调用被该拦截器拦截的 Action。

➤ timer：这个拦截器负责输出 Action 的执行时间，这个拦截器在分析该 Action 的性能瓶颈时比较有用。

➤ token：这个拦截器主要用于阻止重复提交，它检查传到 Action 中的 token，从而防止多次提交。

➤ tokenSession：这个拦截器的作用与前一个基本类似，只是它把 token 保存在 HttpSession 中。

➤ validation：通过执行在 xxxAction-validation.xml 中定义的校验器，从而完成数据校验。

➤ workflow：这个拦截器负责调用 Action 类中的 validate 方法，如果校验失败，则返回 input 的逻辑视图。

大部分时候，开发者无须手动控制这些拦截器，因为 struts-default.xml 文件中已经配置了这些拦截器，只要程序定义的包继承了系统的 struts-default 包，就可以直接使用这些拦截器。

▶▶ 4.5.3　配置拦截器

在 struts.xml 文件中定义拦截器只需为拦截器类指定一个拦截器名，就完成了拦截器定义。定义拦截器使用<interceptor.../>元素来定义，定义拦截器最简单的格式如下：

```
<!-- 通过指定拦截器名和拦截器实现类来定义拦截器 -->
<interceptor name="拦截器名" class="拦截器实现类"/>
```

大部分时候，只需要通过上面的格式就可完成拦截器的配置。如果还需要在配置拦截器时传入拦截器参数，则需要在<interceptor.../>元素中使用<param.../>子元素。下面是在配置拦截器时，同时传入拦截器参数的配置形式。

```
<!-- 通过指定拦截器名和拦截器实现类来定义拦截器 -->
<interceptor name="拦截器名"   class="拦截器实现类"/>
    <!-- 下面的元素可以出现 0 次，也可以出现无限多次
    其中 name 属性指定需要设置的参数名，中间指定的就是该参数的值 -->
    <param name="参数名">参数值</param>
</interceptor>
```

除此之外，还可以把多个拦截器连在一起组成拦截器栈，例如，如果需要在 Action 执行前同时做登录检查、安全检查和记录日志，则可以把这三个动作对应的拦截器组成一个拦截器栈。定义拦截器栈使用<interceptor-stack.../>元素，拦截器栈是由多个拦截器组成的，因此需要在<interceptor-stack.../>元素中使用<interceptor-ref.../>元素来定义多个拦截器引用，即该拦截器栈由多个<interceptor-ref.../>元素指定的拦截器组成。

从程序结构上来看，拦截器栈是由多个拦截器组成的，即一个拦截器栈包含了多个拦截器；但从程序功能上来看，拦截器栈和拦截器是统一的，它们包含的方法都会在 Action 的 execute 方法（或其他处理方法）执行时自动执行。因此，完全可以把拦截器栈当成一个更大的拦截器。

配置拦截器栈的语法示例如下：

```
<interceptor-stack name="拦截器栈名">
    <interceptor-ref name="拦截器一"/>
    <interceptor-ref name="拦截器二"/>
    <!-- 还可配置更多的拦截器 -->
    ...
</interceptor-stack>
```

上面的配置片段示例配置了一个名为"拦截器栈名"的拦截器栈，这个拦截器由下面的"拦截器一"和"拦截器二"组成，当然还可以包含更多的拦截器，只需在<interceptor-stack.../>元素下配置更多的<interceptor-ref.../>子元素即可。

> **提示：**
> 一旦将上面的"拦截器一"和"拦截器二"配置成名为"拦截器栈名"的拦截器栈后，就可以完全像使用普通拦截器一样使用拦截器栈，因为拦截器和拦截器栈的功能是完全统一的。

因为拦截器栈与拦截器的功能几乎完全相同，因此可能出现的情况是：拦截器栈里也可包含拦截器栈。因此，可能出现如下的配置片段：

```
<interceptor-stack name="拦截器栈一">
    <interceptor-ref name="拦截器一"/>
    <interceptor-ref name="拦截器二"/>
    <!-- 还可配置更多的拦截器 -->
    ...
</interceptor-stack>
```

```
<interceptor-stack name="拦截器栈二">
    <interceptor-ref name="拦截器三"/>
    <interceptor-ref name="拦截器栈一"/>
    <!-- 还可配置更多的拦截器 -->
    ...
</interceptor-stack>
```

在上面的配置片段中，第二个拦截器栈包含了第一个拦截器栈（包含两个拦截器），其实质的情况就是拦截器栈二由三个拦截器组成：拦截器一、拦截器二和拦截器三。

那么为什么不直接在拦截器栈二中直接配置三个拦截器的引用，而是通过引用另一个拦截器栈呢？答案是为了软件复用。因为系统中已经存在了一个名为"拦截器栈一"的拦截器栈，这个拦截器栈由两个拦截器组成，当需要再次使用这两个拦截器时，直接调用该拦截器栈即可，无须分别调用两个拦截器。而且，这两个拦截器组成的拦截器栈也可以单独使用。

系统为拦截器指定参数有如下两个时机。

➢ 定义拦截器时指定参数值：这种参数值将作为拦截器参数的默认参数值。

➢ 使用拦截器时指定参数值：在配置 Action 时为拦截器参数指定值。

通过为<interceptor-ref.../>元素增加<param.../>子元素，就可在使用拦截器时为参数指定值。

下面是在配置拦截器栈时为拦截器动态指定参数值的语法示意。

```
<interceptor-stack name="拦截器栈一">
    <interceptor-ref name="拦截器一">
        <!-- 下面为拦截器分别定义了两个参数值 -->
        <param name="参数一">参数值一</param>
        <param name="参数二">参数值二</param>
        <!-- 还可指定更多的参数值 -->
        ...
    </interceptor>
    <interceptor-ref name="拦截器二"/>
    <!-- 还可配置更多的拦截器 -->
    ...
</interceptor-stack>
<interceptor-stack name="拦截器栈二">
    <interceptor-ref name="拦截器三"/>
    <interceptor-ref name="拦截器栈一"/>
    <!-- 还可配置更多的拦截器 -->
    ...
</interceptor-stack>
```

> **注意**
>
> 　　有两个时机为拦截器指定参数值：一个时机是当定义拦截器（通过<intercepter.../>元素来定义拦截器）时指定拦截器的参数值，这种方式为该拦截器的参数指定默认值；另一个时机是当使用拦截器（通过<interceptor-ref.../>元素使用拦截器）时指定拦截器的参数值，这种方式用于覆盖拦截器的默认参数值。

如果在两个时机为同一个参数指定了不同的参数值，则使用拦截器时指定的参数值将会覆盖默认的参数值。

▶▶ 4.5.4 使用拦截器的配置语法

一旦定义了拦截器和拦截器栈后，就可以使用这个拦截器或拦截器栈来拦截 Action 了，拦截器（包含拦截器栈）的拦截行为将会在 Action 的 execute 方法执行之前被执行。

通过<interceptor-ref.../>元素可以在 Action 内使用拦截器，在 Action 中使用拦截器的配置语法，与配置拦截器栈时引用拦截器的语法完全一样。

下面是在 Action 中定义拦截器的配置示例。

```
<!-- 定义全部的拦截器 -->
<interceptors>
    <!-- 定义第一个拦截器 -->
    <interceptor name="mySimple" class="lee.SimpleInterceptor"/>
    <!-- 定义第二个拦截器 -->
    <interceptor name="later" class="lee.LaterInterceptor">
        <!-- 指定该拦截器的默认参数值 -->
        <param name="name">第二个拦截器</param>
    </interceptor>
</interceptors>
...
<!-- 配置自定义的 Action，实现类为 LoginAction -->
<action name="login" class="org.crazyit.app.action.LoginAction">
    <!-- 配置该 Action 的两个局部结果映射 -->
    <result name="error">/error.jsp</result>
    <result>/welcome.jsp</result>
    <!-- 使用系统默认的拦截器栈 -->
    <interceptor-ref name="defaultStack"/>
    <!-- 使用第一个拦截器 -->
    <interceptor-ref name="mySimple"/>
    <!-- 使用第二个拦截器 -->
    <interceptor-ref name="later">
        <!-- 为该 Action 指定拦截器参数，覆盖 name 参数的默认值 -->
        <param name="name">动态参数</param>
    </interceptor-ref>
</action>
```

上面的配置文件的粗体字代码一共使用了三个拦截器（栈），其中 defaultStack 是系统默认的拦截器栈。而 mySimple 和 later 就是用户自定义的拦截器，因此在执行 LoginAction 之前，这三个拦截器都会起作用。

▶▶ 4.5.5 配置默认拦截器

当配置一个包时，可以为其指定默认拦截器。一旦为某个包指定了默认的拦截器，如果该包中的 Action 没有显式指定拦截器，则默认的拦截器将会起作用。但值得注意的是，如果一旦为该包中的 Action 显式应用了某个拦截器，则默认的拦截器不会起作用，如果该 Action 还需要使用该默认拦截器，则必须手动配置该拦截器的引用。

　　　　只有当 Action 中没有显式应用拦截器时，该 Action 所在包的默认拦截器才会生效。

配置默认拦截器使用<default-interceptor-ref.../>元素，该元素作为<package.../>元素的子元素使用，为该包下的所有 Action 配置默认的拦截器。

配置<default-interceptor-ref.../>元素时，需要指定一个 name 属性，该 name 属性值是一个已经存在的拦截器（栈）的名字，表明将该拦截器（栈）配置成该包的默认拦截器。需要注意的是，每个<package.../>元素只能有一个< default-interceptor-ref.../>子元素，即每个包只能指定一个默认拦截器。

下面是配置默认拦截器的配置示例。

```
<package name="包名">
    <!-- 所有拦截器和拦截器栈都配置在该元素下 -->
    <interceptors>
        <!-- 定义拦截器 -->
        <interceptor.../>
        <!-- 定义拦截器栈 -->
        <interceptor-stack.../>
    <interceptors>
```

```
<!-- 配置该包下的默认拦截器——既可以是拦截器，也可以是拦截器栈 -->
<default-interceptor-ref name="拦截器名或拦截器栈名"/>
<!-- 配置多个 Action -->
<action ../>
</package>
```

> ．注意．
>
> 　　每个包只能指定一个默认拦截器。如果指定了多个拦截器，那么系统将无法确定哪个
> 才是默认拦截器。当然，如果确实需要指定多个拦截器共同作为默认拦截器，则应该将这
> 些拦截器定义成拦截器栈，然后把这个拦截器栈配置成默认拦截器即可。

　　配置默认拦截器是一种使用拦截器的方式——避免在每个 Action 中单独配置拦截器，通过在该包下配置拦截器，可以实现为该包下所有 Action 同时配置相同的拦截器。

　　此时，应该能理解为什么前面的 Action 都无须配置 defaultStack 拦截器栈了，因为在 Struts 2 的 struts-default.xml 文件中有如下配置片段：

```
<?xml version="1.0" encoding="UTF-8" ?>
<!-- 指定 Struts 2 配置文件的 DTD 信息 -->
<!DOCTYPE struts PUBLIC
    "-//Apache Software Foundation//DTD Struts Configuration 2.5//EN"
    "http://struts.apache.org/dtds/struts-2.5.dtd">
<!-- 指定 Struts 2 配置文件的根元素 -->
<struts>
    <!-- 配置 Struts 2 的默认包 -->
    <package name="struts-default">
        ...
        <!-- 指定 Struts 2 的默认拦截器栈 -->
        <default-interceptor-ref name="defaultStack"/>
        ...
    </package>
</struts>
```

　　上面的配置文件的粗体字代码定义了一个名为 struts-default 的包，该包下定义了名为 defaultStack 的默认拦截器栈引用。

　　而前面 Struts 2 示例应用中的包，都是 struts-default 包的子包。当 Action 所在的包继承 struts-default 包时，也继承了它的默认拦截器栈：defaultStack，这就意味着，如果不为 Action 显式地配置拦截器，则 defaultStack 拦截器栈会自动生效。

　　经过上面的介绍，可以看出与拦截器相关的配置元素如下。

➢ <interceptors.../>元素：该元素用于定义拦截器，所有的拦截器和拦截器栈都在该元素下定义。该元素包含<interceptor.../>和<interceptor-stack.../>子元素，分别用于定义拦截器和拦截器栈。

➢ <interceptor.../>元素：该元素用于定义单个的拦截器，定义拦截器时只需指定两个属性，即 name 和 class，分别指定拦截器的名字和实现类。

➢ <interceptor-stack.../>元素：该元素用于定义拦截器栈，该元素中包含多个<interceptor-ref.../>元素，用于将多个拦截器或拦截器栈组合成一个新的拦截器栈。

➢ <interceptor-ref.../>元素：该元素引用一个拦截器或拦截器栈，表明应用指定拦截器。该元素只需指定一个 name 属性，该属性值为一个已经定义的拦截器和拦截器栈。该元素可以作为<interceptor-stack.../>和<action.../>元素的子元素使用。

➢ <param.../>：该元素用于为拦截器指定参数，可以作为<interceptor.../>和<interceptor-ref.../>元素的子元素使用。

➢ <default-interceptor-ref.../>：该元素为指定包配置默认拦截器。该元素作为<package.../>元素的子元素使用。

▶▶ 4.5.6　实现拦截器类

虽然 Struts 2 框架提供了许多拦截器，这些内建的拦截器实现了 Struts 2 的大部分功能，因此，大部分 Web 应用的通用功能，都可以通过直接使用这些拦截器来完成，但还有一些系统逻辑相关的通用功能，可以通过自定义拦截器来实现。值得称道的是，Struts 2 的拦截器系统是如此的简单、易用。

如果用户要开发自己的拦截器类，应该实现 com.opensymphony.xwork2.interceptor.Interceptor 接口，该接口的类定义代码如下：

```
public interface Interceptor extends Serializable
{
    // 销毁该拦截器之前的回调方法
    void destroy();
    // 初始化该拦截器的回调方法
    void init();
    // 拦截器实现拦截的逻辑方法
    String intercept(ActionInvocation invocation) throws Exception;
}
```

通过上面的接口可以看出，该接口里包含了如下三个方法。

> init()：在该拦截器被实例化之后，在该拦截器执行拦截之前，系统将回调该方法。对于每个拦截器而言，其 init() 方法只执行一次。因此，该方法的方法体主要用于初始化资源，例如数据库连接等。

> destroy()：该方法与 init() 方法对应。在拦截器实例被销毁之前，系统将回调该拦截器的 destroy 方法，该方法用于销毁在 init() 方法里打开的资源。

> intercept(ActionInvocation invocation)：该方法是用户需要实现的拦截动作。就像 Action 的 execute 方法一样，intercept 方法会返回一个字符串作为逻辑视图。如果该方法直接返回了一个字符串，系统将会跳转到该逻辑视图对应的实际视图资源，不会调用被拦截的 Action。该方法的 ActionInvocation 参数包含了被拦截的 Action 的引用，可以通过调用该参数的 invoke 方法，将控制权转给下一个拦截器，或者转给 Action 的 execute 方法。

除此之外，Struts 2 还提供了一个 AbstractInterceptor 类，该类提供了一个 init() 和 destroy() 方法的空实现，如果实现的拦截器不需要打开资源，则可以无须实现这两个方法。可见，继承 AbstractInterceptor 类来实现自定义拦截器会更加简单。

下面实现了一个简单的拦截器。

程序清单：codes\04\4.5\simpleInterceptor\WEB-INF\src\org\crazyit\app\interceptor\SimpleInterceptor.java

```
public class SimpleInterceptor
    extends AbstractInterceptor
{
    // 简单拦截器的名字
    private String name;
    // 为该简单拦截器设置名字的 setter 方法
    public void setName(String name)
    {
        this.name = name;
    }
    public String intercept(ActionInvocation invocation)
        throws Exception
    {
        // 取得被拦截的 Action 实例
        LoginAction action = (LoginAction)invocation.getAction();
        // 打印执行开始的时间
        System.out.println(name + " 拦截器的动作---------" +
            "开始执行登录 Action 的时间为： " + new Date());
        // 取得开始执行 Action 的时间
        long start = System.currentTimeMillis();
        // 执行该拦截器的后一个拦截器
```

```
            // 如果该拦截器后没有其他拦截器，则直接执行 Action 的被拦截方法
            String result = invocation.invoke();
            // 打印执行结束的时间
            System.out.println(name + " 拦截器的动作---------" +
                "执行完登录 Action 的时间为: " + new Date());
            long end = System.currentTimeMillis();
            System.out.println(name + " 拦截器的动作---------" +
                "执行完该 Action 的时间为" + (end - start) + "毫秒");
            return result;
        }
    }
```

上面的拦截器仅仅在被拦截方法之前，打印出开始执行 Action 的时间，并记录开始执行 Action 的时刻；执行被拦截 Action 的 execute()方法之后，再次打印出当前时间，并输出执行 Action 的时长。程序粗体字代码将会调用目标 Action 的 execute()方法。

实现 intercept(ActionInvocation invocation)方法时，可以获得 ActionInvocation 参数，这个参数又可以获得被拦截的 Action 实例，一旦取得了 Action 实例，几乎获得了全部的控制权：可以实现将 HTTP 请求中的参数解析出来，设置成 Action 的属性（这是系统 params 拦截器完成的事情）；也可以直接将 HTTP 请求中的 HttpServletRequest 实例和 HttpServletResponse 实例传给 Action（这是 servlet-config 拦截器完成的事情）……当然，也可实现应用相关的逻辑。

▶▶ 4.5.7 使用拦截器

使用拦截器需要两个步骤。

① 通过<interceptor.../>元素来定义拦截器。

② 通过<interceptor-ref.../>元素来使用拦截器。

为了在本应用中使用上面的拦截器，本应用的配置文件如下。

程序清单：codes\04\4.5\simpleInterceptor\WEB-INF\src\struts.xml

```xml
<?xml version="1.0" encoding="GBK"?>
<!DOCTYPE struts PUBLIC
    "-//Apache Software Foundation//DTD Struts Configuration 2.5//EN"
    "http://struts.apache.org/dtds/struts-2.5.dtd">
<struts>
    <!-- 通过常量配置该应用所使用的字符集-->
    <constant name="struts.i18n.encoding" value="GBK"/>
    <!-- 配置本系统所使用的包 -->
    <package name="lee" extends="struts-default">
        <!-- 应用所需使用的拦截器都在该元素下配置 -->
        <interceptors>
            <!-- 配置 mySimple 拦截器 -->
            <interceptor name="mySimple"
            class="org.crazyit.app.interceptor.SimpleInterceptor">
                <!-- 为拦截器指定参数值 -->
                <param name="name">简单拦截器</param>
            </interceptor>
        </interceptors>
        <action name="login" class="org.crazyit.app.action.LoginAction">
            <result name="error">/WEB-INF/content/error.jsp</result>
            <result>/WEB-INF/content/welcome.jsp</result>
            <!-- 配置系统的默认拦截器 -->
            <interceptor-ref name="defaultStack"/>
            <!-- 应用自定义的 mySimple 拦截器 -->
            <interceptor-ref name="mySimple">
                <param name="name">改名后的拦截器</param>
            </interceptor-ref>
        </action>
        <action name="*">
            <result>/WEB-INF/content/{1}.jsp</result>
```

```
    </action>
  </package>
</struts>
```

上面的配置文件的第一段粗体字代码将 org.crazyit.app.interceptor.SimpleInterceptor 拦截器类定义成名为"mySimple"的拦截器，第二段粗体字代码在名为 login 的 Action 中使用该拦截器。值得注意的是，当应用 mySimple 拦截器时，程序还应用了系统默认的 defaultStack 拦截器栈。

　　注意

　　　　前面已经讲过了，如果为 Action 指定了一个拦截器，则系统默认的拦截器栈将会失去作用。为了继续使用默认拦截器，所以上面配置文件中显式地应用了默认拦截器。

这个应用中拦截器只是一个简单的拦截器，仅仅在控制台打印出一些文本，获取被拦截方法的执行时间信息。

当浏览者在浏览器中对该 Action 发送请求时，该拦截器将会拦截该 Action 的 execute 方法，将在 Tomcat 的控制台看到如图 4.28 所示的效果。

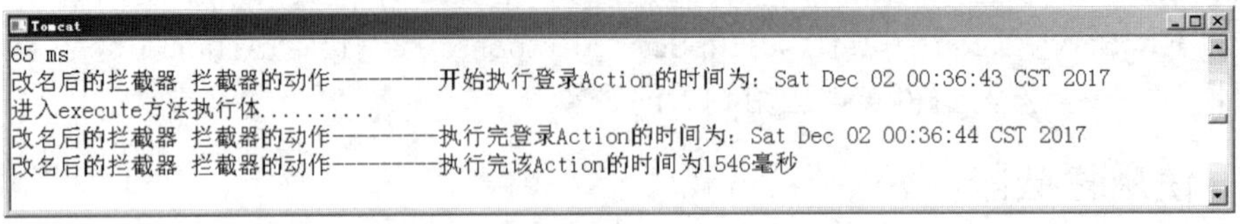

```
Tomcat                                                                  _ □ ×
65 ms
改名后的拦截器 拦截器的动作----------开始执行登录Action的时间为: Sat Dec 02 00:36:43 CST 2017
进入execute方法执行体.........
改名后的拦截器 拦截器的动作----------执行完登录Action的时间为: Sat Dec 02 00:36:44 CST 2017
改名后的拦截器 拦截器的动作----------执行完该Action的时间为1546毫秒
```

图 4.28　拦截器作用 Action 的效果

从图 4.28 中可以看出，SimpleInterceptor 拦截器已经获得了执行机会，取得了系统中该 Action 处理用户请求的时间。不仅如此，还可以看到，系统中的拦截器 name 属性值是"改名后的拦截器"，而不是"简单拦截器"，这就表明在<interceptor-ref.../>元素中指定的属性值覆盖了在<interceptor.../>元素中指定的属性值。

虽然上面的拦截器的作用非常有限，但如果有必要，完全可以把多个 Action 总是需要完成的通用操作（例如权限控制）放到该拦截器中完成。4.5.12 节将会演示通过拦截器进行权限控制的示例。

拦截器的配置离不开前面介绍的<interceptor.../>、<interceptor-ref.../>和<interceptor-stack.../>元素。但对于深入拦截器的配置方面，则还有一些值得注意的地方。

从图 4.28 所示的执行结果可以看出，Struts 2 拦截器的功能非常强大，它既可以在 Action 的 execute 方法之前插入执行代码，也可以在 execute 方法之后插入执行代码，这种方式的实质就是 AOP（面向切面编程）的思想。

▶▶ 4.5.8　拦截方法的拦截器

在默认情况下，如果为某个 Action 定义了拦截器，则这个拦截器会拦截该 Action 内的所有方法。但在某些情况下，如果不想拦截所有的方法，只需要拦截指定方法，此时就需要使用 Struts 2 拦截器的方法过滤特性。

为了实现方法过滤的特性，Struts 2 提供了一个 MethodFilterInterceptor 类，该类是 AbstractInterceptor 类的子类，如果用户需要自己实现的拦截器支持方法过滤特性，则应该继承 MethodFilterInterceptor。

MethodFilterInterceptor 类重写了 AbstractInterceptor 类的 intercept(ActionInvocation invocation)方法，但提供了一个 doIntercept(ActionInvocation invocation)抽象方法。从这种设计方式可以看出，MethodFilterInterceptor 类的 intercept 已经实现了对 Action 的拦截行为（只是实现了方法过滤的逻辑），但真正的拦截逻辑还需要开发者提供，也就是通过回调 doIntercept 方法实现。可见，如果用户需要实现自己的拦截逻辑，则应该重写 doIntercept(ActionInvocation invocation)方法。

下面是一个简单的方法过滤的示例应用，方法过滤的拦截器代码如下。

程序清单：codes\04\4.5\methodFilter\WEB-INF\src\org\crazyit\app\action\MyFilterInterceptor.java

```java
// 拦截方法的拦截器，应该继承 MethodFilterInterceptor 抽象类
public class MyFilterInterceptor
    extends MethodFilterInterceptor
{
    // 拦截器的名字
    private String name;
    // 为该拦截器设置名字的 setter 方法
    public void setName(String name)
    {
        this.name = name;
    }
    // 重写 doIntercept() 方法，实现对 Action 的拦截逻辑
    public String doIntercept(ActionInvocation invocation)
        throws Exception
    {
        // 取得被拦截的 Action 实例
        LoginAction action = (LoginAction)invocation.getAction();
        // 打印执行开始的时间
        System.out.println(name + " 拦截器的动作---------"
            + "开始执行登录 Action 的时间为: " + new Date());
        // 取得开始执行 Action 的时间
        long start = System.currentTimeMillis();
        // 执行该拦截器的后一个拦截器，或者直接指定 Action 的被拦截方法
        String result = invocation.invoke();
        // 打印执行结束的时间
        System.out.println(name + " 拦截器的动作---------"
            + "执行完登录 Action 的时间为: " + new Date());
        long end = System.currentTimeMillis();
        // 打印执行该 Action 所花费的时间
        System.out.println(name + " 拦截器的动作---------"
            + "执行完该 Action 的时间为" + (end - start) + "毫秒");
        return result;
    }
}
```

从上面的代码中可以看出，上面的拦截器的拦截逻辑与前面的简单拦截器的拦截逻辑相似，只是之前是需要重写 intercept()方法，现在是重写 doIntercept()方法。

实际上，实现方法过滤的拦截器与实现普通拦截器并没有太大的区别，只需要注意两个地方：实现方法过滤的拦截器需要继承 MethodFilterInterceptor 抽象类，并且重写 doIntercept()方法定义对 Action 的拦截逻辑。

在 MethodFilterInterceptor 方法中，额外增加了如下两个方法。

➢ public void setExcludeMethods(String excludeMethods)：排除需要过滤的方法——设置方法"黑名单"，所有在 excludeMethods 字符串中列出的方法都不会被拦截。

➢ public void setIncludeMethods(String includeMethods)：设置需要过滤的方法——设置方法"白名单"，所有在 includeMethods 字符串中列出的方法都会被拦截。

如果一个方法同时在 excludeMethods 和 includeMethods 中列出，则该方法会被拦截。

因为 MethodFilterInterceptor 类包含了如上的两个方法，则该拦截器的子类也会获得这两个方法。可以在配置文件中指定需要被拦截，或者不需要被拦截的方法。

方法过滤示例应用的配置片段如下。

程序清单：codes\04\4.5\methodFilter\WEB-INF\src\struts.xml

```
<!-- 配置本系统所使用的包 -->
```

```
<package name="lee" extends="struts-default">
    <!-- 应用所需使用的拦截器都在该元素下配置 -->
    <interceptors>
        <!-- 配置 mySimple 拦截器 -->
        <interceptor name="mySimple"
        class="org.crazyit.app.interceptor.MyFilterInterceptor">
            <!-- 为拦截器指定参数值 -->
            <param name="name">拦截方法的拦截器</param>
        </interceptor>
    </interceptors>
    <action name="login" class="org.crazyit.app.action.LoginAction">
        <result name="error">/WEB-INF/content/error.jsp</result>
        <result>/WEB-INF/content/welcome.jsp</result>
        <!-- 配置系统的默认拦截器 -->
        <interceptor-ref name="defaultStack"/>
        <!-- 应用自定义的 mySimple 拦截器 -->
        <interceptor-ref name="mySimple">
            <!-- 重新指定 name 属性的属性值 -->
            <param name="name">改名后的拦截方法过滤拦截器</param>
            <!-- 指定 execute 方法不需要被拦截 -->
            <param name="excludeMethods">execute</param>
        </interceptor-ref>
    </action>
    <action name="*">
        <result>/WEB-INF/content/{1}.jsp</result>
    </action>
</package>
```

上面的配置文件的粗体字代码通过 excludeMethods 属性指定了 execute()方法无须被拦截，如果浏览者在浏览器中再次向 login 的 Action 发送请求，在 Tomcat 控制台将看不到任何输出，表明该拦截器没有拦截 Action 的 execute()方法。

如果需要同时指定多个方法不被该拦截器拦截，则多个方法之间以英文逗号（,）隔开。看如下的配置片段：

```
<interceptor-ref name="myFilter">
    param name="name">改名后的方法过滤拦截器</param>
    <!-- 指定 execute()和 haha()方法不需要被拦截 -->
    <param name="excludeMethods">execute,haha</param>
</interceptor-ref>
```

上面的粗体字代码指定 execute()和 haha()方法都不会被 myFilter 拦截器拦截。

如果 excludeMethods 参数和 includeMethods 参数同时指定了一个方法名，则拦截器会拦截该方法。看如下的配置片段：

```
<interceptor-ref name="myFilter">
    param name="name">改名后的方法过滤拦截器</param>
    <!-- 指定 execute()和 haha()方法不需要被拦截 -->
    <param name="excludeMethods">execute,haha</param>
    <!-- 指定 execute()方法需要被拦截 -->
    <param name="includeMethods">execute</param>
</interceptor-ref>
```

上面的配置片段通过 excludeMethods 参数指定了 execute()和 haha()方法不需要被拦截，又通过 includeMethods 参数指定了 execute()方法需要拦截——二者冲突！以 includeMethods 参数指定的取胜，即拦截器会拦截 execute 方法。

Struts 2 中提供了这种方法过滤的拦截器有如下几个。

➢ TokenInterceptor
➢ TokenSessionStoreInterceptor
➢ DefaultWorkflowInterceptor

> ➢ ValidationInterceptor

➤➤ 4.5.9 拦截器的执行顺序

随着系统中配置拦截器的顺序的不同，系统中执行拦截器的顺序也不一样。通常认为：先配置的拦截器，会先获得执行的机会，但有时候在一些特殊的情况下可能有少许出入。

此时的示例应用依然使用最初的简单拦截器类，但将其配置文件修改成如下形式。

程序清单：codes\04\4.5\sequences\WEB-INF\src\struts.xml

```xml
<?xml version="1.0" encoding="GBK"?>
<!DOCTYPE struts PUBLIC
    "-//Apache Software Foundation//DTD Struts Configuration 2.5//EN"
    "http://struts.apache.org/dtds/struts-2.5.dtd">
<struts>
    <!-- 通过常量配置该应用所使用的字符集-->
    <constant name="struts.i18n.encoding" value="GBK"/>
    <!-- 配置本系统所使用的包 -->
    <package name="lee" extends="struts-default">
        <!-- 应用所需使用的拦截器都在该元素下配置 -->
        <interceptors>
            <!-- 配置 mySimple 拦截器 -->
            <interceptor name="mySimple"
                class="org.crazyit.app.interceptor.SimpleInterceptor">
                <!-- 为拦截器指定参数值 -->
                <param name="name">简单拦截器</param>
            </interceptor>
        </interceptors>
        <action name="login" class="org.crazyit.app.action.LoginAction">
            <result name="error">/WEB-INF/content/error.jsp</result>
            <result>/WEB-INF/content/welcome.jsp</result>
            <!-- 配置系统的默认拦截器 -->
            <interceptor-ref name="defaultStack"/>
            <!-- 应用自定义的 mySimple 拦截器 -->
            <interceptor-ref name="mySimple">
                <param name="name">第一个</param>
            </interceptor-ref>
            <interceptor-ref name="mySimple">
                <param name="name">第二个</param>
            </interceptor-ref>
        </action>
        <action name="*">
            <result>/WEB-INF/content/{1}.jsp</result>
        </action>
    </package>
</struts>
```

从上面的配置片段可以看出，在<interceptors.../>元素中定义了一个拦截器后（第一段粗体字代码所示），在后面的拦截器栈定义、Action 定义中可以多次使用这个拦截器。即使在同一个 Action，或者同一个拦截器栈定义中，也可以重复使用同一个拦截器。对于上面的名为 login 的 Action，就两次使用 mySimple 拦截器拦截该 Action（如第二段粗体字代码所示）。

当使用 mySimple 来重复拦截 login Action 时，分别使用指定的两个拦截器名：第一个和第二个。如果浏览者在浏览器中对该 Action 发送请求，将看到如图 4.29 所示的效果。

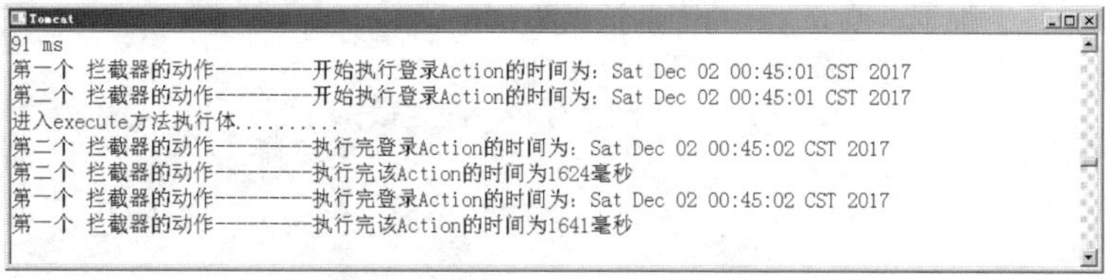

图 4.29 两个拦截器的执行顺序

从图 4.29 中可以看出，对于在 execute()方法之前的动作，第一个拦截器先起作用，也就是说，配置在前面的拦截器将先起作用；对于在 execute 方法之后的动作，则第二个拦截器先起作用，也就是说，配置在后面的拦截器将先起作用。

可以得出如下结论：在 Action 的控制方法执行之前，位于拦截器链前面的拦截器将先发生作用；在 Action 的控制方法执行之后，位于拦截器链前面的拦截器将后发生作用。

▶▶ 4.5.10　拦截结果的监听器

前面的简单拦截器将在 execute()方法执行之前、执行之后的动作都定义在拦截器的 intercept(ActionInvocation invocation)方法中，这种方式看上去结构不够清晰。

为了精确定义在 execute()方法执行结束后，在处理物理资源转向之前的动作，Struts 2 提供了用于拦截结果的监听器，这个监听器是通过手动注册在拦截器内部的。

前面已经介绍过拦截结果的监听器接口：PreResultListener，只是之前是在 Action 中注册该监听器，那么该监听器将只对指定 Action 有效。此处把 PreResultListener 监听器注册在拦截器中，这样可以只要该拦截器起作用的地方，这个拦截接口的监听器都会被触发。

下面是本示例应用中的监听器代码。

程序清单：codes\04\4.5\PreResultListener\WEB-INF\src\org\crazyit\app\interceptor\MyPreResultListener.java

```java
public class MyPreResultListener
    implements PreResultListener
{
    // 定义在处理 Result 之前的行为
    public void beforeResult(ActionInvocation invocation
        ,String resultCode)
    {
        // 打印出执行结果
        System.out.println("返回的逻辑视图为:" + resultCode);
    }
}
```

与前面直接在 intercept()方法中定义在被拦截方法执行之后执行的代码相比，在 beforeResult()方法内有了更多的参数，如 resultCode，这个参数就是被拦截 Action 的被拦截方法的返回值。上面的监听器仅仅打印了被拦截器 Action 的被拦截方法的返回值。

虽然上面的 beforeResult()方法也获得 ActionInvocation 类型的参数，但通过这个参数来控制 Action 已经没有太大作用了——因为 Action 的被拦截方法已经执行结束了。

这个监听器是通过代码手动注册给某个拦截器的，下面是该拦截器代码。

程序清单：codes\04\4.5\PreResultListener\WEB-INF\src\org\crazyit\app\interceptor\BeforeResultInterceptor.java

```java
public class BeforeResultInterceptor
    extends AbstractInterceptor
{
    public String intercept(ActionInvocation invocation)
        throws Exception
    {
        // 将一个拦截结果的监听器注册给该拦截器
        invocation.addPreResultListener(new MyPreResultListener());
        System.out.println("execute 方法执行之前的拦截...");
        // 调用下一个拦截器，或者 Action 的被拦截方法
        String result = invocation.invoke();
        System.out.println("execute 方法执行之后的拦截...");
        return result;
    }
}
```

上面的粗体字代码手动注册了一个拦截结果的监听器：MyPreResultListener，该监听器中的

beforeResult()方法肯定会在系统处理物理资源转向之前被执行，上面的拦截器也定义了需要在处理物理资源转向之前执行的代码。

将该拦截器配置在 struts.xml 文件中，配置该拦截器与配置普通拦截器并没有任何区别，此处不再给出配置该拦截器的配置文件。

当浏览者通过浏览器向该 Action 发送请求时，将看到如图 4.30 所示的效果。

图 4.30　拦截结果的监听器

从图 4.30 中可以看出，定义在 MyPreResultListener 类中的 beforeResult()方法，定义在拦截器的 intercept(ActionInvocation invocation)方法中在 Result 之前执行的动作，更早执行。

虽然在 beforeResult()方法中再对 ActionInvocation 方法进行处理已经没有太大的作用了，但了解 Action 已经执行完毕，而处理物理资源转向还没有开始执行的时间点也非常重要，可以让开发者精确控制 Action 处理的结果，并且对处理结果做有针对性的处理。

值得注意的是，虽然 beforeResult()方法中也可获得 ActionInvocation 实例，但千万不可通过该实例再次调用 invoke()方法，如果再次调用 invoke()方法，将会再次执行 Action 处理，Action 处理之后紧跟的是 beforeResult 方法……这会陷入一个死循环。

 注意

> 不要在 PreResultListener 监听器的 beforeResult 方法中通过 ActionInvocation 参数调用 invoke()方法。

▶▶ 4.5.11　覆盖拦截器栈里特定拦截器的参数

有些时候，Action 需要使用一个拦截器栈，当使用这个拦截器栈时，又需要覆盖该拦截器栈中某个拦截器的指定参数值。此时就需要在配置使用拦截器栈的<interceptor-ref.../>元素中使用<param.../>元素来传入参数，在<param.../>元素中指定参数名时应使用：<拦截器名>.<参数名>这种形式，这样才可以让 Struts 2 明白程序想覆盖哪个拦截器的哪个参数。

下面的配置文件定义了一个拦截器栈，但这个拦截器栈内包含了两个拦截器。程序在使用该拦截器栈时覆盖了指定拦截器中的指定参数。

程序清单：codes\04\4.5\override\WEB-INF\src\struts.xml

```xml
<?xml version="1.0" encoding="GBK"?>
<!DOCTYPE struts PUBLIC
    "-//Apache Software Foundation//DTD Struts Configuration 2.5//EN"
    "http://struts.apache.org/dtds/struts-2.5.dtd">
<struts>
    <!-- 通过常量配置该应用所使用的字符集-->
    <constant name="struts.i18n.encoding" value="GBK"/>
    <!-- 配置本系统所使用的包 -->
    <package name="lee" extends="struts-default">
        <!-- 应用所需使用的拦截器都在该元素下配置 -->
        <interceptors>
            <!-- 配置 mySimple 拦截器 -->
            <interceptor name="mySimple"
                class="org.crazyit.app.interceptor.SimpleInterceptor">
                <!-- 为拦截器指定参数值 -->
                <param name="name">简单拦截器</param>
            </interceptor>
            <!-- 配置第二个拦截器 -->
            <interceptor name="second"
```

```
            class="org.crazyit.app.interceptor.SecondInterceptor"/>
        <!-- 配置名为myStack的拦截器栈 -->
        <interceptor-stack name="myStack">
            <!-- 配置拦截器栈内的第一个拦截器 -->
            <interceptor-ref name="mySimple">
                <param name="name">第一个</param>
            </interceptor-ref>
            <!-- 配置拦截器栈内的第二个拦截器 -->
            <interceptor-ref name="second">
                <param name="name">第二个</param>
            </interceptor-ref>
        </interceptor-stack>
    </interceptors>
    <action name="login" class="org.crazyit.app.action.LoginAction">
        <result name="error">/WEB-INF/content/error.jsp</result>
        <result>/WEB-INF/content/welcome.jsp</result>
        <!-- 配置系统的默认拦截器 -->
        <interceptor-ref name="defaultStack"/>
        <!-- 应用上面的拦截器栈 -->
        <interceptor-ref name="myStack">
            <!-- 覆盖指定拦截器的指定参数值 -->
            <param name="second.name">改名后的拦截器</param>
        </interceptor-ref>
    </action>
    <action name="*">
        <result>/WEB-INF/content/{1}.jsp</result>
    </action>
    </package>
</struts>
```

上面的配置片段的第一段粗体字代码配置了一个名为 myStack 的拦截器栈，这个拦截器栈包含两个拦截器，这两个拦截器分别引用 mySimple 和 second 拦截器，并且覆盖了 mySimple 拦截器的默认参数。

配置文件在名为 login 的 Action 中使用 myStack 拦截器时，使用了<param.../>元素来覆盖该拦截器栈里 second 拦截器的 name 参数，如上面的配置文件中粗体字代码所示。

> **注意**
>
> 如果需要在使用拦截器栈时直接覆盖栈内某个拦截器的属性值，则在指定需要被覆盖的属性时，不能只指定属性名，必须加上该属性属于的拦截名。即采用如下形式：<拦截器名>.<属性名>。

▶▶ 4.5.12　使用拦截器完成权限控制

前面介绍的知识都只是拦截器的用法，并未涉及拦截器的实用功能。本节将使用拦截器来示范一个较为实用的功能：权限检查，当浏览者需要请求执行某个操作时，应用需要先检查浏览者是否登录，以及是否有足够的权限来执行该操作。

本示例应用要求用户登录，且必须为指定用户名才可以查看系统中某个视图资源；否则，系统直接转入登录页面。对于上面的需求，可以在每个 Action 的执行实际处理逻辑之前，先执行权限检查逻辑，但这种做法不利于代码复用。因为大部分 Action 里的权限检查代码都大同小异，故将这些权限检查的逻辑放在拦截器中进行将会更加优雅。

检查用户是否登录，通常都是通过跟踪用户的 Session 来完成的，通过 ActionContext 即可访问到 session 中的属性，拦截器的 intercept (ActionInvocation invocation)方法的 invocation 参数可以很轻易地访问到请求相关的 ActionContext 实例。

权限检查拦截器类的代码如下。

程序清单：codes\04\4.5\authorityInterceptor\WEB-INF\src\org\crazyit\app\interceptor \AuthorityInterceptor.java

```
// 权限检查拦截器继承 AbstractInterceptor 类
```

```
public class AuthorityInterceptor
    extends AbstractInterceptor
{
    // 拦截 Action 处理的拦截方法
    public String intercept(ActionInvocation invocation)
        throws Exception
    {
        // 取得请求相关的 ActionContext 实例
        ActionContext ctx = invocation.getInvocationContext();
        Map session = ctx.getSession();
        // 取出 Session 里的 user 属性
        String user = (String)session.get("user");
        // 如果没有登录，或者登录所用的用户名不是 crazyit.org，都返回重新登录
        if (user != null && user.equals("crazyit.org") )
        {
            return invocation.invoke();
        }
        // 如果没有登录，将服务器提示放入 ActionContext 中
        ctx.put("tip" ,"您还没有登录，请输入 crazyit.org,leegang 登录系统");
        // 直接返回 login 的逻辑视图
        return Action.LOGIN;
    }
}
```

上面的粗体字代码先通过 ActionInvocation 参数取得用户 Session 实例的引用，然后从中取出 user 属性，通过判断该属性值来确定用户是否登录系统，从而判断是否需要转入登录页面。

实现了上面的权限检查拦截器，就可以在所有需要实现权限控制的 Action 中复用上面的拦截器了。

为了使用该拦截器，首先在 struts.xml 文件中定义该拦截器。定义拦截器的配置片段如下。

程序清单：codes\04\4.5\authorityInterceptor\WEB-INF\src\struts.xml

```
<!-- 用户拦截器定义在该元素下 -->
<interceptors>
    <!-- 定义了一个名为 authority 的拦截器 -->
    <interceptor name="authority"
        class="org.crazyit.app.interceptor.AuthorityInterceptor"/>
</interceptors>
```

定义了该拦截器之后，可以在 Action 中应用该拦截器。应用该拦截器的配置片段如下：

```
<!-- 定义一个名为 viewBook 的 Action，其实现类为 ActionSupport -->
<action name="viewBook">
    <!-- 返回 success 视图名时，转入 viewBook.jsp 页面 -->
    <result>/WEB-INF/content/viewBook.jsp</result>
    <interceptor-ref name="defaultStack"/>
    <!-- 应用自定义拦截器 -->
    <interceptor-ref name="authority"/>
</action>
```

上面名为 viewBook 的 Action，没有指定 class 属性，默认使用 ActionSupport 类，配置该 Action 时，只指定了一个结果映射，指定系统返回 success 字符串时，系统将转入/WEB-INF/content/viewBook.jsp 页面，但并未配置 login 视图名对应的 JSP 页面。

考虑到这个拦截器的重复使用，可能多个 Action 都需要跳转到 login 逻辑视图，故将 login 结果映射定义成一个全局结果映射。下面是配置 login 结果映射的配置片段。

```
<!-- 定义全局 Result -->
<global-results>
    <!-- 当返回 login 视图名时，转入 loginForm.jsp 页面 -->
```

```
        <result name="login">/WEB-INF/content/loginForm.jsp</result>
    </global-results>
```

图 4.31　拦截器进行权限检查

经过上面的配置，如果浏览者在浏览器中直接发送 viewBook 请求，将会转入如图 4.31 所示的页面。

如果要简化 struts.xml 文件的配置，避免在每个 Action 中重复配置该拦截器，可以将该拦截器配置成一个默认拦截器栈（这个默认拦截器栈应该包括 defaultStack 拦截器栈和权限检查拦截器）。

定义自己的默认拦截器栈的配置片段如下：

```
<interceptors>
    <!-- 定义权限检查拦截器 -->
    <interceptor name="authority"
        class="org.crazyit.app.interceptor.AuthorityInterceptor"/>
    <!-- 定义一个包含权限检查的拦截器栈 -->
    <interceptor-stack name="myDefault">
        <!-- 定义拦截器栈包含 defaultStack 拦截器栈 -->
        <interceptor-ref name="defaultStack"/>
        <!-- 定义拦截器栈包含 authority 拦截器 -->
        <interceptor-ref name="authority"/>
    </interceptor-stack>
</interceptors>
```

一旦定义了上面的 myDefault 拦截器栈，这个拦截器栈就包含了权限检查拦截器和系统默认的拦截器栈。如果将这个拦截器栈定义成默认拦截器，则可以避免在每个 Action 中需要重复定义权限检查拦截器。下面的配置代码可以将自定义拦截器栈配置成默认拦截器栈。

```
<default-interceptor-ref name="myDefault"/>
```

一旦在某个包下定义了上面的默认拦截器栈，在该包下的所有 Action 都会自动增加权限检查功能。对于那些不需要使用权限控制的 Action，将它们定义在另外的包中——这个包中依然使用 Struts 2 原有的默认拦截器栈，将不会有权限控制功能。

4.6　使用 Struts 2 的 Ajax 支持

Struts 2 是一个非常完备的 MVC 框架，它提供了非常完善的 MVC 功能。Struts 2.0 曾经对 DWR 和 Dojo 进行了封装，试图提供强大的 Ajax 支持。最新版的 Struts 2 已经抛弃了对 Dojo 的封装，改为通过 stream 类型的 Result 或 JSON 插件来实现 Ajax。

▶▶ 4.6.1　使用 stream 类型的 Result 实现 Ajax

前面介绍过 Struts 2 支持一种 stream 类型的 Result，这种类型的 Result 可以直接向客户端浏览器生成二进制响应、文本响应等。那么就可让 Struts 2 的 Action 来直接生成文本响应，接下来在客户端页面动态加载该响应即可。

下面做一个非常简单的 Ajax 登录示例，浏览者输入用户名、密码之后，用户能以异步方式来提交请求，而 Struts 2 的 Action 则直接输出登录结果——无须使用额外的 JSP 页面。下面是本示例的 Action 类代码。

程序清单：codes\04\4.6\streamAjax\WEB-INF\src\org\crazyit\app\action\LoginAction.java

```
public class LoginAction implements Action
{
    // 封装请求参数的两个成员变量
    private String user;
    private String pass;
```

```
// 封装输出结果的二进制流
private InputStream inputStream;
// 省略所有的 setter 和 getter 方法
...
public InputStream getResult()
{
    return inputStream;
}
public String execute()
    throws Exception
{
    // 判断用户名、密码，生成对应的响应
    inputStream = user.equals("crazyit.org") && pass.equals("leegang")
        ? new ByteArrayInputStream("恭喜你，登录成功!"
          .getBytes("UTF-8"))
        : new ByteArrayInputStream("对不起，用户名、密码不匹配! "
          .getBytes("UTF-8"));
    return SUCCESS;
}
}
```

上面的 Action 与普通登录 Action 大致相同，同样提供了 user、pass 两个成员变量来封装用户的请求参数，并为这两个成员变量提供 setter 和 getter 方法。但这个 Action 与普通 Action 也略有差别，它提供了一个返回二进制流的方法：getResult()——如上面的 Action 类中粗体字代码所示。

getResult()方法的返回的二进制流将会直接输出给浏览器——这将会使用 stream 类型的 Result 来完成，而上面的 execute 方法将会根据浏览器输入的 user、pass 请求参数来决定生成怎样的响应。

在 struts.xml 文件中配置该 Action，配置片段如下。

程序清单：codes\04\4.6\streamAjax\WEB-INF\src\struts.xml

```
<action name="login" class="org.crazyit.app.action.LoginAction">
    <result type="stream">
        <!-- 指定 stream 生成的响应数据的类型 -->
        <param name="contentType">text/html</param>
        <!-- 指定由 getResult()方法返回输出结果的 InputStream -->
        <param name="inputName">result</param>
    </result>
</action>
```

提示：
> 通过使用 stream 类型的 Result，Strut 2 可以无需 JSP 视图页面，直接在 Action 向浏览者生成指定的响应。

接下来只要定义一个登录页面，该页面向上面的 login Action 发送异步请求，并动态加载该 Action 送回来的响应即可。

为了简单起见，此处不会去做创建 XMLHttpRequest 对象、发送异步请求这些烦琐的步骤，此处将直接借助于 jQuery 这个 Ajax 库来发送异步请求。页面代码如下。

程序清单：codes\04\4.6\streamAjax\WEB-INF\content\loginForm.jsp

```
<%@ page contentType="text/html; charset=GBK" language="java" errorPage="" %>
<%@ taglib prefix="s" uri="/struts-tags" %>
<!DOCTYPE html PUBLIC "-//W3C//DTD XHTML 1.0 Transitional//EN"
    "http://www.w3.org/TR/xhtml1/DTD/xhtml1-transitional.dtd">
<html xmlns="http://www.w3.org/1999/xhtml">
<head>
    <title>使用 JSON 插件</title>
    <script src="${pageContext.request.contextPath}/jquery-3.2.1.js"
    type="text/javascript">
    </script>
```

```
</head>
<body>
<s:form id="loginForm">
    <s:textfield name="user" label="用户名"/>
    <s:textfield name="pass" label="密码"/>
    <tr><td colspan="2">
    <input id="loginBn" type="button" value="提交"/>
    </td></tr>
</s:form>
<div id="show" style="display:none;">
</div>
<script type="text/javascript">
    // 为id为loginBn的按钮绑定事件处理函数
    $("#loginBn").click(function()
    {
        $("#show").hide();
        // 指定向login发送请求，以id为loginForm表单里各表单控件作为请求参数
        $.get("login" , $("#loginForm").serializeArray() ,
            // 指定回调函数
            function(data , statusText)
            {
                $("#show").height(80)
                    .width(240)
                    .css("border" , "1px solid black")
                    .css("border-radius" , "15px")
                    .css("background-color" , "#efef99")
                    .css("color" , "#ff0000")
                    .css("padding" , "20px")
                    .empty();
                $("#show").append("登录结果：" + data + "<br />");
                $("#show").show(600);
            },
            // 指定服务器响应为html
            "html");
    });
</script>
</body>
</html>
```

上面的程序中粗体字代码正是通过 jQuery 发送异步请求的代码。在浏览器中浏览该页面，并输入合适的用户名、密码，然后登录系统，将可以看到如图 4.32 所示的结果。

除此之外，Struts 2.5 还提供了一个 JSON 插件，通过该插件能更简单地完成 Ajax 开发，下面主要以 JSON 插件为例来介绍 Struts 2 的 Ajax 支持。

图 4.32　登录成功

提示：

> jQuery 是一个非常优秀的、轻量级 Ajax 函数库，它不仅提供了大量方便的工具函数，而且对 Ajax 的支持也是既简单、又强大。如果读者希望获得更多关于 jQuery 的知识，请参考疯狂 Java 体系的《疯狂前端开发讲义》。

▶▶ 4.6.2　JSON 的基本知识

JSON 的全称是 JavaScript Object Notation，即 JavaScript 对象符号，它是一种轻量级的数据交换格式。JSON 的数据格式既适合人来读/写，也适合计算机本身解析和生成。最早的时候，JSON 是 JavaScript 语言的数据交换格式，后来慢慢发展成一种语言无关的数据交换格式，这一点非常类似于 XML。

JSON 主要在类似于 C 的编程语言中广泛使用，这些语言包括 C、C++、C#、Java、JavaScript、Perl、Python 等。JSON 提供了多种语言之间完成数据交换的能力，因此，JSON 也是一种非常理想的数据交换格式。JSON 主要有如下两种数据结构。

> 由 key-value 对组成的数据结构，这种数据结构在不同的语言中有不同的实现。例如，在 JavaScript 中是一个对象，在 Java 中是一种 Map 结构，在 C 语言中，则是一个 struct。在其他语言中，可能有 record、dictionary、hash table 等。

> 有序集合。这种数据结构在不同语言中，可能有 list、vector、数组和序列等实现。

上面的两种数据结构在不同的语言中都有对应的实现。因此，这种简便的数据表示方式完全可以实现跨语言，因此可以作为程序设计语言中通用的数据交换格式。在 JavaScript 中主要有两种 JSON 的语法，一种用于创建对象，另一种用于创建数组。

1. 使用 JSON 语法创建对象

使用 JSON 语法创建对象是一种更简单的方式，使用 JSON 语法可避免书写函数，也可避免使用 new 关键字，而是直接获取一个 JavaScript 对象。对于早期的 JavaScript 版本，如果要使用 JavaScript 创建一个对象，通常情况下可能会这样写：

```
// 定义一个函数，作为构造器
function Person(name, sex)
{
    this.name = name;
    this.sex = sex;
}
// 创建一个 Person 实例
var p = new Person('yeeku', 'male');
// 输出 Person 实例
alert(p.name);
```

从 JavaScript 1.2 开始，创建对象有了一种更快捷的语法，语法如下：

```
var p = {"name": 'yeeku',
    "sex" : 'male'};
alert(p);
```

这种语法就是一种 JSON 语法。显然，使用 JSON 语法创建对象更加简捷、方便。图 4.33 显示了这种语法示意。

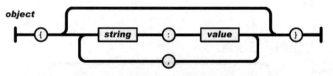

图 4.33 JSON 创建对象的语法示意

在图 4.33 中，创建对象 object 时，总以{开始，以}结束，对象的每个属性名和属性值之间以英文冒号（:）隔开，多个属性定义之间以英文逗号（,）隔开。语法格式如下：

```
object =
{
    propertyName1 : propertyValue1 ,
    propertyName2 : propertyValue2 ,
    ...
}
```

必须注意的是，并不是每个属性定义后面都有英文逗号（,），必须后面还有属性定义时才需要逗号（,）。因此，下面的对象定义是错误的：

```
person =
{
    name : 'yeeku',
    sex : 'male',
}
```

因为 sex 属性定义后多出一个英文逗号，最后一个属性定义的后面直接以 } 结束了，不再有英文逗号（,）。

当然，使用 JSON 语法创建 JavaScript 对象时，属性值不仅可以是普通字符串，也可以是任何基本数据类型，还可以是函数、数组，甚至是另外一个 JSON 语法创建的对象。例如：

```
person =
{
    name : 'yeeku',
    sex : 'male',
    // 使用 JSON 语法为其指定一个属性
    son : {
        name: 'nono',
        grade:1
    },
    // 使用 JSON 语法为 person 直接分配一个方法
    info : function()
    {
        document.writeln("姓名: " + this.name + "性别: " + this.sex);
    }
}
```

2. 使用 JSON 语法创建数组

使用 JSON 语法创建数组也是非常常见的情形，在早期的 JavaScript 语法里，通过如下方式来创建数组。

```
// 创建数组对象
var a = new Array();
// 为数组元素赋值
a[0] = 'yeeku';
// 为数组元素赋值
a[1] = 'nono';
```

或者通过如下方式创建数组：

```
// 创建数组对象时直接赋值
var a = new Array('yeeku', 'nono');
```

但如果使用 JSON 语法，则可以通过如下方式创建数组：

```
// 使用 JSON 语法创建数组
var a = ['yeeku', 'nono'];
```

图 4.34 是 JSON 创建数组的语法示意。

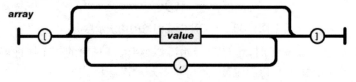

图 4.34　JSON 创建数组的语法示意

正如图 4.34 中所见到的，JSON 创建数组总是以英文方括号（[）开始，然后依次放入数组元素，元素与元素之间以英文逗号（,）隔开，最后一个数组元素后面不需要英文逗号，但以英文反方括号（]）结束。使用 JSON 创建数组的语法格式如下：

```
arr = [value1 , value 2 ...]
```

与 JSON 语法创建对象相似的是，数组的最后一个元素后面不能有逗号（,）。

鉴于 JSON 语法的简单易用，而且作为数据传输载体时，数据传输量更小，因此在 Ajax 交互中，往往不使用 XML 作为数据交换格式，而是采用 JSON 作为数据交换格式。假设需要交换一个对象 person，其 name 属性为 yeeku，gender 属性为 male，age 属性为 29，使用 JSON 语法可以简单写成如下形式：

```
person =
```

```
{
    name:'yeeku',
    gender:'male',
    age:29
}
```

但如果使用 XML 数据交换格式，则需要采用如下格式：

```
<person>
    <name>yeeku</name>
    <gender>male</gender>
    <age>29</age>
</person>
```

对比这两种表示方式，第一种方式明显比第二种方式更加简洁，数据传输量也更小。

当服务器返回一个满足 JSON 格式的字符串后，接下来可以利用 json 扩展的方法将该字符串转换成一个 JavaScript 对象。登录 http://www.json.org/json2.js 站点，下载 json2.js 文件，该文件提供了一个全局的 JSON 对象，该对象包含两个方法：stringify 和 parse，其中前者负责把一个 JSON 对象转换成 JSON 格式的字符串，而后者则负责把 JSON 格式字符串转换成 JSON 对象。

▶▶ 4.6.3　实现 Action 逻辑

假设有如图 4.35 所示的输入页面，该页面中包含了三个表单域，这三个表单域对应于三个请求参数，因此应该使用 Action 来封装这三个请求参数。三个表单域的 name 分别为 field1、field2 和 field3。

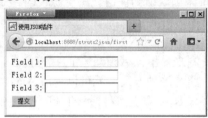

图 4.35　输入页面

处理该请求的 Action 类代码如下。

程序清单：codes\04\4.6\struts2json\WEB-INF\src\org\crazyit\app\action\JSONExample.java

```java
public class JSONExample
{
    // 模拟处理结果的成员变量
    private int[] ints = {10, 20};
    private Map<String , String> map
        = new HashMap<String , String>();
    private String customName = "顾客";
    // 封装请求参数的三个成员变量
    private String field1;
    // 'transient'修饰的成员变量不会被序列化
    private transient String field2;
    // 没有 setter 和 getter 方法的成员变量不会被序列化
    private String field3;

    public String execute()
    {
        map.put("name", "疯狂 Java 讲义");
        return Action.SUCCESS;
    }
    // 使用注解来改变该成员变量序列化后的名字
    @JSON(name="newName")
    public Map getMap()
    {
        return this.map;
    }

    // customName 的 setter 和 getter 方法
    public void setCustomName(String customName)
    {
        this.customName = customName;
    }
```

```
    public String getCustomName()
    {
        return this.customName;
    }
    // 省略 field1、field2、field3 的 setter、getter 方法
    ...
}
```

在上面的代码中，使用了@JSON 注解，使用该注解时指定了 name 属性，name 属性用于改变 JSON 对象的属性名字。除此之外，@JSON 注解还支持如下几个属性。

➢ serialize：设置是否序列化该属性。
➢ deserialize：设置是否反序列化该属性。
➢ format：设置用于格式化输出、解析日期表单域的格式。例如"yyyy-MM-dd'T'HH: mm:ss"。

▶▶ 4.6.4　JSON 插件与 json 类型的 Result

JSON 插件提供了一种 json 类型的 Result，一旦为某个 Action 指定了一个类型为 json 的 Result，则该 Result 无须映射到任何视图资源。因为 JSON 插件会负责将 Action 里的状态信息序列化成 JSON 格式的字符串，并将该字符串返回给客户端浏览器。

简单地说，JSON 插件允许在客户端页面的 JavaScript 中异步调用 Action，而且 Action 不再需要使用视图资源来显示该 Action 里的状态信息，而是由 JSON 插件负责将 Action 里的状态信息返回给调用页面——通过这种方式，就可以完成 Ajax 交互。

将 Struts 2 解压缩目录的 lib 子目录下 struts2-json-plugin-2.5.14.jar 文件复制到 Web 应用的 WEB-INF\lib 目录下，即可为该 Struts 2 应用增加 JSON 插件。

接下来配置提供返回 JSON 字符串的 Action，配置该 Action 与配置普通 Action 存在小小的区别，应该为该 Action 配置类型为 json 的 Result，而这个 Result 无须配置任何视图资源。

配置该 Action 的 struts.xml 文件代码如下。

程序清单：codes\04\4.6\struts2json\WEB-INF\src\struts.xml

```xml
<?xml version="1.0" encoding="GBK"?>
<!DOCTYPE struts PUBLIC
    "-//Apache Software Foundation//DTD Struts Configuration 2.5//EN"
    "http://struts.apache.org/dtds/struts-2.5.dtd">
<struts>
    <constant name="struts.i18n.encoding" value="UTF-8"/>
    <package name="example" extends="json-default">
        <action name="JSONExample" class="org.crazyit.app.action.JSONExample">
            <!-- 配置类型的 json 的 Result -->
            <result type="json">
                <!-- 为该 Result 指定参数 -->
                <param name="noCache">true</param>
                <param name="contentType">text/html</param>
            </result>
        </action>
        <action name="*">
            <result>/WEB-INF/content/{1}.jsp</result>
        </action>
    </package>
</struts>
```

在上面配置文件中有两个值得注意的地方。

➢ 第一个地方是配置 struts.i18n.encoding 常量时，不再使用 GBK 编码，而是使用 UTF-8 编码，这是因为 Ajax 的 POST 请求都是以 UTF-8 的方式进行编码的。
➢ 第二个地方是配置包时，自己的包继承了 json-default 包，而不再继承默认的 default 包，这是因为只有在该包下才有 json 类型的 Result。

一旦将某个逻辑视图名配置成 json 类型，这将意味着该逻辑视图无须指定物理视图资源，因为 JSON 插件会将该 Action 序列化后发送给客户端。

正如上面的粗体字代码所示，配置 json 类型的 Result 时无须指定任何视图资源——JSON 插件会将 Action 对象序列化成一个 JSON 格式的字符串，并将该字符串作为响应输出给请求者。

上面的粗体字代码中定义 json 类型的 Result 时，还指定了 noCache、contentType 两个参数，这都是 json 类型的 Result 的合法参数，json 类型的 Result 可以接受如表 4.1 所示的常用参数。

表 4.1 json 类型的 Result 允许指定的参数

参 数 名	合 法 值	默 认 值	说 明
excludeProperties	逗号隔开的多个属性名表达式		匹配其中任意一个属性名表达式的属性都不会被序列化到 JSON 字符串中
IncludeProperties	逗号隔开的多个属性名表达式		匹配其中任意一个属性名表达式的属性都会被序列化到 JSON 字符串中
root	OGNL 表达式，确定 Action 内某个属性		设置该参数将不再把整个 Action 对象序列化成 JSON 字符串。而是只将该参数所指定的 Action 属性序列化成 JSON 字符串返回给客户端
wrapPrefix	任意字符串		设置在系统生成的 JSON 结果字符串前添加固定的字符串前缀
wrapSuffix	任意字符串		设置在系统生成的 JSON 结果字符串后添加固定的字符串后缀
ignoreHierarchy	true 或 false	true	默认情况下，JSON 插件只序列化 Action 对象的本身的属性，不会理会它的父类的属性。将该属性设 false，将会序列化从 Object 类开始、所有父类、直到该 Action 类中所包含的全部属性
enableGZIP	true 或 false	false	设置是否对 JSON 响应启用 gzip 压缩。如果启用 gzip 压缩，需要客户端浏览器支持
noCache	true 或 false	false	设置是否取消浏览器缓存。将该参数设为 true，将意味着增加如下响应头： Cache-Control: no-cache Expires: 0 Pragma: No-cache
excludeNullProperties	true 或 false	false	设置是否不序列化属性值为 null 的属性
contentType	合法的 MIME 类型	text/html	设置服务器响应的类型。默认是 text/html，通常无须修改

▶▶ 4.6.5 实现 JSP 页面

为了更简单地实现 Ajax 交互，本页面同样使用了 jQuery。通过使用该框架，可以更加简单地访问页面中的 DOM 节点，包括更好地实现 Ajax 交互。这样避免去做创建 XMLHttpRequest 对象、发送异步请求这些烦琐的步骤。

下面是该 JSP 页面的代码。

程序清单：codes\04\4.6\struts2json\WEB-INF\content\first.jsp

```
<%@ page contentType="text/html; charset=GBK" language="java" errorPage="" %>
<%@ taglib prefix="s" uri="/struts-tags" %>
<!DOCTYPE html PUBLIC "-//W3C//DTD XHTML 1.0 Transitional//EN"
    "http://www.w3.org/TR/xhtml1/DTD/xhtml1-transitional.dtd">
<html xmlns="http://www.w3.org/1999/xhtml">
<head>
    <title>使用 JSON 插件</title>
    <script src="${pageContext.request.contextPath}/jquery-1.11.1.js"
type="text/javascript">
</script>
<script type="text/javascript">
    function gotClick()
    {
        $("#show").hide();
        // 指定向 JSONExample 发送请求，将 id 为 form1 的表单所包含的表单控件转换为请求参数
        $.post("JSONExample" , $("#form1").serializeArray() ,
```

```
                // 指定回调函数
                function(data , statusText)
                {
                    $("#show").height(80)
                         .width(240)
                         .css("border" , "1px solid black")
                         .css("border-radius" , "15px")
                         .css("background-color" , "#efef99")
                         .css("color" , "#ff0000")
                         .css("padding" , "20px")
                         .empty();
                    // 遍历 JavaScript 对象的各属性
                    for(var propName in data)
                    {
                        $("#show").append(propName + "-->"
                             + data[propName] + "<br />");
                    }
                    $("#show").show(600);
                },
                // 指定服务器响应为 JSON 数据
                "json");
            }
        </script>
    </head>
    <body>
    <s:form id="form1">
        <s:textfield name="field1" label="Field 1"/>
        <s:textfield name="field2" label="Field 2"/>
        <s:textfield name="field3" label="Field 3"/>
        <tr><td colspan="2">
        <input type="button" value="提交" onclick="gotClick();"/>
        </td></tr>
    </s:form>
    <div id="show">
    </div>
    </body>
    </html>
```

在上面的页面中同样使用了 jQuery 库来完成 Ajax 交互。为了使用 jQuery 库，当然需要在该页面中导入 jQuery 的代码库。

在浏览器中浏览该页面，在上面三个表单域中完成输入，然后单击"提交"按钮，将看到如图 4.36 所示的页面。

正如图 4.36 中所看到的，页面可以取得整个 Action 实例的状态信息，包括 Action 实例里的每个属性名，以及对应的属性值。既然可以获得整个 Action 的状态信息，就完全获得了 Struts 2 对该请求的处理结果，最后剩下的事情就是：通过 DOM 操作把这些处理结果显示出来。关于如何利用 DOM 动态改变 HTML 页面内容，请参考疯狂 Java 体系的《疯狂前端开发讲义》一书。

图 4.36　使用 JSON 插件完成 Ajax 交互

4.7　本章小结

本章主要介绍了 Struts 2 框架的高级内容，主要详细讲解了 Struts2 框架的类型转换和输入校验，对所有的 MVC 框架而言，类型转换和输入校验都是非常重要的内容：类型转换负责将字符串类型的请求参数转换成实际所需的类型，而输入校验则用于保证用户输入的合法性。

本章还介绍了 Struts 2 的文件上传和下载，Struts 2 对文件上传提供了完美的封装，能以非常简便的方式同时上传多个文件；Struts 2 专门提供了 stream 结果类型，用于实现文件下载。

本章深入讲解了 Struts 2 拦截器，拦截器完成了 Struts 2 框架 70%的工作，例如解析请求参数、将请求参数赋值给 Action 属性、执行数据校验、文件上传……Struts 2 框架的灵巧性，主要得益于拦截器设计机制：当需要扩展 Struts 2 功能时，只需要提供相应的拦截器，并将其配置在 Struts 2 容器中即可；如果不需要该功能，也只需要禁用该拦截器即可。通过引入拦截器机制，允许 Struts 2 框架使用可插拔方式管理各种功能。

本章最后介绍了如何利用 Struts 2 的 stream Result 开发 Ajax 支持，还介绍了简洁、易用的 JSON 插件，并详细介绍如何利用 JSON 插件完成 Ajax 交互。

第 5 章
Hibernate 的基本用法

本章要点

- ➥ ORM 的基本知识
- ➥ ORM 和 Hibernate 的关系
- ➥ Hibernate 的基本映射思想
- ➥ Hibernate 入门知识
- ➥ 使用 Eclipse 开发 Hibernate 应用
- ➥ Hibernate 的体系和核心 API
- ➥ Hibernate 的配置文件
- ➥ 持久化类的基本要求
- ➥ 持久化对象的状态
- ➥ Hibernate 的基本映射
- ➥ 数据库对象映射
- ➥ List、Set 和 Map 等集合属性映射
- ➥ 组件属性映射
- ➥ 集合元素为复合类型的映射
- ➥ 复合主键映射
- ➥ 使用传统 XML 映射文件管理映射信息

Hibernate 是轻量级 Java EE 应用的持久层解决方案，Hibernate 不仅管理 Java 类到数据库表的映射（包括 Java 数据类型到 SQL 数据类型的映射），还提供数据查询和获取数据的方法，可以大幅度缩短处理数据持久化的时间。

目前的主流数据库依然是关系数据库，而 Java 语言则是面向对象的编程语言，当把二者结合在一起使用时相当麻烦，而 Hibernate 则减少了这个问题的困扰，它完成对象模型和基于 SQL 的关系模型的映射关系，使得应用开发者可以完全采用面向对象的方式来开发应用程序。

Hibernate 较之另一个持久层框架 MyBatis，Hibernate 更具有面向对象的特征；受 Hibernate 的影响，Java EE 5 规范抛弃了传统的 Entity EJB，改为使用 JPA 作为持久层解决方案。而 JPA 实体完全可以当成 Hibernate PO（Persistent Object，持久化对象）使用，由此可见 Hibernate 的影响深远。Hibernate 倡导低侵入式的设计，完全采用普通的 Java 对象（POJO）编程，不要求 PO 继承 Hibernate 的某个超类或实现 Hibernate 的某个接口。

Hibernate 充当了面向对象的程序设计语言和关系数据库之间的桥梁，Hibernate 允许程序开发者采用面向对象的方式来操作关系数据库。因为有了 Hibernate 的支持，使得 Java EE 应用的 OOA（面向对象分析）、OOD（面向对象设计）和 OOP（面向对象编程）三个过程一脉相承，成为一个整体。

📁 5.1 ORM 和 Hibernate

目前流行的编程语言，如 Java、C#等，它们都是面向对象的编程语言，而目前主流的数据库产品，例如 Oracle、DB2 等，依然是关系数据库。编程语言和底层数据库的发展不协调，催生出了 ORM 框架。ORM 框架可作为面向对象编程语言和数据库之间的桥梁。

▶▶ 5.1.1 对象/关系数据库映射（ORM）

ORM 的全称是 Object/Relation Mapping，即对象/关系数据库映射。ORM 可理解成一种规范，它概述了这类框架的基本特征：完成面向对象的编程语言到关系数据库的映射。当 ORM 框架完成映射后，既可利用面向对象程序设计语言的简单易用性，又可利用关系数据库的技术优势。因此可把 ORM 框架当成应用程序和数据库的桥梁。

当使用一种面向对象的程序设计语言来进行应用开发时，从项目开始起一直采用的是面向对象分析、面向对象设计、面向对象编程，但到了持久层数据库访问时，又必须重返关系数据库的访问方式，这是一种非常糟糕的感觉。于是需要一种工具，它可以把关系数据库包装成面向对象的模型，这个工具就是 ORM 框架。

 提示：

> 其实 Java EE 规范里的 JPA 规范就是一种 ORM 规范，JPA 规范并不提供任何 ORM 实现，JPA 规范提供了一系列编程接口，而 JPA 实现（本质上就是 ORM 框架）则负责为这些编程接口提供实现。如果开发者面向 JPA 编程，那么应用程序底层可以在不同的 ORM 框架之间自由切换。关于 JPA 的详细介绍和用法，请参考本书姊妹篇《经典 Java EE 企业应用实战》。

ORM 框架是面向对象程序设计语言与关系数据库发展不同步时的中间解决方案。随着面向对象数据库的发展，其理论逐步完善，最终会取代关系数据库。只是这个过程不可一蹴而就，ORM 框架在此期间内会蓬勃发展。但随着面向对象数据库的广泛使用，ORM 工具会自动消亡。

对时下所有流行的编程语言而言，面向对象的程序设计语言代表了目前程序设计语言的主流和趋势，具备非常多的优势。比如：

> ➢ 面向对象的建模、操作。
> ➢ 多态、继承。
> ➢ 摒弃难以理解的过程。

➤ 简单易用，易理解。

但数据库的发展并未与程序设计语言同步，而且关系数据库系统的某些优势也是面向对象语言目前无法比拟的。比如：

➤ 大量数据查找、排序。

➤ 集合数据连接操作、映射。

➤ 数据库访问的并发、事务。

➤ 数据库的约束、隔离。

面对这种面向对象语言与关系数据库系统并存的局面，采用 ORM 就变成一种必然。只要依然采用面向对象程序设计语言，底层依然采用关系数据库，中间就少不了 ORM 工具。采用 ORM 框架之后，应用程序不再直接访问底层数据库，而是以面向对象的方式来操作持久化对象（例如创建、修改、删除等），而 ORM 框架则将这些面向对象的操作转换成底层的 SQL 操作。

图 5.1 显示了 ORM 工具作用的示意图。

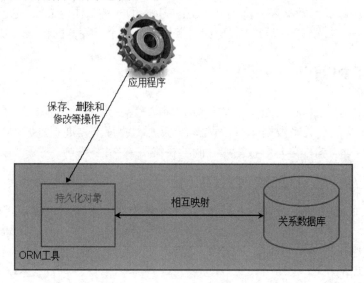

图 5.1　ORM 工具作用的示意图

正如图 5.1 所示，ORM 工具的唯一作用就是：把对持久化对象的保存、删除、修改等操作，转换成对数据库的操作。从此，程序员可以以面向对象的方式操作持久化对象，而 ORM 框架则负责转换成对应的 SQL（结构化查询语言）操作。

➤➤ 5.1.2　基本映射方式

ORM 工具提供了持久化类和数据表之间的映射关系，通过这种映射关系的过渡，程序员可以很方便地通过持久化类实现对数据表的操作。实际上，所有的 ORM 工具大致上都遵循相同的映射思路，ORM 基本映射有如下几条映射关系。

➤ 数据表映射类：持久化类被映射到一个数据表。程序使用这个持久化类来创建实例、修改属性、删除实例时，系统自动会转换为对这个表进行 CRUD 操作。图 5.2 显示了这种映射关系。

　正如图 5.2 所示，受 ORM 管理的持久化类（就是一个普通 Java 类）对应一个数据表，只要程序对这个持久化类进行操作，系统就可以转换成对对应数据表的操作。

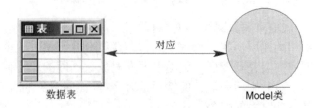

图 5.2　数据表对应 Model 类

➤ 数据表的行映射对象（即实例）：持久化类会生成很多实例，每个实例就对应数据表中的一行记录。当程序在应用中修改持久化类的某个实例时，ORM 工具将会转换成对对应数据表中特定行的操作。每个持久化对象对应数据表的一行记录的示意图如图 5.3 所示。

> 数据表的列（字段）映射对象的属性：当程序修改某个持久化对象的指定属性时（持久化实例映射到数据行），ORM 将会转换成对对应数据表中指定数据行、指定列的操作。数据表的列被映射到对象属性的示意图如图 5.4 所示。

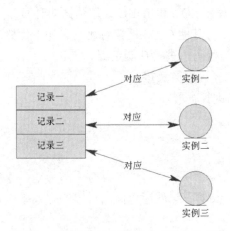

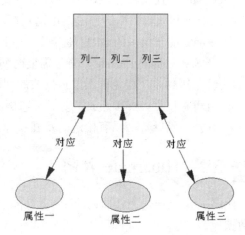

图 5.3　数据表中的记录行对应持久化对象　　　　图 5.4　数据表中的列对应对象的属性

基于这种基本的映射方式，ORM 工具可完成对象模型和关系模型之间的相互映射。由此可见，在 ORM 框架中，持久化对象是一种中间媒介，应用程序只需操作持久化对象，ORM 框架则负责将这种操作转换为底层数据库操作——这种转换对开发者透明，无须开发者关心，从而将开发者从关系模型中释放出来，使得开发者能以面向对象的思维操作关系数据库。

▶▶ 5.1.3　流行的 ORM 框架简介

目前 ORM 框架的产品非常多，除了各大著名公司、组织的产品外，甚至其他一些小团队也都推出自己的 ORM 框架。目前流行的 ORM 框架有如下这些产品。

> JPA：JPA 本身只是一种 ORM 规范，并不是 ORM 产品。它是 Java EE 规范制定者向开源世界学习的结果。JPA 实体与 Hibernate PO 十分相似，甚至 JPA 实体完全可作为 Hibernate PO 类使用，因此很多地方也把 Hibernate PO 称为实体。相对于其他开源 ORM 框架，JPA 的最大优势在于它是官方标准，因此具有通用性，如果应用程序面向 JPA 编程，那么应用程序就可以在各种 ORM 框架之间自由切换：Hibernate？TopLink？OpenJPA？随你喜欢就行。

> Hibernate：目前最流行的开源 ORM 框架，已经被选作 JBoss 的持久层解决方案。整个 Hibernate 项目也一并投入了 JBoss 的怀抱，而 JBoss 又加入了 Red Hat 组织。因此，Hibernate 属于 Red Hat 组织的一部分。Hibernate 灵巧的设计、优秀的性能，还有丰富的文档，都是其风靡全球的重要因素。

> MyBatis（早期名称是 iBATIS）：Apache 软件基金组织的子项目。与其称它是一种 ORM 框架，不如称它是一种 "SQL Mapping" 框架。曾经在 Java EE 开发中扮演非常重要的角色，但因为并不支持纯粹的面向对象的操作，因此现在逐渐开始被取代。但在一些公司中依然占有一席之地。特别是一些对数据访问特别灵活的地方，MyBatis 更加灵活，它允许开发人员直接编写 SQL 语句。

> TopLink：Oracle 公司的产品，早年单独作为 ORM 框架使用时一直没有赢得广泛的市场，现在主要作为 JPA 实现。GlassFish 服务器的 JPA 实现就是 TopLink。

▶▶ 5.1.4　Hibernate 概述

Hibernate 是一个面向 Java 环境的对象/关系数据库映射工具，用于把面向对象模型表示的对象映射到基于 SQL 的关系模型的数据结构中。Hibernate 的目标是释放开发者通常的数据持久化相关的编程任务的 95%。对于以数据为中心的程序而言，往往在数据库中使用存储过程实现商业逻辑，Hibernate 可能不是最好的解决方案；但对于那些基于 Java 的中间件应用，设计采用面向对象的业务模型和商业逻辑，Hibernate 是最有用的。不管怎样，Hibernate 能消除那些针对特定数据库厂商的 SQL 代码，并且把结果集从表格式的形式转换成值对象的形式。

Hibernate 不仅仅管理 Java 类到数据库表的映射（包括 Java 数据类型到 SQL 数据类型的映射），还提供数据查询和获取数据的方法，可以大幅度减少开发时人工使用 SQL 和 JDBC 处理数据的时间。

Hibernate 能在众多的 ORM 框架中脱颖而出，因为 Hibernate 与其他 ORM 框架对比具有如下优势。

➢ 开源和免费的 License，方便需要时研究源代码，改写源代码，进行功能定制。

➢ 轻量级封装，避免引入过多复杂的问题，调试容易，减轻程序员负担。

➢ 有可扩展性，API 开放。功能不够用的时候，自己编码进行扩展。

➢ 开发者活跃，产品有稳定的发展保障。

5.2　Hibernate 入门

Hibernate 的用法非常简单，只要在 Java 项目中引入 Hibernate 框架，就能以面向对象的方式操作关系数据库。

▶▶ 5.2.1　Hibernate 下载和安装

本书成书之时，Hibernate 的最新版本是 5.2.12 Final，本章所用的代码也是基于该版本测试通过的。目前，Hibernate 加入了 JBoss，因此登录 www.hibernate.org、www.jboss.org 都可看到 Hibernate 的链接，都可下载 Hibernate 发布版。

下载和安装 Hibernate 请按如下步骤进行。

① 登录 http://hibernate.org/orm/站点，即可在页面上看到一个绿色的 "Download(5.2.12.Final)" 按钮，单击该按钮即可开始下载 Hibernate 的压缩包。

 提示：

> 推荐使用 Hibernate 5.2.12 Final 版，因为 Hibernate 各版本之间可能存在一些细节差异，对于初学者而言，如果在学习过程中遇到由于 Hibernate 版本导致的错误将会造成巨大的挫折感，不利于初学者学习。

② 解压缩刚下载的压缩包，解压缩得到一个名为 hibernate-release-5.2.12.Final 的文件夹，该文件夹下包含如下文件结构。

➢ documentation：该路径下存放了 Hibernate 的相关文档，包括 Hibernate 的参考文档和 API 文档等。

➢ lib：该路径下存放了 Hibernate 5.2 的核心类库，以及编译和运行所依赖的第三方类库。其中 lib 路径下的 required 子目录下保存了运行 Hibernate 5.2 的核心类库，以及必需的第三方类库。

➢ project：该路径下存放了 Hibernate 各种相关项目的源代码。

➢ lgpl.txt、logo 等杂项文件。

③ 将解压缩路径中 lib 目录下的 required 子目录下的所有 JAR 包添加到应用的类加载路径中——既可通过添加环境变量的方式来添加，也可使用 Ant 或 IDE 工具来管理应用程序的类加载路径。

> **注意** ✳
>
> Hibernate 5.2 主要针对 Java 8 平台，并未在 Java 9 平台上测试。实际上 Hibernate 5.2 需要依赖 JAXB 和 Activation 框架，Java 8 的 SE 版默认包含了这两个框架，但 Java 9 并没有包含。因此需要自行下载 JAXB 和 Activation，而且 JAXB 还不能下载最新的 2.3 版本，只能下载 2.1 版本。读者可以在 codes\05\lib 目录下找到 JAXB 和 Activation 的 JAR 包。

④ 如果直接在控制台编译使用了 Hibernate API 的类，则需要将 Hibernate 核心 JAR 包及必需的依赖 JAR 包位置添加到 CLASSPATH 里。如果使用 Ant 工具或者 Eclipse 等 IDE 工具，则无须修改环境变量。

经过上面的步骤，就可以在应用中使用 Hibernate 框架的功能了。

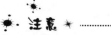

>
> 由于 Hibernate 底层依然是基于 JDBC 的，因此在应用程序中使用 Hibernate 执行持久化时同样少不了 JDBC 驱动。本示例程序底层采用 MySQL 数据库，因此还需要将 MySQL 数据库驱动添加到应用程序的类加载路径中。

▶▶ 5.2.2 Hibernate 的数据库操作

前面已经介绍了，在所有的 ORM 框架中有一个非常重要的媒介：PO（持久化对象）。持久化对象的作用是完成持久化操作，简单地说，通过该对象可对数据执行增、删、改的操作——以面向对象的方式操作数据库。

应用程序无须直接访问数据库，甚至无须理会底层数据库采用何种数据库——这一切对应用程序完全透明，应用程序只需创建、修改、删除持久化对象即可；与此同时，Hibernate 则负责把这种操作转换为对指定数据表的操作。

Hibernate 里的 PO 是非常简单的，前面已经说过 Hibernate 是低侵入式的设计，完全采用普通的 Java 对象作为持久化对象使用，看下面的 POJO（普通的、传统的 Java 对象）类。

程序清单：codes\05\5.2\HibernateQs\src\org\crazyit\app\domain\News.java

```
public class News
{
    // 消息类的标识属性
    private Integer id;
    // 消息标题
    private String title;
    // 消息内容
    private String content;
    // id 的 setter 和 getter 方法
    public void setId(Integer id)
    {
        this.id = id;
    }
    public Integer getId()
    {
        return this.id;
    }
    // title 的 setter 和 getter 方法
    public void setTitle(String title)
    {
        this.title = title;
    }
    public String getTitle()
    {
        return this.title;
    }
    // content 的 setter 和 getter 方法
    public void setContent(String content)
    {
        this.content = content;
    }
    public String getContent()
    {
        return this.content;
    }
}
```

仔细看上面这个类的代码，会发现这个类与普通的 JavaBean 没有任何区别。实际上，Hibernate 直接采用了 POJO（普通的、传统的 Java 对象）作为持久化类，这就是 Hibernate 被称为低侵入式设计的原因，Hibernate 不要求持久化类继承任何父类，或者实现任何接口，这样可保证代码不被污染。

这个普通的 JavaBean 目前还不具备持久化操作的能力，为了使其具备持久化操作的能力，还需要为这个 POJO 添加一些注解。下面为 News 类增加注解。

程序清单：codes\05\5.2\HibernateQs\src\org\crazyit\app\domain\News.java

```java
@Entity
@Table(name="news_inf")
public class News
{
    // 消息类的标识属性
    @Id
    @GeneratedValue(strategy=GenerationType.IDENTITY)
    private Integer id;
    // 消息标题
    private String title;
    // 消息内容
    private String content;
    // 省略所有的getter和setter方法
    ...
}
```

上面文件仅仅对前面的 JavaBean 增加了粗体字注解，关于这些注解简单地解释一下。

➢ @Entity 注解声明该类是一个 Hibernate 的持久化类。

➢ @Table 指定该类映射的表。此处指定该类映射到 news_inf 表。

➢ @Id 用于指定该类的标识属性。所谓标识属性，就是可以唯一标识该对象的属性，标识属性通常映射到数据表的主键列。

➢ @GeneratedValue 用于指定主键生成策略，其中 strategy 属性指定了主键生成策略为 IDENTITY 策略，也就是采用自动增长的主键生成策略。

从上面的注解信息可以看出如下公式：

$$PO = POJO + 持久化注解$$

　注意

由于 Hibernate 与 JPA 的关系非常密切，Hibernate 5.2 遵守最新的 JPA 2.1 规范，因此 Hibernate 基本上直接使用了 JPA 2.1 的标准注解。上面示例所用的 4 个注解都是 JPA 的标准注解，位于 javax.persistence 包下。读者无须额外去下载 JPA 的 JAR 包，在 Hibernate 解压路径的 lib\required 目录中包含一个 hibernate-jpa-2.1-api-1.0.0.Final.jar 文件，该文件其实就是 JPA 规范的 JAR 包——前面在 lib\required 目录下添加所有 JAR 包时，已经添加了该 JAR 包，在后面叙述中，如果没有特别指出，本书所用的注解都是 JPA 的标准注解。但如果读者需要查看 JPA 注解的 API 文档，就需要自行下载 Java EE 7 的 API 文档（JPA 2.1 属于 Java EE 7）了。

现在即可通过这个持久化类来完成对数据库的操作：插入一条消息。

通过上面的映射注解，Hibernate 可以理解持久化类和数据表之间的对应关系，也可以理解持久化类的属性与数据表的各列之间的对应关系。但无法知道连接哪个数据库，以及连接数据库时所用的连接池、用户名和密码等详细信息。这些信息对于所有的持久化类都是通用的，Hibernate 把这些通用信息称为配置信息，配置信息使用配置文件指定。

Hibernate 配置文件既可以使用*.properties 属性文件，也可以使用 XML 文件配置。在实际应用中，通常使用 XML 文件配置。下面是本应用中 XML 配置文件的详细代码。

程序清单：codes\05\5.2\HibernateQs\src\hibernate.cfg.xml

```xml
<?xml version="1.0" encoding="GBK"?>
<!DOCTYPE hibernate-configuration PUBLIC
    "-//Hibernate/Hibernate Configuration DTD 3.0//EN"
    "http://www.hibernate.org/dtd/hibernate-configuration-3.0.dtd">
```

```
<hibernate-configuration>
   <session-factory>
        <!-- 指定连接数据库所用的驱动 -->
        <property name="connection.driver_class">com.mysql.jdbc.Driver</property>
        <!-- 指定连接数据库的 url, 其中 hibernate 是本应用连接的数据库名 -->
        <property name="connection.url">
            jdbc:mysql://localhost/hibernate?useSSL=true</property>
        <!-- 指定连接数据库的用户名 -->
        <property name="connection.username">root</property>
        <!-- 指定连接数据库的密码 -->
        <property name="connection.password">32147</property>
        <!-- 指定连接池里最大连接数 -->
        <property name="hibernate.c3p0.max_size">20</property>
        <!-- 指定连接池里最小连接数 -->
        <property name="hibernate.c3p0.min_size">1</property>
        <!-- 指定连接池里连接的超时时长 -->
        <property name="hibernate.c3p0.timeout">5000</property>
        <!-- 指定连接池里最大缓存多少个 Statement 对象 -->
        <property name="hibernate.c3p0.max_statements">100</property>
        <property name="hibernate.c3p0.idle_test_period">3000</property>
        <property name="hibernate.c3p0.acquire_increment">2</property>
        <property name="hibernate.c3p0.validate">true</property>
        <!-- 指定数据库方言 -->
        <property name="dialect">org.hibernate.dialect.MySQL5InnoDBDialect</property>
        <!-- 根据需要自动创建数据表 -->
        <property name="hbm2ddl.auto">update</property><!--①-->
        <!-- 显示 Hibernate 持久化操作所生成的 SQL -->
        <property name="show_sql">true</property>
        <!-- 将 SQL 脚本进行格式化后再输出 -->
        <property name="hibernate.format_sql">true</property>
        <!-- 罗列所有持久化类的类名 -->
        <mapping class="org.crazyit.app.domain.News"/>
   </session-factory>
</hibernate-configuration>
```

Hibernate 配置文件的默认文件名为 hibernate.cfg.xml，当程序调用 Configuration 对象的 configure() 方法时，Hibernate 将自动加载该文件。

Hibernate 配置文件是一个 XML 文件，该文件第一行是 XML 文件声明，指定该 XML 文件的版本和存储该文件所用的字符集。

Hibernate 配置文件的根元素是<hibernate-configuration.../>，根元素里有<session-factory.../>子元素，该元素依次有很多<property.../>子元素，这些<property.../>子元素配置 Hibernate 连接数据的必要信息，如连接数据库的驱动、URL、用户名、密码等信息，如上面的配置文件中前 4 行粗体字代码所示。

除此之外，Hibernate 并不推荐采用 DriverManager 来连接数据库，而是推荐使用数据源来管理数据库连接，这样能保证最好的性能。Hibernate 推荐使用 C3P0 数据源，上面的配置文件中后面几行粗体字代码指定 C3P0 数据源的配置信息，包括最大连接数、最小连接数等信息。

> **提示：**
> 数据源是一种提高数据库连接性能的常规手段，数据源会负责维持一个数据连接池，当程序创建数据源实例时，系统会一次性地创建多个数据库连接，并把这些数据库连接保存在连接池中。当程序需要进行数据库访问时，无须重新获得数据库连接，而是从连接池中取出一个空闲的数据库连接。当程序使用数据库连接访问数据库结束后，无须关闭数据库连接，而是将数据库连接归还给连接池即可。通过这种方式，就可避免频繁地获取数据库连接、关闭数据库连接所导致的性能下降。

由于上面的程序需要使用 C3P0 连接池，因此还需要将 hibernate-release-5.2.12.Final\lib 下的 optional 子目录下的 c3p0 整个目录下的所有 JAR 包也添加到系统的类加载路径下。

本程序所用到的 JAR 文件如图 5.5 所示。

图 5.5　运行 Hibernate 应用的必需类库

上面的配置文件的①号粗体字代码指定了 hbm2ddl.auto 属性，该属性指定是否需要 Hibernate 根据持久化类自动创建数据表——本应用指定 update，即表示 Hibernate 会根据持久化类的映射关系来创建数据表。

\<session-factory.../\>元素还可接受多个\<mapping.../\>元素，每个\<mapping.../\>元素指定一个持久化类，\<mapping.../\>元素的 class 属性指定 Hibernate 持久化类的类名。如果有多个持久化类，在此处罗列多个\<mapping.../\>元素即可。

下面是完成消息插入的代码。

程序清单：codes\05\5.2\HibernateQs\src\lee\NewsManager.java

```java
public class NewsManager
{
    public static void main(String[] args)
        throws Exception
    {
        // 实例化 Configuration
        Configuration conf = new Configuration()
            // 不带参数的 configure()方法默认加载 hibernate.cfg.xml 文件
            // 如果传入 abc.xml 作为参数，则不再加载 hibernate.cfg.xml，改为加载 abc.xml
            .configure();
        // 以 Configuration 实例创建 SessionFactory 实例
        SessionFactory sf = conf.buildSessionFactory();
        // 创建 Session
        Session sess = sf.openSession();
        // 开始事务
        Transaction tx = sess.beginTransaction();
        // 创建消息对象
        News n = new News();
        // 设置消息标题和消息内容
        n.setTitle("疯狂 Java 联盟成立了");
        n.setContent("疯狂 Java 联盟成立了, "
            + "网站地址 http://www.crazyit.org");
        // 保存消息
        sess.save(n);
        // 提交事务
        tx.commit();
        // 关闭 Session
        sess.close();
        sf.close();
    }
}
```

上面的持久化操作的代码非常简单。程序先创建一个 News 对象，再使用 Session 的 save()方法来保存 News 对象即可，这是完全对象化的操作方式，可以说非常简单、明了。当 Java 程序以面向对象的方式来操作持久化对象时，Hibernate 负责将这种操作转换为底层 SQL 操作。

因此，当上面的程序运行结束后，可以看到 Hibernate 数据库中多了一个数据表：news_inf，且该表中包含了 News 实例对应的记录，如图 5.6 所示。

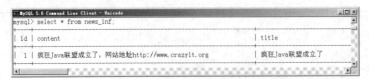

图 5.6　使用 Hibernate 成功插入记录

正如上面程序中粗体字代码所示，在执行 session.save(News)之前，先要获取 Session 对象。PO 只有在 Session 的管理下才可完成数据库访问。为了使用 Hibernate 进行持久化操作，通常有如下操作步骤。

① 开发持久化类，由 POJO + 持久化注解组成。

② 获取 Configuration。

③ 获取 SessionFactory。

④ 获取 Session，打开事务。

⑤ 用面向对象的方式操作数据库。

⑥ 关闭事务，关闭 Session。

随 PO 与 Session 的关联关系，PO 可有如下三种状态。

➤ **瞬态**：如果 PO 实例从未与 Session 关联过，该 PO 实例处于瞬态状态。

➤ **持久化**：如果 PO 实例与 Session 关联起来，且该实例对应到数据库记录，则该实例处于持久化状态。

➤ **脱管**：如果 PO 实例曾经与 Session 关联过，但因为 Session 的关闭等原因，PO 实例脱离了 Session 的管理，这种状态被称为脱管状态。

对 PO 的操作必须在 Session 管理下才能同步到数据库。Session 由 SessionFactory 工厂产生，SessionFactory 是数据库编译后的内存镜像，通常一个应用对应一个 SessionFactory 对象。SessionFactory 对象由 Configuration 对象生成，Configuration 对象负责加载 Hibernate 配置文件。

上面是使用 Hibernate 添加了一条记录，对比 Hibernate 和 JDBC 两种操作数据库的方式，不难发现 Hibernate 的两个显著优点。

➤ 不再需要编写 SQL 语句，而是允许采用 OO 方式来访问数据库。

➤ 在 JDBC 访问过程中大量的 checked 异常被包装成 Hibernate 的 Runtime 异常，从而不再要求程序必须处理所有异常。

➤➤ 5.2.3 在 Eclipse 中使用 Hibernate

正如前面已经提到的，在使用任何 IDE 工具辅助开发之前，应该很清楚不使用工具如何使用该技术。IDE 工具仅用于辅助开发，提高开发效率，绝对无法弥补开发者的知识缺陷。

在 Eclipse 中开发 Hibernate 应用，请按如下步骤进行。

① 单击 Eclipse 主菜单的"File"→"New"→"Java Project"菜单项，出现如图 5.7 所示的新建项目对话框。在该对话框中输入项目名，这里输入项目名为 HibernateDemo。

右击 HibernateDemo 节点，在出现的菜单中单击"Build Path"→"Configure Build Path..."菜单项，将出现如图 5.8 所示的对话框。

③ 如图 5.8 所示的对话框主要用于设置编译和运行该项目所需的第三方类库。单击右边的"Add Library"按钮，在出现的对话框中选中"User Library"，并单击"Next"按钮，将出现如图 5.9 所示的选择用户库对话框——这个过程表示将选择指定的用户库，每个用户库可管理多个 JAR 文件。

图 5.7 输入项目名

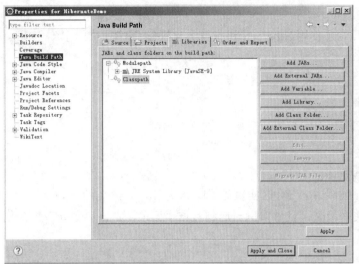

图 5.8　编辑项目 Build Path 对话框　　　　　　　　　图 5.9　选择用户库对话框

> **提示：**
> 读者可能见到如图 5.9 所示的对话框中已经有了一个或多个用户库，这些用户库是以前添加的——用户库的作用是可以重复利用前面已添加的用户库。如果读者是第一次进入该对话框，应该没有任何的用户库。

④ 如果 Eclipse 中没有任何用户库，则需要添加自己的用户库。单击如图 5.9 所示对话框右边的"User Libraries"按钮，将出现如图 5.10 所示的编辑用户库对话框。

⑤ 如果需要新增自己的用户库，应该单击"New..."按钮，将出现输入用户库的名字对话框，如图 5.11 所示。

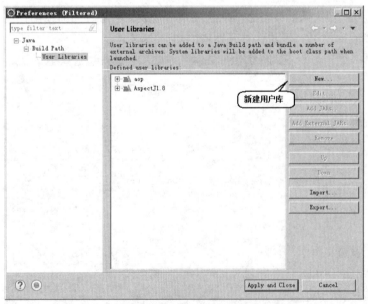
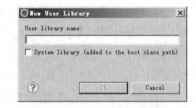

图 5.10　编辑用户库对话框　　　　　　　　　　　　图 5.11　输入用户库的名字

⑥ 输入用户库的名字，然后单击"OK"按钮，将返回到如图 5.10 所示的对话框。

> **注意**
> 新建的用户库仅有一个用户库名，并不包含任何的 JAR 文件，必须通过编辑用户库来为用户库添加所需的 JAR 文件。

⑦ 选中需要编辑的用户库的名字，然后单击"Add External JARs..."按钮，将出现一个文件浏览对话框，在该对话框中选中 Hibernate 解压路径下的 lib\required 子目录下的所有 JAR 包。

⑧ 单击"OK"按钮，将返回到如图 5.9 所示的对话框，勾选所需的用户库（需要 C3P0、MySQL 驱动、Hibernate 的 required 库、JAXB 和 Activation），然后单击"Finish"按钮，返回到 Eclipse 主界面。

⑨ 重复第 4～8 步的操作，为该项目添加 MySQL 数据库驱动。添加所有的 Hibernate 编译和运行所需要的 JAR 文件后，看到 Eclipse 左上角的包结构图如图 5.12 所示。

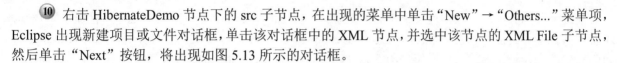

注意

刚才所添加的 Eclipse 用户库只能保证在 Eclipse 下编译、运行该程序可找到相应的类库；如果需要发布该应用，则还需要将刚刚添加的用户库所引用的 JAR 文件随应用一起发布。对于一个 Web 应用，由于 Eclipse 部署 Web 应用时不会将用户库的 JAR 文件复制到 Web 应用的 WEB-INF/lib 路径下，所以需要主动将用户库所引用的 JAR 文件复制到 Web 应用的 WEB-INF/lib 路径下。

⑩ 右击 HibernateDemo 节点下的 src 子节点，在出现的菜单中单击"New"→"Others..."菜单项，Eclipse 出现新建项目或文件对话框，单击该对话框中的 XML 节点，并选中该节点的 XML File 子节点，然后单击"Next"按钮，将出现如图 5.13 所示的对话框。

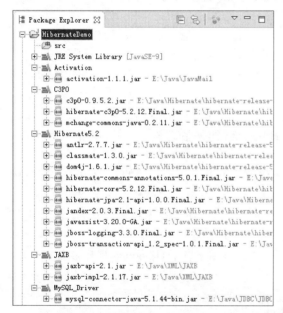

图 5.12 添加完编译和运行 Hibernate 的
        JAR 文件后的包结构图

图 5.13 新建 hibernate.cfg.xml 配置文件

⑪ 设置 hibernate.cfg.xml 文件的保存位置，该文件通常保存在 src 路径下。Hibernate 配置文件名通常是 hibernate.cfg.xml，因此为该配置文件输入相应的文件名。单击"Finish"按钮，Eclipse 将出现 XML 文件的编辑界面。

⑫ 编辑 hibernate.cfg.xml 配置文件，与前一个示例相似，此处同样需要为 hibernate.cfg.xml 文件设置数据库连接信息（包括数据库方言、数据库驱动、数据库服务的 URL、用户名、密码）、连接池相关信息。

如果读者希望该 Hibernate 应用能显示 SQL 语句，能自动建表，则可以为 hibernate.cfg.xml 文件添加 hibernate.show_sql 和 hibernate.hbm2ddl.auto 两个属性。

其实此处建立的 hibernate.cfg.xml 文件与前一个示例的 hibernate.cfg.xml 文件基本相似，读者完全可以将前一个示例中的 hibernate.cfg.xml 文件拷贝过来略作修改。

⑬ 下面可以开发 Hibernate 所需要的 POJO 文件了。在 Eclipse 中新建一个普通类文件的过程，相信读者已经掌握，此处就不再赘述了。新建一个 News POJO 持久化类，并为该类添加持久化注解。该类的代码与前面的 News 持久化类的代码完全一样。

⑭ 返回到 Eclipse 的 hibernate.cfg.xml 配置文件的编辑界面，将刚刚编辑得到的持久化类的类名添加到配置文件中。然后在 Eclipse 中新建一个主程序，该主程序的代码与前面主程序的代码完全相同，此处不再赘述。运行该主程序，发现该程序与前面程序的运行结果完全一样。

当该程序运行结束后，如果发现底层数据库又多了一个数据表，那就是该程序中 News 实体映射的数据表。与前一个程序映射的数据表并不相同，因此又生成了一个数据表。如果读者发现数据库依然只有一个 news_inf 表，但该表中只有一条数据记录，这可能是因为 hibernate.cfg.xml 文件中设置了 hibernate.hbm2ddl.auto 属性为 create，这表明 Hibernate 总是重新创建数据表，所以数据表中的原来记录将全部丢失。如果读者希望 Hibernate 保留原来的数据记录，则应该将该属性设置为 update。

5.3　Hibernate 的体系结构

通过前面的介绍，可以知道一个重要的概念：Hibernate Session，只有处于 Session 管理下的 POJO 才有持久化操作的能力。当应用程序对处于 Session 管理下的 POJO 实例执行操作时，Hibernate 将这种面向对象的操作转换为持久化操作。图 5.14（注：该图来自于 Hibernate 官方参考文档）显示了简要的 Hibernate 体系架构。

通过图 5.14 可以看出，Hibernate 是位于 JDBC 之上的一层封装，也就是说，使用 Hibernate 的本质依然是依赖 JDBC。Hibernate 需要一个 hibernate.cfg.xml 文件，该文件用于配置 Hibernate 和数据库的连接信息。除此之外，还需要在 POJO 类中增加持久化注解，POJO 中的持久化注解管理持久化类和数据表、数据列之间的对应关系。

从图 5.14 可以看出，应用程序的数据访问层既可通过 JPA（Java Persistence API）执行 ORM 操作，也可使用 Hibernate 原生 API 来执行 ORM 操作。JPA 和 Hibernate 的关系就是规范和实现的关系：JPA 相当于 ORM 规范，而 Hibernate 则是 ORM 规范的实现。

正如从前面介绍的应用中所看到的，Hibernate 的持久化解决方案将用户从原始的 JDBC 访问中释放出来，用户无须关注底层的 JDBC 操作，而是以面向对象的方式进行持久层操作。底层数据库连接的获取、数据访问的实现、事务控制都无须用户关心。这是一种"全面解决"的体系结构方案，将应用层从底层的 JDBC/JTA API 中抽象出来。通过配置文件管理底层的 JDBC 连接，让 Hibernate 解决持久化访问的实现。这种"全面解决"方案的体系架构如图 5.15 所示（注：该图来自于 Hibernate 官方参考文档）。

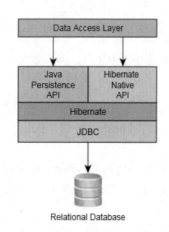

图 5.14　简要的 Hibernate 体系架构

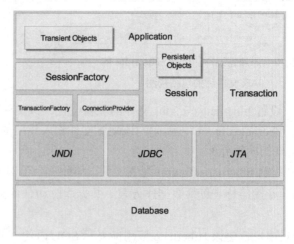

图 5.15　Hibernate 全面解决方案的体系架构

下面对图 5.15 中各对象逐一进行解释。

➤ SessionFactory：这是 Hibernate 的关键对象，它是单个数据库映射关系经过编译后的内存镜像，也是线程安全的。它是生成 Session 的工厂，本身需要依赖于 ConnectionProvider。该对象可以在进程或集群的级别上，为那些事务之间可以重用的数据提供可选的二级缓存。

➢ Session：它是应用程序与持久存储层之间交互操作的一个单线程对象。它也是 Hibernate 持久化操作的关键对象，所有的持久化对象必须在 Session 管理下才可以进行持久化操作。此对象生存期很短。它底层封装了 JDBC 连接，它也是 Transaction 的工厂。Session 对象持有必选的一级缓存，在显式执行 flush 之前，所有持久化操作的数据都在缓存中的 Session 对象处。

➢ 持久化对象（Persistent Object）：系统创建的 POJO 实例，一旦与特定的 Session 关联，并对应数据表的指定记录，该对象就处于持久化状态，这一系列对象都被称为持久化对象。在程序中对持久化对象执行的修改，都将自动被转换为对持久层的修改。持久化对象完全可以是普通的 JavaBeans/POJO，唯一的区别是它们正与一个 Session 关联。

➢ 瞬态对象和脱管对象：系统通过 new 关键字创建的 Java 实例，没有与 Session 相关联，此时处于瞬态。瞬态实例可能是在被应用程序实例化后，尚未进行持久化的对象。如果一个曾经持久化过的实例，如果 Session 被关闭则转换为脱管状态。

➢ 事务（Transaction）：代表一次原子操作，它具有数据库事务的概念。Hibernate 事务是对底层具体的 JDBC、JTA 以及 CORBA 事务的抽象。在某些情况下，一个 Session 之内可能包含多个 Transaction 对象。虽然事务操作是可选的，但所有持久化操作都应该在事务管理下进行，即使是只读操作。

➢ 连接提供者（ConnectionProvider）：它是生成 JDBC 连接的工厂，它通过抽象将应用程序与底层的 DataSource 或 DriverManager 隔离开。这个对象无须应用程序直接访问，仅在应用程序需要扩展时使用。

提示：

在实际应用中很少会直接使用 DriverManager 来获取数据库连接，通常都会使用 DataSource 来获取数据库连接，因此 ConnectionProvider 通常由 DataSource 充当。由于 SessionFactory 底层封装了 ConnectionProvider，因此在实际应用中 SessionFactory 底层封装了 DataSource。

➢ 事务工厂（TransactionFactory）：它是生成 Transaction 对象实例的工厂。该对象也无须应用程序直接访问。它负责对底层具体的事务实现进行封装，将底层具体的事务抽象成 Hibernate 事务。

5.4   深入 Hibernate 配置文件

通过上面的介绍，可以知道 Hibernate 的持久化操作离不开 SessionFactory 对象，这个对象是整个数据库映射关系经过编译后的内存镜像，该对象的 openSession()方法可打开 Session 对象。该对象通常由 Configuration 对象产生。

每个 Hibernate 配置文件对应一个 Configuration 对象。在极端的情况下，不使用任何配置文件，也可创建 Configuration 对象。

➢➢ 5.4.1   创建 Configuration 对象

org.hibernate.cfg.Configuration 实例代表了应用程序到 SQL 数据库的配置信息，Configuration 对象提供了一个 buildSessionFactory()方法，该方法可以产生一个不可变的 SessionFactory 对象。

另一种方式是，先实例化 Configuration 实例，然后再添加 Hibernate 持久化类。Configuration 对象可调用 addAnnotatedClass()方法逐个地添加持久化类，也可调用 addPackage()方法添加指定包下的所有持久化类。现在的问题是，如何创建 Configuration 对象？

随着 Hibernate 所使用配置文件的不同，创建 Configuration 对象的方式也不相同。通常有如下几种配置 Hibernate 的方式。

> ➢ 使用 hibernate.properties 文件作为配置文件。
> ➢ 使用 hibernate.cfg.xml 文件作为配置文件。
> ➢ 不使用任何配置文件，以编码方式创建 Configuration 对象。

Configuration 实例的唯一作用是创建 SessionFactory 实例，所以它被设计成启动期间对象，一旦 SessionFactory 创建完成，它就被丢弃了。

1. 使用 hibernate.properties 作为配置文件

对于使用 hibernate.properties 作为配置文件的方式，比较适合于初学者，因为初学者往往很难记住 Hibernate 配置文件的详细格式，以及具体需要哪些属性。在 Hibernate 发布包的 project\etc 路径下，提供了一个 hibernate.properties 文件，该文件详细列出了 Hibernate 配置文件的所有属性。每个配置段都给出了大致的注释，用户只需取消相应配置段的注释，就可以快速配置 Hibernate 与数据库的连接。关于常用的连接属性，将在下一节给出。此处给出使用 hibernate.properties 文件创建 Configuration 的方法。

```
// 实例化 Configuration
Configuration cfg = new Configuration()
    // 多次调用 addAnnotatedClass() 方法添加持久化类
    .addAnnotatedClass(Item.class)
    .addAnnotatedClass(Bid.class);
```

查看 hibernate.properties 配置文件发现，该文件没有提供添加 Hibernate 持久化类的方式。因此使用 hibernate.properties 作为配置文件时，必须调用 Configuration 对象的 addAnnotatedClass() 或 addPackage() 方法，使用这些方法添加持久化类。

>
> **注意**
>
> 正如上面代码中见到的，使用 hibernate.properties 文件配置 Hibernate 属性虽然简单，但因为需要在代码中手动添加持久化类——这是非常令人沮丧的事情。如果只有两个持久化类，当然问题不大，但如果有 100 个持久化类或者更多，那将是非常无趣的工作。因此宁愿选择在配置文件中添加持久化类，也不愿意在 Java 代码中手动添加。这就是在实际开发中不使用 hibernate.properties 文件作为配置文件的原因。

2. 使用 hibernate.cfg.xml 作为配置文件

前面已经看到，对于使用 hibernate.cfg.xml 配置文件的情形，因为 hibernate.cfg.xml 文件中已经添加了 Hibernate 持久化类，因此无须通过编程方式添加持久化类。采用这种配置文件创建 Configuration 实例可通过如下代码实现：

```
// 实例化 Configuration
Configuration cfg = new Configuration()
    // configure() 方法将会负责加载 hibernate.cfg.xml 文件
    .configure();
```

>
> **注意**
>
> 通过 new 关键字创建 Configuration 对象之后，不要忘记调用 configure() 方法。

3. 不使用配置文件创建 Configuration 实例

这是一种极端的情况，通常不会通过这种方式创建 Configuration 实例。Configuration 对象提供了如下常用方法。

> ➢ Configuration addAnnotatedClass(Class annotatedClass)：用于为 Configuration 对象添加一个持久化类。
> ➢ Configuration addPackage(String packageName)：用于为 Configuration 对象添加指定包下的所有持久化类。
> ➢ Configuration setProperties(Properties properties)：用于为 Configuration 对象设置一系列属性，这

一系列属性通过 Properties 实例传入。

> Configuration setProperty(String propertyName, String value)：用于为 Configuration 对象设置一个单独的属性。

正是通过如上 4 个方法，可以无须任何配置文件支持，直接通过编程方式创建 Configuration 实例。具体的代码片段如下。

程序清单：codes\05\5.4\noConfig\src\lee\NewsManager.java

```java
public class NewsManager
{
    public static void main(String[] args) throws Exception
    {
        // 实例化 Configuration，不加载任何配置文件
        Configuration conf = new Configuration()
            // 通过 addAnnotatedClass()方法添加持久化类
            .addAnnotatedClass(org.crazyit.app.domain.News.class)
            // 通过 setProperty 设置 Hibernate 的连接属性
            .setProperty("hibernate.connection.driver_class"
                , "com.mysql.jdbc.Driver")
            .setProperty("hibernate.connection.url"
                , "jdbc:mysql://localhost/hibernate?useSSL=true")
            .setProperty("hibernate.connection.username" , "root")
            .setProperty("hibernate.connection.password" , "32147")
            .setProperty("hibernate.c3p0.max_size" , "20")
            .setProperty("hibernate.c3p0.min_size" , "1")
            .setProperty("hibernate.c3p0.timeout" , "5000")
            .setProperty("hibernate.c3p0.max_statements" , "100")
            .setProperty("hibernate.c3p0.idle_test_period" , "3000")
            .setProperty("hibernate.c3p0.acquire_increment" , "2")
            .setProperty("hibernate.c3p0.validate" , "true")
            .setProperty("hibernate.dialect"
                , "org.hibernate.dialect.MySQL5InnoDBDialect")
            .setProperty("hibernate.hbm2ddl.auto" , "update");
        // 以 Configuration 实例创建 SessionFactory 实例
        SessionFactory sf = conf.buildSessionFactory();
        // 实例化 Session
        Session sess = sf.openSession();
        // 开始事务
        Transaction tx = sess.beginTransaction();
        // 创建消息实例
        News n = new News();
        // 设置消息标题和消息内容
        n.setTitle("疯狂 Java 联盟成立了");
        n.setContent("疯狂 Java 联盟成立了，"
            + "网站地址 http://www.crazyit.org");
        // 保存消息
        sess.save(n);
        // 提交事务
        tx.commit();
        // 关闭 Session
        sess.close();
        // 关闭 SessionFactory
        sf.close();
    }
}
```

从上面的代码片段中可以看出，使用这种代码方式来创建 Configuration 实例是一件极度烦琐的事情。因为需要将 Hibernate 所有的配置属性都通过代码设置，并需要在代码中手动加载所有的持久化类。对于一个大项目，创建一个 Configuration 实例可能需要一大段代码。这种方式既不利于编程实现，也不利于后期代码维护，因此在实际开发中不推荐使用这种策略。

提示：

实际上，在代码中设置 Hibernate 配置属性也并非完全没有用处。这种策略可与前面两种策略结合，将部分关键的配置属性放在代码中添加。

▶▶ 5.4.2　hibernate.properties 文件与 hibernate.cfg.xml 文件

如果使用 etc 路径下的 hibernate.properties 文件作为配置文件的模板，修改此模板文件作为 Hibernate 配置文件，这种方式的确是快速进入 Hibernate 开发的方法。但对于实际项目的开发，通常都会使用 hibernate.cfg.xml 文件作为配置文件。

深入对比 hibernate.properties 文件和 hibernate.cfg.xml 文件后，看如下 hibernate.properties 文件的一个配置属性：

```
// 指定数据库的方言
hibernate.dialect org.hibernate.dialect.MySQL5InnoDBDialect
```

上面一行代码是典型的 Properties 文件的格式，前面的 key 为 hibernate.dialect，后面的 value 为 org.hibernate.dialect.MySQL5InnoDBDialect。它指定 Hibernate 的 dialect 属性值为 org.hibernate.dialect. MySQL5InnoDBDialect。再查看 hibernate.cfg.xml 文件中的对应配置：

```
<property name="dialect">org.hibernate.dialect.MySQL5InnoDBDialect</property>
```

同样指定了 Hibernate 的 dialect 属性值为 org.hibernate.dialect.MySQL5InnoDBDialect。对比两个配置文件，发现两个文件虽然格式不同，但其实质完全一样。

下面分类介绍 Hibernate 配置文件中常用属性的意义。

▶▶ 5.4.3　JDBC 连接属性

Hibernate 需要进行数据库访问，因此必须设置连接数据库的相关属性。所有 Hibernate 属性的名字和语义都在 org.hibernate.cfg.Environment 中定义。

下面是关于 JDBC 连接配置中最重要的设置。

➢ hibernate.connection.driver_class：设置连接数据库的驱动。

➢ hibernate.connection.url：设置所需连接数据库服务的 URL。

➢ hibernate.connection.username：设置连接数据库的用户名。

➢ hibernate.connection.password：设置连接数据库的密码。

➢ hibernate.connection.pool_size：设置 Hibernate 数据库连接池的最大并发连接数。

➢ hibernate.dialect：设置连接数据库所使用的方言。

如果在 hibernate.cfg.xml 或 hibernate.properties 文件中设置如上属性，Hibernate 将可以处理底层数据库连接细节。

上面的 hibernate.connection.pool_size 属性用于配置 Hibernate 连接池的最大并发连接数，但 Hibernate 自带的连接池仅有测试价值，并不推荐在实际项目中使用。在实际项目中可以使用 C3P0 或 Proxool 连接池，为了使用 C3P0 或 Proxool 连接池，只需要用这些连接池配置代替 hibernate.connection.pool_size 配置属性即可。

下面是配置 C3P0 连接池的配置片段。

```
<!-- 设置连接数据库的驱动 -->
<property name="connection.driver_class">com.mysql.jdbc.Driver</property>
<!-- 设置连接数据库的 URL -->
<property name="connection.url">
    jdbc:mysql://localhost:3306/hibernate?useSSL=true</property>
<!-- 设置连接数据库的用户名 -->
<property name="connection.username">root</property>
<!-- 设置连接数据库的密码 -->
<property name="connection.password">32147</property>
<!-- C3P0 连接池的最大连接数 -->
<property name="hibernate.c3p0.max_size">200</property>
<!-- C3P0 连接池的最小连接数 -->
<property name="hibernate.c3p0.min_size">2</property>
<!-- C3P0 连接池中连接的超时时长 -->
<property name="hibernate.c3p0.timeout">1800</property>
```

```
<!-- C3P0 缓存 Statement 的数量 -->
<property name="hibernate.c3p0.max_statements">50</property>
```

▶▶ 5.4.4 数据库方言

Hibernate 底层依然使用 SQL 语句来执行数据库操作，虽然所有关系数据库都支持使用标准 SQL 语句，但所有数据库都对标准 SQL 进行了一些扩展，所以在语法细节上存在一些差异。因此，Hibernate 需要根据数据库来识别这些差异。

举例来说，当 MySQL 数据库里进行分页查询时，只需使用 limit 关键字就可以了；而标准 SQL 并不支持 limit 关键字，例如 Oracle 则需要使用行内视图的方式来进行分页。同样的应用程序，如果需要在不同的数据库之间迁移，底层数据库的访问细节会发生改变，而 Hibernate 也为这种改变做好了准备，开发者需要做的是，告诉 Hibernate 应用程序的底层即将使用哪种数据库——这就是数据库方言。

一旦程序为 Hibernate 设置了合适的数据库方言，Hibernate 将可以自动应付底层数据库访问所存在的细节差异。

不同数据库所使用的方言如表 5.1 所示。

表 5.1   不同数据库及其对应的方言

关系数据库	方　　言
CUBRID 8.3 and later	org.hibernate.dialect.CUBRIDDialect
DB2	org.hibernate.dialect.DB2Dialect
DB2 AS/400	org.hibernate.dialect.DB2400Dialect
DB2 OS/390	org.hibernate.dialect.DB2390Dialect
Firebird	org.hibernate.dialect.FirebirdDialect
FrontBase	org.hibernate.dialect.FrontbaseDialect
H2	org.hibernate.dialect.H2Dialect
HypersonicSQL	org.hibernate.dialect.HSQLDialect
Informix	org.hibernate.dialect.InformixDialect
Ingres	org.hibernate.dialect.IngresDialect
Ingres 9	org.hibernate.dialect.Ingres9Dialect
Ingres 10	org.hibernate.dialect.Ingres10Dialect
Interbase	org.hibernate.dialect.InterbaseDialect
InterSystems Cache 2007.1	org.hibernate.dialect.Cache71Dialect
JDataStore	org.hibernate.dialect.JDataStoreDialect
Mckoi SQL	org.hibernate.dialect.MckoiDialect
Microsoft SQL Server	org.hibernate.dialect.SQLServerDialect
Microsoft SQL Server 2005	org.hibernate.dialect.SQLServer2005Dialect
Microsoft SQL Server 2008	org.hibernate.dialect.SQLServer2008Dialect
Microsoft SQL Server 2012	org.hibernate.dialect.SQLServer2012Dialect
MySQL	org.hibernate.dialect.MySQLDialect
MySQL with InnoDB	org.hibernate.dialect.MySQLInnoDBDialect
MySQL with MyISAM	org.hibernate.dialect.MySQLMyISAMDialect
MySQL 5	org.hibernate.dialect.MySQL5Dialect

续表

关系数据库	方　　言
MySQL 5 with InnoDB	org.hibernate.dialect.MySQL5InnoDBDialect
Oracle 8i	org.hibernate.dialect.Oracle8iDialect
Oracle 9i	org.hibernate.dialect.Oracle9iDialect
Oracle 10g and later	org.hibernate.dialect.Oracle10gDialect
Oracle TimesTen	org.hibernate.dialect.TimesTenDialect
Pointbase	org.hibernate.dialect.PointbaseDialect
PostgreSQL 8.1	org.hibernate.dialect.PostgreSQL81Dialect
PostgreSQL 8.2	org.hibernate.dialect.PostgreSQL82Dialect
PostgreSQL 9 and later	org.hibernate.dialect.PostgreSQL9Dialect
Progress	org.hibernate.dialect.ProgressDialect
SAP DB	org.hibernate.dialect.SAPDBDialect
SAP HANA (column store)	org.hibernate.dialect.HANAColumnStoreDialect
SAP HANA (row store)	org.hibernate.dialect.HANARowStoreDialect
Sybase	org.hibernate.dialect.SybaseDialect
Sybase ASE 15.5	org.hibernate.dialect.SybaseASE15Dialect
Sybase ASE 15.7	org.hibernate.dialect.SybaseASE157Dialect
Sybase Anywhere	org.hibernate.dialect.SybaseAnywhereDialect
Teradata	org.hibernate.dialect.TeradataDialect
Unisys OS 2200 RDMS	org.hibernate.dialect.RDMSOS2200Dialect

➤➤ 5.4.5　JNDI 数据源的连接属性

如果无须 Hibernate 自己管理数据源，而是直接访问容器管理数据源，Hibernate 可使用 JNDI（Java Naming Directory Interface，Java 命名目录接口）数据源的相关配置。下面是连接 JNDI 数据源的主要配置属性。

- ➤ hibernate.connection.datasource：指定 JNDI 数据源的名字。
- ➤ hibernate.jndi.url：指定 JNDI 提供者的 URL，该属性是可选的。如果 JNDI 与 Hibernate 持久化访问的代码处于同一个应用中，则无须指定该属性。
- ➤ hibernate.jndi.class：指定 JNDI InitialContextFactory 的实现类，该属性也是可选的。如果 JNDI 与 Hibernate 持久化访问的代码处于同一个应用中，则无须指定该属性。
- ➤ hibernate.connection.username：指定连接数据库的用户名，该属性是可选的。
- ➤ hibernate.connection.password：指定连接数据库的密码，该属性是可选的。

> **注意**
>
> 即使使用 JNDI 数据源，也一样需要指定连接数据库的方言。虽然设置数据库方言并不是必需的，但对于优化持久层访问很有必要。

下面是配置 Hibernate 连接 Tomcat 中数据源的配置片段。

```
<!-- 配置 JNDI 数据源的 JNDI 名 -->
<property name="connection.datasource">java:comp/env/jdbc/dstest</property>
```

```
<!-- 配置连接数据库的方言 -->
<property name="dialect">org.hibernate.dialect.MySQL5InnoDBDialect</property>
```

如果数据源所在容器支持跨事务资源的全局事务管理，从 JNDI 数据源获得的 JDBC 连接，可自动参与容器管理的全局事务，而不仅仅是 Hibernate 的局部事务。

▶▶ 5.4.6　Hibernate 事务属性

事务也是 Hibernate 持久层访问的重要方面，Hibernate 不仅提供了局部事务支持，也允许使用容器管理的全局事务。Hibernate 关于事务管理的属性有如下几个。

- ➢ hibernate.transaction.factory_class：指定 Hibernate 所用的事务工厂的类型，该属性值必须是 TransactionFactory 的直接或间接子类。
- ➢ jta.UserTransaction：该属性值是一个 JNDI 名，Hibernate 将使用 JTATransactionFactory 从应用服务器获取 JTA UserTransaction。
- ➢ hibernate.transaction.manager_lookup_class：该属性值应为一个 TransactionManagerLookup 类名，当使用 JVM 级别的缓存时，或者在 JTA 环境中使用 hilo 生成器策略时，需要该类。
- ➢ hibernate.transaction.flush_before_completion：指定 Session 是否在事务完成后自动将数据刷新（flush）到底层数据库。该属性值只能为 true 或 false。现在更好的方法是使用 Context 相关的 Session 管理。
- ➢ hibernate.transaction.auto_close_session：指定是否在事务结束后自动关闭 Session。该属性值只能是 true 或 false。现在更好的方法是使用 Context 相关的 Session 管理。

▶▶ 5.4.7　二级缓存相关属性

Hibernate 的 SessionFactory 可持有一个可选的二级缓存，通过使用这种二级缓存可以提高 Hibernate 的持久化访问的性能。Hibernate 关于二级缓存的属性有如下几个。

- ➢ hibernate.cache.use_second_level_cache：用于设置是否启用二级缓存，该属性可完全禁止使用二级缓存。
- ➢ hibernate.cache.region.factory_class：该属性用于设置二级缓存 RegionFactory 实现类的类名。
- ➢ hibernate.cache.region_prefix：设置二级缓存区名称的前缀。
- ➢ hibernate.cache.use_minimal_puts：以频繁的读操作为代价，优化二级缓存以实现最小化写操作。这个设置对集群缓存非常有用，对于集群缓存的实现而言，默认是开启的。
- ➢ hibernate.cache.use_query_cache：设置是否允许查询缓存。个别查询仍然需要显式设置为可缓存的。
- ➢ hibernate.cache.query_cache_factory：设置查询缓存工厂的类名，查询缓存工厂必须实现 QueryCache 接口。该属性值默认为内建的 StandardQueryCache。
- ➢ hibernate.cache.use_structured_entries：用于设置是否强制 Hibernate 以可读性更好的格式将数据存入二级缓存。

 注意

本书下一章中会有关于 Hibernate 二级缓存的详细使用说明。

▶▶ 5.4.8　外连接抓取属性

外连接抓取能限制执行 SQL 语句的次数来提高效率，这种外连接抓取通过在单个 select 语句中使用 outer join 来一次抓取多个数据表的数据。

外连接抓取允许在单个 select 语句中，通过@ManyToOne、@OneToMany、@ManyToMany 和 @OneToOne 等关联获取连接对象的整个对象图。

将 hibernate.max_fetch_depth 设为 0，将在全局范围内禁止外连接抓取，设为 1 或更高值能启用 N －1 或 1－1 的外连接抓取。除此之外，还应该在持久化注解中通过 fetch=FetchType.EAGER 来指定这种外连接抓取。

▶▶ 5.4.9　其他常用的配置属性

除了上面介绍的必要配置属性之外，Hibernate 常用的配置属性还有如下几个。

- ➢ hibernate.show_sql：是否在控制台输出 Hibernate 持久化操作底层所使用的 SQL 语句。只能为 true 和 false 两个值。
- ➢ hibernate. format_sql：是否将 SQL 语句转成格式良好的 SQL。只接受 true 和 false 两个值。
- ➢ hibernate.use_sql_comments：是否在 Hibernate 生成的 SQL 语句中添加有助于调试的注释。只接 受 true 和 false 两个值。
- ➢ hibernate.jdbc.fetch_size：指定 JDBC 抓取数量的大小。它可接受一个整数值，其实质是调用 Statement.setFetchSize()方法。
- ➢ hibernate.jdbc.batch_size：指定 Hibernate 使用 JDBC2 的批量更新的大小。它可接受一个整数值，建议取 5 ~ 30 之间的值。
- ➢ hibernate.connection.autocommit：设置是否自动提交。通常不建议打开自动提交。
- ➢ hibernate.hbm2ddl.auto：设置当创建 SessionFactory 时，是否根据持久化类的映射关系自动建立数据库表。该属性可以为 validate、update、create 和 create-drop 这 4 个值。如果设置为 create，每次创建 SessionFactory 时都会重新建表，因此前面插入的数据会丢失；如果设置为 create-drop，每次显式关闭 SessionFactory 时，程序会自动 Drop 刚刚创建的数据表；如果设置为 update，每次创建 SessionFactory 时，如果数据库中没有与持久化类对应的表，Hibernate 会自动建表；如果数据库中已有与持久化类对应的表，则保留已有的数据表和数据，只是更新或插入数据，因此通常将该属性设置为 update。

当然，Hibernate 配置文件中的配置属性还有很多，因为篇幅关系，此处不再一一列举。如果读者需要关于这些配置属性的详细介绍，请参考 Hibernate 官方参考文档。

📁 5.5　深入理解持久化对象

Hibernate 是一个纯粹的 O/R Mapping 框架，通过 Hibernate 的支持，程序开发者只需要管理对象的状态，无须理会底层数据库系统的细节。相对于常见的 JDBC 持久层方案中需要手工管理 SQL 语句，Hibernate 采用完全面向对象的方式来操作数据库。对于程序开发者而言，眼里只有对象、属性，无须理会底层数据表、数据列等概念。

> **提示：**
> 当开发者需要深入了解 Hibernate 底层运行，对 Hibernate 的数据访问进行优化时，就需要了解 Hibernate 的底层 SQL 操作了。而对于绝大部分应用来说，数据访问是一个巨大的、耗时的操作，因此深入掌握 Hibernate 底层对应的 SQL 操作非常必要。

▶▶ 5.5.1　持久化类的要求

Hibernate 采用低侵入式设计，这种设计对持久化类几乎不作任何要求。也就是说，Hibernate 操作的持久化类基本上都是普通的、传统的 Java 对象（POJO）。对于这种 Java 类，在程序开发中可以采用更灵活的领域建模方式。

虽然 Hibernate 对持久化类没有太多的要求，但还是应该遵守如下规则。

- ➢ 提供一个无参数的构造器：所有的持久化类都应该提供一个无参数的构造器，这个构造器可以不采用 public 访问控制符。只要提供了无参数的构造器，Hibernate 就可以使用 Constructor.newInstance()来创建持久化类的实例了。通常，为了方便 Hibernate 在运行时生成代理，构造器的访问控制修饰符至少是包可见的，即大于或等于默认的访问控制符。
- ➢ 提供一个标识属性：标识属性通常映射数据库表的主键字段。这个属性可以叫任何名字，其类型可以是任何的基本类型、基本类型的包装类型、java.lang.String 或者 java.util.Date。如果使用了数据库表的联合主键，甚至可以用一个用户自定义的类，该类拥有这些类型的属性。当然，也可以不指定任何标识属性，而是在持久化注解中直接将多个普通属性映射成一个联合主键，但通常不推荐这么做。

 **提示：** 虽然 Hibernate 允许使用 8 种基本类型作为标识属性的类型，但是这样做在很多地方都不太方便，因此还是建议使用基本类型的包装类型作为标识属性的类型。

虽然 Hibernate 可以允许持久化类没有标识属性，而是让 Hibernate 内部来追踪对象的识别。但这样做将导致 Hibernate 的许多功能无法使用。而且，Hibernate 建议使用可以为空的类型来作为标识属性的类型，因此应该尽量避免使用基本数据类型。

➤ 为持久化类的每个成员变量提供 setter 和 getter 方法：Hibernate 默认采用属性方式来访问持久化类的成员变量。如果持久化类有 foo 成员变量，则应该提供 setFoo()和 getFoo()方法。Hibernate 持久化 JavaBeans 风格的属性，认可如下形式的方法名：getFoo()、isFoo() 和 setFoo()。如果需要，也可以切换属性的访问策略。

➤ 使用非 final 的类：在运行时生成代理是 Hibernate 的一个重要功能。如果持久化类没有实现任何接口，Hibernate 使用 Javassist 生成代理，该代理对象是持久化类的子类的实例。如果使用了 final 类，则无法生成 Javassist 代理，将无法进行性能优化。还有一个可选的策略，就是让 Hibernate 持久化类实现一个所有方法都声明为 public 的接口，此时将使用 JDK 的动态代理。同时应该避免在非 final 类中声明 public final 的方法。如果非要使用一个有 public final 方法的类，则必须通过设置 lazy="false" 来明确地禁用代理。

➤ 重写 equals()和 hashCode()方法：如果需要把持久化类的实例放入 Set 中（当需要进行关联映射时，推荐这么做），则应该为该持久化类重写 equals()和 hashCode()方法。实现 equals()/hashCode() 最显而易见的方法是比较两个对象标识属性的值。如果值相同，则两个对象对应于数据库的同一行，因此它们是相等的（如果都被添加到 Set 中，则 Set 中只有一个元素）。遗憾的是，对采用自动生成标识值的对象不能使用这种方法。Hibernate 仅为那些持久化对象指定标识值，一个新创建的实例将不会有任何标识值。因此，如果一个实例没有被保存过，但它又确实在一个 Set 中，那么保存它将会给这个对象赋一个标识值。如果 equals() 和 hashCode()是基于标识值实现的，则其 hashCode 返回值会发生改变，这将违反 Set 的规则。

注意 这并不是一个 Hibernate 问题，而是一般的 Java 对象标识和相等的语义问题。通常建议使用业务键值相等来实现 equals() 和 hashCode()。业务键值相等的意思是，equals()方法仅仅比较逻辑字段的属性值，而这个（或者多个）逻辑字段的属性值可以唯一地标识该实例。

不仅如此，如果需要重用脱管实例，该实例所属的持久化类也应该重写 equals()和 hashCode()方法。

持久化类可以拥有子类，持久化类的子类可以从父类继承标识属性。关于持久化类的继承映射请参阅 6.1 节的介绍。

▶▶ 5.5.2   持久化对象的状态

Hibernate 持久化对象支持如下几种对象状态。

➤ 瞬态：对象由 new 操作符创建，且尚未与 Hibernate Session 关联的对象被认为处于瞬态。瞬态对象不会被持久化到数据库中，也不会被赋予持久化标识。如果程序中失去了瞬态对象的引用，瞬态对象将被垃圾回收机制销毁。使用 Hibernate Session 可以将其变为持久化状态。

➤ 持久化：持久化实例在数据库中有对应的记录，并拥有一个持久化标识（identifier）。持久化的实例可以是刚刚保存的，也可以是刚刚被加载的。无论哪一种，持久化对象都必须与指定的 Hibernate Session 关联。Hibernate 会检测到处于持久化状态对象的改动，在当前操作执行完成时将对象数据写回数据库。开发者不需要手动执行 update。

➤ 脱管：某个实例曾经处于持久化状态，但随着与之关联的 Session 被关闭，该对象就变成脱管状态。脱管对象的引用依然有效，对象可继续被修改。如果重新让脱管对象与某个 Session 关联，这个脱管对象会重新转换为持久化状态，而脱管期间的改动不会丢失，也可被写入数据库。正是因为这个功能，逻辑上的长事务成为可能，它被称为应用程序事务，即事务可以跨越用户的思考，因为当对象处于脱管状态时，对该对象的操作无须锁定数据库，不会造成性能的下降。

图 5.16 显示了 Hibernate 持久化对象的状态演化图。

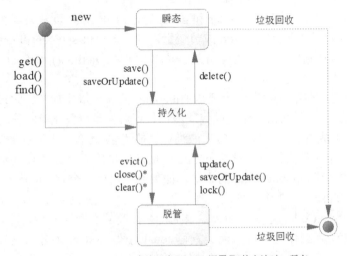

图 5.16　Hibernate 持久化对象的状态演化图

接下来讨论使持久化对象的状态发生改变的方法。

▶▶ 5.5.3　改变持久化对象状态的方法

根据前面的介绍可以知道，通过 new 新建一个持久化实例时，该实例处于瞬态。

5.5.3.1　持久化实体

为了让瞬态对象转换为持久化状态，Hibernate Session 提供了如下几个方法。

➤ Serializable save(Object obj)：将 obj 对象变为持久化状态，该对象的属性将被保存到数据库。

➤ void persist(Object obj)：将 obj 对象转化为持久化状态，该对象的属性将被保存到数据库。

因此，为了将一个处于瞬态的对象变成持久化状态，可以看如下代码片段。

```
// 创建消息实例
News n = new News();
// 设置消息标题和消息内容
n.setTitle("疯狂 Java 联盟成立了");
n.setContent("疯狂 Java 联盟成立了，"
    + "网站地址 http://www.crazyit.org");
// 保存消息
sess.save(n);
```

除此之外，也可通过 persist() 和另一个重载的 save() 方法来将瞬态实体转化为持久化状态。

把一个瞬态实体变成持久化状态时，Hibernate 会在底层对应地生成一条 insert 语句，这条语句负责把该实体对应的数据记录插入数据表。

如果 News 的标识属性（identifier）是 generated 类型（指定了主键生成器策略时）的，那么 Hibernate

将会在执行 save()方法时自动生成标识属性值，并将该标识属性值分配给该 News 对象，并且标识属性会在 save()被调用时自动产生并分配给 News 对象。如果 News 的标识属性是 assigned 类型的，或者是复合主键（composite key），那么该标识属性值应当在调用 save()之前手动赋给 News 对象。

> **提示：**
>
> Hibernate 之所以提供与 save()功能几乎完全类似的 persist()方法，一方面是为了照顾 JPA 的用法习惯；另一方面是 save()和 persist()方法还有一个区别：使用 save()方法保存持久化对象时，该方法返回该持久化对象的标识属性值（即对应记录的主键值）；但使用 persist()方法来保存持久化对象时，该方法没有任何返回值。因为 save()方法需要立即返回持久化对象的标识属性值，所以程序执行 save()方法会立即将持久化对象对应的数据插入数据库；而 persist()则保证当它在一个事务外部被调用时，并不立即转换成 insert 语句。这个功能是很有用的，尤其是需要封装一个长会话流程的时候，persist()方法就显得尤为重要了。

5.5.3.2　根据主键加载持久化实体

程序可以通过 load()来加载一个持久化实例，这种加载就是根据持久化类的标识属性值加载持久化实例——其实质就是根据主键从数据表中加载一条新记录。

下面是直接加载持久化实体的代码片段：

```
News n = sess.load(News.class , pk);
```

上面代码中的 pk 就是需要加载的持久化实例的标识属性。

如果没有匹配的数据库记录，load()方法可能抛出 HibernateException 异常；如果在持久化注解中指定了延迟加载，则 load()方法会返回一个未初始化的代理对象（可以理解为持久化对象的替身），这个代理对象并没有加载数据记录，直到程序调用该代理对象的某方法时，Hibernate 才会去访问数据库。

如果希望在某对象中创建一个指向另一个对象的关联，又不想在从数据库中装载该对象的同时立即装载所关联的全部对象，延迟加载方式就非常有用了。

与 load()方法类似的是 get()方法，get()方法也用于根据主键加载持久化实例，但 get()方法会立刻访问数据库，如果没有对应的记录，get()方法返回 null，而不是返回一个代理对象。

当程序通过 load()或 get()方法加载实体时，Hibernate 会在底层对应地生成一条 select 语句，这条 select 语句带有 "where <主键列>=<标识属性值>" 子句，表明将会根据主键加载。

> **提示：**
>
> load()方法和 get()方法的主要区别在于是否延迟加载，使用 load()方法将具有延迟加载功能，load()方法不会立即访问数据库，当试图加载的记录不存在时，load()方法可能返回一个未初始化的代理对象；而 get()方法总是立即访问数据库，当试图加载的记录不存在时，get()方法将直接返回 null。

5.5.3.3　更新持久化实体

一旦加载了该持久化实例后，该实体就处于持久化状态，在代码中对持久化实例所做的修改被保存到数据库。例如：

```
n.setTitle("新标题");
```

上面代码对 title 所做的修改被转换成修改数据表的特定行、特定列的数据。

程序对持久化实例所做的修改会在 Session flush 之前被自动保存到数据库，无须程序调用其他方法（不需要调用 update()方法）来将修改持久化。也就是说，修改对象最简单的方法就是在 Session 处于打开状态时 load()它，然后直接修改即可。

如果调用持久化实体的 setter 方法改变了它的属性，Hibernate 会在 Session flush 之前生成一条 update 语句，这条 update 语句带有 "where <主键列>=<标识属性值>" 子句，表明将会根据主键来修改特定记录。

例如如下代码片段，将修改特定行的数据：

```
News n = sess.load(News.class , pk);
n.setTitle("新标题");
sess.flush();
```

从表面上看，这种做法有一个极大的性能缺陷：程序需要修改某条记录时，这种做法将会产生两条 SQL 语句，其中一条用于查询指定记录的 select 语句；另一条用于修改该记录的 update 语句。

但在实际应用中无须考虑这种性能缺陷：对于一个 Java EE 应用而言，Hibernate 通常的处理流程是，从数据库里加载记录→将信息发送到表现层供用户修改→将所做修改重新保存到数据库。在这种处理流程下，应用本身就需要两条 SQL 语句。

5.5.3.4　更新脱管实体

对于一个曾经持久化过、但现在已脱离了 Session 管理的持久化对象，它被认为处于脱管状态。当程序修改脱管对象的状态后，程序应该显式地使用新的 Session 来保存这些修改。Hibernate 提供了 update()、merge()和 updateOrSave()等方法来保存这些修改。

例如如下代码片段：

```
News n = firstSess.load(News.class , pk);
// 第一个 Session 已经关闭了
firstSess.close();
// 修改脱管状态下的持久化对象
n.setTitle("新标题");
// 打开第二个 Session
Session secondSess = ...
// 保存脱管对象所做的修改
secondSess.update(n);
```

使用另一个 Session 保存这种修改后，该脱管对象再次回到 Session 的管理之下，也就再次回到持久化状态。

当需要使用 update()来保存程序对持久化对象所做的修改时，如果不清楚该对象是否曾经持久化过，那么程序可以选择使用 updateOrSave()方法，该方法自动判断该对象是否曾经持久化过，如果曾经持久化过，就执行 update()操作；否则将执行 save()操作。

merge()方法也可将程序对脱管对象所做的修改保存到数据库，但 merge()与 update()方法的最大区别是：merge()方法不会持久化给定的对象。举例来说，当程序执行 sess.update(a)代码后，a 对象将会变成持久化状态；而执行 sess.merge(a)代码后，a 对象依然不是持久化状态，a 对象依然不会被关联到 Session 上，merge()方法会返回 a 对象的副本——该副本处于持久化状态。

当程序使用 merge()方法来保存程序对脱管对象所做的修改时，如果 Session 中存在相同持久化标识的持久化对象，merge()方法里提供的对象状态将覆盖原有持久化实例的状态。如果 Session 中没有相应的持久化实例，则尝试从数据库中加载，或者创建新的持久化实例，最后返回该持久化实例。

> **提示：**
> Hibernate 提供 merge()方法也是为了与 JPA 规范保持一致，merge()方法代替了 Hibernate 早期版本的 saveOrUpdateCopy()方法，该方法的作用只是将当前对象的状态信息保存到数据库，并不将该对象转换成持久化状态，而是返回一个持久化状态的副本。

使用 load()或 get()方法加载持久化对象时，还可指定一个"锁模式"参数。Hibernate 使用 LockOptions 对象代表"锁模式"，LockOptions 提供了 READ 和 UPGRADE 两个静态属性来代表共享、修改锁。如果需要加载某个持久化对象以供修改（相当于使用 SQL 的 select ... for update 语句来装载对象），则可用如下代码：

```
News n = Session.get(News.class , pk , LockOptions.UPGRADE);
```

Session.LockRequest 的 lock()方法也将某个脱管对象重新持久化，但该脱管对象必须是没有修改过的！如下面代码所示：

```
// 简单地重新持久化
sess.buildLockRequest(LockOptions.NONE).lock(news);
// 先检查持久化对象的版本，然后重新持久化该对象
sess.buildLockRequest(LockOptions.READ).lock(person);
// 先检查持久化对象的版本，然后使用 SELECT ... FOR UPDATE 重新持久化该对象
sess.buildLockRequest(new LockOptions(LockMode.PESSIMISTIC_WRITE)).lock(teacher);
```

　注意

> lock()可以搭配多种 LockOptions，更多的信息请阅读 API 文档，以及关于事务处理（transaction handling）的章节。重新持久化并不是 lock()的唯一用途。

5.5.3.5　删除持久化实体

还可以通过 Session 的 delete()方法来删除该持久化实例，一旦删除了该持久化实例，该持久化实例对应的数据记录也将被删除。

删除持久化实例的代码片段如下：

```
News n = sess.load(News.class , pk);
sess.delete(n);
```

这种做法也会生成两条 SQL 语句，但在实际 Java EE 应用中没有任何问题，因为 Java EE 应用总需要先选出一条记录，将其输出到表现层，等用户确认删除这条记录时，系统才会真正删除这条记录。

Hibernate 本身不提供直接执行 update 或 delete 语句的 API，Hibernate 提供的是一种面向对象的状态管理。如果确实需要直接执行 DML 风格的 update 或 delete 类似语句，建议使用 Hibernate 的批处理功能。批处理建议参考 6.3 节内容。

5.6　深入 Hibernate 映射

在上面的例子里，已经用过@Entity、@Table、@Id、@GeneratedValue 等注解，正是这些注解将 POJO 变成 PO 类。对于绝大部分普通开发者来说，开发 PO 类可能是经常做的工作。

Hibernate 提供了如下三种方式将 POJO 变成 PO 类。

> 使用持久化注解（以 JPA 标准注解为主，如果有一些特殊要求，则依然需要使用 Hibernate 本身提供的注解）。
> 使用 JPA 2 提供的 XML 配置描述文件（XML deployment descriptor），这种方式可以让 Hibernate 的 PO 类与 JPA 实体类兼容。但在实际开发中，很少有公司使用这种方式。
> 使用 Hibernate 传统的 XML 映射文件（*.hbm.xml 文件的形式），由于这种方式是传统 Hibernate 的推荐方式，因此依然有少数企业会采用这种方式。

由于第一种方式是目前企业开发的主流，因此本书将主要以第一种方式来介绍 Hibernate 持久化映射。

对于 Hibernate PO 类而言，通常可以采用如下两个注解来修饰它。

> @Entity：被该注解修饰的 POJO 就是一个实体。使用该注解时可指定一个 name 属性，name 属性指定该实体类的名称，但大部分时候无须指定该属性，因为系统默认以该类的类名作为实体类的名称。
> @Table：该注解指定持久化类所映射的表。

使用@Table 注解可指定如表 5.2 所示的属性。

表 5.2　@Table 支持的属性

属　　性	是否必需	说　　明
catalog	否	用于设置将持久化类所映射的表放入指定的 catalog 中。如果没有指定该属性，数据表将放入默认的 catalog 中

续表

属　　　性	是否必需	说　　　明
indexes	否	为持久化类所映射的表设置索引。该属性的值是一个@Index 注解数组
name	否	设置持久化类所映射的表的表名。如果没有指定该属性，那么该表的表名将与持久化类的类名相同
schema	否	设置将持久化类所映射的表放入指定的 schema 中。如果没有指定该属性，数据表将放入默认的 schema 中
uniqueConstraints	否	为持久化类所映射的表设置唯一约束。该属性的值是一个@UniqueConstraint 注解数组

　　@UniqueConstraint 用于为数据表定义唯一约束。它的用法非常简单，使用该注解时可以指定如下唯一的属性。

➢ columnNames：该属性的值是一个字符串数组，每个字符串元素代表一个数据列。

　　@Index 用于为数据表定义索引。该注解可指定如表 5.3 所示的属性。

表 5.3　@Index 支持的属性

属　　　性	是否必需	说　　　明
columnList	是	设置对哪些列建立索引，该属性的值可指定多个数据列的列名
name	否	设置该索引的名字
unique	否	设置该索引是否具有唯一性。该属性的值只能是 boolean 值

　　如果希望改变 Hibernate 的属性访问策略，则可使用标准的@Access 注解修改该持久化类，该注解的 value 属性支持 AccessType.PROPERTY 和 AccessType.FIELD 两个值。其默认值为 AccessType.PROPERTY，即使用 getter/setter 方法访问属性（比如需要访问 abc 属性，则应该提供 setAbc()和 getAbc()两个方法）。如果将@Access 注解的 value 指定为 AccessType.FIELD，Hibernate 将直接通过成员变量来访问属性（比如要访问 abc 属性，Hibernate 会直接操作 abc 成员变量。一般不建议这么做）。

　　除此之外，Hibernate 还为持久化类提供了如下特殊的注解。

➢ @Proxy：该注解的 proxyClass 属性指定一个接口，在延迟加载时作为代理使用，也可以在这里指定该类自己的名字。

➢ @DynamicInsert：指定用于插入记录的 insert 语句是否在运行时动态生成，并且只插入那些非空字段。该属性的值默认是 false。开启该属性将导致 Hibernate 需要更多时间来生成 SQL 语句。

➢ @DynamicUpdate：指定用于更新记录的 update 语句是否在运行时动态生成，并且只更新那些改变过的字段。该属性的值默认是 false。开启该属性将导致 Hibernate 需要更多的时间来生成 SQL 语句。

> **提示：** 当程序打开了@DynamicUpdate 之后，持久化注解可以指定如下几种乐观锁定的策略。
>
> ➢ OptimisticLockType.VERSION：检查 version/timestamp 字段。
> ➢ OptimisticLockType.ALL：检查全部字段。
> ➢ OptimisticLockType.DIRTY：只检查修改过的字段。
> ➢ OptimisticLockType.NONE：不使用乐观锁定。
>
> 强烈建议在 Hibernate 中使用 version/timestamp 字段来进行乐观锁定。对性能来说，这是最好的选择，并且也是唯一能够处理在 Session 外进行脱管操作的策略。

➢ @SelectBeforeUpdate：指定 Hibernate 在更新（update）某个持久化对象之前是否需要先进行一次查询（select）。如果将该注解的 value 值设为 true，则 Hibernate 可以保证只有当持久化对象的状态被修改过时，才会使用 update 语句来保存其状态（即使程序显式使用 saveOrUpdate()来保存该对象，但如果 Hibernate 查询到对应记录与该持久化对象的状态相同，也不会使用 update 语句来保存其状态）。该注解的 value 值默认为 false。

提示： 通常来说，将@SelectBeforeUpdate 的 value 值设为 true 会降低性能。如果应用程序中某个持久化对象的状态经常会发生改变，那么该属性应该设置为 false；如果该持久化对象的状态很少发生改变，而程序又经常要保存该对象，则可将该属性设置为 true。

➢ @PolymorphismType：当采用 TABLE_PER_CLASS 继承映射策略时，该注解用于指定是否需要采用隐式多态查询。该注解的 value 的默认值为 PolymorphismType.IMPLICIT，即支持隐式多态查询。

提示： 将@PolymorphismType 的 value 值设为 PolymorphismType.IMPLICIT 时，如果查询时给出的是任何超类、该类实现的接口或该类的名字，那么都会返回该类（及其子类）的实例；如果查询中给出的是子类的名字，则只返回子类的实例；否则，只有在查询时明确给出某个类名时，才会返回这个类的实例。大部分时候都需要使用隐式多态查询。

➢ @Where：该注解的 clause 属性可指定一个附加的 SQL 语句过滤条件（类似于添加 where 子句），如果一旦指定了该注解，则不管采用 load()、get()还是其他查询方法，只要试图加载该持久化类的对象时，该 where 条件就会生效。也就是说，只有符合该 where 条件的记录才会被加载。

➢ @BatchSize：当 Hibernate 抓取集合属性或延迟加载的实体时，该注解的 size 属性指定每批抓取的实例数。

➢ @OptimisticLocking：该注解的 type 属性指定乐观锁定策略。Hibernate 支持 OptimisticLockType.ALL、OptimisticLockType.DIRTY、OptimisticLockType.NONE、OptimisticLockType. VERSION 这 4 个枚举值。默认值为 OptimisticLockType.VERSION。

➢ @Check：该注解可通过 constraints 指定一个 SQL 表达式，用于为该持久化类所对应的表指定一个 Check 约束。

➢ @Subselect：该注解用于映射不可变的、只读实体。通俗地说，就是将数据库的子查询映射成 Hibernate 持久化对象。当需要使用视图（其实质就是一个查询）来代替数据表时，该注解比较有用。

使用上面注解修饰了实体类之后，接下来为实体映射配置更详细的信息。

▶▶ 5.6.1   映射属性

在默认情况下，被@Entity 修饰的持久化类的所有属性都会被映射到底层数据表。为了指定某个属性所映射的数据列的详细信息，如列名、列字段长度等，可以在实体类中使用@Column 修饰该属性。

使用@Column 时可指定如表 5.4 所示的常用属性。

表 5.4   @Column 支持的属性

属　　性	是否必需	说　　明
columnDefinition	否	该属性的值是一个代表列定义的 SQL 字符串（列名后面部分），指定创建该数据列的 SQL 语句
insertable	否	指定该列是否包含在 Hibernate 生成的 insert 语句的列列表中。默认值：true
length	否	指定该列所能保存的数据的最大长度。默认值：255
name	否	指定该列的列名。该列的列名默认与@Column 修饰的成员变量名相同
nullable	否	指定该列是否允许为 null。默认值：true
precision	否	当该列是 decimal 类型时，该属性指定该列支持的最大有效数字位
scale	否	当该列是 decimal 类型时，该属性指定该列最大支持的小数位数
table	否	指定该列所属的表名。当需要用多个表来保存一个实体时，往往需要指定该属性

属　　性	是否必需	说　　明
unique	否	指定该列是否具有唯一约束。默认值为 false，即不具有唯一约束
updatable	否	指定该列是否包含在 Hibernate 生成的 update 语句的列列表中。默认值：true

Hibernate 同样允许使用@Access 注解修饰该属性，用于单独改变 Hibernate 对该属性的访问策略。该@Access 用于覆盖在持久化类上指定的@Access 注解。

除此之外，Hibernate 还为属性映射提供了如下特殊的注解。

➢ @Formula：该注解的 value 属性可指定一个 SQL 表达式，指定该属性的值将根据表达式来计算。持久化类对应的表中没有和计算属性对应的数据列——因为该属性值是动态计算出来的，无需保存到数据库。

➢ @Generated：设置该属性映射的数据列的值是否由数据库生成，该注解的 value 属性可以接受 GenerationTime.NEVER（不由数据库生成）、GenerationTime.INSERT（该属性值在执行 insert 语句时生成，但不会在执行 update 语句时重新生成）和 GenerationTime.ALWAYS（该属性值在执行 insert 和 update 语句时都会被重新生成）这三个值的其中之一。

@Formula 的 value 属性允许对象属性包含表达式，包括运用 sum、average、max 函数求值的结果。例如：

```
value="(select avg(p.price) from Product p)"/>
```

@Formula 甚至可以根据另外一个表的查询结果来计算当前记录的属性值。例如，下面代码表明把从 currency 表查询的结果作为当前记录的计算属性值：

```
value="(select cur.name from currency cur where cur.id=currencyID)"/>
```

使用@Formula 注解时有如下几个注意点。

➢ value="(sql)"的英文括号不能少。

➢ value="()"的括号里面是 SQL 表达式，SQL 表达式中的列名与表名都应该和数据库对应，而不是和持久化对象的属性对应。

➢ 如果需要在@Formula 的 value 属性中使用参数，则直接使用 where cur.id= currencyID 形式，其中 currencyID 就是参数，当前持久化对象的 currencyID 属性将作为参数传入。

例如有如下持久化类。

程序清单：codes\05\5.6\Formula\src\org\crazyit\app\domain\News.java

```
@Entity
@Table(name="news_inf")
public class News
{
    // 消息类的标识属性
    @Id
    @GeneratedValue(strategy=GenerationType.IDENTITY)
    private Integer id;
    // 消息标题
    private String title;
    // 消息内容
    private String content;
    // 消息全部内容，由系统根据公式生成
    @Formula("(select concat(nt.title,nt.content)"
        + "from news_inf nt where nt.id= id)")
    private String fullContent;
    // 省略所有的 setter 和 getter 方法
    ...
}
```

上面 PO 类的 fullContent 属性并不需要采用数据列保存，该属性的值将由系统根据 SQL 表达式来生成，所以程序映射 fullContent 属性时使用了@Formula 修饰。该注解中的 value 指定了生成 fullContent

属性的 SQL 表达式，该属性在底层数据表中不会有对应的数据列，该属性值将根据 SQL 表达式计算。看如下主程序。

程序清单：codes\05\5.6\Formula\src\lee\NewsManager.java

```
public class NewsManager
{
    public static void main(String[] args) throws Exception
    {
        // 实例化 Configuration，这行代码默认加载 hibernate.cfg.xml 文件
        Configuration conf = new Configuration().configure();
        // 以 Configuration 创建 SessionFactory
        SessionFactory sf = conf.buildSessionFactory();
        // 实例化 Session
        Session sess = sf.openSession();
        // 开始事务
        Transaction tx = sess.beginTransaction();
//        // 创建消息实例
//        News n = new News();
//        // 设置消息标题和消息内容
//        n.setTitle("疯狂 Java 联盟成立了");
//        n.setContent("疯狂 Java 联盟成立了, "
//            + "网站地址 http://www.crazyit.org");
//        // 保存消息
//        sess.save(n);
        News n = (News)sess.get(News.class , 1);
        // 输出 fullContent 属性值
        System.out.println(n.getFullContent());
        // 提交事务
        tx.commit();
        // 关闭 Session
        sess.close();
        sf.close();
    }
}
```

第一次运行上面程序时要先取消已注释代码，并注释掉程序中的两行粗体字代码，这样可以先将数据插入到数据库，保证运行程序时数据库中已有供操作的数据。

第二次运行程序时，保留注释原样即可，将看到输出 title 属性和 content 属性连缀而成的字符串——这就是根据 SQL 表达式计算的结果。如果查看底层数据表将会发现，Hibernate 并没有为 fullContent 属性生成对应的数据列。

如果持久化对象有任何属性不是由 Java 程序提供，而是由数据库生成的，包括该数据列使用 timestamp 数据类型、数据库采用触发器来为该列自动插入值等，都可以使用@Generated 修饰持久化类的属性。

对于指定了@Generated 属性的持久化对象，每当 Hibernate 执行一条 insert（当@Generated 的 value 值为 INSERT 或 ALWAYS 时）或 update（当@Generated 的 value 属性值为 ALWAYS 时）语句时，Hibernate 会立刻执行一条 select 语句来获得该数据列的值，并将该值赋给该持久化对象的该属性。

本示例所使用的持久化类：News 类与前一个示例的基本相同，只是此时的 fullContent 属性值将由数据库系统生成，所以在配置 fullContent 属性时应指定 generated 属性。该持久化类的源代码如下。

程序清单：codes\05\5.6\Generated\src\org\crazyit\app\domain\News.java

```
@Entity
@Table(name="news_inf")
public class News
{
    // 消息类的标识属性
    @Id
    @GeneratedValue(strategy=GenerationType.IDENTITY)
    private Integer id;
```

```
   // 消息标题
   private String title;
   // 消息内容
   private String content;
   // 指定@Generated 的 value 为 ALWAYS，表明该属性的值由数据库生成
   // Hibernate 会在每次执行 insert、update 时执行 select 语句来查询获取该属性的值
   @Generated(GenerationTime.ALWAYS)
   @Column(name="full_content")
   private String fullContent;
   // 省略所有的 setter 和 getter 方法
   ...
}
```

上面的粗体字代码指定 fullContent 属性将由数据库系统自动生成，为了让数据库系统使 fullContent 属性（对应 full_content 数据列）自动生成值，本程序需要触发器支持。下面是本应用所使用的数据库脚本。

程序清单：codes\05\5.6\Generated\sql.sql

```
drop database hibernate;
create database hibernate;
use hibernate;
create table news_inf
(
 id int auto_increment primary key,
 title varchar(255) not null,
 content varchar(255),
 full_content varchar(255)
);
DELIMITER |
create trigger t_full_content_gen BEFORE INSERT ON news_inf
    FOR EACH ROW BEGIN
        set new.full_content=concat(new.title,new.content);
    END;
|
DELIMITER ;
```

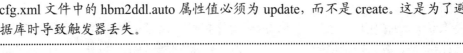

> **注意**
>
> 在运行本示例程序之前应先执行此数据库脚本。除此之外，上面示例程序 hibernate.cfg.xml 文件中的 hbm2ddl.auto 属性值必须为 update，而不是 create。这是为了避免重建数据库时导致触发器丢失。

该示例程序的主程序使用如下代码片段来保存一个 News 对象。

程序清单：codes\05\5.6\Generated\src\lee\NewsManager.java

```
// 此处省略了打开 Session、Transaction 的代码
...
// 创建消息实例
News n = new News();
// 设置消息标题和消息内容
n.setTitle("疯狂 Java 联盟成立了");
n.setContent("疯狂 Java 联盟成立了，"
    + "网站地址 http://www.crazyit.org");
// 保存消息
sess.save(n);
// 输出 fullContent 属性，将看到 title 和 content 连缀的字符串
System.out.println(n.getFullContent());
```

上面程序中仅设置了 News 对象的 title 和 content 属性，并未设置 fullContent 属性，但保存了该 News 对象后，Hibernate 将执行 select 语句来为该 fullContent 属性赋值。程序中粗体字代码输出 News 对象的 fullContent 属性，将看到 title 和 content 属性拼接得到的字符串。

5.6.1.1 使用@Transient 修饰不想持久保存的属性

在默认情况下，持久化类的所有属性会自动映射到数据表的数据列。如果在实际应用中不想持久保存某些属性，则可以考虑使用@Transient 来修饰它们。

例如，定义如下实体类。

程序清单：codes\05\5.6\Transient\src\org\crazyit\app\domain\News.java

```
@Entity
@Table(name="news_inf")
public class News
{
    // 消息类的标识属性
    @Id
    @GeneratedValue(strategy=GenerationType.IDENTITY)
    private Integer id;
    // 消息标题
    // @Column 指定该属性映射的列信息，此处指定了列名、长度
    @Column(name="news_title" , length=50)
    private String title;
    // 消息内容
    @Transient
    private String content;
    //省略所有的 setter 和 getter 方法
    ...
}
```

上面实体类中粗体字代码使用@Transient 修饰了 content，这意味着 Hibernate 将该持久化类映射到底层数据表时，content 不会映射到任何数据列；当保存一个 News 实体时，在 News 实体中 content 值不会被保存到数据表中。

例如，程序保存了一个 News 实体之后，底层数据表中的记录如图 5.17 所示。

图 5.17　@Transient 修饰的属性不会被保存

5.6.1.2 使用@Enumerated 修饰枚举类型的属性

在有些极端的情况下，持久化类的属性不是普通的 Java 类型，而是一个枚举类型，这意味着该属性只能接受有限的几个固定值。在这种情况下，可以考虑使用@Enumerated 修饰实体类中枚举类型的属性。例如，如下程序定义了一个 Season 枚举类。

程序清单：codes\05\5.6\Enumerated\src\org\crazyit\app\domain\Season.java

```
public enum Season
{
    春季,夏季,秋季,冬季
}
```

定义了上面枚举类之后，接下来就可以在实体类中使用该枚举类定义属性类型了，当在实体中使用这种枚举类型的属性时，应该考虑使用@Enumerated 修饰该属性。

对于枚举值而言，既可在程序中通过枚举值的名字来代表，也可使用枚举值的序号来代表。假如想在程序中使用 Season 枚举值表示春季，则既可用"春季"枚举值的名称代表，也可用枚举值的序号 0 代表。同样地，底层数据库既可保存枚举值名称来代表枚举值，也可保存枚举值序号来代表枚举值，这一点可通过@Enumerated 的 value 属性来指定，当@Enumerated 的 value 属性为 EnumType.STRING 时，底层数据库保存枚举值的名称；当@Enumerated 的 value 属性为 EnumType.ORDINAL 时，底层数据库保存枚举值的序号。

下面是本实体类的代码。

程序清单：codes\05\5.6\Enumerated\src\org\crazyit\app\domain\News.java

```
@Entity
```

```
@Table(name="news_inf")
public class News
{
    // 消息类的标识属性
    @Id
    @GeneratedValue(strategy=GenerationType.IDENTITY)
    private Integer id;
    // 消息标题
    // @Column 指定该属性映射的列信息，此处指定了列名、长度
    @Column(name="news_title" , length=50)
    private String title;
    // 消息内容
    private String content;
    @Enumerated(EnumType.ORDINAL)
    @Column(name="happen_season")
    private Season happenSeason;
    // 省略所有的 setter 和 getter 方法
    ...
}
```

上面实体类中使用@Enumerated(EnumType.ORDINAL)修饰了枚举类型的属性，这意味着底层数据库会保存数值序号来代表枚举值。

使用 EntityManager 来保存一个 News 实体，保存完成后将可以在底层数据库中看到如图 5.18 所示的数据。

图 5.18　数据表保存枚举值

5.6.1.3　使用@Lob、@Basic 修饰大数据类型的属性

有过实际 JDBC 编程的读者一定不会忘记使用数据库保存图片、保存大段文章的场景，对于这两种情况，数据库通常需要采用 Blob、Clob 类型的数据列来保存它们；而 JDBC 则会采用 java.sql.Blob、java.sql.Clob 来表示这些大数据类型的值。

Hibernate 也为这种大数据类型的值提供了支持，Hibernate 使用@Lob 来修饰这种大数据类型，当持久化类的属性为 byte[]、Byte[]或 java.io.Serializable 类型时，@Lob 修饰的属性将映射为底层的 Blob 列；当持久化类的属性为 char[]、Character[]或 java.lang.String 类型时，@Lob 修饰的属性将映射为底层的 Clob 列。

下面程序示范了如何使用 Hibernate 将图片保存到底层数据库，这就需要使用@Lob 来修饰大数据类型的属性。该实体类的代码如下。

程序清单：codes\05\5.6\Lob\src\org\crazyit\app\domain\Person.java

```
@Entity
@Table(name="person_inf")
public class Person
{
    @Id // 用于修饰标识属性
    // 指定该主键列的主键生成策略
    @GeneratedValue(strategy=GenerationType.IDENTITY)
    private Integer id;
    // @Column 指定该属性映射的列信息，此处指定了列名、长度
    @Column(name="person_name" , length=50)
    private String name;
    @Lob
    private byte[] pic;
    // 省略所有的 setter 和 getter 方法
    ...
}
```

上面 Person 实体中的 pic 是一个 byte[]类型的属性，并采用了@Lob 来修饰该属性，那么该属性将会被映射成 Blob 类型的数据列。

为了将磁盘上的一张图片保存到底层数据库，可用如下程序来执行持久化。

程序清单：codes\05\5.6\Lob\src\lee\PersonManager.java

```java
public class PersonManager
{
    public static void main(String[] args)
        throws Exception
    {
        // 实例化 Configuration
        Configuration conf = new Configuration()
            .configure();
        // 以 Configuration 实例创建 SessionFactory 实例
        SessionFactory sf = conf.buildSessionFactory();
        // 创建 Session
        Session sess = sf.openSession();
        // 开始事务
        Transaction tx = sess.beginTransaction();
        // 创建 Person 对象
        Person person = new Person();
        // 为 Person 对象的属性设置值
        person.setName("crazyit.org");
        File file = new File("logo.jpg");
        byte[] content = new byte[(int)file.length()];
        new FileInputStream(file).read(content);
        person.setPic(content);
        // 保存 Person 对象
        sess.save(person);
        // 提交事务
        tx.commit();
        // 关闭 Session
        sess.close();
        sf.close();
    }
}
```

上面程序中粗体字代码示范了为 Person 实体设置 byte[]类型的属性值，程序使用 IO 流读取了磁盘上的一张图片文件，并将图片文件的数据放入 byte[]数组中，然后将该 byte[]数组的值作为 setPic()方法的参数传入，这样就为 Person 实体的 pic 属性设置成功。

当 Person 实体创建成功后，Person 实体对应的 person_inf 数据表中的 pic 数据列就是 Blob 类型。调用 Session 的 save()方法保存 Person 实体时，Person 实体的 pic 属性对应的数据将保存到该 Blob 列中。

对于使用@Lob 修饰的大数据类型，底层数据库往往会采用 Blob 或 Clob 类型的列来保存这种大数据类型的值。数据库加载这种大数据类型的值也是需要较大开销的。

假如程序需要加载一个 Person 实体，在默认情况下，JPA 会在加载该 Person 实体时也加载它的 pic 属性——这是一个大数据类型的值，将需要较大的系统开销。有一种可能的情况是，程序只是需要访问该 Person 对象的 name 属性，根本不关心 Person 对象的 pic 属性，那么 Hibernate 就白白浪费时间来加载 pic 属性了，这显然不是一种好的做法。

为了改变这种情况，程序希望有一种机制可以做到：Hibernate 加载 Person 对象时并不立即加载它的 pic 属性，而是只加载一个"虚拟"的代理，等到程序真正需要 pic 属性时才从底层数据表中加载数据——这就是典型的代理模式。Hibernate 为这种机制提供了支持，并将这种机制称为延迟加载，只要在开发实体时使用@Basic 修饰该属性即可。

使用@Basic 可以指定如下属性。

➢ fetch：指定是否延迟加载该属性。该属性可接受 FetchType.EAGER、FetchType.LAZY 两个值之一，其中前者指定立即加载；后者指定使用延迟加载。

➢ optional：指定该属性映射的数据列是否允许使用 null 值。

为了让上面的 Person 实体实现延迟加载 pic 属性，可以将前面的 Person 实体类的代码改为如下形式。

```
@Entity
@Table(name="person_inf")
public class Person
{
    @Id // 用于修饰标识属性
    // 指定该主键列的主键生成策略
    @GeneratedValue(strategy=GenerationType.IDENTITY)
    private Integer id;
    // @Column 指定该属性映射的列信息，此处指定了列名、长度
    @Column(name="person_name" , length=50)
    private String name;
    @Lob
    @Basic(fetch=FetchType.LAZY)
    private byte[] pic;
    // 省略所有的 setter 和 getter 方法
    ...
}
```

> **★ 注意 ★**
>
> 实际在 Hibernate 5.2 上测试时，该@Basic 注解并未明显发挥作用，Hibernate 文档提示还需要对该类进行字节码增强，希望 Hibernate 未来版本会简化此处的处理。

5.6.1.4 使用@Temporal 修饰日期类型的属性

对于 Java 程序而言，表示日期、时间的类型只有两种：java.util.Date 和 java.util.Calendar；但对于数据库而言，表示日期、时间的类型就比较多了，如 date、time、datetime、timestamp 等。

在这样的背景下，如果持久化类定义了一个 java.util.Date 类型的属性时，Hibernate 到底是将这种类型的属性映射成 date 类型的列、time 类型的列，还是 timestamp 类型的列呢？这对 Hibernate 来说有些难于抉择。在这样的情况下，可以使用@Temporal 来修饰这种类型的属性，使用@Temporal 时可指定一个 value 属性，该属性支持 TemporalType.DATE、TemporalType.TIME、TemporalType.TIMESTAMP 三个值之一，用于指定将该属性映射到数据表的 date、time 和 timestamp 类型的数据列。

例如，如下 Person 持久化类，使用 java.util.Date 来保存 Person 对象的生日，但在数据库中只想记录 Person 的出生日期，不想记录它的出生时间——也就是说，底层数据库使用 date 类型的数据列来保存生日即可，这就可以借助于@Temporal 的作用了。

下面是 Person 实体类的代码。

程序清单： codes\05\5.6\Temporal\src\org\crazyit\app\domain\Person.java

```
@Entity
@Table(name="person_inf")
public class Person
{
    @Id // 用于修饰标识属性
    // 指定该主键列的主键生成策略
    @GeneratedValue(strategy=GenerationType.IDENTITY)
    private Integer id;
    // @Column 指定该属性映射的列信息，此处指定了列名、长度
    @Column(name="person_name" , length=50)
    private String name;
    @Temporal(TemporalType.DATE)
    private Date birth;
    // 省略所有的 setter 和 getter 方法
    ...
}
```

上面 Person 实体类中 birth 属性的类型是 java.util.Date，该类型既包括了日期部分，也包括了时间部分；但由于使用@Temporal(TemporalType.DATE)将该属性映射到 date 类型的数据列，因此当程序把 Person 实体保存到底层数据库时，birth 属性对应的数据列将只有日期部分，不会保存时间部分的值。

➤➤ 5.6.2　映射主键

在通常情况下，Hibernate 建议为持久化类定义一个标识属性，用于唯一地标识某个持久化实例，而标识属性则需要映射到底层数据表的主键。

所有现代的数据库建模理论都推荐不要使用具有实际意义的物理主键，而是推荐使用没有任何实际意义的逻辑主键。尽量避免使用复杂的物理主键，应考虑为数据库增加一列，作为逻辑主键。表面上看，增加逻辑主键增加了数据冗余，但如果从外键关联的角度看，使用逻辑主键的主从表关联中，从表只需增加一个外键列。如果使用多列作为联合主键，则需要在从表中增加多个外键列，如果有多个从表需要增加外键列，则数据冗余更大。

使用物理主键还会增加数据库维护的复杂度，主从表之间的约束关系隐讳难懂，难于维护。

逻辑主键没有实际意义，仅仅用来标识一行记录。Hibernate 为这种逻辑主键提供了主键生成器，它负责为每个持久化实例生成唯一的逻辑主键值。

如果实体类的标识属性（映射成主键列）是基本数据类型、基本类型的包装类、String、Date 等类型，可以简单地使用@Id 修饰该实体属性即可。使用@Id 注解时无须指定任何属性。

如果希望 Hibernate 为逻辑主键自动生成主键值，则还应该使用@GeneratedValue 来修饰实体的标识属性，使用@GeneratedValue 时可指定如表 5.5 所示的属性。

表 5.5　@GeneratedValue 支持的属性

属　　性	是否必需	说　　明
strategy	否	指定 Hibernate 对该主键列使用怎样的主键生成策略。该属性支持如下 4 个属性值： ● GenerationType.AUTO：Hibernate 自动选择最适合底层数据库的主键生成策略。这是默认值 ● GenerationType.IDENTITY：对于 MySQL、SQL Server 这样的数据库，选择自增长的主键生成策略 ● GenerationType.SEQUENCE：对于 Oracle 这样的数据库，选择使用基于 Sequence 的主键生成策略。应与@SequenceGenerator 一起使用 ● GenerationType.TABLE：使用辅助表来生成主键。应与@TableGenerator 一起使用
generator	否	当使用 GenerationType.SEQUENCE、GenerationType.TABLE 主键生成策略时，该属性引用@SequenceGenerator、@TableGenerator 所定义的生成器的名称

AUTO、IDENTITY 两种策略都比较简单，基本无须过多讲解，但如果需要使用 SEQUENCE、TABLE 主键生成策略，则还需要结合@SequenceGenerator、@TableGenerator 使用。@SequenceGenerator、@TableGenerator 的功能大致相似，都用于定义主键生成器。

使用@SequenceGenerator 定义的主键生成器还会在底层数据库中额外生成一个 Sequence，因此必须底层数据库本身能支持 Sequence 机制（如 Oracle 数据库）。使用@SequenceGenerator 可指定如表 5.6 所示的属性。

表 5.6　@SequenceGenerator 支持的属性

属　　性	是否必需	说　　明
name	是	该属性指定该主键生成器的名称
allocationSize	否	该属性指定底层 Sequence 每次生成主键值的个数。对于 Oracle 而言，该属性指定的整数值，将作为定义 Sequence 时 increment by 的值
catalog	否	该属性指定将底层 Sequence 放入指定 catalog 中，如果不指定该属性，该 Sequence 将放入默认的 catalog 中
schema	否	该属性指定将底层 Sequence 放入指定 schema 中，如果不指定该属性，该 Sequence 将放入默认的 schema 中
initialValue	否	该属性指定底层 Sequence 的初始值。对于 Oracle 而言，属性指定的整数值将作为定义 Sequence 时 start with 的值
sequenceName	否	该属性指定底层 Sequence 的名称

如果使用@TableGenerator 定义的主键生成器会在底层数据库中额外生成一个辅助表。使用 @TableGenerator 可指定如表 5.7 所示的属性。

表 5.7　@TableGenerator 支持的属性

属　　性	是否必需	说　　明
name	是	该属性指定该主键生成器的名称
allocationSize	否	该属性指定底层辅助表每次生成主键值的个数
catalog	否	该属性指定将辅助表放入指定 catalog 中，如果不指定该属性，该辅助表将放入默认的 catalog 中
schema	否	该属性指定将底层辅助表放入指定 schema 中，如果不指定该属性，该辅助表将放入默认的 schema 中
table	否	指定辅助表的表名
initialValue	否	该属性指定的整数值将作为辅助表的初始值。默认值：0
pkColumnName	否	该属性指定存放主键名的列名
pkColumnValue	否	该属性指定主键名
valueColumnName	否	该属性指定存放主键值的列名
indexes	否	该属性值是一个@Index 数组，用于为辅助表定义索引
uniqueConstraints	否	该属性值是一个@UniqueConstraint 数组，用于为辅助表创建唯一约束

从上面介绍可以看出，不管是@SequenceGenerator 还是@TableGenerator，它们定义主键生成器时都需要通过 name 指定主键生成器的名称，该名称将作为@GeneratedValue 注解的 generator 属性值。

例如，如下 News 类先使用@TableGenerator 定义一个主键生成器，然后即可使用@GeneratedValue 指定该持久化类使用 TABLE 主键生成策略。News 类的代码如下。

程序清单：codes\05\5.6\TableGenerator\src\org\crazyit\app\domain\News.java

```java
@Entity
@Table(name="news_inf")
public class News
{
    // 消息类的标识属性
    @Id
    // 定义主键生成器
    @TableGenerator(name="newsGen" , table="NEWS_ID_GEN",
        pkColumnName="gen_key", valueColumnName="gen_value",
        pkColumnValue="news_id")
    // 使用 GenerationType.TABLE 主键生成策略
    @GeneratedValue(strategy=GenerationType.TABLE
        , generator="newsGen")
    private Integer id;
    // 消息标题
    private String title;
    // 消息内容
    private String content;
    // 省略所有的 setter 和 getter 方法
    ...
}
```

将该持久化类保存到底层数据库，Hibernate 将会在底层生成如图 5.19 所示的辅助表。

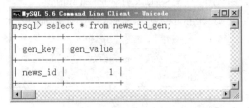

图 5.19　使用 TABLE 主键生成策略的辅助表

➤➤ 5.6.3　使用 Hibernate 的主键生成器

JPA 标准注解只支持 AUTO、IDENTITY、SEQUENCE 和 TABLE 这 4 种主键生成策略，但实际上 Hibernate 支持更多的主键生成策略，如果希望使用 Hibernate 提供的主键生成策略，就需要使用 Hibernate 本身的@GenericGenerator 注解，该注解用于定义主键生成器。@GenericGenerator 注解主要支持如下两个属性。

> ➤ name：必需属性。设置该主键生成器的名称，该名称可以被@GeneratedValue 的 generator 属性引用。

> ➤ strategy：必需属性。设置该主键生成器的主键生成策略。

@GenericGenerator 的 strategy 属性可以是主键生成类，该主键生成类既可是 Hibernate 本身提供的，也可是开发者自定义的，只要这个类实现了 Hibernate 的 IdentifierGenerator 接口就行。Hibernate 提供了如下策略实现类。

> ➤ IncrementGenerator：为 long、short 或者 int 类型主键生成唯一标识。只有在没有其他进程往同一个表中插入数据时才能使用。在集群下不要使用！

> ➤ IdentityGenerator：在 DB2、MySQL、Microsoft SQL Server、Sybase 和 HypersonicSQL 等提供 identity（自增长）主键支持的数据表中适用。返回的标识属性值是 long、short 或 int 类型的。

> ➤ SequenceStyleGenerator：在 DB2、PostgreSQL、Oracle、SAP DB、McKoi 等提供 Sequence 支持的数据表中适用。返回的标识属性值是 long、short 或 int 类型的。

> ➤ MultipleHiLoPerTableGenerator：使用一个高/低位算法高效地生成 long、short 或 int 类型的标识符。给定一个表和字段（默认分别是 hibernate_sequence 和 next_hi）作为高位值的来源。高/低位算法生成的标识属性值只在一个特定的数据库中是唯一的。

> ➤ UUIDGenerator：用一个 128 位的 UUID 算法生成字符串类型的标识符，这在一个网络中是唯一的（IP 地址也作为算法的数据源）。UUID 被编码为一个 32 位十六进制数的字符串。

> **提示：**
> UUID 算法会根据 IP 地址、JVM 的启动时间（精确到 1/4 秒）、系统时间和一个计数器值（在 JVM 中唯一）来生成一个 32 位的字符串，因此通常 UUID 生成的字符串在一个网络中是唯一的。

> ➤ GUIDGenerator：在 Microsoft SQL Server 中使用数据库生成的 GUID 字符串。

> ➤ SelectGenerator：通过数据库触发器选择某个唯一主键的行，并返回其主键值作为标识属性值。

> ➤ ForeignGenerator：表明直接使用另一个关联的对象的标识属性值（即本持久化对象不能生成主键）。这种主键生成器只在基于主键的 1－1 关联映射中才有用。

如果打算使用 IdentityGenerator 或 SequenceStyleGenerator 主键生成器，则直接使用标准的@GeneratedValue 注解即可，因此使用@GenericGenerator 都会使用一些 Hibernate 所特有的注解，比如 uuid 或 hilo 之类的。

如下持久化类的主键使用了 Hibernate 的 hilo 主键生成策略。

程序清单：codes\05\5.6\hilo\src\org\crazyit\app\domain\News.java

```java
@Entity
@Table(name="news_inf")
public class News
{
    // 消息类的标识属性
    @Id
    // 使用@GenericGenerator 定义主键生成器
    // 该主键生成器名为 fk_hilo，使用 Hibernate 的 hilo 策略
    @GenericGenerator(name="fk_hilo",
        strategy="org.hibernate.id.MultipleHiLoPerTableGenerator")
    // 指定使用 fk_hilo 主键生成器
    @GeneratedValue(generator="fk_hilo")
    private Integer id;
```

```
    // 消息标题
    private String title;
    // 消息内容
    private String content;
    // 省略所有的 setter 和 getter 方法
    ...
}
```

▶▶ 5.6.4 映射集合属性

集合属性也是非常常见的，例如每个人的考试成绩就是典型的 Map 结构，每门功课对应一个成绩。或者更简单的集合属性，如某个企业的部门，一个企业通常对应多个部门等。集合属性是现实中非常普遍的属性关系。

集合属性大致有两种：一种是单纯的集合属性，例如 List、Set 或数组等集合属性；另一种是 Map 结构的集合属性，每个属性值都有对应的 key 映射。

Hibernate 要求持久化集合值字段必须声明为接口，实际的接口可以是 java.util.Set、java.util.Collection、java.util.List、java.util.Map、java.util.SortedSet、java.util.SortedMap 等，甚至是自定义类型（只需要实现 org.hibernate.usertype.UserCollectionType 接口即可）。

Hibernate 之所以要求用集合接口来声明集合属性，是因为当程序持久化某个实例时，Hibernate 会自动把程序中的集合实现类替换成 Hibernate 自己的集合实现类，因此不要试图把 Hibernate 集合属性强制类型转换为集合实现类，如 HashSet、HashMap 等，但可以转换为 Set、Map 等集合，因为 Hibernate 自己的集合类也实现了 Map、Set 等接口。

集合类实例具有值类型的行为：当持久化对象被保存时，这些集合属性会被自动持久化；当持久化对象被删除时，这些集合属性对应的记录将被自动删除。假设集合元素被从一个持久化对象传递到另一个持久化对象，该集合元素对应的记录会从一个表转移到另一个表。

两个持久化对象不能共享同一个集合元素的引用。

不管哪种类型的集合属性，都统一使用@ElementCollection 注解进行映射。使用@ElementCollection 注解时可指定如表 5.8 所示的属性。

表 5.8　@ElementCollection 支持的属性

属　　性	是否必需	说　　明
fetch	否	指定该实体对集合属性的抓取策略（当程序初始化该实体时，是否立即从数据库抓取该实体的集合属性中的所有元素）。该属性支持 FetchType.EAGER（立即抓取）和 FetchType.LAZY（延迟抓取）两个属性值。默认值：FetchType.LAZY
targetClass	否	该属性指定集合属性中集合元素的类型

由于集合属性总需要保存到另一个数据表中，所以保存集合属性的数据表必须包含一个外键列，用于参照到主键列，该外键列使用@JoinColumn 进行映射，如图 5.20 所示。

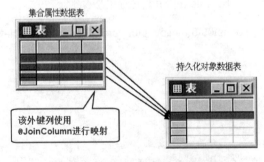

图 5.20　使用另一个表保存集合属性

Hibernate 使用标准的@CollectionTable 注解映射保存集合属性的表，使用该注解时可指定如表 5.9

所示的属性。

表 5.9 @CollectionTable 支持的属性

属 性	是否必需	说 明
name	否	指定保存集合属性的数据表的表名
catalog	否	指定将保存集合属性的数据表放入指定 catelog 中，如果没有指定该属性，则将保存集合属性的数据表放入默认的 catelog 中
schema	否	指定将保存集合属性的数据表放入指定 schema 中，如果没有指定该属性，则将保存集合属性的数据表放入默认的 schema 中
indexes	否	为持久化类所映射的表设置索引。该属性值是一个@Index 注解数组
joinColumns	否	该属性值为@JoinColumn 数组，每个@JoinColumn 映射一个外键列（通常只需要一个外键列即可，但如果主实体采用了复合主键，保存集合属性的表就需要定义多个外键列）
uniqueConstraints	否	为持久化类所映射的表设置唯一约束。该属性值是一个@UniqueConstraint 注解数组

@JoinColumn 注解专门用于定义外键列（下一章介绍关联关系时还会更加频繁地使用该注解），使用@JoinColumn 时可指定如表 5.10 所示的属性。

表 5.10 @JoinColumn 支持的属性

属 性	是否必需	说 明
columnDefinition	否	指定 Hibernate 使用该属性值指定的 SQL 片段来创建外键列
name	否	指定该外键列的列名
insertable	否	指定该列是否包含在 Hibernate 生成的 insert 语句的列列表中。默认值：true
updatable	否	指定该列是否包含在 Hibernate 生成的 update 语句的列列表中。默认值：true
nullable	否	指定该列是否允许为 null。该属性的默认值是 true
table	否	指定该列所在数据表的表名
unique	否	指定是否为该列增加唯一约束
referencedColumnName	否	指定该列所参照的主键列的列名

提示：

当集合元素是基本数据类型、字符串类型、日期类型或者其他复合类型时，由于这些集合元素都是从属于持久化对象的，因此应该将映射外键列的@JoinColumn 的 nullable 设为 false；对于后面要介绍的一对多关联来说，由于外键列所在的数据表也对应于独立的持久化对象，因此@JoinColumn 的 nullable 既可设为 false，也可设为 true。

当集合元素是基本数据类型、字符串类型、日期类型或其他复合类型时，因为这些集合元素都是从属于持久化对象的，而且这些数据类型在数据表中只需要一列就可保存，因此使用@Column 注解定义集合元素列即可。

在 Java 的所有集合类型（包括数组、Map）中，只有 Set 集合是无序的，即没有显式的索引值。List、数组使用整数作为集合元素的索引值，而 Map 则使用 key 作为集合元素的索引。因此，如果要映射带索引的集合（List、数组、Map），就需要为集合元素所在的数据表指定一个索引列——用于保存数组索引、List 的索引，或者 Map 集合的 key 索引。

用于映射索引列的注解有如下两个。

➢ @OrderColumn：用于定义 List 集合、数组的索引列。

➢ @MapKeyColumn：用于映射 Map 集合的索引列。

@OrderColumn、@MapKeyColumn 都用于映射索引列，因此这两个注解支持的属性与普通的@Column 大致相似，无非就是 name（指定列名）、columnDefinition（指定列定义的 SQL 语句）、unique

（是否唯一）、nullable（是否允许为空）、insertable、updatable 等属性，此处不再详述。

如果程序需要显式指定 Map key 的类型，则可使用@MapKeyClass 注解，该注解只有一个 value 属性，该属性用于指定 Map key 的类型。

Hibernate 集合元素的数据类型几乎可以是任意数据类型，包括基本类型、字符串类型、日期类型、自定义类型、复合类型，以及对其他持久化对象的引用。如果集合元素是基本类型、字符串类型、日期类型、自定义类型、复合类型等，则位于集合中的对象可能根据"值"语义来操作（其生命周期完全依赖于集合持有者，必须通过集合持有者来访问这些集合元素）；如果集合元素是其他持久化对象的引用，此时就变成了关联映射（下一章将会重点介绍），那么这些集合元素都具有自己的生命周期。

综合所有情形，集合元素的类型大致可分为如下几种情况。

➢ 集合元素是基本类型及其包装类、字符串类型和日期类型：此时使用@ElementCollection 映射集合属性，并使用普通的@Column 映射集合元素对应的列。

➢ 集合元素是组件（非持久化实体的复合类型）：此时使用@ElementCollection 映射集合属性，然后使用@Embeddable 修饰非持久化实体的复合类（本章下一节会详细介绍集合元素是组件的配置方法）。

➢ 集合元素是关联的持久化实体：此时已经不再是集合属性了，应该使用@OneToMany 或@ManyToMany 进行关联映射（本书下一章会详细介绍关联映射的内容）。

下面针对不同的集合属性来具体讲解。

5.6.4.1　List 集合属性

List 是有序集合，因此持久化到数据库时也必须增加一列来表示集合元素的次序。看下面的持久化类，该 Person 类有一个集合属性：schools，该属性对应多个学校。

集合属性只能以接口声明。例如在下面的代码中，schools 的类型只能是 List，不能是 ArrayList，但该集合属性必须使用实现类完成初始化。

程序清单：codes\05\5.6\list\src\org\crazyit\app\domain\Person.java

```java
@Entity
@Table(name="person_inf")
public class Person
{
    @Id @Column(name="perosn_id")
    @GeneratedValue(strategy=GenerationType.IDENTITY)
    // 标识属性
    private Integer id;
    private String name;
    private int age;
    // 集合属性，保留该对象关联的学校
    @ElementCollection(targetClass=String.class)
    // 映射保存集合属性的表
    @CollectionTable(name="school_inf", // 指定表名为 school_inf
        joinColumns=@JoinColumn(name="person_id" , nullable=false))
    // 指定保存集合元素的列为 school_name
    @Column(name="school_name")
    // 映射集合元素索引的列
    @OrderColumn(name="list_order")
    private List<String> schools
        = new ArrayList<>();
    // 省略所有的 setter 和 getter 方法
    ...
}
```

正如上面的 Person 类中粗体字代码所示，虽然声明 schools 属性时使用了 List<String>类型，但程序必须显式地初始化该集合属性，否则程序运行时会抛出 NullPointerException 异常。这个异常与 Hibernate 无关，只是当程序向该 List 集合（Hibernate 没有对它初始化）中添加属性时，如果该属性还未初始化就会引发 NullPointerException 异常

该持久化类的标识属性、普通属性的映射与前面相同，不同的是增加了集合属性。对本例的 List

集合属性，上面粗体字代码依次使用了 4 个注解。

➢ @ElementCollection：用于映射集合属性。
➢ @CollectionTable：用于映射集合属性表。其中 name 属性指定集合属性表的表名，joinColumns 属性用于映射外键列。
➢ @Column：用于映射保存集合元素的数据列。
➢ @OrderColumn：用于映射 List 集合的索引列。

注意

上面的 Person 类定义 List 属性时使用了泛型来限制集合元素的类型，这样 Hibernate 可以通过反射来取得集合元素的数据类型，因此使用@ ElementCollection 注解时无须指定 targetClass 属性。但此处依然通过 targetClass 属性告诉 Hibernate 集合元素的类型，这样就避免了 Hibernate 自己去识别。

开发了上面的持久化类（POJO + 持久化注解），该类可以用于支持持久化访问。用于完成持久化访问的主程序片段如下。

程序清单：codes\05\5.6\list\src\lee\PersonManager.java

```
// 创建并保存 Person 对象
private void createAndStorePerson()
{
    // 打开线程安全的 session 对象
    Session session = HibernateUtil.currentSession();
    // 打开事务
    Transaction tx = session.beginTransaction();
    // 创建 Person 对象
    Person person = new Person();
    //为 Person 对象设置属性
    person.setAge(20);
    person.setName("crazyit.org");
    // 向 person 的 schools 属性中添加两个元素
    person.getSchools().add("小学");
    person.getSchools().add("中学");
    session.save(person);
    tx.commit();
    HibernateUtil.closeSession();
}
```

程序运行结束后，数据库将生成两个表，其中 person_inf 表用于保存持久化类 Person 的基本属性，而 school_inf 表将用于保存集合属性：schools。

提示：

上面程序用到了 HibernateUtil 工具类，该工具类的 currentSession()方法返回一个线程安全的 Session 对象。关于 HibernateUtil 工具类的实现，读者可查看 codes\05\5.6\list\src\lee 路径下的 HibernateUtil.java 文件。

对于同一个持久化对象而言，它所包含的集合元素的索引是不会重复的，因此 List 集合属性可以用关联持久化对象的外键和集合索引列作为联合主键。上面程序得到的 school_inf 数据表结构如图 5.21 所示。

Field	Type	Null	Key	Default	Extra
person_id	int(11)	NO	PRI	NULL	
school_name	varchar(255)	YES		NULL	
list_order	int(11)	NO	PRI	NULL	

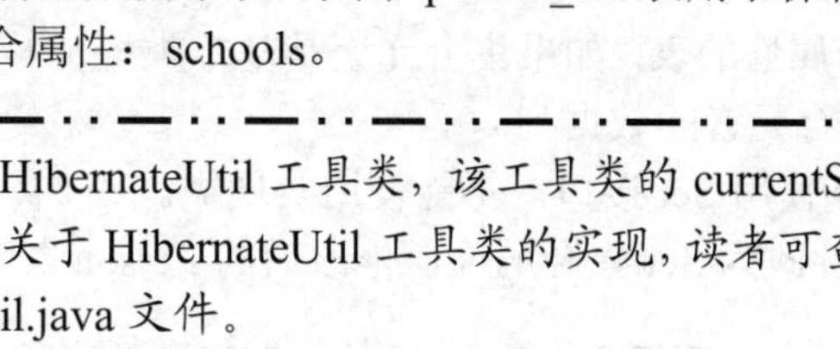

图 5.21　保存 List 集合元素的数据表

5.6.4.2　数组属性

Hibernate 对数组和 List 的处理方式非常相似，实际上，List 和数组也非常像，尤其是 JDK 1.5 增加了自动装箱、自动拆箱特性之后，它们用法的区别只是 List 的长度可以变化，而数组的长度不可变而已。

将上面的示例程序的 List 属性修改为字符串数组，修改后的 Person 类代码如下。

程序清单：codes\05\5.6\array\src\org\crazyit\app\domain\Person.java

```
@Entity
@Table(name="person_inf")
public class Person
{
    @Id @Column(name="person_id")
    @GeneratedValue(strategy=GenerationType.IDENTITY)
    // 标识属性
    private Integer id;
    private String name;
    private int age;
    // 集合属性，保留该对象关联的学校
    @ElementCollection(targetClass=String.class)
    // 映射保存集合属性的表
    @CollectionTable(name="school_inf", // 指定表名为 school_inf
        joinColumns=@JoinColumn(name="person_id" , nullable=false))
    // 指定保存集合元素的列为 school_name
    @Column(name="school_name")
    // 映射集合元素的索引列
    @OrderColumn(name="array_order")
    private String[] schools;
    // 省略所有的 setter 和 getter 方法
    ...
}
```

对本例的数组集合属性，上面的粗体字代码与前面映射 List 集合时的粗体字代码几乎完全一样。由此可见，Hibernate 对 List 和数组的处理几乎完全一样。

5.6.4.3　Set 集合属性

Set 集合属性的映射与 List 有点不同，但因为 Set 是无序、不可重复的集合，因此 Set 集合属性无须使用@OrderColumn 注解映射集合元素的索引列。

与映射 List 集合相同的是，映射 Set 集合同样需要使用@ElementCollection 映射集合属性，使用@CollectionTable 映射保存集合属性的表，如果集合元素是基本类型及其包装类、String、Date 等类型，也可使用@Column 映射保存集合元素的数据列。

声明 Set 集合属性时，只能使用 Set 接口，不能使用实现类。

将上面示例的 List 集合属性改为 Set 集合属性，修改后的 Person 类代码片段如下。

程序清单：codes\05\5.6\set\src\org\crazyit\app\domain\Person.java

```
@Entity
@Table(name="person_inf")
public class Person
{
    @Id @Column(name="person_id")
    @GeneratedValue(strategy=GenerationType.IDENTITY)
    // 标识属性
    private Integer id;
    private String name;
    private int age;
    // 集合属性，保留该对象关联的学校
```

```
@ElementCollection(targetClass=String.class)
// 映射保存集合属性的表
@CollectionTable(name="school_inf", // 指定表名为 school_inf
    joinColumns=@JoinColumn(name="person_id" , nullable=false))
// 指定保存集合元素的列为 school_name, nullable=false 增加非空约束
@Column(name="school_name" , nullable=false)
private Set<String> schools
    = new HashSet<>();
// 省略所有的 setter 和 getter 方法
...
}
```

上面程序中的 schools 是一个 Set 集合，因此只要使用@ElementCollection、@CollectionTable、@Column 这三个注解即可，无须使用@OrderColumn 注解——因为 Set 集合没有索引。

使用@Column 注解指定保存集合元素的列为 school_name，使用该注解时还指定了 nullable=false，这意味着为该列增加非空约束。

定义上面的映射后，使用如下主程序来保存持久化实例。

程序清单：codes\05\5.6\set\src\lee\PersonManager.java

```
private void createAndStorePerson()
{
    Session session = HibernateUtil.currentSession();
    Transaction tx = session.beginTransaction();
    // 创建 Person 对象
    Person person = new Person();
    person.setAge(20);
    person.setName("crazyit.org");
    // 向 person 的 schools 集合属性中添加两个字符串元素
    person.getSchools().add("小学");
    person.getSchools().add("中学");
    session.save(person);
    tx.commit();
    HibernateUtil.closeSession();
}
```

运行上面的程序结束后，将看到数据库中 school_inf 数据表的结构如图 5.22 所示。

对比 List 和 Set 两种集合属性：List 集合的元素有索引，而 Set 集合的元素没有索引。当集合属性在另外的表中存储时，List 集合属性可以用关联持久化类的外键列和集合元素索引列作为联合主键，但 Set 集合没有索引列，则以关联持久化类的外键列和元素列作为联合主键，前提是元素列不能为空。

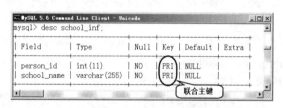

图 5.22 保存 Set 集合元素的数据表

映射 Set 集合属性时，如果@Column 注解指定了 nullable=false 属性，则集合属性表以关联持久化类的外键列和元素列作为联合主键，否则该表没有主键。但 List 集合属性的表总是以外键列和元素索引列作为联合主键。

5.6.4.4 Map 集合属性

Map 集合属性同样需要使用@ElementCollection 映射集合属性，使用@CollectionTable 映射保存集合属性的数据表，如果 Map 的 value 是基本类型及其包装类、String 或 Date 类型，同样也可使用@Column 映射保存 Map value 的数据列。

除此之外，程序需要使用@MapKeyColumn 映射保存 Map key 的数据列。

Hibernate 将以外键列和 key 列作为联合主键。

与所有集合属性类似的是，集合属性的声明只能使用接口，但程序依然需要显式初始化该集合属性。下面该 Person 类中包含了一个 Map 类型的集合属性。

程序清单：codes\05\5.6\map\src\org\crazyit\app\domain\Person.java

```java
@Entity
@Table(name="person_inf")
public class Person
{
    @Id @Column(name="person_id")
    @GeneratedValue(strategy=GenerationType.IDENTITY)
    // 标识属性
    private Integer id;
    private String name;
    private int age;
    // 集合属性，保留该对象关联的考试成绩
    @ElementCollection(targetClass=Float.class)
    // 映射保存集合属性的表
    @CollectionTable(name="score_inf", // 指定表名为 score_inf
        joinColumns=@JoinColumn(name="person_id" , nullable=false))
    @MapKeyColumn(name="subject_name")
    // 指定 Map key 的类型为 String 类型
    @MapKeyClass(String.class)
    // 映射保存 Map value 的数据列
    @Column(name="mark")
    private Map<String , Float> scores
        = new HashMap<>();
    // 省略所有的 setter 和 getter 方法
    ...
}
```

上面 Person 类的粗体字代码定义了一个 scores 属性，该 scores 属性是 Map 类型的属性，为了映射该 Map 类型的集合属性，程序除了使用@ElementCollection、@CollectionTable、@Column 之外，还使用了@MapKeyColumn 映射保存 Map key 的数据列，并通过@MapKeyClass 指定 Map key 的类型。

虽然程序定义 Person 类时使用了泛型来限制 Map 集合的 key、value 的类型，但程序中依然通过注解强制执行 Map key、Map value 的类型，这样可以避免 Hibernate 通过反射去获取，从而提升了程序性能。

本示例程序的主程序比较简单，此处不再给出，读者可查看 codes\05\5.6\map\src\lee 路径下的 PersonManager.java 文件来了解如何保存一个 Person 对象。

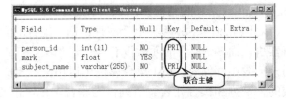

程序运行结束后，保存集合属性 scores 的表将以 person_id 列和 subject_name 列作为联合主键，如图 5.23 所示。

图 5.23　保存 Map 集合属性的数据表

▶▶ 5.6.5　集合属性的性能分析

当系统从数据库中初始化某个持久化类时，集合属性是否随持久化类一起初始化呢？如果集合属性里包含十万甚至百万的记录，在初始化持久化实体时，立即抓取所有的集合属性，将导致性能急剧下降。完全有可能系统只需要使用持久化类集合属性中的部分记录，而不是集合属性的全部，这样就没必要一次加载所有的集合属性。

对于集合属性，通常推荐使用延迟加载策略。所谓延迟加载就是等系统需要使用集合属性时才从数据库加载关联的数据。

Hibernate 对集合属性默认采用延迟加载，在某些特殊的情况下，为@ElementCollection 注解设置 fetch= FetchType.EAGER 来取消延迟加载。

根据前面的讲解，可将集合分成如下两类。

> ➢ 有序集合：集合里的元素可以根据 key 或 index 访问。
> ➢ 无序集合：集合里的元素只能遍历。

有序集合都拥有一个由外键列和集合元素索引列组成的联合主键，在这种情况下，集合属性的更新是非常高效的——主键已经被有效地索引，因此当 Hibernate 试图更新或删除一行时，可以迅速地找到该行数据。

而无序集合，例如 Set 的主键由外键列和其他元素字段构成，或者根本没有主键。如果集合中元素是组合元素或者大文本、大二进制字段，数据库可能无法有效地对复杂的主键进行索引。即使可以建立索引，性能也非常差。

显然，有序集合的属性在增加、删除、修改中拥有较好的性能表现。

对于多对多关联、值数据的集合而言，有序集合比 Set 多一个好处——因为 Set 集合内部结构的原因，如果"改变" Set 集合的某个元素，Hibernate 并不会立即更新（update）该元素对应的数据行。因此对于 Set 集合而言，只有在执行插入（insert）和删除（delete）操作时"改变"才有效。

不过，需要指出的是，虽然数组也是有序集合，但数组无法使用延迟加载（因为数组的长度不可变），所以实际上用数组作为集合的性能并不高，通常认为 List、Map 集合性能较高，而 Set 则紧随其后。

在 Hibernate 中，Set 应该是最通用的集合类型，这是因为"Set 集合"的语义最贴近关系模型的关联关系，因此 Hibernate 的关联映射都是采用 Set 集合进行管理的。而且，在设计良好的 Hibernate 领域模型中，1—N 关联的 1 的一端通常不再控制关联关系，所有的更新操作将会在 N 的一端进行处理，对于这种情况，无须考虑其集合的更新性能。

一旦指定了 1 的一端将不再控制关联关系，则表明该集合映射作为反向集合使用。在这种情况下，使用 List 集合属性将有较好的性能，因为可以在未初始化集合元素的情况下直接向 List 集合中添加新元素！因为 Collection.add() 和 Collection.addAll() 方法，以及 List.add() 和 List.addAll() 方法总是返回 true。

但 Set 集合不同，Set 集合需要保证集合元素不能重复，因此当程序试图向 Set 集合中添加元素时，Set 集合需要先加载所有的集合元素，再依次比较添加的新元素是否重复，最后才可以决定是否能成功添加新元素，所以向 Set 集合中添加元素时性能较低。

当程序试图删除集合的全部元素时，Hibernate 是比较智能的。例如，程序调用 List 集合的 clear() 方法删除全部集合元素，Hibernate 不会逐个地删除集合元素，而是使用一条 delete 语句就搞定了。

但如果程序不是删除全部集合元素，而是删除绝大部分集合元素，例如对一个长度为 20 的集合类，如果要删除其中的 19 个集合元素，只剩下一个集合元素，那么 Hibernate 如何处理呢？Hibernate 没有期望的那么智能：先调用一条 delete 语句删除全部集合元素，再调用 insert 语句添加一条记录。Hibernate 将会逐个地删除 19 个集合元素——这将产生 19 条 delete 语句。

此时需要一点小小的技巧，就可强制 Hibernate 先执行一条 delete 语句删除全部集合元素，再执行一条 insert 语句插入希望剩下的集合元素。例如如下代码片段：

```
List<String> tmp = person.getSchools();
// 强制 person 的 schools 集合属性为 null
// Hibernate 将调用 delete 语句删除 person 关联的全部集合元素
person.setSchools(null);
// 此处采用循环方式删除 tmp 集合中的 19 个元素
// 但此时的 tmp 集合与 person 实体无关，因此不会产生 delete 语句
...
// 再次将 tmp 集合设置成 person 的 schools 属性
// Hibernate 将只需一条 insert 语句即可插入希望剩下的记录
person.setSchools(tmp);
```

集合属性表里的记录完全"从属"于主表的实体，当主表的记录被删除时，集合属性表里"从属"于该记录的数据将会被删除；Hibernate 无法直接加载、查询集合属性表中的记录，只能先加载主表实体，再通过主表实体去获取集合属性对应的记录。

➤➤ 5.6.6　有序集合映射

Hibernate 还支持使用 SortedSet 和 SortedMap 两个有序集合，当需要映射这种有序集合时，只有使用 Hibernate 本身提供的@SortNatural 或@SortComparator 注解，其中前者表明对集合元素采用自然排序，后者表明对集合元素采用定制排序，因此使用@SortComparator 时必须指定 value 属性，该属性值为 Comparator 实现类。

Hibernate 的有序集合的行为与 java.util.TreeSet 或 java.util.TreeMap 的行为非常相似。

下面以 SortedSet 为例，介绍 Hibernate 有序集合映射的用法。假设程序中有如下持久化类，该持久化类里包含了一个类型为 SortedSet 的集合属性。

程序清单：codes\05\5.6\SortedSet\src\org\crazyit\app\domain\Person.java

```
@Entity
@Table(name="person_inf")
public class Person
{
    @Id @Column(name="person_id")
    @GeneratedValue(strategy=GenerationType.IDENTITY)
    // 标识属性
    private Integer id;
    private String name;
    private int age;
    // 有序集合属性
    @ElementCollection(targetClass=String.class)
    // 映射保存集合元素的表
    @CollectionTable(name="training_inf",
        joinColumns=@JoinColumn(name="person_id" , nullable=false))
    // 定义保存集合元素的数据列
    @Column(name="training_name" , nullable=false)
    // 使用@SortNatural 指定使用自然排序
    @SortNatural
    private SortedSet<String> trainings
        = new TreeSet<>();
    // 省略所有的 setter 和 getter 方法
    ...
}
```

上面的持久化类中包含了一个 SortedSet 的集合属性，因此程序使用了@SortNatural 注解修饰，该注解表明对集合元素进行自然排序。

开发了上面的持久化类之后，可使用如下主程序来添加 Person 对象。

程序清单：codes\05\5.6\SortedSet\src\lee\PersonManager.java

```
private void createAndStorePerson()
{
    Session session = HibernateUtil.currentSession();
    Transaction tx = session.beginTransaction();
    // 创建 Person 对象
    Person wawa = new Person();
    wawa.setAge(21);
    wawa.setName("crazyit.org");
    // 为 trainings 集合属性添加两个元素
    wawa.getTrainings().add("Wild Java Camp");
    wawa.getTrainings().add("Sun SCJP");
    session.save(wawa);
    tx.commit();
    HibernateUtil.closeSession();
}
```

上面的程序为 trainings 集合属性先添加的是"Wild Java Camp"字符串，后添加的是"Sun SCJP"字符串，但因为程序指定了该集合是有序集合，所以 Sun SCJP 将排在前面。当使用程序保存了 Person 对象之后，将看到数据库中 training_inf 数据表的数据如图 5.24 所示。

接下来，保证 hibernate.cfg.xml 文件中的 hbm2ddl.auto 属性为 update，这可保证后面操作不会重建数据表，这样就可以为原来的 Person 对象的 trainings 属性增加元素了。为 trainings 集合属性添加元素的代码片段如下：

```
Person p = (Person)session.get(Person.class , 1);
// 再次添加一个集合元素
p.getTrainings().add("CCNP");
```

上面粗体字代码修改持久化状态的 Person 对象，所以无须显式使用 save()方法来保存程序所做的修改。运行上面两行代码所在的程序，将看到 training_inf 数据表中又新增了一条记录，而且三条记录之间处于有序状态，如图 5.25 所示。

图 5.24 training_inf 数据表的数据

图 5.25 映射 SortedSet 有序集合

从图 5.25 可以看出，即使后来为 Person 的 trainings 集合属性添加了一个字符串，新增的字符串"CCNP"也将排在最前面，这就是 Hibernate 对有序集合的支持。

如果希望数据库查询自己对集合元素排序，则可以利用 Hibernate 自己提供的@OrderBy 注解，该注解只能在 JDK 1.4 或者更高版本（因为底层需要利用 LinkedHashSet 或 LinkedHashMap 来实现）中有效，它会在 SQL 查询中完成排序，而不是在内存中完成排序。

例如，有如下配置片段。

程序清单：codes\05\5.6\OrderBy\src\org\crazyit\app\domain\Person.java

```java
@Entity
@Table(name="person_inf")
public class Person
{
    @Id @Column(name="person_id")
    @GeneratedValue(strategy=GenerationType.IDENTITY)
    // 标识属性
    private Integer id;
    private String name;
    private int age;
    // 有序集合属性
    @ElementCollection(targetClass=String.class)
    @CollectionTable(name="training_inf",
        joinColumns=@JoinColumn(name="person_id" , nullable=false))
    @Column(name="training_name" , nullable=false)
    @OrderBy("training_name desc")
    private Set<String> trainings
        = new HashSet<>();
    ...
}
```

上面的持久化类中粗体字代码@OrderBy 注解的 value 属性指定了一个 SQL 排序子句，这意味着当程序通过 Person 实体获取 trainings 集合属性时，所生成的 SQL 语句总会添加 order by training desc 子句。

▶▶ 5.6.7 映射数据库对象

如果希望在映射文件中创建和删除触发器、存储过程等数据库对象，Hibernate 提供了 <database-object.../>元素来满足这种需求。

借助于 Hibernate 的 Schema 交互工具，就可让 Hibernate 映射文件拥有完全定义用户 Schema 的能力。

> **注意**
>
> 映射数据库对象这种功能目前无法用注解来实现，只能通过 Hibernate 传统的 *.hbm.xml 映射文件的方式来实现。

使用`<database-object.../>`元素只有如下两种形式。

➢ 第一种形式是在映射文件中显式声明 create 和 drop 命令。

```
<hibernate-mapping>
   ...
   <database-object>
      <create>create trigger t_full_content_gen ...</create>
      <drop> create trigger t_full_content_gen </drop>
   </database-object>
</hibernate-mapping>
```

在上面的`<create.../>`元素里的内容就是一个完整的 DDL 语句，用于创建一个触发器；而`<drop.../>`元素里也定义了删除指定数据库对象的 DDL，每个`<database-object.../>`元素中只有一组`<create.../>`、`<drop.../>`对。

➢ 第二种形式是提供一个类，这个类知道如何组织 create 和 drop 命令。这个特别类必须实现 org.hibernate.mapping.AuxiliaryDatabaseObject 接口。

```
<hibernate-mapping>
   ...
   <database-object>
      <definition class="MyTriggerDefinition"/>
   </database-object>
</hibernate-mapping>
```

如果想指定某些数据库对象仅在特定的方言中才可使用，还可在`<database-object.../>`元素里使用`<dialect-scope.../>`子元素来进行配置。配置片段代码如下：

```
<hibernate-mapping>
   ...
   <database-object>
      <create>create trigger t_full_content_gen ...</create>
      <drop> create trigger t_full_content_gen </drop>
      <!-- 指定仅对 MySQL 数据库有效 -->
      <dialect-scope name="org.hibernate.dialect.MySQL5Dialect"/>
      <dialect-scope name="org.hibernate.dialect.MySQL5InnoDBDialect"/>
   </database-object>
</hibernate-mapping>
```

虽然上面示例的代码片段都示范了如何创建、删除触发器，但实际上所有能在 java.sql.Statement.execute()方法中执行的 SQL 语句都可以在此使用。例如，下面的配置文件将利用 Hibernate 映射文件来创建一个数据表。

程序清单：codes\05\5.6\data-object\src\org\crazyit\app\domain\News.hbm.xml

```
<?xml version="1.0" encoding="GBK"?>
<!DOCTYPE hibernate-mapping PUBLIC
   "-//Hibernate/Hibernate Mapping DTD 3.0//EN"
   "http://www.hibernate.org/dtd/hibernate-mapping-3.0.dtd">
<!-- hibernate-mapping 是映射文件的根元素 -->
<hibernate-mapping>
   <!-- 使用 data-object 元素定义数据库对象 -->
   <database-object>
      <!-- 定义创建数据库对象的语句 -->
      <create>create table test(t_name varchar(255));</create>
      <!-- 让 drop 元素为空，不删除任何对象 -->
      <drop></drop>
      <!-- 指定仅对 MySQL 数据库有效 -->
```

```
        <dialect-scope name="org.hibernate.dialect.MySQL5Dialect"/>
        <dialect-scope name="org.hibernate.dialect.MySQL5InnoDBDialect"/>
    </database-object>
</hibernate-mapping>
```

该映射文件甚至没有映射任何的持久化类，只是在粗体字代码部分使用<database-object.../>元素创建了一个简单的数据表。为了让该映射文件所定义的<database-object.../>元素生效，主程序只需如下代码即可。

程序清单：codes\05\5.6\data-object\src\lee\NewsManager.java

```
// Hibernate 5.x 启动 Hibernate 的标准方式
StandardServiceRegistry registry = new StandardServiceRegistryBuilder()
    // configure()方法默认加载 hibernate.cfg.xml 文件
    .configure()
    .build();
Metadata metadata = new MetadataSources(registry)
    .buildMetadata();
// 使用 Metadata 创建 SessionFactory
metadata.buildSessionFactory();
```

从上面的主程序代码来看，系统将在创建 SessionFactory 对象时生成映射文件所对应的数据库对象。运行上面两行代码，将看到 hibernate 数据库里多了一个简单的数据表：test。

上面程序与前面程序有一些区别，该程序不是使用 Configuration 创建 SessionFactory 的，而是使用 Metadata 来创建 SessionFactory 的，实际上这是 Hibernate 5.x 推荐的方式。前面介绍的使用 Configuration 创建 SessionFactory 则是传统方式。由于传统方式比较简单，故本书基本都使用 Configuration 创建 SessionFactory。此外，使用 Hibernate 与 Spring 整合开发时，开发人员无须自己写代码来创建 SessionFactory，因此通常无须关心此处的细节。

> **注意**
>
> 为了让 Hibernate 根据<database-object.../>元素创建数据表，一定要将 Hibernate 配置文件里的 hbm2ddl.auto 属性值修改成 create。

实际上，如果仅仅为了根据映射文件来生成数据库对象，则可以利用 Hibernate 提供的 SchemaExport 工具，该工具可根据映射文件来生成数据库对象。可以将程序改为如下形式。

程序清单：codes\05\5.6\data-object\src\lee\NewsManager.java

```
// Hibernate 5.x 启动 Hibernate 的标准方式
StandardServiceRegistry registry = new StandardServiceRegistryBuilder()
    // configure()方法默认加载 hibernate.cfg.xml 文件
    .configure()
    .build();
Metadata metadata = new MetadataSources(registry)
    .buildMetadata();
// 创建 SchemaExport 对象
SchemaExport se = new SchemaExport();
// 设置输出格式良好的 SQL 脚本
se.setFormat(true)
    // 设置保存 SQL 脚本的文件名
    .setOutputFile("new.sql")
    // 输出 SQL 脚本
    .create(EnumSet.of(TargetType.SCRIPT), metadata);
```

执行上面的程序，将会看到程序生成了一个 new.sql 文件，该文件里保存了创建 test 数据表的 SQL 脚本。

> **提示：**
>
> 使用上面的程序根据*.hbm.xml 文件生成数据库对象，则无须将 hbm2ddl.auto 属性值修改成 create，使用 update 也行。

SchemaExport 工具类的用途很丰富，读者可参考 API 文档来了解各方法的功能和意义。除此之外，该工具类甚至提供了一个 public static void main(String[] args)方法，也就是说，可直接使用 java 命令来解释、执行该工具类，命令格式如下：

```
java -cp hibernate_classpaths org.hibernate.tool.hbm2ddl.SchemaExport
    options mapping_files
```

使用该命令的效果与直接在程序中利用 SchemaExport 对象的效果完全一样，使用该命令时可传入如表 5.11 所示的选项。

表 5.11　执行 SchemaExport 工具的选项

选　　项	说　　明
--quiet	禁止把 SQL 脚本输出到标准输出设备
--drop	只执行 drop tables 的操作
--create	只执行 create tables 的操作
--text	仅生成 SQL 脚本，不生成实际数据库对象
--output=new.sql	将生成的 SQL 脚本保存到 new.sql 文件中
--config=my.cfg.xml	指定使用自定义的 Hibernate 配置文件（XML 文件格式）
--properties=my.properties	指定使用自定义的 Hibernate 配置文件（属性文件格式）
--format	输出格式良好的 SQL 脚本
--delimiter=;	设置 SQL 脚本使用指定的行结束符，默认是英文分号（;）

5.7　映射组件属性

组件属性的意思是，持久化类的属性并不是基本数据类型，也不是字符串、日期等标量类型的变量，而是一个复合类型的对象，在持久化过程中，它仅仅被当作值类型，而并非引用另一个持久化实体。

组件属性的类型可以是任何自定义类。看下面实体类的源代码。

程序清单：codes\05\5.7\Embeddable\src\org\crazyit\app\domain\Person.java

```
@Entity
@Table(name="person_inf")
public class Person
{
    @Id @Column(name="person_id")
    @GeneratedValue(strategy=GenerationType.IDENTITY)
    private Integer id;
    private int age;
    // 组件属性 name
    private Name name;
    ...
}
```

留意上面 Person 的 name 属性既不是基本数据类型，也不是 String，而是一个自定义类：Name。现在的问题是，Hibernate 肯定无法使用单独的数据列来保存 Name 对象，因此不能直接使用@Column 注解来映射 name 属性。

为了让 Hibernate 知道 Name 将会作为组件类型使用，可使用@Embeddable 注解，该注解与@Entity 类似，都不需要指定任何属性，只是@Entity 修饰的类将作为持久化类使用，而@Embeddable 修饰的类将作为持久化类的组件使用。

下面是该 Name 类的代码。

程序清单：codes\05\5.7\Embeddable\src\org\crazyit\app\domain\Name.java

```
@Embeddable
public class Name
{
    // 定义 first 成员变量
```

```
@Column(name="person_firstname")
private String first;
// 定义 last 成员变量
@Column(name="person_lastname")
private String last;
// 引用拥有该 Name 的 Person 对象
@Parent      // ①
private Person owner;
// 无参数的构造器
public Name()
{
}
// 初始化全部成员变量的构造器
public Name(String first , String last)
{
    this.first = first;
    this.last = last;
}
// 省略所有的 setter 和 getter 方法
...
}
```

上面程序中粗体字代码使用@Embeddable 修饰了 Name 类，这表明该 Name 类将作为持久化类的组件使用，对于@Embeddable 修饰的类，同样可使用@Column 来指定这些属性对应的数据列。

除此之外，上面的 Name 类中包含一个 owner，该 owner 属性指向包含该 Name 属性的实体（也就是 Person 对象）。为了告诉 Hibernate 这个 owner 属性不是普通属性，而是包含 Name 组件的 Person 实体，可使用 Hibernate 本身提供的@Parent 注解修饰该属性。

经过上面映射后，下面就可以利用该持久化类来操作数据表的数据了。使用如下程序片段来保存一个 Person 对象。

程序清单：codes\05\5.7\Embeddable\src\lee\PersonManager.java

```
private void createAndStorePerson()
{
    Session session = HibernateUtil.currentSession();
    Transaction tx = session.beginTransaction();
    // 创建 Person 对象
    Person person = new Person();
    // 为 Person 对象设置属性
    person.setAge(29);
    // 设置组件属性
    person.setName(new Name("crazyit.org" , "疯狂 Java 联盟"));
    session.save(person);
    tx.commit();
    HibernateUtil.closeSession();
}
```

对于这种只包含基本类型、字符串、日期类型等属性的组件，Hibernate 将会把每个属性映射成一个数据列——即@Embeddable 修饰的类中每个属性映射一个数据列。上面程序运行结束后，将看到底层生成如图 5.26 所示的数据表。

从图 5.26 可以看出，对于只包含普通标量属性的组件类型而言，Hibernate 的处理策略非常简单：组件里每个属性映射一个数据列即可。

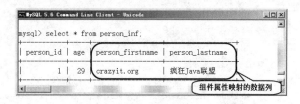

图 5.26 组件属性映射多个数据列

除此之外，Hibernate 为组件映射另外提供了一种映射策略，这种映射策略无须在组件类上使用@Embeddable 注解，而是直接在持久化类中使用@Embedded 注解修饰组件属性。

如果需要为组件属性所包含的子属性指定列名，则可使用@AttributeOverrides 和@AttributeOverride 注解，其中每个@AttributeOverride 指定一个属性的映射配置。例如，Name 组件类包含了 first、last 两个属性，那就需要使用@AttributeOverrides 来管理这两个属性的映射配置。

使用@AttributeOverride 时可指定如表 5.12 所示的属性。

表 5.12　@AttributeOverride 支持的属性

属　　性	是否必需	说　　明
name	是	指定对组件类的哪个属性进行配置
column	是	指定该属性所映射的数据列的列名

如下程序代码是 Person 实体类的代码，该实体内包含了一个组件类型（Name 类）的属性。

程序清单：codes\05\5.7\Embedded\src\ org\crazyit\app\domain\Person.java

```java
@Entity
@Table(name="person_inf")
public class Person
{
    @Id @Column(name="person_id")
    @GeneratedValue(strategy=GenerationType.IDENTITY)
    private Integer id;
    private int age;
    // 组件属性 name
    @Embedded
    @AttributeOverrides({
        @AttributeOverride(name="first", column = @Column(name="person_firstname")),
        @AttributeOverride(name="last", column = @Column(name="person_lastname"))
    })
    private Name name;
    // 省略所有的 getter、setter 方法
    ...
}
```

▶▶ 5.7.1　组件属性为集合

如果组件类又包括了 List、Set、Map 等集合属性，则可直接在组件类中使用@ElementCollection 修饰集合属性，并使用@CollectionTable 指定保存集合属性的数据表——与普通实体类中映射集合属性的方式基本相同。

假设为上面的 Name 增加一个 power 属性（该属性用于从各方面衡量这个名字的好坏，仅作娱乐而已），该 power 属性的类型是 Map。下面是 Name 类的代码。

程序清单：codes\05\5.7\component-collection\src\org\crazyit\app\domain\Name.java

```java
@Embeddable
public class Name
{
    // 定义 first 成员变量
    @Column(name="person_firstname")
    private String first;
    // 定义 last 成员变量
    @Column(name="person_lastname")
    private String last;
    // 引用拥有该 Name 的 Person 对象
    @Parent
    private Person owner;
    // 集合属性，保留该对象关联的考试成绩
    @ElementCollection(targetClass=Integer.class)
    @CollectionTable(name="power_inf",
        joinColumns=@JoinColumn(name="person_name_id" , nullable=false))
    @MapKeyColumn(name="name_aspect")
    @Column(name="name_power" , nullable=false)
    @MapKeyClass(String.class)
    private Map<String , Integer> power
        = new HashMap<>();
    // 无参数的构造器
    public Name()
    {
    }
```

```
    // 初始化全部成员变量的构造器
    public Name(String first , String last)
    {
        this.first = first;
        this.last = last;
    }
    // 省略所有的 getter 和 setter 方法
    ...
}
```

上面的 Name 组件类多了一个 Map 类型的属性：power，上面程序中粗体字代码采用映射 Map 集合属性的注解来修饰该集合属性。从粗体字代码可以看出，映射组件内集合属性的注解与映射实体类里集合属性的注解没有任何区别。没错！实际上就是没有任何区别。

当主程序保存了这样的 Person 对象后，Hibernate 依然将 Name 组件的各属性映射成不同的数据列，再将 Name 里的 Map 属性映射到另一个数据表。从底层数据库来看，程序看不出该 Map 属性到底属于 Person 对象，还是属于 Person 对象的 name 属性。实际上，这与现实的物理模型是对应的——既然 Name 对象（组件属性）是属于 Person 对象的，那么 Name 对象里包含的 Map 属性当然也是属于 Person 对象的。

▶▶ 5.7.2　集合属性的元素为组件

集合除了可以存放基本类型、字符串、日期类型之外，还可以存放组件对象（也就是复合类型）。实际上，在更多情况下，集合里存放的都是组件对象。

对于集合元素是组件的集合属性，程序依然使用@ElementCollection 修饰集合属性，使用@CollectionTable 映射保存集合属性的表。对于带索引的集合，如果是 List 集合，则使用@OrderColumn 映射索引列；如果是 Map 集合，则使用@MapKeyColumn 映射索引列。

不同的是，程序不再使用@Column 映射保存集合元素（组件类型）的数据列——Hibernate 无法使用单独的数据列保存集合元素（组件类型），程序只要使用@Embeddable 修饰组件类即可。

下面的 Person 持久化类里包含一个 nicks 属性，该 nicks 属性是一个 List 集合，且 List 集合元素是 Name 组件；还包含一个 scores 属性，该 scores 属性是一个 Map 集合，且 Map 集合的 value 是 Score 组件。下面是该 Person 类的代码。

程序清单：codes\05\5.7\collection-component\src\org\crazyit\app\domain\Person.java

```
@Entity
@Table(name="person_inf")
public class Person
{
    @Id @Column(name="person_id")
    @GeneratedValue(strategy=GenerationType.IDENTITY)
    private Integer id;
    private int age;
    // Map 集合元素是组件
    @ElementCollection(targetClass=Score.class)
    @CollectionTable(name="score_inf",
        joinColumns=@JoinColumn(name="person_id" , nullable=false))
    @MapKeyColumn(name="subject_name")
    @MapKeyClass(String.class)
    private Map<String , Score> scores
        = new HashMap<>();
    // List 集合元素是组件
    @ElementCollection(targetClass=Name.class)
    @CollectionTable(name="nick_inf",
        joinColumns=@JoinColumn(name="person_id" , nullable=false))
    @OrderColumn(name="list_order")
    private List<Name> nicks
        = new ArrayList<>();
    // 省略所有的 setter 和 getter 方法
    ...
}
```

正如上面粗体字代码中看到的，当集合属性的元素为组件类型时，只要删除原来的@Column 即可。

接下来程序使用@Embeddable 修饰组件类。下面是 Name 组件类的源代码。

程序清单：codes\05\5.7\collection-component\src\org\crazyit\app\domain\Name.java

```
@Embeddable
public class Name
{
    // 定义 first 成员变量
    @Column(name="person_firstname")
    private String first;
    // 定义 last 成员变量
    @Column(name="person_lastname")
    private String last;
    // 引用拥有该 Name 的 Person 对象
    @Parent
    private Person owner;
    // 无参数的构造器
    public Name()
    {
    }
    // 初始化全部成员变量的构造器
    public Name(String first , String last)
    {
        this.first = first;
        this.last = last;
    }
    // 省略所有的 getter 和 setter 方法
    ...
}
```

另一个组件类 Score 的源代码也与此类似：使
用@Embeddable 修饰组件类，也可使用@Column
将组件类的属性映射到底层数据表。由于 Score 类
与 Name 类的源代码基本相似，此处不再赘述。

对于这种集合元素是组件的情形，Hibernate
依然会把组件的各属性映射到不同的数据列，只是
这些数据列将保存在集合属性表中。图 5.27 显示
了集合属性表的内容。

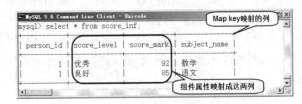

图 5.27　集合属性里的组件

▶▶ 5.7.3　组件作为 Map 的索引

由于 Map 集合的特殊性，它允许使用复合类型的对象作为 Map 的 key，所以 Hibernate 也对这种组
件作为 Map key 的情形提供支持。对于这种情形，程序依然使用@ElementCollection 修饰集合属性，使
用@CollectionTable 映射保存集合属性的表。对于带索引的集合，如果是 List 集合，则使用@OrderColumn
映射索引列；如果是 Map 集合，则使用@MapKeyColumn 映射索引列。

不同的是，由于此时 Map key 是组件类型，因此建议使用@MapKeyClass 注解指定 Map key 的类型。
如下 Person 类中包含一个 Map 类型的集合属性，该 Map 集合的 key 是 Name 组件类型。

程序清单：codes\05\5.7\map-key-component\src\org\crazyit\app\domain\Person.java

```
@Entity
@Table(name="person_inf")
public class Person
{
    // 标识属性
    @Id @Column(name="person_id")
    @GeneratedValue(strategy=GenerationType.IDENTITY)
    private Integer id;
    private int age;
    // 集合属性 nickPower
    @ElementCollection(targetClass=Integer.class)
    @CollectionTable(name="nick_power_inf", joinColumns
        =@JoinColumn(name="person_id" , nullable=false))
```

```
@Column(name="nick_power" , nullable=false)
// 指定 Map key 的类型
@MapKeyClass(Name.class)
private Map<Name , Integer> nickPower
   = new HashMap<Name , Integer>();
// 省略所有的 getter 和 setter 方法
...
}
```

上面的持久化类中使用 Name 对象作为 Map 的 key，所以程序应该重写 Name 类的 equals()和 hashCode()两个方法。除此之外，程序还应该使用@Embeddable 修饰该组件类。下面是 Name 类的源代码：

程序清单：codes\05\5.7\map-key-component\src\org\crazyit\app\domain\Name.java

```
@Embeddable
public class Name
{
    // 定义 first 成员变量
    @Column(name="person_firstname")
    private String first;
    // 定义 last 成员变量
    @Column(name="person_lastname")
    private String last;
    // 引用拥有该 Name 的 Person 对象
    @Parent
    private Person owner;
    // 无参数的构造器
    public Name()
    {
    }
    // 初始化全部成员变量的构造器
    public Name(String first , String last)
    {
        this.first = first;
        this.last = last;
    }
    // 省略所有的 setter 和 getter 方法
    ...
    // 重写 equals()方法，根据 first、last 进行判断
    public boolean equals(Object obj)
    {
        if (this == obj)
        {
            return true;
        }
        if (obj != null && obj.getClass() == Name.class)
        {
            Name target = (Name)obj;
            return target.getFirst().equals(getFirst())
                && target.getLast().equals(getLast());
        }
        return false;
    }
    // 重写 hashCode()方法，根据 first、last 计算 hashCode 值
    public int hashCode()
    {
        return getFirst().hashCode() * 31
            + getLast().hashCode();
    }
}
```

上面程序的最后一段粗体字代码正确地重写了 Name 的 equals()和 hashCode()两个方法，重写这两个方法的关键是 first 和 last 两个成员变量。

在这种映射关系下，Name 组件的各属性被映射到集合属性表里的数据列，且此时 Name 属性作为 Map key 使用，因此 Hibernate 会将外键列、Name 属性所映射的多列作为联合主键，如图 5.28 所示。

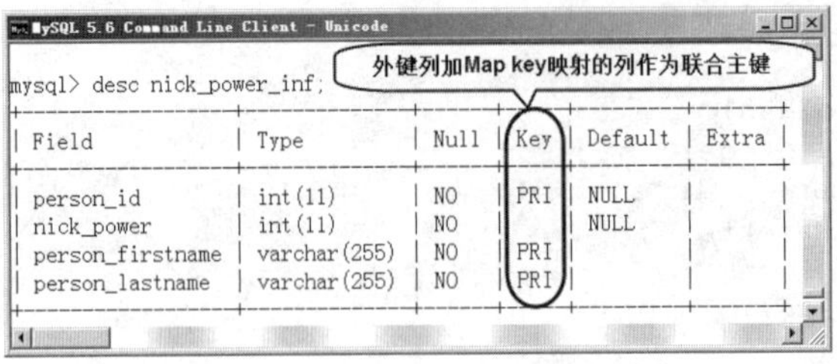

图 5.28　使用组件作为 Map key

▶▶ 5.7.4　组件作为复合主键

如果数据库采用简单的逻辑主键，则不会出现组件类型的主键。但在一些特殊的情况下，总会出现组件类型主键，Hibernate 也为这种组件类型的主键提供了支持。

使用组件作为复合主键，也就是使用组件作为持久化类的标识符，则该组件类必须满足以下要求。

➤ 有无参数的构造器。

➤ 必须实现 java.io.Serializable 接口。

➤ 建议正确地重写 equals() 和 hashCode() 方法，也就是根据组件类的关键属性来区分组件对象。

提示： 在 Hibernate 4 中，第三个要求并不是必需的，但最好这样做。因为这样做能从 Java 语义上更好地区分两个标识属性值，这样 Hibernate 能将它们当成两条记录的主键。

当使用组件作为复合主键时，Hibernate 无法为这种复合主键自动生成主键值，所以程序必须为持久化实例分配这种组件标识符。

程序先定义如下 Name 组件类作为实体的主键类型。

程序清单：codes\05\5.7\EmbeddedId\org\crazyit\app\domain\Name.java

```java
public class Name
    implements java.io.Serializable
{
    // 定义 first 成员变量
    private String first;
    // 定义 last 成员变量
    private String last;
    // 无参数的构造器
    public Name()
    {
    }
    // 初始化全部成员变量的构造器
    public Name(String first , String last)
    {
        this.first = first;
        this.last = last;
    }
    // 省略所有的 setter 和 getter 方法
    ...
    // 重写 equals() 方法，根据 first、last 进行判断
    public boolean equals(Object obj)
    {
        if (this == obj)
        {
            return true;
        }
        if (obj != null && obj.getClass() == Name.class)
        {
            Name target = (Name)obj;
            return target.getFirst().equals(getFirst())
                && target.getLast().equals(getLast());
        }
        return false;
```

```
    }
    // 重写 hashCode() 方法，根据 first、last 计算 hashCode 值
    public int hashCode()
    {
        return getFirst().hashCode() * 31
            + getLast().hashCode();
    }
}
```

因为 Name 类型的属性将作为标识属性，所以 Name 类应实现 java.io.Serializable 接口，并正确重写 equals() 和 hashCode() 两个方法。

程序中 Person 实体将使用 Name 组件作为主键，因此 Name 实例可以唯一地标识 Person 实例。根据业务需要，能唯一标识 Person 实例的应该是 first 和 last 两个属性。因此，hashCode() 和 equals() 方法都根据 first 和 last 两个成员变量来判断。

当持久化类使用组件作为复合主键时，程序需要使用 @EmbeddedId 来修饰该主键。@EmbeddedId 和 @Embedded 的用法基本相似，只是 @Embedded 用于修饰普通的组件属性，而 @EmbeddedId 用于修饰组件类型的主键。使用 @EmbeddedId 时同样可以结合 @AttributeOverrides 和 @AttributeOverride 两个注解。

下面的 Person 类将使用一个 Name 类型的主键。

程序清单：codes\05\5.7\EmbeddedId\org\crazyit\app\domain\Person.java

```
@Entity
@Table(name="person_inf")
public class Person
{
    // 以 Name 组件作为标识属性
    @EmbeddedId
    @AttributeOverrides({
        // 指定
        @AttributeOverride(name="first",
            column = @Column(name="person_firstname")),
        @AttributeOverride(name="last",
            column = @Column(name="person_lastname"))
    })
    private Name name;
    private int age;
    // 省略所有的 setter 和 getter 方法
    ...
}
```

上面 Person 的标识属性不再是基本类型，也不是 String 字符串，而是 Name 类型。Name 类型是用户自定义的组件类型，因此程序使用了 @EmbeddedId 修饰该复合主键，并使用 @AttributeOverride 定义组件内各属性与底层数据列之间的映射。

该 Person 类使用 Name 组件作为主键，所以 Hibernate 无法为 Person 对象生成标识属性值，必须由程序为 Person 对象显式分配标识属性。创建并保存 Person 对象的代码片段如下。

程序清单：codes\05\5.7\EmbeddedId\src\lee\PersonManager.java

```
private void createAndStorePerson()
{
    Session session = HibernateUtil.currentSession();
    Transaction tx = session.beginTransaction();
    // 创建 Person 对象
    Person person = new Person();
    // 为 Person 对象设置属性
    person.setAge(21);
    // 创建一个 Name 对象作为 Person 对象的标识属性值
    person.setName(new Name("crazyit.org" , "疯狂 Java 联盟"));
    session.save(person);
    tx.commit();
    HibernateUtil.closeSession();
```

上面程序中的粗体字代码用于显式地为 Person 对象分配标识属性值，程序运行结束后，Hibernate 将会把 Name 组件所映射的多个数据列作为联合主键，如图 5.29 所示。

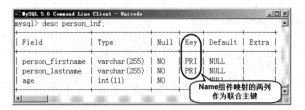

图 5.29　使用 Name 组件作为复合主键

▶▶ 5.7.5　多列作为联合主键

Hibernate 还提供了另一种联合主键支持，Hibernate 允许直接将持久化类的多个属性映射成联合主键。如果需要直接将持久化类的多列映射成联合主键，则该持久化类必须满足如下条件。

➢ 有无参数的构造器。

➢ 实现 java.io.Serializable 接口。

➢ 建议根据联合主键列所映射的属性来重写 equals() 和 hashCode() 方法。

将持久化类的多个属性映射为联合主键非常简单，直接使用多个 @Id 修饰这些属性即可。例如如下 Person 的源代码。

程序清单：codes\05\5.7\Id\src\org\crazyit\app\domain\Person.java

```java
@Entity
@Table(name="person_inf")
public class Person
    implements java.io.Serializable
{
    // 定义first属性，作为标识属性的成员
    @Id
    private String first;
    // 定义last属性，作为标识属性的成员
    @Id
    private String last;
    private int age;
    // 省略所有的setter和getter方法
    ...
    // 重写equals()方法，根据first、last进行判断
    public boolean equals(Object obj)
    {
        if (this == obj)
        {
            return true;
        }
        if (obj != null && obj.getClass() == Person.class)
        {
            Person target = (Person)obj;
            return target.getFirst().equals(getFirst())
                && target.getLast().equals(getLast());
        }
        return false;
    }
    // 重写hashCode()方法，根据first、last计算hashCode值
    public int hashCode()
    {
        return getFirst().hashCode() * 31
            + getLast().hashCode();
    }
}
```

程序直接使用 Person 类的两个属性作为联合主键，因此 Person 类需要实现 Serializable 接口。对于 Person 实例，first 和 last 组合起来能唯一标识该实例，因此 hashCode() 和 equals() 方法根据这两个成员

变量进行判断。

　　为了让 Hibernate 将 Person 类的 first、last 两个属性作为联合主键，程序只要分别用两个@Id 修饰这两个成员变量即可，如上程序中粗体字代码所示。

 ## 5.8　使用传统的映射文件

　　在 JDK 1.5 出现以前，Hibernate 已经出现，并开始了广泛的流传，因此传统的 Hibernate 并不使用注解管理映射关系，而是使用 XML 映射文件来管理映射关系。

　　后来由于 Java 注解的盛行，很多原来采用 XML 配置文件进行管理的信息，现在都开始改为使用注解进行管理，比如前面介绍的 Struts 2，以及后面要介绍的 Spring 等。其实不管是 XML 配置文件，还是注解，它们的本质是一样的，只是信息的载体不同而已。而且 Sun 公司后来推出了 JPA 规范（本质是 ORM 规范），JAP 规范推荐使用注解来管理实体的映射关系，因此注解在 Hibernate 中用得越来越广泛。

　　虽然如此，但也有一些公司依然使用 Hibernate 传统的 XML 映射文件管理实体类的映射信息。下面简单介绍 Hibernate 传统的 XML 映射文件。

▶▶ 5.8.1　增加 XML 映射文件

　　当采用 XML 映射文件来管理实体类的映射关系之后，可以得到如下公式：

$$PO = POJO + 映射文件$$

　　如果使用传统方式来开发 Hibernate 持久化类，每个持久化类需要由两部分组成：Java 类与 XML 映射文件。假设有如下 Java 类。

程序清单：codes\05\5.8\hbm.xml\src\org\crazyit\app\domain\Person.java

```
public class Person
{
    // 使用 Name 组件作为复合主键
    private Name name;
    // 普通属性
    private String email;
    // 组件属性，代表此人拥有的宠物
    private Cat pet;
    // 无参数的构造器
    public Person()
    {
    }
    // 初始化全部成员变量的构造器
    public Person(Name name , String email , Cat pet)
    {
        this.name = name;
        this.email = email;
        this.pet = pet;
    }
    // 省略所有的 setter 和 getter 方法
    ...
}
```

　　上面 Person 类中用到了 Name 类作为复合主键，还包含了一个 Cat 类型的组件属性。由于 Name 类需要作为 Person 类的主键类型，因此 Name 类同样需要满足：① 有无参数的构造器；② 实现 Serializable 接口；③ 正确重写 equals()和 hashCode()方法。Name 类的源代码如下。

程序清单：codes\05\5.8\hbm.xml\src\org\crazyit\app\domain\Name.java

```
public class Name
    implements java.io.Serializable
{
    private String first;
    private String last;
```

```
    // 无参数的构造器
    public Name()
    {
    }
    // 初始化全部成员变量的构造器
    public Name(String first , String last)
    {
        this.first = first;
        this.last = last;
    }
    // 省略所有的 setter 和 getter 方法
    ...
    // 重写 equals()方法，根据 first、last 进行判断
    public boolean equals(Object obj)
    {
        if (this == obj)
        {
            return true;
        }
        if (obj != null && obj.getClass() == Name.class)
        {
            Name target = (Name)obj;
            return target.getFirst().equals(first)
                && target.getLast().equals(last);
        }
        return false;
    }
    // 重写 hashCode()方法，根据 first、last 计算 hashCode 值
    public int hashCode()
    {
        return first.hashCode() + last.hashCode() * 31;
    }
}
```

至于程序所用的 Cat 类，就是一个普通的组件类，比较简单，此处不再给出其代码，读者可自行参考光盘中的 codes\05\5.8\hbm.xml\src\org\crazyit\app\domain\Cat.java 源文件。

提供了上面的 POJO 类之后，还需要为它们提供 XML 映射文件来管理与底层数据表的映射关系。下面是该映射文件的代码。

程序清单：codes\05\5.8\hbm.xml\src\org\crazyit\app\domain\Person.hbm.xml

```xml
<?xml version="1.0" encoding="GBK"?>
<!DOCTYPE hibernate-mapping PUBLIC
    "-//Hibernate/Hibernate Mapping DTD 3.0//EN"
    "http://www.hibernate.org/dtd/hibernate-mapping-3.0.dtd">
<!-- hibernate-mapping 是映射文件的根元素 -->
<hibernate-mapping package="org.crazyit.app.domain">
    <class name="Person" table="person_inf">
        <!-- 映射组件类型的标识属性 -->
        <composite-id name="name" class="Name">
            <!-- 映射复合主键里的各个属性 -->
            <key-property name="first" type="string"/>
            <key-property name="last" type="string"/>
        </composite-id>
        <!-- 映射普通属性 -->
        <property name="email" type="string"/>
        <!-- 映射组件属性 cat，组件属性的类型为 Cat -->
        <component name="pet" class="Cat" >
            <!-- 指定 owner 属性代表容器实体 -->
            <parent name="owner"/>
            <!-- 映射组件属性的 first 属性 -->
            <property name="name" column="cat_name"/>
            <!-- 映射组件属性的 last 属性 -->
            <property name="color" column="cat_color"/>
        </component>
    </class>
</hibernate-mapping>
```

```
</hibernate-mapping>
```

对这个文件简单地解释一下。映射文件的第 1 行属于 XML 声明部分，它指定了 XML 文件的版本、编码所用的字符集信息；映射文件的第 2、3、4 行指定了 Hibernate 映射文件的 DTD 信息。这 4 行对于所有 Hibernate 的映射文件全部相同。<hibernate-mapping.../>元素是所有 Hibernate 映射文件的根元素，这个根元素对所有的映射文件都是相同的。

元素下有子元素，每个子元素映射一个持久化类。

元素中的元素用于映射复合主键，元素用于映射普通属性，元素用于映射组件属性。

从上面可以看出：不管是使用注解，还是使用 XML 映射文件，其本质都是相同的，它们都负责管理持久化类与底层数据表之间的映射关系。

一旦为实体类提供了上面的 XML 映射文件之后，Hibernate 就已经能够理解实体类与数据表之间的映射关系了，也就不再需要在 Java 类中使用任何注解了。此时要将 hibernate.cfg.xml 文件略做修改——告诉它去加载指定的映射文件，而不是加载持久化类。本应用所使用的 hibernate.cfg.xml 文件代码如下。

程序清单：codes\05\5.8\hbm.xml\src\hibernate.cfg.xml

```xml
<?xml version="1.0" encoding="GBK"?>
<!-- 指定 Hibernate 配置文件的 DTD 信息 -->
<!DOCTYPE hibernate-configuration PUBLIC
    "-//Hibernate/Hibernate Configuration DTD 3.0//EN"
    "http://www.hibernate.org/dtd/hibernate-configuration-3.0.dtd">
<!-- hibernate-configuration 是连接配置文件的根元素 -->
<hibernate-configuration>
    <session-factory>
        <!-- 省略其他配置属性 -->
        ...
        <!-- 罗列所有持久化类的映射文件 -->
        <mapping resource="org/crazyit/app/domain/Person.hbm.xml"/>
    </session-factory>
</hibernate-configuration>
```

经过上面的修改之后，主程序不需要任何改变。不管使用 XML 映射文件管理实体的映射，还是采用注解管理实体的映射，Hibernate 的处理完全相同。

> **提示：**
> 本节所介绍的 XML 元素只是 Hibernate 映射文件的 XML 元素中非常小的一部分，实际上 Hibernate 为映射文件提供了非常多的 XML 元素，如果读者希望了解 Hibernate 映射文件的详情和各种 XML 元素的功能及用法，请参考本书第 3 版，在第 3 版中所有示例都是基于 XML 映射文件完成的。

▶▶ 5.8.2 注解，还是 XML 映射文件

当开发一个以 Hibernate 作为持久层的 Java EE 应用时，开发者既可以选择注解来管理映射关系，也可以选择 XML 映射文件来管理映射关系，那么在实际项目中选择哪种更合适呢？

对于一个新项目，一般推荐使用注解，而不是 XML 映射文件，理由如下。

➢ 使用注解更加简洁。开发者可以将实体类的 Java 代码、注解集中在一个文件中管理，因此更加简单。

➢ 基于注解的实体具有更好的可保值性。因为这些注解并不属于 Hibernate，而是属于 JPA 规范，因此这些实体类不仅对于 Hibernate 可用，对于 JPA 也是可用的，因此如果有一天打算把应用迁移到其他 ORM 框架上，底层实体类无须做任何改变。

当然，对于实际企业开发来说，由于早期 Hibernate 使用者大都习惯使用*.hbm.xml 文件来管理映射关系，因此*.hbm.xml 文件在实际企业开发中还是占有一定地位的。

5.9　本章小结

　　本章介绍了持久层框架：Hibernate 的初步使用。本章简要介绍了 ORM 工具的作用和优势，以及 Hibernate 的基本映射思想。本章以一个 Hibernate 的简单示例开始，让读者充分感受到 Hibernate 持久层解决方案的简易之处。本章详细介绍了如何使用 Eclipse 开发 Hibernate 应用，并详细讲解了 Hibernate 的体系结构、Hibernate 对持久化对象的要求、持久化对象的状态等内容。本章还重点介绍了 Hibernate 持久化注解的相关知识，详细介绍了 Hibernate 的基本映射、数据库对象映射、集合属性映射、组件属性映射、复合主键映射等内容。本章最后介绍了如何使用传统的 XML 映射文件来管理实体的映射关系。

第 6 章
深入使用 Hibernate 与 JPA

本章要点

- ↘ 关联映射的详细策略
- ↘ 关联映射的级联风格和传播持久化
- ↘ 关联映射性能分析
- ↘ 三种继承映射策略
- ↘ 批量处理策略
- ↘ DML 风格的批量操作
- ↘ HQL 查询与 JPQL 查询
- ↘ 隐式关联和显式关联
- ↘ 条件查询
- ↘ 离线查询和子查询
- ↘ Hibernate 与 JPA 的原生 SQL 查询
- ↘ 命名 SQL 查询
- ↘ 数据过滤
- ↘ Hibernate 中的事务和并发
- ↘ Hibernate 的二级缓存和查询缓存
- ↘ 拦截器和事件机制

在上一章中已经介绍了 Hibernate 的基本支持，已经了解了通过 Hibernate 的支持，应用程序可以从底层的 JDBC 中释放出来，以面向对象的方式进行数据库访问。但面向对象远不止这些内容，比如对象和对象之间的关联关系，这对于客观世界的建模是非常重要的。除此之外，Hibernate 完全可以理解面向对象的继承、多态等概念，一旦建立了正确的继承映射，程序就能以面向对象的方式进行数据库访问。

本章将深入地介绍 Hibernate 的关联映射、继承映射等内容；也会详细介绍 Hibernate 的查询体系，HQL 查询的功能非常强大，使用 HQL 可以充分利用面向对象的方式进行查询。除此之外，Hibernate 还提供了面向对象的条件查询，并可以直接使用原生的 SQL 查询等。本章将详细介绍 Hibernate 所提供的查询体系，以及在实际开发中如何使用 Hibernate，如何处理 Hibernate 的性能、事务等实际性问题。

6.1　Hibernate 的关联映射

客观世界中的对象很少有孤立存在的，例如老师，往往与被授课的学生存在关联关系，如果已经得到某个老师的实例，那么应该可以直接获取该老师对应的全部学生。反过来，如果已经得到一个学生的实例，也应该可以访问该学生对应的老师——这种实例之间的互相访问就是关联关系。

关联关系是面向对象分析、面向对象设计最重要的知识，Hibernate 完全可以理解这种关联关系，如果映射得当，Hibernate 的关联映射将可以大大简化持久层数据的访问。关联关系大致有如下两个分类。

➢ 单向关系：只需单向访问关联端。例如，只能通过老师访问学生，或者只能通过学生访问老师。
➢ 双向关系：关联的两端可以互相访问。例如，老师和学生之间可以互相访问。

单向关联可分为：
➢ 单向 $1 \rightarrow 1$
➢ 单向 $1 \rightarrow N$
➢ 单向 $N \rightarrow 1$
➢ 单向 $N \rightarrow N$

双向关联又可分为：
➢ 双向 $1-1$
➢ 双向 $1-N$
➢ 双向 $N-N$

双向关系里没有 $N-1$，因为双向关系 $1-N$ 和 $N-1$ 是完全相同的。下面依次讲解每种关联的映射方法。

▶▶ 6.1.1　单向 $N-1$ 关联

$N-1$ 是非常常见的关联关系，最常见的父子关系也是 $N-1$ 关联，单向的 $N-1$ 关联只需从 N 的一端可以访问 1 的一端。

单向 $N-1$ 关系，比如多个人对应同一个住址，只需从人这一端可以找到对应的地址实体，无须关心某个地址的住户。

为了让两个持久化类支持这种关联映射，程序应该在 N 的一端的持久化类中增加一个属性，该属性引用 1 的一端的关联实体。

对于 $N-1$ 关联（不管是单向关联，还是双向关联），都需要在 N 的一端使用@ManyToOne 修饰代表关联实体的属性。使用@ManyToOne 注解可以指定如表 6.1 所示的属性。

表6.1 @ManyToOne支持的属性

属 性	是否必需	说 明
cascade	否	指定Hibernate对关联实体采用怎样的级联策略,该级联策略支持如下5个属性值: • CascadeType.ALL:指定Hibernate将所有的持久化操作都级联到关联实体 • CascadeType.MERGE:指定Hibernate将merge操作级联到关联实体 • CascadeType.PERSIST:指定Hibernate将persist操作级联到关联实体 • CascadeType.REFRESH:指定Hibernate将refresh操作级联到关联实体 • CascadeType.REMOVE:指定Hibernate将remove操作级联到关联实体
fetch	否	指定抓取关联实体时的抓取策略,该属性支持如下两个属性值: • FetchType.EAGER:抓取实体时,立即抓取关联实体。这是默认值 • FetchType.LAZY:抓取实体时,延迟抓取关联实体。等到真正用到关联实体时才去抓取
optional	否	该属性指定关联关系是否可选
targetEntity	否	该属性指定关联实体的类名。在默认情况下,Hibernate将通过反射来判断关联实体的类名

> **注意**
>
> 对于大部分的关联关系,Hibernate都可以通过反射来确定关联实体的类型,因此可以无须指定 targetEntity 属性;但在一些特殊情况下,例如使用@OneToMany、@ManyToMany修饰的1—N、N—N关联,如果用于表示关联实体的Set集合不带泛型信息,那就必须指定 targetEntity 属性。

6.1.1.1 无连接表的N—1关联

对于无连接表的 N—1 关联而言,程序只要在 N 的一端增加一列外键,让外键值记录该对象所属的实体即可,Hibernate 可使用@JoinColumn 来修饰代表关联实体的属性,@JoinColumn 用于映射底层的外键列。

直接使用@JoinColumn 注解来映射 N—1 关联时,Hibernate 将无须使用连接表,直接使用外键关联策略来处理这种关联映射。

下面的两个持久化类描述了这种关联关系。Person 类中增加了一个 Address 类型的属性,引用关联的 Address 实体。为了让 Hibernate 理解该 Address 类型的属性是关联实体,程序需要使用@ManyToOne、@JoinColumn 修饰该属性。Person 类代码如下。

程序清单:codes\06\6.1\unidirectional\N-1nojointable\src\org\crazyit\app\domain\Person.java

```java
@Entity
@Table(name="person_inf")
public class Person
{
    // 标识属性
    @Id @Column(name="person_id")
    @GeneratedValue(strategy=GenerationType.IDENTITY)
    private Integer id;
    private String name;
    private int age;
    // 定义该Person实体关联的Address实体
    @ManyToOne(targetEntity=Address.class,
        cascade=CascadeType.ALL)
    // 映射外键列,指定外键列的列名为address_id,不允许为空
    @JoinColumn(name="address_id" , nullable=false)
    private Address address;
    // 省略所有的getter、setter方法
    ...
}
```

上面是 Person 类的代码,每个 Person 单向地持有一个 Address,因此 Person 类里增加了一个 Address

类型的属性，并使用@ManyToOne 修饰代表关联实体的 address 属性，而且使用@JoinColumn 映射了底层外键列。

除此之外，上面程序还为@ManyToOne 注解指定了 cascade 属性，该属性用于指定级联操作策略，此处指定的级联策略是 CascadeType.ALL——这表明对 Perosn 实体的所有持久化操作都会级联到它关联的 Address 实体。

程序无须从 Address 访问 Person，所以 Address 无须增加 Person 属性。如下面代码所示。

程序清单：codes\06\6.1\unidirectional\N-1nojointable\src\org\crazyit\app\domain\Address.java

```
@Entity
@Table(name="address_inf")
public class Address
{
    // 标识属性
    @Id @Column(name="address_id")
    @GeneratedValue(strategy=GenerationType.IDENTITY)
    private int addressId;
    // 定义地址详细信息的成员变量
    private String addressDetail;
    // 无参数的构造器
    public Address()
    {
    }
    // 初始化全部成员变量的构造器
    public Address(String addressDetail)
    {
        this.addressDetail = addressDetail;
    }
    // 省略所有的getter、setter 方法
    ...
}
```

对于 Address 端而言，并不需要关心 Person 持久化类，Address 的代码中并没有对 Person 的访问，因此 Address 的映射就是基本映射。

经过上面的映射后，可以使用如下代码来保存 Person 和 Address 实体。

程序清单：codes\06\6.1\unidirectional\N-1nojointable\src\lee\PersonManager.java

```
private void testCascase()
{
    Session session = HibernateUtil.currentSession();
    Transaction tx = session.beginTransaction();
    // 创建一个 Person 对象
    Person p = new Person();
    // 创建一个瞬态的 Address 对象
    Address a = new Address("广州天河");            // ①
    // 设置 Person 的 name 为 crazyit.org 字符串
    p.setName("crazyit.org");
    p.setAge(21);
    // 设置 Person 和 Address 之间的关联关系
    p.setAddress(a);
    // 持久化 Person 对象
    session.persist(p);
    // 创建一个瞬态的 Address 对象
    Address a2 = new Address("上海虹口");           // ②
    // 修改持久化状态的 Person 对象
    p.setAddress(a2);                               // ③
    tx.commit();
    HibernateUtil.closeSession();
}
```

上面的程序创建了三个持久化实体，即一个 Person 对象、两个 Address 对象，程序只在粗体字代码行保存了一次 Person 对象，从来不曾保存过 Address 对象。

程序在①号代码处创建了一个瞬态的 Address 对象，当程序执行到粗体字代码处时，系统准备保存

Person 对象，系统将要向 person_inf 数据表中插入一条记录——但该记录参照的主表记录还不曾保存（被参照的 Address 实体还处于瞬态），这时可能发生如下三种情况。

➤ 系统抛出 TransientPropertyValueException 异常：Not-null property references a transient value，因为主表记录不曾插入，所以参照该记录的从表记录无法插入。

➤ 系统先自动级联插入主表记录，再插入从表记录。

➤ 如果 Person 对象的 address 属性映射的外键列允许为 null（上面程序设置 nullable=false，即不允许为 null），Hibernate 会先插入一条外键列为 null 的记录。当该 Person 对象关联的 Address 对象被保存之后，Hibernate 需要一条额外的 update 语句来修改 Person 所对应记录的外键值，从而建立 Person 实体与 Address 实体之间的关联关系。但这样就需要额外多执行一条 update 语句。

因为上面的@ManyToOne 指定了 cascade=CascadeType.ALL 属性，这意味着系统将先自动级联插入主表记录，也就是先持久化 Address 对象，再持久化 Person 对象。也就是说，Hibernate 在粗体字代码处先执行一条 insert into address...语句，再执行一条 insert into person...语句。

换句话说，如果上面的实体类中缺少了 cascade=CascadeType.ALL 属性，则程序运行到粗体字代码处时将抛出 TransientPropertyValueException 异常。

 提示：
关于级联操作的详细介绍，请参看后面 6.1.11 节的讲解。

程序在②号代码处再次创建了一个瞬态的 Address 对象，但当程序执行到③号代码处时，程序将瞬态的 Address 对象关联到持久化状态下的 Person 对象。类似地，系统也会自动持久化 Address 对象，再建立 Address 对象和 Person 对象之间的关联。也就是说，Hibernate 在③号代码处先执行一条 insert into address...语句插入记录，再执行 update person...语句修改该 Person 记录的外键值。

程序执行结束后，person_inf 和 address_inf 两个数据表的记录如图 6.1 所示。

图 6.1 person_inf 和 address_inf 数据表的记录

提示：
虽然 Hibernate 号称一个持久层的全面解决方案，使用 Hibernate 可以完全代替 JDBC，但如果不了解底层的 SQL 机制，实际上是很难用好 Hibernate 的。在所有既有的基于外键约束的关联关系中，都必须牢记：要么总是先持久化主表记录对应的实体，要么设置级联操作；否则当 Hibernate 试图插入从表记录时，如果发现该从表记录参照的主表记录不存在，程序要么抛出异常；要么先插入一条外键为 null 的记录，后面再多执行一条 update 语句。

6.1.1.2 有连接表的 N−1 关联

对于绝大部分单向 N−1 关联而言，使用基于外键的关联映射已经足够了。但由于底层数据库建模时也可以使用连接表来建立这种关联关系，因此 Hibernate 也为这种关联关系提供了支持。

如果需要使用连接表来映射单向 $N-1$ 关联，程序需要显式使用@JoinTable 注解来映射连接表。

@JoinTable 专门用于映射底层连接表的信息，使用@JoinTable 时可指定如表 6.2 所示的属性。

表 6.2　@JoinTable 支持的属性

属　　性	是否必需	说　　明
name	否	指定该连接表的表名
catalog	否	设置将该连接表放入指定的 catalog 中。如果没有指定该属性，连接表将放入默认的 catalog 中
schema	否	设置将该连接表放入指定的 schema 中。如果没有指定该属性，连接表将放入默认的 schema 中
targetEntity	否	该属性指定关联实体的类名。在默认情况下，Hibernate 将通过反射来判断关联实体的类名
indexes	否	该属性值为@Index 注解数组，用于为该连接表定义多个索引
joinColumns	否	该属性值可接受多个@JoinColumn，用于配置连接表中外键列的列信息，这些外键列参照当前实体对应表的主键列
inverseJoinColumns	否	该属性值可接受多个@JoinColumn，用于配置连接表中外键列的列信息，这些外键列参照当前实体的关联实体对应表的主键列
uniqueConstraints	否	该属性用于为连接表增加唯一约束

下面 Person 类使用了@ManyToOne 修饰代表关联实体的 Address 类型的属性。除此之外，程序还使用@JoinTable 注解显式指定连接表。下面是 Person 类的源代码。

程序清单：codes\06\6.1\unidirectional\N-1jointable\src\org\crazyit\app\domain\Person.java

```
@Entity
@Table(name="person_inf")
public class Person
{
    // 标识属性
    @Id @Column(name="person_id")
    @GeneratedValue(strategy=GenerationType.IDENTITY)
    private Integer id;
    private String name;
    private int age;
    // 定义该 Person 实体关联的 Address 实体
    @ManyToOne(targetEntity=Address.class)
    // 显式使用@JoinTable 映射连接表
    @JoinTable(name="person_address", // 指定连接表的表名为 person_address
        // 指定连接表中 person_id 外键列，参照到当前实体对应表的主键列
        joinColumns=@JoinColumn(name="person_id"
            , referencedColumnName="person_id", unique=true),
        // 指定连接表中 address_id 外键列，参照到当前实体的关联实体对应表的主键列
        inverseJoinColumns=@JoinColumn(name="address_id"
            , referencedColumnName="address_id")
    )
    private Address address;
    // 省略所有的 getter、setter 方法
    ...
}
```

上面程序中粗体字注解强制指定使用连接表来单向 $N-1$ 关联，该注解指定连接表的表名为 person_address，并指定连接表中 person_id 列映射当前实体对应表的主键列——由于此时映射 $N-1$ 关联，因此程序还为该@JoinColumn 增加了 unique=true。

至于 Address 类的持久化类文件则无须进行任何修改，主程序也没有太大的修改。程序运行结束后，将看到 person_inf 数据表中无须增加额外的外键列，程序将会使用连接表来维护 person_inf 表和 address_inf 表之间的关联关系。person_address 表的数据如图 6.2 所示。

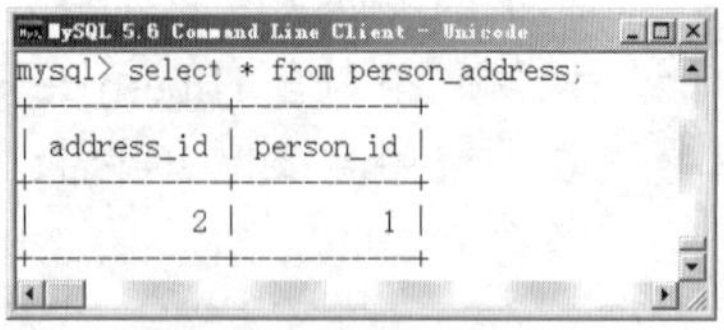

图 6.2　使用关联表映射 $N-1$ 关联

在这种映射策略下，person_id 列既作为外键列参照 person_inf 表的 person_id 主键列，也作为

person_address 连接表的主键列，这就保证了 person_address 数据表中的 person_id 列不能出现重复值，即保证了一个 Person 实体最多只能关联一个 Address 实体。

对于使用连接表的 *N*—1 关联而言，由于两个实体对应的数据表都无须增加外键列，因此两个实体对应的数据表不存在主、从关系，程序完全可以想先持久化哪个实体，就先持久化哪个实体。无论先持久化哪个实体，程序都不会引发性能问题。

▶▶ 6.1.2 单向 1—1 关联

对于单向的 1—1 关联关系，需要在持久化类里增加代表关联实体的成员变量，并为该成员变量增加 setter 和 getter 方法。从持久化类的代码上看，单向 1—1 与单向 *N*—1 没有丝毫区别。因为 *N* 的一端，或者 1 的一端都是直接访问关联实体，只需增加代表关联实体的属性即可。

对于 1—1 关联（不管是单向关联，还是双向关联），都需要使用@OneToOne 修饰代表关联实体的属性。使用@OneToOne 注解可以指定如表 6.3 所示的属性。

表 6.3 @OneToOne 支持的属性

属　　性	是否必需	说　　明
cascade	否	指定 Hibernate 对关联实体采用怎样的级联策略，该级联策略支持如下 5 个属性值： • CascadeType.ALL：指定 Hibernate 将所有的持久化操作都级联到关联实体 • CascadeType.MERGE：指定 Hibernate 将 merge 操作级联到关联实体 • CascadeType.PERSIST：指定 Hibernate 将 persist 操作级联到关联实体 • CascadeType.REFRESH：指定 Hibernate 将 refresh 操作级联到关联实体 • CascadeType. REMOVE：指定 Hibernate 将 remove 操作级联到关联实体
fetch	否	指定抓取关联实体时的抓取策略，该属性支持如下两个属性值： • FetchType.EAGER：抓取实体时，立即抓取关联实体。这是默认值 • FetchType.LAZY：抓取实体时，延迟抓取关联实体。等到真正用到关联实体时才去抓取
mappedBy	否	该属性合法的属性值为关联实体的属性名，该属性指定关联实体中哪个属性可引用到当前实体
orphanRemoval	否	该属性设置是否删除"孤儿"实体。如果某个实体所关联的父实体不存在（即该实体对应记录的外键为 null），该实体就是所谓的"孤儿"实体
optional	否	该属性指定关联关系是否可选
targetEntity	否	该属性指定关联实体的类名。在默认情况下，Hibernate 将通过反射来判断关联实体的类名

6.1.2.1 基于外键的单向 1—1 关联

对于基于外键的 1—1 关联而言，只要先使用@OneToOne 注解修饰代表关联实体的属性，再使用@JoinColumn 映射外键列即可——由于是 1—1 关联，因此应该为@JoinColumn 增加 unique=true。

下面是 Person 类源代码。该 Person 类增加了代表关联实体的 Address 类型的属性，并使用@OneToOne、@JoinColumn 修饰该属性。

程序清单：codes\06\6.1\unidirectional\1-1FK\src\org\crazyit\app\domain\Person.java

```java
@Entity
@Table(name="person_inf")
public class Person
{
    // 标识属性
    @Id @Column(name="person_id")
    @GeneratedValue(strategy=GenerationType.IDENTITY)
    private Integer id;
    private String name;
    private int age;
    // 定义该 Person 实体关联的 Address 实体
    @OneToOne(targetEntity=Address.class)
    // 映射名为 address_id 的外键列，参照关联实体对应表的 addres_id 主键列
    @JoinColumn(name="address_id"
        , referencedColumnName="address_id" , unique=true)
    private Address address;
```

```
    // 省略所有的 setter、getter 方法
    ...
}
```

上面粗体字注解为@JoinColumn 增加了 unique=true，这意味着在 person_inf 表的 address_id 外键列上增加唯一约束——这实际上就形成了单向1－1关联。图6.3 显示了 Hibernate 创建的 person_inf 数据表。

图 6.3　为 address_id 外键列增加唯一约束的 person_inf 表

6.1.2.2　有连接表的单向 1－1 关联

这种情况非常少见，因此本书将这部分内容放到本书配套的附录文档中。示例代码可参考光盘中 codes\06\6.1\unidirectional 目录下的 1-1jointable 示例。

▶▶ 6.1.3　单向 1－N 关联

单向 1－N 关联的持久化类发生了改变，持久化类里需要使用集合属性。因为1的一端需要访问 N 的一端，而 N 的一端将以集合（Set）形式表现。从这个意义上来看，1－N（实际上还包括 N－N）和前面的集合属性非常相似，只是此时集合里的元素是关联实体。

对于单向的 1－N 关联关系，只需要在1的一端增加 Set 类型的成员变量，该成员变量记录当前实体所有的关联实体，当然还要为这个 Set 类型的属性增加 setter 和 getter 方法。

为了映射 1－N 关联，Hibernate 需要使用@OneToMany 注解，使用@OneToMany 时可指定如表6.4 所示的属性。

表 6.4　@OneToMany 支持的属性

属　　性	是否必需	说　　明
cascade	否	指定 Hibernate 对关联实体采用怎样的级联策略，该级联策略支持如下5个属性值： • CascadeType.ALL：指定 Hibernate 将所有的持久化操作都级联到关联实体 • CascadeType.MERGE：指定 Hibernate 将 merge 操作级联到关联实体 • CascadeType.PERSIST：指定 Hibernate 将 persist 操作级联到关联实体 • CascadeType.REFRESH：指定 Hibernate 将 refresh 操作级联到关联实体 • CascadeType.REMOVE：指定 Hibernate 将 remove 操作级联到关联实体
fetch	否	指定抓取关联实体时的抓取策略，该属性支持如下两个属性值： • FetchType.EAGER：抓取实体时，立即抓取关联实体 • FetchType.LAZY：抓取实体时，延迟抓取关联实体。等到真正用到关联实体时才去抓取。这是默认值
orphanRemoval	否	该属性设置是否删除"孤儿"实体。如果某个实体所关联的父实体不存在（即该实体对应记录的外键为 null），该实体就是所谓的"孤儿"实体
mappedBy	否	该属性合法的属性值为关联实体的属性名，该属性指定关联实体中哪个属性可引用到当前实体
targetEntity	否	该属性指定关联实体的类名。在默认情况下，Hibernate 将通过反射来判断关联实体的类名

6.1.3.1　无连接表的单向 1－N 关联

对于无连接表的 1－N 单向关联而言，同样需要在 N 的一端增加外键列来维护关联关系，但由于程序此时只让1的一端来控制关联关系，因此直接在1的一端使用@JoinColumn 修饰 Set 集合属性、映射外键列即可。

下面程序中一个 Person 实体可以关联多个 Address 实体。下面是 Person 实体的代码。

程序清单：codes\06\6.1\unidirectional\1-Nnojointable\src\org\crazyit\app\domain\Person.java

```
@Entity
@Table(name="person_inf")
public class Person
{
    // 标识属性
    @Id @Column(name="person_id")
    @GeneratedValue(strategy=GenerationType.IDENTITY)
    private Integer id;
    private String name;
    private int age;
    // 定义该 Person 实体所有关联的 Address 实体，没有指定 cascade 属性
    @OneToMany(targetEntity=Address.class)
    // 映射外键列，此处映射的外键列将会添加到关联实体对应的数据表中
    @JoinColumn(name="person_id" , referencedColumnName="person_id")
    private Set<Address> addresses
        = new HashSet<>();
    // 省略所有的 getter、setter 方法
    ...
}
```

上面粗体字注解首先使用@OneToMany 修饰了 Set 集合属性，接下来使用@JoinColumn 映射了外键列，此处的外键列并不是增加到当前实体对应的数据表中，而是增加到关联实体（Address）对应的数据表中。

下面是 Address 实体类的源代码。

程序清单：codes\06\6.1\unidirectional\1-Nnojointable\src\org\crazyit\app\domain\Address.java

```
@Entity
@Table(name="address_inf")
public class Address
{
    // 标识属性
    @Id @Column(name="address_id")
    @GeneratedValue(strategy=GenerationType.IDENTITY)
    private int addressId;
    // 定义地址详细信息的成员变量
    private String addressDetail;
    // 无参数的构造器
    public Address()
    {
    }
    // 初始化全部成员变量的构造器
    public Address(String addressDetail)
    {
        this.addressDetail = addressDetail;
    }
    // 省略所有的 getter、setter 方法
    ...
}
```

由于 Addresss 类并不需要维护与 Person 类的关联关系，因此 Address 类看上去并没有任何特别之处。

对于 Person 实体类而言，程序使用@OneToMany 时并没有指定 cascade 属性，这意味着对主表实体的持久化操作不会级联到从表实体。

程序使用如下代码来保存一个 Person 对象和两个 Address 对象。

程序清单：codes\06\6.1\unidirectional\1-Nnojointable\src\lee\PersonManager.java

```
private void testPerson()
{
```

```
        Session session = HibernateUtil.currentSession();
        Transaction tx = session.beginTransaction();
        // 创建一个 Person 对象
        Person p = new Person();
        // 创建一个瞬态的 Address 对象
        Address a = new Address("广州天河");
        // 先持久化 Address 对象
        session.persist(a);                    // ①
        // 设置 Person 的 name 为 crazyit.org 字符串
        p.setName("crazyit.org");
        p.setAge(21);
        // 设置 Person 和 Address 之间的关联关系
        p.getAddresses().add(a);
        // 持久化 Person 对象
        session.save(p);
        // 创建一个瞬态的 Address 对象
        Address a2 = new Address("上海虹口");
        // 修改持久化状态的 Person 对象
        p.getAddresses().add(a2);
        // 持久化 Address 对象
        session.persist(a2);                   // ②
        tx.commit();
        HibernateUtil.closeSession();
    }
```

　　上面程序中第一行粗体字代码持久化了一个 Person 对象，且 Person 对象关联了一个 Address 对象，此时 Hibernate 需要完成哪些事情呢？

　　（1）执行 insert into person_inf ...语句，向 Person 数据表中插入一条记录。

　　（2）Hibernate 试图执行 update address_inf ...语句，将当前 person_inf 表记录关联的 address_inf 表记录的外键修改为该 person_inf 表记录的主键值——问题是：如果 address_inf 表中将要被修改的记录不存在呢（将程序中①号代码注释掉即可看到这种效果）？如果程序在@OneToMany 注解中指定了 cascade=CascadeType.ALL，则 Hibernate 先执行 insert into person_inf...语句插入一条 person_inf 记录，然后执行 insert into address_inf...语句插入一条 address_inf 记录，再执行一条 update address_inf...语句来修改刚刚插入的 address_inf 记录；如果@OneToMany 注解中没有指定级联持久化，那么程序必须显式持久化 Address 对象，否则 Person 实体持有的关联对象就不是持久化实体，Hibernate 会报出 TransientObjectException 异常。

　　正如从上面的程序所看到的，由于配置@OneToMany 注解时没有指定 cascade=CascadeType.ALL，因此程序对 Person 实体的持久化操作不会级联到关联的 Address 实体，程序必须显式持久化两个 Address 实体，如上①、②号代码所示。

　　从上面的执行过程可以看出，虽然上面程序仅仅需要为 Person 实体增加一个关联 Address 实体，但 Hibernate 会采用两条 SQL 语句来完成：一条 insert 语句插入一条外键为 null 的 address_inf 记录；一条 update 语句修改刚刚插入的 address_inf 记录（无论先持久化哪个实体，总会生成额外的 update 语句）——这肯定会造成系统性能不好。

　　造成这种现象的根本原因是：从 Person 到 Address 的关联（外键 person_id）没有被当作 Address 对象状态的一部分（程序是通过把 Address 实体添加到 Person 实体的 addresses 集合属性中，而 Address 实体并不知道它所关联的 Person 实体），因而 Hibernate 无法在执行 insert into address_inf...语句时为该外键列指定值。

　　解决这个问题的思路是，程序必须在持久化 Address 实体之前，让 Address 实体能"知道"它所关联的 Person 实体，也就是应该通过 address.setPerson(person);方法来建立关联关系——这就需要把这个关联关系添加到 Address 的映射中——这就变成了双向 1−N 关联。因此应该尽量少用单向 1−N 单向关联，而是改为使用双向 1−N 关联。

万一程序必须采用单向 1－N 的关联模型，也应该采用有连接表的单向 1－N 关联。

6.1.3.2 有连接表的单向 1－N 关联

对于有连接表的 1－N 关联，同样需要使用@OneToMany 修饰代表关联实体的集合属性。除此之外，程序还应使用@JoinTable 显式指定连接表。

下面 Person 类使用了@OneToMany、@JoinTable 修饰代表关联实体的集合属性。Person 类代码如下。

程序清单：codes\06\6.1\unidirectional\1-Njointable\src\org\crazyit\app\domain\Person.java

```java
@Entity
@Table(name="person_inf")
public class Person
{
    // 标识属性
    @Id @Column(name="person_id")
    @GeneratedValue(strategy=GenerationType.IDENTITY)
    private Integer id;
    private String name;
    private int age;
    // 定义该 Person 实体所有关联的 Address 实体
    @OneToMany(targetEntity=Address.class)
    // 映射连接表为 person_address
    @JoinTable(name="person_address",
        // 定义连接表中名为 person_id 的外键列，该外键列参照当前实体对应表的主键列
        joinColumns=@JoinColumn(name="person_id"
            , referencedColumnName="person_id"),
        // 定义连接表中名为 address_id 的外键列
        // 该外键列参照当前实体的关联实体对应表的主键列
        inverseJoinColumns=@JoinColumn(name="address_id"
            , referencedColumnName="address_id", unique=true)
    )
    private Set<Address> addresses
        = new HashSet<>();
    // 省略所有的 getter、setter 方法
    ...
}
```

上面粗体字@JoinTable 注解映射 address_id 外键列时，指定了 unique=true，这意味着为连接表的 address_id 列增加了唯一约束，因此每个 Address 实体最多只能关联一个 Person 实体，但一个 Person 实体可以关联多个 Address 实体。

当程序需要保存一个 Person 对象、两个 Address 对象，并建立该 Person 对象和这两个 Address 对象的关联关系时，程序依然需要 5 条 SQL 语句，只是这 5 条 SQL 语句都是 insert 语句——其中两条用于向连接表中插入记录，从而建立 Person 和 Address 之间的关联关系。

对于采用连接表的单向 1－N 关联而言，由于采用了连接表来维护 1－N 关联关系，两个实体对应的数据表都无须增加外键列，因此不存在主从表关系，程序完全可以想先持久化哪个实体，就先持久化哪个实体。无论先持久化哪个实体，程序都不会引发性能问题。

➤➤ 6.1.4 单向 N－N 关联

单向的 N－N 关联和 1－N 关联的持久化类代码完全相同，控制关系的一端需要增加一个 Set 类型

的属性，被关联的持久化实例以集合形式存在。

　　$N-N$ 关联需要使用@ManyToMany 注解来修饰代表关联实体的集合属性，使用@ManyToMany 时可指定如表 6.5 所示的属性。

表 6.5　@ManyToMany 支持的属性

属性	是否必需	说明
cascade	否	指定 Hibernate 对关联实体采用怎样的级联策略，该级联策略支持如下 5 个属性值： • CascadeType.ALL：指定 Hibernate 将所有的持久化操作都级联到关联实体 • CascadeType.MERGE：指定 Hibernate 将 merge 操作级联到关联实体 • CascadeType.PERSIST：指定 Hibernate 将 persist 操作级联到关联实体 • CascadeType.REFRESH：指定 Hibernate 将 refresh 操作级联到关联实体 • CascadeType. REMOVE：指定 Hibernate 将 remove 操作级联到关联实体
fetch	否	指定抓取关联实体时的抓取策略，该属性支持如下两个属性值： • FetchType.EAGER：抓取实体时，立即抓取关联实体 • FetchType.LAZY：抓取实体时，延迟抓取关联实体。等到真正用到关联实体时才去抓取。这是默认值
mappedBy	否	该属性合法的属性值为关联实体的属性名，该属性指定关联实体中哪个属性可引用到当前实体
targetEntity	否	该属性指定关联实体的类名。在默认情况下，Hibernate 将通过反射来判断关联实体的类名

　　$N-N$ 关联必须使用连接表，$N-N$ 关联与有连接表的 $1-N$ 关联非常相似，因此都需要使用 @JoinTable 来映射连接表，区别是 $N-N$ 关联要去掉@JoinTable 注解的 inverseJoinColumns 属性所指定的@JoinColumn 中的 unique=true。

　　下面是单向 $N-N$ 关联的 Person 类代码。

程序清单：codes\06\6.1\unidirectional\N-N\src\org\crazyit\app\domain\Person.java

```java
@Entity
@Table(name="person_inf")
public class Person
{
    // 标识属性
    @Id @Column(name="person_id")
    @GeneratedValue(strategy=GenerationType.IDENTITY)
    private Integer id;
    private String name;
    private int age;
    // 定义该 Person 实体所有关联的 Address 实体
    @ManyToMany(targetEntity=Address.class)
    // 映射连接表为 person_address
    @JoinTable(name="person_address",
        // 定义连接表中名为 person_id 的外键列，该外键列参照当前实体对应表的主键列
        joinColumns=@JoinColumn(name="person_id"
        // 定义连接表中名为 address_id 的外键列，
        // 该外键列参照当前实体的关联实体对应表的主键列，没有指定 unique=true
        , referencedColumnName="person_id"),
        inverseJoinColumns=@JoinColumn(name="address_id"
        , referencedColumnName="address_id")
    )
    private Set<Address> addresses
        = new HashSet<>();
    // 省略所有的 getter、setter 方法
    ...
}
```

　　从上面的粗体字代码可以看出，指定 inverseJoinColumns 属性时，@JoinColumn 注解没有指定 unique="true"属性，这就完成了 $N-N$ 的关联映射。

➤➤ 6.1.5 双向 1－N 关联

对于 1－N 关联，Hibernate 推荐使用双向关联，而且不要让 1 的一端控制关联关系，而使用 N 的一端控制关联关系。双向的 1－N 关联与 N－1 关联是完全相同的两种情形，两端都需要增加对关联属性的访问，N 的一端增加引用到关联实体的属性，1 的一端增加集合属性，集合元素为关联实体。

Hibernate 同样对这种双向关联映射提供了两种支持：有连接表的和无连接表的。大部分时候，对于 1－N 的双向关联映射，使用无连接表的映射策略即可。

6.1.5.1 无连接表的双向 1－N 关联

无连接表的双向 1－N 关联，N 的一端需要增加@ManyToOne 注解来修饰代表关联实体的属性，而 1 的一端则需要使用@OneToMany 注解来修饰代表关联实体的属性

底层数据库为了记录这种 1－N 关联关系，实际上只需要在 N 的一端的数据表里增加一个外键列即可，因此应该在使用@ManyToOne 注解的同时，使用@JoinColumn 来映射外键列。

前面已经提到，对于双向的 1－N 关联映射，通常不应该允许 1 的一端控制关联关系，而应该由 N 的一端来控制关联关系，因此应该在使用@OneToMany 注解时指定 mappedBy 属性——一旦为@OneToMany、@ManyToMany 指定了该属性，则表明当前实体不能控制关联关系。当@OneToMany、@ManyToMany、@OneToOne 所在的当前实体放弃控制关联关系之后，Hibernate 就不允许使用@JoinColumn 或@JoinTable 修饰代表关联实体的属性了。

> **· 注意 ·**
>
> 对于指定了 mappedBy 属性的@OneToMany、@ManyToMany、@OneToOne 注解，都不能与@JoinColumn 或@JoinTable 同时修饰代表关联实体的属性。

如下 Person 类使用了@OneToMany 修饰代表关联实体的 Set 集合属性，并指定了 mappedBy 属性。Person 类的源代码如下。

程序清单：codes\06\6.1\bidirectional\1-Nnojointable\src\org\crazyit\app\domain\Person.java

```java
@Entity
@Table(name="person_inf")
public class Person
{
    // 标识属性
    @Id @Column(name="person_id")
    @GeneratedValue(strategy=GenerationType.IDENTITY)
    private Integer id;
    private String name;
    private int age;
    // 定义该 Person 实体所有关联的 Address 实体
    // 指定 mappedBy 属性表明该 Person 实体不控制关联关系
    @OneToMany(targetEntity=Address.class
        , mappedBy="person")
    private Set<Address> addresses
        = new HashSet<>();
    // 省略所有的 getter、setter 方法
    ...
}
```

上面的 Person 类增加了一个 Set 集合属性，用于记录它关联的一系列 Address 实体，程序使用了@OneToMany 修饰该集合属性，表明此处是 1－N 关联。从上面的粗体字代码可以看出，使用@OneToMany 时指定了 mappedBy 属性，这就表明 Person 实体不控制关联关系。

而 Address 端则只需增加一个 Person 类型的属性，这表明 Address 和 Person 存在 N－1 的关联关系。除此之外，程序需要使用@ManyToOne、@JoinColumn 来修饰代表关联实体的属性。如下是 Address 类的源代码。

程序清单：codes\06\6.1\bidirectional\1-Nnojointable\src\org\crazyit\app\domain\Address.java

```
@Entity
@Table(name="address_inf")
public class Address
{
    // 标识属性
    @Id @Column(name="address_id")
    @GeneratedValue(strategy=GenerationType.IDENTITY)
    private int addressId;
    // 定义地址详细信息的成员变量
    private String addressDetail;
    // 定义该 Address 实体关联的 Person 实体
    @ManyToOne(targetEntity=Person.class)
    // 定义名为 person_id 的外键列，该外键列引用 person_inf 表的 person_id 列
    @JoinColumn(name="person_id" , referencedColumnName="person_id"
        , nullable=false)
    private Person person;
    // 省略所有 getter、setter 方法
    ...
}
```

上面粗体字注解使用了@ManyToOne 修饰代表关联实体的属性，也使用了@JoinColumn 映射外键列，该注解将会控制在 address_inf 表中增加名为 person_id 的外键列，这意味着 address_inf 表将作为从表使用。

如下主程序用于保存一个 Person 对象和两个 Address 对象，并设置它们的关联关系。

程序清单：codes\06\6.1\bidirectional\1-Nnojointable\src\lee\PersonManager.java

```
private void testPerson()
{
    Session session = HibernateUtil.currentSession();
    Transaction tx = session.beginTransaction();
    // 创建一个瞬态的 Person 对象
    Person p = new Person();
    // 设置 Person 的 name 为 crazyit.org 字符串
    p.setName("crazyit.org");
    p.setAge(29);
    // 持久化 Person 对象(对应于插入主表记录)
    session.save(p);
    // 创建一个瞬态的 Address 对象
    Address a = new Address("广州天河");
    // 先设置 Person 和 Address 之间的关联关系
    a.setPerson(p);
    // 再持久化 Address 对象(对应于插入从表记录)
    session.persist(a);
    // 创建一个瞬态的 Address 对象
    Address a2 = new Address("上海虹口");
    // 先设置 Person 和 Address 之间的关联关系
    a2.setPerson(p);
    // 再持久化 Address 对象(对应于插入从表记录)
    session.persist(a2);
    tx.commit();
    HibernateUtil.closeSession();
}
```

上面的主程序保存了一个 Person 对象（对应于向 person_inf 表插入一条记录），又保存了两个 Address 对象（对应于向 address_inf 表插入两条记录），并建立该 Person 对象和两个 Address 对象的关联关系。为了保证较好的性能（只要三条 insert 语句），主程序需要注意如下几点。

> 最好先持久化 Person 对象（或该 Person 对象本身已处于持久化状态）。因为程序希望持久化 Address 对象时，Hibernate 可为 Address 的外键属性分配值——也就是说，向 address_inf 数据表插入记录时，该记录的外键列已指定了值——这表明它参照的主表记录已存在，也就是 Person 对象必须已被持久化。

> 先设置 Person 和 Address 的关联关系，再保存持久化 Address 对象。如果顺序反过来，程序持

久化 Address 对象时，该 Address 对象还没有关联实体，所以 Hibernate 不可能为对应记录的外键列指定值；等到设置关联关系时，Hibernate 只能再次使用 update 语句来修改关联关系。

➤ 不要通过 Person 对象来设置关联关系，因为已经在 Person 映射注解@OneToMany 中指定了 mappedBy 属性，该属性表明 Person 对象不能控制关联关系。

6.1.5.2 有连接表的双向 1－N 关联

对于有连接表的双向 1－N 关联而言，可以让 1 的一端无须任何改变，此时 1 的一端依然不控制关联关系；只要在 N 的一端使用@JoinTable 显式指定连接表即可。

对于使用连接表的 1－N 关联，Person 类（1 的一端）与不使用连接表的 1－N 关联中 Person 类的源代码相同，此处不再给出。Address 类则需要使用@JoinTable 映射连接表。下面是 Address 类的源代码。

程序清单：codes\06\6.1\bidirectional\1-Njointable\src\org\crazyit\app\domain\Address.java

```
@Entity
@Table(name="address_inf")
public class Address
{
    // 标识属性
    @Id @Column(name="address_id")
    @GeneratedValue(strategy=GenerationType.IDENTITY)
    private int addressId;
    // 定义地址详细信息的成员变量
    private String addressDetail;
    // 定义该 Address 实体关联的 Person 实体
    @ManyToOne(targetEntity=Person.class)
    // 映射连接表，指定连接表为 person_address
    @JoinTable(name="person_address",
        // 指定连接表中 address_id 列参照当前实体对应数据表的 address_id 主键列
        joinColumns=@JoinColumn(name="address_id"
          , referencedColumnName="address_id", unique=true),
        // 指定连接表中 person_id 列参照当前实体的关联实体对应数据表的 person_id 主键列
        inverseJoinColumns=@JoinColumn(name="person_id"
          , referencedColumnName="person_id")
    )
    private Person person;
    // 省略所有的 getter、setter 方法
    ...
}
```

上面的粗体字注解指定连接表为 person_address，且指定连接表中两列为 person_id 和 address_id，其中 address_id 参照 Address 实体对应的数据表的 address_id 主键列，person_id 参照 Person 实体对应的数据表的 person_id 主键列。

对于这种映射方式，由于程序依然在 Person 一端的@OneToMany 注解中指定了 mappedBy 属性，这意味着该 Person 实体依然不能控制关联关系。

如果程序希望 Person 实体也可控制关联关系——对于有连接表的 1－N 关联而言，使用 1 的一端控制关联关系，并不会影响程序性能，那么程序就需要删除@OneToMany 注解的 mappedBy 属性，并同时配合使用@JoinTable 注解。下面是 Person 持久化类（1 的一端）也可控制关联关系时的源代码。

程序清单：codes\06\6.1\bidirectional\1-Njointable\src\org\crazyit\app\domain\Person.java

```
@Entity
@Table(name="person_inf")
public class Person
{
    // 标识属性
    @Id @Column(name="person_id")
    @GeneratedValue(strategy=GenerationType.IDENTITY)
    private Integer id;
    private String name;
    private int age;
    // 定义该 Person 实体所有关联的 Address 实体
//    @OneToMany(targetEntity=Address.class ,mappedBy="person")
```

```
@OneToMany(targetEntity=Address.class)
// 映射连接表，指定连接表为 person_address
@JoinTable(name="person_address",
    // 指定连接表中 person_id 列参照当前实体对应数据表的 person_id 主键列
    joinColumns=@JoinColumn(name="person_id"
        , referencedColumnName="person_id"),
    // 指定连接表中 address_id 列参照当前实体的关联实体对应数据表的 address_id 主键列
    inverseJoinColumns=@JoinColumn(name="address_id"
        , referencedColumnName="address_id", unique=true)
)
private Set<Address> addresses
    = new HashSet<>();
```

　　上面的粗体字注解也指定了连接表的表名为 person_address——要求 1 的一端、N 的一端的 @JoinTable 的 name 属性相同，这就保证它们映射的是同一个连接表，两端使用@JoinTable 时指定的外键列的列名也是相互对应的。

　　对于上面这种映射方式，程序既可让 Person 实体控制关联关系，也可让 Address 实体控制关联关系，而且由于 Person 实体、Address 实体的关联关系交给连接表管理，因此它们不存在主从表关系。因此，程序完全可以想先持久化哪个实体，就先持久化哪个实体。无论先持久化哪个实体，程序都不会引发性能问题。

▶▶ 6.1.6　双向 N-N 关联

　　双向 N-N 关联需要两端都使用 Set 集合属性，两端都增加对集合属性的访问。双向 N-N 关联没有太多选择，只能采用连接表来建立两个实体之间的关联关系。

　　双向 N-N 关联需要在两端分别使用@ManyToMany 修饰 Set 集合属性，并在两端都使用@JoinTable 显式映射连接表。在两端映射连接表时，两端指定的连接表的表名应该相同，而且两端使用@JoinTable 时指定的外键列的列名也是相互对应的。

　　需要说明的是，如果程序希望某一端放弃控制关联关系，则可在这一端的@ManyToMany 注解中指定 mappedBy 属性，这一端就无须、也不能使用@JoinTable 映射连接表了。

　　下面示例让 Person 实体类与 Address 类保留双向 N-N 关联关系，而且双方都能控制关联关系，因此程序需要在两边分别使用@ManyToMany、@JoinTable 映射连接表。

　　下面是 Person 类的源代码。

程序清单：codes\06\6.1\bidirectional\N-N\src\org\crazyit\app\domain\Person.java

```
@Entity
@Table(name="person_inf")
public class Person
{
    // 标识属性
    @Id @Column(name="person_id")
    @GeneratedValue(strategy=GenerationType.IDENTITY)
    private Integer id;
    private String name;
    private int age;
    // 定义该 Person 实体所有关联的 Address 实体
    @ManyToMany(targetEntity=Address.class)
    // 映射连接表，指定连接表的表名为 person_address
    @JoinTable(name="person_address",
        // 映射连接表中名为 person_id 的外键列，
        // 该列参照当前实体对应表的 person_id 主键列
        joinColumns=@JoinColumn(name="person_id"
            , referencedColumnName="person_id"),
        // 映射连接表中名为 address_id 的外键列
        // 该列参数当前实体的关联实体对应表的 address_id 主键列
        inverseJoinColumns=@JoinColumn(name="address_id"
            , referencedColumnName="address_id")
    )
    private Set<Address> addresses
```

```
        = new HashSet<>();
    // 省略所有的 setter 和 getter 方法
    ...
}
```

上面程序中粗体字注解代码映射了底层连接表的表名为 person_address，并指定该连接表中包含两列：person_id 和 address_id，其中 person_id 参照 person_inf 表的 person_id 主键列，address_id 参照 address_inf 表的 address_id 主键列。由于此处管理的是 N−N 关联，因此不能为任何@JoinColumn 注解增加 unique=true。

接下来管理 Address 实体类时，应该让 Address 一端管理的连接表的表名也为 person_address，且连接表中两列的列名分别为 address_id 和 person_id。下面是 Address 实体类的源代码。

程序清单：codes\06\6.1\bidirectional\N-N\src\org\crazyit\app\domain\Address.java

```java
@Entity
@Table(name="address_inf")
public class Address
{
    // 标识属性
    @Id @Column(name="address_id")
    @GeneratedValue(strategy=GenerationType.IDENTITY)
    private int addressId;
    // 定义地址详细信息的成员变量
    private String addressDetail;
    // 定义该 Address 实体所有关联的 Person 实体
    @ManyToMany(targetEntity=Person.class)
    // 映射连接表，指定连接表的表名为 person_address
    @JoinTable(name="person_address",
        // 映射连接表中名为 address_id 的外键列
        // 该列参照当前实体对应表的 address_id 主键列
        joinColumns=@JoinColumn(name="address_id"
            , referencedColumnName="address_id"),
        // 映射连接表中名为 person_id 的外键列
        // 该列参照当前实体对应表的 person_id 主键列
        inverseJoinColumns=@JoinColumn(name="person_id"
            , referencedColumnName="person_id")
    )
    private Set<Person> persons
        = new HashSet<>();
    // 无参数的构造器
    public Address()
    {
    }
    // 初始化全部成员变量的构造器
    public Address(String addressDetail)
    {
        this.addressDetail = addressDetail;
    }
    // 省略全部的 setter 和 getter 方法
    ...
}
```

如果程序需要让双向 N−N 关联的两端都能控制关联关系，那么关联关系的两端都要增加@JoinTable 映射连接表，而且两端映射的连接表的表名要相同，连接表中的数据列要相互对应。

▶▶ 6.1.7　双向 1−1 关联

双向 1−1 关联需要修改两端的持久化类代码，让两个持久化类都增加引用关联实体的属性，并为该属性提供 setter 和 getter 方法。

6.1.7.1　基于外键的双向 1−1 关联

对于双向 1−1 关联而言，两端都需要使用@OneToOne 注解进行映射。

对于基于外键的双向 1−1 关联，外键可以存放在任意一端。存放外键的一端，需要增加

@JoinColumn 注解来映射外键列，与前面介绍相同的是，还应该为@JoinColumn 注解增加 unique=true 属性来表示该实体实际上是 1 的一端。

对于 1—1 的关联关系，两个实体原本处于平等状态；但当选择任意一端来增加外键后（增加@JoinColumn 注解的实体端），该表即变成从表，而另一个表则成为主表。

对于双向 1—1 关联的主表对应的实体，也不应该用于控制关联关系（否则会导致生成额外的 update 语句，从而引起性能下降），因此主表对应的实体中使用@OneToOne 注解时，应增加 mappedBy 属性——该属性用于表明该实体不管理关联关系，这一端对应的数据表将作为主表使用，不能使用@JoinColumn 映射外键列。

下面是双向 1—1 关联的主表一端，使用@OneToOne 时增加了 mappedBy 属性，没有使用@JoinColumn 注解修饰代表关联实体的属性。

程序清单：codes\06\6.1\bidirectional\1-1FK\src\org\crazyit\app\domain\Person.java

```
@Entity
@Table(name="person_inf")
public class Person
{
    // 标识属性
    @Id @Column(name="person_id")
    @GeneratedValue(strategy=GenerationType.IDENTITY)
    private Integer id;
    private String name;
    private int age;
    // 定义该 Person 实体关联的 Address 实体
    @OneToOne(targetEntity=Address.class , mappedBy="person")
    private Address address;
    // 省略所有的 setter、getter 方法
    ...
}
```

上面粗体字@OneToOne 映射指定了 mappedBy 属性，表明该 Person 实体不再控制关联关系。

下面是双向 1—1 关联的从表一端，使用@OneToOne 时不指定 mappedBy 属性，需要使用@JoinColumn 注解修饰代表关联实体的属性，用于显式定义外键列。

程序清单：codes\06\6.1\bidirectional\1-1FK\src\org\crazyit\app\domain\Address.java

```
@Entity
@Table(name="address_inf")
public class Address
{
    // 标识属性
    @Id @Column(name="address_id")
    @GeneratedValue(strategy=GenerationType.IDENTITY)
    private int addressId;
    // 定义地址详细信息的成员变量
    private String addressDetail;
    // 定义该 Address 实体关联的 Person 实体
    @OneToOne(targetEntity=Person.class)
    // 用于映射 person_id 外键列，参照 person_inf 表的 person_id 列
    // 指定了 unique=true 表明是 1-1 关联
    @JoinColumn(name="person_id" , referencedColumnName="person_id"
        , unique=true)
    private Person person;
    // 省略所有的 setter、getter 方法
    ...
}
```

上面粗体字@JoinColumn 注解显式映射了底层的外键列，并指定 unique＝true，这代表了 1—1 关联。

> **注意**
>
> 　　上面的映射策略可以互换，即让 Person 端存放外键，使用@JoinColumn 注解映射关联属性；但 Address 端则使用@OneToOne 时增加 mappedBy 属性，但不要两端都使用相同的注解进行映射。

6.1.7.2 有连接表的双向 1—1 关联

这种情况非常罕见，因此本书将这部分内容放到本书配套的附录文档中。示例代码可参考光盘中 codes\06\6.1\bidirectional 目录下的 1-1jointable 示例。

➤➤ 6.1.8 组件属性包含的关联实体

前面已经提到过，组件里的属性不仅可以是基本类型、字符串、日期类型等，也可以是值类型行为的组件，甚至可以是关联实体。

对于组件的属性是关联实体的情形，可以使用@OneToOne、@OneToMany、@ManyTo@One、@ManyToMany 修饰代表关联实体的属性。如果程序采用基于外键的映射策略，还需要配合 @JoinColumn 注解——该注解用于映射外键列；如果程序采用基于连接表的映射策略，还需要配合 @JoinTable 注解——该注解用于映射连接表。

下面的 Person 实体定义包含一个 Address 类型的属性，但这个 Address 类型的属性并非代表关联实体，只是一个组件属性。

程序清单：codes\06\6.1\component-entity\src\org\crazyit\app\domain\Person.java

```java
@Entity
@Table(name="person_inf")
public class Person
{
    // 标识属性
    @Id @Column(name="person_id")
    @GeneratedValue(strategy=GenerationType.IDENTITY)
    private Integer id;
    // Person 的 name 属性
    private String name;
    // 保留 Person 的 age 属性
    private int age;
    // 定义一个组件属性
    private Address address;
    // 省略所有的 setter、getter 方法
    ...
}
```

上面程序中粗体字代码定义了 Address 类型的组件属性，Address 组件中包含了一个 Set 类型的属性，该 Set 类型的属性负责维护与 School 实体之间的 1—N 关联。

- ➢ 如果程序使用不带连接表的关联策略来维护 Address 与 School 之间的关联关系，则需要使用 @OneToMany、@JoinColumn 修饰代表关联实体的 Set 属性。
- ➢ 如果程序使用带连接表的关联策略来维护 Address 与 School 之间的关联关系，则需要使用 @OneToMany、@JoinTable 修饰代表关联实体的 Set 属性。

下面使用不带连接表的关联策略来维护 Address 与 School 之间的关联关系，因此需要使用 @OneToMany、@JoinColumn 修饰 Address 里代表关联实体的 Set 属性。下面是 Address 类的源代码。

程序清单：codes\06\6.1\component-entity\src\org\crazyit\app\domain\Address.java

```java
@Embeddable
public class Address
{
    // 代表地址详细信息的成员变量
    @Column(name="address_detail")
```

```
private String addressDetail;
// 定义该组件属性所在的包含实体
@Parent
private Person person;
// 定义保留关联实体的 Set 集合
@OneToMany(targetEntity=School.class)
// 映射外键列，此处告诉 Hibernate 在 School 实体对应的表中增加外键列
// 该外键列的列名为 address_id，参照 person_inf 表的 person_id 主键列
@JoinColumn(name="address_id", referencedColumnName="person_id")
private Set<School> schools
    = new HashSet<>();
public Address(){}

public Address(String addressDetail)
{
    this.addressDetail = addressDetail;
}
// 省略所有的 setter、getter 方法
...
}
```

如果读者还记得前面的不带连接表的单向 1－N 关联，则会发现此处的注解方式与不带连接表的单向 1－N 关联的注解方式完全相同。实际上，此处建立的就是 Address 与 School 的单向 1－N 关联，因此注解方式与单向 1－N 关联的注解方式完全相同。

需要指出的是，由于 Address 本身并不是持久化实体，因此无法让 School 建立与 Address 的关联关系，所以这种这种情形只能建立单向关联。

School 类是一个简单的持久化类，School 类里无须定义访问 Address 类的关联属性，因为如果想让 School 类和 Address 类建立关联，那就要求把 Address 类也映射成持久化类。由于此处只是把 Address 当成组件属性使用，因此 School 无法和这个并不存在的持久化类建立关联。School 类的代码非常简单，此处不再给出。

下面的方法示范了如何保存 Person 对象，以及 Address 组件所关联的两个 School 对象。

程序清单：codes\06\6.1\component-entity\src\org\crazyit\app\domain\PersonManager.java

```
// 保存 Person 和 School 对象
private void testPerson()
{
    Session session = HibernateUtil.currentSession();
    Transaction tx = session.beginTransaction();
    // 创建一个 Person 对象
    Person p = new Person();
    // 设置 Person 的 name 为 crazyit
    p.setName("crazyit");
    p.setAge(21);
    session.save(p);
    // 创建一个 Address 对象
    Address a = new Address("广州天河");
    // 设置 Person 对象的 Address 属性
    p.setAddress(a);
    // 创建两个 School 对象
    School s1 = new School("疯狂 iOS 训练营");
    School s2 = new School("疯狂 Java 训练营");
    // 保存两个 School 实体
    session.save(s1);
    session.save(s2);
    // 设置 Address 对象和两个 School 的关联关系
    a.getSchools().add(s1);
    a.getSchools().add(s2);
    tx.commit();
    HibernateUtil.closeSession();
}
```

这种映射策略与前面单向的 1－N 关联极其相似，程序必须先主动持久化两个 School 对象，因为

School 对象没有保留对 Address 的引用，所以 Hibernate 插入 school_inf 记录时只能让其外键为空，这必然导致在设置关联关系时需要使用 update 语句。

对于上面的映射策略，从逻辑上看应该是 Address 和 School 存在 1－N 关联关系，但底层数据库将会让 school_inf 表的外键列参照 person_inf 表的主键，这种主从表的约束关系看上去有些混乱。。

一般来说，如果需要让持久化实体和组件属性建立关联关系，程序应该将该组件映射成持久化实体，而不是组件属性，这就可以将上面的单向 1－N 关联改写成双向 1－N 关联，从而提供较好的性能。

Hibernate 还支持让复合主键（以组件实体充当复合主键）和持久化实体建立关联关系，这种策略也是比较怪异的。下面介绍这种关联关系。

▶▶ 6.1.9 基于复合主键的关联关系

在实际项目中并不推荐使用复合主键，总是建议采用没有物理意义的逻辑主键。复合主键的做法不仅会增加数据库建模的难度，而且会增加关联关系的维护成本。但在某些特殊的情形下，或者由于某些人的特殊习惯，总有可能需要面对基于复合主键的关联，Hibernate 也为这种特殊的关联提供了支持。

对于此处 1－N 的双向关联，1 的一端将两个属性结合起来作为复合主键，N 的一端依然使用 Integer 类型的普通主键。

对于 1 的一端而言，由于关联实体（N 的一端）依然采用 Integer 类型的普通主键，因此 1 的一端并不需要任何特殊的改变。下面是 1 的一端的源代码。

程序清单：codes\06\6.1\1-N(composite-id)\src\org\crazyit\app\domain\Person.java

```
@Entity
@Table(name="person_inf")
public class Person
    implements java.io.Serializable
{
    // 定义 first 成员变量，作为标识属性的成员
    @Id
    private String first;
    // 定义 last 成员变量，作为标识属性的成员
    @Id
    private String last;
    private int age;
    // 记录该 Person 实体关联的所有 Address 实体
    @OneToMany(targetEntity=Address.class, mappedBy="person"
        , cascade=CascadeType.ALL)
    private Set<Address> addresses
        = new HashSet<>();
    // 省略所有的 getter、setter 方法
    ...
    // 重写 equals()方法，根据 first、last 进行判断
    public boolean equals(Object obj)
    {
        if (this == obj)
        {
            return true;
        }
        if (obj != null && obj.getClass() == Person.class)
        {
            Person target = (Person)obj;
            return target.getFirst().equals(this.first)
                && target.getLast().equals(this.last);
        }
        return false;
    }
    // 重写 hashCode()方法，根据 first、last 计算 hashCode 值
    public int hashCode()
    {
```

```
        return getFirst().hashCode() * 31
            + getLast().hashCode();
    }
}
```

上面 Person 类中的 first、last 两个属性将作为标识属性的成员，因此 Person 类需要实现 java.io.Serializable 接口。不仅如此，上面的 Person 类还重写了 equas() 和 hashCode() 两个方法。为了让 Hibernate 将 first、last 当成复合主键的成员，程序使用了两个 @Id 修饰它们。

从上面的粗体字注解可以看出，使用 @OneToMany 注解时指定了 mappedBy 属性，这表明程序 1 的一端不控制关联关系。由于 Person 的关联实体（Address 实体）使用的是 Integer 类型的普通主键，因此使用 @OneToMany 注解映射关联关系时也没有任何特别的地方。

由于此处 Person 类采用了复合主键——程序使用了两个 @Id 修饰代表复合主键的成员变量，因此 Address 实体需要使用两个 @JoinColumn 映射外键列，但由于程序并不允许直接使用两个 @JoinColumn 修饰代表关联实体的属性（Java 8 已经允许使用重复注解，但需要对原有注解进行改造），因此还需要使用 @JoinColumns 来组合两个 @JoinColumn 注解。

下面是 Address 实体类的源代码。

程序清单：codes\06\6.1\1-N(composite-id)\src\org\crazyit\app\domain\Address.java

```
@Entity
@Table(name="address_inf")
public class Address
{
    // 标识属性
    @Id @Column(name="address_id")
    @GeneratedValue(strategy=GenerationType.IDENTITY)
    private int addressId;
    // 定义代表地址详细信息的成员变量
    private String addressDetail;
    // 记录该 Address 实体关联的 Person 实体
    @ManyToOne(targetEntity=Person.class)
    // 使用 @JoinColumns 包含多个 @JoinColumn 定义外键列
    @JoinColumns({
        // 由于主表使用了复合主键（有两个主键列）
        // 因此需要使用两个 @JoinColumn 定义外键列来参照 person_inf 表的两个主键列
        @JoinColumn(name="person_first"
            , referencedColumnName="first" , nullable=false),
        @JoinColumn(name="person_last"
            , referencedColumnName="last" , nullable=false)
    })
    private Person person;
    // 无参数的构造器
    public Address()
    {
    }
    // 初始化全部成员变量的构造器
    public Address(String addressDetail)
    {
        this.addressDetail = addressDetail;
    }
    // 省略所有的 getter、setter 方法
    ...
}
```

通过上面的注解，就可以在 address_inf 表中增加两个外键列：person_first、person_last，这两列正好参照主表（person_inf）的 first、last 复合主键。

▶▶ 6.1.10　复合主键的成员属性为关联实体

正如上一节看到的，使用复合主键并没有带来什么特别大的好处，却给编程、数据库维护带来额外的麻烦。本节介绍的也是复合主键带来的"无尽的痛苦"。本示例中的实体也使用了复合主键，而且此时复合主键的成员更特殊：复合主键的成员是关联实体。

复合主键的成员是关联实体的示例看上去比较特殊，但在实际项目中却很受欢迎，例如开发一个进销存管理系统，该系统涉及订单、商品、订单项三个实体，其中一个订单可以包含多个订单项，一个订单项用于订购某个商品，以及订购数量，一个商品可以多次出现在不同的订单项中。

从上面的介绍来看，订单和订单项之间存在双向的 $1-N$ 关联关系，订单项和商品之间存在单向的 $N-1$ 关联关系——本来这也没有什么值得介绍的，这就是普通的双向关联、单向关联。问题是，在实际项目中，有些程序员（尤其是早期那些从 PB、Delphi 转型过来的）不为订单项定义额外的逻辑主键，而是使用订单主键、商品主键、订货数量作为复合主键，这就比较特殊，需要做一些特殊的映射了。

下面先看代表商品的 Product 类，Product 和 OrderItem 之间只是单向的关联：OrderItem 可以访问该订单项所订购的商品，但 Product 并不需要知道它出现在哪些订单项中，因此 Product 实体类没有什么特别的地方。Product 类没有保留与其他实体的关联关系，因此该持久化类的代码比较简单。

程序清单：codes\06\6.1\1-N(entity-id)\src\org\crazyit\app\domain\Product.java

```java
@Entity
@Table(name="product_inf")
public class Product
{
    // 定义标识属性
    @Id @Column(name="product_id")
    @GeneratedValue(strategy=GenerationType.IDENTITY)
    private Integer productId;
    private String name;
    // 无参数的构造器
    public Product(){}
    // 初始化全部属性的构造器
    public Product(String name)
    {
        this.name = name;
    }
    // 省略所有的setter、getter方法
    ...
}
```

接下来看代表订单的 Order 类，该类需要维护与订单项（OrderItem）的 $1-N$ 关联关系，因此程序需要在 Order 类中增加 Set 类型的属性，该属性负责管理与多个 OrderItem 之间的关联关系。除此之外，还应该使用@OneToMany 修饰该 Set 集合属性。

下面是 Order 持久化类的源代码。

程序清单：codes\06\6.1\1-N(entity-id)\src\org\crazyit\app\domain\Order.java

```java
@Entity
@Table(name="order_inf")
public class Order
{
    // 定义标识属性
    @Id @Column(name="order_id")
    @GeneratedValue(strategy=GenerationType.IDENTITY)
    private Integer orderId;
    private Date orderDate;
    // 关联的订单项
    @OneToMany(targetEntity=OrderItem.class, mappedBy="order")
    private Set<OrderItem> items
        = new HashSet<>();
    // 无参数的构造器
    public Order(){}
    // 初始化全部成员变量的构造器
    public Order(Date orderDate)
    {
        this.orderDate = orderDate;
    }
    // 省略所有的setter和getter方法
    ...
}
```

上面的 Order 类定义了一个简单的订单实体，一个订单实体对应于多个订单项，因此使用了 Set 集合来记录它所关联的订单项，并使用@OneToMany 来修饰该 Set 集合属性，这样即可定义 Order 与 OrderItem 之间的 1−N 关联关系。

OrderItem 需要维护与 Product 的 N−1 关联关系，还需要维护与 Order 之间的 N−1 关联关系，因此使用@ManyToOne 修饰这两个代表关联实体的属性，并配置@JoinColumn 来映射底层的外键列。

下面是 OrderItem 实体类的代码。

程序清单：codes\06\6.1\1-N(entity-id)\src\org\crazyit\app\domain\OrderItem.java

```java
@Entity
@Table(name="order_item_inf")
public class OrderItem
    implements java.io.Serializable
{
    // 下面三个属性将作为联合主键
    // 定义关联的 Order 实体
    @ManyToOne(targetEntity=Order.class)
    // 映射名为 order_id 的外键列，参照 order_inf 的 order_id 主键列
    @JoinColumn(name="order_id" , referencedColumnName="order_id")
    @Id
    private Order order;
    // 定义关联的 Product 实体
    @ManyToOne(targetEntity=Product.class)
    // 映射名为 product_id 的外键列，参照 product_inf 的 product_id 主键列
    @JoinColumn(name="product_id" , referencedColumnName="product_id")
    @Id
    private Product product;
    // 该订单项订购的产品数量
    @Id
    private int count;

    // 无参数的构造器
    public OrderItem(){ }
    // 初始化全部成员变量的构造器
    public OrderItem(Order order , Product product , int count)
    {
        this.order = order;
        this.product = product;
        this.count = count;
    }
    // 省略所有的 setter 和 getter 方法
    ...
    // 重写 equals()方法，根据 product、order、count 判断是否相等
    public boolean equals(Object obj)
    {
        if(this == obj)
        {
            return true;
        }
        if(obj != null && obj.getClass() == OrderItem.class)
        {
            OrderItem target = (OrderItem)obj;
            return this.order.equals(target.getOrder())
                && this.product.equals(target.getProduct())
                && this.count == target.getCount();
        }
        return false;
    }
    // 重写 hashCode()方法，根据 product、order、count 计算 hashCode 值
    public int hashCode()
    {
        return (this.product == null ? 0 : this.product.hashCode()) * 31 * 31
            + (this.order == null ? 0 : this.order.hashCode()) * 31
            + this.count;
    }
}
```

上面的 OrderItem 实体将使用三个属性作为联合主键，而且其中两个成员引用了关联实体，对于 product、order 两个属性，由于它们负责维护与 Product、Order 实体之间的关联关系，因此程序使用 @ManyToOne 修饰它们，并使用@JoinColumn 映射外键列。

程序打算使用 OrderItem 的 product、order、count 属性作为联合主键，于是程序让 OrderItem 类实现了 Serializable 接口，并正确重写了 equals()、hashCode()方法，然后程序分别使用了三个@Id 修饰 product、order、count——这样 Hibernate 就会把 product、order、count 组合起来作为联合主键。

对于 OrderItem 映射的 order_item_inf 数据表而言，order_id 列是外键列，参照 order_inf 表的 order_id 主键列；product_id 列也是外键列，参照 product_inf 表的 prodcut_id 主键列；与此同时，order_item_inf 表的 order_id 外键列、product_id 外键列和 count 列将被作为联合主键。

主程序向数据库中存入商品、订单、订单项，看到底层产生如图 6.4 所示的 order_item_inf 数据表。

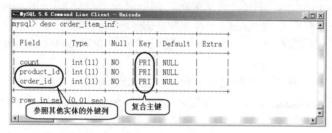

图 6.4　复合主键的成员属性为关联实体

▶▶ 6.1.11　持久化的传播性

正如在前面的程序中看到的，当程序中有两个关联实体时，程序需要主动保存、删除或重关联每个持久化实体；如果需要处理许多彼此关联的实体，则需要依次保存每个实体。这会让人感觉有点烦琐。

从数据库建模的角度来看，两个表之间的 $1-N$ 关联关系总是用外键约束来表示，其中保留外键的数据表称为从表，被从表参照的数据表称为主表。对于这种主从表约束关系，Hibernate 则有两种映射策略。

➢ 将从表记录映射成持久化类的组件，这就是上一章所介绍的集合属性的集合元素是组件。

➢ 将从表记录也映射成持久化实体，这就是此处介绍的关联关系。

如果将从表记录映射成持久化类的组件，这些组件的生命周期总是依赖于父对象，Hibernate 会默认启用级联操作，不需要额外的动作。当父对象被保存时，这些组件子对象也将被保存；父对象被删除时，子对象也将被删除。

如果将从表记录映射成持久化实体，则从表实体也有了自己的生命周期，从而应该允许其他实体共享对它的引用。例如，从集合中移除一个实体，不意味着它可以被删除。所以 Hibernate 默认不启用实体到其他关联实体之间的级联操作。

对于关联实体而言，Hibernate 默认不会启用级联操作，当父对象被保存时，它关联的子实体不会被保存；父对象被删除时，它关联的子实体不会被删除。为了启用不同持久化操作的级联行为，Hibernate 定义了如下级联风格。

➢ CascadeType.ALL：指定 Hibernate 将所有的持久化操作都级联到关联实体。

➢ CascadeType.MERGE：指定 Hibernate 将 merge 操作级联到关联实体。

➢ CascadeType.PERSIST：指定 Hibernate 将 persist 操作级联到关联实体。

➢ CascadeType.REFRESH：指定 Hibernate 将 refresh 操作级联到关联实体。

➢ CascadeType.REMOVE：指定 Hibernate 将 remove 操作级联到关联实体。

如果程序希望某个操作能被级联传播到关联实体，则可以在配置@OneToMany、@OneToOne、@ManyToMany、@ManyToOne 时通过 cascade 属性来指定。例如：

```
// 指定 persist()操作将级联到关联实体
@OneToOne(cascade=CascadeType.PERSIST)
```

级联风格是可组合的，如下面配置所示：

```
// 指定 persist()、delete() 操作将级联到关联实体
@OneToOne(cascade={CascadeType.PERSIST, CascadeType.DELETE})
```

可以使用 cascade= CascadeType.ALL 指定所有的持久化操作都被级联到关联实体。Hibernate 对关联实体默认不使用任何级联，即任何操作都不会被级联到关联实体。

Hibernate 还支持一个特殊的级联策略：删除"孤儿"记录（可通过@OneToMany、@OneToOne 的 orphanRemoval 属性来启动该级联策略），该级联策略只对当前实体是 1 的一端，且底层数据表为主表时有效。对于启用了 orphanRemoval 策略的级联操作而言，当程序通过主表实体切断与从表实体的关联关系时——虽然此时主表实体对应的记录并没有删除，但由于从表实体失去了对主表实体的引用，因此这些从表实体就变成了"孤儿"记录，Hibernate 会自动删除这些记录。

对于级联策略的设定，Hibernate 有如下建议。

➢ 通常不要在@ManyToOne 中指定级联策略。级联通常在@OneToOne 和@OneToMany 关系中比较有用——因为级联策略应该是由主表记录传播到从表记录，通常从表记录则不应该传播到主表记录。但在某些极端情况下，如果程序就是希望为@ManyToOne 指定级联策略，也可指定 cascade 属性。

➢ 如果从表记录被完全限制在主表记录之内（当主表记录被删除后，从表记录没有存在的意义），则可以指定 cascade=Cascade.ALL，再配合 orphanRemoval=true 级联策略，将从表实体的生命周期完全交给主表实体管理。

➢ 如果经常在某个事务中同时使用主表实体和从表实体，则可以考虑指定 cascade={CascadeType. PERSIST, CascadeType.MERGE}级联策略。

可能有读者对 cascade=CascadeType.ALL 和 orphanRemoval=true 两种策略感到迷惑。对于 cascade=CascadeType.ALL 级联策略的详细解释如下。

➢ 如果主表实体被 persist()，那么关联的从表实体也会被 persist()。

➢ 如果主表实体被 merge()，那么关联的从表实体也会被 merge()。

➢ 如果主表实体被 save()、update()或 saveOrUpdate()，那么所有的从表实体则会被 saveOrUpdate()。

➢ 如果把持久化状态下的主表实体和瞬态或脱管的从表实体建立关联，则从表实体将被自动持久化。

➢ 如果主表实体被删除，那么关联的从表实体也会被删除。

➢ 如果没有把主表实体删除，只是切断主表实体和从表实体之间的关联关系，则关联的从表实体不会被删除，只是将关联的从表实体的外键列设为 null。

如果指定 orphanRemoval=true 策略，则只要一个从表实体失去了关联的主表实体，不管该主表实体是被删除，还是切断了主表实体和它的关联，那么该从表实体就变成了 orphan（孤儿），Hibernate 将自动删除该从表实体。

所有操作都是在调用期(call time)或者写入期(flush time)级联到关联对象上的。如果可能，Hibernate 通常会在调用持久化操作时（调用期）将持久化操作级联到关联实体上。然而，save-update 和 orphanRemoval 操作是在 Session flush 时（写入期）才级联到关联对象上的。

Hibernate 的级联风格比数据库本身的级联操作更加强大，这是因为 Hibernate 的级联操作是建立在程序级别上的，而数据库的级联操作则是建立在数据库级别上的。

6.2　继承映射

对于面向对象的程序设计语言，继承、多态是两个最基本的概念。Hibernate 的继承映射可以理解为两个持久化类之间的继承关系，例如老师和人之间的关系，老师继承了人，可以认为老师是一个特殊的人，如果对人进行查询，老师实例也将被得到——而无须关注人的实例、老师的实例底层数据库的存储。

Hibernate 支持多种继承映射策略，不管哪种继承映射策略，Hibernate 的多态查询都可以运行良好。

接下来介绍的示例程序中包含了多个持久化类，这些持久化类之间不仅存在继承关系，也存在复杂

的关联关系。学习本章的示例程序不仅可以掌握继承映射的知识,也可以帮助读者复习前面介绍过的关联关系映射。

本示例中一共包括 Person、Employee、Manager、Customer 四个持久化类,其中 Person 持久化类还包含一个 Address 组件属性。

上面 4 个持久化类之间的继承关系是:Person 派生出了 Employee 和 Customer,而 Employee 又派生出了 Manager。

上面 4 个实体之间的关联关系是:Employee 和 Manager 之间存在双向的 $N-1$ 关联关系,Employee 和 Customer 之间存在双向的 $1-N$ 关联关系。

图 6.5 显示了这 4 个实体之间的关系。

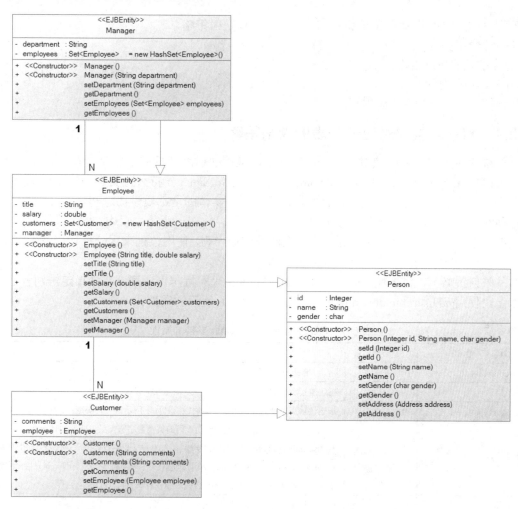

图 6.5　4 个实体之间的关联、继承关系

上面 4 个实体中,Person 实体包含了一个 Address 复合属性,Address 类比较简单,它就是一个普通的 JavaBean。下面是该 Address 类的代码。

程序清单:codes\06\6.2\SINGLE_TABLE\src\org\crazyit\app\domain\Address.java

```
public class Address
{
    // 定义代表该 Address 详细信息的成员变量
    private String detail;
    // 定义代表该 Address 邮编信息的成员变量
    private String zip;
    // 定义代表该 Address 国家信息的成员变量
    private String country;
```

```
    // 无参数的构造器
    public Address()
    {
    }
    // 初始化全部成员变量的构造器
    public Address(String detail , String zip , String country)
    {
        this.detail = detail;
        this.zip = zip;
        this.country = country;
    }
    // 省略所有的 setter 和 getter 方法
    ...
}
```

对于类与类之间的继承关系，Hibernate 提供了三种映射策略。

➢ 整个类层次对应一个表。

➢ 连接子类的映射策略。

➢ 每个具体类对应一个表。

下面详细介绍这三种继承映射策略。

▶▶ 6.2.1　整个类层次对应一个表的映射策略

整个类层次对应一个表的映射策略是 Hibernate 继承映射默认的映射策略，在这种映射策略下，Person 持久化类、Employee 持久化类、Customer 持久化类和 Manager 持久化类都存储在一个数据表中，这个数据表包含很多列，这些数据列是整个类层次中所有实体的全部属性的总和。

在这种映射策略下，由于整个类层次中的所有实体都存放在一个数据表中，那么系统如何分辨一条记录到底属于哪个实体呢？解决方案是，为该表额外增加一列，使用该列来区分每行记录到底是哪个类的实例——这个列被称为辨别者列（discriminator）。

在这种映射策略下，需要使用@DiscriminatorColumn 来配置辨别者列，包括指定辨别者列的名称、类型等信息。使用@DiscriminatorColumn 时可指定如表 6.6 所示的属性。

表 6.6　@DiscriminatorColumn 支持的属性

属　　性	是否必需	说　　明
columnDefinition	否	指定 Hibernate 使用该属性值指定的 SQL 片段来创建该辨别者列
name	否	指定辨别者列的名称。该属性的默认值是"DTYPE"
discriminatorType	否	指定该辨别者列的数据类型。该属性支持如下所示的几种类型： • DiscriminatorType.CHAR：辨别者列的类型是字符类型，即该列只接受单个字符 • DiscriminatorType.INTEGER：辨别者列的类型是整数类型，即该列只接受整数值 • DiscriminatorType.STRING：辨别者列的类型是字符串类型，即该列只接受字符串值 该属性的默认值是 DiscriminatorType.STRING
length	否	该属性指定辨别者列的字符长度

在 Hibernate 中使用整个类层次对应一个表的映射策略时，使用@DiscriminatorColumn 修饰整棵继承树的根父类。

除此之外，使用这种映射策略时还需要使用@DiscriminatorValue 来修饰每个子类，使用该注解时只需指定一个 value 属性，该 value 属性值指定不同实体在辨别者列上的值，而 Hibernate 就是根据该辨别者列上的值来区分各记录属于哪个实体的。

下面是 Person 类的代码。

程序清单：codes\06\6.2\SINGLE_TABLE\src\org\crazyit\app\domain\Person.java

```
@Entity
// 定义辨别者列的列名为 person_type，列类型为字符串
@DiscriminatorColumn(name="person_type" ,
```

```
    discriminatorType=DiscriminatorType.STRING)
// 指定 Person 实体对应的记录在辨别者列的值为"普通人"
@DiscriminatorValue("普通人")
@Table(name="person_inf")
public class Person
{
    // 标识属性
    @Id @Column(name="person_id")
    @GeneratedValue(strategy=GenerationType.IDENTITY)
    private Integer id;
    private String name;
    private char gender;
    // 定义该 Person 实体的组件属性：address
    @Embedded
    @AttributeOverrides({
        @AttributeOverride(name="detail",
        column=@Column(name="address_detail")),
        @AttributeOverride(name="zip",
        column=@Column(name="address_zip")),
        @AttributeOverride(name="country",
        column=@Column(name="address_country"))
    })
    private Address address;
    // 无参数的构造器
    public Person()
    {
    }
    // 初始化全部成员变量的构造器
    public Person(Integer id , String name , char gender)
    {
        this.id = id;
        this.name = name;
        this.gender = gender;
    }
    // 省略所有的 setter 和 getter 方法
    ...
}
```

上面的 Person 类是整个类继承系统的根类，因此程序使用@DiscrimintorColumn 修饰该持久化类，也使用了@DiscrimintorValue 修饰它。使用@DiscrimintorValue 时指定了 value="普通人"，这意味着当辨别者列的值为"普通人"时，Hibernate 即可识别到这条记录属于 Person 实体。

接下来每个子类实体只要使用@DiscriminatorValue 修饰即可，并为不同的子类实体指定不同的 value 属性值。下面是 Employee 实体类的代码。

程序清单：codes\06\6.2\SINGLE_TABLE\src\org\crazyit\app\domain\Employee.java

```
// 员工类继承了 Person 类
@Entity
// 指定 Employee 实体对应的记录在辨别者列的值为"员工"
@DiscriminatorValue("员工")
public class Employee extends Person
{
    // 定义该员工职位的成员变量
    private String title;
    // 定义该员工工资的成员变量
    private double salary;
    // 定义和该员工保持关联的 Customer 关联实体
    @OneToMany(cascade=CascadeType.ALL
        , mappedBy="employee" , targetEntity=Customer.class)
    private Set<Customer> customers
        = new HashSet<>();
    // 定义和该员工保持关联的 Manager 关联实体
    @ManyToOne(cascade=CascadeType.ALL
        ,targetEntity=Manager.class)
    @JoinColumn(name="manager_id", nullable=true)
    private Manager manager;
```

```
    // 无参数的构造器
    public Employee(){}
    // 初始化全部成员变量的构造器
    public Employee(String title , double salary)
    {
        this.title = title;
        this.salary = salary;
    }
    // 省略所有的 setter 和 getter 方法
    ...
}
```

上面的粗体字注解使用@DiscrimintorValue 时指定了 value="员工"，这意味着当辨别者列的值为"员工"时，Hibernate 即可识别到这条记录属于 Employee 实体。

剩下的 Manager、Customer 两个实体的代码基本与此相似，只要为它们增加@DiscriminatorValue 修饰，并指定相应的 value 属性即可。

使用主程序保存一系列记录，分别保存普通人、员工、顾客和经理等角色，数据表的结构将如图 6.6 所示。

MySQL 5.6 Command Line Client - Unicode

mysql> select * from person_inf;

person_type	person_id	address_country	address_detail	address_zip	gender	name	comments	salary	title	department	employee_id	manager_id
普通人	1	中国	天河	434333	男	crazyit.org	NULL	NULL	NULL	NULL	NULL	NULL
经理	2	美国	加州	523034	女	Grace	NULL	12000	项目经理	研发部	NULL	NULL
员工	3	中国	广州	523034	男	老朱	NULL	4500	项目组长	NULL	NULL	NULL
员工	4	中国	广州	523034	女	张美丽	NULL	5500	项目分析	NULL	NULL	2
顾客	5	中国	湖南	233034	男	小贺	喜欢购物	NULL	NULL	NULL	2	NULL

图 6.6　整个类层次对应一个表的映射策略

正如图 6.6 所示，辨别者列 person_type 用于区分该条记录是哪个类的实例。在图 6.6 中见到很多 NULL 值，这正是这种映射策略的劣势——所有子类定义的字段，不能有非空约束。因为如果为这些字段增加非空约束，那么父类的实例在这些列上根本没有值，这肯定引起数据完整性冲突，导致父类的实例无法保存到数据库。

注意

使用整个类层次对应一个表的继承映射策略时，其类中增加的属性映射的字段都不可有非空约束。

使用这种映射策略有一个非常大的好处——在这种映射策略下，整棵继承树的所有数据都保存在一个表内，因此不管进行怎样的查询，不管查询继承树的哪一层的实体，底层数据库都只需在一个表中查询即可，无须进行多表连接查询，也无须进行 union 查询，因此这种映射策略的性能是最好的。

6.2.2　连接子类的映射策略

这种策略不是 Hibernate 继承映射的默认策略，因此如果需要在继承映射中采用这种映射策略，必须在继承树的根类中使用@Inheritance 指定映射策略。

使用@Inheritance 时必须指定 strategy 属性，该属性支持如下三个值。

- InheritanceType.SINGLE_TABLE：整个类层次对应一个表的映射策略。这是默认值。
- InheritanceType.JOINED：连接子类的映射策略。
- InheritanceType.TABLE_PER_CLASS：每个具体类对应一个表的映射策略。

采用这种映射策略时，父类实体保存在父类表里，而子类实体则由父类表和子类表共同存储。因为子类实体也是一个特殊的父类实体，因此必然也包含了父类实体的属性，于是将子类与父类共有的属性保存在父类表中，而子类增加的属性则保存在子类表中。

在这种映射策略下，无须使用辨别者列，只要在继承树的根实体类上使用@Inheritance 修饰，并为该注解指定 strategy=InheritanceType.JOINED 即可。

下面是连接子类的映射策略中 Person 类的代码。

程序清单：codes\06\6.2\JOINED\src\org\crazyit\app\domain\Person.java

```
@Entity
// 指定使用连接子类的映射策略
@Inheritance(strategy=InheritanceType.JOINED)
@Table(name="person_inf")
public class Person
{
    // 标识属性
    @Id @Column(name="person_id")
    @GeneratedValue(strategy=GenerationType.IDENTITY)
    private Integer id;
    private String name;
    private char gender;
    // 定义该 Person 实体的组件属性: address
    @Embedded
    @AttributeOverrides({
        @AttributeOverride(name="detail",
        column=@Column(name="address_detail")),
        @AttributeOverride(name="zip",
        column=@Column(name="address_zip")),
        @AttributeOverride(name="country",
        column=@Column(name="address_country"))
    })
    private Address address;
    // 无参数的构造器
    public Person()
    {
    }
    // 初始化全部成员变量的构造器
    public Person(Integer id , String name , char gender)
    {
        this.id = id;
        this.name = name;
        this.gender = gender;
    }
    // 省略所有的 setter 和 getter 方法
    ...
}
```

上面 Person 实体中使用了@Inheritance(strategy=InheritanceType.JOINED)修饰，这表明 Hibernate 要使用连接子类的映射策略。在这种映射策略下，其子类几乎不需要做任何修改，不需要增加任何和继承有关的注解。

下面是 Customer 实体类的代码。

程序清单：codes\06\6.2\JOINED\src\org\crazyit\app\domain\Customer.java

```
// 顾客类继承了 Person 类
@Entity
@Table(name="customer_inf")
public class Customer extends Person
{
    // 顾客的评论信息
    private String comments;
    // 定义和该顾客保持关联的 Employee 关联实体
    @ManyToOne(cascade=CascadeType.ALL
        ,targetEntity=Employee.class)
    @JoinColumn(name="employee_id", nullable=true)
    private Employee employee;
    // 无参数的构造器
    public Customer()
    {
    }
    // 初始化 comments 成员变量的构造器
```

```
    public Customer(String comments)
    {
        this.comments = comments;
    }
    //省略所有的 setter 和 getter 方法
    ...
}
```

从上面的 Customer 类中可以看出，这就是一个普通的实体，它除了继承 Person 实体之外，并没有为它增加任何和继承有关的注解。

该继承树中的其他两个实体：Employee、Manager 也与此类似，它们只是直接或间接地继承了 Person 实体，并不需要增加任何和继承有关的注解。

使用主程序保存一系列记录后，看到 person_inf 表的内容如图 6.7 所示。

MySQL 5.6 Command Line Client - Unicode

mysql> select * from person_inf;

person_id	address_country	address_detail	address_zip	gender	name
1	中国	天河	434333	男	crazyit.org
2	美国	加州	523034	女	Grace
3	中国	广州	523034	男	老朱
4	中国	广州	523034	女	张美丽
5	中国	湖南	233034	男	小贺

图 6.7　连接子类映射策略中父类表的内容

正如图 6.7 中看到的，不仅 Person 的实例保存在 person_inf 表中，Employee、Manager 和 Customer 的实例也保存在 person_inf 表中，但仅仅保存它们作为 Person 实例的属性，而作为子类的属性则保存在各自的表中。

图 6.8 是 employee_inf 表的内容。

从图 6.8 可以看出，employee_inf 表里不仅保存了 Employee 实体的信息，所有 Manager 实体的信息也保存在该数据表中。

从图 6.8 还可以看出，在这种映射策略下，子类增加的属性已经可以增加非空约束了。因为子类的属性和父类没有保存在同一个表中，所以子类的属性也可以增加非空约束。

注意

看到 Employee 和 Manager 类之间的关联，其外键列依然没有增加非空约束——这不可能，因为 Manager 是 Employee 的子类，它们之间的关联实际是一种自关联。所有的自关联中的外键列都不可能有非空约束。

manager_inf 表中则只保存了 Manager 实体新增的属性，manager_inf 表的内容如图 6.9 所示。

MySQL 5.6 Command Line Client - Unicode

mysql> select * from employee_inf;

salary	title	person_id	manager_id
12000	项目经理	2	NULL
4500	项目组长	3	NULL
5500	项目分析	4	2

图 6.8　连接子类映射策略中子类表的内容

MySQL 5.6 Command Line Client - Unicode

mysql> select * from manager_inf;

department	person_id
研发部	2

图 6.9　连接子类映射策略中子类表的内容

将整个类层次对应一个表映射策略生成的表与图 6.7、图 6.8、图 6.9 进行对比，不难发现这种映射策略其实就是将图 6.6 所示的数据表进行纵向分割，因此本书也形象地称这种策略为“纵向分割映射”。

正如图 6.7、图 6.8 和图 6.9 所示，三个表中都有 person_id 列，这就是它们作为父子类的共有主键，Hibernate 正是通过相同的主键值来查询一个子类实体的数据的。例如需要查询一个 id 为 2 的经理，Hibernate 将从 person_inf 表中查询出 id 为 2 的数据，再查询出 employee_inf 表中 id 为 2 的数据，还要查询出 manager_inf 表中 id 为 2 的数据，最后将这三条记录连接（join）成一条记录，这种拼接在底层通过多表连接（join）完成，因此这种策略也被称为连接子类的映射策略。

> **注意**
>
> 使用连接子类的继承映射策略，当程序查询子类实例时，需要跨越多个表查询。到底需要跨越多少个表，取决于该子类有多少层父类。

采用连接子类的映射策略时，无须使用辨别者列，子类增加的属性也可以有非空约束，是一种比较理想的映射策略。只是在查询子类实体的数据时，可能需要跨越多个表来查询。对于类继承层次较深的继承树来说，查询子类实体时需要在多个子类表之间进行连接操作，可能导致性能低下。

▶▶ 6.2.3　每个具体类对应一个表的映射策略

Hibernate 规范还支持每个具体类对应一个表的映射策略，在这种映射策略下，子类增加的属性也可以有非空约束——即父类实例的数据保存在父表中，而子类实例的数据则保存在子表中。

与连接子类映射策略不同的是，子类实例的数据仅保存在子类表中，没有在父类表中有任何记录。在这种映射策略下，子类表的字段比父类表的字段要多，因为子类表的字段等于父类属性加子类增加属性的总和。

在这种映射策略下，如果单从数据库来看，几乎难以看出它们之间存在继承关系，只是多个实体之间的主键值具有某种连续性——因此不能让数据库为各数据表自动生成主键值。因此，采用这种继承策略时，不能使用 GenerationType.IDENTITY、GenerationType.AUTO 这两种主键生成策略。

与连接子类映射策略相似的是，采用这种映射策略时，开发者必须在继承树的根类中使用 @Inheritance 修饰，使用该注解时指定 strategy=InheritanceType.TABLE_PER_CLASS 属性。

如下是在这种继承映射策略下 Person 实体类的代码。

程序清单：codes\06\6.2\class_per_table\src\org\crazyit\model\Person.java

```
@Entity
// 指定使用每个具体类对应一个表的映射策略
@Inheritance(strategy=InheritanceType.TABLE_PER_CLASS)
@Table(name="person_inf")
public class Person
{
    // 标识属性
    @Id @Column(name="person_id")
    // 定义主键生成器
    @TableGenerator(name="personGen" , table="PERSON_ID_GEN",
        pkColumnName="gen_key", valueColumnName="gen_value",
        pkColumnValue="person_id")
        // 由于不能使用 identity 主键生成策略，故此处使用 GenerationType.TABLE 策略
    @GeneratedValue(strategy=GenerationType.TABLE,
        generator="personGen")
    private Integer id;
    private String name;
    private char gender;
    // 定义该 Person 实体的组件属性：address
    @Embedded
    @AttributeOverrides({
        @AttributeOverride(name="detail",
        column=@Column(name="address_detail")),
        @AttributeOverride(name="zip",
        column=@Column(name="address_zip")),
        @AttributeOverride(name="country",
        column=@Column(name="address_country"))
    })
    private Address address;
```

```
    // 无参数的构造器
    public Person(){}
    // 初始化全部成员变量的构造器
    public Person(Integer id , String name , char gender)
    {
        this.id = id;
        this.name = name;
        this.gender = gender;
    }
    // 省略所有的 setter 和 getter 方法
    ...
}
```

上面程序中第一行粗体字代码使用了@Inheritance 注解，并指定使用每个具体类对应一个表的映射策略。由于这种映射策略不支持 GenerationType.IDENTITY、GenerationType.AUTO 两种主键生成策略，因此程序使用 GenerationType.TABLE 主键生成策略。

至于 Person 实体的直接、间接子类，它们无须使用任何与继承有关的注解来修饰，只要它们继承各自的父类即可。由于 Person 实体的各个子类的代码没有什么特殊的改变，故此处不再给出它们的代码。

在这种映射策略下，不同的实体对象保存在不同的表中，不会出现加载一个实体需要跨越多个表取数据的情况。对于上面的示例，例如 Person 类的实例就保存在 person_inf 表中，而 Person 子类：Customer 实例就保存在 customer_inf 表中，不会保存在 person_inf 表中。

但在这种映射策略下执行多态查询时，也需要跨越多个数据表进行查询。例如，查询满足某个条件的 Person 实例，Hibernate 将会从 person_inf 表中查询，也会从 Person 的所有子类对应的表中查询数据，然后对这些查询结果进行 union 运算。

在这种映射策略下，插入与上面示例相同的数据。如图 6.10 所示是 person_inf 表中的内容。

MySQL 5.6 Command Line Client - Unicode

mysql> select * from person_inf;

person_id	address_country	address_detail	address_zip	gender	name
1	中国	天河	434333	男	crazyit.org

图 6.10　每个具体类对应一个表的映射策略下父类实例对应的表

正如前面介绍的，person_inf 表中仅仅保存 Person 实体的数据，而 Person 子类实体的数据则保存在对应的表中。因为子类在 Person 类的基础上增加了额外的属性，所以其子类对应表的数据列将更多。图 6.11 显示了 Employee 实体对应表的内容。

MySQL 5.6 Command Line Client - Unicode

mysql> select * from employee_inf;

person_id	address_country	address_detail	address_zip	gender	name	salary	title	manager_id
3	中国	广州	523034	男	老朱	4500	项目组长	NULL
4	中国	广州	523034	女	张美丽	5500	项目分析	2

图 6.11　每个具体类对应一个表的映射策略下 Employee 实例对应的表

依此类推，Manager 类对应的表则应该有更多的数据列，如图 6.12 所示是 Manager 类实例保存的数据表。

MySQL 5.6 Command Line Client - Unicode

mysql> select * from manager_inf;

person_id	address_country	address_detail	address_zip	gender	name	salary	title	manager_id	department
2	美国	加州	523034	女	Grace	12000	项目经理	NULL	研发部

图 6.12　每个具体类对应一个表的映射策略下 Manager 实例对应的表

采用这种映射策略时，底层数据库的数据看起来更符合正常情况下的数据库设计，不同实体的数据保存在不同的数据表中，因此更易理解。

> **★注意★**
>
> 采用每个具体类对应一个表的映射策略时，几乎难以看出子类和父类之间的联系，除了子类表会包含父类表的所有数据列之外，如果没有删除数据，整棵继承树的所有实例的主键加起来是连续的。

将整个类层次对应一个表映射策略生成的数据表与图 6.10、图 6.11、图 6.12 放在一起对比，不难发现这种映射策略其实就是将图 6.6 所示的数据表进行横向分割，因此本书也形象地称这种策略为"横向分割映射"。

这种映射策略较难生成高效的 SQL 语句，因此通常建议避免使用这种映射策略。

6.3 批量处理策略

ORM 框架以面向对象的方式来操作数据库，当程序里以面向对象的方式操作持久化对象时，将被自动转换为对数据库的操作。例如，调用 Session 的 delete()方法来删除持久化对象，Hibernate 将负责删除对应的数据记录；当程序执行持久化对象的 setter 方法时，Hibernate 将自动转换为底层的 update 语句，修改数据库的对应记录。

问题是：如果程序需要同时更新 100000 条记录，是不是要逐一加载 100000 条记录，然后依次调用 setter 方法——这样不仅烦琐，数据访问的性能也十分糟糕。面对这种批量处理的场景，Hibernate 提供了批量处理的解决方案。下面分别从批量插入、批量更新和批量删除三个方面介绍如何面对这种批量处理的情况。

▶▶ 6.3.1 批量插入

如果需要将 100000 条记录插入数据库，通过 Hibernate 可能会采用如下做法：

```
Session session = sessionFactory.openSession();
Transaction tx = session.beginTransaction();
// 循环 100000 次来插入 100000 条记录
for ( int i=0; i<100000; i++ )
{
    User u = new User (.....);
    session.save(u);
}
tx.commit();
session.close();
```

但随着这个程序的运行，总会在某个时候运行失败，并且抛出 OutOfMemoryException 异常（内存溢出异常）。这是因为 Hibernate 的 Session 持有一个必选的一级缓存，所有的 User 实例都将在 Session 级别的缓存区进行缓存的缘故。

为了解决这个问题，有个非常简单的思路：定时将 Session 缓存的数据刷入数据库，而不是一直在 Session 级别缓存。可以考虑设计一个累加器，每保存一个 User 实例，累加器增加 1。根据累加器的值决定是否需要将 Session 缓存中的数据刷入数据库。

下面是增加 100000 个 User 实例的代码片段。

程序清单：codes\06\6.3\batchInsert\src\lee\UserManager.java

```
private void addUsers()throws Exception
{
    // 打开 Session
    Session session = HibernateUtil.currentSession();
    // 开始事务
    Transaction tx = session.beginTransaction();
```

```
// 循环 100000 次，插入 100000 条记录
for (int i = 0 ; i < 100000 ; i++ )
{
    // 创建 User 实例
    User u1 = new User();
    u1.setName("xxxxx" + i);
    u1.setAge(i);
    u1.setNationality("china");
    // 在 Session 级别缓存 User 实例
    session.save(u1);
    // 每当累加器的值是 20 的倍数时，将 Session 中数据刷入数据库，
    // 并清空 Session 缓存
    if (i % 20 == 0)
    {
        session.flush();
        session.clear();
    }
}
// 提交事务
tx.commit();
// 关闭事务
HibernateUtil.closeSession();
}
```

上面的代码中当 i % 20 == 0 时，手动将 Session 缓存的数据写入数据，并且清空 Session 缓存里的数据。除了要对 Session 级别的缓存进行处理外，还应该通过如下配置来关闭 SessionFactory 的二级缓存：

```
hibernate.cache.use_second_level_cache false
```

> **注意**
>
> 除了要手动清空 Session 级别的缓存外，最好关闭 SessionFactory 级别的二级缓存；否则，即使手动 flush Session 级别的缓存，但因为在 SessionFactory 还有二级缓存，也可能引发异常。关于二级缓存的介绍请参考本章后面介绍。

▶▶ 6.3.2 JPA 与 Hibernate

JPA 规范本质上就是一种 ORM 规范，注意不是 ORM 框架——因为 JPA 并未提供 ORM 实现，它只是制订了一些规范，提供了一些编程的 API 接口，具体实现则由服务器厂商来提供，JBoss 应用服务器底层就是以 Hibernate 作为 JPA 实现的。

既然 JPA 作为一种规范——也就是说，JPA 规范中提供的只是一些接口，显然接口不能直接拿来使用。虽然应用程序可以面向接口编程，但 JPA 底层一定需要某种 JPA 实现，否则 JPA 无法使用。

JPA 的目的是以官方的身份来统一各种 ORM 框架的规范，包括著名的 Hibernate、TopLink 等。不过 JPA 规范给开发者带来了福音：开发者面向 JPA 规范的接口，但底层的 JPA 实现可以任意切换——觉得 Hibernate 好，可以选择 Hibernate JPA 实现；觉得 TopLink 好，可以选择 TopLink JPA 实现……这样开发者可以避免为使用 Hibernate 学习一套 ORM 框架，为使用 TopLink 又要再学习一套 ORM 框架。

图 6.13 显示了 JPA 和 Hibernate、TopLink 等 ORM 框架之间的关系。

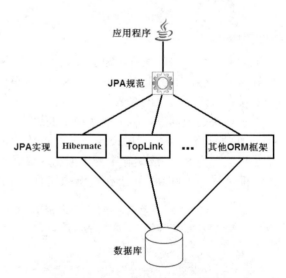

图 6.13 JPA 和 ORM 框架的关系

提示：

　　笔者和学员闲聊时，学员说他看到有人说 JPA 已经取代 Hibernate，Hibernate 就要"死"了。听到这种说法，联想到以前也看过把 JPA 和 Hibernate 放在一起对比的文章，笔者感到十分无奈。JPA 和 Hibernate 的关系就像 JDBC 和 JDBC 驱动的关系，JPA 是规范，Hibernate 除作为 ORM 框架之外，它也是一种 JPA 实现。JPA 怎么取代 Hibernate 呢？JDBC 可以取代 JDBC 驱动吗？

　　使用 Hibernate 编程的核心 API 是 SessionFactory、Session、Transaction，而 JPA 也提供了对应的 API，分别是 EntityManagerFactory、EntityManager、EntityTransaction。下面介绍使用 JPA 的 API 来执行批量插入。

➤➤ 6.3.3 JPA 的批量插入

　　由于 JPA 的 API 与 Hibernate API 基本上存在一一对应的关系，因此使用 JPA 的编程步骤与使用 Hibernate API 的步骤也大致相似，基本按如下步骤进行。

①　获取 EntityManagerFactory。
②　获取 EntityManager，打开事务。
③　用面向对象的方式操作数据库。
④　关闭事务，关闭 EntityManager。

　　从上面步骤可以看出，JPA 的用法与 Hibernate 的用法差别不大，而且它们所用的持久化类也是一样的——前面所介绍的各种持久化映射的注解，本身就是 JPA 的，因此那些持久化类完全可以在 JPA 中使用。

　　使用 JPA 与使用 Hibernate 的一个区别是：配置文件。Hibernate 使用类路径下的 hibernate.cfg.xml 作为配置文件；而 JPA 则使用类路径下的 META-INF 子目录中的 persistence.xml 作为配置文件，这两种配置文件的格式略有差异。

提示：

　　基于 Hibernate 来使用 JPA，连额外的 JAR 包都不需要添加，因为 Hibernate 的 required 子目录中的 JAR 包已经包含了 JPA 的 JAR 包。

　　下面是本项目所使用的 JPA 配置文件。

程序清单：codes\06\6.3\jpaBatchInsert\src\META-INF\persistence.xml

```xml
<?xml version="1.0" encoding="GBK"?>
<persistence version="2.1" xmlns="http://xmlns.jcp.org/xml/ns/persistence"
  xmlns:xsi="http://www.w3.org/2001/XMLSchema-instance"
  xsi:schemaLocation="http://xmlns.jcp.org/xml/ns/persistence
  http://xmlns.jcp.org/xml/ns/persistence/persistence_2_1.xsd">
  <!-- 为持久化单元指定名称，并通过 transaction-type 指定事务类型
  transaction-type 属性合法的属性值有 JTA、RESOURCE_LOCAL 两个-->
  <persistence-unit name="batch_pu" transaction-type="RESOURCE_LOCAL">
    <!-- 指定 javax.persistence.spi.PersistenceProvider 实现类 -->
    <provider>org.hibernate.jpa.HibernatePersistenceProvider</provider>
    <!-- 列出该应用需要访问的所有的 Entity 类
    也可以用<mapping-file>或<jar-file>元素来定义 -->
    <class>org.crazyit.app.domain.News</class>
    <!-- 下面列举的是 Hibernate JPA 实现中可以配置的部分属性 -->
    <properties>
      <!-- 指定连接数据库的驱动名 -->
      <property name="hibernate.connection.driver_class"
        value="com.mysql.jdbc.Driver"/>
      <!-- 指定连接数据库的 URL -->
      <property name="hibernate.connection.url"
        value="jdbc:mysql://localhost/hibernate?useSSL=true"/>
      <!-- 指定连接数据库的用户名 -->
```

```
          <property name="hibernate.connection.username"
               value="root"/>
          <!-- 指定连接数据库的密码 -->
          <property name="hibernate.connection.password"
               value="32147"/>
          <!-- 指定连接数据库的方言 -->
          <property name="hibernate.dialect"
               value="org.hibernate.dialect.MySQL5InnoDBDialect"/>
          <!-- 指定连接池里连接的超时时长 -->
          <property name="hibernate.c3p0.timeout" value="5000"/>
          <!-- 指定连接池里最大缓存多少个 Statement 对象 -->
          <property name="hibernate.c3p0.max_statements" value="100"/>
          <property name="hibernate.c3p0.idle_test_period" value="3000"/>
          <property name="hibernate.c3p0.acquire_increment" value="2"/>
          <property name="hibernate.c3p0.validate" value="true"/>
          <property name="hibernate.show_sql" value="true"/>
          <!-- 设置是否格式化 SQL 语句 -->
          <property name="hibernate.format_sql" value="true"/>
          <!-- 设置是否根据要求自动建表 -->
          <property name="hibernate.hbm2ddl.auto"
               value="update"/>
     </properties>
   </persistence-unit>
</persistence>
```

上面配置文件中第一行粗体字代码指定了该 JPA 使用 Hibernate 作为实现；第二行粗体字代码则指定了本应用所需的持久化类（就像 hibernate.cfg.xml 文件中的<mapping.../>元素）。接下来该配置文件在<properties.../>中的<property.../>大致等同于 hibernate.cfg.xml 文件中的<property.../>元素。

使用 JPA 创建 EntityManagerFactory 更简单，直接调用 Persistence 类的 createEntityManagerFactory()静态方法即可，该方法需要传入一个字符串参数，也就是上面<persistence-unit.../>元素的 name 属性名字。

下面是使用 JPA 执行批量插入的代码。

程序清单：codes\06\6.3\jpaBatchInsert\src\lee\UserManager.java

```
public class UserManager
{
    // 使用 Persistence 创建 EntityManagerFactory
    private static EntityManagerFactory emf =
        Persistence.createEntityManagerFactory("batch_pu");
    public static void main(String[] args)throws Exception
    {
        final EntityManager em = emf.createEntityManager();
        // 开启事务
        em.getTransaction().begin();
        // 循环 100000 次，插入 100000 条记录
        for (int i = 0 ; i < 100000 ; i++ )
        {
            // 创建 User 实例
            User u1 = new User();
            u1.setName("xxxxx" + i);
            u1.setAge(i);
            u1.setNationality("china");
            // 在 EntityManager 级别缓存 User 实例
            em.persist(u1);
            // 每当累加器的计数是 20 的倍数时，将 EntityManager 中的数据刷入数据库
            // 并清空 Session 缓存
            if (i % 20 == 0)
            {
                em.flush();
                em.clear();
            }
        }
        // 提交事务
        em.getTransaction().commit();
        em.close();
        emf.close();
    }
}
```

　　将这个使用 JPA 执行批量插入的程序与前一节的程序进行对比，不难发现这两个程序实在太相似了——基本上就是 SessionFactory 变成了 EntityManagerFactory，Session 变成了 EntityManager，Transaction 变成了 EntityTransaction。

▶▶ 6.3.4　批量更新

　　上面介绍的方法同样适用于批量更新数据，如果需要返回多行数据，应该使用 scroll()方法，从而可以充分利用服务器端游标所带来的性能优势。下面是进行批量更新的代码片段。

程序清单：codes\06\6.3\batchUpdate\src\lee\UserManager.java

```java
private void updateUsers()throws Exception
{
    // 打开 Session
    Session session = HibernateUtil.currentSession();
    // 开始事务
    Transaction tx = session.beginTransaction();
    // 查询出 User 表中的所有记录
    ScrollableResults users = session.createQuery("from User")
        .setCacheMode(CacheMode.IGNORE)
        .scroll(ScrollMode.FORWARD_ONLY);
    int count=0;
    // 遍历 User 表中的全部记录
    while ( users.next() )
    {
        User u = (User) users.get(0);
        u.setName("新用户名" + count);
        // 当 count 为 20 的倍数时
        // 将更新的结果从 Session 中 flush 到数据库
        if ( ++count % 20 == 0 )
        {
            session.flush();
            session.clear();
        }
    }
    tx.commit();
    HibernateUtil.closeSession();
}
```

　　通过这种方式，虽然可以执行批量更新，但效果非常不好。执行效率不高，需要先执行数据查询，然后再执行数据更新，而且这种更新将是逐行更新，即每更新一行记录，都需要执行一条 update 语句，性能也非常低下。

　　为了避免这种情况，Hibernate 提供了一种类似于 DML 语句的批量更新、批量删除的 HQL 语法。

▶▶ 6.3.5　DML 风格的批量更新/删除

　　Hibernate 提供的 HQL 语句也支持批量 update 和 delete 语法。

 提示：
　　　　　关于 HQL 的详细介绍请参看下一节内容。

　　批量 update 和 delete 语句的语法格式如下：

```
update | delete from? <ClassName> [where where_conditions]
```

　　关于上面的语法格式有如下 4 点值得注意。
➢ 在 from 子句中，from 关键字是可选的，即完全可以不写 from 关键字。
➢ 在 from 子句中只能有一个类名，可以在该类名后指定别名。
➢ 不能在批量 HQL 语句中使用连接，显式或者隐式的都不行。但可以在 WHERE 子句中使用子查询。
➢ 整个 where 子句是可选的。where 子句的语法和 HQL 语句中 where 子句的语法完全相同。
　　对于上面需要批量更改 User 类实例的 name 属性，可以采用如下代码片段完成。

程序清单：codes\06\6.3\batchUpdate2\src\lee\UserManager.java

```
private void updateUsers()throws Exception
{
    // 打开 Session
    Session session = HibernateUtil.currentSession();
    // 开始事务
    Transaction tx = session.beginTransaction();
    // 定义批量更新的 HQL 语句
    String hqlUpdate = "update User u set name = :newName";
    // 执行更新
    int updatedEntities = session.createQuery(hqlUpdate)
        .setParameter("newName", "新名字")
        .executeUpdate();
    // 提交事务
    tx.commit();
    HibernateUtil.closeSession();
}
```

从上面的代码中可以看出，这种语法非常类似于 PreparedStatement 的 executeUpdate()语法，实际上，HQL 的这种批量更新就是直接借鉴了 SQL 语法的 update 语句。

> **注意**
>
> 　　使用这种批量更新语法时，通常只需要执行一次 SQL 的 update 语句，就可以完成所有满足条件记录的更新。但也可能需要执行多条 update 语句，这是因为有继承映射等特殊情况，例如有一个 Person 实例，它有 Customer 子类实例。当批量更新 Person 实例时，也需要更新 Customer 实例。如果采用连接子类或每个具体类对应一个表的映射策略，Person 和 Customer 实例保存在不同的表中，因此可能需要多条 update 语句。

执行一个 HQL delete 操作，同样使用 Query.executeUpdate()方法，下面是一次删除上面全部记录的代码片段。

程序清单：codes\06\6.3\batchDelete\src\lee\UserManager.java

```
private void deleteUsers()throws Exception
{
    // 打开 Session
    Session session = HibernateUtil.currentSession();
    // 开始事务
    Transaction tx = session.beginTransaction();
    // 定义批量删除的 HQL 语句
    String hqlDelete = "delete User";
    // 执行删除
    int deletedEntities = session.createQuery(hqlDelete)
        .executeUpdate();
    // 提交事务
    tx.commit();
    HibernateUtil.closeSession();
}
```

Query.executeUpdate()方法返回一个整型值，该值是受此操作影响的记录数量。由于 Hibernate 的底层操作实际上是由 JDBC 完成的，因此，如果有批量 update 或 delete 操作被转换成多条 update 或 delete 语句，该方法将只能返回最后一条 SQL 语句影响的记录行数。

▶▶ 6.3.6　JPA 的 DML 支持

JPA 同样使用 DML 语句来更新数据，JPA 的 EntityManager 也提供了 executeUpdate()方法来更新数据，而且二者支持的 DML 语句格式也相似。下面是使用 JPA 执行 DML 语句的代码。

程序清单：codes\06\6.3\jpaBatchDML\src\lee\UserManager.java

```
public class UserManager
{
```

```
// 使用 Persistence 创建 EntityManagerFactory
private static EntityManagerFactory emf =
    Persistence.createEntityManagerFactory("batch_pu");
public static void main(String[] args)throws Exception
{
    final EntityManager em = emf.createEntityManager();
    // 开启事务
    em.getTransaction().begin();
    String hqlUpdate = "update User u set name = :newName";
    // 执行更新
    int updatedEntities = em.createQuery(hqlUpdate)
        .setParameter("newName", "JPA 新名字")
        .executeUpdate();
    // 提交事务
    em.getTransaction().commit();
    em.close();
    emf.close();
    }
}
```

从上面的粗体字代码不难看出，JPA 的用法与 Hibernate 的用法实在太相似了，只是几个核心 API 换了名称而已。

 ## 6.4　HQL 查询和 JPQL 查询

Hibernate 提供了异常强大的查询体系，使用 Hibernate 有多种查询方式可以选择——既可以使用 Hibernate 的 HQL 查询，也可以使用条件查询，甚至可以使用原生的 SQL 查询语句。不仅如此，Hibernate 还提供了一种数据过滤功能，这些都用于筛选目标数据。

HQL 查询是 Hibernate 配备的功能强大的查询语言，这种 HQL 语句被设计为完全面向对象的查询，它可以理解如继承、多态和关联之类的概念。而且 HQL 可以使用绝大部分 SQL 函数、EJB 3.0 操作和函数，并提供了一些 HQL 函数，用以提高 HQL 查询的功能。

▶▶ 6.4.1　HQL 查询

HQL 是 Hibernate Query Language 的缩写，HQL 的语法很像 SQL 的语法，但 HQL 是一种面向对象的查询语言。SQL 的操作对象是数据表、列等数据库对象，而 HQL 的操作对象是类、实例、属性等。

HQL 是完全面向对象的查询语言，因此可以支持继承、多态等特性。

HQL 查询依赖于 Query 类，每个 Query 实例对应一个查询对象。使用 HQL 查询按如下步骤进行。

① 获取 Hibernate Session 对象。

② 编写 HQL 语句。

③ 以 HQL 语句作为参数，调用 Session 的 createQuery()方法创建查询对象。

④ 如果 HQL 语句包含参数，则调用 Query 的 setXxx()方法为参数赋值。

⑤ 调用 Query 对象的 getResultList()或 getSingleResult()方法返回查询结果列表或单条结果。

下面的查询示例示范了 HQL 查询的基本用法。本示例程序涉及了两个关联实体：Person 和 MyEvent，且 Person 和 MyEvent 之间存在双向 N−N 关联关系。关于两个实体的关联映射，以及编写关联实体的持久化类，此处不再赘述，读者可自行参考光盘里 codes\06\6.4\HQL 路径下的代码。下面是执行 HQL 查询的程序。

程序清单：codes\06\6.4\HQL\src\lee\HqlQuery.java

```
public class HqlQuery
{
    public static void main(String[] args)
        throws Exception
    {
        HqlQuery mgr = new HqlQuery();
        // 调用第一个查询方法
        mgr.findPersons();
```

```
        // 调用第二个查询方法
        mgr.findPersonsByHappenDate();
        // 调用第三个查询方法
        mgr.findPersonProperty();
    }
    // 第一个查询方法
    private void findPersons()
    {
        // 获得 Hibernate Session
        Session sess = HibernateUtil.currentSession();
        // 开始事务
        Transaction tx = sess.beginTransaction();
        // 以 HQL 语句创建 Query 对象
        List<Person> pl = sess.createQuery("select distinct p from Person p "
            + "join p.myEvents where title = :eventTitle", Person.class)
            // 执行 setParameter()方法为 HQL 语句的参数赋值
            .setParameter("eventTitle" , "很普通的事情")
            // Query 调用 getResultList()方法获取查询的全部实例
            .getResultList();
        // 遍历查询的全部结果
        for(Person p : pl)
        {
            System.out.println(p.getName());
        }
        // 提交事务
        tx.commit();
        HibernateUtil.closeSession();
    }
    // 第二个查询方法
    private void findPersonsByHappenDate()throws Exception
    {
        // 获得 Hibernate Session 对象
        Session sess = HibernateUtil.currentSession();
        Transaction tx = sess.beginTransaction();
        // 解析出 Date 对象
        SimpleDateFormat sdf = new SimpleDateFormat("yyyy-MM-dd");
        Date start = sdf.parse("2005-01-01");
        System.out.println("系统开始通过日期查找人" + start);
        // 通过 Session 的 createQuery()方法创建 Query 对象
        List<Person> pl = sess.createQuery("select distinct p from Person p "
            + "inner join p.myEvents event where event.happenDate "
            + "between :firstDate and :endDate", Person.class)
            // 设置参数
            .setParameter("firstDate" , start)
            .setParameter("endDate" , new Date())
            // 返回结果集
            .getResultList();
        // 遍历结果集
        for (Person p : pl)
        {
            System.out.println(p.getName());
        }
        tx.commit();
        HibernateUtil.closeSession();
    }
    // 第三个查询方法：查询属性
    private void findPersonProperty()
    {
        // 获得 Hibernate Session
        Session sess = HibernateUtil.currentSession();
        // 开始事务
        Transaction tx = sess.beginTransaction();
        // 以 HQL 语句创建 Query 对象.
        List<Object[]> pl = sess.createQuery("select distinct p.id, p.name , p.age "
            + "from Person p join p.myEvents", Object[].class)
            // Query 调用 list()方法访问查询得到的全部属性
            .getResultList();
```

```
        // 遍历查询的全部结果
        for (Object[] objs : pl)
        {
            System.out.println(java.util.Arrays.toString(objs));
        }
        // 提交事务
        tx.commit();
        HibernateUtil.closeSession();
    }
}
```

由上面的 HQL 语句可以看出，执行 HQL 语句类似于用 PreparedStatement 执行 SQL 语句，因此 HQL 语句中可以使用占位符作为参数。HQL 的占位符既可使用英文问号+索引的形式（?N），这与 JPQL 语句中的占位符完全一样；也可使用有名字的占位符，使用有名字的占位符时，应该在占位符名字前增加英文冒号（:)，如上 HQL 语句所示。

成功编写了 HQL 语句之后，就可使用 Session 的 createQuery(hql, Class)方法创建一个 Query，Query 对象使用 setParameter()方法为 HQL 语句的参数赋值。Query 的 setParameter()方法有多个版本，分别用于根据参数索引赋值和根据参数名字赋值，具体请查阅 Query 接口的 API 说明。

> **注意**
>
> 从 Hibernate 4 开始，setXxx(String name, Xxx value)方法不仅用于根据参数名设置参数值，也用于根据参数索引设置参数值，因为 Hibernate 推荐 HQL 语句中的占位符使用英文问号+索引的形式（?N），比如 from Person p where p.age > ?1，接下来就需要使用 setParameter("1", value)的形式为?1 占位符参数设置值——注意：setParameter()方法的第一个参数是 String 类型的。

Query 对象可以连续多次为 HQL 参数赋值，这得益于 Hibernate Query 的设计。通常 setParameter() 方法的返回值都是 void，但 Hibernate Query 的 setParameter()方法的返回值是 Query 本身。因此，程序通过 Session 创建 Query 后，直接多次调用 setParameter()方法为 HQL 语句的参数赋值。

Query 最后调用 list()方法返回查询到的全部结果。

Query 还包含如下两个方法。

➤ setFirstResult(int firstResult)：设置返回的结果集从第几条记录开始。

➤ setMaxResults(int maxResults)：设置本次查询返回的结果数目。

这两个方法用于对 HQL 查询实现分页控制。

> **注意**
>
> 在执行上面程序之前，一定要先导入 codes\06\6.4\HQL 目录下的 data.sql 脚本，通过该脚本为本程序准备数据。

HQL 语句本身是不区分大小写的。也就是说，HQL 语句的关键字、函数都是不区分大小写的。但 HQL 语句中所使用的包名、类名、实例名、属性名都区分大小写。

▶▶ 6.4.2 JPQL 查询

与 HQL 查询对应，JPA 提供了相应的 JPQL 支持，JPA 为 EntityManager 提供了 createQuery()方法，该方法返回 JPA 的 Query 对象，因此程序可使用该 Query 对象来完成 JPQL 查询。

下面程序使用 JPQL 查询改写了上面的示例程序。

程序清单：codes\06\6.4\JPQL\src\lee\JpqlQuery.java

```
public class JpqlQuery
{
    final static EntityManagerFactory emf = Persistence
        .createEntityManagerFactory("jpql_pu");
```

```java
public static void main(String[] args)
    throws Exception
{
    JpqlQuery mgr = new JpqlQuery();
    // 调用第一个查询方法
    mgr.findPersons();
    // 调用第二个查询方法
    mgr.findPersonsByHappenDate();
    // 调用第三个查询方法
    mgr.findPersonProperty();
}
// 第一个查询方法
private void findPersons()
{
    // 获得 EntityManager
    EntityManager em = emf.createEntityManager();
    // 开始事务
    em.getTransaction().begin();
    // 以 JPQL 语句创建 Query 对象.
    List<Person> pl = em.createQuery("select distinct p from Person p "
        + "join p.myEvents where title = :eventTitle", Person.class)
        // 执行 setParameter()方法为 HQL 语句的参数赋值
        .setParameter("eventTitle" , "很普通的事情")
        // Query 调用 getResultList()方法获取查询的全部实例
        .getResultList();
    // 遍历查询的全部结果
    for(Person p : pl)
    {
        System.out.println(p.getName());
    }
    // 提交事务
    em.getTransaction().commit();
    em.close();
}
// 第二个查询方法
private void findPersonsByHappenDate()throws Exception
{
    // 获得 EntityManager
    EntityManager em = emf.createEntityManager();
    em.getTransaction().begin();
    // 解析出 Date 对象
    SimpleDateFormat sdf = new SimpleDateFormat("yyyy-MM-dd");
    Date start = sdf.parse("2005-01-01");
    System.out.println("系统开始通过日期查找人" + start);
    // 以 JPQL 语句创建 Query 对象
    List<Person> pl = em.createQuery("select distinct p from Person p "
        + "inner join p.myEvents event where event.happenDate "
        + "between :firstDate and :endDate", Person.class)
        // 设置参数
        .setParameter("firstDate" , start)
        .setParameter("endDate" , new Date())
        // 返回结果集
        .getResultList();
    // 遍历结果集
    for (Person p : pl)
    {
        System.out.println(p.getName());
    }
    // 提交事务
    em.getTransaction().commit();
    em.close();
}
// 第三个查询方法：查询属性
private void findPersonProperty()
{
    // 获得 EntityManager
    EntityManager em = emf.createEntityManager();
```

```
            em.getTransaction().begin();
            // 以 HQL 语句创建 Query 对象
            List<Object[]> pl = em.createQuery("select distinct p.id, p.name , p.age "
                + "from Person p join p.myEvents", Object[].class)
                // Query 调用 getResultList()方法访问查询得到的全部属性
                .getResultList();
            // 遍历查询的全部结果
            for (Object[] objs : pl)
            {
                System.out.println(java.util.Arrays.toString(objs));
            }
            // 提交事务
            em.getTransaction().commit();
            em.close();
        }
}
```

下面简单介绍 HQL（JPQL）语句的语法。

▶▶ 6.4.3 from 子句

from 是最简单的 HQL（JPQL）语句，也是最基本的 HQL（JPQL）语句。from 关键字后紧跟持久化类的类名。例如：

```
form Person
```

表明从 Person 持久化类中选出全部的实例。

大部分时候，推荐为该 Person 的每个实例起别名。例如：

```
from Person as p
```

在上面的语句中，Person 持久化类中实例的别名为 p，既然 p 是实例名，因此也应该遵守 Java 的命名规则：第一个单词的首字母小写，后面每个单词的首字母大写。

命名别名时，as 关键字是可选的，但为了增加可读性，建议保留。

from 后还可同时出现多个持久化类，此时将产生一个笛卡儿积或跨表的连接。但实际上这种用法很少使用，因为通常需要使用跨表的连接时，可以考虑使用隐式连接或者显式连接，而不是直接在 from 后紧跟多个表名。

▶▶ 6.4.4 关联和连接

当程序需要从多个数据表中取得数据时，SQL 语句将会考虑使用多表连接查询。Hibernate 使用关联映射来处理底层数据表之间的连接，一旦提供了正确的关联映射后，当程序通过 Hibernate 进行持久化访问时，将可利用 Hibernate 的关联来进行连接。

HQL（JPQL）支持两种关联连接（join）形式：隐式（implicit）与显式（explicit）。

隐式连接形式不使用 join 关键字，使用英文点号（.）来隐式连接关联实体，而 Hibernate 底层将自动进行关联查询。例如如下 HQL（JPQL)语句（具体示例请参考本书光盘 codes\06\6.4\路径下的 joinQuery 应用）：

```
// 查询 Person 持久化实体
from Person p where p.myEvent.title > :title
```

上面的 p.myEvent 属性的实质是一个持久化实体，因此 Hibernate 底层隐式地自动进行连接查询。

显式连接则需要使用 xxx join 关键字，例如如下语句：

```
// 使用显式连接
from Person p
inner join p.myEvent event
where event.happenDate < :endDate
```

使用显式连接时可以为相关联的实体，甚至是关联集合中的全部元素指定一个别名。

Hibernate 支持的 HQL（JPQL）连接类型直接借鉴了 SQL99 多表查询的关键字，可使用如下几种连接方式。

- ➢ inner join（内连接），可简写成 join。
- ➢ left outer join（左外连接），可简写成 left join。
- ➢ right outer join（右外连接），可简写成 right join。
- ➢ full join（全连接），并不常用。

使用显式连接时，还可通过 HQL（JPQL）的 with 关键字来提供额外的连接条件。例如如下 HQL（JPQL）语句（具体示例请参考本书光盘中 codes\06\6.4\路径下的 joinQuery 应用）：

```
// 使用显式连接
from Person p
inner join p.myEvent event
with p.id > event.id
where event.happenDate < :endDate
```

Hibernate 会将这种显式连接转换成 SQL99 多表连接的语法，所以 HQL 语句中的 with 关键字的作用基本等同于 SQL99 中 on 关键字的作用：都是用于指定连接条件。通过在 HQL 语句中使用 with 关键字，可以让 HQL 语句执行非等值连接查询。

> 💡 **提示**：⸱⸱⸱
> 　　前面已经提到过，虽然 Hibernate 号称是持久层的全面解决方案，使用 Hibernate 可以无须使用 JDBC 编程。但实际上不懂 SQL 语句、不懂 JDBC 是很难掌握 Hibernate 的。关于 SQL92、SQL99 的多表连接查询，请参考疯狂 Java 体系的《疯狂 Java 讲义》。

还有一点必须指出：由于此处的 inner join、left join、right join、full join 的实质依然是基于底层 SQL 的内、左、右、外连接的，所以如果底层 SQL 不支持这些外连接，那么执行对应的 HQL 时就会相应地引发异常。

对于隐式连接和显式连接还有如下两点区别。

- ➢ 隐式连接底层将转换成 SQL99 的交叉连接，显式连接底层将转换成 SQL99 的 inner join、left join、right join 等连接。

对于 from Person p where p.myEvent.title > :title 这条隐式连接的 HQL 语句，执行 HQL 查询后将看到产生如下所示的 SQL 语句：

```
select
    person0_.person_id as person1_0_,
    person0_.name as name0_,
    person0_.age as age0_,
    person0_.event_id as event4_0_
from
    person_inf person0_ cross
join
    event_inf myevent1_
where
    person0_.event_id=myevent1_.event_id
    and myevent1_.title>?
```

而对于 from Person p left join p.myEvent event where event.happenDate < :endDate 这条显式连接的 HQL 语句，执行 HQL 查询后将看到产生如下所示的 SQL 语句：

```
select
    person0_.person_id as person1_0_,
    person0_.name as name0_,
    person0_.age as age0_,
    person0_.event_id as event4_0_
from
    person_inf person0_
left outer join
    event_inf myevent1_
        on person0_.event_id=myevent1_.event_id
where
    myevent1_.happenDate<?
```

对比这两条 SQL 语句，不难发现第一条 SQL 语句是 SQL99 的交叉连接，而第二条 SQL 语句则是

SQL99 的左外连接语法——具体到底使用哪种连接方法，则取决于 HQL 语句的显式连接使用了哪种连接方式。

> 隐式连接和显式连接查询后返回的结果不同。

当 HQL 语句中省略 select 关键字时，使用隐式连接查询返回的结果是多个被查询实体组成的集合。如上面第一条 SQL 语句所示，它只选择了 person_inf 表中的数据列，所以查询得到的结果是 Person 对象组成的集合。

当使用显式连接查询的 HQL 语句中省略 select 关键字时，返回的结果也是集合，但集合元素是被查询的持久化对象、所有被关联的持久化对象所组成的数组。如上面第二条 SQL 语句所示，它同时选择了 person_inf、event_inf 表中的所有数据列，查询得到的结果集的每条记录既包含了 Person 实体的全部属性，也包含了 MyEvent 实体的全部属性。Hibernate 会把每条记录封装成一个集合元素，用属于 Person 的属性创建 Person 对象，属于 MyEvent 的属性创建 MyEvent 对象……多个持久化实体最后封装成一个数组来作为集合元素。

关于隐式连接和显示连接还有非常重要的一点需要指出，这是由 Hibernate 版本升级所引发的问题。在 Hibernate 3.2.2 以前的版本中，Hibernate 会对所有的关联实体自动使用隐式连接。对于如下 HQL 语句：

```
from Person p
where p.myEvents.title = :eventTitle
```

无论如何，Hibernate 将对上面的 p.myEvents.title 自动使用隐式连接，因此上面的 HQL 语句总是有效的。

从 Hibernate 3.2.3 版本以后，Hibernate 改变了这种隐式连接的策略，还是对于这条同样的 HQL 语句，则可能出现以下两种情况。

> 如果 myEvents 是普通的组件属性，或单个的关联实体，则 Hibernate 会自动生成隐式内连接，上面 HQL 语句依然有效。

> 如果 myEvents 是一个集合（包括 1—N、N—N 关联），那么系统将会出现 QueryException 异常，异常提示信息为：illegal attempt to dereference collection。

根据 Hibernate 官方说法，这样可以使得隐式连接更具确定性（原文：This makes implicit joins more deterministic）。

为此，Hibernate 推荐将上面的 HQL 语句写成：

```
from Person p
inner join p.myEvents e
where e.title = :eventTitle
```

这条 HQL 语句将会返回一个集合，集合元素是 Person 实体和 MyEvent 实体组成的数组。

如果只想获取 Person 组成的集合，则需要改写成：

```
select p from Person p
inner join p.myEvents e
where e.title = :eventTitle
```

但上面的语句有可能返回多个完全相同的 Person 对象，想一想 SQL 多表连接查询的结果就可知道原因了。

如果想得到由 Person 实体组成的集合，且元素不重复，则应改为如下 HQL 语句：

```
select distinct p from Person p
inner join p.myEvents e
where e.title = :eventTitle
```

也就是说，对于 Hibernate 3.2.3 以后的版本，如果关联实体是单个实体或单个的组件属性，HQL 依然可以使用英文点号（.）来隐式连接关联实体或组件；但如果关联实体是集合（包括 1—N 关联、N—N 关联和集合元素是组件等），则必须使用 xxx join 来显式连接关联实体或组件。

对于有集合属性的，Hibernate 默认采用延迟加载策略。例如，对于持久化类 Person，有集合属性 scores。加载 Person 实例时，默认不加载 scores 属性。如果 Session 被关闭，Person 实例将无法访问关联的 scores 属性。

为了解决该问题，可以在 Hibernate 持久化注解中指定 fetch=FetchType.EAGER 来关闭延迟加载。

还有一种方法，使用 join fetch，例如如下 HQL（JPQL）语句（具体示例请参考本书光盘 codes\06\6.4\路径下的 joinQuery 应用）：

```
from Person as p
join fecth p.scores
```

上面的 fetch 关键字将导致 Hibernate 在初始化 Person 对象时，同时抓取该 Person 关联的 scores 集合属性（或关联实体）。

使用 join fetch 时通常无须指定别名，因为相关联的对象不应当在 where 子句（或其他任何子句）中使用。而且被关联的对象也不会在被查询的结果中直接返回，而是应该通过其父对象来访问。

关于 fecth 关键字的作用，读者可以查看本书光盘中 codes\06\6.4\路径下的 joinQuery 应用，对比 HqlQuery 类里的 findPersonsByHappenDate()和 findPersonsFetchMyEvent()两个方法，将会对 fetch 关键字有更深刻的认识。

使用 fecth 关键字时有如下几个注意点。

➢ fetch 不应该与 setMaxResults()或 setFirstResult()共用。因为这些操作是基于结果集的，而在预先抓取集合类时可能包含重复的数据，即无法预先知道精确的行数。

➢ fetch 不能与独立的 with 条件一起使用。

➢ 如果在一次查询中 fetch 多个集合，可以查询返回笛卡儿积，因此请多加注意。

➢ full join fetch 与 right join fetch 是没有任何意义的。

如果在持久化注解中映射属性时通过指定 fetch=FetchType.LAZY 启用了延迟加载（这种延迟加载是通过字节码增强来实现的），然后程序里又希望预加载那些原本应延迟加载的属性，则可以通过 fetch all properties 来强制 Hibernate 立即抓取这些属性。例如：

```
from Document fetch all properties order by name
from Document doc fetch all properties where lower(doc.name) like '%cats%'
```

▶▶ 6.4.5　查询的 select 子句

select 子句用于选择指定的属性或直接选择某个实体，当然 select 选择的属性必须是 from 后持久化类包含的属性。例如：

```
select p.name from Person as p
```

select 可以选择任意属性，即不仅可以选择持久化类的直接属性，还可以选择组件属性包含的属性。例如：

```
select p.name.firstName from Person as p
```

在通常情况下，使用 select 子句查询的结果是集合，而集合元素就是 select 后的实例、属性等组成的数组。

在特殊情况下，如果 select 后只有一项（包括持久化实例或属性），则查询得到的集合元素就是该持久化实例或属性。

如果 select 后有多项，则每个集合元素就是选择出的多项组成的数组。例如如下 HQL 语句：

```
select p.name, p from Person as p
```

执行该 HQL 语句得到的集合元素是类似于[String, Person]结构的数组，其中第一个元素是 Person 实例的 name 属性，第二个元素是 Person 实例。

> ＊-**注意** ＊
> 　　即使 select 后的列表项选出了某个持久化类的全部属性，这些属性依然是属性，Hibernate 不会将这些属性封装成对象。只有在 select 后的列表里给出持久化类的别名（其实就是实例名），Hibernate 才会将该项封装成一个持久化实体。

select 也支持将选择出的属性存入一个 List 对象中。例如：

```
select new list(p.name, p.address) from Person as p
```

执行上面的 HQL 语句后得到一个集合，其集合元素是 List 对象（默认的集合元素是数组）。

甚至可以将选择出的属性直接封装成对象。例如：

```
select new ClassTest(p.name, p.address) from Person as p
```

前提是 ClassTest 支持 p.name、p.address 的构造器，假如 p.name 的数据类型是 String，p.address 的数据类型是 String，则 ClassTest 必须有如下的构造器：

```
ClassTest(String s1, String s2)
```

执行上面的 HQL 语句返回的结果是集合，其中集合元素是 ClassTest 对象（默认的集合元素是数组）。

select 还支持给选中的表达式命名别名。例如：

```
select p.name as personName from Person as p
```

这种用法与 new map 结合使用更普遍。例如：

```
select new map(p.name as personName) from Person as p
```

执行上面的 HQL 语句返回的结果是集合，其中集合元素是 Map 对象，以 personName 作为 Map 的 key，实际选出的值作为 Map 的 value。

➤➤ 6.4.6 HQL 查询的聚集函数

HQL 也支持在选出的属性上使用聚集函数。HQL 支持的聚集函数与 SQL 的完全相同，有如下 5 个。

- ➢ avg：计算属性平均值。
- ➢ count：统计选择对象的数量。
- ➢ max：统计属性值的最大值。
- ➢ min：统计属性值的最小值。
- ➢ sum：计算属性值的总和。

例如，如下 HQL 语句：

```
select count(*) from Person
select max(p.age) from Person as p
```

select 子句还支持字符串连接符、算术运算符，以及 SQL 函数。例如：

```
select p.name || "" || p.address from Person as p
```

select 子句也支持使用 distinct 和 all 关键字，此时的效果与 SQL 中的效果完全相同。

➤➤ 6.4.7 多态查询

HQL 语句被设计成能理解多态查询，from 后跟持久化类名，不仅会查询出该持久化类的全部实例，还会查询出该类的子类的全部实例。

例如下面的查询语句：

```
from Person as p
```

该查询语句不仅会查询出 Person 的全部实例，还会查询出 Person 的子类，如 Teacher 的全部实例，前提是 Person 和 Teacher 完成了正确的继承映射。

HQL 支持在 from 子句中指定任何 Java 类或接口，查询会返回继承了该类的持久化子类的实例或返回实现该接口的持久化类的实例。下面的查询语句返回所有的被持久化的对象。

```
from java.lang.Object o
```

如果 Named 接口有多个持久化实现类，下面语句将返回这些持久化类的全部实例。

```
from Named as n
```

> **注意**
>
> 后面的两个查询将需要多条 SQL select 语句，因此无法使用 order by 子句对结果集排序，从而不允许对这些查询结果使用 Query.scroll() 方法。

▶▶ 6.4.8　HQL 查询的 where 子句

where 子句用于筛选选中的结果，缩小选择的范围。如果没有为持久化实例命名别名，则可以直接使用属性名来引用属性。

例如下面的 HQL 语句：

```
from Person where name like 'tom%'
```

上面的 HQL 语句与下面的语句效果相同：

```
from Person as p where p.name like "tom%"
```

在后面的 HQL 语句中，如果为持久化实例命名了别名，则应该使用完整的属性名。两条 HQL 语句都可返回 name 属性以 tom 开头的实例。

复合属性表达式加强了 where 子句的功能，例如，如下的 HQL 语句：

```
from Cat cat where cat.mate.name like "kit%"
```

该查询将被翻译成一个含有内连接的 SQL 查询，翻译后的 SQL 语句如下：

```
select * from cat_table as table1 cat_table as table2
where table1.mate = table2.id
and table1.name like "kit%"
```

实际上，这种用法使用了隐式连接查询，从 Hibernate 3.2.3 之后，只有当 cat.mate 属性引用的是普通组件属性或者单独的关联实体时，才可接着在后面使用点号（.）来引用 mate 的属性，如 cat.mate.name；如果 cat.mate 是集合属性，Hibernate 3.2.3 以后的版本不支持这种用法。

只要没有出现集合属性，HQL 语句可使用点号来隐式连接多个数据表，如下面的 HQL 查询语句所示：

```
from Foo foo
where foo.bar.baz.customer.address.city like"guangzhou%"
```

执行上面的 HQL 语句时会生成对应的 SQL 查询语句，将变成一个四表连接的查询。

"=" 运算符不仅可以用来比较属性的值，也可以用来比较实例。

```
from Cat cat, Cat rival
where cat.mate = rival.mate
select cat, mate
from Cat cat, Cat mate
where cat.mate = mate
```

特殊属性（小写）id 可以用来表示一个对象的标识符（当然也可以使用该对象的属性名，使用 id 只是一种更简洁的写法）。

```
from Cat as cat
where cat.id = 123
from Cat as cat where
cat.mate.id = 69
```

上一个查询是一个内连接查询，但在 HQL 查询语句下，无须体会多表连接，而完全使用面向对象的方式查询。

id 甚至可代表组件类型的标识符，例如 Person 类有一个组件类型的标识符，它由 country 和 medicareNumber 两个属性组成。

下面的 HQL 语句有效：

```
from Person as person
where person.id.country = 'AU'
```

```
and person.id.medicareNumber = 123456
from Account as account
where account.owner.id.country = 'AU'
and account.owner.id.medicareNumber = 123456
```

上面两个查询跨越两个表：Person 和 Account，是一个多表连接查询，因为使用了隐式连接的简洁语法，所以感受不到多表连接查询的烦琐。

在进行多态持久化的情况下，class 关键字用来存取一个实例的辨别值（discriminator value）。嵌入 where 子句中的 Java 类名，将被作为该类的辨别值。例如：

```
// 执行多态查询时，默认会选出 Cat 及其所有子类的实例
// 在如下 HQL 语句中，将只选出 DomesticCat 类的实例
from Cat cat where cat.class = DomesticCat
```

当 where 子句中的运算符只支持基本类型或者字符串时，where 子句中的属性表达式必须以基本类型或者字符串结尾，不要使用组件类型属性结尾，例如 Account 有 Person 类型的属性，而 Person 有 Name 类型的属性，Name 有 String 类型的 firstName 属性。

看下面两条语句的对比。

下面的属性表达式正确，因为 Person 的 Name 属性的 firstName 是 String 类型：

```
from Account as a where a.person.name.firstName like "dd%"
```

但下面的语句是错误的，因为 Person 的 Name 属性是复合类型，不是 String 类型：

```
from Account as a where a.person.name like "dd%"
```

▶▶ 6.4.9　表达式

HQL 的功能非常丰富，where 子句后支持的运算符也非常丰富，不仅包括 SQL 的运算符，也包括 EJB-QL 的运算符等。

where 子句中允许使用大部分 SQL 支持的表达式，包括如下种类。

- 数学运算符：+、-、*、/等。
- 二进制比较运算符：=、>=、<=、<>、!=、like 等。
- 逻辑运算符：and、or、not 等。
- in、not in、between、is null、is not null、is empty、is not empty、member of and not member of 等。
- 简单的 case，case...when...then...else...end 和 case，case when...then...else...end 等。
- 字符串连接符：如 value1 || value2，或使用字符串连接函数 concat(value1, value2)。
- 时间操作函数：current_date()、current_time()、current_timestamp()、second()、minute()、hour()、day()、month()、year()等。
- HQL 还支持 EJB-QL 3.0 所支持的函数或操作：substring()、trim()、lower()、upper()、length()、locate()、abs()、sqrt()、bit_length()、coalesce()和 nullif()等。
- 支持数据库的类型转换函数，如 cast(... as ...)，第二个参数是 Hibernate 的类型名，或者 extract(... from ...)，前提是底层数据库支持 ANSI cast()和 extract()。
- 如果底层数据库支持单行函数：sign()、trunc()、rtrim()、sin()，则 HQL 语句也完全支持。
- HQL 语句支持使用命名参数作为占位符，方法是在参数名前加英文冒号(:)，例如 :start_date、:x1 等；也支持使用英文问号+数字的形式（?N）的参数作为占位符。

当然，也可以在 where 子句中使用 SQL 常量，例如'foo'、69、'1970-01-01 10:00:01.0'等。还可以在 HQL 语句中使用 Java 中的 public static final 类型的常量，例如 Color.RED。

除此之外，where 子句还支持如下的特殊关键字用法。

- HQL index() 函数，作用于 join 的有序集合的别名。
- HQL 函数，把集合作为参数：size()、minelement()、maxelement()、minindex()、maxindex()，还有特别的 elements()和 indices 函数，可以用数量词加以限定，如 some、all、exists、any、in。
- in 与 between...and 可按如下方法使用：

```
from DomesticCat cat where cat.name between 'A' and 'B';
from DomesticCat cat where cat.name in ('Foo','Bar','Baz');
```

当然，也支持 not in 和 not between...and 的使用。例如：

```
from DomesticCat cat where cat.name not between 'A' and 'B';
from DomesticCat cat where cat.name not in ('Foo','Bar','Baz');
```

➤ 子句 is null 与 is not null 可以被用来测试空值。例如：

```
from DomesticCat cat where cat.name is null;
from Person as p where p.address is not null;
```

➤ 如果在 Hibernate 配置文件中进行如下声明：

```
<property name="hibernate.query.substitutions">true 1, false 0</property>
```

上面的声明表明：HQL 转换 SQL 语句时，将使用字符 1 和 0 来代替关键字 true 和 false，然后就可以在表达式中使用 1 和 0 来构建布尔表达式了。例如：

```
from Cat cat where cat.alive = 0;
```

➤ size 关键字用于返回一个集合的大小。例如：

```
from Cat cat where cat.kittens.size > 0;
from Cat cat where size(cat.kittens) > 0;
```

➤ 对于有序集合，还可使用 minindex() 与 maxindex() 函数代表最小与最大的索引序数。同理，可以使用 minelement() 与 maxelement() 函数代表集合中最小与最大的元素。例如：

```
from Calendar cal where maxelement(cal.holidays) > current_date;
from Order order where maxindex(order.items) > 100;
from Order order where minelement(order.items) > 10000;
```

➤ 还有特别有用的 elements() 和 indices() 函数，用于返回指定集合的所有元素和所有索引。还可以使用 any、some、all、exists、in 等 SQL 函数操作集合里的元素。例如：

```
// 操作集合元素
select mother from Cat as mother, Cat as kit
where kit in elements(foo.kittens);
// p 的 name 属性等于集合中某个元素的 name 属性
select p from NameList list, Person p
where p.name = some elements(list.names);
// 操作集合元素
from Cat cat where exists elements(cat.kittens)
from Player p where 3 > all elements(p.scores)
from Show show where 'fizard' in indices(show.acts);
```

值得指出的是，这些结构变量：size、elements、indices、minindex、maxindex、minelement、maxelement 等，只能在 where 子句中使用。

➤ 在 where 子句中，有序集合（数组、List 集合、Map 对象）的元素可以通过[]运算符访问。例如：

```
// items 是有序集合属性, items[0]代表第一个元素
from Order order where order.items[0].id = 1234;
// holidays 是 Map 集合属性, holidays['national]代表 key 为 national 的元素
select person from Person person, Calendar calendar
where calendar.holidays['national day'] = person.birthDay;
and person.nationality.calendar = calendar;
// 下面同时使用 List 集合和 Map 集合属性
select item from Item item, Order order
where order.items[ order.deliveredItemIndices[0] ] = item and order.id = 11;
select item from Item item, Order order
where order.items[ maxindex(order.items) ] = item and order.id = 11;
```

➤ 在[]中的表达式甚至可以是一个算术表达式。例如：

```
select item from Item item, Order order
where order.items[size(order.items) - 1] = item;
```

▶▶ 6.4.10　order by 子句

查询返回的集合可以根据类或组件属性的任何属性进行排序。例如：

```
from Person as p
order by p.name, p.age;
```

还可使用 asc 或 desc 关键字指定升序或降序的排序规则。例如：

```
from Person as p
order by p.name asc , p.age desc;
```

如果没有指定排序规则，则默认采用升序规则。即：使用和不使用 asc 关键字是没有区别的，加 asc 是升序排序，不加 asc 也是升序排序。

▶▶ 6.4.11　group by 子句

返回聚集值的查询可以对持久化类或组件属性的属性进行分组，分组使用 group by 子句。看下面的 HQL 查询语句：

```
select cat.color, sum(cat.weight), count(cat)
from Cat cat
group by cat.color;
```

类似于 SQL 的规则，出现在 select 后的属性，要么出现在聚集函数中，要么出现在 group by 的属性列表中。看下面的示例：

```
// select 后出现的 id 处于 group by 之后，而 name 属性则出现在聚集函数中
select foo.id, avg(name), max(name)
from Foo foo join foo.names name
group by foo.id
```

having 子句用于对分组进行过滤，例如：

```
select cat.color, sum(cat.weight), count(cat)
from Cat cat
group by cat.color
having cat.color in (eg.Color.TABBY, eg.Color.BLACK)
```

 注意

> having 子句用于对分组进行过滤，因此 having 子句只能在有 group by 子句时才可以使用，没有 group by 子句时不能使用 having 子句。

Hibernate 的 HQL 语句会直接翻译成数据库 SQL 语句。因此，如果底层数据库支持在 having 子句和 group by 子句中使用普通函数或聚集函数，HQL 的 having 与 order by 子句中也可以使用普通函数和聚集函数。

例如，如下的 HQL 语句：

```
select cat
from Cat cat
join cat.kittens kitten
group by cat
having avg(kitten.weight) > 100
order by count(kitten) asc, sum(kitten.weight) desc
```

 注意

> group by 子句与 order by 子句中都不能包含算术表达式。

▶▶ 6.4.12　子查询

如果底层数据库支持子查询，则可以在 HQL 语句中使用子查询。与 SQL 中子查询相似的是，HQL

中的子查询也需要使用英文括号（()）括起来。例如：

```
from Cat as fatcat
where fatcat.weight > (select avg(cat.weight) from DomesticCat cat);
```

与 SQL 子查询语法完全类似，如果子查询是多行结果集，则应该使用多行运算符。例如，如下的 HQL 语句：

```
from Cat as cat
where not ( cat.name, cat.color ) in
(select cat.name, cat.color from DomesticCat cat);
from DomesticCat as cat
where cat.name not in
(select name.nickName from Name as name);
```

SQL 语法中子查询还可以出现在 select 子句之后，HQL 也支持这种用法。看如下 HQL 语句：

```
select cat.id, (select max(kit.weight)from cat.kitten kit)
from Cat as cat
```

　　　HQL 子查询只可以在 select 子句或者 where 子句中出现。

如果在 select 子查询后的列表中包含多项，则在 HQL 中需要使用一个元组构造符。看如下 HQL 语句：

```
from Cat as cat
where not (cat.name, cat.color) in
(select cat.name, cat.color from DomesticCat cat);
```

▶▶ 6.4.13　命名查询

HQL 查询还支持将查询所用的 HQL 语句放入注解中，而不是代码中。通过这种方式，可以大大提高程序的解耦。

Hibernate 支持使用标准的@NamedQuery 注解来配置命名查询，使用@NamedQuery 指定如表 6.7 所示的属性。

表 6.7　@NamedQuery 支持的属性

属　　　性	是否必需	说　　　明
name	是	该属性指定命名查询的名称
query	是	该属性指定命名查询所使用的 HQL 查询语句

如果程序需要使用多个@NamedQuery 定义命名查询，则可使用@NamedQueries 来组合多个 @NamedQuery。

下面持久化类的代码是定义命名查询的配置文件片段。

程序清单：codes\06\6.4\named_HQL\src\org\crazyit\app\domain\Person.java

```
@Entity
@Table(name = "person_inf")
// 定义命名查询
@NamedQuery(name = "myNamedQuery"
    , query = "from Person as p where p.age > ?0")
public class Person
{
    ...
}
```

Session 里提供了一个 getNamedQuery(String name)方法，该方法用于创建一个 Query 对象，一旦获得了 Query 对象，剩下的操作与普通的 HQL 查询完全一样。下面是程序调用命名查询的示例代码。

程序清单：codes\06\6.4\named_HQL\src\lee\HqlQuery.java

```java
private void findByNamedQuery()
    throws Exception
{
    // 打开 Hibernate 的 Session 和事务
    Session sess = HibernateUtil.currentSession();
    Transaction tx = sess.beginTransaction();
    System.out.println("===执行命名查询===");
    // 执行命名查询
    List<Person> pl = sess.getNamedQuery("myNamedQuery")
        // 根据 HQL 语句里的参数索引为参数赋值
        .setParameter("0" , 20)
        .getResultList();
    // 迭代输出查询得到的每个 Person 对象
    for (Person p : pl)
    {
        System.out.println(p.getName());
    }
    // 提交事务, 关闭 Session
    tx.commit();
    HibernateUtil.closeSession();
}
```

由上面程序中的粗体字代码可以看出，使用命名查询与普通查询的效果基本相似，只是将原来的 createQuery(String hql) 方法换成了 getNamedQuery(String name)，剩下的事情几乎完全一样。实际上，命名查询的作用仅仅是将 HQL 语句从 Java 代码中提取出来，放到注解中配置而已。

> **提示**：
> 　　命名 HQL 查询（包括后面的命名 SQL 查询）的本质就是把查询语句从 Java 代码中取出来，放到注解中进行管理，并为这条查询语句起个名字。当使用 Hibernate 传统的 XML 映射文件时，命名查询的本质就是将查询语句从 Java 代码中取出来，放到配置文件中管理，这样当应用需要修改查询语句时，开发者无须打开 Java 代码进行修改，直接修改配置文件中的查询语句即可。但对于这种在注解中配置命名查询的方式，似乎并没有太大的必要——因为注解本身依然在 Java 程序里。如果读者希望在 XML 映射文件中使用 XML 元素来定义命名查询，则可以在 \<hibernate-mapping.../\> 元素中添加如下子元素：
>
> ```xml
> <query name="myNamedQuery">
>     from Person as p where p.age > ?
> </query>
> ```

 ## 6.5　动态条件查询

动态条件查询是更具面向对象特色的数据查询方式。Hibernate 已经放弃了原来提供的由 Criteria、Criterion 组成的动态条件查询（将它们标记为过时），全面改为使用 JPA 的动态条件查询。因此本书将直接介绍 JPA 的动态条件查询，如果读者需要了解 Hibernate 本身的动态条件查询，可参考本书光盘中的附录文档。

条件查询通过如下三个类完成。

➤ CriteriaBuilder：这是一个工厂类，这个工厂类用于创建 CriteriaQuery、CriteriaUpdate、CriteriaDelete、Predicate、Expresssion。

　○ CriteriaQuery、CriteriaUpdate、CriteriaDelete：第一个 API 代表查询，后面两个 API 代表 DML 操作。

　○ Expression：代表表达式。

　○ Predicate：代表查询条件。使用 CriteriaBuilder 的运算符方法组合两个 Expression 来生成一个 Predicate。

➤ Root：代表要查询的根实体。

> Join：代表一个关联。

执行条件查询的步骤如下。

① 获得 JPA 的 EntityManager 对象，并打开事务。

② 以 EntityManager 对象创建 CriteriaBuilder 对象。

③ 调用 CriteriaBuilder 对象的 createQuery()方法创建 CriterionQuery 查询。

④ 调用 CriterionQuery 对象的 from()方法设置查询的根实体，该方法返回一个 Root 对象。如果要查询多个 Root 对象，这一步要执行多次。

⑤ 调用 CriterionQuery 对象的 select()方法设置查询语句的 select 部分。

⑥ 调用 CriterionQuery 对象的 where()方法设置查询条件（相当于设置 where 子句）。

⑦ 以 CriterionQuery 为参数，调用 EntityManager 的 createQuery()方法创建 Query 对象，剩下部分与前面 JPQL 查询的步骤相同。

看下面的条件查询的示例程序。

程序清单：codes\06\6.5\criteriaQuery\src\lee\CriteriaQueryTest.java

```java
public class CriteriaQueryTest
{
    final static EntityManagerFactory emf = Persistence
        .createEntityManagerFactory("query_pu");
    public static void main(String[] args)
    {
        CriteriaQueryTest criteriaTest = new CriteriaQueryTest();
        criteriaTest.query();
        emf.close();
    }
    private void query()
    {
        // 打开 EntityManager 和事务
        EntityManager em = emf.createEntityManager();
        em.getTransaction().begin();
        // 创建 CriteriaBuilder
        CriteriaBuilder builder = em.getCriteriaBuilder();
        // 创建 CriteriaQuery，传入的类型参数代表该条件查询返回结果集中的元素类型
        CriteriaQuery<Student> criteria = builder.createQuery(Student.class);
        // 设置要查询的根实体类
        Root<Student> root = criteria.from(Student.class);
        // 下面语句不是必需的，条件查询默认会查询唯一的 Root 实体
        criteria.select(root);
        // 使用 builder 生成查询条件
        Predicate pred = builder.greaterThan(root.get(Student_.name), "a"); // ①
        // 使用 CriteriaQuery 的 where()方法添加查询条件
        criteria.where(pred);
        List<Student> list = em.createQuery(criteria)
            .getResultList();
        System.out.println("=====简单条件查询获取学生记录=====");
        for(Student s : list)
        {
            System.out.println(s.getName());
            Set<Enrolment> enrolments = s.getEnrolments();
            System.out.println("=====获取-" + s.getName()
                + "-的选课记录=====");
            for(Enrolment e : enrolments)
            {
                System.out.println(e.getCourse().getName());
            }
        }
        em.getTransaction().commit();
```

```
        em.close();
    }
}
```

　　在条件查询中，CriteriaQuery 接口代表一次查询，该查询本身不具备任何的数据筛选功能，创建该对象时传入的类型仅表示该查询返回的结果集中的元素类型。

　　CriteriaQuery 代表一次查询，它的主要作用就是组织查询语句的各子句，因此它提供的方法大致对应了 select 语句的各子句。它提供了如下常用方法。

> ➢ select(Selection<? extends T> selection)：如果只要 select 单个实体或单个属性，则可使用该方法。
> ➢ multiselect(Selection<?>... selections)：如果只要 select 多个实体或多个属性，以及它们的组合，则可使用该方法。
> ➢ distinct(boolean distinct)：用于去除重复行。对应于 select 后的 distinct 关键字。
> ➢ from(Class<X> entityClass)：用于设置查询的根实体。对应于查询语句的 from 子句。
> ➢ where(Predicate... restrictions)：设置查询条件。对应于为查询语句设置 where 子句。
> ➢ groupBy(Expression<?>... grouping)：设置分组。对应于为查询语句设置 group by 子句。
> ➢ having(Predicate... restrictions)：过滤分组。对应于为查询语句设置 having 子句。
> ➢ orderBy(Order... o)：设置排序。对应于为查询语句设置 order by 子句。

　　从上面介绍不难看出，CriteriaQuery 用于将一条 select 语句的各子句分开成不同方法，这样就可以对不同子句进行动态组合了，从而实现条件查询的主要功能：动态查询。

　　CriteriaQuery 只是用于组织 select 语句的各子句，而上面这些方法所需的 Selection、Predicate、Expression、Order 等参数则通常都由 CriteriaBuilder 对象创建，因此 CriteriaBuilder 不仅是 Criteria 的工厂，也是 Predicate 等各种对象的工厂。

　　Selection、Expression、ParameterExpression、Predicate 之间的继承关系如图 6.14 所示。

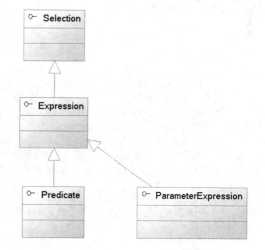

　　从图 6.14 可以看出，Expression、Predicate 都是 Selection 的子接口，其实 Root 对象也是 Expression 的子接口，因此程序也会使用 Root 对象的 get()方法来返回表达式。

　　上面程序中①号代码调用 CriteriaBuilder 的 greaterThan()方法（对应 ">" 运算符）生成过滤条件（Predicate 对象）。该方法的第一个参数要求是 Expression，第二个参数就是被比较的值。上面程序使用如下代码来获取 Expression：

```
root.get(Student_.name)
```

图 6.14　Selection 及其子接口

　　上面代码中有一个 Student_类，这个类并不是我们定义的 Student 实体类，而是 JPA 元模型（Metamodel）引用所提供的类。JPA 会为所有实体类都提供一个元模型类，元模型类通常就是实体类的类名添加下画线。

　　Hibernate 为 JPA 元模型类提供了支持，将 Hibernate 解压路径下的 lib 子目录中 jpa-metamodel-generator 目录下的 JAR 包添加到应用的类型加载路径下，Hibernate 会在编译实体类时自动为每个实体类生成对应的元模型类。添加这个 JAR 包之后即可运行上面程序。

> **提示**：
> 　　如果在 Java 9 下使用 Hibernate，则除添加 jpa-metamodel-generator 目录下的 JAR 包之外，还需要添加 javax.annotation-api-1.3.1.jar 包（Java 8 自带了这个 JAR 包）。

　　JPA 元模型类的优势在于更好地利用泛型。比如我们要获取 Student 实体类的 name 属性，如果使用 root.get("name")这种方式，编译器将无法知道该 name 属性的类型；但如果使用 root.get(Student_.name)这种方式，编译器就可知道该 name 属性的类型，从而提供更健壮的代码。

　　因此，上面程序中①号代码用于定义一个查询条件：Student 实体的 name 属性大于字符串"a"（在 SQL 语句中，字符串之间可以比较大小）。

　　Predicate 接口代表一个查询条件，该查询条件由 CriteriaBuilder 负责产生。绝大部分代表查询条件的 Predicate 都由 CriteriaBuilder 负责生成，它包含了如下常用的几类方法。

> - equal|notEqual|gt|greaterThan|ge|greaterThanOrEqualTo|lt|lessThan|le|lessThanOrEqualTo：判断一个表达式的值是否等于|不等于|大于|大于或等于|小于|小于或等于指定值或表达式的值。
> - between(Expression<? extends Y> v, Y x, Y y)：判断表达式的值是否在某个区间之内。
> - like|notlike(Expression<String> x, String pattern)：判断表达式的值是否匹配某个字符串。
> - in(Expression<? extends T> expression)：判断表达式的值是否等于系列值其中之一。
> - isEmpty|isNotEmpty(Expression<C> collection)：判断集合表达式包含的元素是否为空|不为空。
> - isNull|isNotNull(Expression<C> collection)：判断属性值是否为 null|不为 null。
> - not(Expression<Boolean>)：对表达式求否。
> - and(Predicate... restrictions)：对多个表达式求与。
> - or(Predicate... restrictions)：对多个表达式求或。

　　上面列出的每个方法其实都有多种重载形式，用于处理不同形式的比较。此外，CriteriaBuilder 还负责提供 SQL 查询中可能用到的各种函数，比如 abs()、concat()、size()、length()、nullif()、substring()等，CriteriaBuilder 都提供了与之同名的方法，具体可参考 CriteriaBuilder 的 API 文档。

　　条件查询同样允许在查询条件中使用参数，参数通过 ParameterExpression 表示。下面程序示范了在查询条件中使用参数。

程序清单：codes\06\6.5\criteriaQuery\src\lee\CriteriaQueryTest.java

```java
private void paramQuery()
{
    // 打开 EntityManager 和事务
    EntityManager em = emf.createEntityManager();
    em.getTransaction().begin();
    // 创建 CriteriaBuilder
    CriteriaBuilder builder = em.getCriteriaBuilder();
    // 创建 CriteriaQuery，传入的类型参数代表该条件查询返回结果集中的元素类型
    CriteriaQuery<Student> criteria = builder.createQuery(Student.class);
    // 设置要查询的根实体类
    Root<Student> root = criteria.from(Student.class);
    // 下面语句不是必需的，条件查询默认会查询唯一的 Root 实体
    criteria.select(root);
    // 定义一个参数
    ParameterExpression<String> nameParam = builder
        .parameter(String.class);
    // 使用 builder 来生成查询条件，查询条件使用 nameParam 参数
    Predicate pred = builder.greaterThan(root.get(Student_.name), nameParam);
    // 使用 CriteriaQuery 的 where()方法添加查询条件
    criteria.where(pred);
    List<Student> list = em.createQuery(criteria)
        // 为 nameParam 设置参数
        .setParameter(nameParam, "a")
        .getResultList();
    System.out.println("=====带参数的条件查询获取学生记录=====");
```

```
for(Student s : list)
{
    System.out.println(s.getName());
}
em.getTransaction().commit();
em.close();
}
```

上面程序中第一行粗体字代码调用 CriteriaBuilder 的 parameter()方法创建了 ParameterExpression 对象；第二行粗体字代码使用 CriteriaBuilder 的 greaterThan()方法构建了查询条件。该方法的第二个参数不再是直接的值，而是一个参数，这表明构建了一个带参数的查询；因此程序的第三行粗体字代码要通过 Query 的 setParameter()方法为 nameParam 参数设置参数值。

▶▶ 6.5.1 执行 DML 语句

条件查询提供了 CriteriaUpdate、CriteriaDelete 来执行 DML 语句,使用 CriteriaUpdate 和 CriteriaDelete 的步骤与使用 CriteriaQuery 的步骤基本类似，而且更加简单。这是由于 update、delete 语句所包含的子句更少：update 语句主要由 set 子句和 where 子句组成；而 delete 语句则主要由 where 子句组成。因此 CriteriaUpdate 与 CriteriaDelete 的方法较少。

- ➢ from(Class<T> entityClass)：设置修改或删除的实体。对应于 from 子句。
- ➢ where(Expression<Boolean> restriction)：为修改或删除设置条件。对应于 where 子句。
- ➢ set(Path<Y> attribute, X value)：CriteriaUpdate 的方法，CriteriaDelete 没有这个方法。用于为更新语句设置新的值，对应于 set 子句（delete 没有 set 子句，因此 CriteriaDelete 没有这个方法）。

下面程序示范了使用 CriteriaUpdate 执行 DML 语句。

程序清单：codes\06\6.5\criteriaQuery\src\lee\CriteriaQueryTest.java

```
private void update()
{
    // 打开 EntityManager 和事务
    EntityManager em = emf.createEntityManager();
    em.getTransaction().begin();
    // 创建 CriteriaBuilder
    CriteriaBuilder builder = em.getCriteriaBuilder();
    // 创建 CriteriaUpdate
    CriteriaUpdate<Student> update = builder.createCriteriaUpdate(Student.class);
    // 设置要查询的根实体类
    Root<Student> root = update.from(Student.class);
    // 设置要更新的新值（相当于设置 update 的 set 子句）
    update.set(root.get(Student_.name), "新名字");
    // 使用 builer 来生成条件,
    Predicate pred = builder.greaterThan(
        root.get(Student_.studentNumber), 20050230);
    // 使用 CriteriaUpdate 的 where()方法添加条件（相当于设置 where 子句）
    update.where(pred);
    int result = em.createQuery(update)
        .executeUpdate();
    System.out.printf("=====共有%d 条学生记录被修改=====%n", result);
    em.getTransaction().commit();
    em.close();
}
```

上面代码中第一行粗体字代码创建了 CriteriaUpdate 对象，后面 3 行粗体字代码负责组合 update 语句的各子句。运行上面程序，将会看到生成许多 SQL 语句，并看到数据中 3 条学生记录都被修改了。

```
update
    student_inf
set
    name=?
```

```
where
    student_id>20050230
```

提示：⋯⋯⋯⋯⋯⋯⋯⋯⋯⋯⋯⋯⋯⋯⋯⋯⋯⋯⋯⋯⋯⋯⋯⋯⋯⋯⋯⋯⋯⋯⋯
　　为了方便测试后面的程序，建议读者再次向 MySQL 数据库导入 codes\06\6.5\
criteriaQuery 目录下的 data.sql。

➤➤ 6.5.2　select 的用法

　　如果需要查询多个属性或多个实体，或者查询多个属性和多个实体的组合，则可使用 CriteriaQuery 的 multiselect() 方法，也可先用 CriteriaBuilder 的 array() 方法包装多个表达式，然后再调用 CriteriaQuery 的 select() 方法。下面程序示范了查询属性和实体的组合。

程序清单：codes\06\6.5\criteriaQuery\src\lee\CriteriaQueryTest.java

```java
private void multiselect()
{
    // 打开 EntityManager 和事务
    EntityManager em = emf.createEntityManager();
    em.getTransaction().begin();
    // 创建 CriteriaBuilder
    CriteriaBuilder builder = em.getCriteriaBuilder();
    // 创建 CriteriaQuery，传入的类型参数代表该条件查询返回结果集中的元素类型
    CriteriaQuery<Object[]> criteria = builder.createQuery(Object[].class);
    // 设置要查询的根实体类
    Root<Student> root = criteria.from(Student.class);
    // 使用 multiselect 设置查询属性和实体的组合
    criteria.multiselect(root.get(Student_.name), root);
    // 上面代码等同于如下语句
    //criteria.select(builder.array(root.get(Student_.name), root));
    // 使用 builder 生成查询条件
    Predicate pred = builder.greaterThan(root.get(Student_.name), "a");
    // 使用 CriteriaQuery 的 where() 方法添加查询条件
    criteria.where(pred);
    List<Object[]> list = em.createQuery(criteria)
        .getResultList();
    System.out.println("=====查询属性和实体的组合=====");
    for(Object[] row : list)
    {
        System.out.println(row[0] + "->" + row[1]);
    }
    em.getTransaction().commit();
    em.close();
}
```

　　上面两行粗体字代码都用于设置查询 name 属性与 root 实体（Student 实体）的组合，这样即可让查询得到的结果集的元素是数组，而不是简单的标量值或实体。上面两行粗体字代码的作用是相同的，因此只要保留一行即可。

　　此外，条件查询还允许将查询出来的多个属性封装成 DTO 对象，这样查询得到的结果集的元素就是 DTO 对象，而不再是数组，此时需要利用 CriteriaBuilder 的 construct() 方法创建 CompoundSelection 对象——CompoundSelection 是 Selection 的子接口。

　　下面程序示范了查询时将多个属性封装成 DTO 对象。

程序清单：codes\06\6.5\criteriaQuery\src\lee\CriteriaQueryTest.java

```java
private void queryDto()
{
    // 打开 EntityManager 和事务
    EntityManager em = emf.createEntityManager();
    em.getTransaction().begin();
    // 创建 CriteriaBuilder
```

```
CriteriaBuilder builder = em.getCriteriaBuilder();
// 创建 CriteriaQuery，传入的类型参数代表该条件查询返回结果集中的元素类型
CriteriaQuery<EnrolmentDto> criteria = builder
    .createQuery(EnrolmentDto.class);
// 设置要查询的根实体类
Root<Enrolment> root = criteria.from(Enrolment.class);
// 将查询的两个属性封装成 EnrolmentDto 对象
criteria.select(builder.construct(EnrolmentDto.class,
    root.get(Enrolment_.year), root.get(Enrolment_.semester)));
// 使用 builder 生成查询条件
Predicate pred = builder.gt(
    root.get(Enrolment_.enrolmentId), 2);
// 使用 CriteriaQuery 的 where() 方法添加查询条件
criteria.where(pred);
List<EnrolmentDto> list = em.createQuery(criteria)
    .getResultList();
System.out.println("=====将查询的多个属性封装成 DTO=====");
for(EnrolmentDto dto : list)
{
    System.out.println(dto.getYear() + "->" + dto.getSem());
}
em.getTransaction().commit();
em.close();
}
```

上面程序中粗体字代码用于将查询的 Enrolment 的 year 属性、semester 属性封装成 EnrolmentDto。需要注意 builder.construct() 方法的转换思路，JPA 要求调用 EnrolmentDto 的构造器来封装 year 属性（int 类型）、semester 属性（int 类型），因此 EnrolmentDto 必须有一个带两个 int 参数的构造器，至于 EnrolmentDto 所包含的属性名叫什么，是否是 getter、setter 方法，JPA 并不关心。下面是本例所使用的 EnrolmentDto 类（它并没有提供 semester 属性）。

程序清单：codes\06\6.5\criteriaQuery\src\org\crazyit\app\dto\EnrolmentDto.java

```
public class EnrolmentDto
{
    private int year;
    private int sem;
    public EnrolmentDto(int year, int sem)
    {
        this.year = year;
        this.sem = sem;
    }
    // 省略 getter、setter 方法
    ...
}
```

JPA 会调用上面粗体字代码的构造器来封装查询得到的 year 属性、semester 属性。

▶▶ 6.5.3 元组查询

元组查询是 multiselect 的改进，前面已经介绍了使用 DTO 来封装 multiselect 得到的多个属性，实际上 JPA 提供了一个 Tuple 接口，专门用于封装多个属性，这样就无需额外的 DTO 类了。如下代码片段示范了元组查询的用法。

程序清单：codes\06\6.5\criteriaQuery\src\lee\CriteriaQueryTest.java

```
// 创建 CriteriaBuilder
CriteriaBuilder builder = em.getCriteriaBuilder();
// 创建 CriteriaQuery，传入的类型参数代表该条件查询返回结果集中的元素类型
CriteriaQuery<Tuple> criteria = builder
    .createQuery(Tuple.class);
// 设置要查询的根实体类
Root<Enrolment> root = criteria.from(Enrolment.class);
```

```
// 定义要查询的两个属性
Path<Integer> yearPath = root.get(Enrolment_.year);
Path<Integer> semesterPath = root.get(Enrolment_.semester);
// 查询多个属性或实体，查询得到的结果集的元素是 Tuple
criteria.multiselect(yearPath, semesterPath);
// 使用 builder 生成查询条件
Predicate pred = builder.gt(
    root.get(Enrolment_.enrolmentId), 2);
// 使用 CriteriaQuery 的 where()方法添加查询条件
criteria.where(pred);
List<Tuple> list = em.createQuery(criteria)
    .getResultList();
System.out.println("=====将查询的多个属性封装成 Tuple=====");
for(Tuple tuple : list)
{
    // 通过元组来获取各属性的值
    System.out.println(tuple.get(yearPath) + "->"
        + tuple.get(semesterPath));
}
```

上面第一行粗体字代码指定了查询结果集的元素是 Tuple，这表明将会执行元组查询。接下来程序调用 CriteriaQuery 的 multiselect()方法查询多个属性或实体即可，这样查询得到的结果集的元素就是 Tuple 对象。上面程序最后遍历结果集时，结果集中的每个元素都是 Tuple 对象，程序再通过 Tuple 对象来获取各属性的值。

▶▶ 6.5.4　多 Root 查询

Root 代表条件查询要查询的目标实体，它是获取属性、属性路径、关联的基础。通常每个条件查询只需定义一个 Root，但条件查询也支持多 Root 查询。

如果要使用多 Root 查询，则需要多次调用 CriteriaQuery 的 from()方法，并使用 multiselect 选出多个 Root 实体（也可使用 select()方法）。

程序清单：codes\06\6.5\criteriaQuery\src\lee\CriteriaQueryTest.java

```
private void multiRootQuery()
{
    // 打开 EntityManager 和事务
    EntityManager em = emf.createEntityManager();
    em.getTransaction().begin();
    // 创建 CriteriaBuilder
    CriteriaBuilder builder = em.getCriteriaBuilder();
    // 创建 CriteriaQuery，传入的类型参数代表该条件查询返回结果集中的元素类型
    CriteriaQuery<Tuple> criteria = builder
        .createQuery(Tuple.class);
    // 设置要查询的根实体类
    Root<Student> stuRoot = criteria.from(Student.class);
    Root<Enrolment> enrolRoot = criteria.from(Enrolment.class);
    // 查询多个属性或实体，查询得到的结果集的元素是 Tuple
    criteria.multiselect(stuRoot, enrolRoot);
    // 使用 builder 生成查询条件（实际上是连接条件）
    Predicate pred = builder.equal(
        enrolRoot.get(Enrolment_.student), stuRoot);
    // 使用 CriteriaQuery 的 where()方法添加查询条件（实际上是连接条件）
    criteria.where(pred);
    List<Tuple> list = em.createQuery(criteria)
        .getResultList();
    System.out.println("=====将查询的多个 Root 实体封装成 Tuple=====");
    for(Tuple tuple : list)
    {
        // 通过元组来获取各 Root 实体
        System.out.println(tuple.get(stuRoot) + "->"
            + tuple.get(enrolRoot));
```

```
    }
    em.getTransaction().commit();
    em.close();
}
```

上面程序中前两行粗体字代码创建了两个 Root 实体，这就是多 Root 查询。接下来程序调用 multiselect()指定要查询两个实体——需要指出的是，当条件查询包含多个 Root 实体时，JPA 要求必须显式使用 multiselect()或 select()方法指定要查询的实体，否则 JPA 会报异常。

由于程序使用 multiselect()指定查询两个 Root 实体，因此程序使用了元组查询：使用元组封装查询得到的结果集的元素。

▶▶ 6.5.5　关联和动态关联

Root 对象是获取关联的基础，JPA 提供了 Join 接口来代表关联，Root 和 Join 都是 From 的子接口。From 为建立关联提供了如下几类方法（这意味着 Root、Join 都可调用这些方法来建立关联）。

> 💡 **提示** ：
> 在 SQL 的 select 语句中也是这样的：select * from tableA xxx join tableB...，JPA 的 From 对象代表 select 语句中的 from 子句，from 子句后面紧跟 xxx join，因此 JPA 使用 From 对象来支持关联（对应于 join 子句）。

➢ join(XxxAttribute<? super X,Y> xxx)：建立与 XxxAttribute 属性的关联，该方法必须使用 JPA 元模型支持，因此该方法可充分利用泛型。该方法中的 Xxx 可以是 Collection、Map、Set、List、Singular，分别代表关联属性的类型。默认使用内连接。

➢ join(XxxAttribute<? super X,Y> xxx, JoinType jt)：与前一个方法类似，但可通过 JoinType 参数指定左连接、右连接。

➢ join(String attributeName)：建立与 attributeName 属性的关联，该方法直接使用 String 类型的属性名，因此对泛型支持不太好。

➢ join(String attributeName,JoinType jt)：与前一个方法类似，但可通过 JoinType 参数指定左连接、右连接。

➢ joinXxx(String attributeName)：该方法是 join(String attributeName)的增强版，它用方法名指定了关联属性的集合类型。其中 Xxx 可以是 Collection、Map、Set、List、Singular，分别代表关联属性的集合类型。

➢ joinXxx(String attributeName, JoinType jt) ：与前一个方法类似，但可通过 JoinType 参数指定左连接、右连接。

为了更细致地表示各种不同的关联，JPA 还为 Join 派生了 CollectionJoin、MapJoin、ListJoin、SetJoin 这些子接口，分别代表与不同集合属性的关联。图 6.15 显示了各种 Join API 之间的关系。

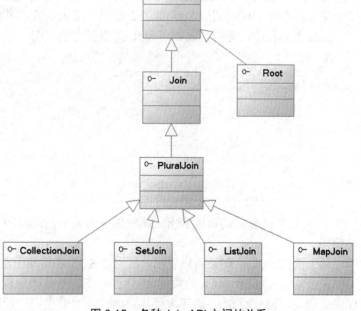

图 6.15　各种 Join API 之间的关系

下面程序示范了使用 Join API 建立关联查询。

程序清单：codes\06\6.5\joinQuery\src\lee\JoinQueryTest.java

```java
// 示范根据关联实体的属性过滤数据
private void queryWithJoin()
{
    // 打开 EntityManager 和事务
    EntityManager em = emf.createEntityManager();
    em.getTransaction().begin();
    CriteriaBuilder builder = em.getCriteriaBuilder();
    // 创建 CriteriaQuery，类型参数代表该条件查询返回结果集的元素类型
    CriteriaQuery<Student> criteria = builder.createQuery(Student.class);
    // 指定要查询的根实体类
    Root<Student> root = criteria.from(Student.class);
    // 下面语句不是必需的，条件查询默认会选择唯一的 Root 实体
    criteria.select(root);
    // 建立关联，Student.enrolments 是@OneToMany 关联
    SetJoin<Student, Enrolment> enrolJoin = root
        .join(Student_.enrolments, JoinType.LEFT); // ①
    Predicate stuPred = builder.and(
        builder.greaterThan(root.get(Student_.studentNumber), 20050231),
        builder.gt(enrolJoin.get(Enrolment_.semester), 2)
    );
    // 使用 builer 来生成查询条件，使用 where()方法添加查询条件
    criteria.where(stuPred);
    List<Student> list = em.createQuery(criteria)
        .getResultList();
    System.out.println("=====关联条件查询获取所有学生记录=====");
    for (Student s : list)
    {
        System.out.println(s.getName());
        // 获取该学生关联的选课记录
        System.out.println(s.getEnrolments());  // ②
    }
    em.getTransaction().commit();
    em.close();
}
```

上面程序中①号粗体字代码调用 Root 对象的 join()建立关联，并通过 JoinType 参数显式指定建立左连接。由于 Student 的 enrolments 属性是一个 Set 集合，因此调用该 join()方法返回 SetJoin。接下来程序中第二行粗体字代码调用 SetJoin 的方法来生成表达式，并创建 Predicate 过滤条件。

运行上面程序，将会生成如下 SQL 关联查询的语句。

```sql
select
    student0_.student_id as student_1_2_,
    student0_.name as name2_2_
from
    student_inf student0_
left outer join
    enrolment_inf enrolments1_
        on student0_.student_id=enrolments1_.student_id
where
    student0_.student_id>20050231
    and enrolments1_.semester>2
```

从生成的 SQL 语句可以看出，此时生成的正是左连接的关联查询，这就是前面指定 JoinType 参数的效果。

从上面的 SQL 语句还可以看出，虽然该 SQL 语句使用左连接关联了 enrolment_inf 表，但 select 子句并未查询 enrolment_inf 表的数据，因此程序在②号代码处获取 Student 实体关联的 Enrolment 实体时，程序必须生成额外的 SQL 语句来重新查询——如果我们一开始就知道程序不仅要访问 Student 实体，还要访问它关联的 Enrolment 实体，那么就应该在关联查询时直接将它关联的 Enrolment 实体也查询出来，

也就是前面介绍的 Fetch 关联查询。条件查询同样支持 Fetch 关联查询。

为了支持 Fetch 关联查询，JPA 为 Root 对象提供了 fetch()方法，该方法将会返回一个 Fetch 对象。实际上 fetch()方法来自于 Root 和 Fetch 共同的父接口：FetchParent，因此 Root 和 Fetch 都可调用 fetch()方法。FetchParent 定义了如下几类 fetch()方法。

➢ fetch(XxxAttribute<? super X,?,Y> attribute, JoinType jt)：设置使用 Fetch 关联，该方法需要使用 JPA 的元模型。其中 JoinType 参数用于指定连接类型，该参数可以省略，如果省略该参数，则默认使用内连接。

➢ fetch(XxxAttribute<String attributeName, JoinType jt)：设置使用 Fetch 关联，该方法直接需要 String 类型的属性名。其中 JoinType 参数用于指定连接类型，该参数可以省略，如果省略该参数，则默认使用内连接。

下面的查询方法是对前面的 queryWithJoin()方法的改进，该查询会使用 Fetch 关联，这样程序在查询 Student 时会将它的关联实体查询出来。

程序清单：codes\06\6.5\joinQuery\src\lee\JoinQueryTest.java

```java
// 示范 FetchMode 的用法
private void queryWithFecth()
{
    // 打开 EntityManager 和事务
    EntityManager em = emf.createEntityManager();
    em.getTransaction().begin();
    CriteriaBuilder builder = em.getCriteriaBuilder();
    // 创建 CriteriaQuery，类型参数代表该条件查询返回结果集的元素类型
    CriteriaQuery<Student> criteria = builder.createQuery(Student.class);
    // 指定要查询的根实体类
    Root<Student> root = criteria.from(Student.class);
    // 下面语句不是必需的，条件查询默认会选择唯一的 Root 实体
    criteria.select(root);
    // 建立关联，Student.enrolments 是@OneToMany 关联
    SetJoin<Student, Enrolment> enrolJoin = root
        .join(Student_.enrolments, JoinType.LEFT); // ①
    // 建立 fetch 关联，Student.enrolments 是@OneToMany 关联
    Fetch<Student, Enrolment> enrolFetch = root
        .fetch(Student_.enrolments, JoinType.LEFT); // ③
    Fetch<Enrolment, Course> courseFetch = enrolFetch
        .fetch(Enrolment_.course); // ④
    Predicate stuPred = builder.and(
        builder.greaterThan(root.get(Student_.studentNumber), 20050231),
        builder.gt(enrolJoin.get(Enrolment_.semester), 2)
    );
    // 使用 builer 来生成查询条件，使用 where()方法添加查询条件
    criteria.where(stuPred);
    List<Student> list = em.createQuery(criteria)
        .getResultList();
    em.getTransaction().commit();
    em.close();
    System.out.println("=====关联条件查询获取所有学生记录=====");
    for (Student s : list)
    {
        System.out.println(s.getName());
        // 在 EntityManager 关闭之后获取该学生关联的选课记录
        System.out.println(s.getEnrolments());  // ②
    }
}
```

上面程序中③号粗体字代码定义了从 Student 实体到 Enrolment 实体的 Fetch 关联；④号粗体字代码则定义了从 Enrolment 实体到 Course 实体的 Fetch 关联。上面程序为了更好地演示 Fetch 关联的效果，程序先关闭了 EntityManager（底层相当于关闭了与数据库之间的 Connection），然后遍历查询返回的结果集，并通过 Student 实体访问关联的 Enrolment 实体（②号代码），此时并不需要生成额外的查询语句。

这就是 Fetch 关联所实现的效果。

▶▶ 6.5.6　分组、聚集和排序

前面已经介绍过，CriteriaQuery 提供了 groupBy()方法进行分组；如果要执行聚集运算，则需要使用 CriteriaBuilder 提供的 min()、max()、avg()、count()、sum()、least()、greatest()方法，其中前 5 个方法完全对应于 SQL 中的聚集函数，而 greatest()则相当于 max()，只不过 max()只能作用于 Number 类型的表达式，greatest()则可作用于字符串、日期等各种能比较大小的类型的表达式。least()与 min()的关系也与此类似。

下面程序示范了分组和聚集运算。

程序清单：codes\06\6.5\groupBy\src\lee\GroupByTest.java

```java
private void query()
{
    // 打开 EntityManager 和事务
    EntityManager em = emf.createEntityManager();
    em.getTransaction().begin();
    CriteriaBuilder builder = em.getCriteriaBuilder();
    // 创建 CriteriaQuery，类型参数代表该条件查询返回结果集的元素类型
    CriteriaQuery<Object[]> criteria = builder.createQuery(Object[].class);
    // 指定要查询的根实体类
    Root<Enrolment> root = criteria.from(Enrolment.class);
    // 执行关联查询，Enrolment.student 是@ManyToOne 关联
    Join<Enrolment, Student> stuJoin = root.join(Enrolment_.student);
    // 设置根据 Enrolment 的 course 属性分组
    criteria.groupBy(root.get(Enrolment_.course)); // ①
    // 设置选出来的数据
    criteria.multiselect(builder.count(root),
        builder.greatest(stuJoin.get(Student_.name)),
        root.get(Enrolment_.course));
    List<Object[]> list = em.createQuery(criteria)
        .getResultList();
    for(Object[] objs : list)
    {
        Course c = (Course)objs[2];
        System.out.println("=====<" + c.getName()
            + ">课程的选课统计=====");
        System.out.println("选课人数:" + objs[0]);
        System.out.println("选课的姓名最大的学生为: " + objs[1]);
    }
    em.getTransaction().commit();
    em.close();
}
```

上面程序中①号粗体字代码使用 CriteriaQuery 的 groupBy()方法对查询进行分组，该方法传入一个代表指定属性的表达式，此处传入 Enrolment_.course，这表明根据 Enrolment 的 couse 属性进行分组。

接下来程序使用 multiselect()方法指定选出来的数据时，使用 CriteriaBuilder 的 count()方法统计 Root 实体的数量，使用 greatest()方法统计 Student.name 的最大值，这两个方法对应于 SQL 中的 count()、max()聚集函数。

运行上面程序，可以看到 JPA 底层会生成如下 SQL 语句。

```sql
select
    count(enrolment0_.enrolment_id) as col_0_0_,
    max(student1_.name) as col_1_0_,
    enrolment0_.course_code as col_2_0_,
    course2_.course_code as course_c1_0_,
    course2_.name as name2_0_
from
    enrolment_inf enrolment0_
inner join
```

```
    student_inf student1_
        on enrolment0_.student_id=student1_.student_id
inner join
    course_inf course2_
        on enrolment0_.course_code=course2_.course_code
group by
    enrolment0_.course_code
```

从上面 SQL 语句中的粗体字部分可以看到，条件查询中的分组、聚集运算准确地生成了对应的 SQL 语句。

如果要实现排序，则使用 CriteriaQuery 的 orderBy()方法即可，该方法需要传入 Order 对象。为了获得 Order 对象，可通过 CriteriaBuilder 的 asc()或 desc()方法来创建。

下面程序示范了对查询结果进行排序。

程序清单：codes\06\6.5\groupBy\src\lee\GroupByTest.java

```java
private void queryAndOrder()
{
    // 打开 EntityManager 和事务
    EntityManager em = emf.createEntityManager();
    em.getTransaction().begin();
    CriteriaBuilder builder = em.getCriteriaBuilder();
    // 创建 CriteriaQuery，类型参数代表该条件查询返回结果集中的元素类型
    CriteriaQuery<Object[]> criteria = builder.createQuery(Object[].class);
    // 指定要查询的根实体类
    Root<Enrolment> root = criteria.from(Enrolment.class);
    // 设置根据 Enrolment 的 course 属性分组
    criteria.groupBy(root.get(Enrolment_.course));
    // 设置选出来的数据
    criteria.multiselect(root.get(Enrolment_.course),
        builder.count(root));
    // 创建升序排列的排序对象
    Order order = builder.desc(builder.count(root));
    // 增加排序
    criteria.orderBy(order); // ①
    List<Object[]> list = em.createQuery(criteria)
        .getResultList();
    for(Object[] ele : list)
    {
        System.out.println(java.util.Arrays.toString(ele));
    }
    em.getTransaction().commit();
    em.close();
}
```

上面程序中第一行粗体字代码调用 CriteriaBuilder 的 desc()方法创构建了一个 Order 对象，在创建 Order 对象时传入了 builder.count(root)，这表明根据 Root 实体的数量进行降序排列；第二行粗体字代码则调用 CriteriaQuery 的 orderBy()方法执行排序。

运行上面程序，将看到 JPA 底层生成如下 SQL 语句。

```sql
select
    enrolment0_.course_code as col_0_0_,
    count(enrolment0_.enrolment_id) as col_1_0_,
    course1_.course_code as course_c1_0_,
    course1_.name as name2_0_
from
    enrolment_inf enrolment0_
inner join
    course_inf course1_
        on enrolment0_.course_code=course1_.course_code
group by
    enrolment0_.course_code
order by
```

```
count(enrolment0_.enrolment_id) desc
```

上面 SQL 语句中的粗体字部分对应于 CriteriaQuery 的 orderBy()方法添加的排序。

 ## 6.6　原生 SQL 查询

    Hibernate 还支持使用原生 SQL 查询，使用原生 SQL 查询可以利用某些数据库的特性，或者需要将原有的 JDBC 应用迁移到 Hibernate 应用上，也可能需要使用原生 SQL 查询。类似于 HQL 查询，原生 SQL 查询也支持将 SQL 语句放在配置文件中配置，从而提高程序的解耦。命名 SQL 查询还可用于调用存储过程。

    如果是一个新的应用，则通常不要使用 SQL 查询。

    SQL 查询是通过 NativeQuery 接口来表示的。NativeQuery 接口是 Query 接口的子接口，因此完全可以调用 Query 接口的方法，如下所示。

- ➤ setFirstResult()：设置返回的结果集的起始点。
- ➤ setMaxResults()：设置查询获取的最大记录数。
- ➤ getResultList()：返回查询到的结果集。

但 NativeQuery 比 Query 多了如下两个重载的方法。

- ➤ addEntity()：将查询到的记录与特定的实体关联。
- ➤ addScalar()：将查询的记录关联成标量值。

执行 SQL 查询的步骤如下。

① 获取 Hibernate Session 对象。

② 编写 SQL 语句。

③ 以 SQL 语句作为参数，调用 Session 的 createNativeQuery()方法创建查询对象。

④ 调用 NativeQuery 对象的 addScalar()或 addEntity()方法将选出的结果与标量值或实体进行关联，分别用于进行标量查询或实体查询。

⑤ 如果 SQL 语句包含参数，则调用 Query 的 setXxx()方法为参数赋值。

⑥ 调用 Query 的 getResultList()方法或 getSingleResult()方法返回查询的结果集。

▶▶ 6.6.1　标量查询

    最基本的 SQL 查询就是获得一个标量（数值）列表。例如，如下的 SQL 语句：

```
// 下面两条 SQL 语句用于查询标量列表
session.createNativeQuery("select * from student_inf").getResultList();
session.createNativeQuery("select * from course_inf").getResultList();
```

    在默认情况下，上面的查询语句将返回由 Object 数组（Object[]）组成的 List，数组每个元素都是 student 表或 course 表的列值，Hibernate 会通过 ResultSetMetadata 来判定所返回数据列的实际顺序和类型。

>   如果 select 后面只有一个字段，那么返回的 List 集合元素就不是数组，而只是单个的变量值。

    在 JDBC 中使用过多的 ResultSetMetadata 会降低程序性能，因此建议为这些数据列指定更明确的返回值类型。明确指定返回值类型通过 addScalar()方法来实现。例如如下语句：

```
session.createNativeQuery("select * from student_inf")
    .addScalar("name" , StandardBasicTypes.STRING)
    .getResultList();
```

    上面查询指定了 SQL 查询的如下三个信息。

> ➤ SQL 字符串。
> ➤ 查询返回的字段列表。
> ➤ 查询返回的各字段类型。

此时 Hibernate 不再需要使用 ResultSetMetadata 来获取列信息，而是直接从 ResultSet 中取出 name 列的值，并把 name 列的数据类型当成字符串处理。因此，即使使用了"*"作为查询的字段列表（ResultSet 返回多个字段），但 Hibernate 查询的结果也只是 name 字段所组成的列表。

如果希望仅仅让 Hibernate 选出某个字段的值，但又不想明确地指出该字段的数据类型，则可使用 addScalar(String columnAlias)方法，这个方法只指定查询需要返回该字段，并不指定该字段的数据类型。

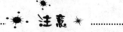

> 通常建议还是应该同时指出查询返回的所有字段列表和字段类型，这样可保证系统有最好的性能。除非在一些不得已的情况下，例如程序无法知道所查询数据列的数据类型，此时才要考虑使用 addScalar(String columnAlias)方法，否则都应该使用 addScalar(String columnAlias, Type type)方法。

程序清单：codes\06\6.6\native_sql\src\lee\NativeSQLTest.java

```java
// 执行标量查询
public void scalarQuery()
{
    // 打开 Session 和事务
    Session session = HibernateUtil.currentSession();
    Transaction tx = session.beginTransaction();
    String sqlString = "select stu.* from student_inf as stu";
    List<Object[]> list = session.createNativeQuery(sqlString)
        // 指定查询 name 和 student_id 两个数据列
        .addScalar("name" , StandardBasicTypes.STRING)
        .addScalar("student_id" , StandardBasicTypes.INTEGER)
        // 返回标量值列表
        .getResultList();
    for (Object[] row : list)
    {
        // 每个集合元素都是一个数组，数组元素是 name、student_id 两列值
        System.out.println(row[0] + "\t" + row[1]);
    }
    tx.commit();
    HibernateUtil.closeSession();
}
```

上面程序的粗体字代码是 SQL 查询的关键代码，程序执行的结果是选出了所有符合要求的记录行，每行记录里包含 name、student_id 两个数据列的值。

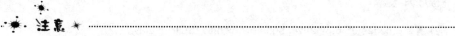

> 在原生 SQL 查询里，程序指定的原生 SQL 语句是标准的 SQL 语句，因此 SQL 语句中使用的就是数据表、数据列等对象，而不是持久化类、属性等。

从上面执行标量查询的结果来看，标量查询中的 addScalar()方法有两个作用。
> ➤ 指定查询结果包含哪些数据列——没有被 addScalar()选出的列将不会包含在查询结果中。
> ➤ 指定查询结果中数据列的数据类型。

➤➤ 6.6.2 实体查询

前面的标量值查询只是返回一些标量的结果集，这种查询方式与使用 JDBC 查询的效果基本类似。查询返回多个记录行，每行记录对应一个列表元素，每个列表元素是一个数组，每个数组元素对应当前行、当前列的值。

如果查询返回了某个数据表的全部数据列（记住：是选出全部数据列），且该数据表有对应的持久化类映射，接下来就可把查询结果转换成实体。将查询结果转换成实体，可以使用 NativeQuery 提供的多个重载的 addEntity()方法。看下面的 SQL 查询示例。

程序清单：codes\06\6.6\native_sql\src\lee\NativeSQLTest.java

```
// 执行实体 SQL 查询
public void entityQuery()
{
    // 打开 Session 和事务
    Session session = HibernateUtil.currentSession();
    Transaction tx = session.beginTransaction();
    String sqlString = "select * from enrolment_inf where year=?1";
    List<Enrolment> list = session.createNativeQuery(sqlString)
        // 指定将查询的记录行转换成 Enrolment 实体
        .addEntity(Enrolment.class)
        // 为 SQL 字符串的参数设置值
        .setParameter("1" , 2005)
        .getResultList();
    for (Enrolment e : list)
    {
        // 每个集合元素都是一个 Enrolment 对象
        System.out.println(e.getStudent().getName()
            + "\t" + e.getCourse().getName());
    }
    tx.commit();
    HibernateUtil.closeSession();
}
```

因为上面程序中的 SQL 语句选出了 enrolment_inf 表中的全部数据列，且 enrolment_inf 表被映射到了 Enrolment 持久化类，所以可以将查询结果转换成 Enrolment 实体组成的列表。

使用原生 SQL 查询必须注意的是，程序必须选出所有数据列才可被转换成持久化实体。假设实体在映射时有一个@ManyToOne 关联指向另外一个实体，则 SQL 查询中必须返回该@ManyToOne 关联实体对应的外键列，否则将导致抛出"column not found"异常。最简单的做法是，在 SQL 字符串中使用星号（*）来表示返回所有列。

从上面的程序中可以看出，在原生 SQL 语句中一样支持使用参数，这些参数既可使用问号+索引的占位符参数（?N），也可使用名字参数，如上面程序中的 SQL 语句所示。

不仅如此，如果在 SQL 语句中显式使用了多表连接，则 SQL 语句可以选出多个数据表的数据。Hibernate 还支持将查询结果转换成多个实体。如果要将查询结果转换成多个实体，则 SQL 字符串中应为不同的数据表指定不同的别名，并调用 addEntity(String alias, Class entityClass)方法将不同的数据表转换成不同的实体。看如下程序片段。

程序清单：codes\06\6.6\native_sql\src\lee\NativeSQLTest.java

```
// 执行返回多个实体的 SQL 查询
public void multiEntityQuery()
{
    // 打开 Session 和事务
    Session session = HibernateUtil.currentSession();
    Transaction tx = session.beginTransaction();
    String sqlString = "select s.*,e.*,c.* "
        + "from student_inf s,enrolment_inf e,course_inf c "
        + "where s.student_id = e.student_id "
        + "and e.course_code = c.course_code";
    List<Object[]> list = session.createNativeQuery(sqlString)
        // 指定将从 s 表查询得到的记录行转换成 Student 实体
        .addEntity("s", Student.class)
        // 指定将从 e 表查询得到的记录行转换成 Enrolment 实体
        .addEntity("e", Enrolment.class)
        // 指定将从 c 表查询得到的记录行转换成 Course 实体
```

```
        .addEntity("c", Course.class)
        .getResultList();
    // 提交事务, 关闭 Session
    tx.commit();
    HibernateUtil.closeSession();
    // 因为数据已经全部被选出, 故程序可以遍历列表中的数据
    for (Object[] objs : list)
    {
        // 每个集合元素都是 Student、Enrolment
        // 和 Course 所组成的数组
        Student s = (Student)objs[0];
        Enrolment e = (Enrolment)objs[1];
        Course c = (Course)objs[2];
        System.out.println(s.getName() + "\t"
            + e.getYear() + "\t" + e.getSemester()
            + "\t" + c.getName());
    }
}
```

上面程序的 SQL 语句一次返回了 student_inf、course_inf、enrolment_inf 表中的全部数据, 所以程序可以将查询结果转换成三个实体, 执行上面的 SQL 查询后列表里的元素就是由 Student、Enrolment 和 Course 实体组成的数组。

不仅如此, Hibernate 还可将查询结果转换成非持久化实体 (即普通 JavaBean), 只要该 JavaBean 为这些数据列提供了对应的 setter 和 getter 方法即可。

Query 接口提供了一个 setResultTransformer()方法, 该方法可接受一个 Transformers 对象, 通过使用该对象即可把查询到的结果集转换成 JavaBean 集。如下的程序片段示范了这种用法。

程序清单: codes\06\6.6\native_sql\src\lee\NativeSQLTest.java

```
// 执行返回普通 JavaBean 的 SQL 查询
public void beanQuery()
{
    // 打开 Session 和事务
    Session session = HibernateUtil.currentSession();
    Transaction tx = session.beginTransaction();
    String sqlString = "select s.name stuName, c.name courseName "
        + "from student_inf s,enrolment_inf e,course_inf c "
        + "where s.student_id = e.student_id "
        + "and e.course_code = c.course_code ";
    List<StudentCourse> list = session.createNativeQuery(sqlString)
        // 指定将查询的记录行转换成 StudentCourse 对象
        .setResultTransformer(Transformers
            .aliasToBean(StudentCourse.class))
        .getResultList();
    // 提交事务, 关闭 Session
    tx.commit();
    HibernateUtil.closeSession();
    // 因为数据已经全部被选出, 故程序可以遍历列表中的数据
    for (StudentCourse sc : list)
    {
        // 每个集合元素都是 StudentCourse 对象
        System.out.println(sc.getStuName() + "\t"
            + sc.getCourseName());
    }
}
```

上面的程序选择了 student_inf 表的 name 列、course_inf 表的 name 列, 并为它们分别指定别名为 stuName 和 courseName——这要求 JavaBean 类(StudentCourse)也提供这两个属性, 即先定义 stuName、courseName 两个成员变量, 并为它们提供对应的 setter 和 getter 方法。下面是 StudentCourse 类的代码片段。

程序清单: 06\6.6\native_sql\src\org\crazyit\app\vo\StudentCourse.java

```
public class StudentCourse
```

```
{
    private String stuName;
    private String courseName;
    // 下面省略了两个成员变量的 setter 和 getter 方法
    ...
}
```

执行上面的程序，查询结果将是 StudentCourse 对象组成的集合。

> **✱ 注意 ✱**
>
> 通过使用 Hibernate 的该功能可以非常方便地将 SQL 查询结果转换成 VO 对象，而且不需要任何持久化类、任何持久化映射。Hibernate 5.2 将 setResultTransformer()方法标记为过时，但 JPA 暂时没有提供相应的功能。

▶▶ 6.6.3　处理关联和继承

只要原生 SQL 查询选出了足够的数据列，则程序除了可以将指定数据列转换成持久化实体之外，还可以将实体的关联实体（通常以属性的形式存在）转换成查询结果。将关联实体转换成查询结果的方法是 NativeQuery addJoin(String alias, String path)，该方法的第一个参数是转换后的实体名，第二个参数是待转换的实体属性。

下面的程序示范了原生 SQL 查询是如何处理这种转换的。

程序清单：codes\06\6.6\native_sql\src\lee\NativeSQLTest.java

```java
// 使用关联的原生 SQL 查询
public void joinQuery()
{
    // 打开 Session 和事务
    Session session = HibernateUtil.currentSession();
    Transaction tx = session.beginTransaction();
    String sqlString = "select s.* , e.* from student_inf s , "
        + "enrolment_inf e where s.student_id=e.student_id";
    List<Object[]> list = session.createNativeQuery(sqlString)
        .addEntity("s", Student.class)
        .addJoin("e" , "s.enrolments")
        .getResultList();
    // 提交事务，关闭 Session
    tx.commit();
    HibernateUtil.closeSession();
    // 因为数据已经全部被选出，故程序可以遍历列表中的数据
    for (Object[] objs : list)
    {
        // 每个集合元素都是 Student、Enrolment 组成的数组
        Student s = (Student)objs[0];
        Enrolment e = (Enrolment)objs[1];
        System.out.println(s.getName() + "\t" + e.getYear());
    }
}
```

正如上面的程序中看到的，程序将 s.enrolments 属性转换成别名为 e 的实体，也就是说，程序执行的结果是 Student、Enrolment 对象数组的列表。

> **✱ 注意 ✱**
>
> 如果使用原生 SQL 查询的结果实体是继承树中的一部分，则查询的 SQL 字符串必须包含基类和所有子类的全部属性。

▶▶ 6.6.4 命名 SQL 查询

可以将 SQL 语句不放在程序中,而是放在注解中管理,这种方式以松耦合的方式来配置 SQL 语句,从而可以更好地提高程序解耦。

Hibernate 允许使用@NamedNativeQuery 注解来定义命名的原生 SQL 查询,如果程序有多个命名的原生 SQL 查询需要定义,则可使用@NamedNativeQueries 注解,它可用于组合多个命名的原生 SQL 查询。

使用@NamedNativeQuery 时可指定如表 6.8 所示的属性

表 6.8   @NamedNativeQuery 支持的属性

属　　性	是否必需	说　　明
name	是	该属性指定命名的原生 SQL 查询的名称
query	是	该属性指定原生 SQL 查询的查询字符串
resultClass	否	该属性指定一个实体类的类名,用于指定将查询结果集映射成该实体类的实例
resultSetMapping	否	该属性指定一个 SQL 结果映射(使用@SqlResultSetMapping 定义)的名称,用于指定使用该 SQL 结果映射来转换查询结果集

如果需要为@NamedNativeQuery 注解指定 resultSetMapping 属性,则还需要使用@SqlResultSetMapping 定义 SQL 结果映射,@SqlResultSetMapping 的作用是将查询得到的结果集转换为标量查询或实体查询——基本等同于 NativeQuery 对象的 addScalar()或 addEntity()方法的功能。

使用@SqlResultSetMapping 可指定如表 6.9 所示的属性。

表 6.9   @SqlResultSetMapping 支持的属性

属　　性	是否必需	说　　明
name	是	该属性指定 SQL 结果映射的名称
columns	否	该属性的值为@ColumnResult 注解数组,每个@ColumnResult 注解定义一个标量查询
entities	否	该属性的值为@EntityResult 注解数组,每个@EntityResult 注解定义一个实体查询
classes	否	该属性的值为@ConstructorResult 注解数组,每个@ConstructorResult 负责将指定的多列转换为普通类(非持久化类)的对应属性

@ColumnResult 注解的作用类似于 NativeQuery 的 addScalar()方法的作用,程序为@SqlResultSetMapping 注解的 columns 属性指定了几个@ColumnResult,就相当于调用了 NativeQuery 的 addScalar()方法几次。

@EntityResult 注解的作用类似于 NativeQuery 的 addEntity()方法的作用,程序为@SqlResultSetMapping 注解的 entities 属性指定了几个@EntityResult,就相当于调用了 NativeQuery 的 addEntity()方法几次。

@ConstructorResult 注解的作用有点类似于 Query 的 setResultTransformer()方法的作用,该注解可把查询结果转换为普通 JavaBean。

下面注解定义了一个简单的命名 SQL 查询。

程序清单:codes\06\6.6\named_sql\src\org\crazyit\app\domain\Student.java

```
// 定义一个命名 SQL 查询,其名称为 simpleQuery
@NamedNativeQuery(name="simpleQuery"
    // 指定命名 SQL 查询对应的 SQL 语句
    , query="select s.student_id , s.name from student_inf s"
    // 指定将查询结果转换为 Student 实体
    , resultClass=Student.class)
```

上面注解中粗体字代码指定了将查询得到的结果集转换为 Student 实体,因此该命名查询查询得到的结果应该是集合元素是 Student 的 List 集合。

由于在配置命名 SQL 查询时,已经指定了查询返回的结果信息,所以使用命名 SQL 查询时,不需要调用 addEntity()、addScalar()等方法。

如下方法即可执行上面的命名 SQL 查询。

程序清单：codes\06\6.6\named_sql\src\lee\NamedSQLTest.Java

```
// 执行简单的命名 SQL 查询
private void simpleQuery()
{
    // 打开 Session 和事务
    Session session = HibernateUtil.currentSession();
    Transaction tx = session.beginTransaction();
    // 调用命名查询，直接返回结果
    List<Student> list = session.getNamedQuery("simpleQuery")
        .getResultList();
    tx.commit();
    HibernateUtil.closeSession();
    // 遍历结果集
    for(Student s : list)
    {
        // 每个集合元素是 Student 对象
        System.out.println(s.getName() + "\t");  // ①
    }
}
```

上面程序执行了 simpleQuery 命名 SQL 查询，由于程序定义命名 SQL 查询时指定将结果集转换为 Student 实体，因此在程序①号粗体字代码处看到查询返回的 List 集合的元素是 Student 对象。

对于简单的 SQL 查询，程序只要通过 resultClass 属性即可将查询结果转换为指定实体，如果查询包含的数据列比较多，而且程序希望同时进行标量查询、实体查询，那就必须借助于 @SqlResultSetMapping 来定义 SQL 结果映射了。

下面注解定义了一个略微复杂的命名 SQL 查询。

程序清单：codes\06\6.6\named_sql\src\org\crazyit\app\domain\Student.java

```
// 定义一个命名 SQL 查询，其名称为 queryTest
@NamedNativeQuery(name="queryTest"
    // 定义 SQL 语句
    , query="select s.*,e.*,c.* from student_inf s,enrolment_inf e,"
    + " course_inf c where s.student_id = e.student_id and"
    + " e.course_code = c.course_code and e.year=:targetYear"
    // 指定使用名为 firstMapping 的 @SqlResultSetMapping 完成结果映射
    , resultSetMapping = "firstMapping")
```

上面注解使用的 SQL 语句比较复杂，该 SQL 语句查询的数据列也比较多，因此程序中粗体字代码指定使用 firstMapping 结果映射来负责结果集转换。为此，程序还需要定义如下注解。

程序清单：codes\06\6.6\named_sql\src\org\crazyit\app\domain\Student.java

```
@SqlResultSetMapping(name="firstMapping"
    , entities={@EntityResult(entityClass=Student.class),
        @EntityResult(entityClass=Enrolment.class),
        @EntityResult(entityClass=Course.class , fields=
        {
            @FieldResult(name="courseCode" , column="c.course_code"),
            @FieldResult(name="name" , column="c.name")
        })
    }
    , columns={@ColumnResult(name="s.name" , type=String.class)}
)
```

从上面的 @SqlResultSetMapping 注解来看，该注解的 name 属性为 firstMapping，表明该注解配置的该 SQL 结果映射名为 firstMapping。另外，该注解的 entities 属性指定了三个 @EntityClass 注解、columns 属性指定了一个 @ColumnResult 注解——这表明该 SQL 查询包含三个实体查询和一个标量查询。

定义好上面的命名 SQL 查询之后，接下来如下方法即可执行上面的命名 SQL 查询。

程序清单：codes\06\6.6\named_sql\src\lee\NamedSQLTest.Java

```java
// 执行命名 SQL 查询
private void query()
{
    // 打开 Session 和事务
    Session session = HibernateUtil.currentSession();
    Transaction tx = session.beginTransaction();
    // 调用命名查询，直接返回结果
    List<Object[]> list = session.getNamedQuery("queryTest")
        .setParameter("targetYear" , 2005)
        .getResultList();
    tx.commit();
    HibernateUtil.closeSession();
    // 遍历结果集
    for(Object[] objs : list)
    {
        // 每个集合元素是 Student、Enrolment
        // 和 stuName 三个元素的数组
        Student s = (Student)objs[0];
        Enrolment e = (Enrolment)objs[1];
        Course c = (Course)objs[2];
        String stuName = (String)objs[3];
        System.out.println(s.getName() + "\t"
            + e.getYear() + "\t" + e.getSemester()
            + "\t=" + e.getCourse().getName() + "=\t" + stuName);
    }
}
```

从上面粗体字代码可以看出，程序执行 queryTest 命名 SQL 查询返回的 List 集合元素为一个长度为 4 的数组，前三个数组元素分别是 Student、Enrolment、Course，这正是前面@SqlResultSetMapping 注解的 entities 属性所指定的三个实体映射；第四个数组元素是 String，这正是前面@SqlResultSetMapping 注解的 columns 属性所指定的标量查询。

▶▶ 6.6.5　调用存储过程

从 Hibernate 3 开始，Hibernate 可以通过命名 SQL 查询来调用存储过程或函数。对于函数，该函数必须返回一个结果集；对于存储过程，该存储过程的第一个参数必须是传出参数，且其数据类型是结果集。

下面是 MySQL 中创建存储过程的简单代码。

```sql
--创建一个简单的存储过程
create procedure select_all_student()
select *
from student_inf;
```

如果需要使用该存储过程，则可以先将其定义成命名 SQL 查询，然后用调用命名 SQL 查询的方式即可调用该存储过程了。

例如，如下注解定义了一个命名 SQL 查询，该命名 SQL 查询的查询语句是调用存储过程。

程序清单：codes\06\6.6\named_sql\src\org\crazyit\app\domain\Student.java

```java
// 定义一个调用存储过程的命名 SQL 查询
@NamedNativeQuery(name="callProcedure"
    , query="{call select_all_student()}"
    , resultSetMapping = "secondMapping")
})
@SqlResultSetMapping(name="secondMapping"
    , entities={@EntityResult(entityClass=Student.class , fields=
    {
        @FieldResult(name="studentNumber" , column="student_id"),
        @FieldResult(name="name" , column="name")
    })
    })
})
```

正如上面的注解所示，使用命名 SQL 查询来调用存储过程，与使用普通命名 SQL 查询并没有太大的区别，同样既可使用 resultClass 属性指定查询结果集转换为指定实体，也可使用 SQL 结果映射来完成转换。

Java 程序执行该命名查询依然与前面完全一样，程序如下。

程序清单：codes\06\6.6\named_sql\src\lee\NamedSQLTest.java

```java
// 调用存储过程
private void callProcedure()
{
    // 打开 Session 和事务
    Session session = HibernateUtil.currentSession();
    Transaction tx = session.beginTransaction();
    // 调用命名查询，直接返回结果
    List<Student> l = session.getNamedQuery("callProcedure")
        .getResultList ();
    tx.commit();
    HibernateUtil.closeSession();
    // 遍历结果集
    ...
}
```

Hibernate 当前仅支持存储过程返回标量和实体，调用存储过程还有如下需要注意的地方。

➢ 建议采用的调用方式是标准 SQL92 语法，如{? = call functionName(<parameters>)} 或 {call procedureName(<parameters>)}，不支持原生的调用语法。

➢ 因为存储过程本身完成了查询的全部操作，因此，调用存储过程进行的查询无法使用 setFirstResult()/setMaxResults()进行分页。

对于 Oracle 有如下规则。

➢ 函数必须返回一个结果集，存储过程的第一个参数必须是 OUT，它返回一个结果集，这个结果集由 Oracle 9 或 10 的 SYS_REFCURSOR 类型来完成，也就是在 Oracle 存储过程中需要定义一个 REF CURSOR 类型，并使用该类型来定义函数返回值或者存储过程的第一个参数。

对于 Sybase 或者 MS SQL Server 有如下规则。

➢ 存储过程必须返回一个结果集，虽然这些数据库可能返回多个结果集或记录的更新条数，但 Hibernate 只取出第一个结果集作为它的返回值，其他将被丢弃。

➢ 如果可以在存储过程里设定 SET NOCOUNT ON，这可能会使效率更高。不过这不是必需的。

➤➤ 6.6.6　使用定制 SQL

有些有经验的程序员会试图扩展 Hibernate，希望改变 Hibernate 底层的持久化机制（通常可以通过 Hibernate 的事件框架和拦截器机制来实现）。如果确实有一些非常特别的需要，那么可能必须通过扩展 Hibernate 来实现。

但 Hibernate 本身提供了极好的可扩展性，通过使用定制 SQL 可以完全控制 Hibernate 底层持久化所用的 SQL 语句。

当 Hibernate 需要保存、更新、删除持久化实体时，默认通过一套固定的 SQL 语句来完成这些功能，如果程序需要改变这套默认的 SQL 语句，就可以使用 Hibernate 所提供的定制 SQL 功能。

Hibernate 本身为定制 SQL 提供了如下注解。

➢ @SQLInsert：定制插入记录的 SQL 语句。

➢ @SQLUpdate：定制更新记录的 SQL 语句。

➢ @SQLDelete：定制删除记录的 SQL 语句。

➢ @SQLDeleteAll：定制删除所有记录的 SQL 语句。

使用上面 4 个注解时都需要指定一个 sql 属性，该属性值为执行插入、更新、删除、删除所有记录的 SQL 语句，一旦使用上面注解修饰了某个实体类，Hibernate 将不再使用默认的 SQL 语句来执行插入、更新、删除和删除所有记录的操作，而是使用此处定制的插入、更新、删除和删除所有记录的 SQL 语句进行操作。

例如，如下News类使用了上面注解来指定定制SQL，News类的代码如下。

程序清单：codes\06\6.6\custom_sql\src\org\crazyit\app\domain\News.java

```
// 定制 insert 的 SQL 语句
@SQLInsert(sql="insert into news_inf(content , title) values(upper(?), ?)")
// 定制 update 的 SQL 语句
@SQLUpdate(sql="update news_inf set content=upper(?), title=? where news_id=?")
// 定制 delete 的 SQL 语句
@SQLDelete(sql="delete from news_inf where news_id=?")
// 定制删除所有实体的 SQL 语句
@SQLDeleteAll(sql="delete from news_inf")
@Entity
@Table(name="news_inf")
public class News
{
    @Id @Column(name="news_id")
    @GeneratedValue(strategy=GenerationType.IDENTITY)
    private Integer id;
    private String title;
    private String content;
    // 省略所有的 setter 和 getter 方法
    ...
}
```

在上面的注解中指定了保存、更新、删除News对象时所用的insert、update和delete语句，当程序保存一个News实体时，将看到Hibernate生成了如下的SQL语句：

```
insert
into
    news_inf
    (content , title)
values
    (upper(?), ?)
```

从上面的SQL语句可以看出，Hibernate已经不再采用默认的insert语句，而是采用@SQLInsert注解所指定的insert语句。

这些SQL语句直接在底层数据库里执行，所以程序可以充分利用底层数据库的优势。但如果程序过多地使用数据库特定的语法，自然就会降低应用的可移植性了。

如果希望使用存储过程来执行插入、更新、修改等操作，则只需为@SQLInsert、@SQLUpdate、@SQLDelete或@@SQLDeleteALL指定callable=true即可。例如，如下配置片段：

```
@SQLInsert(callable=true , sql="{call createPerson (?, ?)}")
@SQLDelete(callable=true , sql="{? = call deletePerson (?)}")
@SQLUpdate(callable=true , sql="{? = call updatePerson (?, ?)}")
```

使用这种用法时参数的顺序很重要，调用存储过程的顺序必须和Hibernate所期待的顺序相同。

程序可以将org.hibernate.persister.entity日志设为debug级别，从而允许查看Hibernate所期待的顺序。在这个级别下，Hibernate将会输出create、update和delete实体的静态SQL。

> **提示：**
> 想看静态SQL的预计顺序时，先不要使用定制SQL功能，等记录了Hibernate静态SQL所期待的顺序后，再到持久化注解中配置定制SQL。

还有一点需要指出：因为Hibernate会检查SQL语句是否执行成功（通过查看SQL语句执行结束后的返回值），所以应该让存储过程能返回该存储过程所影响的记录条数。Hibernate通常把CUD操作语句的第一个参数注册为数值型输出参数，所以应让存储过程的第一个传出参数记录该存储过程所影响的记录条数。

不仅如此，因为命名的SQL查询可用于查询指定实体，因此还可以使用命名SQL查询来实现定制加载。例如，下面程序希望在加载News实体（根据id获取实体）时为其title属性的前后增加三个等号（=），那么就可以通过定制加载来实现。

例如，如下注解：

```
// 指定使用 news_loader 命名查询作为定制查询的查询语句
@Loader(namedQuery = "news_loader")
// 定义一个命名 SQL 查询
@NamedNativeQuery(name="news_loader"
    , query="select news_id , concat('===' , concat(title , '===')) as title"
        + " , content from news_inf n where news_id=?"
    , resultClass = News.class)
```

从上面的粗体字代码可以看出，@Loader 注解指定 Hibernate 应该使用名为 news_loader 的命名 SQL 查询来实现定制加载，接下来程序使用@NamedNativeQuery 注解定义了名为 news_loader 的命名 SQL 查询，该命名 SQL 查询的 SQL 语句实现了将 title 属性前后增加等号的功能，而且该命名 SQL 查询正好加载了一个 News 对象，因此可以将该命名 SQL 查询指定为 News 实体的定制加载器。

至此，当程序获取一个 News 对象时将看到如下 SQL 语句：

```
select
    news_id ,
    concat('===' ,
    concat(title ,
    '===')) as title ,
    content
from
    news_inf n
where
    news_id=?
```

▶▶ 6.6.7　JPA 的原生 SQL 查询

JPA 也支持使用原生 SQL 进行查询，使用原生 SQL 查询可以利用某些数据库的特性，或者需要将原有的 JDBC 应用迁移到 JPA 应用上，也可能需要使用原生 SQL 查询。类似于 JPQL 查询，原生 SQL 查询也支持将 SQL 语句放在注解中配置，从而提高程序的可维护性。这种方式被称为命名 SQL 查询。

执行原生 SQL 查询的步骤如下。

① 获取 EntityManager 对象

② 编写 SQL 语句。

③ 以 SQL 语句作为参数，调用 EntityManager 的 createNativeQuery()方法创建 Query 对象。

④ 如果 SQL 语句包含参数，则调用 Query 的 setXxx 方法为参数赋值。

⑤ 调用 Query 的 getResultList()或 getSingleResult()方法得到查询的结果。

从本质上看，JPA 提供的原生 SQL 查询与使用 PreparedStatement 执行 SQL 查询非常相似，JPA 的原生 SQL 查询只是在 PreparedStatement 基础之上做了进一步封装，这种封装使得查询得到的结果是 List 集合，而不是 ResultSet 结果集。

需要指出的是，JPA 执行原生 SQL 查询时不会跟踪托管实体的状态，所以应该避免在原生 SQL 中使用 insert、update 和 delete 语句，这些语句会导致数据库的数据发生改变，但这种改变不会反映到实体中，因此可能导致托管实体与底层数据库的不一致。

注意

　　对于一个打算使用 JPA 作为持久化解决方案的应用来说，应该尽量避免在应用中使用原生 SQL 查询，尤其要避免使用原生 SQL 的 insert、update、delete 语句。

如下程序示范了一个非常简单的原生 SQL 查询。

程序清单：codes\06\6.6\jpa_native_sql\src\lee\NativeSQLTest.java

```
public void simpleQuery()
{
    // 打开 EntityManager 和事务
    EntityManager em = emf.createEntityManager();
```

```
    em.getTransaction().begin();
    // 传入 SQL 语句，创建原生 SQL 查询
    Query query = em.createNativeQuery("select student_id, name "
        + "from student_inf "
        + "where student_id > ?");
    // 为 SQL 中第一个参数设置值
    List<Object[]> list = query.setParameter(1 , 2)
        // 获取查询到的结果
        .getResultList();
    for (Object[] item : list)
    {
        System.out.println(Arrays.toString(item));
    }
    em.getTransaction().commit();
    em.close();
}
```

上面程序中粗体字代码就是执行原生 SQL 查询的关键代码。上面程序执行原生 SQL 查询时查询了两列，这样查询得到的结果集的元素是长度为 2 的数组，第一个数组元素代表 student_id 列的值，第二个数组元素代表 name 列的值。

由此可见，在 JPA 中执行原生 SQL 查询返回的结果集整体被封装成了 List 集合：查询得到几条记录，封装得到的 List 集合就包含几个元素，每条记录对应于一个集合元素。

每条记录都被封装成一个 List 集合元素，那么这个集合元素到底是什么呢？通常有两种情况：数组或 List 集合，至于集合元素到底是数组还是 List 集合，则取决于 JPA 实现。以 Hibernate JPA 实现来说，每个集合元素都是一个数组，该数组容纳了当前记录的多个 Field 值；以 TopLink JPA 实现来说，每个集合元素都是一个 List 集合，该 List 集合容纳了当前记录的多个 Field 值。

如果程序原生 SQL 查询选择了某个实体所需的全部数据列，那么就可以在调用 createNativeQuery() 方法时传入一个实体类的类名，由 JPA 将查询的结果集自动封装成该实体。程序如下。

程序清单：codes\06\6.6\jpa_native_sql\src\lee\NativeSQLTest.java

```
public void entityQuery()
{
    // 打开 EntityManager 和事务
    EntityManager em = emf.createEntityManager();
    em.getTransaction().begin();
    // 传入 SQL 语句，创建原生 SQL 查询，将结果集映射成 Student 对象
    Query query = em.createNativeQuery("select *"
        + " from student_inf"
        + " where student_id > ?" , Student.class);
    // 为 SQL 中第一个参数设置值
    List<Student> list = query.setParameter(1 , 2)
        // 获取查询到的结果
        .getResultList();
    for (Student s : list)
    {
        System.out.println(s.getStudentNumber() + "->" +
            s.getName());
    }
    em.getTransaction().commit();
    em.close();
}
```

上面 SQL 语句查询了 student_inf 表的所有列，程序在创建原生 SQL 查询时，即可传入该表对应的实体类，这样该 SQL 查询即可自动将查询结果集封装成实体对象。因此，上面原生 SQL 查询返回的 List 集合的每个元素都是 Student 实体。

JPA 的原生 SQL 查询并没有提供 addEntity()、addScalar()、addJoin()方法来处理标量查询、实体查询以及关联，但这种需求依然是存在的。

如果需要对结果集进行映射，将查询结果映射成查询实体，或将查询结果映射成普通的数据列——就像 Hibernate 提供的实体查询、标量查询，则需要使用 JPA 提供的@SqlResultSetMapping 和 @SqlResultSetMappings 两个注解，很明显@SqlResultSetMappings 用于组织多个@SqlResultSetMapping，

而每个@SqlResultSetMapping 则用于定义一个结果集映射。使用@SqlResultSetMapping 时可指定如表 6.10 所示的属性。

表 6.10 @SqlResultSetMapping 支持的属性

属　　性	是否必需	说　　明
name	是	该属性指定该结果集映射的名称
entities	否	该属性指定将结果集映射成一个或多个实体。该属性的属性值由一个或多个 @EntityResult 注解组成
classses	否	该属性指定将结果集映射成一个或多个 DTO 对象。该属性的属性值由一个或多个 @ConstructorResult 注解组成
columns	否	该属性指定查询结果应该包含它所列出的数据列。该属性的属性值由一个或多个 @ColumnResult 注解组成

对于一个@SqlResultSetMapping 注解而言，虽然它的 entities、classes、columns 属性都是可选的，但通常至少需要指定一个属性，否则使用@SqlResultSetMapping 就失去意义了。

columns 属性用于指定查询结果应该包含该属性所指定的多个数据列。columns 属性由一个或多个 @ColumnResult 组合而成，每个@ColumnResult 定义一个查询列。使用@ColumnResult 时可指定如表 6.11 所示的属性。

表 6.11　@ColumnResult 支持的属性

属　　性	是否必需	说　　明
name	是	指定数据列的名称
type	否	指定数据列的类型

entities 属性由一个或多个@EntityResult 组合而成，每个@EntityResult 定义一个实体映射。使用 @EntityResult 时可指定如表 6.12 所示的属性。

表 6.12　@EntityResult 支持的属性

属　　性	是否必需	说　　明
entityClass	是	指定映射结果集的实体类的类名
discriminatorColumn	否	指定在查询的数据列中作为辨别者列的列名，只有在查询的数据表中使用了继承映射时才需要指定该属性
fields	否	该属性用于将选出的数据列映射成实体的属性。该属性的属性值由一个或多个 @FieldResult 注解组成，每个@FieldResult 完成一个数据列和一个实体属性之间的映射

classes 属性由一个或多个@ConstructorResult 组合而成，每个@EntityResult 定义一个 DTO 映射。使用@ConstructorResult 时可指定如表 6.13 所示的属性。

表 6.13　@ConstructorResult 支持的属性

属　　性	是否必需	说　　明
columns	是	该属性用于将选出的数据列映射成 DTO 对象的属性。该属性的属性值由一个或多个 @ColumnResult 注解组成，每个@ColumnResult 定义一个数据列
targetClass	是	指定 DTO 类的类名

@FieldResult 用于为实体映射完成指定数据列和实体的指定属性之间的映射。使用@FieldResult 时可指定如表 6.14 所示的属性。

表 6.14　@FieldResult 支持的属性

属　　性	是否必需	说　　明
column	是	该属性指定将哪个数据列映射到实体的指定属性
name	是	该属性指定将指定数据列映射到实体的哪个属性

掌握上面注解的用法之后，接下来就可以在某个实体上使用@SqlResultSetMapping 来定义一个结果

集映射了。注解代码如下。

程序清单：codes\06\6.6\jpa_native_sql\src\org\crazyit\app\domain\Student.java

```
@Entity
@Table(name="student_inf")
@SqlResultSetMapping(name="stu_mapping",
    entities={
        @EntityResult(entityClass=org.crazyit.app.domain.Student.class
            , fields={
            @FieldResult(name="studentNumber", column="student_id"),
            @FieldResult(name="name", column="name")}),
        @EntityResult(entityClass=org.crazyit.app.domain.Enrolment.class)
    },
    columns={
        @ColumnResult(name="name")}
)
public class Student
{
    ...
}
```

上面 Student 实体类代码中的粗体字代码定义了一个结果集映射，该结果集映射的名称是 stu_mapping。该结果集映射中定义了两个实体映射，指定查询结果应该包括一个数据列——因此 SQL 查询得到的 List 集合元素应该是一个长度为 3 的数组，其中第 1 个数组元素就是 Student 实体；第 2 个数组元素是 Enrolment 实体；第 3 个数组元素就是 columns 属性指定选出的数据列。

为了在原生 SQL 查询中使用该结果集映射，只需在调用 createNativeQuery()方法时传入该结果集映射的名称作为参数，这样就可将该结果集映射作用于指定 SQL 查询。程序如下。

程序清单：codes\06\6.6\jpa_native_sql\src\lee\NativeSQLTest.java

```
public void mappingQuery()
{
    // 打开 EntityManager 和事务
    EntityManager em = emf.createEntityManager();
    em.getTransaction().begin();
    // 创建原生 SQL 查询，传入 SQL 映射的名称
    Query query = em.createNativeQuery("select s.* , e.*"
        + " from student_inf s"
        + " join enrolment_inf e"
        + " on s.student_id = e.student_id"
        + " where s.student_id > ?" , "stu_mapping");
    // 为 SQL 中第一个参数设置值
    List<Object[]> list = query.setParameter(1 , 2)
        // 获取查询到的结果
        .getResultList();
    for (Object[] row : list)
    {
        System.out.println(Arrays.toString(row));
    }
    em.getTransaction().commit();
    em.close();
}
```

正如从上面程序中所看到的，程序在创建原生 SQL 查询时不仅传入了一条 SQL 语句，还传入了一个"stu_mapping"字符串参数，该参数指定了一个结果集映射的名称，而"stu_mapping"就是之前在 Student 实体类上定义的结果集映射，这个结果集映射就相当于 Hibernate 中的 addEntity()、addScalar()、addJoin() 方法的作用。

运行上面程序，将可以看到结果集映射起作用了：SQL 语句查询了两个数据表，这两个数据表将映射成 Student、Enrolment 实体，结果集还包含 student_name 列的数据，这是@ColumnResult 注解发挥的作用。

6.7　数据过滤

数据过滤并不是一种常规的数据查询方法，而是一种整体的筛选方法。数据过滤也可对数据进行筛选，因此也把数据过滤当成 Hibernate 查询框架的一部分。

如果一旦启用了数据过滤器，则不管数据查询还是数据加载，该过滤器将自动作用于所有数据，只有满足过滤条件的记录才会被选出来。

过滤器与修饰持久化类的@Where 注解非常相似。它们的区别是过滤器可以带参数，应用程序可以在运行时决定是否启用指定的过滤器，使用怎样的参数值；而修饰持久化类的@Where 注解将一直生效，且无法动态传入参数。

过滤器的用法很像数据库视图，区别是视图在数据库中已经定义完成，而过滤器则还需在应用程序中确定参数值。

过滤器的使用分成三步。

① 定义过滤器。使用 Hibernate 提供的@FilterDef 注解定义过滤器。如果需要定义多个过滤器，还需要使用@FilterDefs 注解来组合多个@FilterDef。

② 使用过滤器。使用@Filter 元素应用过滤器。

③ 在代码中通过 Session 启用过滤器。

上面注解中的@FilterDef 通常用于修饰持久化类，用于定义注解；@Filter 则通常用于修饰持久化类或集合属性（包括关联实体），表示对指定持久化类或集合属性（包括关联实体）应用过滤器。

一个持久化类或集合可以使用多个过滤器，而一个过滤器也可以作用于多个持久化类或集合属性（包括关联实体）。

使用@FilterDef 时可指定如表 6.15 所示的属性。

表 6.15　@FilterDef 支持的属性

属　　性	是否必需	说　　明
name	是	该属性用于指定过滤器的名称
defaultCondition	否	该属性的值为带参数的 SQL 条件表达式，用于指定该过滤器默认的过滤条件
parameters	否	该属性指定过滤器中 SQL 条件表达式支持的参数

从上面介绍可以看出，@FilterDef 的主要作用是定义过滤器，定义过滤器只是指定该过滤器的名称，并指定该过滤条件所支持的参数——至于过滤条件，定义过滤器时可以无须指定，完全可以等到应用过滤器时，使用@Filter 注解指定。

下面是本示例中 Product 持久化类的源代码，该源代码中使用@FilterDef 定义了两个过滤器，接下来程序使用该过滤器对 Product 实体类、categories 集合属性都进行了过滤。

程序清单：codes\06\6.7\filter\src\org\crazyit\app\domain\Product.java

```
@FilterDefs({
// 定义名为 effectiveDate 的过滤器，该过滤器支持一个 date 类型的参数
@FilterDef(name="effectiveDate"
    , parameters={@ParamDef(name="asOfDate" , type="date")}),
// 定义名为 category 的过滤器，该过滤器支持一个 int 类型的参数
@FilterDef(name="category"
    , parameters={@ParamDef(name="catId" , type="int")})
})
@Entity
@Table(name="product_inf")
// 使用 effectiveDate 过滤器对 Product 实体使用数据过滤
@Filter(name="effectiveDate"
    , condition=":asOfDate BETWEEN eff_start_date AND eff_end_date")
public class Product
{
    @Id @Column(name="product_id")
    @GeneratedValue(strategy=GenerationType.IDENTITY)
    private Integer id;
```

```
    // 定义产品名
    @Column(name="product_name")
    private String name;
    // 定义股票号属性，该属性可标识该产品
    @Column(name="stock_number")
    private int stockNumber;
    // 定义生效开始的时间
    @Column(name="eff_start_date")
    private Date effectiveStartDate;
    // 定义失效时间
    @Column(name="eff_end_date")
    private Date effectiveEndDate;
    // 定义该产品所属的种类
    @ManyToMany(targetEntity=Category.class)
    @JoinTable(name="product_category"
        , joinColumns=@JoinColumn(name="product_id")
        , inverseJoinColumns=@JoinColumn(name="category_id"))
    // 对该关联实体的抓取使用 effectiveDate、category 进行数据过滤
    @Filters({
        @Filter(name="effectiveDate"
            , condition=":asOfDate BETWEEN eff_start_date and eff_end_date"),
        @Filter(name="category"
            , condition="category_id = :catId")
    })
    private Set<Category> categories
        = new HashSet<>();
    // 省略所有的 setter 和 getter 方法
    ...
}
```

上面程序中前 4 行粗体字代码使用两个@FilterDef 定义了两个过滤器：effectiveDate 和 category，其中 effectiveDate 过滤器支持一个 date 类型的参数，而 category 过滤器则支持一个 int 类型的参数。

程序使用@Filter 修饰了 Product 实体类，并将该注解的 name 属性指定为 effectiveDate，这表明 Hibernate 将会使用 effectiveDate 过滤器来过滤该实体。程序还使用了两个@Filter 修饰 categories 属性（该属性代表关联实体），这表明 Hibernate 将会同时使用两个过滤器来过滤该集合属性。

从上面代码可以看出，定义过滤器时完全可以不指定过滤条件，过滤器的过滤条件要等到使用过滤器时才确定，@Filter 的 condition 属性用于指定过滤条件，只有满足该条件的记录才会被抓取。

@Filter 注解既可修饰持久化类，该过滤器将会对整个持久化类的所有实例进行过滤；也可用于修饰集合属性（包括关联实体），该过滤器对集合属性（包括关联实体）进行过滤。

> **注意**
>
> condition 属性值是一个 SQL 风格的 where 子句，因此 condition 属性所指定的过滤条件应该根据表名、列名进行过滤。

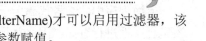

系统默认不启用过滤器，必须通过 Session 的 enableFilter(String filterName)才可以启用过滤器，该方法返回一个 Filter 实例，Filter 包含 setParameter()方法用于为过滤器参数赋值。

一旦启用了过滤器，过滤器就在整个 Session 内有效，所有的数据加载将自动应用该过滤条件，直到调用 disableFilter()方法。

看下面使用过滤器的示例代码片段。

程序清单：codes\06\6.7\filter\src\lee\ProductManager.java

```
public class ProductManager
{
    SimpleDateFormat sdf = new SimpleDateFormat("yyyy-MM-dd");
    public static void main(String[] args)
        throws Exception
    {
        ProductManager mgr = new ProductManager();
        mgr.test();
        HibernateUtil.sessionFactory.close();
```

```
    }
    private void test() throws Exception
    {
        Session session = HibernateUtil.currentSession();
        Transaction tx = session.beginTransaction();
        // 启动 effectiveDate 过滤器，并设置参数
        session.enableFilter("effectiveDate")
            .setParameter("asOfDate", new Date());
        // 启动 category 过滤器，并设置参数
        session.enableFilter("category")
            .setParameter("catId", new Long(2));
        // 查询所有的 Product 实体，不加任何筛选条件，但 effectiveDate 过滤器会起作用
        List<Product> list = session.createQuery("from Product as p")
            .getResultList();        // ①
        for (Product p : list)
        {
            System.out.println(p.getName());
            // 获取 Product 对象关联的 Category 试题，两个过滤器会起作用
            System.out.println("----" + p.getCategories());       // ②
        }
        tx.commit();
        HibernateUtil.closeSession();
    }
}
```

　　上面程序中的两行粗体字代码启用了过滤器，并为过滤器设置了合适的参数。通常来说，如果某个筛选条件使用得非常频繁，就可以将该筛选条件设置为过滤器；如果是临时的数据筛选，则还是使用常规查询比较好。

　　对于在 SQL 语句中使用行内表达式、视图的地方，也可以考虑使用过滤器。

　　对于程序中①号代码，程序只是简单地查询 Person 实体，但由于启用了 Hibernate 过滤器，因此执行该查询底层所用的 SQL 语句也加上了过滤器定义的条件。执行这行代码底层生成的 SQL 语句如下：

```
select
    product0_.product_id as product_1_2_,
    product0_.eff_end_date as eff_end_2_2_,
    product0_.eff_start_date as eff_star3_2_,
    product0_.product_name as product_4_2_,
    product0_.stock_number as stock_nu5_2_
from
    product_inf product0_
where
    ? BETWEEN product0_.eff_start_date AND product0_.eff_end_date
```

　　上面 SQL 语句中的粗体字部分就是 effectiveDate 过滤器指定的过滤条件。

　　上面程序中的②号代码用于获取 Person 对象关联的 Category 对象，由于启用了 Hibernate 过滤器对该集合属性进行过滤，因此执行这行代码底层所用的 SQL 语句也会加上过滤器定义的条件。

　　在一个持久化注解中定义的过滤器，完全可以在其他不同的持久化类中使用。前提是这些持久化类由一个 SessionFactory 负责加载并管理。

6.8　事务控制

　　每个业务逻辑方法都是由一系列数据库访问完成的，这一系列数据库访问可能会修改多条数据记录，这一系列修改应该是一个整体，绝不能仅修改其中的几条数据记录。也就是说，多个数据库原子访问应该绑定成一个整体——这就是事务。事务是一个最小的逻辑执行单元，整个事务的执行不能分开执行，要么同时执行，要么同时放弃执行。

➤➤ 6.8.1　事务的概念

事务是一步或几步基本操作组成的逻辑执行单元，这些基本操作作为一个整体执行单元，它们要么全部执行，要么全部取消执行，绝不能仅仅执行部分。一般而言，每次用户请求对应一个业务逻辑方法，一个业务逻辑方法往往具有逻辑上的原子性，应该使用事务。例如一个转账操作，对应修改两个账户的余额，这两个账户的修改要么同时生效，要么同时取消——同时生效是转账成功，同时取消是转账失败；但不可只修改其中一个账户，那将破坏数据库的完整性。

通常来讲，事务具备 4 个特性：原子性（Atomicity）、一致性（Consistency）、隔离性（Isolation）和持续性（Durability）。这 4 个特性也简称为 ACID 性。

➢ 原子性（Atomicity）：事务是应用中最小执行单位，就如原子是自然界最小颗粒，具有不可再分的特征一样。事务是应用中不可再分的最小逻辑执行体。

➢ 一致性（Consistency）：事务执行的结果，必须使数据库从一种一致性状态，变到另一种一致性状态。当数据库只包含事务成功提交的结果时，数据库处于一致性状态。如果系统运行发生中断，某个事务尚未完成而被迫中断，而该未完成的事务对数据库所做的修改已被写入数据库，此时，数据库就处于一种不正确的状态。比如银行在两个账户之间转账：从 A 账户向 B 账户转入 1000 元。系统先减少 A 账户的 1000 元，然后再为 B 账户增加 1000 元。如果全部执行成功，数据库处于一致性状态。如果仅执行完 A 账户金额的修改，而没有增加 B 账户的金额，则数据库就处于不一致性状态。因此，一致性是通过原子性来保证的。

➢ 隔离性（Isolation）：各个事务的执行互不干扰，任意一个事务的内部操作对其他并发的事务，都是隔离的。即：并发执行的事务之间不能互相影响。

➢ 持续性（Durability）：持续性也称为持久性（Persistence），指事务一旦提交，对数据所做的任何改变都要记录到永久存储器中，通常就是保存进物理数据库。

➤➤ 6.8.2　Session 与事务

Hibernate 的事务（Transaction 对象）通过 Session 的 beginTransaction()方法显式打开，Hibernate 自身并不提供事务控制行为（没有添加任何附加锁定行为），Hibernate 底层直接使用 JDBC 连接、JTA 资源或其他资源的事务。

Hibernate 只是对底层事务进行了抽象，让应用程序可以直接面向 Hibernate 事务编程，从而将应用程序和 JDBC 连接、JTA 资源或其他事务资源隔离开。从编程角度来看，Hibernate 的事务由 Session 对象开启；从底层实现来看，Hibernate 事务由 TransactionFactory 的实例来产生。

TransactionFactory 是一个事务工厂的接口，Hibernate 为不同的事务环境提供了不同的实现类，如 CMTTransactionFactory（针对容器管理事务环境的实现类）、JDBCTransactionFactory（针对 JDBC 局部事务环境的实现类）、JTATransactionFactory（针对 JTA 全局事务环境的实现类）。

应用程序编程后无须手动操作 TransactionFactory 产生事务，这是因为 SessionFactory 底层已经封装了 TransactionFactory。SessionFactory 对象的创建代价很高，它是线程安全的对象，被设计成可以被所有线程所共享。通常，SessionFactory 会在应用程序启动时创建，一旦创建了 SessionFactory 就不会轻易关闭，只有当应用退出时才关闭 SessionFactory。

Session 对象是轻量级的，它也是线程不安全的。对于单个业务进程、单个工作单元而言，Session 只被使用一次。创建 Session 时，并不会立即打开与数据库之间的连接，只有需要进行数据库操作时，Session 才会获取 JDBC 连接。因此，打开和关闭 Session，并不会对性能造成很大的影响。甚至即使无法确定一个请求是否需要数据库访问，也可以打开 Session 对象，因为如果不进行数据库访问，Session 不会获取 JDBC 连接。

由此可见，长 Session 对应用性能的影响并不大——只要它没有长时间打开数据库连接。

相反，数据库事务应该尽可能地短，从而降低数据库锁定造成的资源争用。数据库长事务会导致应用程序无法承载高并发的负荷。

Hibernate 的所有持久化访问都必须在 Session 管理下进行，但并不推荐因为一次简单的数据库原子调用，就打开和关闭一次 Session，数据库事务也是如此。因为对于一次原子操作打开的事务没有任何意义——事务应该是将多个操作步骤组合成一个逻辑整体。

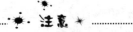

> 启动事务后，单个的 SQL 语句发送之后，自动事务提交模式将会失效。自动提交模式仅为 SQL 控制台设计，在实际项目中没有太大的实用价值。Hibernate 禁止使用自动提交模式，或者让应用服务器禁止事务自动提交。

Hibernate 建议采用每个请求对应一次 Session 的模式——因此一次请求通常表示需要执行一个完整的业务功能，这个功能由一系列数据库原子操作组成，而且它们应该是一个逻辑上的整体。

每个请求对应一次 Session 的模式不仅可以用于设计操作单元，甚至很多业务处理流程都需要组合一系列用户操作，即用户对数据库的交叉访问。

需要指出的是，对于企业级应用，跨用户交互的数据库事务是无法接受的。例如：在第一个页面，用户打开对话框，用户打开一个特定 Session 装入的数据，用户可以随意修改对话框中的数据，修改完成后，用户将修改结果存入数据库。

从用户的角度来看，这个操作单元被称为应用程序长事务。在一个 Java EE 应用实现中，可以有很多方法来实现这种应用程序长事务。

一个比较差的做法就是在用户与服务器会话（Session，通常就是一次 HTTP Session）期间，应用程序一直保持 Session 与数据库事务打开：当用户思考时，应用程序保持 Session 和数据库事务是打开的，并保持数据库锁定，以阻止并发修改，从而保证数据库事务隔离级别和原子操作。这种数据库锁定会导致应用程序无法扩展并发用户的数量。

每次 HTTP Session 对应一次 Hibernate Session 的模式会导致应用程序无法扩展并发用户的数量，因此不推荐使用。

> 几乎在所有情况下，都不要使用每个应用对应一次 Hibernate Session 的模式，也尽量不要使用每次 HTTP Session 对应一次 Hibernate Session 的模式。

但在实际应用中经常需要面对这种应用程序长事务，对于这种情况，Hibernate 主要有如下三种模式来解决这个问题。

> ➤ 自动版本化：Hibernate 能够自动进行乐观并发控制，如果在用户思考的过程中持久化实体发生并发修改，Hibernate 能够自动检测到。
> ➤ 脱管对象：如果采用每次用户请求对应一次 Session 的模式，那么前面载入的实例在用户思考的过程中，始终与 Session 脱离，处于脱管状态。Hibernate 允许把脱管对象重新关联到 Session 上，并且对修改进行持久化。在这种模式下，自动版本化被用来隔离并发修改。这种模式也被称为使用脱管对象的每次请求对应一个 Hibernate Session。
> ➤ 长生命周期 Session：Session 可以在数据库事务提交之后，断开和底层的 JDBC 连接。当新的客户端请求到来时，它又重新连接上底层的 JDBC 连接。这种模式被称为每个应用程序事务对应一个 Session。因为应用程序事务是相当长（跨越多个用户请求）的，所以也被称为长生命周期 Session。

Session 缓存了处于持久化状态的每个对象（Hibernate 会监视和检查脏数据），也就是说，如果程序让 Session 打开很长一段时间，或者载入了过多的数据，Session 占用的内存会一直增长，直到抛出 OutOfMemoryException 异常。为了解决这个问题，程序定期调用 Session 的 clear()和 evict()方法来管理 Session 的缓存。对于一些大批量的数据处理，推荐使用 DML 风格的 HQL 语句完成。

如果在 Session 范围之外访问未初始化的集合或代理（由 Hibernate 的延迟加载特性所引起），Hibernate 将会抛出 LazyInitializationException 异常。也就是说，在脱管状态下，访问一个实体所拥有的集合，或者访问其指向代理的属性时，都将引发此异常。

为了保证在 Session 关闭之前初始化代理属性或集合属性，程序可以强行调用 teacher.getName()或者 teacher.getStudents().size()之类的方法来实现，但这样代码具有较差的可读性。除此之外，也可使用 Hibernate 的 initialize(Object proxy)静态方法来强制初始化某个集合或代理。只要 Session 处于打开状态，Hibernate.initialize(teacher)将会强制初始化 teacher 代理，Hibernate.initialize(teacher.getStudents())对 students 集合具有同样的功能。

还有另外一种选择，就是程序让 Session 一直处于打开状态，直到装入所有需要的集合或代理。在某些应用架构中，特别是对于那些需要使用 Hibernate 进行数据访问的代码，以及那些需要在不同应用层和不同进程中使用 Hibernate 的应用，如何保证 Session 处于打开状态也是一个问题。通常有两种方法可以解决此问题。

➤ 在一个 Web 应用中，可以利用过滤器（Filter），在用户请求结束、页面生成结束时关闭 Session。也就是保证在视图显示层一直打开 Session，这就是所谓的 Open Session in View 模式。当然，采用这种模式时必须保证所有的异常得到正确处理，在呈现视图界面之前，或者在生成视图界面的过程中发生异常时，必须保证可以正确关闭 Session，并结束事务。

提示： Spring 框架提供的 OpenSessionInViewFilter 就可以满足这个要求。

➤ 让业务逻辑层来负责准备数据，在业务逻辑层返回数据之前，业务逻辑层对每个所需集合调用 Hibernate.initialize()方法，或者使用带 fetch 子句或 FetchMode.JOIN 的查询，事先取得所有数据，并将这些数据封装成 VO（值对象）集合，然后程序可以关闭 Session 了。业务逻辑层将 VO 集合传入视图层，让视图层只负责简单的显示逻辑。在这种模式下，可以让视图层和 Hibernate API 彻底分离，保证视图层不会出现持久层 API，从而提供更好的解耦。

▶▶ 6.8.3　上下文相关的 Session

前面所有的 Hibernate 应用使用 Session 时都用到了 HibernateUtil 工具类，因为该工具类可以保证将线程不安全的 Session 绑定限制在当前线程内——也就是实现一种"上下文相关"的 Session。

从 Hibernate 3 开始，Hibernate 增加了 SessionFactory.getCurrentSession()方法，该方法可直接获取"上下文相关"的 Session。上下文相关的 Session 的早期实现必须依赖于 JTA 事务，因此比较适合于在容器中使用 Hibernate 的情形。

从 Hibernate 3.1 开始，SessionFactory.getCurrentSession()的底层实现是可插拔的，Hibernate 引入了 CurrentSessionContext 接口，并通过 hibernate.current_session_context_class 参数来管理上下文相关的 Session 的底层实现。

提示： Hibernate 此处管理上下文相关的 Session 的方式就是典型的策略模式。

CurrentSessionContext 接口有如下三个实现类。

➤ org.hibernate.context.JTASessionContext：根据 JTA 来跟踪和界定上下文相关的 Session。这和最早的仅支持 JTA 的方法是完全一样的。

➤ org.hibernate.context.ThreadLocalSessionContext：通过当前正在执行的线程来跟踪和界定上下文相关的 Session，这和前面的 HibernateUtil 的 Session 维护模式相似。

➤ org.hibernate.context.ManagedSessionContext：通过当前执行的线程来跟踪和界定上下文相关的 Session。但是程序需要使用这个类的静态方法将 Session 实例绑定、取消绑定，它并不会自动打开、flush 或者关闭任何 Session。

如果使用 ThreadLocalSessionContext 策略，Hibernate 的 Session 会随着 getCurrentSession()方法自动打开，并随着事务提交自动关闭，非常方便。对于在容器中使用 Hibernate 的场景，通常会采用第一种方式；对于独立的 Hibernate 应用而言，通常会采用第二种方式。

为了指定 Hibernate 使用哪种 Session 管理方式，可以在 hibernate.cfg.xml 文件中增加如下片段：

```
<!-- 指定根据当前线程来界定上下文相关的 Session -->
<property name="hibernate.current_session_context_class">thread</property>
```

如果在 JTA 事务环境中，则应增加如下配置片段：

```
<!-- 指定根据 JTA 事务来界定上下文相关的 Session -->
<property name="hibernate.current_session_context_class">jta</property>
```

对于第三种不太常用的 Session 管理机制，则可在配置文件中简写成：managed。

关于使用当前线程来界定上下文相关的 Session 的示例程序，读者可以参考光盘中 codes\06\6.8\路径下的 currentSession 应用。实际上，关于 Hibernate 的 Session 和事务的管理，Spring 框架提供了非常完美的解决方案，本书后面将有更详细的介绍。

6.9　二级缓存和查询缓存

前面部分已经提到，Hibernate 包括两个级别的缓存。

➢ 默认总是启用的 Session 级别的一级缓存。

➢ 可选的 SessionFactory 级别的二级缓存。

其中 Session 级别的一级缓存不需要开发者关心，默认总是有效的，当应用保存持久化实体、修改持久化实体时，Session 并不会立即把这种改变 flush 到数据库，而是缓存在当前 Session 的一级缓存中，除非程序显式调用 Session 的 flush()方法，或程序关闭 Session 时才会把这些改变一次性地 flush 到底层数据库——通过这种缓存，可以减少与数据库的交互，从而提高数据库访问性能。

SessionFactory 级别的二级缓存是全局性的，应用的所有 Session 都共享这个二级缓存。不过，SessionFactory 级别的二级缓存默认是关闭的，必须由程序显式开启。一旦在应用中开启了二级缓存，当 Session 需要抓取数据时，Session 将会先查找一级缓存，再查找二级缓存，只有当一级缓存和二级缓存中都没有需要抓取的数据时，才会去查找底层数据库。

> **提示：**
> 在适当情况下，合理地设置 Hibernate 的二级缓存也可以很好地提高应用的数据库访问性能。

6.9.1　开启二级缓存

为了开启 Hibernate 的二级缓存，需要在 hibernate.cfg.xml 文件中设置如下属性：

```
<!-- 开启二级缓存 -->
<property name="hibernate.cache.use_second_level_cache">true</property>
```

一旦开启了二级缓存，并且设置了对某个持久化实体类启用缓存，SessionFactory 就会缓存应用访问过的该实体类的每个对象，除非缓存的数据超出缓存空间。

> **提示：**
> 可能有读者对缓存这个概念感到"深奥"，其实缓存的理论十分简单，自己开发一个缓存实现也不难。以现实例子来说，你第一次需要使用电脑，去电脑城买了一台（类似于 Hibernate 第一次访问某个实体，从数据库读取对应记录，填充该实体对象）——用完之后，如果你立即丢弃该电脑，那就是没有缓存；如果用完之后，你把这台电脑放置起来，那就是进行了缓存。对于 Hibernate 的缓存来说，你可以简单地把它理解为一个 Map，应用程序访问过的每个实体（如果对该实体类启用了缓存），SessionFactory 都会将它放入这个 Map 中，以该实体的标识属性值作为 key，以该实体作为 value。当 Session 试图访问某个实体时，就可以直接从该 Map 中根据 key 来读取实体了，这样就可以显著地提高性能。当然，使用缓存也有个坏处：就像电脑放在家里要占地方一样，缓存里的数据也有内存开销，以及维护缓存的系统开销。

实际应用一般不需要开发者自己实现缓存，直接使用第三方提供的开源缓存实现即可。因此，在 hibernate.cfg.xml 文件中设置开启缓存之后，还需要设置使用哪种二级缓存实现类。例如，如下代码片段：

```
<!-- 设置缓存区的实现类 -->
<property name="hibernate.cache.region.factory_class">
    org.hibernate.cache.ehcache.EhCacheRegionFactory</property>
```

上面的 EhCacheRegionFactory 就是 Hibernate 常用的缓存实现类。除此之外，Hibernate 5.2 支持如表 6.16 所示的缓存实现。

表 6.16 Hibernate 5.2 支持的缓存实现

缓　　存	缓存实现类	类　　型	集群安全	查询缓存支持
ConcurrentHashMap	org.hibernate.testing. cache.CachingRegionFactory	内存		
EhCache	org.hibernate.cache. ehcache.EhCacheRegionFactory	内存、磁盘、事务性、支持集群	是	是
Infinispan	org.hibernate.cache.infinispan. InfinispanRegionFactory	事务性、支持集群	是	是

在上面的三种缓存实现类中，ConcurrentHashMap 只是一种内存级别的缓存实现，因此这种缓存实现类只是 Hibernate 作为测试使用的缓存实现，因此不推荐在实际项目中使用这种策略。

下面以常见的 EhCache 为例来介绍 Hibernate 二级缓存的用法。

① 在 hibernate.cfg.xml 文件中开启二级缓存。需要做两件事情：①设置启用二级缓存；②设置二级缓存的实现类。

② 复制二级缓存的 JAR 包。将 Hibernate 项目路径下的 lib\optional\ 下的对应缓存的 JAR 包复制到应用的类加载路径中。例如对于 EhCache，则应该复制 ehcache 子目录的 JAR 包。

> 　　实际上，要在项目中使用 EhCache 缓存实现，仅仅复制 lib\optional\ 下对应缓存的 JAR 包还不够。因为 EhCache 还需要依赖于 commons-logging、backport-util-concurrent 两个工具，因此读者需要登录 http://commons.apache.org/logging/download_logging.cgi 下载 commons-logging 工具包，登录 http://backport-jsr166.sourceforge.net/ 下载 backport-util-concurrent 工具包。当然直接使用光盘中 codes\06\lib 下的 JAR 包即可。

③ 将缓存实现所需的配置文件添加到系统的类加载路径中。对于 EhCache 缓存，它需要一个 ehcache.xml 配置文件（读者可以在 Hibernate 发行包的 project\etc 路径下找到该文件的示例），读者将该文件复制到类加载路径下稍作修改即可。

本应用所使用的 ehcache.xml 文件的代码如下。

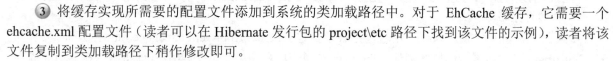

程序清单：codes\06\6.9\SecondCache\src\ehcache.xml

```xml
<?xml version="1.0" encoding="GBK"?>
<ehcache>
    <diskStore path="java.io.tmpdir"/>
    <defaultCache
        maxElementsInMemory="10000"
        eternal="false"
        overflowToDisk="true"
        timeToIdleSeconds="120"
        timeToLiveSeconds="120"
        diskPersistent="false"/>
</ehcache>
```

对上面的配置文件中各属性的说明如下。

- ➤ maxElementsInMemory：设置缓存中最多可放多少个对象。
- ➤ eternal：设置缓存是否永久有效。
- ➤ timeToIdleSeconds：设置缓存的对象多少秒没有被使用就会清理掉。
- ➤ timeToLiveSeconds：设置缓存的对象在过期之前可以缓存多少秒。
- ➤ diskPersistent：设置缓存是否被持久化到硬盘中，保存路径由<diskStore.../>元素指定。

④ 设置对哪些实体类、实体的哪些集合属性启用二级缓存。这一步有两种方式。

- ➤ 修改要使用缓存的持久化类文件，使用 Hibernate 提供的@Cache 注解修饰该持久化类，或使用该注解修饰集合属性。
- ➤ 在 hibernate.cfg.xml 文件中使用<class-cache.../>或<collection-cache.../>元素对指定的持久化类、集合属性启用二级缓存。

上面两种设置方式只是存在形式不同，本质是完全相同的。

通常来说，推荐采用第一种方式。在这种方式下，不同实体的缓存策略放在不同的持久化类中管理，更符合软件工程中分而治之的策略。

本应用所使用的 News 实体类的代码如下。

程序清单：codes\06\6.9\SecondCache\src\org\crazyit\app\domain\News.java

```
@Entity
@Table(name="news_inf")
@Cache(usage=CacheConcurrencyStrategy.READ_ONLY)
public class News
{
    // 消息类的标识属性
    @Id @Column(name="news_id")
    @GeneratedValue(strategy=GenerationType.IDENTITY)
    private Integer id;
    private String title;
    private String content;
    // 省略所有属性的 setter 和 getter 方法
    ...
}
```

上面粗体字代码使用@Cache 注解指定对 News 实体启用缓存，而且设置了缓存策略是 READ_ONLY。对 Hibernate 支持的缓存策略介绍如下。

- ➤ 只读（READ_ONLY）：　如果应用程序只需读取持久化实体的对象，无须对其进行修改，那么就可以对其设置"只读"缓存策略。这是最简单、也最实用的缓存策略。
- ➤ 读/写缓存（READ_WRITE）：如果应用程序需要更新数据，那么就需要使用"读/写"缓存策略。如果应用程序要求使用"序列化事务（serializable transaction）"的隔离级别，那么就不能使用这种缓存策略。

如果在 JTA 环境中使用该缓存策略，则必须指定 hibernate.transaction.manager_lookup_class 属性的值，Hibernate 必须通过该属性才能让 Hibernate 知道应用程序中 JTA 的事务管理策略。在其他环境中，程序必须在 Session.close()或 Session.disconnect()之前结束整个事务。

如果想在集群环境中使用该策略，则必须保证底层的缓存实现支持锁定（locking）。Hibernate 内置的缓存策略并不支持锁定功能。

- ➤ 非严格读/写（NONSTRICT_READ_WRITE）：如果应用程序只需要偶尔更新数据（也就是说，两个事务同时更新同一记录的情况很少见），也不需要十分严格的事务隔离，那么比较适合使用非严格读/写缓存策略。

如果在 JTA 环境中使用该策略，则必须指定 hibernate.transaction.manager_lookup_class 属性的值，在其他环境中，程序必须在 Session.close()或 Session.disconnect()之前结束整个事务。

- ➤ 事务缓存（TRANSACTIONAL）：Hibernate 的事务缓存策略提供了全事务的缓存支持。这样的缓存只能在 JTA 环境中起作用，必须指定 hibernate.transaction.manager_lookup_class 属性的值。

经过上面 4 个步骤，接下来就可以在应用程序中看到二级缓存生效了。测试二级缓存的程序片段如下。

程序清单：codes\06\6.9\SecondCache\src\lee\NewsManager.java

```
//测试二级缓存
private void secondCacheTest()
{
    Session session = sf.getCurrentSession();
    session.beginTransaction();
    List<News> list = session.createQuery("from News news")
        .getResultList();
    session.getTransaction().commit();
    System.out.println("----------------------");
    // 打开第二个 Session
    Session sess2 = sf.getCurrentSession();
    sess2.beginTransaction();
    // 根据主键加载实体，系统将直接从二级缓存读取
    // 因此不会发出查询用的 SQL 语句
    News news = (News)sess2.load(News.class , 1);
    System.out.println(news.getTitle());
    sess2.getTransaction().commit();
}
```

正如以上程序的粗体字代码所示，当程序执行查询获取所有的 News 实体之后，SessionFactory 会将这些实体缓存在二级缓存内。当程序的粗体字代码根据主键加载特定实体时（即使在不同的 Session 中），Hibernate 不需要去查询数据库，它可以直接使用二级缓存中已有的实体，因此粗体字代码不会发出查询用的 SQL 语句。

▶▶ 6.9.2 管理缓存和统计缓存

Session 级别的一级缓存是局部缓存，它只对当前 Session 有效；SessionFactory 级别的二级缓存是全局缓存，它对所有的 Session 都有效。

对于 Session 级别的一级缓存而言，所有经它操作的实体，不管使用 save()、update()或 saveOrUpdate() 方法保存一个对象，还是使用 load()、get()、list()、iterate()或 scroll()方法获得一个对象，该对象都将被放入 Session 级别的一级缓存中——在 Session 调用 flush()方法（该方法把所有缓存数据一次性 flush 到数据库）或 close()方法之前，这些对象将一直缓存在一级缓存中。

在某些特殊的情况下，例如正在处理一个大对象（它占用的内存开销非常大），可能需要从一级缓存中去掉这个大对象或集合属性，可以调用 Session 的 evict(Object object)方法，将该对象或集合从一级缓存中剔除。

例如，如下代码片段：

```
ScrollableResult newsList = sess.createQuery("from News as news")
    .scroll();
while (newsList.next() ) {
    News news = (News) newsList.get(0);
    ...
    // 将 news 实体从 Session 中剔除
    sess.evict(news);
}
```

为了判断某个对象是否处于 Session 缓存中，可以借助于 Session 提供的 contains(Object object)方法，该方法返回一个 boolean 值，用于标识某个实例是否处于当前 Session 的缓存中。

如果想把所有的对象都从 Session 缓存中彻底清除，则调用 Session 的 clear()方法即可。

类似地，Hibernate 同样提供了方法来操作 SessionFactory 的二级缓存所缓存的实体。

SessionFactory 提供了一个 getCache()方法，该方法的返回值是 Cache 对象，通过该对象即可操作二级缓存中的实体、集合等。例如，如下代码片段：

```
Cache cache = sf.getCache();
```

```
// 清除指定的 News 对象。
cache.evictEntity(News.class, id);
// 清除所有的 News 对象
cache.evictEntityRegion(News.class);
// 清除指定 id 的 News 所关联的参与者集合属性
cache.evictCollection("News.actors", id);
// 清除所有 News 所关联的参与者集合属性
cache.evictCollectionRegion("News.actors");
```

为了更好地统计二级缓存（包括后面介绍的查询缓存）中的内容，可以借助于 Hibernate 的统计（Statistics）API。

为了开启二级缓存的统计功能，也需要在 hibernate.cfg.xml 文件中进行配置。例如，在 hibernate.cfg.xml 文件中增加如下配置片段：

```
<!-- 开启二级缓存的统计功能 -->
<property name="hibernate.generate_statistics">true</property>
<!-- 设置使用结构化方式来维护缓存项 -->
<property name="hibernate.cache.use_structured_entries">true</property>
```

接下来即可通过如下方式来查看二级缓存的内容。

程序清单：codes\06\6.9\SecondCache\src\lee\NewsManager.java

```
private void stat()
{
    // ----------统计二级缓存----------
    Map cacheEntries = sf.getStatistics()
        // 二级缓存的名字默认与持久化类的类名相同
        .getSecondLevelCacheStatistics("org.crazyit.app.domain.News")
        .getEntries();
    System.out.println(cacheEntries);
}
```

例如，同时运行上面的 secondCacheTest() 和 stat() 两个方法，将可以看到如图 6.16 所示的效果。

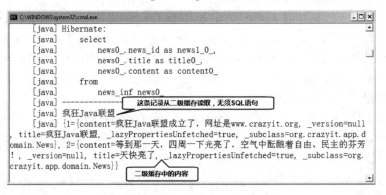

图 6.16　统计二级缓存

上面的程序只是打印了二级缓存中的内容，实际上，sf.getStatistics().getSecondLevelCacheStatistics（实体类）方法返回一个 SecondLevelCacheStatistics 对象，该对象提供了一些工具方法来分析二级缓存的缓存效果，具体方法请参考 Hibernate API。

▶▶ 6.9.3　使用查询缓存

一级、二级缓存都是对整个实体进行缓存，它不会缓存普通属性，如果想对普通属性进行缓存，则可以考虑使用查询缓存。

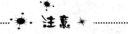

> 需要指出的是，在大部分情况下查询缓存并不能提高应用性能，甚至反而会降低应用性能，因此在实际项目中请慎重使用查询缓存。

对于查询缓存来说，它缓存的 key 就是查询所用的 HQL 或 SQL 语句。需要指出的是，查询缓存不仅要求所使用的 HQL 语句、SQL 语句相同，甚至要求所传入的参数也相同，Hibernate 才能直接从查询缓存中取得数据。

 **注意**

> 只有经常使用相同的查询语句，并且使用相同的查询参数才能通过查询缓存获得好处，查询缓存的生命周期直到属性被修改了为止。

查询缓存默认也是关闭的，为了开启查询缓存，必须在 hibernate.cfg.xml 文件中增加如下配置：

```
<!-- 启用查询缓存 -->
<property name="hibernate.cache.use_query_cache">true</property>
```

除此之外，还必须调用 Query 对象的 setCacheable(true)才会对查询结果进行缓存。看如下程序。

程序清单：codes\06\6.9\QueryCache\src\lee\NewsManager.java

```java
public class NewsManager
{
    static Configuration conf = new Configuration()
        .configure();
    // 以 Configuration 实例创建 SessionFactory 实例
    static SessionFactory sf = conf.buildSessionFactory();
    public static void main(String[] args) throws Exception
    {
        NewsManager mgr = new NewsManager();
        mgr.cacheQuery ();
        mgr.stat ();
    }
    private void noCacheQuery()
    {
        Session session = sf.getCurrentSession();
        session.beginTransaction();
        List<String> titles = session.createQuery("select news.title from News news")
            // 其实无须设置，默认就是关闭缓存的
            .setCacheable(false)
            .getResultList();
        for(String title : titles)
        {
            System.out.println(title);
        }
        System.out.println("-------------------------");
        // 第二次查询，因为没有使用查询缓存，因此会重新发出 SQL 语句进行查询
        titles = session.createQuery("select news.title from News news")
            // 其实无须设置，默认就是关闭缓存的
            .setCacheable(false)
            .getResultList();
        for(String title : titles)
        {
            System.out.println(title);
        }
        session.getTransaction().commit();
    }
    private void cacheQuery()
    {
        Session session = sf.getCurrentSession();
        session.beginTransaction();
        List<String> titles = session.createQuery("select news.title from News news")
            // 开启查询缓存
            .setCacheable(true)
            .getResultList();
        for(String title : titles)
        {
            System.out.println(title);
```

```
        }
        session.getTransaction().commit();
        System.out.println("------------------------");
        Session sess2 = sf.getCurrentSession();
        sess2.beginTransaction();
        // 第二次查询，使用查询缓存，因此不会重新发出 SQL 语句进行查询
        titles = sess2.createQuery("select news.title from News news")
            // 开启查询缓存
            .setCacheable(true)
            .getResultList();
        for(String title : titles)
        {
            System.out.println(title);
        }
        sess2.getTransaction().commit();
    }
    // 开启查询缓存，但使用 iterate()方法查询，因此也不能缓存
    public static void queryIterator()
    {
        Session session = sf.getCurrentSession();
        session.beginTransaction();
        Iterator<String> it = session.createQuery("select news.title from News news")
            // 开启查询缓存
            .setCacheable(true)
            .iterate();
        while(it.hasNext())
        {
            System.out.println(it.next());
        }
        session.getTransaction().commit();
        System.out.println("------------------------");
        Session sess2 = sf.getCurrentSession();
        sess2.beginTransaction();
        // 第二次查询，虽然使用了查询缓存，但由于使用 iterate()获取查询结果
        // 因此无法利用查询缓存
        it = sess2.createQuery("select news.title from News news")
            // 开启查询缓存
            .setCacheable(true)
            .iterate();
        while(it.hasNext())
        {
            System.out.println(it.next());
        }
        sess2.getTransaction().commit();
    }
    private void stat()
    {
        //----------统计查询缓存----------
        long hitCount = sf.getStatistics()
            // 查询缓存的名字与 HQL 语句或 SQL 语句相同
            .getQueryStatistics("select news.title from News news")
            .getCacheHitCount();
        System.out.println("查询缓存命中的次数: " + hitCount);
    }
}
```

上面的程序定义了 3 个查询方法，每个查询方法包括两次查询

➢ 第一个查询方法：没有对查询结果进行缓存，因此第二次查询缓存不会起作用。

➢ 第二个查询方法：设置对查询结果进行缓存，因此第二次在第二个 Session 中进行的查询将不会发出 SQL 语句，直接从查询缓存中读取数据。

➢ 第三个查询方法：查询使用了 iterator()方法获取结果，因此第二次查询缓存也不会起作用。

上面的程序也对查询缓存进行了统计，统计了查询缓存命中（无须读取数据库，直接从缓存中读取数据）的次数。如果程序对第二次查询进行统计，将发现命中次数为 1，这也说明查询缓存生效了。

6.10 事件机制

在 Hibernate 执行持久化的过程中，应用程序通常无法参与其中。所有的数据持久化操作，对用户都是透明的，用户无法插入自己的动作。

通过事件框架，Hibernate 允许应用程序能响应特定的内部事件，从而允许实现某些通用的功能，或者对 Hibernate 功能进行扩展。

Hibernate 的事件框架由两个部分组成。

➤ 拦截器机制：对于特定动作拦截，回调应用中的特定动作。

➤ 事件系统：重写 Hibernate 的事件监听器。

▶▶ 6.10.1 拦截器

通过 Interceptor 接口，可以从 Session 中回调应用程序的特定方法，这种回调机制可让应用程序在持久化对象被保存、更新、删除或加载之前，检查并修改其属性。

通过 Interceptor 接口，可以在数据进入数据库之前，对数据进行最后的检查，如果数据不符合要求，则可以修改数据，从而避免非法数据进入数据库。当然，通常无须这样做，只是在某些特殊的场合下，才考虑使用拦截器完成检查功能。

使用拦截器按如下步骤进行。

① 定义实现 Interceptor 接口的拦截器类。

② 通过 Session 启用拦截器，或者通过 Configuration 启用全局拦截器。

程序可以通过实现 Interceptor 接口来创建拦截器，但最好通过继承 EmptyInterceptor 来实现拦截器。EmptyInterceptor 和 Interceptor 的关系就像事件监听器和事件适配器的关系。

下面是一个拦截器的示例代码，该拦截器没有进行任何实际的操作，仅仅打印出标志代码。

程序清单：codes\06\6.10\Interceptor\src\org\crazyit\common\hibernate\interceptor\MyInterceptor.java

```java
// 通常采用继承 EmptyInterceptor 来实现拦截器
public class MyInterceptor extends EmptyInterceptor
{
    // 记录修改次数
    private int updates;
    // 记录创建次数
    private int creates;
    // 当删除实体时，onDelete()方法将被调用
    public void onDelete(Object entity , Serializable id ,
        Object[] state , String[] propertyNames , Type[] types)
    {
        // do nothing
    }
    // 当把持久化实体的状态同步到数据库时，onFlushDirty()方法被调用
    public boolean onFlushDirty(Object entity , Serializable id ,
        Object[] currentState, Object[] previousState,
        String[] propertyNames, Type[] types)
    {
        // 每同步一次，修改的累加器加 1
        updates++;
        for ( int i = 0; i < propertyNames.length; i++ )
        {
            if ( "lastUpdateTimestamp".equals( propertyNames[i] ) )
            {
                currentState[i] = new Date();
                return true;
            }
        }
        return false;
    }
    // 当加载持久化实体时，onLoad()方法被调用
    public boolean onLoad(Object entity , Serializable id ,
        Object[] state,String[] propertyNames,Type[] types)
```

```
{
    for ( int i = 0; i < propertyNames.length ; i++ )
    {
        if ( "name".equals( propertyNames[i] ) )
        {
            // 输出被加载实体的 name 属性值
            System.out.println( state[i] );
            return true;
        }
    }
    return false;
}
// 保存持久化实例时，调用该方法
public boolean onSave(Object entity , Serializable id ,
    Object[] state,String[] propertyNames,Type[] types)
{
    creates++;
    for ( int i = 0; i < propertyNames.length; i++ )
    {
        if ("createTimestamp".equals( propertyNames[i]))
        {
            state[i] = new Date();
            return true;
        }
    }
    return false;
}
// 持久化所做修改同步完成后，调用 postFlush() 方法
public void postFlush(Iterator entities)
{
    System.out.println("创建的次数： "
        + creates + ", 更新的次数： " + updates);
}
// 在同步持久化所做修改之前，调用 preFlush() 方法
public void preFlush(Iterator entities)
{
    // do nothing
}
// 事务提交之前触发该方法
public void beforeTransactionCompletion(Transaction tx)
{
    System.out.println("事务即将结束");
}
// 事务提交之后触发该方法
public void afterTransactionCompletion(Transaction tx)
{
    System.out.println("事务已经结束");
}
}
```

在上面的拦截器实现类中，实现了很多方法，这些方法都将在 Hibernate 执行特定动作时自动被调用。

完成了拦截器的定义，下面是关于拦截器的使用。拦截器的使用有两种方法。

➢ 通过 SessionFactory 的 openSession(Interceptor in)方法打开一个带局部拦截器的 Session。

➢ 通过 Configuration 的 setInterceptor(Interceptor in)方法设置全局拦截器。

下面是使用全局拦截器的示例代码。

程序清单：codes\06\6.10\Interceptor\src\lee\UserManager.java

```
public class UserManager
{
    static Configuration cfg = new Configuration()
        // 加载 hibernate.cfg.xml 配置文件
        .configure()
        // 设置启用全局拦截器
        .setInterceptor(new MyInterceptor());
    // 以 Configuration 实例创建 SessionFactory 实例
```

```
static SessionFactory sf = cfg.buildSessionFactory();
public static void main(String[] args)
{
    UserManager mgr = new UserManager();
    mgr.testUser();
    sf.close();
}
private void testUser()
{
    Session session = sf.getCurrentSession();
    Transaction tx = session.beginTransaction();
    // 创建一个 User 对象
    User u1 = new User();
    u1.setName("crazyit.org");
    u1.setAge(30);
    u1.setNationality("china");
    session.save(u1);
    User u = (User)session.load(User.class , 1);
    u.setName("疯狂 Java 联盟");
    tx.commit();
}
```

上面的程序通过 Configuration 创建了一个 SessionFactory 对象，程序的粗体字代码为 Configuration 对象设置启用全局拦截器，这样由该 SessionFactory 所创建的所有 Session 都会启用该拦截器。

当主程序按普通方法保存持久化对象、修改持久化对象时，将可以看到拦截器会发生作用。

➤➤ 6.10.2 事件系统

Hibernate 的事件系统是功能更强大的事件框架，事件系统完全可以替代拦截器，也可以作为拦截器的补充来使用。

基本上，Session 接口的每个方法都有对应的事件，比如 LoadEvent、FlushEvent 等。当 Session 调用某个方法时，Hibernate Session 会生成对应的事件，并激活对应的事件监听器。

系统默认监听器实现的处理过程，完成了所有的数据持久化操作，包括插入、修改等操作。如果用户定义了自己的监听器，则意味着用户必须完成对象的持久化操作。

例如：可以在系统中实现并注册 LoadEventListener 监听器，该监听器负责处理所有的调用 Session 的 load()方法的请求。

监听器是单例模式对象，即所有同类型的事件处理共享同一个监听器实例，因此监听器不应该保存任何状态，即不应该使用成员变量。

使用事件系统按如下步骤进行。

① 实现自己的事件监听器类。

② 注册自定义事件监听器，代替系统默认的事件监听器。

实现用户的自定义监听器有如下三种方法。

➢ 实现对应的监听器接口：实现接口必须实现接口内的所有方法，关键是必须实现 Hibernate 对应的持久化操作，即数据库访问，这意味着程序员完全取代了 Hibernate 的底层操作。

➢ 继承事件适配器：可以有选择性地实现需要关注的方法，但依然试图取代 Hibernate 完成数据库的访问。

➢ 继承系统默认的事件监听器：扩展特定方法。

实际上，第一种方法很少使用。因为 Hibernate 的持久化操作也是通过这些监听器实现的，如果用户取代了这些监听器，则应该自己实现所有的持久化操作，这意味着：用户放弃了 Hibernate 的持久化操作，而改为自己完成 Hibernate 的核心操作。

通常推荐采用第三种方法实现自己的事件监听器。Hibernate 默认的事件监听器都被声明成 non-final，以便用户继承它们。

下面是用户自定义监听器的示例。

程序清单：codes\06\6.10\EventFrame\src\org\crazyit\common\hibernate\MyLoadListener.java

```java
public class MyLoadListener extends DefaultLoadEventListener
{
    // 在 LoadEventListener 接口仅仅定义了这个方法
    public void onLoad(LoadEvent event, LoadEventListener.LoadType loadType)
        throws HibernateException
    {
        System.out.println("自定义的 load 事件");
        System.out.println(event.getEntityClassName()
            + "==========" + event.getEntityId());
        super.onLoad(event, loadType);
    }
}
```

下面还有一个 MySaveListener，用于监听 SaveEvent 事件。

程序清单：codes\06\6.10\EventFrame\src\org\crazyit\common\hibernate\MySaveListener.java

```java
public class MySaveListener extends DefaultSaveEventListener
{
    public Serializable performSaveOrUpdate(SaveOrUpdateEvent event)
    {
        System.out.println("自定义的 save 事件");
        System.out.println(event.getObject());
        return super.performSaveOrUpdate(event);
    }
}
```

> **注意**
>
> 扩展用户自定义监听器时，别忘了在方法中调用父类的对应方法，否则 Hibernate 默认的持久化行为都会失效。因为这些持久化行为本身就是通过拦截器来完成的。

为了让开发者注册自定义的事件监听器，Hibernate 提供了一个 EventListenerRegistry 接口，该接口提供如下三类方法来注册事件监听器。

- ➤ appendListeners()：该方法有两个重载的版本，都用于将自定义的事件监听器追加到系统默认的事件监听器序列的后面。
- ➤ prependListeners()：该方法有两个重载的版本，都用于将自定义的事件监听器添加到系统默认的事件监听器序列的前面。
- ➤ setListeners()：该方法有两个重载的版本，都用于使用自定义的事件监听器代替系统默认的事件监听器序列。

上面三种注册方式的前两种注册方式不会覆盖 Hibernate 系统默认的事件监听器，因此用户开发的自定义事件监听器只要完成业务需要额外加入的操作即可。第三种方式注册的事件监听器会覆盖 Hibernate 系统默认的事件监听器，因此第三种方式注册的事件监听器除了完成业务额外加入的操作之外，还必须回调默认事件监听器所完成的操作。

上面程序实现的两个事件监听器都回调了 Hibernate 事件监听器默认的行为，因此程序可直接调用第三种方式来注册事件监听器。下面程序将会调用 EventListenerRegistry 的方法来注册自定义的 SAVE、LOAD 事件监听器。

程序清单：codes\06\6.10\EventFrame\src\lee\UserManager.java

```java
public class UserManager
{
    static Configuration cfg = new Configuration()
        // 加载 hibernate.cfg.xml 配置文件
        .configure();
    // 以 Configuration 实例来创建 SessionFactory 实例
    static SessionFactory sf = cfg.buildSessionFactory();
    static{
        // 获取该 SessionFactory 的事件监听器注册器
        EventListenerRegistry elr = ((SessionFactoryImpl)sf)
```

```
            .getServiceRegistry().getService(EventListenerRegistry.class);
        // 使用用户指定的拦截器序列代替系统默认的 save 拦截器序列
        elr.setListeners(EventType.SAVE, MySaveListener.class);
        // 使用用户指定的拦截器序列代替系统默认的 load 拦截器序列
        elr.setListeners(EventType.LOAD, MyLoadListener.class);
    }
    public static void main(String[] args)
    {
        UserManager mgr = new UserManager();
        mgr.testUser();
        sf.close();
    }
    private void testUser()
    {
        // 省略使用 Session 保存、加载实体的代码

    }
}
```

上面程序中第一行粗体字代码获取了 SessionFactory 关联的 EventListenerRegistry，接下来两行粗体字代码通过 EventListenerRegistry 注册了 SAVE、LOAD 事件监听器，接下来当程序调用通过 Hibernate 保存实体、加载实体时，即可看到自定义事件监听器返回作用的效果。

通过 Hibernate 的事件系统，开发者可以在 Hibernate 执行持久化操作的同时插入额外的行为，比如记录数据库访问日志等，事件系统是一种强大的扩展机制，只要开发者想对 Hibernate 的持久化操作添加额外的行为，都可通过扩展 Hibernate 的事件系统来实现。

 ## 6.11　本章小结

本章继续介绍了 Hibernate 的高级应用部分，包括 Hibernate 所支持的关联映射策略、继承映射策略，以及批量操作的处理策略。本章详细介绍了 Hibernate 强大的查询体系，包括 HQL 和 JPQL 查询、Hibernate 和 JPA 的原生 SQL 查询、动态条件查询和数据过滤等。重点介绍了 Hibernate 所提供的 HQL 查询，包括 HQL 查询的各种常规知识点，还有 Hibernate 3.2.3 对隐式关联的改变。本章也通过示例讲解了 JPA 的动态条件查询，包括如何使用条件查询执行 DML 语句、元组查询、多 Root 查询等，并重点介绍了条件查询中的关联和连接等深入内容；介绍原生 SQL 查询时也包括了使用命名 SQL 查询调用存储过程的用法，知识点非常全面。

本章还详细介绍了事务和 Session，并讲解了 Hibernate 的上下文相关的 Session 支持、Hibernate 的事务策略等。为了在实际应用中提高 Hibernate 持久化访问的性能，本章也详细讲解了 Hibernate 二级缓存、查询缓存的配置和使用。最后介绍了 Hibernate 的事件框架和拦截器，这些是 Hibernate 重要的扩展机制。

第 7 章
Spring 的基本用法

本章要点

- Spring 的起源和背景
- 如何在项目中使用 Spring 框架
- 在 Eclipse 中使用 Spring
- 理解依赖注入
- Spring 容器
- 理解 Spring 容器中的 Bean
- 管理容器中的 Bean 及其依赖注入
- 自动装配
- 使用 Java 类进行配置管理
- 使用静态工厂、实例工厂创建 Bean 实例
- 抽象 Bean 与子 Bean
- 容器中的工厂 Bean
- 管理 Bean 的生命周期
- 几种特殊的依赖注入
- Spring 的简化配置
- SpEL 的功能和用法

与一些项目经理、技术总监谈起项目中是否使用了 Spring，可能有一些人会说，他们不太喜欢"赶时髦"，虽然 Spring 很流行，但他们的项目中依然没有使用 Spring。他们都有多年项目经验，也确实主持开发过一些大型项目，所以我问他们，应用中各组件以怎样的方式耦合？他们的答案很统一：通常都是工厂模式、服务定位器模式等。我就会说，你们没有使用 Spring，但你们自己实现了 Spring 的部分功能——也就是说，他们使用了"Spring"，只是这个"Spring"是他们自己实现的，当然只是 Spring 的部分功能。

Spring 就是这样一个框架：你可以选择不使用这个框架，但你的开发架构一定会暗合它的思想。对于一个拥有多年开发经验的人而言，可能非常熟悉 Spring 的很多思想、模式——甚至会想：我就是这么做的！没错，Spring 是一个很普通但很实用的框架。它提取了大量实际开发中需要重复解决的步骤，将这些步骤抽象成一个框架。

7.1   Spring 简介和 Spring 5.0 的变化

Spring 框架由 Rod Johnson 开发，2004 年发布了 Spring 框架的第一个版本。经过十多年的发展，Spring 已经发展成 Java EE 开发中最重要的框架之一。对于一个 Java 开发者来说，Spring 已经成为必须掌握的技能。就如笔者在教学过程中所说的，Spring 其实是"大路货"了，现在每个搞 Java 开发的都会。

不仅如此，围绕 Spring，以 Spring 为核心还衍生出了一系列框架，如 Spring Web Flow、Spring Security、Spring Data、Spring Boot、Spring Cloud 等（具体请登录 Spring 官方网站：www.springsource.org），Spring 越来越强大，带给开发者越来越多的便捷。本书所介绍的是 Spring 框架本身。

▶▶ 7.1.1   Spring 简介

Spring 是一个从实际开发中抽取出来的框架，因此它完成了大量开发中的通用步骤，留给开发者的仅仅是与特定应用相关的部分，从而大大提高了企业应用的开发效率。

Spring 为企业应用的开发提供了一个轻量级的解决方案。该解决方案包括：基于依赖注入的核心机制、基于 AOP 的声明式事务管理、与多种持久层技术的整合，以及优秀的 Web MVC 框架等。Spring 致力于 Java EE 应用各层的解决方案，而不是仅仅专注于某一层的方案。可以说：Spring 是企业应用开发的"一站式"选择，Spring 贯穿表现层、业务层、持久层。然而，Spring 并不想取代那些已有的框架，而是以高度的开放性与它们无缝整合。

总结起来，Spring 具有如下优点。

➢ 低侵入式设计，代码的污染极低。

➢ 独立于各种应用服务器，基于 Spring 框架的应用，可以真正实现 Write Once, Run Anywhere 的承诺。

➢ Spring 的 IoC 容器降低了业务对象替换的复杂性，提高了组件之间的解耦。

➢ Spring 的 AOP 支持允许将一些通用任务如安全、事务、日志等进行集中式处理，从而提供了更好的复用。

➢ Spring 的 ORM 和 DAO 提供了与第三方持久层框架的良好整合，并简化了底层的数据库访问。

➢ Spring 的高度开放性，并不强制应用完全依赖于 Spring，开发者可自由选用 Spring 框架的部分或全部。

图 7.1 显示了 Spring 框架的组成结构图。

正如从图 7.1 所见到的，当使用 Spring 框架时，必须使用 Spring Core Container（即 Spring 容器），它代表了 Spring 框架的核心机制，Spring Core Container 主要由 org.springframework.core、org.springframework.beans、org.springframework.context 和 org.springframework.expression 四个包及其子包组成，主要提供 Spring IoC 容器支持。其中 org.springframework.expression 及其子包是 Spring 3.0 新增的，它提供了 Spring Expression Language 支持。

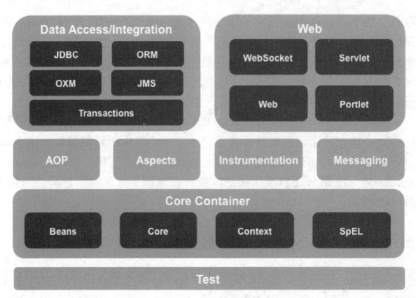

图 7.1　Spring 框架的组成结构图

▶▶ 7.1.2　Spring 5.0 的变化

与之前的 Spring 版本相比，Spring 5.0 发生了一些变化，这些变化包括：

➢ Spring 5.0 整个框架已经全面基于 Java 8，因此 Spring 5.0 对 JDK 的最低要求就是 Java 8。Spring 5.0 可以在运行时支持 Java 9。

➢ 因为 Java 8 的反射增强，因此 Spring 5.0 框架可以对方法的参数进行更高效的访问。

➢ Spring 5.0 核心接口已加入了 Java 8 接口支持的默认方法。

➢ Spring 5.0 框架已经自带了通用的日志封装，因此不再需要额外的 common-logging 日志包。当然，新版的日志封装也会对 Log4j 2.x、SLF4J、JUL（java.util.logging）进行自动检测。

➢ 引入 @Nullable 和 @NotNull 注解来修饰可空的参数以及返回值，避免运行时导致 NPE 异常。

➢ Spring 5.0 框架支持使用组件索引来扫描目标组件，使用组件索引扫描比使用类路径扫描更高效。

➢ Spring 5.0 框架支持 JetBrains Kotlin 语言。

➢ Spring 5.0 的 Web 支持已经升级为支持 Servlet 3.1 以及更高版本的规范。

从上面介绍可以看出，Spring 5.0 的升级主要就是全面基于 Java 8，并在运行时支持 Java 9 和 Servlet 3.1 规范，也为核心 IoC 容器增强了一些注解，并通过组件索引扫描来提升运行效率。本书所介绍的是 Spring 的最新发布版：Spring 5.0.2，后面会介绍 Spring 5.0 为核心 IoC 容器引入的注解。

7.2　Spring 入门

本书成书之时，Spring 的最新稳定版本是 5.0.2，本书的代码都基于该版本的 Spring 测试通过，建议读者也下载该版本的 Spring。

▶▶ 7.2.1　Spring 下载和安装

Spring 是一个独立的框架，它不需要依赖于任何 Web 服务器或容器，它既可在独立的 Java SE 项目中使用，当然也可在 Java Web 项目中使用。下面先介绍如何为 Java 项目和 Java Web 项目添加 Spring 支持。

下载和安装 Spring 框架请按如下步骤进行。

❶ 登录 http://repo.springsource.org/libs-release-local/ 站点，该页面显示一个目录列表，读者沿着 org →springframework→spring 路径进入，即可看到 Spring 框架各版本的压缩包的下载链接。下载 Spring

的最新稳定版：5.0.2。

②　下载完成，得到一个 spring-framework-5.0.2.RELEASE-dist.zip 压缩文件，解压该压缩文件得到一个名为 spring-framework-5.0.2.RELEASE 的文件夹，该文件夹下有如下几个子文件夹。

> docs：该文件夹下存放 Spring 的相关文档，包含开发指南、API 参考文档。
> libs：该目录下的 JAR 包分为三类——①Spring 框架 class 文件的 JAR 包；②Spring 框架源文件的压缩包，文件名以-sources 结尾；③Spring 框架 API 文档的压缩包，文件名以-javadoc 结尾。整个 Spring 框架由 21 个模块组成，该目录下将看到 Spring 为每个模块都提供了三个压缩包。
> schemas：该目录下包含了 Spring 各种配置文件的 XML Schema 文档。
> readme.txt、notice.txt、license.txt 等说明性文档。

③　将 libs 目录下所需要模块的 class 文件的 JAR 包复制添加到项目的类加载路径中——既可通过添加环境变量的方式来添加，也可使用 Ant 或 IDE 工具来管理应用程序的类加载路径。如果需要发布该应用，则将这些 JAR 包一同发布即可。如果没有太多要求，建议将 libs 目录下所有模块的 class 文件的 JAR 包（一共 21 个 JAR 包，别弄错了）添加进去。

经过上面三个步骤，接下来即可在 Java 应用中使用 Spring 框架了。

> ☀ **注意** ☀
>
> 如果需要发布使用了 Spring 框架的 Java Web 项目，还需要将 Spring 框架的 JAR 包（21 个 JAR 包）添加到 Web 应用的 WEB-INF 路径下。

▶▶ 7.2.2　使用 Spring 管理 Bean

Spring 核心容器的理论很简单：Spring 核心容器就是一个超级大工厂，所有的对象（包括数据源、Hibernate SessionFactory 等基础性资源）都会被当成 Spring 核心容器管理的对象——Spring 把容器中的一切对象统称为 Bean。

Spring 容器中的 Bean，与以前听过的 Java Bean 是不同的。不像 Java Bean，必须遵守一些特定的规范，而 Spring 对 Bean 没有任何要求。只要是一个 Java 类，Spring 就可以管理该 Java 类，并将它当成 Bean 处理。

对于 Spring 框架而言，一切 Java 对象都是 Bean。

下面程序先定义一个简单的类。

程序清单：codes\07\7.2\springQs\src\org\crazyit\app\service\Axe.java

```
public class Axe
{
    public String chop()
    {
        return "使用斧头砍柴";
    }
}
```

从上面代码可以看出，该 Axe 类只是一个最普通的 Java 类，简单到令人难以置信——但这也是前面所介绍的，Spring 对 Bean 类没有任何要求，只要它是个 Java 类即可。

下面再定义一个简单的 Person 类，该 Person 类的 useAxe()方法需要调用 Axe 对象的 chop()方法，这种 A 对象需要调用 B 对象方法的情形，被称为依赖。下面是依赖 Axe 对象的 Person 类的源代码。

程序清单：codes\07\7.2\springQs\src\org\crazyit\app\service\Person.java

```
public class Person
{
    private Axe axe;
    // 设值注入所需的 setter 方法
    public void setAxe(Axe axe)
    {
        this.axe = axe;
    }
```

```
    public void useAxe()
    {
        System.out.println("我打算去砍点柴火！");
        // 调用 axe 的 chop()方法，
        // 表明 Person 对象依赖于 axe 对象
        System.out.println(axe.chop());
    }
}
```

使用 Spring 框架之后，Spring 核心容器是整个应用中的超级大工厂，所有的 Java 对象都交给 Spring 容器管理——这些 Java 对象被统称为 Spring 容器中的 Bean。

现在的问题是：Spring 容器怎么知道管理哪些 Bean 呢？答案是 XML 配置文件（也可用注解，后面会介绍），Spring 使用 XML 配置文件来管理容器中的 Bean。因此，接下来为该项目增加 XML 配置文件，Spring 对 XML 配置文件的文件名没有任何要求，读者可以随意指定。

下面是该示例的配置文件。

程序清单：codes\07\7.2\springQs\src\beans.xml

```xml
<?xml version="1.0" encoding="GBK"?>
<!-- Spring 配置文件的根元素，使用 spring-beans.xsd 语义约束 -->
<beans xmlns:xsi="http://www.w3.org/2001/XMLSchema-instance"
    xmlns="http://www.springframework.org/schema/beans"
    xsi:schemaLocation="http://www.springframework.org/schema/beans
    http://www.springframework.org/schema/beans/spring-beans.xsd">
    <!-- 配置名为 person 的 Bean，其实现类是 org.crazyit.app.service.Person 类 -->
    <bean id="person" class="org.crazyit.app.service.Person">
        <!-- 控制调用 setAxe()方法，将容器中的 axe Bean 作为传入参数 -->
        <property name="axe" ref="axe"/>
    </bean>
    <!-- 配置名为 axe 的 Bean，其实现类是 org.crazyit.app.service.Axe 类 -->
    <bean id="axe" class="org.crazyit.app.service.Axe"/>
    <!-- 配置名为 win 的 Bean，其实现类是 javax.swing.JFrame 类 -->
    <bean id="win" class="javax.swing.JFrame"/>
    <!-- 配置名为 date 的 Bean，其实现类是 java.util.Date 类 -->
    <bean id="date" class="java.util.Date"/>
</beans>
```

上面的配置文件很简单，该配置文件的根元素是<beans.../>，根元素主要就是包括多个<bean.../>元素，每个<bean.../>元素定义一个 Bean。上面配置文件中一共定义了 4 个 Bean，其中前两个 Bean 是本示例提供的 Axe 和 Person 类；而后两个 Bean 则直接使用了 JDK 提供的 java.util.Date 和 javax.swing.JFrame 类。

再次强调：Spring 可以把"一切 Java 对象"当成容器中的 Bean，因此不管该 Java 类是 JDK 提供的，还是第三方框架提供的，抑或是开发者自己实现的……只要是个 Java 类，并将它配置在 XML 配置文件中，Spring 容器就可以管理它。

实际上，配置文件中的<bean.../>元素默认以反射方式来调用该类无参数的构造器，以如下元素为例：

```xml
<bean id="person" class="org.crazyit.app.service.Person">
```

Spring 框架解析该<bean.../>元素后将可以得到两个字符串，其中 idStr 的值为"person"（解析<bean.../>元素的 id 属性得到的值），classStr 的值为"org.crazyit.app.service.Person"（解析<bean.../>元素的 class 属性得到的值）。

也就是说，Spring 底层会执行形如以下格式的代码：

```java
String idStr = ...; // 解析<bean...>元素的 id 属性得到该字符串值为"person"
// 解析<bean...>元素的 class 属性得到该字符串值为"org.crazyit.app.service.Person"
String classStr = ...;
Class clazz = Class.forName(classStr);
Object obj = clazz.newInstance();
// container 代表 Spring 容器
container.put(idStr , obj);
```

上面代码就是最基本的反射代码（实际上 Spring 底层代码会更完善一些），Spring 框架通过反射根据<bean.../>元素的class属性指定的类名创建了一个Java对象,并以<bean.../>元素的id属性的值为key,将该对象放入Spring容器中——这个Java对象就成为了Spring容器中的Bean。

> 提示:
> 如果读者看不懂上面的反射代码,可以参考《疯狂Java讲义》第18章。如果不想真正理解 Spring 框架的底层机制,则只要记住:每个<bean.../>元素默认驱动 Spring 调用该类无参数的构造器来创建实例,并将该实例作为 Spring 容器中的 Bean。

通过上面的反射代码还可以得到一个结论:在 Spring 配置文件中配置 Bean 时,class 属性的值必须是 Bean 实现类的完整类名(必须带包名)),不能是接口,不能是抽象类(除非有特殊配置),否则 Spring 无法使用反射创建该类的实例。

上面配置文件中还包括一个<property.../>子元素,<property.../>子元素通常用于作为<bean.../>元素的子元素,它驱动 Spring 在底层以反射执行一次 setter 方法。其中<property.../>的 name 属性值决定执行哪个 setter 方法,而 value 或 ref 决定执行 setter 方法的传入参数。

> ➢ 如果传入参数是基本类型及其包装类、String 等类型,则使用 value 属性指定传入参数。
> ➢ 如果以容器中其他 Bean 作为传入参数,则使用 ref 属性指定传入参数。

Spring 框架只要看到<property.../>子元素,Spring 框架就会在底层以反射方式执行一次 setter 方法。何时执行这个 setter 方法呢?该 Bean 一旦创建处理,Spring 会立即根据<property.../>子元素来执行 setter 方法。也就是说,<bean.../>元素驱动 Spring 调用构造器创建对象;<property.../>子元素驱动 Spring 执行 setter 方法,这两步是先后执行的,中间几乎没有任何间隔。

以上面配置文件中的如下配置为例:

```
<bean id="person" class="org.crazyit.app.service.Person">
    <!-- 控制调用 setAxe()方法,将容器中的 axe Bean 作为传入参数 -->
    <property name="axe" ref="axe"/>
</bean>
```

上面配置中<property.../>元素的 name 属性值为 axe,该元素将驱动 Spring 以反射方式执行 person Bean 的 setAxe()方法;ref 属性值为 axe,该属性值指定以容器中名为 axe 的 Bean 作为执行 setter 方法的传入参数。

也就是说,Spring 底层会执行形如以下格式的代码:

```
String nameStr = ...; // 解析<property...>元素的 name 属性得到该字符串值为"axe"
String refStr = ...; // 解析< property...>元素的 ref 属性得到该字符串值为"axe"
String setterName = "set" + nameStr.substring(0 , 1).toUpperCase()
    + nameStr.substring(1); // 生成将要调用的 setter 方法名
// 获取 Spring 容器中名为 refStr 的 Bean,该 Bean 将会作为传入参数
Object paramBean = container.get(refStr);
// 此处的 clazz 是前一段反射代码通过<bean...>元素的 class 属性得到的 Class 对象
Method setter = clazz.getMethod(setterName , paramBean.getClass());
// 此处的 obj 参数是前一段反射代码为<bean...>元素创建的对象
setter.invoke(obj , paramBean);
```

上面代码就是最基本的反射代码(实际上 Spring 底层代码会更完善一些),Spring 框架通过反射根据<property.../>元素的 name 属性决定调用哪个 setter 方法,并根据 value 或 ref 决定调用 setter 方法的传入参数。

> 提示:
> 如果读者看不懂上面的反射代码,可以参考《疯狂Java讲义》第18章。如果不想真正理解 Spring 框架的底层机制,则只要记住:每个<property.../>元素默认驱动 Spring 调用一次 setter 方法。

理解了 Spring 配置文件中<bean .../>元素的作用:默认驱动 Spring 在底层调用无参数的构造器创建对象,就能猜到上面配置中 4 个<bean.../>元素产生的效果——Spring 会依次创建 org.crazyit.app.service.

Person、org.crazyit.app.service.Axe、javax.swing.JFrame、java.util.Date 这 4 个类的对象，并把它们当成容器中的 Bean。

其中 id 为 person 的\<bean.../\>元素还包括一个\<property.../\>子元素，因此 Spring 会在创建完 person Bean 之后，立即以容器中 id 为 axe 的 Bean 作为参数来调用 person Bean 的 setAxe()方法——这样会导致容器中 id 为 axe 的 Bean 被赋值给 person 对象的 axe 实例变量。

接下来程序就可通过 Spring 容器来访问容器中的 Bean，ApplicationContext 是 Spring 容器最常用的接口，该接口有如下两个实现类。

> ➤ ClassPathXmlApplicationContext：从类加载路径下搜索配置文件，并根据配置文件来创建 Spring 容器。
> ➤ FileSystemXmlApplicationContext：从文件系统的相对路径或绝对路径下去搜索配置文件，并根据配置文件来创建 Spring 容器。

对于 Java 项目而言，类加载路径总是稳定的，因此通常总是使用 ClassPathXmlApplicationContex 创建 Spring 容器。下面是本示例的主程序代码。

程序清单：codes\07\7.2\springQs\src\lee\BeanTest.java

```java
public class BeanTest
{
    public static void main(String[] args)throws Exception
    {
        // 创建 Spring 容器
        ApplicationContext ctx = new
            ClassPathXmlApplicationContext("beans.xml");
        // 获取 id 为 person 的 Bean
        Person p = ctx.getBean("person" , Person.class);
        // 调用 useAxe()方法
        p.useAxe();
    }
}
```

上面程序中第 1 行粗体字代码创建了 Spring 容器，第 2 行粗体字代码通过 Spring 容器获取 id 为 person 的 Bean——Spring 容器中的 Bean，就是 Java 对象。

Spring 容器获取 Bean 对象主要有如下两个方法。

> ➤ Object getBean(String id)：根据容器中 Bean 的 id 来获取指定 Bean，获取 Bean 之后需要进行强制类型转换。
> ➤ T getBean(String name, Class\<T\> requiredType)：根据容器中 Bean 的 id 来获取指定 Bean，但该方法带一个泛型参数，因此获取 Bean 之后无须进行强制类型转换。

上面程序使用的是带泛型参数的 getBean()方法，通过该方法获取 Bean 之后无须进行强制类型转换。

获得 Bean（即 Java 对象）之后，即可通过该对象来调用方法、访问实例变量（如果访问权限允许）——总之，原来怎么使用 Java 对象，现在还怎么使用它。

编译、运行该程序，即可看到如下输出：

```
我打算去砍点柴火！
使用斧头砍柴
```

从上面的运行结果可以看出，使用 Spring 框架之后最大的改变之一是：程序不再使用 new 调用构造器创建 Java 对象，所有的 Java 对象都由 Spring 容器负责创建。

➤➤ 7.2.3　在 Eclipse 中使用 Spring

下面以开发一个简单的 Java 应用为例，介绍在 Eclipse 工具中开发 Spring 应用。

① 启动 Eclipse 工具，通过单击 Eclipse 工具栏上的新建图标，选择新建一个 Java 项目，为该项目

命名为 myspring。新建 myspring 项目的界面如图 7.2 所示。

图 7.2　新建 myspring Java 项目

② 单击"Next"按钮，再单击随后出现的对话框中的"Finish"按钮，建立项目成功。

一旦新建项目成功，即可在 Eclipse 的左边见到项目的结构树。Eclipse 左边的导航树如图 7.3 所示。

③ 与使用 Eclipse 开发 Hibernate 相似，接下来应该为该项目增加 Spring 支持。右键单击如图 7.3 所示的"myspring"节点，在出现的快捷菜单中单击"Build Path"→"Add Libraries"菜单项。操作过程如图 7.4 所示。

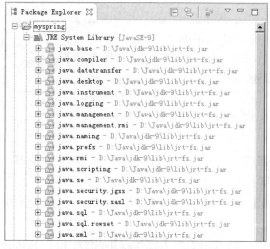

图 7.3　成功新建 myspring 项目后的导航树

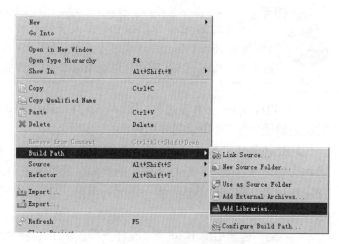

图 7.4　为项目增加 Spring 类库

④ 出现如图 7.5 所示的添加库对话框，选择"User Library"项，表明此处打算添加用户库。

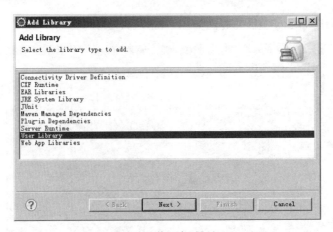

图 7.5　增加库对话框

⑤ 单击"Next"按钮，进入选择并添加用户库对话框，如图 7.6 所示。

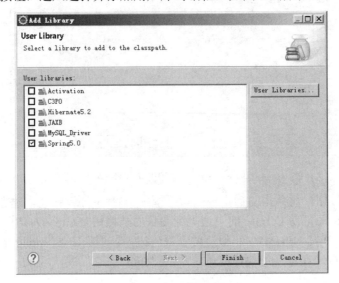

图 7.6　选择并添加用户库

提示：
　　　　笔者的 Eclipse 中已经包含了大量的用户库，例如 Hibernate 5.2 用户库。关于如何添加、编辑 User Library，读者可参考 5.2.3 节所介绍的操作步骤来完成。读者可增加 Spring 5.0 用户库，Spring 5.0 用户库包括 libs 目录下所有 class 文件的压缩包。

---

⑥ 勾选 Spring 5.0 复选框，然后单击"Finish"按钮。为项目的编译和运行添加用户库成功，Eclipse 的左边出现如图 7.7 所示的导航树。

此处并未使用 MyEclipse 等工具的支持，在 Eclipse 等 IDE 工具中使用 Spring 非常简单，只要让 IDE 工具去管理项目编译、运行所依赖的类库（通过配置 Build Path）即可。相反，IDE 工具反而不可能支持所有技术、框架的最新版本——因为框架、技术总是先出来，而 IDE 工具的开发则滞后于最新的技术、框架。

⑦ 编写容器中的 Bean 类，或者直接使用 JDK 提供的类，或者用第三方框架提供的类，反正 Spring 对 Bean 类没有任何要求，想怎么写就怎么写——只要是个 Java 类即可。此处就使用本节前面编写的 Person、Axe 两个类。

⑧ 为了创建 Spring 容器，同样需要提供配置文件。此处同样使用本节前面编写的配置文件。

⑨ 编写主程序，该主程序同样先创建 Spring 容器，然后通过 Spring 容器来获取容器中 Bean——这

就得到了 Java 对象。得到 Java 对象之后，无非就是通过该对象调用方法，或者通过该对象访问实例变量（如果访问权限允许）。

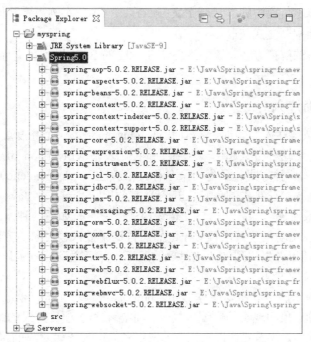

图 7.7　通过用户库添加 Spring 核心 JAR 包后的项目导航树

 注意

　　刚才所添加的 Eclipse 用户库只能保证在 Eclipse 下编译、运行该程序可找到相应的类库；如果需要发布该应用，则还要将刚刚添加的用户库所引用的 JAR 文件随应用一起发布。对于一个 Web 应用，由于 Eclipse 部署 Web 应用时不会将用户库的 JAR 文件复制到 Web 应用的 WEB-INF/lib 路径下，所以还需要主动将用户库所引用的 JAR 文件复制到 Web 应用的 WEB-INF/lib 路径下。

7.3　Spring 的核心机制：依赖注入

　　正如在前面代码中所看到的，程序代码并没有主动为 Person 对象的 axe 成员变量设置值，但执行 Person 对象的 usxAxe()方法时，useAxe()方法完全可以正常访问到 Axe 对象，并可以调用 Axe 对象的 chop()方法。

　　由此可见，Person 对象的 axe 成员变量并不是程序主动设置的，而是由 Spring 容器负责设置的——开发者主要为 axe 成员变量提供一个 setter 方法，并通过<property.../>元素驱动 Spring 容器调用该 setter 方法为 Person 对象的 axe 成员变量设置值。

　　纵观所有的 Java 应用（从基于 Applet 的小应用到多层结构的企业级应用），这些应用中大量存在 A 对象需要调用 B 对象方法的情形，这种情形被 Spring 称为依赖，即 A 对象依赖 B 对象。对于 Java 应用而言，它们总是由一些互相调用的对象构成的，Spring 把这种互相调用的关系称为依赖关系。假如 A 组件调用了 B 组件的方法，即可称 A 组件依赖 B 组件。

　　Spring 框架的核心功能有两个。

> ➢ Spring 容器作为超级大工厂，负责创建、管理所有的 Java 对象，这些 Java 对象被称为 Bean。
> ➢ Spring 容器管理容器中 Bean 之间的依赖关系，Spring 使用一种被称为"依赖注入"的方式来管理 Bean 之间的依赖关系。

使用依赖注入，不仅可以为 Bean 注入普通的属性值，还可以注入其他 Bean 的引用。通过这种依赖注入，Java EE 应用中的各种组件不需要以硬编码方式耦合在一起，甚至无须使用工厂模式。依赖注入达到的效果，非常类似于传说中的"共产主义"，当某个 Java 实例需要其他 Java 实例时，系统自动提供所需要的实例，无须程序显式获取。

依赖注入是一种优秀的解耦方式。依赖注入让 Spring 的 Bean 以配置文件组织在一起，而不是以硬编码的方式耦合在一起。

▶▶ 7.3.1　理解依赖注入

虽然 Spring 并不是依赖注入的首创者，但 Rod Johnson 是第一个高度重视以配置文件来管理 Java 实例的协作关系的人，他给这种方式起了一个名字：控制反转（Inversion of Control，IoC）。在后来的日子里，Martine Fowler 为这种方式起了另一个名称：依赖注入（Dependency Injection）。

因此，不管是依赖注入，还是控制反转，其含义完全相同。当某个 Java 对象（调用者）需要调用另一个 Java 对象（被依赖对象）的方法时，在传统模式下通常有如下两种做法。

➤ 原始做法：调用者**主动**创建被依赖对象，然后再调用被依赖对象的方法。
➤ 简单工厂模式：调用者先找到被依赖对象的工厂，然后**主动**通过工厂去获取被依赖对象，最后再调用被依赖对象的方法。

对于第一种方式，由于调用者需要通过形如"new 被依赖对象构造器();"的代码创建对象，因此必然导致调用者与被依赖对象实现类的硬编码耦合，非常不利于项目升级的维护。

对于简单工厂的方式，大致需要把握三点：①调用者面向被依赖对象的接口编程；②将被依赖对象的创建交给工厂完成；③调用者通过工厂来获得被依赖组件。通过这三点改造，可以保证调用者只需与被依赖对象的接口耦合，这就避免了类层次的硬编码耦合。这种方式唯一的缺点是，调用组件需要**主动**通过工厂去获取被依赖对象，这就会带来调用组件与被依赖对象工厂的耦合。

使用 Spring 框架之后，调用者无须**主动**获取被依赖对象，调用者只要**被动**接受 Spring 容器为调用者的成员变量赋值即可（只要配置一个<property.../>子元素，Spring 就会执行对应的 setter 方法为调用者的成员变量赋值）。由此可见，使用 Spring 框架之后，调用者获取被依赖对象的方式由原来的**主动**获取，变成了**被动**接受——于是 Rod Johnson 将这种方式称为控制反转。

从 Spring 容器的角度来看，Spring 容器负责将被依赖对象赋值给调用者的成员变量——相当于为调用者注入它依赖的实例，因此 Martine Fowler 将这种方式称为依赖注入。

正因为 Spring 将被依赖对象注入给了调用者，所以调用者无须**主动**获取被依赖对象，只要被动等待 Spring 容器注入即可。由此可见，控制反转和依赖注入其实是同一个行为的两种表达，只是描述的角度不同而已。

为了更好地理解依赖注入，可以参考人类社会的发展来看以下问题在各种社会形态里如何解决：一个人（Java 实例，调用者）需要一把斧头（Java 实例，被依赖对象）。

在原始社会里，几乎没有社会分工。需要斧头的人（调用者）只能自己去磨一把斧头（被依赖对象）。对应的情形为：Java 程序里的调用者自己创建被依赖对象，通常采用 new 关键字调用构造器创建一个被依赖对象，这是 Java 初学者经常干的事情。

进入工业社会，工厂出现了，斧头不再由普通人完成，而在工厂里被生产出来，此时需要斧头的人（调用者）找到工厂，购买斧头，无须关心斧头的制造过程。对应简单工厂设计模式，调用者只需要定位工厂，无须理会被依赖对象的具体实现过程。

进入"共产主义"社会，需要斧头的人甚至无须定位工厂，"坐等"社会提供即可。调用者无须关心被依赖对象的实现，无须理会工厂，等待 Spring 依赖注入。

在第一种情况下，Java 实例的调用者创建被调用的 Java 实例，调用者直接使用 new 关键字创建被依赖对象，程序高度耦合，效率低下。真实应用极少使用这种方式。

在这种情况下，有如图 7.8 所示的示意图。

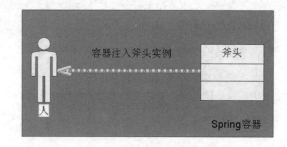

图 7.8　调用者主动创建被依赖者的示意图

这种模式是 Java 初学者最喜欢使用的方式，这种模式有如下两个坏处。

➤ 可扩展性差。由于"人"组件与"斧头"组件的实现类高度耦合，当程序试图扩展斧头组件时，"人"组件的代码也要随之改变。

➤ 各组件职责不清。对于"人"组件而言，它只需要调用"斧头"组件的方法即可，并不关心"斧头"组件的创建过程。但在这种模式下，"人"组件却需要主动创建"斧头"组件，因此职责混乱。

如果读者发现自己还在经常采用这种方式创建 Java 对象，那表明你对 Java 掌握得相当不够。

在第二种情况下，调用者无须关心被依赖对象的具体实现过程，只需要找到符合某种标准（接口）的实例，即可使用。此时调用的代码面向接口编程，可以让调用者和被依赖对象的实现类解耦，这也是工厂模式大量使用的原因。但调用者依然需要主动定位工厂，调用者与工厂耦合在一起。

第三种情况是最理想的情况：程序完全无须理会被依赖对象的实现，也无须主动定位工厂，这是一种优秀的解耦方式。实例之间的依赖关系由 IoC 容器负责管理。

图 7.9 显示了依赖注入的示意图。

由此可见，使用 Spring 框架之后的两个主要改变是：

图 7.9　IoC 容器管理实例的依赖关系

➤ 程序无须使用 new 调用构造器去创建对象。所有的 Java 对象都可交给 Spring 容器去创建。

➤ 当调用者需要调用被依赖对象的方法时，调用者无须主动获取被依赖对象，只要等待 Spring 容器注入即可。

依赖注入通常有如下两种。

➤ 设值注入：IoC 容器使用成员变量的 setter 方法来注入被依赖对象。

➤ 构造注入：IoC 容器使用构造器来注入被依赖对象。

▶▶ 7.3.2　设值注入

设值注入是指 IoC 容器通过成员变量的 setter 方法来注入被依赖对象。这种注入方式简单、直观，因而在 Spring 的依赖注入里大量使用。

下面示例将会对前面示例进行改写，使之更加规范。Spring 推荐面向接口编程。不管是调用者，还是被依赖对象，都应该为之定义接口，程序应该面向它们的接口，而不是面向实现类编程，这样以便程序后期的升级、维护。

下面先定义一个 Person 接口，该接口定义了一个 Person 对象应遵守的规范。下面是 Person 接口的代码。

程序清单：codes\07\7.3\setter\src\org\crazyit\app\service\Person.java

```
public interface Person
{
    // 定义一个使用斧头的方法
    public void useAxe();
}
```

下面是 Axe 接口的代码。

程序清单：codes\07\7.3\setter\src\org\crazyit\app\service\Axe.java

```java
public interface Axe
{
    // Axe 接口中定义一个 chop()方法
    public String chop();
}
```

Spring 推荐面向接口编程，这样可以更好地让规范和实现分离，从而提供更好的解耦。对于一个 Java EE 应用，不管是 DAO 组件，还是业务逻辑组件，都应该先定义一个接口，该接口定义了该组件应该实现的功能，但功能的实现则由其实现类提供。

下面是 Person 实现类的代码。

程序清单：codes\07\7.3\setter\src\org\crazyit\app\service\impl\Chinese.java

```java
public class Chinese implements Person
{
    private Axe axe;
    // 设值注入所需的 setter 方法
    public void setAxe(Axe axe)
    {
        this.axe = axe;
    }
    // 实现 Person 接口的 useAxe()方法
    public void useAxe()
    {
        // 调用 axe 的 chop()方法
        // 表明 Person 对象依赖于 axe 对象
        System.out.println(axe.chop());
    }
}
```

上面程序中的粗体字代码实现了 Person 接口的 useAxe()方法，实现该方法时调用了 axe 的 chop()方法，这就是典型的依赖关系。

回忆一下曾经编写的 Java 应用，除了最简单的 HelloWorld 之外，哪个应用不是 A 调用 B、B 调用 C、C 调用 D……这种方式？那 Spring 的作用呢？Spring 容器的最大作用就是以松耦合的方式来管理这种调用关系。在上面的 Chinese 类中，Chinese 类并不知道它要调用的 axe 实例在哪里，也不知道 axe 实例是如何实现的，它只是需要调用 Axe 对象的方法，这个 Axe 实例将由 Spring 容器负责注入。

下面提供一个 Axe 的实现类：StoneAxe。

程序清单：codes\07\7.3\setter\src\org\crazyit\app\service\impl\StoneAxe.java

```java
public class StoneAxe implements Axe
{
    public String chop()
    {
        return "石斧砍柴好慢";
    }
}
```

到现在为止，程序依然不知道 Chinese 类和哪个 Axe 实例耦合，Spring 当然也不知道！Spring 需要使用 XML 配置文件来指定实例之间的依赖关系。

Spring 采用了 XML 配置文件，从 Spring 2.0 开始，Spring 推荐采用 XML Schema 来定义配置文件的语义约束。当采用 XML Schema 来定义配置文件的语义约束时，还可利用 Spring 配置文件的扩展性，进一步简化 Spring 配置。

Spring 为基于 XML Schema 的 XML 配置文件提供了一些新的标签，这些新标签使配置更简单，使用更方便。关于如何使用 Spring 所提供的新标签，后面会有更进一步的介绍。

不仅如此，采用基于 XML Schema 的 XML 配置文件时，Spring 甚至允许程序员开发自定义的配置文件标签,让其他开发人员在 Spring 配置文件中使用这些标签,但这些通常应由第三方供应商来完成。对普通软件开发人员以及普通系统架构师而言,则通常无须开发自定义的 Spring 配置文件标签。所以本书也不打算介绍相关方面的内容。

> **提示:**
> 本书并不是一本完整的 Spring 学习手册,所以本书只会介绍 Spring 的核心机制,包括 IoC、SpEL、AOP 和资源访问等,Spring 和 Hibernate 整合,Spring 的 DAO 支持和事务管理,以及 Spring 和 Struts 2 整合等内容,这些是 Java EE 开发所需要的核心知识。而 Spring 框架的其他方面,本书不会涉及。

下面是本应用所用的配置文件代码。

程序清单:codes\07\7.3\setter\src\beans.xml

```xml
<?xml version="1.0" encoding="GBK"?>
<!-- Spring 配置文件的根元素,使用 spring-beans.xsd 语义约束 -->
<beans xmlns:xsi="http://www.w3.org/2001/XMLSchema-instance"
    xmlns="http://www.springframework.org/schema/beans"
    xsi:schemaLocation="http://www.springframework.org/schema/beans
    http://www.springframework.org/schema/beans/spring-beans.xsd">
    <!-- 配置 chinese 实例,其实现类是 Chinese 类 -->
    <bean id="chinese" class="org.crazyit.app.service.impl.Chinese">
        <!-- 驱动调用 chinese 的 setAxe()方法,将容器中的 stoneAxe 作为传入参数 -->
        <property name="axe" ref="stoneAxe"/>
    </bean>
    <!-- 配置 stoneAxe 实例,其实现类是 StoneAxe -->
    <bean id="stoneAxe" class="org.crazyit.app.service.impl.StoneAxe"/>
</beans>
```

在配置文件中,Spring 配置 Bean 实例通常会指定两个属性。

➤ id:指定该 Bean 的唯一标识,Spring 根据 id 属性值来管理 Bean,程序通过 id 属性值来访问该 Bean 实例。

➤ class:指定该 Bean 的实现类,此处不可再用接口,必须使用实现类,Spring 容器会使用 XML 解析器读取该属性值,并利用反射来创建该实现类的实例。

可以看到 Spring 管理 Bean 的灵巧性。Bean 与 Bean 之间的依赖关系放在配置文件里组织,而不是写在代码里。通过配置文件的指定,Spring 能精确地为每个 Bean 的成员变量注入值。

> **提示:**
> 如果读者需要了解 Spring IoC 容器的更多实现原理,可以参考本书第 9 章关于简单工厂设计模式的讲解,那个地方的示例实现了一个初步的 IoC 容器。

Spring 会自动检测每个<bean.../>定义里的<property.../>元素定义,Spring 会在调用默认的构造器创建 Bean 实例之后,立即调用对应的 setter 方法为 Bean 的成员变量注入值。

每个 Bean 的 id 属性是该 Bean 的唯一标识,程序通过 id 属性值访问 Bean,Spring 容器也通过 Bean 的 id 属性值管理 Bean 与 Bean 之间的依赖。

下面是主程序的代码,该主程序只是简单地获取了 Person 实例,并调用该实例的 useAxe()方法。

程序清单:codes\07\7.3\setter\src\lee\BeanTest.java

```java
public class BeanTest
{
    public static void main(String[] args)throws Exception
    {
        // 创建 Spring 容器
        ApplicationContext ctx = new
            ClassPathXmlApplicationContext("beans.xml");
        // 获取 chinese 实例
```

```
            Person p = ctx.getBean("chinese" , Person.class);
            // 调用 useAxe()方法
            p.useAxe();
    }
}
```

上面程序中的两行粗体字代码实现了创建 Spring 容器，并通过 Spring 容器来获取 Bean 实例。从上面程序中可以看出，Spring 容器就是一个巨大的工厂，它可以"生产"出所有类型的 Bean 实例。程序获取 Bean 实例的方法是 getBean()，如上面程序中的第二行粗体字代码所示。

一旦通过 Spring 容器获得了 Bean 实例之后，如何调用 Bean 实例的方法就没什么特别之处了。执行上面程序，会看到如下执行结果：

石斧砍柴好慢

主程序调用 Person 的 useAxe()方法时，该方法的方法体内需要使用 Axe 实例，但程序没有任何地方将特定的 Person 实例和 Axe 实例耦合在一起。或者说，程序没有为 Person 实例传入 Axe 实例，Axe 实例由 Spring 在运行期间注入。

Person 实例不仅不需要了解 Axe 实例的实现类，甚至无须了解 Axe 的创建过程。Spring 容器根据配置文件的指定，创建 Person 实例时，不仅创建了 Person 对象，并为该对象注入它所依赖的 Axe 实例。

假设有一天，系统需要改变 Axe 的实现——这种改变，对于实际开发是很常见的情形，也许是因为技术的改进，也许是因为性能的优化，也许是因为需求的变化……此时只需要给出 Axe 的另一个实现，而 Person 接口、Chinese 类的代码无须任何改变。

下面是 Axe 的另一个实现类：SteelAxe。

程序清单：codes\07\7.3\setter\src\org\crazyit\app\service\impl\SteelAxe.java

```
public class SteelAxe implements Axe
{
    public String chop()
    {
        return "钢斧砍柴真快";
    }
}
```

将修改后的 SteelAxe 部署在 Spring 容器中，只需在 Spring 配置文件中增加如下一行：

```
<!-- 配置 steelAxe 实例，其实现类是 SteelAxe -->
<bean id="steelAxe" class="org.crazyit.app.service.impl.SteelAxe"/>
```

该行重新定义了一个 Axe 实例，它的 id 是 steelAxe，实现类是 SteelAxe。然后修改 chinese Bean 的配置，将原来传入 stoneAxe 的地方改为传入 steelAxe。也就是将

```
<property name="axe" ref="stoneAxe"/>
```

改成：

```
<property name="axe" ref="steelAxe"/>
```

此时再次执行程序，将得到如下结果：

钢斧砍柴真快

从上面这种切换可以看出，因为 chinese 实例与具体的 Axe 实现类没有任何关系，chinese 实例仅仅与 Axe 接口耦合，这就保证了 chinese 实例与 Axe 实例之间的松耦合——这也是 Spring 强调面向接口编程的原因。

Bean 与 Bean 之间的依赖关系由 Spring 管理，Spring 采用 setter 方法为目标 Bean 注入所依赖的 Bean，这种方式被称为设值注入。

从上面示例程序中应该可以看出，依赖注入以配置文件管理 Bean 实例之间的耦合，让 Bean 实例之间的耦合从代码层次分离出来。依赖注入是一种优秀的解耦方式。

经过上面的介绍，不难发现使用 Spring IoC 容器的三个基本要点。

➤ 应用程序的各组件面向接口编程。面向接口编程可以将组件之间的耦合关系提升到接口层次，从而有利于项目后期的扩展。

➤ 应用程序的各组件不再由程序主动创建，而是由 Spring 容器来负责产生并初始化。

➤ Spring 采用配置文件或注解来管理 Bean 的实现类、依赖关系，Spring 容器则根据配置文件或注解，利用反射来创建实例，并为之注入依赖关系。

▶▶ 7.3.3 构造注入

前面已经介绍过，通过 setter 方法为目标 Bean 注入依赖关系的方式被称为设值注入；另外还有一种注入方式，这种方式在构造实例时，已经为其完成了依赖关系的初始化。这种利用构造器来设置依赖关系的方式，被称为构造注入。

通俗来说，**就是驱动 Spring 在底层以反射方式执行带参数的构造器，当执行带参数的构造器时，就可利用构造器参数对成员变量执行初始化——这就是构造注入的本质。**

现在问题产生了：<bean.../>元素默认总是驱动 Spring 调用无参数的构造器来创建对象，那怎样驱动 Spring 调用有参数的构造器去创建对象呢？答案是<constructor-arg.../>子元素，每个<constructor-arg.../>子元素代表一个构造器参数，如果<bean.../>元素包含 N 个<constructor-arg.../>子元素，就会驱动 Spring 调用带 N 个参数的构造器来创建对象。

对前面代码中的 Chinese 类做简单的修改，修改后的代码如下。

程序清单：codes\07\7.3\constructor\src\org\crazyit\app\service\impl\Chinese.java

```
public class Chinese implements Person
{
    private Axe axe;
    // 构造注入所需的带参数的构造器
    public Chinese(Axe axe)
    {
        this.axe = axe;
    }
    // 实现 Person 接口的 useAxe()方法
    public void useAxe()
    {
        // 调用 axe 的 chop()方法
        // 表明 Person 对象依赖于 axe 对象
        System.out.println(axe.chop());
    }
}
```

上面的 Chinese 类没有提供设置 axe 成员变量的 setter 方法，仅仅提供了一个带 Axe 参数的构造器，Spring 将通过该构造器为 chinese 注入所依赖的 Bean 实例。

构造注入的配置文件也需做简单的修改，为了使用构造注入（也就是驱动 Spring 调用有参数的构造器创建对象），还需使用<constructor-arg.../>元素指定构造器的参数。修改后的配置文件如下。

程序清单：codes\07\7.3\constructor\src\beans.xml

```
<?xml version="1.0" encoding="GBK"?>
<beans xmlns:xsi="http://www.w3.org/2001/XMLSchema-instance"
    xmlns="http://www.springframework.org/schema/beans"
    xsi:schemaLocation="http://www.springframework.org/schema/beans
    http://www.springframework.org/schema/beans/spring-beans.xsd">
    <!-- 配置 chinese 实例，其实现类是 Chinese -->
    <bean id="chinese" class="org.crazyit.app.service.impl.Chinese">
        <!-- 下面只有一个 constructor-arg 子元素，
            驱动 Spring 调用 Chinese 带一个参数的构造器来创建对象 -->
        <constructor-arg ref="steelAxe"/>
    </bean>
    <!-- 配置 stoneAxe 实例，其实现类是 StoneAxe -->
    <bean id="stoneAxe" class="org.crazyit.app.service.impl.StoneAxe"/>
    <!-- 配置 steelAxe 实例，其实现类是 SteelAxe -->
```

```
        <bean id="steelAxe" class="org.crazyit.app.service.impl.SteelAxe"/>
    </beans>
```

上面配置文件中的粗体字代码使用元素指定了一个构造器参数，该参数类型是 Axe，这指定 Spring 调用 Chinese 类里带一个 Axe 参数的构造器来创建 chinese 实例。也就是说，上面粗体字代码相当于驱动 Spring 执行如下代码：

```
String idStr = ... // Spring 解析<bean.../>元素得到 id 属性值为 chinese
String refStr = ... // Spring 解析<constructor-arg.../>元素得到 ref 属性值为 steelAxe
Object paramBean = container.get(refStr);
// Spring 会用反射方式执行下面代码，此处为了降低阅读难度，该行代码没有使用反射
Object obj = new org.crazyit.app.service.impl.Chinese(paramBean);
// container 代表 Spring 容器
container.put(idStr , obj);
```

从上面粗体字代码可以看出，由于使用了有参数的构造器创建实例，所以当 Bean 实例被创建完成后，该 Bean 的依赖关系已经设置完成。

该示例的执行效果与设值注入 steelAxe 时的执行效果完全一样。区别在于：创建 Person 实例中 Axe 属性的时机不同——设值注入是先通过无参数的构造器创建一个 Bean 实例，然后调用对应的 setter 方法注入依赖关系；而构造注入则直接调用有参数的构造器，当 Bean 实例创建完成后，已经完成了依赖关系的注入。

配置<constructor-arg.../>元素时可指定一个 index 属性，用于指定该构造参数值将作为第几个构造参数值，例如，指定 index="0"表明该构造参数值将作为第一个构造参数值。

希望 Spring 调用带几个参数的构造器，就在<bean.../>元素中配置几个<constructor-arg.../>子元素。例如如下配置代码：

```
<?xml version="1.0" encoding="GBK"?>
<beans xmlns:xsi="http://www.w3.org/2001/XMLSchema-instance"
    xmlns="http://www.springframework.org/schema/beans"
    xsi:schemaLocation="http://www.springframework.org/schema/beans
    http://www.springframework.org/schema/beans/spring-beans.xsd">
    <!-- 定义名为bean1 的 Bean, 对应的实现类为 lee.Test1 -->
    <bean id="bean1" class="lee.Test1">
        <constructor-arg value="hello"/>
        <constructor-arg value="23"/>
    </bean>
</beans>
```

上面的粗体字代码相当于让 Spring 调用如下代码（Spring 底层用反射执行该代码）：

```
Object bean1 = new lee.Test1("hello" , "23");         // ①
```

由于 Spring 本身提供了功能强大的类型转换机制，因此如果 lee.Test1 只包含一个 Test1(String, int) 构造器，那么上面的粗体字配置片段相当于让 Spring 执行如下代码（Spring 底层用反射执行该代码）：

```
bean1 = new lee.Test1("hello" , 23);         // ②
```

这就产生一个问题：如果 lee.Test1 类既有 Test1(String, String)构造器，又有 Test1(String, int)构造器，那么上面的粗体字配置片段到底让 Spring 执行哪行代码呢？答案是①号代码，因为此时的配置还不够明确：对于<constructor-arg value="23"/>，Spring 只能解析出一个"23"字符串，但它到底需要转换为哪种数据类型——从配置文件中看不出来，只能根据 lee.Test1 的构造器来尝试转换。

为了更明确地指定数据类型，Spring 允许为<constructor-arg.../>元素指定一个 type 属性，例如<constructor-arg value="23" type="int"/>，此处 Spring 明确知道此处配置了一个 int 类型的参数。与此类似的是，<value.../>元素也可指定 type 属性，用于确定该属性值的数据类型。

➤➤ 7.3.4　两种注入方式的对比

在过去的开发过程中，这两种注入方式都是非常常用的。Spring 也同时支持两种依赖注入方式：设值注入和构造注入。这两种依赖注入方式并没有绝对的好坏，只是适应的场景有所不同。

相比之下，设值注入具有如下的优点。

➢ 与传统的 JavaBean 的写法更相似，程序开发人员更容易理解、接受。通过 setter 方法设定依赖关系显得更加直观、自然。

➢ 对于复杂的依赖关系，如果采用构造注入，会导致构造器过于臃肿，难以阅读。Spring 在创建 Bean 实例时，需要同时实例化其依赖的全部实例，因而导致性能下降。而使用设值注入，则能避免这些问题。

➢ 尤其是在某些成员变量可选的情况下，多参数的构造器更加笨重。

构造注入也不是绝对不如设值注入，在某些特定的场景下，构造注入比设值注入更优秀。构造注入也有如下优势。

➢ 构造注入可以在构造器中决定依赖关系的注入顺序，优先依赖的优先注入。例如，组件中其他依赖关系的注入，常常需要依赖于 Datasource 的注入。采用构造注入，可以在代码中清晰地决定注入顺序。

➢ 对于依赖关系无须变化的 Bean，构造注入更有用处。因为没有 setter 方法，所有的依赖关系全部在构造器内设定。因此，无须担心后续的代码对依赖关系产生破坏。

➢ 依赖关系只能在构造器中设定，则只有组件的创建者才能改变组件的依赖关系。对组件的调用者而言，组件内部的依赖关系完全透明，更符合高内聚的原则。

建议采用以设值注入为主，构造注入为辅的注入策略。对于依赖关系无须变化的注入，尽量采用构造注入；而其他依赖关系的注入，则考虑采用设值注入。

7.4　使用 Spring 容器

Spring 有两个核心接口：BeanFactory 和 ApplicationContext，其中 ApplicationContext 是 BeanFactory 的子接口。它们都可代表 Spring 容器，Spring 容器是生成 Bean 实例的工厂，并管理容器中的 Bean。在基于 Spring 的 Java EE 应用中，所有的组件都被当成 Bean 处理，包括数据源、Hibernate 的 SessionFactory、事务管理器等。

应用中的所有组件都处于 Spring 的管理下，都被 Spring 以 Bean 的方式管理，Spring 负责创建 Bean 实例，并管理其生命周期。Spring 里的 Bean 是非常广义的概念，任何的 Java 对象、Java 组件都被当成 Bean 处理。对于 Spring 而言，一切 Java 对象都是 Bean。

Bean 在 Spring 容器中运行，无须感受 Spring 容器的存在，一样可以接受 Spring 的依赖注入，包括 Bean 成员变量的注入、协作者的注入、依赖关系的注入等。

Java 程序面向接口编程，无须关心 Bean 实例的实现类；但 Spring 容器负责创建 Bean 实例，因此必须精确知道每个 Bean 实例的实现类，故 Spring 配置文件必须指定 Bean 实例的实现类。

▶▶ 7.4.1　Spring 容器

Spring 容器最基本的接口就是 BeanFactory。BeanFactory 负责配置、创建、管理 Bean，它有一个子接口：ApplictionContext，因此也被称为 Spring 上下文。Spring 容器还负责管理 Bean 与 Bean 之间的依赖关系。

BeanFactory 接口包含如下几个基本方法。

➢ boolean containsBean(String name)：判断 Spring 容器是否包含 id 为 name 的 Bean 实例。

➢ <T> T getBean(Class<T> requiredType)：获取 Spring 容器中属于 requiredType 类型的、唯一的 Bean 实例。

➢ Object getBean(String name)：返回容器 id 为 name 的 Bean 实例。

➢ <T> T getBean(String name, Class requiredType)：返回容器中 id 为 name，并且类型为 requiredType 的 Bean。

➢ Class<?> getType(String name)：返回容器中 id 为 name 的 Bean 实例的类型。

调用者只需使用 getBean()方法即可获得指定 Bean 的引用，无须关心 Bean 的实例化过程。Bean 实例的创建、初始化以及依赖关系的注入都由 Spring 容器完成。

BeanFactory 常用的实现类是 DefaultListableBeanFactory。

ApplicationContext 是 BeanFactory 的子接口，因此功能更强大。对于大部分 Java EE 应用而言，使用它作为 Spring 容器更方便。其常用实现类是 FileSystemXmlApplicationContext、ClassPathXmlApplicationContext 和 AnnotationConfigApplicationContext。如果在 Web 应用中使用 Spring 容器，则通常有 XmlWebApplicationContext、AnnotationConfigWebApplicationContext 两个实现类。

创建 Spring 容器的实例时，必须提供 Spring 容器管理的 Bean 的详细配置信息。Spring 的配置信息通常采用 XML 配置文件来设置，因此，创建 BeanFactory 实例时，应该提供 XML 配置文件作为参数。XML 配置文件通常使用 Resource 对象传入。

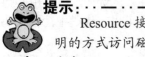

> **提示：**
> Resource 接口是 Spring 提供的资源访问接口，通过使用该接口，Spring 能以简单、透明的方式访问磁盘、类路径以及网络上的资源。关于 Resource 接口的详细介绍请看后面内容。

大部分 Java EE 应用，可在启动 Web 应用时自动加载 ApplicationContext 实例，接受 Spring 管理的 Bean 无须知道 ApplicationContext 的存在，一样可以利用 ApplicationContext 的管理。

对于独立的应用程序，可通过如下方法来实例化 BeanFactory。

```
// 搜索类加载路径下的 beans.xml 文件创建 Resource 对象
Resource isr = new ClassPathResource("beans.xml");
// 创建默认的 BeanFactory 容器
DefaultListableBeanFactory beanFactory = new DefaultListableBeanFactory();
// 让默认的 BeanFactory 容器加载 isr 对应的 XML 配置文件
new XmlBeanDefinitionReader(beanFactory).loadBeanDefinitions(isr);
```

或者采用如下代码来创建 BeanFactory：

```
// 搜索文件系统的当前路径下的 beans.xml 文件创建 Resource 对象
Resource isr = new FileSystemResource("beans.xml");
// 创建默认的 BeanFactory 容器
DefaultListableBeanFactory beanFactory = new DefaultListableBeanFactory();
// 让默认的 BeanFactory 容器加载 isr 对应的 XML 配置文件
new XmlBeanDefinitionReader(beanFactory).loadBeanDefinitions(isr);
```

如果应用需要加载多个配置文件来创建 Spring 容器，则应该采用 BeanFactory 的子接口 ApplicationContext 来创建 BeanFactory 的实例。ApplicationContext 接口包含 FileSystemXmlApplicationContext 和 ClassPathXmlApplicationContext 两个常用的实现类。

如果需要同时加载多个 XML 配置文件来创建 Spring 容器，则可以采用如下方式：

```
// 以类加载路径下的 beans.xml、service.xml 文件创建 ApplicationContext
ApplicationContext appContext = new ClassPathXmlApplicationContext(
    "beans.xml" , "service.xml");
```

当然也可支持从文件系统的相对路径或绝对路径来搜索配置文件，只要使用 FileSystemXmlApplicationContext 即可，如下面的程序片段所示：

```
// 以类加载路径下的 beans.xml、service.xml 文件创建 ApplicationContext
ApplicationContext appContext = new FileSystemXmlApplicationContext(
    "beans.xml" , "service.xml");
```

由于 ApplicationContext 本身就是 BeanFactory 的子接口，因此 ApplicationContext 完全可以作为 Spring 容器来使用，而且功能更强。当然，如果有需要，也可以把 ApplicationContext 实例赋给 BeanFactory 变量。

▶▶ 7.4.2　使用 ApplicationContext

大部分时候，都不会使用 BeanFactory 实例作为 Spring 容器，而是使用 ApplicationContext 实例作为容器，因此 Spring 容器也称为 Spring 上下文。ApplicationContext 作为 BeanFactory 的子接口，增强

了 BeanFactory 的功能。

ApplicationContext 允许以声明式方式操作容器,无须手动创建它。可利用如 ContextLoader 的支持类,在 Web 应用启动时自动创建 ApplicationContext。当然也可采用编程方式创建 ApplicationContext。

除了提供 BeanFactory 所支持的全部功能外,ApplicationContext 还有如下额外的功能。

➤ ApplicationContext 默认会预初始化所有的 singleton Bean,也可通过配置取消预初始化。

➤ ApplicationContext 继承 MessageSource 接口,因此提供国际化支持。

➤ 资源访问,比如访问 URL 和文件。

➤ 事件机制。

➤ 同时加载多个配置文件。

➤ 以声明式方式启动并创建 Spring 容器。

ApplicationContext 包括 BeanFactory 的全部功能,因此建议优先使用 ApplicationContext。除非对于某些内存非常关键的应用,才考虑使用 BeanFactory。

当系统创建 ApplicationContext 容器时,默认会预初始化所有的 singleton Bean。也就是说,当 ApplicationContext 容器初始化完成后,容器会自动初始化所有的 singleton Bean,包括调用构造器创建该 Bean 的实例,并根据<property.../>元素执行 setter 方法。这意味着:系统前期创建 ApplicationContext 时将有较大的系统开销,但一旦 ApplicationContext 初始化完成,程序后面获取 singleton Bean 实例时将拥有较好的性能。

例如有如下配置。

程序清单:codes\07\7.4\lazy-init\src\beans.xml

```xml
<?xml version="1.0" encoding="GBK"?>
<beans xmlns:xsi="http://www.w3.org/2001/XMLSchema-instance"
    xmlns="http://www.springframework.org/schema/beans"
    xsi:schemaLocation="http://www.springframework.org/schema/beans
    http://www.springframework.org/schema/beans/spring-beans.xsd">
    <!-- 如果不加任何特殊的配置,该 Bean 默认是 singleton 行为的 -->
    <bean id="chinese" class="org.crazyit.app.service.Person">
        <!-- 驱动 Spring 执行 chinese Bean 的 setTest()方法,以"孙悟空"为传入参数 -->
        <property name="test" value="孙悟空"/>
    </bean>
</beans>
```

上面粗体字代码配置了一个 chinese Bean,如果没有任何特殊配置,该 Bean 就是 singleton Bean,ApplicationContext 会在容器初始化完成后,自动调用 Person 类的构造器创建 chinese Bean,并以"孙悟空"作为传入参数去调用 chinese Bean 的 setTest()方法。

该程序用的 Person 类的代码如下。

程序清单:codes\07\7.4\lazy-init\src\org\crazyit\app\service\Person.java

```java
public class Person
{
    public Person()
    {
        System.out.println("==正在执行 Person 无参数的构造器==");
    }
    public void setTest(String name)
    {
        System.out.println("正在调用 setName()方法,传入参数为: " + name);
    }
}
```

即使主程序只有如下一行代码:

```java
// 创建 Spring 容器
ApplicationContext ctx = new ClassPathXmlApplicationContext("beans.xml");
```

上面代码只是使用 ApplicationContext 创建了 Spring 容器,ApplicationContext 会自动预初始化容器中的 chinese Bean——包括调用它的无参数的构造器,并根据<property.../>元素执行 setter 方法。执行上面代码，可以看到如下输出：

```
==正在执行 Person 无参数的构造器==
正在调用 setName()方法，传入参数为：孙悟空
```

如果将创建 Spring 容器的代码换成使用 BeanFactory 作为容器，例如改为如下代码：

```
// 搜索类加载路径下的 beans.xml 文件创建 Resource 对象
Resource isr = new ClassPathResource("beans.xml");
// 创建默认的 BeanFactory 容器
DefaultListableBeanFactory beanFactory = new DefaultListableBeanFactory();
// 让默认的 BeanFactory 容器加载 isr 对应的 XML 配置文件
new XmlBeanDefinitionReader(beanFactory).loadBeanDefinitions(isr););
```

上面代码以 BeanFactory 创建了 Spring 容器，但 BeanFactory 不会预初始化容器中的 Bean，因此执行上面代码不会看到调用 Person 类的构造器、执行 chinese Bean 的 setName()方法。

为了阻止 Spring 容器预初始化容器中的 singleton Bean，可以为<bean.../>元素指定 lazy-init="true"，该属性用于阻止容器预初始化该 Bean。因此，如果为上面<bean.../>元素指定了 lazy-init="true"，那么即使使用 ApplicationContext 作为 Spring 容器，Spring 也不会预初始化该 singleton Bean。

➤➤ 7.4.3　ApplicationContext 的国际化支持

ApplicationContext 接口继承了 MessageSource 接口，因此具有国际化功能。下面是 MessageSource 接口中定义的两个用于国际化的方法。

> String getMessage (String code, Object[] args, Locale loc)
> String getMessage (String code, Object[] args, String default, Locale loc)

ApplicationContext 正是通过这两个方法来完成国际化的，当程序创建 ApplicationContext 容器时，Spring 自动查找配置文件中名为 messageSource 的 Bean 实例，一旦找到这个 Bean 实例，上述两个方法的调用就被委托给该 messageSource Bean。如果没有该 Bean，ApplicationContex 会查找其父容器中的 messageSource Bean；如果找到，它将被作为 messageSource Bean 使用。

如果无法找到 messageSource Bean，系统将会创建一个空的 StaticMessageSource Bean，该 Bean 能接受上述两个方法的调用。

在 Spring 中配置 messageSource Bean 时通常使用 ResourceBundleMessageSource 类。看下面的配置文件。

程序清单：codes\07\7.4\I18N\src\beans.xml

```xml
<?xml version="1.0" encoding="GBK"?>
<beans xmlns:xsi="http://www.w3.org/2001/XMLSchema-instance"
    xmlns="http://www.springframework.org/schema/beans"
    xsi:schemaLocation="http://www.springframework.org/schema/beans
    http://www.springframework.org/schema/beans/spring-beans.xsd">
    <bean id="messageSource"
    class="org.springframework.context.support.ResourceBundleMessageSource">
        <!-- 驱动 Spring 调用 messageSource Bean 的 setBasenames()方法,
            该方法需要一个数组参数，使用 list 元素配置多个数组元素 -->
        <property name="basenames">
            <list>
                <value>message</value>
                <!-- 如果有多个资源文件，全部列在此处 -->
            </list>
        </property>
    </bean>
</beans>
```

上面文件的粗体字代码定义了一个 messageSource Bean，该 Bean 实例只指定了一份国际化资源文件，其 baseName 是 message。

然后给出如下两份资源文件。

第一份为美式英语的资源文件，文件名：message_en_US.properties。

```
hello=welcome,{0}
```

```
now=now is :{0}
```

第二份为简体中文的资源文件，文件名：message_zh_CN.properties。

```
hello=欢迎你，{0}
now=现在时间是：{0}
```

由于 Java 9 支持使用 UTF-8 字符集保存国际化资源文件，这种国际化资源文件可以包含非西欧字符，因此只要将这份文件以 UTF-8 字符集保存即可。此时，程序拥有了两份资源文件，可以自适应美式英语和简体中文的环境。主程序部分如下。

程序清单：codes\07\7.4\I18N\src\lee\SpringTest.java

```java
public class SpringTest
{
    public static void main(String[] args)throws Exception
    {
        // 实例化 ApplicationContext
        ApplicationContext ctx = new
            ClassPathXmlApplicationContext("beans.xml");
        // 使用 getMessage()方法获取本地化消息。
        // Locale 的 getDefault()方法返回计算机环境的默认 Locale
        String hello = ctx.getMessage("hello" , new String[]{"孙悟空"}
            , Locale.getDefault(Locale.Category.FORMAT));
        String now = ctx.getMessage("now" , new Object[]{new Date()}
            , Locale.getDefault(Locale.Category.FORMAT));
        // 打印出两条本地化消息
        System.out.println(hello);
        System.out.println(now);
    }
}
```

上面的两行粗体字代码是 Spring 容器提供的获取国际化消息的方法，这两个方法由 MessageSource 接口提供。

上面程序的执行结果会随环境不同而改变，在简体中文的环境下，执行结果如下（实际测试结果可能看到乱码，这是由于 Spring 5.0 对 Java 9 支持还不完善）：

```
欢迎你，孙悟空
现在时间是：17-12-10 下午 9:43
```

在美国英语的环境下，执行结果如下：

```
welcome,孙悟空
now is :12/10/17 9:43 PM
```

当然，即使在英文环境下，"孙悟空"这个词都无法变成英文，因为"孙悟空"是写在程序代码中，而不是从资源文件中获得的。

> **注意**
>
> Spring 的国际化支持，其实是建立在 Java 程序国际化的基础之上的。其核心思路都是将程序中需要实现国际化的信息写入资源文件，而代码中仅仅使用相应的各信息的 Key。

▶▶ 7.4.4 ApplicationContext 的事件机制

ApplicationContext 的事件机制是观察者设计模式的实现，通过 ApplicationEvent 类和 Application-Listener 接口，可以实现 ApplicationContext 的事件处理。如果容器中有一个 ApplicationListener Bean，每当 ApplicationContext 发布 ApplicationEvent 时，ApplicationListener Bean 将自动被触发。

Spring 的事件框架有如下两个重要成员。

➤ ApplicationEvent：容器事件，必须由 ApplicationContext 发布。

➤ ApplicationListener：监听器，可由容器中的任何监听器 Bean 担任。

实际上，Spring 的事件机制与所有的事件机制都基本相似，它们都需要由事件源、事件和事件监听器组成。只是此处的事件源是 ApplicationContext，且事件必须由 Java 程序显式触发。图7.10给出了 Spring 容器的事件机制示意图。

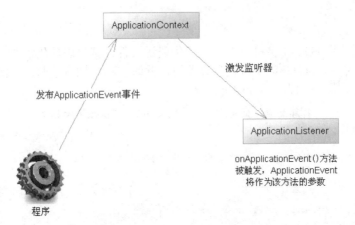

图 7.10　Spring 容器的事件机制示意图

下面的程序将示范 Spring 容器的事件机制。程序先定义了一个 ApplicationEvent 类，其对象就是一个 Spring 容器事件。ApplicationEvent 类的代码如下。

程序清单：codes\07\7.4\EventHandler\src\org\crazyit\app\event\EmailEvent.java

```java
public class EmailEvent extends ApplicationEvent
{
    private String address;
    private String text;
    public EmailEvent(Object source)
    {
        super(source);
    }
    // 初始化全部成员变量的构造器
    public EmailEvent(Object source , String address , String text)
    {
        super(source);
        this.address = address;
        this.text = text;
    }
    // 省略 address、text 的 setter 和 getter 方法
    ...
}
```

上面的 EmailEvent 类继承了 ApplicationEvent 类，除此之外，它就是一个普通的 Java 类。只要一个 Java 类继承了 ApplicationEvent 基类，那该对象就可作为 Spring 容器的容器事件。

容器事件的监听器类必须实现 ApplicationListener 接口，实现该接口必须实现如下方法。

➤ onApplicationEvent(ApplicationEvent event)：每当容器内发生任何事件时，此方法都被触发。

本示例所用的容器监听器类的代码如下。

程序清单：codes\07\7.4\EventHandler\src\org\crazyit\app\listener\EmailNotifier.java

```java
public class EmailNotifier implements ApplicationListener
{
    // 该方法会在容器发生事件时自动触发
    public void onApplicationEvent(ApplicationEvent evt)
    {
        // 只处理 EmailEvent，模拟发送 email 通知
        if (evt instanceof EmailEvent)
        {
            EmailEvent emailEvent = (EmailEvent)evt;
            System.out.println("需要发送邮件的接收地址 "
                + emailEvent.getAddress());
            System.out.println("需要发送邮件的邮件正文 "
                + emailEvent.getText());
```

```
            }
            else
            {
                // 其他事件不作任何处理
                System.out.println("其他事件: " + evt);
            }
        }
    }
```

将监听器配置在容器中，配置文件如下。

程序清单：codes\07\7.4\EventHandler\src\beans.xml

```
<?xml version="1.0" encoding="GBK"?>
<beans xmlns:xsi="http://www.w3.org/2001/XMLSchema-instance"
    xmlns="http://www.springframework.org/schema/beans"
    xsi:schemaLocation="http://www.springframework.org/schema/beans
    http://www.springframework.org/schema/beans/spring-beans.xsd">
    <!-- 配置监听器 -->
    <bean class="org.crazyit.app.listener.EmailNotifier"/>
</beans>
```

从上面的粗体字代码可以看出，为 Spring 容器注册事件监听器，不需要像 AWT 编程那样采用代码进行编程，只要进行简单配置即可。只要在 Spring 中配置一个实现了 ApplicationListener 接口的 Bean，Spring 容器就会把这个 Bean 当成容器事件的事件监听器。

当系统创建 Spring 容器、加载 Spring 容器时会自动触发容器事件，容器事件监听器可以监听到这些事件。除此之外，程序也可调用 ApplicationContext 的 pulishEvent()方法来主动触发容器事件。如下主程序使用 ApplicationContext 的 publishEvent 来触发事件。

程序清单：codes\07\7.4\EventHandler\src\lee\SpringTest.java

```
public class SpringTest
{
    public static void main(String[] args)
    {
        ApplicationContext ctx = new
            ClassPathXmlApplicationContext("beans.xml");
        // 创建一个 ApplicationEvent 对象
        EmailEvent ele = new EmailEvent("test" ,
            "spring_test@163.com" , "this is a test");
        // 发布容器事件
        ctx.publishEvent(ele);
    }
}
```

上面程序中的两行粗体字代码创建了 ApplicationEvent 对象，并通过 ApplictionContext 主动触发了该事件。运行上面的程序，将看到如下执行结果：

```
[java] 其他事件: org.springframework.context.event.ContextRefreshedEvent[source=org.springframework.
context.support.ClassPathXmlApplicationContext@7a07c5b4: startup date [Sat May 10 22:01:25 CST
2014]; root of context hierarchy]
[java] 需要发送邮件的接收地址  spring_test@163.com
[java] 需要发送邮件的邮件正文  this is a test
```

从上面的执行结果可以看出，监听器不仅监听到程序所触发的事件，也监听到容器内置的事件。实际上，如果开发者需要在 Spring 容器初始化、销毁时回调自定义方法，就可以通过上面的事件监听器来实现。

> **提示：**
> 如果 Bean 希望发布容器事件，则该 Bean 必须先获得对 Spring 容器的引用。为了让 Bean 获得对 Spring 容器的引用，可让 Bean 类实现 ApplicationContextAware 或 BeanFactoryAware 接口。关于让 Bean 获取 Spring 容器的介绍，请参考下一节内容。

Spring 提供如下几个内置事件。

- ➢ ContextRefreshedEvent：ApplicationContext 容器初始化或刷新触发该事件。此处的初始化是指，所有的 Bean 被成功加载，后处理的 Bean 被检测并激活，所有的 singleton Bean 被预实例化，ApplicationContext 容器已就绪可用。
- ➢ ContextStartedEvent：当使用 ConfigurableApplicationContext（ApplicationContext 的子接口）接口的 start()方法启动 ApplicationContext 容器时触发该事件。容器管理生命周期的 Bean 实例将获得一个指定的启动信号，这在经常需要停止后重新启动的场合比较常见。
- ➢ ContextClosedEvent：当使用 ConfigurableApplicationContext（ApplicationContext 的子接口）接口的 close() 方法关闭 ApplicationContext 容器时触发该事件。
- ➢ ContextStoppedEvent：当使用 ConfigurableApplicationContext（ApplicationContext 的子接口）接口的 stop()方法使 ApplicationContext 停止时触发该事件。此处的"停止"意味着容器管理生命周期的 Bean 实例将获得一个指定的停止信号，被停止的 Spring 容器可再次调用 start()方法重新启动。
- ➢ RequestHandledEvent：Web 相关的事件，只能应用于使用 DispatcherServlet 的 Web 应用中。在使用 Spring 作为前端的 MVC 控制器时，当 Spring 处理用户请求结束后，系统会自动触发该事件。

Spring 4 之后还新增了 SessionConnectedEvent、SessionConnectEvent、SessionDisconnectEvent 这三个事件，它们都用于为 Spring 新增的 WebSocket 功能服务。

▶▶ 7.4.5　让 Bean 获取 Spring 容器

前面介绍的几个示例，都是程序先创建 Spring 容器，再调用 Spring 容器的 getBean()方法来获取 Spring 容器中的 Bean。在这种访问模式下，程序中总是持有 Spring 容器的引用。

在某些特殊的情况下，Bean 需要实现某个功能（比如该 Bean 需要输出国际化消息，或者该 Bean 需要向 Spring 容器发布事件……），但该功能必须借助于 Spring 容器才能实现，此时就必须让该 Bean 获取它所在的 Spring 容器，然后借助于 Spring 容器来实现该功能。

为了让 Bean 获取它所在的 Spring 容器，可以让该 Bean 实现 BeanFactoryAware 接口。BeanFactoryAware 接口里只有一个方法。

- ➢ setBeanFactory(BeanFactory beanFactory)：该方法有一个参数 beanFactory，该参数指向创建它的 BeanFactory。

大部分初学者看到这个 setter 方法会感到比较奇怪，因为以前定义一个 setter 方法之后，该 setter 方法通常都是由程序员来调用的，setter 方法参数由程序员指定；即使使用 Spring 进行依赖注入时，setter 方法参数值也是由程序员通过配置文件来指定的。但此处的这个 setter 方法比较奇怪，这个方法将由 Spring 调用，Spring 调用该方法时会将 Spring 容器作为参数传入该方法。与该接口类似的还有 BeanNameAware、ResourceLoaderAware 接口，这些接口里都会提供类似的 setter 方法，这些方法也由 Spring 负责调用。

与 BeanFactoryAware 接口类似的有 ApplicationContextAware 接口，实现该接口的 Bean 需要实现 setApplicationContext(ApplicationContext applicationContext)方法——该方法也不是由程序员负责调用的，而是由 Spring 来调用的。当 Spring 容器调用该方法时，它会把自身作为参数传入该方法。

下面示例假设 Person 类的 sayHi()方法必须能输出国际化消息，由于国际化功能需要借助于 Spring 容器来实现，因此程序就需要让 Person 类实现 ApplicationContextAware 接口。下面是 Person 类的源代码。

程序清单：codes\07\7.4\ApplicationContextAware\src\org\crazyit\app\service\Person.java

```
public class Person implements ApplicationContextAware
{
    // 用成员变量保存它所在的 ApplicationContext 容器
    private ApplicationContext ctx;
    /* Spring 容器会检测容器中所有的 Bean，如果发现某个 Bean 实现了 ApplicationContextAware 接口，
    Spring 容器会在创建该 Bean 之后，自动调用该方法，调用该方法时，
```

```
会将容器本身作为参数传给该方法*/
public void setApplicationContext(ApplicationContext ctx)
    throws BeansException
{
    this.ctx = ctx;
}
public void sayHi(String name)
{
    System.out.println(ctx.getMessage("hello" , new String[]{name}
    , Locale.getDefault(Locale.Category.FORMAT)));
}
}
```

上面的 Person 类实现了 ApplicationContextAware 接口，并实现了该接口提供的 setApplicationContextAware()方法。

Spring 容器会检测容器中所有的 Bean，如果发现某个 Bean 实现了 ApplicationContextAware 接口，Spring 容器会在创建该 Bean 之后，自动调用该 Bean 的 setApplicationContextAware()方法，调用该方法时，会将容器本身作为参数传给该方法——该方法的实现部分将 Spring 传入的参数（容器本身）赋给该 Person 对象的 ctx 实例变量，因此接下来即可通过该 ctx 实例变量来访问容器本身。

将该 Bean 部署在 Spring 容器中，部署该 Bean 与部署其他 Bean 没有任何区别。XML 配置文件如下。

程序清单：codes\07\7.4\ApplicationContextAware\src\beans.xml

```
<?xml version="1.0" encoding="GBK"?>
<beans xmlns:xsi="http://www.w3.org/2001/XMLSchema-instance"
    xmlns="http://www.springframework.org/schema/beans"
    xsi:schemaLocation="http://www.springframework.org/schema/beans
    http://www.springframework.org/schema/beans/spring-beans.xsd">
    <!-- 加载容器国际化所需要的语言资源文件 -->
    <bean id="messageSource"
    class="org.springframework.context.support.ResourceBundleMessageSource">
        <property name="basenames">
            <list>
                <value>message</value>
            </list>
        </property>
    </bean>
    <!-- Spring 容器会检测容器中所有的 Bean，如果发现某个 Bean 实现了
    ApplicationContextAware 接口，Spring 容器会在创建该 Bean 之后，
    自动调用该 Bean 的 setApplicationContext()方法，调用该方法时，
    会将容器本身作为参数传给该方法-->
    <bean id="person" class="org.crazyit.app.service.Person"/>
</beans>
```

主程序部分进行简单测试，程序先通过实例化的方法来获得 ApplicationContext，然后再通过 person Bean 来获得 BeanFactory，并将二者进行比较。主程序如下。

程序清单：codes\07\7.4\ApplicationContextAware\src\lee\SpringTest.java

```
public class SpringTest
{
    public static void main(String[] args)throws Exception
    {
        ApplicationContext ctx = new
            ClassPathXmlApplicationContext("beans.xml");
        Person p = ctx.getBean("person" , Person.class);
        p.sayHi("孙悟空");
    }
}
```

上面程序执行 Person 对象的 sayHi()方法时，该 sayHi()方法就自动具有了国际化的功能，而这种国际化的功能实际上是由 Spring 容器提供的，这就是让 Bean 获取它所在容器的好处。

7.5　Spring 容器中的 Bean

从本质上来看，Spring 容器就是一个超级大工厂，Spring 容器中的 Bean 就是该工厂的产品。Spring 容器能产生哪些产品，则完全取决于开发者在配置文件中的配置。

对于开发者来说，开发者使用 Spring 框架主要是做两件事：①开发 Bean；②配置 Bean。对于 Spring 框架来说，它要做的就是根据配置文件来创建 Bean 实例，并调用 Bean 实例的方法完成"依赖注入"——这就是所谓 IoC 的本质。这就要求开发者在使用 Spring 框架时，眼中看到的是"XML 配置"，心中想的是"Java 代码"。本书后面介绍 Spring 框架时，会尽量向读者揭示"每段 XML 配置"在底层所对应的"Java 代码调用"。

　提示：

　　　　其实 Spring 框架的本质就是，通过 XML 配置来驱动 Java 代码，这样就可以把原本由 Java 代码管理的耦合关系，提取到 XML 配置文件中管理，这就实现了系统中各组件的解耦，有利于后期的升级和维护。

▶▶ 7.5.1　Bean 的基本定义和 Bean 别名

\<beans.../\>元素是 Spring 配置文件的根元素，该元素可以指定如下属性。

➢ default-lazy-init：指定该\<beans.../\>元素下配置的所有 Bean 默认的延迟初始化行为。
➢ default-merge：指定该\<beans.../\>元素下配置的所有 Bean 默认的 merge 行为。
➢ default-autowire：指定该\<beans.../\>元素下配置的所有 Bean 默认的自动装配行为。
➢ default-autowire-candidates：指定该\<beans.../\>元素下配置的所有 Bean 默认是否作为自动装配的候选 Bean。
➢ default-init-method：指定该\<beans.../\>元素下配置的所有 Bean 默认的初始化方法。
➢ default-destroy-method：指定该\<beans.../\>元素下配置的所有 Bean 默认的回收方法。

　提示：

　　　\<beans.../\>元素下所能指定的属性都可以在每个\<bean.../\>子元素中指定——将属性名去掉 default 即可。区别是：为\<bean.../\>元素指定这些属性，只对特定 Bean 起作用；如果在\<beans.../\>元素下指定这些属性，这些属性将会对\<beans.../\>包含的所有 Bean 都起作用。当二者所指定的属性不一致时，\<bean.../\>下指定的属性会覆盖\<beans.../\>下指定的属性。

\<bean.../\>元素是\<beans.../\>元素的子元素，\<beans.../\>元素可以包含多个\<bean.../\>子元素，每个\<bean.../\>子元素定义一个 Bean，每个 Bean 对应 Spring 容器里的一个 Java 实例。

定义 Bean 时，通常需要指定两个属性。

➢ id：确定该 Bean 的唯一标识，容器对 Bean 的管理、访问，以及该 Bean 的依赖关系，都通过该属性完成。Bean 的 id 属性在 Spring 容器中应该是唯一的。
➢ class：指定该 Bean 的具体实现类，这里不能是接口。Spring 容器必须知道创建 Bean 的实现类，而不能是接口。在通常情况下，Spring 会直接使用 new 关键字创建该 Bean 的实例，因此，这里必须提供 Bean 实现类的类名。

id 属性是容器中 Bean 的唯一标识，这个 id 属性必须遵循 XML 文档的 id 属性规则，因此有一些特殊要求，例如不能以"/"等特殊字符作为属性值。但在某些特殊的情况下，Bean 的标识必须包含这些特殊符号，此时可以采用 name 属性，用于指定 Bean 的别名，通过访问 Bean 别名也可访问 Bean 实例。

　注意

　　在一些特殊的情况下，Spring 会采用其他方式创建 Bean 实例，例如工厂方法等，则可能不再需要 class 属性。这些内容需要参考后面的介绍。

除了可以为<bean.../>元素指定一个 id 属性之外，还可以为<bean.../>元素指定 name 属性，用于为 Bean 实例指定别名。

元素的 id 属性具有唯一性， 而且是一个真正的 XML ID 属性，因此其他 XML 元素在引用该 id 时，可以利用 XML 解析器的验证功能。

由于 XML 规范规定了 XML ID 标识符必须由字母和数字组成，且只能以字母开头，但在一些特殊的情况下（例如与 Struts 1 整合过程中），必须为某些 Bean 指定特殊标识名，此时就必须为控制器 Bean 指定别名。

指定别名有两种方式。

➢ 定义元素时通过 name 属性指定别名：如果需要为 Bean 实例指定多个别名，则可以在 name 属性中使用逗号、冒号或者空格来分隔多个别名，后面通过任一别名即可访问该 Bean 实例。

➢ 通过元素为已有的 Bean 指定别名。

在一些极端的情况下，程序无法在定义 Bean 时就指定所有的别名，而是需要在其他地方为一个已经存在的 Bean 实例指定别名，则可使用元素来完成，该元素可指定如下两个属性。

➢ name：该属性指定一个 Bean 实例的标识名，表明将为该 Bean 实例指定别名。

➢ alias：指定一个别名。

例如以下示例配置：

```
<!-- 下面代码为该Bean指定了三个别名：#abc、@123 和abc* -->
<bean id="person" class="..." name="#abc,@123,abc*"/>
<alias name="person" alias="jack"/>
<alias name="jack" alias="jackee"/>
```

上面第一行代码的 name 属性为该 Bean 指定了三个别名：#abc、@123 和 abc*，这些别名中包含了一些特殊字符，由此可见，作为别名的字符可以很随意。上面配置的后两行代码则用于为已有的 person Bean 指定别名。

➤➤ 7.5.2   容器中 Bean 的作用域

当通过 Spring 容器创建一个 Bean 实例时，不仅可以完成 Bean 实例的实例化，还可以为 Bean 指定特定的作用域。Spring 支持如下 6 种作用域。

➢ singleton：单例模式，在整个 Spring IoC 容器中，singleton 作用域的 Bean 将只生成一个实例。

➢ prototype：每次通过容器的 getBean()方法获取 prototype 作用域的 Bean 时，都将产生一个新的 Bean 实例。

➢ request：对于一次 HTTP 请求，request 作用域的 Bean 将只生成一个实例，这意味着，在同一次 HTTP 请求内，程序每次请求该 Bean，得到的总是同一个实例。只有在 Web 应用中使用 Spring 时，该作用域才真正有效。

➢ session：对于一次 HTTP 会话，session 作用域的 Bean 将只生成一个实例，这意味着，在同一次 HTTP 会话内，程序每次请求该 Bean，得到的总是同一个实例。只有在 Web 应用中使用 Spring 时，该作用域才真正有效。

➢ application：对应整个 Web 应用，该 Bean 只生成一个实例。这意味着，在整个 Web 应用内，程序每次请求该 Bean 时，得到的总是同一个实例。只有在 Web 应用中使用 Spring 时，该作用域才真正有效。

➢ websocket：在整个 WebSocket 的通信过程中，该 Bean 只生成一个实例。只有在 Web 应用中使用 Spring 时，该作用域才真正有效。

比较常用的是 singleton 和 prototype 两种作用域，对于 singleton 作用域的 Bean，每次请求该 Bean 都将获得相同的实例。容器负责跟踪 Bean 实例的状态，负责维护 Bean 实例的生命周期行为；如果一个 Bean 被设置成 prototype 作用域，程序每次请求该 id 的 Bean，Spring 都会新建一个 Bean 实例，然后返回给程序。在这种情况下，Spring 容器仅仅使用 new 关键字创建 Bean 实例，一旦创建成功，容器就不再跟踪实例，也不会维护 Bean 实例的状态。

如果不指定 Bean 的作用域，Spring 默认使用 singleton 作用域。Java 在创建 Java 实例时，需要进行内存申请；销毁实例时，需要完成垃圾回收，这些工作都会导致系统开销的增加。因此，prototype 作用域的 Bean 的创建、销毁代价比较大。而 singleton 作用域的 Bean 实例一旦创建成功，就可以重复使用。因此，应该尽量避免将 Bean 设置成 prototype 作用域。

Spring 配置文件通过 scope 属性指定 Bean 的作用域，该属性可以接受 singleton、prototype、request、session 和 globalSession 五个值，分别代表上面介绍的 5 个作用域。

下面的配置文件中配置 singleton Bean 和 prototype Bean 各有一个。

程序清单：codes\07\7.5\scope\src\beans.xml

```xml
<?xml version="1.0" encoding="GBK"?>
<beans xmlns:xsi="http://www.w3.org/2001/XMLSchema-instance"
    xmlns="http://www.springframework.org/schema/beans"
    xsi:schemaLocation="http://www.springframework.org/schema/beans
    http://www.springframework.org/schema/beans/spring-beans.xsd">
    <!-- 配置一个 singleton Bean 实例 -->
    <bean id="p1" class="org.crazyit.app.service.Person"/>
    <!-- 配置一个 prototype Bean 实例 -->
    <bean id="p2" class="org.crazyit.app.service.Person"
        scope="prototype"/>
    <bean id="date" class="java.util.Date"/>
</beans>
```

从上面的两行粗体字代码中可以看到，配置 p1 对象时没有指定 scope 属性，则它默认是一个 singleton Bean；而 p2 则指定了 scope="prototype"，这表明它是一个 prototype Bean。除此之外，上面配置文件还配置了一个 singleton 作用域的 date Bean。

主程序通过如下代码来测试两个 Bean 的区别。

程序清单：codes\07\7.5\scope\src\lee\BeanTest.java

```java
public class BeanTest
{
    public static void main(String[] args)throws Exception
    {
        // 以类加载路径下的 beans.xml 文件创建 Spring 容器
        ApplicationContext ctx = new
            ClassPathXmlApplicationContext("beans.xml");    // ①
        // 判断两次请求 singleton 作用域的 Bean 实例是否相等
        System.out.println(ctx.getBean("p1")
            == ctx.getBean("p1"));
        // 判断两次请求 prototype 作用域的 Bean 实例是否相等
        System.out.println(ctx.getBean("p2")
            == ctx.getBean("p2"));
        System.out.println(ctx.getBean("date"));
        Thread.sleep(1000);
        System.out.println(ctx.getBean("date"));
    }
}
```

程序执行结果如下：

```
true
false
Mon Dec 11 14:39:03 CST 2017
Mon Dec 11 14:39:03 CST 2017
```

从上面的运行结果可以看出，对于 singleton 作用域的 Bean，每次请求该 id 的 Bean，都将返回同一个共享实例，因而两次获取的 Bean 实例完全相同；但对 prototype 作用域的 Bean，每次请求该 id 的 Bean 都将产生新的实例，因此两次请求获得的 Bean 实例不相同。

上面程序的最后还分两次获取，并输出 Spring 容器中 date Bean 代表的时间，虽然程序获取、输出两个 date 的时间相差一秒，但由于 date Bean 是一个 singleton Bean，该 Bean 会随着容器的初始化而初始化——也就是在①号代码处，date Bean 已经被创建出来了，因此无论程序何时访问、输出 date Bean

所代表的时间，永远输出①号代码的执行时间。

提示:
> 早期指定 Bean 的作用域也可通过 singleton 属性指定，该属性只接受两个属性值: true 和 false，分别代表 singleton 和 prototype 作用域。使用 singleton 属性则无法指定其他三个作用域，实际上 Spring 2.x 不推荐使用 singleton 属性指定 Bean 的作用域，singleton 属性是 Spring 1.2.x 的方式。

对于 request 作用域，查看如下 Bean 定义:

```
<bean id="loginAction" class="org.crazyit.app.struts.LoginAction" scope="request"/>
```

针对每次 HTTP 请求，Spring 容器会根据 loginAction Bean 定义创建一个全新的 LoginAction Bean 实例，且该 loginAction Bean 实例仅在当前 HTTP Request 内有效。因此，如果程序需要，完全可以自由更改 Bean 实例的内部状态；其他请求所获得的 loginAction Bean 实例无法感觉到这种内部状态的改变。当处理请求结束时，request 作用域的 Bean 实例将被销毁。

提示:
> request、session 作用域的 Bean 只对 Web 应用才真正有效。实际上通常只会将 Web 应用的控制器 Bean 指定成 request 作用域。

session 作用域与 request 作用域完全类似，区别在于: request 作用域的 Bean 对于每次 HTTP 请求有效，而 session 作用域的 Bean 则对于每次 HTTP Session 有效。

request 和 session 作用域只在 Web 应用中才有效，并且必须在 Web 应用中增加额外配置才会生效。为了让 request 和 session 两个作用域生效，必须将 HTTP 请求对象绑定到为该请求提供服务的线程上，这使得具有 request 和 session 作用域的 Bean 实例能够在后面的调用链中被访问到。

在 Web 应用的 web.xml 文件中增加如下 Listener 配置，该 Listener 负责使 request 作用域生效。

程序清单: codes\07\7.5\requestScope\WEB-INF\web.xml

```
<listener>
    <listener-class>
    org.springframework.web.context.request.RequestContextListener</listener-class>
</listener>
```

一旦在 web.xml 中增加了如上所示配置，程序就可以在 Spring 配置文件中使用 request 或 session 作用域了。下面的配置文件配置了一个实现类为 Person 的 Bean 实例，其作用域是 request。配置文件代码如下。

程序清单: codes\07\7.5\requestScope\WEB-INF\applicationContext.xml

```
<?xml version="1.0" encoding="GBK"?>
<beans xmlns:xsi="http://www.w3.org/2001/XMLSchema-instance"
    xmlns="http://www.springframework.org/schema/beans"
    xsi:schemaLocation="http://www.springframework.org/schema/beans
    http://www.springframework.org/schema/beans/spring-beans.xsd">
    <!-- 指定使用 request 作用域 -->
    <bean id="p" class="org.crazyit.app.service.Person"
        scope="request"/>
</beans>
```

这样 Spring 容器会为每次 HTTP 请求生成一个 Person 实例，当该请求响应结束时，该实例也随之消失。

提示:
> 如果 Web 应用直接使用 Spring MVC 作为 MVC 框架，即用 SpringDispatcherServlet 或 DispatcherPortlet 来拦截所有用户请求，则无须这些额外的配置，因为 Spring DispatcherServlet 和 DispatcherPortlet 已经处理了所有和请求有关的状态处理。

接下来本示例使用一个简单的 JSP 脚本来测试该 request 作用域，该 JSP 脚本两次向 Spring 容器请求获取 id 为 p 的 Bean——当用户请求访问该页面时，由于在同一个页面内，因此可以看到 Spring 容器两次返回的是同一个 Bean。该 JSP 脚本如下。

程序清单：codes\07\7.5\requestScope\test.jsp

```
<%
// 获取 Web 应用初始化的 Spring 容器
WebApplicationContext ctx =
    WebApplicationContextUtils.getWebApplicationContext(application);
// 两次获取容器中 id 为 p 的 Bean
Person p1 = (Person)ctx.getBean("p");
Person p2 = (Person)ctx.getBean("p");
out.println((p1 == p2) + "<br/>");
out.println(p1);
%>
```

使用浏览器请求该页面，将可以看到如图 7.11 所示的效果。

如果读者再次刷新图 7.11 所示的页面，将可以看到该页面依然输出 true，但程序访问、输出的 Person Bean 不再是前一次请求得到的 Bean。

图 7.11　在同一次请求内两次获取 request 作用域的 Bean

关于 HTTP Request 和 HTTP Session 的作用范围，请参看第 2 章中关于 Web 编程的介绍。

> Spring 5 不仅可以为 Bean 指定已经存在的 6 个作用域，还支持自定义作用域。关于自定义作用域的内容，请参看 Spring 官方文档等资料。

▶▶ 7.5.3　配置依赖

根据前面的介绍，Java 应用中各组件相互调用的实质可以归纳为依赖关系，根据注入方式的不同，Bean 的依赖注入通常有如下两种形式。

➢ 设值注入：通过<property.../>元素驱动 Spring 执行 setter 方法。

➢ 构造注入：通过<constructor-arg.../>元素驱动 Spring 执行带参数的构造器。

不管是设值注入，还是构造注入，都视为 Bean 的依赖，接受 Spring 容器管理，依赖关系的值要么是一个确定的值，要么是 Spring 容器中其他 Bean 的引用。

通常不建议使用配置文件管理 Bean 的基本类型的属性值；通常只使用配置文件管理容器中 Bean 与 Bean 之间的依赖关系。

对于 singleton 作用域的 Bean，如果没有强行取消其预初始化行为，系统会在创建 Spring 容器时预初始化所有的 singleton Bean，与此同时，该 Bean 所依赖的 Bean 也被一起实例化。

BeanFactory 与 ApplicationContext 实例化容器中 Bean 的时机不同：前者等到程序需要 Bean 实例时才创建 Bean；而后者在容器创建 ApplicationContext 实例时，会预初始化容器中所有的 singleton Bean。

> 因为采用 ApplicationContext 作为 Spring 容器，创建容器时会同时创建容器中所有 singleton 作用域的 Bean，因此可能需要更多的系统开销。但一旦创建成功，应用后面的响应速度更快，因此，对于普通的 Java EE 应用，推荐使用 ApplicationContext 作为 Spring 容器。

创建 BeanFactory 时不会立即创建 Bean 实例，所以有可能程序可以正确地创建 BeanFactory 实例，但当请求 Bean 实例时依然抛出一个异常：创建 Bean 实例或注入它的依赖关系时出现错误。

配置错误的延迟出现，也会给系统引入不安全因素，而 ApplicationContext 则默认预实例化所有 singleton 作用域的 Bean，所以 ApplicationContext 实例化过程比 BeanFactory 实例化过程的时间和内存开销大，但可以在容器初始化阶段就检验出配置错误。

前面提到 Spring 的作用就是管理 Java EE 组件，Spring 把所有的 Java 对象都称为 Bean，因此完全可以把任何 Java 类都部署在 Spring 容器中——只要该 Java 类具有相应的构造器即可。

除此之外，Spring 可以为任何 Java 对象注入任何类型的属性——只要该 Java 对象为该属性提供了对应的 setter 方法即可。

例如，如下配置片段：

```
<bean id="id" class="lee.AClass">
    <property name="aaa" value="aVal"/>
    <property name="bbb" value="bVal"/>
    ...
</bean>
```

对于上面的配置片段，有效的数据只是那些粗体字内容，Spring 将会为每个<bean.../>元素创建一个 Java 对象——这个 Java 对象就是一个 Bean 实例。对于上面的程序，Spring 将采用类似于如下的代码创建 Java 实例。

```
// 获取 lee.AClass 类的 Class 对象
Class targetClass = Class.forName("lee.AClass");
// 调用 lee.AClass 类的无参数构造器创建对象
Object bean = targetClass.newInstance();
```

创建该实例后，Spring 接着遍历该<bean.../>元素里所有的<property.../>子元素，<bean.../>元素每包含一个<property.../>子元素，Spring 就为该 bean 实例调用一次 setter 方法。对于上面第一行<property.../>子元素，将有类似的如下代码：

```
// 获取第一个<property.../>元素的 name 属性值对应的 setter 方法名
String _setName1 = "set" +"Aaa";
// 获取 lee.Class 类里的 setAaa()方法
Method setMethod1 = targetClass.getMethod(setName1 , aVal.getClass());
// 调用 bean 实例的 setAaa()方法
setMethod1.invoke(bean , aVal);
```

通过类似上面的代码,Spring 就可根据配置文件的信息来创建 Java 实例,并调用该 Java 实例的 setter 方法（这就是所谓的设值注入）——这是再普通不过的事情，并没有任何神奇的地方。

> **提示：**
> 　　上面两段代码充斥着反射知识，而反射也是 Spring 框架大量使用的知识，如果读者对 Java 反射的知识还不太熟悉，建议阅读《疯狂 Java 讲义》第 18 章。

对于如下配置片段：

```
<bean id="id" class="lee.AClass">
    <!-- 每个 constructor-arg 元素配置一个构造器参数 -->
    <constructor-arg index="1" value="aVal"/>
    <constructor-arg index="0" value="bVal"/>
    ...
</bean>
```

上面的配置片段指定了两个<constructor-arg.../>子元素，Spring 就不再采用默认的构造器来创建 Bean 实例，而是使用特定构造器来创建该 Bean 实例。

Spring 将会采用类似如下的代码来创建 Bean 实例：

```
// 获取 lee.AClass 类的 Class 对象
Class targetClass = Class.forName("lee.AClass");
// 获取第一个参数是 bVal 类型，第二个参数是 aVal 类型的构造器
Constructor targetCtr = targetClass.getConstructor(bVal.getClass() , aVal.getClass());
// 以指定构造器创建 Bean 实例
Object bean = targetCtr.newIntance(bVal , aVal);
```

上面的程序片段仅是一个示例，Spring 实际上还需要根据<property.../>元素、<contructor-arg.../>元素所使用的 value 属性、ref 属性等来判断需要注入的到底是什么数据类型，并要对这些值进行合适的类型转换，所以 Spring 实际的处理过程更复杂。

由此可见，构造注入就是通过<constructor-arg.../>驱动 Spring 执行有参数的构造器；设值注入就是通过<property.../>驱动 Spring 执行 setter 方法。不管哪种注入，都需要为参数传入参数值，而 Java 类的成员变量可以是各种数据类型，除了基本类型值、字符串类型值等，还可以是其他 Java 实例，也可以是容器中的其他 Bean 实例，甚至是 Java 集合、数组等，所以 Spring 允许通过如下元素为 setter 方法、构造器参数指定参数值。

> value
> ref
> bean
> list、set、map 及 props

上面 4 种情况分别代表 Bean 类的 4 种类型的成员变量，下面详细介绍这 4 种情况。

➤➤ 7.5.4　设置普通属性值

元素用于指定基本类型及其包装、字符串类型的参数值，Spring 使用 XML 解析器来解析出这些数据，然后利用 java.beans.PropertyEditor 完成类型转换：从 java.lang.String 类型转换为所需的参数值类型。如果目标类型是基本类型及其包装类，通常都可以正确转换。

下面的代码演示了 value 元素确定属性值的情况。假设有如下的 Bean 类，该 Bean 类里包含 int 型和 double 型的两个属性，并为这两个属性提供对应的 setter 方法。下面是该 Bean 的实现类代码，由于仅仅用于测试注入普通属性值，因此没有使用接口。

程序清单：codes\07\7.5\value\src\org\crazyit\app\service\ExampleBean.java

```
public class ExampleBean
{
    // 定义一个 int 型的成员变量
    private int integerField;
    // 定义一个 double 型的成员变量
    private double doubleField;
    // 省略 integerField、doubleField 的 setter 和 getter 方法
    ...
}
```

上面 Bean 类的两个成员变量都是基本类型的，Spring 配置文件使用<value.../>元素即可为这两个成员变量对应的 setter 方法指定参数值。配置文件如下。

程序清单：codes\07\7.5\value\src\beans.xml

```
<?xml version="1.0" encoding="GBK"?>
<beans xmlns:xsi="http://www.w3.org/2001/XMLSchema-instance"
    xmlns="http://www.springframework.org/schema/beans"
    xsi:schemaLocation="http://www.springframework.org/schema/beans
    http://www.springframework.org/schema/beans/spring-beans.xsd">
    <bean id="exampleBean" class="org.crazyit.app.service.ExampleBean">
        <!-- 指定 int 型的参数值 -->
        <property name="integerField" value="1"/>
        <!-- 指定 double 型的参数值 -->
        <property name="doubleField" value="2.3"/>
    </bean>
</beans>
```

本示例的主程序与之前的主程序相差不大，此处不再赘述。运行程序，输出 exampleBean 的两个成员变量值，可以看到输出结果分别是 1 和 2.3，这表明 Spring 已为这两个成员变量成功注入了值。

可能有读者感到奇怪：明明一直说的是用<value.../>元素，为何上面粗体字代码看到的是 value 属性

呢？这是因为早期 Spring 还支持一个"更为臃肿"的写法，例如需要配置一个驱动类，可以使用如下代码片段：

```
<property name="driverClass" value="com.mysql.jdbc.Driver"/>
```

上面的配置片段通过为<property.../>元素增加 value 属性，即可指定调用 setDriverClass()方法的参数值为 com.mysql.jdbc.Driver，从而完成依赖关系的设值注入。这种配置方式只要一行代码即可完成一次"依赖注入"。

这条配置用早期 Spring 的配置方式，则需要如下三行代码：

```
<property name="driverClass">
    <value>com.mysql.jdbc.Driver</value>
</property>
```

两种配置方式的效果完全相同，只是因为 Spring 版本改变的原因，故提供了多种配置方式。在早期的时候，Spring 采用<value.../>子元素的方式来指定属性值；但后来 Spring 发现采用<value.../>子元素导致配置文件非常臃肿，而采用 value 属性则更加简洁；两种方式所能提供的信息量则完全一样，所以后来 Spring 都推荐采用 value 属性的方式来配置。

 提示： 使用 value 配置普通参数值时，有两种配置方式。这两种方式的效果完全一样，只是其中一种写法更加简洁。类似的是，<constructor-arg.../>也可增加 value 属性，用于设置字面值参数值。实际上，配置合作者 Bean、配置集合属性等都提供了子元素、属性两种配置方式，具体请参考 Spring 的语义约束文档。

▶▶ 7.5.5   配置合作者 Bean

如果需要为 Bean 设置的属性值是容器中的另一个 Bean 实例，则应该使用<ref.../>元素。使用<ref.../>元素时可指定一个 bean 属性，该属性用于引用容器中其他 Bean 实例的 id 属性值。

看下面的配置片段：

```
<bean id="steelAxe" class="org.crazyit.app.service.impl.SteelAxe"/>
<bean id="chinese" class="org.crazyit.app.service.impl.Chinese">
    <property name="axe">
        <!-- 指定使用容器中 id 为 steelAxe 的 Bean 作为调用 setAxe()方法的参数 -->
        <ref bean="steelAxe"/>
    </property>
</bean>
```

与注入普通属性值类似的是，注入合作者 Bean 也有一种简洁的写法，看如下的配置方式：

```
<bean id="steelAxe" class="org.crazyit.app.service.impl.SteelAxe"/>
<bean id="chinese" class="org.crazyit.app.service.impl.Chinese">
    <!-- 指定使用容器中 id 为 steelAxe 的 Bean 作为调用 setAxe()方法的参数 -->
    <property name="axe" ref="steelAxe"/>
</bean>
```

通过为<property.../>元素增加 ref 属性，一样可以将容器中另一个 Bean 作为调用 setter 方法的参数。这种简洁写法的配置效果与前面使用<ref.../>元素的效果完全相同。

 注意 <constructor-arg.../>元素也可增加 ref 属性，从而指定将容器中另一个 Bean 作为构造器参数。

▶▶ 7.5.6   使用自动装配注入合作者 Bean

Spring 能自动装配 Bean 与 Bean 之间的依赖关系，即无须使用 ref 显式指定依赖 Bean，而是由 Spring 容器检查 XML 配置文件内容，根据某种规则，为调用者 Bean 注入被依赖的 Bean。

Spring 的自动装配可通过<beans.../>元素的 default-autowire 属性指定，该属性对配置文件中所有的

Bean 起作用；也可通过<bean.../>元素的 autowire 属性指定，该属性只对该 Bean 起作用。从上面介绍不难发现：在同一个 Spring 容器中完全可以让某些 Bean 使用自动装配，而另一些 Bean 不使用自动装配。

自动装配可以减少配置文件的工作量，但降低了依赖关系的透明性和清晰性。

autowire、default-autowire 属性可以接受如下值。

> no：不使用自动装配。Bean 依赖必须通过 ref 元素定义。这是默认的配置，在较大的部署环境中不鼓励改变这个配置，显式配置合作者能够得到更清晰的依赖关系。

> byName：根据 setter 方法名进行自动装配。Spring 容器查找容器中的全部 Bean，找出其 id 与 setter 方法名去掉 set 前缀，并小写首字母后同名的 Bean 来完成注入。如果没有找到匹配的 Bean 实例，则 Spring 不会进行任何注入。

> byType：根据 setter 方法的形参类型来自动装配。Spring 容器查找容器中的全部 Bean，如果正好有一个 Bean 类型与 setter 方法的形参类型匹配，就自动注入这个 Bean；如果找到多个这样的 Bean，就抛出一个异常；如果没找到这样的 Bean，则什么都不会发生，setter 方法不会被调用。

> ✺ **注意** ✺
>
> 由此可见，byName 策略是根据 setter 方法的方法名与 Bean 的 id 进行匹配；byType 策略是根据 setter 方法的参数类型与 Bean 的类型进行匹配。

> constructor：与 byType 类似，区别是用于自动匹配构造器的参数。如果容器不能恰好找到一个与构造器参数类型匹配的 Bean，则会抛出一个异常。

> autodetect：Spring 容器根据 Bean 内部结构，自行决定使用 constructor 或 byType 策略。如果找到一个默认的构造函数，那么就会应用 byType 策略。

7.5.6.1　byName 规则

byName 规则是指 setter 方法的方法名与 Bean 的 id 进行匹配，假如 Bean A 的实现类包含 setB()方法，而 Spring 的配置文件恰好包含 id 为 b 的 Bean，则 Spring 容器会将 b 实例注入 Bean A 中。如果容器中没有名字匹配的 Bean，Spring 则不会做任何事情。

看如下配置文件。

程序清单：codes\07\7.5\byName\src\beans.xml

```xml
<?xml version="1.0" encoding="GBK"?>
<beans xmlns:xsi="http://www.w3.org/2001/XMLSchema-instance"
    xmlns="http://www.springframework.org/schema/beans"
    xsi:schemaLocation="http://www.springframework.org/schema/beans
    http://www.springframework.org/schema/beans/spring-beans.xsd">
    <!-- 指定使用 byName 策略，Spring 会根据 setter 方法的方法名与 Bean 的 id 进行匹配 -->
    <bean id="chinese" class="org.crazyit.app.service.impl.Chinese"
        autowire="byName"/>
    <bean id="gunDog" class="org.crazyit.app.service.impl.GunDog">
        <property name="name" value="wangwang"/>
    </bean>
</beans>
```

上面的配置文件指定了 byName 自动装配策略，而且 Chinese 类恰好有如下 setter 方法：

```java
// dog 的 setter 方法
public void setGunDog(Dog dog)
{
    this.dog = dog;
}
```

上面 setter 方法的方法名为 setGunDog()，Spring 容器就会寻找容器中 id 为 gunDog 的 Bean，如果能找到这样的 Bean，该 Bean 就会作为调用 setGunDog()方法的参数（此时容器中恰好有一个 id 为 gunDog 的 Bean，因此 Spring 可以为 Chinese 对象的 dog 实例变量设置值）；如果找不到这样的 Bean，Spring 就不调用 setGunDog()方法。

7.5.6.2 byType 规则

byType 规则是根据 setter 方法的参数类型与 Bean 的类型进行匹配。假如 A 实例有 setB(B b)方法，而 Spring 的配置文件中恰好有一个类型为 B 的 Bean 实例，容器为 A 注入类型匹配的 Bean 实例，如果容器中没有类型为 B 的实例，Spring 不会调用 setB()方法；但如果容器中包含多于一个的 B 实例，程序将会抛出异常。

看如下配置文件。

程序清单：codes\07\7.5\byType\src\beans.xml

```xml
<?xml version="1.0" encoding="GBK"?>
<beans xmlns:xsi="http://www.w3.org/2001/XMLSchema-instance"
   xmlns="http://www.springframework.org/schema/beans"
   xsi:schemaLocation="http://www.springframework.org/schema/beans
   http://www.springframework.org/schema/beans/spring-beans.xsd">
   <!-- 指定使用 byType 策略，Spring 会根据 setter 方法的参数类型与 Bean 的类型进行匹配 -->
   <bean id="chinese" class="org.crazyit.app.service.impl.Chinese"
      autowire="byType"/>
   <bean id="gunDog" class="org.crazyit.app.service.impl.GunDog">
      <property name="name" value="wangwang"/>
   </bean>
</beans>
```

上面的配置文件指定了 byType 自动装配策略，而且 Chinese 类恰好有如下 setter 方法。

程序清单：codes\07\7.5\byType\src\org\crazyit\app\service\impl\Chinese.java

```java
// dog 的 setter 方法
public void setDog(Dog dog)
{
    this.dog = dog;
}
```

上面 setter 方法的形参类型是 Dog，而 Spring 容器中的 org.crazyit.app.service.impl.GunDog Bean 类实现了 Dog 接口，因此 Spring 会以该 Bean 为参数来调用 chinese 的 setDog()方法。

但如果在配置文件中再配置一个如下所示的 Bean：

```xml
<!-- 配置 petDog Bean，其实现类也实现了 Dog 接口 -->
<bean id="petDog" class="org.crazyit.app.service.impl.PetDog">
   <property name="name" value="ohoh"/>
</bean>
```

此时，Spring 将无法按 byType 策略进行自动装配：容器中有两个类型为 Dog 的 Bean，Spring 无法确定应为 chinese Bean 注入哪个 Bean，所以程序将抛出异常。

剩下的两种自动装配策略与 byName、byType 大同小异，此处不再赘述。

当一个 Bean 既使用自动装配依赖，又使用 ref 显式指定依赖时，则显式指定的依赖覆盖自动装配依赖。在如下配置文件中：

```xml
<?xml version="1.0" encoding="GBK"?>
<beans xmlns:xsi="http://www.w3.org/2001/XMLSchema-instance"
   xmlns="http://www.springframework.org/schema/beans"
   xsi:schemaLocation="http://www.springframework.org/schema/beans
   http://www.springframework.org/schema/beans/spring-beans.xsd">
   <!-- 指定 chinese Bean 使用 byName 自动装配策略 -->
   <bean id="chinese" class="org.crazyit.app.service.impl.Chinese" autowire="byName">
      <property name="gundog" ref="petDog" />
   </bean>
   <!-- 配置 gunDog Bean -->
   <bean id="gunDog" class="org.crazyit.app.service.impl.GunDog">
      <property name="name" value="wangwang"/>
   </bean>
   <!-- 配置 petDog Bean，其实现类也实现了 Dog 接口 -->
   <bean id="petDog" class="org.crazyit.app.service.impl.PetDog">
      <property name="name" value="ohoh"/>
   </bean>
</beans>
```

即使 Chinese 类中有 setGunDog(Dog dog)方法，Spring 也依然以 petDog 作为调用 setGunDog()方法的参数，而不会以 gunDog 作为参数，因为使用 ref 显式指定的依赖关系将覆盖自动装配的依赖关系。

> **注意**
>
> 　　对于大型的应用，不鼓励使用自动装配。虽然使用自动装配可减少配置文件的工作量，但大大降低了依赖关系的清晰性和透明性。依赖关系的装配依赖于源文件的属性名或属性类型，导致 Bean 与 Bean 之间的耦合降低到代码层次，不利于高层次解耦。

　　在某些情况下，程序希望将某些 Bean 排除在自动装配之外，不作为 Spring 自动装配策略的候选者，此时可设置 autowire-candidate 属性，通过为\<bean.../\>元素设置 autowire-candidate="false"，即可将该 Bean 排除在自动装配之外，容器在查找自动装配 Bean 时将不考虑该 Bean。

　　除此之外，还可通过在\<beans.../\>元素中指定 default-autowire-candidates 属性将一批 Bean 排除在自动装配之外。 default-autowire-candidates 属性的值允许使用模式字符串，例如指定 default-autowire-candidates="*abc"，则所有以"abc"结尾的 Bean 都将被排除在自动装配之外。不仅如此，该属性甚至可以指定多个模式字符串，这样所有匹配任一模式字符串的 Bean 都将被排除在自动装配之外。

▶▶ 7.5.7　注入嵌套 Bean

　　如果某个 Bean 所依赖的 Bean 不想被 Spring 容器直接访问，则可以使用嵌套 Bean。

　　把\<bean.../\>配置成\<property.../\>或\<constructor-args.../\>的子元素，那么该\<bean.../\>元素配置的 Bean 仅仅作为 setter 注入、构造注入的参数，这种 Bean 就是嵌套 Bean。由于容器不能获取嵌套 Bean，因此它不需要指定 id 属性。

　　例如如下配置。

程序清单：codes\07\7.5\nestedBean\src\beans.xml

```xml
<?xml version="1.0" encoding="GBK"?>
<beans xmlns:xsi="http://www.w3.org/2001/XMLSchema-instance"
    xmlns="http://www.springframework.org/schema/beans"
    xsi:schemaLocation="http://www.springframework.org/schema/beans
    http://www.springframework.org/schema/beans/spring-beans.xsd">
    <bean id="chinese" class="org.crazyit.app.service.impl.Chinese">
        <!-- 驱动调用 chinese 的 setAxe()方法，使用嵌套 Bean 作为参数 -->
        <property name="axe">
            <!-- 嵌套 Bean 配置的对象仅作为 setter 方法的参数
                嵌套 Bean 不能被容器访问，因此无须指定 id 属性-->
            <bean class="org.crazyit.app.service.impl.SteelAxe"/>
        </property>
    </bean>
</beans>
```

　　采用上面的配置形式可以保证嵌套 Bean 不能被容器访问，因此不用担心其他程序修改嵌套 Bean。外部 Bean 的用法与之前的用法完全一样，使用结果也没有区别。

> **注意**
>
> 　　嵌套 Bean 提高了程序的内聚性，但降低了程序的灵活性。只有在完全确定无须通过 Spring 容器访问某个 Bean 实例时，才考虑使用嵌套 Bean 来配置该 Bean。

　　使用嵌套 Bean 与使用 ref 引用容器中另一个 Bean 在本质上是一样的。

　　Spring 框架的本质就是通过 XML 配置文件来驱动 Java 代码，当程序要调用 setter 方法或有参数的构造器时，程序总需要传入参数值，随参数类型的不同，Spring 配置文件当然也要随之改变。

➢ 形参类型是基本类型、String、日期等，直接使用 value 指定字面值即可。

➢ 形参类型是复合类（如 Person、Dog、DataSource 等），那就需要传入一个 Java 对象作为实参，于是有三种方式：①使用 ref 引用一个容器中已配置的 Bean（Java 对象）；②使用<bean.../>元素配置一个嵌套 Bean（Java 对象）；③使用自动装配。

除此之外，形参类型还可能是 Set、List、Map 等集合，也可能是数组类型。接下来继续介绍如何在 Spring 配置文件中配置 Set、List、Map、数组等参数值。

➤➤ 7.5.8 注入集合值

如果需要调用形参类型为集合的 setter 方法，或调用形参类型为集合的构造器，则可使用集合元素<list.../>、<set.../>、<map.../>和<props.../>分别来设置类型为 List、Set、Map 和 Properties 的集合参数值。

下面先定义一个包含大量集合属性的 Java 类，配置文件将会通过上面那些元素来为这些集合属性设置属性值。看如下 Java 类的代码。

程序清单：codes\07\7.5\collection\src\org\crazyit\app\service\impl\Chinese.java

```
public class Chinese implements Person
{
    // 下面是一系列集合类型的成员变量
    private List<String> schools;
    private Map scores;
    private Map<String , Axe> phaseAxes;
    private Properties health;
    private Set axes;
    private String[] books;
    public Chinese()
    {
        System.out.println("Spring 实例化主调bean: Chinese 实例...");
    }
    // schools 的 setter 方法
    public void setSchools(List schools)
    {
        this.schools = schools;
    }
    // scores 的 setter 方法
    public void setScores(Map scores)
    {
        this.scores = scores;
    }
    // phaseAxes 的 setter 方法
    public void setPhaseAxes(Map<String , Axe> phaseAxes)
    {
        this.phaseAxes = phaseAxes;
    }
    // health 的 setter 方法
    public void setHealth(Properties health)
    {
        this.health = health;
    }
    // axes 的 setter 方法
    public void setAxes(Set axes)
    {
        this.axes = axes;
    }
    // books 的 setter 方法
    public void setBooks(String[] books)
    {
        this.books = books;
    }
    // 访问上面全部的集合类型的成员变量
    public void test()
    {
        System.out.println(schools);
        System.out.println(scores);
        System.out.println(phaseAxes);
        System.out.println(health);
        System.out.println(axes);
```

```
            System.out.println(java.util.Arrays.toString(books));
    }
}
```

在上面的 Chinese 类中，6 行粗体字代码定义了 6 个集合类型的成员变量。下面分别为
元素增加、、和子元素来配置这些集合类型的参数值。

下面是 Spring 的配置文件。

程序清单：codes\07\7.5\collection\src\beans.xml

```xml
<?xml version="1.0" encoding="GBK"?>
<beans xmlns:xsi="http://www.w3.org/2001/XMLSchema-instance"
    xmlns="http://www.springframework.org/schema/beans"
    xsi:schemaLocation="http://www.springframework.org/schema/beans
    http://www.springframework.org/schema/beans/spring-beans.xsd">
    <!-- 定义 2 个普通的 Axe Bean -->
    <bean id="stoneAxe" class="org.crazyit.app.service.impl.StoneAxe"/>
    <bean id="steelAxe" class="org.crazyit.app.service.impl.SteelAxe"/>
    <!-- 定义 chinese Bean -->
    <bean id="chinese" class="org.crazyit.app.service.impl.Chinese">
        <property name="schools">
            <!-- 为调用 setSchools()方法配置 List 集合作为参数值 -->
            <list>
                <!-- 每个 value、ref、bean...都配置一个 List 元素 -->
                <value>小学</value>
                <value>中学</value>
                <value>大学</value>
            </list>
        </property>
        <property name="scores">
            <!-- 为调用 setScores()方法配置 Map 集合作为参数值 -->
            <map>
                <!-- 每个 entry 都配置一个 key-value 对 -->
                <entry key="数学" value="87"/>
                <entry key="英语" value="89"/>
                <entry key="语文" value="82"/>
            </map>
        </property>
        <property name="phaseAxes">
            <!-- 为调用 setPhaseAxes()方法配置 Map 集合作为参数值 -->
            <map>
                <!-- 每个 entry 都配置一个 key-value 对 -->
                <entry key="原始社会" value-ref="stoneAxe"/>
                <entry key="农业社会" value-ref="steelAxe"/>
            </map>
        </property>
        <property name="health">
            <!-- 为调用 setHealth()方法配置 Properties 集合作为参数值 -->
            <props>
                <!-- 每个 prop 元素都配置一个属性项，其中 key 指定属性名 -->
                <prop key="血压">正常</prop>
                <prop key="身高">175</prop>
            </props>
            <!--
            <value>
                pressure=normal
                height=175
            </value> -->
        </property>
        <property name="axes">
            <!-- 为调用 setAxes()方法配置 Set 集合作为参数值 -->
            <set>
                <!-- 每个 value、ref、bean..都配置一个 Set 元素 -->
                <value>普通的字符串</value>
                <bean class="org.crazyit.app.service.impl.SteelAxe"/>
                <ref bean="stoneAxe"/>
```

```
                    <!-- 为 Set 集合配置一个 List 集合作为元素 -->
                    <list>
                        <value>20</value>
                        <!-- 再次为 List 集合配置一个 Set 集合作为元素 -->
                        <set>
                            <value type="int">30</value>
                        </set>
                    </list>
                </set>
            </property>
            <property name="books">
                <!-- 为调用 setBooks()方法配置数组作为参数值 -->
                <list>
                    <!-- 每个 value、ref、bean...都配置一个数组元素 -->
                    <value>疯狂 Java 讲义</value>
                    <value>疯狂 Android 讲义</value>
                    <value>轻量级 Java EE 企业应用实战</value>
                </list>
            </property>
        </bean>
</beans>
```

上面的粗体字代码是配置集合类型的参数值的关键代码，从配置文件可以看出，Spring 对 List 集合和数组的处理是一样的，都用<list.../>元素来配置。

当使用<list.../>、<set.../>、<map.../>等元素配置集合类型的参数值时，还需要配置集合元素。由于集合元素又可以是基本类型值、引用容器中的其他 Bean、嵌套 Bean 或集合属性等，所以<list.../>、<key.../>和<set.../>元素又可接受如下子元素。

➤ value：指定集合元素是基本数据类型值或字符串类型值。

➤ ref：指定集合元素是容器中的另一个 Bean 实例。

➤ bean：指定集合元素是一个嵌套 Bean。

➤ list、set、map 及 props：指定集合元素又是集合。

元素用于配置 Properties 类型的参数值，Properties 类型是一种特殊的类型，其 key 和 value 都只能是字符串，故 Spring 配置 Properties 类型的参数值比较简单：每个 key-value 对只要分别给出 key 和 value 就足够了——而且 key 和 value 都是字符串类型，所以使用如下格式的元素就够了。

➤ <prop key="血压">正常</prop>，其中元素的 key 属性指定 key 的值，元素的内容指定 value 的值。

当使用元素配置 Map 参数值时比较复杂，因为 Map 集合的每个元素由 key、value 两个部分组成，所以配置文件中的每个配置一组 key-value 对，其中元素支持如下 4 个属性。

➤ key：如果 Map key 是基本类型值或字符串，则可使用该属性来指定 Map key。

➤ key-ref：如果 Map key 是容器中的另一个 Bean 实例，则可使用该属性指定容器中其他 Bean 的 id。

➤ value：如果 Map value 是基本类型值或字符串，则可使用该属性来指定 Map value。

➤ value-ref：如果 Map value 是容器中的另一个 Bean 实例，则可使用该属性指定容器中其他 Bean 的 id。

由于 Map 集合的 key、value 都可以是基本类型值、引用容器中的其他 Bean、嵌套 Bean 或集合属性等，所以也可以采用比较传统、比较臃肿的写法。例如，将上面关于 scores 属性的配置写成如下：

```
<property name="scores">
    <!-- 为调用 setScores()方法配置 Map 集合作为参数值 -->
    <map>
        <!-- 每个 entry 配置一组 key-value 对 -->
        <entry>
            <!-- key 元素配置 Map key-->
            <key>
                <!-- key 包含的 value、ref、bean...用于配置 key 的值 -->
                <value>数学</value>
```

```
          </key>
          <!-- 每个 value、ref、bean...都配置 value 的值 -->
          <value>87</value>
        </entry>
        <entry>
          <key>
              <value>英语</value>
          </key>
          <value>89</value>
        </entry>
        <entry>
          <key>
              <value>语文</value>
          </key>
          <value>82</value>
        </entry>
      </map>
  </property>
```

从上面配置可以看出，<key.../>元素专门用于配置 Map 集合的 key-value 对的 key，又由于 Map key 又可能是基本类型、引用容器中已有的 Bean、嵌套 Bean、集合等，因此<key.../>的子元素又可以是 value、ref、bean、list、set、map 和 props 等元素。

Spring 还提供了一个简化语法来支持 Properties 形参的 setter 方法，例如如下配置片段：

```
<property name="health">
    <value>
        pressure=normal
        height=175
    </value>
</property>
```

上面这种配置方式同样配置了两组属性——但这种配置语法有一个很大的限制：属性名、属性值都只能是英文、数字！不可出现中文。

从 Spring 2.0 开始，Spring IoC 容器将支持集合的合并，子 Bean 中的集合属性值可以从其父 Bean 的集合属性继承和覆盖而来。也就是说，子 Bean 的集合属性的最终值是父 Bean、子 Bean 合并后的最终结果，而且子 Bean 集合中的元素可以覆盖父 Bean 集合中对应的元素。

下面的配置片段示范了集合合并的特性。

```
<beans>
    <!-- 将父 Bean 定义成抽象 Bean -->
    <bean id="parent" abstract="true" class="example.ComplexObject">
        <!-- 定义 Properties 类型的集合属性 -->
        <property name="adminEmails">
            <props>
                <prop key="administrator">administrator@crazyit.org</prop>
                <prop key="support">support@crazyit.org</prop>
            </props>
        </property>
    </bean>
    <!-- 使用 parent 属性指定该 Bean 继承了 parent Bean -->
    <bean id="child" parent="parent">
        <property name="adminEmails">
            <!-- 指定该集合属性支持合并 -->
            <props merge="true">
                <prop key="sales">sales@crazyit.org</prop>
                <prop key="support">master@crazyit.org</prop>
            </props>
        </property>
    </bean>
<beans>
```

上面的配置片段中 child Bean 继承了 parent Bean，并为<props.../>元素指定了 merge="true"，这将会把 parent Bean 的集合属性合并到 child Bean 中；当进行合并时，由 child Bean 再次配置了名为 support 的属性，所以该属性将会覆盖 parent Bean 中的配置定义，于是 child Bean 的 adminEmails 属性值如下：

```
administrator=administrator@crazyit.org
sales=sales@crazyit.org
support=master@crazyit.org
```

从 JDK 1.5 以后，Java 可以使用泛型指定集合元素的类型，则 Spring 可通过反射来获取集合元素的类型，这样 Spring 的类型转换器也会起作用了。

例如如下 Java 代码：

```
public class Test
{
    private Map<String, Double> prices;
    public void setPrices(Map<String, Double> prices)
    {
        this.prices = prices;
    }
}
```

上面的 prices 集合是 Map 集合，且程序使用泛型限制了 Map 的 key 是 String，且 value 是 Double，Spring 可根据泛型信息把配置文件的集合参数值转换成相应的数据类型。例如如下配置片段：

```
<bean id="test" class="lee.Test">
    <property name="prices">
        <map>
            <entry key="疯狂 Android 讲义" value="99.0"/>
            <entry key="疯狂 Java 讲义" value="109.0"/>
        </map>
    </property>
</bean>
```

Spring 会自动将每个 entry 中的 key 值转换成 String 类型，并将 value 指定的值转换成 Double 类型。

▶▶ 7.5.9 组合属性

Spring 还支持组合属性的方式。例如，使用配置文件为形如 foo.bar.name 的属性设置参数值。为 Bean 的组合属性设置参数值时，除最后一个属性之外，其他属性值都不允许为 null。

例如有如下的 Bean 类。

程序清单：codes\07\7.5\compositeProp\src\org\crazyit\app\service\ExampleBean.java

```
public class ExampleBean
{
    // 定义一个 Person 类型的成员变量
    private Person person = new Person();
    // person 的 getter 方法
    public Person getPerson()
    {
        return this.person;
    }
}
```

上面 ExampleBean 里提供了一个 person 成员变量，该 person 变量的类型是 Person 类，Person 是一个 Java 类，Person 类里有一个 String 类型的 name 属性（有 name 实例变量及对应的 getter、setter 方法），则可以使用组合属性的方式为 ExampleBean 的 person 的 name 指定值。配置文件如下。

程序清单：codes\07\7.5\composite\src\beans.xml

```
<?xml version="1.0" encoding="GBK"?>
<beans xmlns:xsi="http://www.w3.org/2001/XMLSchema-instance"
    xmlns="http://www.springframework.org/schema/beans"
    xsi:schemaLocation="http://www.springframework.org/schema/beans
    http://www.springframework.org/schema/beans/spring-beans.xsd">
    <bean id="exampleBean" class="org.crazyit.app.service.ExampleBean">
        <!-- 驱动 Spring 调用 exampleBean 的 getPerson().setName()方法，
        以"孙悟空"作为参数 -->
        <property name="person.name" value="孙悟空"/>
    </bean>
</beans>
```

通过使用这种组合属性的方式，Spring 允许直接为 Bean 实例的复合类型的属性指定值。但这种设置方式有一点需要注意：使用组合属性指定参数值时，除了最后一个属性外，其他属性都不能为 null，否则将引发 NullPointerException 异常。例如，上面配置文件为 person.name 指定参数值，则 exampleBean 的 getPerson() 返回值一定不可为 null。

对于这种注入组合属性值的形式，每个<property.../>元素依然是让 Spring 执行一次 setter 方法，但它不再直接调用该 Bean 的 setter 方法，而是需要先调用 getter 方法，然后再去调用 setter 方法。例如上面的粗体字配置代码，相当于让 Spring 执行如下代码：

```
exampleBean.getPerson().setName("孙悟空");
```

也就是说，组合属性只有最后一个属性才调用 setter 方法，前面各属性实际上对应于调用 getter 方法——这也是前面属性都不能为 null 的缘由。

例如有如下配置片段：

```
<bean id="a" class="org.crazyit.app.service.AClass">
    <property name="foo.bar.x.y" value="xxx"/>
</bean>
```

上面的组合属性注入相当于让 Spring 执行如下代码：

```
a.getFoo().getBar().getX().setY("xxx");
```

➤➤ 7.5.10　Spring 的 Bean 和 JavaBean

Spring 容器对 Bean 没有特殊要求，甚至不要求该 Bean 像标准的 JavaBean——必须为每个属性提供对应的 getter 和 setter 方法。Spring 中的 Bean 是 Java 实例、Java 组件；而传统 Java 应用中的 JavaBean 通常作为 DTO（数据传输对象），用来封装值对象，在各层之间传递数据。

Spring 中的 Bean 比 JavaBean 的功能要复杂，用法也更丰富。当然，传统的 JavaBean 也可作为 Spring 的 Bean，从而接受 Spring 管理。下面示例把数据源也配置成容器中的 Bean，该数据源 Bean 即可用于获取数据库连接。

程序清单：codes\07\7.5\DataSource\src\beans.xml

```
<?xml version="1.0" encoding="GBK"?>
<beans xmlns:xsi="http://www.w3.org/2001/XMLSchema-instance"
    xmlns="http://www.springframework.org/schema/beans"
    xsi:schemaLocation="http://www.springframework.org/schema/beans
    http://www.springframework.org/schema/beans/spring-beans.xsd">
    <!-- 定义数据源Bean，使用C3P0数据源实现 -->
    <bean id="dataSource" class="com.mchange.v2.c3p0.ComboPooledDataSource"
        destroy-method="close">
        <!-- 指定连接数据库的驱动 -->
        <property name="driverClass" value="com.mysql.jdbc.Driver"/>
        <!-- 指定连接数据库的URL -->
        <property name="jdbcUrl" value="jdbc:mysql://localhost/spring?useSSL=true"/>
        <!-- 指定连接数据库的用户名 -->
        <property name="user" value="root"/>
        <!-- 指定连接数据库的密码 -->
        <property name="password" value="32147"/>
        <!-- 指定连接数据库连接池的最大连接数 -->
        <property name="maxPoolSize" value="200"/>
        <!-- 指定连接数据库连接池的最小连接数 -->
        <property name="minPoolSize" value="2"/>
        <!-- 指定连接数据库连接池的初始连接数 -->
        <property name="initialPoolSize" value="2"/>
        <!-- 指定连接数据库连接池的连接的最大空闲时间 -->
        <property name="maxIdleTime" value="200"/>
    </bean>
</beans>
```

主程序部分由 Spring 容器来获取该 Bean 的实例，获取实例时使用 Bean 的唯一标识：id 属性，id 属性是 Bean 实例在容器中的访问点。下面是主程序代码。

程序清单：codes\07\7.5\DataSource\src\lee\BeanTest.java

```
public class BeanTest
{
    public static void main(String[] args)
        throws Exception
    {
        // 实例化 Spring 容器。Spring 容器负责实例化 Bean
        ApplicationContext ctx =
            new ClassPathXmlApplicationContext("beans.xml");
        // 获取容器中 id 为 dataSource 的 Bean
        DataSource ds = ctx.getBean("dataSource", DataSource.class);
        // 通过 DataSource 来获取数据库连接
        Connection conn = ds.getConnection();
        // 通过数据库连接获取 PreparedStatement
        PreparedStatement pstmt = conn.prepareStatement(
            "insert into news_inf values(null , ? , ?)");
        pstmt.setString(1 , "疯狂 Java 联盟成立了");
        pstmt.setString(2 , "疯狂 Java 地址：www.crazyit.org");
        // 执行 SQL 语句
        pstmt.executeUpdate();
        // 清理资源，回收数据库连接资源
        if (pstmt != null)pstmt.close();
        if (conn != null)conn.close();
    }
}
```

上面程序从 Spring 容器中获得了一个 DataSource 对象，通过该 DataSource 对象就可以获取简单的数据库连接。执行上面程序，将看到 spring 数据库的 news_inf 数据表中多了一条记录。

从该实例可以看出，Spring 的 Bean 远远超出值对象的 JavaBean 范畴，Bean 可以代表应用中的任何组件、任何资源实例。

虽然 Spring 对 Bean 没有特殊要求，但依然建议 Spring 中的 Bean 应满足如下几个原则。

➢ 尽量为每个 Bean 实现类提供无参数的构造器。

➢ 接受构造注入的 Bean，则应提供对应的、带参数的构造函数。

➢ 接受设值注入的 Bean，则应提供对应的 setter 方法，并不要求提供对应的 getter 方法。

传统的 JavaBean 和 Spring 中的 Bean 存在如下区别。

➢ 用处不同：传统的 JavaBean 更多是作为值对象传递参数；Spring 的 Bean 用处几乎无所不包，任何应用组件都被称为 Bean。

➢ 写法不同：传统的 JavaBean 作为值对象，要求每个属性都提供 getter 和 setter 方法；但 Spring 的 Bean 只需为接受设值注入的属性提供 setter 方法即可。

➢ 生命周期不同：传统的 JavaBean 作为值对象传递，不接受任何容器管理其生命周期；Spring 中的 Bean 由 Spring 管理其生命周期行为。

 ## 7.6 Spring 提供的 Java 配置管理

Spring 为不喜欢 XML 的人提供了一种选择：如果不喜欢使用 XML 来管理 Bean，以及 Bean 之间的依赖关系，Spring 允许开发者使用 Java 类进行配置管理。

假如有如下 Person 接口的实现类。

程序清单：codes\07\7.6\AppConfig\src\org\crazyit\app\service\impl\Chinese.java

```
public class Chinese implements Person
{
    private Axe axe;
    private String name;
    // axe 的 setter 方法
    public void setAxe(Axe axe)
```

```
    {
        this.axe = axe;
    }
    // name 的 setter 方法
    public void setName(String name)
    {
        this.name = name;
    }
    // 实现 Person 接口的 useAxe() 方法
    public void useAxe()
    {
        // 调用 axe 的 chop()方法，表明 Person 对象依赖于 axe 对象
        System.out.println("我是: "    + name
            + axe.chop());
    }
}
```

上面的 Chinese 类需要注入两个属性：name 和 axe，本示例当然也为 Axe 提供了两个实现类：StoneAxe 和 SteelAxe。如果采用 XML 配置，相应的配置文件如下。

程序清单：codes\07\7.6\AppConfig\src\beans.xml

```xml
<?xml version="1.0" encoding="GBK"?>
<beans xmlns:xsi="http://www.w3.org/2001/XMLSchema-instance"
    xmlns="http://www.springframework.org/schema/beans"
    xsi:schemaLocation="http://www.springframework.org/schema/beans
    http://www.springframework.org/schema/beans/spring-beans.xsd">
    <!-- 配置 chinese 实例，其实现类是 Chinese -->
    <bean id="chinese" class="org.crazyit.app.service.impl.Chinese">
        <!-- 驱动 Spring 执行 setAxe()方法，以容器中 id 为 stoneAxe 的 Bean 为参数 -->
        <property name="axe" ref="stoneAxe"/>
        <!-- 驱动 Spring 执行 setName()方法，以字符串"孙悟空"为参数 -->
        <property name="name" value="孙悟空"/>
    </bean>
    <!-- 配置 stoneAxe 实例，其实现类是 StoneAxe -->
    <bean id="stoneAxe" class="org.crazyit.app.service.impl.StoneAxe"/>
    <!-- 配置 steelAxe 实例，其实现类是 SteelAxe -->
    <bean id="steelAxe" class="org.crazyit.app.service.impl.SteelAxe"/>
</beans>
```

如果开发者不喜欢使用 XML 配置文件，Spring 允许开发者使用 Java 类进行配置。上面的 XML 配置文件可以替换为如下的 Java 配置类。

程序清单：codes\07\7.6\AppConfig\src\org\crazyit\app\config\AppConfig.java

```java
@Configuration
public class AppConfig
{
    // 相当于定义一个名为 personName 的变量，其值为"孙悟空"
    @Value("孙悟空") String personName;
    // 配置一个 Bean: chinese
    @Bean(name="chinese")
    public Person person()
    {
        Chinese p = new Chinese();
        p.setAxe(stoneAxe());
        p.setName(personName);
        return p;
    }
    // 配置 Bean: stoneAxe
    @Bean(name="stoneAxe")
    public Axe stoneAxe()
    {
        return new StoneAxe();
    }
    // 配置 Bean: steelAxe
    @Bean(name="steelAxe")
```

```
    public Axe steelAxe()
    {
        return new SteelAxe();
    }
}
```

上面的配置文件中使用了 Java 配置类的三个常用注解。

➢ @Configuration：用于修饰一个 Java 配置类。

➢ @Bean：用于修饰一个方法，将该方法的返回值定义成容器中的一个 Bean。

➢ @Value：用于修饰一个 Field，用于为该 Field 配置一个值，相当于配置一个变量。

一旦使用了 Java 配置类来管理 Spring 容器中的 Bean 及其依赖关系，此时就需要使用如下方式来创建 Spring 容器：

```
// 创建 Spring 容器
ApplicationContext ctx = new
    AnnotationConfigApplicationContext(AppConfig.class);
```

上面的 AnnotationConfigApplicationContext 类会根据 Java 配置类来创建 Spring 容器。不仅如此，该类还提供了一个 register(Class)方法用于添加 Java 配置类。

获得 Spring 容器之后，接下来利用 Spring 容器获取 Bean 实例、调用 Bean 方法就没有任何特别之处了。

使用 Java 配置类时，还有如下常用的注解。

➢ @Import：修饰一个 Java 配置类，用于向当前 Java 配置类中导入其他 Java 配置类。

➢ @Scope：用于修饰一个方法，指定该方法对应的 Bean 的生命域。

➢ @Lazy：用于修饰一个方法，指定该方法对应的 Bean 是否需要延迟初始化。

➢ @DependsOn：用于修饰一个方法，指定在初始化该方法对应的 Bean 之前初始化指定的 Bean。

就普通用户习惯来看，还是使用 XML 配置文件管理 Bean 及其依赖关系更为方便——毕竟使用 XML 文件来管理 Bean 及其依赖关系是为了解耦。但这种 Java 配置类的方式又退回到 Java 代码耦合层次，只是将这种耦合集中到一个或多个 Java 配置类中。这种方式到底有多少价值呢？

实际上，Spring 提供@Configuration 和@Bean 并不是为了完全取代 XML 配置，只是希望将它作为 XML 配置的一种补充。对于 Spring 框架的用户来说，Spring 配置文件的"急剧膨胀"是一个让人头痛的点，因此 Spring 框架从 2.0 开始就不断地寻找各种对配置文件"减肥"的方法。

后面所介绍的各种注解也都是为了简化 Spring 配置文件而出现的，但由于注解引入时间较晚，因此在一些特殊功能的支持上，注解还不如 XML 强大。因此，在目前的多数项目中，要么完全使用 XML 配置方式管理 Bean 的配置，要么使用以注解为主、XML 为辅的配置方式管理 Bean 的配置，想要完全放弃 XML 配置还是比较难的。

之所以会出现两者共存的情况，主要归结为三个原因：其一，目前绝大多数采用 Spring 进行开发的项目，几乎都是基于 XML 配置方式的，Spring 在引入注解的同时，必须保证注解能够与 XML 和谐共存，这是前提；其二，由于注解引入较晚，因此功能也没有发展多年的 XML 强大，对于复杂的配置，注解还很难独当一面，在一段时间内仍然需要 XML 的配合才能解决问题；其三，Spring 的 Bean 的配置方式与 Spring 核心模块之间是解耦的，因此，改变配置方式对 Spring 的框架自身是透明的。Spring 可以通过使用 Bean 后处理器（BeanPostProcessor）非常方便地增加对于注解的支持。这在技术实现上是非常容易的事情。

因此，在实际项目中可能会混合使用 XML 配置和 Java 类配置，在这种混合下存在一个问题：项目到底以 XML 配置为主，还是以 Java 类配置为主呢？

①如果以 XML 配置为主，就需要让 XML 配置能加载 Java 类配置。这并不难，只要在 XML 配置中增加如下代码即可：

```xml
<?xml version="1.0" encoding="GBK"?>
<beans xmlns="http://www.springframework.org/schema/beans"
    xmlns:xsi="http://www.w3.org/2001/XMLSchema-instance"
    xmlns:context="http://www.springframework.org/schema/context"
```

```
        xsi:schemaLocation="http://www.springframework.org/schema/beans
        http://www.springframework.org/schema/beans/spring-beans.xsd
        http://www.springframework.org/schema/context
        http://www.springframework.org/schema/context/spring-context.xsd">
        <context:annotation-config/>
        <!-- 加载 Java 配置类 -->
        <bean class="org.crazyit.app.config.AppConfig"/>
</beans>
```

    由于以 XML 配置为主，因此应用创建 Spring 容器时，还是以这份 XML 配置文件为参数来创建 ApplicationContext 对象。那么 Spring 会先加载这份 XML 配置文件，再根据这份 XML 配置文件的指示去加载指定的 Java 配置类。

    ②如果以 Java 类配置为主，就需要让 Java 配置类能加载 XML 配置。这就需要借助于 @ImportResource 注解，这个注解可修饰 Java 配置类，用于导入指定的 XML 配置文件。也就是在 Java 配置类上增加如下注解：

```
@Configuration
// 导入 XML 配置
@ImportResource("classpath:/beans.xml")
public class MyConfig
{
    ......
}
```

    由于以 Java 类配置为主，因此应用创建 Spring 容器时，应以 Java 配置类为参数，通过创建 AnnotationConfigApplicationContext 对象作为 Spring 容器。那么 Spring 会先加载这个 Java 配置类，再根据这个 Java 配置类的指示去加载指定的 XML 配置文件。

7.7　创建 Bean 的 3 种方式

    在大多数情况下，Spring 容器直接通过 new 关键字调用构造器来创建 Bean 实例，而 class 属性指定了 Bean 实例的实现类。因此，<bean.../>元素必须指定 Bean 实例的 class 属性，但这并不是实例化 Bean 的唯一方法。

提示： ·······································

      使用实例工厂方法创建 Bean 实例，以及使用子 Bean 方法创建 Bean 实例时，都可以不指定 class 属性。

    Spring 支持使用如下方式来创建 Bean。
➢ 调用构造器创建 Bean。
➢ 调用静态工厂方法创建 Bean。
➢ 调用实例工厂方法创建 Bean。

▶▶ 7.7.1　使用构造器创建 Bean 实例

    使用构造器来创建 Bean 实例是最常见的情况，如果不采用构造注入，Spring 底层会调用 Bean 类的无参数构造器来创建实例，因此要求该 Bean 类提供无参数的构造器。在这种情况下，class 元素是必需的（除非采用继承），class 属性的值就是 Bean 实例的实现类。

    如果不采用构造注入，Spring 容器将使用默认的构造器来创建 Bean 实例，Spring 对 Bean 实例的所有属性执行默认初始化，即所有基本类型的值初始化为 0 或 false；所有引用类型的值初始化为 null。

    接下来，BeanFactory 会根据配置文件决定依赖关系，先实例化被依赖的 Bean 实例，然后为 Bean 注入依赖关系，最后将一个完整的 Bean 实例返回给程序。

    如果采用构造注入，则要求配置文件为<bean.../>元素添加<constructor-arg.../>子元素，每个 <constructor-arg.../> 子元素配置一个构造器参数。Spring 容器将使用带对应参数的构造器来创建 Bean

实例，Spring 调用构造器传入的参数即可用于初始化 Bean 的实例变量，最后也将一个完整的 Bean 实例返回给程序。

前面已经有大量示例示范了使用构造器创建 Bean 的方式，故此处不再赘述。

▶▶ 7.7.2 使用静态工厂方法创建 Bean

使用静态工厂方法创建 Bean 实例时，class 属性也必须指定，但此时 class 属性并不是指定 Bean 实例的实现类，而是静态工厂类，Spring 通过该属性知道由哪个工厂类来创建 Bean 实例。

除此之外，还需要使用 factory-method 属性来指定静态工厂方法，Spring 将调用静态工厂方法（可能包含一组参数）返回一个 Bean 实例，一旦获得了指定 Bean 实例，Spring 后面的处理步骤与采用普通方法创建 Bean 实例则完全一样。

下面的 Bean 要由 factory-method 指定的静态工厂方法来创建，所以这个<bean.../>元素的 class 属性指定的是静态工厂类，factory-method 指定的工厂方法必须是静态的。

由此可见，采用静态工厂方法创建 Bean 实例时，<bean.../>元素需要指定如下两个属性。

➢ class：该属性的值为静态工厂类的类名。

➢ factory-method：该属性指定静态工厂方法来生产 Bean 实例。

如果静态工厂方法需要参数，则使用<constructor-arg.../>元素传入。

下面先定义一个 Being 接口，静态工厂方法所生产的产品是该接口的实例。

程序清单：codes\07\7.7\staticFactory\src\org\crazyit\app\service\Being.java

```
public interface Being
{
    public void testBeing();
}
```

下面是接口的两个实现类，静态工厂方法将会产生这两个实现类的实例。

程序清单：codes\07\7.7\staticFactory\src\org\crazyit\app\service\impl\Dog.java

```
public class Dog implements Being
{
    private String msg;
    // msg 的 setter 方法
    public void setMsg(String msg)
    {
        this.msg = msg;
    }
    // 实现接口必须实现的 testBeing()方法
    public void testBeing()
    {
        System.out.println(msg +
            ", 狗爱啃骨头");
    }
}
```

程序清单：codes\07\7.7\staticFactory\src\org\crazyit\app\service\impl\Cat.java

```
public class Cat implements Being
{
    private String msg;
    // msg 的 setter 方法
    public void setMsg(String msg)
    {
        this.msg = msg;
    }
    // 实现接口必须实现的 testBeing()方法
    public void testBeing()
    {
        System.out.println(msg +
            ", 猫喜欢吃老鼠");
    }
}
```

下面的 BeingFactory 工厂包含了一个 getBeing()静态方法，该静态方法用于返回一个 Being 实例，这就是典型的静态工厂类。

程序清单：codes\07\7.7\staticFactory\src\org\crazyit\app\factory\BeingFactory.java

```java
public class BeingFactory
{
    // 返回 Being 实例的静态工厂方法
    // arg 参数决定返回哪个 Being 类的实例
    public static Being getBeing(String arg)
    {
        // 调用此静态方法的参数为 dog，则返回 Dog 实例
        if (arg.equalsIgnoreCase("dog"))
        {
            return new Dog();
        }
        // 否则返回 Cat 实例
        else
        {
            return new Cat();
        }
    }
}
```

上面的 BeingFactory 类是一个静态工厂类，该类的 getBeing()方法是一个静态工厂方法，该方法根据传入的参数决定返回 Cat 对象，还是 Dog 对象。

如果需要指定 Spring 让 BeingFactory 来生产 Being 对象，则应该按如下静态工厂方法的方式来配置 Dog、Cat Bean。本应用中的 Spring 配置文件如下。

程序清单：codes\07\7.7\staticFactory\src\beans.xml

```xml
<?xml version="1.0" encoding="GBK"?>
<beans xmlns:xsi="http://www.w3.org/2001/XMLSchema-instance"
    xmlns="http://www.springframework.org/schema/beans"
    xsi:schemaLocation="http://www.springframework.org/schema/beans
    http://www.springframework.org/schema/beans/spring-beans.xsd">
    <!-- 下面配置驱动 Spring 调用 BeingFactory 的静态 getBeing()方法来创建 Bean，
    该 bean 元素包含的 constructor-arg 元素用于为静态工厂方法指定参数，
    因此这段配置会驱动 Spring 以反射方式来执行如下代码：
    dog = org.crazyit.app.factory.BeingFactory.getBeing("dog"); -->
    <bean id="dog" class="org.crazyit.app.factory.BeingFactory"
        factory-method="getBeing">
        <!-- 配置静态工厂方法的参数 -->
        <constructor-arg value="dog"/>
        <!-- 驱动 Spring 以"我是狗"为参数来执行 dog 的 setMsg()方法 -->
        <property name="msg" value="我是狗"/>
    </bean>
    <!-- 下面配置会驱动 Spring 以反射方式来执行如下代码：
    dog = org.crazyit.app.factory.BeingFactory.getBeing("cat"); -->
    <bean id="cat" class="org.crazyit.app.factory.BeingFactory"
        factory-method="getBeing">
        <!-- 配置静态工厂方法的参数 -->
        <constructor-arg value="cat"/>
        <!-- 驱动 Spring 以"我是猫"为参数来执行 dog 的 setMsg()方法 -->
        <property name="msg" value="我是猫"/>
    </bean>
</beans>
```

从上面的配置文件可以看出，cat 和 dog 两个 Bean 配置的 class 属性和 factory-method 属性完全相同——这是因为这两个实例都是由同一个静态工厂类、同一个静态工厂方法生产得到的。配置这两个 Bean 实例时指定的静态工厂方法的参数值不同，配置工厂方法的参数值使用<contructor-arg.../>元素，如上配置文件所示。

一旦为<bean.../>元素指定了 factory-method 属性，Spring 就不再调用构造器来创建 Bean 实例，而是调用工厂方法来创建 Bean 实例。如果同时指定了 class 和 factory-method 两个属性，Spring 就会调用

静态工厂方法来创建 Bean。上面两段配置驱动 Spring 执行的 Java 代码已在注释中给出。

　　主程序获取 Spring 容器的 cat、dog 两个 Bean 实例的方法依然无须改变，只需要调用 Spring 容器的 getBean()方法即可。主程序如下。

程序清单：codes\07\7.7\staticFactory\src\lee\SpringTest.java

```
public class SpringTest
{
    public static void main(String[] args)
    {
        // 以类加载路径下的 beans.xml 配置文件创建 Spring 容器
        ApplicationContext ctx = new
            ClassPathXmlApplicationContext("beans.xml");
        Being b1 = ctx.getBean("dog" , Being.class);
        b1.testBeing();
        Being b2 = ctx.getBean("cat" , Being.class);
        b2.testBeing();
    }
}
```

　　使用静态工厂方法创建实例时必须提供工厂类，工厂类包含产生实例的静态工厂方法。通过静态工厂方法创建实例时需要对配置文件进行如下改变。

　　➤ class 属性的值不再是 Bean 实例的实现类，而是生成 Bean 实例的静态工厂类。

　　➤ 使用 factory-method 属性指定创建 Bean 实例的静态工厂方法。

　　➤ 如果静态工厂方法需要参数，则使用<constructor-arg.../>元素指定静态工厂方法的参数。

　　指定 Spring 使用静态工厂方法来创建 Bean 实例时，Spring 将先解析配置文件，并根据配置文件指定的信息，通过反射调用静态工厂类的静态工厂方法，将该静态工厂方法的返回值作为 Bean 实例。在这个过程中，Spring 不再负责创建 Bean 实例，Bean 实例是由用户提供的静态工厂类负责创建的。

　　当静态工厂方法创建了 Bean 实例后，Spring 依然可以管理该 Bean 实例的依赖关系，包括为其注入所需的依赖 Bean、管理其生命周期等。

▶▶ 7.7.3　调用实例工厂方法创建 Bean

　　实例工厂方法与静态工厂方法只有一点不同：调用静态工厂方法只需使用工厂类即可，而调用实例工厂方法则需要工厂实例。所以配置实例工厂方法与配置静态工厂方法基本相似，只有一点区别：配置静态工厂方法使用 class 指定静态工厂类，而配置实例工厂方法则使用 factory-bean 指定工厂实例。

　　使用实例工厂方法时，配置 Bean 实例的<bean.../>元素无须 class 属性，因为 Spring 容器不再直接实例化该 Bean，Spring 容器仅仅调用实例工厂的工厂方法，工厂方法负责创建 Bean 实例。

　　采用实例工厂方法创建 Bean 的<bean.../>元素时需要指定如下两个属性。

　　➤ factory-bean：该属性的值为工厂 Bean 的 id。

　　➤ factory-method：该属性指定实例工厂的工厂方法。

　　与静态工厂方法相似，如果需要在调用实例工厂方法时传入参数，则使用<constructor-arg.../>元素指定参数值。

　　下面先定义一个 Person 接口，实例工厂方法所产生的对象将实现 Person 接口。

程序清单：codes\07\7.7\instanceFactory\src\org\crazyit\app\service\Person.java

```
public interface Person
{
    // 定义一个打招呼的方法
    public String sayHello(String name);
    // 定义一个告别的方法
    public String sayGoodBye(String name);
}
```

　　该接口定义了 Person 的规范，该接口必须拥有两个方法：能打招呼、能告别，实现该接口的类必须实现这两个方法。下面是 Person 接口的第一个实现类：American。

程序清单：codes\07\7.7\instanceFactory\src\org\crazyit\app\service\impl\American.java

```
public class American implements Person
{
    // 实现 Person 接口必须实现如下两个方法
    public String sayHello(String name)
    {
        return name + ",Hello!";
    }
    public String sayGoodBye(String name)
    {
        return name + ",Good Bye!";
    }
}
```

下面是 Person 接口的第二个实现类：Chinese。

程序清单：codes\07\7.7\instanceFactory\src\org\crazyit\app\service\impl\Chinese.java

```
public class Chinese implements Person
{
    // 实现 Person 接口必须实现如下两个方法
    public String sayHello(String name)
    {
        return name + "，您好";
    }
    public String sayGoodBye(String name)
    {
        return name + "，下次再见";
    }
}
```

PersonFactory 是负责产生 Person 对象的实例工厂，该工厂类里提供了一个 getPerson()方法，该方法根据传入的 ethnic 参数决定产生哪种 Person 对象。工厂类的代码如下。

程序清单：codes\07\7.7\instanceFactory\src\org\crazyit\app\factory\PersonFactory.java

```
public class PersonFactory
{
    // 获得 Person 实例的实例工厂方法
    // ethnic 参数决定返回哪个 Person 实现类的实例
    public Person getPerson(String ethnic)
    {
        if (ethnic.equalsIgnoreCase("chin"))
        {
            return new Chinese();
        }
        else
        {
            return new American();
        }
    }
}
```

上面的 PersonFactory 就是一个简单的 Person 工厂，getPerson()方法就是负责生产 Person 的工厂方法。由于 getPerson()方法没有使用 static 修饰，因此这只是一个实例工厂方法。

配置实例工厂创建 Bean 与配置静态工厂创建 Bean 基本相似，只需将原来的静态工厂类改为现在的工厂实例即可。该应用的配置文件如下。

程序清单：codes\07\7.7\instanceFactory\src\beans.xml

```
<?xml version="1.0" encoding="GBK"?>
<beans xmlns:xsi="http://www.w3.org/2001/XMLSchema-instance"
    xmlns="http://www.springframework.org/schema/beans"
    xsi:schemaLocation="http://www.springframework.org/schema/beans
    http://www.springframework.org/schema/beans/spring-beans.xsd">
    <!-- 配置工厂 Bean，该 Bean 负责产生其他 Bean 实例 -->
    <bean id="personFactory" class="org.crazyit.app.factory.PersonFactory"/>
    <!-- 下面配置驱动 Spring 调用 personFactory Bean 的 getPerson()方法来创建 Bean,
```

```
该 bean 元素包含的 constructor-arg 元素用于为工厂方法指定参数,
因此这段配置会驱动 Spring 以反射方式来执行如下代码:
PersonFactory pf = container.get("personFactory"); // container 代表 Spring 容器
chinese = pf.getPerson("chin"); -->
<bean id="chinese" factory-bean="personFactory"
    factory-method="getPerson">
    <!-- 配置实例工厂方法的参数 -->
    <constructor-arg value="chin"/>
</bean>
<!-- 下面配置会驱动 Spring 以反射方式来执行如下代码:
PersonFactory pf = container.get("personFactory"); // container 代表 Spring 容器
american = pf.getPerson("ame"); -->
<bean id="american" factory-bean="personFactory"
    factory-method="getPerson">
    <constructor-arg value="ame"/>
</bean>
</beans>
```

调用实例工厂方法创建 Bean，与调用静态工厂方法创建 Bean 的用法基本相似。区别如下。

➢ 配置实例工厂方法创建 Bean,必须将实例工厂配置成 Bean 实例;而配置静态工厂方法创建 Bean,则无须配置工厂 Bean。

➢ 配置实例工厂方法创建 Bean, 必须使用 factory-bean 属性确定工厂 Bean; 而配置静态工厂方法创建 Bean, 则使用 class 元素确定静态工厂类。

相同之处如下。

➢ 都需要使用 factory-method 属性指定产生 Bean 实例的工厂方法。

➢ 工厂方法如果需要参数，都使用<constructor-arg.../>元素指定参数值。

➢ 普通的设值注入，都使用<property.../>元素确定参数值。

7.8 深入理解容器中的 Bean

Spring 框架绝大部分工作都集中在对容器中 Bean 的管理上，包括管理容器中 Bean 的生命周期、使用 Bean 继承等特殊功能。通过深入的管理，应用程序可以更好地使用这些 Java 组件（容器中的 Bean 对应用而言，往往是一个组件）。

7.8.1 抽象 Bean 与子 Bean

在实际开发中，可能出现的场景是：随着项目越来越大，Spring 配置文件中出现了多个<bean.../>配置具有大致相同的配置信息，只有少量信息不同，这将导致配置文件出现很多重复的内容。如果保留这种配置，则可能导致的问题是：

➢ 配置文件臃肿。

➢ 后期难以修改、维护。

为了解决上面问题，可以考虑把多个<bean.../>配置中相同的信息提取出来，集中成配置模板——这个配置模板并不是真正的 Bean，因此 Spring 不应该创建该配置模板，于是需要为该<bean.../>配置增加 abstract="true"——这就是抽象 Bean。

抽象 Bean 不能被实例化，Spring 容器不会创建抽象 Bean 实例。抽象 Bean 的价值在于被继承，抽象 Bean 通常作为父 Bean 被继承。

抽象 Bean 只是配置信息的模板，指定 abstract="true"即可阻止 Spring 实例化该 Bean,因此抽象 Bean 可以不指定 class 属性。

注意

抽象 Bean 不能实例化，因此既不能通过 getBean()显式地获得抽象 Bean 实例，也不能将抽象 Bean 注入成其他 Bean 依赖。不管怎样，只要程序企图实例化抽象 Bean，都将导致错误。

将大部分相同信息配置成抽象 Bean 之后，将实际的 Bean 实例配置成该抽象 Bean 的子 Bean 即可。子 Bean 定义可以从父 Bean 继承实现类、构造器参数、属性值等配置信息，除此之外，子 Bean 配置可以增加新的配置信息，并可指定新的配置信息覆盖父 Bean 的定义。

通过为一个 <bean.../> 元素指定 parent 属性即可指定该 Bean 是一个子 Bean，parent 属性指定该 Bean 所继承的父 Bean 的 id。

> **注意**
>
> 当子 Bean 指定的配置信息与父 Bean 模板所指定的配置信息不一致时，子 Bean 所指定的配置信息将会覆盖父 Bean 所指定的配置信息。

子 Bean 无法从父 Bean 继承如下属性：depends-on、autowire、singleton、scope、lazy-init，这些属性将总是从子 Bean 定义中获得，或采用默认值。

修改上面的配置文件如下，增加了子 Bean 定义。

程序清单：codes\07\7.8\abstract\src\beans.xml

```xml
<?xml version="1.0" encoding="GBK"?>
<beans xmlns:xsi="http://www.w3.org/2001/XMLSchema-instance"
    xmlns="http://www.springframework.org/schema/beans"
    xsi:schemaLocation="http://www.springframework.org/schema/beans
    http://www.springframework.org/schema/beans/spring-beans.xsd">
    <!-- 定义 Axe 实例 -->
    <bean id="steelAxe" class="org.crazyit.app.service.impl.SteelAxe"/>
    <!-- 指定 abstract="true"定义抽象 Bean -->
    <bean id="personTemplate" abstract="true">
        <property name="name" value="crazyit"/>
        <property name="axe" ref="steelAxe"/>
    </bean>
    <!-- 通过指定 parent 属性指定下面的 Bean 配置可从父 Bean 继承得到配置信息 -->
    <bean id="chinese" class="org.crazyit.app.service.impl.Chinese"
        parent="personTemplate"/>
    <bean id="american" class="org.crazyit.app.service.impl.American"
        parent="personTemplate"/>
</beans>
```

在配置文件中 chinese 和 american Bean 都指定了 parent="personTemplate"，表明这两个 Bean 都可从父 Bean 那里继承得到配置信息——虽然这两个 Bean 都没有直接指定 <property.../> 子元素，但它们会从 peronTemplate 模板那里继承得到两个 <property.../> 子元素。也就是说，上面的配置信息实际上相当于如下配置：

```xml
<bean id="chinese" class="org.crazyit.app.service.impl.Chinese">
    <property name="name" value="crazyit"/>
    <property name="axe" ref="steelAxe"/>
</bean>
<bean id="american" class="org.crazyit.app.service.impl.American">
    <property name="name" value="crazyit"/>
    <property name="axe" ref="steelAxe"/>
</bean>
```

不使用抽象 Bean 的配置方式不仅会导致配置文件臃肿，而且不利于项目后期的修改、维护，如果有一天项目需要改变 chinese、american 的 name 或所依赖的 Axe 对象，程序需要逐个修改每个 Bean 的配置信息。如果使用了抽象 Bean，则只需要修改 Bean 模板的配置即可，所有继承该 Bean 模板的子 Bean 的配置信息都会随之改变。

如果父 Bean（抽象 Bean）指定了 class 属性，那么子 Bean 连 class 属性都可省略，子 Bean 将采用与父 Bean 相同的实现类。除此之外，子 Bean 也可覆盖父 Bean 的配置信息：当子 Bean 拥有和父 Bean 相同的配置信息时，子 Bean 的配置信息取胜。

▶▶ 7.8.2 Bean 继承与 Java 继承的区别

Spring 中的 Bean 继承与 Java 中的继承截然不同。前者是实例与实例之间参数值的延续，后者则是一般到特殊的细化；前者是对象与对象之间的关系，后者则是类与类之间的关系。Spring 中 Bean 的继承和 Java 中 Bean 的继承有如下区别。

- ➤ Spring 中的子 Bean 和父 Bean 可以是不同类型，但 Java 中的继承则可保证子类是一种特殊的父类。
- ➤ Spring 中 Bean 的继承是实例之间的关系，因此主要表现为参数值的延续；而 Java 中的继承是类之间的关系，主要表现为方法、属性的延续。
- ➤ Spring 中的子 Bean 不可作为父 Bean 使用，不具备多态性；Java 中的子类实例完全可当成父类实例使用。

▶▶ 7.8.3 容器中的工厂 Bean

此处的工厂 Bean，与前面介绍的实例工厂方法创建 Bean，或者静态工厂方法创建 Bean 的工厂有所区别：前面那些工厂是标准的工厂模式，Spring 只是负责调用工厂方法来创建 Bean 实例；此处的工厂 Bean 是 Spring 的一种特殊 Bean，这种工厂 Bean 必须实现 FactoryBean 接口。

FactoryBean 接口是工厂 Bean 的标准接口，把工厂 Bean（实现 FactoryBean 接口的 Bean）部署在容器中之后，如果程序通过 getBean()方法来获取它时，容器返回的不是 FactoryBean 实现类的实例，而是返回 FactoryBean 的产品（即该工厂 Bean 的 getObject()方法的返回值）。

FactoryBean 接口提供如下三个方法。

- ➤ T getObject()：实现该方法负责返回该工厂 Bean 生成的 Java 实例。
- ➤ Class<?> getObjectType()：实现该方法返回该工厂 Bean 生成的 Java 实例的实现类。
- ➤ boolean isSingleton()：实现该方法表示该工厂 Bean 生成的 Java 实例是否为单例模式。

配置 FactoryBean 与配置普通 Bean 的定义没有区别，但当程序向 Spring 容器请求获取该 Bean 时，容器返回该 FactoryBean 的产品，而不是返回该 FactoryBean 本身。

从上面介绍不难发现，实现 FactoryBean 接口的最大作用在于：Spring 容器并不是简单地返回该 Bean 的实例，而是返回该 Bean 实例的 getObject()方法的返回值，而 getObject()方法则由开发者负责实现，这样开发者希望 Spring 返回什么，只要按需求重写 getObject()方法即可。

下面示例打算开发一个简单的工厂 Bean，该工厂 Bean 可用于获取指定类的、指定类变量的值，程序把获取指定类的、指定类变量的实现逻辑放在 getObject()方法中即可。

下面定义了一个标准的工厂 Bean，这个工厂 Bean 实现了 FactoryBean 接口。

程序清单：codes\07\7.8\GetFieldFactoryBean\src\org\crazyit\app\factory\PersonFactory.java

```java
public class GetFieldFactoryBean implements FactoryBean<Object>
{
    private String targetClass;
    private String targetField;
    // targetClass 的 setter 方法
    public void setTargetClass(String targetClass)
    {
        this.targetClass = targetClass;
    }
    // targetField 的 setter 方法
    public void setTargetField(String targetField)
    {
        this.targetField = targetField;
    }
    // 返回工厂 Bean 所生产的产品
    public Object getObject() throws Exception
    {
        Class<?> clazz = Class.forName(targetClass);
        Field field = clazz.getField(targetField);
        return field.get(null);
    }
}
```

```
    // 获取工厂 Bean 所生产的产品的类型
    public Class<? extends Object> getObjectType()
    {
        return Object.class;
    }
    // 返回该工厂 Bean 所生产的产品是否为单例
    public boolean isSingleton()
    {
        return false;
    }
}
```

上面的 GetFieldFactoryBean 是一个标准的工厂 Bean，该工厂 Bean 的关键代码就在于粗体字代码所实现的 getObect()方法，该方法的执行体使用反射先获取 targetClass 对应的 Class 对象，再获取 targetField 对应的类变量的值。GetFieldFactoryBean 的 targetClass、targetField 都提供了 setter 方法，因此可接受 Spring 的设值注入，这样即可让 GetFieldFactoryBean 获取指定类的、指定静态 Field 的值。

由于程序不需要让 GetFieldFactoryBean 的 getObject()方法产生的值是单例的，故该工厂类的 isSingleton()方法返回 false。

下面配置文件将使用 GetFieldFactoryBean 来获取指定类的、指定静态 Field 的值。

程序清单：codes\07\7.8\GetFieldFactoryBean\src\beans.xml

```xml
<?xml version="1.0" encoding="GBK"?>
<beans xmlns:xsi="http://www.w3.org/2001/XMLSchema-instance"
    xmlns="http://www.springframework.org/schema/beans"
    xsi:schemaLocation="http://www.springframework.org/schema/beans
    http://www.springframework.org/schema/beans/spring-beans.xsd">
    <!-- 下面配置相当于如下代码：
    FactoryBean factory = new org.crazyit.app.factory.GetFieldFactoryBean();
    factory.setTargetClass("java.awt.BorderLayout");
    factory.setTargetField("NORTH");
    north = factory.getObject(); -->
    <bean id="north" class="org.crazyit.app.factory.GetFieldFactoryBean">
        <property name="targetClass" value="java.awt.BorderLayout"/>
        <property name="targetField" value="NORTH"/>
    </bean>
    <!-- 下面配置相当于如下代码：
    FactoryBean factory = new org.crazyit.app.factory.GetFieldFactoryBean();
    factory.setTargetClass("java.sql.ResultSet");
    factory.setTargetField("TYPE_SCROLL_SENSITIVE");
    theValue = factory.getObject(); -->
    <bean id="theValue" class="org.crazyit.app.factory.GetFieldFactoryBean">
        <property name="targetClass" value="java.sql.ResultSet"/>
        <property name="targetField" value="TYPE_SCROLL_SENSITIVE"/>
    </bean>
</beans>
```

从上面的程序可以看出，部署工厂 Bean 与部署普通 Bean 其实没有任何区别，同样只需为该 Bean 配置 id、class 两个属性即可，但 Spring 对 FactoryBean 接口的实现类的处理有所不同。

Spring 容器会自动检测容器中的所有 Bean，如果发现某个 Bean 实现类实现了 FactoryBean 接口，Spring 容器就会在实例化该 Bean、根据<property.../>执行 setter 方法之后，额外调用该 Bean 的 getObject()方法，并将该方法的返回值作为容器中的 Bean，正如上面配置文件中粗体字注释代码所标出的。

下面程序示范了获取容器中的 FactoryBean 的产品。

程序清单：codes\07\7.8\FactoryBean\src\lee\SpringTest.java

```java
public class SpringTest
{
    public static void main(String[] args)throws Exception
    {
        ApplicationContext ctx = new
            ClassPathXmlApplicationContext("beans.xml");
        // 下面两行代码获取 FactoryBean 的产品
        System.out.println(ctx.getBean("north"));
        System.out.println(ctx.getBean("theValue"));
```

```
        // 下面代码可获取 FactoryBean 本身
        System.out.println(ctx.getBean("&theValue"));
    }
}
```

上面程序中前两行粗体字代码直接请求容器中的 FactoryBean，Spring 将不会返回该 FactoryBean 本身，而是返回该 FactoryBean 的产品；程序中的第三行粗体字代码在 Bean id 前增加&符号，这将会让 Spring 返回 FactoryBean 本身。

编译、运行该程序，可以看到如下输出：

```
North
1005
org.crazyit.app.factory.GetFieldFactoryBean@490ab905
```

从上面三行输出可以看出，使用该 GetFieldFactoryBean 即可让程序自由获取任意类的、任意静态 Field 的值。实际上，Spring 框架本身提供了一个 FieldRetrievingFactoryBean，这个 FactoryBean 与此处实现的 GetFieldFactoryBean 具有基本相同的功能，7.10 节会详细介绍 FieldRetrievingFactoryBean 的功能和用法。

当程序需要获得 FactoryBean 本身时，并不直接请求 Bean id，而是在 Bean id 前增加&符号，容器则返回 FactoryBean 本身，而不是其产品 Bean。

实际上，FactoryBean 是 Spring 中非常有用的一个接口，Spring 内置提供了很多实用的工厂 Bean，例如 TransactionProxyFactoryBean 等，这个工厂 Bean 专门用于为目标 Bean 创建事务代理。

> **提示：**
> Spring 提供的工厂 Bean，大多以 FactoryBean 后缀结尾，并且大多用于生产一批具有某种特征的 Bean 实例，工厂 Bean 是 Spring 的一个重要工具类。

➤➤ 7.8.4　获得 Bean 本身的 id

对于实际的 Java 应用而言，Bean 与 Bean 之间的关系是通过依赖注入管理的，通常不会通过调用容器的 getBean()方法来获取 Bean 实例。可能的情况是，应用中已经获得了 Bean 实例的引用，但程序无法知道配置该 Bean 时指定的 id，可是程序又确实需要获取配置该 Bean 时指定的 id 属性。

此外，当程序员在开发一个 Bean 类时，该 Bean 何时被部署到 Spring 容器中，部署到 Spring 容器时所指定的 id 是什么，开发该 Bean 类的程序员无法提前预知。

在某些极端情况下，业务要求程序员在开发 Bean 类时能预先知道该 Bean 的配置 id，此时可借助 Spring 提供的 BeanNameAware 接口，通过该接口即可提前预知该 Bean 的配置 id。

BeanNameAware 接口提供了一个方法：setBeanName(String name)，该方法的 name 参数就是 Bean 的 id，实现该方法的 Bean 类就可通过该方法来获得部署该 Bean 的 id 了。

> **提示：**
> BeanNameAware 接口中的 setBeanName(String name)方法与前面介绍的 BeanFactory Aware、ApplicationContextAware 两个接口中的 setter 方法一样，这个 setter 方法不是由程序员来调用的，该方法由 Spring 容器负责调用 —— 当 Spring 容器调用这个 setter 方法时，会把部署该 Bean 的 id 属性作为参数传入。

下面定义了一个 Bean，该 Bean 实现了 BeanNameAware 接口。

程序清单：codes\07\7.8\BeanNameAware\src\org\crazyit\app\service\Chinese.java

```
public class Chinese implements BeanNameAware
{
    // 保存部署该 Bean 时指定的 id 属性
    private String beanName;
    // Spring 容器会在创建该 Bean 之后，自动调用它的 setBeanName()方法
    // 调用该方法时，会将该 Bean 的配置 id 作为参数传给该方法
    public void setBeanName(String name)
```

```
    {
        this.beanName = name;
    }
    public void info()
    {
        System.out.println("Chinese 实现类"
            + ", 部署该 Bean 时指定的 id 为" + beanName);
    }
}
```

上面的 Chinese 类实现了 BeanNameAware 接口，并实现了该接口提供的 setBeanName()方法。

Spring 容器会检测容器中的所有 Bean，如果发现某个 Bean 实现了 BeanNameAware 接口，Spring 容器就会在创建该 Bean 之后，自动调用该 Bean 的 setBeanName()方法，调用该方法时，会将该 Bean 的配置 id 作为参数传给该方法——该方法的实现部分将 Spring 传入的参数（Bean 的配置 id）赋给该 Chinese 对象的 beanName 实例变量，因此接下来即可通过该 beanName 实例变量来访问容器本身。

将该 Bean 部署在容器中，该 Bean 的部署与普通 Bean 的部署没有任何区别。在主程序中通过如下代码测试。

程序清单：codes\07\7.8\BeanNameAware\src\lee\SpringTest.java

```
public class SpringTest
{
    public static void main(String[] args)
    {
        // 创建 Spring 容器，容器会自动预初始化所有 singleton Bean 实例
        ApplicationContext ctx =
            new ClassPathXmlApplicationContext("beans.xml");
        Chinese chin = ctx.getBean("chinese" , Chinese.class);
        chin.info();
    }
}
```

从代码执行结果可以看到，Spring 容器初始化 Chinese Bean 时回调 setBeanName()方法，回调该方法时，该 Bean 的配置 id 将会作为参数传给 beanName 实例变量，这样该 Bean 的其他方法即可通过 beanName 实例变量来访问该 Bean 的配置 id。

提示：
在 Bean 类中需要获得 Bean 的配置 id 的情形并不是特别常见的，但如果有这种需要，即可考虑让 Bean 类实现 BeanNameAware 接口。

▶▶ 7.8.5 强制初始化 Bean

在大多数情况下，Bean 之间的依赖非常直接，Spring 容器在返回 Bean 实例之前，先要完成 Bean 依赖关系的注入。假如 Bean A 依赖于 Bean B，程序请求 Bean A 时，Spring 容器会自动先初始化 Bean B，再将 Bean B 注入 Bean A，最后将具备完整依赖的 Bean A 返回给程序。

在极端的情况下，Bean 之间的依赖不够直接。比如，某个类的初始化块中使用其他 Bean，Spring 总是先初始化主调 Bean，当执行初始化块时，被依赖 Bean 可能还没实例化，此时将引发异常。

为了显式指定被依赖 Bean 在目标 Bean 之前初始化，可以使用 depends-on 属性，该属性可以在初始化主调 Bean 之前，强制初始化一个或多个 Bean。配置片段如下：

```
<!-- 配置 beanOne, 使用 depends-on 强制在初始化 beanOne 之前初始化 manager Bean -->
<bean id="beanOne" class="lee.ExampleBean" depends-on="manager"/>
<bean id="manager" class="org.crazyit.app.service.impl.ManagerBean"/>
```

📁 7.9 容器中 Bean 的生命周期

Spring 可以管理 singleton 作用域的 Bean 的生命周期，Spring 可以精确地知道该 Bean 何时被创建、何时被初始化完成、容器何时准备销毁该 Bean 实例。

对于 prototype 作用域的 Bean，Spring 容器仅仅负责创建，当容器创建了 Bean 实例之后，Bean 实

例完全交给客户端代码管理，容器不再跟踪其生命周期。每次客户端请求 prototype 作用域的 Bean 时，Spring 都会产生一个新的实例，Spring 容器无从知道它曾经创建了多少个 prototype 作用域的 Bean，也无从知道这些 prototype 作用域的 Bean 什么时候才会被销毁。因此，Spring 无法管理 prototype 作用域的 Bean。

对于 singleton 作用域的 Bean，每次客户端代码请求时都返回同一个共享实例，客户端代码不能控制 Bean 的销毁，Spring 容器负责跟踪 Bean 实例的产生、销毁。Spring 容器可以在创建 Bean 之后，进行某些通用资源申请；还可以在销毁 Bean 实例之前，先回收某些资源，比如数据库连接。

对于 singleton 作用域的 Bean，Spring 容器知道 Bean 何时实例化结束、何时销毁，Spring 可以管理实例化结束之后和销毁之前的行为。管理 Bean 的生命周期行为主要有如下两个时机。

➢ 注入依赖关系之后。
➢ 即将销毁 Bean 之前。

▶▶ 7.9.1　依赖关系注入之后的行为

Spring 提供两种方式在 Bean 全部属性设置成功后执行特定行为。

➢ 使用 init-method 属性。
➢ 实现 InitializingBean 接口。

第一种方式：使用 init-method 属性指定某个方法应在 Bean 全部依赖关系设置结束后自动执行。使用这种方式不需要将代码与 Spring 的接口耦合在一起，代码污染小。

第二种方式：也可达到同样的效果，就是让 Bean 类实现 InitializingBean 接口，该接口提供一个方法——void afterPropertiesSet() throws Exception;。

Spring 容器会在为该 Bean 注入依赖关系之后，调用该 Bean 所实现的 afterPropertiesSet()方法。

下面示例中的 Bean 类既实现了 InitializingBean 接口，也包含了一个普通的初始化方法——在配置文件中将该方法配置成初始化方法。

下面是该 Bean 实现类的代码。

程序清单：codes\07\7.9\lifecycle-init\src\org\crazyit\app\service\impl\Chinese.java

```java
public class Chinese implements Person , InitializingBean
, BeanNameAware, ApplicationContextAware
{
    private Axe axe;
    public void setBeanName(String beanName)
    {
        System.out.println("===setBeanName===");
    }
    public void setApplicationContext(ApplicationContext ctx)
    {
        System.out.println("===setApplicationContext===");
    }
    public Chinese()
    {
        System.out.println("Spring 实例化主调bean：Chinese 实例...");
    }
    // axe 的 setter 方法
    public void setAxe(Axe axe)
    {
        System.out.println("Spring 调用 setAxe()执行依赖注入...");
        this.axe = axe;
    }
    public void useAxe()
    {
        System.out.println(axe.chop());
    }
    // 测试用的初始化方法
    public void init()
    {
        System.out.println("正在执行初始化方法 init...");
    }
    // 实现 InitializingBean 接口必须实现的方法
```

```
    public void afterPropertiesSet() throws Exception
    {
        System.out.println("正在执行初始化方法 afterPropertiesSet...");
    }
}
```

上面程序中的粗体字代码定义了一个普通的 init()方法，实际上这个方法的方法名是任意的，并不一定是 init()，Spring 也不会对这个 init()方法进行任何特别的处理。只是配置文件使用 init-method 属性指定该方法是一个"生命周期方法"。

增加 init-method="init"来指定 init()方法应在 Bean 的全部属性设置结束后自动执行，如果它不实现 InitializingBean 接口，上面的 Chinese 类没有实现任何 Spring 的接口，只是增加一个普通的 init()方法，它依然是一个普通的 Java 文件，没有代码污染。

上面程序中的粗体字代码的 afterPropertiesSet()方法是一个特殊的方法，Bean 类实现 InitializingBean 接口必须实现该方法。

除此之外，该实现类还实现了 Spring 提供的 BeanNameAware、ApplicationContextAware 接口，并实现了这两个接口中定义的 setBeanName()、setApplicationContext()方法，这样即可观察到 Spring 容器在创建 Bean 实例、调用 setter 方法执行依赖注入、执行完 setBeanName()、setApplicationContext()方法之后，自动执行 Bean 的初始化行为（包括 init-method 指定的方法和 afterPropertiesSet()方法）。

下面的配置文件指定 org.crazyit.app.service.impl.Chinese 的 init()方法是一个生命周期方法。

程序清单：codes\07\7.9\lifecycle-init\src\beans.xml

```xml
<?xml version="1.0" encoding="GBK"?>
<beans xmlns:xsi="http://www.w3.org/2001/XMLSchema-instance"
    xmlns="http://www.springframework.org/schema/beans"
    xsi:schemaLocation="http://www.springframework.org/schema/beans
    http://www.springframework.org/schema/beans/spring-beans.xsd">
    <bean id="steelAxe" class="org.crazyit.app.service.impl.SteelAxe"/>
    <!-- 配置 chinese Bean，使用 init-method="init"
        指定该 Bean 所有属性设置完成后，自动执行 init 方法 -->
    <bean id="chinese" class="org.crazyit.app.service.impl.Chinese"
        init-method="init">
        <property name="axe" ref="steelAxe"/>
    </bean>
</beans>
```

运行该示例，可以看到如下输出：

```
Spring 实例化依赖 bean：SteelAxe 实例...
Spring 实例化主调 bean：Chinese 实例...
Spring 调用 setAxe()执行依赖注入...
===setBeanName===
===setApplicationContext===
正在执行初始化方法 afterPropertiesSet...
正在执行初始化方法 init...
钢斧砍柴真快
```

通过上面的执行结果可以看出，当 Spring 将 steelAxe 注入 chinese Bean（即完成依赖注入）之后，以及调用了 setBeanName()、setApplicationContext()方法之后，Spring 先调用该 Bean 的 afterPropertiesSet()方法进行初始化，再调用 init-method 属性所指定的方法进行初始化。

对于实现 InitializingBean 接口的 Bean，无须使用 init-method 属性来指定初始化方法，配置该 Bean 实例与配置普通 Bean 实例完全一样，Spring 容器会自动检测 Bean 实例是否实现了特定生命周期接口，并由此决定是否需要执行生命周期方法。

如果某个 Bean 类实现了 InitializingBean 接口，当该 Bean 的所有依赖关系被设置完成后，Spring 容器会自动调用该 Bean 实例的 afterPropertiesSet()方法。其执行结果与采用 init-method 属性指定生命周期方法几乎一样。但实现 InitializingBean 接口污染了代码，是侵入式设计，因此不推荐采用。

▶▶ 7.9.2   Bean 销毁之前的行为

与定制初始化行为相似, Spring 也提供两种方式定制 Bean 实例销毁之前的特定行为, 这两种方式如下。

➢ 使用 destroy-method 属性。

➢ 实现 DisposableBean 接口。

第一种方式: 使用 destroy-method 属性指定某个方法在 Bean 销毁之前被自动执行。使用这种方式, 不需要将代码与 Spring 的接口耦合在一起, 代码污染小。

第二种方式: 也可达到同样的效果, 就是让 Chinese 类实现 DisposableBean 接口, 该接口内提供一个方法——void destroy() throws Exception;。

实现该接口必须实现该方法, 该方法就是 Bean 实例销毁之前应该执行的方法。

下面的示例程序让 Bean 类既包括一个普通方法, 但在配置时将该方法指定为生命周期方法; 也让该 Bean 类实现 DisposableBean 接口, 因此也包含一个 destroy()生命周期方法。该 Bean 类的代码如下。

程序清单: codes\07\7.9\lifecycle-destroy\src\org\crazyit\app\service\impl\Chinese.java

```java
public class Chinese implements Person,DisposableBean
{
    private Axe axe;
    public Chinese()
    {
        System.out.println("Spring 实例化主调 bean: Chinese 实例...");
    }
    public void setAxe(Axe axe)
    {
        System.out.println("Spring 执行依赖关系注入...");
        this.axe = axe;
    }
    public void useAxe()
    {
        System.out.println(axe.chop());
    }
    public void close()
    {
        System.out.println("正在执行销毁之前的方法 close...");
    }
    public void destroy() throws Exception
    {
        System.out.println("正在执行销毁之前的方法 destroy...");
    }
}
```

上面程序中的粗体字代码定义了一个普通的 close()方法, 实际上这个方法的方法名是任意的, 并不一定是 close(), Spring 也不会对这个 close()方法进行任何特别的处理。只是配置文件使用 destroy-method 属性指定该方法是一个 "生命周期方法"。

增加 destroy-method="close" 来指定 close()方法应在 Bean 实例销毁之前自动执行, 如果它不实现 DisposableBean 接口, 上面的 Chinese 类没有实现任何 Spring 的接口, 只是增加一个普通的 close()方法, 它依然是一个普通的 Java 文件, 没有代码污染。

上面程序中的粗体字代码的 destroy()方法是一个特殊的方法, Bean 类实现 DisposableBean 接口必须实现该方法。

在配置文件中增加 destroy-method="close", 指定 close()方法应该在 Bean 实例销毁之前自动被调用。

配置文件代码如下。

程序清单：codes\07\7.9\lifecycle-destroy\src\beans.xml

```xml
<?xml version="1.0" encoding="GBK"?>
<beans xmlns:xsi="http://www.w3.org/2001/XMLSchema-instance"
    xmlns="http://www.springframework.org/schema/beans"
    xsi:schemaLocation="http://www.springframework.org/schema/beans
    http://www.springframework.org/schema/beans/spring-beans.xsd">
    <bean id="steelAxe" class="org.crazyit.app.service.impl.SteelAxe"/>
    <!-- 配置 chinese Bean，使用 destroy-method="close"
        指定该 Bean 实例被销毁之前，Spring 会自动执行指定该 Bean 的 close 方法 -->
    <bean id="chinese" class="org.crazyit.app.service.impl.Chinese"
        destroy-method="close">
        <property name="axe" ref="steelAxe"/>
    </bean>
</beans>
```

配置该 Bean 与配置普通 Bean 没有任何区别，Spring 可以自动检测容器中的 DisposableBean，在销毁 Bean 实例之前，Spring 容器会自动调用该 Bean 实例的 destroy()方法。

singleton 作用域的 Bean 通常会随容器的关闭而销毁，但问题是：ApplicationContext 容器在什么时候关闭呢？在基于 Web 的 ApplicationContext 实现中，系统已经提供了相应的代码保证关闭 Web 应用时恰当地关闭 Spring 容器。

如果处于一个非 Web 应用的环境下，为了让 Spring 容器优雅地关闭，并调用 singleton Bean 上的相应析构回调方法，则需要在 JVM 里注册一个关闭钩子（shutdown hook），这样就可保证 Spring 容器被恰当关闭，且自动执行 singleton Bean 实例的析构回调方法。

为了注册关闭钩子，只需要调用在 AbstractApplicationContext 中提供的 registerShutdownHook()方法即可。看如下主程序。

程序清单：codes\07\7.9\lifecycle-destroy\src\lee\BeanTest.java

```java
public class BeanTest
{
    public static void main(String[] args)
    {
        // 以 CLASSPATH 路径下的配置文件创建 ApplicationContext
        AbstractApplicationContext ctx = new
            ClassPathXmlApplicationContext("beans.xml");
        // 获取容器中的 Bean 实例
        Person p = ctx.getBean("chinese" , Person.class);
        p.useAxe();
        // 为 Spring 容器注册关闭钩子
        ctx.registerShutdownHook();
    }
}
```

上面程序的最后一行粗体字代码为 Spring 容器注册了一个关闭钩子，程序将会在退出 JVM 之前优雅地关闭 Spring 容器，并保证关闭 Spring 容器之前调用 singleton Bean 实例的析构回调方法。

运行上面的程序，将可以看到程序退出执行输出如下两行：

```
正在执行销毁之前的方法 destroy...
正在执行销毁之前的方法 close...
```

通过上面的执行结果可以看出，在 Spring 容器关闭之前，注入之后，程序先调用 destroy()方法进行回收资源，再调用 close()方法进行回收资源。

如果某个 Bean 类实现了 DisposableBean 接口，在 Bean 实例被销毁之前，Spring 容器会自动调用该 Bean 实例的 destroy()方法。其执行结果与采用 destroy-method 属性指定生命周期方法几乎一样。但实现 DisposableBean 接口污染了代码，是侵入式设计，因此不推荐采用。

对于实现 DisposableBean 接口的 Bean，无须使用 destroy-method 属性来指定销毁之前的方法，配置该 Bean 实例与配置普通 Bean 实例完全一样，Spring 容器会自动检测 Bean 实例是否实现了特定生命周期接口，并由此决定是否需要执行生命周期方法。

> **提示：**
> 如果既采用 destroy-method 属性指定销毁之前的方法，又采用实现 DisposableBean 接口来指定销毁之前的方法，Spring 容器会执行两个方法：先执行 DisposableBean 接口中定义的方法，然后执行 destroy-method 属性指定的方法。

除此之外，如果容器中的很多 Bean 都需要指定特定的生命周期行为，则可以利用<beans.../>元素的 default-init-method 属性和 default-destroy-method 属性，这两个属性的作用类似于<bean.../>元素的 init-method 和 destroy-method 属性的作用，区别是 default-init-method 属性和 default-destroy-method 属性是属于<beans.../>元素的，它们将使容器中的所有 Bean 生效。

例如，采用如下配置片段：

```
<beans default-init-method="init">
    ...
</beans>
```

上面配置片段中的粗体字代码指定了 default-init-method="init"，这意味着只要 Spring 容器中的 Bean 实例具有 init()方法，Spring 就会在该 Bean 的所有依赖关系被设置之后，自动调用该 Bean 实例的 init()方法。

图 7.12 显示了 Spring 容器中 Bean 实例完整的生命周期行为。

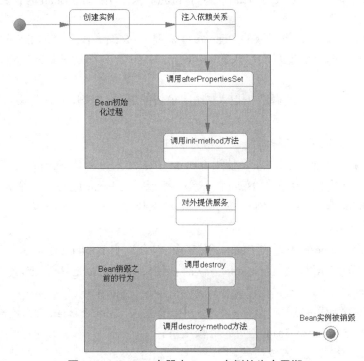

图 7.12　Spring 容器中 Bean 实例的生命周期

▶▶ 7.9.3　协调作用域不同步的 Bean

当两个 singleton 作用域的 Bean 存在依赖关系时，或者当 prototype 作用域的 Bean 依赖 singleton 作用域的 Bean 时，使用 Spring 提供的依赖注入进行管理即可。

singleton 作用域的 Bean 只有一次初始化的机会，它的依赖关系也只在初始化阶段被设置，当 singleton 作用域的 Bean 依赖 prototype 作用域的 Bean 时，Spring 容器会在初始化 singleton 作用域的 Bean 之前，先创建被依赖的 prototype Bean，然后才初始化 singleton Bean，并将 prototype Bean 注入 singleton Bean，这会导致以后无论何时通过 singleton Bean 去访问 prototype Bean 时，得到的永远是最初那个 prototype Bean——这样就相当于 singleton Bean 把它所依赖的 prototype Bean 变成了 singleton 行为。

假如有如图 7.13 所示的依赖关系。

对于图 7.13 所示的依赖关系，当 Spring 容器初始化时，容器会预初始化容器中所有的 singleton Bean，由于 singleton Bean 依赖于 prototype Bean，因此 Spring 在初始化 singleton Bean 之前，会先创建 prototype Bean——然后才创建 singleton Bean，接下来将 prototype Bean 注入 singleton Bean。一旦 singleton Bean 初始化完成，它就持有了一个 prototype Bean，容器再也不会为 singleton Bean 执行注入了。

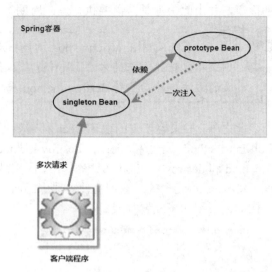

图 7.13　singleton Bean 依赖于 prototype Bean

由于 singleton Bean 具有单例行为，当客户端多次请求 singleton Bean 时，Spring 返回给客户端的将是同一个 singleton Bean 实例，这不存在任何问题。问题是：如果客户端通过该 singleton Bean 去调用 prototype Bean 的方法时——始终都是调用同一个 prototype Bean 实例，这就违背了设置 prototype Bean 的初衷——本来希望它具有 prototype 行为，但实际上它却表现出 singleton 行为。

问题产生了：当 singleton 作用域的 Bean 依赖于 prototype 作用域的 Bean 时，会产生不同步的现象。解决该问题有如下两种思路。

➢ 放弃依赖注入：singleton 作用域的 Bean 每次需要 prototype 作用域的 Bean 时，主动向容器请求新的 Bean 实例，即可保证每次注入的 prototype Bean 实例都是最新的实例。

➢ 利用方法注入。

第一种方式显然不是一个好的做法，代码主动请求新的 Bean 实例，必然导致程序代码与 Spring API 耦合，造成代码污染。

在通常情况下，建议采用第二种做法，使用方法注入。

方法注入通常使用 lookup 方法注入，使用 lookup 方法注入可以让 Spring 容器重写容器中 Bean 的抽象或具体方法，返回查找容器中其他 Bean 的结果，被查找的 Bean 通常是一个 non-singleton Bean（尽管也可以是一个 singleton 的）。Spring 通过使用 JDK 动态代理或 cglib 库修改客户端的二进制码，从而实现上述要求。

假设程序中有一个 Chinese 类型的 Bean，该 Bean 包含一个 hunt() 方法，执行该方法时需要依赖于 Dog 的方法——而且程序希望每次执行 hunt() 方法时都使用不同的 Dog Bean，因此首先需要将 Dog Bean 配置为 prototpy 作用域。

除此之外，不能直接使用普通依赖注入将 Dog Bean 注入 Chinese Bean 中，还需要使用 lookup 方法注入来管理 Dog Bean 与 Chinese Bean 之间的依赖关系。

为了使用 lookup 方法注入，大致需要如下两步。

① 将调用者 Bean 的实现类定义为抽象类，并定义一个抽象方法来获取被依赖的 Bean。

② 在 \<bean.../> 元素中添加 \<lookup-method.../> 子元素让 Spring 为调用者 Bean 的实现类实现指定的抽象方法。

下面先将调用者 Bean 的实现类（Chinese）定义为抽象类，并定义一个抽象方法，该抽象方法用于获取被依赖的 Bean。

程序清单：codes\07\7.9\lookup-method\src\org\crazyit\app\service\impl\Chinese.java

```
public abstract class Chinese implements Person
{
    private Dog dog;
    // 定义抽象方法，该方法用于获取被依赖的 Bean
    public abstract Dog getDog();
    public void hunt()
    {
```

```
        System.out.println("我带着: " + getDog() + "出去打猎");
        System.out.println(getDog().run());
    }
}
```

上面程序中的粗体字代码定义了一个抽象的 getDog()方法，在通常情况下，程序不能调用这个抽象方法，程序也不能使用抽象类创建实例。

接下来需要在配置文件中为<bean.../>元素添加<lookup-method.../>子元素，<lookup-method.../>子元素告诉 Spring 需要实现哪个抽象方法。Spring 为抽象方法提供实现体之后，这个方法就会变成具体方法，这个类也就变成了具体类，接下来 Spring 就可以创建该 Bean 的实例了。

使用<lookup-method.../>元素需要指定如下两个属性。

➤ name：指定需要让 Spring 实现的方法。

➤ bean：指定 Spring 实现该方法的返回值。

下面是该应用的配置文件。

程序清单：codes\07\7.9\lookup-method\src\beans.xml

```xml
<?xml version="1.0" encoding="GBK"?>
<beans xmlns:xsi="http://www.w3.org/2001/XMLSchema-instance"
    xmlns="http://www.springframework.org/schema/beans"
    xsi:schemaLocation="http://www.springframework.org/schema/beans
    http://www.springframework.org/schema/beans/spring-beans.xsd">
    <bean id="chinese" class="org.crazyit.app.service.impl.Chinese">
        <!-- Spring 只要检测到 lookup-method 元素,
        Spring 会自动为该元素的 name 属性所指定的方法提供实现体-->
        <lookup-method name="getDog" bean="gunDog"/>
    </bean>
    <!-- 指定 gunDog Bean 的作用域为 prototype,
    希望程序每次使用该 Bean 时用到的总是不同的实例 -->
    <bean id="gunDog" class="org.crazyit.app.service.impl.GunDog"
        scope="prototype">
        <property name="name" value="旺财"/>
    </bean>
</beans>
```

上面程序中的粗体字代码指定 Spring 应该负责实现 getDog()方法，该方法的返回值是容器中的 gunDog Bean 实例。

在通常情况下，Java 类里的所有方法都应该由程序员来负责实现，系统无法为任何方法提供实现——否则还要程序员干什么？但在有些情况下，系统可以实现一些极其简单的方法，例如，此处 Spring 将负责实现 getDog()方法，Spring 实现该方法的逻辑是固定的，它总采用如下代码来实现该方法：

```
// Spring 要实现哪个方法由 lookup-method 元素的 name 属性指定
public Dog getDog()
{
    // 获取 Spring 容器 ctx
    ...
    // 下面代码中的 gunDog 由 lookup-method 元素的 bean 属性指定
    return ctx.getBean("gunDog");
}
```

从上面的方法实现来看，程序每次调用 Chinese 对象的 getDog()方法时，该方法将可以获取最新的 gunDog 对象。

> **提示：**
> Spring 会采用运行时动态增强的方式来实现<lookup-method.../>元素所指定的抽象方法，如果目标抽象类（如上 Chinese 类）实现过接口，Spring 会采用 JDK 动态代理来实现该抽象类，并为之实现抽象方法；如果目标抽象类（如上 Chinese 类）没有实现过接口，Spring 会采用 cglib 实现该抽象类，并为之实现抽象方法。Spring 5.0 的 spring-core-xxx.jar 包中已经集成了 cglib 类库，无须额外添加 cglib 的 JAR 包。

主程序两次获取 chinese Bean，并通过该 Bean 来执行 hunt()方法，将可以看到每次请求时所使用的都是全新的 Dog 实例。

程序清单：codes\07\7.9\lookup-method\src\lee\BeanTest.java

```java
public class SpringTest
{
    public static void main(String[] args)
    {
        // 以类加载路径下的 beans.xml 作为配置文件，创建 Spring 容器
        ApplicationContext ctx = new
            ClassPathXmlApplicationContext("beans.xml");
        Person p1 = ctx.getBean("chinese" , Person.class);
        Person p2 = ctx.getBean("chinese" , Person.class);
        // 由于 chinese Bean 是 singleton 行为，
        // 因此程序两次获取的 chinese Bean 是同一个实例
        System.out.println(p1 == p2);
        p1.hunt();
        p2.hunt();
    }
}
```

正如前面所介绍的，由于 getDog()方法由 Spring 提供实现，Spring 保证每次调用 getDog()时都会返回最新的 gunDog 实例。执行上面的程序，将看到如下运行结果：

```
true
我带着：org.crazyit.app.service.impl.GunDog@4b553d26 出去打猎
我是一只叫旺财的猎犬，奔跑迅速...
我带着：org.crazyit.app.service.impl.GunDog@69a3d1d 出去打猎
我是一只叫旺财的猎犬，奔跑迅速...
```

执行结果表明：使用 lookup 方法注入后，系统每次调用 getDog()方法时都将生成一个新的 gunDog 实例，这就可以保证当 singleton 作用域的 Bean 需要 prototype Bean 实例时，直接调用 getDog()方法即可获取全新的实例，从而可避免一直使用最早注入的 Bean 实例。

>
> 要保证 lookup 方法注入每次产生新的 Bean 实例，必须将目标 Bean（上例就是 gunDog）部署成 prototype 作用域；否则，如果容器中只有一个被依赖的 Bean 实例，即使采用 lookup 方法注入，每次也依然返回同一个 Bean 实例。

 ## 7.10　高级依赖关系配置

Spring 允许将 Bean 实例的所有成员变量，甚至基本类型的成员变量都通过配置文件来指定值，这种方式提供了很好的解耦。但是否真的值得呢？如果将基本类型的成员变量值也通过配置文件指定，虽然提供了很好的解耦，但大大降低了程序的可读性（必须同时参照配置文件才可知道程序中各成员变量的值）。因此，滥用依赖注入也会引起一些问题。

通常的建议是，组件与组件之间的耦合，采用依赖注入管理；但基本类型的成员变量值，应直接在代码中设置。对于组件之间的耦合关系，通过使用控制反转，代码变得非常清晰。因此，Bean 无须管理依赖关系，而是由容器提供注入，Bean 无须知道这些实例在哪里，以及它们具体的实现。

前面介绍的依赖关系，要么是基本类型的值，要么直接依赖于其他 Bean。在实际的应用中，某个 Bean 实例的属性值可能是某个方法的返回值，或者类的 Field 值，或者另一个对象的 getter 方法返回值，Spring 同样可以支持这种非常规的注入方式。Spring 甚至支持将任意方法的返回值、类或对象的 Field 值、其他 Bean 的 getter 方法返回值，直接定义成容器中的一个 Bean。下面将深入介绍这些特殊的注入形式。

提示：

Spring 框架的本质是，开发者在 Spring 配置文件中使用 XML 元素进行配置，实际驱动 Spring 执行相应的代码。例如：

➤ 使用 <bean.../> 元素，实际启动 Spring 执行无参数或有参数的构造器，或者调用工厂方法创建 Bean。

➤ 使用 <property.../> 元素，实际驱动 Spring 执行一次 setter 方法。

但 Java 程序还可能有其他类型的语句，如调用 getter 方法、调用普通方法、访问类或对象的 Field，而 Spring 也为这种语句提供了对应的配置语法。

➤ 调用 getter 方法：使用 PropertyPathFactoryBean。

➤ 访问类或对象的 Field 值：使用 FieldRetrievingFactoryBean。

➤ 调用普通方法：使用 MethodInvokingFactoryBean。

可以换一个角度来看 Spring 框架：Spring 框架的功能是什么？它可以让开发者无须书写 Java 代码就可进行 Java 编程，当开发者 XML 采用合适语法进行配置之后，Spring 就可通过反射在底层执行任意的 Java 代码。

如果 Spring 框架真正用得熟练，至少能达到的程度是，别人给你任何一段 Java 代码，你都应该能用 Spring 配置文件将它配置出来。学完本节内容，读者要求能达到这个程度。

▶▶ 7.10.1 获取其他 Bean 的属性值

PropertyPathFactoryBean 用来获取目标 Bean 的属性值（实际上就是它的 getter 方法的返回值），获得的值可注入给其他 Bean，也可直接定义成新的 Bean。

使用 PropertyPathFactoryBean 来调用其他 Bean 的 getter 方法需要指定如下信息。

➤ 调用哪个对象。由 PropertyPathFactoryBean 的 setTargetObject(Object targetObject) 方法指定。

➤ 调用哪个 getter 方法。由 PropertyPathFactoryBean 的 setPropertyPath(String propertyPath) 方法指定。

看如下配置文件。

程序清单：codes\07\7.10\PropertyPathFactoryBean\src\beans.xml

```xml
<?xml version="1.0" encoding="GBK"?>
<beans xmlns:xsi="http://www.w3.org/2001/XMLSchema-instance"
    xmlns="http://www.springframework.org/schema/beans"
    xsi:schemaLocation="http://www.springframework.org/schema/beans
    http://www.springframework.org/schema/beans/spring-beans.xsd">
    <!--下面配置定义一个将要被引用的目标 Bean-->
    <bean id="person" class="org.crazyit.app.service.Person">
        <property name="age" value="30"/>
        <property name="son">
            <!-- 使用嵌套 Bean 为 setSon()方法指定参数值 -->
            <bean class="org.crazyit.app.service.Son">
                <property name="age" value="11" />
            </bean>
        </property>
    </bean>
    <!-- 将指定 Bean 实例的 getter 方法返回值定义成 son1 Bean -->
    <bean id="son1" class=
        "org.springframework.beans.factory.config.PropertyPathFactoryBean">
        <!-- 确定目标 Bean，指定 son1 Bean 来自哪个 Bean 的 getter 方法 -->
        <property name="targetBeanName" value="person"/>
        <!-- 指定 son1 Bean 来自目标 Bean 的哪个 getter 方法，son 代表 getSon() -->
        <property name="propertyPath" value="son"/>
    </bean>
</beans>
```

主程序如下。

程序清单：codes\07\7.10\PropertyPathFactoryBean\src\lee\SpringTest.java

```java
public class SpringTest
{
    public static void main(String[] args)
    {
        ApplicationContext ctx = new
            ClassPathXmlApplicationContext("beans.xml");
        System.out.println("系统获取son1: " + ctx.getBean("son1"));
    }
}
```

执行结果如下：

系统获取 son1: Son[age=11]

上面配置文件使用 PropertyPathFactoryBean 来获取指定 Bean 的、指定 getter 方法的返回值，其中粗体字代码指定了获取 person 的 getSon()方法的返回值，该返回值将直接定义成容器中的 son1。

> **提示：**
> PropertyPathFactoryBean 就是工厂 Bean，关于工厂 Bean（FactoryBean）的介绍可参考 7.8.3 节的内容，工厂 Bean 专门返回某个类型的值，并不是返回该 Bean 的实例。在这种配置方式下，配置 PropertyPathFactoryBean 工厂 Bean 时指定的 id 属性，并不是该 Bean 的唯一标识，而是用于指定属性表达式的值。

Spring 获取指定 Bean 的 getter 方法的返回值之后，该返回值不仅可直接定义成容器中的 Bean 实例，还可注入另一个 Bean。对上面的配置文件增加如下一段。

程序清单：codes\07\7.10\PropertyPathFactoryBean\src\beans.xml

```xml
<!-- 下面定义 son2 Bean -->
<bean id="son2" class="org.crazyit.app.service.Son">
    <property name="age">
        <!-- 使用嵌套 Bean 为调用 setAge()方法指定参数值 -->
        <!-- 以下是访问指定 Bean 的 getter 方法的简单方式，
        person.son.age 代表获取 person.getSon().getAge()-->
        <bean id="person.son.age" class=
            "org.springframework.beans.factory.config.PropertyPathFactoryBean"/>
    </property>
</bean>
```

主程序部分增加如下的输出：

```java
System.out.println("系统获取的 son2: " + ctx.getBean("son2"));
```

主程序部分直接输出 son2 Bean，此输出语句的执行结果如下：

系统获取的 son2: Son[age=11]

从上面的粗体字代码可以看出，程序调用 son2 实例的 setAge()方法时的参数并不是直接指定的，而是将容器中另一个 Bean 实例的属性值（getter 方法的返回值）作为 setAge()方法的参数，PropertyPathFactoryBean 工厂 Bean 负责获取容器中另一个 Bean 的属性值（getter 方法的返回值）。

为 PropertyPathFactoryBean 的 setPropertyPath()方法指定属性表达式时，还支持使用复合属性的形式，例如：想获取 person Bean 的 getSon().getAge()的返回值，可采用 son.age 的形式。

在配置文件中再增加如下一段。

程序清单：codes\07\7.10\PropertyPathFactoryBean\src\beans.xml

```xml
<!-- 将基本数据类型的属性值定义成 Bean 实例 -->
<bean id="theAge" class=
    "org.springframework.beans.factory.config.PropertyPathFactoryBean">
    <!-- 确定目标 Bean，表明 theAge Bean 来自哪个 Bean 的 getter 方法的返回值 -->
    <property name="targetBeanName" value="person"/>
    <!-- 使用复合属性来指定 getter 方法。son.age 代表 getSon().getAge() -->
    <property name="propertyPath" value="son.age"/>
```

```
</bean>
```

主程序部分增加如下输出：

```
System.out.println("系统获取 theAge 的值：" + ctx.getBean("theAge"));
```

程序执行结果如下：

系统获取 theAge 的值：11

目标 Bean 既可以是容器中已有的 Bean 实例，也可以是嵌套 Bean 实例。因此，下面的定义也是有效的。

程序清单：codes\07\7.10\PropertyPathFactoryBean\src\beans.xml

```
<!-- 将基本数据类型的属性值定义成 Bean 实例 -->
<bean id="theAge2" class=
    "org.springframework.beans.factory.config.PropertyPathFactoryBean">
    <!-- 确定目标 Bean，表明 theAge2 Bean 来自哪个 Bean 的属性。
        此处采用嵌套 Bean 定义目标 Bean -->
    <property name="targetObject">
        <!-- 目标 Bean 不是容器中已经存在的 Bean，而是如下的嵌套 Bean-->
        <bean class="org.crazyit.app.service.Person">
            <property name="age" value="30"/>
        </bean>
    </property>
    <!-- 指定 theAge2 Bean 来自目标 Bean 的哪个 getter 方法，age 代表 getAge() -->
    <property name="propertyPath" value="age"/>
</bean>
```

<util:property-path.../>元素可作为 PropertyPathFactoryBean 的简化配置，使用该元素时可指定如下两个属性。

➤ id：该属性指定将 getter 方法的返回值定义成名为 id 的 Bean 实例。

➤ path：该属性指定将哪个 Bean 实例、哪个属性（支持复合属性）暴露出来。

注意

如果需要使用<util:property-path.../>元素，则必须在 Spring 配置文件中导入 util:命名空间。关于导入 util:命名空间的详细步骤请参考 7.11.3 节。

上面的 son1 Bean 可简化为如下配置：

```
<util:property-path id="son1" path="person.son"/>
```

上面的 son2 Bean 可简化为如下配置：

```
<bean id="son2" class="org.crazyit.app.service.Son">
    <property name="age">
        <util:property-path path="person.son.age"/>
    </property>
</bean>
```

上面的 theAge Bean 可简化为如下配置：

```
<util:property-path id="theAge" path="person.son.age"/>
```

▶▶ 7.10.2 获取 Field 值

通过 FieldRetrievingFactoryBean 类，可访问类的静态 Field 或对象的实例 Field 值。FieldRetrievingFactoryBean 获得指定 Field 的值之后，即可将获取的值注入其他 Bean，也可直接定义成新的 Bean。

使用 FieldRetrievingFactoryBean 访问 Field 值可分为两种情形。

如果要访问的 Field 是静态 Field，则需要指定：

➢ 调用哪个类。由 FieldRetrievingFactoryBean 的 setTargetClass(String targetClass)方法指定。

➢ 访问哪个 Field。由 FieldRetrievingFactoryBean 的 setTargetField(String targetField)方法指定。

如果要访问的 Field 是实例 Field，则需要指定：

➢ 调用哪个对象。由 FieldRetrievingFactoryBean 的 setTargetObject(Object targetObject)方法指定。

➢ 访问哪个 Field。由 FieldRetrievingFactoryBean 的 setTargetField(String targetField)方法指定。

对于 FieldRetrievingFactoryBean 的第一种用法，与前面介绍 FactoryBean 时开发的 GetFieldFactoryBean 基本相同。对于 FieldRetrievingFactoryBean 的第二种用法，在实际编程中几乎没多大用处，原因是根据良好封装原则，Java 类的实例 Field 应该用 private 修饰，并使用 getter 和 setter 来访问和修改。FieldRetrievingFactoryBean 则要求实例 Field 以 public 修饰。

下面配置用于将指定类的静态 Field 定义成容器中的 Bean。

程序清单：codes\07\7.10\FieldRetrievingFactoryBean\src\beans.xml

```xml
<?xml version="1.0" encoding="GBK"?>
<beans xmlns:xsi="http://www.w3.org/2001/XMLSchema-instance"
    xmlns="http://www.springframework.org/schema/beans"
    xsi:schemaLocation="http://www.springframework.org/schema/beans
    http://www.springframework.org/schema/beans/spring-beans.xsd">
    <!-- 将指定类的静态 Field 值定义成容器中的 Bean 实例-->
    <bean id="theAge1" class=
        "org.springframework.beans.factory.config.FieldRetrievingFactoryBean">
        <!-- targetClass 指定访问哪个目标类 -->
        <property name="targetClass" value="java.sql.Connection"/>
        <!-- targetField 指定要访问的 Field 名 -->
        <property name="targetField" value="TRANSACTION_SERIALIZABLE"/>
    </bean>
</beans>
```

主程序部分访问 theAge1 的代码如下。

程序清单：codes\07\7.10\FieldRetrievingFactoryBean\src\lee\SpringTest.java

```java
public class SpringTest
{
    public static void main(String[] args)
    {
        ApplicationContext ctx = new
            ClassPathXmlApplicationContext("beans.xml");
        System.out.println("系统获取 theAge1 的值: "
            + ctx.getBean("theAge1"));
    }
}
```

上面的 XML 配置粗体字代码指定访问 java.sql.Connection 的 TRANSACTION_SERIALIZABLE 的值，并将该 Field 的值定义成容器中的 theAge1 Bean——查阅 JDK API 文档即可发现该 Field 的值为 8，因此 theAge1 的值就是 8。

编译、运行该程序，将可看到如下输出：

系统获取 theAge1 的值: 8

FieldRetrievingFactoryBean 还提供了一个 setStaticField(String staticField)方法，该方法可同时指定获取哪个类的哪个静态 Field 值。因此上面的配置片段可简化为如下形式。

程序清单：codes\07\7.10\FieldRetrievingFactoryBean\src\beans.xml

```xml
<!-- 将指定类的静态 Field 值定义成容器中的 Bean 实例 -->
<bean id="theAge2" class=
    "org.springframework.beans.factory.config.FieldRetrievingFactoryBean">
    <!-- staticField 指定访问哪个类的哪个静态 Field 值 -->
    <property name="staticField"
        value="java.sql.Connection.TRANSACTION_SERIALIZABLE"/>
</bean>
```

使用 FieldRetrievingFactoryBean 获取的 Field 值既可定义成容器中的 Bean，也可被注入到其他 Bean 中。例如如下配置。

程序清单：codes\07\7.10\FieldRetrievingFactoryBean\src\beans.xml

```
<bean id="son" class="org.crazyit.app.service.Son">
    <property name="age">
        <!-- 将 java.sql.Connection 的 TRANSACTION_SERIALIZABLE 的值
            作为调用 setAge() 的参数 -->
        <bean id="java.sql.Connection.TRANSACTION_SERIALIZABLE" class=
            "org.springframework.beans.factory.config.FieldRetrievingFactoryBean"/>
    </property>
</bean>
```

主程序使用如下代码来访问、输出容器中的 son：

```
System.out.println("系统获取 son 为: "
    + ctx.getBean("son"));
```

程序的执行结果如下：

系统获取 son 为: Son[age= 8]

从程序输出可以看出，son 的 age 成员变量的值，等于 java.sql.Connection 接口中 TRANSACTION_SERIALIZABLE 的值。在上面定义中，定义 FieldRetrievingFactoryBean 工厂 Bean 时指定的 id 属性，并不是该 Bean 实例的唯一标识，而是指定 Field 表达式。

<util:constant.../> 元素（该元素同样需要导入 util:命名空间）可作为 FieldRetrievingFactoryBean 访问静态 Field 的简化配置，使用该元素时可指定如下两个属性。

➢ id：该属性指定将静态 Field 的值定义成名为 id 的 Bean 实例。
➢ static-field：该属性指定访问哪个类的哪个静态 Field。

上面的 theAge1、theAge2 可简化为如下配置：

```
<util:constant id="theAge1"
    static-field="java.sql.Connection.TRANSACTION_SERIALIZABLE"/>>
```

上面的 son Bean 可简化为如下配置：

```
<bean id="son" class="org.crazyit.app.service.Son">
    <property name="age">
        <util:constant static-field=
            "java.sql.Connection.TRANSACTION_SERIALIZABLE"/>
    </property>
</bean>
```

▶▶ 7.10.3　获取方法返回值

通过 MethodInvokingFactoryBean 工厂 Bean，可调用任意类的类方法，也可调用任意对象的实例方法，如果调用的方法有返回值，则既可将该指定方法的返回值定义成容器中的 Bean，也可将指定方法的返回值注入给其他 Bean。

使用 MethodInvokingFactoryBean 来调用任意方法时，可分为两种情形。

如果希望调用的方法是静态方法，则需要指定：

➢ 调用哪个类。通过 MethodInvokingFactoryBean 的 setTargetClass(String targetClass) 方法指定。
➢ 调用哪个方法。通过 MethodInvokingFactoryBean 的 setTargetMethod(String targetMethod) 方法指定。
➢ 调用方法的参数。通过 MethodInvokingFactoryBean 的 setArguments(Object[] arguments) 方法指定。
　如果希望调用的方法无须参数，则可以省略该配置。

如果希望调用的方法是实例方法，则需要指定：

➢ 调用哪个对象。通过 MethodInvokingFactoryBean 的 setTargetObject(Object targetObject) 方法指定。
➢ 调用哪个方法。通过 MethodInvokingFactoryBean 的 setTargetMethod(String targetMethod) 方法指定。
➢ 调用方法的参数。通过 MethodInvokingFactoryBean 的 setArguments(Object[] arguments) 方法指定。
　如果希望调用的方法无须参数，则可以省略该配置。

假设有如下一段 Java 代码：

```
JFrame win = new JFrame("我的窗口");
JTextArea jta = JTextArea(7, 40);
win.add(new JScrollPane(jta));
JPanel jp = new JPanel();
win.add(jp , BorderLayout.SOUTH);
JButton jb1 = new JButton("确定");
jp.add(jb1);
JButton jb2 = new JButton("取消");
jp.add(jb2);
win.pack();
win.setVisible(true);
```

这段代码是一段很"随意"的 Java 代码（可以是任意一段 Java 代码），别人给你任何一段 Java 代码，你都应该能用 Spring 配置文件将它配置出来。

下面使用 XML 配置文件将上面这段 Java 代码配置出来。

程序清单：codes\07\7.10\MethodInvokingFactoryBean\src\beans.xml

```
<?xml version="1.0" encoding="GBK"?>
<beans xmlns:xsi="http://www.w3.org/2001/XMLSchema-instance"
    xmlns="http://www.springframework.org/schema/beans"
    xmlns:util="http://www.springframework.org/schema/util"
    xsi:schemaLocation="http://www.springframework.org/schema/beans
    http://www.springframework.org/schema/beans/spring-beans.xsd
    http://www.springframework.org/schema/util
    http://www.springframework.org/schema/util/spring-util.xsd">
    <!-- 下面配置相当于如下 Java 代码:
    JFrame win = new JFrame("我的窗口");
    win.setVisible(true); -->
    <bean id="win" class="javax.swing.JFrame">
        <constructor-arg value="我的窗口" type="java.lang.String"/>
        <property name="visible" value="true"/>
    </bean>
    <!-- 下面配置相当于如下 Java 代码:
    JTextArea jta = JTextArea(7, 40); -->
    <bean id="jta" class="javax.swing.JTextArea">
        <constructor-arg value="7" type="int"/>
        <constructor-arg value="40" type="int"/>
    </bean>

    <!-- 使用 MethodInvokingFactoryBean 驱动 Spring 调用普通方法
    下面配置相当于如下 Java 代码:
    win.add(new JScrollPane(jta)); -->
    <bean class=
    "org.springframework.beans.factory.config.MethodInvokingFactoryBean">
        <property name="targetObject" ref="win"/>
        <property name="targetMethod" value="add"/>
        <property name="arguments">
            <list>
                <bean class="javax.swing.JScrollPane">
                    <constructor-arg ref="jta"/>
                </bean>
            </list>
        </property>
    </bean>
    <!-- 下面配置相当于如下 Java 代码:
    JPanel jp = new JPanel(); -->
    <bean id="jp" class="javax.swing.JPanel"/>
    <!-- 使用 MethodInvokingFactoryBean 驱动 Spring 调用普通方法
    下面配置相当于如下 Java 代码:
    win.add(jp , BorderLayout.SOUTH); -->
    <bean class=
        "org.springframework.beans.factory.config.MethodInvokingFactoryBean">
        <property name="targetObject" ref="win"/>
        <property name="targetMethod" value="add"/>
```

```
        <property name="arguments">
            <list>
                <ref bean="jp"/>
                <util:constant static-field="java.awt.BorderLayout.SOUTH"/>
            </list>
        </property>
    </bean>
    <!-- 下面配置相当于如下 Java 代码:
    JButton jb1 = new JButton("确定"); -->
    <bean id="jb1" class="javax.swing.JButton">
        <constructor-arg value="确定" type="java.lang.String"/>
    </bean>
        <!-- 使用 MethodInvokingFactoryBean 驱动 Spring 调用普通方法
    下面配置相当于如下 Java 代码:
    jp.add(jb1); -->
    <bean class="org.springframework.beans.factory.config.MethodInvokingFactoryBean">
        <property name="targetObject" ref="jp"/>
        <property name="targetMethod" value="add"/>
        <property name="arguments">
            <list>
                <ref bean="jb1"/>
            </list>
        </property>
    </bean>
    <!-- 下面配置相当于如下 Java 代码:
    JButton jb2 = new JButton("取消"); -->
    <bean id="jb2" class="javax.swing.JButton">
        <constructor-arg value="取消" type="java.lang.String"/>
    </bean>
    <!-- 使用 MethodInvokingFactoryBean 驱动 Spring 调用普通方法
    下面配置相当于如下 Java 代码:
    jp.add(jb2); -->
    <bean class=
        "org.springframework.beans.factory.config.MethodInvokingFactoryBean">
        <property name="targetObject" ref="jp"/>
        <property name="targetMethod" value="add"/>
        <property name="arguments">
            <list>
                <ref bean="jb2"/>
            </list>
        </property>
    </bean>
    <!-- 使用 MethodInvokingFactoryBean 驱动 Spring 调用普通方法
    下面配置相当于如下 Java 代码:
    win.pack(); -->
    <bean class=
        "org.springframework.beans.factory.config.MethodInvokingFactoryBean">
        <property name="targetObject" ref="win"/>
        <property name="targetMethod" value="pack"/>
    </bean>
</beans>
```

该示例的主程序非常简单,主程序只是简单的一行:用于创建 Spring 容器。编译、运行该程序,可以看到如图 7.14 所示的界面。

通过上面示例证实了一点:几乎所有的 Java 代码都可以通过 Spring XML 配置文件配置出来——连上面的 Swing 编程都可使用 Spring XML 配置文件来驱动。需要说明的是,此处只是向读者示范如何使用 Spring 配置文件来驱动执行任意一段 Java 代码,并非要大家使用 Spring XML 配置文件进行 Swing 界面编程。

经过上面的介绍不难发现:Spring 框架的本质其实就是通过 XML 配置来执行 Java 代码,因此几乎

图 7.14 使用 Spring XML 配置文件创建的 Swing 界面

可以把所有的 Java 代码放到 Spring 配置文件中管理。归纳一下：

> ➤ 调用构造器创建对象（包括使用工厂方法创建对象），用<bean.../>元素。
> ➤ 调用 setter 方法，用<property.../>元素。
> ➤ 调用 getter 方法，用 PropertyPathFactoryBean 或<util:property-path.../>元素。
> ➤ 调用普通方法，用 MethodInvokingFactoryBean 工厂 Bean。
> ➤ 获取 Field 的值，用 FieldRetrievingFactoryBean 或<util:constant.../>元素。

那么是否有必要把所有的 Java 代码都放在 Spring 配置文件中管理呢？答案是否定的。过度使用 XML 配置文件不仅使得配置文件更加臃肿、难以维护，而且导致程序的可读性严重降低。

一般来说，应该将如下两类信息放到 XML 配置文件中管理。

> ➤ 项目升级、维护时经常需要改动的信息。
> ➤ 控制项目内各组件耦合关系的代码。

这样就体现了 Spring IoC 容器的作用：将原来使用 Java 代码管理的耦合关系，提取到 XML 中进行管理，从而降低了各组件之间的耦合，提高了软件系统的可维护性。

📂 7.11 基于 XML Schema 的简化配置方式

从 Spring 2.0 开始，Spring 允许使用基于 XML Schema 的配置方式来简化 Spring 配置文件。

早期 Spring 用<bean.../>元素即可配置所有的 Bean 实例，而每个设值注入再用一个<property.../>元素即可。这种配置方式简单、直观，而且能以相同风格处理所有 Bean 的配置——唯一的缺点是配置烦琐，当 Bean 实例的属性足够多，且属性类型复杂（大多是集合属性）时，基于 DTD 的配置文件将变得更加烦琐。

在这种情况下，Spring 提出了使用基于 XML Schema 的配置方式。这种配置方式更加简洁，可以对 Spring 配置文件进行"减肥"，但需要花一些时间来了解这种配置方式。

▶▶ 7.11.1 使用 p:命名空间简化配置

p:命名空间甚至不需要特定的 Schema 定义，它直接存在于 Spring 内核中。与前面采用<property.../>元素定义 Bean 的属性不同的是，当导入 p:命名空间之后，就可直接在<bean.../>元素中使用属性来驱动执行 setter 方法。

假设有如下的持久化类。

程序清单：codes\07\7.11\p_namespace\src\org\crazyit\app\service\impl\Chinese.java

```
public class Chinese implements Person
{
    private Axe axe;
    private int age;
    public Chinese(){ }
    // axe 的 setter 方法
    public void setAxe(Axe axe)
    {
        this.axe = axe;
    }
    // age 的 setter 方法
    public void setAge(int age)
    {
        this.age = age;
    }
    // 实现 Person 接口的 useAxe()方法
    public void useAxe()
    {
        System.out.println(axe.chop());
        System.out.println("age 成员变量的值: " + age);
    }
}
```

上面的持久化类中有 setAxe()、setAge 两个 setter 方法可通过设值注入来驱动，如果采用原来的配置方式，则需要使用元素来驱动它们；但如果采用 p:命名空间，则可直接采用属性来配置它们。本应用的配置文件如下。

程序清单：codes\07\7.11\p_namespace\src\beans.xml

```xml
<?xml version="1.0" encoding="GBK"?>
<!-- 指定 Spring 配置文件的根元素和 Schema
    并导入 p:命名空间的元素 -->
<beans xmlns="http://www.springframework.org/schema/beans"
    xmlns:xsi="http://www.w3.org/2001/XMLSchema-instance"
    xmlns:p="http://www.springframework.org/schema/p"
    xsi:schemaLocation="http://www.springframework.org/schema/beans
    http://www.springframework.org/schema/beans/spring-beans.xsd">
    <!-- 配置 chinese 实例，其实现类是 Chinese -->
    <bean id="chinese" class="org.crazyit.app.service.impl.Chinese"
        p:age="29" p:axe-ref="stoneAxe"/>
    <!-- 配置 steelAxe 实例，其实现类是 SteelAxe -->
    <bean id="steelAxe" class="org.crazyit.app.service.impl.SteelAxe"/>
    <!-- 配置 stoneAxe 实例，其实现类是 StoneAxe -->
    <bean id="stoneAxe" class="org.crazyit.app.service.impl.StoneAxe"/>
</beans>
```

配置文件的第一行粗体字代码用于导入 XML Schema 里的 p:命名空间，配置文件的第二行粗体字代码则直接使用属性配置对 age、axe 执行设值注入，因为 axe 设值注入的参数需要引用容器中另一个已存在的 Bean 实例，故在 axe 后增加了"-ref"后缀，这个后缀指定该值不是一个具体的值，而是对另外一个 Bean 的引用。

> **注意**
> 使用 p:命名空间没有标准的 XML 格式灵活，如果某个 Bean 的属性名是以"-ref"结尾的，那么采用 p:命名空间定义时就会发生冲突，而采用标准的 XML 格式定义则不会出现这种问题。

▶▶ 7.11.2 使用 c:命名空间简化配置

p:命名空间主要用于简化设值注入，而 c:命名空间则用于简化构造注入。
假设有如下的持久化类。

程序清单：codes\07\7.11\c_namespace\src\org\crazyit\app\service\impl\Chinese.java

```java
public class Chinese implements Person
{
    private Axe axe;
    private int age;
    // 构造注入所需的带参数的构造器
    public Chinese(Axe axe, int age)
    {
        this.axe = axe;
        this.age = age;
    }
    // 实现 Person 接口的 useAxe()方法
    public void useAxe()
    {
        // 调用 axe 的 chop()方法
        // 表明 Person 对象依赖于 axe 对象
        System.out.println(axe.chop());
        System.out.println("age 成员变量的值: " + age);
    }
}
```

上面 Chinese 类的构造器需要两个参数，传统配置是在<bean.../>元素中添加两个<constructor-arg.../>子元素来代表构造器参数；导入 c:命名空间之后，可以直接使用属性来配置构造器参数。

使用 c:指定构造器参数的格式为：c:构造器参数名="值"或 c:构造器参数名-ref="其他 Bean 的 id"。本应用的配置文件如下。

程序清单：codes\07\7.11\c_namespace\src\beans.xml

```xml
<?xml version="1.0" encoding="GBK"?>
<beans xmlns:xsi="http://www.w3.org/2001/XMLSchema-instance"
    xmlns="http://www.springframework.org/schema/beans"
    xmlns:c="http://www.springframework.org/schema/c"
    xsi:schemaLocation="http://www.springframework.org/schema/beans
    http://www.springframework.org/schema/beans/spring-beans.xsd">
    <!-- 配置 chinese 实例，其实现类是 Chinese -->
    <bean id="chinese" class="org.crazyit.app.service.impl.Chinese"
        c:axe-ref="steelAxe" c:age="29"/>
    <!-- 配置 stoneAxe 实例，其实现类是 StoneAxe -->
    <bean id="stoneAxe" class="org.crazyit.app.service.impl.StoneAxe"/>
    <!-- 配置 steelAxe 实例，其实现类是 SteelAxe -->
    <bean id="steelAxe" class="org.crazyit.app.service.impl.SteelAxe"/>
</beans>
```

配置文件的第一行粗体字代码用于导入 XML Schema 里的 c:命名空间，配置文件的第二行粗体字代码则直接使用属性配置了 axe、age 两个构造器参数，由于 axe 构造器参数需要引用容器中另一个已存在的 Bean 实例，故在 axe 后增加了 "-ref" 后缀，这个后缀指定该值不是一个具体的值，而是对另外一个 Bean 的引用。

上面配置方式是在 c:后使用构造器参数名来指定构造器参数，Spring 还支持一种通过索引来配置构造器参数的方式。上面的 Bean 也可改写为如下形式：

```xml
<bean id="chinese2" class="org.crazyit.app.service.impl.Chinese"
    c:_0-ref="steelAxe" c:_1="29"/>
```

上面粗体字代码的 c:_0-ref 指定使用容器中已有的 steelAxe Bean 作为第一个构造器参数，c:_1="29"则指定使用 29 作为第二个构造器参数。在这种方式下，c:_N 中的 N 代表第几个构造器参数。

前面介绍介绍构造注入时，通常总是根据构造参数的顺序来注入，比如说希望调用 Person 类的(String, int)构造器，在 XML 中配置时需要将 String 构造参数对应的<constructor-arg.../>元素放在第 1 位，将 int 构造参数对应的<constructor-arg.../>元素放在第 2 位。

如果希望根据构造参数的名称来配置构造注入，则可使用 java.beans 包的@ConstructorProperties 注解。

例如如下代码使用@ConstructorProperties 注解为构造参数指定参数名：

程序清单：codes\07\7.11\ConstructorProperties\src\org\crazyit\app\service\Person.java

```java
public class Person
{
    private String name;
    private int age;
    @ConstructorProperties({"personName", "age"})
    public Person(String name , int age)
    {
        this.name = name;
        this.age = age;
    }
    ...
}
```

上面程序中粗体字代码指定 Person 构造器的两个构造参数的名字为：personName、age（并不需要与构造参数实际的名字相同）。

接下来就可在配置文件中通过构造参数名来执行构造注入的配置了，例如如下代码。

程序清单：codes\07\7.11\ConstructorProperties\src\beans.xml

```
<!-- 使用 ConstructorProperties 配置了构造参数名之后，
    接下来即可通过构造参数名来配置构造注入-->
<bean id="person" class="org.crazyit.app.service.Person">
    <constructor-arg name="age" value="500"/>
    <constructor-arg name="personName" value="孙悟空"/>
</bean>
```

当然也可使用 c:命名空间进行简化配置，上面配置可改为如下形式。

```
<bean id="person" class="org.crazyit.app.service.Person"
    c:age="500" c:personName="孙悟空"/>
```

▶▶ 7.11.3　使用 util:命名空间简化配置

在 Spring 框架解压缩包的 schema\util\路径下包含有 util:命名空间的 XML Schema 文件，为了使用 util:命令空间的元素，必须先在 Spring 配置文件中导入最新的 spring-util.xsd，也就是需要在 Spring 配置文件中增加如下粗体字配置片段：

```
<?xml version="1.0" encoding="GBK"?>
<!-- 指定 Spring 配置文件的根元素和 Schema
    导入 p:命名空间和 util:命名空间的元素 -->
<beans xmlns="http://www.springframework.org/schema/beans"
    xmlns:xsi="http://www.w3.org/2001/XMLSchema-instance"
    xmlns:p="http://www.springframework.org/schema/p"
    xmlns:util="http://www.springframework.org/schema/util"
    xsi:schemaLocation="http://www.springframework.org/schema/beans
    http://www.springframework.org/schema/beans/spring-beans.xsd
    http://www.springframework.org/schema/util
    http://www.springframework.org/schema/util/spring-util.xsd">....
    ...
</beans>
```

在 util Schema 下提供了如下几个元素。

➤ constant：该元素用于获取指定类的静态 Field 的值。它是 FieldRetrievingFactoryBean 的简化配置。

➤ property-path：该元素用于获取指定对象的 getter 方法的返回值。它是 PropertyPathFactoryBean 的简化配置。

➤ list：该元素用于定义一个 List Bean，支持使用<value.../>、<ref.../>、<bean.../>等子元素来定义 List 集合元素。使用该标签支持如下三个属性。

　○ id：该属性指定定义一个名为 id 的 List Bean 实例。

　○ list-class：该属性指定 Spring 使用哪个 List 实现类来创建 Bean 实例。默认使用 ArrayList 作为实现类。

　○ scope：指定该 List Bean 实例的作用域。

➤ set：该元素用于定义一个 Set Bean，支持使用<value.../>、<ref.../>、<bean.../>等子元素来定义 Set 集合元素。使用该标签支持如下三个属性。

　○ id：该属性指定定义一个名为 id 的 Set Bean 实例。

　○ set-class：该属性指定 Spring 使用哪个 Set 实现类来创建 Bean 实例。默认使用 HashSet 作为实现类。

　○ scope：指定该 Set Bean 实例的作用域。

➤ map：该元素用于定义一个 Map Bean，支持使用<entry.../>来定义 Map 的 key-value 对。使用该标签支持如下三个属性。

　○ id：该属性指定定义一个名为 id 的 Map Bean 实例。

　○ map-class：该属性指定 Spring 使用哪个 Map 实现类来创建 Bean 实例。默认使用 HashMap 作为实现类。

- ○ scope：指定该 Map Bean 实例的作用域。
- ➢ properties：该元素用于加载一份资源文件，并根据加载的资源文件创建一个 Properties Bean 实例。使用该标签可指定如下几个属性。
  - ○ id：该属性指定定义一个名为 id 的 Properties Bean 实例。
  - ○ location：指定资源文件的位置。
  - ○ scope：指定该 Properties Bean 实例的作用域。

假设有如下的 Bean 类文件，这份文件需要 List、Set、Map 等集合属性。

程序清单：codes\07\7.11\util\src\org\crazyit\app\service\impl\Chinese.java

```java
public class Chinese implements Person
{
    private Axe axe;
    private int age;
    private List schools;
    private Map scores;
    private Set axes;
    // 省略各成员变量的setter方法
    ...
    // 实现 Person 接口的 useAxe()方法
    public void useAxe()
    {
        System.out.println(axe.chop());
        System.out.println("age 属性值: " + age);
        System.out.println(schools);
        System.out.println(scores);
        System.out.println(axes);
    }
}
```

下面使用基于 XML Schema 的配置文件来简化这种配置。

程序清单：codes\07\7.11\util\src\beans.xml

```xml
<?xml version="1.0" encoding="GBK"?>
<!-- 指定 Spring 配置文件的根元素和 Schema
    导入 p:命名空间和 util:命名空间的元素 -->
<beans xmlns="http://www.springframework.org/schema/beans"
    xmlns:xsi="http://www.w3.org/2001/XMLSchema-instance"
    xmlns:p="http://www.springframework.org/schema/p"
    xmlns:util="http://www.springframework.org/schema/util"
    xsi:schemaLocation="http://www.springframework.org/schema/beans
    http://www.springframework.org/schema/beans/spring-beans.xsd
    http://www.springframework.org/schema/util
    http://www.springframework.org/schema/util/spring-util.xsd">
    <!-- 配置 chinese 实例，其实现类是 Chinese -->
    <bean id="chinese" class="org.crazyit.app.service.impl.Chinese"
        p:age-ref="chin.age" p:axe-ref="stoneAxe"
        p:schools-ref="chin.schools"
        p:axes-ref="chin.axes"
        p:scores-ref="chin.scores"/>
    <!-- 使用 util:constant 将指定类的静态 Field 定义成容器中的 Bean -->
    <util:constant id="chin.age" static-field=
        "java.sql.Connection.TRANSACTION_SERIALIZABLE"/>
    <!-- 使用 util.properties 加载指定的资源文件 -->
    <util:properties id="confTest"
        location="classpath:test_zh_CN.properties"/>
    <!-- 使用 util:list 定义一个 List 集合，指定使用 LinkedList 作为实现类，
    如果不指定则默认使用 ArrayList 作为实现类 -->
    <util:list id="chin.schools" list-class="java.util.LinkedList">
        <!-- 每个 value、ref、bean...配置一个 List 元素 -->
        <value>小学</value>
        <value>中学</value>
        <value>大学</value>
    </util:list>
```

```
        <!-- 使用 util:set 定义一个 Set 集合，指定使用 HashSet 作为实现类，
        如果不指定则默认使用 HashSet 作为实现类-->
        <util:set id="chin.axes" set-class="java.util.HashSet">
            <!-- 每个 value、ref、bean...配置一个 Set 元素 -->
            <value>字符串</value>
            <bean class="org.crazyit.app.service.impl.SteelAxe"/>
            <ref bean="stoneAxe"/>
        </util:set>
        <!-- 使用 util:map 定义一个 Map 集合，指定使用 TreeMap 作为实现类，
        如果不指定则默认使用 HashMap 作为实现类 -->
        <util:map id="chin.scores" map-class="java.util.TreeMap">
            <entry key="数学" value="87"/>
            <entry key="英语" value="89"/>
            <entry key="语文" value="82"/>
        </util:map>
        <!-- 配置 steelAxe 实例，其实现类是 SteelAxe -->
        <bean id="steelAxe" class="org.crazyit.app.service.impl.SteelAxe"/>
        <!-- 配置 stoneAxe 实例，其实现类是 StoneAxe -->
        <bean id="stoneAxe" class="org.crazyit.app.service.impl.StoneAxe"/>
</beans>
```

上面的配置文件完整地示范了 util Schema 下的各简化标签的用法。从上面的配置文件可以看出，使用这种简化标签可让 Spring 配置文件更加简洁。

除此之外，关于 Spring 其他常用的简化 Schema 简要说明如下。

➤ spring-aop.xsd：用于简化 Spring AOP 配置的 Schema。

➤ spring-jee.xsd：用于简化 Spring 的 Java EE 配置的 Schema。

➤ spring-jms.xsd：用于简化 Spring 关于 JMS 配置的 Schema。

➤ spring-lang.xsd：用于简化 Spring 动态语言配置的 Schema。

➤ spring-tx.xsd：用于简化 Spring 事务配置的 Schema。

7.12 Spring 提供的表达式语言（SpEL）

Spring 表达式语言（简称 SpEL）是一种与 JSP 2 的 EL 功能类似的表达式语言，它可以在运行时查询和操作对象图。与 JSP 2 的 EL 相比，SpEL 功能更加强大，它甚至支持方法调用和基本字符串模板函数。

SpEL 可以独立于 Spring 容器使用——只是当成简单的表达式语言来使用；也可以在注解或 XML 配置中使用 SpEL，这样可以充分利用 SpEL 简化 Spring 的 Bean 配置。

▶▶ 7.12.1 使用 Expression 接口进行表达式求值

Spring 的 SpEL 可以单独使用，可以使用 SpEL 对表达式计算、求值。SpEL 主要提供了如下三个接口。

➤ ExpressionParser：该接口的实例负责解析一个 SpEL 表达式，返回一个 Expression 对象。

➤ Expression：该接口的实例代表一个表达式。

➤ EvaluationContext：代表计算表达式值的上下文。当 SpEL 表达式中含有变量时，程序将需要使用该 API 来计算表达式的值。

Expression 实例代表一个表达式，它包含了如下方法用于计算，得到表达式的值。

➤ Object getValue()：计算表达式的值。

➤ <T> T getValue(Class<T> desiredResultType)：计算表达式的值，而且尝试将该表达式的值当成 desiredResultType 类型处理。

➤ Object getValue(EvaluationContext context)：使用指定的 EvaluationContext 来计算表达式的值。

➤ <T> T getValue(EvaluationContext context, Class<T> desiredResultType)：使用指定的 Evaluation Context 来计算表达式的值，而且尝试将该表达式的值当成 desiredResultType 类型处理。

➤ Object getValue(Object rootObject)：以 rootObject 作为表达式的 root 对象来计算表达式的值。

> T> T getValue(Object rootObject, Class<T> desiredResultType)：以 rootObject 作为表达式的 root 对象来计算表达式的值，而且尝试将该表达式的值当成 desiredResultType 类型处理。

下面的程序示范了如何利用 ExpressionParser 和 Expression 来计算表达式的值。

程序清单：codes\07\7.12\Expression\src\lee\SpELTest.java

```java
public class SpELTest
{
    public static void main(String[] args)
    {
        // 创建一个 ExpressionParser 对象，用于解析表达式
        ExpressionParser parser = new SpelExpressionParser();
        // 最简单的字符串表达式
        Expression exp = parser.parseExpression("'HelloWorld'");
        System.out.println("'HelloWorld'的结果: " + exp.getValue());
        // 调用方法的表达式
        exp = parser.parseExpression("'HelloWorld'.concat('!')");
        System.out.println("'HelloWorld'.concat('!')的结果: "
            + exp.getValue());
        // 调用对象的 getter 方法
        exp = parser.parseExpression("'HelloWorld'.bytes");
        System.out.println("'HelloWorld'.bytes 的结果: "
            + exp.getValue());
        // 访问对象的属性(相当于 HelloWorld.getBytes().length)
        exp = parser.parseExpression("'HelloWorld'.bytes.length");
        System.out.println("'HelloWorld'.bytes.length 的结果: "
            + exp.getValue());
        // 使用构造器来创建对象
        exp = parser.parseExpression("new String('helloworld')"
            + ".toUpperCase()");
        System.out.println("new String('helloworld')"
            + ".toUpperCase()的结果是: "
            + exp.getValue(String.class));
        Person person = new Person(1 , "孙悟空", new Date());
        exp = parser.parseExpression("name");
        // 以指定对象作为 root 来计算表达式的值
        // 相当于调用 person.name 表达式的值
        System.out.println("以 persn 为 root, name 表达式的值是: "
            + exp.getValue(person , String.class));
        exp = parser.parseExpression("name=='孙悟空'");
        StandardEvaluationContext ctx = new StandardEvaluationContext();
        // 将 person 设为 Context 的 root 对象
        ctx.setRootObject(person);
        // 以指定 Context 来计算表达式的值
        System.out.println(exp.getValue(ctx , Boolean.class));
        List<Boolean> list = new ArrayList<Boolean>();
        list.add(true);
        EvaluationContext ctx2 = new StandardEvaluationContext();
        // 将 list 设置成 EvaluationContext 的一个变量
        ctx2.setVariable("list" , list);
        // 修改 list 变量的第一个元素的值
        parser.parseExpression("#list[0]").setValue(ctx2 , "false");
        // list 集合的第一个元素被改变
        System.out.println("list 集合的第一个元素为: "
            + parser.parseExpression("#list[0]").getValue(ctx2));
    }
}
```

上面程序中的粗体字代码使用 ExpressionParser 多次解析了不同类型的表达式，ExpressionParser 调用 parseExpression()方法将返回一个 Expression 实例（表达式对象）。程序调用 Expression 对象的 getValue() 方法即可获取该表达式的值。

EvaluationContext 代表 SpEL 计算表达式值的"上下文"，这个 Context 对象可以包含多个对象，但只能有一个 root（根）对象。

EvaluationContext 的作用有点类似于前面介绍的 OGNL 中的 Stack Context，Evaluation Context 可以包含多个对象，但只能有一个 root 对象。当表达式中包含变量时，SpEL 就会根据 EvaluationContext 中变量的值对表达式进行计算。

为了往 EvaluationContext 里放入对象（SpEL 称之为变量），可以调用该对象的如下方法。

➢ setVariable(String name, Object value)：向 EvaluationContext 中放入 value 对象，该对象名为 name。

为了在 SpEL 访问 EvaluationContext 中指定对象，应采用与 OGNL 类似的格式：

```
#name
```

StandardEvaluationContext 提供了如下方法来设置 root 对象。

➢ setRootObject(Object rootObject)

在 SpEL 中访问 root 对象的属性时，可以省略 root 对象前缀，例如如下代码：

```
foo.bar  // 访问 rootObject 的 foo 属性的 bar 属性
```

当然，使用 Expression 对象计算表达式的值时，也可以直接指定 root 对象，例如上面程序中的粗体字代码：

```
exp.getValue(person , String.class)   // 以 person 对象为 root 对象计算表达式的值
```

上面的程序中使用了一个简单的 Person 类，它只是一个普通的 Java Bean，读者可以参考光盘中的 codes\07\7.12\Expression\src\org\crazyit\app\domain\Person.java 来了解该类的代码。

▶▶ 7.12.2 Bean 定义中的表达式语言支持

SpEL 的一个重要作用就是扩展 Spring 容器的功能，允许在 Bean 定义中使用 SpEL。在 XML 配置文件和注解中都可以使用 SpEL。在 XML 配置文件和注解中使用 SpEL 时，在表达式外面增加#{ }包围即可。

例如，有如下 Author 类。

程序清单：codes\07\7.12\SpEL_XML\src\org\crazyit\app\service\impl\Author.java

```
public class Author implements Person
{
    private Integer id;
    private String name;
    private List<String> books;
    private Axe axe;
    // 省略所有的 setter 和 getter 方法
    ...
    public void useAxe()
    {
        System.out.println("我是"
            + name + ", 正在砍柴\n" + axe.chop());
    }
}
```

上面的 Author 类需要依赖注入 name、books、axe，当然，可以按照前面介绍的方式来进行配置，但如果使用 SpEL，将可以对 Spring 配置做进一步简化。

下面使用 SpEL 对这个 Bean 进行配置，配置代码如下。

```xml
<?xml version="1.0" encoding="GBK"?>
<!-- 指定 Spring 配置文件的根元素和 Schema
    导入 p:命名空间和 util:命名空间的元素 -->
<beans xmlns="http://www.springframework.org/schema/beans"
    xmlns:xsi="http://www.w3.org/2001/XMLSchema-instance"
    xmlns:p="http://www.springframework.org/schema/p"
    xmlns:util="http://www.springframework.org/schema/util"
    xsi:schemaLocation="http://www.springframework.org/schema/beans
    http://www.springframework.org/schema/beans/spring-beans.xsd
    http://www.springframework.org/schema/util
    http://www.springframework.org/schema/util/spring-util.xsd">
    <!-- 使用 util.properties 加载指定的资源文件 -->
    <util:properties id="confTest"
        location="classpath:test_zh_CN.properties"/>
    <!--
    配置 setName()的参数时，在表达式中调用方法
    配置 setAxe()的参数时，在表达式中创建对象
    配置调用 setBooks()的参数时，在表达式中访问其他 Bean 的属性 -->
    <bean id="author" class="org.crazyit.app.service.impl.Author"
        p:name="#{T(java.lang.Math).random()}"
        p:axe="#{new org.crazyit.app.service.impl.SteelAxe()}"
        p:books="#{ {confTest.a , confTest.b} }"/>
</beans>>
```

上面的粗体字代码就是利用 SpEL 进行配置的代码，使用 SpEL 可以在配置文件中调用方法、创建对象（这种方式可以代替嵌套 Bean 语法）、访问其他 Bean 的属性……总之，SpEL 支持的语法都可以在这里使用，SpEL 极大地简化了 Spring 配置。

需要指出的是，在注解中使用 SpEL 与在 XML 中使用 SpEL 基本相似，关于 Spring 使用注解进行配置管理的内容请参考下一章的知识。

➤➤ 7.12.3　SpEL 语法详述

虽然 SpEL 在功能上大致与 JSP 2 的 EL 类似，但 SpEL 比 JSP 2 的 EL 更强大，接下来详细介绍 SpEL 所支持的各种语法细节。

1. 直接量表达式

直接量表达式是 SpEL 中最简单的表达式，直接量表达式就是在表达式中使用 Java 语言支持的直接量，包括字符串、日期、数值、boolean 值和 null。

例如如下代码片段：

```java
// 使用直接量表达式
Expression exp = parser.parseExpression("'Hello World'");
System.out.println(exp.getValue(String.class));
exp = parser.parseExpression("0.23");
System.out.println(exp.getValue(Double.class));
```

2. 在表达式中创建数组

SpEL 表达式直接支持使用静态初始化、动态初始化两种语法来创建数组。例如如下代码片段：

```java
// 创建一个数组
Expression exp = parser.parseExpression(
    "new String[]{'java' , 'Struts' , 'Spring'}");
System.out.println(exp.getValue());
// 创建二维数组
exp = parser.parseExpression(
    "new int[2][4]");
System.out.println(exp.getValue());
```

3. 在表达式中创建 List 集合

SpEL 直接使用如下语法来创建 List 集合：

```
{ele1 , ele2 , ele3 ...}
```

例如如下代码：

```
// 创建一个 ExpressionParser 对象，用于解析表达式
Expression exp = parser.parseExpression(
    "{'java' , 'Struts' , 'Spring'}");
System.out.println(exp.getValue());
// 创建"二维"List 集合
exp = parser.parseExpression(
    "{{'疯狂 Java 讲义' , '疯狂 Android 讲义'}, {'左传' , '战国策'}}");
System.out.println(exp.getValue());
```

4. 在表达式中访问 List、Map 等集合元素

为了在 SpEL 中访问 List 集合的元素，可以使用如下语法格式：

```
list[index]
```

为了在 SpEL 中访问 Map 集合的元素，可以使用如下语法格式：

```
map[key]
```

例如如下代码：

```
List<String> list = new ArrayList<String>();
list.add("Java");
list.add("Spring");
Map<String, Double> map =
    new HashMap<String, Double>();
map.put("Java" , 80.0);
map.put("Spring" , 89.0);
// 创建一个 EvaluationContext 对象，作为 SpEL 解析变量的上下文
EvaluationContext ctx = new StandardEvaluationContext();
// 设置两个变量
ctx.setVariable("mylist" , list);
ctx.setVariable("mymap" , map);
// 访问 List 集合的第二个元素
System.out.println(parser
    .parseExpression("#mylist[1]").getValue(ctx));
// 访问 Map 集合的指定元素
System.out.println(parser
    .parseExpression("#mymap['Java']").getValue(ctx));
```

5. 调用方法

在 SpEL 中调用方法与在 Java 代码中调用方法没有任何区别。如以下代码所示：

```
// 调用 String 对象的 substring()方法
System.out.println(parser
    .parseExpression("'HelloWorld'.substring(2, 5)")
    .getValue());
List<String> list = new ArrayList<String>();
list.add("java");
list.add("struts");
list.add("spring");
list.add("hibernate");
// 创建一个 EvaluationContext 对象，作为 SpEL 解析变量的上下文
EvaluationContext ctx = new StandardEvaluationContext();
// 设置一个变量
ctx.setVariable("mylist" , list);
// 调用指定变量所代表对象的 subList()方法
System.out.println(parser
    .parseExpression("#mylist.subList(1, 3)").getValue(ctx));
```

6. 算术、比较、逻辑、赋值、三目等运算符

与 JSP 2 EL 类似的是 SpEL 同样支持算术、比较、逻辑、赋值、三目运算符等各种运算符，值得指出的是，在 SpEL 中使用赋值运算符的功能比较强大，这种赋值可以直接改变表达式所引用的实际对象。如以下代码所示：

```
List<String> list = new ArrayList<String>();
list.add("java");
list.add("struts");
list.add("spring");
list.add("hibernate");
// 创建一个 EvaluationContext 对象，作为 SpEL 解析变量的上下文
EvaluationContext ctx = new StandardEvaluationContext();
// 设置一个变量
ctx.setVariable("mylist" , list);
// 对集合的第一个元素进行赋值
parser.parseExpression("#mylist[0]='疯狂 Java 讲义'")
    .getValue(ctx);
// 下面将输出 疯狂 Java 讲义
System.out.println(list.get(0));
// 使用三目运算符
System.out.println(parser.parseExpression("#mylist.size()>3?"
    + "'myList 长度大于 3':'myList 长度不大于 3'")
    .getValue(ctx));
```

7. 类型运算符

SpEL 提供了一个特殊的运算符：T()，这个运算符用于告诉 SpEL 将该运算符内的字符串当成"类"处理，避免 Spring 对其进行其他解析。尤其是调用某个类的静态方法时，T()运算符尤其有用。

例如如下代码：

```
// 调用 Math 的静态方法
System.out.println(parser.parseExpression(
    "T(java.lang.Math).random()").getValue());
// 调用 Math 的静态方法
System.out.println(parser.parseExpression(
    "T(System).getProperty('os.name')").getValue());
```

正如在上面的代码中所看到的，在表达式中使用某个类时，推荐使用该类的全限定类名。但如果只写类名，不写包名，SpEL 也可以尝试处理，SpEL 使用 StandardTypeLocator 去定位这些类，它默认会在 java.lang 包下找这些类。

> **注意**
>
> T()运算符使用 java.lang 包下的类时可以省略包名，但使用其他包下的所有类时应使用全限定类名。

8. 调用构造器

SpEL 允许在表达式中直接使用 new 来调用构造器，这种调用可以创建一个 Java 对象。例如如下代码：

```
// 创建对象
System.out.println(parser.parseExpression(
    "new String('HelloWorld').substring(2, 4)")
    .getValue());
// 创建对象
System.out.println(parser.parseExpression(
    "new javax.swing.JFrame('测试')"
    + ".setVisible('true')").getValue());
```

9. 变量

SpEL 允许通过 EvaluationContext 来使用变量，该对象包含了一个 setVariable(String name, Object value)方法，该方法用于设置一个变量。

一旦在 EvaluationContext 中设置了变量，就可以在 SpEL 中通过#name 来访问该变量。前面已经有不少在 SpEL 中使用变量的例子，故此处不再赘述。

值得指出的是，SpEL 中有如下两个特殊的变量。

➤ #this：引用 SpEL 当前正在计算的对象。

➤ #root：引用 SpEL 的 EvaluationContext 的 root 对象。

10. 自定义函数

SpEL 允许开发者开发自定义函数。类似于 JSP 2 EL 中的自定义函数，所谓自定义函数，也就是为 Java 方法重新起个名字而已。

通过 StandardEvaluationContext 的如下方法即可在 SpEL 中注册自定义函数。

➤ registerFunction(String name, Method m)：将 m 方法注册成自定义函数，该函数的名称为 name。

SpEL 自定义函数的作用并不大，因为 SpEL 本身已经允许在表达式语言中调用方法，因此将方法重新定义为自定义函数的意义不大。

11. Elvis 运算符

Elvis 运算符只是三目运算符的特殊写法，例如对于如下三目运算符写法：

```
name != null ? name : "newVal"
```

上面的语句使用三目运算符需要将 name 变量写两次，因此比较烦琐。SpEL 允许将上面写法简写为如下形式：

```
name?:"newVal"
```

12. 安全导航操作

在 SpEL 中使用如下语句时可能导致 NullPointerException：

```
foo.bar
```

如果 root 对象的 foo 属性本身已经是 null，那么上面表达式尝试访问 foo 属性的 bar 属性时自然就会引发异常。

为了避免上面表达式中的 NullPointerException 异常，SpEL 支持如下用法：

```
foo?.bar
```

上面表达式在计算 root 对象的 foo 属性时，如果 foo 属性为 null，计算结果将直接返回 null，而不会引发 NullPointerException 异常。如以下代码所示：

```
// 使用安全操作，将输出 null
System.out.println("----" + parser.parseExpression(
    "#foo?.bar").getValue());
// 不使用安全操作，将引发 NullPointerException 异常
System.out.println(parser.parseExpression(
    "#foo.bar").getValue());
```

13. 集合选择

SpEL 允许直接对集合进行选择操作，这种选择操作可以根据指定表达式对集合元素进行筛选，只有符合条件的集合元素才会被选择出来。SpEL 集合选择的语法格式如下：

```
collection.?[condition_expr]
```

在上面的语法格式中，condition_expr 是一个根据集合元素定义的表达式，只有当该表达式返回 true 时，对应的集合元素才会被筛选出来。如以下代码所示：

```
List<String> list = new ArrayList<String>();
```

```
list.add("疯狂 Java 讲义");
list.add("疯狂 Ajax 讲义");
list.add("疯狂 iOS 讲义");
list.add("经典 Java EE 企业应用实战");
// 创建一个 EvaluationContext 对象，作为 SpEL 解析变量的上下文
EvaluationContext ctx = new StandardEvaluationContext();
ctx.setVariable("mylist" , list);
// 判断集合元素 length()方法的长度大于 7，"疯狂 iOS 讲义"被剔除
Expression expr = parser.parseExpression
    ("#mylist.?[length()>7]");
System.out.println(expr.getValue(ctx));
Map<String, Double> map = new HashMap<String ,Double>();
map.put("Java" , 89.0);
map.put("Spring" , 82.0);
map.put("英语" , 75.0);
ctx.setVariable("mymap" , map);
// 判断 Map 集合的 value 值大于 80，只保留前面两个 Entry
expr = parser.parseExpression
    ("#mymap.?[value>80]");
System.out.println(expr.getValue(ctx));
```

正如上面的粗体字代码所示，这种集合选择既可对 List 集合进行筛选，也可对 Map 集合进行筛选，当操作 List 集合时，condition_expr 中访问的每个属性、方法都是以集合元素为主调的；当操作 Map 集合时，需要显式地用 key 引用 Map Entry 的 key，用 value 引用 Map Entry 的 value。

14．集合投影

SpEL 允许对集合进行投影运算，这种投影运算将依次迭代每个集合元素，迭代时将根据指定表达式对集合元素进行计算得到一个新的结果，依次将每个结果收集成新的集合，这个新的集合将作为投影运算的结果。

SpEL 投影运算的语法格式为：

```
collection.![condition_expr]
```

在上面的语法格式中，condition_expr 是一个根据集合元素定义的表达式。上面的 SpEL 会把 collection 集合中的元素依次传入 condition_expr 中，每个元素得到一个新的结果，所有计算出来的结果所组成的新结果就是该表达式的返回值。

如下代码示范了集合投影运算：

```
List<String> list = new ArrayList<String>();
list.add("疯狂 Java 讲义");
list.add("疯狂 Ajax 讲义");
list.add("疯狂 iOS 讲义");
list.add("经典 Java EE 企业应用实战");
// 创建一个 EvaluationContext 对象，作为 SpEL 解析变量的上下文
EvaluationContext ctx = new StandardEvaluationContext();
ctx.setVariable("mylist" , list);
// 得到的新集合的元素是原集合的每个元素 length()方法返回值
Expression expr = parser.parseExpression
    ("#mylist.![length()]");
System.out.println(expr.getValue(ctx));
List<Person> list2 = new ArrayList<Person>();
list2.add(new Person(1, "孙悟空" , 162));
list2.add(new Person(2, "猪八戒" , 182));
list2.add(new Person(3, "牛魔王" , 195));
ctx.setVariable("mylist2" , list2);
// 得到的新集合的元素是原集合的每个元素 name 属性值
expr = parser.parseExpression
    ("#mylist2.![name]");
System.out.println(expr.getValue(ctx));
```

上面程序用到了一个简单的 Person 类，它只是一个非常简单的 Java Bean。关于该类的代码可以参考光盘中 codes\07\7.12\SpELGrammar\src\org\crazyit\domain\目录下的 Person.java 文件。

15．表达式模板

表达式模板有点类似于带占位符的国际化消息。例如如下带占位符的国际化消息：

> 今天的股票价格是：{1}

上面的消息可能生成如下字符串：

> 今天的股票价格是：123

上面字符串中的 123 需要每次动态改变。

这种需求可以借助于 SpEL 的表达式模板的支持。表达式模板的本质是对"直接量表达式"的扩展，它允许在"直接量表达式"中插入一个或多个#{expr}，#{expr}将会被动态计算出来。

例如，如下程序示范了使用表达式模板：

```
Person p1 = new Person(1, "孙悟空" , 162);
Person p2 = new Person(2, "猪八戒" , 182);
Expression expr = parser.parseExpression(
    "我的名字是#{name},身高是#{height}"
    , new TemplateParserContext());
// 将使用 p1 对象的 name、height 填充上面表达式模板中的#{}
System.out.println(expr.getValue(p1));
// 将使用 p2 对象的 name、height 填充上面表达式模板中的#{}
System.out.println(expr.getValue(p2));
```

正如在上面的程序中所看到的，使用 ExpressionParser 解析字符串模板时需要传入一个 TemplateParserContext 参数，该 TemplateParserContext 实现了 ParserContext 接口，它用于为表达式解析传入一些额外的信息，例如 TemplateParserContext 指定解析时需要计算#{和}之间的值。

7.13　本章小结

本章简要介绍了 Spring 框架的相关方面，包括 Spring 框架的起源、背景及大致情况；详细介绍了如何在实际开发中使用 Spring 框架，以及如何利用 Eclipse 工具开发 Spring 应用。本章主要介绍了 Spring 框架的核心：IoC 容器，详细介绍了 Spring 容器的种种用法。在介绍 Spring 容器的同时，也介绍了 Spring 容器中的 Bean，介绍了 Bean 依赖的配置、各种特殊配置等，并详细介绍了 Bean 之间的继承、生命周期、作用域等知识。

本章也介绍了如何利用 XML Schema 来简化 Spring 配置，最后还介绍了 Spring 的一个重要特性：SpEL（Spring 表达式语言），SpEL 既可单独使用，也可与 Spring 容器结合使用，用于扩展 Spring 容器的功能。下一章将更深入地介绍 Spring 框架的使用，包括利用 Spring IoC 容器扩展点，还将介绍 Spring 容器的另一个核心机制：AOP。除此之外，还将重点介绍 Spring 与 Hibernate、Struts 2 框架的整合。

第 8 章
深入使用 Spring

本章要点

- 利用后处理器扩展 Spring 容器
- Bean 后处理器和容器后处理器
- Spring 的"零配置"支持
- Spring 的资源访问策略
- 在 ApplicationContext 中使用资源
- AOP 的基本概念
- AspectJ 使用入门
- 生成 AOP 代理和 AOP 代理的作用
- 基于注解的"零配置"方式
- 基于 XML 配置文件的管理方式
- Spring 的事务策略
- Spring 的事务配置
- Spring 整合 MVC 框架的策略
- Spring 整合 Struts 2
- Spring 整合 Hibernate
- Spring 整合 JPA

　　上一章已经介绍了 Spring 框架的基础内容，详细介绍了 Spring 容器的核心机制：依赖注入，并介绍了 Spring 容器对 Bean 的管理。实际上，上一章介绍的内容是大部分项目都需要使用的基础部分，很多时候，即使不使用 Spring 框架，实际项目也都会采用相同的策略。

　　但 Spring 框架的功能绝不是只有这些部分，Spring 框架允许开发者使用两种后处理器扩展 IoC 容器，这两种后处理器可以后处理 IoC 容器本身，或者对容器中所有的 Bean 进行后处理。IoC 容器还提供了 AOP 功能，极好地丰富了 Spring 容器的功能。

　　Spring AOP 是 Spring 框架另一个吸引人的地方，AOP 本身是一种非常前沿的编程思想，它从动态角度考虑程序运行过程，专门用于处理系统中分布于各个模块（不同方法）中的交叉关注点的问题，能更好地抽离出各模块的交叉关注点。

　　Spring 的声明式事务管理正是通过 AOP 来实现的。当然，如果仅仅想使用 Spring 的声明式事务管理，其实完全无须掌握 AOP，但如果希望开发出结构更优雅的应用，例如集中处理应用的权限控制、系统日志等需求，则应该使用 AOP 来处理。

　　除此之外，本章还将详细介绍 Spring 与 Hibernate/JPA 和 Struts 2 框架的整合。

 ## 8.1　两种后处理器

　　Spring 框架提供了很好的扩展性，除了可以与各种第三方框架良好整合外，其 IoC 容器也允许开发者进行扩展，这种扩展甚至无须实现 BeanFactory 或 ApplicationContext 接口，而是允许通过两个后处理器对 IoC 容器进行扩展。Spring 提供了两种常用的后处理器。

➢ Bean 后处理器：这种后处理器会对容器中的 Bean 进行后处理，对 Bean 进行额外加强。

➢ 容器后处理器：这种后处理器对 IoC 容器进行后处理，用于增强容器功能。

　　下面将介绍这两种常用的后处理器，以及两种后处理器的相关知识。

➤➤ 8.1.1　Bean 后处理器

　　Bean 后处理器是一种特殊的 Bean，这种特殊的 Bean 并不对外提供服务，它甚至无须 id 属性，它主要负责对容器中的其他 Bean 执行后处理，例如为容器中的目标 Bean 生成代理等，这种 Bean 被称为 Bean 后处理器。

　　Bean 后处理器会在 Bean 实例创建成功之后，对 Bean 实例进行进一步的增强处理。

　　Bean 后处理器必须实现 BeanPostProcessor 接口，BeanPostProcessor 接口包含如下两个方法。

➢ Object postProcessBeforeInitialization(Object bean, String name) throws BeansException：该方法的第一个参数是系统即将进行后处理的 Bean 实例，第二个参数是该 Bean 的配置 id。

➢ Object postProcessAfterInitialization(Object bean, String name) throws BeansException：该方法的第一个参数是系统即将进行后处理的 Bean 实例，第二个参数是该 Bean 的配置 id。

　　实现该接口的 Bean 后处理器必须实现这两个方法，这两个方法会对容器的 Bean 进行后处理，会在目标 Bean 初始化之前、初始化之后分别被回调，这两个方法用于对容器中的 Bean 实例进行增强处理。

 注意

　　Bean 后处理器是对 IoC 容器一种极好的扩展，Bean 后处理器可以对容器中的 Bean 进行后处理，而到底要对 Bean 进行怎样的后处理则完全取决于开发者。Spring 容器负责把各 Bean 创建出来，Bean 后处理器（由开发者提供）可以依次对每个 Bean 进行某种修改、增强，从而可以对容器中的 Bean 集中增加某种功能。

　　下面将定义一个简单的 Bean 后处理器，该 Bean 后处理器将对容器中的其他 Bean 进行后处理。Bean 后处理器的代码如下。

　　程序清单：codes\08\8.1\BeanPostProcessor\src\org\crazyit\app\util\MyBeanPostProcessor.java

```
public class MyBeanPostProcessor
```

```
    implements BeanPostProcessor
{
    /**
     * 对容器中的 Bean 实例进行后处理
     * @param bean 需要进行后处理的原 Bean 实例
     * @param beanName 需要进行后处理的 Bean 的配置 id
     * @return 返回后处理完成后的 Bean
     */
    public Object postProcessBeforeInitialization
        (Object bean , String beanName)
    {
        System.out.println("Bean 后处理器在初始化之前对"
            + beanName + "进行增强处理...");
        // 返回的处理后的 Bean 实例，该实例就是容器中实际使用的 Bean
        // 该 Bean 实例甚至可与原 Bean 截然不同
        return bean;
    }
    public Object postProcessAfterInitialization
        (Object bean , String beanName)
    {
        System.out.println("Bean 后处理器在初始化之后对"
            + beanName + "进行增强处理...");
        // 如果该 Bean 是 Chinese 类的实例
        if (bean instanceof Chinese)
        {
            try
            {
                // 通过反射修改其 name 成员变量
                Class clazz = bean.getClass();
                Field f = clazz.getDeclaredField("name");
                f.setAccessible(true);
                f.set(bean, "FKJAVA:" + f.get(bean));
            }
            catch (Exception ex){ ex.printStackTrace();}        }
        return bean;
    }
}
```

上面程序中的两行粗体字代码实现了对 Bean 进行增强处理的逻辑，当 Spring 容器实例化 Bean 实例之后，就会依次调用 Bean 后处理器的两个方法对 Bean 实例进行增强处理。

下面是 Chinese Bean 类的代码，该类实现了 InitializingBean 接口（并实现了该接口包含的 afterPropertiesSet()方法），还额外提供了一个初始化方法（init()方法），这两个方法都用于定制该 Bean 实例的生命周期行为。

程序清单：codes\08\8.1\BeanPostProcessor\src\org\crazyit\app\service\impl\Chinese.java

```
public class Chinese
    implements Person,InitializingBean
{
    private Axe axe;
    private String name;
    public Chinese()
    {
        System.out.println("Spring 实例化主调 bean: Chinese 实例...");
    }
    public void setAxe(Axe axe)
    {
        this.axe = axe;
    }
    public void setName(String name)
    {
        System.out.println("Spring 执行 setName()方法注入依赖关系...");
        this.name = name;
    }
    public void useAxe()
    {
        System.out.println(name + axe.chop());
```

```
    }
    // 下面是两个生命周期方法
    public void init()
    {
        System.out.println("正在执行初始化方法 init...");
    }
    public void afterPropertiesSet() throws Exception
    {
        System.out.println("正在执行初始化方法 afterPropertiesSet...");
    }
}
```

在配置文件中配置 Bean 后处理器和配置普通 Bean 完全一样，但有一点需要指出，通常程序无须主动获取 Bean 后处理器，因此配置文件可以无须为 Bean 后处理器指定 id 属性。下面的配置文件因为需要手动注册 Bean 后处理器，所以配置文件依然为 Bean 后处理器指定了 id 属性。配置文件如下。

程序清单：codes\08\8.1\BeanPostProcessor\src\beans.xml

```
<?xml version="1.0" encoding="GBK"?>
<beans xmlns:xsi="http://www.w3.org/2001/XMLSchema-instance"
    xmlns="http://www.springframework.org/schema/beans"
    xmlns:p="http://www.springframework.org/schema/p"
    xsi:schemaLocation="http://www.springframework.org/schema/beans
    http://www.springframework.org/schema/beans/spring-beans.xsd">
    <!-- 配置两个普通 Bean 实例 -->
    <bean id="steelAxe" class="org.crazyit.app.service.impl.SteelAxe"/>
    <bean id="chinese" class="org.crazyit.app.service.impl.Chinese"
        init-method="init" p:axe-ref="steelAxe" p:name="依赖注入的值"/>
    <!-- 配置 Bean 后处理器，可以无须指定 id 属性 -->
    <bean class="org.crazyit.app.util.MyBeanPostProcessor"/>
</beans>
```

上面文件的粗体字代码配置了一个 Bean 后处理器，这个 Bean 后处理器将会对容器中的所有 Bean 实例进行后处理。为了更好地观察到 Bean 后处理器的后处理方法的执行时机，程序还为 chinese Bean 指定了如下两个初始化方法。

➤ init-method 指定初始化方法。

➤ 实现 InitializingBean 接口，提供了 afterPropertiesSet 初始化方法。

该示例的主程序如下。

程序清单：codes\08\8.1\BeanPostProcessor\src\lee\BeanTest.java

```
public class BeanTest
{
    public static void main(String[] args)throws Exception
    {
        // 以类加载路径下的 beans.xml 文件来创建 Spring 容器
        ApplicationContext ctx = new
            ClassPathXmlApplicationContext("beans.xml");
        Person p = (Person)ctx.getBean("chinese");
        p.useAxe();
    }
}
```

从上面代码可以看出，该程序根本看不到任何关于 Bean 后处理器的代码，这是因为：如果使用 ApplicationContext 作为 Spring 容器，Spring 容器会自动检测容器中的所有 Bean，如果发现某个 Bean 类实现了 BeanPostProcessor 接口，ApplicationContext 会自动将其注册为 Bean 后处理器。

运行上面的程序，可以看到如下运行结果：

```
...
Spring 执行 setName()方法注入依赖关系...
Bean 后处理器在初始化之前对 chinese 进行增强处理...
正在执行初始化方法 afterPropertiesSet...
正在执行初始化方法 init...
Bean 后处理器在初始化之后对 chinese 进行增强处理...
...
```

从上面的执行结果可以看出，虽然配置文件中指定 chinese Bean 的 name 为"依赖注入的值"，但该 chinese Bean 的 name 成员变量的值被修改了，增加了"FKJAVA:"前缀——这就是 Bean 后处理器的作用。

容器中一旦注册了 Bean 后处理器，Bean 后处理器就会自动启动，在容器中每个 Bean 创建时自动工作，加入 Bean 后处理器需要完成的工作。从上面的执行过程可以看出，Bean 后处理器两个方法的回调时机如图 8.1 所示。

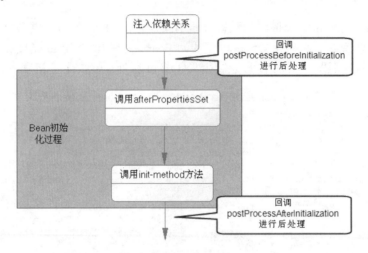

图 8.1　Bean 后处理器两个方法的回调时机

实现 BeanPostProcessor 接口的 Bean 后处理器可对 Bean 进行任何操作，包括完全忽略这个回调。BeanPostProcessor 通常用来检查标记接口，或者做如将 Bean 包装成一个 Proxy 的事情，Spring 的很多工具类就是通过 Bean 后处理器完成的。

如果使用 BeanFactory 作为 Spring 容器，则必须手动注册 Bean 后处理器，程序必须获取 Bean 后处理器实例，然后手动注册。在这种需求下，程序可能需要在配置文件中为 Bean 处理器指定 id 属性，这样才能让 Spring 容器先获取 Bean 后处理器，然后注册它。因此，如果使用 BeanFactory 作为 Spring 容器，则需要将主程序改为如下形式。

程序清单：codes\08\8.1\BeanPostProcessor\src\lee\BeanTest.java

```
public class BeanTest
{
    public static void main(String[] args)throws Exception
    {
        // 搜索类加载路径下的 beans.xml 文件创建 Resource 对象
        Resource isr = new ClassPathResource("beans.xml");
        // 创建默认的 BeanFactory 容器
        DefaultListableBeanFactory beanFactory = new DefaultListableBeanFactory();
        // 让默认的 BeanFactory 容器加载 isr 对应的 XML 配置文件
        new XmlBeanDefinitionReader(beanFactory).loadBeanDefinitions(isr);
        // 获取容器中的 Bean 后处理器
        BeanPostProcessor bp = (BeanPostProcessor)beanFactory.getBean("bp");
        // 注册 Bean 后处理器
        beanFactory.addBeanPostProcessor(bp);
        Person p = (Person)beanFactory.getBean("chinese");
    }
}
```

正如从上面粗体字代码所看到的，程序中 bp 就是 Bean 后处理器配置 id，一旦程序获取了 Bean 后处理器，即可调用 BeanFactory 的 addBeanPostProcessor()方法来注册该 Bean 后处理器。

▶▶ 8.1.2 Bean 后处理器的用处

上一节介绍了一个简单的 Bean 后处理器，上面的 Bean 后处理器负责对容器中的 chinese Bean 进行后处理，不管 chinese Bean 如何初始化，总是为 chinese Bean 的 name 属性添加 "FKJAVA:" 前缀。这种后处理看起来作用并不是特别大。

实际中 Bean 后处理器完成的工作更加实际，例如生成 Proxy。Spring 框架本身提供了大量的 Bean 后处理器，这些后处理器负责对容器中的 Bean 进行后处理。

下面是 Spring 提供的两个常用的后处理器。

➤ BeanNameAutoProxyCreator：根据 Bean 实例的 name 属性，创建 Bean 实例的代理。

➤ DefaultAdvisorAutoProxyCreator：根据提供的 Advisor，对容器中的所有 Bean 实例创建代理。

上面提供的两个 Bean 后处理器都用于根据容器中配置的拦截器，创建代理 Bean，代理 Bean 就是对目标 Bean 进行增强，在目标 Bean 的基础上进行修改得到的新 Bean。

> **提示：** 如果需要对容器中某一批 Bean 进行通用的增强处理，则可以考虑使用 Bean 后处理器。

▶▶ 8.1.3 容器后处理器

除了上面提供的 Bean 后处理器，Spring 还提供了一种容器后处理器。Bean 后处理器负责处理容器中的所有 Bean 实例，而容器后处理器则负责处理容器本身。

容器后处理器必须实现 BeanFactoryPostProcessor 接口。实现该接口必须实现如下一个方法。

➤ postProcessBeanFactory(ConfigurableListableBeanFactory beanFactory)

实现该方法的方法体就是对 Spring 容器进行的处理，这种处理可以对 Spring 容器进行自定义扩展，当然也可以对 Spring 容器不进行任何处理。

> 由于开发者不可能完全替换 Spring 容器（如果完全替换 Spring 容器，那就没必要使用 Spring 框架了），因此 postProcessBeanFactory() 方法只是对 Spring 容器进行后处理，该方法无须任何返回值。

类似于 BeanPostProcessor，ApplicationContext 可自动检测到容器中的容器后处理器，并且自动注册容器后处理器。但若使用 BeanFactory 作为 Spring 容器，则必须手动调用该容器后处理器来处理 BeanFactory 容器。

下面定义了一个容器后处理器，这个容器后处理器实现了 BeanFactoryPostProcessor 接口，但并未对 Spring 容器进行任何处理，只是打印出一行简单的信息。

程序清单：codes\08\8.1\BeanFactoryPostProcessor\src\org\crazyit\app\util\MyBeanFactoryPostProcessor.java

```java
public class MyBeanFactoryPostProcessor
    implements BeanFactoryPostProcessor
{
    /**
     * 重写该方法，对 Spring 进行后处理
     * @param beanFactory Spring 容器本身
     */
    public void postProcessBeanFactory(
        ConfigurableListableBeanFactory beanFactory)
        throws BeansException
    {
        System.out.println("程序对 Spring 所做的 BeanFactory 的初始化没有改变...");
        System.out.println("Spring 容器是: " + beanFactory);
    }
}
```

　　将容器后处理器作为普通 Bean 部署在容器中，如果使用 ApplicationContext 作为容器，容器会自动调用 BeanFactoryPostProcessor 来处理 Spring 容器。但如果使用 BeanFactory 作为 Spring 容器，则必须手动调用容器后处理器来处理 Spring 容器。例如如下主程序。

程序清单：codes\08\8.1\BeanFactoryPostProcessor\src\lee\BeanTest.java

```
public class BeanTest
{
    public static void main(String[] args)
    {
        // 以 ApplicationContex 作为 Spring 容器
        // 它会自动注册容器后处理器、Bean 后处理器
        ApplicationContext ctx = new
            ClassPathXmlApplicationContext("beans.xml");
        Person p = (Person)ctx.getBean("chinese");
        p.useAxe();
    }
}
```

　　上面程序中的粗体字代码使用了 ApplicationContext 作为 Spring 容器，Spring 容器会自动检测容器中的所有 Bean，如果发现某个 Bean 类实现了 BeanFactoryPostProcessor 接口，ApplicationContext 会自动将其注册为容器后处理器。

　　实现 BeanFactoryPostProcessor 接口的容器后处理器不仅可以对 BeanFactory 执行后处理，也可以对 ApplicationContext 容器执行后处理。容器后处理器还可用来注册额外的属性编辑器。

>
>
> 　　Spring 没有提供 ApplicationContextPostProcessor。也就是说，对于 ApplicationContext 容器，一样使用 BeanFactoryPostProcessor 作为容器后处理器。

　　Spring 已提供如下几个常用的容器后处理器。
- ➤ PropertyPlaceholderConfigurer：属性占位符配置器。
- ➤ PropertyOverrideConfigurer：重写占位符配置器。
- ➤ CustomAutowireConfigurer：自定义自动装配的配置器。
- ➤ CustomScopeConfigurer：自定义作用域的配置器。

　　从上面的介绍可以看出，容器后处理器通常用于对 Spring 容器进行处理，并且总是在容器实例化任何其他的 Bean 之前，读取配置文件的元数据，并有可能修改这些元数据。

　　如果有需要，程序可以配置多个容器后处理器，多个容器后处理器可设置 order 属性来控制容器后处理器的执行次序。

> 　　为了给容器后处理器指定 order 属性，则要求容器后处理器必须实现 Ordered 接口，因此在实现 BeanFactoryPostProcessor 时，就应当考虑实现 Ordered 接口。
>
>

　　容器后处理器的作用域范围是容器级，它只对容器本身进行处理，而不对容器中的 Bean 进行处理；如果需要对容器中的 Bean 实例进行后处理，则应该考虑使用 Bean 后处理器，而不是使用容器后处理器。

▶▶ 8.1.4　属性占位符配置器

　　Spring 提供了 PropertyPlaceholderConfigurer，它是一个容器后处理器，负责读取 Properties 属性文件里的属性值，并将这些属性值设置成 Spring 配置文件的数据。

　　通过使用 PropertyPlaceholderConfigurer 后处理器，可以将 Spring 配置文件中的部分数据放在属性文件中设置，这种配置方式当然有其优势：可以将部分相似的配置（比如数据库的 URL、用户名和密

码）放在特定的属性文件中，如果只需要修改这部分配置，则无须修改 Spring 配置文件，修改属性文件即可。

下面的配置文件配置了 PropertyPlaceholderConfigurer 后处理器，在配置数据源 Bean 时，使用了属性文件中的属性值。

程序清单：codes\08\8.1\PropertyPlaceholderConfigurer\src\beans.xml

```xml
<?xml version="1.0" encoding="GBK"?>
<beans xmlns:xsi="http://www.w3.org/2001/XMLSchema-instance"
    xmlns="http://www.springframework.org/schema/beans"
    xmlns:p="http://www.springframework.org/schema/p"
    xsi:schemaLocation="http://www.springframework.org/schema/beans
    http://www.springframework.org/schema/beans/spring-beans.xsd">
    <!-- PropertyPlaceholderConfigurer 是一个容器后处理器，它会读取
    属性文件信息，并将这些信息设置成 Spring 配置文件的数据 -->
    <bean class=
        "org.springframework.beans.factory.config.PropertyPlaceholderConfigurer">
        <property name="locations">
            <list>
                <value>dbconn.properties</value>
                <!-- 如果有多个属性文件，依次在下面列出来 -->
                <!--value>wawa.properties</value-->
            </list>
        </property>
    </bean>
    <!-- 定义数据源 Bean，使用 C3P0 数据源实现 -->
    <bean id="dataSource" class="com.mchange.v2.c3p0.ComboPooledDataSource"
        destroy-method="close"
        p:driverClass="${jdbc.driverClassName}"
        p:jdbcUrl="${jdbc.url}"
        p:user="${jdbc.username}"
        p:password="${jdbc.password}"/>
</beans>
```

在上面的配置文件中，配置 driverClass、jdbcUrl 等信息时，并未直接设置这些属性的属性值，而是设置了${jdbc.driverClassName}和${jdbc.url}属性值，这表明 Spring 容器将从 propertyConfigurer 指定的属性文件中搜索这些 key 对应的 value，并为该 Bean 的属性值设置这些 value 值。

如前所述，ApplicationContext 会自动检测部署在容器中的容器后处理器，无须额外注册，容器会自动检测并注册 Spring 中的容器后处理器。因此，只需提供如下 Properties 文件。

程序清单：codes\08\8.1\PropertyPlaceholderConfigurer\src\dbconn.properties

```
jdbc.driverClassName=com.mysql.jdbc.Driver
jdbc.url=jdbc:mysql://localhost:3306/spring?useSSL=true
jdbc.username=root
jdbc.password=32147
```

通过这种方法，可从主 XML 配置文件中分离出部分配置信息。如果仅需要修改数据库连接属性，则无须修改主 XML 配置文件，只需要修改该属性文件即可。采用属性占位符的配置方式，可以支持使用多个属性文件，通过这种方式，可将配置文件分割成多个属性文件，从而降低修改配置文件产生错误的风险。

> **注意**
> 对于数据库连接等信息集中的配置，可以将其配置在 Properties 属性文件中，但不要过多地将 Spring 配置信息抽离到 Properties 属性文件中，这样可能会降低 Spring 配置文件的可读性。

对于采用基于 XML Schema 的配置文件而言，如果导入了 context:命名空间，则可采用如下方式来配置该属性占位符。

```xml
<!-- location 指定 Properties 文件的位置 -->
<context:property-placeholder location="classpath:db.properties"/>
```

也就是说，<context:property-placeholder .../>元素是 PropertyPlaceholderConfigurer 的简化配置。

▶▶ 8.1.5　重写占位符配置器

PropertyOverrideConfigurer 是 Spring 提供的另一个容器后处理器，这个后处理器的作用比上面那个容器后处理器的功能更加强大——PropertyOverrideConfigurer 的属性文件指定的信息可以直接覆盖 Spring 配置文件中的元数据。

如果 PropertyOverrideConfigurer 的属性文件指定了一些配置的元数据，则这些配置的元数据将会覆盖原配置文件里相应的数据。在这种情况下，可以认为 Spring 配置信息是 XML 配置文件和属性文件的总和，当 XML 配置文件和属性文件指定的元数据不一致时，属性文件的信息取胜。

使用 PropertyOverrideConfigurer 的属性文件，每条属性应保持如下的格式：

```
beanId.property=value
```

beanId 是属性占位符试图覆盖的 Bean 的 id，property 是试图覆盖的属性名（对应于调用 setter 方法）。看如下配置文件。

程序清单：codes\08\8.1\PropertyOverrideConfigurer\src\beans.xml

```xml
<?xml version="1.0" encoding="GBK"?>
<beans xmlns:xsi="http://www.w3.org/2001/XMLSchema-instance"
    xmlns="http://www.springframework.org/schema/beans"
    xsi:schemaLocation="http://www.springframework.org/schema/beans
    http://www.springframework.org/schema/beans/spring-beans.xsd">
    <!-- PropertyOverrideConfigurer 是一个容器后处理器，它会读取
    属性文件信息，并用这些信息覆盖 Spring 配置文件的数据 -->
    <bean class=
    "org.springframework.beans.factory.config.PropertyOverrideConfigurer">
        <property name="locations">
            <list>
                <value>dbconn.properties</value>
                <!-- 如果有多个属性文件，依次在下面列出来 -->
            </list>
        </property>
    </bean>
    <!-- 定义数据源 Bean，使用 C3P0 数据源实现，
        配置该 Bean 时没有指定任何信息，但 Properties 文件里的
        信息将会直接覆盖该 Bean 的属性值 -->
    <bean id="dataSource" class="com.mchange.v2.c3p0.ComboPooledDataSource"
        destroy-method="close"/>
</beans>
```

上面的配置文件中配置数据源 Bean 时，没有指定任何属性值，很明显配置数据源 Bean 时不指定有效信息是无法连接到数据库服务的。

但因为 Spring 容器中部署了一个 PropertyOverrideConfigurer 容器后处理器，而且 Spring 容器使用 ApplicationContext 作为容器，它会自动检测容器中的容器后处理器，并使用该容器后处理器来处理 Spring 容器。

PropertyOverrideConfigurer 后处理器读取 dbconn.properties 文件中的属性，用于覆盖目标 Bean 的属性。因此，如果属性文件中有 dataSource Bean 属性的设置，则可在配置文件中为该 Bean 指定属性值，这些属性值将会覆盖 dataSource Bean 的各属性值。

dbconn.properties 属性文件如下。

程序清单：codes\08\8.1\PropertyOverrideConfigurer\src\dbconn.properties

```
dataSource.driverClass=com.mysql.jdbc.Driver
dataSource.jdbcUrl=jdbc:mysql://localhost:3306/spring?useSSL=true
dataSource.user=root
```

```
dataSource.password=32147
```

属性文件里每条属性的格式必须是：

```
beanId.property=value
```

也就是说，dataSource 必须是容器中真实存在的 Bean 的 id，否则程序将出错。

> ✱ **注意** ✱
>
> 　　程序无法知道 BeanFactory 定义是否被覆盖。仅仅通过查看 XML 配置文件，无法知道配置文件的配置信息是否被覆盖。如有多个 PorpertyOverrideConfigurer 对同一 Bean 属性进行了覆盖，最后一次覆盖将会获胜。

对于采用基于 XML Schema 的配置文件而言，如果导入了 context Schema，则可采用如下方式来配置这种重写占位符。

```
<!-- location 指定 Properties 文件的位置 -->
<context:property-override location="classpath:db.properties"/>
```

也就是说，<context:property-override.../>元素是 PorpertyOverrideConfigurer 的简化配置。

8.2　Spring 的"零配置"支持

在曾经的岁月里，Java 和 XML 是如此"恩爱"，许多人认为 Java 是跨平台的语言，而 XML 是跨平台的数据交换格式，所以 Java 和 XML 应该是天作之合。在这种潮流下，以前的 Java 框架不约而同地选择了 XML 作为配置文件。

时至今日，也许是受 Rails 框架的启发，现在的 Java 框架又都开始对 XML 配置方式"弃置不顾"了，几乎所有的主流 Java 框架都打算支持"零配置"特性，包括前面介绍的 Struts 2、Hibernate，以及现在要介绍的 Spring，都开始支持使用注解来代替 XML 配置文件。

▶▶ 8.2.1　搜索 Bean 类

既然不再使用 Spring 配置文件来配置任何 Bean 实例，那么只能希望 Spring 会自动搜索某些路径下的 Java 类，并将这些 Java 类注册成 Bean 实例。

> **提示：**
>
> 　　Rails 框架的处理比较简单，它采用一种所谓的"约定优于配置"的方式，它要求将不同组件放在不同路径下，而 Rails 框架中是加载固定路径下的所有组件。

Spring 没有采用"约定优于配置"的策略，Spring 依然要求程序员显式指定搜索哪些路径下的 Java 类，Spring 将会把合适的 Java 类全部注册成 Spring Bean。那现在的问题是：Spring 怎么知道应该把哪些 Java 类当成 Bean 类处理呢？这就需要使用注解了，Spring 通过使用一些特殊的注解来标注 Bean 类。Spring 提供了如下几个注解来标注 Spring Bean。

- ➢ @Component：标注一个普通的 Spring Bean 类。
- ➢ @Controller：标注一个控制器组件类。
- ➢ @Service：标注一个业务逻辑组件类。
- ➢ @Repository：标注一个 DAO 组件类。

如果需要定义一个普通的 Spring Bean，则直接使用@Component 标注即可。但如果用@Repository、@Service 或@Controller 来标注这些 Bean 类，这些 Bean 类将被作为特殊的 Java EE 组件对待，也许能更好地被工具处理，或与切面进行关联。例如，这些典型化的注解可以成为理想的切入点目标。

@Controller、@Service 和@Repository 能携带更多语义，因此，如果需要在 Java EE 应用中使用这些标注时，应尽量考虑使用@Controller、@Service 和@Repository 来代替通用的@Component 标注。

指定了某些类可作为 Spring Bean 类使用后，最后还需要让 Spring 搜索指定路径，此时需要在 Spring

配置文件中导入 context Schema，并指定一个简单的搜索路径。

下面示例定义了一系列 Java 类，并使用@Component 来标注它们。

程序清单：codes\08\8.2\Component\src\org\crazyit\app\service\impl\Chinese.java

```
@Component
public class Chinese implements Person
{
    private Axe axe;
    // axe 的 setter 方法
    public void setAxe(Axe axe)
    {
        this.axe = axe;
    }
    // 省略其他方法
    ...
}
```

程序清单：codes\08\8.2\Component\src\org\crazyit\app\service\impl\SteelAxe.java

```
@Component
public class SteelAxe implements Axe
{
    public String chop()
    {
        return "钢斧砍柴真快";
    }
}
```

程序清单：codes\08\8.2\Component\src\org\crazyit\app\service\impl\StoneAxe.java

```
@Component
public class StoneAxe implements Axe
{
    public String chop()
    {
        return "石斧砍柴好慢";
    }
}
```

这些 Java 类与前面介绍的 Bean 类没有太大区别，只是每个 Java 类都使用了@Component 标注，这表明这些 Java 类都将作为 Spring 的 Bean 类。

接下来需要在 Spring 配置文件中指定搜索路径，Spring 将会自动搜索该路径下的所有 Java 类，并根据这些 Java 类来创建 Bean 实例。本应用的配置文件如下。

程序清单：codes\08\8.2\Component\src\beans.xml

```
<?xml version="1.0" encoding="GBK"?>
<beans xmlns="http://www.springframework.org/schema/beans"
    xmlns:xsi="http://www.w3.org/2001/XMLSchema-instance"
    xmlns:context="http://www.springframework.org/schema/context"
    xsi:schemaLocation="http://www.springframework.org/schema/beans
    http://www.springframework.org/schema/beans/spring-beans.xsd
    http://www.springframework.org/schema/context
    http://www.springframework.org/schema/context/spring-context.xsd">
    <!-- 自动扫描指定包及其子包下的所有 Bean 类 -->
    <context:component-scan
        base-package="org.crazyit.app.service"/>
</beans>
```

上面的配置文件中最后一行粗体字代码指定 Spring 将会把 org.crazyit.app.service 包及其子包下的所有 Java 类都当成 Spring Bean 来处理，并为每个 Java 类创建对应的 Bean 实例。经过上面的步骤，Spring 容器中自动就会增加三个 Bean 实例（前面定义的三个类都是位于 org.crazyit.app.service.impl 包下的）。主程序如下。

程序清单：codes\08\8.2\Component\src\lee\BeanTest.java

```
public class BeanTest
{
    public static void main(String[] args)
    {
        // 创建 Spring 容器
        ApplicationContext ctx = new
            ClassPathXmlApplicationContext("beans.xml");
        // 获取 Spring 容器中的所有 Bean 实例的名称
        System.out.println("-------------" +
            java.util.Arrays.toString(ctx.getBeanDefinitionNames()));
    }
}
```

上面程序中的粗体字代码输出了 Spring 容器中所有 Bean 实例的名称，运行上面的程序，将看到如下输出结果：

```
-------------[chinese, steelAxe, stoneAxe,
org.springframework.context.annotation.internalConfigurationAnnotationProcessor,
org.springframework.context.annotation.internalAutowiredAnnotationProcessor,
org.springframework.context.annotation.internalRequiredAnnotationProcessor,
org.springframework.context.event.internalEventListenerProcessor,
org.springframework.context.event.internalEventListenerFactory]
```

从上面的运行结果可以看出，Spring 容器中三个 Bean 实例的名称分别为 chinese、steelAxe 和 stoneAxe，那么这些名称是从哪里来的呢？在基于 XML 配置方式下，每个 Bean 实例的名称都由其 id 属性指定的；在这种基于注解的方式下，Spring 采用约定的方式来为这些 Bean 实例指定名称，这些 Bean 实例的名称默认是 Bean 类的首字母小写，其他部分不变。

当然 Spring 也允许在使用@Component 标注时指定 Bean 实例的名称，例如如下代码片段：

```
// 指定该类作为 Spring Bean，Bean 实例名为 axe
@Component("axe")
public class SteelAxe implements Axe
{
    ...
}
```

上面程序中的粗体字代码指定该 Bean 实例的名称为 axe。

在默认情况下，Spring 会自动搜索所有以@Component、@Controller、@Service 和@Repository 标注的 Java 类，并将它们当成 Spring Bean 来处理。

Spring 还提供了@Lookup 注解来执行 lookup 方法注入，其实@Lookup 注解的作用完全等同于<lookup-method.../>元素。前面介绍该元素时已说明，使用该元素需要指定如下两个属性。

➢ name：指定要执行 lookup 方法注入的方法名。

➢ bean：指定 lookup 方法注入所返回的 Bean 的 id。

而@Lookup 注解则直接修饰需要执行 lookup 方法注入的方法，因此不需要指定 name 属性，该注解要指定一个 value 属性，value 属性就等同于<lookup-method.../>元素的 bean 属性。

除此之外，还可通过为<component-scan.../>元素添加<include-filter.../>或<exclude-filter.../>子元素来指定 Spring Bean 类，其中<include-filter.../>用于强制 Spring 处理某些 Bean 类，即使这些类没有使用 Spring 注解修饰；而<exclude-filter.../>则用于强制将某些 Spring 注解修饰的类排除在外。

元素用于指定满足该规则的 Java 类会被当成 Bean 类处理，指定满足该规则的 Java 类不会被当成 Bean 类处理。使用这两个元素时都要求指定如下两个属性。

➢ type：指定过滤器类型。

➢ expression：指定过滤器所需要的表达式。

Spring 内建支持如下 4 种过滤器。

➢ annotation：注解过滤器，该过滤器需要指定一个注解名，如 lee.AnnotationTest。

➢ assignable：类名过滤器，该过滤器直接指定一个 Java 类。

➢ regex：正则表达式过滤器，该过滤器指定一个正则表达式，匹配该正则表达式的 Java 类将满足该过滤规则，如 org\.example\.Default.*。

> ➢ aspectj：AspectJ 过滤器，如 org.example..*Service+。

例如，下面配置文件指定所有以 Chinese 结尾的类、以 Axe 结尾的类都将被当成 Spring Bean 处理。

程序清单：codes\08\8.2\FilterScan\src\beans.xml

```xml
<?xml version="1.0" encoding="GBK"?>
<beans xmlns="http://www.springframework.org/schema/beans"
    xmlns:xsi="http://www.w3.org/2001/XMLSchema-instance"
    xmlns:context="http://www.springframework.org/schema/context"
    xsi:schemaLocation="http://www.springframework.org/schema/beans
    http://www.springframework.org/schema/beans/spring-beans.xsd
    http://www.springframework.org/schema/context
    http://www.springframework.org/schema/context/spring-context.xsd">
    <!-- 自动扫描指定包及其子包下的所有 Bean 类 -->
    <context:component-scan
        base-package="org.crazyit.app.service">
        <!-- 只将以 Chinese、Axe 结尾的类当成 Spring 容器中的 Bean -->
        <context:include-filter type="regex"
            expression=".*Chinese"/>
        <context:include-filter type="regex"
            expression=".*Axe"/>
    </context:component-scan>
</beans>
```

▶▶ 8.2.2　指定 Bean 的作用域

当使用 XML 配置方式来配置 Bean 实例时，可以通过 scope 来指定 Bean 实例的作用域，没有指定 scope 属性的 Bean 实例的作用域默认是 singleton。

当采用零配置方式来管理 Bean 实例时，可使用@Scope 注解，只要在该注解中提供作用域的名称即可。例如可以定义如下 Java 类：

```java
// 指定该 Bean 实例的作用域为 prototype
@Scope("prototype")
// 指定该类作为 Spring Bean，Bean 实例名为 axe
@Component("axe")
public class SteelAxe implements Axe
{
    ...
}
```

在一些极端的情况下，如果不想使用基于注解的方式来指定作用域，而是希望提供自定义的作用域解析器，让自定义的解析器实现 ScopeMetadataResolver 接口，并提供自定义的作用域解析策略，然后在配置扫描器时指定解析器的全限定类名即可。看如下配置片段：

```xml
<beans ...>
    ...
    <context:component-scan base-package="org.crazyit.app"
        scope-resolver="org.crazyit.app.util.MyScopeResolver"/>
    ...
</beans>
```

此外，从 Spring 4.3 开始还新增了@ApplicationScope、@SessionScope、@RequestScope 这 3 个注解，它们分别对应于@Scope("application")、@Scope("session")、@Scope("request")，且 proxyMode 属性被设置为 ScopedProxyMode.TARGET_CLASS。

▶▶ 8.2.3　使用@Resource 和@Value 配置依赖

@Resource 位于 javax.annotation 包下，是来自 Java EE 规范的一个注解，Spring 直接借鉴了该注解，通过使用该注解为目标 Bean 指定协作者 Bean。

> **提示：**
> 关于@Resource 注解的详细用法，读者可以参考本书的姊妹篇《经典 Java EE 企业应用实战》，那本书中有@Resource 及 Java EE 规范中依赖注入的介绍。

@Resource 有一个 name 属性,在默认情况下,Spring 将这个值解释为需要被注入的 Bean 实例的 id。换句话说,使用@Resource 与<property.../>元素的 ref 属性有相同的效果。

@Value 则相当于<property.../>元素的 value 属性,用于为 Bean 的标量属性配置属性值。@Value 注解还可使用表达式。

@Resource、@Value 不仅可以修饰 setter 方法,也可以直接修饰实例变量。如果使用@Resource、@Value 修饰实例变量将会更加简单,此时 Spring 将会直接使用 Java EE 规范的 Field 注入,此时连 setter 方法都可以不要。

例如如下的 Bean 类。

程序清单:codes\08\8.2\Resource\src\org\crazyit\app\service\impl\Chinese.java

```java
@Component
public class Chinese implements Person
{
    // 修饰实例变量,直接使用 Field 注入
    @Value("#{T(Math).PI}")
    private String name;
    private Axe axe;
    // axe 的 setter 方法
    @Resource(name="stoneAxe")
    public void setAxe(Axe axe)
    {
        this.axe = axe;
    }
    // 实现 Person 接口的 useAxe()方法
    public void useAxe()
    {
        // 调用 axe 的 chop()方法
        // 表明 Person 对象依赖于 axe 对象
        System.out.println(axe.chop());
    }
}
```

上面的 Chinese 类中第 1 行粗体字代码使用了@Value 注解为 name 成员变量设置值,且该值使用了 SpEL 表达式;第 2 行粗体字代码定义了一个@Resource 注解,该注解指定将容器中的 stoneAxe 作为 setAxe()方法的参数。

> @Resource 注解在 Java 9 上运行暂时还有点小问题,请使用 Java 8 运行该示例。包括下面的@PostConstruct 和@PreDestroy 两个注解也存在该问题。

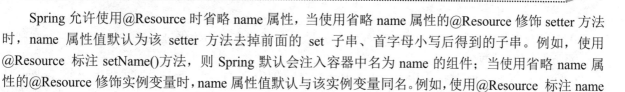

Spring 允许使用@Resource 时省略 name 属性,当使用省略 name 属性的@Resource 修饰 setter 方法时,name 属性值默认为该 setter 方法去掉前面的 set 子串、首字母小写后得到的子串。例如,使用@Resource 标注 setName()方法,则 Spring 默认会注入容器中名为 name 的组件;当使用省略 name 属性的@Resource 修饰实例变量时,name 属性值默认与该实例变量同名。例如,使用@Resource 标注 name 实例变量,则 Spring 默认会注入容器中名为 name 的组件。

➤➤ 8.2.4　使用@PostConstruct 和@PreDestroy 定制生命周期行为

@PostConstruct 和@PreDestroy 同样位于 javax.annotation 包下,也是来自 Java EE 规范的两个注解,Spring 直接借鉴了它们,用于定制 Spring 容器中 Bean 的生命周期行为。

前面介绍 Spring 生命周期时提供了<bean.../>元素可以指定 init-method、destroy-method 两个属性。

➢ init-method 指定 Bean 的初始化方法——Spring 容器将会在 Bean 的依赖关系注入完成后回调该方法。

> ➤ destroy-method 指定 Bean 销毁之前的方法——Spring 容器将会在销毁该 Bean 之前回调该方法。

@PostConstruct 和@PreDestroy 两个注解的作用大致与此相似，它们都用于修饰方法，无须任何属性。其中前者修饰的方法是 Bean 的初始化方法；而后者修饰的方法是 Bean 销毁之前的方法。

例如如下 Bean 实现类。

程序清单：codes\08\8.2\lifecycle\src\org\crazyit\app\service\impl\Chinese.java

```
@Component
public class Chinese implements Person
{
    // 执行 Field 注入
    @Resource(name="steelAxe")
    private Axe axe;
    // 实现 Person 接口的 useAxe()方法
    public void useAxe()
    {
        // 调用 axe 的 chop()方法
        // 表明 Person 对象依赖于 axe 对象
        System.out.println(axe.chop());
    }
    @PostConstruct
    public void init()
    {
        System.out.println("正在执行初始化的 init 方法...");
    }
    @PreDestroy
    public void close()
    {
        System.out.println("正在执行销毁之前的 close 方法...");
    }
}
```

上面的 Chinese 类中使用了@PostConstruct 修饰 init()方法，这就让 Spring 在该 Bean 的依赖关系注入完成之后回调该方法；使用了@PreDestroy 修饰 close()方法，这就让 Spring 在销毁该 Bean 之前回调该方法。

➤➤ 8.2.5　使用@DependsOn 和@Lazy 改变初始化行为

@DependsOn 用于强制初始化其他 Bean；而@Lazy 则用于指定该 Bean 是否取消预初始化。

@DependsOn 可以修饰 Bean 类或方法，使用该注解时可以指定一个字符串数组作为参数，每个数组元素对应于一个强制初始化的 Bean。如以下代码所示：

```
@DependsOn({"steelAxe" , "abc"})
@Component
public class Chinese implements Person
{
    ...
}
```

上面的代码使用了@DependsOn 修饰 Chinese 类，这就指定在初始化 chinese Bean 之前，会强制初始化 steelAxe、abc 两个 Bean。

@Lazy 修饰 Spring Bean 类用于指定该 Bean 的预初始化行为，使用该注解时可指定一个 boolean 型的 value 属性，该属性决定是否要预初始化该 Bean。

例如如下代码：

```
@Lazy(true)
@Component
public class Chinese
    implements Person
{
    ...
}
```

上面的粗体字注解指定当 Spring 容器初始化时，不会预初始化 chinese Bean。

➤➤ 8.2.6 自动装配和精确装配

Spring 提供了@Autowired 注解来指定自动装配，@Autowired 可以修饰 setter 方法、普通方法、实例变量和构造器等。当使用@Autowired 标注 setter 方法时，默认采用 byType 自动装配策略。

例如下面的代码：

```
@Component
public class Chinese implements Person
{
    ...
    // axe 的 setter 方法
    @Autowired
    public void setAxe(Axe axe)
    {
        this.axe = axe;
    }
    ...
}
```

上面的代码中使用了@Autowired 指定对 setAxe()方法进行自动装配，Spring 将会自动搜索容器中类型为 Axe 的 Bean 实例，并将该 Bean 实例作为 setAxe()方法的参数传入。如果正好在容器中找到一个类型为 Axe 的 Bean，Spring 就会以该 Bean 为参数来执行 setAxe()方法；如果在容器中找到多个类型为 Axe 的 Bean，Spring 会引发异常；如果在容器中没有找到多个类型为 Axe 的 Bean，Spring 什么都不执行，也不会引发异常。

Spring 还允许使用@Autowired 来标注多个参数的普通方法，如下面的代码所示：

```
@Component
public class Chinese implements Person
{
    ...
    // 可接受多个参数的普通方法
    @Autowired
    public void prepare(Axe axe , Dog dog)
    {
        this.axe = axe;
        this.dog = dog;
    }
    ...
}
```

当使用@Autowired 修饰带多个参数的普通方法时，Spring 会自动到容器中寻找类型匹配的 Bean，如果恰好为每个参数都找到一个类型匹配的 Bean，Spring 会自动以这些 Bean 作为参数来调用该方法。以上面的 prepare(Axe axe , Dog dog)方法为例，Spring 会自动寻找容器中类型为 Axe、Dog 的 Bean，如果在容器中恰好找到一个类型为 Axe 和一个类型为 Dog 的 Bean，Spring 就会以这两个 Bean 作为参数来调用 prepare()方法。

@Autowired 也可用于修饰构造器和实例变量，如下面的代码所示：

```
@Component
public class Chinese implements Person
{
    @Autowired
    private Axe axe;
    @Autowired
    public Chinese(Axe axe , Dog dog)
    {
        this.axe = axe;
        this.dog = dog;
    }
    ...
}
```

当使用@Autowired 修饰一个实例变量时，Spring 将会把容器中与该实例变量类型匹配的 Bean 设置为该实例变量的值。例如，程序中使用@Autowired 标注了 private Axe axe，则 Spring 会自动搜索容器中类型为 Axe 的 Bean。如果恰好找到一个该类型的 Bean，Spring 就会将该 Bean 设置成 axe 实例变量的值；如果容器中包含多于一个的 Axe 实例，则 Spring 容器会抛出 BeanCreateException 异常。

@Autowired 甚至可以用于修饰数组类型的成员变量，如下面的代码所示：

```
@Component
public class Chinese implements Person
{
    @Autowired
    private Axe[] axes;
    ...
}
```

正如在上面的程序中看到的，被@Autowired 修饰的 axes 实例变量的类型是 Axe[]数组，在这种情况下，Spring 会自动搜索容器中的所有 Axe 实例，并以这些 Axe 实例作为数组元素来创建数组，最后将该数组赋给上面 Chinese 实例的 axes 实例变量。

与此类似的是，@Autowired 也可标注集合类型的实例变量，或标注形参类型的集合方法，Spring 对这种集合属性、集合形参的处理与前面对数组类型的处理是完全相同的。例如如下代码：

```
@Component
public class Chinese implements Person
{
    private Set<Axe> axes;
    @Autowired
    public void setAxes(Set<Axe> axes)
    {
        this.axes = axes;
    }
    ...
}
```

对于这种集合类型的参数而言，程序代码中必须使用泛型，正如上面程序中的粗体字代码所示，程序指定了该方法参数是 Set<Axe>类型，这表明 Spring 会自动搜索容器中的所有 Axe 实例，并将这些实例注入到 axes 实例变量中。如果程序没有使用泛型来指明集合元素的类型，则 Spring 将会不知所措。

由于@Autowired 默认使用 byType 策略来完成自动装配，系统可能出现有多个匹配类型的候选组件，此时就会导致异常。

Spring 提供了一个@Primary 注解，该注解用于将指定的候选 Bean 设置为主候选者 Bean。例如如下 Chinese 类。

程序清单：codes\08\8.2\Primary\src\org\crazyit\app\service\impl\Chinese.java

```
@Component
public class Chinese implements Person
{
    private Dog dog;
    @Autowired
    public void setGunDog(Dog dog)
    {
        this.dog = dog;
    }
    public void test()
    {
        System.out.println("我是一个普通人,养了一条狗: "
            + dog.run());
    }
}
```

上面 Chinese 类使用@Autowired 修饰了 setGunDog(Dog dog)方法，这意味着 Spring 会从容器中寻找类型为 Dog 的 Bean 来完成依赖注入，如果容器中有两个类型为 Dog 的 Bean，Spring 容器就会引发异常。

此时可通过@Primary 注解修饰特定 Bean 类，将它设置为主候选者，这样 Spring 将会直接注入有@Primary 修饰的 Bean，不会理会其他符合类型的 Bean。例如如下 PetDog 类。

程序清单：codes\08\8.2\Primary\src\org\crazyit\app\service\impl\PetDog.java

```
@Component
@Primary
public class PetDog implements Dog
{
    @Value("小花")
    private String name;
    ...
}
```

上面程序使用@Primary 修饰了 PetDog 类，因此该 Bean 将会作为主候选者 Bean，所以 Spring 将会把该 Bean 作为参数注入所有需要 Dog 实例的 setter 方法、构造器中。

Spring 4.0 增强后的@Autowired 注解还可以根据泛型进行自动装配。例如，项目中定义了如下 Dao 组件（后文会介绍，Dao 组件是 Java EE 应用中最重要的一类组件，用于执行数据库访问），本示例的基础 Dao 组件代码如下。

程序清单：codes\08\8.2\Autowired\src\org\crazyit\app\dao\impl\BaseDaoImpl.java

```
public class BaseDaoImpl<T> implements BaseDao<T>
{
    public void save(T e)
    {
        System.out.println("程序保存对象: " + e);
    }
}
```

BaseDaoImpl 类中定义了所有 Dao 组件都应该实现的通用方法，而应用的其他 Dao 组件则只要继承 BaseDaoImpl，并指定不同泛型参数即可。例如如下 UserDaoImpl 和 ItemDaoImpl。

程序清单：codes\08\8.2\Autowired\src\org\crazyit\app\dao\impl\UserDaoImpl.java

```
@Component("userDao")
public class UserDaoImpl extends BaseDaoImpl<User>
    implements UserDao
{
}
```

ItemDaoImpl 也与此类似。

程序清单：codes\08\8.2\Autowired\src\org\crazyit\app\dao\impl\ItemDaoImpl.java

```
@Component("itemDao")
public class ItemDaoImpl extends BaseDaoImpl<Item>
    implements ItemDao
{
}
```

接下来程序希望定义两个 Service 组件：UserServiceImpl 和 ItemServiceImp，而 UserServiceImpl 需要依赖于 UserDaoImpl 组件，ItemServiceImpl 需要依赖于 ItemDaoImpl 组件，传统的做法可能需要为 UserServiceImpl、ItemServiceImpl 分别定义成员变量，并配置依赖注入。

考虑到 UserDaoImpl、ItemServiceImpl 依赖的都是 BaseDaoImpl 组件的子类，只是泛型参数不同而已；程序可以直接定义一个 BaseServiceImpl，该组件依赖于 BaseDaoImpl 即可。例如如下代码。

程序清单：codes\08\8.2\Autowired\src\org\crazyit\app\service\impl\BaseServiceImpl.java

```
public class BaseServiceImpl<T> implements BaseService<T>
{
    @Autowired
    private BaseDao<T> dao;
    public void addEntity(T entity)
    {
        System.out.println("调用" + dao
            + "保存实体: " + entity);
    }
}
```

上面程序中两行粗体字代码指定 Spring 应该寻找容器中类型为 BaseDao<T>的 Bean，并将该 Bean

设置为 dao 实例变量的值。注意到 BaseDao<T>类型中的泛型参数 T，Spring 不仅会根据 BaseDao 类型进行搜索，还会严格匹配泛型参数 T。

接下来程序只要定义如下 UserServiceImpl 即可。

程序清单：codes\08\8.2\Autowired\src\org\crazyit\app\service\impl\UserServiceImpl.java

```
@Component("userService")
public class UserServiceImpl extends BaseServiceImpl<User>
    implements UserService
{
}
```

UserServiceImpl 继承了 BaseServiceImpl<User>，这就相当于指定了上面 BaseDao<T>类型中 T 的类型为 User，因此 Spring 会在容器中寻找类型为 BaseDao<User>的 Bean——此时会找到 UserDaoImpl 组件，这就实现了将 UserDaoImpl 注入 UserServiceImpl 组件。

ItemServiceImpl 的处理方法也与此类似，这样就可以很方便地将 ItemDaoImpl 注入 ItemServiceImpl 组件——而程序只要在 UserServiceImpl、ItemServiceImpl 的基类中定义成员变量，并配置依赖注入即可，这就是 Spring 从 4.0 开始增强的自动装配。

该示例的主程序如下。

程序清单：codes\08\8.2\Autowired\src\lee\BeanTest.java

```
public class BeanTest
{
    public static void main(String[] args)throws Exception
    {
        // 创建 Spring 容器
        ApplicationContext ctx = new
            ClassPathXmlApplicationContext("beans.xml");
        UserService us = ctx.getBean("userService", UserService.class);
        us.addEntity(new User());
        ItemService is = ctx.getBean("itemService", ItemService.class);
        is.addEntity(new Item());
    }
}
```

该主程序只是获取容器中的 userService、itemService 两个 Bean，并调用它们的方法。编译、运行该示例，可以看到如下输出：

```
调用 org.crazyit.app.dao.impl.UserDaoImpl@6950e31 保存实体：org.crazyit.app.domain.User@b7dd107
调用 org.crazyit.app.dao.impl.ItemDaoImpl@42eca56e 保存实体：org.crazyit.app.domain.Item@52f759d7
```

从上面输出可以看出，@Autowired 可以精确地利用泛型执行自动装配，这样即可实现将 UserDaoImpl 注入 UserServiceImpl 组件，将 ItemDaoImpl 注入 ItemServiceImpl 组件。

正如上面看到的，@Autowired 总是采用 byType 的自动装配策略，在这种策略下，符合自动装配类型的候选 Bean 实例常常有多个，这个时候就可能引起异常（对于数组类型参数、集合类型参数则不会）。

为了实现精确的自动装配，Spring 提供了@Qualifier 注解，通过使用@Qualifier，允许根据 Bean 的 id 来执行自动装配。

> 🐸 **提示**：
> 使用@Qualifier 注解的意义并不大，如果程序使用@Autowired 和@Qualifier 实现精确的自动装配，还不如直接使用@Resource 注解执行依赖注入。

@Qualifier 通常可用于修饰实例变量，如下面的代码所示。

程序清单：codes\08\8.2\Qualifier\src\org\crazyit\app\service\impl\Chinese.java

```
@Component
public class Chinese implements Person
{
    @Autowired
    @Qualifier("steelAxe")
```

```
    private Axe axe;
    // axe 的 setter 方法
    public void setAxe(Axe axe)
    {
        this.axe = axe;
    }
    // 实现 Person 接口的 useAxe()方法
    public void useAxe()
    {
        // 调用 axe 的 chop()方法
        // 表明 Person 对象依赖于 axe 对象
        System.out.println(axe.chop());
    }
}
```

上面的配置文件中指定了 axe 实例变量将使用自动装配，且精确指定了被装配的 Bean 实例名称是 steelAxe，这意味着 Spring 将会搜索容器中名为 steelAxe 的 Axe 实例，并将该实例设为该 axe 实例变量的值。

除此之外，Spring 还允许使用@Qualifier 标注方法的形参，如下面的代码所示（程序清单同上）。

```
@Component
public class Chinese
    implements Person
{
    private Axe axe;
    // axe 的 setter 方法
    @Autowired
    public void setAxe(@Qualifier("steelAxe") Axe axe)
    {
        this.axe = axe;
    }
    // 实现 Person 接口的 useAxe()方法
    public void useAxe()
    {
        // 调用 axe 的 chop()方法
        // 表明 Person 对象依赖于 axe 对象
        System.out.println(axe.chop());
    }
}
```

上面代码中的粗体字注解指明 Spring 应该搜索容器中 id 为 steelAxe 的 Axe 实例，并将该实例作为 setAxe()方法的参数传入。

➤➤ 8.2.7 Spring 5 新增的注解

在使用@Autowired 注解执行自动装配时，该注解可指定一个 required 属性，该属性默认为 true ——这意味着该注解修饰的 Field 或 setter 方法必须被依赖注入，否则 Spring 会在初始化容器时报错。

> **注意**
>
> @Autowired 与在 XML 中指定 autowire="byType"的自动装配存在区别，autowire="byType" 的自动装配如果找不到自动装配的候选 Bean，Spring 容器只是不执行注入，并不报错；但@Autowired 的自动装配如果找不到自动装配的候选 Bean，Spring 容器会直接报错。

为了让@Autowired 的自动装配找不到候选 Bean 时不报错（只是不执行依赖注入），现在有两种解决方式。

➤ 将@Autowired 的 required 属性指定为 false。
➤ 使用 Spring 5 新增的@Nullable 注解。

如下代码示范了这两种方式。

```
@Component
public class Chinese implements Person
{
    private Dog dog;
```

```
@Autowired(required=false)
public void setGunDog(@Nullable Dog dog)
{
    this.dog = dog;
}
public void test()
{
    System.out.println("我是一个普通人,养了一条狗: "
        + dog.run());
}
}
```

上面程序同时使用了两种方式来指定 setGunDog()方法找不到被装配的 Bean 时不报错，实际上只需要使用其中之一即可。也就是说，如果指定了 required=false，就可以不使用@Nullable 注解；如果使用@Nullable 注解，就可以不指定 required=false。

此外，Spring 5 还引入了如下新的注解。

➢ @NonNull：该注解主要用于修饰参数、返回值和 Field，声明它们不允许为 null。

➢ @NonNullApi：该注解用于修饰包，表明该包内 API 的参数、返回值都不应该为 null。如果希望该包内某些参数、返回值可以为 null，则需要使用@Nullable 修饰它们。

➢ @NonNullFields：该注解也用于修饰包，表明该包内的 Field 都不应该为 null。如果希望该包内某些 Field 可以为 null，则需要使用@Nullable 修饰它们。

从上面介绍不难看出，这三个注解的功能基本相似，区别只是作用范围不同：@NonNull 每次只能影响被修饰的参数、返回值和 Field；但@NonNullApi、@NonNullFields 则会对整个包起作用。其中@NonNullApi 的作用范围是包内所有参数+返回值；@NonNullFields 的作用范围是包内所有 Field。

▶▶ 8.2.8　使用@Required 检查注入

有些时候，可能会因为疏忽忘记为某个 setter 方法配置依赖注入：既没有显式通过<property.../>配置依赖注入；也没有使用自动装配执行依赖注入。这种疏忽通常会导致由于被依赖组件没有被注入，当程序运行时调用被依赖组件的方法时就会引发 NPE 异常。

为了避免上面的疏忽，可以让 Spring 在创建容器时就执行检查，此时需要为 setter 方法添加@Required 修饰，这时 Spring 会检查该 setter 方法：如果开发者既没有显式通过<property.../>配置依赖注入，也没有使用自动装配执行依赖注入，Spring 容器会报 BeanInitializationException 异常。

例如，如下 Chinese 类使用@Required 注解修饰了 setGunDog()方法。

程序清单：codes\08\8.2\Required\src\org\crazyit\app\service\impl\Chinese.java

```
public class Chinese implements Person
{
    private Dog dog;
    @Required
    public void setGunDog(Dog dog)
    {
        this.dog = dog;
    }
    public void test()
    {
        System.out.println("我是一个普通人,养了一条狗: "
            + dog.run());
    }
}
```

上面程序使用@Required 修饰了 setGunDog()方法，这意味着程序必须为该 setter 方法配置依赖注入：要么通过<property.../>配置设值注入，要么通过自动装配来执行依赖注入；否则 Spring 启动容器时就会引发异常。

📁 8.3　资源访问

正如前面看到的，创建 Spring 容器时通常需要访问 XML 配置文件。除此之外，程序可能有大量地方需要访问各种类型的文件、二进制流等——Spring 把这些文件、二进制流等统称为资源。

在官方提供的标准 API 里，资源访问通常由 java.net.URL 和文件 IO 来完成，如果需要访问来自网络的资源，则通常会选择 URL 类。

 提示：┈┈
　　　　关于 URL 类的用法，请参阅疯狂 Java 体系的《疯狂 Java 讲义》一书。

URL 类可以处理一些常规的资源访问问题，但依然不能很好地满足所有底层资源访问的需要，比如，暂时还无法在类加载路径或相对于 ServletContext 的路径中访问资源。虽然 Java 允许使用特定的 URL 前缀注册新的处理类（例如已有的 http:前缀的处理类），但是这样做通常比较复杂，而且 URL 接口还缺少一些有用的功能，比如检查所指向的资源是否存在等。

Spring 改进了 Java 资源访问的策略，Spring 为资源访问提供了一个 Resource 接口，该接口提供了更强的资源访问能力，Spring 框架本身大量使用了 Resource 来访问底层资源。

Resource 本身是一个接口，是具体资源访问策略的抽象，也是所有资源访问类所实现的接口。Resource 接口主要提供如下几个方法。

> ➤ getInputStream()：定位并打开资源，返回资源对应的输入流。每次调用都返回新的输入流。调用者必须负责关闭输入流。
> ➤ exists()：返回 Resource 所指向的资源是否存在。
> ➤ isOpen()：返回资源文件是否打开，如果资源文件不能多次读取，每次读取结束时应该显式关闭，以防止资源泄漏。
> ➤ getDescription()：返回资源的描述信息，用于资源处理出错时输出该信息，通常是全限定文件名或实际 URL。
> ➤ getFile：返回资源对应的 File 对象。
> ➤ getURL：返回资源对应的 URL 对象。

最后两个方法通常无须使用，仅在通过简单方式访问无法实现时，Resource 才提供传统的资源访问功能。

Resource 接口本身没有提供访问任何底层资源的实现逻辑，针对不同的底层资源，Spring 将会提供不同的 Resource 实现类，不同的实现类负责不同的资源访问逻辑。

提示：┈┈
　　　　Spring 的 Resource 设计是一种典型的策略模式，通过使用 Resource 接口，客户端程序可以在不同的资源访问策略之间自由切换。关于策略模式请参考本书第 9 章。

Resource 不仅可以在 Spring 的项目中使用，也可以直接作为资源访问的工具类使用。意思是说：即使不使用 Spring 框架，也可以使用 Resource 作为工具类，用来代替 URL。当然，使用 Resource 接口会让代码与 Spring 的接口耦合在一起，但这种耦合只是部分工具集的耦合，不会造成太大的代码污染。

▶▶ 8.3.1 Resource 实现类

Resource 接口是 Spring 资源访问的接口，具体的资源访问由该接口的实现类完成。Spring 提供了 Resource 接口的大量实现类。

> ➤ UrlResource：访问网络资源的实现类。
> ➤ ClassPathResource：访问类加载路径里资源的实现类。
> ➤ FileSystemResource：访问文件系统里资源的实现类。
> ➤ ServletContextResource：访问相对于 ServletContext 路径下的资源的实现类。
> ➤ InputStreamResource：访问输入流资源的实现类。
> ➤ ByteArrayResource：访问字节数组资源的实现类。

针对不同的底层资源，这些 Resource 实现类提供了相应的资源访问逻辑，并提供便捷的包装，以利于客户端程序的资源访问。

1．访问网络资源

访问网络资源通过 UrlResource 类实现，UrlResource 是 java.net.URL 类的包装，主要用于访问之前通过 URL 类访问的资源对象。URL 资源通常应该提供标准的协议前缀。例如：file:用于访问文件系统；http:用于通过 HTTP 协议访问资源；ftp:用于通过 FTP 协议访问资源等。

UrlResource 类实现了 Resource 接口，对 Resource 的全部方法提供了实现，完全支持 Resource 的全部 API。下面的代码示范了使用 UrlResource 访问文件系统资源的示例。

程序清单：codes\08\8.3\UrlResource\src\lee\UrlResourceTest.java

```java
public class UrlResourceTest
{
    public static void main(String[] args)
        throws Exception
    {
        // 创建一个 Resource 对象，指定从文件系统里读取资源
        UrlResource ur = new UrlResource("file:book.xml");
        // 获取该资源的简单信息
        System.out.println(ur.getFilename());
        System.out.println(ur.getDescription());
        // 创建基于 SAX 的 Dom4j 解析器
        SAXReader reader = new SAXReader();
        Document doc = reader.read(ur.getFile());
        // 获取根元素
        Element el = doc.getRootElement();
        List l = el.elements();
        // 遍历根元素的全部子元素
        for (Iterator it = l.iterator();it.hasNext() ; )
        {
            // 每个节点都是<书>节点
            Element book = (Element)it.next();
            List ll = book.elements();
            // 遍历<书>节点的全部子节点
            for (Iterator it2 = ll.iterator();it2.hasNext() ; )
            {
                Element eee = (Element)it2.next();
                System.out.println(eee.getText());
            }
        }
    }
}
```

上面程序中的粗体字代码使用 UrlResource 来访问本地磁盘资源，虽然 UrlResource 是为访问网络资源而设计的，但通过使用 file:前缀也可访问本地磁盘资源。如果需要访问网络资源，则可以使用如下两个常用前缀。

➢ http:——该前缀用于访问基于 HTTP 协议的网络资源。

➢ ftp:——该前缀用于访问基于 FTP 协议的网络资源。

由于 UrlResource 是对 java.net.URL 的封装，所以 UrlResource 支持的前缀与 URL 类所支持的前缀完全相同。

将应用所需的 book.xml 访问放在应用的当前路径下，运行该程序，即可看到使用 UrlResource 访问本地磁盘资源的效果。

2．访问类加载路径下的资源

ClassPathResource 用来访问类加载路径下的资源，相对于其他的 Resource 实现类，其主要优势是方便访问类加载路径下的资源，尤其对于 Web 应用，ClassPathResource 可自动搜索位于 WEB-INF/classes 下的资源文件，无须使用绝对路径访问。

下面示例程序示范了将 book.xml 放在类加载路径下，然后使用如下程序访问它。

程序清单：codes\08\8.3\ClassPathResource\src\lee\ClassPathResourceTest.java

```
public class ClassPathResourceTest
{
    public static void main(String[] args)
        throws Exception
    {
        // 创建一个 Resource 对象，从类加载路径下读取资源
        ClassPathResource cr = new ClassPathResource("book.xml");
        // 获取该资源的简单信息
        System.out.println(cr.getFilename());
        System.out.println(cr.getDescription());
        // 该程序剩下部分与前一个程序完全相同
        ...
    }
}
```

上面程序中的粗体字代码用于访问类加载路径下的 book.xml 文件，对比前面进行资源访问的示例程序，发现两个程序除了进行资源访问的代码有所区别之外，其他程序代码基本一致，这就是 Spring 资源访问的优势——Spring 的资源访问消除了底层资源访问的差异，允许程序以一致的方式来访问不同的底层资源。

ClassPathResource 实例可使用 ClassPathResource 构造器显式地创建，但更多的时候它都是隐式创建的。当执行 Spring 的某个方法时，该方法接受一个代表资源路径的字符串参数，当 Spring 识别该字符串参数中包含 classpath:前缀后，系统将会自动创建 ClassPathResource 对象。

3．访问文件系统资源

Spring 提供的 FileSystemResource 类用于访问文件系统资源。使用 FileSystemResource 来访问文件系统资源并没有太大的优势，因为 Java 提供的 File 类也可用于访问文件系统资源。

当然，使用 FileSystemResource 也可消除底层资源访问的差异，程序通过统一的 Resource API 来进行资源访问。下面的程序是使用 FileSystemResource 来访问文件系统资源的示例程序。

程序清单：codes\08\8.3\FileSystemResource\src\lee\FileSystemResourceTest.java

```
public class FileSystemResourceTest
{
    public static void main(String[] args) throws Exception
    {
        // 默认从文件系统的当前路径加载 book.xml 资源
        FileSystemResource fr = new FileSystemResource("book.xml");
        // 获取该资源的简单信息
        System.out.println(fr.getFilename());
        System.out.println(fr.getDescription());
        // 该程序剩下部分与前一个程序完全相同
        ...
    }
}
```

与前两种使用 Resource 进行资源访问的区别在于：资源字符串确定的资源，位于本地文件系统内，而且无须使用任何前缀。

FileSystemResource 实例可使用 FileSystemResource 构造器显式地创建，但更多的时候它都是隐式创建的。执行 Spring 的某个方法时，该方法接受一个代表资源路径的字符串参数，当 Spring 识别该字符串参数中包含 file:前缀后，系统将会自动创建 FileSystemResource 对象。

4．访问应用相关资源

Spring 提供了 ServletContextResource 类来访问 Web Context 下相对路径下的资源，ServletContextResource 构造器接受一个代表资源位置的字符串参数，该资源位置是相对于 Web 应用根路径的位置。

使用 ServletContextResource 访问的资源，也可通过文件 IO 访问或 URL 访问。通过 java.io.File 访问要求资源被解压缩，而且在本地文件系统中；但使用 ServletContextResource 进行访问时则无须关心

资源是否被解压缩出来，或者直接存放在 JAR 文件中，总可通过 Servlet 容器访问。

当程序试图直接通过 File 来访问 Web Context 下相对路径下的资源时，应该先使用 ServletContext 的 getRealPath()方法来取得资源绝对路径，再以该绝对路径来创建 File 对象。

下面把 book.xml 文件放在 Web 应用的 WEB-INF 路径下，然后通过 JSP 页面来直接访问该 book.xml 文件。值得指出的是，在默认情况下，JSP 不能直接访问 WEB-INF 路径下的任何资源，所以该应用中的 JSP 页面需要使用 ServletContextResource 来访问该资源。下面是 JSP 页面代码。

程序清单：codes\08\8.3\ServletContextResource\test.jsp

```
<h3>测试 ServletContextResource</h3>
<%
// 从 Web Context 下的 WEB-INF 路径下读取 book.xml 资源
ServletContextResource src = new ServletContextResource
    (application , "WEB-INF/book.xml");
// 获取该资源的简单信息
System.out.println(src.getFilename());
System.out.println(src.getDescription());
// 创建基于 SAX 的 Dom4j 解析器
SAXReader reader = new SAXReader();
Document doc = reader.read(src.getFile());
// 获取根元素
Element el = doc.getRootElement();
List l = el.elements();
// 遍历根元素的全部子元素
for (Iterator it = l.iterator();it.hasNext() ; )
{
    // 每个节点都是<书>节点
    Element book = (Element)it.next();
    List ll = book.elements();
    // 遍历<书>节点的全部子节点
    for (Iterator it2 = ll.iterator();it2.hasNext() ; )
    {
        Element eee = (Element)it2.next();
        out.println(eee.getText());
        out.println("<br/>");
    }
}
%>
```

上面程序中的粗体字代码指定应用从 Web Context 下的 WEB-INF 路径下读取 book.xml 资源，该示例恰好将 book.xml 文件放在应用的 WEB-INF/路径下，通过使用 ServletContextResource 就可让 JSP 页面直接访问 WEB-INF 下的资源了。

将应用部署在 Tomcat 中，然后启动 Tomcat，再打开浏览器访问该 JSP 页面，将看到如图 8.2 所示的效果。

图 8.2　使用 ServletContextResource 的效果

5. 访问字节数组资源

Spring 提供了 InputStreamResource 来访问二进制输入流资源，InputSteamResource 是针对输入流的 Resource 实现，只有当没有合适的 Resource 实现时，才考虑使用该 InputSteamResource。在通常情况下，优先考虑使用 ByteArrayResource，或者基于文件的 Resource 实现。

与其他 Resource 实现不同的是，InputSteamResource 是一个总是被打开的 Resource，所以 isOpen()方法总是返回 true。因此如果需要多次读取某个流，就不要使用 InputSteamResource，创建 InputStreamResource 实例时应提供一个 InputStream 参数。

在一些个别的情况下，InputStreamResource 是有用的。例如从数据库中读取一个 Blob 对象，程序需要获取该 Blob 对象的内容，就可先通过 Blob 的 getBinaryStream()方法获取二进制输入流，再将该二进制输入流包装成 Resource 对象，然后就可通过该 Resource 对象来访问该 Blob 对象所包含的资

源了。

> **注意**
>
> InputStreamResource 虽然是适应性很广的 Resource 实现，但效率并不好。因此，尽量不要使用 InputStreamResource 作为参数，而应尽量使用 ByteArrayResource 或 FileSystemResource 代替它。

Spring 提供的 ByteArrayResource 用于直接访问字节数组资源，字节数组是一种常见的信息传输方式：网络 Socket 之间的信息交换，或者线程之间的信息交换等，字节数组都被作为信息载体。ByteArrayResource 可将字节数组包装成 Resource 使用。

如下程序示范了如何使用 ByteArrayResource 来读取字节数组资源。出于演示目的，程序中字节数组直接通过字符串来获得。

程序清单：codes\08\8.3\ByteArrayResource\src\lee\ByteArrayResourceTest.java

```java
public class ByteArrayResourceTest
{
    public static void main(String[] args) throws Exception
    {
        String file = "<?xml version='1.0' encoding='GBK'?>"
            + "<计算机书籍列表><书><书名>疯狂 Java 讲义"
            + "</书名><作者>李刚</作者></书><书><书名>"
            + "轻量级 Java EE 企业应用实战</书名><作者>李刚"
            + "</作者></书></计算机书籍列表>";
        byte[] fileBytes = file.getBytes();
        // 以字节数组作为资源来创建 Resource 对象
        ByteArrayResource bar = new ByteArrayResource(fileBytes);
        // 获取该资源的简单信息
        System.out.println(bar.getDescription());
        // 该程序剩下部分与前面程序中解析 XML 文件的代码完全相同
        ...
    }
}
```

上面程序中的粗体字代码用于根据字节数组来创建 ByteArrayResource 对象，接下来就可通过该 Resource 对象来访问该字节数组资源了。访问字节数组资源时，Resource 对象的 getFile() 和 getFilename() 两个方法不可用——这是可想而知的事情——因为此时访问的资源是字节数组，当然不存在对应的 File 对象和文件名了。

在实际应用中，字节数组可能通过网络传输获得，也可能通过管道流获得，还可能通过其他方式获得……只要得到了代表资源的字节数组，程序就可通过 ByteArrayResource 将字节数组包装成 Resource 实例，并利用 Resource 来访问该资源。

对于需要采用 InputStreamResource 访问的资源，可先从 InputStream 流中读出字节数组，然后以字节数组来创建 ByteArrayResource。这样，InputStreamResource 也可被转换成 ByteArrayResource，从而方便多次读取。

▶▶ 8.3.2　ResourceLoader 接口和 ResourceLoaderAware 接口

Spring 提供如下两个标志性接口。

➤ ResourceLoader：该接口实现类的实例可以获得一个 Resource 实例。

➤ ResourceLoaderAware：该接口实现类的实例将获得一个 ResourceLoader 的引用。

在 ResourceLoader 接口里有如下方法。

➤ Resource getResource(String location)：该接口仅包含这个方法，该方法用于返回一个 Resource 实例。ApplicationContext 的实现类都实现 ResourceLoader 接口，因此 ApplicationContext 可用于直接获取 Resource 实例。

某个 ApplicationContext 实例获取 Resource 实例时，默认采用与 ApplicationContext 相同的资源访问

策略。看如下代码：

```
// 通过 ApplicationContext 访问资源
Resource res = ctx.getResource("some/resource/path/myTemplate.txt");
```

从上面的代码中无法确定 Spring 用哪个实现类来访问指定资源，Spring 将采用和 ApplicationContext 相同的策略来访问资源。也就是说，如果 ApplicationContext 是 FileSystemXmlApplicationContext，res 就是 FileSystemResource 实例；如果 ApplicationContext 是 ClassPathXmlApplicationContext，res 就是 ClassPathResource 实例；如果 ApplicationContext 是 XmlWebApplicationContext，res 就是 ServletContextResource 实例。

从上面的介绍可以看出，当 Spring 应用需要进行资源访问时，实际上并不需要直接使用 Resource 实现类，而是调用 ResourceLoader 实例的 getResource()方法来获得资源。ResourceLoader 将会负责选择 Resource 的实现类，也就是确定具体的资源访问策略，从而将应用程序和具体的资源访问策略分离开来，这就是典型的策略模式。

看如下示例程序，将使用 ApplicationContext 来访问资源。

程序清单：codes\08\8.3\ResourceLoader\src\lee\ResourceLoaderTest.java

```java
public class ResourceLoaderTest
{
    public static void main(String[] args)
        throws Exception
    {
        // 创建 ApplicationContext 实例
        ApplicationContext ctx = new
            ClassPathXmlApplicationContext("beans.xml");
//      ApplicationContext ctx = new
//          FileSystemXmlApplicationContext("beans.xml");
        Resource res = ctx.getResource("book.xml");
        // 获取该资源的简单信息
        System.out.println(res.getFilename());
        System.out.println(res.getDescription());
        // 该程序剩下部分与前面程序中解析 XML 文件的代码完全相同
        ...
    }
}
```

上面程序中的第一行粗体字代码创建了一个 ApplictionContext 对象，第二行粗体字代码通过该对象来获取资源。由于程序中使用了 ClassPathApplicationContext 来获取资源，所以 Spring 将会从类加载路径下访问资源，也就是使用 ClassPathResource 实现类。

上面程序并未明确指定采用哪一种 Resource 实现类，仅仅通过 ApplicactionContext 获得 Resource。程序执行结果如下：

```
book.xml
class path resource [book.xml]
疯狂 Java 讲义
李刚
轻量级 Java EE 企业应用实战
李刚
```

从运行结果可以看出，Resource 采用了 ClassPathResource 实现类，如果将 ApplicationContext 改为使用 FileSystemXmlApplicationContext 实现类，运行上面程序，将看到如下运行结果：

```
book.xml
file [G:\publish\codes\08\8.3\ResourceLoader\book.xml]
疯狂 Java 讲义
李刚
疯狂 iOS 讲义
李刚
```

从上面的执行结果可以看出，程序的 Resource 实现类发生了改变，变为使用 FileSystemResource 实现类。

提示：

为了保证得到上面的两次运行结果，需要分别在类加载路径下、当前文件路径下放置 beans.xml 和 book.xml 两个文件（为了区分，本示例故意让两个路径下的 book.xml 文件略有区别）。

另外，使用 ApplicationContext 访问资源时，也可不理会 ApplicationContext 的实现类，强制使用指定的 ClassPathResource、FileSystemResource 等实现类，这可通过不同前缀来指定，如下面的代码所示。

```
// 通过classpath:前缀，强制使用ClassPathResource
Resource r = ctx.getResource("classpath:beans.xml");
```

类似的，还可以使用标准的 java.net.URL 前缀来强制使用 UrlResource，如下所示：

```
// 通过标准的file:前缀，强制使用UrlResource访问本地文件资源
Resource r = ctx.getResource("file:beans.xml");
// 通过标准的http:前缀，强制使用UrlResource访问基于HTTP协议的网络资源
Resource r = ctx.getResource("http://localhost:8888/beans.xml");
```

以下是常见的前缀及对应的访问策略。

➤ classpath:：以 ClassPathResource 实例访问类加载路径下的资源。

➤ file:：以 UrlResource 实例访问本地文件系统的资源。

➤ http:：以 UrlResource 实例访问基于 HTTP 协议的网络资源。

➤ 无前缀：由 ApplicationContext 的实现类来决定访问策略。

ResourceLoaderAware 完全类似于 Spring 提供的 BeanFactoryAware、BeanNameAware 接口，ResourceLoaderAware 接口也提供了一个 setResourceLoader()方法，该方法将由 Spring 容器负责调用，Spring 容器会将一个 ResourceLoader 对象作为该方法的参数传入。

如果把实现 ResourceLoaderAware 接口的 Bean 类部署在 Spring 容器中，Spring 容器会将自身当成 ResourceLoader 作为 setResourceLoader()方法的参数传入。由于 ApplicationContext 的实现类都实现了 ResourceLoader 接口，Spring 容器自身完全可作为 ResourceLoader 使用。

例如，如下 Bean 类实现了 ResourceLoaderAware 接口。

程序清单：codes\08\8.3\ResourceLoaderAware\src\org\crazyit\app\service\TestBean.java

```java
public class TestBean implements ResourceLoaderAware
{
    private ResourceLoader rd;
    // 实现ResourceLoaderAware接口必须实现的方法
    // 如果把该Bean部署在Spring容器中，该方法将会由Spring容器负责调用
    // Spring容器调用该方法时，Spring会将自身作为参数传给该方法
    public void setResourceLoader(ResourceLoader resourceLoader)
    {
        System.out.println("--执行setResourceLoader 方法--");
        this.rd = resourceLoader;
    }
    // 返回ResourceLoader对象的引用
    public ResourceLoader getResourceLoader()
    {
        return rd;
    }
}
```

将该类部署在 Spring 容器中，Spring 将会在创建完该 Bean 的实例之后，自动调用该 Bean 的 setResourceLoader()方法，调用该方法时会将容器自身作为参数传入。如果需要验证这一点，程序可用 TestBean 的 getResourceLoader()方法的返回值与 Spring 进行"=="比较，将会发现使用"=="比较返回 true。

➤➤ 8.3.3 使用 Resource 作为属性

前面介绍了 Spring 提供的资源访问策略，但这些依赖访问策略要么使用 Resource 实现类，要么使

用 ApplicationContext 来获取资源。实际上，当应用程序中的 Bean 实例需要访问资源时，Spring 有更好的解决方法：直接利用依赖注入。

归纳起来，如果 Bean 实例需要访问资源，则有如下两种解决方案。

➤ 在代码中获取 Resource 实例。

➤ 使用依赖注入。

对于第一种方式的资源访问，当程序获取 Resource 实例时，总需要提供 Resource 所在的位置，不管通过 FileSystemResource 创建实例，还是通过 ClassPathResource 创建实例，或者通过 ApplicationContext 的 getResource()方法获取实例，都需要提供资源位置。这意味着：资源所在的物理位置将被耦合到代码中，如果资源位置发生改变，则必须改写程序。因此，通常建议采用第二种方法，让 Spring 为 Bean 实例依赖注入资源。

看如下 TestBean，它有一个 Resource 类型的 res 实例变量，程序为该实例变量提供了对应的 setter 方法，这就可以利用 Spring 的依赖注入了。

程序清单：codes\08\8.3\Inject_Resource\src\org\crazyit\app\service\TestBean.java

```java
public class TestBean
{
    private Resource res;
    // res 的 setter 方法
    public void setRes(Resource res)
    {
        this.res = res;
    }
    public void parse()throws Exception
    {
        // 获取该资源的简单信息
        System.out.println(res.getFilename());
        System.out.println(res.getDescription());
        // 创建 Dom4j 解析器
        // 该程序剩下部分与前面程序中解析 XML 文件的代码完全相同
        ...
    }
}
```

上面程序中的粗体字代码定义了一个 Resource 类型的 res 属性，该属性需要接受 Spring 的依赖注入。除此之外，程序中的 parse()方法用于解析 res 资源所代表的 XML 文件。

在容器中配置该 Bean，并为该 Bean 指定资源文件的位置。配置文件如下。

程序清单：codes\08\8.3\Inject_Resource\src\beans.xml

```xml
<?xml version="1.0" encoding="GBK"?>
<beans xmlns:xsi="http://www.w3.org/2001/XMLSchema-instance"
    xmlns="http://www.springframework.org/schema/beans"
    xmlns:p="http://www.springframework.org/schema/p"
    xsi:schemaLocation="http://www.springframework.org/schema/beans
    http://www.springframework.org/schema/beans/spring-beans.xsd">
    <bean id="test" class="org.crazyit.app.service.TestBean"
        p:res="classpath:book.xml"/>
</beans>
```

上面配置文件中粗体字代码配置了资源的位置，并使用了 classpath:前缀，这指明让 Spring 从类加载路径下加载 book.xml 文件。与前面类似的是，此处的前缀也可采用 http:、ftp:、file:等，这些前缀将强制 Spring 采用对应的资源访问策略（也就是指定具体使用哪个 Resource 实现类）；如果不采用任何前缀，则 Spring 将采用与该 ApplicationContext 相同的资源访问策略来访问资源。

采用依赖注入，允许动态配置资源文件位置，无须将资源文件位置写在代码中，当资源文件位置发生变化时，无须改写程序，直接修改配置文件即可。

➤➤ 8.3.4　在 ApplicationContext 中使用资源

不管以怎样的方式创建 ApplicationContext 实例，都需要为 ApplicationContext 指定配置文件，Spring

允许使用一份或多份 XML 配置文件。

当程序创建 ApplicationContext 实例时，通常也是以 Resource 的方式来访问配置文件的，所以 ApplicationContext 完全支持 ClassPathResource、FileSystemResource、ServletContextResource 等资源访问方式。ApplicationContext 确定资源访问策略通常有两种方法。

➤ 使用 ApplicationContext 实现类指定访问策略。

➤ 使用前缀指定访问策略。

1．使用 ApplicationContext 实现类指定访问策略

创建 ApplicationContext 对象时，通常可以使用如下三个实现类。

➤ ClassPathXmlApplicatinContext：对应使用 ClassPathResource 进行资源访问。

➤ FileSystemXmlApplicationContext：对应使用 FileSystemResoure 进行资源访问。

➤ XmlWebApplicationContext：对应使用 ServletContextResource 进行资源访问。

从上面的说明可以看出，当使用 ApplicationContext 的不同实现类时，就意味着 Spring 使用相应的资源访问策略。

当使用如下代码来创建 Spring 容器时，则意味着从本地文件系统来加载 XML 配置文件。

```
// 从本地文件系统的当前路径加载beans.xml文件创建Spring容器
ApplicationContext ctx = new
    FileSystemXmlApplicationContext("beans.xml");
```

程序从本地文件系统的当前路径下读取 beans.xml 文件，然后加载该资源，并根据该配置文件来创建 ApplicationContext 实例。相应的，采用 ClassPathApplicationContext 实现类，则从类加载路径下加载 XML 配置文件。

2．使用前缀指定访问策略

Spring 也允许使用前缀来指定资源访问策略，例如，采用如下代码来创建 ApplicationContext：

```
ApplicationContext ctx = new
    FileSystemXmlApplicationContext("classpath:beans.xml");
```

虽然上面的代码采用了 FileSystemXmlApplicationContext 实现类，但程序依然从类加载路径下搜索 beans.xml 配置文件，而不是从本地文件系统的当前路径下搜索。相应的，还可以使用 http:、ftp:等前缀，用来确定对应的资源访问策略。看如下代码：

```
public class SpringTest
{
    public static void main(String[] args) throws Exception
    {
        // 通过搜索类加载路径下的 beans.xml 文件创建 ApplicationContext
        // 并通过指定classpath:前缀强制搜索类加载路径
        ApplicationContext ctx = new
            FileSystemXmlApplicationContext("classpath:beans.xml");
        System.out.println(ctx);
        // 使用 ApplicationContext 的资源访问策略来访问资源，没有指定前缀
        Resource r = ctx.getResource("book.xml");
        // 输出 Resource 描述
        System.out.println(r.getDescription());
    }
}
```

Resource 实例的输出结果是：

```
file [G:\publish\codes\08\8.3\ApplicationContext\book.xml]
```

上面程序中的粗体字代码创建 Spring 容器时，系统将从类加载路径下搜索 beans.xml；但使用 ApplicationContext 来访问资源时，依然采用的是 FileSystemResource 实现类，这与 FileSystemXmlApplicationContext 的访问策略是一致的。这表明：通过 classpath:前缀指定资源访问策略仅仅对当次访问有效，程序后面进行资源访问时，还是会根据 AppliactionContext 的实现类来选择对应的资源访问策略。

因此，如果程序需要使用 ApplicationContext 访问资源，建议显式采用对应的实现类来加载配置文件，而不是通过前缀来指定资源访问策略。当然，也可在每次进行资源访问时都指定前缀，让程序根据前缀来选择资源访问策略。

```
public class SpringTest
{
    public static void main(String[] args) throws Exception
    {
        // 通过搜索类加载路径下的资源文件创建 ApplicationContext
        // 因为使用了 classpath:前缀强制搜索类加载路径
        ApplicationContext ctx = new
            FileSystemXmlApplicationContext("classpath:beans.xml");
        System.out.println(ctx);
        // 使用 ApplicationContext 加载资源，通过 classpath:前缀指定访问策略
        Resource r = ctx.getResource("classpath:book.xml");
        // 输出 Resource 描述
        System.out.println(r.getDescription());
    }
}
```

输出程序中的 Resource 实例，看到如下输出结果：

```
class path resource [book.xml]
```

由此可见，如果每次进行资源访问时都指定了前缀，则系统会采用前缀相应的资源访问策略。

3．classpath*:前缀的用法

classpath*:前缀提供了加载多个 XML 配置文件的能力，当使用 classpath*:前缀来指定 XML 配置文件时，系统将搜索类加载路径，找出所有与文件名匹配的文件，分别加载文件中的配置定义，最后合并成一个 ApplicationContext。看如下代码：

```
public class SpringTest
{
    public static void main(String[] args) throws Exception
    {
        // 使用 classpath*:加载多个配置文件
        ApplicationContext ctx = new
            FileSystemXmlApplicationContext("classpath*:beans.xml");
        // 输出 ApplicationContext 实例
        System.out.println(ctx);
    }
}
```

将配置文件 beans.xml 分别放在应用的 classes 路径（该路径被设为类加载路径之一）下，并将配置文件放在 classes/aa 路径下（该路径也被设为类加载路径之一），程序实例化 ApplicationContext 时显示：

```
Loading XML bean definitions from URL [file:/G:/publish/codes/
08/8.3/ApplicationContext/classes/beans.xml]
Loading XML bean definitions from URL [file:/G:/publish/codes/
08/8.3/ApplicationContext/classes/aa/beans.xml]
```

从上面的执行结果可以看出，当使用 classpath*:前缀时，Spring 将会搜索类加载路径下所有满足该规则的配置文件。

如果不是采用 classpath*:前缀，而是改为使用 classpath:前缀，Spring 则只加载第一个符合条件的 XML 文件。例如如下代码：

```
ApplicationContext ctx = new
    FileSystemXmlApplicationContext("classpath:beans.xml");
```

执行上面的代码，将只看到如下输出：

```
Loading XML bean definitions from class path resource [beans.sxm]
```

当使用 classpath:前缀时，系统通过类加载路径搜索 beans.xml 文件，如果找到文件名匹配的文件，系统立即停止搜索，加载该文件，即使有多个文件名匹配的文件，系统也只加载第一个文件。资源文件

的搜索顺序则取决于类加载路径的顺序，排在前面的配置文件将优先被加载。

另外，还有一种可以一次性加载多个配置文件的方式，即指定配置文件时使用通配符。例如如下代码：

```
ApplicationContext ctx = new
    ClassPathXmlApplicationContext("beans*.xml");
```

上面的粗体字代码指定从类加载路径搜索配置文件，且搜索所有以 beans 开头的 XML 配置文件。将 classses 下的 beans.xml 文件复制两份，分别重命名为 beans1.xml 和 beans2.xml。执行上面的代码，将看到创建 ApplicationContext 时有如下输出：

```
Loading XML bean definitions from file [G:\publish\codes\08\8.3\
ApplicationContext\classes\beans.xml]
Loading XML bean definitions from file [G:\publish\codes\08\8.3\
ApplicationContext\classes\beans1.xml]
Loading XML bean definitions from file [G:\publish\codes\08\8.3\
ApplicationContext\classes\beans2.xml]
```

从上面的执行结果可以看出，位于类加载路径下所有以 beans 开头的 XML 配置文件都将被加载。

除此之外，Spring 甚至允许将 classpath*:前缀和通配符结合使用，如下语句也是合法的：

```
ApplicationContext ctx = new
    FileSystemXmlApplicationContext("classpath*:bean*.xml");
```

上面的语句创建 ApplicationContext 实例时，系统将搜索所有的类加载路径下，所有的文件名匹配 bean*.xml 的 XML 配置文件。运行上面的代码，将看到如下输出：

```
Loading XML bean definitions from file [G:\publish\codes\08\8.3\
ApplicationContext\classes\beans.xml]
Loading XML bean definitions from file [G:\publish\codes\08\8.3\
ApplicationContext\classes\beans1.xml]
Loading XML bean definitions from file [G:\publish\codes\08\8.3\
ApplicationContext\classes\beans2.xml]
Loading XML bean definitions from file [G:\publish\codes\08\8.3\
ApplicationContext\classes\aa\beans.xml]
```

从上面的运行结果来看，采用这种方式指定配置文件时，Spring 不仅加载了 classes 下所有以 beans 开头的配置文件，也会加载位于 classes\aa 下所有以 beans 开头的配置文件。

4. file:前缀的用法

先看如下代码：

```
public class SpringTest
{
    public static void main(String[] args) throws Exception
    {
        ApplicationContext ctx = new
            FileSystemXmlApplicationContext("beans.xml");
        ApplicationContext ctx = new
            FileSystemXmlApplicationContext("/beans.xml");
        System.out.println(ctx);
    }
}
```

程序中两行粗体字代码用于创建 ApplicationContext，其中第一行粗体字代码指定资源文件时采用了相对路径的写法：

```
ApplicationContext ctx = new
    FileSystemXmlApplicationContext("beans.xml");
```

第二行粗体字代码指定资源文件时采用了绝对路径的写法：

```
ApplicationContext ctx = new
    FileSystemXmlApplicationContext("/beans.xml");
```

任意注释掉两条语句的其中之一，程序正常执行，没有任何区别，两条代码读取了相同的配置资源文件。问题是：如果程序中明明采用的一个是绝对路径、一个是相对路径，为什么执行效果没有任何区别呢？

产生问题的原因：当 FileSystemXmlApplicationContext 作为 ResourceLoader 使用时，它会发生变化，FileSystemApplicationContext 会简单地让所有绑定的 FileSystemResource 实例把绝对路径都当成相对路径处理，而不管是否以斜杠开头，所以上面两条代码的效果是完全一样的。

如果程序中需要访问绝对路径，则不要直接使用 FileSystemResource 或 FileSystemXml-ApplicationContext 来指定绝对路径。建议强制使用 file:前缀来区分相对路径和绝对路径，例如如下两行代码：

```
ApplicationContext ctx = new
    FileSystemXmlApplicationContext("file:beans.xml");
ApplicationContext ctx = new
    FileSystemXmlApplicationContext("file:/beans.xml");
```

上面第一条语句访问相对路径下的 beans.xml，第二条语句访问绝对路径下的 beans.xml。相对路径以当前工作路径为路径起点，而绝对路径以文件系统根路径为路径起点。

8.4　Spring 的 AOP

AOP（Aspect Orient Programming），也就是面向切面编程，作为面向对象编程的一种补充，已经成为一种比较成熟的编程方式。AOP 和 OOP 互为补充，面向对象编程将程序分解成各个层次的对象，而面向切面编程将程序运行过程分解成各个切面。可以这样理解：面向对象编程是从静态角度考虑程序结构，而面向切面编程则是从动态角度考虑程序运行过程。

▶▶ 8.4.1　为什么需要 AOP

在传统的 OOP 编程里以对象为核心，整个软件系统由一系列相互依赖的对象组成，而这些对象将被抽象成一个个类，并允许使用类继承来管理类与类之间一般到特殊的关系。随着软件规模的增大，应用的逐渐升级，慢慢出现了一些 OOP 很难解决的问题。

面向对象可以通过分析抽象出一系列具有一定属性与行为的类，并通过这些类之间的协作来形成一个完整的软件功能。由于类可以继承，因此可以把具有相同功能或相同特性的属性抽象到一个层次分明的类结构体系中。随着软件规范的不断扩大，专业化分工越来越细致，以及 OOP 应用实践的不断增多，随之也暴露出了一些 OOP 无法很好解决的问题。

现在假设系统中有三段完全相同的代码，这些代码通常会采用"复制"、"粘贴"的方式来完成，通过这种"复制"、"粘贴"的方式开发出来的软件示意图如图 8.3 所示。

看到如图 8.3 所示的示意图，可能有的读者已经发现了这种做法的不足之处——如果有一天，图 8.3 中的深色代码段需要修改，那是不是要打开三个地方的代码进行修改？如果不是三个地方包含这段代码，而是 100 个地方，甚至是 1000 个地方包含这个代码段，那会是什么后果？

为了解决这个问题，通常会将如图 8.3 所示的深色代码部分定义成一个方法，然后在三个代码段中分别调用该方法即可。在这种方式下，软件系统的结构示意图如图 8.4 所示。

对于如图 8.4 所示的软件系统，如果需要修改深色代码部分，只要修改一个地方即可。不管整个系统中有多少个地方调用了该方法，程序无须修改这些地方，只需修改被调用的方法即可——通过这种方式，大大降低了软件后期维护的复杂度。

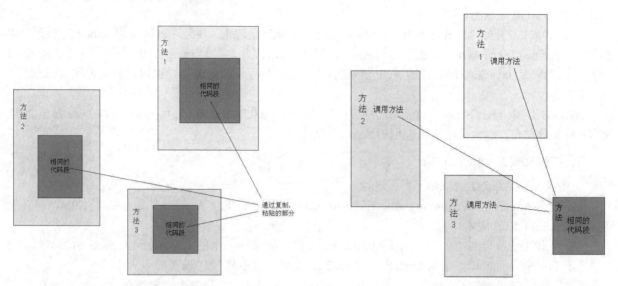

<table>
<tr><td>图 8.3 多个地方包含相同代码的软件示意图</td><td>图 8.4 通过方法调用实现系统功能示意图</td></tr>
</table>

对于如图 8.4 所示的方法 1、方法 2、方法 3 依然需要显式调用深色方法，这样做能够解决大部分应用场景。如果程序希望实现更好的解耦，希望方法 1、方法 2、方法 3 彻底与深色方法分离——方法 1、方法 2、方法 3 无须直接调用深色方法，那该如何解决？

因为软件系统需求变更是很频繁的事情，系统前期设计方法 1、方法 2、方法 3 时只实现了核心业务功能，过了一段时间，可能需要为方法 1、方法 2、方法 3 都增加事务控制；又过了一段时间，客户提出方法 1、方法 2、方法 3 需要进行用户合法性验证，只有合法的用户才能执行这些方法；又过了一段时间，客户又提出方法 1、方法 2、方法 3 应该增加日志记录；又过了一段时间，客户又提出……面对这样的情况，应该怎么处理呢？通常有两种做法。

➤ 根据需求说明书，直接拒绝客户要求。

➤ 拥抱需求，满足客户的需求。

第一种做法显然不好，客户是上帝，开发者应该尽量满足客户的需求。通常会采用第二种做法，那如何解决呢？是不是每次都先定义一个新方法，然后修改方法 1、方法 2、方法 3 的源代码，增加调用新方法？这样做的工作量也不小啊！此时就希望有一种特殊的方式：只要实现新的方法，然后无须在方法 1、方法 2、方法 3 中显式调用它，系统会"自动"在方法 1、方法 2、方法 3 中调用这个特殊的新方法。

上面的自动执行的"自动"被加上了引号，是因为在编程过程中，没有所谓自动的事情，任何事情都是代码驱动的。这里的自动是指无须开发者关心，由系统来驱动。

上面的想法听起来很神奇，甚至有一些不切实际，但其实是完全可以实现的，实现这个需求的技术就是 AOP。AOP 专门用于处理系统中分布于各个模块（不同方法）中的交叉关注点的问题，在 Java EE 应用中，常常通过 AOP 来处理一些具有横切性质的系统级服务，如事务管理、安全检查、缓存、对象池管理等，AOP 已经成为一种非常常用的解决方案。

➤➤ 8.4.2 使用 AspectJ 实现 AOP

AspectJ 是一个基于 Java 语言的 AOP 框架，提供了强大的 AOP 功能，其他很多 AOP 框架都借鉴或采纳其中的一些思想。由于 Spring 的 AOP 与 AspectJ 进行了很好的集成，因此掌握 AspectJ 是学习 Spring AOP 的基础。

AspectJ 是 Java 语言的一个 AOP 实现，其主要包括两个部分：一个部分定义了如何表达、定义 AOP 编程中的语法规范，通过这套语法规范，可以方便地用 AOP 来解决 Java 语言中存在的交叉关注点的问题；另一个部分是工具部分，包括编译器、调试工具等。

AspectJ 是最早的、功能比较强大的 AOP 实现之一，对整套 AOP 机制都有较好的实现，很多其他语言的 AOP 实现，也借鉴或采纳了 AspectJ 中的很多设计。在 Java 领域，AspectJ 中的很多语法结构基本上已成为 AOP 领域的标准。

从 Spring 2.0 开始，Spring AOP 已经引入了对 AspectJ 的支持，并允许直接使用 AspectJ 进行 AOP 编程，而 Spring 自身的 AOP API 也努力与 AspectJ 保持一致。因此，学习 Spring AOP 就必然需要从 AspectJ 开始，因为它是 Java 领域最流行的 AOP 解决方案。即使不用 Spring 框架，也可以直接使用 AspectJ 进行 AOP 编程。

AspectJ 是 Eclipse 下面的一个开源子项目，其最新的 1.9.0.RC2 版本（1.9 系列才支持 Java 9）于 2017 年 11 月 9 日发布，这也是本书所使用的 AspectJ 版本。

1. 下载和安装 AspectJ

下载和安装 AspectJ 请按如下步骤进行。

① 登录 http://www.eclipse.org/aspectj/downloads.php 站点，下载 AspectJ 的最新版本 1.9.x，本书下载 AspectJ 1.9.0.RC2 版本。

② 下载完成后得到一个 aspectj-1.9.0.RC2.jar 文件，该文件名中的 1.9.0 表示 AspectJ 的版本号。

③ 启动命令行窗口，进入 aspectj-1.9.0.RC2.jar 文件所在的路径，输入如下命令：

```
java -jar aspectj-1.9.0.RC2.jar
```

④ 运行上面的命令，将看到如图 8.5 所示的对话框。

⑤ 单击"Next"按钮，系统将出现如图 8.6 所示的对话框，该对话框用于选择 JDK 安装路径。

⑥ 如果 JDK 安装路径正确，则直接单击"Next"按钮；否则应该通过右边的"Browse"按钮来选择 JDK 安装路径。正确选择了 JDK 安装路径后单击"Next"按钮，系统将出现如图 8.7 所示的对话框，该对话框用于选择 AspectJ 的安装路径。

正如从图 8.7 中所看到的，本书没有将 AspectJ 安装在 C 盘，甚至没有安装在 D 盘，这是因为 AspectJ 是"纯绿色"软件，安装 AspectJ 的实质是解压缩了一个压缩包，并不需要向 Windows 注册表、系统路径里添加任何"垃圾"信息，因此保留 AspectJ 安装后的文件夹，即使以后重装 Windows 系统，AspectJ 也不会受到任何影响。

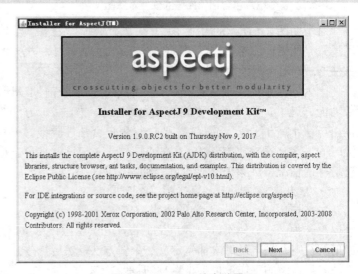

图 8.5　AspectJ 的安装界面

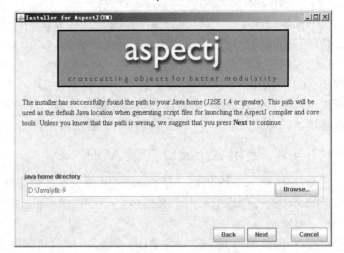

图 8.6　选择 JDK 的安装路径

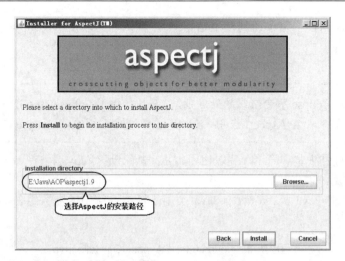

图 8.7　选择 AspectJ 的安装路径

⑦ 选择了合适的安装路径后，单击"Install"按钮，程序开始安装 AspectJ，安装结束后出现一个对话框，单击该对话框中的"Next"按钮，将弹出安装完成对话框，如图 8.8 所示。

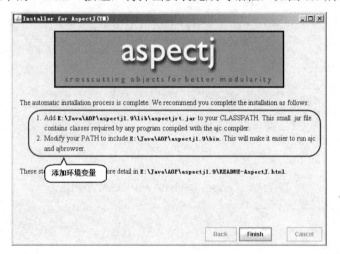

图 8.8　AspectJ 安装完成

⑧ 正如图 8.8 中所提示的，安装了 AspectJ 之后，系统还应该将 E:\Java\AOP\aspectj1.9\bin 路径添加到 PATH 环境变量中，将 E:\Java\AOP\aspectj1.9\lib\aspectjrt.jar 添加到 CLASSPATH 环境变量中。

> **提示：**
>
> 　　AspectJ 提供了编译、运行 AspectJ 的一些工具命令，这些工具命令放在 AspectJ 的 bin 路径下，而 lib 路径下的 aspectjrt.jar 则是 AspectJ 的运行时环境，所以需要分别添加这两个环境变量——就像安装了 JDK 也需要添加环境变量一样。关于如何添加环境变量，请参阅疯狂 Java 体系的《疯狂 Java 讲义》一书。

2．AspectJ 使用入门

成功安装了 AspectJ 之后，将会在 E:\Java\AOP\aspectj1.9 路径下（AspectJ 的安装路径）看到如下文件结构。

> ➢ bin：该路径下存放了 aj、aj5、ajc、ajdoc、ajbrowser 等命令，其中 ajc 命令最常用，它的作用类似于 javac，用于对普通的 Java 类进行编译时增强。
> ➢ docs：该路径下存放了 AspectJ 的使用说明、参考手册、API 文档等文档。
> ➢ lib：该路径下的 4 个 JAR 文件是 AspectJ 的核心类库。
> ➢ 相关授权文件。

一些文档、AspectJ 入门书籍一谈到使用 AspectJ，就认为必须使用 Eclipse 工具，似乎离开了该工具就无法使用 AspectJ 了。

>
>
> ✳ **注意** ✳
>
> 　　虽然 AspectJ 是 Eclipse 基金组织的开源项目，而且提供了 Eclipse 的 AJDT 插件（AspectJ Development Tools）来开发 AspectJ 应用，但 AspectJ 绝对无须依赖 Eclipse 工具。

实际上，AspectJ 的用法非常简单，就像使用 JDK 编译、运行 Java 程序一样。下面通过一个简单的程序来示范 AspectJ 的用法。

首先编写两个简单的 Java 类，这两个 Java 类用于模拟系统中的业务组件，实际上无论多少个类，AspectJ 的处理方式都是一样的。

程序清单：codes\08\8.4\AspectJQs\Hello.java

```java
package org.crazyit.app.service;
public class Hello
{
    // 定义一个简单方法，模拟应用中的删除用户的方法
    public void deleteUser(Integer id)
    {
        System.out.println("执行 Hello 组件的 deleteUser 删除用户: " + id);
    }
    // 定义一个 addUser()方法，模拟应用中添加用户的方法
    public int addUser(String name , String pass)
    {
        System.out.println("执行 Hello 组件的 addUser 添加用户: " + name);
        return 20;
    }
}
```

另一个 World 组件类如下。

程序清单：codes\08\8.4\AspectJQs\World.java

```java
package org.crazyit.app.service;
public class World
{
    // 定义一个简单方法，模拟应用中的业务逻辑方法
    public void bar()
    {
        System.out.println("执行 World 组件的 bar()方法");
    }
}
```

上面两个业务组件类总共定义了三个方法，用于模拟系统所包含的三个业务逻辑方法，实际上无论多少个方法，AspectJ 的处理方式都是一样的。

下面使用一个主程序来模拟系统调用两个业务组件的三个业务方法。

程序清单：codes\08\8.4\AspectJQs\AspectJTest.java

```java
package lee;
public class AspectJTest
{
    public static void main(String[] args)
    {
        Hello hello = new Hello();
        hello.addUser("孙悟空" , "7788");
        hello.delete(1);
        World world = new World();
        world.bar();
    }
}
```

使用最原始的 javac.exe 命令来编译这三个源程序，然后使用 java.exe 命令来执行 AspectJTest 类，

执行结果是没有任何悬念的，程序显示如下输出：

```
执行 Hello 组件的 foo() 方法
执行 Hello 组件的 addUser 添加用户：孙悟空
执行 World 组件的 bar() 方法
```

假设现在客户要求在执行所有业务方法之前先执行权限检查，如果使用传统的编程方式，开发者必须先定义一个权限检查的方法，然后由此打开每个业务方法，并修改业务方法的源代码，增加调用权限检查的方法——但这种方式需要对所有业务组件中的每个业务方法都进行修改，因此不仅容易引入新的错误，而且维护成本相当大。

如果使用 AspectJ 的 AOP 支持，则只要添加如下特殊的"Java 类"即可。

程序清单：codes\08\8.4\AspectJQs\AuthAspect.java

```java
package org.crazyit.app.aspect;
public aspect AuthAspect
{
    // 指定在执行 org.crazyit.app.service 包中任意类的任意方法之前执行下面代码块
    // 第一个星号表示返回值不限；第二个星号表示类名不限
    // 第三个星号表示方法名不限；圆括号中..代表任意个数、类型不限的形参
    before(): execution(* org.crazyit.app.service.*.*(..))
    {
        System.out.println("模拟进行权限检查...");
    }
}
```

可能读者已经发现了，上面的类文件中不是使用 class、interface、enum 定义 Java 类，而是使用了 aspect——难道 Java 又新增了关键字？没有！上面的 AuthAspect 根本不是一个 Java 类，所以 aspect 也不是 Java 支持的关键字，它只是 AspectJ 才能识别的关键字。

上面的粗体字代码也不是方法，它只是指定在执行某些类的某些方法之前，AspectJ 将会自动先调用该代码块中的代码。

正如前面提到的，Java 无法识别 AuthAspect.java 文件的内容，所以要使用 ajc.bat 命令来编译上面的 Java 程序。

```
ajc -1.8 -d . *.java
```

可以把 ajc.bat 理解成增强版的 javac.exe 命令，都用于编译 Java 程序，区别是 ajc.bat 命令可识别 AspectJ 的语法。

 提示： 由于 ajc 命令默认兼容 JDK 1.4 源代码，因此它默认不支持自动装箱、自动拆箱等功能。所以上面使用该命令时指定了-1.8 选项，表明让 ajc 命令兼容 JDK 1.8。

运行该 Hello 类依然无须任何改变，因为 Hello 类位于 lee 包下。程序使用如下命令运行 Hello 类：

```
java lee.AspectJTest
```

运行该程序，将看到一个令人惊喜的结果：

```
模拟进行权限检查...
执行 Hello 组件的 foo() 方法
模拟进行权限检查...
执行 Hello 组件的 addUser 添加用户：孙悟空
模拟进行权限检查...
执行 World 组件的 bar() 方法
```

从上面的运行结果来看，完全不需要对 Hello.java、World.java 等业务组件进行任何修改，但同时又可以满足客户的需求——上面的程序只是在控制台打印了"模拟进行权限检查..."来模拟权限检查，实际上也可用实际的权限检查代码来代替这简单的语句，这就可以满足客户需求了。

如果客户再次提出新需求，比如需要在执行所有的业务方法之后增加记录日志的功能，那也很简单，

只要再定义一个 LogAspect，程序如下。

程序清单：codes\08\8.4\AspectJQs\LogAspect.java

```
public aspect LogAspect
{
    // 定义一个 Pointcut，其名为 logPointcut
    // 该 Pointcut 代表了后面给出的切入点表达式，这样可复用该切入点表达式
    pointcut logPointcut()
        :execution(* org.crazyit.app.service.*.*(..));
    after():logPointcut()
    {
        System.out.println("模拟记录日志...");
    }
}
```

上面程序中的粗体字代码定义了一个 Pointcut：logPointcut()，这种用法就是为后面的切入点表达式起个名字，方便后面复用这个切入点表达式——假如程序中有多个代码块需要使用该切入点表达式，这些代码块都可直接复用此处定义的 logPointcut，而不是重复书写烦琐的切入点表达式。

再次使用如下命令来编译上面的 Java 程序：

```
ajc -d . *.java
```

再次运行 lee.AspectJTest 类，将看到如下运行结果：

```
模拟进行权限检查...
执行 Hello 组件的 foo() 方法
模拟记录日志...
模拟进行权限检查...
执行 Hello 组件的 addUser 添加用户：孙悟空
模拟记录日志...
模拟进行权限检查...
执行 World 组件的 bar() 方法
模拟记录日志...
```

假如现在需要在业务组件的所有业务方法之前启动事务，并在方法执行结束时关闭事务，同样只要定义如下 TxAspect 即可。

程序清单：codes\08\8.4\AspectJQs\TxAspect.java

```
public aspect TxAspect
{
    // 指定在执行 org.crazyit.app.service 包中任意类的任意方法时执行下面代码块
    Object around():call(* org.crazyit.app.service.*.*(..))
    {
        System.out.println("模拟开启事务...");
        // 回调原来的目标方法
        Object rvt = proceed();
        System.out.println("模拟结束事务...");
        return rvt;
    }
}
```

上面的粗体字代码指定 proceed()代表回调原来的目标方法，这样位于 proceed()代码之前的代码就会被添加在目标方法之前，位于 proceed()代码之后的代码就会被添加在目标方法之后。

如果再次使用 ajc.bat 命令来编译上面所有的 Java 类，并执行 lee.AspectJTest，此时将会发现系统中两个业务组件所包含的业务方法已经变得"十分强大"了，但并未修改过 Hello.java、World.java 的源代码——这就是 AspectJ 的作用：开发者无须修改源代码，但又可以为这些组件的方法添加新的功能。

如果读者安装过 Java 的反编译工具，则可以反编译前面程序生成的 Hello.class、World.class 文件，将发现该 Hello.class、World.class 文件不是由 Hello.java、World.java 文件编译得到的，Hello.class、World.class 里新增了很多内容——这表明 AspectJ 在编译时已增强了 Hello.class、World.class 类的功能，因此 AspectJ 通常被称为编译时增强的 AOP 框架。

AOP 要达到的效果是，保证在程序员不修改源代码的前提下，为系统中业务组件的多个业务方法添加某种通用功能。但 AOP 的本质是，依然要去修改业务组件的多个业务方法的源代码——只是这个修改由 AOP 框架完成，程序员不需要修改！

AOP 实现可分为两类（按 AOP 框架修改源代码的时机）。

➢ 静态 AOP 实现：AOP 框架在编译阶段对程序进行修改，即实现对目标类的增强，生成静态的 AOP 代理类（生成的*.class 文件已经被改掉了，需要使用特定的编译器）。以 AspectJ 为代表。

➢ 动态 AOP 实现：AOP 框架在运行阶段动态生成 AOP 代理（在内存中以 JDK 动态代理或 cglib 动态地生成 AOP 代理类），以实现对目标对象的增强。以 Spring AOP 为代表。

一般来说，静态 AOP 实现具有较好的性能，但需要使用特殊的编译器。动态 AOP 实现是纯 Java 实现，因此无须特殊的编译器，但是通常性能略差。

> **提示：**
>
> Spring AOP 就是动态 AOP 实现的代表，Spring AOP 不需要在编译时对目标类进行增强，而是在运行时生成目标类的代理类，该代理类要么与目标类实现相同的接口，要么是目标类的子类——总之，代理类都对目标类进行了增强处理，前者是 JDK 动态代理的处理策略，后者是 cglib 代理的处理策略。关于创建 JDK 动态代理的方式，可参考疯狂 Java 体系的《疯狂 Java 讲义》的第 18 章。一般来说，编译时增强的 AOP 框架在性能上更有优势——因为运行时动态增强的 AOP 框架需要每次运行时都进行动态增强。

可能有读者对 AspectJ 更深入的知识感兴趣，但本书的重点并不是介绍 AspectJ，因此如果读者希望掌握如何定义 AspectJ 中的 Aspect、Pointcut 等内容，可参考 AspectJ 安装路径下的 doc 目录里的 quick5.pdf 文件。

如果喜欢使用 Ant 来管理 AspectJ 应用，此时只要使用 iajc task 来编译 AspectJ Java 程序即可。为了能正常使用 iajc task，应该先使用 taskdef 来定义该 task，只要在应用所使用的 build.xml 文件中有如下两段：

```
<!-- 定义 iajc task -->
<taskdef resource=
    "org/aspectj/tools/ant/taskdefs/aspectjTaskdefs.properties">
    <classpath refid="classpath"/>
</taskdef>
<!-- 使用 iajc 编译包含 AspectJ 的 Java 程序 -->
<iajc destdir="${dest}" debug="true"
    deprecation="false" failonerror="true" source="1.8">
    <src path="${src}"/>
    <classpath refid="classpath"/>
</iajc>
```

需要指出的是，如果开发者希望在 Ant 中使用上面的 iajc task，则应该将 AspectJ 安装目录下的 aspectjtools.jar 文件添加到系统的类加载路径中。

▶▶ 8.4.3 AOP 的基本概念

AOP 从程序运行角度考虑程序的流程，提取业务处理过程的切面。AOP 面向的是程序运行中各个步骤，希望以更好的方式来组合业务处理的各个步骤。

AOP 框架并不与特定的代码耦合，AOP 框架能处理程序执行中特定的切入点（Pointcut），而不与某个具体类耦合。AOP 框架具有如下两个特征。

➢ 各步骤之间的良好隔离性。

➢ 源代码无关性。

下面是关于面向切面编程的一些术语。

➢ 切面（Aspect）：切面用于组织多个 Advice，Advice 放在切面中定义。

> ➤ 连接点（Joinpoint）：程序执行过程中明确的点，如方法的调用，或者异常的抛出。在 Spring AOP 中，连接点总是方法的调用。
> ➤ 增强处理（Advice）：AOP 框架在特定的切入点执行的增强处理。处理有"around"、"before"和"after"等类型。
> ➤ 切入点（Pointcut）：可以插入增强处理的连接点。简而言之，当某个连接点满足指定要求时，该连接点将被添加增强处理，该连接点也就变成了切入点。例如如下代码：

```
pointcut xxxPointcut()
    :execution(void H*.say*())
```

每个方法被调用都只是连接点，但如果该方法属于 H 开头的类，且方法名以 say 开头，则该方法的执行将变成切入点。如何使用表达式来定义切入点是 AOP 的核心，Spring 默认使用 AspectJ 切入点语法。

> ➤ 引入：将方法或字段添加到被处理的类中。Spring 允许将新的接口引入到任何被处理的对象中。例如，你可以使用一个引入，使任何对象实现 IsModified 接口，以此来简化缓存。
> ➤ 目标对象：被 AOP 框架进行增强处理的对象，也被称为被增强的对象。如果 AOP 框架采用的是动态 AOP 实现，那么该对象就是一个被代理的对象。
> ➤ AOP 代理：AOP 框架创建的对象，简单地说，代理就是对目标对象的加强。Spring 中的 AOP 代理可以是 JDK 动态代理，也可以是 cglib 代理。前者为实现接口的目标对象的代理，后者为不实现接口的目标对象的代理。
> ➤ 织入（Weaving）：将增强处理添加到目标对象中，并创建一个被增强的对象（AOP 代理）的过程就是织入。织入有两种实现方式——编译时增强（如 AspectJ）和运行时增强（如 Spring AOP）。Spring 和其他纯 Java AOP 框架一样，在运行时完成织入。

注意

有些国内翻译人士翻译计算机文献时，总是一边看着各种词典、翻译软件，一边逐词去看文献，不是先从总体上把握知识的架构，因此难免导致一些术语的翻译词不达意，例如 Socket 被翻译成"套接字"等。在面向切面编程的各术语翻译上，也存在较大的差异。对于 Advice 一词，有翻译为"通知"的，有翻译为"建议"的，如此种种，不一而足。实际上，Advice 指 AOP 框架在特定切面所加入的某种处理，以前笔者将它翻译为处理，现在将它翻译为增强处理，希望可以表达出 Advice 的真正含义。

由前面的介绍知道，AOP 代理就是由 AOP 框架动态生成的一个对象，该对象可作为目标对象使用。AOP 代理包含了目标对象的全部方法，但 AOP 代理中的方法与目标对象的方法存在差异——AOP 方法在特定切入点添加了增强处理，并回调了目标对象的方法。

AOP 代理所包含的方法与目标对象的方法示意图如图 8.9 所示。

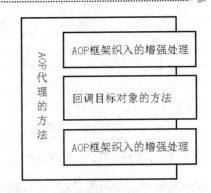

图 8.9　AOP 代理的方法与目标对象的方法

➤➤ 8.4.4　Spring 的 AOP 支持

Spring 中的 AOP 代理由 Spring 的 IoC 容器负责生成、管理，其依赖关系也由 IoC 容器负责管理。因此，AOP 代理可以直接使用容器中的其他 Bean 实例作为目标，这种关系可由 IoC 容器的依赖注入提供。Spring 默认使用 Java 动态代理来创建 AOP 代理，这样就可以为任何接口实例创建代理了。

Spring 也可以使用 cglib 代理，在需要代理类而不是代理接口的时候，Spring 会自动切换为使用 cglib 代理。但 Spring 推荐使用面向接口编程，因此业务对象通常都会实现一个或多个接口，此时默认将使用 JDK 动态代理，但也可强制使用 cglib 代理。

Spring AOP 使用纯 Java 实现。它不需要特定的编译工具，Spring AOP 也不需要控制类装载器层次，因此它可以在所有的 Java Web 容器或应用服务器中运行良好。

Spring 目前仅支持将方法调用作为连接点（Joinpoint），如果需要把对成员变量的访问和更新也作为增强处理的连接点，则可以考虑使用 AspectJ。

Spring 实现 AOP 的方法跟其他的框架不同。Spring 并不是要提供最完整的 AOP 实现（尽管 Spring AOP 有这个能力），Spring 侧重于 AOP 实现和 Spring IoC 容器之间的整合，用于帮助解决企业级开发中的常见问题。

因此，Spring 的 AOP 通常和 Spring IoC 容器一起使用，Spring AOP 从来没有打算通过提供一种全面的 AOP 解决方案来与 AspectJ 竞争。Spring AOP 采用基于代理的 AOP 实现方案，而 AspectJ 则采用编译时增强的解决方案。

Spring 可以无缝地整合 Spring AOP、IoC 和 AspectJ，使得所有的 AOP 应用完全融入基于 Spring 的框架中，这样的集成不会影响 Spring AOP API 或者 AOP Alliance API，Spring AOP 保持了向下兼容性，依然允许直接使用 Spring AOP API 来完成 AOP 编程。

一旦掌握了上面 AOP 的相关概念，不难发现进行 AOP 编程其实是很简单的事情。纵观 AOP 编程，其中需要程序员参与的只有三个部分。

➢ 定义普通业务组件。
➢ 定义切入点，一个切入点可能横切多个业务组件。
➢ 定义增强处理，增强处理就是在 AOP 框架为普通业务组件织入的处理动作。

其中第一个部分是最平常不过的事情，所以无须额外说明。那么进行 AOP 编程的关键就是定义切入点和定义增强处理。一旦定义了合适的切入点和增强处理，AOP 框架将会自动生成 AOP 代理，而 AOP 代理的方法大致有如下公式：

$$AOP 代理的方法 = 增强处理 + 目标对象的方法$$

通常建议使用 AspectJ 方式来定义切入点和增强处理，在这种方式下，Spring 依然有如下两种选择来定义切入点和增强处理。

➢ 基于注解的"零配置"方式：使用@Aspect、@Pointcut 等注解来标注切入点和增强处理。
➢ 基于 XML 配置文件的管理方式：使用 Spring 配置文件来定义切入点和增强处理。

➢➢ 8.4.5　基于注解的"零配置"方式

AspectJ 允许使用注解定义切面、切入点和增强处理，而 Spring 框架则可识别并根据这些注解来生成 AOP 代理。Spring 只是使用了和 AspectJ 5 一样的注解，但并没有使用 AspectJ 的编译器或者织入器，底层依然使用的是 Spring AOP，依然是在运行时动态生成 AOP 代理，并不依赖于 AspectJ 的编译器或者织入器。

> **提示：**
> 简单地说，Spring 依然采用运行时生成动态代理的方式来增强目标对象，所以它不需要增加额外的编译，也不需要 AspectJ 的织入器支持；而 AspectJ 采用编译时增强，所以 AspectJ 需要使用自己的编译器来编译 Java 文件，还需要织入器。

为了启用 Spring 对@AspectJ 切面配置的支持，并保证 Spring 容器中的目标 Bean 被一个或多个切面自动增强，必须在 Spring 配置文件中配置如下片段：

```xml
<?xml version="1.0" encoding="GBK"?>
<beans xmlns="http://www.springframework.org/schema/beans"
    xmlns:xsi="http://www.w3.org/2001/XMLSchema-instance"
    xmlns:aop="http://www.springframework.org/schema/aop"
    xsi:schemaLocation="http://www.springframework.org/schema/beans
    http://www.springframework.org/schema/beans/spring-beans.xsd
    http://www.springframework.org/schema/aop
```

```
    http://www.springframework.org/schema/aop/spring-aop.xsd">
    <!-- 启动@AspectJ 支持 -->
    <aop:aspectj-autoproxy/>
</beans>
```

当然，如果希望完全启动 Spring 的"零配置"功能，则还需要采用如 8.2 节所示的方式进行配置。

> **提示：**
> 　　　所谓自动增强，指的是 Spring 会判断一个或多个切面是否需要对指定 Bean 进行增强，并据此自动生成相应的代理，从而使得增强处理在合适的时候被调用。

如果不打算使用 Spring 的 XML Schema 配置方式，则应该在 Spring 配置文件中增加如下片段来启用@AspectJ 支持。

```
<!-- 启动@AspectJ 支持 -->
<bean class="org.springframework.aop.aspectj.annotation.
    AnnotationAwareAspectJAutoProxyCreator"/>
```

上面配置文件中的 AnnotationAwareAspectJAutoProxyCreator 是一个 Bean 后处理器，该 Bean 后处理器将会为容器中符合条件的 Bean 生成 AOP 代理。

为了在 Spring 应用中启动@AspectJ 支持，还需要在应用的类加载路径下增加两个 AspectJ 库：aspectjweaver.jar 和 aspectjrt.jar，直接使用 AspectJ 安装路径下 lib 目录中的两个 JAR 文件即可。除此之外，Spring AOP 还需要依赖一个 aopalliance.jar，读者可直接使用光盘中 codes\08\lib\路径下的这个 JAR 包。

1. 定义切面 Bean

当启动了@AspectJ 支持后，只要在 Spring 容器中配置一个带@Aspect 注解的 Bean，Spring 将会自动识别该 Bean，并将该 Bean 作为切面处理。

> **提示：**
> 　　　在 Spring 容器中配置切面 Bean（即带@Aspect 注解的 Bean），与配置普通 Bean 没有任何区别，一样使用<bean.../>元素进行配置，一样支持使用依赖注入来配置属性值；如果启动了 Spring 的"零配置"特性，一样可以让 Spring 自动搜索，并加载指定路径下的切面 Bean。

使用@Aspect 标注一个 Java 类，该 Java 类将会作为切面 Bean，如下面的代码片段所示。

```
// 使用@Aspect 定义一个切面类
@Aspect
public class LogAspect
{
    // 定义该类的其他内容
    ...
}
```

切面类（用@Aspect 修饰的类）和其他类一样可以有方法、成员变量定义，还可能包括切入点、增强处理定义。

当使用@Aspect 来修饰一个 Java 类之后，Spring 将不会把该 Bean 当成组件 Bean 处理，因此负责自动增强的后处理 Bean 将会略过该 Bean，不会对该 Bean 进行任何增强处理。

开发时无须担心使用@Aspect 定义的切面类被增强处理，当 Spring 容器检测到某个 Bean 类使用了@Aspect 修饰之后，Spring 容器不会对该 Bean 类进行增强。

2. 定义 Before 增强处理

在一个切面类里使用@Before 来修饰一个方法时，该方法将作为 Before 增强处理。使用@Before 修饰时，通常需要指定一个 value 属性值，该属性值指定一个切入点表达式（既可以是一个已有的切入点，也可以直接定义切入点表达式），用于指定该增强处理将被织入哪些切入点。

下面的 Java 类里使用@Before 定义了一个 Before 增强处理。

程序清单：codes\08\8.4\Before\src\org\crazyit\app\aspect\AuthAspect.java

```java
// 定义一个切面
@Aspect
public class AuthAspect
{
    // 匹配 org.crazyit.app.service.impl 包下所有类的
    // 所有方法的执行作为切入点
    @Before("execution(* org.crazyit.app.service.impl.*.*(..))")
    public void authority()
    {
        System.out.println("模拟执行权限检查");
    }
}
```

上面程序使用@Aspect 修饰了 AuthAspect 类，这表明该类是一个切面类，在该切面里定义了一个 authority()方法——这个方法本来没有任何特殊之处，但因为使用了@Before 来标注该方法，这就将该方法转换成了一个 Before 增强处理。

上面程序中使用@Before 注解时，直接指定了切入点表达式，指定匹配 org.crazyit.app.service.impl 包下所有类的所有方法的执行作为切入点。

本应用在 org.crazyit.app.service.impl 包下定义了两个类：HelloImpl 和 WorldImpl，它们与前面介绍 AspectJ 时所用的两个业务组件类几乎相同（只是增加实现了一个接口），并使用了@Component 注解进行修饰。下面是其中 HelloImpl 类的代码。

程序清单：codes\08\8.4\Before\src\org\crazyit\app\service\impl\HelloImpl.java

```java
@Component("hello")
public class HelloImpl implements Hello
{
    // 定义一个 deleteUser 方法，模拟应用中删除用户的方法
    public void deleteUser(Integer id)
    {
        System.out.println("执行 Hello 组件的 deleteUser 删除用户: " + id);
    }
    // 定义一个 addUser()方法，模拟应用中添加用户的方法
    public void addUser(String name , String pass)
    {
        System.out.println("执行 Hello 组件的 addUser 添加用户: " + name);
    }
}
```

从上面的 HelloImpl 类代码来看，它是一个如此"纯净"的 Java 类，它丝毫不知道将被谁来进行增强，也不知道将被进行怎样的增强——但正因为 HelloImpl 类的这种"无知"，才是 AOP 的最大魅力：目标类可以被无限地增强。

在 Spring 配置文件中配置自动搜索 Bean 组件、自动搜索切面类，Spring AOP 自动对 Bean 组件进行增强。下面是 Spring 配置文件代码。

程序清单：codes\08\8.4\Before\src\beans.xml

```xml
<?xml version="1.0" encoding="GBK"?>
<beans xmlns="http://www.springframework.org/schema/beans"
    xmlns:xsi="http://www.w3.org/2001/XMLSchema-instance"
    xmlns:context="http://www.springframework.org/schema/context"
    xmlns:aop="http://www.springframework.org/schema/aop"
    xsi:schemaLocation="http://www.springframework.org/schema/beans
    http://www.springframework.org/schema/beans/spring-beans.xsd
    http://www.springframework.org/schema/context
    http://www.springframework.org/schema/context/spring-context.xsd
    http://www.springframework.org/schema/aop
    http://www.springframework.org/schema/aop/spring-aop.xsd">
    <!-- 指定自动搜索 Bean 组件、自动搜索切面类 -->
    <context:component-scan base-package="org.crazyit.app.service
```

```
        ,org.crazyit.app.aspect">
        <context:include-filter type="annotation"
            expression="org.aspectj.lang.annotation.Aspect"/>
    </context:component-scan>
    <!-- 启动@AspectJ 支持 -->
    <aop:aspectj-autoproxy/>
</beans>
```

　　主程序非常简单，通过 Spring 容器获取 hello、world 两个 Bean，并调用了这两个 Bean 的业务方法。执行主程序，将看到如图 8.10 所示的效果。

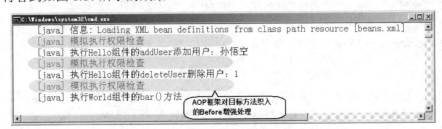

图 8.10　使用 Before 增强处理的效果

> **注意**
>
> 　　使用 Before 增强处理只能在目标方法执行之前织入增强，如果 Before 增强处理没有特殊处理，目标方法总会自动执行，如果 Before 处理需要阻止目标方法的执行，可通过抛出一个异常来实现。Before 增强处理执行时，目标方法还未获得执行的机会，所以 Before 增强处理无法访问目标方法的返回值。

3. 定义 AfterReturning 增强处理

　　类似于使用@Before 注解可修饰 Before 增强处理，使用@AfterReturning 可修饰 AfterReturning 增强处理，AfterReturning 增强处理将在目标方法正常完成后被织入。

　　使用@AfterReturning 注解可指定如下两个常用属性。

> ➤ pointcut/value：这两个属性的作用是一样的，它们都用于指定该切入点对应的切入表达式。一样既可是一个已有的切入点，也可直接定义切入点表达式。当指定了 pointcut 属性值后，value 属性值将会被覆盖。
>
> ➤ returning：该属性值指定一个形参名，用于表示 Advice 方法中可定义与此同名的形参，该形参可用于访问目标方法的返回值。除此之外，在 Advice 方法中定义该形参（代表目标方法的返回值）时指定的类型，会限制目标方法必须返回指定类型的值。

　　下面的程序定义了一个 AfterReturning 增强处理。

程序清单：codes\08\8.4\AfterReturning\src\org\crazyit\app\aspect\LogAspect.java

```java
// 定义一个切面
@Aspect
public class LogAspect
{
    // 匹配 org.crazyit.app.service.impl 包下所有类的
    // 所有方法的执行作为切入点
    @AfterReturning(returning="rvt"
        , pointcut="execution(* org.crazyit.app.service.impl.*.*(..))")
    // 声明 rvt 时指定的类型会限制目标方法必须返回指定类型的值或没有返回值
    // 此处将 rvt 的类型声明为 Object，意味着对目标方法的返回值不加限制
    public void log(Object rvt)
    {
        System.out.println("获取目标方法返回值:" + rvt);
        System.out.println("模拟记录日志功能...");
    }
}
```

正如在上面的程序中看到的，程序中使用@AfterReturning 注解时，指定了一个 returning 属性，该属性值为 rvt，这表明允许在 Advice 方法（log()方法）中定义名为 rvt 的形参，程序可通过 rvt 形参来访问目标方法的返回值。

该应用的目标 Bean 类依然使用前面的 HelloImpl.java、WorldImpl.java 两个类，此处不再给出这两个 Java 类的代码。

运行该应用的主程序，将看到如图 8.11 所示的效果。

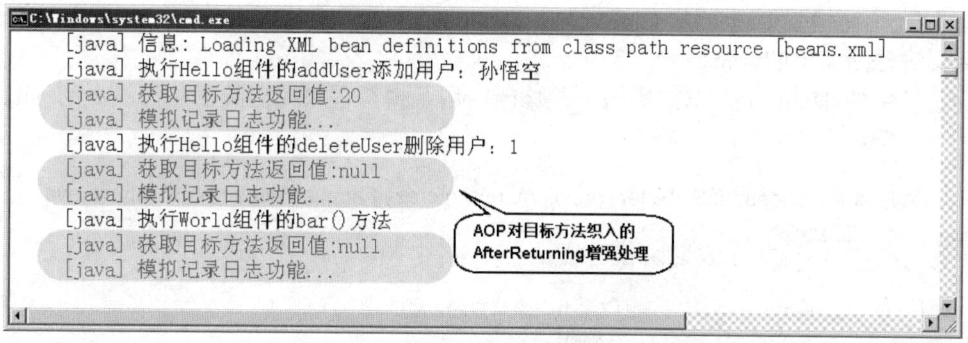

```
C:\Windows\system32\cmd.exe
    [java] 信息: Loading XML bean definitions from class path resource [beans.xml]
    [java] 执行Hello组件的addUser添加用户: 孙悟空
    [java] 获取目标方法返回值:20
    [java] 模拟记录日志功能...
    [java] 执行Hello组件的deleteUser删除用户: 1
    [java] 获取目标方法返回值:null
    [java] 模拟记录日志功能...
    [java] 执行World组件的bar()方法
    [java] 获取目标方法返回值:null            AOP对目标方法织入的
    [java] 模拟记录日志功能...                AfterReturning增强处理
```

图 8.11 使用 AfterReturning 增强处理的效果

@AfterReturning 注解的 returning 属性所指定的形参名必须对应于增强处理中的一个形参名，当目标方法执行返回后，返回值作为相应的参数值传入增强处理方法。

使用 returning 属性还有一个额外的作用：它可用于限定切入点只匹配具有对应返回值类型的方法——假如在上面的 log()方法中定义 rvt 形参的类型是 String，则该切入点只匹配 org.crazyit.app.service.impl 包下返回值类型为 String 或没有返回值的方法。当然，上面 log()方法的 rvt 形参的类型是 Object，这表明该切入点可匹配任何返回值类型的方法。

> **注意**
>
> 虽然 AfterReturning 增强处理可以访问到目标方法的返回值，但它不可以改变目标方法的返回值。

4. 定义 AfterThrowing 增强处理

使用@AfterThrowing 注解可修饰 AfterThrowing 增强处理，AfterThrowing 增强处理主要用于处理程序中未处理的异常。

使用@ AfterThrowing 注解时可指定如下两个常用属性。

➤ pointcut/value：这两个属性的作用是一样的，它们都用于指定该切入点对应的切入表达式。一样既可是一个已有的切入点，也可直接定义切入点表达式。当指定了 pointcut 属性值后，value 属性值将会被覆盖。

➤ throwing：该属性值指定一个形参名，用于表示 Advice 方法中可定义与此同名的形参，该形参可用于访问目标方法抛出的异常。除此之外，在 Advice 方法中定义该形参（代表目标方法抛出的异常）时指定的类型，会限制目标方法必须抛出指定类型的异常。

下面的程序定义了一个 AfterThrowing 增强处理。

程序清单：codes\08\8.4\AfterThrowing\src\org\crazyit\app\aspect\RepairAspect.java

```java
// 定义一个切面
@Aspect
public class RepairAspect
{
    // 匹配 org.crazyit.app.service.impl 包下所有类的
    // 所有方法的执行作为切入点
    @AfterThrowing(throwing="ex"
        , pointcut="execution(* org.crazyit.app.service.impl.*.*(..))")
    // 声明 ex 时指定的类型会限制目标方法必须抛出指定类型的异常
```

(673

```
    // 此处将 ex 的类型声明为 Throwable，意味着对目标方法抛出的异常不加限制
    public void doRecoveryActions(Throwable ex)
    {
        System.out.println("目标方法中抛出的异常:" + ex);
        System.out.println("模拟 Advice 对异常的修复...");
    }
}
```

正如在上面的程序中看到的，程序中使用@AfterThrowing 注解时指定了一个 throwing 属性，该属性值为 ex，这允许在增强处理方法（doRecoveryActions()方法）中定义名为 ex 的形参，程序可通过该形参访问目标方法所抛出的异常。

将前面示例中的 HelloImpl.java 类做一些修改，用于模拟程序抛出异常，修改后的 HelloImpl.java 类的代码如下。

程序清单：codes\08\8.4\AfterThrowing\src\org\crazyit\app\service\impl\HelloImpl.java

```
@Component("hello")
public class HelloImpl implements Hello
{
    // 定义一个 deleteUser 方法，模拟应用中删除用户的方法
    public void deleteUser(Integer id)
    {
        if (id < 0)
        {
            throw new IllegalArgumentException("被删除用户的 id 不能小于 0:" + id);
        }
        System.out.println("执行 Hello 组件的 deleteUser 删除用户: " + id);
    }
    // 定义一个 addUser()方法，模拟应用中添加用户的方法
    public int addUser(String name , String pass)
    {
        System.out.println("执行 Hello 组件的 addUser 添加用户: " + name);
        return 20;
    }
}
```

上面程序中的 deleteUser()方法可能抛出异常，当调用 deleteUser()方法传入的参数小于 0 时，deleteUser()方法就会抛出异常，且该异常没有被任何程序所处理，故 Spring AOP 会对该异常进行处理。

该示例的主程序略作改变，将调用 deleteUser()方法的参数改为-2。运行该主程序，将看到如图 8.12 所示的效果。

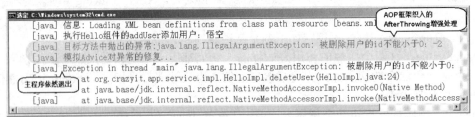

图 8.12　使用 AfterThrowing 增强处理的效果

正如在图 8.12 中所看到的，@AfterThrowing 注解的 throwing 属性中指定的参数名必须与增强处理方法内的一个形参对应。当目标方法抛出一个未处理的异常时，该异常将会传给增强处理方法对应的参数。

✦ 注意 ✦

使用 throwing 属性还有一个额外的作用：它可用于限定切入点只匹配指定类型的异常——假如在上面的 doRecoveryActions()方法中定义了 ex 形参的类型是 NullPointerException，则该切入点只匹配抛出 NullPointerException 异常的方法。上面 doRecoveryActions()方法的 ex 形参类型是 Throwable，这表明该切入点可匹配抛出任何异常的情况。

从图 8.12 中还可以看出，AOP 的 AfterThrowing 处理虽然可以对目标方法的异常进行处理，但这种处理与直接使用 catch 捕捉不同——catch 捕捉意味着完全处理该异常，如果 catch 块中没有重新抛出新异常，则该方法可以正常结束；而 AfterThrowing 处理虽然处理了该异常，但它不能完全处理该异常，该异常依然会传播到上一级调用者（本示例程序中直接传播到 JVM，故导致程序中止）。

5．After 增强处理

Spring 还提供了一个 After 增强处理，它与 AfterReturning 增强处理有点相似，但也有区别。

➤ AfterReturning 增强处理只有在目标方法成功完成后才会被织入。

➤ After 增强处理不管目标方法如何结束（包括成功完成和遇到异常中止两种情况），它都会被织入。

因为不论一个方法是如何结束的，After 增强处理都会被织入，因此 After 增强处理必须准备处理正常返回和异常返回两种情况，这种增强处理通常用于释放资源。After 增强处理有点类似于 finally 块。

使用@After 注解修饰一个方法，即可将该方法转成 After 增强处理。使用@After 注解时需要指定一个 value 属性，该属性值用于指定该增强处理被织入的切入点，既可是一个已有的切入点，也可直接指定切入点表达式。

下面的程序将定义一个 After 增强处理。

程序清单：codes\08\8.4\After\src\org\crazyit\app\aspect\ReleaseAspect.java

```java
// 定义一个切面
@Aspect
public class ReleaseAspect
{
    // 匹配 org.crazyit.app.service 包下所有类的
    // 所有方法的执行作为切入点
    @After("execution(* org.crazyit.app.service.*.*(..))")
    public void release()
    {
        System.out.println("模拟方法结束后的释放资源...");
    }
}
```

上面程序中的粗体字代码定义了一个 After 增强处理，不管切入点的目标方法如何结束，该增强处理都会被织入。该示例程序的目标对象依然使用 HelloImpl、WorldImpl 类，HelloImpl 组件中的 deleteUser() 方法会因为抛出异常而结束。

主程序依然使用长度-2 作为 deleteUser() 方法的参数，此时将可以看到如图 8.13 所示的效果。

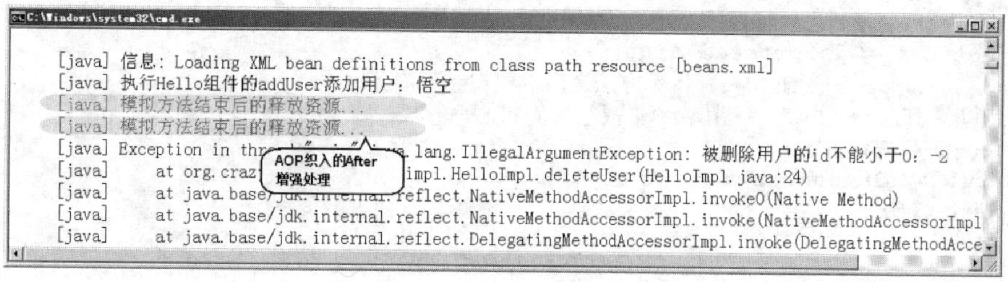

图 8.13　使用 After 增强处理的效果

从图 8.13 中可以看出，虽然 deleteUser() 方法因为 IllegalArgumentException 异常结束，但 After 增强处理依然被正常织入。由此可见，After 增强处理的作用非常类似于异常处理中 finally 块的作用——无论如何，它总会在方法执行结束之后被织入，因此特别适用于进行资源回收。

6．Around 增强处理

@Around 注解用于修饰 Around 增强处理，Around 增强处理是功能比较强大的增强处理，它近似等于 Before 增强处理和 AfterReturning 增强处理的总和，Around 增强处理既可在执行目标方法之前织入增强动作，也可在执行目标方法之后织入增强动作。

与 Before 增强处理、AfterReturning 增强处理不同的是，Around 增强处理可以决定目标方法在什么时候执行，如何执行，甚至可以完全阻止目标方法的执行。

Around 增强处理可以改变执行目标方法的参数值，也可以改变执行目标方法之后的返回值。

Around 增强处理的功能虽然强大，但通常需要在线程安全的环境下使用。因此，如果使用普通的 Before 增强处理、AfterReturning 增强处理就能解决的问题，则没有必要使用 Around 增强处理了。如果需要目标方法执行之前和之后共享某种状态数据，则应该考虑使用 Around 增强处理；尤其是需要改变目标方法的返回值时，则只能使用 Around 增强处理了。

Around 增强处理方法应该使用@Around 来标注，使用@Around 注解时需要指定一个 value 属性，该属性指定该增强处理被织入的切入点。

当定义一个 Around 增强处理方法时，该方法的第一个形参必须是 ProceedingJoinPoint 类型（至少包含一个形参），在增强处理方法体内，调用 ProceedingJoinPoint 参数的 proceed()方法才会执行目标方法——这就是 Around 增强处理可以完全控制目标方法的执行时机、执行方式的关键；如果程序没有调用 ProceedingJoinPoint 参数的 proceed()方法，则目标方法不会被执行。

调用 ProceedingJoinPoint 参数的 proceed()方法时，还可以传入一个 Object[]对象作为参数，该数组中的值将被传入目标方法作为执行方法的实参。

下面的程序定义了一个 Around 增强处理。

程序清单：codes\08\8.4\Around\src\org\crazyit\app\aspect\TxAspect.java

```java
// 定义一个切面
@Aspect
public class TxAspect
{
    // 匹配 org.crazyit.app.service.impl 包下所有类的
    // 所有方法的执行作为切入点
    @Around("execution(* org.crazyit.app.service.impl.*.*(..))")
    public Object processTx(ProceedingJoinPoint jp)
        throws java.lang.Throwable
    {
        System.out.println("执行目标方法之前，模拟开始事务...");
        // 获取目标方法原始的调用参数
        Object[] args = jp.getArgs();
        if(args != null && args.length > 1)
        {
            // 修改目标方法调用参数的第一个参数
            args[0] = "【增加的前缀】" + args[0];
        }
        // 以改变后的参数去执行目标方法，并保存目标方法执行后的返回值
        Object rvt = jp.proceed(args);
        System.out.println("执行目标方法之后，模拟结束事务...");
        // 如果 rvt 的类型是 Integer，将 rvt 改为它的平方
        if(rvt != null && rvt instanceof Integer)
            rvt = (Integer)rvt * (Integer)rvt;
        return rvt;
    }
}
```

上面的程序定义了一个 TxAspect 切面，该切面里包含一个 Around 增强处理：processTx()方法，该方法中第二行粗体字代码用于回调目标方法，回调目标方法时传入了一个 args 数组，但这个 args 数组是执行目标方法的原始参数被修改后的结果，这样就实现了对调用参数的修改；第三行粗体字代码用于改变目标方法的返回值。

本示例程序中依然使用前面的 HelloImpl.java、World.java 类，只是主程序增加了输出 addUser()方法返回值的功能。执行主程序，将看到如图 8.14 所示的效果。

从图 8.14 中可以看出，使用 Around 增强处理可以取得对目标方法最大的控制权，既可完全控制目标方法的执行，也可改变执行目标方法的参数，还可改变目标方法的返回值。

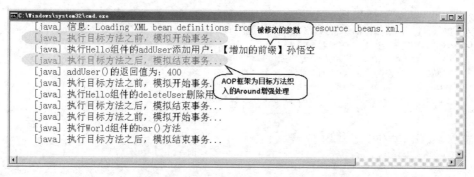

图 8.14 使用 Around 增强处理的效果

当调用 ProceedingJoinPoint 的 proceed()方法时，传入的 Object[]参数值将作为目标方法的参数，如果传入的 Object[]数组长度与目标方法所需要参数的个数不相等，或者 Object[]数组元素与目标方法所需参数的类型不匹配，程序就会出现异常。

为了能获取目标方法的参数的个数和类型，需要增强处理方法能访问执行目标方法的参数。

7. 访问目标方法的参数

访问目标方法最简单的做法是定义增强处理方法时将第一个参数定义为 JoinPoint 类型，当该增强处理方法被调用时，该 JoinPoint 参数就代表了织入增强处理的连接点。JoinPoint 里包含了如下几个常用的方法。

➢ Object[] getArgs()：返回执行目标方法时的参数。

➢ Signature getSignature()：返回被增强的方法的相关信息。

➢ Object getTarget()：返回被织入增强处理的目标对象。

➢ Object getThis()：返回 AOP 框架为目标对象生成的代理对象。

通过使用这些方法就可访问到目标方法的相关信息。

> **提示：** 当使用 Around 增加处理时，需要将第一个参数定义为 ProceedingJoinPoint 类型，该类型是 JoinPoint 类型的子类。

下面的切面类中定义了 Before、Around、AfterReturning、After 四种增强处理，并分别在 4 种增强处理中访问被织入增强处理的目标方法、执行目标方法的参数、被织入增强处理的目标对象等。

下面是该切面类的代码。

程序清单：codes\08\8.4\JoinPoint\src\org\crazyit\app\aspect\FourAdviceTest.java

```java
// 定义一个切面
@Aspect
@Pointcut
public class FourAdviceTest
{
    // 定义 Around 增强处理
    @Around("execution(* org.crazyit.app.service.impl.*.*(..))")
    public Object processTx(ProceedingJoinPoint jp)
        throws java.lang.Throwable
    {
        System.out.println("Around 增强：执行目标方法之前，模拟开始事务...");
        // 访问执行目标方法的参数
        Object[] args = jp.getArgs();
        // 当执行目标方法的参数存在
        // 且第一个参数是字符串时
        if (args != null && args.length > 0
            && args[0].getClass() == String.class)
        {
            // 修改目标方法调用参数的第一个参数
            args[0] = "【增加的前缀】" + args[0];
```

```
        }
        // 执行目标方法，并保存目标方法执行后的返回值
        Object rvt = jp.proceed(args);
        System.out.println("Around增强：执行目标方法之后，模拟结束事务...");
        // 如果 rvt 的类型是 Integer，将 rvt 改为它的平方
        if(rvt != null && rvt instanceof Integer)
            rvt = (Integer)rvt * (Integer)rvt;
        return rvt;
    }
    // 定义 Before 增强处理
    @Before("execution(* org.crazyit.app.service.impl.*.*(..))")
    public void authority(JoinPoint jp)
    {
        System.out.println("Before增强：模拟执行权限检查");
        // 返回被织入增强处理的目标方法
        System.out.println("Before增强：被织入增强处理的目标方法为："
            + jp.getSignature().getName());
        // 访问执行目标方法的参数
        System.out.println("Before增强：目标方法的参数为："
            + Arrays.toString(jp.getArgs()));
        // 访问被增强处理的目标对象
        System.out.println("Before增强：被织入增强处理的目标对象为："
            + jp.getTarget());
    }
    // 定义 AfterReturning 增强处理
    @AfterReturning(pointcut="execution(* org.crazyit.app.service.impl.*.*(..))"
        , returning="rvt")
    public void log(JoinPoint jp , Object rvt)
    {
        System.out.println("AfterReturning增强：获取目标方法返回值:"
            + rvt);
        System.out.println("AfterReturning增强：模拟记录日志功能...");
        // 返回被织入增强处理的目标方法
        System.out.println("AfterReturning增强：被织入增强处理的目标方法为："
            + jp.getSignature().getName());
        // 访问执行目标方法的参数
        System.out.println("AfterReturning增强：目标方法的参数为："
            + Arrays.toString(jp.getArgs()));
        // 访问被增强处理的目标对象
        System.out.println("AfterReturning增强：被织入增强处理的目标对象为："
            + jp.getTarget());
    }
    // 定义 After 增强处理
    @After("execution(* org.crazyit.app.service.impl.*.*(..))")
    public void release(JoinPoint jp)
    {
        System.out.println("After增强：模拟方法结束后的释放资源...");
        // 返回被织入增强处理的目标方法
        System.out.println("After增强：被织入增强处理的目标方法为："
            + jp.getSignature().getName());
        // 访问执行目标方法的参数
        System.out.println("After增强：目标方法的参数为："
            + Arrays.toString(jp.getArgs()));
        // 访问被增强处理的目标对象
        System.out.println("After增强：被织入增强处理的目标对象为："
            + jp.getTarget());
    }
}
```

从上面的粗体字代码可以看出，在 Before、Around、AfterReturning、After 四种增强处理中，其实都可通过相同的代码来访问被增强的目标对象、目标方法和方法的参数，但只有 Around 增强处理可以改变方法参数，如 Around Advice 方法中的粗体字代码所示。

被上面切面类处理的目标类还是前面的 HelloImpl、WorldImpl 类，主程序获取它们的实例，并执行它们的方法，执行结束将看到如图 8.15 所示的执行效果。

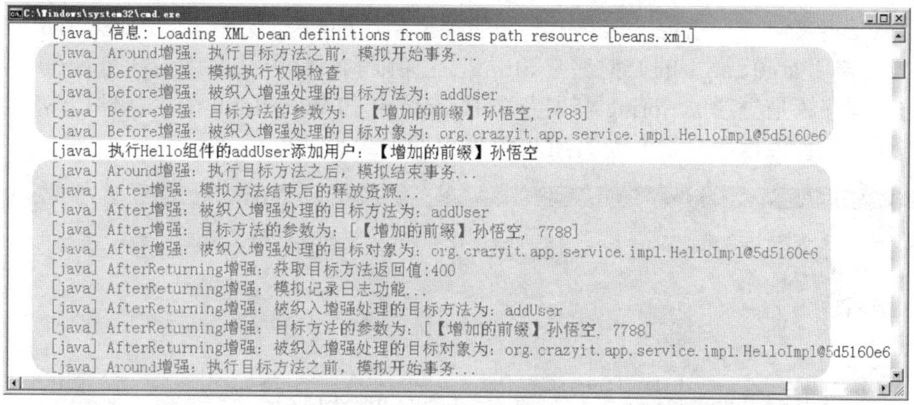

图 8.15　Spring AOP 为目标方法织入各种增强处理的效果

　　Spring AOP 采用和 AspectJ 一样的优先顺序来织入增强处理：在"进入"连接点时，具有最高优先级的增强处理将先被织入（所以在给定的两个 Before 增强处理中，优先级高的那个会先执行）。 在"退出"连接点时，具有最高优先级的增强处理会最后被织入（所以在给定的两个 After 增强处理中，优先级高的那个会后执行）。

　　当不同切面里的两个增强处理需要在同一个连接点被织入时，Spring AOP 将以随机的顺序来织入这两个增强处理。如果应用需要指定不同切面类里增强处理的优先级，Spring 提供了如下两种解决方案。

➤ 让切面类实现 org.springframework.core.Ordered 接口，实现该接口只需实现一个 int getOrder()方法，该方法的返回值越小，则优先级越高。

➤ 直接使用@Order 注解来修饰一个切面类，使用@Order 注解时可指定一个 int 型的 value 属性，该属性值越小，则优先级越高。

　　同一个切面类里的两个相同类型的增强处理在同一个连接点被织入时，Spring AOP 将以随机的顺序来织入这两个增强处理，程序没有办法控制它们的织入顺序。如果确实需要保证它们以固有的顺序被织入，则可考虑将多个增强处理压缩成一个增强处理；或者将不同的增强处理重构到不同的切面类中，通过在切面类级别上进行排序。

　　如果只需要访问目标方法的参数，Spring 还提供了一种更简单的方法：可以在程序中使用 args 切入点表达式来绑定目标方法的参数。如果在一个 args 表达式中指定了一个或多个参数，则该切入点将只匹配具有对应形参的方法，且目标方法的参数值将被传入增强处理方法——这段文字确实有点绕口，下面来看一个示例，读者看后可能更加清晰。

　　下面定义一个切面类。

程序清单：codes\08\8.4\Args\src\org\crazyit\app\aspect\AccessArgAspect.java

```
@Aspect
public class AccessArgAspect
{
    // 下面的 args(arg0,arg1)会限制目标方法必须有两个形参
    @AfterReturning(returning="rvt" , pointcut=
        "execution(* org.crazyit.app.service.impl.*.*(..)) && args(arg0,arg1)")
    // 此处指定 arg0、arg1 为 String 类型
    // 则 args(arg0,arg1)还要求目标方法的两个形参都是 String 类型
    public void access(Object rvt, String arg0 , String arg1)
    {
        System.out.println("调用目标方法第 1 个参数为:" + arg0);
        System.out.println("调用目标方法第 2 个参数为:" + arg1);
        System.out.println("获取目标方法返回值:" + rvt);
        System.out.println("模拟记录日志功能...");
    }
}
```

　　上面程序中的粗体字代码用于定义切入点表达式，但该切入点表达式增加了&&args(arg0, arg1)部分，这意味着可以在增强处理方法（access()方法）中定义 arg0、arg1 两个形参——定义这两个形参时，形

参类型可以随意指定，但一旦指定了这两个形参的类型，这样两个形参的类型还会用于限制目标方法。例如 access()方法声明 arg0、arg1 的类型都是 String，这会限制目标方法必须带两个 String 类型的参数。

本示例的主程序还是先通过 Spring 容器获取 HelloImpl 和 WorldImpl 两个组件，然后调用这两个组件的方法。编译、运行该程序，将看到如图 8.16 所示的效果。

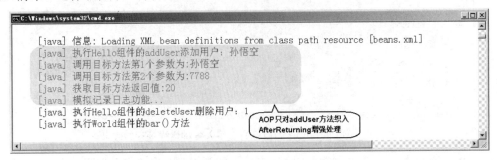

图 8.16　通过 args 表达式来访问方法参数

从图 8.16 中可以看出，使用 args 表达式有如下两个作用。

➢ 提供了一种简单的方式来访问目标方法的参数。

➢ 对切入表达式增加额外的限制。

除此之外，使用 args 表达式时还可使用如下形式：args(name , age , ..)，这表明在增强处理方法中可通过 name、age 来访问目标方法的参数。注意上面 args 表达式括号中的两个点，它表示可匹配更多参数——如果该 args 表达式对应的增强处理方法签名为：

```
@AfterReturning(pointcut="execution(* org.crazyit.app.service.impl.*.*(..))"
    + " && args(food , age , ..)"
    , returning="retVal")
public void doSomething(String name , int age , Date birth)
```

这意味着只要目标方法的第一个参数是 String 类型，第二个参数是 int 类型，则该方法就可匹配该切入点。

8．定义切入点

正如在前面的 FourAdviceTest.java 程序中看到的，这个切面类中定义了 4 个增强处理，定义 4 个增强处理时分别指定了相同的切入点表达式，这种做法显然不太符合软件设计原则：居然将那个切入点表达式重复了 4 次！如果有一天需要修改该切入点表达式，那不是要修改 4 个地方？

为了解决这个问题，AspectJ 和 Spring 都允许定义切入点。所谓定义切入点，其实质就是为一个切入点表达式起一个名称，从而允许在多个增强处理中重用该名称。

Spring AOP 只支持将 Spring Bean 的方法执行作为连接点，所以可以把切入点看成所有能和切入点表达式匹配的 Bean 方法。

切入点定义包含两个部分。

➢ 一个切入点表达式。

➢ 一个包含名字和任意参数的方法签名。

其中切入点表达式用于指定该切入点和哪些方法进行匹配，包含名字和任意参数的方法签名将作为该切入点的名称。

在@AspectJ 风格的 AOP 中，切入点签名采用一个普通的方法定义（方法体通常为空）来提供，且该方法的返回值必须为 void；切入点表达式需要使用@Pointcut 注解来标注。

下面的代码片段定义了一个切入点：anyOldTransfer，这个切入点将匹配任何名为 transfer 的方法的执行。

```
// 使用@Pointcut 注解定义切入点
@Pointcut("execution(* transfer(..))")
// 使用一个返回值为 void、方法体为空的方法来命名切入点
private void anyOldTransfer(){}
```

切入点表达式，也就是组成@Pointcut 注解的值，是正规的 AspectJ 切入点表达式。如果想要更多地了解 AspectJ 的切入点语言，请参见 AspectJ 编程指南。

一旦采用上面的代码片段定义了名为 anyOldTransfer 的切入点之后，程序就可多次重复使用该切入点了，甚至可以在其他切面类、其他包的切面类里使用该切入点，至于是否可以在其他切面类、其他包的切面类里访问该切入点，则取决于该方法签名前的访问控制符——例如，本示例中 anyOldTransfer() 方法使用 private 访问控制符，则意味着仅能在当前切面类中使用该切入点。

如果需要使用本切面类中的切入点，则可在使用@Before、@After、@Around 等注解定义 Advice 时，使用 pointcut 或 value 属性值引用已有的切入点。例如下面的代码片段：

```
@AfterReturning(pointcut="myPointcut()"
    ,returning="retVal")
public void writeLog(String msg, Object retVal)
{
    ...
}
```

从粗体字代码可以看出，指定切入点时非常像调用 Java 方法的语法——只是该方法代表一个切入点，其实质是为该增强处理定义一个切入点表达式。

如果需要使用其他切面类中的切入点，则其他切面类中的切入点不能使用 private 修饰。而且在使用@Before、@After、@Around 等注解中的 pointcut 或 value 属性值引用已有的切入点时，必须添加类名前缀。

下面程序的切面类里仅定义了一个切入点。

程序清单：codes\08\8.4\ReusePointcut\src\org\crazyit\app\aspect\SystemArchitecture.java

```
@Aspect
public class SystemArchitecture
{
    @Pointcut("execution(* org.crazyit.app.service.impl.*.*(..))")
    public void myPointcut(){}
}
```

下面的切面类中将直接使用上面定义的 myPointcut()切入点。

程序清单：codes\08\8.4\ReusePointcut\src\org\crazyit\app\aspect\LogAspect.java

```
@Aspect
public class LogAspect
{
    // 直接使用 SystemArchitecture 切面类的 myPointcut()切入点
    @AfterReturning(returning="rvt"
        , pointcut="SystemArchitecture.myPointcut()")
    // 声明 rvt 时指定的类型会限制目标方法必须返回指定类型的值或没有返回值
    // 此处将 rvt 的类型声明为 Object，意味着对目标方法的返回值不加限制
    public void log(Object rvt)
    {
        System.out.println("获取目标方法返回值:" + rvt);
        System.out.println("模拟记录日志功能...");
    }
}
```

上面程序中的粗体字代码就是直接使用 SystemArchitecture 类中切入点的代码。从上面的粗体字代码可以看出，当使用其他切面类中的切入点时，应该使用切面类作为前缀来限制切入点。

正如从上面的 LogAspect.java 中看到的，该类可以直接使用 SystemArchitecture 类中定义的切入点，这意味着其他切面类也可自由使用 SystemArchitecture 类中定义的切入点，这就很好地复用了切入点所包含的切入点表达式。

9. 切入点指示符

前面定义切入点表达式时大量使用了 execution 表达式，其中 execution 就是一个切入点指示符。Spring AOP 仅支持部分 AspectJ 的切入点指示符，但 Spring AOP 还额外支持一个 bean 切入点指示符。

不仅如此，因为 Spring AOP 只支持使用方法调用作为连接点，所以 Spring AOP 的切入点指示符仅匹配方法执行的连接点。

> **注意**
>
> 完整的 AspectJ 切入点语言支持大量的切入点指示符，但是 Spring 并不支持它们。Spring AOP 不支持的切入点指示符有 call、get、set、preinitialization、staticinitialization、initialization、handler、adviceexecution、withincode、cflow、cflowbelow、if、@this 和 @withincode。一旦在 Spring AOP 中使用这些指示符，将会导致抛出 IllegalArgumentException 异常。

Spring AOP 一共支持如下几种切入点指示符。

➤ execution：用于匹配执行方法的连接点，这是 Spring AOP 中最主要的切入点指示符。该切入点的用法也相对复杂，execution 表达式的格式如下：

```
execution(modifiers-pattern? ret-type-pattern declaring-type-pattern?
name-pattern(param-pattern) throws-pattern?)
```

上面格式中的 execution 是不变的，用于作为 execution 表达式的开头，整个表达式中各部分的解释如下。

➤ modifiers-pattern：指定方法的修饰符，支持通配符，该部分可省略。

➤ ret-type-pattern：指定方法的返回值类型，支持通配符，可以使用"*"通配符来匹配所有的返回值类型。

➤ declaring-type-pattern：指定方法所属的类，支持通配符，该部分可省略。

➤ name-pattern：指定匹配指定的方法名，支持通配符，可以使用"*"通配符来匹配所有方法。

➤ param-pattern：指定方法声明中的形参列表，支持两个通配符，即"*"和".."，其中"*"代表一个任意类型的参数，而".."代表零个或多个任意类型的参数。例如，()匹配了一个不接受任何参数的方法，而(..)匹配了一个接受任意数量参数的方法（零个或更多），(*)匹配了一个接受一个任何类型参数的方法，(*,String)匹配了接受两个参数的方法，第一个可以是任意类型，第二个则必须是 String 类型。

➤ throws-pattern：指定方法声明抛出的异常，支持通配符，该部分可省略。

例如，如下几个 execution 表达式：

```
// 匹配任意 public 方法的执行
execution(public * * (..))
// 匹配任何方法名以"set"开始的方法的执行
execution(* set* (..))
// 匹配 AccountServiceImpl 中任意方法的执行
execution(* org.crazyit.app.service.impl.AccountServiceImpl.* (..))
// 匹配 org.crazyit.app.service.impl 包中任意类的任意方法的执行
execution(* org.crazyit.app.service.impl.*.*(..))
```

➤ within：用于限定匹配特定类型的连接点，当使用 Spring AOP 的时候，只能匹配方法执行的连接点。

例如，如下几个 within 表达式：

```
// 在 org.crazyit.app.service 包中的任意连接点（在 Spring AOP 中只是方法执行的连接点）
within(org.crazyit.app.service.*)
// 在 org.crazyit.app.service 包或其子包中的任意连接点（在 Spring AOP 中只是方法执行的连接点）
within(org.crazyit.app.service..*)
```

➤ this：用于限定 AOP 代理必须是指定类型的实例，匹配该对象的所有连接点。当使用 Spring AOP 的时候，只能匹配方法执行的连接点。

例如，如下 this 表达式：

```
// 匹配实现了 org.crazyit.app.service.AccountService 接口的 AOP 代理的所有连接点
// 在 Spring AOP 中只是方法执行的连接点
```

```
this(org.crazyit.app.service.AccountService)
```

> target：用于限定目标对象必须是指定类型的实例，匹配该对象的所有连接点。当使用 Spring AOP 的时候，只能匹配方法执行的连接点。

例如，如下 target 表达式：

```
// 匹配实现了 org.crazyit.app.service.AccountService 接口的目标对象的所有连接点
// 在 Spring AOP 中只是方法执行的连接点
target(org.crazyit.app.service.AccountService)
```

> args：用于对连接点的参数类型进行限制，要求参数类型是指定类型的实例。当使用 Spring AOP 的时候，只能匹配方法执行的连接点。

例如，如下 args 表达式：

```
// 匹配只接受一个参数，且传入的参数类型是 Serializable 的所有连接点
// 在 Spring AOP 中只是方法执行的连接点
args(java.io.Serializable)
```

 **注意**

该示例中给出的切入点表达式与 execution(* *(java.io.Serializable))不同：args 版本只匹配动态运行时传入的参数值是 Serializable 类型的情形；而 execution 版本则匹配方法签名只包含一个 Serializable 类型的形参的方法。

另外，Spring AOP 还提供了一个名为 bean 的切入点指示符，它用于限制只匹配指定 Bean 实例内的连接点。当然，Spring AOP 中只能使用方法执行作为连接点。

> bean：用于限定只匹配指定 Bean 实例内的连接点，实际上只能使用方法执行作为连接点。定义 bean 表达式时需要传入 Bean 的 id 或 name，表示只匹配该 Bean 实例内的连接点。支持使用"*"通配符。

例如，如下几个 bean 表达式：

```
// 匹配 tradeService Bean 实例内方法执行的连接点
bean(tradeService)
// 匹配名字以 Service 结尾的 Bean 实例内方法执行的连接点
bean(*Service)
```

bean 切入点表达式是 Spring AOP 额外支持的，并不是 AspectJ 所支持的切入点指示符。这个指示符对 Spring 框架来说非常实用：它可以明确指定为 Spring 的哪个 Bean 织入增强处理。

10. 组合切入点表达式

Spring 支持使用如下三个逻辑运算符来组合切入点表达式。

> &&：要求连接点同时匹配两个切入点表达式。
> ||：只要连接点匹配任意一个切入点表达式。
> !：要求连接点不匹配指定的切入点表达式。

回忆前面定义切入点表达式时使用了如下片段：

```
pointcut="execution(* org.crazyit.app.service.impl.*.*(..))&&args(food , time)"
```

上面 pointcut 属性指定的切入点表达式需要匹配如下两个条件。

> 匹配 org.crazyit.app.service.impl 包下任意类中任意方法的执行。
> 被匹配的方法的第一个参数类型必须是 food 的类型，第二个参数类型必须是 time 的类型（food、time 的类型由增强处理方法来决定）。

实际上，上面的 pointcut 切入点表达式由两个表达式组成，而且使用&&来组合这两个表达式，所以要求同时满足这两个切入点表达式的要求。

▶▶ 8.4.6　基于 XML 配置文件的管理方式

除了前面介绍的基于 JDK 1.5 的注解方式来定义切面、切入点和增强处理外，Spring AOP 也允许直接使用 XML 配置文件来定义管理它们。

如果应用中没有使用 JDK 1.5，那就只能选择使用 XML 配置方式了，Spring 2 提供了一个 aop:命名空间来定义切面、切入点和增强处理。

实际上，使用 XML 配置方式与前面介绍的@AspectJ 方式的实质是一样的，同样需要指定相关信息：配置切面、切入点、增强处理所需要的信息完全一样，只是提供这些信息的位置不同而已。使用 XML 配置方式时是通过 XML 文件来提供这些信息的；而使用@AspectJ 方式时则通过注解来提供这些信息。

相比之下，使用 XML 配置方式有如下几个优点。

➢ 如果应用没有使用 JDK 1.5 以上版本，那么应用只能使用 XML 配置方式来管理切面、切入点和增强处理等。

➢ 采用 XML 配置方式时对早期的 Spring 用户来说更加习惯，而且这种方式允许使用纯粹的 POJO 来支持 AOP。当使用 AOP 作为工具来配置企业服务时，XML 会是一个很好的选择。

当使用 XML 风格时，可以在配置文件中清晰地看出系统中存在哪些切面。

使用 XML 配置方式，存在如下几个缺点。

➢ 使用 XML 配置方式不能将切面、切入点、增强处理等封装到一个地方。如果需要查看切面、切入点、增强处理，必须同时结合 Java 文件和 XML 配置文件来查看；但使用@AspectJ 时，则只需一个单独的类文件即可看到切面、切入点和增强处理的全部信息。

➢ XML 配置方式比@AspectJ 方式有更多的限制：仅支持 "singleton" 切面 Bean，不能在 XML 中组合多个命名连接点的声明。

除此之外，@AspectJ 切面还有一个优点，就是能被 Spring AOP 和 AspectJ 同时支持，如果有一天需要将应用改为使用 AspectJ 来实现 AOP，使用@AspectJ 将非常容易迁移到基于 AspectJ 的 AOP 实现中。相比之下，选择使用@AspectJ 风格会有更大的吸引力。

在 Spring 配置文件中，所有的切面、切入点和增强处理都必须定义在<aop:config.../>元素内部。<beans.../>元素下可以包含多个<aop:config.../>元素，一个<aop:config>可以包含 pointcut、advisor 和 aspect 元素，且这三个元素必须按照此顺序来定义。关于<aop:config.../>元素所包含的子元素如图 8.17 所示。

图 8.17 已经非常清楚地绘制出<aop:cofig.../>元素下能包含三个有序的子元素：pointcut、advisor 和 aspect，其中 aspect 下可以包含多个子元素——通过使用这些元素就可以在 XML 文件中配置切面、切入点和增强处理了。

注意

　　使用<aop:config.../>方式进行配置时，可能与 Spring 的自动代理方式相冲突，例如使用<aop:aspectj-autoproxy/>或类似方式显式启用了自动代理，则可能会导致出现问题（比如有些增强处理没有被织入）。因此建议：要么全部使用<aop:config.../>配置方式，要么全部使用自动代理方式，不要两者混合使用。

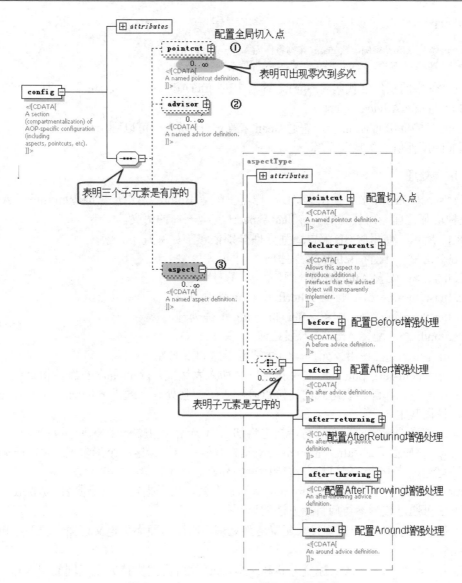

图 8.17　<aop:config.../>各子元素的关系

1．配置切面

定义切面使用图 8.17 中所示的<aop:aspect.../>元素，使用该元素来定义切面时，其实质是将一个已有的 Spring Bean 转换成切面 Bean，所以需要先定义一个普通的 Spring Bean。

因为切面 Bean 可以当成一个普通的 Spring Bean 来配置，所以完全可以为该切面 Bean 配置依赖注入。当切面 Bean 定义完成后，通过在<aop:aspect.../>元素中使用 ref 属性来引用该 Bean，就可将该 Bean 转换成一个切面 Bean 了。

配置<aop:aspect.../>元素时可以指定如下三个属性。

➢ id：定义该切面的标识名。

➢ ref：用于将 ref 属性所引用的普通 Bean 转换为切面 Bean。

➢ order：指定该切面 Bean 的优先级，该属性的作用与前面@AspectJ 中的@Order 注解、Ordered 接口的作用完全一样，order 属性值越小，该切面对应的优先级越高。

如下配置片段定义了一个切面：

```
<aop:config>
    <!-- 将容器中的 afterAdviceBean 转换成切面 Bean
    切面 Bean 的新名称为：afterAdviceAspect -->
    <aop:aspect id="afterAdviceAspect" ref="afterAdviceBean">
        ...
```

```
      </aop:aspect>
  </aop:config>
  <!-- 定义一个普通 Bean 实例，该 Bean 实例将作为 Aspect Bean -->
  <bean id="afterAdviceBean" class="lee.AfterAdviceTest"/>
```

上面配置文件中的粗体字代码将 Spring 容器中的 afterAdviceBean Bean 转换为一个切面 Bean，该切面 Bean 的 id 为 afterAdviceAspect。

由于 Spring 支持将切面 Bean 当成普通 Bean 来管理，所以完全可以利用依赖注入来管理切面 Bean，管理切面 Bean 的属性值、依赖关系等。

2．配置增强处理

与使用@AspectJ 完全一样，使用 XML 一样可以配置 Before、After、AfterReturning、AfterThrowing 和 Around 五种增强处理，而且完全支持和@AspectJ 完全一样的语义。

正如图 8.17 所示，使用 XML 配置增强处理分别依赖于如下几个元素。

➢ <aop:before.../>：配置 Before 增强处理。
➢ <aop:after.../>：配置 After 增强处理。
➢ <aop:after-returning.../>：配置 AfterReturning 增强处理。
➢ <aop:after-throwing.../>：配置 AfterThrowing 增强处理。
➢ <aop:around.../>：配置 Around 增强处理。

上面这些元素都不支持使用子元素，但通常可指定如下属性。

➢ pointcut|pointcut-ref：pointcut 属性指定一个切入表达式，pointcut-ref 属性指定已有的切入点名称，Spring 将在匹配该表达式的连接点时织入该增强处理。通常 pointcut 和 pointcut-ref 两个属性只需使用其中之一。
➢ method：该属性指定一个方法名，指定将切面 Bean 的该方法转换为增强处理。
➢ throwing：该属性只对<after-throwing.../>元素有效，用于指定一个形参名，AfteThrowing 增强处理方法可通过该形参访问目标方法所抛出的异常。
➢ returning：该属性只对<after-returning.../>元素有效，用于指定一个形参名，AfterReturning 增强处理方法可通过该形参访问目标方法的返回值。

既然应用选择使用 XML 配置方式来配置增强处理，所以切面类里定义切面、切入点和增强处理的注解全都可删除了。

当定义切入点表达式时，XML 配置方式和@AspectJ 注解方式支持完全相同的切入点指示符，一样可以支持 execution、within、args、this、target 和 bean 等切入点指示符。

XML 配置方式和@AspectJ 注解方式一样支持组合切入点表达式，但 XML 配置方式不再使用简单的&&、|| 和 ！作为组合运算符（因为直接在 XML 文件中需要使用实体引用来表示它们），而是使用如下三个组合运算符：and（相当于&&）、or（相当于||）和 not（相当于!）。

下面的程序定义了一个简单的切面类，该切面类只是将前面@AspectJ 示例中切面类的全部注解删除后的结果。

程序清单：codes\08\8.4\XML-config\src\crazyit\app\aspect\FourAdviceTest.java

```
public class FourAdviceTest
{
    public Object processTx(ProceedingJoinPoint jp)
        throws java.lang.Throwable
    {
        System.out.println("Around 增强：执行目标方法之前，模拟开始事务...");
        // 访问执行目标方法的参数
        Object[] args = jp.getArgs();
        // 当执行目标方法的参数存在
        // 且第一个参数是字符串时
        if (args != null && args.length > 0
            && args[0].getClass() == String.class)
        {
            // 修改目标方法调用参数的第一个参数
```

```
            args[0] = "【增加的前缀】" + args[0];
        }
        //执行目标方法，并保存目标方法执行后的返回值
        Object rvt = jp.proceed(args);
        System.out.println("Around 增强：执行目标方法之后，模拟结束事务...");
        // 如果 rvt 的类型是 Integer，将 rvt 改为它的平方
        if(rvt != null && rvt instanceof Integer)
            rvt = (Integer)rvt * (Integer)rvt;
        return rvt;
    }
    public void authority(JoinPoint jp)
    {
        System.out.println("②Before 增强：模拟执行权限检查");
        // 返回被织入增强处理的目标方法
        System.out.println("②Before 增强：被织入增强处理的目标方法为："
            + jp.getSignature().getName());
        // 访问执行目标方法的参数
        System.out.println("②Before 增强：目标方法的参数为："
            + Arrays.toString(jp.getArgs()));
        // 访问被增强处理的目标对象
        System.out.println("②Before 增强：被织入增强处理的目标对象为："
            + jp.getTarget());
    }
    public void log(JoinPoint jp , Object rvt)
    {
        System.out.println("AfterReturning 增强：获取目标方法返回值:"
            + rvt);
        System.out.println("AfterReturning 增强：模拟记录日志功能...");
        // 返回被织入增强处理的目标方法
        System.out.println("AfterReturning 增强：被织入增强处理的目标方法为："
            + jp.getSignature().getName());
        // 访问执行目标方法的参数
        System.out.println("AfterReturning 增强：目标方法的参数为："
            + Arrays.toString(jp.getArgs()));
        // 访问被增强处理的目标对象
        System.out.println("AfterReturning 增强：被织入增强处理的目标对象为："
            + jp.getTarget());
    }
    public void release(JoinPoint jp)
    {
        System.out.println("After 增强：模拟方法结束后的释放资源...");
        // 返回被织入增强处理的目标方法
        System.out.println("After 增强：被织入增强处理的目标方法为："
            + jp.getSignature().getName());
        // 访问执行目标方法的参数
        System.out.println("After 增强：目标方法的参数为："
            + Arrays.toString(jp.getArgs()));
        // 访问被增强处理的目标对象
        System.out.println("After 增强：被织入增强处理的目标对象为："
            + jp.getTarget());
    }
}
```

上面的 FourAdviceTest.java 几乎是一个 POJO 类，除了该 Java 类的 4 个方法的第一个参数都是 JoinPoint 类型之外，如程序中粗体字代码所示——将 4 个方法的第一个参数定义为 JoinPoint 类型是为了访问连接点的相关信息，当然 Spring AOP 只支持使用方法执行作为连接点，所以使用 JoinPoint 只是为了获取目标方法的方法名、参数值等信息。

除此之外，本示例程序中还定义了如下一个简单的切面类。

程序清单：codes\08\8.4\XML-config\src\crazyit\app\aspect\SecondAdviceTest.java

```
public class SecondAdviceTest
{
    // 定义 Before 增强处理
    public void authority(String aa)
```

```
        {
            System.out.println("①号 Before 增强：模拟执行权限检查");
            System.out.println("目标方法的第一个参数为：" + aa);
        }
    }
}
```

上面切面类的 authority() 方法里多了一个 String aa 的形参，应用试图通过该形参来访问目标方法的参数值，这需要在配置该切面 Bean 时使用 args 切入点指示符。

本应用中的 Spring 配置文件如下。

程序清单：codes\08\8.4\XML-config\src\beans.xml

```xml
<?xml version="1.0" encoding="GBK"?>
<beans xmlns="http://www.springframework.org/schema/beans"
    xmlns:xsi="http://www.w3.org/2001/XMLSchema-instance"
    xmlns:aop="http://www.springframework.org/schema/aop"
    xsi:schemaLocation="http://www.springframework.org/schema/beans
    http://www.springframework.org/schema/beans/spring-beans.xsd
    http://www.springframework.org/schema/aop
    http://www.springframework.org/schema/aop/spring-aop.xsd">
    <aop:config>
        <!-- 将 fourAdviceBean 转换成切面 Bean
            切面 Bean 的新名称为：fourAdviceAspect
            指定该切面的优先级为 2 -->
        <aop:aspect id="fourAdviceAspect" ref="fourAdviceBean"
            order="2">
            <!-- 定义一个 After 增强处理
                直接指定切入点表达式
                以切面 Bean 中的 release() 方法作为增强处理方法 -->
            <aop:after pointcut="execution(* org.crazyit.app.service.impl.*.*(..))"
                method="release"/>
            <!-- 定义一个 Before 增强处理
                直接指定切入点表达式
                以切面 Bean 中的 authority() 方法作为增强处理方法 -->
            <aop:before pointcut="execution(* org.crazyit.app.service.impl.*.*(..))"
                method="authority"/>
            <!-- 定义一个 AfterReturning 增强处理
                直接指定切入点表达式
                以切面 Bean 中的 log() 方法作为增强处理方法 -->
            <aop:after-returning pointcut="execution(* org.crazyit.app.service.impl.*.*(..))"
                method="log" returning="rvt"/>
            <!-- 定义一个 Around 增强处理
                直接指定切入点表达式
                以切面 Bean 中的 processTx() 方法作为增强处理方法 -->
            <aop:around pointcut="execution(* org.crazyit.app.service.impl.*.*(..))"
                method="processTx"/>
        </aop:aspect>
        <!-- 将 secondAdviceBean 转换成切面 Bean
            切面 Bean 的新名称为：secondAdviceAspect
            指定该切面的优先级为 1，该切面里的增强处理将被优先织入 -->
        <aop:aspect id="secondAdviceAspect" ref="secondAdviceBean"
            order="1">
            <!-- 定义一个 Before 增强处理
                直接指定切入点表达式
                以切面 Bean 中的 authority() 方法作为增强处理方法
                且该参数必须为 String 类型（由 authority 方法声明中 aa 参数的类型决定） -->
            <aop:before pointcut=
                "execution(* org.crazyit.app.service.impl.*.*(..)) and args(aa, ..)"
                method="authority"/>
        </aop:aspect>
    </aop:config>
    <!-- 定义一个普通 Bean 实例，该 Bean 实例将被作为 Aspect Bean -->
    <bean id="fourAdviceBean"
        class="org.crazyit.app.aspect.FourAdviceTest"/>
    <!-- 再定义一个普通 Bean 实例，该 Bean 实例将被作为 Aspect Bean -->
    <bean id="secondAdviceBean"
```

```
        class="org.crazyit.app.aspect.SecondAdviceTest"/>
    <bean id="hello" class="org.crazyit.app.service.impl.HelloImpl"/>
    <bean id="world" class="org.crazyit.app.service.impl.WorldImpl"/>
</beans>
```

上面的配置文件中依次配置了 fourAdviceBean、secondAdviceBean、hello、world 这 4 个 Bean，它们没有丝毫特别之处，完全可以像管理普通 Bean 一样管理它们。

上面配置文件中的第一段粗体字代码用于将 fourAdviceBean 转换成一个切面 Bean，并将该 Bean 里包含的 4 个方法转换成 4 个增强处理。当配置 fourAdviceAspect 切面时，为其指定了 order="2"，这将意味着该切面里的增强处理的织入顺序为 2；而配置 secondAdviceAspect 切面时，为其指定了 order="1"，表示 Spring AOP 将优先织入 secondAdviceAspect 里的增强处理，再织入 fourAdviceAspect 里的增强处理。

完成上面的定义之后，运行上面的示例程序，将看到使用 XML 配置文件来管理切面、增强处理的效果。至于使用 XML 配置方式管理增强处理的各种细节，读者都可从该示例中找到示范，本书就不再赘述了。

3. 配置切入点

类似于 @AspectJ 方式，允许定义切入点来重用切入点表达式，XML 配置方式也可通过定义切入点来重用切入点表达式（参见图 8.17），Spring 提供了 <aop:pointcut.../> 元素来定义切入点。当把 <aop:pointcut.../> 元素作为 <aop:config.../> 的子元素定义时，表明该切入点可被多个切面共享；当把 <aop:pointcut.../> 元素作为 <aop:aspect.../> 的子元素定义时，表明该切入点只能在该切面中有效。

配置 <aop:pointcut.../> 元素时通常需要指定如下两个属性。

➢ id：指定该切入点的标识名。
➢ expression：指定该切入点关联的切入点表达式。

如下配置片段定义了一个简单的切入点：

```
<!-- 定义一个简单的切入点 -->
<aop:pointcut id="myPointcut"
    expression="execution(* org.crazyit.app.service.impl.*.*(..))"/>
```

上面的配置片段既可作为 <aop:config.../> 的子元素，用于配置全局切入点；也可作为 <aop:aspect.../> 的子元素，用于配置仅对该切面有效的切入点。

除此之外，如果要在 XML 配置中引用使用注解定义的切入点，在 <aop:pointcut..../> 元素中指定切入点表达式时还有另外一种用法，看如下配置片段：

```
<aop:config>
    ...
    <!-- 直接引用 org.crazyit.SystemArchitecture 类中用注解定义的切入点 -->
    <aop:pointcut id="myPointcut"
        expression="org.crazyit.SystemArchitecture.myPointcut()"/>
    ...
</aop:config>
```

下面的示例程序定义了一个 AfterThrowing 增强处理，包含该增强处理的切面类如下。

程序清单：codes\08\8.4\XML-AfterThrowing\src\org\crazyit\app\aspect\RepairAspect.java

```
public class RepairAspect
{
    // 定义一个普通方法作为 Advice 方法
    // 形参 ex 用于访问目标方法中抛出的异常
    public void doRecoveryActions(Throwable ex)
    {
        System.out.println("目标方法中抛出的异常:" + ex);
        System.out.println("模拟 Advice 对异常的修复...");
    }
}
```

与前面的切面类完全类似，该 Java 类就是一个普通的 Java 类。下面的配置文件将负责配置该 Bean

实例，并将该 Bean 实例转换成切面 Bean。

程序清单：codes\08\8.4\XML-AfterThrowing\src\beans.xml

```xml
<?xml version="1.0" encoding="GBK"?>
<beans xmlns="http://www.springframework.org/schema/beans"
    xmlns:xsi="http://www.w3.org/2001/XMLSchema-instance"
    xmlns:aop="http://www.springframework.org/schema/aop"
    xsi:schemaLocation="http://www.springframework.org/schema/beans
    http://www.springframework.org/schema/beans/spring-beans.xsd
    http://www.springframework.org/schema/aop
    http://www.springframework.org/schema/aop/spring-aop.xsd">
    <aop:config>
        <!-- 定义一个切入点：myPointcut
            通过 expression 指定它对应的切入点表达式 -->
        <aop:pointcut id="myPointcut"
            expression="execution(* org.crazyit.app.service.impl.*.*(..))"/>
        <aop:aspect id="afterThrowingAdviceAspect"
            ref="afterThrowingAdviceBean">
            <!-- 定义一个 AfterThrowing 增强处理，指定切入点
                以切面 Bean 中的 doRecoveryActions() 方法作为增强处理方法 -->
            <aop:after-throwing pointcut-ref="myPointcut"
                method="doRecoveryActions" throwing="ex"/>
        </aop:aspect>
    </aop:config>
    <!-- 定义一个普通 Bean 实例，该 Bean 实例将被作为 Aspect Bean -->
    <bean id="afterThrowingAdviceBean"
        class="org.crazyit.app.aspect.RepairAspect"/>
    <bean id="hello" class="org.crazyit.app.service.impl.HelloImpl"/>
    <bean id="world" class="org.crazyit.app.service.impl.WorldImpl"/>
</beans>
```

上面配置文件中的第一段粗体字代码配置了一个全局切入点：myPointcut，这样其他切面 Bean 就可多次复用该切入点了。上面的配置文件在配置<aop:pointcut.../>元素时，使用 pointcut-ref 引用了一个已有的切入点，如配置文件中第二段粗体字代码所示。

8.5　Spring 的缓存机制

Spring 3.1 新增了一种全新的缓存机制，这种缓存机制与 Spring 容器无缝地整合在一起，可以对容器中的任意 Bean 或 Bean 的方法增加缓存。Spring 的缓存机制非常灵活，它可以对容器中的任意 Bean 或 Bean 的任意方法进行缓存，因此这种缓存机制可以在 Java EE 应用的任何层次上进行缓存。

> **提示：**
> 与 Hibernate SessionFactory 级别的二级缓存相比，Spring 缓存的级别更高，Spring 缓存可以在控制器组件或业务逻辑组件级别进行缓存，这样应用完全无须重复调用底层的 DAO（数据访问对象，通常基于 Hibernate 等技术实现）组件的方法。

Spring 缓存同样不是一种具体的缓存实现方案，它底层同样需要依赖 EhCache、Guava 等具体的缓存工具。但这也正是 Spring 缓存机制的优势，应用程序只要面向 Spring 缓存 API 编程，应用底层的缓存实现可以在不同的缓存实现之间自由切换，应用程序无须任何改变，只要对配置文件略作修改即可。

▶▶ 8.5.1　启用 Spring 缓存

Spring 配置文件专门为缓存提供了一个 cache:命名空间，为了启用 Spring 缓存，需要在配置文件中导入 cache:命名空间。导入 cache:命名空间与前面介绍的导入 util:、context:命名空间的方式完全一样。

导入 context:命名空间之后，启用 Spring 缓存还要两步。

① 在 Spring 配置文件中添加<cache:annotation-driven cache-manager="缓存管理器 ID"/>，该元素指

定 Spring 根据注解来启用 Bean 级别或方法级别的缓存。

② 针对不同的缓存实现配置对应的缓存管理器。

对于上面两步，其中第 1 步非常简单，使用<cache:annotation-driven.../>元素时可通过 cache-manager 显式指定容器中缓存管理器的 ID；该属性的默认值为 cacheManager——也就是说，如果将容器中缓存管理器的 ID 设为 cacheManager，则可省略<cache:annotation-driven.../>的 cache-manager 属性。

第 2 步则略微有点麻烦，由于 Spring 底层可使用大部分主流的 Java 缓存工具，而不同的缓存工具所需的配置也不同，因此略微有点麻烦。下面以 Spring 内置的缓存实现和 EhCache 为例来介绍 Spring 缓存的配置。

1. Spring 内置缓存实现的配置

需要说明的是，Spring 内置的缓存实现只是一种内存中的缓存，并非真正的缓存实现，因此通常只能用于简单的测试环境，不建议在实际项目中使用 Spring 内置的缓存实现。

Spring 内置的缓存实现使用 SimpleCacheManager 作为缓存管理器，使用 SimpleCacheManager 配置缓存非常简单，直接在 Spring 容器中配置该 Bean，然后通过<property.../>驱动该缓存管理器执行 setCaches()方法来设置缓存区即可。

SimpleCacheManager 是一种内存中的缓存区，底层直接使用了 JDK 的 ConcurrentMap 来实现缓存，SimpleCacheManager 使用了 ConcurrentMapCacheFactoryBean 作为缓存区，每个 ConcurrentMapCacheFactoryBean 配置一个缓存区。

例如，如下代码即可配置 Spring 内置缓存的缓存管理器。

```xml
<!-- 使用 SimpleCacheManager 配置 Spring 内置的缓存管理器 -->
<bean id="cacheManager" class=
    "org.springframework.cache.support.SimpleCacheManager">
    <!-- 配置缓存区 -->
    <property name="caches">
        <set>
            <!-- 使用 ConcurrentMapCacheFactoryBean 配置缓存区
                 下面列出多个缓存区，p:name 用于为缓存区指定名字 -->
            <bean class=
            "org.springframework.cache.concurrent.ConcurrentMapCacheFactoryBean"
            p:name="default"/>
            <bean class=
            "org.springframework.cache.concurrent.ConcurrentMapCacheFactoryBean"
            p:name="users"/>
        </set>
    </property>
</bean>
```

上面配置文件使用 SimpleCacheManager 配置了 Spring 内置的缓存管理器，并为该缓存管理器配置了两个缓存区：default 和 users——这些缓存区的名字很重要，因为后面使用注解驱动缓存时需要根据缓存区的名字来将缓存数据放入指定缓存区内。

提示：
>   在实际应用中，开发者可以根据自己的需要，配置更多的缓存区，一般来说，应用有多少个组件需要缓存，程序就应该配置多少个缓存区。

从上面的配置文件可以看出，由于 Spring 内置提供的缓存实现本身就是基于 JDK 的 ConcurrentMap 来实现的，所有数据都直接缓存在内存中，因此配置起来非常简单。但 Spring 内置的缓存一般只能作为测试使用，在实际项目中不推荐使用这种缓存。

下面介绍 EhCache 的缓存配置。

2. EhCache 缓存实现的配置

在配置 EhCache 缓存实现之前，首先需要将 EhCache 缓存的 JAR 包添加到项目的类加载路径中，此处可直接将前文介绍 Hibernate 二级缓存时使用的 EhCache 的 JAR 包复制过来使用即可。

> **提示**：┈┈┈
> 　　只要将 Hibernate 解压路径下 lib\optional\ehcache\路径下的 ehcache-2.10.3.jar 和
> slf4j-api-1.7.7.jar 复制到项目类加载路径下即可。其中 ehcache-2.10.3.jar 是 EhCache 的核
> 心 JAR 包，而 slf4j-api-1.7.7.jar 则是该缓存工具所使用的日志工具。

为了使用 EhCache，同样需要在应用的类加载路径下添加一个 ehcache.xml 配置文件。例如，使用如下 ehcache.xml 文件：

```xml
<?xml version="1.0" encoding="gbk"?>
<ehcache>
    <diskStore path="java.io.tmpdir" />
    <!-- 配置默认的缓存区 -->
    <defaultCache
        maxElementsInMemory="10000"
        eternal="false"
        timeToIdleSeconds="120"
        timeToLiveSeconds="120"
        maxElementsOnDisk="10000000"
        diskExpiryThreadIntervalSeconds="120"
        memoryStoreEvictionPolicy="LRU"/>
    <!-- 配置名为 users 的缓存区 -->
    <cache name="users"
        maxElementsInMemory="10000"
        eternal="false"
        overflowToDisk="true"
        timeToIdleSeconds="300"
        timeToLiveSeconds="600" />
</ehcache>
```

上面的配置文件同样配置了两个缓存区，其中第一个是用于配置匿名的、默认的缓存区，第二个才是配置了名为 users 的缓存区。如果需要，读者完全可以将<cache.../>元素复制多个，用于配置多个有名字的缓存区。这些缓存区的名字同样很重要，后面使用注解驱动缓存时需要根据缓存区的名字来将缓存数据放入指定缓存区内。

> **提示**：┈┈
> 　　ehcache.xml 文件中的<defaultCache.../>元素和<cache.../>元素所能接受的属性，在前文
> 介绍 Hibernate 二级缓存时已经有详细说明，此处不再赘述。

Spring 使用 EhCacheCacheManager 作为 EhCache 缓存实现的缓存管理器，因此只要该对象配置在 Spring 容器中，它就可作为缓存管理器使用，但 EhCacheCacheManager 底层需要依赖一个 net.sf.ehcache.CacheManager 作为实际的缓存管理器。

为了将 net.sf.ehcache.CacheManager 纳入 Spring 容器的管理之下，Spring 提供了 EhCacheManager-FactoryBean 工厂 Bean，该工厂 Bean 实现了 FactoryBean<CacheManager>接口。当程序把 EhCacheManagerFactoryBean 部署在 Spring 容器中，并通过 Spring 容器请求获取该工厂 Bean 时，实际返回的是它的产品——也就是 CacheManager 对象。

因此，为了在 Spring 配置文件中配置基于 EhCache 的缓存管理器，只要增加如下两段配置即可。

```xml
<!-- 配置 EhCache 的 CacheManager
通过 configLocation 指定 ehcache.xml 文件的位置 -->
<bean id="ehCacheManager"
    class="org.springframework.cache.ehcache.EhCacheManagerFactoryBean"
    p:configLocation="classpath:ehcache.xml"
    p:shared="false" />
<!-- 配置基于 EhCache 的缓存管理器
并将 EhCache 的 CacheManager 注入该缓存管理器 Bean -->
<bean id="cacheManager"
```

```
        class="org.springframework.cache.ehcache.EhCacheCacheManager"
        p:cacheManager-ref="ehCacheManager"/>
```

上面配置文件中配置的第一个 Bean 是一个工厂 Bean，它用于配置 EhCache 的 CacheManager；第二个 Bean 才是为 Spring 缓存配置的基于 EhCache 的缓存管理器，该缓存管理器需要依赖于 CacheManager，因此程序将第一个 Bean 注入到第二个 Bean 中——如上粗体字代码所示。

配置好上面任意一种缓存管理器之后，接下来就可使用注解来驱动 Spring 将缓存数据存入指定缓存区了。

▶▶ 8.5.2 使用@Cacheable 执行缓存

@Cacheable 可用于修饰类或修饰方法，当使用@Cacheable 修饰类时，用于告诉 Spring 在类级别上进行缓存——程序调用该类的实例的任何方法时都需要缓存，而且共享同一个缓存区；当使用@Cacheable 修饰方法时，用于告诉 Spring 在方法级别上进行缓存——只有当程序调用该方法时才需要缓存。

1. 类级别的缓存

使用@Cacheable 修饰类时，就可控制 Spring 在类级别进行缓存，这样当程序调用该类的任意方法时，只要传入的参数相同，Spring 就会使用缓存。

假设本示例有如下 UserServiceImpl 组件。

程序清单：codes\08\8.5\EhCache\src\org\crazyit\app\service\impl\UserServiceImpl.java

```
@Service("userService")
// 指定将数据放入 users 缓存区
@Cacheable(value = "users")
public class UserServiceImpl implements UserService
{
    public User getUsersByNameAndAge(String name, int age)
    {
        System.out.println("--正在执行 findUsersByNameAndAge()查询方法--");
        return new User(name, age);
    }
    public User getAnotherUser(String name, int age)
    {
        System.out.println("--正在执行 findAnotherUser()查询方法--");
        return new User(name, age);
    }
}
```

上面程序中的粗体字代码指定对 UserServiceImpl 进行类级别的缓存，这样程序调用该类的任意方法时，只要传入的参数相同，Spring 就会使用缓存。

此处所指的缓存的意义是：当程序第一次调用该类的实例的某个方法时，Spring 缓存机制会将该方法返回的数据放入指定缓存区——就是@Cacheable 注解的 value 属性值所指定的缓存区（注意此处指定将数据放入 users 缓存区，这就要求前面为缓存管理器配置过名为 users 的缓存区）。以后程序调用该类的实例的任何方法时，只要传入的参数相同，Spring 将不会真正执行该方法，而是直接利用缓存区中的数据。

例如如下程序。

程序清单：codes\08\8.5\EhCache\src\lee\SpringTest.java

```
public class SpringTest
{
    public static void main(String[] args)
    {
        ApplicationContext ctx =
            new ClassPathXmlApplicationContext("beans.xml");
        UserService us = ctx.getBean("userService" , UserService.class);
        // 第一次调用 us 对象的方法时会执行该方法，并缓存方法的结果
        User u1 = us.getUsersByNameAndAge("孙悟空", 500);
```

```
        // 第二次调用 us 对象的方法时直接利用缓存的数据，并不真正执行该方法
        User u2 = us.getAnotherUser("孙悟空", 500);
        System.out.println(u1 == u2); // 输出 true
    }
}
```

上面程序中的两行粗体字代码先后调用了 UserServiceImpl 的两个不同方法，但由于程序传入的方法参数相同，因此 Spring 不会真正执行第二次调用的方法，而是直接复用缓存区中的数据。

编译、运行该程序，可以看到如下输出：

```
--正在执行 findUsersByNameAndAge() 查询方法--
true
```

从上面输出结果可以看出，程序并未真正指定第二次调用 getAnotherUser() 方法。

由此可见，类级别的缓存默认以所有方法参数作为 key 来缓存方法返回的数据——同一个类不管调用哪个方法，只要调用方法时传入的参数相同，Spring 都会直接利用缓存区中的数据。

使用 @Cacheable 时可指定如下属性。

➤ value：必需属性。该属性可指定多个缓存区的名字，用于指定将方法返回值放入指定的缓存区内。

➤ key：通过 SpEL 表达式显式指定缓存的 key。

➤ condition：该属性指定一个返回 boolean 值的 SpEL 表达式，只有当该表达式返回 true 时，Spring 才会缓存方法返回值。

➤ unless：该属性指定一个返回 boolean 值的 SpEL 表达式，当该表达式返回 true 时，Spring 就不缓存方法返回值。

> **提示：**
> 与 @Cacheable 注解功能类似的还有一个 @CachePut 注解，@CachePut 注解同样会让 Spring 将方法返回值放入缓存区。与 @Cacheable 不同的是，@CachePut 修饰的方法不会读取缓存区中的数据——这意味着不管缓存区是否已有数据，@CachePut 总会告诉 Spring 要重新执行这些方法，并再次将方法返回值放入缓存区。

例如，将上面程序中 UserServiceImpl 的注解改为如下形式。

程序清单：codes\08\8.5\key\src\org\crazyit\app\service\impl\UserServiceImpl.java

```
@Service("userService")
@Cacheable(value = "users" , key="#name")
public class UserServiceImpl implements UserService
{
    ...
}
```

上面的粗体字代码显式指定以 name 参数作为缓存的 key，这样只要调用的方法具有相同的 name 参数，Spring 缓存机制就会生效。使用如下主程序来测试它。

程序清单：codes\08\8.5\key\src\lee\SpringTest.java

```
public class SpringTest
{
    public static void main(String[] args)
    {
        ApplicationContext ctx =
            new ClassPathXmlApplicationContext("beans.xml");
        UserService us = ctx.getBean("userService" , UserService.class);
        // 第一次调用 us 对象的方法时会执行该方法，并缓存方法的结果
        User u1 = us.getUsersByNameAndAge("孙悟空", 500);
        // 指定使用 name 作为缓存的 key，因此只要两次调用方法的 name 参数相同
        // 缓存机制就会生效
        User u2 = us.getAnotherUser("孙悟空", 400);
```

```
        System.out.println(u1 == u2); // 输出 true
    }
}
```

上面程序两次调用方法时传入的参数并不完全相同，只有 name 参数相同，但由于前面使用 @Cacheable 注解时显式指定了 key="#name"，这就意味着缓存使用 name 参数作为缓存的 key，因此上面两次调用方法将依然只执行第一次调用，第二次调用将直接使用缓存的数据，不会真正执行该方法。

condition 属性与 unless 属性的功能基本相似，但规则恰好相反：当 condtion 指定的条件为 true 时，Spring 缓存机制才会执行缓存；当 unless 指定的条件为 true 时，Spring 缓存机制就不执行缓存。

例如，将程序中 UserServiceImpl 类中的注解改为如下形式。

程序清单：codes\08\8.5\condition\src\org\crazyit\app\service\impl\UserServiceImpl.java

```
@Service("userService")
@Cacheable(value = "users" , condition="#age<100")
public class UserServiceImpl implements UserService
{
    ...
}
```

上面粗体字代码显式指定 Spring 缓存生效的条件是#age<100，这样只要调用方法时 age 参数小于 100，Spring 缓存机制就会生效。使用如下主程序来测试它。

程序清单：codes\08\8.5\condition\src\lee\SpringTest.java

```
public class SpringTest
{
    public static void main(String[] args)
    {
        ApplicationContext ctx =
            new ClassPathXmlApplicationContext("beans.xml");
        UserService us = ctx.getBean("userService" , UserService.class);
        // 调用方法时 age 参数不小于 100，因此不会缓存
        // 所以下面两次方法调用都会真正执行这些方法
        User u1 = us.getUsersByNameAndAge("孙悟空", 500);
        User u2 = us.getAnotherUser("孙悟空", 500);
        System.out.println(u1 == u2); // 输出 false
        // 调用方法时 age 参数小于 100，因此会缓存
        // 所以下面第二次方法调用时不会真正执行该方法，而是直接使用缓存数据
        User u3 = us.getUsersByNameAndAge("孙悟空", 50);
        User u4 = us.getAnotherUser("孙悟空", 50);
        System.out.println(u3 == u4); // 输出 true
    }
}
```

上面程序中前两行粗体字代码调用方法时 age 参数大于 100，因此前两行代码不会使用缓存。但程序后面两行粗体字代码调用方法时 age 参数小于 100，因此后面两行代码会使用缓存。编译、运行该示例，可以看到如下输出：

```
--正在执行 findUsersByNameAndAge()查询方法--
--正在执行 findAnotherUser()查询方法--
false
--正在执行 findUsersByNameAndAge()查询方法--
true
```

2. 方法级别的缓存

使用@Cacheable 修饰方法时，就可控制 Spring 在方法级别进行缓存，这样当程序调用该方法时，只要传入的参数相同，Spring 就会使用缓存。

例如，将前面的 UserDaoImpl 改为如下形式。

程序清单：codes\08\8.5\MethodCache\src\org\crazyit\app\service\impl\UserServiceImpl.java

```
@Service("userService")
public class UserServiceImpl implements UserService
```

```
{
    @Cacheable(value = "users1")
    public User getUsersByNameAndAge(String name, int age)
    {
        System.out.println("--正在执行 findUsersByNameAndAge()查询方法--");
        return new User(name, age);
    }
    @Cacheable(value = "users2")
    public User getAnotherUser(String name, int age)
    {
        System.out.println("--正在执行 findAnotherUser()查询方法--");
        return new User(name, age);
    }
}
```

上面两行粗体字代码指定 getUsersByNameAndAge()和 getAnotherUser()方法分别使用不同的缓存区，这意味着这两个方法都会缓存，但由于它们使用了不同的缓存区，因此它们不能共享缓存数据。

> **提示：**···
> 　　上面程序需要分别使用 users1、users2 两个缓存区，因此还需要在 ehcache.xml 文件中配置这两个缓存区。

使用如下主程序来测试它。

程序清单：codes\08\8.5\MethodCache\src\lee\SpringTest.java

```
public class SpringTest
{
    public static void main(String[] args)
    {
        ApplicationContext ctx =
            new ClassPathXmlApplicationContext("beans.xml");
        UserService us = ctx.getBean("userService" , UserService.class);
        // 第一次调用 us 对象的方法时会执行该方法，并缓存方法的结果
        User u1 = us.getUsersByNameAndAge("孙悟空", 500);
        // 由于 getAnotherUser()方法使用另一个缓存区
        // 因此无法使用 getUsersByNameAndAge()方法缓存区中的数据
        User u2 = us.getAnotherUser("孙悟空", 500);
        System.out.println(u1 == u2); // 输出 false
        // getAnotherUser("孙悟空", 500)已经执行过一次，故下面代码使用缓存
        User u3 = us.getAnotherUser("孙悟空", 500);
        System.out.println(u2 == u3); // 输出 true
    }
}
```

上面程序中前两行粗体字代码分别调用了不同的方法，由于这两个方法分别使用不同的缓存区，因此它们不能共享缓存，所以第二行粗体字代码也需要真正执行。第三行粗体字代码与第二行粗体字代码调用的是同一个方法，而且方法参数相同，因此第三行粗体字代码会直接利用缓存。

运行上面程序，将看到如下输出：

```
--正在执行 findUsersByNameAndAge()查询方法--
--正在执行 findAnotherUser()查询方法--
false
true
```

▶▶ 8.5.3 使用@CacheEvict 清除缓存

被@CacheEvict 注解修饰的方法可用于清除缓存，使用@CacheEvict 注解时可指定如下属性。

➢ value：必需属性。用于指定该方法用于清除哪个缓存区的数据。
➢ allEntries：该属性指定是否清空整个缓存区。
➢ beforeInvocation：该属性指定是否在执行方法之前清除缓存。默认是在方法成功完成之后才清除缓存。

➤ condition：该属性指定一个 SpEL 表达式，只有当该表达式为 true 时才清除缓存。

➤ key：通过 SpEL 表达式显式指定缓存的 key。

为 UserServiceImpl 类增加两个方法，分别用于清空指定缓存和清空缓存。下面是 UserServiceImpl 类的代码。

程序清单：codes\08\8.5\CacheEvict\src\org\crazyit\app\service\impl\UserServiceImpl.java

```java
@Service("userService")
@Cacheable(value = "users")
public class UserServiceImpl implements UserService
{
    public User getUsersByNameAndAge(String name, int age)
    {
        System.out.println("--正在执行findUsersByNameAndAge()查询方法--");
        return new User(name, age);
    }
    public User getAnotherUser(String name, int age)
    {
        System.out.println("--正在执行findAnotherUser()查询方法--");
        return new User(name, age);
    }
    // 指定根据 name、age 参数清除缓存
    @CacheEvict(value = "users")
    public void evictUser(String name, int age)
    {
        System.out.println("--正在清空"+ name
            + " , " + age + "对应的缓存--");
    }
    // 指定清除 user 缓存区所有缓存的数据
    @CacheEvict(value = "users" , allEntries=true)
    public void evictAll()
    {
        System.out.println("--正在清空整个缓存--");
    }
}
```

上面程序中第一个@CacheEvict 注解只是指定了 value="users"，这表明该注解用于清除 users 缓存区中的数据，程序将会根据传入的 name、age 参数清除对应的数据。第二个@CacheEvict 注解则指定了 allEntries=true，这表明该方法将会清空整个 users 缓存区。

使用如下主程序来测试它。

程序清单：codes\08\8.5\CacheEvict\src\lee\SpringTest.java

```java
public class SpringTest
{
    public static void main(String[] args)
    {
        ApplicationContext ctx =
            new ClassPathXmlApplicationContext("beans.xml");
        UserService us = ctx.getBean("userService" , UserService.class);
        // 调用 us 对象的两个带缓存的方法，系统会缓存两个方法返回的数据
        User u1 = us.getUsersByNameAndAge("孙悟空", 500);
        User u2 = us.getAnotherUser("猪八戒", 400);
        //调用 evictUser()方法清除缓存区中指定的数据
        us.evictUser("猪八戒", 400);
        // 由于前面根据"猪八戒", 400缓存的数据已经被清除了
        // 因此下面代码会重新执行，方法返回的数据将被再次缓存
        User u3 = us.getAnotherUser("猪八戒", 400);    // ①
        System.out.println(u2 == u3); // 输出 false
        // 由于前面已经缓存了参数为"孙悟空", 500 的数据
        // 因此下面代码不会重新执行，直接利用缓存中的数据
        User u4 = us.getAnotherUser("孙悟空", 500);    // ②
        System.out.println(u1 == u4); // 输出 true
        // 清空整个缓存
```

```
        us.evictAll();
        // 由于整个缓存都已经被清空，因此下面两行代码都会重新执行
        User u5 = us.getAnotherUser("孙悟空", 500);
        User u6 = us.getAnotherUser("猪八戒", 400);
        System.out.println(u1 == u5); // 输出 false
        System.out.println(u3 == u6); // 输出 false
    }
}
```

上面程序中第一行粗体字代码只是清除了缓存区中""猪八戒", 400"对应的数据，因此上面程序在①号代码处需要重新执行该方法；但在②号代码处将可直接利用缓存区中的数据，无须重新执行该方法。

程序中第二行粗体字代码清空了整个缓存，因此第二行粗体字代码以后的两次调用方法都需要重新执行——因为缓存区中已经没数据了。

执行该程序可以看到如下输出：

```
--正在执行 findUsersByNameAndAge() 查询方法--
--正在执行 findAnotherUser() 查询方法--
--正在清空猪八戒 , 400 对应的缓存--
--正在执行 findAnotherUser() 查询方法--
false
true
--正在清空整个缓存--
--正在执行 findAnotherUser() 查询方法--
--正在执行 findAnotherUser() 查询方法--
false
false
```

8.6　Spring 的事务

Spring 的事务管理不需要与任何特定的事务 API 耦合。对不同的持久层访问技术，编程式事务提供了一致的事务编程风格，通过模板化操作一致性地管理事务。声明式事务基于 Spring AOP 实现，但并不需要开发者真正精通 AOP 技术，亦可容易地使用 Spring 的声明式事务管理。

▶▶ 8.6.1　Spring 支持的事务策略

Java EE 应用的传统事务有两种策略：全局事务和局部事务。全局事务由应用服务器管理，需要底层服务器的 JTA 支持。局部事务和底层所采用的持久化技术有关，当采用 JDBC 持久化技术时，需要使用 Connection 对象来操作事务；而采用 Hibernate 持久化技术时，需要使用 Session 对象来操作事务。

全局事务可以跨多个事务性资源（典型例子是关系数据库和消息队列）；使用局部事务，应用服务器不需要参与事务管理，因此不能保证跨多个事务性资源的事务的正确性。当然，实际上大部分应用都使用单一的事务性资源。

图 8.18 对比了 JTA 全局事务、JDBC 局部事务、Hibernate 事务的事务操作代码。

JTA全局事务	JDBC局部事务	Hibernate事务
	事务开始代码	
Transaction tx = ctx.lookup(..);	Connection conn = getConnection(..); conn.setAutoCommit(false);	Session s = getSession(); Transaction tx = s.beginTransaction();
//业务实现	//业务实现	//业务实现
if 正常 　　tx.commit();	if 正常 　　conn.commit();	if 正常 　　tx.commit();
if 失败 　　tx.rollback()	if 失败 　　conn.rollback()	if 失败 　　tx.rollback()
	事务结束代码	

图 8.18　三种事务策略的事务操作代码

　　从图 8.18 可以看出，当采用传统的事务编程策略时，程序代码必然和具体的事务操作代码耦合，这样造成的后果是：当应用需要在不同的事务策略之间切换时，开发者必须手动修改程序代码。如果使用 Spring 事务管理策略，就可以改变这种现状。

　　Spring 事务策略是通过 PlatformTransactionManager 接口体现的，该接口是 Spring 事务策略的核心。该接口的源代码如下：

```
public interface PlatformTransactionManager
{
    // 平台无关的获得事务的方法
    TransactionStatus getTransaction(TransactionDefinition definition)
        throws TransactionException;
    // 平台无关的事务提交方法
    void commit(TransactionStatus status) throws TransactionException;
    // 平台无关的事务回滚方法
    void rollback(TransactionStatus status) throws TransactionException;
}
```

　　PlatformTransactionManager 是一个与任何事务策略分离的接口，随着底层不同事务策略的切换，应用必须采用不同的实现类。PlatformTransactionManager 接口没有与任何事务性资源捆绑在一起，它可以适应于任何的事务策略，结合 Spring 的 IoC 容器，可以向 PlatformTransactionManager 注入相关的平台特性。

　　PlatformTransactionManager 接口有许多不同的实现类，应用程序面向与平台无关的接口编程，当底层采用不同的持久层技术时，系统只需使用不同的 PlatformTransactionManager 实现类即可——而这种切换通常由 Spring 容器负责管理，应用程序既无须与具体的事务 API 耦合，也无须与特定实现类耦合，从而将应用和持久化技术、事务 API 彻底分离开来。

提示：
　　Spring 的事务机制是一种典型的策略模式，PlatformTransactionManager 代表事务管理接口，但它并不知道底层到底如何管理事务，它只要求事务管理需要提供开始事务（getTransaction()）、提交事务（commit()）和回滚事务（rollback()）三个方法，但具体如何实现则交给其实现类来完成——不同的实现类则代表不同的事务管理策略。

　　即使使用容器管理的 JTA，代码也依然无须执行 JNDI 查找，无须与特定的 JTA 资源耦合在一起，通过配置文件，JTA 资源传给 PlatformTransactionManager 的实现类。因此，程序的代码可在 JTA 事务管理和非 JTA 事务管理之间轻松切换。

注意
　　有读者写邮件来问：Spring 是否支持事务跨多个数据库资源？Spring 完全支持这种跨多个事务性资源的全局事务，前提是底层的应用服务器（如 WebLogic、JBoss 等）支持 JTA 全局事务。可以这样说：Spring 本身没有任何事务支持，它只是负责包装底层的事务——应用程序面向 PlatformTransactionManager 接口编程时，Spring 在底层负责将这些操作转换成具体的事务操作代码，因此应用的底层支持怎样的事务策略，那么 Spring 就可支持怎样的事务策略。Spring 事务管理的优势是将应用从具体的事务 API 中分离出来，而不是真正提供事务管理的底层实现。

　　在 PlatformTransactionManager 接口内，包含一个 getTransaction(TransactionDefinition definition) 方法，该方法根据 TransactionDefinition 参数返回一个 TransactionStatus 对象。TransactionStatus 对象表示一个事务，TransactionStatus 被关联在当前执行的线程上。

　　getTransaction(TransactionDefinition definition) 返回的 TransactionStatus 对象，可能是一个新的事务，也可能是一个已经存在的事务对象。如果当前执行的线程已经处于事务管理下，则返回当前线程的事务对象；否则，系统将新建一个事务对象后返回。

TransactionDefinition 接口定义了一个事务规则，该接口必须指定如下几个属性值。

➢ 事务隔离：当前事务和其他事务的隔离程度。例如，这个事务能否看到其他事务未提交的数据等。

➢ 事务传播：通常，在事务中执行的代码都会在当前事务中运行。但是，如果一个事务上下文已经存在，有几个选项可指定该事务性方法的执行行为。例如，在大多数情况下，简单地在现有的事务上下文中运行；或者挂起现有事务，创建一个新的事务。Spring 提供 EJB CMT（Contain Manager Transaction，容器管理事务）中所有的事务传播选项。

➢ 事务超时：事务在超时前能运行多久，也就是事务的最长持续时间。如果事务一直没有被提交或回滚，将在超出该时间后，系统自动回滚事务。

➢ 只读状态：只读事务不修改任何数据。在某些情况下（例如使用 Hibernate 时），只读事务是非常有用的优化。

TransactionStatus 代表事务本身，它提供了简单的控制事务执行和查询事务状态的方法，这些方法在所有的事务 API 中都是相同的。TransactionStatus 接口的源代码如下：

```
public interface TransactionStatus
{
    // 判断事务是否为新建的事务
    boolean isNewTransaction();
    // 设置事务回滚
    void setRollbackOnly();
    // 查询事务是否已有回滚标志
    boolean isRollbackOnly();
}
```

Spring 具体的事务管理由 PlatformTransactionManager 的不同实现类来完成。在 Spring 容器中配置 PlatformTransactionManager Bean 时，必须针对不同的环境提供不同的实现类。

下面提供了不同的持久层访问环境及其对应的 PlatformTransactionManager 实现类的配置。

JDBC 数据源的局部事务管理器的配置文件如下：

```xml
<?xml version="1.0" encoding="GBK"?>
<beans xmlns:xsi="http://www.w3.org/2001/XMLSchema-instance"
    xmlns="http://www.springframework.org/schema/beans"
    xmlns:p="http://www.springframework.org/schema/p"
    xsi:schemaLocation="http://www.springframework.org/schema/beans
    http://www.springframework.org/schema/beans/spring-beans.xsd">
    <!-- 定义数据源 Bean，使用 C3P0 数据源实现，并注入数据源的必要信息 -->
    <bean id="dataSource" class="com.mchange.v2.c3p0.ComboPooledDataSource"
        destroy-method="close"
        p:driverClass="com.mysql.jdbc.Driver"
        p:jdbcUrl="jdbc:mysql://localhost/spring?useSSL=true"
        p:user="root"
        p:password="32147"
        p:maxPoolSize="40"
        p:minPoolSize="2"
        p:initialPoolSize="2"
        p:maxIdleTime="30"/>
    <!-- 配置 JDBC 数据源的局部事务管理器，使用 DataSourceTransactionManager 类 -->
    <!-- 该类实现 PlatformTransactionManager 接口，是针对采用数据源连接的特定实现-->
    <!-- 配置 DataSourceTransactionManager 时需要依赖注入 DataSource 的引用 -->
    <bean id="transactionManager"
        class="org.springframework.jdbc.datasource.DataSourceTransactionManager"
        p:dataSource-ref="dataSource"/>
</beans>
```

容器管理的 JTA 全局事务管理器的配置文件如下：

```xml
<?xml version="1.0" encoding="GBK"?>
<beans xmlns:xsi="http://www.w3.org/2001/XMLSchema-instance"
    xmlns="http://www.springframework.org/schema/beans"
    xmlns:p="http://www.springframework.org/schema/p"
    xsi:schemaLocation="http://www.springframework.org/schema/beans
    http://www.springframework.org/schema/beans/spring-beans.xsd">
```

```
<!-- 配置 JNDI 数据源 Bean, 其中 jndiName 指定容器管理数据源的 JNDI -->
<bean id="dataSource" class="org.springframework.jndi.JndiObjectFactoryBean"
    p:jndiName="jdbc/jpetstore"/>
<!-- 使用 JtaTransactionManager 类, 该类实现了 PlatformTransactionManager 接口 -->
<!-- 针对采用全局事务管理的特定实现 -->
<bean id="transactionManager"
    class="org.springframework.transaction.jta.JtaTransactionManager"/>
</beans>
```

从上面的配置文件来看，当配置 JtaTransactionManager 全局事务管理策略时，只需指定事务管理器实现类即可，无须传入额外的事务性资源。这是因为全局事务的 JTA 资源由 Java EE 服务器提供，而 Spring 容器能自行从 Java EE 服务器中获取该事务性资源，所以无须使用依赖注入来配置。

当采用 Hibernate 持久层访问策略时，局部事务策略的配置文件如下：

```
<?xml version="1.0" encoding="GBK"?>
<beans xmlns:xsi="http://www.w3.org/2001/XMLSchema-instance"
    xmlns="http://www.springframework.org/schema/beans"
    xmlns:p="http://www.springframework.org/schema/p"
    xsi:schemaLocation="http://www.springframework.org/schema/beans
    http://www.springframework.org/schema/beans/spring-beans.xsd">
    <!-- 定义数据源 Bean, 使用 C3P0 数据源实现, 并注入数据源的必要信息 -->
    <bean id="dataSource" class="com.mchange.v2.c3p0.ComboPooledDataSource"
        destroy-method="close"
        p:driverClass="com.mysql.jdbc.Driver"
        p:jdbcUrl="jdbc:mysql://localhost/spring?useSSL=true"
        p:user="root"
        p:password="32147"
        p:maxPoolSize="40"
        p:minPoolSize="2"
        p:initialPoolSize="2"
        p:maxIdleTime="30"/>
    <!-- 定义 Hibernate 的 SessionFactory, SessionFactory 需要依赖数据源, 注入 dataSource
        并使用 hibernate.cfg.xml 文件配置 Hibernate 的属性 -->
    <bean id="sessionFactory"
        class="org.springframework.orm.hibernate5.LocalSessionFactoryBean"
        p:dataSource-ref="dataSource"
        p:configLocation="classpath:hibernate.cfg.xml"/>
    <!-- 配置 Hibernate 的局部事务管理器, 使用 HibernateTransactionManager 类 -->
    <!-- 该类是 PlatformTransactionManager 接口针对采用 Hibernate 的特定实现类 -->
    <!-- 配置 HibernateTransactionManager 需要依赖注入 SessionFactory -->
    <bean id="transactionManager"
        class="org.springframework.orm.hibernate5.HibernateTransactionManager"
        p:sessionFactory-ref="sessionFactory"/>
</beans>
```

如果底层采用 Hibernate 持久层技术，但事务采用 JTA 全局事务，则 Spring 配置文件如下：

```
<?xml version="1.0" encoding="GBK"?>
<beans xmlns:xsi="http://www.w3.org/2001/XMLSchema-instance"
    xmlns="http://www.springframework.org/schema/beans"
    xmlns:p="http://www.springframework.org/schema/p"
    xsi:schemaLocation="http://www.springframework.org/schema/beans
    http://www.springframework.org/schema/beans/spring-beans.xsd">
    <!-- 配置 JNDI 数据源 Bean, 其中 jndiName 指定容器管理数据源的 JNDI -->
    <bean id="dataSource" class="org.springframework.jndi.JndiObjectFactoryBean"
        p:jndiName="jdbc/jpetstore"/>
    <!-- 定义 Hibernate 的 SessionFactory, SessionFactory 需要依赖数据源, 注入 dataSource
        并使用 hibernate.cfg.xml 文件配置 Hibernate 的属性 -->
    <bean id="sessionFactory"
        class="org.springframework.orm.hibernate5.LocalSessionFactoryBean"
        p:dataSource-ref="dataSource"
        p:configLocation="classpath:hibernate.cfg.xml"/>
    <!-- 使用 JtaTransactionManager 类, 该类实现了 PlatformTransactionManager 接口 -->
    <!-- 针对采用全局事务管理的特定实现 -->
    <bean id="transactionManager"
        class="org.springframework.transaction.jta.JtaTransactionManager"/>
</beans>
```

从上面的配置文件可以看出，不论采用哪种持久层访问技术，只要使用 JTA 全局事务，Spring 事务管理的配置就完全一样，因为它们采用的都是全局事务管理策略。

> **注意**
>
> 　　当采用 JTA 全局事务策略时，实际上需要底层应用服务器的支持，而不同应用服务器所提供的 JTA 全局事务可能存在细节上的差异，因此实际配置全局事务管理器时可能需要使用 JtaTransactionManager 的子类，如 WebLogicJtaTransactionManager（Orcale 提供的 WebLogic）、WebSphereUowTransactionManager（IBM 提供的 WebSphere）等，它们分别对应于不同的应用服务器。

从上面的配置文件可以看出，当应用程序采用 Spring 事务管理策略时，应用程序无须与具体的事务策略耦合，应用程序只要面向 PlatformTransactionManager 策略接口编程，ApplicationContext 将会根据配置文件选择合适的事务策略实现类。

实际上，Spring 提供了如下两种事务管理方式。

➢ 编程式事务管理：即使使用 Spring 的编程式事务，程序也可直接获取容器中的 transactionManager Bean，该 Bean 总是 PlatformTransactionManager 的实例，所以可以通过该接口提供的三个方法来开始事务、提交事务和回滚事务。

➢ 声明式事务管理：无须在 Java 程序中书写任何事务操作代码，而是通过在 XML 文件中为业务组件配置事务代理（AOP 代理的一种），AOP 为事务代理所织入的增强处理也由 Spring 提供——在目标方法执行之前，织入开始事务；在目标方法执行之后，织入结束事务。

不论采用何种持久化策略，Spring 都提供了一致的事务抽象，因此，应用开发者能在任何环境下，使用一致的编程模型。无须更改代码，应用就可在不同的事务管理策略中切换。

当使用编程式事务时，开发者使用的是 Spring 事务抽象（面向 PlatformTransactionManager 接口编程），而无须使用任何具体的底层事务 API。Spring 的事务管理将代码从底层具体的事务 API 中抽象出来，该抽象能以任何底层事务为基础。

提示：
　　Spring 的编程式事务还可通过 TransactionTemplate 类来完成，该类提供了一个 execute (TransactionCallback action)方法，可以以更简捷的方式来进行事务操作。

当使用声明式事务时，开发者无须书写任何事务管理代码，不依赖 Spring 或任何其他事务 API。Spring 的声明式事务无须任何额外的容器支持，Spring 容器本身管理声明式事务。使用声明式事务策略，可以让开发者更好地专注于业务逻辑的实现。

> **注意**
>
> 　　Spring 所支持的事务策略非常灵活，Spring 的事务策略允许应用程序在不同的事务策略之间自由切换，即使需要在局部事务策略和全局事务策略之间切换，也只需要修改配置文件即可，而应用程序的代码无须任何改变。这种灵活的设计，正是面向接口编程带来的优势。

▶▶ 8.6.2　使用 XML Schema 配置事务策略

Spring 同时支持编程式事务策略和声明式事务策略，通常都推荐采用声明式事务策略。使用声明式事务策略的优势十分明显。

➢ 声明式事务能大大降低开发者的代码书写量，而且声明式事务几乎不影响应用的代码。因此，无论底层事务策略如何变化，应用程序都无须任何改变。

➢ 应用程序代码无须任何事务处理代码，可以更专注于业务逻辑的实现。

➢ Spring 则可对任何 POJO 的方法提供事务管理，而且 Spring 的声明式事务管理无须容器的支持，可在任何环境下使用。

➤ EJB 的 CMT 无法提供声明式回滚规则；而通过配置文件，Spring 可指定事务在遇到特定异常时自动回滚。Spring 不仅可以在代码中使用 setRollbackOnly 回滚事务，也可以在配置文件中配置回滚规则。

➤ 由于 Spring 采用 AOP 的方式管理事务，因此，可以在事务回滚动作中插入用户自己的动作，而不仅仅是执行系统默认的回滚。

> **提示：** ┈┈
> 　　本节不打算全面介绍 Spring 的各种事务策略，因此这里不会介绍编程式事务。如果读者需要更全面地了解 Spring 事务的相关方面，请自行参阅 Spring 官方参考手册。

　　Spring 的 XML Schema 方式提供了简洁的事务配置策略，Spring 提供了 tx:命名空间来配置事务管理，tx:命名空间下提供了<tx:advice.../>元素来配置事务增强处理，一旦使用该元素配置了事务增强处理，就可直接使用<aop:advisor.../>元素启用自动代理了。

　　配置<tx:advice.../>元素时除了需要 transaction-manager 属性指定事务管理器之外，还需要配置一个<attributes.../>子元素，该子元素里又可包含多个<method.../>子元素。<tx:advice.../>元素的属性、子元素的关系如图 8.19 所示。

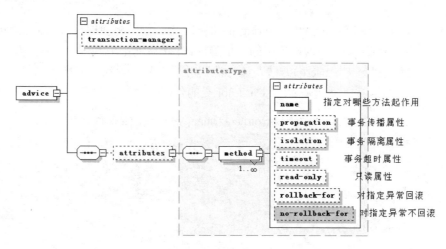

图 8.19　配置<tx:advice.../>元素

　　从图 8.19 可以看出，配置<tx:advice.../>元素的重点就是配置<method.../>子元素，实际上每个<method.../>子元素都为一批方法指定了所需的事务定义，包括事务传播属性、事务隔离属性、事务超时属性、只读事务、对指定异常回滚、对指定异常不回滚等。

　　如图 8.19 所示，配置<method.../>子元素可以指定如下几个属性。

➤ name：必选属性，与该事务语义关联的方法名。该属性支持使用通配符，例如'get*'、'handle*'、'on*Event'等。

➤ propagation：指定事务传播行为，该属性值可为 Propagation 枚举类的任一枚举值，各枚举值的含义下面立即介绍。该属性的默认值为 Propagation.REQUIRED。

➤ isolation：指定事务隔离级别，该属性值可为 Isolation 枚举类的任一枚举值，各枚举值的具体含义可参考 API 文档。该属性的默认值为 Isolation.DEFAULT。

➤ timeout：指定事务超时的时间（以秒为单位），指定-1 意味着不超时，该属性的默认值是-1。

➤ read-only：指定事务是否只读。该属性的默认值是 false。

➤ rollback-for：指定触发事务回滚的异常类（应使用全限定类名），该属性可指定多个异常类，多个异常类之间以英文逗号隔开。

➤ no-rollback-for:指定不触发事务回滚的异常类(应使用全限定类名)，该属性可指定多个异常类，多个异常类之间以英文逗号隔开。

`<method.../>`子元素的 propagation 属性用于指定事务传播行为，Spring 支持的事务传播行为如下。

➤ PROPAGATION_MANDATORY：要求调用该方法的线程必须处于事务环境中，否则抛出异常。

➤ PROPAGATION_NESTED：即使执行该方法的线程已处于事务环境中，也依然启动新的事务，方法在嵌套的事务里执行；即使执行该方法的线程并未处于事务环境中，也启动新的事务，然后执行该方法，此时与 PROPAGATION_REQUIRED 相同。

➤ PROPAGATION_NEVER：不允许调用该方法的线程处于事务环境中，如果调用该方法的线程处于事务环境中，则抛出异常。

➤ PROPAGATION_NOT_SUPPORTED：如果调用该方法的线程处于事务环境中，则先暂停当前事务，然后执行该方法。

➤ PROPAGATION_REQUIRED：要求在事务环境中执行该方法，如果当前执行线程已处于事务环境中，则直接调用；如果当前执行线程不处于事务环境中，则启动新的事务后执行该方法。

➤ PROPAGATION_REQUIRES_NEW：该方法要求在新的事务环境中执行，如果当前执行线程已处于事务环境中，则先暂停当前事务，启动新事务后执行该方法；如果当前调用线程不处于事务环境中，则启动新的事务后执行方法。

➤ PROPAGATION_SUPPORTS：如果当前执行线程处于事务环境中，则使用当前事务，否则不使用事务。

本示例使用 NewsDaoImpl 组件来测试 Spring 的事务功能，程序将使用`<tx:advice.../>`元素来配置事务增强处理，再使用`<aop:advisor.../>`为容器中的一批 Bean 配置自动事务代理。

NewsDaoImpl 组件包含一个 insert()方法，该方法同时插入两条记录，但插入的第二条记录将会违反唯一键约束，从而引发异常。下面是 NewsDaoImpl 类的代码。

程序清单：codes\08\8.6\tx\src\org\crazyit\app\dao\impl\NewsDaoImpl.java

```java
public class NewsDaoImpl implements NewsDao
{
    private DataSource ds;
    public void setDs(DataSource ds)
    {
        this.ds = ds;
    }
    public void insert(String title, String content)
    {
        JdbcTemplate jt = new JdbcTemplate(ds);
        jt.update("insert into news_inf"
            + " values(null , ? , ?)"
            , title , content);
        // 两次插入的数据违反唯一键约束
        jt.update("insert into news_inf"
            + " values(null , ? , ?)"
            , title , content);
        // 如果没有事务控制，则第一条记录可以被插入
        // 如果增加事务控制，将发现第一条记录也插不进去
    }
}
```

下面是本应用示例所使用的配置文件。

程序清单：codes\08\8.6\tx\src\beans.xml

```xml
<?xml version="1.0" encoding="GBK"?>
<beans xmlns:xsi="http://www.w3.org/2001/XMLSchema-instance"
    xmlns="http://www.springframework.org/schema/beans"
    xmlns:p="http://www.springframework.org/schema/p"
    xmlns:aop="http://www.springframework.org/schema/aop"
    xmlns:tx="http://www.springframework.org/schema/tx"
    xsi:schemaLocation="http://www.springframework.org/schema/beans
    http://www.springframework.org/schema/beans/spring-beans.xsd
    http://www.springframework.org/schema/aop
```

```
       http://www.springframework.org/schema/aop/spring-aop.xsd
       http://www.springframework.org/schema/tx
       http://www.springframework.org/schema/tx/spring-tx.xsd">
   <!-- 定义数据源 Bean，使用 C3P0 数据源实现，并注入数据源的必要信息 -->
   <bean id="dataSource" class="com.mchange.v2.c3p0.ComboPooledDataSource"
       destroy-method="close"
       p:driverClass="com.mysql.jdbc.Driver"
       p:jdbcUrl="jdbc:mysql://localhost/spring?useSSL=true"
       p:user="root"
       p:password="32147"
       p:maxPoolSize="40"
       p:minPoolSize="2"
       p:initialPoolSize="2"
       p:maxIdleTime="30"/>
   <!-- 配置 JDBC 数据源的局部事务管理器，使用 DataSourceTransactionManager 类 -->
   <!-- 该类实现了 PlatformTransactionManager 接口，是针对采用数据源连接的特定实现-->
   <!-- 配置 DataSourceTransactionManager 时需要依赖注入 DataSource 的引用 -->
   <bean id="transactionManager"
       class="org.springframework.jdbc.datasource.DataSourceTransactionManager"
       p:dataSource-ref="dataSource"/>
   <!-- 配置一个业务逻辑 Bean -->
   <bean id="newsDao" class="org.crazyit.app.dao.impl.NewsDaoImpl"
       p:ds-ref="dataSource"/>
   <!-- 配置事务增强处理 Bean，指定事务管理器 -->
   <tx:advice id="txAdvice"
       transaction-manager="transactionManager">
       <!-- 用于配置详细的事务定义 -->
       <tx:attributes>
           <!-- 所有以 get 开头的方法是只读的 -->
           <tx:method name="get*" read-only="true" timeout="8"/>
           <!-- 其他方法使用默认的事务设置，指定超时时长为 5 秒 -->
           <tx:method name="*" isolation="DEFAULT"
               propagation="REQUIRED" timeout="5"/>
       </tx:attributes>
   </tx:advice>
   <!-- AOP 配置的元素 -->
   <aop:config>
       <!-- 配置一个切入点，匹配 org.crazyit.app.dao.impl 包下
            所有以 Impl 结尾的类里所有方法的执行 -->
       <aop:pointcut id="myPointcut"
           expression="execution(* org.crazyit.app.dao.impl.*Impl.*(..))"/>
       <!-- 指定在 myPointcut 切入点应用 txAdvice 事务增强处理 -->
       <aop:advisor advice-ref="txAdvice"
           pointcut-ref="myPointcut"/>
   </aop:config>
</beans>
```

　　上面配置文件中的第一段粗体字代码使用 XML Schema 启用了 Spring 配置文件的 tx:、aop:两个命名空间，第三段粗体字代码配置了一个事务增强处理，配置<tx:advice.../>元素时只需指定一个 transaction-manager 属性，该属性的默认值是"transactionManager"。

> **提示:**
> 　　如果事务管理器 Bean(PlatformTransactionManager 实现类)的名字是 transactionManager，则配置<tx:advice.../>元素时完全可以省略指定 transaction-manager 属性。如果为事务管理器 Bean 指定了其他名字，则需要为<tx:advice.../>元素指定 transaction-manager 属性。

　　配置文件中最后一段粗体字代码是<aop:config../>定义，它确保由 txAdvice 切面定义的事务增强处理能在合适的切入点被织入。上面粗体字代码先定义了一个切入点，它匹配 org.crazyit.app.dao.impl 包下所有以 Impl 结尾的类所包含的所有方法，该切入点被命名为 myPointcut。然后用一个<aop:advisor.../>把这个切入点与 txAdvice 绑定在一起,表示当 myPointcut 执行时,txAdvice 定义的增强处理将被织入。

> **提示：**
>
> <aop:advisor.../>元素是一个很奇怪的东西，标准的 AOP 机制里并没有所谓的 "Advisor"，Advisor 的作用非常简单：将 Advice 和切入点（既可通过 pointcut-ref 指定一个已有的切入点，也可通过 pointcut 指定切入点表达式）绑定在一起，保证 Advice 所包含的增强处理将在对应的切入点被织入。

使用这种配置策略时，无须专门为每个业务 Bean 配置事务代理，Spring AOP 会自动为所有匹配切入点表达式的业务组件生成代理，程序可以直接请求容器中的 newsDao Bean，该 Bean 的方法已经具有了事务性——因为该 Bean 的实现类位于 org.crazyit.app.dao.impl 包下，且以 Impl 结尾，和 myPointcut 切入点匹配。

本示例的主程序非常简单，直接获取 newsDao Bean，并调用它的 insert()方法，可以看到该方法已经具有了事务性。

程序清单：codes\08\8.6\tx\src\lee\SpringTest.java

```java
public class SpringTest
{
    public static void main(String[] args)
    {
        // 创建 Spring 容器
        ApplicationContext ctx = new
            ClassPathXmlApplicationContext("beans.xml");
        // 获取事务代理 Bean
        NewsDao dao = (NewsDao)ctx
            .getBean("newsDao" , NewsDao.class);
        // 执行插入操作
        dao.insert("疯狂 Java" , "轻量级 Java EE 企业应用实战");
    }
}
```

上面的配置文件直接获取容器中的 newsDao Bean，因为 Spring AOP 会为该 Bean 自动织入事务增强处理的方式，所以 newsDao Bean 里的所有方法都具有事务性。

运行上面的程序，将出现一个异常，而且 insert()方法所执行的两条 SQL 语句全部回滚——因为事务控制的缘故。

当使用<tx:advisor.../>为目标 Bean 生成事务代理之后，Spring AOP 将会把负责事务操作的增强处理织入目标 Bean 的业务方法中。在这种情况下，事务代理的业务方法将如图 8.20 所示。

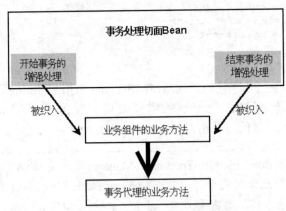

图 8.20　事务代理的业务方法

当采用<aop:advisor.../>元素将 Advice 和切入点绑定时，实际上是由 Spring 提供的 Bean 后处理器完成的。Spring 提供了 BeanNameAutoProxyCreator、DefaultAdvisorAutoProxyCreator 两个 Bean 后处理器，它们都可以对容器中的 Bean 执行后处理（为它们织入切面中包含的增强处理）。当配置<aop:advisor.../>元素时传入一个 txAdvice 事务增强处理，所以 Bean 后处理器将为所有 Bean 实例里匹配切入点的方法织入事务操作的增强处理。

　　在这种声明式事务策略下，Spring也允许为不同的业务逻辑方法指定不同的事务策略，如下面的配置文件所示。

```xml
<?xml version="1.0" encoding="GBK"?>
<beans xmlns:xsi="http://www.w3.org/2001/XMLSchema-instance"
    xmlns="http://www.springframework.org/schema/beans"
    xmlns:aop="http://www.springframework.org/schema/aop"
    xmlns:tx="http://www.springframework.org/schema/tx"
    xsi:schemaLocation="http://www.springframework.org/schema/beans
    http://www.springframework.org/schema/beans/spring-beans.xsd
    http://www.springframework.org/schema/tx
    http://www.springframework.org/schema/tx/spring-tx.xsd
    http://www.springframework.org/schema/aop
    http://www.springframework.org/schema/aop/spring-aop.xsd">
    <!-- 配置两个事务增强处理 -->
    <tx:advice id="defaultTxAdvice">
        <tx:attributes>
            <tx:method name="get*" read-only="true" timeout="8"/>
            <tx:method name="*" timeout="5"/>
        </tx:attributes>
    </tx:advice>
    <tx:advice id="noTxAdvice">
        <tx:attributes>
            <tx:method name="*" propagation="NEVER"/>
        </tx:attributes>
    </tx:advice>
    <aop:config>
        <!-- 配置一个切入点，匹配userService Bean中所有方法的执行 -->
        <aop:pointcut id="txOperation"
            expression="bean(userService)"/>
        <!-- 配置一个切入点，匹配org.crazyit.app.service.impl包下
            所有以Impl结尾的类中所有方法的执行 -->
        <aop:pointcut id="noTxOperation"
            expression="execution(* org.crazyit..app.service.impl.*Impl.*(..))"/>
        <!-- 将txOperation切入点和defaultTxAdvice切面绑定在一起 -->
        <aop:advisor pointcut-ref="txOperation "
            advice-ref="defaultTxAdvice"/>
        <!-- 将noTxOperation切入点和noTxAdvice切面绑定在一起 -->
        <aop:advisor pointcut-ref="noTxOperation"
            advice-ref="noTxAdvice"/>
    </aop:config>
    <!-- 配置第一个业务逻辑Bean，该Bean的名字为userService，匹配txOperation切入点
        将被织入defaultTxAdvice切面里的增强处理 -->
    <bean id="userService" class="org.crazyit.app.service.UserServiceImpl"/>
    <!-- 配置第二个业务逻辑Bean，实现类位于org.crazyit.app.service.impl包下
        将被织入noTxAdvice切面里的增强处理 -->
    <bean id="anotherFooService" class="org.crazyit.app.service.impl.FooServiceImpl"/>
</beans>
```

　　如果想让事务在遇到特定的checked异常时自动回滚，则可借助于rollback-for属性。

> **提示：** 在默认情况下，只有当方法引发运行时异常和 unchecked 异常时，Spring 事务机制才会自动回滚事务。也就是说，只有当抛出一个 RuntimeException 或其子类实例，或 Error 对象时，Spring 才会自动回滚事务。如果事务方法抛出 checked 异常，则事务不会自动回滚。

通过使用 rollback-for 属性可强制 Spring 遇到特定 checked 异常时自动回滚事务，下面的 XML 配置片段示范了这种用法。

```
<tx:advice id="txAdvice" transaction-manager="txManager">
    <tx:attributes>
        <!-- 所有以 get 开头的方法是只读的，
             且当事务方法抛出 NoItemException 异常时自动回滚 -->
        <tx:method name="get*" read-only="true"
            rollback-for="exception.NoItemException"/>
        <tx:method name="*"/>
    </tx:attributes>
</tx:advice>
```

如果想让 Spring 遇到特定 runtime 异常时强制不回滚事务，则可通过 no-rollback-for 属性来指定，如下面的配置片段所示。

```
<tx:advice id="txAdvice" transaction-manager="txManager">
    <tx:attributes>
        <!-- 所有以 get 开头的方法是只读的，
             且当事务方法抛出 AuctionException 异常时强制不回滚 -->
        <tx:method name="get*" read-only="true"
            no-rollback-for="exception.AuctionException"/>
        <tx:method name="*"/>
    </tx:attributes>
</tx:advice>
```

▶▶ 8.6.3　使用@Transactional

Spring 还允许将事务配置放在 Java 类中定义，这需要借助于@Transactional 注解，该注解既可用于修饰 Spring Bean 类，也可用于修饰 Bean 类中的某个方法。

如果使用@Transactional 修饰 Bean 类，则表明这些事务设置对整个 Bean 类起作用；如果使用@Transactional 修饰 Bean 类的某个方法，则表明这些事务设置只对该方法有效。

使用@Transactional 时可指定如下属性。

- ➤ isolation：用于指定事务的隔离级别。默认为底层事务的隔离级别。
- ➤ noRollbackFor：指定遇到特定异常时强制不回滚事务。
- ➤ noRollbackForClassName：指定遇到特定的多个异常时强制不回滚事务。该属性值可以指定多个异常类名。
- ➤ propagation：指定事务传播行为。
- ➤ readOnly：指定事务是否只读。
- ➤ rollbackFor：指定遇到特定异常时强制回滚事务。
- ➤ rollbackForClassName：指定遇到特定的多个异常时强制回滚事务。该属性值可以指定多个异常类名。
- ➤ timeout：指定事务的超时时长。

根据上面的解释不难看出，其实该注解所指定的属性与<tx:advice.../>元素中所指定的事务属性基本上是对应的，它们的意义也基本相似。

下面使用@Transactional 修饰需要添加事务的方法。

程序清单：codes\08\8.6\Transactional\src\org\crazyit\app\dao\impl\NewsDaoImpl

```
public class NewsDaoImpl implements NewsDao
{
    ...
```

```
@Transactional(propagation=Propagation.REQUIRED ,
    isolation=Isolation.DEFAULT , timeout=5)
public void insert(String title, String content)
{
    ...
}
}
```

上面 Bean 类中的 insert()方法使用了 @Transactional 修饰,表明该方法具有事务性。仅使用这个注解修饰还不够,还需要让 Spring 根据注解来配置事务代理,所以还需要在 Spring 配置文件中增加如下配置片段。

```
<!-- 配置 JDBC 数据源的局部事务管理器,使用 DataSourceTransactionManager 类 -->
<!-- 该类实现了 PlatformTransactionManager 接口,是针对采用数据源连接的特定实现-->
<!-- 配置 DataSourceTransactionManager 时需要依赖注入 DataSource 的引用 -->
<bean id="transactionManager"
    class="org.springframework.jdbc.datasource.DataSourceTransactionManager"
    p:dataSource-ref="dataSource"/>
<!-- 根据注解来生成事务代理 -->
<tx:annotation-driven transaction-manager="transactionManager"/>
```

8.7 Spring 整合 Struts 2

虽然 Spring 也提供了自己的 MVC 组件,但一来 Spring 的 MVC 组件略嫌烦琐;二来 Struts 2 的拥护者实在太多。因此,很多项目都会选择使用 Spring 整合 Struts 2 框架。而且 Spring 完全可以无缝整合 Struts 2 框架,二者结合成一个更实际的 Java EE 开发平台。

▶▶ 8.7.1 启动 Spring 容器

对于使用 Spring 的 Web 应用,无须手动创建 Spring 容器,而是通过配置文件声明式地创建 Spring 容器。因此,在 Web 应用中创建 Spring 容器有如下两种方式。

➤ 直接在 web.xml 文件中配置创建 Spring 容器。

➤ 利用第三方 MVC 框架的扩展点,创建 Spring 容器。

其实第一种创建 Spring 容器的方式更加常见。为了让 Spring 容器随 Web 应用的启动而自动启动,借助于 ServletContextListener 监听器即可完成,该监听器可以在 Web 应用启动时回调自定义方法——该方法就可以启动 Spring 容器。

Spring 提供了一个 ContextLoaderListener,该监听器类实现了 ServletContextListener 接口。该类可以作为 Listener 使用,它会在创建时自动查找 WEB-INF/下的 applicationContext.xml 文件。因此,如果只有一个配置文件,并且文件名为 applicationContext.xml,则只需在 web.xml 文件中增加如下配置片段即可。

```
<listener>
    <listener-class>org.springframework.web.context.ContextLoaderListener
    </listener-class>
</listener>
```

如果有多个配置文件需要载入,则考虑使用<context-param.../>元素来确定配置文件的文件名。ContextLoaderListener 加载时,会查找名为 contextConfigLocation 的初始化参数。因此,配置<context-param.../>时应指定参数名为 contextConfigLocation。

带多个配置文件的 web.xml 文件如下:

```
<?xml version="1.0" encoding="GBK"?>
<web-app xmlns="http://xmlns.jcp.org/xml/ns/javaee"
    xmlns:xsi="http://www.w3.org/2001/XMLSchema-instance"
    xsi:schemaLocation="http://xmlns.jcp.org/xml/ns/javaee
    http://xmlns.jcp.org/xml/ns/javaee/web-app_3_1.xsd" version="3.1">
    <!-- 指定多个配置文件 -->
    <context-param>
```

```
        <!-- 参数名为 contextConfigLocation -->
        <param-name>contextConfigLocation</param-name>
        <!-- 多个配置文件之间以 "," 隔开 -->
        <param-value>/WEB-INF/daoContext.xml
            ,/WEB-INF/applicationContext.xml</param-value>
    </context-param>
    <!-- 使用 ContextLoaderListener 初始化 Spring 容器 -->
    <listener>
        <listener-class>org.springframework.web.context.ContextLoaderListener
        </listener-class>
    </listener>
</web-app>
```

如果没有使用 contextConfigLocation 指定配置文件，则 Spring 自动查找/WEB-INF/路径下的 applicationContext.xml 配置文件；如果有 contextConfigLocation，则使用该参数确定的配置文件。如果无法找到合适的配置文件，Spring 将无法正常初始化。

Spring 根据指定的配置文件创建 WebApplicationContext 对象，并将其保存在 Web 应用的 ServletContext 中。在大部分情况下，应用中的 Bean 无须感受到 ApplicationContext 的存在，只要利用 ApplicationContext 的 IoC 即可。

如果需要在应用中获取 ApplicationContext 实例，则可以通过如下代码获取。

```
// 获取当前 Web 应用启动的 Spring 容器
WebApplicationContext ctx = WebApplicationContextUtils
    .getWebApplicationContext(servletContext);
```

当然，也可以通过 ServletContext 的 getAttribute 方法获取 ApplicationContext。但使用 WebApplicationContextUtils 类更方便，因为这样无须记住 ApplicationContext 在 ServletContext 中的属性名（属性名为 WebApplicationContext.ROOT_WEB_APPLICATION_CONTEXT_ATTRIBUTE）。使用 WebApplicationContextUtils 还有一个额外的好处：如果 ServletContext 的 WebApplicationContext. ROOT_WEB_APPLICATION_CONTEXT_ATTRIBUTE 属性没有相应的对象，WebApplication-ContextUtils 的 getWebApplicationContext()方法将会返回空，而不会引起异常。

还有一种情况，即利用第三方 MVC 框架的扩展点来创建 Spring 容器，比如 Struts 1，但这种情况通常只对特定框架才有效，故此处不再赘述。

▶▶ 8.7.2　MVC 框架与 Spring 整合的思考

对于一个基于 B/S 架构的 Java EE 应用而言，用户请求总是向 MVC 框架的控制器请求，而当控制器拦截到用户请求后，必须调用业务逻辑组件来处理用户请求。此时有一个问题：控制器应该如何获得业务逻辑组件？

最容易想到的策略是，直接通过 new 关键字创建业务逻辑组件，然后调用业务逻辑组件的方法，根据业务逻辑方法的返回值确定结果。

在实际的应用中，很少见到采用上面的访问策略，因为这是一种非常差的策略。不这样做至少有如下三个原因。

➤ 控制器直接创建业务逻辑组件，导致控制器和业务逻辑组件的耦合降低到代码层次，不利于高层次解耦。

➤ 控制器不应该负责业务逻辑组件的创建，控制器只是业务逻辑组件的使用者，无须关心业务逻辑组件的实现。

➤ 每次创建新的业务逻辑组件将导致性能下降。

答案是采用工厂模式，或者服务定位器模式。对于采用服务定位器模式，是远程访问的场景。在这种场景下，业务逻辑组件已经在某个容器中运行，并对外提供某种服务。控制器无须理会该业务逻辑组件的创建，直接调用该服务即可，但在调用之前，必须先找到该服务——这就是服务定位器的概念。经典的 Java EE 应用就是这种结构的应用。

对于轻量级的 Java EE 应用，工厂模式则是更实际的策略。因为在轻量级的 Java EE 应用中，业务逻辑组件不是 EJB，通常就是一个 POJO，业务逻辑组件的生成通常应由工厂负责，而且工厂可以保证该组件的实例只需一个就够了，可以避免重复实例化造成的系统开销。

如图 8.21 所示就是采用工厂模式的顺序图。

采用工厂模式，将控制器与业务逻辑组件的实现分离，从而提供更好的解耦。在采用工厂模式的访问策略中，所有的业务逻辑组件的创建由工厂负责，业务逻辑组件的运行也由工厂负责，而控制器只需定位工厂实例即可。

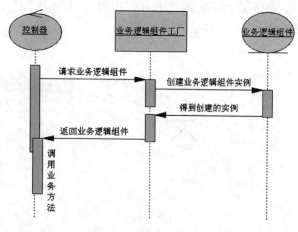

图 8.21　工厂模式顺序图

如果系统采用 Spring 框架，则 Spring 成为最大的工厂。Spring 负责业务逻辑组件的创建和生成，并可管理业务逻辑组件的生命周期。可以如此理解：Spring 是个性能非常优秀的工厂，可以生产出所有的实例，从业务逻辑组件，到持久层组件，甚至控制器组件。

现在的问题是：控制器如何访问到 Spring 容器中的业务逻辑组件呢？为了让 Action 访问到 Spring 的业务逻辑组件，有两种策略。

➤ Spring 容器负责管理控制器 Action，并利用依赖注入为控制器注入业务逻辑组件。

➤ 利用 Spring 的自动装配，Action 将会自动从 Spring 容器中获取所需的业务逻辑组件。

下面依次介绍这两种实现方式。

▶▶ 8.7.3　让 Spring 管理控制器

让 Spring 容器来管理应用中的控制器，可以充分利用 Spring 的 IoC 特性，但需要将配置 Struts 2 的控制器部署在 Spring 容器中，因此导致配置文件冗余。

正如前面所介绍的，Struts 2 的核心控制器首先拦截到用户请求，然后将请求转发给对应的 Action 处理，在此过程中，Struts 2 将负责创建 Action 实例，并调用其 execute()方法。这个过程是固定的（除非改写 Struts 2 的核心控制器）。现在的情形是：如果把 Action 实例交由 Spring 容器来管理，而不是由 Struts 2 产生的，那么核心控制器如何知道调用 Spring 容器中的 Action，而不是自行创建 Action 实例呢？这个工作由 Struts 2 提供的 Spring 插件来完成。

进入 Struts 2 项目的 lib 目录下，可以找到一个 struts2-spring-plugin-2.5.14.jar 文件，这个 JAR 包就是 Struts 2 整合 Spring 的插件，简称 Spring 插件。为了将 Struts 2、Spring 进行整合开发，首先应该将该 JAR 包复制到 Web 应用的 WEB-INF\lib 目录下。

Spring 插件提供了一种伪 Action，在 struts.xml 文件中配置 Action 时，通常需要指定 class 属性，该属性就是用于创建 Action 实例的实现类。但 Struts 2 提供的 Spring 插件允许指定 class 属性时，不再指定 Action 的实际实现类，而是指定为 Spring 容器中的 Bean ID，这样 Struts 2 不再自己负责创建 Action 实例，而是直接通过 Spring 容器去获取 Action 对象。

通过上面的方式，不难发现这种整合策略的关键：当 Struts 2 将请求转发给指定的 Action 时，Struts 2 中的该 Action 只是一个"傀儡"，它只是一个代号，并没有指定实际的实现类，当然也不可能创建 Action 实例，而隐藏在该 Action 下的是 Spring 容器中的 Action 实例——它才是真正处理用户请求的控制器。

这种整合流程的组件协作图如图 8.22 所示。

正如在图 8.22 中看到的，Struts 2 只是配置一个伪控制器，这个伪控制器的功能实际由 Spring 容器中的控制器来完成，这就实现了让核心控制器调用 Spring 容器中的 Action 来处理用户请求。

在这种整合策略下，处理用户请求的 Action 由 Spring 插件负责创建，但 Spring 插件创建 Action 实例时，并不是利用配置 Action 时指定的 class 属性来创建该 Action 实例，而是从 Spring 容器中取出对应的 Bean 实例完成创建的。

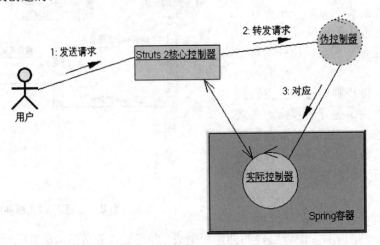

图 8.22　Spring 管理 Action 的协作图

> **提示**：由于本系统只是一个示范性的应用，因此没有使用很复杂的处理逻辑，仅仅模拟了一种程序架构。应用从输入页面开始，当用户输入用户名、密码后，提交登录请求，请求发送到 Struts 2 的控制器。

本应用的登录页面如图 8.23 所示。

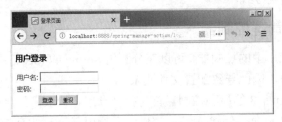

图 8.23　系统登录页面

在图 8.23 中包含了两个简单的表单域，分别用于输入系统的用户名和密码，系统将会根据用户输入的用户名和密码来处理登录。

为了处理用户请求，必须提供处理用户请求的 Action 类，该 Action 需要调用业务逻辑组件的业务逻辑方法来处理用户请求。在实际的 Java EE 项目中，Action 只是系统的控制器，也不应该处理用户请求，处理用户请求是业务逻辑实现，理应由业务逻辑组件来提供实现。下面是本应用中处理用户请求的 Action 代码。

程序清单：codes\08\8.7\spring-manage-action\WEB-INF\src\org\crazyit\app\action\LoginAction.java

```
public class LoginAction extends ActionSupport
{
    // 下面是用于封装用户请求参数的两个成员变量
    private String username;
    private String password;
    // 系统所用的业务逻辑组件
    private MyService ms;
    // 设值注入业务逻辑组件所必需的 setter 方法
    public void setMs(MyService ms)
    {
        this.ms = ms;
    }
    // 省略 name 和 pass 的 setter 和 getter 方法
```

```
    ...
    // 处理用户请求的 execute 方法
    public String execute() throws Exception
    {
        // 调用业务逻辑组件的 validLogin()方法
        // 验证用户输入的用户名和密码是否正确
        if (ms.validLogin(getUsername(), getPassword()) > 0 )
        {
            addActionMessage("哈哈，整合成功！");
            return SUCCESS;
        }
        return ERROR;
    }
}
```

　　上面程序中的第一段粗体字代码提供了一个 MyService 组件，并为该组件提供了一个 setter 方法，通过该 setter 方法，就可让 Spring 来管理 Action 和 MyService 组件的依赖关系，避免了控制器和业务组件之间的硬编码耦合。

　　上面第二段粗体字代码显示：Action 调用了 MyService 的 validLogin()方法来判断用户名、密码是否正确。这意味着处理用户登录的逻辑由 MyService 组件提供。虽然本应用中的业务逻辑组件只包含了一个简单方法，但实际的业务逻辑组件是整个应用的核心，可以包含非常复杂的处理逻辑。此处想示范的是：控制器可以获得业务逻辑组件的引用，即调用业务逻辑组件的所有方法，这就完成了控制器和业务逻辑组件之间的整合。

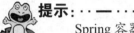 **提示：** -

　　Spring 容器为控制器注入业务逻辑组件，这也是 Spring 和 Struts 2 整合的关键所在。
- -

　　在系统中配置该控制器，本应用中的配置文件如下。

　　　　　程序清单：codes\08\8.7\spring-manage-action\WEB-INF\src\struts.xml

```
<?xml version="1.0" encoding="GBK"?>
<!-- 指定 Struts 2 配置文件的 DTD 信息 -->
<!DOCTYPE struts PUBLIC
    "-//Apache Software Foundation//DTD Struts Configuration 2.3//EN"
    "http://struts.apache.org/dtds/struts-2.3.dtd">
<!-- Struts 2 配置文件的根元素 -->
<struts>
    <!-- 配置了一系列常量 -->
    <constant name="struts.i18n.encoding" value="GBK"/>
    <constant name="struts.devMode" value="true"/>
    <constant name="struts.enable.DynamicMethodInvocation" value="false"/>
    <package name="lee" extends="struts-default">
        <!-- 定义处理用户请求的 Action，该 Action 的 class 属性不是实际处理类
            而是 Spring 容器中的 Bean 实例的 ID -->
        <action name="login" class="loginAction">
            <!-- 为两个逻辑视图配置视图页面 -->
            <result name="error">/WEB-INF/content/error.jsp</result>
            <result name="success">/WEB-INF/content/welcome.jsp</result>
        </action>
        <!-- 让用户直接访问该应用时列出所有的视图页面 -->
        <action name="*">
            <result>/WEB-INF/content/{1}.jsp</result>
        </action>
    </package>
</struts>
```

　　该配置文件的核心在于粗体字代码处，此处配置 Action 的 class 属性时，并不是该 Action 类的实际处理类，而是 loginAction 名，该 loginAction 名就是一个伪控制器，它对应于 Spring 容器中的一个 Bean 实例。

注意

　　当使用 Spring 容器管理系统的 Action，在 struts.xml 文件中配置该 Action 时，class 属性并不是指向该 Action 的实现类，而是指定了 Spring 容器中 Action 实例的 ID。

　　本应用的业务逻辑组件非常简单，它仅仅示范了一个简单的处理方法，该方法根据传入的用户名、密码参数来决定是否登录成功。本示例程序依然面向接口编程，所以业务逻辑组件由接口和实现类两个部分组成，此处仅给出其实现类代码。

程序清单：codes\08\8.7\spring-manage-action\WEB-INF\src\org\crazyit\app\service\impl\MyServiceImpl.java

```java
public class MyServiceImpl implements MyService
{
    public int validLogin(String username , String pass)
    {
        // 此处只是简单示范，故直接判断用户名、密码是否符合要求
        if ( username.equals("crazyit.org")
            && pass.equals("leegang") )
        {
            return 99;
        }
        return -1;
    }
}
```

　　正如上面的粗体字代码所示，该业务逻辑组件的实现并没有数据库信息处理，只是进行了简单的判断——因为访问数据库不是本示例关注的重点！只要 Action 可以调用该业务逻辑组件方法，一切都会简单起来。如果业务逻辑需要根据数据库状态来判断用户登录是否成功，则可以在业务逻辑组件中调用 DAO 组件来实现业务逻辑方法，当业务逻辑组件需要 DAO 组件时，一样让 Spring 管理它们的依赖关系即可。

　　下面将该业务逻辑组件部署在 Spring 容器中，配置该业务逻辑组件的配置片段如下：

```xml
<!-- 部署一个业务逻辑组件 -->
<bean id="myService"
    class="org.crazyit.app.service.impl.MyServiceImpl"/>
```

　　除此之外，还应该在 Spring 容器中配置前面的 Action 实例，并将该业务逻辑组件注入到 Action 实例中。本应用的 applicationContext.xml 配置文件的代码如下。

程序清单：codes\08\8.7\spring-manage-action\WEB-INF\applicationContext.xml

```xml
<?xml version="1.0" encoding="GBK"?>
<beans xmlns:xsi="http://www.w3.org/2001/XMLSchema-instance"
    xmlns="http://www.springframework.org/schema/beans"
    xmlns:p="http://www.springframework.org/schema/p"
    xsi:schemaLocation="http://www.springframework.org/schema/beans
    http://www.springframework.org/schema/beans/spring-beans.xsd">
    <!-- 定义一个业务逻辑组件，实现类为 MyServiceImp -->
    <bean id="myService"
        class="org.crazyit.app.service.impl.MyServiceImpl"/>
    <!-- 让 Spring 管理 Action 实例，并依赖注入业务逻辑组件 -->
    <bean id="loginAction" class="org.crazyit.app.action.LoginAction"
        scope="prototype" p:ms-ref="myService"/>
</beans>
```

　　正如上面配置文件中的粗体字代码所示，对 Spring 容器而言，Struts 2 的 Action 就是一个普通 Bean，也可接受依赖注入，这就可以轻松地将业务逻辑组件注入该 Action Bean 中。当 Spring 管理 Struts 2 的 Action 时，一定要配置 scope 属性，因为 Action 里包含了请求的状态信息，必须为每个请求对应一个 Action，所以不能将该 Action 实例配置成 singleton 行为。

> **注意**
>
> 当使用 Spring 容器管理 Struts 2 的 Action 时，由于每个 Action 对应一次用户请求，且封装了该次请求的状态信息，所以不应将 Action 配置成单例模式，因此必须指定 scope 属性，该属性值可指定为 prototype 或 request。

这种策略充分利用了 Spring 的 IoC 特性，是一种较为优秀的解耦策略。这种策略也有一些不足之处，归纳起来，主要有如下不足之处。

➢ Spring 管理 Action，必须将所有的 Action 配置在 Spring 容器中，而 struts.xml 文件中还需要配置一个"伪 Action"，从而导致配置文件臃肿、冗余。

➢ Action 的业务逻辑组件接收容器注入，将导致代码的可读性降低。

➤➤ 8.7.4   使用自动装配

在自动装配策略下，Action 还是由 Spring 插件创建，Spring 插件在创建 Action 实例时，利用 Spring 的自动装配策略，将对应的业务逻辑组件注入 Action 实例中。这种整合策略的配置文件简单，但控制器和业务逻辑组件耦合又提升到了代码层次，耦合较高。

如果不指定自动装配，则系统默认使用按 byName 自动装配。前面的整合策略并没有指定任何自动装配策略，当启动 Web 应用时，将看到如图 8.24 所示的提示。

图 8.24   系统默认使用按 byName 自动装配策略

所谓自动装配，即让 Spring 自动管理 Bean 与 Bean 之间的依赖关系，无须使用 ref 显式指定依赖 Bean。Spring 容器会自动检查 XML 配置文件的内容，为主调 Bean 注入依赖 Bean。自动装配可以减少配置文件的工作量，但会降低依赖关系的透明性和清晰性。

通过使用自动装配，可以让 Spring 插件自动将业务逻辑组件注入 Struts 2 的 Action 实例中。

通过设置 struts.objectFactory.spring.autoWire 常量可以改变 Spring 插件的自动装配策略，该常量可以接受如下几个值。

➢ name：使用 byName 自动装配。

➢ type：使用 byType 自动装配。

➢ auto：Spring 插件会自动检测需要使用哪种自动装配方式。

➢ constructor：与 type 类似，区别是 constructor 使用构造器来构造注入所需的参数，而不是使用设值注入方式。

> **提示：**
>
> 关于 Spring 自动装配的介绍，读者可参看本书前面关于自动装配的介绍，此处的自动装配策略与 Spring 自身所提供的自动装配完全相同。

如果使用按 byName 来完成自动装配，则无须设置任何 Struts 2 常量。

在这种整合策略下，还采用传统的方式来配置 Struts 2 的 Action，配置 Action 时一样指定其具体的实现类。下面是本应用的配置文件。

因为使用了自动装配，Spring 插件创建 Action 实例时，是根据配置 Action 的 class 属性指定实现类来创建 Action 实例的。故需要修改 struts.xml 文件为如下形式。

程序清单：codes\08\8.7\autowire\WEB-INF\src\struts.xml

```xml
<?xml version="1.0" encoding="GBK"?>
<!-- 指定 Struts 2 配置文件的 DTD 信息 -->
<!DOCTYPE struts PUBLIC
    "-//Apache Software Foundation//DTD Struts Configuration 2.3//EN"
    "http://struts.apache.org/dtds/struts-2.3.dtd">
<struts>
    <!-- 配置了一系列常量 -->
    <constant name="struts.i18n.encoding" value="GBK"/>
    <constant name="struts.devMode" value="true"/>
    <constant name="struts.enable.DynamicMethodInvocation" value="false"/>
    <package name="lee" extends="struts-default">
        <!-- 定义处理用户请求的 Action -->
        <action name="login" class="org.crazyit.app.action.LoginAction">
            <!-- 为两个逻辑视图配置视图页面 -->
            <result name="error">/WEB-INF/content/error.jsp</result>
            <result name="success">/WEB-INF/content/welcome.jsp</result>
        </action>
        <!-- 让用户直接访问该应用时列出所有的视图页面 -->
        <action name="*">
            <result>/WEB-INF/content/{1}.jsp</result>
        </action>
    </package>
</struts>
```

正如在上面的配置文件中看到的，此时 Struts 2 配置文件里配置的依然是该 Action 的实现类，该配置文件与不整合 Spring 时的配置文件没有任何区别。

※ 注意 ※

整合 Spring 框架与不整合时当然存在区别，只是这个区别不在这个配置文件中体现，而是在创建该 Action 实例时体现出来的。如果不整合 Spring 框架，则 Struts 2 框架负责创建 Action 实例，创建成功后就结束了；如果整合 Spring 框架，则由 Spring 框架负责创建 Action 实例，当 Action 实例创建完成之后，Spring 插件还会负责将该 Action 所需的业务逻辑组件注入给该 Action 实例。

查看刚才的 Action 类代码，发现了如下的方法定义：

```java
// 系统所用的业务逻辑组件
private MyService ms;
// 设值注入业务逻辑组件所必需的 setter 方法
public void setMs(MyService ms)
{
    this.ms = ms;
}
```

通过上面的 setter 方法，可以看出该 Action 所需的业务逻辑组件的 id 必须为 ms，因此配置业务逻辑组件时，必须指定其 id 属性为 ms。本示例应用的 applicationContext.xml 文件代码如下。

程序清单：codes\08\8.7\autowire\WEB-INF\applicationContext.xml

```xml
<?xml version="1.0" encoding="GBK"?>
<beans xmlns:xsi="http://www.w3.org/2001/XMLSchema-instance"
    xmlns="http://www.springframework.org/schema/beans"
    xsi:schemaLocation="http://www.springframework.org/schema/beans
    http://www.springframework.org/schema/beans/spring-beans.xsd">
    <!-- 定义一个业务逻辑组件，实现类为 MyServiceImp,
        此处的 id 必须与 Action 的 setter 方法名对应 -->
    <bean id="ms"
        class="org.crazyit.app.service.impl.MyServiceImpl"/>
</beans>
```

因为在配置业务逻辑组件时，指定了该业务逻辑组件的 id 为 ms，所以 Spring 插件可以在创建 Action

实例时将该业务逻辑组件注入给 Action 实例。

在如图 8.23 所示页面的"用户名"输入框中输入 crazyit.org,"密码"输入框中输入 leegang 后,单击"登录"按钮,将看到如图 8.25 所示的页面。

在这种整合策略下,Spring 插件负责为 Action 自动装配业务逻辑组件,从而可以简化配置文件的配置。这种方式也存在如下两个缺点。

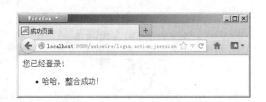

图 8.25 整合成功的效果页面

> Action 与业务逻辑组件的耦合降低到代码层次,必须在配置文件中配置与 Action 所需控制器同名的业务逻辑组件。这不利于高层次解耦。
> Action 接收 Spring 容器的自动装配,代码的可读性较差。

8.8　Spring 整合 Hibernate

时至今日,可能极少有 Java EE 应用会直接以 JDBC 方式进行持久层访问。毕竟,用面向对象的程序设计语言来访问关系数据库,是一件让人沮丧的事情。大部分时候,Java EE 应用都会以 ORM 框架来进行持久层访问,在所有的 ORM 框架中,Hibernate 以其灵巧、轻便的封装赢得了众多开发者的青睐。

Spring 以良好的开放性,能与大部分 ORM 框架良好整合。下面详细介绍 Spring 与 Hibernate 的整合。

▶▶ 8.8.1　Spring 提供的 DAO 支持

DAO 模式是一种标准的 Java EE 设计模式,DAO 模式的核心思想是,所有的数据库访问都通过 DAO 组件完成,DAO 组件封装了数据库的增、删、改等原子操作。业务逻辑组件依赖于 DAO 组件提供的数据库原子操作,完成系统业务逻辑的实现。

对于 Java EE 应用的架构,有非常多的选择,但不管细节如何变换,Java EE 应用都大致可分为如下三层。

> 表现层。
> 业务逻辑层。
> 数据持久层。

轻量级 Java EE 架构以 Spring IoC 容器为核心,承上启下:向上管理来自表现层的 Action,向下管理业务逻辑层组件,同时负责管理业务逻辑层所需的 DAO 对象。

图 8.26 描绘了轻量级 Java EE 架构的大致情形。

DAO 组件是整个 Java EE 应用的持久层访问的重要组件,每个 Java EE 应用的底层实现都难以离开 DAO 组件的支持。Spring 对实现 DAO 组件提供了许多工具类,系统的 DAO 组件可通过继承这些工具类完成,从而可以更加简便地实现 DAO 组件。

Spring 提供了一系列抽象类,这些抽象类将被作为应用中 DAO 实现类的父类。通过继承这些抽象类,Spring 简化了 DAO 的开发步骤,能以一致的方式使用数据库访问技术。不管底层采用 JDBC、JDO 还是 Hibernate,应用中都可采用一致的编程模型。

DAO 组件继承这些抽象基类会大大简化应用的开发。不仅如此,继承这些抽象基类的 DAO 能以一致的方式访问数据库,这意味着应用程序可以在不同的持久层访问技术中切换。

除此之外,Spring 提供了一致的异常抽象,将原有的 checked 异常转换包装成 Runtime 异常,因而,编码时无须捕获各种技术中特定的异常。Spring DAO 体系中的异常,都继承 DataAccessException,而 DataAccessExcetpion 异常是 Runtime 的,无须显式捕捉。通过 DataAccessException 的子类包装原始异常信息,从而保证应用程序依然可以捕捉到原始异常信息。

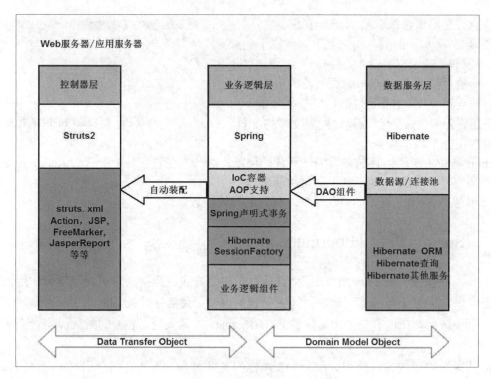

图 8.26　轻量级 Java EE 应用架构

▶▶ 8.8.2　管理 Hibernate 的 SessionFactory

前面介绍 Hibernate 时已经知道：当通过 Hibernate 进行持久层访问时，必须先获得 SessionFactory 对象，它是单个数据库映射关系编译后的内存镜像。在大部分情况下，一个 Java EE 应用对应一个数据库，即对应一个 SessionFactory 对象。

在纯粹的 Hibernate 访问中，应用程序需要手动创建 SessionFactory 实例，可想而知，这不是一个优秀的策略。在实际开发中更希望以一种声明式的方式管理 SessionFactory 实例，直接以配置文件来管理 SessionFactory 实例。

Spring 的 IoC 容器正好提供了这种管理方式，它不仅能以声明式的方式配置 SessionFactory 实例，也可充分利用 IoC 容器的作用，为 SessionFactory 注入数据源引用。

下面是在 Spring 配置文件中配置 Hibernate SessionFactory 的示范代码。

```xml
<?xml version="1.0" encoding="GBK"?>
<beans xmlns:xsi="http://www.w3.org/2001/XMLSchema-instance"
    xmlns="http://www.springframework.org/schema/beans"
    xmlns:p="http://www.springframework.org/schema/p"
    xsi:schemaLocation="http://www.springframework.org/schema/beans
    http://www.springframework.org/schema/beans/spring-beans.xsd">
    <!-- 定义数据源 Bean，使用 C3P0 数据源实现，并注入数据源的必要信息 -->
    <bean id="dataSource" class="com.mchange.v2.c3p0.ComboPooledDataSource"
        destroy-method="close"
        p:driverClass="com.mysql.jdbc.Driver"
        p:jdbcUrl="jdbc:mysql://localhost/spring?useSSL=true"
        p:user="root"
        p:password="32147"
        p:maxPoolSize="40"
        p:minPoolSize="2"
        p:initialPoolSize="2"
        p:maxIdleTime="30"/>
    <!-- 定义 Hibernate 的 SessionFactory，SessionFactory 需要依赖数据源，注入 dataSource
        使用 hibernate.cfg.xml 作为 Hibernate 的配置文件 -->
    <bean id="sessionFactory"
        class="org.springframework.orm.hibernate5.LocalSessionFactoryBean"
```

```
        p:dataSource-ref="dataSource"
        p:configLocation="classpath:hibernate.cfg.xml"/>
</beans>
```

一旦在 Spring 的 IoC 容器中配置了 SessionFactory Bean，它就将随应用的启动而加载，并可以充分利用 IoC 容器的功能，将 SessionFactory Bean 注入任何 Bean 中，比如 DAO 组件。一旦 DAO 组件获得了 SessionFactory Bean 的引用，它就可以完成实际的数据库访问。

当然，Spring 也支持访问容器数据源，如果需要使用容器数据源，则将数据源 Bean 修改成如下配置：

```
<!-- 此处配置 JNDI 数据源 -->
<bean id="myDataSource" class="org.springframework.jndi.JndiObjectFactoryBean"
    p:jndiName="java:comp/env/jdbc/myds"/>
```

从上面的配置文件可以看出，当以声明式的方式来管理 SessionFactory 时，可以让应用在不同的数据源之间切换。如果应用需要更换数据库等持久层资源，则只需对配置文件进行简单修改即可。

使用声明式的方式管理 SessionFactory，非常类似于早期将数据库服务的相关信息放在 web.xml 文件中进行配置。使用这种方式，是为了提供更好的适应性：当持久层服务需要更改时，程序代码无须任何改变。

➤➤ 8.8.3 实现 DAO 组件的基类

使用 Spring 容器管理 SessionFactory 之后，Spring 就可以将 SessionFactory 注入应用的 DAO 组件中，对于 Spring 与 Hibernate 5 的整合，Spring 推荐调用 SessionFactory 的 getCurrentSession()方法来获取 Hibernate Session，剩下的持久化操作与直接使用 Hibernate 持久化操作的代码基本相同。

为了简化应用中各 DAO 组件的设计，程序考虑将所有 DAO 组件都需要提供的方法提取出来，由一个 BaseDao 来负责实现，这样应用中的其他 DAO 组件只要继承该 BaseDao 即可。

通常来说，所有的 DAO 组件都应该提供如下方法。

> 根据 ID 加载持久化实体。
> 保存持久化实体。
> 更新持久化实体。
> 删除持久化实体，以及根据 ID 删除持久化实体。
> 获取所有的持久化实体。

与此同时，BaseDao 组件还封装了一些通用的查询方法。下面是 BaseDao 接口的代码。

程序清单：codes\08\8.8\booksys\WEB-INF\src\org\crazyit\common\dao\BaseDao.java

```
public interface BaseDao<T>
{
    // 根据 ID 加载实体
    T get(Class<T> entityClazz , Serializable id);
    // 保存实体
    Serializable save(T entity);
    // 更新实体
    void update(T entity);
    // 删除实体
    void delete(T entity);
    // 根据 ID 删除实体
    void delete(Class<T> entityClazz , Serializable id);
    // 获取所有实体
    List<T> findAll(Class<T> entityClazz);
    // 获取实体总数
    long findCount(Class<T> entityClazz);
}
```

下面为 BaseDao 提供一个实现类，该实现类需要依赖 SessionFactory（可由 Spring 容器注入），该实现类将会通过 SessionFactory 来获取 Session，并通过 Session 来执行持久化操作。下面是 BaseDaoHibernate5 类的代码。

程序清单：codes\08\8.8\booksys\WEB-INF\src\org\crazyit\common\dao\impl\BaseDaoHibernate5.java

```java
public class BaseDaoHibernate5<T> implements BaseDao<T>
{
    // DAO 组件进行持久化操作底层依赖的 SessionFactory 组件
    private SessionFactory sessionFactory;
    // 依赖注入 SessionFactory 所需的 setter 方法
    public void setSessionFactory(SessionFactory sessionFactory)
    {
        this.sessionFactory = sessionFactory;
    }
    public SessionFactory getSessionFactory()
    {
        return this.sessionFactory;
    }
    // 根据 ID 加载实体
    @SuppressWarnings("unchecked")
    public T get(Class<T> entityClazz , Serializable id)
    {
        return (T)getSessionFactory().getCurrentSession()
            .get(entityClazz , id);
    }
    // 保存实体
    public Serializable save(T entity)
    {
        return getSessionFactory().getCurrentSession()
            .save(entity);
    }
    // 更新实体
    public void update(T entity)
    {
        getSessionFactory().getCurrentSession().saveOrUpdate(entity);
    }
    // 删除实体
    public void delete(T entity)
    {
        getSessionFactory().getCurrentSession().delete(entity);
    }
    // 根据 ID 删除实体
    public void delete(Class<T> entityClazz , Serializable id)
    {
        getSessionFactory().getCurrentSession()
            .createQuery("delete " + entityClazz.getSimpleName()
                + " en where en.id = ?0")
            .setParameter("0" , id)
            .executeUpdate();
    }
    // 获取所有实体
    public List<T> findAll(Class<T> entityClazz)
    {
        return find("select en from "
            + entityClazz.getSimpleName() + " en");
    }
    // 获取实体总数

    public long findCount(Class<T> entityClazz)
    {
        List<?> l = find("select count(*) from "
            + entityClazz.getSimpleName());
        // 返回查询得到的实体总数
        if (l != null && l.size() == 1 )
        {
            return (Long)l.get(0);
        }
        return 0;
    }
    // 根据 HQL 语句查询实体
    @SuppressWarnings("unchecked")
    protected List<T> find(String hql)
```

```
        return (List<T>)getSessionFactory().getCurrentSession()
            .createQuery(hql)
            .getResultList();
    }
    // 根据带占位符参数的 HQL 语句查询实体
    @SuppressWarnings("unchecked")
    protected List<T> find(String hql , Object... params)
    {
        // 创建查询
        Query query = getSessionFactory().getCurrentSession()
            .createQuery(hql);
        // 为包含占位符的 HQL 语句设置参数
        for(int i = 0 , len = params.length ; i < len ; i++)
        {
            query.setParameter(i + "" , params[i]);
        }
        return (List<T>)query.getResultList();
    }
    /**
     * 使用 HQL 语句进行分页查询操作
     * @param hql 需要查询的 HQL 语句
     * @param pageNo 查询第 pageNo 页的记录
     * @param pageSize 每页需要显示的记录数
     * @return 当前页的所有记录
     */
    @SuppressWarnings("unchecked")
    protected List<T> findByPage(String hql,
        int pageNo, int pageSize)
    {
        // 创建查询
        return getSessionFactory().getCurrentSession()
            .createQuery(hql)
            // 执行分页
            .setFirstResult((pageNo - 1) * pageSize)
            .setMaxResults(pageSize)
            .getResultList();
    }
    /**
     * 使用 HQL 语句进行分页查询操作
     * @param hql 需要查询的 HQL 语句
     * @param params 如果 hql 带占位符参数，params 用于传入占位符参数
     * @param pageNo 查询第 pageNo 页的记录
     * @param pageSize 每页需要显示的记录数
     * @return 当前页的所有记录
     */
    @SuppressWarnings("unchecked")
    protected List<T> findByPage(String hql , int pageNo, int pageSize
        , Object... params)
    {
        // 创建查询
        Query query = getSessionFactory().getCurrentSession()
            .createQuery(hql);
        // 为包含占位符的 HQL 语句设置参数
        for(int i = 0 , len = params.length ; i < len ; i++)
        {
            query.setParameter(i + "" , params[i]);
        }
        // 执行分页，并返回查询结果
        return query.setFirstResult((pageNo - 1) * pageSize)
            .setMaxResults(pageSize)
            .getResultList();
    }
}
```

　　提供了该 BaseDao 组件之后，该应用中的普通 DAO 组件只要继承该 BaseDao 即可。继承该 BaseDao 可以得到如下两个功能。

> ➤ 直接获得 BaseDao 所提供的通用的数据访问方法。
> ➤ 对于一些业务相关的查询，可调用 BaseDao 所提供的 find()或 findByPage 来实现。

➤➤ 8.8.4　HibernateTemplate 和 HibernateDaoSupport

Spring 还为整合 Hibernate 提供了 HibernateTemplate 和 HibernateDaoSupport 两个工具类。HibernateTemplate 提供了持久层访问模板化，它只需要获得一个 SessionFactory，就可执行持久化操作。SessionFactory 对象既可通过构造参数传入，也可通过设值方式传入。HibernateTemplate 提供如下三个构造函数。

> ➤ HibernateTemplate()：构造一个默认的 HibernateTemplate 实例，因此创建了 HibernateTemplate 实例之后，还必须使用方法 setSessionFactory(SessionFactory sf)为 HibernateTemplate 注入 SessionFactory 对象，然后才可进行持久化操作。
> ➤ HibernateTemplate(org.hibernate.SessionFactory sessionFactory)：在构造时已经传入 SessionFactory 对象，创建后可立即执行持久化操作。
> ➤ HibernateTemplate(org.hibernate.SessionFactory sessionFactory, boolean allowCreate)：allowCreate 参数表明，如果当前线程没有找到一个事务性的 Session,是否需要创建一个非事务性的 Session。

HibernateTemplate 提供了很多实用方法来完成基本的操作，比如增加、删除、修改、查询等操作，Spring 2.x 更增加了对命名 SQL 查询的支持，也增加了对分页的支持。

在大部分情况下，通过 HibernateTemplate 的如下方法就可完成大多数 DAO 对象的 CRUD 操作。下面是 HibernateTemplate 的常用方法简介。

> ➤ void delete(Object entity)：删除指定的持久化类实例。
> ➤ deleteAll(Collection entities)：删除集合内全部的持久化类实例。
> ➤ find(String queryString)：根据 HQL 查询字符串返回实例集合的一系列重载方法。
> ➤ findByNamedQuery(String queryName)：根据命名查询返回实例集合的一系列重载方法。
> ➤ get(Class entityClass, Serializable id)：根据主键加载特定的持久化类实例。
> ➤ save(Object entity)：保存新的实例。
> ➤ saveOrUpdate(Object entity)：根据实例状态，选择保存或者更新。
> ➤ update(Object entity)：更新实例的状态，要求 entity 是持久状态。
> ➤ setMaxResults(int maxResults)：设置分页的大小。

结合上面的方法来看，不难发现借助于 HibernateTemplate 实现持久层的简洁性，大部分 CRUD 操作只需一行代码即可，完全可避免 Hibernate 持久化操作那些烦琐的步骤。

HibernateTemplate 是 Spring 的众多模板工具类之一，Spring 正是通过这种简便的模板工具类，完成了开发中大量需要重复进行的工作。

Spring 为实现 DAO 组件提供了工具基类：HibernateDaoSupport。该类主要提供如下两个方法来简化 DAO 的实现。

> ➤ public final HibernateTemplate getHibernateTemplate()
> ➤ public final void setSessionFactory(SessionFactory sessionFactory)

其中，setSessionFactory()方法可用于接收 Spring 的依赖注入，getHibernateTemplate()则用于返回一个 HibernateTemplate 对象。一旦获得了 HibernateTemplate 对象，剩下的 DAO 实现将由该 HibernateTemplate 来完成。

> 🐸 **提示**：
> 　　对于新项目,如果采用 Hibernate 作为持久层技术,则通常建议直接使用 SessionFactory 的 getCurrentSession()方法来获取 Session，执行持久化操作，也就是前面介绍的 BaseDaoHibernate5 那种方式。不需要使用 HibernateDaoSupport、HibernateTemplate 两个工具类，它们主要是为了兼容从 Hibernate 3 迁移过来的老项目。

下面使用 HibernateTemplate 和 HibernateDaoSupport 为 BaseDao 提供一个实现类，该实现类的代码如下。

程序清单：codes\08\8.8\booksys\WEB-INF\src\org\crazyit\common\dao\impl\BaseDaoHibernate3.java

```java
public class BaseDaoHibernate3<T> extends HibernateDaoSupport
    implements BaseDao<T>
{
    // 根据 ID 加载实体
    public T get(Class<T> entityClazz, Serializable id)
    {
        return getHibernateTemplate().get(entityClazz, id);
    }
    // 保存实体
    public Serializable save(T entity)
    {
        return getHibernateTemplate().save(entity);
    }
    // 更新实体
    public void update(T entity)
    {
        getHibernateTemplate().saveOrUpdate(entity);
    }
    // 删除实体
    public void delete(T entity)
    {
        getHibernateTemplate().delete(entity);
    }
    // 根据 ID 删除实体
    public void delete(Class<T> entityClazz, Serializable id)
    {
        delete(get(entityClazz , id));
    }
    @Override
    @SuppressWarnings("unchecked")
    public List<T> findAll(Class<T> entityClazz)
    {
        return (List<T>)getHibernateTemplate().find("select en from "
            + entityClazz.getSimpleName() + " en");
    }
    @Override
    @SuppressWarnings("unchecked")
    public long findCount(Class<T> entityClazz)
    {
        List<Long> list = (List<Long>)getHibernateTemplate().find(
            "select count(*) from " + entityClazz.getSimpleName() + " en");
        return list.get(0);
    }
    /**
     * 使用 HQL 语句进行分页查询操作
     * @param hql 需要查询的 HQL 语句
     * @param pageNo 查询第 pageNo 页的记录
     * @param pageSize 每页需要显示的记录数
     * @return 当前页的所有记录
     */
    @SuppressWarnings("unchecked")
    protected List<T> findByPage(final String hql,
        final int pageNo, final int pageSize)
    {
        // 通过一个 HibernateCallback 对象来执行查询
        List<T> list = getHibernateTemplate()
            .execute(new HibernateCallback<List<T>>()
        {
            // 实现 HibernateCallback 接口必须实现的方法
```

```
                public List<T> doInHibernate(Session session)
                {
                    // 执行 Hibernate 分页查询
                    List<T> result = session.createQuery(hql)
                        .setFirstResult((pageNo - 1) * pageSize)
                        .setMaxResults(pageSize)
                        .getResultList();
                    return result;
                }
            });
            return list;
        }
        /**
         * 使用 HQL 语句进行分页查询操作
         * @param hql 需要查询的 HQL 语句
         * @param pageNo 查询第 pageNo 页的记录
         * @param pageSize 每页需要显示的记录数
         * @param params 如果 hql 带占位符参数，params 用于传入占位符参数
         * @return 当前页的所有记录
         */
        @SuppressWarnings("unchecked")
        protected List<T> findByPage(final String hql , final int pageNo,
            final int pageSize , final Object... params)
        {
            // 通过一个 HibernateCallback 对象来执行查询
            List<T> list = getHibernateTemplate()
                .execute(new HibernateCallback<List<T>>()
            {
                // 实现 HibernateCallback 接口必须实现的方法
                public List<T> doInHibernate(Session session)
                {
                    // 执行 Hibernate 分页查询
                    Query query = session.createQuery(hql);
                    // 为包含占位符的 HQL 语句设置参数
                    for(int i = 0 , len = params.length ; i < len ; i++)
                    {
                        query.setParameter(i + "" , params[i]);
                    }
                    List<T> result = query.setFirstResult((pageNo - 1) * pageSize)
                        .setMaxResults(pageSize)
                        .getResultList();
                    return result;
                }
            });
            return list;
        }
    }
```

可能读者已经发现，使用 HibernateTemplate、HibernateDaoSupport 实现的 BaseDaoHibernate3 略微简单一些。

上面程序中还用到另一个 API：HibernateCallback，它是为了弥补 HibernateTemplate 灵活性不足的缺陷而定义的 API，HibernateTemplate 可通过<T> T execute(HibernateCallback<T> action)方法来实现更灵活的访问。

该方法需要一个 HibernateCallback 实例，HibernateCallback 实例可在任何有效的 Hibernate 数据访问中使用。程序开发者通过 HibernateCallback，可以完全使用 Hibernate 的灵活方式来访问数据库，解决 Spring 封装 Hibernate 后灵活性不足的缺陷。

HibernateCallback 是个接口，该接口包含一个方法 doInHibernate(org.hibernate.Session session)，该方法只有一个 Session 类型的参数。当程序提供 HibernateCallback 实现类时，必须实现接口里的 doInHibernate()方法，在该方法体内即可获得 Hibernate Session 的引用，一旦获得了 Hibernate Session

的引用，接下来就可以完全以 Hibernate 的方式进行数据库访问了。

> **提示：**
>
> 在 doInHibernate() 方法内可以访问 Session，该 Session 对象是绑定到该线程的 Session 实例。该方法内的持久层操作，与不使用 Spring 的持久层操作完全相同。这保证了对于复杂的持久层访问，依然可以直接使用 Hibernate 的访问方式。

当使用 HibernateCallback 对象来执行持久化操作时，程序获得了对 Hibernate 访问的最大控制权，Spring 只是需要得到一个查询结果（相当于一个命令），而具体的命令实现则由 HibernateCallback 实现。这就是典型的命令者模式。

> **注意**
>
> 实际上，Spring 并不推荐使用 HibernateTemplate、HibernateDaoSupport 来实现 DAO 组件，而是推荐使用 SessionFactory 的 getCurrentSession() 来获取 Session，然后进行持久化操作。Spring 3.2 甚至没有为 Hibernate 4 提供 HibernateTemplate、HibernateDaoSupport，Spring 4 为了和以前编码风格兼容才提供了 HibernateTemplate、HibernateDaoSupport，但 Spring 依然推荐使用 SessionFactory 的 getCurrentSession() 来获取 Session，然后通过 Session 进行持久化操作。

➤➤ 8.8.5　实现 DAO 组件

有了前面开发的 BaseDao 之后，接下来可以很方便地实现普通的 DAO 组件，只要让普通的 DAO 组件继承 BaseDao，并指定对应的泛型类型即可。例如，如下是 BookDao 组件的接口代码。

程序清单：codes\08\8.8\booksys\WEB-INF\src\org\crazyit\booksys\dao\BookDao.java

```
public interface BookDao extends BaseDao<Book>
{
}
```

上面的 BookDao 接口没有定义任何方法，但由于它继承了 BaseDao 接口，因此它自然也拥有了该接口中定义的那些通用方法。

> **提示：**
>
> 虽然该接口暂时没有包含任何方法，但程序还是要定义一个这样的接口，因为每个 DAO 组件除了包含那些通用的 CURD 方法之外，还可能需要定义一些业务相关的查询方法，这些方法就只能定义在各自的 DAO 组件内。

下面为 BookDao 接口提供实现类，该实现类既可继承前面的 BaseDaoHibernate5（Spring 推荐使用这种方式），也可继承前面的 BaseDaoHibernate3。

下面是 BookDao 组件的实现类。

程序清单：codes\08\8.8\booksys\WEB-INF\src\org\crazyit\booksys\dao\BookDao.java

```
public class BookDaoHibernate5 extends BaseDaoHibernate5<Book>
    implements BookDao
{
}
```

从上面的粗体字代码可以看出，让 BookDao 组件的实现类继承通用的 BaseDaoHibernate5 实现类，即可获取那些通用的 CRUD 方法的实现。不仅如此，如果程序以后需要一些特定的业务相关的查询方法，也可调用 BaseDaoHibernate5 所提供的 find() 或 findByPage() 工具方法来实现。

➤➤ 8.8.6　使用 IoC 容器组装各种组件

至此，Java EE 应用所需的各种组件都已经出现了，从 MVC 层的控制器组件，到业务逻辑组件，以及持久层的 DAO 组件，已经全部成功实现。但这种组件并未直接耦合，组件与组件之间面向接口编程，所以还需要利用 Spring 的 IoC 容器将它们组合在一起。

从用户角度来看，用户发出 HTTP 请求，当 MVC 框架的控制器组件拦截到用户请求时，将调用系统的业务逻辑组件，业务逻辑组件则调用系统的 DAO 组件，而 DAO 组件则依赖于 SessionFactory 和 DataSource 等底层组件实现数据库访问。

从系统实现角度来看，IoC 容器先创建 SessionFactory 和 DataSource 等底层组件，然后将这些底层组件注入给 DAO 组件，提供一个完整的 DAO 组件，并将此 DAO 组件注入给业务逻辑组件，从而提供一个完整的业务逻辑组件，而业务逻辑组件又被注入给控制器组件，控制器组件负责拦截用户请求，并将处理结果呈现给用户——这一系列的衔接，都由 Spring 的 IoC 容器提供实现。

图 8.27 显示了 Java EE 应用各组件之间的调用关系。

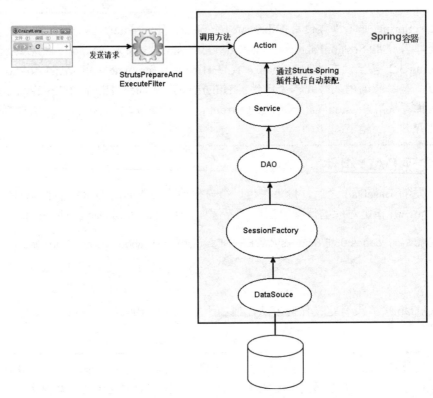

图 8.27　Java EE 应用各组件之间的调用关系

下面的应用示范了一个简单的注册 Action，该 Action 用于处理注册用户的请求。

程序清单：codes\08\8.8\booksys\WEB-INF\src\org\crazyit\booksys\action\BookAction.java

```java
public class BookAction extends ActionSupport
{
    private BookService bookService;
    // 依赖注入 BookService 组件必需的 setter 方法
    // 该方法的方法名要与 BookService 的配置 id 对应
    public void setBookService(BookService bookService)
    {
        this.bookService = bookService;
    }
    private Book book;
    // 省略其他的 setter、getter 方法
    ...
    // 处理添加图书的 add()方法
    public String add()
    {
        // 调用业务逻辑组件的 addBook()方法来处理用户请求
        int result = bookService.addBook(book);
        if(result > 0)
```

```
    {
        addActionMessage("恭喜您，图书添加成功！");
        return SUCCESS;
    }
    addActionError("图书添加失败，请重新输入！");
    return ERROR;
    }
}
```

从 BookAction 的粗体字代码可以看出，BookAction 依赖于 BookService 组件，它将调用该业务逻辑组件的 addBook()方法来处理用户请求——但 BookAction 并未与 BookService 组件直接耦合，它只依赖于 BookService 组件的接口。下面是 BookService 接口的代码。

程序清单：codes\08\8.8\booksys\WEB-INF\src\org\crazyit\booksys\service\BookService.java

```
public interface BookService
{
    // 添加图书
    int addBook(Book book);
}
```

为上面的 BookService 提供实现类，该实现类将会依赖于 DAO 组件来实现 addBook()方法。下面是该实现类的代码。

程序清单：codes\08\8.8\booksys\WEB-INF\src\org\crazyit\booksys\service\impl\BookServiceImpl.java

```
public class BookServiceImpl implements BookService
{
    private BookDao bookDao;
    public void setBookDao(BookDao bookDao)
    {
        this.bookDao = bookDao;
    }
    @Override
    public int addBook(Book book)
    {
        return (Integer) bookDao.save(book);
    }
}
```

从 BookServiceImpl 类的粗体字代码可以看出，该业务逻辑组件依赖于 BookDao 组件，但它同样没有直接与 BookDao 实现类耦合，仅与 BookDao 接口耦合，所以也需要 Spring IoC 容器来管理它们的依赖关系。本示例程序直接使用了前面的 DAO 组件、实体类，故此处不再赘述。

在 Spring 配置文件中使用如下配置片段来管理 Action、业务逻辑组件、DAO 组件之间的依赖关系。

程序清单：codes\08\8.8\booksys\WEB-INF\applicationContext.xml

```
<!-- 定义数据源 Bean，使用 C3P0 数据源实现，并注入数据源的必要信息 -->
<bean id="dataSource" class="com.mchange.v2.c3p0.ComboPooledDataSource"
    destroy-method="close"
    p:driverClass="com.mysql.jdbc.Driver"
    p:jdbcUrl="jdbc:mysql://localhost/spring?useSSL=true"
    p:user="root"
    p:password="32147"
    p:maxPoolSize="40"
    p:minPoolSize="2"
    p:initialPoolSize="2"
    p:maxIdleTime="30"/>
<!-- 定义 Hibernate 的 SessionFactory，SessionFactory 需要依赖数据源，注入 dataSource -->
<bean id="sessionFactory"
    class="org.springframework.orm.hibernate5.LocalSessionFactoryBean"
    p:dataSource-ref="dataSource">
    <!-- annotatedClasses 用来列出全部持久化类 -->
    <property name="annotatedClasses">
        <list>
            <!-- 以下用来列出所有的 PO 类-->
            <value>org.crazyit.booksys.domain.Book</value>
        </list>
```

```
        </property>
        <!-- 定义 Hibernate SessionFactory 的属性 -->
        <property name="hibernateProperties">
            <props>
                <!-- 指定 Hibernate 的连接方言 -->
                <prop key="hibernate.dialect">
                    org.hibernate.dialect.MySQL5InnoDBDialect</prop>
                <!--是否根据 Hiberante 映射创建数据表 -->
                <prop key="hibernate.hbm2ddl.auto">update</prop>
                <prop key="hibernate.show_sql">true</prop>
                <prop key="hibernate.format_sql">true</prop>
            </props>
        </property>
    </bean>
    <!-- 定义 Service 组件，并将 DAO 组件注入 Service 组件 -->
    <bean id="bookService" class="org.crazyit.booksys.service.impl.BookServiceImpl"
        p:bookDao-ref="bookDao"/>
    <!-- 定义 DAO 组件，并将 SessionFactory 注入 DAO 组件 -->
    <bean id="bookDao" class="org.crazyit.booksys.dao.impl.BookDaoHibernate5"
        p:sessionFactory-ref="sessionFactory"/>
```

上面配置文件中的粗体字代码配置了业务逻辑组件、DAO 组件，并通过依赖注入为 DAO 组件注入了 SessionFactory，为业务逻辑组件注入了 DAO 组件——这就完成了 Java EE 应用中各组件的组装。

> **提示：** 上面配置文件并未单独使用 hibernate.cfg.xml 文件来配置 Hibernate 属性，而是通过直接为 LocalSessionFactoryBean 配置 hibernateProperties 属性来配置 Hibernate 属性的。这也是可以的。另外一种管理 Hibernate 属性的方式，就是在 LocalSessionFactoryBean 中指定 hibernate.cfg.xml 文件的位置，前面已提供了这种配置方式的示例。

本示例程序并未让 Spring 管理 Struts 2 的 Action，而是利用 Spring 插件的自动装配机制将业务逻辑组件注入 Action 实例中。前面定义 BookAction 时定义了执行设值注入 Service 组件的 setter 方法为 setBookService()，故上面配置文件中将业务逻辑组件的 id 指定为 bookService。

在 struts.xml 文件中配置 addBook Action，该 Action 即可调用所需 BookService 组件的 addBook()方法，从而让业务逻辑组件来处理用户请求。

至此，当用户发送一个注册请求之后，该请求将被 Struts 2 核心控制器拦截→核心控制器调用 Action→Action 调用业务逻辑组件→业务逻辑组件调用 DAO 组件→DAO 组件调用 SessionFactory、Hibernate 服务等，当整个过程完成后，核心控制器就得到了请求被处理的结果，从而根据该结果选择合适的视图资源来生成响应——这就完成了一个请求/响应的全过程。

> **提示：** 在实际应用中，很少会将 DAO 组件、业务逻辑组件以及控制器组件都配置在同一个文件中，而是将不同的 Java EE 组件配置在不同的配置文件中，比如 actionContext.xml 专门用于配置 Action，daoContext.xml 专门用于配置 DAO 组件。

▶▶ 8.8.7　使用声明式事务

在上面的配置文件中，部署了控制器组件、业务逻辑组件、DAO 组件，几乎可以形成一个完整的 Java EE 应用。但有一个小小的问题：事务控制。系统没有任何事务逻辑，没有事务逻辑的应用是不可想象的。

Spring 的事务机制非常优秀，它允许程序员在开发过程中无须理会任何事务逻辑，等到应用开发完成后使用声明式事务来进行统一的事务管理。只需要在配置文件中增加事务控制片段，业务逻辑组件的方法将会具有事务性；而且 Spring 的声明式事务支持在不同的事务策略之间可以自由切换。

正如前面所介绍的，为业务逻辑组件添加事务只需如下几个步骤即可。

① 针对不同的事务策略配置对应的事务管理器。

② 使用<tx:advice.../>元素配置事务增强处理 Bean，配置事务增强处理 Bean 时使用多个

子元素为不同方法指定相应的事务语义。

③ 在<aop:config.../>元素中使用<aop:advisor.../>元素配置自动事务代理。

下面只需在 Spring 配置文件中增加如下配置片段，业务逻辑组件的方法将会具有事务性。

程序清单：codes\08\8.8\booksys\WEB-INF\applicationContext.xml

```xml
<!-- 配置 Hibernate 的局部事务管理器，使用 HibernateTransactionManager 类 -->
<!-- 该类是 PlatformTransactionManager 接口针对采用 Hibernate 的特定实现类 -->
<!-- 配置 HibernateTransactionManager 需要依赖注入 SessionFactory -->
<bean id="transactionManager"
    class="org.springframework.orm.hibernate5.HibernateTransactionManager"
    p:sessionFactory-ref="sessionFactory"/>
<!-- 配置事务增强处理 Bean，指定事务管理器 -->
<tx:advice id="txAdvice"
    transaction-manager="transactionManager">
    <!-- 用于配置详细的事务定义 -->
    <tx:attributes>
        <!-- 所有以 get 开头的方法是只读的 -->
        <tx:method name="get*" read-only="true"/>
        <!-- 其他方法使用默认的事务设置，指定超时时长为 5 秒 -->
        <tx:method name="*" isolation="DEFAULT"
            propagation="REQUIRED" timeout="5"/>
    </tx:attributes>
</tx:advice>
<!-- AOP 配置的元素 -->
<aop:config>
    <!-- 配置一个切入点 -->
    <aop:pointcut id="myPointcut" expression="bean(bookService)"/>
    <!-- 指定在 myPointcut 切入点应用 txAdvice 事务增强处理 -->
    <aop:advisor advice-ref="txAdvice"
        pointcut-ref="myPointcut"/>
</aop:config>
```

上面配置片段的粗体字代码指定切面表达式为 bean(bookService)，该表达式告诉 AOP 为 bookService Bean 的所有方法织入事务控制的增强处理，从而让应用中的 bookService 组件的方法具有了事务性。

提示：
> 经过上面步骤，整合 Struts 2+Spring+Hibernate 开发的 Java EE 应用就搭建起来了，接下来如果该应用需要增加新功能将非常简单，光盘中的本示例还提供了列出所有图书、删除图书的功能，读者可以参考光盘中的代码。

8.9 Spring 整合 JPA

前面已经提到，虽然 Hibernate 十分优秀，而且在实际开发中拥有广泛的占有率，但 JPA 却是更高层次的规范，它的本质是一种 ORM 规范，底层可以采用任何遵循这种规范的 ORM 框架作为实现，比如 Hibernate、TopLink 等，因此 JPA 的发展势头十分良好。

就实际开发而言，同样推荐大家采用面向 JPA 的 API 编程——至于实体，JPA 实体本身就可以在 Hibernate API 下运行良好，没有丝毫问题。如果应用不是面向 Hibernate API 编程，而是面向 JPA 的 API 编程，那么该应用底层就可以在各种 ORM 框架（包括 Hibernate）之间自由切换，因此具有更好的可扩展性。

Spring 为这种改变做好了准备，就像整合 Hibernate 一样，Spring 为整合 JPA 同样提供了极大的方便。

➤➤ 8.9.1 管理 EntityManagerFactory

当 Spring 整合 Hibernate 时，Spring 可以通过容器来管理 Hibernate 的 SessionFactory。类似的，Spring 整合 JPA 时，Spring 可通过容器管理 JPA 的 EntityManagerFactory。将 JPA EntityManagerFactory 部署在 Spring 容器中，至少可以提供两个好处。

> ➤ 以声明式方式管理 EntityManagerFactory，避免在程序中手动创建 EntityManagerFactory。
> ➤ 可以方便地将 EntitiyManagerFactory 作为基础资源注入其他组件（如 DAO 组件）中。

Spring 管理 JPA EntityManagerFactory 通常有两种方式。

> ➤ 使用 LocalEntityManagerFactoryBean。
> ➤ 使用 LocalContainerEntityManagerFactoryBean。

1. 使用 LocalEntityManagerFactoryBean

LocalEntityManagerFactoryBean 可用于创建一个 EntityManagerFactory，但它所创建的 EntityManagerFactory 在很多情况下都是受限的——它不能使用 Spring 容器中已有的 DataSource，也不能切换到全局事务。

一般来说，当应用只需要使用 JPA 进行简单的数据访问，或者只是进行简单的测试时，才会考虑使用 LocalEntityManagerFactoryBean 来配置 EntityManagerFactory。

当使用 LocalEntityManagerFactoryBean 配置 EntityManagerFactory 时，只需要传入持久化单元（PersistenceUnit）的名称即可。看如下配置。

程序清单：codes\08\8.9\LocalEntityManagerFactoryBean\src\applicationContext.xml

```xml
<beans>
    ...
    <!-- 配置 EntityManagerFactor，并注入 JPA 持久化单元 -->
    <bean id="emf" class="org.springframework.orm.jpa.LocalEntityManagerFactoryBean"
        p:persistenceUnitName="books_pu"/>
    ...
</beans>
```

上面配置文件中的粗体字代码指定持久化单元的名称为 books_pu，这意味着应该在 persistence.xml 文件中配置一个名为 books_pu 的持久化单元，而且该持久化单元需要自己管理数据库连接等信息。下面是 LocalEntityManagerFactoryBean 策略的 persistence.xml 文件代码。

程序清单：codes\08\8.9\LocalEntityManagerFactoryBean\src\META-INF\persistence.xml

```xml
<?xml version="1.0" encoding="GBK"?>
<persistence version="2.1" xmlns="http://xmlns.jcp.org/xml/ns/persistence"
    xmlns:xsi="http://www.w3.org/2001/XMLSchema-instance"
    xsi:schemaLocation="http://xmlns.jcp.org/xml/ns/persistence
    http://xmlns.jcp.org/xml/ns/persistence/persistence_2_1.xsd">
    <!-- 为持久化单元指定名称，并通过 transaction-type 指定事务类型
    transaction-type 属性合法的属性值有 JTA、RESOURCE_LOCAL 两个-->
    <persistence-unit name="books_pu" transaction-type="RESOURCE_LOCAL">
        <!-- 指定 javax.persistence.spi.PersistenceProvider 实现类 -->
        <provider>org.hibernate.jpa.HibernatePersistenceProvider</provider>
        <!-- 列出该应用需要访问的所有的 Entity 类
        也可以用<mapping-file>或<jar-file>元素来定义 -->
        <class>org.crazyit.booksys.domain.Book</class>
        <!-- properties 元素用于为特定的 JPA 实现包配置属性 -->
        <!-- 下面列举的是 Hibernate JPA 实现中可以配置的部分属性 -->
        <properties>
            <!-- 指定连接数据库的驱动名 -->
            <property name="hibernate.connection.driver_class"
                value="com.mysql.jdbc.Driver"/>
            <!-- 指定连接数据库的 URL -->
            <property name="hibernate.connection.url"
                value="jdbc:mysql://localhost:3306/spring?useSSL=true "/>
            <!-- 指定连接数据库的用户名 -->
            <property name="hibernate.connection.username"
                value="root"/>
            <!-- 指定连接数据库的密码 -->
            <property name="hibernate.connection.password"
                value="32147"/>
            <!-- 指定连接数据库的方言 -->
            <property name="hibernate.dialect"
                value="org.hibernate.dialect.MySQL5InnoDBDialect"/>
            <property name="hibernate.show_sql" value="true"/>
```

```
                <!-- 设置是否格式化 SQL 语句 -->
                <property name="hibernate.format_sql"
                    value="true"/>
                <!-- 设置是否根据要求自动建表 -->
                <property name="hibernate.hbm2ddl.auto"
                    value="update"/>
            </properties>
        </persistence-unit>
</persistence>
```

上面的配置文件配置了一个持久化单元，并指定它的名称为 books_pu，Spring 的 LocalEntityManagerFactoryBean 就可根据该名称来创建 EntityManagerFactory。

2．使用 LocalContainerEntityManagerFactoryBean

使用 LocalContainerEntityManagerFactoryBean 可以提供对 EntityManagerFactory 的全面控制，非常适合需要细粒度定制的环境。LocalContainerEntityManagerFactoryBean 将根据 persistence.xml 文件创建 PersistenceUnitInfo，并提供 DataSourceLookup 策略，因此它完全可以直接使用 Spring 容器中已有的数据源，并自己控制织入流程。

使用 LocalContainerEntityManagerFactoryBean 创建 EntityManagerFactory 是一种强大的配置方式，它允许在应用程序中灵活地进行配置，也支持使用容器中已有的 DataSource。

例如如下配置。

程序清单：codes\08\8.9\booksys\src\applicationContext.xml

```xml
<bean id="emf"
    class="org.springframework.orm.jpa.LocalContainerEntityManagerFactoryBean"
    p:dataSource-ref="dataSource">
    <property name="jpaVendorAdapter">
        <bean class="org.springframework.orm.jpa.vendor.HibernateJpaVendorAdapter">
            <property name="showSql" value="true"/>
            <property name="database" value="MYSQL"/>
        </bean>
    </property>
</bean>
```

上面的配置文件配置 EntityManagerFactory 时直接使用了容器中已有的数据源，它并没有直接利用已有的持久化单元。不过，上面的 LocalContainerEntityManagerFactoryBean 同样需要根据 persistence.xml 文件来创建 PersistenceUnitInfo，因此这种配置方式同样也需要 persistence.xml 文件，只是 persistence.xml 文件不需要管理数据库连接信息，如下所示。

程序清单：codes\08\8.9\booksys\src\META-INF\persitence.xml

```xml
<?xml version="1.0" encoding="GBK"?>
<persistence version="2.1" xmlns="http://xmlns.jcp.org/xml/ns/persistence"
    xmlns:xsi="http://www.w3.org/2001/XMLSchema-instance"
    xsi:schemaLocation="http://xmlns.jcp.org/xml/ns/persistence
    http://xmlns.jcp.org/xml/ns/persistence/persistence_2_1.xsd">
    <!-- 为持久化单元指定名称，并通过 transaction-type 指定事务类型
    transaction-type 属性合法的属性值有 JTA、RESOURCE_LOCAL 两个-->
    <persistence-unit name="books_pu" transaction-type="RESOURCE_LOCAL">
        <!-- 列出该应用需要访问的所有的 Entity 类
        也可以用<mapping-file>或<jar-file>元素来定义 -->
        <class>org.crazyit.booksys.domain.Book</class>
        <!-- properties 元素用于为特定的 JPA 实现包配置属性 -->
        <!-- 下面列举的是 Hibernate JPA 实现中可以配置的部分属性 -->
        <properties>
            <!-- 设置是否格式化 SQL 语句 -->
            <property name="hibernate.format_sql"
                value="true"/>
            <!-- 设置是否根据要求自动建表 -->
            <property name="hibernate.hbm2ddl.auto"
                value="update"/>
        </properties>
```

```
        </persistence-unit>
    </persistence>
```

使用 LocalContainerEntityManagerFactoryBean 配置 EntityManagerFactory 可以获得对 EntityManager 最大的控制，因此在实际项目中通常推荐采用这种方式。

➤➤ 8.9.2　实现 DAO 组件基类

使用 Spring 容器管理 EntityManagerFactory 之后，Spring 可以通过 EntityManagerFactory 获取线程安全的 EntityManager，并将该 EntityManager 注入 DAO 组件。为了让 Spring 将线程安全的 EntityManager 注入 DAO 组件，只需完成如下两件事情即可。

① 在 DAO 组件中使用@PersistenceContext 修饰 EntityManager 成员变量（使用 Field 注入），或修饰设置 EntityManager 成员变量的 setter 方法（使用设值注入）。

② 在 Spring 配置文件中配置 PersistenceAnnotationBeanPostProcessor 后处理器即可。该后处理器会处理@PersistenceContext 注解，然后通过容器中的 EntityManagerFactory 获取线程安全的 EntityManager，并将该 EntityManager 注入 DAO 组件。

经过上面两个步骤，基于 JPA 的 DAO 组件就获得了 EntityManager 的引用，剩下的事情就简单了，程序直接调用 EntityManager 执行持久化访问即可。下面使用 JPA 技术来实现前面的 BaseDao 组件。

程序清单：codes\08\8.9\booksys\src\org\crazyit\common\dao\impl\BaseDaoJpa

```java
public class BaseDaoJpa<T> implements BaseDao<T>
{
    @PersistenceContext
    protected EntityManager entityManager;
    // 根据 ID 加载实体
    public T get(Class<T> entityClazz , Serializable id)
    {
        return (T)entityManager.find(entityClazz , id);
    }
    // 保存实体
    public Serializable save(T entity)
    {
        entityManager.persist(entity);
        try
        {
            return (Serializable) entity.getClass()
                .getMethod("getId").invoke(entity);
        }
        catch (Exception e)
        {
            e.printStackTrace();
            throw new RuntimeException(entity + "必须提供 getId（）方法！");
        }
    }
    // 更新实体
    public void update(T entity)
    {
        entityManager.merge(entity);
    }
    // 删除实体
    public void delete(T entity)
    {
        entityManager.remove(entity);
    }
    // 根据 ID 删除实体
    public void delete(Class<T> entityClazz , Serializable id)
    {
        entityManager.createQuery("delete " + entityClazz.getSimpleName()
                + " en where en.id = ?0")
            .setParameter(0 , id)
```

```
        .executeUpdate();
}
// 获取所有实体
public List<T> findAll(Class<T> entityClazz)
{
    return find("select en from "
        + entityClazz.getSimpleName() + " en");
}
// 获取实体总数
public long findCount(Class<T> entityClazz)
{
    List<?> l = find("select count(*) from "
        + entityClazz.getSimpleName());
    // 返回查询得到的实体总数
    if (l != null && l.size() == 1 )
    {
        return (Long)l.get(0);
    }
    return 0;
}
// 根据 JPQL 语句查询实体
@SuppressWarnings("unchecked")
protected List<T> find(String jpql)
{
    return (List<T>)entityManager.createQuery(jpql)
        .getResultList();
}
// 根据带占位符参数的 JPQL 语句查询实体
@SuppressWarnings("unchecked")
protected List<T> find(String jpql , Object... params)
{
    // 创建查询
    Query query = entityManager.createQuery(jpql);
    // 为包含占位符的 JPQL 语句设置参数
    for(int i = 0 , len = params.length ; i < len ; i++)
    {
        query.setParameter(i , params[i]);
    }
    return (List<T>)query.getResultList();
}
/**
 * 使用 JPQL 语句进行分页查询操作
 * @param jpql 需要查询的 JPQL 语句
 * @param pageNo 查询第 pageNo 页的记录
 * @param pageSize 每页需要显示的记录数
 * @return 当前页的所有记录
 */
@SuppressWarnings("unchecked")
protected List<T> findByPage(String jpql,
    int pageNo, int pageSize)
{
    // 创建查询
    return entityManager.createQuery(jpql)
        // 执行分页
        .setFirstResult((pageNo - 1) * pageSize)
        .setMaxResults(pageSize)
        .getResultList();
}
/**
 * 使用 JPQL 语句进行分页查询操作
 * @param jpql 需要查询的 JPQL 语句
 * @param params 如果 jpql 带占位符参数，params 用于传入占位符参数
 * @param pageNo 查询第 pageNo 页的记录
 * @param pageSize 每页需要显示的记录数
```

```
     * @return 当前页的所有记录
     */
    @SuppressWarnings("unchecked")
    protected List<T> findByPage(String jpql , int pageNo, int pageSize
        , Object... params)
    {
        // 创建查询
        Query query = entityManager.createQuery(jpql);
        // 为包含占位符的 JPQL 语句设置参数
        for(int i = 0 , len = params.length ; i < len ; i++)
        {
            query.setParameter(i , params[i]);
        }
        // 执行分页，并返回查询结果
        return query.setFirstResult((pageNo - 1) * pageSize)
            .setMaxResults(pageSize)
            .getResultList();
    }
}
```

细心的读者不难发现，这个 BaseDaoJpa 和前面介绍的 BaseDaoHibernate5 的实现方式基本相似，只是此时面向 EntityManager 等 JPA 的 API 来实现持久化访问。

上面程序中的粗体字代码使用@PersistenceContext 修饰了 EntityManager 类型的成员变量，为了让 Spring 将线程安全的 EntityManager 注入该成员变量，还需要在 Spring 配置文件中增加如下配置：

```
<!-- 该 Bean 后处理器会告诉 Spring 处理 DAO 组件中的@PersistenceContext 注解 -->
<bean class=
"org.springframework.orm.jpa.support.PersistenceAnnotationBeanPostProcessor"/>
```

得益于良好的架构设计和 Spring 提供的解耦，将持久化技术改为使用 JPA 后，只会对应用的 DAO 组件产生影响，而且本示例使用 BaseDao 组件封装了 Hibernate、JPA 的差异，因此程序中各 DAO 组件基本不需要修改——只要改为继承 BaseDaoJpa 即可。

此处整合 Struts 2+Spring+JPA 来开发前面的 booksys 应用，只要将应用中 BookDao 组件的实现类改为继承 BaseDaoJpa 即可，程序中其他组件、视图页面无须任何修改。

➤➤ 8.9.3　使用声明式事务

Spring 与 JPA 整合之后，所有的持久化操作都应该在事务环境中进行，否则对数据库所做的持久化操作如添加、删除、修改实体等都不会自动提交。

为了给 Spring+JPA 整合的应用增加声明式事务，完全可按 8.8.7 节所介绍的方式配置——因为 Spring 的声明式事务管理与底层所采用的持久化技术无关。唯一要改变的是：事务管理器的实现类。在使用 JPA 进行持久化访问的环境中，配置如下事务管理器。

```
<!-- 配置针对 JPA 的局部事务管理器 -->
<bean id="transactionManager"
    class="org.springframework.orm.jpa.JpaTransactionManager"
    p:entityManagerFactory-ref="emf"/>
```

正如上面的粗体字代码所示，此时使用了 JpaTransactionManager 作为事务管理器实现类。

接下来一样可以在 Spring 配置文件中使用<tx:advice.../>配置事务增强处理，再使用<aop:config>配置切面，并设置 Spring 完成实际织入。

不过，此处改为使用@Transational 注解来配置声明式事务，例如在应用的业务逻辑组件上使用 @Transational 配置事务管理。

一般都是在应用的业务逻辑层增加事务控制，因为业务逻辑组件里的一个方法往往代表一次业务操作，只有对一次业务操作增加事务控制才有意义！对 DAO 组件的一次原子操作添加事务控制没有任何实际意义。

例如，在应用的业务逻辑组件上增加如下代码。

程序清单：codes\08\8.9\booksys\WEB-INF\src\org\crazyit\booksys\service\impl\BookServiceImpl.java

```
@Transactional
public class BookServiceImpl implements BookService
{
    private BookDao bookDao;

    public void setBookDao(BookDao bookDao)
    {
        this.bookDao = bookDao;
    }
    @Override
    public void addBook(Book book)
    {
        bookDao.save(book);
    }
}
```

上面的代码中使用了@Transactional 修饰该业务逻辑组件，使用@Transactional 时没有指定任何属性，这意味着将全部使用默认设置。

为业务逻辑组件增加了@Transactional 修饰之后，接下来还需要在 Spring 配置文件中配置根据注解生成事务代理。如以下代码所示。

程序清单：codes\08\8.9\regist\WEB-INF\src\applicationContext.xml

```
<!-- 配置针对 JPA 的局部事务管理器 -->
<bean id="transactionManager"
    class="org.springframework.orm.jpa.JpaTransactionManager"
    p:entityManagerFactory-ref="emf"/>
<!-- 根据事务注解来生成事务代理 -->
<tx:annotation-driven transaction-manager="transactionManager"/>
```

8.10 本章小结

本章详细介绍了 Spring 框架高级部分，包括如何利用 Spring 的后处理器扩展 Spring 的 IoC 容器，并介绍了 Spring 的资源访问策略，从策略模式的角度深入剖析了 Spring 资源访问的设计思路。

本章介绍的另一个重点是 AOP，这里只介绍了 Spring 的 AOP 支持，简要介绍了 AspectJ 编程，详细介绍了 Spring AOP 对 AspectJ 的支持，深入介绍了如何利用注解、XML 配置两种方式来管理切面、切入点、增强处理等内容，深入掌握这些 AOP 内容对 Java EE 开发将有极大的帮助。

本章的后面部分则介绍了 Spring 与 Struts 2 和 Hibernate 框架的整合，在介绍三个框架整合的同时，也介绍了 Java EE 应用各组件的组织方式，并给出了如何利用 Spring IoC 容器管理各组件，以及声明式事务的配置。

第 9 章
企业应用开发的思考和策略

本章要点

- 企业应用开发的挑战
- 解决企业应用开发中挑战的思考方式
- 设计模式的背景
- 单例模式
- 简单工厂
- 工厂方法和抽象工厂
- 代理模式
- 命令模式
- 策略模式
- 门面模式
- 桥接模式
- 观察者模式
- 软件架构设计的原则
- 贫血模式
- 领域对象模型
- 领域对象模型的简化设计

企业级应用的开发平台相当多,如 Java EE、.NET、PHP 和 Ruby On Rails 等。这些平台为企业级应用的开发提供了丰富的支持,都实现了企业应用底层所需的功能:缓冲池、多线程及持久层访问等。虽然有如此之多的选择,企业级应用的开发依然困难重重。

本章将会简要介绍企业开发应用过程中所面临的困难,以及面对这些困难时常用的思考方式和应对策略。开发一个大型企业级应用时,常常必须面对各种各样的问题,而这些问题常常具有特定的场景,而且往往会重复出现,借助于前人已有的、较为成熟的解决方案来解决这些问题,既可提高应用开发的效率,也可保证应用开发的质量。这些前人已有的、较为成熟的解决方案就是所谓的设计模式,本章将会深入介绍 Java EE 应用中常用的设计模式。

所有企业级应用的开发平台都提供了高级、抽象的 API,但仅依靠这些 API 构建企业级的应用远远不够。在这些高级 API 基础上,搭建一个良好的开发体系,也是企业级应用开发必不可少的步骤。本章将从理论上介绍如何搭建一个良好、可维护、可扩展、高稳定性且能够快速开发的应用架构,本章还会重点介绍 Java EE 应用中常用的架构模型。

📁 9.1 企业应用开发面临的挑战

企业应用的开发是相当复杂的,这种复杂除表现在技术方面外,还表现在行业本身所蕴含的专业知识上。企业级应用的开发往往需要面对更多的问题:大量的并发访问,复杂的环境,网络的不稳定,还有外部的 Crack 行为等。因此企业级应用必须提供更好的多线程支持,具备良好的适应性及良好的安全性等。

由于各行业的应用往往差别非常大,因此企业级应用往往具有很强的行业规则,尤其是优良的企业级应用往往更需要丰富的行业知识。企业应用的成功开发,也需要很多人的共同协作。

下面对企业应用开发面临的挑战作具体分析。

▶▶ 9.1.1 可扩展性、可伸缩性

市场是瞬息万变的,企业也是随之而变的。而信息化系统是为企业服务的,随着企业需求的变化,企业应用的变化也是必然的。

在多年开发过程中,经常听到软件开发者对于需求变更的抱怨。当开发进行到中间时,大量的工作需要重新开始,确实给人极大的挫败感,难免软件开发者会抱怨。不过,一个积极的软件开发者应该可以正确对待需求的变更。需求的变更,表明有市场前景,只有有变化的产品才是有市场的产品。

优秀的企业级应用必须具备良好的可扩展性和可伸缩性。因为良好的可扩展性可允许系统动态增加新功能,而不会影响原有的功能。

良好的可扩展性建立在高度的解耦之上。使用 Delphi、PowerBuilder 等工具的软件开发人员对 ini 文件一定不会陌生。使用 ini 文件是一种基本的解耦方式,将运行所需资源、模块的耦合等从代码中分离出来,放入配置文件管理。这是一种优秀的设计思路,最理想的情况是允许使用可插拔式的模块(类似于 Eclipse 的插件方式)。

在 Java EE 应用里,大多采用 XML 文件作为配置文件。使用 XML 配置文件可以避免修改代码,从而能极好地提高程序的解耦。XML 文件常用于配置数据库连接信息,通过使用 XML 文件的配置方式,可以让应用在不同的数据库平台上轻松切换;从而避免在程序中使用硬编码的方式来定义数据库的连接,也避免了在更改数据库时,需要更改程序代码,从而提供更好的适应性。

下面是使用 Spring 的 Bean 定义数据源的代码。

```xml
<!-- 定义数据源 Bean,使用 C3P0 数据源实现 -->
<bean id="dataSource" class="com.mchange.v2.c3p0.ComboPooledDataSource"
    destroy-method="close"
    p:driverClass="com.mysql.jdbc.Driver"
    p:jdbcUrl="jdbc:mysql://localhost/javaee?useSSL=true"
    p:user="root"
    p:password="32147"
    p:maxPoolSize="200">
```

```
          p:minPoolSize="2"
          p:initialPoolSize="2"
          p:maxIdleTime="20"/>
```

上面的配置文件可用于建立数据库的连接，且等同于如下代码：

```
// 创建数据源实例
ComboPooledDataSource ds = new ComboPooledDataSource();
// 设置连接数据库的驱动
ds.setDriverClass("com.mysql.jdbc.Driver");
// 设置数据库库服务的 URL
ds.setJdbcUrl("jdbc:mysql://localhost:3306/javaee");
// 设置数据库用户名
ds.setUser("root");
// 设置数据库连接密码
ds.setPassword("32147");
// 指定连接数据库连接池的最大连接数
ds.setMaxPoolSize(200);
// 指定连接数据库连接池的最小连接数
ds.setMinPoolSize(2);
// 指定连接数据库连接池的初始化连接数
ds.setInitialPoolSize(2);
// 指定连接数据库连接池的连接最大空闲时间
ds.setMaxIdleTime(true);
```

可以看出，第一种方式明显比第二种方式更优秀。因为当系统的数据库发生变化时（这是相当常见的情形），开发用的数据库与实际应用的数据库不可能是同一个数据库，当软件系统由客户使用时，其数据库系统也是需要改变的。采用第一种方式则无须修改系统源代码，仅通过修改配置文件就可以让系统适应数据库的改变。

使用 XML 配置文件提高解耦的方式，是目前企业级应用最常用的解耦方式，而依赖注入的方式则提供了更高层次的解耦。使用依赖注入可以将各模块之间的调用从代码中分离出来，并通过配置文件来装配组件。此处的依赖注入并非特指 Spring，事实上，依赖注入容器很多，如 HiveMind 等。

▶▶ 9.1.2　快捷、可控的开发

如果没有时间限制，任何一个软件系统在理论上都是可实现的。但这样的条件不存在，软件系统必须要及时投放市场。对于企业级应用，时间的限制则更加严格。正如前文介绍的，企业的信息是瞬息万变的，与之对应的系统必须能与时俱进。因此快捷、可控是企业信息化系统必须面对的挑战。

软件开发人员常常乐于尝试各种新的技术，总希望将各种新的技术带入项目的开发中，因而难免有时会将整个项目陷入危险的境地。

当然，采用更优秀、更新颖的技术，通常可以保证软件系统的性能更加稳定。例如，从早期的 C/S 架构向 B/S 架构的过渡，以及从 Model 1 到 Model 2 的过渡等。这些都提高了软件系统的可扩展性及可伸缩性。

但采用新的技术所带来的风险也是不得不考虑的，开发架构必须重新论证，开发人员必须重新培训，这都需要成本投入。如果整个团队缺乏精通该技术的领导者，项目的开发难免会陷入技术难题，从而导致软件的开发过程变成不可控——这是非常危险的事情。

成功的企业级应用，往往可以保证其良好的可扩展性及可伸缩性，并建立在良好的可控性的基础上。

▶▶ 9.1.3　稳定性、高效性

企业级应用还有个显著特点：并发访问量大，访问频繁。因此稳定性、高效性是企业级信息化系统必须达到的要求。

企业级应用必须有优秀的性能，如采用缓冲池的技术。缓冲池专用于保存那些创建开销大的对象，如果对象的创建开销大，花费时间长，该技术可将这些对象缓存，避免了重复创建，从而提高系统性能。典型的应用是数据连接池。

提高企业级应用性能的另一个方法是——数据缓存。但数据缓存有其缺点：数据缓存虽然在内存中，可极好地提高系统的访问速度；但缓存的数据占用了相当大的内存空间，这将会导致系统的性能下降。因此，数据缓存必须根据实际硬件设施制定，最好使用配置文件来动态管理缓存的大小。

▶▶ 9.1.4 花费最小化，利益最大化

这是个永恒的话题，任何一个商业组织都希望尽可能地降低开销。对开发者而言，降低开销主要是如何使在开发上的投资更有保值效果；即开发的软件系统具有很好的复用性，而不是每次面临系统开发任务时，总是需要重复开发。

尽可能让软件可以有高层次的复用，这也是软件行业的发展趋势。早期软件多采用结构化的程序设计语言，此时的软件复用多停留在代码复用的层次。面向对象的程序设计语言的出现，使代码复用提高到了类的复用。

在良好的 Java EE 架构设计中，复用是一个永恒的追求目标。架构设计师希望系统中大部分的组件可以复用，甚至能让系统的整个层可以复用。对于采用 DAO 模式的系统架构，如果数据库不发生大的改变，整个 DAO 层都不需要变化。

📁 9.2 如何面对挑战

除了上文介绍的所面临的各种技术挑战之外，企业级应用还有更多的挑战。每个行业都有各自复杂的规则，软件开发者往往缺乏对行业规则的了解。企业级应用的开发通常需要软件开发者和行业专家齐心协作，但系统开发中的沟通成本相当高，因为软件开发者与行业专家之间的沟通往往存在不少障碍，这些都会影响系统的开发。

面对这些挑战，本书提供如下建议。

▶▶ 9.2.1 使用建模工具

此处的建模工具不一定是 ROSE 等，可以是简单的手画草图。当然，借助于专业的建模工具可以更好地确定系统模型。

任何语言的描述都很空洞，而且具有很大的歧义性。使用图形则更加直观，而且意义更加明确。推荐使用建模工具主要出于如下两个方面的考虑。

用于软件开发者与行业专家之间沟通，正如前文所介绍的，行业专家与软件开发者之间对系统的理解可能存在少许差异。使用图形来帮助交流是不错的主意，通过建模工具绘制的各种图形，可使软件系统的模型更加清晰化。

用于软件开发者之间的沟通。即使在软件开发者内部，对于软件模型的认识往往也不是非常统一的。使用建模工具可以减少软件开发者对于系统的理解分歧，从而降低沟通成本。

关于建模工具，推荐采用统一建模语言：UML。但 UML 的使用也需要掌握分寸，在软件开发人员内部使用时，尽可能使用规范的 UML；但用于与行业专家沟通时，则应该尽量增加文字说明，而不要拘泥于 UML 图形的表现上，切忌仅将一个图形生硬摆出。

▶▶ 9.2.2 利用优秀的框架

使用框架可以大大提高系统的开发效率。除非开发一个非常小的系统，而且是开发后无须修改的系统，才可以完全抛弃框架。

优秀的框架本身就是从实际开发中抽取的通用部分，使用框架就可以避免重复开发通用部分。使用优秀的框架不仅可以直接使用框架中的基本组件和类库，还可以提高软件开发人员对系统架构设计的把握。使用框架有如下几个优势。

1. 提高生产效率

框架是在实际开发过程中抽取出来的通用部分。使用框架可以避免开发重复的代码，看下面的

JDBC 数据库访问代码。

```java
// 注册数据库驱动
Class.forName("com.mysql.jdbc.Driver");
// 数据服务的 URL
String url = "jdbc:mysql://localhost/javaee?useSSL=true";
// 数据库的用户名
String username = "root";
// 数据库密码
String password = "32147";
// 获取数据库连接
Connection conn = DriverManager.getConnection(url,username,password);
String sql="...";
// 创建 PreparedStatement
PreparedStatement pstmt =c onn. prepareStatement(sql);
// 为 SQL 语句传入参数
for(int i = 0 ; i < args.length ; i++)
{
    pstmt.setObject(i + 1 , args[i]);
}
// 执行更新
pstmt.executeUpdate();
```

　　上面的代码是连接数据库执行数据更新的代码。而这个过程的大部分都是固定的，包括连接数据库、创建 Statement 及执行更新等，唯一需要变化的是 SQL 语句。

　　在实际的开发过程中，不可能总是采用这种步骤进行数据库访问，为避免代码重复，可在实际的开发中提取出如下方法：

```java
public Class DbBean
{
    // 用于执行更新的方法
    public void update(String sql , String[] args)
    {
        // 创建 Statement 对象
        PreparedStatement pstmt= getConnection().prepareStatement(sql);
        // 为 SQL 语句传入参数
        for(int i = 0 ; i < args.length ; i++)
        {
            pstmt.setObject(i + 1 , args[i]);
        }
        // 执行更新
        pstmt.executeUpdate(sql);
    }
    // 获取数据库连接
    private Connection getConnection()
    {
        if (conn == null)
        {
            // 注册数据库驱动
            Class.forName("com.mysql.jdbc.Driver");
            // 数据服务的 URL
            String url="jdbc:mysql://localhost/javaee?useSSL=true";
            // 数据库的用户名
            String username="root";
            // 数据库密码
            String password="32147";
            // 获取数据库连接
            conn= DriverManager.getConnection(url,username,password);
        }
    }
    ...
}
```

上面的代码可以大大减少代码的重复量，但依然需要开发者完成连接数据库、创建 Prepared Statement 等步骤。如果使用 Spring 的 JDBC 抽象框架，上面的代码则可以简化为如下：

```
JdbcTemplate jt = new JdbcTemplate();
// 为 JdbcTemplate 指定 DataSource
jt.setDataSource(ds);
// 更新所使用的 SQL 语句
String sql="...";
// 执行更新
jt.update(sql);
```

借助于 Spring 的 JDBC 抽象框架，数据库访问无须手动获取连接，无须创建 Statement 等对象。只需要传入一个 DataSource 对象，由 JdbcTemplate 完成 DataSource 获取数据库连接；创建 Statement 对象；执行数据库更新的通用步骤。而软件开发者只需要提供简单的 SQL 语句即可。

另外，使用框架可以缩短系统的开发时间，特别是对于大型项目的开发，使用框架的优势将更加明显。根据 JavaWorld 社区的调查，使用框架和不使用框架的时间对比如图 9.1 所示。

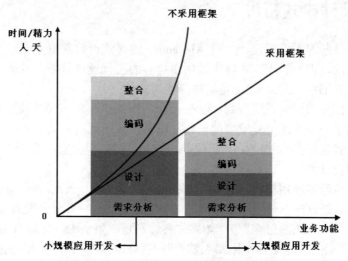

图 9.1　使用框架和不使用框架的时间对比

2．具有更稳定、更优秀的性能

如果不使用已有的框架，系统开发者将面临着需要自己完成所有的底层部分。除非开发者丝毫不遵守软件复用的原则，总是重复书写相同代码。

系统开发者从系统开发中提取出的共同部分，也可成为框架。不可否认，完全由开发者自己提取框架有自己的优势，开发人员更加熟悉框架的运行，无须投入成本学习新的技术；但借助于已有框架的优势更加明显，已有的框架通常已被非常多的项目验证过，框架的性能等通常更有保障，而开发者自己提取的框架则可能包含许多未知的隐患。

因此为了更好地了解框架底层的运行，建议使用开源框架。

3．更好的保值性

采用框架开发的系统使模块组织更加一致，从而降低了软件开发者之间的沟通成本，使系统具有更好的可读性，从而让软件系统具有更好的保值性。

后期的更新、维护也是企业级应用开发的重要组成部分。而使用框架的系统具有很大的相似性，从而有利于后期的更新及维护。

▶▶ 9.2.3　选择性地扩展

软件的需求千变万化，任何框架不可能总是那么完美，难免需要扩展现有的框架。

在许多项目中，开发者往往喜欢实现自己的框架，认为一个固定的框架会限制其发挥，事实上，他们没有意识到如何扩展框架。虽然开发自己的框架可以获得全部的控制权，但是这也意味着需要很多资源来实现它。正如前文讨论过的，实现自己的框架将需要开发者保证框架的稳定性及性能。

而对已有的框架进行扩展，则可最大限度地利用已有的框架，即使是扩展已有的框架，也不建议盲目扩展，因为新增的部分有时会引入新的风险。通常建议应对已有框架深入研究，尽量利用已有组件，除非无法使用已有框架时，才考虑选择性地扩展。

▶▶ 9.2.4　使用代码生成器

使用代码生成器可以自动生成部分程序，不但可以省去许多重复性的劳动，而且在系统开发过程中可以大大节省时间。代码生成器的效率很高，在开发软件的许多环节都有很好的作用，如数据持久化、界面及中间件等。

代码生成器还有个最大的作用：在原型开发期间可以大量重复利用代码生成器。原型系统通常在需求不十分明确时非常有用，此时的需求尚未确定，而软件功能业务无须十分完备，仅提供大致的软件功能，此时的代码生成器就非常有用。

📁 9.3　常见设计模式精讲

设计模式的概念最早起源于建筑设计大师 Alexander 的《建筑的永恒方法》一书，尽管 Alexander 的著作是针对建筑领域的，但他的观点实际上适用于所有的工程设计领域，其中也包括软件设计领域。在《建筑的永恒方法》一书中，Alexander 是这样描述模式的：

模式是一条由三个部分组成的通用规则：它表示了一个特定环境、一类问题和一个解决方案之间的关系。每一个模式描述了一个不断重复发生的问题，以及该问题解决方案的核心设计。

软件领域的设计模式也有类似的定义：设计模式是对处于特定环境下，经常出现的某类软件开发问题的，一种相对成熟的设计方案。

即使在日常生活中也经常使用模式。例如，当你看见前面出现一条水沟时，较为成熟的做法是跳过去——无须重新思索、重新设计下一步该如何做。这个例子很浅显，看上去没有什么值得研究的，但试想：如果你从未到过地球（从火星过来？），如果你突然看到一条水沟，你是否需要重新想一想呢？换个思路，当你对软件开发还未熟悉，如刚刚踏入软件开发行业，与一个火星人刚刚踏上地球是否有一定的相似之处？所以每次你遇到一个问题时，可能都需要想一想，但通过设计模式就可以直接运用前面成功的经验，从而避免重复设计。

所有资深软件设计师，他们积累了足够的经验，这些经验可以让他们快速、优雅地解决软件开发中的大量重复问题。而设计模式的最终目标就是帮助人们利用软件设计师的集体经验，从而设计出更加优秀的软件。

很多人容易把设计模式想象成非常高深的概念，笔者还见过一些学员喜欢抱着一本设计模式的书研究，以期成为一个"高手"（估计他肯定是武侠小说看多了），实际上对设计模式的理解必须以足够的代码积累量作为基础。因为如果你没有足够的走路、跳跃经验，现在直接告诉你：当遇到一条水沟时，一定要跳过去，你能理解吗？因此学习设计模式之前，必须积累足够的代码量（就像必须走过足够的路一样）。

本节与专门介绍设计模式的图书存在显著的区别：本节的重点不是全面地介绍各种设计模式，而是从实用主义角度来谈设计模式。本节并不仅仅介绍设计模式的实现，因为仅仅研究设计模式的实现是没有意义的。本节将会联系实际 Java EE 应用开发来介绍设计模式，并深入分析 Spring、Hibernate 等框架，以及 Java EE 应用中常用设计模式的应用场景。

根据 Erich Gamma、Richard Helm、Ralph Johnson、John Vlissides（他们是软件设计模式的奠基人）的说法，设计模式常常被分成如下三类。

> ➤ 创建型：创建对象时，不再直接实例化对象；而是根据特定场景，由程序来确定创建对象的方式，从而保证更高的性能、更好的架构优势。创建型模式主要有简单工厂模式（并不是 23 种设计模式之一）、工厂方法、抽象工厂模式、单例模式、生成器模式和原型模式。

> ➤ 结构型：用于帮助将多个对象组织成更大的结构。结构型模式主要有适配器模式、桥接模式、组合器模式、装饰器模式、门面模式、享元模式和代理模式。

> 行为型：用于帮助系统间各对象的通信，以及如何控制复杂系统中的流程。行为型模式主要有命令模式、解释器模式、迭代器模式、中介者模式、备忘录模式、观察者模式、状态模式、策略模式、模板模式和访问者模式。

9.3.1 单例模式

有些时候，允许自由创建某个类的实例没有意义，还可能造成系统性能下降（因为创建对象所带来的系统开销问题）。例如整个系统只有一个窗口管理器，只有一个假脱机打印设备；在 Java EE 应用中可能只需要一个数据库引擎访问点，Hibernate 访问时只需要一个 SessionFactory 实例，如果在系统中为它们创建多个实例就没有太大的意义。

如果一个类始终只能创建一个实例，则这个类被称为单例类，这种模式就被称为单例模式。

对 Spring 框架而言，可以在配置 Bean 实例时指定 scope="singleton"来配置单例模式。不仅如此，如果配置<bean .../>元素时没有指定 scope 属性，则该 Bean 实例默认是单例的行为方式。

Spring 推荐将所有业务逻辑组件、DAO 组件、数据源组件等配置成单例的行为方式，因为这些组件无须保存任何用户状态，故所有客户端都可共享这些业务逻辑组件、DAO 组件，因此推荐将这些组件配置成单例模式的行为方式。

即使不借助 Spring 框架，也可手动实现单例模式。为了保证该类只能产生一个实例，程序不能允许自由创建该类的对象，而是只允许为该类创建一个对象。为了避免程序自由创建该类的实例，使用 private 修饰该类的构造器，从而将该类的构造器隐藏起来。

将该类的构造器隐藏起来，则需要提供一个 public 方法作为该类的访问点，用于创建该类的对象，且该方法必须使用 static 修饰（因为调用该方法之前还不存在对象，因此调用该方法的不可能是对象，只能是类）。

除此之外，该类还必须缓存已经创建的对象，否则该类无法知道是否曾经创建过实例，也就无法保证只创建一个实例。为此该类需要使用一个静态属性来保存曾经创建的实例，且该属性需要被静态方法访问，所以该属性也应使用 static 修饰。

基于上面的介绍，下面的程序创建了一个单例类。

程序清单：codes\09\9.3\Singleton\SingletonTest.java

```java
class Singleton
{
    // 使用一个类变量缓存曾经创建的实例
    private static Singleton instance;
    // 将构造器使用 private 修饰，隐藏该构造器
    private Singleton(){}
    // 提供一个静态方法，用于返回 Singleton 实例
    // 该方法可以加入自定义的控制，保证只产生一个 Singleton 对象
    public static Singleton getInstance()
    {
        // 如果 instance 为 null，表明还不曾创建 Singleton 对象
        // 如果 instance 不为 null，则表明已经创建了 Singleton 对象，将不会执行该方法
        if (instance == null)
        {
            // 创建一个 Singleton 对象，并将其缓存起来
            instance = new Singleton();
        }
        return instance;
    }
}
public class SingletonTest
{
    public static void main(String[] args)
    {
        // 创建 Singleton 对象不能通过构造器，只能通过 getInstance 方法
        Singleton s1 = Singleton.getInstance();
```

```
        Singleton s2 = Singleton.getInstance();
        // 将输出 true
        System.out.println(s1 == s2);
    }
}
```

上面的程序中第一行粗体字代码使用了一个静态属性来保存已创建的 Singleton 实例，程序第二段粗体字代码用于判断系统是否已经创建过 Singleton 实例——如果已经创建过 Singleton 实例，则直接返回该 Singleton 实例即可。

正是通过上面第二段粗体字代码提供的控制逻辑，从而保证了 Singleton 类只能产生一个实例。所以在 SingletonTest 类的 main 方法中看到两次产生的 Singleton 对象实际上是同一个对象。

在 Java EE 应用中，单例模式是一种应用非常广泛的设计模式，应用中许多组件都只需要单个实例，下面介绍的工厂模式里的工厂也只需要单个实例……

使用单例模式主要有如下两个优势。

➢ 减少创建 Java 实例所带来的系统开销。

➢ 便于系统跟踪单个 Java 实例的生命周期、实例状态等。

▶▶ 9.3.2　简单工厂

对于一个典型的 Java 应用而言，应用之中各实例之间存在复杂的调用关系（Spring 把这种调用关系称为依赖关系，例如 A 实例调用 B 实例的方法，则称为 A 依赖于 B）。

当 A 对象需要调用 B 对象的方法时，许多初学者会选择使用 new 关键字来创建一个 B 实例，然后调用 B 实例的方法。从语法的角度来看，这种做法没有任何问题，这种做法的坏处在于：A 类的方法实现直接调用了 B 类的类名（这种方式也被称为硬编码耦合），一旦系统需要重构：需要使用 C 类来代替 B 类时，程序不得不改写 A 类代码。如果应用中有 100 个或 10 000 个类以硬编码方式耦合了 B 类，则需要重新改写 100 个、10 000 个地方……这显然是一种非常可怕的事情。

换一个角度来看这个问题：对于 A 对象而言，它只需要调用 B 对象的方法，并不是关心 B 对象的实现、创建过程。考虑让 B 类实现一个 IB 接口，而 A 类只需要 IB 接口耦合——A 类并不直接使用 new 关键字来创建 B 实例，而是重新定义一个工厂类：IBFactory，由该工厂类来负责创建 IB 实例；而 A 类通过调用 IBFactory 工厂的方法来得到 IB 的实例。

通过改用上面设计，则 A 类不但需要与 IBFactory 耦合，还需要与 IB 接口耦合；如果系统需要重构：需要使用 C 类代替 B 类，则只需要让 C 类也实现 IB 接口，并改写 IBFactory 工厂中创建 IB 实例的实现代码，让该工厂产生 C（实现了 IB 接口）实例即可。由于所有依赖 IB 实例的对象都是通过工厂来获取 IB 实例的，所以它们都将改为获得 C 实例，这就完成了系统重构。

这种将多个类对象交给工厂类来生成的设计方式被称为简单工厂模式。

下面以一个简单的场景来介绍简单工厂模式。假设程序中有个 Computer 对象需要依赖一个输出设备，现在有两个选择：直接让 Computer 对象依赖一个 Printer（实现类）对象，或者让 Computer 依赖一个 Output（接口）属性。

在这种应用场景下，使用简单工厂模式可以让系统具有更好的可维护性、可扩展性。根据工厂模式，程序应该让 Computer 依赖一个 Output 属性，将 Computer 类与 Printer 实现类分离开来。Computer 对象只需面向 Output 接口编程即可；而 Computer 具体依赖于 Output 的哪个实现类则完全透明。

下面是这个 Computer 类定义的代码。

程序清单：codes\09\9.3\SimpleFactory\Computer.java

```
public class Computer
{
    private Output out;
    public Computer(Output out)
    {
        this.out = out;
    }
```

```
    // 定义一个模拟获取字符串输入的方法
    public void keyIn(String msg)
    {
        out.getData(msg);
    }
    // 定义一个模拟打印的方法
    public void print()
    {
        out.out();
    }
    public static void main(String[] args)
    {
        // 创建 OutputFactory
        OutputFactory of = new OutputFactory();
        // 将 Output 对象传入，创建 Computer 对象
        Computer c = new Computer(of.getOutput());
        c.keyIn("轻量级 Java EE 企业应用实战");
        c.keyIn("疯狂 Java 讲义");
        c.print();
    }
}
```

从上面粗体字代码可以看出，该 Computer 类已经完全与 Output 实现类分离了，它只与该接口耦合。而且，Computer 不再负责创建 Output 对象，系统将提供一个 Output 工厂来负责生成 Output 对象。这个 OutputFactory 工厂类代码如下。

程序清单：codes\09\9.3\SimpleFactory\OutputFactory.java

```
public class OutputFactory
{
    public Output getOutput()
    {
        // 下面两行代码用于控制系统到底使用 Output 的哪个实现类
        return new Printer();
    }
}
```

在该 OutputFactory 类中包含了一个 getOutput()方法，该方法返回一个 Output 实现类的实例。该方法负责创建 Output 实例，具体创建哪一个实现类的对象由该方法决定，具体由该方法中粗体部分控制，当然也可以增加更复杂的控制逻辑。程序中粗体字代码创建了一个 Printer 对象，Printer 类的代码如下。

程序清单：codes\09\9.3\SimpleFactory\Printer.java

```
// 让 Printer 类实现 Output
public class Printer implements Output
{
    private String[] printData = new String[MAX_CACHE_LINE];
    // 用以记录当前需打印的作业数
    private int dataNum = 0;
    public void out()
    {
        // 只要还有作业，继续打印
        while(dataNum > 0)
        {
            System.out.println("打印机打印: " + printData[0]);
            // 把作业队列整体前移一位，并将剩下的作业数减 1
            System.arraycopy(printData , 1, printData, 0, --dataNum);
        }
    }
    public void getData(String msg)
    {
        if (dataNum >= MAX_CACHE_LINE)
        {
            System.out.println("输出队列已满，添加失败");
```

```
        }
        else
        {
            // 把打印数据添加到队列里，已保存数据的数量加 1
            printData[dataNum++] = msg;
        }
    }
}
```

上面的 Printer 类模拟了一个简单的打印机，如果系统需要重构，需要使用 BetterPrinter 来代替 Printer 类，则只需要让 BetterPrinter 实现 Output 接口，并改写 OutputFactory 类的 getOutput()方法即可。

下面是 BetterPrinter 实现类的代码。BetterPrinter 只是对原有的 Printer 进行简单修改，以模拟系统重构后的改进。

程序清单：codes\09\9.3\SimpleFactory\BetterPrinter.java

```java
public class BetterPrinter implements Output
{
    private String[] printData = new String[MAX_CACHE_LINE * 2];
    // 用以记录当前需打印的作业数
    private int dataNum = 0;
    public void out()
    {
        // 只要还有作业，继续打印
        while(dataNum > 0)
        {
            System.out.println("高速打印机正在打印: " + printData[0]);
            // 把作业队列整体前移一位，并将剩下的作业数减 1
            System.arraycopy(printData , 1, printData, 0, --dataNum);
        }
    }
    public void getData(String msg)
    {
        if (dataNum >= MAX_CACHE_LINE * 2)
        {
            System.out.println("输出队列已满，添加失败");
        }
        else
        {
            // 把打印数据添加到队列里，已保存数据的数量加 1
            printData[dataNum++] = msg;
        }
    }
}
```

上面程序中的 BetterPrinter 类与 Printer 并无太大区别，仅仅略微改变了 Printer 实现，且 BetterPrinter 也实现了 Output 接口，因此也可当成 Output 对象使用，因此只要把 OutputFactory 工厂类的 getOutput() 方法中粗体部分改为如下代码：

```
return new BetterPrinter();
```

再次运行前面的 Computer.java 程序，发现 Computer 所依赖的 Output 对象已改为 BetterPrinter 对象，而不再是原来的 Printer 对象。

通过这种方式，可以把所有生成 Output 对象的逻辑集中在 OutputFactory 工厂类中管理，而所有需要使用 Output 对象的类只需与 Output 接口耦合，而不是与具体的实现类耦合。即使系统中有很多类依赖了 Printer 对象，只要 OutputFactory 类的 getOutput()方法返回 BetterPrinter 对象，则它们全部将会改为依赖 BetterPrinter 对象，而其他程序无须修改，只需要修改 OutputFactory 工厂的 getOutput()的方法实现即可。

使用简单工厂模式的优势是：让对象的调用者和对象创建过程分离，当对象调用者需要对象时，直接向工厂请求即可；从而避免了对象的调用者与对象的实现类以硬编码方式耦合，以提高系统的可维护性、可扩展性。工厂模式也有一个小小的缺陷：当产品修改时，工厂类也要做相应的修改。

　　对 Spring 容器而言，它首先是一个巨大的工厂，它负责创建所有 Bean 实例，整个应用的所有组件都由 Spring 容器负责创建。不仅如此，Spring 容器扩展了这种简单工厂模式，它还可以管理 Bean 实例之间的依赖关系；而且，如果容器中 Bean 实例具有 singleton 行为特征，则 Spring 容器还会缓存该 Bean 实例，从而保证程序通过 Spring 工厂来获取该 Bean 实例时，Spring 工厂将会返回同一个 Bean 实例。

　　下面的示例提供一份类似于 Spring 配置文件的 XML 文件，程序提供一个扩展的工厂类，该工厂类也可提供类似于 Spring IoC 容器的功能。

程序清单：codes\09\9.3\IoC\beans.xml

```xml
<?xml version="1.0" encoding="GBK"?>
<beans>
    <bean id="computer" class="lee.Computer">
        <!-- 为 name 注入基本类型的值 -->
        <property name="name" value="孙悟空的电脑"/>
        <!-- 为 out 注入工厂中其他对象 -->
        <property name="out" ref="betterPrinter"/>
    </bean>
    <!-- 配置两个 Bean 实例 -->
    <bean id="printer" class="lee.Printer"/>
    <bean id="betterPrinter" class="lee.BetterPrinter"/>
    <!-- 配置一个 prototype 行为的 Bean 实例 -->
    <bean id="now" class="java.util.Date" scope="prototype"/> <!--①-->
</beans>
```

　　细心的读者可能已经发现：该配置文件和 Spring 配置文件如此相似。实际上只是简单修改了 Spring 配置文件。上面的配置文件一样配置了 computer Bean，且为该 Bean 依赖注入了两个属性：name 和 out。除此之外，上面的配置文件中①号代码处还配置了一个 prototype 行为的 Bean 实例。

　　本程序中也提供了一个简化的 ApplicationContext 接口，该接口仅包含一个 getBean()方法。

程序清单：codes\09\9.3\IoC\src\org\crazyit\ioc\ApplicationContext.java

```java
public interface ApplicationContext
{
    // 获取指定 Bean 实例的方法
    Object getBean(String name)
        throws Exception;
}
```

　　本示例将为该接口提供一个简单的实现类，该实现类就是一个功能强大的工厂。它使用 Dom4j 来解析 XML 配置文件，并根据配置文件来创建工厂中的 Bean 实例。下面是该实现类的代码。

程序清单：codes\09\9.3\IoC\src\org\crazyit\ioc\CrazyitXmlApplicationContext.java

```java
public class CrazyitXmlApplicationContext
    implements ApplicationContext
{
    // 保存容器中所有单例模式的 Bean 实例
    private Map<String , Object> objPool
        = Collections.synchronizedMap(new HashMap<String , Object>());
    // 保存配置文件对应的 Document 对象
    private Document doc;
    // 保存配置文件里的根元素
    private Element root;
    public CrazyitXmlApplicationContext(String filePath)
        throws Exception
    {
        SAXReader reader = new SAXReader();
        doc = reader.read(new File(filePath));
        root = doc.getRootElement();
        initPool();
        initProp();
```

```
    }
    public Object getBean(String name)
        throws Exception
    {
        Object target = objPool.get(name);
        // 对于 singleton 对象，容器已经初始化了所有的 Bean 实例，直接返回即可
        if (target.getClass() != String.class)
        {
            return target;
        }
        else
        {
            String clazz = (String)target;
            // 对于 prototype 对象并未注入属性值
            return Class.forName(clazz).getConstructor().newInstance();
        }
    }
    // 初始化容器中所有的 singleton Bean
    private void initPool()
        throws Exception
    {
        // 遍历配置文件里的每个<bean.../>元素
        for (Object obj : root.elements())
        {
            Element beanEle = (Element)obj;
            // 取得<bean.../>元素的 id 属性
            String beanId = beanEle.attributeValue("id");
            // 取得<bean.../>元素的 class 属性
            String beanClazz = beanEle.attributeValue("class");
            // 取得<bean.../>元素的 scope 属性
            String beanScope = beanEle.attributeValue("scope");
            // 如果<bean.../>元素的 scope 属性不存在，或为 singleton
            if (beanScope == null ||
                beanScope.equals("singleton"))
            {
                // 以默认构造器创建 Bean 实例，并将其放入 objPool 中
                objPool.put(beanId , Class.forName(beanClazz)
                    .getConstructor().newInstance());
            }
            else
            {
                // 对于非 singlton Bean，存放该 Bean 实现类的类名
                objPool.put(beanId , beanClazz);
            }
        }
    }
    // 初始化容器中 singleton Bean 的属性
    private void initProp()
        throws Exception
    {
        // 遍历配置文件里的每个<bean.../>元素
        for (Object obj : root.elements())
        {
            Element beanEle = (Element)obj;
            // 取得<bean.../>元素的 id 属性
            String beanId = beanEle.attributeValue("id");
            // 取得<bean.../>元素的 scope 属性
            String beanScope = beanEle.attributeValue("scope");
            // 如果<bean.../>元素的 scope 属性不存在，或为 singleton
            if (beanScope == null ||
                beanScope.equals("singleton"))
            {
                // 取出 objPool 的指定的 Bean 实例
```

```java
Object bean = objPool.get(beanId);
// 遍历<bean.../>元素的每个<property.../>子元素
for (Object prop : beanEle.elements())
{
    Element propEle = (Element)prop;
    // 取得<property.../>元素的 name 属性
    String propName = propEle.attributeValue("name");
    // 取得<property.../>元素的 value 属性
    String propValue = propEle.attributeValue("value");
    // 取得<property.../>元素的 ref 属性
    String propRef = propEle.attributeValue("ref");
    // 将属性名的首字母大写
    String propNameCamelize = propName.substring(0 , 1)
    .toUpperCase() + propName.substring(1, propName.length());
    // 如果<property.../>元素的 value 属性值存在
    if (propValue != null && propValue.length() > 0)
    {
        // 获取设值注入所需的 setter 方法
        Method setter = bean.getClass().getMethod(
            "set" + propNameCamelize , String.class);
        // 执行 setter 注入
        setter.invoke(bean , propValue);
    }
    if (propRef != null && propRef.length() > 0)
    {
        // 取得需要被依赖注入的 Bean 实例
        Object target = objPool.get(propRef);
        // objPool 池中不存在指定 Bean 实例
        if (target == null)
        {
            // 此处还应处理 Singleton Bean 依赖 prototype Bean 的情形
        }
        // 定义设值注入所需的 setter 方法
        Method setter = null;
        // 遍历 target 对象所所实现的所有接口
        for (Class superInterface : target.getClass().get-
            Interfaces())
        {
            try
            {
                // 获取设值注入所需的 setter 方法
                setter = bean.getClass().getMethod(
                    "set" + propNameCamelize ,
                 superInterface);
                // 如果成功取得该接口对应的方法，直接跳出循环
                break;
            }
            catch (NoSuchMethodException ex)
            {
                // 如果没有找到对应的 setter 方法，继续下次循环
                continue;
            }
        }
        // 如果 setter 方法依然为 null
        // 则直接取得 target 实现类对应的 setter 方法
        if (setter == null)
        {
            setter = bean.getClass().getMethod(
                "set" + propNameCamelize , target.
            getClass());
        }
        // 执行 setter 注入
```

```
                            setter.invoke(bean , target);
                    }
                }
            }
        }
    }
}
```

上面的 CrazyitXmlApplicationContext 类是一个功能强大的工厂类，它根据 XML 配置文件创建 Bean 实例，程序需要 Bean 实例时只需调用该工厂类的 getBean()方法即可。

上面的 CrazyitXmlApplicationContext 类当然不能与 Spring 的 ApplicationContext 实现类相比，该容器类仅仅实现了简单的 IoC 功能，而且并未为 prototype 行为的 Bean 的属性提供依赖注入功能。读者可以通过该工厂类大致了解 Spring 底层的实现原理。

下面是测试该工厂类的主类。

程序清单：codes\09\9.3\IoC\src\lee\IoCTest.java

```java
public class IoCTest
{
    public static void main(String[] args)
        throws Exception
    {
        // 创建 IoC 容器
        ApplicationContext ctx = new CrazyitXmlApplicationContext("beans.xml");
        // 从 IoC 容器中取出 computer Bean
        Computer c = (Computer)ctx.getBean("computer");
        // 测试 Computer 对象
        c.keyIn("轻量级 Java EE 企业应用实战");
        c.keyIn("疯狂 Java 讲义");
        c.print();
        System.out.println(ctx.getBean("now"));
    }
}
```

从上面程序中的粗体字代码可以看出，本程序的 IoC 容器具有和 Spring 容器类似的功能，同样可以创建并管理容器中所有的 Bean 实例。

与简单工厂模式类似的还有工厂方法和抽象工厂模式，下面将进一步讲解工厂方式和抽象工厂模式的设计方式。

➤➤ 9.3.3　工厂方法和抽象工厂

在简单工厂模式里，系统使用工厂类生产所有产品实例，且该工厂类决定生产哪个类的实例，即该工厂类负责所有的逻辑判断、实例创建等工作。

如果不想在工厂类中进行逻辑判断，程序可以为不同产品类提供不同的工厂，不同的工厂类生产不同的产品。例如为上面的 Printer、BetterPrinter 分别提供 PrinterFactory 和 BetterPrinterFactory 工厂类，这就无须在工厂类进行复杂的逻辑判断。

本示例应用将 OutputFactory 改为一个接口，并为该接口提供两个实现类：PrinterFactory.java 和 BetterPrinterFactory.java。下面是 OutputFactory 接口的代码。

程序清单：codes\09\9.3\FactoryMethod\OutputFactory.java

```java
public interface OutputFactory
{
    // 仅定义一个方法用于返回输出设备
    Output getOutput();
}
```

上面的 OutputFactory 只是一个接口，该接口提供了一个 getOutput()方法，该方法可直接返回一个输出设备。

下面为 OutputFactory 接口提供一个 PrinterFactory 实现类，该实现类专门负责生成 Printer 实例。

程序清单：codes\09\9.3\FactoryMethod\PrinterFactory.java

```java
public class PrinterFactory
    implements OutputFactory
{
    public Output getOutput()
    {
        // 该工厂只负责产生 Printer 对象
        return new Printer();
    }
}
```

上面的 PrinterFactory 实现了 OutputFactory 接口，并实现了该接口里的 getOutput()方法，该方法直接返回一个简单的 Printer 对象，如上面的粗体字代码所示。

下面再为 OutputFactory 接口提供一个 BetterPrinterFactory 实现类，该实现类专门负责生成 BetterPrinter 实例。

程序清单：codes\09\9.3\FactoryMethod\BetterPrinterFactory.java

```java
public class BetterPrinterFactory
    implements OutputFactory
{
    public Output getOutput()
    {
        // 该工厂只负责产生 BetterPrinter 对象
        return new BetterPrinter();
    }
}
```

本示例应用中各类之间的类图如图 9.2 所示。

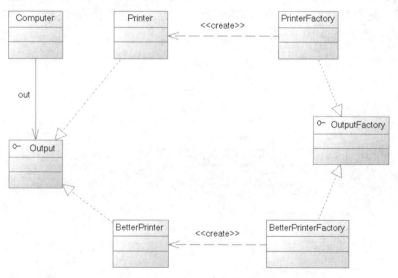

图 9.2 工厂方法中各类的类图

当使用工厂方法设计模式时，对象调用者需要与具体的工厂类耦合：当需要不同对象时，程序需要调用相应工厂对象的方法来得到所需的对象。如下是 Computer 类中创建 Output 对象并调用该对象方法的代码。

程序清单：codes\09\9.3\FactoryMethod\Computer.java

```java
public class Computer
{
    private Output out;
    public Computer(Output out)
```

```
    {
        this.out = out;
    }
    // 定义一个模拟获取字符串输入的方法
    public void keyIn(String msg)
    {
        out.getData(msg);
    }
    // 定义一个模拟打印的方法
    public void print()
    {
        out.out();
    }
    public static void main(String[] args)
    {
        // 使用 PrinterFactory 子类来创建 OutputFactory
        OutputFactory of = new PrinterFactory();
        // 将 Output 对象传入，创建 Computer 对象
        Computer c = new Computer(of.getOutput());
        c.keyIn("轻量级 Java EE 企业应用实战");
        c.keyIn("疯狂 Java 讲义");
        c.print();
    }
}
```

正如程序中的粗体字代码所示，当客户端代码需要调用 Ouput 对象的方法时，为了得到不同的 Output 实例，程序必须显式创建不同的 OutputFactory 实例，程序中创建的是 PrinterFactory 实例。

从上面的代码可以看出，对于采用工厂方法的设计架构，客户端代码成功与被调用对象的实现类分离，但带来了另一种耦合：客户端代码与不同的工厂类耦合。这依然是一个问题！

为了解决客户端代码与不同工厂类耦合的问题，接着考虑再增加一个工厂类，该工厂类不是生产 Output 对象，而是生产 OutputFactory 实例——简而言之，这个工厂类不制造具体的被调用对象，而是制造不同工厂对象。这个特殊的工厂类被称呼抽象工厂类，这种设计方式也被称为抽象工厂模式。如图 9.3 所示是抽象工厂模式示例的 UML 类图。

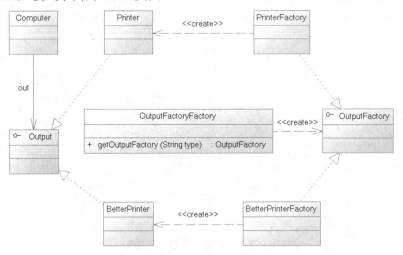

图 9.3　抽象工厂模式的 UML 类图

从图 9.3 中可以看出，在这种模式下系统新增了一个 OutputFactoryFactory 工厂类，该工厂类提供了一个 getOutputFactory(String type)方法，该方法用于返回一个 OutputFactory 工厂实例。下面是该抽象工厂类的代码。

程序清单：codes\09\9.3\AbstractFactory\OutputFactoryFactory.java

```
public class OutputFactoryFactory
{
    // 仅定义一个方法用于返回输出设备
```

```
public static OutputFactory getOutputFactory(
    String type)
{
    if (type.equalsIgnoreCase("better"))
    {
        return new BetterPrinterFactory();
    }
    else
    {
        return new PrinterFactory();
    }
}
```

从上面的粗体字代码可以看出，抽象工厂根据 type 参数进行判断，决定需要生成哪种工厂实例。通过这种设计模式，就可让客户端程序只需与抽象工厂类耦合。下面是客户端调用被调用者对象方法的主方法。

程序清单：codes\09\9.3\AbstractFactory\Computer.java

```
public static void main(String[] args)
{
    // 使用 PrinterFactory 子类来创建 OutputFactory
    OutputFactory of = OutputFactoryFactory
        .getOutputFactory("better");
    // 调用 OuputFactory 的方法获取 Output 对象
    // 并将 Output 对象传入，创建 Computer 对象
    Computer c = new Computer(of.getOutput());
    c.keyIn("轻量级 Java EE 企业应用实战");
    c.keyIn("疯狂 Java 讲义");
    c.print();
}
```

上面程序中的粗体字代码用于产生一个 OutputFactory 工厂，但具体产生哪个工厂则由 OutputFactoryFactory 抽象工厂决定，不同的工厂对象将产生不同的 Output 对象。通过采用抽象工厂的设计模式，系统可以让客户端代码与被调用对象的实现类、具体的工厂类分离。

读者掌握了这种抽象工厂模式后，应该对 Spring IoC 容器感到迷惑：它到底是简单工厂，还是抽象工厂？本书倾向于认为 Spring IoC 容器是抽象工厂，因为 Sping IoC 容器可以包括万象，它不仅可以管理普通 Bean 实例，也可管理工厂实例。

不要过分纠缠于简单工厂模式、抽象工厂模式这些概念，可以把它们统称为工厂模式。如果工厂直接生产被调用对象，那就是简单工厂模式；如果工厂生产了工厂对象，那就会升级成抽象工厂模式。

▶▶ 9.3.4 代理模式

代理模式是一种应用非常广泛的设计模式，当客户端代码需要调用某个对象时，客户端实际上也不关心是否准确得到该对象，它只要一个能提供该功能的对象即可，此时就可返回该对象的代理（Proxy）。

在这种设计方式下，系统会为某个对象提供一个代理对象，并由代理对象控制对源对象的引用。代理就是一个 Java 对象代表另一个 Java 对象来采取行动。在某些情况下，客户端代码不想或不能够直接调用被调用者，代理对象可以在客户和目标对象之间起到中介的作用。

对客户端而言，它不能分辨出代理对象与真实对象的区别，它也无须分辨代理对象和真实对象的区别。客户端代码并不知道真正的被代理对象，客户端代码面向接口编程，它仅仅持有一个被代理对象的接口。

总而言之，只要客户端代码不能或不想直接访问被调用对象——这种情况有很多原因，比如需要创建一个系统开销很大的对象，或者被调用对象在远程主机上，或者目标对象的功能还不足以满足需求……而是额外创建一个代理对象返回给客户端使用，那么这种设计方式就是代理模式。

下面示范一个简单的代理模式，程序首先提供了一个 Image 接口，代表大图片对象所实现的接口。

程序清单：codes\09\9.3\Proxy\Image.java

```
public interface Image
{
    void show();
}
```

该接口提供了一个实现类，该实现类模拟了一个大图片对象，该实现类的构造器使用 Thread.sleep()
方法来暂停 3s。下面是该 BigImage 的程序代码。

程序清单：codes\09\9.3\Proxy\BigImage.java

```
// 使用该 BigImage 模拟一个很大图片
public class BigImage implements Image
{
    public BigImage()
    {
        try
        {
            // 程序暂停 3s 模式模拟系统开销
            Thread.sleep(3000);
            System.out.println("图片装载成功...");
        }
        catch (InterruptedException ex)
        {
            ex.printStackTrace();
        }
    }
    // 实现 Image 里的 show() 方法
    public void show()
    {
        System.out.println("绘制实际的大图片");
    }
}
```

上面程序中的粗体字代码暂停了 3s，这表明创建一个 BigImage 对象需要 3s 的时间开销——程序使
用这种延迟来模拟装载此图片所导致的系统开销。如果不采用代理模式，当程序中创建 BigImage 时，
系统将会产生 3s 的延迟。为了避免这种延迟，程序为 BigImage 对象提供了一个代理对象，BigImage
类的代理类如下。

程序清单：codes\09\9.3\Proxy\ImageProxy.java

```
public class ImageProxy implements Image
{
    // 组合一个 image 实例，作为被代理的对象
    private Image image;
    // 使用抽象实体来初始化代理对象
    public ImageProxy(Image image)
    {
        this.image = image;
    }
    /**
     * 重写 Image 接口的 show() 方法
     * 该方法用于控制对被代理对象的访问
     * 并根据需要负责创建和删除被代理对象
     */
    public void show()
    {
        // 只有当真正需要调用 image 的 show 方法时才创建被代理对象
        if (image == null)
        {
            image = new BigImage();
        }
```

```
            image.show();
        }
    }
```

上面的 ImageProxy 代理类实现了与 BigImage 相同的 show()方法，这使得客户端代码获取到该代理对象之后，可以将该代理对象当成 BigImage 来使用。

在 ImageProxy 类的 show()方法中增加了粗体字代码的控制逻辑，这段控制逻辑用于控制当系统真正调用 image 的 show()时，才会真正创建被代理的 BigImage 对象。下面程序需要使用 BigImage 对象，但程序并不是直接返回 BigImage 实例，而是先返回 BigImage 的代理对象，如下面的程序所示。

程序清单：codes\09\9.3\Proxy\BigImageTest.java

```
public class BigImageTest
{
    public static void main(String[] args)
    {
        long start = System.currentTimeMillis();
        // 程序返回一个 Image 对象，该对象只是 BigImage 的代理对象
        Image image = new ImageProxy(null);
        System.out.println("系统得到 Image 对象的时间开销:" +
            (System.currentTimeMillis() - start));
        // 只有当实际调用 image 代理的 show()方法时，程序才会真正创建被代理对象
        image.show();
    }
}
```

上面的程序初始化 image 非常快，因为程序并未真正创建 BigImage 对象，只是得到了 ImageProxy 代理对象——直到程序调用 image.show()方法时，程序需要真正调用 BigImage 对象的 show()方法，程序此时才真正创建 BigImage 对象。运行上面程序，看到如图 9.4 所示的结果。

图 9.4　使用代理模式提高性能

看到如图 9.4 所示的运行结果，读者应该能认同：使用代理模式提高了获取 Image 对象的系统性能。但可能有读者会提出疑问：程序调用 ImageProxy 对象的 show()方法时一样需要创建 BigImage 对象，系统开销并未真正减少，只是这种系统开销延迟了而已？

可以从如下两个角度来回答这个问题。

➢ 把创建 BigImage 推迟到真正需要它时才创建，这样能保证前面程序运行的流畅性，而且能减少 BigImage 在内存中的存活时间，从宏观上节省了系统的内存开销。

➢ 在有些情况下，也许程序永远不会真正调用 ImageProxy 对象的 show()方法——意味着系统根本无须创建 BigImage 对象。在这种情形下，使用代理模式可以显著地提高系统运行性能。

第二种情况正是 Hibernate 延迟加载所采用的设计模式，相信读者还记得前面介绍 Hibernate 关联映射时的知识，当 A 实体和 B 实体之间存在关联关系时，Hibernate 默认启用延迟加载，当系统加载 A 实体时，A 实体关联的 B 实体并未被加载出来，A 实体所关联的 B 实体全部是代理对象——只有等到 A 实体真正需要访问 B 实体时，系统才会去数据库里抓取 B 实体所对应的记录。

Hibernate 的延迟加载充分体现了代理模式的优势：当系统加载 A 实体时，也许只需要访问 A 实体对应的记录，根本不会访问 A 的关联实体。如果不采用代理模式，系统需要在加载 A 实体时，同时加载 A 实体的所有关联实体——这是多么大的系统开销啊！

除了上面出于性能考虑使用代理模式之外，代理模式还有另一种常用场景：当目标对象的功能不足以满足客户端需求时，系统可以为该对象创建一个代理对象，而代理对象可以增强原目标对象的功能。

借助于 Java 提供的 Proxy 和 InvocationHandler，可以实现在运行时生成动态代理的功能，而动态代理对象就可作为目标对象使用，而且增强了目标对象的功能。

由于 JDK 动态代理只能创建指定接口的动态代理，所以下面先提供一个 Dog 接口，该接口代码非常简单，仅仅在该接口里定义了两个方法。

程序清单：codes\09\9.3\DynaProxy\Dog.java

```
public interface Dog
{
    // info()方法声明
    void info();
    // run()方法声明
    void run();
}
```

上面接口里只是简单定义了两个方法，并未提供方法实现。下面程序先为该接口提供一个实现类，该实现类的实例将会作为被代理的目标对象。下面是该接口实现类的代码。

程序清单：codes\09\9.3\DynaProxy\GunDog.java

```
public class GunDog implements Dog
{
    // info()方法实现，仅仅打印一个字符串
    public void info()
    {
        System.out.println("我是一只猎狗");
    }
    // run()方法实现，仅仅打印一个字符串
    public void run()
    {
        System.out.println("我奔跑迅速");
    }
}
```

上面的代码没有丝毫的特别之处，该 Dog 的实现类仅仅为每个方法提供了一个简单实现。现在假设该目标对象（GunDog）实例的两个方法不能满足实际需要，因此客户端不想直接调用该目标对象。假设客户端需要在 GunDog 为两个方法增加事务控制：在目标方法被调用之前开始事务，在目标方法被调用之后结束事务。

为了实现该功能，可以为 GunDog 对象创建一个代理对象，该代理对象提供与 GunDog 对象相同的方法，而代理对象增强了 GunDog 对象的功能。

下面先提供一个 TxUtil 类（这个类通常被称为拦截器），该类里包含两个方法，分别用于开始事务、提交事务。下面是 TxUtil 类的源代码。

程序清单：codes\09\9.3\DynaProxy\TxUtil.java

```
public class TxUtil
{
    // 第一个拦截器方法：模拟事务开始
    public void beginTx()
    {
        System.out.println("=====模拟开始事务=====");
    }
    // 第二个拦截器方法：模拟事务结束
    public void endTx()
    {
        System.out.println("=====模拟结束事务=====");
    }
}
```

借助于 Proxy 和 InvocationHandler 就可以实现：当程序调用 info()方法和 run()方法时，系统可以"自动"将 beginTx()和 endTx()两个通用方法插入 info()和 run()方法执行中。

JDK 动态代理的关键在于下面的 MyInvocationHandler 类，该类是一个 InvocationHandler 实现类，该实现类的 invoke 方法将会作为代理对象的方法实现。

程序清单：codes\09\9.3\DynaProxy\MyInvocationHandler.java

```
public class MyInvokationHandler
    implements InvocationHandler
```

```
{
    // 需要被代理的对象
    private Object target;
    public void setTarget(Object target)
    {
        this.target = target;
    }
    // 执行动态代理对象的所有方法时，都会被替换成执行如下的 invoke 方法
    public Object invoke(Object proxy, Method method, Object[] args)
        throws Exception
    {
        TxUtil tx = new TxUtil();
        // 执行 TxUtil 对象中的 beginTx()。
        tx.beginTx();
        // 以 target 作为主调来执行 method 方法
        Object result = method.invoke(target , args);
        // 执行 TxUtil 对象中的 endTx()。
        tx.endTx();
        return result;
    }
}
```

上面的 invoke()方法将会作为动态代理对象的所有方法的实现体。上面方法中第一行粗体字代码调用了开始事务的方法，第二行粗体字代码通过反射回调了被代理对象的目标方法，第三行粗体字代码调用了结束事务的方法。通过这种方式，使得代理对象的方法既回调了被代理对象的方法，并为被代理对象的方法增加了事务功能。

下面再为程序提供一个 MyProxyFactory 类，该对象专为指定的 target 生成动态代理实例。

程序清单：codes\09\9.3\DynaProxy\MyProxyFactory.java

```
public class MyProxyFactory
{
    // 为指定 target 生成动态代理对象
    public static Object getProxy(Object target)
        throws Exception
    {
        // 创建一个 MyInvokationHandler 对象
        MyInvokationHandler handler = new MyInvokationHandler();
        // 为 MyInvokationHandler 设置 target 对象
        handler.setTarget(target);
        // 创建并返回一个动态代理
        return Proxy.newProxyInstance(target.getClass().getClassLoader()
            , target.getClass().getInterfaces(), handler);
    }
}
```

上面的动态代理工厂类提供了一个 getProxy()方法，该方法为 target 对象生成一个动态代理对象，这个动态代理对象与 target 实现了相同的接口，所以具有相同的 public 方法——从这个意义上来看，动态代理对象可以当成 target 对象使用。当程序调用动态代理对象的指定方法时，实际上将变为执行 MyInvokationHandler 对象的 invoke 方法。例如调用动态代理对象的 info()方法，程序将开始执行 invoke()方法，其执行步骤如下。

① 创建 TxUtil 实例。

② 执行 TxUtil 实例的 beginTx()方法。

③ 使用反射以 target 作为调用者执行 info()方法。

④ 执行 TxUtil 实例的 endTx ()方法。

看到上面的执行过程，读者应该已经发现：使用动态代理对象来代替被代理对象时，代理对象的方法就实现了前面的要求——程序执行 info()、run()方法时增加事务功能。而且这种方式有一个额外的好处：GunDog 的方法中没有以硬编码的方式调用 beginTx()和 endTx()——这就为系统扩展增加了无限可能性：当系统需要扩展 GunDog 实例的功能时，程序只需要提供额外的拦截器类，并在

MyInvokationHandler 的 invoke()方法中回调这些拦截器方法即可。

下面提供一个主程序来测试动态代理的结果。

程序清单：codes\09\9.3\DynaProxy\Test.java

```java
public class Test
{
    public static void main(String[] args)
        throws Exception
    {
        // 创建一个原始的 GunDog 对象，作为 target
        Dog target = new GunDog();
        // 以指定的 target 来创建动态代理
        Dog dog = (Dog)MyProxyFactory.getProxy(target);
        // 调用代理对象的 info()和 run()方法
        dog.info();
        dog.run();
    }
}
```

上面程序中的 dog 对象实际上是动态代理对象，只是该动态代理对象也实现了 Dog 接口，所以也可以当成 Dog 对象使用。程序执行 dog 的 info()和 run()方法时，实际上会先执行 TxUtil 的 beginTx()，再执行 target 对象的 info()和 run()方法，最后再执行 TxUtil 的 endTx()。执行上面的程序，将看到如图 9.5 所示的结果。

从如图 9.5 所示的运行结果来看，不难发现采用动态代理可以非常灵活地实现解耦。通过使用这种动态代理，程序就为被代理对象增加了额外的功能。

这种动态代理在 AOP（Aspect Orient Program，面向切面编程）里被称为 AOP 代理，AOP 代理可代替目标对象，AOP 代理包含了目标对象的全部方法。但 AOP 代理中的方法与目标对象的方法存在差异：AOP 代理里的方法可以在执行目标方法之前、之后插入一些通用处理。

AOP 代理所包含的方法与目标对象所包含的方法示意图如图 9.6 所示。

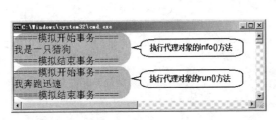

图 9.5　动态代理

图 9.6　AOP 代理的方法与目标对象的方法

看到此处，相信读者应该对 Spring 的 AOP 框架有点感觉了：当 Spring 容器中的被代理 Bean 实现了一个或多个接口时，Spring 所创建的 AOP 代理就是这种动态代理。Spring AOP 与此示例应用的区别在哪里呢？Spring AOP 更灵活，当 Sping 定义 InvocationHandler 类的 invoke()时，它并没有以硬编码方式决定调用哪些拦截器，而是通过配置文件来决定在 invoke()方法中要调用哪些拦截器，这就实现了更彻底的解耦——当程序需要为目标对象扩展新功能时，根本无须改变 Java 代理，只需要在配置文件中增加更多的拦截器配置即可。

▶▶ 9.3.5　命令模式

考虑这样一种场景：某个方法需要完成某一个功能，完成这个功能的大部分步骤已经确定了，但可能有少量具体步骤无法确定，必须等到执行该方法时才可以确定。具体一点：假设有个方法需要遍历某个数组的数组元素，但无法确定在遍历数组元素时如何处理这些元素，需要在调用该方法时指定具体的处理行为。

这个要求看起来有点奇怪：这个方法不仅要求参数可以变化，甚至要求方法执行体的代码也可以变化，需要能把"处理行为"作为一个参数传入该方法。

提示：

> 在某些编程语言（如 Ruby、Perl 等）中，确实允许传入一个代码块作为参数。从 Java 8 开始支持的 Lambda 表达式也可以实现这种功能。

对于这样的需求，要求把"处理行为"作为参数传入该方法，而"处理行为"用编程来实现就是一段代码。那如何把这段代码传入某个方法呢？在 Java 语言中，类才是一等公民，方法也不能独立存在，所以实际传入该方法的应该是一个对象，该对象通常是某个接口的匿名实现类的实例，该接口通常被称为命令接口，这种设计方式也被称为命令模式。

下面的程序先定义一个 ProcessArray 类，该类里包含一个 each()方法用于处理数组，但具体如何处理暂时不能确定，所以 each()方法里定义了一个 Command 参数。

程序清单：codes\09\9.3\Command\ProcessArray.java

```
public class ProcessArray
{
    // 定义一个each()方法，用于处理数组
    public void each(int[] target , Command cmd)
    {
        cmd.process(target);
    }
}
```

上面定义 each()方法时，指定了一个 Command 形参，这个 Command 接口用于定义一个 process()方法，该方法用于封装对数组的"处理行为"。下面是该 Command 接口代码。

程序清单：codes\09\9.3\Command\Command.java

```
public interface Command
{
    // 接口里定义的process()方法用于封装"处理行为"
    void process(int[] target);
}
```

上面的 Command 接口里定义了一个 process()方法，这个方法用于封装"处理行为"，但这个方法没有方法体——因为现在还无法确定这个处理行为。

当主程序调用 ProcessArray 对象的 each()方法来处理数组时，每次处理数组需要传入不同的"处理行为"——也就是要为 each()方法传入不同的 Command 对象，不同的 Command 对象封装了不同的"处理行为"。

下面是主程序调用 ProcessArray 对象 each()方法的程序。

程序清单：codes\09\9.3\Command\CommandTest.java

```
public class CommandTest
{
    public static void main(String[] args)
    {
        ProcessArray pa = new ProcessArray();
        int[] target = {3, -4, 6, 4};
        // 第一次处理数组，具体的处理行为取决于Command对象
        pa.each(target , new Command()
        {
            // 重写process()方法，决定具体的处理行为
            public void process(int[] target)
            {
                for (int tmp : target )
                {
                    System.out.println("迭代输出目标数组的元素:" + tmp);
                }
```

```
            }
        });
        System.out.println("-------------------");
        // 第二次处理数组，具体的处理行为取决于 Command 对象
        pa.each(target , new Command()
        {
            // 重写 process 方法，决定具体的处理行为
            public void process(int[] target)
            {
                int sum = 0;
                for (int tmp : target )
                {
                    sum += tmp;
                }
                System.out.println("数组元素的总和是:" + sum);
            }
        });
    }
}
```

　　正如上面的程序中两段粗体字代码所示，程序两次调用 ProcessArray 对象的 each()方法来处理数组对象，每次调用 each()方法时传入不同的 Command 匿名实现类的实例，不同的 Command 实例封装了不同的"处理行为"。

　　运行上面程序，将看到如图 9.7 所示的结果。

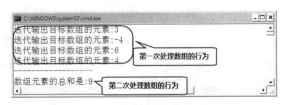

　　图 9.7 显示了两次不同处理行为的结果，也就实现了 process()方法和"处理行为"的分离，两次不同的处理行为分别由两个不同的 Command 对象来提供。

　　图 9.7　两次处理数组的结果

　　Java 8 新增了 Lambda 表达式功能，Java 8 允许使用 Lambda 表达式创建函数式接口的实例。所谓函数式接口，指的是只包含一个抽象方法的接口。上面程序中的 Command 接口就是函数式接口。因此 CommandTest 可改写为如下形式：

程序清单：codes\09\9.3\Command\LambdaTest.java

```
public class LambdaTest
{
    public static void main(String[] args)
    {
        ProcessArray pa = new ProcessArray();
        int[] target = {3, -4, 6, 4};
        // 第一次处理数组，具体的处理行为取决于 Lambda 表达式
        pa.each(target , array -> {
            for (int tmp : array )
            {
                System.out.println("迭代输出目标数组的元素:" + tmp);
            }
        });
        System.out.println("-------------------");
        // 第二次处理数组，具体的处理行为取决于 Lambda 表达式
        pa.each(target , array -> {
            int sum = 0;
            for (int tmp : array )
            {
                sum += tmp;
            }
            System.out.println("数组元素的总和是:" + sum);
        });
    }
}
```

　　理解了这个命令模式后，相信读者对 Spring 框架中 HibernateTemplate 的 execute()方法找到了一点

感觉，HibernateTemplate 使用了 execute()方法弥补了 HibernateTemplate 的不足，该方法需要接受一个 HibernateCallback 接口，该接口的代码如下：

```
// 定义一个 HibernateCallback 接口，该接口封装持久化处理行为
public interface HibernateCallback
{
    Object doInHibernate(Session session);
}
```

上面的 HibernateCallback 接口就是一个典型的 Command 接口，一个 HibernateCallback 对象封装了自定义的持久化处理。

对 HibernateTemplate 而言，大部分持久化操作都可通过一个方法来实现，HibernateTemplate 对象简化了 Hibernate 的持久化操作，但丢失了使用 Hibernate 持久化操作的灵活性。

通过 HibernateCallback 就可以弥补 HibernateTemplate 灵活性不足的缺点，当调用 HibernateTemplate 的 execute()方法时，传入 HibernateCallback 对象的 doInHibernate()方法就是自定义的持久化处理——即将自定义的持久化处理传入了 execute()方法。下面的代码片段使用 Lambda 表达式来实现该功能。

```
List list = getHibernateTemplate()
    .execute(session -> {
        // 执行 Hibernate 分页查询
        List result = session.createQuery(hql)
            .setFirstResult(offset)
            .setMaxResults(pageSize)
            .list();
        return result;
    });
return list;
```

上面程序中的粗体字代码块将直接传给 HibernatTemplate，HibernatTemplate 将直接使用该代码块来执行持久化查询，并将查询得到的结果作为 execute()方法的返回值。

▶▶ 9.3.6 策略模式

策略模式用于封装系列的算法，这些算法通常被封装在一个被称为 Context 的类中，客户端程序可以自由选择其中一种算法，或让 Context 为客户端选择一个最佳的算法——使用策略模式的优势是为了支持算法的自由切换。

考虑如下场景：假如正在开发一个网上书店，该书店为了更好地促销，经常需要对图书进行打折促销，程序需要考虑各种打折促销的计算方法。

为了实现书店现在所提供的各种打折需求，程序考虑使用如下方式来实现。

```
// 一段实现 discount()方法的代码
public double discount(double price)
{
    // 针对不同情况采用不同的打折算法
    switch(getDiscountType())
    {
        case VIP_DISCOUNT:
            return vipDiscount(price);
            break;
        case OLD_DISCOUNT:
            return oldDiscount(price);
            break;
        case SALE_DISCOUNT:
            return saleDiscount(price);
            break;
        ...
    }
}
```

上面的粗体字代码会根据打折类型来决定使用不同的打折算法，从而满足该书店促销打折的要求。

从功能实现的角度来看，这段代码没有太大的问题。但这段代码有一个明显的不足，程序中各种打折方法都被直接写入了 discount(double price)方法中。如有一天，该书店需要新增一种打折类型呢？那开发人员必须修改至少三处代码：首先需要增加一个常量，该常量代表新增的打折类型；其次需要在 switch 语句中增加一个 case 语句；最后开发人员需要实现 xxxDiscount()方法，用于实现新增的打折算法。

为了改变这种不好的设计，下面将会选择使用策略模式来实现该功能。下面先提供一个打折算法的接口，该接口里包含一个 getDiscount ()方法，该接口的代码如下。

程序清单：codes\09\9.3\Strategy\DiscountStrategy.java

```java
public interface DiscountStrategy
{
    // 定义一个用于计算打折价的方法
    double getDiscount(double originPrice);
}
```

下面为该打折接口提供两个策略类，它们分别实现了不同的打折算法。

程序清单：codes\09\9.3\Strategy\VipDiscount.java

```java
// 实现 DiscountStrategy 接口，实现对 VIP 打折的算法
public class VipDiscount
    implements DiscountStrategy
{
    // 重写 getDiscount()方法，提供 VIP 打折算法
    public double getDiscount(double originPrice)
    {
        System.out.println("使用 VIP 折扣...");
        return originPrice * 0.5;
    }
}
```

程序清单：codes\09\9.3\Strategy\OldDiscount.java

```java
public class OldDiscount
    implements DiscountStrategy
{
    // 重写 getDiscount()方法，提供旧书打折算法
    public double getDiscount(double originPrice)
    {
        System.out.println("使用旧书折扣...");
        return originPrice * 0.7;
    }
}
```

提供了如上两个折扣策略类之后，程序还应该提供一个 DiscountContext 类，该类用于为客户端代码选择合适折扣策略，当然也允许用户自由选择折扣策略。下面是该 DiscountContext 类的代码。

程序清单：codes\09\9.3\Strategy\DiscountContext.java

```java
public class DiscountContext
{
    // 组合一个 DiscountStrategy 对象
    private DiscountStrategy strategy;
    // 构造器，传入一个 DiscountStrategy 对象
    public DiscountContext(DiscountStrategy strategy)
    {
        this.strategy = strategy;
    }
    // 根据实际所使用的 DiscountStrategy 对象得到折扣价
    public double getDiscountPrice(double price)
    {
        // 如果 strategy 为 null，系统自动选择 OldDiscount 类
        if (strategy == null)
        {
            strategy = new OldDiscount();
```

```
        }
        return this.strategy.getDiscount(price);
    }
    // 提供切换算法的方法
    public void changeDiscount(DiscountStrategy strategy)
    {
        this.strategy = strategy;
    }
}
```

从上面的程序的粗体字代码可以看出，该 Context 类扮演了决策者的角色，它决定调用哪个折扣策略来处理图书打折。当客户端代码没有选择合适的折扣时，该 Context 会自动选择 OldDiscount 折扣策略；用户也可根据需要选择合适的折扣策略。

下面的程序示范了使用该 Context 类来处理图书打折的任何情况。

程序清单：codes\09\9.3\Strategy\StrategyTest.java

```
public class StrategyTest
{
    public static void main(String[] args)
    {
        // 客户端没有选择打折策略类
        DiscountContext dc = new DiscountContext(null);
        double price1 = 79;
        // 使用默认的打折策略
        System.out.println("79 元的书默认打折后的价格是: "
            + dc.getDiscountPrice(price1));
        // 客户端选择合适的 VIP 打折策略
        dc.changeDiscount(new VipDiscount());
        double price2 = 89;
        // 使用 VIP 打折得到打折价格
        System.out.println("89 元的书对 VIP 用户的价格是: "
            + dc.getDiscountPrice(price2));
    }
}
```

上面程序的第一行粗体字代码创建了一个 DiscountContext 对象，客户端并未指定实际所需的打折策略类，故程序将使用默认的打折策略类；程序第二行粗体字代码指定使用 VipDiscount 策略类，故程序将改为使用 VIP 打折策略。

再次考虑前面的需求：当业务需要新增一种打折类型时，系统只需要新定义一个 DiscountStrategy 实现类，该实现类实现 getDiscount()方法，用于实现新的打折算法即可。客户端程序需要切换为新的打折策略时，则需要先调用 DiscountContext 的 changeDiscount()方法切换为新的打折策略。

从上面的介绍中可以看出，使用策略模式可以让客户端代码在不同的打折策略之间切换，但也有一个小小的遗憾：客户端代码需要和不同的策略类耦合。为了弥补这个不足，可以考虑使用配置文件来指定 DiscountContext 使用哪种打折策略——这就彻底分离客户端代码和具体打折策略类。

介绍到这里，相信读者对 Hibernate 的 Dialect 会有一点感觉了，这个 Dialect 类代表各数据库方言的抽象父类，但不同数据库的持久化访问可能存在一些差别，尤其在分页算法上存在较大的差异，Dialect 不同子类就代表了一种特定的数据库访问策略。为了让客户端代码与具体的数据库、具体的 Dialect 实现类分离，Hibernate 需要在 hibernate.cfg.xml 文件中指定应用所使用的 Dialect 子类。

与此类似的是，Spring 的 Resource 接口也是一个典型的策略接口，不同的实现类代表了不同的资源访问策略。当然 Spring 可以非常"智能"地选择合适的 Resource 实现类，通常来说，Spring 可以根据前缀来决定使用合适的 Resource 实现类；还可根据 ApplicationContext 的实现类来决定使用合适的 Resource 实现类。具体请参考本书 8.3 节的介绍。

▶▶ 9.3.7　门面模式

随着系统的不断改进和开发，它们会变得越来越复杂，系统会生成大量的类，这使得程序流程更难被理解。门面模式可为这些类提供一个简化的接口，从而简化访问这些类的复杂性，有时这种简化可能降低访问这些底层类的灵活性，但除了要求特别苛刻的客户端之外，它通常都可以提供所需的全部功能，当然，那些苛刻的用户仍然可以直接访问底层的类和方法。

门面模式（Facade）也被称为正面模式、外观模式，这种模式用于将一组复杂的类包装到一个简单的外部接口中。

现在考虑这样的场景：有一个顾客需要到饭店用餐，这就需要定义一个 Customer 类，并为该类定义一个 haveDinner()方法。考虑该饭店有三个部门：收银部、厨师部和服务生部，用户就餐需要这三个部门协调才能完成。

本示例程序先定义一个收银部，用户需要调用该部门的 pay()方法来支付用餐费。

程序清单：codes\09\9.3\Facade\PaymentImpl.java

```java
public class PaymentImpl
    implements Payment
{
    // 实现模拟顾客支付费用的方法
    public String pay()
    {
        String food = "快餐";
        System.out.println("你已经向收银员支付了费用，您购买的食物是: "
            + food);
        return food;
    }
}
```

程序接下来要定义一个厨师部门，用户需要调用该部门的 cook ()方法来烹调食物。

程序清单：codes\09\9.3\Facade\CookImpl.java

```java
public class CookImpl
    implements Cook
{
    // 实现模拟烹调食物的方法
    public String cook(String food)
    {
        System.out.println("厨师正在烹调:" + food);
        return food;
    }
}
```

程序还要定义一个服务生部门，用户需要调用该部门的 serve ()方法来得到食物。

程序清单：codes\09\9.3\Facade\WaiterImpl.java

```java
public class WaiterImpl
    implements Waiter
{
    // 模拟服务生上菜的方法
    public void serve(String food)
    {
        System.out.println("服务生已将" + food
            + "端过来了，请慢用...");
    }
}
```

接下来实现 Customer 类的 haveDinner()方法时，系统将有如下代码实现。

程序清单：codes\09\9.3\Facade\Customer.java

```java
public class Customer
{
    public void haveDinner()
    {
        // 依次创建三个部门实例
        Payment pay = new PaymentImpl();
```

```
        Cook cook = new CookImpl();
        Waiter waiter = new WaiterImpl();
        // 依次调用三个部门实例的方法来实现用餐功能
        String food = pay.pay();
        food = cook.cook(food);
        waiter.serve(food);
    }
}
```

正如上面的粗体字代码所示，Customer 需要依次调用三个部门的方法才可实现这个 havaDinner() 方法。实际上，如果这个饭店有更多的部门，那么程序就需要调用更多部门的方法来实现这个 haveDinner()方法——这就会增加 haveDinner()方法的实现难度了。

为了解决这个问题，可以为 Payment、Cook、Waiter 三个部门提供一个门面（Facade），使用该 Facade 来包装这些类，对外提供一个简单的访问方法。下面是该 Facade 类的代码。

程序清单：codes\09\9.3\Facade\Facade.java

```java
public class Facade
{
    // 定义被 Facade 封装的三个部门
    Payment pay;
    Cook cook;
    Waiter waiter;
    // 构造器
    public Facade()
    {
        this.pay = new PaymentImpl();
        this.cook = new CookImpl();
        this.waiter = new WaiterImpl();
    }
    public void serveFood()
    {
        // 依次调用三个部门的方法，封装成一个 serveFood()方法
        String food = pay.pay();
        food = cook.cook(food);
        waiter.serve(food);
    }
}
```

从 Facade 代码可以看出，该门面类保证了 Payment、Cook、Waiter 三个部门，程序的粗体字代码对外提供了一个简单的 serveFood()方法，该方法对外提供了一个用餐的方法，而底层则依赖于三个部门的 pay()、cook()、serve()三个方法。

一旦程序提供了这个门面类 Facade 之后，Cutsomer 类实现 haveDinner()方法就变得更加简单了。下面是通过 Facade 类实现 haveDinner()方法的代码。

```java
public void haveDinner()
{
    // 直接依赖于 Facade 类来实现用餐方法
    Facade f = new Facade();
    f.serveFood();
}
```

从上面的程序可以看出，如果不采用门面模式，客户端需要自行决定需要调用哪些类、哪些方法，并需要按合理的顺序来调用它们才可实现所需的功能。不采用门面模式时,程序有如图9.8所示的结构。

从图 9.8 中可以看出，两个客户端需要和底层各对象形成错综复杂的网络调用，无疑增加了客户端编程的复杂度。使用门面模式后的程序结构如图 9.9 所示。

从图 9.9 可以看出，当程序使用了门面模式之后，客户端代码只需要和门面类进行交互，客户端代码变得极为简单。

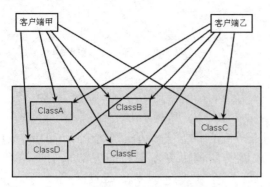

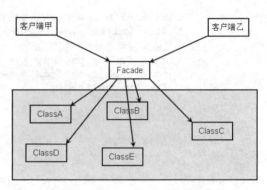

图 9.8　未使用门面模式的程序结构图　　　　　　　图 9.9　使用门面模式的程序结构图

阅读到此处相信读者对 Spring 的 HibernateTemplate 类有点感觉了，当程序使用 HibernateTemplate 的 find()方法时，程序只要此一行代码即可得到查询返回的 List。但实际上该 find()方法后隐藏了如下代码：

```
Session session = sf.openSession();
Query query = session.createQuery(hql);
for(int i = 0 ; i < args.length ; i++)
{
    query.setParameter(i + "" ,args[i]);
}
query.list();
```

因此可以认为 HibernateTemplate 是 SessionFactory、Session、Query 等类的门面，当客户端程序需要进行持久化查询时，程序无须调用这些类，而是直接调用 HibernateTemplate 门面类的方法即可。

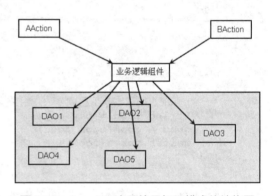

除此之外，Java EE 应用里使用业务逻辑组件来封装 DAO 组件也是典型的门面模式——每个业务逻辑组件都是众多 DAO 组件的门面，系统的控制器类无须直接访问 DAO 组件，而是由业务逻辑方法来组合多个 DAO 方法以完成所需功能，而 Action 只需与业务逻辑组件交互即可。在这种设计方式下，Java EE 应用的各组件有如图 9.10 所示的结构。

图 9.10　Java EE 应用使用门面模式的结构图

➤➤ 9.3.8　桥接模式

桥接模式是一种结构型模式，它主要应对的是：由于实际的需要，某个类具有两个或两个以上的维度变化，如果只是使用继承将无法实现这种需要，或者使得设计变得相当臃肿。

举例来说，假设现在需要为某个餐厅制造菜单，餐厅供应牛肉面、猪肉面……而且顾客可根据自己的口味选择是否添加辣椒。此时就产生了一个问题，如何应对这种变化：是否需要定义辣椒牛肉面、无辣牛肉面、辣椒猪肉面、无辣猪肉面 4 个子类？如果餐厅还供应羊肉面、韭菜面……呢？如果添加辣椒时可选择无辣、微辣、中辣、重辣……风味呢？那程序岂非一直忙于定义子类？

为了解决这个问题，可以使用桥接模式，桥接模式的做法是把变化部分抽象出来，使变化部分与主类分离开来，从而将多个维度的变化彻底分离。最后提供一个管理类来组合不同维度上的变化，通过这种组合来满足业务的需要。

下面以一个简单的示例来示范桥接模式的使用。程序首先提供了一个 Peppery 接口，该接口代表了面条是否添加辣椒。

程序清单：codes\09\9.3\Bridge\Peppery.java

```
public interface Peppery
{
```

```
        String style();
}
```

接着程序为该接口提供两个实现类，第一个实现类代表辣椒的风格。

程序清单：codes\09\9.3\Bridge\PepperySytle.java

```
public class PepperySytle implements Peppery
{
    // 实现"辣味"风格的方法
    public String style()
    {
        return "辣味很重，很过瘾...";
    }
}
```

下面一个实现类代表不添加辣椒的风格。

程序清单：codes\09\9.3\Bridge\PlainStyle.java

```
public class PlainStyle implements Peppery
{
    // 实现"不辣"风格的方法
    public String style()
    {
        return "味道清淡，很养胃...";
    }
}
```

从上面的程序可以看出，该 Peppery 接口代表了面条在辣味风格这个维度上的变化，不论面条在该维度上有多少种变化，程序只需要为这几种变化分别提供实现类即可。对于系统而言，辣味风格这个维度上的变化是固定的，程序必须面对的，程序使用桥接模式将辣味风格这个维度的变化分离出来了，避免与牛肉、猪肉材料风格这个维度的变化耦合在一起。

接着程序提供了一个 AbstractNoodle 抽象类，该抽象类将会持有一个 Peppery 属性，该属性代表该面条的辣味风格。程序通过 AbstractNoodle 组合一个 Peppery 对象，从而运行了面条在辣味风格这个维度上的变化；而 AbstractNoodle 本身可以包含很多实现类，不同实现类则代表了面条在材料风格这个维度上的变化。下面是 AbstractNoodle 类的代码。

程序清单：codes\09\9.3\Bridge\AbstractNoodle.java

```
public abstract class AbstractNoodle
{
    // 组合一个 Peppery 变量，用于将该维度的变化独立出来
    protected Peppery style;
    // 每份 Noodle 必须组合一个 Peppery 对象
    public AbstractNoodle(Peppery style)
    {
        this.style = style;
    }
    public abstract void eat();
```

正如上面的程序中粗体字代码所示，上面的 AbstractNoodle 实例将会与一个 Peppery 实例组合，不同的 AbstractNoodle 实例与不同的 Peppery 实例组合，就可完成辣味风格、材料风格两个维度上变化的组合了。

由此可见，AbstractNoodle 抽象类可以看做是一个桥梁，它被用来"桥接"面条的材料风格的改变与辣味风格的改变，使面条的特殊属性得到无绑定的扩充。

接下来为 AbstractNoodle 提供一个 PorkyNoodle 子类，该子类代表猪肉面。

程序清单：codes\09\9.3\Bridge\PorkyNoodle.java

```
public class PorkyNoodle extends AbstractNoodle
{
```

```
    public PorkyNoodle(Peppery style)
    {
        super(style);
    }
    // 实现 eat() 抽象方法
    public void eat()
    {
        System.out.println("这是一碗稍嫌油腻的猪肉面条。"
            + super.style.style());
    }
}
```

再提供一个 BeefMoodle 子类，该子类代表牛肉面。

程序清单：codes\09\9.3\Bridge\BeefNoodle.java

```
public class BeefNoodle extends AbstractNoodle
{
    public BeefNoodle(Peppery style)
    {
        super(style);
    }
    // 实现 eat() 抽象方法
    public void eat()
    {
        System.out.println("这是一碗美味的牛肉面条。"
            + super.style.style());
    }
}
```

从 PorkyNoodle.java 和 BeefMoodle.java 中可以看出：AbstractNoodle 的两个具体类实现 eat() 方法时，既组合了材料风格的变化，也组合了辣味风格的变化，从而可表现出两个维度上的变化。在桥接模式下这些接口和类之间的结构关系如图 9.11 所示。

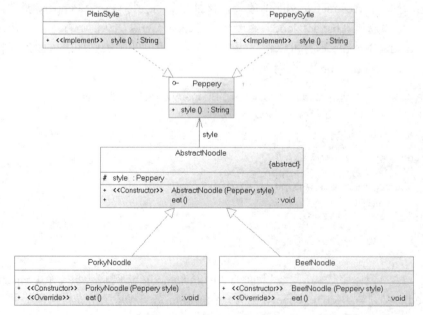

图 9.11　桥接模式的类图

下面提供一个主程序，可以分别产生辣椒牛肉面、无辣牛肉面、辣椒猪肉面、无辣猪肉面 4 种风格的面条。

程序清单：codes\09\9.3\Bridge\Test.java

```
public class Test
{
    public static void main(String[] args)
```

```
    {
        // 下面将得到"辣味"的牛肉面
        AbstractNoodle noodle1 = new BeefNoodle(
            new PepperySytle());
        noodle1.eat();
        // 下面将得到"不辣"的牛肉面
        AbstractNoodle noodle2 = new BeefNoodle(
            new PlainStyle());
        noodle2.eat();
        // 下面将得到"辣味"的猪肉面
        AbstractNoodle noodle3 = new PorkyNoodle(
            new PepperySytle());
        noodle3.eat();
        // 下面将得到"不辣"的猪肉面
        AbstractNoodle noodle4 = new PorkyNoodle(
            new PlainStyle());
        noodle4.eat();
    }
}
```

上面程序的 main()方法中得到了 4 种面条，这 4 种面条就满足了面条在两个维度上的变化，但程序结构又比较简洁。

桥接模式在 Java EE 架构中有非常广泛的用途，由于 Java EE 应用需要实现跨数据库的功能，程序为了在不同数据库之间迁移，因此系统需要在持久化技术这个维度上存在改变；除此之外，系统也需要在不同业务逻辑实现之间迁移，因此也需要在逻辑实现这个维度上存在改变，这正好符合桥接模式的使用场景。因此，Java EE 应用都会推荐使用业务逻辑组件和 DAO 组件分离的结构，让 DAO 组件负责持久化技术这个维度上的改变，让业务逻辑组件负责业务逻辑实现这个维度上的改变。由此可见，Java EE 应用中常见的 DAO 模式正是桥接模式的应用。

> **注意**
>
> 　　可能有读者会感到奇怪，刚才还提到用业务逻辑组件来包装 DAO 组件是门面模式，怎么现在又说这种方式是桥接模式呢？其实这两种说法都没有问题，称这种方式为门面模式，是从每个业务逻辑组件底层包装了多个 DAO 组件这个角度来看的，从这个角度来看，业务逻辑组件就是 DAO 组件的门面；如果从 DAO 组件的设计初衷来看，设计 DAO 组件是为了让应用在不同持久化技术之间自由切换，也就是分离系统在持久化技术这个维度上的变化，从这个角度来看，Java EE 应用中分离出 DAO 组件本身就是遵循桥接模式的。

不要以为每段代码、每个应用只能使用一种设计模式！实际上，一个设计优良的项目，本身就是设计模式最好的教科书，例如 Spring 框架，当你深入阅读其源代码时，你会发现这个框架处处充满了设计模式的应用场景。

此处介绍设计模式，并不是为了让读者满足于设计模式的实现方式，而是希望读者能掌握设计模式的应用场景，能使用设计模式来解决实际开发问题。真正掌握设计模式的要求是：当进行系统开发时，无须刻意思索需要运用哪种设计模式，而是信手写来，整个应用的设计充满灵性，有大量的设计模式应用其中。

▶▶ 9.3.9　观察者模式

观察者模式定义了对象间的　对多依赖关系，让一个或多个观察者对象观察一个主题对象。当主题对象的状态发生变化时，系统能通知所有的依赖于此对象的观察者对象，从而使得观察者对象能够自动更新。

在观察者模式中，被观察的对象常常也被称为目标或主题（Subject），依赖的对象被称为观察者（Observer）。

下面以一个简单的示例来示范观察者模式，程序先提供一个观察者接口。

程序清单：codes\09\9.3\Observer\Observer.java

```java
public interface Observer
{
    void update(Observable o , Object arg);
}
```

上面 Observer 接口是一个观察者接口，程序中所有观察者都应该实现该接口。在该接口的 **update()** 方法中包含了一个 Observable 类型的参数，该参数代表被观察对象，也就是前面介绍的目标或主题。此处的 Observable 是一个抽象基类，程序中被观察者应该继承该抽象基类。Observable 类的代码如下。

程序清单：codes\09\9.3\Observer\Observable.java

```java
public abstract class Observable
{
    // 用一个 List 来保存该对象上所有绑定的事件监听器
    List<Observer> observers =
        new ArrayList<Observer>();
    // 定义一个方法，用于从该主题上注册观察者
    public void registObserver(Observer o)
    {
        observers.add(o);
    }
    // 定义一个方法，用于从该主题中删除观察者
    public void removeObserver(Observer o)
    {
        observers.remove(o);
    }
    // 通知该主题上注册的所有观察者
    public void notifyObservers(Object value)
    {
        // 遍历注册到该被观察者上的所有观察者
        for (Observer o : observers)
        {
            // 显式调用每个观察者的 update() 方法
            o.update(this , value);
        }
    }
}
```

该 Observable 抽象类是所有被观察者的基类，它主要提供了 registObserver() 方法用于注册一个新的观察者；并提供了一个 removeObserver() 方法用于删除一个已注册的观察者；当具体被观察对象的状态发生改变时，具体被观察对象会调用 notifyObservers() 方法来通知所有观察者。

下面提供一个具体的被观察者类：Product，该产品有两个属性，它继承了 Observable 抽象基类。

程序清单：codes\09\9.3\Observer\Product.java

```java
public class Product extends Observable
{
    // 定义两个成员变量
    private String name;
    private double price;
    // 无参数的构造器
    public Product(){}
    public Product(String name , double price)
    {
        this.name = name;
        this.price = price;
    }
    public String getName()
    {
        return name;
    }
```

```
    // 当程序调用 name 的 setter 方法来修改 Product 的 name 成员变量时
    // 程序自然触发该对象上注册的所有观察者
    public void setName(String name)
    {
        this.name = name;
        notifyObservers(name);
    }
    public double getPrice()
    {
        return price;
    }
    // 当程序调用 price 的 setter 方法来修改 Product 的 price 成员变量时
    // 程序自然触发该对象上注册的所有观察者
    public void setPrice(double price)
    {
        this.price = price;
        notifyObservers(price);
    }
}
```

　　正如程序中两行粗体字代码所示，当程序调用 Product 对象的 setName()、setPrice()方法来改变 Product 的 name、price 成员变量时，这两个方法将自动触发 Observable 基类的 notifyObservers 方法。

　　接下来程序提供两个观察者，一个用于观察 Product 对象的 name 成员变量，另一个用于观察 Product 对象的 price 成员变量。

程序清单：codes\09\9.3\Observer\NameObserver.java

```
public class NameObserver implements Observer
{
    // 实现观察者必须实现的 update 方法
    public void update(Observable o , Object arg)
    {
        if (arg instanceof String )
        {
            // 将产品名称改变值放在 name 中
            String name = (String)arg;
            // 启动一个 JFrame 窗口来显示被观察对象的状态改变
            JFrame f = new JFrame("观察者");
            JLabel l = new JLabel("名称改变为: " + name);
            f.add(l);
            f.pack();
            f.setVisible(true);
            System.out.println("名称观察者:" +
                o + "物品名称已经改变为: " + name);
        }
    }
}
```

程序清单：codes\09\9.3\Observer\PriceObserver.java

```
public class PriceObserver implements Observer
{
    // 实现观察者必须实现的 update()方法
    public void update(Observable o , Object arg)
    {
        if(arg instanceof Double)
        {
            System.out.println("价格观察者:" +
                o + "物品价格已经改变为: " + arg);
        }
    }
}
```

　　接着主程序创建一个 Product 对象（被观察的目标对象），然后向该被观察对象上注册两个观察者对象，当主程序调用 Product 对象的 setter 方法来改变该对象的状态时，注册在 Product 对象上的两个观察者将被触发。主程序代码如下。

程序清单：codes\09\9.3\Observer\Test.java

```java
public class Test
{
    public static void main(String[] args)
    {
        // 创建一个被观察者对象
        Product p = new Product("电视机" , 176);
        // 创建两个观察者对象
        NameObserver no = new NameObserver();
        PriceObserver po = new PriceObserver();
        // 向被观察对象上注册两个观察者对象
        p.registObserver(no);
        p.registObserver(po);
        // 程序调用 setter 方法来改变 Product 的 name 和 price 成员变量
        p.setName("书桌");
        p.setPrice(345f);
    }
}
```

运行上面的程序，可以看到当 Product 的成员变量值发生改变时，注册在该 Product 上的 NameObserver 和 PriceObserver 将被触发。

纵观上面介绍的观察者模式，发现观察者模式通常包含如下 4 个角色。

➢ 被观察者的抽象基类：它通常会持有多个观察者对象的引用。Java 提供了 java.util.Observable 基类来代表被观察者的抽象基类，所以实际开发中无须自己开发这个角色。

➢ 观察者接口：该接口是所有被观察对象应该实现的接口，通常它只包含一个抽象方法 update()。Java 同样提供了 java.util.Observer 接口来代表观察者接口，实际开发中也无须开发该角色。

➢ 被观察者实现类：该类继承 Observable 基类。

➢ 观察者实现类：实现 Observer 接口，实现 update()抽象方法。

理解了上面观察者模式的实现思路之后，可能有读者会感到疑惑：观察者模式的实现方式与 Java 事件机制的底层实现何其相似啊？实际上，完全可以把观察者接口理解成事件监听接口，而被观察者对象也可当成事件源来处理——换个角度来思考：监听，观察，这两个词语之间有本质的区别吗？Java 事件机制的底层实现，本身就是通过观察者模式来实现的。

除此之外，观察者模式在 Java EE 应用中也有广泛应用，主题/订阅模式下的 JMS（Java Message Service，Java 消息服务）本身就是观察者模式的应用。图 9.12 显示了主题/订阅模式下 JMS 的示意图。

从图 9.12 中可以看出，当 Topic 主题收到发布者（Publisher）发布的消息时，注册到该主题的所有订阅者（Subscriber）都可收到该消息。实际上，Java EE 把这个 Topic 设计成一个被观察者，而所有订阅者都注册到该被观察者，当发布者发布消息时，该消息将会引起 Topic 主题的改变，这种改变将会触发注册到该 Topic 上的所有观察者。

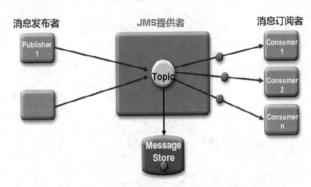

图 9.12　主题/订阅模式下 JMS 的示意图

> 提示：
> 如果读者希望了解有关 JMS 的相关内容以及编程的详细步骤，可以参考本书的姊妹篇《经典 Java EE 企业应用实战》，该书专门有一章用于介绍 JMS。

9.4 常见的架构设计策略

目前流行的轻量级 Java EE 应用的架构基本比较统一，通常会使用 Spring 作为核心，向上整合 MVC 框架，向下整合 ORM 框架。使用 Spring 的 IoC 容器来管理各组件之间的依赖关系时，Spring 的声明事务将负责业务逻辑层组件的事务管理。

虽然大体的结构设计保持相似，但在具体的技术组合上可能存在较小的变化，当决定采用某种架构设计时，主要考虑这种架构是否成功地将规范和实现分离了，从而可以提供较好的可扩展性、可修改性。最理想的情况是，当修改企业级应用的某个组件时，应用中其他组件受到影响很小，或者不受任何影响——这就为整个系统后期的扩展提供了无限可能性。

▶▶ 9.4.1 贫血模型

贫血模型是最常用的应用架构，也是最容易理解的架构。为了让读者通过本书顺利进入轻量级 Java EE 企业应用开发，本书后面的范例都将采用这种简单的架构设计。

所谓贫血，指 Domain Object 只是单纯的数据类，不包含业务逻辑方法，即每个 Domain Object 类只包含相关属性，并为每个属性提供基本的 setter 和 getter 方法。所有的业务逻辑都由业务逻辑组件实现，这种 Domain Object 就是所谓的贫血的 Domain Object，采用这种 Domain Object 的架构即所谓的贫血模型。

下面以一个简单的消息发布系统的代码为例来介绍贫血模型。

在贫血模型里，所有的 Domain Object 只是单纯的数据类，只包含每个属性的 setter 和 getter 方法，如下是两个持久化类。

第一个 Domain Object 是消息，其代码如下：

```
public class News
{
    // 主键
    private Long id;
    // 消息标题
    private String title;
    // 消息内容
    private String content;
    // 消息的发布时间
    private Date postDate;
    // 消息的最后修改时间
    private Date lastModifyDate;
    // 消息所属分类
    private Category category;
    // 消息发布者
    private User poster;
    // 消息对应的回复
    private Set newsReviews;
    // 下面省略各成员变量的 setter 和 getter 方法
    ...
    //重写 Domain Object 的 equals()方法
    public boolean equals(Object object)
    {
        if(this == object)
        {
            return true;
        }
        if (object != null &&
            object.getClass() == News.class)
        {
            News target = (News) object;
            return this.poster.equals(target.getPoster())
                && this.postDate.equals(rhs.getPostDate());
        }
```

```
            return false;
    }
    // 重写 News 类的 hashCode()方法
    public int hashCode()
    {
        return this.poster.hashCode() +
            this.postDate.hashCode() * 31;
    }
    // 重写 News 类的 toString()方法
    public String toString()
    {
        return new ToStringBuilder(this).append("id", this.id)
            .append("title" , this.title)
            .append("postDate" , this.postDate)
            .append("content" , this.content)
            .append("lastModifyDate" , this.lastModifyDate)
            .append("poster" , this.poster)
            .append("category" , this.category)
            .append("newsReviews" , this.newsReviews)
            .toString();
    }
}
```

第二个 Domain Object 是消息对应的回复，其代码如下：

```
public class NewsReview
{
    // 消息回复的主键
    private Long id;
    // 消息回复的内容
    private String content;
    // 消息回复的回复时间
    private Date postDate;
    // 回复的最后修改时间
    private Date lastModifyDate;
    // 消息回复对应的消息
    private News news;
    // 此处省略了各成员变量的 setter 和 getter 方法
    ...
    // 重写 NewsReview 的 equals()方法
    public boolean equals(Object object)
    {
        if(this == object)
        {
            return true;
        }
        if (object != null &&
            object.getClass() == NewsReview.class)
        {
            NewsReview target = (NewsReview) object;
            return this.poster.equals(target.getPoster())
                && this.postDate.equals(target.getPostDate());
        }
        return false;
    }
    // 重写 NewsReview 的 hashCode()方法
    public int hashCode()
    {
        return this.poster.hashCode()
            + this.postDate.hashCode() * 31;
    }
    // 重写 NewsReview 的 toString()方法
    public String toString()
    {
        return new ToStringBuilder(this)
            .append("id" , this.id)
```

```
                    .append("postDate" , this.postDate)
                    .append("lastModifyDate" , this.lastModifyDate)
                    .append("content" , this.content)
                    .append("poster" , this.poster)
                    .append("news" , this.news).toString();
        }
    }
```

从上面贫血模型的 Domain Object 可以看出，其类代码中只为每个成员变量提供 setter 和 getter 方法，这种 Domain Object 只是单纯的数据体，类似于 C 语言的数据结构。虽然它的名字是 Domain Object，却没有包含任何业务对象的相关方法。Martin Fowler 认为，这是一种不健康的建模方式，Domain Model 既然代表了业务对象，就应该包含相关的业务方法。从语义的角度上来看，Domain Model 在这里被映射为持久化实体（一般都是针对 ORM 框架），这种 Domain Object 应该是数据与动作的集合，贫血模型相当于抛弃了 Java 面向对象的性质。

Rod Johnson 和 Martin Fowler 一致认为：贫血的 Domain Object 实际上以数据结构代替了对象。他们认为 Domain Object 应该是个完整的 Java 对象，既包含基本的数据，也包含操作数据相应的业务逻辑方法。

系统 DAO 组件负责完成持久化操作，因此基本的 CRUD 操作都应该在 DAO 组件中实现。但 DAO 组件应该包含多少个查询方法，并不是确定的。因此，根据业务逻辑的不同需要，不同的 DAO 组件可能有数量不等的查询方法。

对于现实中 News，应该包含一个业务方法（addNewsReviews()方法）。在贫血模型下，News 类的代码并没有包含该业务方法，只是将该业务方法放到业务逻辑组件中实现。下面是业务逻辑组件实现 addNewsReviews()的代码。

```java
public class FacadeManagerImpl
    implements FacadeManager
{
    // 业务逻辑组件依赖的 DAO 组件
    private CategoryDao categoryDao;
    private NewsDao newsDao;
    private NewsReviewDao newsReviewDao;
    private UserDao userDao;
    // 此处还应该增加依赖注入 DAO 组件必需的 setter 方法
    ...
    // 此处还应该增加其他业务逻辑方法
    ...
    // 下面是增加新闻回复的业务方法
    public NewsReview addNewsReview(Long newsId , String content)
    {
        // 根据新闻 id 加载新闻
        News news = newsDao.getNews(newsId);
        // 以默认构造器创建新闻回复
        NewsReview review = new NewsReview();
        // 设置新闻与新闻回复之间的关联
        review.setNews(news);
        // 设置新闻回复的内容
        review.setContent(content);
        // 设置回复的回复时间
        review.setPostDate(new Date());
        // 设置新闻回复的最后修改时间
        review.setLastModifyDate(new Date());
        // 保存回复
        newsReviewDao.saveNewsReview(review);
        return review;
    }
}
```

在贫血模型下，业务逻辑组件作为 DAO 组件的门面，封装了全部的业务逻辑方法，Web 层仅与业务逻辑组件交互即可，无须访问底层的 DAO 组件。Spring 的声明式事务管理将负责业务逻辑方法的事务性。

贫血模型的分层非常清晰。Domain Object 并不具备领域对象的业务逻辑功能，仅仅是 ORM 框架持久化所需的持久化实体类，仅是数据载体。贫血模型容易理解，开发便捷，但背离了面向对象的设计思想，所有的 Domain Object 并不是完整的 Java 对象。

总结起来，贫血模型存在如下缺点。

➢ 项目需要书写大量的贫血类，当然也可以借助某些工具自动生成。

➢ Domain Object 的业务逻辑得不到体现。由于业务逻辑组件的复杂度大大增加，许多不应该由业务逻辑组件实现的业务逻辑方法，完全由业务逻辑组件实现，从而使业务逻辑组件的实现类变得相当庞大。

贫血模型的优点是：开发简单、分层清晰、架构明晰且不易混淆；所有的依赖都是单向依赖，解耦优秀。适合于初学者及对架构把握不十分清晰的开发团队。

▶▶ 9.4.2　领域对象模型

根据更完整的面向对象规则，每个 Java 类都应该提供其相关的业务方法，如果在系统中设计更完备的 Domain Object 对象，则 Domain Object 不再是单纯的数据载体，Domain Object 包含了相关的业务逻辑方法。例如，News 类包含了 addNewsReView()方法等。

下面是修改后的 News 类的源代码。

```
public class News
{
    // 此处省略了所有的成员变量
    // 此处省略了所有的 setter 和 getter 方法
    ...
    // 增加新闻回复的业务逻辑方法
    public NewsReview addNewsReview(String content)
    {
        // 以默认构造器创建新闻回复实例
        NewsReview review = new NewsReview();
        // 设置回复内容
        review.setContent(content);
        // 设置回复的发布日期
        review.setPostDate(new Date());
        // 设置回复的最后修改日期
        review.setLastModifyDate(new Date());
        // 设置回复与消息的关联
        review.setNews(this);
        return review;
    }
    // 此处省略了重写的 hashCode()、equals()等方法
    ...
}
```

在上面的 Domain Object 中，包含了相应的业务逻辑方法，这是一种更完备的建模方法。

> **注意**
>
> 不要在 Domain Object 中对消息回复完成持久化，如需完成持久化，必须调用 DAO 组件；一旦调用 DAO 组件，将造成 DAO 组件和 Domain Object 的双向依赖；另外，Domain Object 中的业务逻辑方法还需要在业务逻辑组件中代理，才能真正实现持久化。

在上面的业务逻辑方法中，并没有进行持久化。如果抛开 DAO 层，这种 Domain Object 也可以独立测试，只是没有进行持久化。DAO 组件是变化最小的组件，它们都是进行基本的 CRUD 操作，在两种模型下的 DAO 组件没有变化。

另外还需要对业务逻辑组件进行改写,虽然 Domain Object 包含了基本业务逻辑方法,但业务逻辑组件还需代理这些方法。修改后的业务逻辑组件的代码如下:

```
public class FacadeManagerImpl
    implements FacadeManager
{
    // 业务逻辑组件依赖的 DAO 组件
    private CategoryDao categoryDao;
    private NewsDao newsDao;
    private NewsReviewDao newsReviewDao;
    private UserDAO userDao;
    // 此处还应该增加依赖注入 DAO 组件必需的 setter 方法
    ...
    // 此处还应该增加其他业务逻辑方法
    ...
    // 下面是增加新闻回复的业务方法
    public NewsReview addNewsReview(Long newsId , String content)
    {
        // 根据新闻 id 加载新闻
        News news = newsDao.getNews(newsId);
        // 通过 News 的业务方法添加回复
        NewsReview review = news.addNewsReview(content);
        // 此处必须显示持久化消息回复
        newsReviewDao.saveNewsReview(review);
        return review;
    }
}
```

从上面的粗体字代码可以看出,此时 FacadeManagerImpl 组件的 addNewsReview()方法由 News 领域对象的 addNewsReview()方法提供实现,而业务逻辑组件仅对该方法进行简单的包装,执行必要的持久化操作。

在这里存在一个问题:业务逻辑方法很多,哪些业务逻辑方法应该放在 Domain Object 对象中实现,而哪些业务逻辑方法完全由业务逻辑组件实现呢? Rod Johnson 认为,可重用度高,与 Domain Object 密切相关的业务方法应放在 Domain Object 对象中实现。

业务逻辑方法是否需要由 Domain Object 实现的标准,从一定程度上说明了采用 Rich Domain Object 模型的原因。由于某些业务方法只是专一地属于某个 Domain Object,因此将这些方法由 Domain Object 实现,能提供更好的软件复用,能更好地体现面向对象的封装性。

Rich Domain Object 模型的各组件之间的关系大致如图 9.13 所示。

这种 Rich Domain Object 模型主要的问题是业务逻辑组件比较复杂——业务逻辑组件继续需要作为 DAO 组件的门面,而且还需要包装 Domain Object 里的业务逻辑方法,暴露这些业务逻辑方法,让 Action 组件可以调用这些方法。

为了简化业务逻辑组件的开发,Rich Domain Object 模型可以有如下两个方向的改变。

➤ 合并业务逻辑组件与 DAO 组件。
➤ 合并业务逻辑组件和 Domain Object。

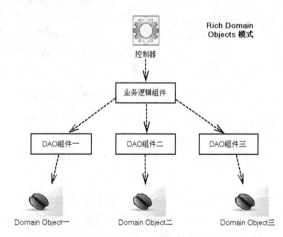

图 9.13 Rich Domain Object 的组件关系图

▶▶ 9.4.3　合并业务逻辑组件与 DAO 组件

在这种模型下 DAO 组件不仅包含了各种 CRUD 方法，而且还包含各种业务逻辑方法。此时的 DAO 组件，已经完成了业务逻辑组件所有任务，变成了 DAO 组件和业务逻辑组件的混合体。此时，业务逻辑组件依赖 Domain Object，既提供基本的 CRUD 方法，也提供相应的业务逻辑方法。

下面是这种架构设计的代码（此处 News 类的实现与前面的领域对象模型中的 News 类代码一样，此处不再给出）。

```
// NewsServiceHibernate 继承 HibernateDaoSupport
// 实现 NewsService 接口，它既是 DAO 组件，也是业务逻辑组件
public class NewsServiceHibernate
    extends HibernateDaoSupport implements NewsService
{
    // 根据主键加载消息
    public News getNews(Long id)
    {
        return (News)getHibernateTemplate()
            .get(News.class, id);
    }
    // 保存新的消息
    public void saveNews(News news)
    {
        getHibernateTemplate().saveOrUpdate(news);
    }
    // 根据主键删除消息
    public void removeNews(Long id)
    {
        getHibernateTemplate().delete(getNews(id));
    }
    // 查找全部的消息
    public List findAll()
    {
        getHibernateTemplate().find("from News");
    }
    // 下面是增加新闻回复的业务方法
    public NewsReview addNewsReview(Long newsId
        , String content)
    {
        // 根据新闻 id 加载新闻
        News news = newsDao.getNews(newsId);
        // 通过 News 的业务方法添加回复
        NewsReview review = news.addNewsReview(content);
        // 此处必须显示持久化消息回复
        newsReviewService.saveNewsReview(review);
        return review;
    }
}
```

正如上面见到的，DAO 组件和业务逻辑组件之间容易形成交叉依赖（可能某个业务逻辑方法的实现，必须依赖于原来的 DAO 组件）。当 DAO 组件被取消后，业务逻辑组件取代了 DAO 组件，因此变成了一个业务逻辑组件依赖多个业务逻辑组件。而每个业务逻辑组件都可能需要多个 DAO 组件的协作来实现业务方法，从而导致业务逻辑组件之间的交叉依赖。

业务逻辑组件和 DAO 组件合并后的组件关系如图 9.14 所示。

这种模型也导致了 DAO 方法和业务逻辑方

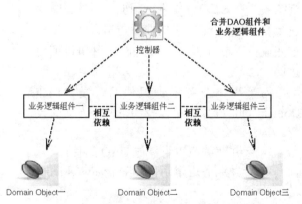

图 9.14　合并 DAO 组件和业务逻辑组件

法混合在一起，显得职责不够单一，软件分层结构不够清晰。而且使业务逻辑组件之间交叉依赖，容易产生混乱，未能做到彻底的简化。

▶▶ 9.4.4 合并业务逻辑组件和 Domain Object

在这种架构下，所有的业务逻辑都应该被放在 Domain Object 里面，而此时的业务逻辑层不再是传统的业务逻辑层，它仅仅封装了事务和少量逻辑，不再提供任何业务逻辑的实现。而 Domain Object 依赖于 DAO 组件执行持久化操作，此处 Domain Object 和 DAO 组件形成双向依赖。在这种设计思路下，业务逻辑层变得非常"薄"，它的功能也变得非常微弱。如果将事务控制、权限控制等逻辑以 AOP 形式织入到 Domain Object，那就可以取消业务逻辑层。

在这种设计架构下，几乎不再需要业务逻辑层，而 Domain Object 则依赖 DAO 组件完成持久化操作。下面是在这种架构设计下的 News 类代码。

```java
public class News
{
    // 此处省略了所有的成员变量
    ...
    // 此处省略了所有的 setter 和 getter 方法
    ...
    // 增加新闻回复的业务逻辑方法
    public NewsReview addNewsReview(String content)
    {
        // 以默认构造器创建新闻回复实例
        NewsReview review = new NewsReview();
        // 设置回复内容
        review.setContent(content);
        // 设置回复的发布日期
        review.setPostDate(new Date());
        // 设置回复的最后修改日期
        review.setLastModifyDate(new Date());
        // 设置回复与消息的关联
        review.setNews(this);
        // 直接调用 newsReviewsDao 完成消息回复的持久化
        newsReviewsDao.save(review);
        return review;
    }
    // 此处省略了重写的 hashCode()、equals()等方法
    ...
}
```

正如上面程序中粗体字代码所示，此时 Domain Object 对象直接调用了 DAO 组件的持久化方法，从而使得 Domain Object 本身就可实现整个业务逻辑功能。

在这种设计下，Domain Object 必须使用 DAO 组件完成持久化，因此 Domain Object 必须接收 IoC 容器的注入，而 Domain Object 获取容器注入的 DAO 组件，通过 DAO 组件完成持久化操作。

合并业务逻辑组件和 Domain Object 后各组件的关系如图 9.15 所示。

这种架构的优点是：整个应用几乎不需要业务逻辑层。即使需要业务逻辑组件，业务逻辑组件也非常简单，只提供简单的事务控制、权限控制等通用逻辑，业务逻辑组件无须依赖于 DAO 组件。

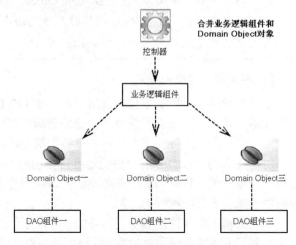

图 9.15 合并业务逻辑组件和 Domain Object

这种架构也存在如下缺点。

➤ 业务逻辑组件和 Domain 组件的功能混合在一起，不容易管理，容易导致架构混乱。

➤ 如果使用业务逻辑组件提供事务封装特性，业务逻辑层必须对所有的 Domain Object 的逻辑提供相应的事务封装，因此业务逻辑组件必须重新定义 Domain Object 实现的业务逻辑，其工作相当烦琐。因此，一般建议彻底抛弃业务逻辑层。

▶▶ 9.4.5　抛弃业务逻辑层

在 Rich Domain Object 架构的各种变化中，虽然努力简化业务逻辑组件，但业务逻辑组件依然存在，使用业务逻辑组件始终是 DAO 组件访问的门面。下面介绍两种更彻底的简化，彻底放弃业务逻辑层。

抛弃业务逻辑层也有两种形式。

➤ Domain Object 彻底取代业务逻辑组件。

➤ 由控制器直接调用 DAO 组件。

1．Domain Object 完全取代业务逻辑组件

这种架构设计是 9.4.4 节所介绍的架构的更激进的演化，由于在那种架构中业务逻辑组件的作用仅仅只提供事务封装，因此业务逻辑组件存在的必要性不是很大，考虑对 Domain Object 的业务逻辑方法增加事务管理、权限控制等，而 Web 层的控制器则直接依赖于 Domain Object。

这种架构设计更加简化，Domain Object 与 DAO 组件形成双向依赖，而 Web 层的控制器直接调用 Domain Object 的业务逻辑方法。这种架构设计与 Ruby On Rails 框架的设计极为相似，Ruby On Rails 应用也使用 Domain Object 完整地实现了业务逻辑方法。

这种架构设计的优点是：分层少，代码实现简单。但也存在如下缺点。

➤ 业务逻辑组件的所有业务逻辑方法都将在 Domain Object 中实现，不易管理。

➤ Domain Object 必须直接传递到 Web 层，从而将持久化 API 直接传递到 Web 层，因此可能引发一些意想不到的问题。

在这种架构设计下，Domain Object 相当不稳定。如果业务逻辑需要改变，Domain Object 也需要发生改变，维护成本可能较大。

这种架构模型算是比较实用的一种，这种架构模型消除了业务逻辑组件，因此项目开发的效率更高。典型地，Rails 框架所采用的就是这种架构模型。

> 　　Rails 项目与 Java EE 项目不一样，因为 Rails 项目中的 Domain Object 会继承 ActiveRecord::Base 类，而且 Ruby 是一门动态语言，这就使得 Domain Object 本身直接具有了持久化操作访问，相当于 Domain Object 本身就具有了所有 DAO 方法；而且由于 Ruby 语言的动态特征，开发 Rails 项目时几乎无须考虑 DAO 组件，因而 Rails 项目采用这种架构设计依然可包括很好的可扩展性。

2．控制器完成业务逻辑

在这种模型里，控制器直接调用 DAO 组件的 CRUD 方法，通过调用基本的 CRUD 方法，完成对应的业务逻辑方法。在这种模型下，业务逻辑组件的功能由控制器完成。事务则推迟到控制器中完成，因此对控制器的 execute() 等方法增加事务控制即可。

对于基本的 CRUD 操作，控制器可直接调用 DAO 组件的方法，省略了业务逻辑组件的封装，这就是这种模型的最大优势。对于业务逻辑简单（当业务逻辑只是大量的 CRUD 操作时）的项目，使用这种模型也未尝不是一种好的选择。

但这种模型将导致控制器变得臃肿，因为每个控制器除了包含原有的 execute() 等方法之外，还必须包含所需要的业务逻辑方法的实现。极大地省略了业务逻辑层的开发，避免了业务逻辑组件不得不大量封装基本的 CRUD 方法的弊端。

实际上这种架构模型极少被使用，因为这种模型的缺点极为明显。

> 因为没有业务逻辑层，对于那些需要多个 DAO 参与的复杂业务逻辑，在控制器中必须重复实现，其效率低，也不利于软件重用。

> Web 层的功能不再清晰，Web 层的控制器相当复杂。Web 层不仅负责实现控制器逻辑，还需要完成业务逻辑的实现，因此必须精确控制何时调用 DAO 方法控制持久化。

这种架构模型还扩大了事务的影响范围。大部分情况下，只有业务逻辑方法需要增加事务控制，而 execute()等方法无须增加事务控制。但如果 execute()等方法直接调用了 DAO 组件的 CRUD 方法，则会导致这些方法不在事务环境下执行。为了让数据库访问都在事务环境下进行，不得不将事务范围扩大到整个 execute()等方法。这必然导致性能降低。

9.5　本章小结

本章主要介绍了架构设计方面的一些经验。本章从企业应用开发面临的困难讲起，并给出了面对这些困难时应该采用怎样的应对策略。本章重点介绍了 Java EE 应用中常用的设计模式，本章并没有全面介绍 23 种设计模式，也不是仅仅介绍了设计模式的实现方法；而是侧重于介绍设计模式在 Spring、Hibernate 以及 Java EE 应用中的用途，并分析了使用这些模式的优势。

本章最后还介绍了 Java EE 应用的常用架构，如贫血模型、领域对象模型，以及领域对象模型的几种简化方式，并深入分析了几种架构各自的优缺点，让开发者对这些架构有更深刻的认识。

第 10 章
简单工作流系统

本章要点

- ❧ 工作流的背景知识和概述
- ❧ 系统需求分析的基本思路
- ❧ 轻量级 Java EE 应用的分层模型
- ❧ 轻量级 Java EE 应用的总体架构及实现方案
- ❧ 根据系统需求提取系统实体
- ❧ 实现 Hibernate 持久层
- ❧ 基于 Hibernate Session 实现 DAO 组件
- ❧ 实现业务逻辑层
- ❧ 基于 AOP 的声明式事务
- ❧ Quartz 任务调度框架
- ❧ 在 Spring 中使用 Quartz 进行任务调度
- ❧ 实现 Web 层
- ❧ 使用拦截器进行权限检查

本章将会综合运用前面章节所介绍的知识来开发一个简单的工作流系统。本章的工作流系统没有使用任何工作流引擎，完全由程序自己实现公司日常工作的流程管理，因此所处理的流程比较简单。本系统可以完成员工每日上下班打卡，而系统将负责为每个员工进行考勤，当员工发现自己的考勤异常时，可以向其经理申请改变考勤。除此之外，本系统还可根据员工的考勤自动结算工资。

本系统采用前面介绍的 Java EE 架构：Struts 2.5 + Spring 5.0 + Hibernate 5.2，该系统结构成熟，性能良好，运行稳定。Spring 的 IoC 容器负责管理业务逻辑组件、持久层组件及控制层组件，充分利用依赖注入的优势，进一步增强系统的解耦，提高应用的可扩展性，降低系统重构的成本，系统后台的作业调度使用 Quartz 框架完成。

10.1   项目背景及系统结构

本章将以一个简单的工作流系统为例，为读者示范如何开发轻量级 Java EE 应用。该系统包含公司日常的事务：日常考勤、工资结算及签核申请等。

▶▶ 10.1.1   应用背景

所谓工作流，就是企业或组织日常工作的固定流程，比如签核流程及外贸企业的报关流程等。工作流是 Java EE 应用的主要应用方向之一，在计算机信息系统尚未形成主流时，其工作流都是由人工完成的，但人工完成存在诸多不利，如工作效率低（一个节点的延迟将导致整个工作流的停滞）、信息传递响应速度慢，以及纸张、通信资源浪费等。

20 世纪 80 年代，人们终于找到了缓解这些弊病的办法，就是依赖网络的工作流技术。

工作流是完全自动化的流程，避免了使用各种申请文件的人工传送，而申请文件都是电子文件形式，避免了传送延迟，提高了效率等。

结合了网络技术的工作流功能更加强大，一个全球性的企业信息化平台，借助于 E-mail、即时通信工具以及自定义工作流，完全可以将各地区的组织有机地组织在一起。各区域的通信、各种流程申请等完全是即时响应，避免等待。

本示例应用的签核系统，完成了考勤改变申请的送签，以及对申请的签核。这是一种简单的工作流，同样可以提高企业的生产效率。另外，本应用额外的打卡系统、自动工资结算等，也可以在一定程度上提高企业的生产效率。

提示： 实际上目前有不少开源工作流引擎，比如 Activiti。本章介绍的应用只涉及少量流程处理，并没有使用任何工作流引擎，而是应用自己来实现简单的流程控制。

▶▶ 10.1.2   系统功能介绍

系统的用户分为两种角色：普通员工和经理。

普通员工的功能包括：系统将自动完成员工每天上下班的考勤记录，包括迟到、早退、旷工等；员工也可以查看本人最近 3 天的考勤情况，如果发现考勤与实际不符（例如出差，或者病假等），则可提出申请，该申请将由系统自动转发给员工经理，如果经理通过核准，则此申请自动生效，系统将考勤改为实际的情况；此外，员工还可查看自己的工资记录。

经理的功能除了包括普通员工的功能外，还有签核员工申请的功能，以及对新增员工的查看和查看员工的上月工资等功能。但经理的考勤不能提出申请，在实际的项目中，经理会有更上一级的管理者，因此经理也可以对考勤异动提出申请。在实际的项目中采用树形组织结构图来组织部门，每个员工属于部门。

当然，这个系统与实际应用还有一些距离，此示例仅介绍如何开发轻量级 Java EE 应用，而不是介绍如何开发工作流系统。

▶▶ 10.1.3　相关技术介绍

本系统主要涉及三个开源框架：Struts 2.5、Spring 5.0 和 Hibernate 5.2，同时还使用了 JSP 作为表现层技术。本系统将这 4 种技术有机地结合在一起，从而构建出一个健壮的 Java EE 应用。

1．传统表现层技术：JSP

本系统使用 JSP 作为表现层，负责收集用户请求数据，以及业务数据的表示。

JSP 是最传统也最有效的表现层技术。本系统的 JSP 页面是单纯的表现层，所有的 JSP 页面不再使用 Java 脚本。结合 Struts 2.5 的表现层标签，JSP 可完成全部的表现层功能——数据收集、数据表示和输入数据校验。

另外，本章的示例还使用 Bootstrap 样式对界面进行了简单的美化。关于 Bootstrap 的介绍可参考《疯狂前端开发讲义》一书。

2．MVC 框架

本系统使用 Struts 2.5 作为 MVC 框架。Struts 2.5 以 Struts 1.x 和 WebWork 为基础，迅速成长为 MVC 框架中新的王者，一经推出，立即赢得了广泛的市场支持。本应用的所有用户请求，包括系统的超链接和表单提交等，都不再直接发送到表现层 JSP 页面，而是必须发送给 Struts 2.5 的 Action，Struts 2.5 控制所有请求的处理和转发。

通过 Struts 2.5 拦截所有请求有个好处：将所有的 JSP 页面放入 WEB-INF/路径下，可以避免用户直接访问 JSP 页面，从而提高系统的安全性。

本应用使用基于 Struts 2.5 拦截器的权限控制，应用中控制器没有进行权限检查，但每个控制器都需要重复检查调用者是否有足够的访问权限，这种通用操作正是 Struts 2.5 拦截器的用武之地。整个应用有普通员工、经理两种权限检查，只需在 Struts 2.5 的配置文件中为两种角色配置不同的拦截器，即可完成对普通员工、经理两种角色的权限检查。

3．Spring 框架的作用

Spring 框架是系统的核心部分，Spring 提供的 IoC 容器是业务逻辑组件和 DAO 组件的工厂，它负责生成并管理这些实例。

借助于 Spring 的依赖注入，各组件以松耦合的方式组合在一起，组件与组件之间的依赖正是通过 Spring 的依赖注入管理的。其 Service 组件和 DAO 对象都采用面向接口编程的方式，从而降低了系统重构的成本，极好地提高了系统的可维护性、可修改性。

应用事务采用 Spring 的声明式事务框架。通过声明式事务，无须将事务策略以硬编码的方式与代码耦合在一起，而是放在配置文件中声明，使业务逻辑组件可以更加专注于业务的实现，从而简化开发。同时，声明式事务降低了不同事务策略的切换代价。

该系统的工资自动结算和自动考勤等都采用 Quartz 框架，该框架使用 Cron 表达式触发来调度作业，从而完成任务自动化。

4．Hibernate 的作用

Hibernate 作为 O/R Mapping 框架使用，其 O/R Mapping 功能简化了数据库的访问，并在 JDBC 层提供了更好的封装。以面向对象的方式操作数据库，更加符合面向对象程序设计的思路。

Hibernate 以优雅及灵活的方法操作数据库，无须开发者编写烦琐的 SQL 语句，执行冗长的多表查询，而通过对象与对象之间的关联来操作数据库，为底层 DAO 对象的实现提供了支持。

应用的 DAO 组件都接受 Spring 容器注入 SessionFactory，然后即可通过 SessionFactory 的 getCurrentSession()方法来获取 Hibernate Session，剩下的持久化操作调用 Hibernate Session 的原生方法即可。考虑到大部分 DAO 组件总需要提供最基本的 CRUD 操作，因此本应用的 DAO 组件直接继承了前面第 8 章中的 BaseDao 组件，这样可以简化 DAO 的开发。

▶▶ 10.1.4 系统结构

本系统采用严格的 Java EE 应用结构，主要有如下几个分层。

- ➤ 表现层：由 JSP 页面组成。
- ➤ MVC 层：使用 MVC 框架技术。
- ➤ 业务逻辑层：主要由 Spring IoC 容器管理的业务逻辑组件组成。
- ➤ DAO 层：由 7 个 DAO 组件组成。
- ➤ 领域对象层：由 7 个持久化对象组成，并在 Hibernate Session 管理下，完成数据库访问。
- ➤ 数据库服务层：使用 MySQL 数据库存储持久化数据。

因为本应用采用的是第 9 章所介绍的贫血模式设计，所以本应用中的领域对象实际上只是一些简单的 Java Bean 类，并未提供任何业务逻辑方法，所有的业务逻辑方法都由系统的业务逻辑组件来提供。贫血模式简单、直接，系统分层清晰，比较适用于实际开发。

整个系统的结构图如图 10.1 所示。

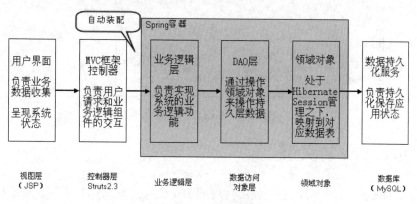

图 10.1　系统结构图

在图 10.1 中灰色大方框内的业务逻辑、DAO 组件和领域对象等组件，都由 Spring IoC 容器负责生成，并管理组件的实例。

▶▶ 10.1.5 系统的功能模块

本系统可以大致分为两个模块：经理模块和员工模块，其主要业务逻辑通过 EmpManager 和 MgrManagere 两个业务逻辑组件实现，因此可以使用这两个业务逻辑组件来封装 DAO 组件。

> **提示：**
> 通常建议按细粒度的模块来设计 Service 组件，让业务逻辑组件作为 DAO 组件的门面，这符合门面模式的设计。同时让 DAO 组件负责系统持久化逻辑，可以将系统在持久化技术这个维度上的变化独立出去，而业务逻辑组件负责业务逻辑这个维度上的改变。

系统以业务逻辑组件作为 DAO 组件的门面，封装这些 DAO 组件，业务逻辑组件底层依赖于这些 DAO 组件，向上实现系统的业务逻辑功能。

本系统主要有如下 7 个 DAO 对象。

- ➤ ApplicationDao：提供对 application_inf 表的基本操作。
- ➤ AttendDao：提供对 attend_inf 表的基本操作。
- ➤ AttendTypeDao：提供对 attcnd_type_inf 表的基本操作。
- ➤ CheckBackDao：提供对 checkback_inf 表的基本操作。
- ➤ EmployeeDao：提供对 employee_inf 表的基本操作。
- ➤ ManagerDao：提供对 employee_inf 表中代表经理的记录的基本操作。
- ➤ PaymentDao：提供对 payment_inf 表的基本操作。

本系统还提供了如下两个业务逻辑组件。

➤ EmpManager：提供 Employee 角色所需业务逻辑功能的实现。

➤ MgrManager：提供 Manager 角色所需业务逻辑功能的实现。

本应用的中间层主要由这 9 个组件组成，9 个组件之间的结构关系如图 10.2 所示。

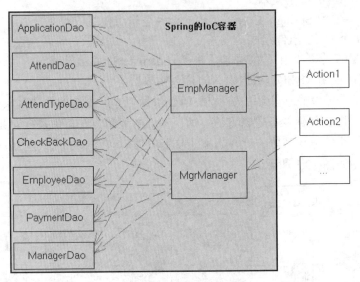

图 10.2　系统组件结构图

 ## 10.2　Hibernate 持久层

通过使用 Hibernate 持久层，可以避免使用传统的 JDBC 方式来操作数据库，通过利用 Hibernate 提供的 O/R Mapping 支持，从而允许程序使用面向对象的方式来操作关系数据库，保证了整个软件开发过程以面向对象的方式进行，即面向对象分析、面向对象设计、面向对象编程。

▶▶ 10.2.1　设计持久化实体

面向对象分析，是指根据系统需求提取应用中的对象，将这些对象抽象成类，再抽取出需要持久化保存的类，这些需要持久化保存的类就是持久化对象（PO）。该系统并没有预先设计数据库，而是完全从面向对象分析开始，设计了 7 个持久化类。

本系统一共包含如下 7 个持久化类。

➤ Application：对应普通员工的考勤提出申请，包括申请理由、是否被批复及申请改变的类型等属性。

➤ Attend：对应每天的考勤，包含考勤时间、考勤员工、是否上班及考勤类别等信息。

➤ AttendType：对应考勤的类别，包含考勤的名称，如迟到、早退等名称。

➤ CheckBack：对应批复，包含该批复对应的申请、是否通过申请、由哪个经理完成批复等属性。

➤ Employee：对应系统的员工信息，包含员工的用户名、密码、工资以及对应的经理等属性。

➤ Manager：对应系统的经理信息，仅包含经理管理的部门名。实际上，Manager 继承了 Employee 类，因此该类同样包含 Employee 的所有属性。

➤ Payment：对应每月所发的薪水信息，包含发薪的月份、领薪的员工及薪资数等信息。

在富领域模式的设计中，这 7 个 PO 对象也应该包含系统的业务逻辑方法，也就是使用领域对象来为它们建模；但因为本应用采用贫血模式来设计它们，所以不打算为它们提供任何业务逻辑方法，而是将所有的业务逻辑方法放到业务逻辑组件中实现。

当采用贫血模式的架构模型时，系统中的领域对象十分简洁，它们都是单纯的数据类，不需要考虑到底应该包含哪些业务逻辑方法，因此开发起来非常便捷；而系统的所有业务逻辑都由业务逻辑组件负责实现,可以将业务逻辑的变化限制在业务逻辑层内,从而避免扩散到两个层,因此降低了系统的开发难度。

客观世界中的对象不是孤立存在的,以上 7 个 PO 类也不是孤立存在的,它们之间存在复杂的关联关系。分析关联关系既是面向对象分析的必要步骤,也是 Hibernate 进行持久化操作的必经之路。这 7 个 PO 的关联关系如下。

- ➤ Employee 是 Manager 的父类,同时 Manager 和 Employee 之间存在 1−N 的关系,即一个 Manager 对应多个 Employee,但每个 Employee 只能对应一个 Manager。
- ➤ Employee 和 Payment 之间存在 1−N 的关系,即每个员工可以多次领取薪水。
- ➤ Employee 和 Attend 之间存在 1−N 的关系,即每个员工可以参与多次考勤,但每次考勤只对应一个员工。
- ➤ Manager 继承了 Employee 类,因此具有 Employee 的全部属性。另外,Manager 还与 CheckBack 之间存在 1−N 的关系。
- ➤ Application 与 Attend 之间存在 N−1 的关系,即每个 Attend 可以被对应多次申请。
- ➤ Application 与 AttendType 之间存在 N−1 的关系,即每次申请都有明确的考勤类型,而一个考勤类型可以对应多个申请。
- ➤ Attend 与 AttendType 之间存在 N−1 的关系,即每个 Attend 只属于一个 AttendType。

这 7 个类之间的类关系如图 10.3 所示。

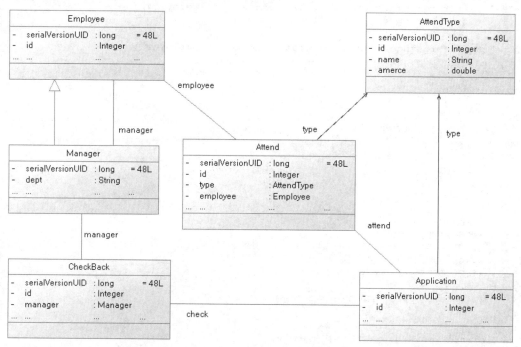

图 10.3 7 个 PO 之间的类关系图

▶▶ 10.2.2 创建持久化实体类

从图 10.3 可以看出,持久化对象之间的关联关系以成员变量的方式表现出来,当然,这些成员变量同样需要 setter 和 getter 方法的支持,持久化类之间的关联关系通常对应数据库里的主、外键约束。

除此之外,持久化对象还有自己的普通类型的成员变量,这些成员变量通常对应数据库的字段。

Hibernate 对于持久化对象并没有太多额外的要求,只要求持久化对象提供无参数的构造器,如果需要将这些对象放入 HashSet 集合中,还应该根据实际需要重写 hashCode()和 equals()两个方法。

下面是 Employee 持久化类的源代码。

程序清单:codes\10\HRSystem\WEB-INF\src\org\crazyit\hrsystem\domain\Employee.java

```
@Entity
@Table(name="employee_inf")
```

```java
@Cache(usage=CacheConcurrencyStrategy.READ_WRITE)
@DiscriminatorColumn(name="emp_type"
    , discriminatorType=DiscriminatorType.INTEGER)
@DiscriminatorValue(value="1")
public class Employee implements Serializable
{
    private static final long serialVersionUID = 48L;
    @Id @Column(name="emp_id")
    @GeneratedValue(strategy=GenerationType.IDENTITY)
    // 标识属性
    private Integer id;
    // 员工姓名
    @Column(name="emp_name", nullable=false, length=50 , unique=true)
    private String name;
    // 员工密码
    @Column(name="emp_pass", nullable=false, length=50)
    private String pass;
    // 员工工资
    @Column(name="emp_salary", nullable=false)
    private double salary;
    // 员工对应的经理
    @ManyToOne(targetEntity=Manager.class)
    @JoinColumn(name="mgr_id")
    private Manager manager;
    // 员工对应的出勤记录
    @OneToMany(targetEntity=Attend.class, mappedBy="employee")
    private Set<Attend> attends = new HashSet<>();
    // 员工对应的工资支付记录
    @OneToMany(targetEntity=Payment.class, mappedBy="employee")
    private Set<Payment> payments = new HashSet<>();
    // 无参数的构造器
    public Employee()
    {
    }
    // 初始化全部成员变量的构造器
    public Employee(Integer id , String name , String pass ,
        double salary , Manager manager ,
        Set<Attend> attends , Set<Payment> payments)
    {
        this.id = id;
        this.name = name;
        this.pass = pass;
        this.salary = salary;
        this.manager = manager;
        this.attends = attends;
        this.payments = payments;
    }
    // 省略 id、name、pass、salary 的 setter 和 getter 方法
    ...
    // manager 的 setter 和 getter 方法
    public void setManager(Manager manager)
    {
        this.manager = manager;
    }
    public Manager getManager()
    {
        return this.manager;
    }
    // attends 的 setter 和 getter 方法
    public void setAttends(Set<Attend> attends)
    {
        this.attends = attends;
    }
    public Set<Attend> getAttends()
    {
        return this.attends;
    }
    // payments 的 setter 和 getter 方法
    public void setPayments(Set<Payment> payments)
```

```
{
    this.payments = payments;
}
public Set<Payment> getPayments()
{
    return this.payments;
}
// 根据 name、pass 来重写 hashCode()方法
@Override
public int hashCode()
{
    final int prime = 31;
    int result = 1;
    result = prime * result + ((name == null) ? 0 : name.hashCode());
    result = prime * result + ((pass == null) ? 0 : pass.hashCode());
    return result;
}
// 根据 name、pass 来重写 equals()方法，只要 name、pass 相同的员工即认为相等
@Override
public boolean equals(Object obj)
{
    if (this == obj) return true;
    if (obj == null) return false;
    if (getClass() != obj.getClass()) return false;
    Employee other = (Employee) obj;
    if (name == null)
    {
        if (other.name != null) return false;
    }
    else if (!name.equals(other.name)) return false;
    if (pass == null)
    {
        if (other.pass != null) return false;
    }
    else if (!pass.equals(other.pass)) return false;
    return true;
}
}
```

对 Hibernate 而言，完全支持将普通的 POJO 映射成 PO，但这些 POJO 应尽量遵守如下规则。

➢ 提供实现一个默认的（无参数的）构造器。

➢ 提供一个标识属性（identifier property）用于标识该实例。

➢ 使用非 final 的类。尽量避免将 POJO 声明成 final，这将导致其性能下降——因为 Hibernate 无法为 final 类的对象创建动态代理，也就无法使用代理模式来提高性能了。

除此之外，因为本系统中 Employee 对象里的用户名是唯一的，因此可以根据 name 属性来重写 Employee 类的 equals()和 hashCode()两个方法。正如前面介绍 Hibernate 时提到的，不要根据标识属性来重写 equals()和 hashCode()方法，因为持久化对象处于瞬态时，这些对象的标识属性值可能是 null。

Employee 与 Manager 实体之间存在 N—1 双向关联，多个 Employee 与一个 Manager 之间存在关联关系。另外，Manager 实体继承了 Employee 实体，因此这两个实体之间存在典型的继承关系。

对于 1—N 的关联关系，通常推荐映射成双向关联，而且由 N 的一端控制关联关系。

> **注意**
>
> 对所有 1—N 的关联关系，建议不要使用"1"的一端控制关系，因此建议为 @OneToMany 注解增加 mappedBy 属性，让"N"的一端来控制关联关系。

除此之外，分析对象之间的继承层次也是非常重要的任务。在面向对象设计里，继承是软件复用的重要手段（实际上，对于设计良好的架构，有时候推荐使用组合来代替继承，因为继承会破坏父类的封装）。在本系统中 Manager 类继承了 Employee 类。

Hibernate 支持如下三种继承映射策略。

➢ 整个类层次对应一个表。

> ➤ 连接子类的映射策略。
> ➤ 每个具体类对应一个表。

关于继承策略的选择，本示例程序使用"整个类层次对应一个表"继承映射策略，这种映射策略会把整棵继承树的所有实例都保存在一个数据表内，因此子类增加的数据列都不能有非空约束，即使实际需要添加非空约束也不行。但这种映射策略的性能最好，无论应用程序需要查询子类的实体，还是进行多态查询，都只需要在一个表中进行查询即可。

一旦映射了合适的继承策略，Hibernate 就完全可以理解多态查询：当查询 Parent 类的实例时，所有 Parent 子类的实例也可被查询到。

正如前面所介绍的，上面 Employee 实体中所有的@OneToMany 注解都增加了 mappedBy 属性，这就表明 1 的一端不再控制关联关系。在 Employee 实体中代表它所关联实体的 manager 则使用了@ManyToOne 和@JoinColumn 修饰，这表明将会在 Employee 对应的数据表中增加外键列来维护关联关系。

下面给出另外两个持久化类的源代码，其中一个是 Employee 的子类，需要使用继承映射；另一个是 Employee 的关联类，需要使用关联映射。

程序清单：codes\10\HRSystem\WEB-INF\src\org\crazyit\hrsystem\domain\Manager.java

```java
@Entity
@Cache(usage=CacheConcurrencyStrategy.READ_WRITE)
@DiscriminatorValue(value="2")
public class Manager
    extends Employee implements Serializable
{
    private static final long serialVersionUID = 48L;
    // 该经理管理的部门
    @Column(name="dept_name", length=50)
    private String dept;
    // 该经理对应的所有员工
    @OneToMany(targetEntity=Employee.class, mappedBy="manager")
    private Set<Employee> employees = new HashSet<>();
    // 该经理签署的所有批复
    @OneToMany(targetEntity=CheckBack.class , mappedBy="manager")
    private Set<CheckBack> checks = new HashSet<>();
    // 无参数的构造器
    public Manager()
    {
    }
    // 初始化全部成员变量的构造器
    public Manager(String dept , Set<Employee> employees
        , Set<CheckBack> checks)
    {
        this.dept = dept;
        this.employees = employees;
        this.checks = checks;
    }
    // 省略dept、employees、checks的setter和getter方法
    ...
}
```

上面程序中的粗体字代码提供了 checks 和 employees 两个属性的 setter 和 getter 方法，这两个属性用于保留 Manager 所关联的实体：CheckBack 和 Employee，一个 Manager 可对应多个 CheckBack，一个 Manager 可对应多个 Employee。

程序清单：codes\10\HRSystem\WEB-INF\src\org\crazyit\hrsystem\domain\Attend.java

```java
@Entity
@Table(name="attend_inf")
@Cache(usage=CacheConcurrencyStrategy.READ_WRITE)
public class Attend implements Serializable
{
    private static final long serialVersionUID = 48L;
```

```
    // 代表标识属性
    @Id @Column(name="attend_id")
    @GeneratedValue(strategy=GenerationType.IDENTITY)
    private Integer id;
    // 出勤日期
    @Column(name="duty_day", nullable=false, length=50)
    private String dutyDay;
    // 打卡时间
    @Column(name="punch_time")
    private Date punchTime;
    // 代表本次打卡是否为上班打卡
    @Column(name="is_come" , nullable=false)
    private boolean isCome;
    // 本次出勤的类型
    @ManyToOne(targetEntity=AttendType.class)
    @JoinColumn(name="type_id", nullable=false)
    private AttendType type;
    // 本次出勤关联的员工
    @ManyToOne(targetEntity=Employee.class)
    @JoinColumn(name="emp_id", nullable=false)
    private Employee employee;
    // 无参数的构造器
    public Attend()
    {
    }
    // 初始化全部成员变量的构造器
    public Attend(Integer id , String dutyDay ,
        Date punchTime , boolean isCome ,
        AttendType type , Employee employee)
    {
        this.id = id;
        this.dutyDay = dutyDay;
        this.punchTime = punchTime;
        this.isCome = isCome;
        this.type = type;
        this.employee = employee;
    }
    // 省略 id、dutyDay、punchTime、isCome 的 setter 和 getter 方法
    ...
    // type 的 setter 和 getter 方法
    public void setType(AttendType type)
    {
        this.type = type;
    }
    public AttendType getType()
    {
        return this.type;
    }
    // employee 的 setter 和 getter 方法
    public void setEmployee(Employee employee)
    {
        this.employee = employee;
    }
    public Employee getEmployee()
    {
        return this.employee;
    }
    // 根据 employee、isCome、dutyDay 来重写 hashCode() 方法
    @Override
    public int hashCode()
    {
        final int prime = 31;
        int result = 1;
        result = prime * result
            + ((dutyDay == null) ? 0 : dutyDay.hashCode());
        result = prime * result
            + ((employee == null) ? 0 : employee.hashCode());
        result = prime * result + (isCome ? 1231 : 1237);
        return result;
```

```
    }
    // 根据 employee、isCome、dutyDay 来重写 equals()方法
    @Override
    public boolean equals(Object obj)
    {
        if (this == obj) return true;
        if (obj == null) return false;
        if (getClass() != obj.getClass()) return false;
        Attend other = (Attend) obj;
        if (dutyDay == null)
        {
            if (other.dutyDay != null) return false;
        }
        else if (!dutyDay.equals(other.dutyDay)) return false;
        if (employee == null)
        {
            if (other.employee != null) return false;
        }
        else if (!employee.equals(other.employee)) return false;
        if (isCome != other.isCome) return false;
        return true;
    }
}
```

上面程序中后面两段粗体字代码也用于提供 Attend 和 AttendType、Employee 之间的关联关系，多个 Attend 对象对应一个 AttendType 对象，多个 Attend 对象对应一个 Employee 对象。

10.3　实现 DAO 层

在 Hibernate 持久层之上，可使用 DAO 组件再次封装数据库操作，这也是 Java EE 应用里常用的 DAO 模式。当使用 DAO 模式时，既体现了业务逻辑组件封装 DAO 组件的门面模式，也可分离业务逻辑组件和 DAO 组件的功能：业务逻辑组件负责业务逻辑的变化，而 DAO 组件负责持久化技术的变化。这正是桥接模式的应用。

引入 DAO 模式后，每个 DAO 组件包含了数据库的访问逻辑；每个 DAO 组件可对一个数据库表完成基本的 CRUD 等操作。

DAO 模式的实现至少需要如下三个部分。

➢ DAO 工厂类。

➢ DAO 接口。

➢ DAO 接口的实现类。

DAO 模式是一种更符合软件工程的开发方式，使用 DAO 模式有如下理由。

➢ DAO 模式抽象出数据访问方式，业务逻辑组件无须理会底层的数据库访问细节，而只专注于业务逻辑的实现，业务逻辑组件只负责业务功能的改变。

➢ DAO 将数据访问集中在独立的一层，所有的数据访问都由 DAO 对象完成，这层独立的 DAO 分离了数据访问的实现与其他业务逻辑，使得系统更具可维护性。

➢ DAO 还有助于提升系统的可移植性。独立的 DAO 层使得系统能在不同的数据库之间轻易切换，底层的数据库实现对于业务逻辑组件是透明的。数据库移植时仅仅影响 DAO 层，不同数据库的切换不会影响业务逻辑组件，因此提高了系统的可复用性。

➢ 对于不同的持久层技术，Spring 的 DAO 提供一个 DAO 模板，将通用的操作放在模板里完成，而对于特定的操作，则通过回调接口完成。

▶▶ 10.3.1　DAO 组件的定义

DAO 组件提供了各持久化对象的基本的 CRUD 操作。而在 DAO 接口里则对 DAO 组件包含的各种 CRUD 方法提供了声明，但有一些 IDE 工具也可以生成基本的 CRUD 方法。使用 DAO 接口的原因是：避免业务逻辑组件与特定的 DAO 组件耦合。

由于 DAO 组件中的方法不是一开始就设计出来的，其中的很多方法可能会随着业务逻辑的需求而增加，但以下几个方法是通用的。

➤ get(Serializable id)：根据主键加载持久化实例。

➤ save(Object entity)：保存持久化实例。

➤ update(Object entity)：更新持久化实例。

➤ delete(Object entity)：删除持久化实例。

➤ delete(Serializable id)：根据主键来删除持久化实例。

➤ findAll()：获取数据表中全部的持久化实例。

DAO 接口无须给出任何实现，仅仅是 DAO 组件包含的 CRUD 方法的定义，这些方法定义的实现取决于底层的持久化技术，DAO 组件的实现既可以使用传统 JDBC，也可以采用 Hibernate 持久化技术，以及 MyBatis 等技术。

由于所有的 DAO 组件都需要实现上面这些通用的 CRUD 方法，因此程序可以将这些通用的方法交给 BaseDao 实现，而具体的 DAO 组件则只需要额外定义业务相关的查询方法即可。本示例所使用的 BaseDao 与第 8 章所使用的 BaseDao 完全相同，故此处不再给出。

下面是本应用中各具体 DAO 接口的源代码。

ApplicationDao 的接口定义如下。

程序清单：codes\10\HRSystem\WEB-INF\src\org\crazyit\hrsystem\dao\ApplicationDao.java

```java
public interface ApplicationDao extends BaseDao<Application>
{
    /**
     * 根据员工查询未处理的异动申请
     * @param emp 需要查询的员工
     * @return 该员工对应的未处理的异动申请
     */
    List<Application> findByEmp(Employee emp);
}
```

从上面的源代码可以看出，ApplicationDao 只要额外提供一个业务相关的查询方法即可，其他持久化操作直接使用 BaseDao 所提供的方法。

AttendDao 的接口定义如下。

程序清单：codes\10\HRSystem\WEB-INF\src\org\crazyit\hrsystem\dao\AttendDao.java

```java
public interface AttendDao extends BaseDao<Attend>
{
    /**
     * 根据员工、月份查询该员工的出勤记录
     * @param emp 员工
     * @param month 月份，月份是形如"2012-02"格式的字符串
     * @return 该员工、指定月份的全部出勤记录
     */
    List<Attend> findByEmpAndMonth(Employee emp , String month);
    /**
     * 根据员工、日期查询该员工的打卡记录集合
     * @param emp 员工
     * @param dutyDay 日期
     * @return 该员工某天的打卡记录集合
     */
    List<Attend> findByEmpAndDutyDay(Employee emp
        , String dutyDay);
    /**
     * 根据员工、日期、上下班查询该员工的打卡记录集合
     * @param emp 员工
     * @param dutyDay 日期
     * @param isCome 是否上班
     * @return 该员工某天上班或下班的打卡记录
     */
```

```
    Attend findByEmpAndDutyDayAndCome(Employee emp ,
        String dutyDay , boolean isCome);
    /**
     * 查看员工前三天的非正常打卡
     * @param emp 员工
     * @return 该员工前三天的非正常打卡
     */
    List<Attend> findByEmpUnAttend(Employee emp
        , AttendType type);
}
```

　　　　AttendTypeDao 的接口定义如下。

　　　　　　程序清单：codes\10\HRSystem\WEB-INF\src\org\crazyit\hrsystem\dao\AttendTypeDao.java

```
public interface AttendTypeDao extends BaseDao<AttendType>
{
}
```

　　　　从上面的源代码可以看出，AttendTypeDao 根本不需要额外添加查询方法，该 DAO 组件直接使用
BaseDao 所提供的 CRUD 方法即可。

　　　　CheckBackDao 的接口定义如下。

　　　　　　程序清单：codes\10\HRSystem\WEB-INF\src\org\crazyit\hrsystem\dao\CheckBackDao.java

```
public interface CheckBackDao extends BaseDao<CheckBack>
{
}
```

　　　　CheckBackDao 也不需要额外提供查询方法。

　　　　EmployeeDao 的接口定义如下。

　　　　　　程序清单：codes\10\HRSystem\WEB-INF\src\org\crazyit\hrsystem\dao\EmployeeDao.java

```
public interface EmployeeDao extends BaseDao<Employee>
{
    /**
     * 根据用户名和密码查询员工
     * @param emp 包含指定用户名、密码的员工
     * @return 符合指定用户名和密码的员工集合
     */
    List<Employee> findByNameAndPass(Employee emp);
    /**
     * 根据用户名查询员工
     * @param name 员工的用户名
     * @return 符合用户名的员工
     */
    Employee findByName(String name);
}
```

　　　　ManagerDao 的接口定义如下。

　　　　　　程序清单：codes\10\HRSystem\WEB-INF\src\org\crazyit\hrsystem\dao\ManagerDao.java

```
public interface ManagerDao extends BaseDao<Manager>
{
    /**
     * 根据用户名和密码查询经理
     * @param emp 包含指定用户名、密码的经理
     * @return 符合指定用户名和密码的经理
     */
    List<Manager> findByNameAndPass(Manager mgr);
    /**
     * 根据用户名查找经理
     * @param name 经理的名字
     * @return 名字对应的经理
```

```
    */
    Manager findByName(String name);
}
```

PaymentDao 的接口定义如下。

程序清单：codes\10\HRSystem\WEB-INF\src\org\crazyit\hrsystem\dao\PaymentDao.java

```
public interface PaymentDao extends BaseDao<Payment>
{
    /**
     * 根据员工查询月结薪水
     * @return 该员工对应的月结薪水集合
     */
    List<Payment> findByEmp(Employee emp);
    /**
     * 根据员工和发薪月份来查询月结薪水
     * @param payMonth 发薪月份
     * @param emp 领薪的员工
     * @return 指定员工、指定月份的月结薪水
     */
    Payment findByMonthAndEmp(String payMonth , Employee emp);
}
```

正如在上面 DAO 接口中看到的，每个 DAO 接口都继承了 BaseDao 接口（并指定了相应的泛型信息），这样具体的 DAO 接口只要在 BaseDao 的基础上增加额外的查询方法即可，这些查询方法是实现业务逻辑方法的基础。

DAO 接口只定义了 DAO 组件应该实现的方法，但如何实现这些 DAO 方法则没有任何限制，程序可以使用任何持久化技术来实现它们，这样就可以让 DAO 组件来负责持久化技术这个维度上的变化，当系统需要在不同的持久化技术之间迁移时，应用只需要提供不同的 DAO 实现类即可，程序的其他部分无须进行任何改变——这就很好地提高了系统的可扩展性。

▶▶ 10.3.2 实现 DAO 组件

借助于第 8 章所提供的 BaseDao 组件，可以非常方便地实现 DAO 组件，所有 DAO 组件的实现类只要继承 BaseDaoHibernate5 即可，这样该 DAO 组件就拥有了 setSessionFactory()方法，可用于接受 Spring 注入 SessionFactory 引用。

除此之外，BaseDaoHibernate5 还提供了大量重载的 find()方法，当开发者需要进行各种业务查询时，主要调用这些 find()方法，并传入 HQL 语句以及参数即可。

应用中实际的 DAO 实现类都要继承 BaseDaoHibernate5，并实现相应的 DAO 接口，而业务逻辑对象则面向接口编程，无须关心 DAO 的实现细节。通过这种方式，就可实现让应用程序在不同的持久化技术之间自由切换。

如下是 ApplicationDaoHibernate5 实现类的源代码。

程序清单：codes\10\HRSystem\WEB-INF\src\org\crazyit\hrsystem\dao\impl\ApplicationDaoHibernate5.java

```
public class ApplicationDaoHibernate5 extends BaseDaoHibernate5<Application>
    implements ApplicationDao
{
    /**
     * 根据员工查询未处理的异动申请
     * @param emp 需要查询的员工
     * @return 该员工对应的未处理的异动申请
     */
    public List<Application> findByEmp(Employee emp)
    {
        return find("select a from Application as a where "
            + "a.attend.employee=?0" , emp);
    }
}
```

正如在上面的粗体字代码中所看到的，当 DAO 实现类继承了 BaseDaoHibernate5 之后，不仅获得了 BaseDaoHibernate5 所实现的基本 CRUD 方法，并且可借助于 BaseDaoHibernate5 所提供的 find()方法来实现业务相关的查询。

下面是 AttendDao 组件的实现类。

程序清单：codes\10\HRSystem\WEB-INF\src\org\crazyit\hrsystem\dao\impl\AttendDaoHibernate5.java

```java
public class AttendDaoHibernate5 extends BaseDaoHibernate5<Attend>
    implements AttendDao
{
    /**
     * 根据员工、月份查询该员工的出勤记录
     * @param emp 员工
     * @param month 月份，月份是形如"2012-02"格式的字符串
     * @return 该员工、指定月份的全部出勤记录
     */
    public List<Attend> findByEmpAndMonth(Employee emp , String month)
    {
        return find("from Attend as a where a.employee=?0 " +
            "and substring(a.dutyDay , 0 , 7)=?1" , emp , month);
    }
    /**
     * 根据员工、日期查询该员工的打卡记录集合
     * @param emp 员工
     * @param dutyDay 日期
     * @return 该员工某天的打卡记录集合
     */
    public List<Attend> findByEmpAndDutyDay(Employee emp
        , String dutyDay)
    {
        return find("from Attend as a where a.employee=?0 and "
            + "a.dutyDay=?1" , emp , dutyDay);
    }
    /**
     * 根据员工、日期 、上下班查询该员工的打卡记录集合
     * @param emp 员工
     * @param dutyDay 日期
     * @param isCome 是否上班
     * @return 该员工某天上班或下班的打卡记录
     */
    public Attend findByEmpAndDutyDayAndCome(Employee emp ,
        String dutyDay , boolean isCome)
    {
        List<Attend> al = findByEmpAndDutyDay(emp , dutyDay);
        if (al != null || al.size() > 1)
        {
            for (Attend attend : al)
            {
                if (attend.getIsCome() == isCome )
                {
                    return attend;
                }
            }
        }
        return null;
    }
    /**
     * 查看员工前三天的非正常打卡
     * @param emp 员工
     * @return 该员工前三天的非正常打卡
     */
    public List<Attend> findByEmpUnAttend(Employee emp
        , AttendType type)
    {
        SimpleDateFormat sdf = new SimpleDateFormat("yyyy-MM-dd");
        Calendar c = Calendar.getInstance();
        String end = sdf.format(c.getTime());
```

```
            c.add(Calendar.DAY_OF_MONTH, -3);
            String start = sdf.format(c.getTime());
            return find("from Attend as a where a.employee=?0 and "
               + "a.type != ?1 and a.dutyDay between ?2 and ?3" ,
                emp , type , start , end);
        }
    }
```

与前一个 DAO 实现类完全类似，程序中业务相关的查询方法同样依赖 BaseDaoHibernate5 所提供的 find()方法实现，对于有些比较复杂的 DAO 方法，程序则需要提供更多的控制逻辑，才可实现它们。但无论如何，借助于 BaseDaoHibernate5 基类，都可让系统的 DAO 组件实现类更加简洁，从而简化了 DAO 组件的开发。

这种简单的实现较之传统的 JDBC 持久化访问，简直不可同日而语。Hibernate 为持久化访问提供了第一层封装，而 BaseDaoHibernate5 则再次简化了持久层的访问。

> **提示：**
> 在学习框架的过程中也许会有少许的坎坷，但一旦掌握了框架的使用，将大幅度地提高应用的开发效率，而且好的框架所倡导的软件架构还会提高开发者的架构设计知识。

程序中 AttendTypeDao、CheckBackDao 两个组件都不需要额外实现查询方法，因此非常简单。下面是 EmployeeDao 组件的实现类。

程序清单：codes\10\HRSystem\WEB-INF\src\org\crazyit\hrsystem\dao\impl\EmployeeDaoHibernate5.java

```
public class EmployeeDaoHibernate5 extends BaseDaoHibernate5<Employee>
    implements EmployeeDao
{
    /**
     * 根据用户名和密码查询员工
     * @param emp 包含指定用户名、密码的员工
     * @return 符合指定用户名和密码的员工集合
     */
    public List<Employee> findByNameAndPass(Employee emp)
    {
        return find("select p from Employee p where p.name = ?0 and p.pass=?1"
            , emp.getName() , emp.getPass());
    }
    /**
     * 根据用户名查询员工
     * @param name 员工的用户名
     * @return 符合用户名的员工
     */
    public Employee findByName(String name)
    {
        List<Employee> emps = find("select e from Employee e where e.name = ?0"
            , name);
        if (emps!= null && emps.size() >= 1)
        {
            return emps.get(0);
        }
        return null;
    }
}
```

EmployeeDao 组件的实现类继承了 BaseDaoHibernate5 之后，它的实现代码同样简单。系统中剩下的 ManagerDao 组件和 PaymentDao 组件的实现类与前面介绍的实现类大致相似，此处不再给出。

➤➤ 10.3.3   部署 DAO 层

通过前面的介绍不难发现，BaseDaoHibernate5 类只需要一个 SessionFactory 属性，即可完成数据库访问。而实际的数据库访问也由 BaseDaoHibernate5 的通用方法和查询方法来完成，该类提供了大量便捷的方法，简化了数据库的访问。

1．DAO 组件运行的基础

应用的 DAO 组件以 Hibernate 和 Spring 为基础，由 Spring 容器负责生成并管理 DAO 组件。Spring 容器负责为 DAO 组件注入其运行所需要的基础 SessionFactory。

Spring 为整合 Hibernate 提供了大量工具类，通过 LocalSessionFactoryBean 类，可以将 Hibernate 的 SessionFactory 纳入其 IoC 容器内。

在使用 LocalSessionFactoryBean 配置 SessionFactory 之前，必须为其提供对应的数据源，本应用使用 C3P0 数据源。Spring 容器负责管理数据源，在 Spring 容器中配置数据源的代码如下。

程序清单：codes\10\HRSystem\WEB-INF\daoContext.xml

```xml
<!-- 定义数据源 Bean，使用 C3P0 数据源实现 -->
<!-- 设置连接数据库的驱动、URL、用户名、密码、
    连接池最大连接数、最小连接数、初始连接数等参数 -->
<bean id="dataSource" class="com.mchange.v2.c3p0.ComboPooledDataSource"
    destroy-method="close"
    p:driverClass="com.mysql.jdbc.Driver"
    p:jdbcUrl="jdbc:mysql://localhost:3306/hrSystem?useSSL=true"
    p:user="root"
    p:password="32147"
    p:maxPoolSize="200"
    p:minPoolSize="2"
    p:initialPoolSize="2"
    p:maxIdleTime="20"/>
```

一旦配置了应用所需的数据源之后，程序就可以在此数据源基础上配置 SessionFactory 对象了。配置 SessionFactory Bean 的配置代码如下（程序清单同上）：

```xml
<!-- 定义 Hibernate 的 SessionFactory，并依赖注入数据源，注入上面定义的 dataSource -->
<bean id="sessionFactory"
    class="org.springframework.orm.hibernate5.LocalSessionFactoryBean"
    p:dataSource-ref="dataSource">
    <!-- annotatedClasses 属性用于列出全部持久化类 -->
    <property name="annotatedClasses">
        <list>
            <!-- 以下用来列出 Hibernate 的持久化类 -->
            <value>org.crazyit.hrsystem.domain.Application</value>
            <value>org.crazyit.hrsystem.domain.Attend</value>
            <value>org.crazyit.hrsystem.domain.AttendType</value>
            <value>org.crazyit.hrsystem.domain.CheckBack</value>
            <value>org.crazyit.hrsystem.domain.Employee</value>
            <value>org.crazyit.hrsystem.domain.Manager</value>
            <value>org.crazyit.hrsystem.domain.Payment</value>
        </list>
    </property>
    <!-- 定义 Hibernate 的 SessionFactory 的属性 -->
    <property name="hibernateProperties">
        <!-- 指定数据库方言、是否自动建表、是否生成 SQL 语句等 -->
        <value>
        hibernate.dialect=org.hibernate.dialect.MySQL5InnoDBDialect
        hibernate.hbm2ddl.auto=update
        hibernate.show_sql=true
        hibernate.format_sql=true
        #开启二级缓存
        hibernate.cache.use_second_level_cache=true
        #设置二级缓存的提供者
        hibernate.cache.region.factory_class=org.hibernate.cache.ehcache.EhCacheRegionFactory
        </value>
    </property>
</bean>
```

 注意

Hibernate 属性既可直接在 LocalSessionFactoryBean Bean 内配置，也可在 hibernate.cfg.xml 文件中配置。

2．配置 DAO 组件

对于继承 BaseDaoHibernate5 的 DAO 实现类，只需要为其注入 SessionFactory 即可。由于所有的 DAO 组件都需要注入 SessionFactory 引用，因此可以使用 Bean 继承简化 DAO 组件的配置。本应用将所有的 DAO 组件配置在单独的配置文件中，下面是 DAO 组件的配置文件代码（程序清单同上）。

```xml
<!-- 配置 DAO 组件的模板 -->
<bean id="daoTemplate" abstract="true" lazy-init="true"
    p:sessionFactory-ref="sessionFactory"/>
<bean id="employeeDao"
    class="org.crazyit.hrsystem.dao.impl.EmployeeDaoHibernate5"
    parent="daoTemplate"/>
<bean id="managerDao"
    class="org.crazyit.hrsystem.dao.impl.ManagerDaoHibernate5"
    parent="daoTemplate"/>
<bean id="attendDao"
    class="org.crazyit.hrsystem.dao.impl.AttendDaoHibernate5"
    parent="daoTemplate"/>
<bean id="attendTypeDao"
    class="org.crazyit.hrsystem.dao.impl.AttendTypeDaoHibernate5"
    parent="daoTemplate"/>
<bean id="appDao"
    class="org.crazyit.hrsystem.dao.impl.ApplicationDaoHibernate5"
    parent="daoTemplate"/>
<bean id="checkDao"
    class="org.crazyit.hrsystem.dao.impl.CheckBackDaoHibernate5"
    parent="daoTemplate"/>
<bean id="payDao"
    class="org.crazyit.hrsystem.dao.impl.PaymentDaoHibernate5"
    parent="daoTemplate"/>
```

从上面程序的粗体字代码可以看出，配置文件首先配置了一个 DAO 组件的模板，配置文件为该模板注入了 SessionFactory，而其他 DAO 组件都继承了该 DAO 模板，因此，其他实际的 DAO 组件也会被注入 SessionFactory 对象。

> **注意**
>
> 系统的各具体 DAO 实现类中并未提供 setSessionFactory()方法，该方法由其父类 BaseDaoHibernate5 提供，用于依赖注入 SessionFactory 对象。

 ## 10.4　实现 Service 层

本系统只使用了两个业务逻辑组件，分别为系统中两个角色模块的业务逻辑提供实现：Manager 和 Employee 模块。这两个模块分别使用不同的业务逻辑组件，每个组件作为门面封装 7 个 DAO 组件，系统使用这两个业务逻辑组件将这些 DAO 对象封装在一起。

▶▶ 10.4.1　业务逻辑组件的设计

业务逻辑组件是 DAO 组件的门面，所以也可理解为业务逻辑组件需要依赖于 DAO 组件，DAO 组件与 EmpManager（业务逻辑组件）之间的关系如图 10.4 所示。

在 EmpManager 接口里定义了大量的业务方法，这些方法的实现依赖于 DAO 组件。由于每个业务方法要涉及多个 DAO 操作，其 DAO 操作是单条数据记录的操作，而业务逻辑方法的访问，则需要设计多个 DAO 操作，因此每个业务逻辑方法可能需要涉及多条记录的访问。

业务逻辑组件面向 DAO 接口编程，可以让业务逻辑组件从 DAO 组件的实现中分离。因此业务逻辑组件只关心业务逻辑的实现，无须关心数据访问逻辑的实现。

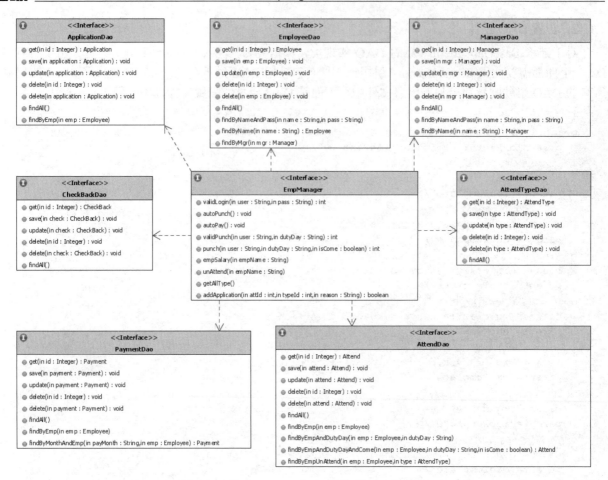

图 10.4　EmpManager 与 DAO 组件接口的类图

▶▶ 10.4.2　实现业务逻辑组件

业务逻辑组件负责实现系统所需的业务方法，系统有多少个业务需求，业务逻辑组件就提供多少个对应方法。本应用采用的是贫血模式的架构模型，因此业务逻辑方法完全由业务逻辑组件负责实现。

业务逻辑组件只负责业务逻辑上的变化，而持久层上的变化则交给 DAO 层负责，因此业务逻辑组件必须依赖于 DAO 组件。

下面是 EmpManagerImpl 的源代码。

程序清单：codes\10\HRSystem\WEB-INF\src\org\crazyit\hrsystem\service\impl\EmpManagerImpl.java

```
public class EmpManagerImpl
    implements EmpManager
{
    private ApplicationDao appDao;
    private AttendDao attendDao;
    private AttendTypeDao typeDao;
    private CheckBackDao checkDao;
    private EmployeeDao empDao;
    private ManagerDao mgrDao;
    private PaymentDao payDao;
    // 省略了注入 7 个 DAO 组件所需要的 setter 方法
    ...
    /**
     * 以经理身份来验证登录
     * @param mgr 登录的经理身份
     * @return 登录后的身份确认:0 为登录失败, 1 为登录 emp  2 为登录 mgr
     */
    public int validLogin(Manager mgr)
    {
        // 如果找到一个经理，以经理登录
```

```
        if (mgrDao.findByNameAndPass(mgr).size() >= 1)
        {
            return LOGIN_MGR;
        }
        // 如果找到普通员工，以普通员工登录
        else if (empDao.findByNameAndPass(mgr).size() >= 1)
        {
            return LOGIN_EMP;
        }
        else
        {
            return LOGIN_FAIL;
        }
    }
    /**
     * 自动打卡，周一到周五，早上 7：00 为每个员工插入旷工记录
     */
    public void autoPunch()
    {
        System.out.println("自动插入旷工记录");
        List<Employee> emps = empDao.findAll(Employee.class);
        // 获取当前时间
        String dutyDay = new java.sql.Date(
            System.currentTimeMillis()).toString();
        for (Employee e : emps)
        {
            // 获取旷工对应的出勤类型
            AttendType atype = typeDao.get(AttendType.class , 6);
            Attend a = new Attend();
            a.setDutyDay(dutyDay);
            a.setType(atype);
            // 如果当前时间是早上，对应于上班打卡
            if (Calendar.getInstance()
                .get(Calendar.HOUR_OF_DAY) < AM_LIMIT)
            {
                // 上班打卡
                a.setIsCome(true);
            }
            else
            {
                // 下班打卡
                a.setIsCome(false);
            }
            a.setEmployee(e);
            attendDao.save(a);
        }
    }
    /**
     * 自动结算工资，每月 1 号，结算上个月工资
     */
    public void autoPay()
    {
        System.out.println("自动插入工资结算");
        List<Employee> emps = empDao.findAll(Employee.class);
        // 获取上个月时间
        Calendar c = Calendar.getInstance();
        c.add(Calendar.DAY_OF_MONTH, -15);
        SimpleDateFormat sdf = new SimpleDateFormat("yyyy-MM");
        String payMonth = sdf.format(c.getTime());
        // 为每个员工计算上个月工资
        for (Employee e : emps)
        {
            Payment pay = new Payment();
            // 获取该员工的工资
            double amount = e.getSalary();
            // 获取该员工上个月的出勤记录
            List<Attend> attends = attendDao.findByEmpAndMonth(e , payMonth);
            // 用工资累积其出勤记录的工资
```

```
            for ( Attend a : attends )
            {
                amount += a.getType().getAmerce();
            }
            // 添加工资结算
            pay.setPayMonth(payMonth);
            pay.setEmployee(e);
            pay.setAmount(amount);
            payDao.save(pay);
        }
    }
    /**
     * 验证某个员工是否可打卡
     * @param user 员工名
     * @param dutyDay 日期
     * @return 可打卡的类别
     */
    public int validPunch(String user , String dutyDay)
    {
        // 不能查找到对应用户，返回无法打卡
        Employee emp = empDao.findByName(user);
        if (emp == null)
        {
            return NO_PUNCH;
        }
        // 找到员工当前的出勤记录
        List<Attend> attends = attendDao.findByEmpAndDutyDay(emp , dutyDay);
        // 系统没有为用户在当天插入空打卡记录，无法打卡
        if (attends == null || attends.size() <= 0)
        {
            return NO_PUNCH;
        }
        // 开始上班打卡
        else if (attends.size() == 1
            && attends.get(0).getIsCome()
            && attends.get(0).getPunchTime() == null)
        {
            return COME_PUNCH;
        }
        else if (attends.size() == 1
            && attends.get(0).getPunchTime() == null)
        {
            return LEAVE_PUNCH;
        }
        else if (attends.size() == 2)
        {
            // 可以上班、下班打卡
            if (attends.get(0).getPunchTime() == null
                && attends.get(1).getPunchTime() == null)
            {
                return BOTH_PUNCH;
            }
            // 可以下班打卡
            else if (attends.get(1).getPunchTime() == null)
            {
                return LEAVE_PUNCH;
            }
            else
            {
                return NO_PUNCH;
            }
        }
        return NO_PUNCH;
    }
    /**
     * 打卡
     * @param user 员工名
     * @param dutyDay 打卡日期
```

```
 * @param isCome 是否是上班打卡
 * @return 打卡结果
 */
public int punch(String user , String dutyDay , boolean isCome)
{
    Employee emp = empDao.findByName(user);
    if (emp == null)
    {
        return PUNCH_FAIL;
    }
    // 找到员工本次打卡对应的出勤记录
    Attend attend =
        attendDao.findByEmpAndDutyDayAndCome(emp , dutyDay , isCome);
    if (attend == null)
    {
        return PUNCH_FAIL;
    }
    // 已经打卡
    if (attend.getPunchTime() != null)
    {
        return PUNCHED;
    }
    System.out.println("============打卡==========");
    // 获取打卡时间
    int punchHour = Calendar.getInstance()
        .get(Calendar.HOUR_OF_DAY);
    attend.setPunchTime(new Date());
    // 上班打卡
    if (isCome)
    {
        // 9 点之前算正常
        if (punchHour < COME_LIMIT)
        {
            attend.setType(typeDao.get(AttendType.class , 1));
        }
        // 9~11 点之间算迟到
        else if (punchHour < LATE_LIMIT)
        {
            attend.setType(typeDao.get(AttendType.class , 4));
        }
        // 11 点之后算旷工，无须理会
    }
    // 下班打卡
    else
    {
        // 18 点之后算正常
        if (punchHour >= LEAVE_LIMIT)
        {
            attend.setType(typeDao.get(AttendType.class , 1));
        }
        // 16~18 点之间算早退
        else if (punchHour >= EARLY_LIMIT)
        {
            attend.setType(typeDao.get(AttendType.class , 5));
        }
    }
    attendDao.update(attend);
    return PUNCH_SUCC;
}
/**
 * 根据员工浏览自己的工资
 * @param empName 员工名
 * @return 该员工的工资列表
 */
public List<PaymentBean> empSalary(String empName)
{
    // 获取当前员工
    Employee emp = empDao.findByName(empName);
```

```
    // 获取该员工的全部工资列表
    List<Payment> pays = payDao.findByEmp(emp);
    List<PaymentBean> result = new ArrayList<PaymentBean>();
    // 封装 VO 集合
    for (Payment p : pays )
    {
        result.add(new PaymentBean(p.getPayMonth()
            ,p.getAmount()));
    }
    return result;
}
/**
 * 员工查看自己的最近三天非正常打卡
 * @param empName 员工名
 * @return 该员工最近三天的非正常打卡
 */
public List<AttendBean> unAttend(String empName)
{
    // 找出正常上班的出勤类型
    AttendType type = typeDao.get(AttendType.class , 1);
    Employee emp = empDao.findByName(empName);
    // 找出非正常上班的出勤记录
    List<Attend> attends = attendDao.findByEmpUnAttend(emp, type);
    List<AttendBean> result = new ArrayList<AttendBean>();
    // 封装 VO 集合
    for (Attend att : attends )
    {
        result.add(new AttendBean(att.getId() , att.getDutyDay()
            , att.getType().getName() , att.getPunchTime()));
    }
    return result;
}
/**
 * 返回全部的出勤类别
 * @return 全部的出勤类别
 */
public List<AttendType> getAllType()
{
    return typeDao.findAll(AttendType.class);
}
/**
 * 添加申请
 * @param attId 申请的出勤 ID
 * @param typeId 申请的类型 ID
 * @param reason 申请的理由
 * @return 添加的结果
 */
public boolean addApplication(int attId , int typeId
    , String reason)
{
    // 创建一个申请
    Application app = new Application();
    // 获取申请需要改变的出勤记录
    Attend attend = attendDao.get(Attend.class , attId);
    AttendType type = typeDao.get(AttendType.class , typeId);
    app.setAttend(attend);
    app.setType(type);
    if (reason != null)
    {
        app.setReason(reason);
    }
    appDao.save(app);
    return true;
}
```

在上面的业务逻辑组件中，有 autoPunch() 和 autoPay() 两个方法，这两个方法并不由客户端直接调用，而是由任务调度来执行，其中 autoPunch()负责每天为员工完成自动考勤（为员工每天插入旷工考勤记录），以及每月 3 日为所有员工完成工资结算。

在上面所提供的几个业务逻辑方法中，大部分方法都比较容易理解，但对 autoPunch()、validPunch()和 punch()三个方法则可能有些迷惑，对它们各自的作用不是十分明晰。

在介绍这三个方法的详细作用之前，先来介绍一下本系统中打卡考勤的实现。本系统会在每天早上7 点、下午 12 点时自动插入两条"旷工"考勤记录，而系统中的 autoPunch()方法就负责插入这样的旷工记录。

可能有读者会提出疑问：为什么每天要为员工插入两条"旷工"记录呢？因为本系统认为每天开始时，每个员工默认的考勤记录是"旷工"，当该员工上班打卡、下班打卡时，系统就会根据员工的打卡时间来判断该员工究竟是正常上班、迟到，还是早退或干脆就是"旷工"。每当员工打卡时，系统并不是插入考勤记录，只是修改系统自动插入的考勤记录，上面的 punch()业务逻辑方法用于实现普通员工的打卡考勤。

程序的 validPunch()方法则用于判断当前员工可进行哪种考勤：上班或下班？在正常上班时间内，系统每天 7 点、12 点会为所有员工自动插入"旷工"考勤记录，validPunch()方法会根据员工用户名来判断当天上班"旷工"考勤、下班"旷工"是否存在，且该考勤记录没有打卡时间，即表明该员工还可打卡考勤；否则，该员工将不能进行打卡考勤。

➤➤ 10.4.3　事务管理

与所有的 Java EE 应用类似，本系统的事务管理负责管理业务逻辑组件里的业务逻辑方法，只有对业务逻辑方法添加事务管理才有实际的意义，对于单个 DAO 方法（基本的 CRUD 方法）增加事务管理是没有太大实际意义的。

借助于 Spring 2.x Schema 所提供的 tx:、aop:两个命名空间的帮助，系统可以非常方便地为业务逻辑组件配置事务管理。其中 tx:命名空间下的<tx:advice.../>元素用于配置事务增强处理，而 aop:命名空间下的<aop:advisor.../>元素用于配置自动代理。

下面是本应用中事务管理的配置代码。

```
<!-- 配置 Hibernate 的局部事务管理器，使用 HibernateTransactionManager 类 -->
<!-- 该类实现了 PlatformTransactionManager 接口，是针对 Hibernate 的特定实现-->
<!-- 并注入 SessionFactory 的引用 -->
<bean id="transactionManager" class=
    "org.springframework.orm.hibernate5.HibernateTransactionManager"
    p:sessionFactory-ref="sessionFactory"/>
<!-- 配置事务增强处理 Bean，指定事务管理器 -->
<tx:advice id="txAdvice" transaction-manager="transactionManager">
    <!-- 用于配置详细的事务语义 -->
    <tx:attributes>
        <!-- 所有以 get 开头的方法是只读的 -->
        <tx:method name="get*" read-only="true"/>
        <!-- 其他方法使用默认的事务设置 -->
        <tx:method name="*"/>
    </tx:attributes>
</tx:advice>
<aop:config>
    <!-- 配置一个切入点，匹配 empManager 和 mgrManager
        两个 Bean 的所有方法的执行 -->
    <aop:pointcut id="leePointcut"
        expression="bean(empManager)||bean(mgrManager)"/>
    <!-- 指定在 leePointcut 切入点应用 txAdvice 事务增强处理 -->
    <aop:advisor advice-ref="txAdvice"
        pointcut-ref="leePointcut"/>
</aop:config>
```

通过上面提供的配置代码，系统会自动为 empManager 和 mgrManager 两个 Bean 的所有方法增加事务管理，这样的事务配置方式非常简洁，可以极好地简化 Spring 配置文件。

>> 10.4.4　部署业务逻辑组件

　　单独配置系统的业务逻辑层，可避免因配置文件过大引起配置文件难以阅读。将配置文件按层和模块分开配置，可以提高 Spring 配置文件的可读性和可理解性。

　　在 applicationContext.xml 配置文件中配置数据源、事务管理器、业务逻辑组件和事务管理器等 Bean。具体的配置文件如下。

程序清单：codes\10\HRSystem\WEB-INF\applicationContext.xml

```xml
<!-- 定义业务逻辑组件模板，为之注入 DAO 组件 -->
<bean id="managerTemplate" abstract="true" lazy-init="true"
    p:appDao-ref="appDao"
    p:attendDao-ref="attendDao"
    p:typeDao-ref="attendTypeDao"
    p:checkDao-ref="checkDao"
    p:empDao-ref="employeeDao"
    p:mgrDao-ref="managerDao"
    p:payDao-ref="payDao"/>
<!-- 定义两个业务逻辑组件，继承业务逻辑组件的模板 -->
<bean id="empManager"
    class="org.crazyit.hrsystem.service.impl.EmpManagerImpl"
    parent="managerTemplate"/>
<bean id="mgrManager"
    class="org.crazyit.hrsystem.service.impl.MgrManagerImpl"
    parent="managerTemplate"/>
```

> **提示：**
> 　　光盘里的 applicationContext.xml 文件和此处给出的配置文件可能存在一些差别，因为光盘里的配置文件中还包含任务调度的配置信息。

　　从上面的配置文件可以看出，使用 Spring 容器来管理各个组件之间的依赖关系，将各个组件之间的耦合从代码中抽离处理，放在配置文件中进行管理，这确实是一种优秀的解耦方式。

📁 10.5　实现任务的自动调度

　　系统中常常有些需要自动执行的任务，这些任务可能每隔一段时间就要执行一次，也可能需要在指定时间点自动执行，这些任务的自动执行必须使用任务的自动调度。

　　JDK 为简单的任务调度提供了 Timer 支持，但对于更复杂的调度，例如需要在某个特定时刻调度任务时，Timer 就有点力不从心了。好在有另一个开源框架 Quartz，借助于它的支持，既可以实现简单的任务调度，也可以执行复杂的任务调度。

>> 10.5.1　使用 Quartz

　　Quartz 是一个任务调度框架，具有简单、易用特性的任务调度系统，借助于 Cron 表达式，Quartz 可以支持各种复杂的任务调度。

1. 下载和安装 Quartz

下载和安装 Quartz 请按如下步骤进行。

　❶ 登录 http://www.quartz-scheduler.org/ 站点，下载 Quartz 的最新版本，本书成书之时，Quartz 的最新版为 2.2.3，本书的示例程序就是基于该版本完成的，建议读者也下载该版本的 Quartz。下载完成后将得到一个 quartz-2.2.3.tar.gz 文件，将该压缩文件解压缩，发现有如下的文件结构。

➢ docs：存放 Quartz 的相关文档，包括 API 等文档。

➢ examples：存放 Quartz 的示例程序。

➢ javadoc：存放 Quartz 的 API 文档。

➢ lib：存放 Quartz 的 JAR 包，以及 Quartz 编译或运行所依赖的第三方类库。
➢ src：存放 Quartz 的源文件。
➢ 其他 Quartz 相关说明文档。

② 在普通情况下，只需将 quartz-2.2.3.jar 文件添加到 CLASSPATH 环境变量中，让 JDK 编译和运行时可以访问到该 JAR 包里包含的类文件即可。当然也可使用 Ant，或者其他 IDE 工具来管理项目的类库，这样就无须添加任何环境变量了。

③ 如果需要在 Web 应用中使用 Quartz，则应将 quartz-2.2.3.jar 文件复制到 Web 应用的 WEB-INF/lib 路径下。

> **提示** ┈┈┈┈┈┈┈┈┈┈┈┈┈┈┈┈┈┈┈┈┈┈┈┈┈┈┈┈┈┈┈┈┈┈
> 　　实际上 Quartz 还使用了 SLF4J 作为日志工具，因此读者还需要将 lib/子目录下与 SLF4J 相关的 JAR 包复制到项目的类加载路径中。

2. Quartz 运行的基本属性

Quartz 允许提供一个名为 quartz.properties 的配置文件，通过该配置文件，可以修改框架运行时的环境。默认使用 quartz-2.2.3.jar 里的 quartz.properties 文件（在该压缩文件的 org\quartz 路径下）。如果需要改变默认的 Quartz 属性，程序可以自己创建一个 quartz.properties 文件，并将它放在系统的类加载路径下，ClassLoader 会自动加载并启用其中的各种属性。下面是 quartz.properties 文件的示例。

程序清单：codes\10\QuartzQs\src\quartz.properties

```
# 配置主调度器属性
org.quartz.scheduler.instanceName=QuartzScheduler
org.quartz.scheduler.instanceId=AUTO
# 配置线程池
# Quartz 线程池的实现类
org.quartz.threadPool.class=org.quartz.simpl.SimpleThreadPool
# 线程池的线程数量
org.quartz.threadPool.threadCount=1
# 线程池里线程的优先级
org.quartz.threadPool.threadPriority=5
# 配置作业存储
org.quartz.jobStore.misfireThreshold=60000
org.quartz.jobStore.class=org.quartz.simpl.RAMJobStore
```

Quartz 提供两种作业存储方式。
➢ 第一种类型叫作 RAMJobStore，它利用内存来持久化调度程序信息。这种作业存储类型最容易配置和运行。对于许多应用来说，这种存储方式已经足够了。然而，由于调度程序信息保存在 JVM 的内存里面，因此，一旦应用程序中止，所有的调度信息就会丢失。
➢ 第二种类型称为 JDBC 作业存储，需要 JDBC 驱动程序和后台数据库保存调度程序信息，由需要调度程序维护调度信息的用户来设计。

大部分时候，使用 Quartz 提供的 RAMJobStore 存储方式就足够了，因此上面属性文件中的粗体字代码指定了本示例应用使用 RAMJobStore 存储方式。

除此之外，上面属性文件还指定了 Quartz 线程池的线程数：1，这表明系统 Quartz 最多启动一条线程来执行指定任务。如果此处指定更大的线程数，程序将会启动更多的线程来执行指定任务，这意味着系统可能有多个任务并发执行。

3. Quartz 里的作业

作业是一个执行指定任务的 Java 类，当 Quartz 调用某个 Java 任务执行时，实际上就是执行该任务对象的 execute()方法，Quartz 里的作业类需要实现 org.quartz.Job 接口，该 Job 接口包含一个方法 execute()，execute()方法体是被调度的作业体。

一旦实现了 Job 接口和 execute()方法，当 Quartz 调度该作业运行时，该 execute()方法就会自动运行起来。

下面是本示例程序中的作业，该作业实现了 Job 接口，并实现了该接口里的 execute()方法，该方法循环 100 次来模拟一个费时的任务。

程序清单：codes\10\QuartzQs\src\lee\TestJob.java

```java
public class TestJob implements Job
{
    // 判断作业是否执行的旗标
    private boolean isRunning = false;
    public void execute(JobExecutionContext context)
        throws JobExecutionException
    {
        // 如果作业没有被调度
        if (!isRunning)
        {
            System.out.println(new Date() + "  作业被调度。");
            // 循环 100 次来模拟任务的执行
            for (int i = 0; i < 100 ; i++)
            {
                System.out.println("作业完成" + (i + 1) + "%");
                try
                {
                    Thread.sleep(100);
                }
                catch (InterruptedException ex)
                {
                    ex.printStackTrace();
                }
            }
            System.out.println(new Date() + "  作业调度结束。");
        }
        // 如果作业正在运行，即使获得调度，也立即退出
        else
        {
            System.out.println(new Date() + "任务退出");
        }
    }
}
```

> **注意**
>
> 上面使用了旗标来控制作业的执行，该旗标保证作业不会被重复执行。

4．Quartz 里的触发器

Quartz 允许作业与作业调度分离，Quartz 使用触发器将任务与任务调度分离开，Quartz 中的触发器用来指定任务的被调度时机，其框架提供了一系列触发器类型，但以下两种是最常用的。

> - SimpleTrigger：主要用于简单的调度。例如，如果需要在给定的时间内重复执行作业，或者间隔固定时间执行作业，则可以选择 SimpleTrigger。SimpleTrigger 类似于 JDK 的 Timer。
> - CronTrigger：用于执行更复杂的调度。该调度器基于 Calendar-like。例如，需要在除星期六和星期日以外的每天上午 10：30 调度某个任务时，则应该使用 CronTrigger。CronTrigger 是基于 Unix Cron 的表达式。

Cron 表达式是一个字符串，字符串以 5 个或 6 个空格隔开，分成 6 个或 7 个域，每个域代表一个时间域。Cron 表达式有如下两种语法格式。

```
Seconds Minutes Hours DayofMonth Month DayofWeek Year
```

上面是包含 7 个域的表达式，还有只包含 6 个域的 Cron 表达式。

```
Seconds Minutes Hours DayofMonth Month DayofWeek
```

每个域可出现的字符如下。

> - Second：可出现、、-、*、/四个特殊字符和数字，有效范围为 0~59 的整数。
> - Minutes：可出现、、-、*、/四个特殊字符和数字，有效范围为 0~59 的整数。

> Hours：可出现、-、*、/四个特殊字符和数字，有效范围为 0~23 的整数。

> DayofMonth：可出现、-、*、?、/、L、W、C 八个特殊字符和数字，有效范围为 1~31 的整数。

> Month：可出现、-、*、/四个特殊字符和数字，有效范围为 1~12 或 JAN-DEC。

> DayofWeek：可出现、-、*、?、/、L、C、#八个特殊字符和数字，有效范围为 1~7 或 SUN-SAT。其中 1 表示星期日，2 表示星期一，依此类推。

> Year：可出现、-、*、/四个特殊字符和数字，有效范围为 1970~2099 年。

每个域通常都使用数字，但还可以出现如下特殊字符，它们的含义如下。

> *：表示匹配该域的任意值。假如在 Minutes 域使用*，即表示每分钟都会触发事件。

> ?：只能用在 DayofMonth 和 DayofWeek 两个域。它也会匹配该域的任意值，但实际应用中则不会，因为 DayOfMonth 和 DayofWeek 会互相影响。例如，想在每月的 20 日触发调度，无论 20 日是星期几，则只能使用如下写法：13 13 15 20 * ?，其中最后一位只能使用?，而不能使用*；如果使用*，则表示无论星期几都会触发，但实际并不是这样的。

> -：表示范围。例如，在 Minutes 域使用 5-20，表示从 5 分钟到 20 分钟内每分钟触发一次。

> /：表示从起始时间开始触发，然后每隔固定时间触发一次。例如，在 Minutes 域使用 5/20，则意味着 5 分钟触发一次，而在 25、45 等分钟时分别触发一次。

> ,：表示列出枚举值。例如，在 Minutes 域使用 5, 20，则意味着在 5 和 20 分钟分别触发一次。

> L：表示最后。只能出现在 DayofWeek 和 DayofMonth 域，如果在 DayofWeek 域使用 5L，则意味着在最后一个星期四触发。

> W：表示有效工作日（星期一到星期五）。只能出现在 DayofMonth 域，系统将在离指定日期最近的有效工作日触发事件。例如，在 DayofMonth 域使用 5W，如果 5 日是星期六，则将在最近的工作日星期一，即 4 日触发；如果 5 日是星期一到星期五中的一天，则就在 5 日触发。需要注意的是，W 不会跨月寻找，例如，1W，1 日恰好是星期六，系统不会在上月的最后一天触发，而是到 3 日触发。

> LW：这两个字符可以连接使用，表示某个月最后一个工作日，即最后一个星期五。

> #：用于确定每个月的第几个星期几，只能出现在 DayofMonth 域。例如 4 # 5，表示某月的第 5 个星期三。

下面的 Quartz Cron 表达式表示在周一到周五的每天上午 10 点 15 分调度该任务。

```
0 15 10 ? * MON-FRI
```

下面的表达式则表示在 2002—2005 年中每个月的最后一个星期五上午 10 点 15 分调度该任务。

```
0 15 10 ? * 6L 2002-2005
```

5．Quartz 里的调度器

调度器用于将任务与触发器关联起来，一个任务可关联多个触发器，一个触发器也可用于控制多个任务。当一个任务关联多个触发器时，每个触发器被激发时，这个任务都会被调度一次；当一个触发器控制多个任务时，此触发器被触发时，所有关联到该触发器的任务都将被调度。

Quartz 的调度器由 Scheduler 接口体现。该接口声明了如下方法。

> void addJob(JobDetail jobDetail, boolean replace)：将给定的 JobDetail 实例添加到调度器里。

> Date scheduleJob(JobDetail jobDetail, Trigger trigger)：将指定的 JobDetail 实例与给定的 trigger 关联起来，即使用该 trigger 来控制该任务。

> Date scheduleJob(Trigger trigger)：添加触发器 trigger 来调度作业。

下面定义一个主程序来调度前面所定义的任务，该主程序代码如下。

程序清单：codes\10\QuartzQs\src\lee\MyQuartzServer.java

```
public class MyQuartzServer
{
    public static void main(String[] args)
    {
```

```
        MyQuartzServer server = new MyQuartzServer();
        try
        {
            server.startScheduler();
        }
        catch (SchedulerException ex)
        {
            ex.printStackTrace();
        }
    }
    // 执行调度
    private void startScheduler() throws SchedulerException
    {
        // 使用工厂创建调度器实例
        Scheduler scheduler = StdSchedulerFactory.getDefaultScheduler();
        // 以 Job 实现类创建 JobDetail 实例
        JobDetail jobDetail = JobBuilder.newJob(TestJob.class)
            .withIdentity("fkJob").build();
        // 创建 Trigger 对象，该对象代表一个简单的调度器
        // 指定该任务被重复调度 50 次，每次间隔 60 秒
        Trigger trigger = TriggerBuilder.newTrigger()
            .withIdentity(TriggerKey.triggerKey("fkTrigger" , "fkTriggerGroup"))
            .withSchedule(SimpleScheduleBuilder.simpleSchedule()
                .withIntervalInSeconds(60)
                .repeatForever())
            .startNow()
            .build();
        // 调度器将作业与 trigger 关联起来
        scheduler.scheduleJob(jobDetail, trigger );
        // 开始调度
        scheduler.start();
    }
}
```

上面程序中的粗体字代码就是调度任务的关键代码，程序并没有使用 CronTrigger 来控制任务的调度，只是使用了一个 SimpleTrigger 来控制任务的调度。当程序使用 JobDetail 来包装指定作业时，指定了该作业的名称、作业所在的组。

> 使用 JobDetail 包装一个作业，在包装时，包括给作业命名，以及指定作业所在的组。

运行该程序，前面的 TestJob 任务将被调度 50 次，每两次调度之间的时间间隔为 2 秒。前面看到的是使用 Java 程序来调度任务，实际上 Quartz 完全支持使用配置文件进行任务调度，但这不是本书介绍的重点，故此处不再赘述。

▶▶ 10.5.2　在 Spring 中使用 Quartz

Spring 的任务调度抽象层简化了任务调度，在 Quartz 基础上提供了更好的调度抽象。本系统使用 Qurtaz 框架来完成任务调度，创建 Quartz 的作业 Bean 有以下两个方法。

➢ 利用 JobDetailBean 包装 QuartzJobBean 子类的实例。

➢ 利用 MethodInvokingJobDetailFactoryBean 工厂 Bean 包装普通的 Java 对象。

采用这两种方法都可创建一个 Quartz 所需的 JobDetailBean，也就是 Quartz 所需的任务对象。

如果采用第一种方法来创建 Quartz 的作业 Bean，则作业 Bean 类必须继承 QuartzJobBean 类。QuartzJobBean 是一个抽象类，包含如下抽象方法。

➢ executeInternal(JobExecutionContext ctx)：被调度任务的执行体。

如果采用 MethodInvokingJobDetailFactoryBean 包装，则无须继承任何父类，直接使用配置即可。配置 MethodInvokingJobDetailFactoryBean，需要指定以下两个属性。

➢ targetObject：指定包含任务执行体的 Bean 实例。

➢ targetMethod：指定将指定 Bean 实例的该方法包装成任务执行体。

采用 JobDetailBean 包装任务 Bean 的配置样例如下：

```
<!-- 定义 JobDetailBean Bean -->
<!-- 以指定 QuartzJobBean 子类实例的 executeInternal()方法作为任务执行体 -->
<bean name="quartzDetail" class="org.springframework.scheduling.quartz. JobDetailBean"
    p: jobClass="QuartzJobBean 子类"/>
```

如果采用 MethodInvokingJobDetailFactoryBean 包装，格式如下：

```
<!-- 定义目标 Bean -->
<bean id="testQuartz" class="lee.TestQuartz"/>
<!-- 定义 MethodInvokingJobDetailFactoryBean Bean-->
<bean id="quartzDetail"
    class="org.springframework.scheduling.quartz.MethodInvokingJobDetailFactoryBean"
    p:targetObject-ref="testQuartz"
    p:targetMethod="test"/>
```

完成上面配置之后，只需要以下两个步骤即可完成任务的调度。

① 使用 SimpleTriggerBean 或 CronTriggerBean 定义触发器 Bean。

② 使用 SchedulerFactoryBean 调度作业。

下面介绍本系统中两个任务调度的作业类。

第一个是考勤作业：PunchJob。系统每天为员工自动插入两次"旷工"考勤记录，而每次员工实际打卡时将会修改对应的考勤记录。

程序清单：codes\10\HRSystem\WEB-INF\src\org\crazyit\hrsystem\schedule\PunchJob.java

```java
public class PunchJob extends QuartzJobBean
{
    // 判断作业是否执行的旗标
    private boolean isRunning = false;
    // 该作业类所依赖的业务逻辑组件
    private EmpManager empMgr;
    public void setEmpMgr(EmpManager empMgr)
    {
        this.empMgr = empMgr;
    }
    // 定义任务执行体
    public void executeInternal(JobExecutionContext ctx)
        throws JobExecutionException
    {
        if (!isRunning)
        {
            System.out.println("开始调度自动打卡");
            isRunning = true;
            // 调用业务逻辑方法
            empMgr.autoPunch();
            isRunning = false;
        }
    }
}
```

正如从上面粗体字代码所看到的,该任务 Bean 仅仅在 executeInternal()方法内调用了业务逻辑方法，这使得该任务被调度时，指定业务逻辑方法将可以获得执行的机会。

第二个是工资结算作业：PayJob。该作业在每月 3 日自动结算每个员工上个月的工资。

程序清单：codes\10\HRSystem\WEB-INF\src\org\crazyit\hrsystem\schedule\PayJob.java

```java
public class PayJob extends QuartzJobBean
{
    // 判断作业是否执行的旗标
    private boolean isRunning = false;
    // 该作业类所依赖的业务逻辑组件
    private EmpManager empMgr;
    public void setEmpMgr(EmpManager empMgr)
```

```
{
    this.empMgr = empMgr;
}
// 定义任务执行体
public void executeInternal(JobExecutionContext ctx)
    throws JobExecutionException
{
    if (!isRunning)
    {
        System.out.println("开始调度自动结算工资");
        isRunning = true;
        // 调用业务逻辑方法
        empMgr.autoPay();
        isRunning = false;
    }
}
}
```

不难发现这两个作业 Bean 的实现几乎完全相同，为这两个作业分别定义两个类真是太浪费了，读者可以思考如何改进这两个类的设计。

定义了上面两个任务 Bean 之后，接下来只要在 Spring 配置文件中增加如下配置，Spring 就会为整个应用提供任务调度的支持。

```xml
<!-- cronExpression 指定 Cron 表达式：每月 3 日 2 时启动 -->
<bean id="cronTriggerPay"
    class="org.springframework.scheduling.quartz.CronTriggerFactoryBean"
    p:cronExpression="0 0 2 3 * ? *">
    <property name="jobDetail">
        <!-- 使用嵌套 Bean 的方式来定义任务 Bean
            jobClass 指定任务 Bean 的实现类 -->
        <bean class="org.springframework.scheduling.quartz.JobDetailFactoryBean"
            p:jobClass="org.crazyit.hrsystem.schedule.PayJob"
            p:durability="true">
            <!-- 为任务 Bean 注入属性 -->
            <property name="jobDataAsMap">
                <map>
                    <entry key="empMgr" value-ref="empManager"/>
                </map>
            </property>
        </bean>
    </property>
</bean>

<!-- 定义触发器来管理任务 Bean
    cronExpression 指定 Cron 表达式：周一到周五 7 点、12 点执行调度-->
<bean id="cronTriggerPunch"
    class="org.springframework.scheduling.quartz.CronTriggerFactoryBean"
    p:cronExpression="0 0 7,12 ? * MON-FRI">
    <property name="jobDetail">
        <!-- 使用嵌套 Bean 的方式来定义任务 Bean
            jobClass 指定任务 Bean 的实现类 -->
        <bean class="org.springframework.scheduling.quartz.JobDetailFactoryBean"
            p:jobClass="org.crazyit.hrsystem.schedule.PunchJob"
            p:durability="true">
            <!-- 为任务 Bean 注入属性 -->
            <property name="jobDataAsMap">
                <map>
                    <entry key="empMgr" value-ref="empManager"/>
                </map>
            </property>
        </bean>
    </property>
</bean>
```

```
<!-- 执行实际的调度 -->
<bean class="org.springframework.scheduling.quartz.SchedulerFactoryBean">
    <property name="triggers">
        <list>
            <ref bean="cronTriggerPay"/>
            <ref bean="cronTriggerPunch"/>
        </list>
    </property>
</bean>
```

10.6 实现系统 Web 层

前面部分已经实现了本应用的所有中间层内容，系统的所有业务逻辑组件也都部署在 Spring 容器中了，接下来应该为应用实现 Web 层了。通常而言，系统的控制器和 JSP 在一起设计。因为当 JSP 页面发出请求后，该请求被控制器接收到，然后控制器负责调用业务逻辑组件来处理请求。从这个意义上来说，控制器是 JSP 页面和业务逻辑组件之间的纽带。

▶▶ 10.6.1 Struts 2 和 Spring 的整合

为了在应用中启用 Struts 2，首先必须在 web.xml 文件中配置 Struts 2 的核心 Filter，让该 Filter 拦截所有用户请求。在 web.xml 文件中增加如下配置片段：

```
<!-- 定义 Struts 2 的核心 Filter -->
<filter>
    <filter-name>struts2</filter-name>
    <filter-class>org.apache.struts2.dispatcher.filter.StrutsPrepareAndExecuteFilter
    </filter-class>
</filter>
<!-- 让 Struts 2 的核心 Filter 拦截所有请求 -->
<filter-mapping>
    <filter-name>struts2</filter-name>
    <url-pattern>/*</url-pattern>
</filter-mapping>
```

启动了 Struts 2 的核心 Filter 之后，用户请求将被纳入 Struts 2 管理之内，而 StrutsPrepareAndExecuteFilter 就会调用用户实现的 Action 来处理用户请求了。

实际上，Struts 2 的 Action 只是用户请求和业务逻辑方法之间的纽带：Action 需要调用业务逻辑组件的方法来处理用户请求，而系统的所有业务逻辑组件都由 Spring 负责管理，所以需要在 web.xml 文件中使用 Listener 来初始化 Spring 容器，为此在 web.xml 文件中增加如下配置片段：

```
<!-- 配置 Spring 配置文件的位置 -->
<context-param>
    <param-name>contextConfigLocation</param-name>
    <param-value>/WEB-INF/applicationContext.xml,
        /WEB-INF/daoContext.xml</param-value>
</context-param>
<!-- 使用 ContextLoaderListener 初始化 Spring 容器 -->
<listener>
    <listener-class>org.springframework.web.context.ContextLoaderListener
    </listener-class>
</listener>
```

上面配置文件使用 ContextLoaderListener 来初始化 Spring 容器，并指定使用/WEB-INF/路径下的 applicationContext.xml、daoContext.xml 文件作为 Spring 配置文件。

一旦 Spring 容器初始化完成，Struts 2 的 Action 就可通过自动装配策略来访问 Spring 容器中的 Bean，例如 Action 中包含一个 setA()方法，如果 Spring 容器中有一个 id 为 a 的 Bean 实例，则该 Bean 将会被自动装配给该 Action。本应用也将采用这种自动装配策略，由于前面应用中两个业务逻辑组件在 Spring 容器中的 id 分别为 empManager 和 mgrManager，所以本应用为 Employee 和 Manager 角色的 Action 分别提供了两个基类，其中 Employee 角色的 Action 基类如下。

程序清单：codes\10\HRSystem\WEB-INF\src\org\crazyit\hrsystem\action\base\EmpBaseAction.java

```java
public class EmpBaseAction extends ActionSupport
{
    // 依赖的业务逻辑组件
    protected EmpManager mgr;
    // 依赖注入业务逻辑组件所必需的 setter 方法
    public void setEmpManager(EmpManager mgr)
    {
        this.mgr = mgr;
    }
}
```

▶▶ 10.6.2　控制器的处理顺序图

当控制器接收到用户请求后，控制器并不会处理用户请求，只是将用户的请求参数解析出来，然后调用业务逻辑方法来处理用户请求；当请求处理完成后，控制器负责将处理结果通过 JSP 页面呈现给用户。图 10.5 显示了控制器的处理顺序图。

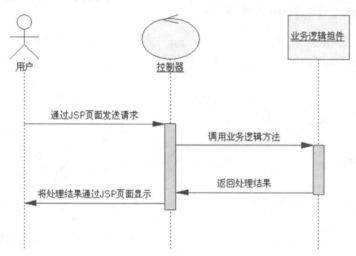

图 10.5　控制器的处理顺序图

对于 Struts 2 应用而言，控制器实际上由两个部分组成：系统的核心控制器 StrutsPrepareAndExecuteFilter 和业务控制器 Action。关于两个控制器相互协作的细节请参看本书第 3 章。

下面通过几个具有代表性的用例来介绍控制器层的实现。

▶▶ 10.6.3　员工登录

本系统的登录页面是 login.jsp 页面，当员工提交登录请求后，员工输入的用户名、密码被提交到 processLogin Action，该 Action 将会根据请求参数决定呈现哪个视图资源。员工登录流程图如图 10.6 所示。

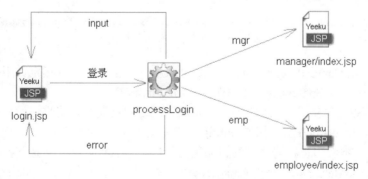

图 10.6　员工登录流程图

从图 10.6 中可以看出，当 processLogin 处理登录请求后，程序可以返回 4 个逻辑视图，其中 input 是输入校验失败后的逻辑视图。当员工登录成功后，如果其身份是经理，则转入 manager/index.jsp 页面；如果其身份是普通员工，则转入 employee/index.jsp 页面。如果登录失败，则再次返回 login.jsp 页面。

处理用户登录的 Action 代码如下。

程序清单：codes\10\HRSystem\WEB-INF\src\org\crazyit\hrsystem\action\LoginAction.java

```java
public class LoginAction extends EmpBaseAction
{
    // 定义一个常量作为员工登录成功的 Result 名
    private final String EMP_RESULT = "emp";
    // 定义一个常量作为经理登录成功的 Result 名
    private final String MGR_RESULT = "mgr";
    // 封装请求参数
    private Manager manager;
    // 登录的验证码
    private String vercode;
    // 此处省略所有的 setter 和 getter 方法
    ...
    // 处理用户请求
    public String execute()
        throws Exception
    {
        // 创建 ActionContext 实例
        ActionContext ctx = ActionContext.getContext();
        // 获取 HttpSession 中的 rand 属性
        String ver2 = (String)ctx.getSession().get("rand");
        if (vercode.equalsIgnoreCase(ver2))
        {
            // 调用业务逻辑方法来处理登录请求
            int result = mgr.validLogin(getManager());
            // 登录结果为普通员工
            if (result == LOGIN_EMP)
            {
                ctx.getSession().put(WebConstant.USER
                    , manager.getName());
                ctx.getSession().put(WebConstant.LEVEL
                    , WebConstant.EMP_LEVEL);
                addActionMessage("您已经成功登录系统");
                return EMP_RESULT;
            }
            // 登录结果为经理
            else if (result == LOGIN_MGR)
            {
                ctx.getSession().put(WebConstant.USER
                    , manager.getName());
                ctx.getSession().put(WebConstant.LEVEL
                    , WebConstant.MGR_LEVEL);
                addActionMessage("您已经成功登录系统");
                return MGR_RESULT;
            }
            // 用户名和密码不匹配
            else
            {
                addActionMessage("用户名/密码不匹配");
                return ERROR;
            }
        }
        // 验证码不匹配
        addActionMessage("验证码不匹配,请重新输入");
        return ERROR;
    }
}
```

在上面的 Action 处理类中，先判断用户输入的校验码是否正确，如果校验码正确，才开始处理用户请求；否则直接退回登录页面。如果校验码正确，用户登录所用的用户名和密码也正确，才表明登录系统成功。

在 struts.xml 文件中配置该 Action，配置片段如下：

```
<!-- 定义处理登录系统的 Action -->
<action name="processLogin"
    class="org.crazyit.hrsystem.action.LoginAction">
    <result name="input">/WEB-INF/content/login.jsp</result>
    <result name="mgr">/WEB-INF/content/manager/index.jsp</result>
    <result name="emp">/WEB-INF/content/employee/index.jsp</result>
    <result name="error">/WEB-INF/content/login.jsp</result>
</action>
```

在上面的 Action 配置中，并未指定该 Action 与业务逻辑组件的耦合关系，Spring 容器会将业务逻辑组件自动装配给该 Action 对象。上面 Action 还涉及输入校验，程序为该 Action 提供了一个校验规则文件，该校验规则文件的代码如下。

程序清单：codes\10\HRSystem\WEB-INF\src\org\crazyit\hrsystem\action\LoginAction-validation.xml

```
<?xml version="1.0" encoding="GBK"?>
<!DOCTYPE validators PUBLIC
    "-//Apache Struts//XWork Validator 1.0.3//EN"
    "http://struts.apache.org/dtds/xwork-validator-1.0.3.dtd">
<validators>
    <field name="manager.name">
        <field-validator type="requiredstring">
            <message>用户名必填！</message>
        </field-validator>
        <field-validator type="regex">
            <param name="expression"><![CDATA[(\w{4,25})]]></param>
            <message>您输入的用户名只能是字母和数字，且长度必须在 4 到 25 之间</message>
        </field-validator>
    </field>
    <field name="manager.pass">
        <field-validator type="requiredstring">
            <message>密码必填！</message>
        </field-validator>
        <field-validator type="regex">
            <param name="expression"><![CDATA[(\w{4,25})]]></param>
            <message>您输入的密码只能是字母和数字，且长度必须在 4 到 25 之间</message>
        </field-validator>
    </field>
    <field name="vercode">
        <field-validator type="requiredstring">
            <message>验证码必填！</message>
        </field-validator>
        <field-validator type="regex">
            <param name="expression"><![CDATA[(\w{6,6})]]></param>
            <message>您输入的验证码只能是字母和数字，且长度必须是 6 位</message>
        </field-validator>
    </field>
</validators>
```

当员工登录成功后，processLogin 会根据登录员工的身份决定跳转到 manager/index.jsp 或者 employee/index.jsp 页面。

➤➤ 10.6.4　进入打卡

不管是员工还是经理，他们都可以通过单击"打卡"链接来进入打卡，当用户发送"打卡"请求后，该请求将交给 *Punch 进行处理，该 Action 可同时处理经理打卡、员工打卡两个请求。该 Action 的结果会返回当前员工的可打卡状态。

经理、员工进入打卡、打卡处理的完整流程图如图 10.7 所示。

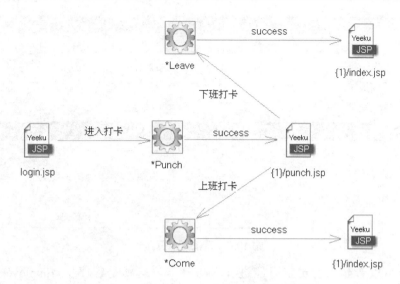

图 10.7 进入打卡、打卡处理的完整流程图

从图 10.7 中可以看出，当员工发送"打卡"请求后，该请求将由*Punch Action 处理，该 Action 的 name 是一个模式字符串，所以它既可处理 employeePunch.action，也可处理 managerPunch.action。该 Action 类的代码如下。

程序清单：codes\10\HRSystem\WEB-INF\src\org\crazyit\hrsystem\action\PunchAction.java

```
public class PunchAction extends EmpBaseAction
{
    // 封装处理结果的 punchIsValid 属性
    private int punchIsValid;
    // 省略 punchIsValid 成员变量的 setter 和 getter 方法
    ...
    public String execute()
        throws Exception
    {
        // 创建 ActionContext 实例
        ActionContext ctx = ActionContext.getContext();
        // 获取 HttpSession 中的 user 属性
        String user = (String)ctx.getSession()
            .get(WebConstant.USER);
        SimpleDateFormat sdf = new SimpleDateFormat("yyyy-MM-dd");
        // 格式化当前时间
        String dutyDay = sdf.format(new Date());
        // 调用业务逻辑方法处理用户请求
        int result = mgr.validPunch(user , dutyDay);
        setPunchIsValid(result);
        return SUCCESS;
    }
}
```

该 Action 会调用业务逻辑组件的 validPunch()来处理用户请求，处理结束后返回"success"字符串，该 Action 处理普通员工的进入打卡请求后将进入 employee/index.jsp 页面；处理经理的进入打卡请求后，将进入 manager/index.jsp 页面。

在 struts.xml 文件中配置该*Punch Action 的配置片段如下：

```
<!-- 进入打卡 -->
<action name="*Punch"
    class="org.crazyit.hrsystem.action.PunchAction">
    <interceptor-ref name="empStack"/>
    <result>/WEB-INF/content/{1}/punch.jsp</result>
</action>
```

"进入打卡"的请求处理结束后，系统将会根据当天的可打卡状态显示不同的打卡按钮，如图 10.8 所示。

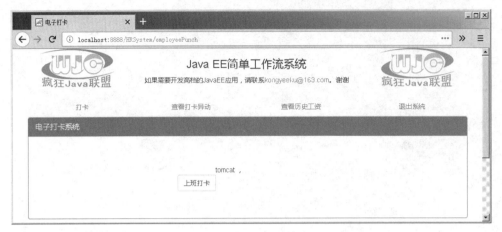

图 10.8　系统打卡页面

在图 10.8 中可以看到当前员工只能进行上班打卡，这就是程序中 EmployeeManager 组件的 validPunch()方法返回的结果。

> **提示：**
>
> 本书前几版上市以来，陆续收到一些读者询问，程序进入"打卡"页面时看不到"上班打卡"按钮——对于一个刚刚启动的应用，看不到"上班打卡"按钮是正常的。因为本系统必须在特定时间段才能看到"上班打卡"按钮，系统使用 Quartz 控制每天 7：00 插入一条代表"旷工"的记录，这样才能看到当天的"上班打卡"按钮。读者为了立即看到"上班打卡"按钮，可以先将应用编译、部署到 Tomcat 服务器上，再将系统时间调设为早上 6：58，然后启动 Tomcat（一定要先修改系统时间，再启动 Tomcat），等到时间过了 7：00 之后即可看到"上班打卡"按钮。类似的，后面程序还有"下班打卡"按钮，也可先将应用编译、部署到 Tomcat 服务器上，再将系统时间调设为早上 11：58，然后启动 Tomcat，等到时间过了 12：00 之后即可看到"下班打卡"按钮。为了看到自动的工资结算信息，也可先将应用编译、部署到 Tomcat 服务器上，再将系统时间调设为任意一个月的 2 日 23：58，然后启动 Tomcat，等到时间过了当月 3 日零时即可看到工资结算信息。

▶▶ 10.6.5　处理打卡

当经理、员工单击如图 10.8 所示的"上班打卡"按钮（当系统判断员工可以进行"上班打卡"时才会出现该按钮）时，系统将会向*Come 发送请求，单击"下班打卡"按钮，系统将会向*Leave 发送请求，这两个 Action 采用了同一个实现类，也就是同一个 Action 类里包含两个处理逻辑。该 Action 类的代码如下。

程序清单：codes\10\HRSystem\WEB-INF\src\org\crazyit\hrsystem\action\ProcessPunchAction.java

```java
public class ProcessPunchAction extends ActionSupport
{
    // 该 Action 所依赖的业务逻辑组件
    private EmpManager empMgr;
    // 依赖注入业务逻辑组件的 setter 方法
    public void setEmpManager(EmpManager empMgr)
    {
        this.empMgr = empMgr;
    }
    // 处理上班打卡的方法
    public String come()
        throws Exception
    {
        return process(true);
    }
    // 处理下班打卡的方法
```

```
    public String leave()
        throws Exception
    {
        return process(false);
    }
    private String process(boolean isCome)
        throws Exception
    {
        // 创建 ActionContext 实例
        ActionContext ctx = ActionContext.getContext();
        // 获取 HttpSession 中的 user 属性
        String user = (String)ctx.getSession()
            .get(WebConstant.USER);
        String dutyDay = new java.sql.Date(
            System.currentTimeMillis()).toString();
        // 调用业务逻辑方法处理打卡请求
        int result = empMgr.punch(user ,dutyDay , isCome);
        switch(result)
        {
            case PUNCH_FAIL:
                addActionMessage("打卡失败");
                break;
            case PUNCHED:
                addActionMessage("您已经打过卡了，不要重复打卡");
                break;
            case PUNCH_SUCC:
                addActionMessage("打卡成功");
                break;
        }
        return SUCCESS;
    }
}
```

上面 Action 处理打卡的核心代码是调用 EmployeeManager 组件的 punch()方法，该方法将会根据当前时间决定用户的考勤类型。该 Action 的业务控制方法是 come()和 leave()，但这两个方法实际由系统的 process()方法完成。

配置文件通过为<action.../>元素指定 method 属性的方式将该 Action 类配置成两个逻辑 Action，在 struts.xml 文件中配置*Come、*Leave Action 的配置片段如下：

```
<!-- 处理上班打卡 -->
<action name="*Come" method="come"
    class="org.crazyit.hrsystem.action.ProcessPunchAction">
    <interceptor-ref name="empStack"/>
    <result>/WEB-INF/content/{1}/index.jsp</result>
</action>
<!-- 处理下班打卡 -->
<action name="*Leave"  method="leave"
    class="org.crazyit.hrsystem.action.ProcessPunchAction">
    <interceptor-ref name="empStack"/>
    <result>/WEB-INF/content /{1}/index.jsp</result>
</action>
```

▶▶ 10.6.6　进入申请

当员工查看自己最近三天的异常考勤时，如果对某次考勤记录有异议，则可以对此次考勤记录提出申请改变，这种申请将自动提交给该员工的所属经理，经理有权通过或拒绝此次申请。

因为员工申请改变考勤类型时，必须指定申请转换成哪种考勤类型，所以系统进入申请页面时，该页面必须能列出系统中所有的考勤类型，而这些数据应该由该 Action 提供。

员工查看异常考勤、进入申请、提交申请的处理流程图如图 10.9 所示。

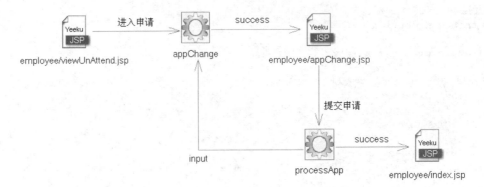

图 10.9　进入申请、提交申请的处理流程图

程序进入申请的 Action 类的代码如下。

程序清单：codes\10\HRSystem\WEB-INF\src\org\crazyit\hrsystem\action\AppChangeAction.java

```java
public class AppChangeAction extends EmpBaseAction
{
    // 封装所有异动的列表
    private List types;
    // types 的 setter 和 getter 方法
    public void setTypes(List types)
    {
        this.types = types;
    }
    public List getTypes()
    {
        return this.types;
    }
    // 处理用户请求
    public String execute()
        throws Exception
    {
        setTypes(mgr.getAllType());
        return SUCCESS;
    }
}
```

该 Action 的处理比较简单，它仅仅获取系统的全部考勤类型，全部考勤类型以 types 属性传入 employee/appChange.jsp，在该 JSP 页面中会以 Struts 2 标签迭代输出所有的考勤类型，以供用户选择。下面是 appChange.jsp 页面中生成提交表单的代码。

程序清单：codes\10\HRSystem\WEB-INF\content\employee\appChange.jsp

```jsp
<form action="processApp" method="post" class="form-horizontal">
<input type="hidden" name="attId" value="${param.attid}"/>
<s:if test="fieldErrors.size()>0">
  <div class="form-group">
    <div class="col-sm-12 text-danger text-center">
    <s:fielderror/>
    </div>
  </div>
</s:if>
  <div class="form-group">
    <label for="type_id" class="col-sm-3 control-label">申请类别</label>
    <div class="col-sm-9">
      <select type="text" class="form-control" id="type_id"
        name="typeId" placeholder="用户名">
        <s:iterator value="types" var="ty">
         <option value="${ty.id}">${ty.name}</option>
        </s:iterator>
      </select>
    </div>
  </div>
  <div class="form-group">
```

```
  <label for="reason" class="col-sm-3 control-label">申请理由</label>
  <div class="col-sm-9">
    <textarea class="form-control" id="reason" rows="4" col="20"
      name="reason" placeholder="填写申请理由"></textarea>
  </div>
 </div>
 <div class="form-group">
  <div class="col-sm-offset-3 col-sm-9">
    <button type="submit" class="btn btn-default">提交申请</button>
    <button type="reset" class="btn btn-danger">重填</button>
  </div>
 </div>
</form>
```

上面页面的粗体字代码使用 select 标签输出了 types 集合，将 types 集合元素的 name 属性作为列表选项的文本，将集合元素的 id 作为列表选项的 value。

在 struts.xml 文件中配置 AppChangeAction，其配置片段如下：

```
<!-- 进入异动申请 -->
<action name="appChange"
    class="org.crazyit.hrsystem.action.AppChangeAction">
    <interceptor-ref name="store">
        <param name="operationMode">RETRIEVE</param>
    </interceptor-ref>
    <interceptor-ref name="basicStack"/>
    <interceptor-ref name="empAuth"/>
    <result>/WEB-INF/content/employee/appChange.jsp</result>
</action>
```

当用户查看到最近三天的非正常考勤，并对指定考勤记录进入申请页面后，将可以看到如图 10.10 所示的页面。

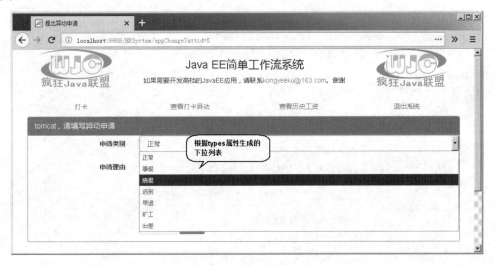

图 10.10　进入申请页面

当员工在如图 10.10 所示的表单页中单击"提交申请"按钮之后，程序将会向 processApp 发送请求，也就是用户提交了申请。

▶▶ 10.6.7　提交申请

当用户提交申请请求后，该请求由 processApp Action 处理，该 Action 的代码如下。

程序清单：codes\10\HRSystem\WEB-INF\src\org\crazyit\hrsystem\action\ProcessAppAction.java

```
public class ProcessAppAction extends EmpBaseAction
{
    // 申请异动的出勤 ID
    private int attId;
    // 希望改变到出勤类型
```

```
    private int typeId;
    // 申请理由
    private String reason;
    // 省略所有的 setter 和 getter 方法
    ...
    // 处理用户请求
    public String execute()
        throws Exception
    {
        // 处理异动申请
        boolean result = mgr.addApplication(attId , typeId , reason);
        // 如果申请成功
        if(result)
        {
            addActionMessage("您已经申请成功，等待经理审阅");
        }
        else
        {
            addActionMessage("申请失败，请注意不要重复申请");
        }
        return SUCCESS;
    }
}
```

上面 Action 直接调用业务逻辑组件的 addApplication()方法来处理用户申请，该 Action 还根据处理结果向视图页面中呈现不同的提示信息。

该 Action 也需要进行输入校验，校验用户输入的申请理由等。下面是该 Action 对应的校验规则文件代码。

程序清单：codes\10\HRSystem\WEB-INF\src\org\crazyit\hrsystem\action\ProcessAppAction-validation.xml

```xml
<?xml version="1.0" encoding="GBK"?>
<!DOCTYPE validators PUBLIC
    "-//Apache Struts//XWork Validator 1.0.3//EN"
    "http://struts.apache.org/dtds/xwork-validator-1.0.3.dtd">
<validators>
    <field name="attId">
        <field-validator type="required">
            <message>出勤 ID 必填！</message>
        </field-validator>
    </field>
    <field name="typeId">
        <field-validator type="required">
            <message>希望申请的出勤类型必填！</message>
        </field-validator>
    </field>
    <field name="reason">
        <field-validator type="requiredstring">
            <message>申请理由必填！</message>
        </field-validator>
        <field-validator type="regex">
            <param name="expression"><![CDATA[(\w{6,})]]></param>
            <message>申请理由的长度必须大于 6 个字符</message>
        </field-validator>
    </field>
</validators>
```

该 Action 需要进行输入校验，所以必须为该 Action 配置一个 input 视图，该 input 视图不能直接返回指定的 JSP 页面，而是应该返回 appChange Action，如图 10.9 所示。

为了让 processApp Action 输入校验失败后自动转入 appChange Action，本配置文件中使用了 redirect 类型的 Result 映射，当使用 redirect 类型的 Result 映射时，所有的请求参数、请求属性，以及 OGNL 表达式里的属性会全部丢失——但此处需要 appChange 能输出校验失败提示，所以配置 processApp 时显式使用了 store 拦截器，该拦截器用于将本次请求的相关信息保存下来，让这些请求可以跨请求使用。下面是该 Action 的配置片段。

```
<!-- 提交异动申请 -->
<action name="processApp"
  class="org.crazyit.hrsystem.action.ProcessAppAction">
  <interceptor-ref name="store">
    <param name="operationMode">STORE</param>
  </interceptor-ref>
  <interceptor-ref name="empStack"/>
  <result name="input" type="redirect">
    /appChange.action?attid=${attId}</result>
  <result>/WEB-INF/content/employee/index.jsp</result>
</action>
```

正如在上面的粗体字代码中看到的，配置文件中显式指定了使用 store 拦截器，该拦截器将会把本次请求的相关信息保存起来,以备跨请求取得相关信息。为了在另一个请求中取得本次请求的相关信息,程序在另一个 Action 中也应该使用 store 拦截器，只是使用 store 拦截器的 RETRIEVE 操作，因此可以在前面的 appChange Action 中看到如下配置片段：

```
<interceptor-ref name="store">
    <param name="operationMode">RETRIEVE</param>
</interceptor-ref>
```

▶▶ 10.6.8 使用拦截器完成权限管理

正如在前面各 Action 配置代码中看到的，每个<action.../>元素里都配置了一个权限检查的拦截器，该拦截器负责检查当前用户权限,该权限是否足够处理实际请求。如果权限不够,系统将退回登录页面。

本系统为普通员工、经理分别提供了不同的拦截器,普通员工的拦截器只要求 HttpSession 里的 level 属性不为 null，且 level 属性为 emp 或 mgr 都可以。下面是普通员工的权限检查拦截器代码。

程序清单：codes\10\HRSystem\WEB-INF\src\org\crazyit\hrsystem\action\authority\EmpAuthorityInterceptor.java

```
public class EmpAuthorityInterceptor extends AbstractInterceptor
{
    public String intercept(ActionInvocation invocation)
        throws Exception
    {
        // 创建 ActionContext 实例
        ActionContext ctx = ActionContext.getContext();
        // 获取 HttpSession 中的 level 属性
        String level = (String)ctx.getSession()
            .get(WebConstant.LEVEL);
        // 如果 level 不为 null，且 level 为 emp 或 mgr
        if (level != null && (level.equals(WebConstant.EMP_LEVEL)
        || level.equals(WebConstant.MGR_LEVEL)))
        {
            return invocation.invoke();
        }
        return Action.LOGIN;
    }
}
```

正如上面程序中粗体字代码所示，如果 HttpSession 里的 level 属性不为 null，且 level 属性为 emp 或 mgr 时，该拦截器将会"放行"该请求，该请求就可以得到正常处理；否则，系统直接返回"login"字符串，也就是让用户重新登录。

对经理角色进行权限检查的拦截器代码与此完全类似，只是它需要 HttpSession 里的 level 属性为 mgr，如下面的程序所示。

程序清单：codes\10\HRSystem\WEB-INF\src\org\crazyit\hrsystem\action\authority\MgrAuthorityInterceptor.java

```
public class MgrAuthorityInterceptor extends AbstractInterceptor
{
    public String intercept(ActionInvocation invocation)
        throws Exception
    {
        // 创建 ActionContext 实例
```

```
        ActionContext ctx = ActionContext.getContext();
        // 获取 HttpSession 中的 level 属性
        String level = (String)ctx.getSession()
            .get(WebConstant.LEVEL);
        // 如果 level 不为 null，且 level 为 mgr
        if ( level != null  && level.equals(WebConstant.MGR_LEVEL))
        {
            return invocation.invoke();
        }
        return Action.LOGIN;
    }
}
```

将这两个拦截器配置在 struts.xml 文件中，其配置片段如下：

```xml
<interceptors>
    <!-- 配置普通员工角色的权限检查拦截器 -->
    <interceptor name="empAuth" class=
        "org.crazyit.hrsystem.action.authority.EmpAuthorityInterceptor"/>
    <!-- 配置经理角色的权限检查拦截器 -->
    <interceptor name="mgrAuth" class=
        "org.crazyit.hrsystem.action.authority.MgrAuthorityInterceptor"/>
    <!-- 配置普通员工的默认的拦截器栈 -->
    <interceptor-stack name="empStack">
        <interceptor-ref name="defaultStack"/>
        <interceptor-ref name="empAuth"/>
    </interceptor-stack>
    <!-- 配置经理的默认的拦截器栈 -->
    <interceptor-stack name="mgrStack">
        <interceptor-ref name="defaultStack"/>
        <interceptor-ref name="mgrAuth"/>
    </interceptor-stack>
</interceptors>
```

一旦在 struts.xml 文件中配置了 empAuth、mgrAuth 两个拦截器，接下来即可在普通员工的 Action、经理的 Action 中分别应用这两个权限检查的拦截器。为了 <action.../> 元素中拦截器的配置，上面配置文件中还配置了 empStack、mgrStack 两个拦截器栈，这样使得普通员工的 Action、经理的 Action 只需分别使用这两个拦截器栈即可。

📁 10.7　本章小结

本章介绍了一个完整的 Java EE 项目：简单工作流系统，在此系统的基础上可扩展出企业 OA、企业工作流等。因为企业平台本身的复杂性，所以本项目涉及的表达到 7 个，而且工作流的业务逻辑也比较复杂，这些对初学者可能有一定难度，但只要读者先认真阅读本书前面 9 章所介绍的知识，并结合本章的讲解，再配合光盘中的案例代码，一定可以掌握本章所介绍的内容。

本章所介绍的 Java EE 应用综合了前面介绍的三个框架：Struts 2.5 + Spring 5.0 + Hibernate 5.2，因此本章内容既是对前面知识点的回顾和复习，也是将理论知识应用到实际开发的典范。一旦读者掌握了本章案例的开发方法之后，就会对实际 Java EE 企业应用的开发产生豁然开朗的感觉。